肝炎病毒·分子生物学丛书

现代细胞外基质分子生物学

第3版

成 军／主编

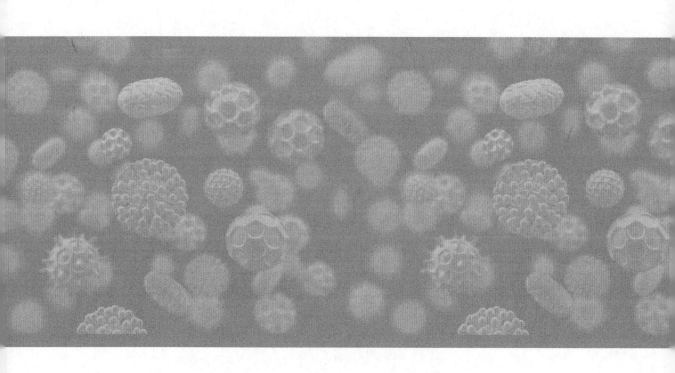

科学出版社
北京

内 容 简 介

本书共 49 章，详细介绍了细胞外基质分子生物学、代谢调控及其与临床医学的关系：一方面，对胶原蛋白、纤维粘连蛋白、层粘连蛋白、聚合素、二聚糖、骨涎蛋白等细胞外基质成分进行了详细阐述；另一方面，对细胞外基质代谢调控相关的结构基础、基质金属蛋白酶、组织型金属蛋白酶抑制剂、细胞外基质代谢相关信号转导通路，以及细胞外基质与胚胎发育、免疫系统发育、衰老、损伤修复、硬化性心脏病、肝纤维化、肾脏疾病、肺纤维化、中枢神经系统疾病、骨关节疾病、血液疾病、肿瘤转移、皮肤疾病等进行了详细论述。

本书内容新颖、翔实、系统、全面，是细胞外基质最新进展的权威总结，适宜从事医学和生物学研究的科研工作者、研究生等参考使用。

图书在版编目（CIP）数据

现代细胞外基质分子生物学 / 成军主编. —3 版. —北京：科学出版社，2017.9

（肝炎病毒・分子生物学丛书）

ISBN 978-7-03-054200-7

Ⅰ.①现… Ⅱ.①成… Ⅲ.①细胞外基质-分子生物学-研究 Ⅳ.①Q249

中国版本图书馆 CIP 数据核字（2017）第 202183 号

责任编辑：沈红芬 刘 晶 / 责任校对：张小霞
责任印制：肖 兴 / 封面设计：黄华斌

科学出版社 出版
北京东黄城根北街 16 号
邮政编码：100717
http://www.sciencep.com

北京凌奇印刷有限责任公司 印刷
科学出版社发行 各地新华书店经销

*

1999 年 6 月第 一 版 由北京医科大学、协和医科大学联合出版社出版
2017 年 9 月第 三 版 开本：787×1092 1/16
2017 年 9 月第三次印刷 印张：47 3/4 插页：4
字数：1 110 000
POD 定价：238.00元
（如有印装质量问题，我社负责调换）

学术委员会

庄　辉　中国工程院院士，北京大学医学部
田　波　中国科学院院士，中国科学院微生物所
斯崇文　教授，北京大学第一医院
徐道振　教授，首都医科大学附属北京地坛医院
陈菊梅　教授，中国人民解放军第302医院
翁心华　教授，复旦大学附属华山医院

《现代细胞外基质分子生物学》
第3版
编写人员

主　编　成　军

编　者（按姓氏汉语拼音排序）

曹建彪	常　敏	陈天艳	成　军	党双锁	丁晓燕
董　菁	董金玲	段雪飞	冯胜虎	高　萍	高学松
郭汉斌	韩聚强	郝彦琴	柯比努尔·吐尔逊		
李　克	李　敏	李　玥	李　越	李洪杰	李文东
李亚茹	李蕴铷	李忠恕	蔺淑梅	刘景院	刘顺爱
刘玉凤	麦维利	欧蔚妮	权学民	全　敏	宋　蕊
王　琳	王　琦	王艳斌	王燕颖	魏红山	温少芳
武会娟	向天新	谢　雯	谢　尧	邢卉春	闫　杰
杨　松	于　弘	袁晓雪	曾慧慧	张　强	张　曦
张锦前	张亦瑾	张泽高	赵　红	郑铁龙	

丛 书 前 言

我们刚刚庆祝了《肝炎病毒·分子生物学丛书》8本独立又相互联系的专著出齐，就迎来了《肝炎病毒·分子生物学丛书》新版的面世，《现代肝炎病毒分子生物学》第3版是这套丛书再版的首本，这是一个标志。

由8本专著组成的《肝炎病毒·分子生物学丛书》，与我们课题组发现并长期坚持的100条新基因的研究相互联系、密不可分。自1997年底回国，白手起家，用了两年时间建立研究团队，又用了两年时间利用过去掌握的分子生物学技术平台，我们课题组共发现了100条与乙型肝炎病毒（HBV）和丙型肝炎病毒（HCV）致病机制有关的新基因，最终在美国核苷酸数据库GenBank中注册，并获得登录号。面对这些新基因序列，在公开文献和核苷酸序列数据库的资料中，除了知道一些零碎的信息之外，对于其功能几乎一无所知，后续的研究计划如入云里雾里，伸手不见五指。因此，为阐明这些新基因的结构与功能、表达与调控、生物学及医学意义，尤其是与肝脏疾病有关的功能学研究，必须首先在理论上有所储备。结合先前总结的部分HBV和HCV相关的专著，便产生了出版《肝炎病毒·分子生物学丛书》的想法，并得到了科学出版社沈红芬编辑的鼓励和支持。仔细算来，从1993年出版第一本专著《基因治疗》，到2014年在科学出版社出齐《肝炎病毒·分子生物学丛书》，花了20多年的时间。

新基因的研究同样也是一项费时费力的工程。自2002年发现100条新基因之后，我们课题组一直紧紧围绕这个领域进行不懈的耕耘。在这一过程中，除了艰苦探索与辛苦操劳之外，更为令人苦恼的是科学体系评价的问题。我们也经常被"做这么基础的研究有什么用"的质疑所困惑，甚至课题组的骨干对这样的研究也没有多大信心。但我深信坚持就会有所收获，因而在摸索中踉踉跄跄、踽踽而行。我深信自然科学的研究，但因为不知道所研究的未知领域是否有意义，因此目前的状态就是研究内容较杂。如事先知道研究方向，怎会出现目前百花齐放的局面呢？目前全世界的现代医学都仰仗着文艺复兴后的研究和发展，这没有捷径。如果大家都不屑于进行基础研究，科研创新思路从何而来？如果只是读读文献，就能发现研究者所未能发现的新思路，或仅做一点点工作，就追求"有用"，这相当幼稚、不现实。但能坚持下来也相当不易。在美国的博士后科研训练不仅让我学习到了先进的理论和技术，更让我感受到了现代科学发展的必然规律。因此，虽然科学的探索非常困难、痛苦，但是我始终食之甘饴。

在《肝炎病毒·分子生物学丛书》理论的指导下，100 条新基因的研究推动很慢，但也略有心得。同时，对 100 条新基因的研究也进一步使我们深刻认识了一系列的学术理论问题，相得益彰，其绝大部分与肝炎、肝纤维化、肝细胞癌有关，从而为其实用性开辟了新的思路，套用最时髦的一句话，走上了"转化医学"的道路。

无论是《肝炎病毒·分子生物学丛书》的出版，还是 100 条新基因的研究，在我回国后 18 年里，共计超过 200 位硕士生、博士生、博士后曾经参与我们的研究，有的甚至是远渡重洋来到课题组。我真诚地感谢他们对我的信任和帮助，是他们的一系列创新性探索，一直鼓舞我探寻这一不寻常的道路。我的导师陈菊梅教授、斯崇文教授、Norman Talal 教授、Peter C. Melby 教授对我的教育和培养，始终是我前进的动力。科学出版社编辑的鼓励，同样是我完成本丛书并推进版本更新的重要动力。新版的面世标志着本丛书的不断成熟，但书中仍会有很多不足、甚至谬误，敬请各位同行不吝批评指正，以便再版时不断修改，在此一并表示感谢。

成　军

2015 年 8 月 26 日

北京·北皋

第3版前言

现代生物医学的发展非常注重以细胞为基础的研究，包括细胞内生物大分子的组成和变化规律。特别是以基因为核心的分子生物学的内容，一直是现代生物学研究的核心。一方面关于分子水平的变化内容受到重视，另一方面关于细胞与细胞的相互关系，组织、器官及机体的赋型和功能的完成，也都是非常重要的研究内容。这样的认识，促使人们更加关注位于上皮或内皮细胞下层、结缔组织细胞周围，为组织、器官甚至整个机体的完整性提供力学支持和物理强度的物质——细胞外基质（extracellular matrix，ECM）。近年来，关于细胞外基质的种类、结构、功能、调控的研究变得非常重要。除了机体的生理功能与细胞外基质的关系不可或缺，细胞外基质在各种疾病的形成和演变中也具有非常重要的作用。因此，细胞外基质的研究已经成为生物医学领域中非常重要的研究内容和研究方向。为了全面反映细胞外基质的生物学特性及其在医学中的意义，我在早年间出版了《细胞外基质的分子生物学与临床疾病》一书。多年过去了，细胞外基质的研究进展很快，积累了很多新的内容。为了及时总结、分析细胞外基质的最新研究进展，促进细胞外基质的理论研究和实际应用，5年前我们根据细胞外基质的最新研究成果，对第1版的内容进行了系统的更新，形成了《现代细胞外基质分子生物学》第2版，与其他7本书组成了《肝炎病毒·分子生物学丛书》。由于学科发展和临床及科研工作的需要，我们对相关内容再次进行了全面修订，形成了本书第3版。

在《肝炎病毒·分子生物学丛书》中，《现代细胞外基质分子生物学》一册的内容非常独特和重要。关于细胞外基质领域的专著非常少，许多生物医学的专著中，即使涉猎细胞外基质的内容，也大多比较简略。因此，为了使读者更加全面、系统地掌握细胞外基质的研究进展，在本册的第一篇，对细胞外基质进行了概述。第二篇中对医学领域中较为重要的细胞外基质的成分逐一进行了叙述，包括每一种细胞外基质成分的结构、功能、调控、生物学特性，以及功能与疾病的关系。在第三篇中，从机体的功能和整体的角度，对细胞外基质的代谢、信号转导、细胞因子和激素对细胞外基质代谢的影响和调节，以及在细胞微环境中细胞外基质的作用进行了较为细致的叙述。细胞外基质与临床疾病的关系是本书的第四篇，包括细胞外基质与肝、肺、肾等主要实质性脏器纤维化之间的关系，损伤与修复过程中细胞外基质的作用，以及其他类型的疾病与细胞外基质变化的相互关系等。相信这些内容体现了细胞外基质研究领域中最为主要的部分。

第 3 版在上一版的基础上进行了修订，力求反映细胞外基质研究领域中的最新进展和趋势，由于各位作者的认识不同，在各自章节中可能会出现叙述不尽相同、甚至存在相互矛盾的地方，这也正反映了对细胞外基质研究和认识的一个真实的发展历程。在任何一个研究领域中，都会存在类似的现象和过程。但是，随着研究的不断深入，资料的不断累积，这一现象将会逐步解决。因此，在这里我谨代表全体编者对于书中的不完善之处表示歉意，并恳请各位读者不吝赐教，指出我们的不足和谬误之处，供再版修改时参考。

首都医科大学附属北京地坛医院
2017 年 5 月于北京

目　　录

第一篇　概　　论

第一章　细胞外基质概论 ……………………………………………………………（3）
　第一节　细胞外基质的分类 …………………………………………………………（3）
　第二节　细胞外基质的结构特点 ……………………………………………………（7）
　第三节　细胞外基质的生物学功能 …………………………………………………（10）

第二篇　细胞外基质分子生物学基础

第二章　胶原蛋白 ……………………………………………………………………（17）
　第一节　胶原蛋白的结构 ……………………………………………………………（17）
　第二节　胶原的生物合成 ……………………………………………………………（22）
　第三节　胶原蛋白及其亚基 …………………………………………………………（23）
　第四节　胶原基因表达调控机制 ……………………………………………………（37）

第三章　纤维粘连蛋白 ………………………………………………………………（43）
　第一节　纤维粘连蛋白的结构 ………………………………………………………（43）
　第二节　纤维粘连蛋白基因转录物的剪切 …………………………………………（47）
　第三节　纤维粘连蛋白相关的信号转导过程 ………………………………………（53）
　第四节　纤维粘连蛋白的生物学功能及意义 ………………………………………（54）
　第五节　纤维粘连蛋白与相关疾病 …………………………………………………（57）

第四章　层粘连蛋白 …………………………………………………………………（71）
　第一节　层粘连蛋白的分子结构 ……………………………………………………（71）
　第二节　层粘连蛋白的受体及信号转导 ……………………………………………（73）
　第三节　层粘连蛋白的生物学意义 …………………………………………………（77）

第五章　双糖链蛋白聚糖 ……………………………………………………………（90）

第六章　二聚糖 ………………………………………………………………………（98）
　第一节　概述 …………………………………………………………………………（98）
　第二节　二聚糖与疾病 ………………………………………………………………（100）

第七章　骨涎蛋白 ……………………………………………………………………（106）

第八章　软骨寡聚基质蛋白 …………………………………………………………（121）
　第一节　软骨寡聚基质蛋白的分子结构 ……………………………………………（121）
　第二节　软骨寡聚基质蛋白的合成和分泌 …………………………………………（122）

第三节 软骨寡聚基质蛋白的生物学意义……………………………………（122）
第九章 弹性蛋白……………………………………………………………（130）
第一节 弹性蛋白的基因及分子结构…………………………………………（130）
第二节 弹性蛋白的基因表达及调控…………………………………………（132）
第三节 弹性纤维的形成………………………………………………………（135）
第四节 弹性蛋白与临床相关疾病……………………………………………（140）
第十章 玻连蛋白……………………………………………………………（148）
第一节 玻连蛋白的分子结构…………………………………………………（148）
第二节 玻连蛋白的生物学功能………………………………………………（151）
第十一章 腱生蛋白…………………………………………………………（155）
第十二章 巢蛋白……………………………………………………………（165）
第一节 巢蛋白的分子结构……………………………………………………（165）
第二节 巢蛋白分子中的位点结构……………………………………………（166）
第三节 巢蛋白的基因表达与调控……………………………………………（169）
第四节 巢蛋白分子的糖基化位点……………………………………………（170）
第五节 巢蛋白的酶学降解……………………………………………………（170）
第六节 巢蛋白的生物学功能…………………………………………………（171）
第七节 巢蛋白的临床研究……………………………………………………（173）
第十三章 多能素……………………………………………………………（180）
第一节 多能素的基因结构和蛋白结构………………………………………（180）
第二节 多能素的功能…………………………………………………………（182）
第三节 多能素基因表达的调节………………………………………………（186）
第十四章 微纤维蛋白………………………………………………………（189）
第十五章 纤维蛋白原………………………………………………………（196）
第一节 纤维蛋白原的基因结构………………………………………………（196）
第二节 纤维蛋白原的蛋白结构………………………………………………（197）
第三节 纤维蛋白原的生物合成………………………………………………（198）
第四节 纤维蛋白原的功能……………………………………………………（199）
第五节 纤维蛋白原的结构和功能关系………………………………………（200）
第六节 纤维蛋白原的调控机制………………………………………………（202）
第七节 纤维蛋白原与疾病……………………………………………………（203）
第十六章 纤维调节素………………………………………………………（208）
第十七章 基膜聚糖…………………………………………………………（220）
第一节 基膜聚糖概述…………………………………………………………（220）
第二节 基膜聚糖与肿瘤………………………………………………………（220）
第三节 基膜聚糖与眼部疾病…………………………………………………（222）
第十八章 激活第Ⅶ因子……………………………………………………（226）
第一节 FⅦ因子的基本结构与生物功能……………………………………（226）
第二节 FⅦ与凝血因子Ⅶ缺乏症……………………………………………（227）

第三节 FⅦ与CHD (231)
第四节 重组活化凝血因子FⅦ (232)
第十九章 血栓黏合素 (235)
第二十章 核心蛋白聚糖 (249)
第一节 核心蛋白聚糖的结构 (249)
第二节 核心蛋白聚糖与纤维化 (251)
第三节 核心蛋白聚糖与肿瘤 (254)
第二十一章 基底膜蛋白聚糖 (260)
第二十二章 骨钙素 (273)
第二十三章 骨连蛋白 (284)
第一节 骨连蛋白基因和分子结构 (284)
第二节 骨连蛋白的表达与调控 (285)
第三节 骨连蛋白的生物学功能及其与临床疾病的关系 (287)
第二十四章 骨桥蛋白 (294)
第二十五章 骨形成蛋白 (303)
第一节 骨形成蛋白概述 (303)
第二节 骨形成蛋白各论 (305)
第二十六章 选择素 (311)
第一节 选择素的分子结构及功能 (311)
第二节 选择素与临床疾病 (315)
第二十七章 整合素 (326)
第一节 整合素的分子结构及分布 (326)
第二节 整合素的生物学功能 (330)
第三节 整合素在生理、病理过程中的作用 (335)
第四节 整合素拮抗剂及其生物学作用 (341)
第五节 展望 (342)

第三篇 细胞外基质的代谢调控

第二十八章 细胞外基质代谢的结构基础 (347)
第一节 信号分子的糖基化修饰与间质细胞分化调控 (347)
第二节 糖基化修饰在干细胞向间质细胞分化过程中的作用 (348)
第三节 糖基化修饰与成纤维细胞凋亡调控 (351)
第二十九章 基质金属蛋白酶 (357)
第一节 基质金属蛋白酶的分类 (357)
第二节 基质金属蛋白酶的表达调控 (362)
第三节 基质金属蛋白酶的功能 (368)
第三十章 组织型金属蛋白酶抑制剂 (380)
第一节 总论 (380)
第二节 组织型金属蛋白酶抑制剂在肝纤维化中的应用研究 (386)

第三节　组织型金属蛋白酶抑制剂与肾脏疾病……………………………………（393）
第四节　组织型金属蛋白酶抑制剂与骨科疾病……………………………………（398）
第五节　组织型金属蛋白酶抑制剂与肺部疾病……………………………………（399）
第六节　组织型金属蛋白酶抑制剂与心血管疾病…………………………………（402）
第七节　组织型金属蛋白酶抑制剂与消化系统疾病………………………………（405）
第八节　组织型金属蛋白酶抑制剂与生殖系统疾病………………………………（407）
第九节　组织型金属蛋白酶抑制剂与眼部疾病……………………………………（410）
第十节　组织型金属蛋白酶抑制剂与其他疾病……………………………………（413）

第三十一章　细胞外基质代谢相关信号转导……………………………………………（417）
第一节　TGF-β/Smad 信号系统…………………………………………………（417）
第二节　PPARγ信号系统…………………………………………………………（425）
第三节　JAK/STAT 信号系统……………………………………………………（429）
第四节　Notch 信号系统…………………………………………………………（433）

第三十二章　细胞因子与细胞外基质代谢………………………………………………（438）
第一节　参与细胞外基质合成及分解代谢的细胞因子及其作用…………………（438）
第二节　与细胞因子相关的细胞外基质代谢疾病…………………………………（442）

第三十三章　细胞微环境与细胞外基质代谢……………………………………………（451）

第三十四章　激素与细胞外基质代谢……………………………………………………（459）
第一节　糖皮质激素与细胞外基质…………………………………………………（459）
第二节　雌激素与细胞外基质………………………………………………………（462）

第四篇　细胞外基质与临床医学

第三十五章　细胞外基质与胚胎发育……………………………………………………（469）

第三十六章　细胞外基质与免疫系统发育………………………………………………（479）
第一节　细胞外基质概述……………………………………………………………（479）
第二节　免疫系统发育………………………………………………………………（481）
第三节　细胞外基质与免疫系统发育………………………………………………（487）

第三十七章　细胞外基质与衰老…………………………………………………………（492）

第三十八章　细胞外基质与损伤修复……………………………………………………（507）
第一节　参与损伤修复的因素………………………………………………………（507）
第二节　组织损伤修复………………………………………………………………（513）

第三十九章　细胞外基质与心血管疾病…………………………………………………（523）
第一节　细胞外基质与心血管构成…………………………………………………（523）
第二节　细胞外基质与高血压………………………………………………………（528）
第三节　细胞外基质与心肌梗死……………………………………………………（536）
第四节　细胞外基质与动脉粥样硬化………………………………………………（540）
第五节　非胶原糖蛋白与心血管疾病………………………………………………（542）

第四十章　细胞外基质与肝纤维化………………………………………………………（556）
第一节　肝脏中的细胞外基质蛋白类型……………………………………………（556）

第二节　肝脏中分泌细胞外基质的细胞类型 …………………………………………（560）
　　第三节　肝脏细胞外基质的降解 ………………………………………………………（565）
　　第四节　肝纤维化中的信号转导通路 …………………………………………………（568）
　　第五节　肝纤维化研究现况 ……………………………………………………………（573）

第四十一章　细胞外基质与肾脏疾病 ……………………………………………………（587）
　　第一节　肾小球基底膜结构成分 ………………………………………………………（587）
　　第二节　胶原与肾脏疾病 ………………………………………………………………（594）
　　第三节　非胶原蛋白与肾脏疾病 ………………………………………………………（597）
　　第四节　其他细胞外基质与肾脏疾病 …………………………………………………（600）

第四十二章　细胞外基质与肺纤维化 ……………………………………………………（605）
　　第一节　胶原与肺纤维化 ………………………………………………………………（605）
　　第二节　非胶原糖蛋白与肺纤维化 ……………………………………………………（608）
　　第三节　弹性蛋白与肺纤维化 …………………………………………………………（612）
　　第四节　肺纤维化形成的调节 …………………………………………………………（614）

第四十三章　细胞外基质与中枢神经系统疾病 …………………………………………（621）
　　第一节　细胞外基质与神经系统 ………………………………………………………（621）
　　第二节　层粘连蛋白与中枢神经系统 …………………………………………………（622）
　　第三节　亲玻粘连蛋白与中枢神经系统 ………………………………………………（628）
　　第四节　促进轴突生长的细胞外基质 …………………………………………………（631）
　　第五节　蛋白聚糖与中枢神经系统 ……………………………………………………（634）
　　第六节　短蛋白聚糖与神经系统 ………………………………………………………（636）
　　第七节　腱生蛋白与中枢神经系统 ……………………………………………………（637）
　　第八节　细胞外基质与脊髓损伤 ………………………………………………………（638）
　　第九节　细胞外基质蛋白的调节与神经系统疾病 ……………………………………（639）

第四十四章　细胞外基质与骨关节疾病 …………………………………………………（645）

第四十五章　细胞外基质与血液疾病 ……………………………………………………（660）
　　第一节　细胞外基质概述 ………………………………………………………………（660）
　　第二节　骨髓微环境中的细胞外基质与造血调节 ……………………………………（661）
　　第三节　细胞外基质与血液系统疾病 …………………………………………………（664）
　　第四节　细胞外基质与血小板凝集及血栓形成 ………………………………………（667）

第四十六章　细胞外基质与肿瘤转移 ……………………………………………………（671）
　　第一节　肿瘤转移的过程与途径 ………………………………………………………（671）
　　第二节　细胞外基质成分在肿瘤转移过程中的作用 …………………………………（673）
　　第三节　细胞外基质受体与肿瘤转移 …………………………………………………（676）
　　第四节　细胞外基质代谢酶与肿瘤的转移 ……………………………………………（680）

第四十七章　细胞外基质与皮肤病 ………………………………………………………（690）
　　第一节　皮肤的基本结构与细胞外基质 ………………………………………………（690）
　　第二节　皮肤结构中主要细胞外基质及其受体的生理功能 …………………………（692）
　　第三节　皮肤细胞外基质相关主要皮肤疾病 …………………………………………（698）

第四十八章　细胞因子拮抗剂与抗纤维化治疗……………………………………（708）
　第一节　细胞因子拮抗剂与抗肝纤维化治疗………………………………………（708）
　第二节　细胞因子拮抗剂与抗肺纤维化治疗………………………………………（712）
　第三节　细胞因子拮抗剂与抗心肌纤维化治疗……………………………………（717）
　第四节　细胞因子拮抗剂与抗肾脏纤维化治疗……………………………………（719）

第四十九章　干细胞与抗肝纤维化治疗……………………………………………（725）
　第一节　肝纤维化……………………………………………………………………（725）
　第二节　干细胞与肝纤维化…………………………………………………………（734）
　第三节　间充质干细胞抗肝纤维化的机制…………………………………………（741）

彩图

第一篇

概 论

第一章 细胞外基质概论

细胞外基质（extracellular matrix，ECM）是指位于上皮或内皮细胞下层、结缔组织细胞周围，为组织、器官甚至整个机体的完整性提供力学支持和物理强度的物质。在简单的多细胞生物系统中，维系各个细胞之间的相互关系的细胞外基质，可能仅仅就是基底膜结构。在更为复杂的动物机体中，细胞外基质可有多种存在形式，如皮肤、骨、肌腱、韧带、软骨及广泛存在的基底膜等。

关于判断一种分子是否属于细胞外基质的范畴，应该有一定的依据和标准。作为一种细胞外基质成分，必须是基质结构中的一种成分，起到一定的结构作用。同时，必须是作为一种完整的蛋白质分子在细胞中合成之后，再分泌到细胞外。根据这样的一个标准，插入细胞膜结构中的蛋白聚糖，以及与细胞外基质之间虽然有十分密切的关系，但又不起结构性作用的成分，都不能算是细胞外基质的类型。因为跨膜蛋白的细胞外结构位点虽然与细胞外基质之间有十分密切的关系，但其主要的生物学功能是介导跨膜的信号转导，因而只能将其归属为细胞膜受体类。有些细胞外分子与细胞外基质之间有密切关系，或只是简单地滞留于细胞外基质中，这种蛋白质既不是细胞外基质的结构部分，如金属蛋白酶类、生长因子类及白蛋白等血浆蛋白类等，也不是细胞外基质蛋白的成分。

细胞外基质不应该仅仅看成是为组织和机体提供力学支持及物理强度的组织部分，因为目前的研究越来越清楚地表明，这一类型的细胞外基质，对于其所作用的细胞类型中基因表达的方式，细胞的黏附、扩散及移行等表现都有极其深远的影响。相应地，在胚胎发育、纤维化发生、损伤修复及肿瘤发生与转移过程中发挥重要作用。近年来研究还深入探讨了细胞外基质分泌的信号通路及调节基质，如明确了 miRNA 对细胞外基质的调节作用等，相应地为通过调节细胞外基质进而对疾病进行干预提供了理论依据。

第一节 细胞外基质的分类

根据目前细胞外基质的定义和标准，所研究的细胞外基质达 40 余种，按照其英文字母顺序排列，如表 1-1 所示。

表 1-1 细胞外基质蛋白的种类

聚合素（aggrecan）	Ⅰ型胶原（collagen type Ⅰ）
二糖聚糖（biglycan）	Ⅱ型胶原（collagen type Ⅱ）
骨涎蛋白（bone sialoprotein）	Ⅲ型胶原（collagen type Ⅲ）
软骨基质蛋白（cartilage matrix protein）	Ⅳ型胶原（collagen type Ⅳ）
软骨低聚基质蛋白（cartilage oligomeric matrix protein）	Ⅴ型胶原（collagen type Ⅴ）

续表

Ⅵ型胶原（collagen type Ⅵ）	纤维调节素（fibromodulin）
Ⅶ型胶原（collagen type Ⅶ）	纤维粘连蛋白（fibronectin）
Ⅷ型胶原（collagen type Ⅷ）	层粘连蛋白（laminin）
Ⅸ型胶原（collagen type Ⅸ）	连接蛋白（link protein）
Ⅹ型胶原（collagen type Ⅹ）	基膜聚醣（lumican）
Ⅺ型胶原（collagen type Ⅺ）	基质 gla 蛋白（matrix gla protein）
Ⅻ型胶原（collagen type Ⅻ）	微原纤维相关糖蛋白（microfibril-associated protein）
ⅩⅢ型胶原（collagen type ⅩⅢ）	骨钙素（osteocalcin）
ⅩⅣ型胶原（collagen type ⅩⅣ）	骨结合素（osteonectin）
ⅩⅤ型胶原（collagen type ⅩⅤ）	骨桥蛋白（osteopontin）
ⅩⅥ型胶原（collagen type ⅩⅥ）	串珠聚糖（perlecan）
核心聚糖（decorin）	腱生蛋白（tenascin）
弹性蛋白（elastin）	血栓黏合素（thrombospondin）
巢蛋白（entactin）	多能素（versican）
微纤维蛋白（fibrilin）	玻连蛋白（vitronectin）
纤维蛋白原（fibrinogen）	激活第Ⅶ因子（von Willebrand factor）

  结缔组织将机体其他部位的各种类型的组织结合在一起，承受运动时的冲击、维持机体各部位的形态，其主要组成成分就是不溶性的各种类型的纤维及一些可溶性的多聚体蛋白质分子。主要的纤维类型当属于胶原及弹性蛋白；主要的可溶性蛋白分子则是一些蛋白聚糖和糖蛋白分子。不同结缔组织，其结构与功能的不同则主要是由于结缔组织中这些细胞外基质蛋白各种成分各自的含量及所占的比例来决定的。需要承受巨大牵拉力量的结缔组织类型，如肌腱等，含有较多的纤维性胶原；而承受巨大压力的结缔组织类型，如软骨等，则含有较多的蛋白聚糖分子。总的说来，细胞外基质蛋白大体上可以分为胶原、蛋白聚糖和糖蛋白三大类，但有时也将蛋白聚糖和糖蛋白分子统称为非胶原蛋白。

一、胶原

  胶原是一个由多种糖蛋白分子组成的家族。到目前为止，至少发现了 30 余种胶原链（collagen chain）的编码基因，这些不同的胶原链，以不同的方式组合，可以形成至少 16 种以上的胶原三聚体糖蛋白分子。新的胶原链及胶原蛋白分子类型正在不断地被发现。许多类型的胶原蛋白具有非常复杂的结构，以至于鉴定一种蛋白质分子是否属于胶原的难度也越来越大。至少有三种类型的胶原组成蛋白聚糖分子的蛋白核心成分。其他几种类型的蛋白质，如补体 C1q 和乙酰胆碱酯酶的分子结构中，也含有胶原的基本结构单位，即三螺旋结构形式，但这些并不属于胶原蛋白类型。因为作为一种细胞外基质蛋白的成分，必须是与细胞外基质有关的结构密切相关的成分。

1. 胶原的三螺旋结构　胶原的三螺旋结构是由 3 个α链多肽组成的。每一条胶原蛋白链都是左手螺旋构型，三条链又相互缠绕成右手螺旋，即超螺旋状结构。胶原链的一级结构中，每三个氨基酸残基中就有一个是甘氨酸残基，即为（Gly-X-Y）$_n$的结构形式。因为只有甘氨酸残基的侧链较小，不至于影响三螺旋结构的形成。而 X 和 Y 位点上的第 20～22 位氨基酸残基是亚氨基氨基酸残基，即脯氨酸和羟脯氨酸残基。羟脯氨酸的羟基基团是三螺旋结构赖以形成的氢键基团。在螺旋和非螺旋结构位点区特定部位的赖氨酸与羟赖氨酸，对于胶原链的链内和链间稳定的共价交联、形成超分子的过程具有决定性的作用。羟赖氨酸残基位点还是潜在的糖基化位点，可以发生半乳糖化或葡糖半乳糖化。羟赖氨酸/赖氨酸的比例及羟赖氨酸的糖基化修饰程度，在不同的胶原分子，或是不同组织的同一种胶原分子中都是不同的。不同胶原分子的三螺旋结构的长度不同，或者是连续型结构，或者被非螺旋结构所分割。

2. 胶原的生物合成　胶原α链的合成符合其他类型分泌型蛋白合成的一般规律，但有一系列特殊的翻译后加工，包括脯氨酸和赖氨酸残基的羟基化等。羟赖氨酸残基的糖基化、酪氨酸的硫酸化、二硫键的形成、链间的结合、分泌及沉积到细胞外基质之前在非胶原位点区碳水化合物链及氨基聚糖链的加成等，都是胶原蛋白重要的翻译后加工形式。细胞外基质中不同类型的胶原分子及特殊的超分子结构有不同的修饰形式。

3. 经典的纤维胶原　Ⅰ、Ⅱ和Ⅲ型胶原称为经典的纤维形成胶原，占体内总胶原的80%～90%。这三种胶原在细胞内以前体形式的前胶原合成，结构中形成三螺旋结构的序列是连续分布的，两端都是非螺旋结构位点，即多肽前体区。在纤维形成过程中，在 N-或 C-蛋白酶的作用下两端的多肽前体序列被水解掉，形成以三螺旋结构区为主、仅有较短的非螺旋结构区。胶原链的单体分子可以自发地形成纤维结构，每个单体分子中有 234 个氨基酸残基参与多聚体的形成，使其与相邻的单体分子之间产生最大的静电与疏水作用效果。这一结构方式还使得赖氨酸/羟赖氨酸残基之间，无论是在螺旋结构区还是在非螺旋结构区，相距不到 0.4D（1D 相当于 67nm 长），使这些氨基酸残基之间形成稳定的共价交联。非螺旋区的 ε-NH_2 基团在赖氨酰氧化酶的催化作用下发生氧化；螺旋区的 ε-NH_2 与醛基缩合为席夫碱基（Schiff's base）。双功能交联与另外的赖氨酸羟/赖氨酸或组氨酸残基进行缩合，形成更为成熟的三功能交联。

Ⅴ型和Ⅵ型胶原虽然也划分为纤维胶原，只是从其结构序列与Ⅰ～Ⅲ型胶原分子结构的同源性角度来划分的。所有其他类型的胶原分子无论是其结构还是在细胞外基质中组织的方式，都有显著的差别。最近的研究表明，或许不存在Ⅰ型、Ⅱ型或Ⅲ型胶原纤维，因为有些胶原是由不同的胶原链组合而成的异形分子，甚至在Ⅰ型和Ⅱ型胶原分子中发现有Ⅴ型和Ⅺ型胶原链的掺入。Ⅸ型、Ⅻ型和ⅩⅣ型胶原，只是结合在纤维表面上，对于胶原的反应性质具有修饰作用，因而称为三螺旋结构不连续的纤维相关胶原（fibril-associated collagen with interrupted triple helix，FACIT）。

4. 其他类型的胶原　纤维胶原与其他类型的胶原之间存在着两种类型的相互关系，但其他类型的胶原无论是结合在纤维胶原的表面还是其结构内部，都将改变纤维胶原的反应性质和能力。其他类型的胶原对于纤维胶原的影响，也随着组织类型的不同而有差别，即使是同一种类型的组织中，在不同的发育阶段，其影响也是不同的。另外，还有一些类型的胶原分子形成不同的结构形式，如Ⅳ型胶原参与三维网状结构的形成、Ⅵ型胶原形成串珠状纤维结构、Ⅶ型胶原形成反向平行二聚体形式的锚定纤维结构、Ⅷ型胶原与六边形晶格结构的形成有关。

二、蛋白聚糖

蛋白聚糖（proteoglycan）是由一系列相差很大的蛋白质分子组成的一个家族，其结构特点是一个核心蛋白分子与一个或多个氨基聚糖（glycosaminoglycan，GAG）侧链相结合。这类分子在动物细胞中广泛分布，参与一系列不同的生物学功能。蛋白聚糖分子可以存在于细胞外，与细胞膜呈结合状态，在细胞内则是以颗粒状态储存。绝大部分的蛋白聚糖分子与细胞外基质之间有着极为密切的关系，但也有些蛋白聚糖分子与细胞外基质无关。

蛋白聚糖分子的结构不同，不仅仅是指其核心蛋白的结构不同，其氨基聚糖分子的类型和大小也不一样。在不同的发育阶段，细胞表达不同类型的蛋白聚糖分子。氨基聚糖复杂的碳水化合物类型主要包括硫酸软骨素（chondroitin sulfate，CS）、硫酸皮肤素（dermatan sulfate）、硫酸角质素（keratan sulfate）、硫酸乙酰肝素（heparan sulfate，HS）和透明质酸（hyaluronan，HA）。这些分子的共同特点是由两个不同的糖形成的双糖重复序列，其中一个为己糖，另一个为己糖胺。由于双糖键及硫酸化位置的不同，导致这些氨基聚糖链的结构不同。

1. 硫酸软骨素　一分子葡糖醛酸与 N-乙酰半乳糖胺之间形成β1-3 连接构成基本的重复单位。硫酸化位点可位于氨基团的第 4 或第 6 个位点上，分别称为硫酸软骨素-4 和硫酸软骨素-6。在两个位点上都发生硫酸化修饰的软骨素则更为常见，但有时也可见到两个位点都未发生硫酸化修饰或仅一个位点上发生硫酸化修饰的软骨素分子类型。

2. 硫酸皮肤素　硫酸皮肤素这种氨基聚糖分子与硫酸软骨素的分子结构是相似的，只是葡糖醛酸残基变成了艾杜糖酸残基。这种氨基聚糖分子一旦形成，可以在两个不同的位点上同时发生硫酸化修饰。糖苷键也随之变为α1-3 型。因此，含有一个或多个艾杜糖酸残基的硫酸软骨素链称为硫酸皮肤素。

3. 硫酸角质素　在硫酸角质素蛋白质的分子结构中，糖醛酸残基则以半乳糖基团代替。重复序列就是半乳糖基团与 N-乙酰葡糖胺之间形成的β1-4 连接。每一个残基上的第 6 个位点则发生硫酸化修饰。

4. 硫酸乙酰肝素　葡糖醛酸与 N-乙酰葡糖胺之间形成β1-4 连接。两个残基可在 O-或 N-位点上发生广泛的硫酸化修饰，葡糖醛酸则出现异构化。

5. 透明质酸　透明质酸含有为数不定的多聚体型葡糖酸与 N-乙酸葡糖胺之间形成的β1-3 连接形式。

三、糖蛋白

在细胞外基质中，糖蛋白分子具有多种类型的功能性活性多肽位点结构，除了与细胞膜相应的受体蛋白分子结合以外，还与基质中其他类型的分子存在着相互作用。在矿化结缔组织中发现的细胞外基质糖蛋白分子，还与骨及牙质中的无机成分存在着相互作用。一些糖蛋白分子可以借助二硫键的形成或非共价结合，形成寡聚体形式。另外，糖蛋白基因的转录表达产物往往存在着剪切加工现象，产生一系列结构与功能十分相似的蛋白质，并组成一个家族。在糖蛋白的分子结构中，碳水化合物链与蛋白核心骨架结构共价结合，有时为 N-型，有时为 O-型，或 O-型、N-型共存。其他类型的翻译后修饰加工，还包括丝氨酸和苏氨酸残基的磷酸化、酪氨酸残基的硫酸化等。一些糖蛋白分子具有黏附作用，称为黏附性糖蛋白，其中纤维粘连蛋白就是一个典型的代表。

除此之外，糖蛋白还包括玻连蛋白、层粘连蛋白、血栓黏合素和冯·威勒布兰德因子（von Willebrand factor）等。在这些黏附性糖蛋白的分子结构中，有一些特殊的功能与结构位点及一些重复位点结构，如纤维粘连蛋白Ⅲ型位点结构及表皮生长因子（epidermal growth factor，EGF）样重复序列等，都是这些黏附性糖蛋白分子中的共同结构位点。这些具有黏附作用的糖蛋白分子结构中还常常含有天冬氨酸残基的序列结构，如 RGD 三肽序列，可通过与细胞膜上相应的整合素受体蛋白的结合，介导糖蛋白与细胞之间的黏附过程。

除了这些具有黏附作用的细胞外基质糖蛋白之外，在软骨、骨及牙质等骨骼组织中也含有一些基质糖蛋白分子。骨相关的基质糖蛋白一个突出的特点就是其阴离子性质。这是由分子结构中富含酸性氨基酸残基所决定的，如天冬氨酸和谷氨酸等。在骨桥蛋白分子结构中，某些序列片段含有连续的天冬氨酸残基序列，而在骨涎蛋白中则含有连续的谷氨酸残基序列。

除了这类骨相关的基质糖蛋白分子结构中含有较多的酸性氨基酸残基决定了其带有负电荷的性质之外，其翻译后的一系列修饰过程也与其带有负电荷的性质有关。例如，丝氨酸残基位点发生磷酸化、苏氨酸残基位点发生磷酸化、酪氨酸残基位点发生硫酸化，这些都与整个糖蛋白所带电荷的性质有关。

第三类糖蛋白分子即弹性蛋白和与弹性蛋白沉积有关的糖蛋白。典型的为微纤维蛋白和基质相关糖蛋白（matrix-associated glycoprotein，MAGP）。微纤维蛋白的异常是马方综合征的一个病因，因而得到了较为广泛的重视。

细胞外基质中的糖蛋白在胚胎发育及生后的一系列病理发生、发展过程中具有重要作用。黏附性糖蛋白与细胞的黏附及迁移过程有关，骨骼相关性糖蛋白在离子浓度的调节中具有重要作用，微纤维蛋白在弹性蛋白的沉积过程中具有重要影响。

第二节 细胞外基质的结构特点

细胞外基质蛋白是一群具有特殊结构与功能的生物大分子。其基本结构骨架还是蛋白质，是由不同的氨基酸残基组成的特殊多肽序列。胶原是由不同的胶原链蛋白组成的一系列结构不同的三螺旋蛋白结构形式。蛋白聚糖的核心结构也是蛋白质，不过有氨基聚糖侧链的加成修饰。糖蛋白则是一些分布于不同的亚细胞部位，在 O-、N-或两种氨基酸残基位点上都发生糖基化修饰的分子类型。胶原蛋白赋予细胞外基质抗牵拉张力，蛋白聚糖则结合大量的水分，使组织具有弹性，缓冲碰撞与挤压。糖蛋白既有与细胞之间相互作用的能力与性质，又通过蛋白质-蛋白质的相互作用影响细胞外基质组装过程。其中最为突出的特点是有细胞外基质特征性结构位点的存在。细胞外基质结构的突出特点就是重复序列位点结构及功能性位点结构。在细胞外基质中存在着一系列的特征性结构位点。

1. 酸性序列结构 由连续的酸性氨基酸残基，如天冬氨酸或谷氨酸残基组成的序列。这种酸性氨基酸残基组成的序列一般不长，但可使多肽分子带有负电荷的性质，对于离子浓度的调节起到一定的作用。

2. 过敏性毒素结构位点 过敏性毒素结构位点由30～40个氨基酸残基组成，其中包括6个半胱氨酸残基。在补体成分C3a、C4a和C5a，以及白蛋白的分子结构中可以发现这种过敏性毒素结构位点的存在。

3. 胶原三螺旋结构 由甘氨酸与另外两种氨基酸残基组成的三肽序列重复排列而成，即每三个氨基酸残基中有一个甘氨酸残基，或每隔两个氨基酸残基就是甘氨酸残基，即Gly-X-Y三体形式的重复序列。其中20%～22%的X和Y位置上的氨基酸残基是脯氨酸或羟脯氨酸残基。羟脯氨酸残基中的羟基与三螺旋结构中的氢键形成有关。

4. 弹性蛋白交联位点 由10～30个氨基酸残基组成，其中包括2个赖氨酸残基，相距3～4个氨基酸残基，参与链间的交联。其结构不清楚。

5. 弹性蛋白疏水结构位点 由10～80个氨基酸残基组成，其中疏水氨基酸残基所占的比例很高，特别是丙氨酸和缬氨酸残基的比例很高。其结构不清楚。

6. 表皮生长因子结构位点 表皮生长因子结构位点由30～80个氨基酸残基组成，其中含有6～8个半胱氨酸残基。在数种细胞外基质的蛋白质分子结构中都有表皮生长因子位点结构。关于表皮生长因子本身的结构及凝血因子Ⅸ分子结构中的表皮生长因子重复序列已得到测定。

7. 纤维蛋白原β、γ位点 纤维蛋白原即凝血因子Ⅰ的结构位点含有大约200个氨基酸残基。其结构不清楚。

8. 纤维粘连蛋白Ⅰ型重复序列 纤维粘连蛋白Ⅰ型重复序列由40～50个氨基酸残基组成，重复序列内部有2个二硫键。在组织型血纤溶酶原激活剂（tissue plasminogen activator，TPA）和凝血因子Ⅻ的分子结构中都有纤维粘连蛋白Ⅰ型重复序列的结构位点。纤维粘连蛋白等7个Ⅰ型重复序列的结构已得到测定。

9. 纤维粘连蛋白Ⅱ型重复序列 纤维粘连蛋白Ⅱ型重复序列又称为Kringle位点，由大约60个氨基酸残基组成，重复序列的结构中含有两个二硫键结构。在组织型血纤溶酶原激活剂及血纤溶酶原的蛋白质分子结构中，都存在着纤维粘连蛋白Ⅱ型重复序列的位点结构。牛精液蛋白分子结构中的纤维粘连蛋白Ⅱ型重复序列结构已得到测定。

10. 纤维粘连蛋白Ⅲ型重复序列 纤维粘连蛋白Ⅲ型重复序列由90～100个氨基酸残基组成，但与Ⅰ型和Ⅱ型纤维粘连蛋白的重复序列不同，其结构中并不存在重复序列结构内的二硫键。纤维粘连蛋白及腱生蛋白分子结构中含有RGD三肽序列的两种Ⅲ型位点结构已得到测定。纤维粘连蛋白与腱生蛋白分子结构中的Ⅲ型重复序列位点结构和免疫球蛋白位点的结构方式相似，但两种结构位点的一级结构序列的同源性却有限。

11. Gla位点 Gla位点是指含有一系列γ-羧基谷氨酸残基的多肽片段区。

12. 血红素结合蛋白位点 血红素结合蛋白位点结构由140～190个氨基酸残基组成。这一段结构序列中含有三个半胱氨酸残基。其结构不清楚。

13. X螺旋状结构位点 与双螺旋或三螺旋结构形成的相关性链状结构位点，称为X螺旋状结构位点，因为这段多肽序列与螺旋结构的形成有关，而且由7个氨基酸残基组成而得名。X氨基酸重复序列结构中，在第1和第4个氨基酸残基位点上的氨基酸为非极性氨基酸残基，而位于第5和第7位上的氨基酸残基则为极性氨基酸残基。

14. 免疫球蛋白位点 免疫球蛋白（immunoglobulin，Ig）位点由90～100个氨基酸残基组成。在某些类型的免疫球蛋白折叠结构中，含有重复序列结构内部的二硫键结构。所有的免疫球蛋白结构位点都呈三明治结构，相对的片层由两段β折叠构成。免疫球蛋白位点结构可以分为两种，即 V-型位点结构和 C-型位点结构，而且还可以进一步分类。C-型位点结构中含有 7 个β链结构，一面由 3 个β链组成，另一面由 4 个β链组成。在 V-型位点结构中，在由 3 个β链组成的 2 个β链上有另外的氨基酸残基序列，其余与 C-型位点结构相同。各个片层之间以长短不同的环状结构相连。

15. Kunitz 蛋白酶抑制剂位点结构　　Kunitz 蛋白酶抑制剂（Kunitz proteinase inhibitor）位点结构是由大约 50 个氨基酸残基组成的一段序列。这段序列中包含 6 个半胱氨酸残基，其结构不清楚。

16. 层粘连蛋白 G 位点　　层粘连蛋白的 G 位点结构由 160~230 个氨基酸残基组成，其中有 4 个半胱氨酸残基，其结构不清。

17. 低密度脂蛋白受体位点　　低密度脂蛋白（low density lipoprotein，LDL）受体位点结构由 40~50 个氨基酸残基组成。在这一段重复序列结构中不存在二硫键结构，其结构不清楚。

18. 外源凝集素位点　　外源凝集素（lectin）位点结构由 120~130 个氨基酸残基组成。这段结构序列内部有 2 个链内二硫键结构。外源凝集素位点又称为 C-型外源凝集素，因为某些蛋白质分子结构中的外源凝集素位点可以与碳水化合物分子结合，而且是钙依赖性方式。C-型外源凝集素位点的结构已经测定，是以大鼠的甘露糖结合蛋白中外源凝集素的位点进行测定的。X 射线晶体衍射分析表明，外源凝集素位点结构由 2 个区域组成，一个区域为非有序结构，而另一个则为由α螺旋和β片层结构组成的有序结构区。

19. 富含亮氨酸位点　　富含亮氨酸位点是一个较短的多肽片段，其中含有高比例的亮氨酸残基，其结构不清楚。

20. 连接蛋白位点　　连接蛋白位点含有 70~80 个氨基酸残基，其中有 4 个半胱氨酸残基。在 CD44 分子中存在这种连接蛋白位点结构，其结构不清楚。

21. 富含赖氨酸/脯氨酸位点　　富含赖氨酸/脯氨酸位点因其含有高比例的赖氨酸残基和脯氨酸残基而得名，其结构不清楚。

22. 卵黏蛋白位点　　卵黏蛋白位点由 55 个氨基酸残基组成，其中包括 6 个半胱氨酸残基。卵黏蛋白结构位点在几种类型的丝氨酸蛋白酶抑制剂的分子结构中都有存在，其结构不清楚。

23. PARP 位点　　PARP 位点是指富含脯氨酸、精氨酸残基蛋白的结构位点。这一位点结构由 210 个氨基酸残基组成，其结构不清楚。

24. 备解素位点　　备解素位点（properdin domain）含有大约 50 个氨基酸残基，其中 6 个是半胱氨酸残基。在补体成分 C6 和 C9 蛋白质的分子结构中含有这种备解素位点结构序列，其结构不清楚。

25. 转化生长因子β_1受体重复序列位点　　转化生长因子β_1（transforming growth factor β_1，TGF-β_1）受体重复序列位点由 70~80 个氨基酸残基组成，其中含有 8 个半胱氨酸残基。其结构不清楚。

26. 血栓黏合素Ⅲ位点　　血栓黏合素Ⅲ（thrombospondin Ⅲ，TSPⅢ）位点结构由 20~40 个氨基酸残基组成，其中包括 2 个半胱氨酸残基，其结构不清楚。

27. 甲状腺球蛋白位点 甲状腺球蛋白位点由 30~40 个氨基酸残基组成，含有几个为数不定的半胱氨酸残基，其结构不清楚。

28. 富含硫酸酪氨酸位点 富含硫酸酪氨酸位点因其结构中含有几个硫酸化修饰的酪氨酸残基位点而得名。

29. 冯·威勒布兰德因子 A 位点 冯·威勒布兰德因子 A（von Willebrand factor A，vWFA）位点结构由 190~230 个氨基酸残基组成，但其序列中没有链内二硫键结构。在许多种类型的蛋白质分子中，都有这种冯·威勒布兰德因子 A 的位点结构。其结构不清楚。

30. 冯·威勒布兰德因子 B 位点 冯·威勒布兰德因子 B 位点由 25~35 个氨基酸残基组成，其中含有几个半胱氨酸残基，其结构不清楚。

31. 冯·威勒布兰德因子 C 位点 冯·威勒布兰德因子 C 位点又称为前胶原位点，大约由 70 个氨基酸残基组成，也含有几个半胱氨酸残基，其结构不清楚。

32. 冯·威勒布兰德因子 D 位点 冯·威勒布兰德因子 D 位点结构由 270~290 个氨基酸残基组成，其中含有几个半胱氨酸残基，其结构不清楚。

第三节 细胞外基质的生物学功能

机体是由器官、组织和细胞组成的。不同的器官、不同的组织，是由不同的细胞组成的。细胞外基质将这些不同类型的细胞集合在一起，使其构成不同的组织和器官。没有细胞外基质的参与，就不能构成一个机体。因此，细胞外基质也具有十分重要的生物学功能。细胞外基质不仅赋予机体物理性特征，为全身的各种细胞提供附着的支架组织，而且对于维持这些细胞的生物学功能具有深远的影响。

一、细胞外基质的物理学功能

细胞外基质是构成骨、软骨、韧带、皮肤、头发、各种器官包膜及各种实质器官基底膜的主要成分。因此，细胞外基质成分构成的这些类型的组织、器官在维持机体结构的完整性，为机体提供支架结构方面具有十分重要的功能。细胞外基质在维持各种器官的形态及其物理学特征方面，也有十分重要的作用。例如，肺中由纤维粘连蛋白及层粘连蛋白等组成的基底膜结构，是肺上皮细胞与内皮细胞附着的支架结构，便于气体交换。同时，其中的弹性纤维结构部分，又赋予肺组织高度弹性，使其随着呼吸的变化而收缩与舒张，完成呼吸动作，达到气体交换之目的。皮肤及实质脏器周围由细胞外基质蛋白组成的屏障结构，既防止机体在运动过程中造成脏器的过度震荡而受到损伤，又能作为缓冲屏障结构，防止在突然外力的冲击下发生损伤。实际上，机体的运动功能大部分是由细胞外基质蛋白所构成的组织、器官来完成的。

二、细胞外基质是由细胞分泌表达的

所有的细胞外基质蛋白都是由细胞合成并分泌到细胞外，在经过一系列的加工、修饰，构成特殊类型的组织和器官。绝大部分的细胞外基质蛋白都是作为一种蛋白质前体分子分泌到细胞外。因为这些细胞外基质蛋白都是可分泌型的蛋白质，因而其氨基末端都毫无例外地有一段由 20 个左右氨基酸残基组成的信号肽序列。细胞外基质蛋白的修饰加工包括

糖基化、磷酸化、硫酸化、末端肽序列的切除、二硫键的形成、链内交联、链间交联，以及二聚体、三聚体、四聚体等多聚体结构的形成等。

三、细胞外基质对于细胞功能的影响

细胞外基质不仅仅为各种类型的细胞提供支架结构与附着位点，而且反过来对细胞的黏附、迁移、增殖、分化及基因表达的调控具有重要的作用和显著的影响。一方面，在发育过程中，细胞外基质有助于正常组织和器官的形成，而且在病理状态下参与修复过程；另一方面，细胞外基质与主要脏器官的纤维化有关，而且与肿瘤细胞的转移有关。

1. 细胞外基质与细胞的黏附过程 细胞与细胞外基质之间的结合过程，不是被动的，而是主动的；不是随机的，而是一种特异性的过程。细胞与细胞外基质之间的结合，不仅仅为细胞的附着提供一个物理位点，而且还触发跨膜信号转导，对于细胞的基因表达及细胞表型和功能产生显著的影响。细胞外基质蛋白分子结构中具有与细胞结合的位点，称为细胞黏附位点。细胞黏附位点与细胞膜上相应的受体相结合，这是细胞外基质与细胞之间进行结合的一般方式。

骨涎蛋白（bone sialoprotein，BSP）分子结构中的细胞黏附位点位于第286~288个氨基酸残基，称为RGD位点，这是与细胞黏附过程密切相关的结构位点。在巢蛋白、纤维蛋白原、纤维粘连蛋白、骨桥蛋白、血栓黏合素-1、玻连蛋白、冯·威勒布兰德因子等结构中都有RGD或类似的位点序列。

2. 细胞外基质与细胞的迁移过程 细胞外基质与细胞膜上相应受体之间的相互作用，决定了细胞迁移过程。与细胞迁移有关的细胞膜上的受体分子，主要是整合素这种细胞表面的黏附性受体蛋白分子。每一种整合素分子都是由α和β亚单位组成的异二聚体分子形式，两者之间以1∶1的比例共价结合。到目前为止，已鉴定了20余种不同类型的整合素分子，与纤维粘连蛋白、层粘连蛋白、玻连蛋白和胶原蛋白之间都存在着结合功能。

在多细胞生物的发育过程中，许多发育过程和步骤都涉及细胞向新的位点迁移的过程。在形态学发生过程中，由纤维粘连蛋白及其他类型的具有黏附作用的生物大分子，构成了细胞黏附与迁移的主要基质结构。尽管各个胚胎之间有所差别，但一般来说，阻断由整合素介导的细胞迁移，会阻断胚胎原肠胚的形成。含有RGDS序列的合成多肽、抗整合素抗体的Fab片段、抗纤维粘连蛋白的抗体，单独情况下都可以抑制细胞迁移过程。如果细胞内注射$β_1$整合素亚单位胞质位点特异性的单克隆抗体或者抗体的Fab片段，都可以打乱细胞基质的装配过程，进一步证实整合素在细胞迁移过程中的重要作用。

细胞在纤维粘连蛋白上的迁移过程，需要RGD和其他协同的结构位点。针对RGD和协同作用位点的单克隆抗体，都能抑制细胞的移行过程。含有RGD多肽的抑制效应仅仅是部分性的。对于细胞迁移的抑制过程，其作用机制在多数情况下是破坏了整合素与纤维粘连蛋白之间的相互作用。

3. 细胞外基质与细胞的增殖过程 细胞外基质蛋白的某些类型具有促有丝分裂素的功能，可以促进细胞的增殖活动。例如，在神经细胞增殖过程的早期阶段，神经上皮细胞对于成纤维细胞生长因子（fibroblast growth factor，FGF）的作用十分敏感。FGF对于体外培养的神经上皮细胞的作用之一，就是能够促进这种细胞层粘连蛋白表达水平的升高。以Northern blot杂交技术证实，受到FGF刺激的细胞中，层粘连蛋白$β_1$和$β_2$链的mRNA

表达水平都显著升高。前体细胞群具有不同的主要组织相容性Ⅰ型抗原表达，据此又可分为前体细胞群和胶质细胞群，而只有分化为胶质细胞的细胞亚群，才具有层粘连蛋白的合成能力。因而推测FGF对于神经上皮细胞的主要作用就是促进其层粘连蛋白的合成与释放能力，以旁分泌的方式，进一步刺激神经细胞的分化。在一项研究中还发现，视网膜中的神经前体细胞与其下层的细胞外基质之间保持持续的接触，对于维持神经前体细胞的增殖状态具有十分重要的意义。

4. 细胞外基质与细胞的分化过程　神经系统的发育过程是一个非常复杂的过程。神经细胞的分化，在很大程度上取决于神经细胞与环境中各种活性分子之间的相互作用。利用体外细胞培养系统，鉴定了一系列的可溶性神经营养因子，诸如神经生长因子（nerve growth factor，NGF）、膜结合型细胞黏附分子（cell adhesion molecule，CAM）及细胞外基质等。近年来，在神经元周围环境中发现了对神经轴突生长具有促进作用的细胞外基质蛋白分子及其膜表面的受体蛋白分子。层粘连蛋白、纤维粘连蛋白及胶原蛋白等基质蛋白成分，都具有促进体外培养的神经元的轴突生长的功能。

大鼠的嗜铬细胞瘤（pheochromocytoma）细胞系PC12是研究神经元分化过程的一个重要模型。以NGF进行长时间的刺激之后，PC12细胞发生有丝分裂阻滞，从形态学及生物化学等方面进行分化，表现为交感神经元的特征。由NGF刺激之后，PC12细胞能够在无血清培养基中存活，因而可以对单个的细胞外基质蛋白对细胞黏附及轴突生长的影响逐一研究。一系列的研究表明，PC12细胞受到NGF的刺激作用之后，PC12细胞及其生长的轴突可以有效地与层粘连蛋白、Ⅰ型和Ⅳ型胶原及纤维粘连蛋白等黏附结合。经NGF处理之后，如果在含有血清的培养基中，PC12细胞的轴突可以在未进行包被的塑料细胞培养皿的表面伸展，提示血清中即含有能够促进神经元轴突生长的细胞外基质蛋白分子。

目前已积累的研究资料表明，每一种类型的细胞外基质蛋白都可以被一种整合素受体蛋白所识别。在细胞外基质蛋白分子结构中，已鉴定出几种不同的与整合素结合有关的结构位点，其中最为重要的是纤维粘连蛋白Ⅲ型重复序列结构位点。这一与整合素受体结合有关的位点结构，存在于一系列的细胞外基质糖蛋白分子的序列结构中。纤维粘连蛋白的Ⅲ型重复序列含有RGDS四肽序列，这是与纤维粘连蛋白细胞黏附作用有关的主要结构位点。在冯·威勒布兰德因子、血栓黏合素和玻连蛋白的蛋白质分子结构中都有RGD三肽序列，这是这些细胞外基质糖蛋白与细胞膜上相应的整合素受体进行结合的重要结构位点。对于PC12细胞来说，RGDS序列结构是纤维粘连蛋白与PC12细胞进行结合并促进PC12细胞轴突生长的主要结构位点。含有这段RGDS的合成多肽，可以抑制NGF刺激的PC12细胞在纤维粘连蛋白包被的培养皿上的形态学分化过程。

四、细胞外基质与相关疾病

1. 细胞外基质与肿瘤　在肿瘤转移过程中，一方面，细胞外基质影响肿瘤细胞的增殖、转移；另一方面，肿瘤细胞与细胞外基质的黏附、对细胞外基质的侵袭，肿瘤细胞在细胞外基质中的迁移与肿瘤转移密切相关。此外，肿瘤转移过程中的血管生成与细胞外基质亦存在广泛的联系。在众多影响肿瘤侵袭和转移的因素中，细胞外基质是阻止肿瘤转移的第一道屏障。在肿瘤浸润转移过程中，肿瘤细胞与周围的基质之间发生一系列的动态变化。

2. 细胞外基质与纤维化　纤维化是各种病因所引起的不同脏器的慢性病理生理过程，

其中以肝纤维化与肺纤维化最受临床关注。无论产生纤维化的病因如何，纤维化的发生、发展和结局都是类似的。纤维化的发生、发展与细胞外基质蛋白的合成、分泌、沉积及降解等过程相关。各种急、慢性疾病造成基质蛋白的合成水平升高，同时造成基质蛋白的降解能力下降，最后导致脏器纤维化。细胞外基质蛋白与纤维化关系的研究也为探讨抗纤维化治疗方法提供了理论依据。

（杨 松 成 军）

参 考 文 献

Bogdani M, Korpos E, Simeonovic CJ, et al. 2014. Extracellular matrix components in the pathogenesis of type 1 diabetes. Curr Diab Rep, 14: 552.

Brauchle E, Schenke-Layland K. 2013. Raman spectroscopy in biomedicine-non-invasive in vitro analysis of cells and extracellular matrix components in tissues. Biotechnol J, 8: 288~297.

Byron A, Humphries JD, Humphries MJ. 2013. Defining the extracellular matrix using proteomics. Int J Exp Pathol, 94: 75~92.

Chen S, Birk DE. 2013. The regulatory roles of small leucine-rich proteoglycans in extracellular matrix assembly. Febs J, 280: 2120~2137.

Clause KC, Barker TH. 2013. Extracellular matrix signaling in morphogenesis and repair. Curr Opin Biotechnol, 24: 830~833.

Davis ME, Gumucio JP, Sugg KB, et al. 2013. MMP inhibition as a potential method to augment the healing of skeletal muscle and tendon extracellular matrix. J Appl Physiol, 115: 884~891.

Freedman BR, Bade ND, Riggin CN, et al. 2015. The (dys)functional extracellular matrix. Biochim Biophys cta, 1853: 313153~313164.

Gehler S, Ponik SM, Riching KM, et al. 2013. Bi-directional signaling: extracellular matrix and integrin regulation of breast tumor progression. Crit Rev Eukaryot Gene Expr, 23: 139~157.

Giussani M, Merlino G, Cappelletti V. et al. 2015. Tumor-extracellular matrix interactions: Identification of tools associated with breast cancer progression. Semin Cancer Biol, 35: 3~10.

Iredale JP, Thompson A, Henderson NC. 2013. Henderson, extracellular matrix degradation in liver fibrosis: Biochemistry and regulation. Biochim Biophys Acta, 1832: 876~883.

Karsdal MA, Nielsen MJ, Sand JM, et al. 2013. Extracellular matrix remodeling: the common denominator in connective tissue diseases. Possibilities for evaluation and current understanding of the matrix as more than a passive architecture, but a key player in tissue failure. Assay Drug Dev Technol, 11: 70~92.

Kwak HB. 2013. Aging, exercise, and extracellular matrix in the heart. J Exerc Rehabil, 9: 338~347.

Meschiari CA, Ero OK, Pan H, et al. 2017. The impact of aging on cardiac extracellular matrix. Geroscience, 39: 7~18.

Mongiat M, Andreuzzi E, Tarticchio G, et al. 2016. Extracellular matrix, a hard player in angiogenesis. Int J Mol Sci, 17: e1822.

Muiznieks LD, Keeley FW. 2013. Molecular assembly and mechanical properties of the extracellular matrix: A fibrous protein perspective. Biochim Biophys Acta, 1832: 866~875.

Naba A, Clauser KR, Ding H, et al. 2016. The extracellular matrix: Tools and insights for the 'omics' era. Matrix Biol, 49: 10~24.

Rutnam ZJ, Wight YN, Yang BB. 2013. As regulate expression and function of extracellular matrix molecules. Matrix Biol, 32: 74~85.

Valiente-Alandi I, Schafer AE, Blaxall BC. 2016. Extracellular matrix-mediated cellular communication in the heart. J Mol Cell Cardiol, 91: 228~237.

Willis AL, Sabeh F, Li XY, et al. 2013. Extracellular matrix determinants and the regulation of cancer cell invasion stratagems. J Microsc, 251: 250~260.

第二篇

细胞外基质分子生物学基础

第二章 胶原蛋白

胶原（collagen）原意为"生成胶的产物"。目前胶原的科学定义是：细胞外基质（EMC）的结构蛋白，分子中至少应该有一个结构域具有α链组成的三股螺旋构象。胶原在本质上是一类由不同亚基组成的糖蛋白（glycoprotein）。作为骨骼与皮肤的主要组成部分，胶原是哺乳动物体内含量最多的蛋白质，约占细胞总蛋白的1/4、体内蛋白质重量的25%～35%，相当于体重的6%。

自1969年Miller和Matukas首先报道Ⅱ型胶原以来，共有至少29种不同的胶原分子被逐渐发现。胶原分别用罗马数字Ⅰ～ⅩⅩⅨ（1～29）表示。根据胶原结构的多样性，可将其分为纤维胶原、基膜胶原、微纤维胶原、锚定胶原、六边网状胶原、非纤维胶原、跨膜胶原、基膜胶原及其他有特殊作用的胶原等多种类型。

随着研究的不断深入，人们对广泛存在而又结构特殊的胶原蛋白的诸多方面都有了清晰的了解，但关于"什么是胶原蛋白，什么又不是胶原蛋白"的争论从来都没有停止过。本章将按照主流观点对胶原蛋白的相关内容进行介绍。

第一节 胶原蛋白的结构

和其他蛋白质一样，胶原蛋白同样也由氨基酸残基组成，但其氨基酸组成具有以下特点：甘氨酸含量几乎占总体胶原蛋白氨基酸的1/3；胶原蛋白中脯氨酸（Pro）和羟脯氨酸（Hyp）的含量是所有蛋白质中最高的，且其他蛋白质不存在羟赖氨酸，也很少有羟脯氨酸。

组成各种胶原蛋白的亚基结构不同是形成胶原蛋白差别的主要原因。3个不同的亚基（或称之为α链多肽）组成各种胶原蛋白的均一三聚体（homotriplex）或异三聚（heterotriplex）结构。每一条α链自身为左手螺旋构型（left-handed helical configuration），三者又相互缠绕在一起形成右手超螺旋（right-handed superhelix）结构。这个三股螺旋结构即为胶原蛋白的特征性结构。表2-1是部分胶原蛋白分子的结构和分布特征。

表2-1 Ⅰ～ⅩⅩⅨ型胶原结构与分布特点

胶原型号	亚基组成	编码基因	组织分布	胶原类型
Ⅰ	$[\alpha_1(Ⅰ)]_2\alpha_2(Ⅰ)$	COL1A1，COL1A2	骨、角膜、韧带、皮肤和肌腱	纤维胶原
	$[\alpha_1(Ⅰ)]_3$	COL1A1	肿瘤、皮肤	
Ⅱ	$[\alpha_1(Ⅱ)]_3$	COL2A1	软骨、玻璃体、髓核	纤维胶原
Ⅲ	$[\alpha_1(Ⅲ)]_3$	COL3A1	皮肤、动脉、子宫、胃肠道、网状纤维	纤维胶原

续表

胶原型号	亚基组成	编码基因	组织分布	胶原类型
IV	$[\alpha_1(IV)]_2\alpha_2(IV)$ 加上 $\alpha_3(IV)$、$\alpha_4(IV)$、$\alpha_5(IV)$ 链	COL4A1,COL4A2,COL4A3,COL4A4,COL4A5,COL4A6	基底膜	基质胶原
V	$[\alpha_1(V)]_2\alpha_2(V)$、$[\alpha_1(V)\alpha_2(V)\alpha_3(V)]$、$[\alpha_1(V)]_3$	COL5A1,COL5A2,COL5A3	胎盘、肺、角膜骨和皮肤	纤维胶原
VI	$[\alpha_1(VI)\alpha_2(VI)\alpha_3(VI)]$	COL6A1,COL6A2,COL6A3	真皮、软骨、胎盘、肺、静脉血管壁、椎间盘	微纤维
VII	$[\alpha_1(VII)]_3$	COL7A1	羊膜、皮肤、食管、子宫颈、口腔黏膜	锚定胶原
VIII	$[\alpha_1(VIII)]_2\alpha_2(VIII)$	COL8A1,COL8A2	地塞麦氏膜、内皮细胞等	六边网状纤维
IX	$[\alpha_1(IX)\alpha_2(IX)\alpha_3(IX)]$	COL9A1,COL9A2,COL9A3	软骨、玻璃体、角膜	纤维相关胶原
X	$[\alpha_1(X)]_3$	COL10A1	增生软骨	六边网状纤维
XI	$[\alpha_1(XI)\alpha_2(XI)\alpha_3(XI)]$	COL11A1,COL11A2	软骨、脊椎骨、玻璃体	纤维胶原
XII	$[\alpha_1(XII)]_3$	COL12A1	皮肤、肌腱、表皮、软骨、韧带	纤维相关胶原
XIII	$[\alpha_1(XIII)]_3$	COL13A1	表皮、毛囊、肌内膜、肠、肺、肝、内皮细胞	跨膜胶原
XIV	$[\alpha_1(XIV)]_3$	COL14A1	真皮、静脉血管壁、胎盘、肺、肝、肌腱、软骨	纤维相关胶原
XV	$[\alpha_1(XV)]_3$	COL15A1	纤维原细胞、平滑肌肉细胞、肾、胰腺	其他
XVI	$[\alpha_1(XVI)]_3$	COL16A1	纤维原细胞、胞衣、角化细胞	其他
XVII	$[\alpha_1(XVII)]_3$	COL17A1	表皮	跨膜胶原
XVIII	$[\alpha_1(XVIII)]_3$	COL18A1	?	?
XIX	$[\alpha_1(XIX)]_3$	COL19A1	横纹肌肉瘤	纤维相关胶原
XX	$[\alpha_1(XX)]_3$	COL20A1	角膜上皮细胞、胚胎皮肤、胸骨软骨、肌腱	纤维相关胶原
XXI	$[\alpha_1(XXI)]_3$	COL21A1	静脉血管壁	纤维相关胶原
XXII	$[\alpha_1(XXII)]_3$	COL22A1	组织连接处	纤维相关胶原
XXIII	$[\alpha_1(XXIII)]_3$	COL23A1	心脏、视网膜	跨膜胶原
XXIV	$[\alpha_1(XXIV)]_3$	COL24A1	骨、角膜	纤维胶原
XXV	$[\alpha_1(XXV)]_3$	COL25A1	脑、心、睾丸	跨膜胶原

续表

胶原型号	亚基组成	编码基因	组织分布	胶原类型
XXVI	[α₁(XXVI)]₃	EMID2	睾丸、卵巢	纤维相关胶原
XXVII	[α₁(XXVII)]₃	COL27A1	软骨	纤维胶原
XXVIII	[α₁(XXVIII)]₃	COL28A1	真皮、坐骨神经	?
XXIX	[α₁(XXIX)]₃	COL29A1	?	?

不同的胶原蛋白，三股螺旋结构的比例差别很大，最高的Ⅰ型胶原蛋白可达96%，而最少的Ⅻ型胶原蛋白则低于10%。因此，胶原蛋白和包含一个三股螺旋结构的蛋白质之间的区分标准还有待进一步明确。

一、三股螺旋结构

原胶原或胶原分子是构成大分子胶原蛋白的亚单位，三股螺旋结构是胶原分子的典型结构，其α链由662～3152个氨基酸残基组成。每一条α链是左手螺旋结构，又相互缠绕成右手超螺旋结构。

规律排列的三股螺旋结构域是胶原分子的典型特征。这些序列基本都遵循 Gly-Pro-X 或 Gly-X-Hyp 的顺序，其中 X 代表任何一种氨基酸残基，而甘氨酸（Gly）残基则是必需成分。胶原蛋白肽链中三联序列交替出现是具有独特结构基础的：胶原蛋白肽链的三股螺旋结构比普通的α螺旋结构拥有更大的螺距，但每一圈螺旋所包含的氨基酸残基数却仅为3.3个，因此胶原蛋白的三股螺旋显得更为细长；三股螺旋中间的空间仅能容纳一个氢原子，与其他种类氨基酸相比，甘氨酸更加适合这个位置；脯氨酸所特有的肽平面夹角、羟脯氨酸中的羟基对于氢键（hydrogen bond）的形成及三股螺旋结构的稳定性都是必需的；螺旋和非螺旋结构区的赖氨酸和羟赖氨酸残基的共价交联，对于胶原分子内部不同结构部分之间或胶原超分子结构中，胶原与其他成分间形成的稳定结构具有重要作用；羟赖氨酸残基位点还是潜在的糖基化位点，可以发生半乳糖化或葡萄糖半乳糖化。不同类型的胶原分子，羟赖氨酸/赖氨酸比率及赖氨酸位点糖基化的程度存在差异；同一胶原在不同组织或不同的生命阶段，其三股螺旋结构位点的长度也不同。

脯氨酸或羟脯氨酸占三股螺旋结构域氨基酸残基总数的1/6，而超过1/2的氨基酸残基不是甘氨酸、脯氨酸和羟脯氨酸。典型的三股螺旋结构域和高甘氨酸含量只存在于蚕丝蛋白等部分纤维蛋白中。高甘氨酸含量对于胶原螺旋结构的维持非常重要。

二、其他结构域

纤维胶原包含一个主要的三股螺旋结构，而纤维相关胶原和锚定胶原则包含其他多个结构域。Sylvie Ricard-Blum 在撰写的综述中，从蛋白质分子结构和功能域等角度出发描述了多种胶原蛋白的特征。

最早发现的纤维相关胶原蛋白——Ⅸ型胶原蛋白即具有多结构域的特点。非胶原的结构域主要参与了结构组装和胶原相关生物学功能的协同作用。非胶原结构域常常在同一胶原分子中多次重复出现，在其他细胞外蛋白中也经常被发现。纤维粘连蛋白Ⅲ、Kunitz、凝血酶敏感蛋白1和冯·威勒布兰德因子等也常常在胶原蛋白中出现，后者还常常参与蛋白质-蛋白质相互作用过程。Kunitz 结构域可在Ⅵ和Ⅶ型胶原蛋白成熟过程中发生裂解，但具体功能不清。锚定胶原蛋白均为单次Ⅱ型跨膜蛋白，包含了跨膜区、胞质区和定位于细胞外的多个三股螺旋结构域等。三股螺旋的折叠还需要三聚结构域，以便使胶原蛋白α链保持聚合并形成拉链样模式。上述非三股螺旋结构域可成为细胞外基质构建的模块。

胶原蛋白的结构域特征见图2-1（见彩图1）。

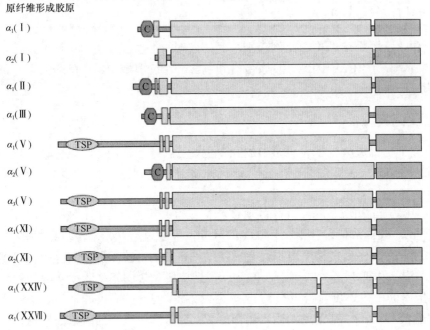

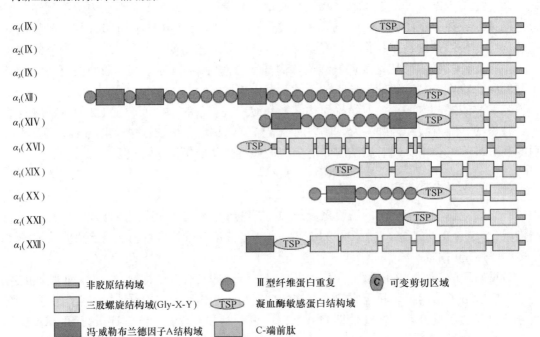

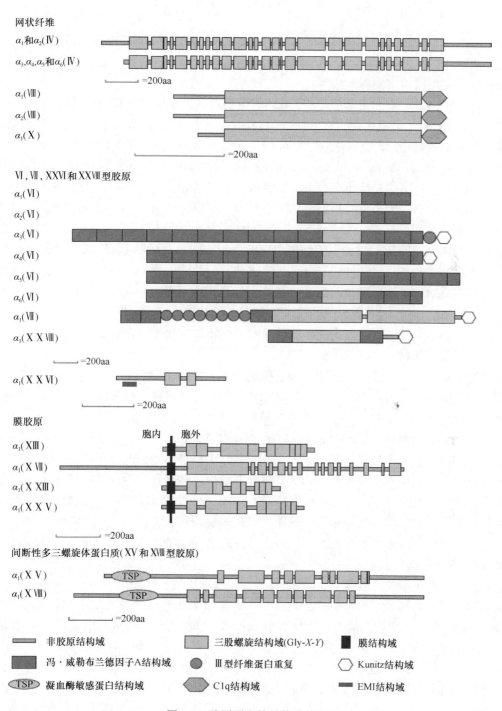

图 2-1　胶原蛋白的结构域特征
（引自：Sylvie Ricard-Blum. The Collagen Family）

第二节 胶原的生物合成

胶原蛋白分布广泛,多种细胞或组织可合成胶原蛋白。例如,结缔组织中的原胶原分子主要由成纤维细胞合成,软骨中的胶原由软骨细胞合成,骨胶原来自成骨细胞,基底膜中胶原则由上皮或内皮细胞合成等。

作为一种分泌表达的蛋白质,胶原α链的生物合成过程符合分泌型蛋白合成的一般规律。但在蛋白质翻译之后还会进行一些特殊的修饰过程,如脯氨酸和赖氨酸残基的羟基化、羟赖氨酸残基的糖基化、酪氨酸残基的硫酸化、二硫键的形成及链间的组合、分泌前特别是非胶原结构位点的碳水化合物及氨基聚糖复合物的加成,以及在细胞外基质中的沉积等。此外,不同类型的胶原还会有不同的修饰、加工及超分子结构的形成等。

根据胶原蛋白生物合成过程所处细胞亚环境,可将胶原的生物合成分为细胞内和细胞外两个阶段。

1. 细胞内合成阶段 结缔组织细胞中,胶原α链编码基因按照真核基因表达过程经转录、翻译后形成一条包含约1400个氨基酸残基的多肽链,称为前胶原蛋白。前胶原蛋白随后转入内质网中进行羟基化和糖基化修饰,然后形成三股螺旋而排出细胞外。

(1)羟基化修饰:胶原分子含有羟脯氨酸和羟赖氨酸,这两种氨基酸并无遗传密码、反密码子及tRNA引导肽链;而是在内质网中由脯氨酸羟化酶和赖氨酸羟化酶催化,由脯氨酸、赖氨酸残基羟化生成。

(2)糖基化修饰:胶原分子中共价连接的糖基主要包括葡萄糖、半乳糖及其双糖等。组织不同,糖含量可达0.4%~12%不等。在内质网中,半乳糖基转移酶及葡萄糖基转移酶可将上述糖基连于5-羟赖氨酸残基上形成糖基化修饰。

2. 细胞外成熟阶段 分泌到细胞外的前胶原在内切酶作用下水解为N端和C端的附加肽链,形成原胶原蛋白。原胶原分子可在中性pH条件下,借助分子间各部分不同电荷的相互吸引而自动聚合成胶原纤维,然后再经共价交联成网。胶原纤维的共价交联由赖氨酸氧化酶催化,此酶是唯一参与交联反应过程的酶。通过共价交联,胶原微纤维的张力加强,韧性增大,溶解度降低,最终形成不溶性的胶原纤维。

Ⅰ、Ⅱ和Ⅲ型胶原是经典的纤维形成胶原,占体内总胶原的80%~90%。下面以三者为例说明胶原的形成过程。

首先,细胞先合成前胶原(procollagen)的前体分子,每一分子可以分为连续的三股螺旋结构位点,两端分别是非螺旋结构位点,或称为多肽前体序列。在纤维形成过程中,在特异性N端、C端蛋白酶的作用下,多肽前体序列被切除,形成长约285nm、直径为1.4nm的胶原单体分子。中心部位为三股螺旋结构区,两端为很短的非螺旋结构区。胶原单体分子在细胞外自发地形成原纤维(fibril)。每一单体分子以234个氨基酸残基的长度与邻近的单体分子缠绕,形成最大的电静态和疏水作用效果。邻近的单体分子之间,螺旋与非螺旋结构区中相距不到0.4 D(1D=67nm)距离的赖氨酸/羟赖氨酸残基之间发生交联。赖氨酰氧化酶催化赖氨酸/羟赖氨酸非螺旋部位的ε-NH_2基团发生氧化形成醛基,然后与螺旋结构区的赖氨酸/羟赖氨酸残基上的ε-NH_2基团缩合形成席夫碱基。最后再以同样的方式与另外一条α链进行缩合,从而形成三聚体分子。

第三节 胶原蛋白及其亚基

虽然各种类型的胶原糖蛋白的高级结构具有相似的特征，但组成胶原糖蛋白的各种亚基的结构却有很大的差别，了解各种亚基的结构特点是研究胶原糖蛋白结构与功能相互关系的基础。本章对几种重要胶原蛋白及其亚基进行简略介绍。

一、I 型胶原

1. α_1（I）链 胶原蛋白的 α_1（I）链是构成 I 型胶原（type I collagen）的主要亚单位。α_1（I）链组成的 I 型胶原有两种方式：一种由 2 个 α_1（I）链与 1 个 α_2（I）链组成，另一种由 3 个 α_1（I）链组成。前者主要分布于骨、角膜、皮肤和肌腱中，后者则主要见于肿瘤和皮肤。两种形式均为直径 67nm 的原纤维的主要构成成分。

人 α_1（I）链的编码基因 COL1A1 定位于 17q21.31—q22.05，编码区长 4392 个核苷酸（nt），含有 51 个外显子序列，编码产物为由 1464 个氨基酸残基组成的多肽前体分子，分子质量约为 138kDa。此多肽含有由 22 个氨基酸残基组成的信号肽序列，是一种可分泌表达的蛋白质分子。多肽前体 161/162 和 1218/1219 氨基酸残基之间，分别存在 N-蛋白酶裂解位点和 C-蛋白酶裂解位点。其氨基末端的信号肽序列，在多肽前体合成完毕、分泌表达的同时，由信号肽酶催化并予以切除。裂解后产生由第 23～161 个氨基酸残基组成的 N-多肽前体序列和由第 1219～1464 个氨基酸残基组成的 C-多肽前体序列。其中，第 162～178 个氨基酸残基和第 1193～1218 个氨基酸残基分别为 α_1（I）胶原成熟蛋白两端的蛋白质序列，称为 N 端肽和 C 端肽。

在 α_1（I）链编码产物的一级结构中，还含有与基因编码产物成熟和功能发挥相关联的重要位点与结构域，如第 35～103 个氨基酸残基区有冯·威勒布兰德因子 C（von Willebrand factor C）的重复序列；第 109～159 个氨基酸序列区域的 COL2 位点；第 179～1192 个氨基酸残基组成的螺旋位点；第 170、265、1108 和 1208 个氨基酸残基位点上赖氨酸/羟赖氨酸交联位点；位于第 1365 个氨基酸残基位置上的潜在的 N-糖基化位点；第 613～616 个氨基酸残基区域的 DGEA 细胞黏附位点；第 953～954 个氨基酸残基的哺乳动物胶原酶的裂解位点等。

2. α_2（I）链 胶原蛋白的 α_2（I）链也是 I 型胶原的主要组成亚单位。一个 α_2（I）链与另两个 α_1（I）链结合成的三聚体是 I 型胶原的基本结构形式。

人 α_2（I）链的编码基因 COL1A2 定位于 7q21.3—q22.1，具有单一的开放读码框（open reading frame，ORF），长度为 4098 nt，包含 52 个外显子序列。α_2（I）前体多肽由 1366 个氨基酸残基组成，分子质量约为 13kDa。α_2（I）链前体多肽蛋白也含有由 1～22 个氨基酸残基组成的信号肽序列，成熟过程与 α_1（I）前体多肽相似。哺乳动物细胞的胶原酶裂解位点位于第 865/866 个氨基酸残基；在第 79/80 和第 1119/1120 个氨基酸残基，分别存在 N-蛋白酶裂解位点与 C-蛋白酶裂解位点。在这两个位点上对 α_2（I）链蛋白前体分子进行裂解，可产生第 23～79 和第 1120～1366 个氨基酸残基的两段多肽前体序列。N 端的末端肽与 C 端的末端肽则分别位于第 80/90 和第 1103/1119 个氨基酸残基。

在 α_2（I）前体多肽分子中，也同样包含了多个重要的结构域和位点：COL2 位点位于第 33~77 个氨基酸序列之中，螺旋位点则位于第 91~1102 个氨基酸序列之中；第 84、177 和 1023 等 3 个氨基酸残基位点都是赖氨酸/羟赖氨酸交联的位点结构；在第 182 个氨基酸残基位点上是组氨酸的交联位点；第 177 和第 264 个残基位点上是羟赖氨酸的糖基化位点；在第 1267 个氨基酸残基位点上是一个潜在 N-糖基化位点。

二、II 型胶原

α_1（II）链是构成 II 型胶原的亚单位，II 型胶原即为 3 个分子的 α_1（II）链形成均一的三聚体。α_1（II）链的基因组 DNA 位于人染色体的 12q13.11—q12。编码基因总长度达 30 kb，含有 54 个外显子序列，其中一些外显子序列为 Gly-X-Y 三肽编码序列 9bp 的典型重复结构，一般由 6 个 9bp 单位组成。

II 型胶原糖蛋白是软骨的主要胶原成分，主要功能是为软骨组织提供张力和承受力，以防止软骨组织在受到外力时被撕裂。II 型胶原蛋白还为软骨细胞的黏附提供基础，并参与软骨细胞表型分化的调节。椎间盘和玻璃体中也含有一定量的 II 型胶原蛋白；其余与发育过程相关的多种组织中也有 II 型胶原存在。

COL2A1 基因的突变可导致 II 型胶原蛋白氨基酸排列改变，从而影响蛋白质螺旋结构的稳定和功能，进而发生临床表现和程度不同的 II 型胶原病，包括致命的 II 型软骨发育不全、严重表型的 Kniest 骨发育不全、先天性脊柱骨骺发育不良和脊柱干骺端发育不良；中间型包括 Stickler 综合征和 Wagner 综合征；轻型则包括晚发型的脊柱骨骺端发育不良伴骨关节炎等。Kniest 骨发育不全是一种常染色体显性遗传病，临床主要表现为不成比例的矮小、脊柱后侧突、关节粗大、特殊面容、腭裂、近视、耳聋等。目前仅有散在病例报道，发病率不明。可以通过基因检测分析高危妊娠进行产前诊断。

α_1（II）链的前胶原蛋白经过体外 N 端蛋白酶与 C 端蛋白酶的消化裂解作用，可以产生由 234 个氨基酸序列相互缠绕而成的三聚体结构。这些原纤维蛋白之间借助赖氨酸与羟赖氨酸之间的相互交联，形成原纤维蛋白分子之间的联合，从而能够形成稳定的均一三聚体结构。赖氨酸与羟赖氨酸残基之间的交联，也可以发生在两种原纤维蛋白分子结构的螺旋位点区和末端肽结构区。由于 α_1（II）链的前胶原蛋白编码基因的转录产物，特别是 N 端肽结构区存在剪切加工现象，因而 II 型原纤维蛋白和胶原糖蛋白分子质量大小存在差异。

II 型胶原蛋白分子中的 COL1 位点可与整合素受体，特别是 $\alpha_2\beta_1$ 受体分子进行结合，也可与非整合素型结合蛋白即锚蛋白 C II 进行结合。在体内，II 型胶原糖蛋白可借助其分子中的 N 端与 C 端末端肽非螺旋结构区的赖氨酸/羟赖氨酸残基，与 IX 型胶原蛋白质分子中的 COL2 位点交联形成一种复合体。纤维状的 II 型胶原还可与蛋白聚糖分子如纤维调节素和核心蛋白聚糖结合。

与其他胶原蛋白多肽链类似，α_1（II）链的编码产物存在着信号肽序列和其他结构域及结合位点。在信号肽方面，α_1（II）链的编码产物的信号肽由氨基末端的第 1~25 个氨基酸残基组成，N 端多肽前体序列为第 26~181 个氨基酸残基序列，未经剪切的转录物的编码产物第 29 个氨基酸残基为 Q，剪切加工的转录物编码产物第 29 个氨基酸残基则为 R。在位点和结构域方面，冯·威勒布兰德因子 C 重复序列位于第 29~97 个氨基酸残基；第 98~179 个氨基酸残基序列为 COL2 位点；螺旋结构为位于第 201~1214 个氨基酸残基的序列；N端肽、C端肽序列分别为第182~200和第1215~1241个氨基酸残基。赖氨酸/羟赖氨酸交联位点分别位于第190、287、1130和1231位点上；第317和第1388位点上的氨基酸残基是两个潜在的糖基化位点；位于第1283和第1289位点上的半胱氨酸残基可以形成链间二硫键；N端与C端蛋白酶裂解位点分别位于第181/182和第1241/1242氨基酸残基；哺乳动物细胞胶原酶裂解位点位于第975/976氨基酸残基；在第194/195和第198/199氨基酸残基还存在着两个基质裂解素裂解位点。

Ⅰ型和Ⅲ型胶原基因的第二个外显子是两者间高度保守的核苷酸序列，编码多肽前体N端的部分序列，也是这两种胶原基因转录产物发生剪切加工的序列所在。

三、Ⅲ型胶原

Ⅲ型胶原是皮肤和血管组织的主要纤维胶原。这些组织中也含有Ⅰ型胶原。Ⅲ型胶原纤维层一般都很薄，是一些顺应性组织的纤维组成成分。

Ⅲ型胶原前胶原是由3个相同的前α_1（Ⅲ）链组成的均一三聚体。α_1（Ⅲ）链前胶原蛋白可在胞外N端与C端蛋白酶水解作用下产生单体α_1（Ⅲ）链胶原蛋白。三分子的单体形式的α_1（Ⅲ）链胶原蛋白借助羧基末端链间二硫键的形成，组成直径为67nm的螺旋结构形式。但由于N端蛋白酶的裂解作用常常不完全，从而造成部分前胶原蛋白分子存在，影响了纤维的形成过程。三分子单体α_1（Ⅲ）链胶原蛋白之间的结合，除了依赖于羧基末端链间二硫键的形成外，分子间的赖氨酸/羟赖氨酸残基之间也可发生交联。位于螺旋区及非螺旋区的赖氨酸/羟赖氨酸残基都可参与链间交联的结合。

前α_1（Ⅲ）胶原链蛋白质分子中有一段信号肽序列，由氨基末端的第1~23个氨基酸残基组成。N端与C端前体肽结构区分别位于第24~148和第1206~1466个氨基酸残基。冯·威勒布兰德因子C重复序列位于第27~96个氨基酸残基，COL2位点位于第103~141个氨基酸残基。第149~167和第1197~1205个氨基酸参加区域分别为N端与C端的末端肽序列结构。螺旋位点结构区位于第168~1196个氨基酸残基。可以形成链间二硫键的半胱氨酸残基分别分布于第141、144、1196和1197个氨基酸残基位点上。酪氨酸硫酸化位点（tyrosine sulphation site）位于第151、155和158个氨基酸残基位点。161、263和1106个氨基酸残基位置是3个赖氨酸/羟赖氨酸交联位点。羟赖氨酸糖基化位点位于第263个氨基酸残基位点上。在第1367个位点上亦存在一个潜在的N-糖基化位点。N端与C端蛋白酶裂解位点分别位于第148/149和第1205/1206个氨基酸残基。

前α_1（Ⅲ）胶原链蛋白由单一的基因编码，定位于人染色体2q24.3—q31。基因组DNA由52个外显子组成，超过38 kb。每一个外显子都存在编码三肽Gly-X-Y的9bp核苷酸的重复序列组成，一般为54bp。

四、Ⅳ型胶原

Ⅳ型胶原分子结构中含有一段大约350nm长的三股螺旋位点结构，其中含有大约20个较短的序列结构。不连续的、短的三股螺旋结构提高了紧密螺旋结构可塑性。Ⅳ型胶原通过4个亚基间的反向平行作用和氨基末端广泛二硫键的形成构成7S位点，同时通过两分子间羧基末端非胶原位点1（non-collogenous domain 1，NC1）间的相互作用及随后的装配过程，形成Ⅳ型胶原的特殊结构——网状结构。

Ⅳ型胶原是由α_1（Ⅳ）~α_6（Ⅳ）等 6 种胶原蛋白单体链中的 3 种组成的三聚体分子，分别由 COL4A1~COL4A6 等 6 种基因进行编码。最为常见的Ⅳ型胶原组合方式为[α_1（Ⅳ）]$_2\alpha_1$（Ⅳ），由其他亚单位组成的Ⅳ型胶原含量较少且具有组织特异性。6 种胶原蛋白单体链中的 NC1 位点都具有一个高度保守的半胱氨酸残基，与链内、链间二硫键的形成有关。Ⅳ型胶原三聚体中 CB3 溴化氢片段经二硫键结合在一起形成的结构，可以通过与细胞的整合素$\alpha_1\beta_1$及$\alpha_2\beta_1$之间的相互作用，发挥支持细胞与基底膜黏附的功能。编码Ⅳ型胶原的基因突变可以导致肾小球基底膜结构异常的单基因遗传性肾脏病 Alport 综合征。

Ⅳ型胶原与肿瘤的异常生长、局部浸润和转移都有密切关系。当组织细胞发生癌变时，Ⅳ型胶原合成减少、平衡失调，基底膜屏障功能减弱。在肝外胆管癌组织的基底膜中，随着癌症侵袭性的提高，α_6-肽链表达下调。血清Ⅳ型胶原还可作为胃癌腹膜转移的生物标志物，对判断胃癌预后具有一定意义。在胃癌癌前病变方面，如果胃液Ⅳ型胶原水平显著升高，则提示胃癌及癌前病变发生可能性增加。此外，Ⅳ型胶原还与胰腺癌、前列腺癌、直肠癌等具有相关性；除了通常被认为的基底膜相关以外，Ⅳ型胶原还可能在癌细胞相互作用，激活细胞内信号转导，促进癌细胞增殖、生长及迁移，抑制癌细胞凋亡，促进癌组织内新生血管生成等方面具有重要作用。

Ⅳ型胶原蛋白还可作为肾脏基底膜中的支架结构在维持肾脏滤过屏障中起着关键作用，其含量、分布和结构变化与肾脏疾病的发生发展密切相关。肾脏中Ⅳ型胶原蛋白的缺失和过度表达都将导致肾脏基底膜结构和功能异常，诱发或促进肾脏疾病的发生。

1. α_1（Ⅳ）链 α_1（Ⅳ）链多肽结构的第 1~27 个氨基酸残基序列为信号肽序列，第 28~42 个氨基酸残基序列为氨基末端的非胶原位点。第 28~172 个氨基酸残基序列为 7S 位点形成结构。三股螺旋结构位点位于第 43~1440 个氨基酸残基。羧基末端的非胶原位点序列为第 1441~1669 个氨基酸残基序列。第 126 个氨基酸残基的位点是α_1（Ⅳ）链多肽分子结构中的唯一的潜在糖基化位点。肝素/细胞结合序列包括第 531~543 和第 1263~1277 个氨基酸残基序列。

2. α_2（Ⅳ）链 α_2（Ⅳ）链胶原蛋白前体由 1712 个氨基酸残基组成，分子质量约为 167kDa。第 1~25 个氨基酸残基组成了信号肽序列。氨基酸末端的非胶原位点序列为第 28~57 个氨基酸残基组成的序列。7S 位点由第 26~183 个氨基酸残基组成。三股螺旋位点位于第 58~1484 个氨基酸残基。羧基末端的非胶原位点位于第 1485~1712 个氨基酸残基。α_2（Ⅳ）链胶原蛋白前体分子中仅有一个潜在的 N-糖基化位点，位于第 138 个氨基酸残基。

3. α_3（Ⅳ）链 α_3（Ⅳ）链由 COL4A3 基因编码，COL4A3 定位于 2q36.3。COL4A3 基因编码 52 个外显子序列，含有 2 个距离很近的转录起始位点。来源于 COL4A3 编码蛋白 C 端非胶原结构域（NC1）的肿瘤抑素具有抗血管生成活性。由于 COL4A3 是抗肾小球基底膜疾病主要的自身抗体成分，因此 COL4A3 的 NC1 结构域成分被认为是 Goodpasture 抗原。

4. α_4（Ⅳ）链 α_4（Ⅳ）链编码基因 COL4A4 定位于 2q36.3，编码蛋白分子质量约为 163kDa。COL4A4 基因第一个外显子不能翻译成氨基酸，因此转录起始位点位于第二个外显子中。COL4A3 和 COL4A4 基因分别定位于基因组 2 号染色体的两条链上。基因启动子序列中含有高密度 CpG 二核苷酸、GC 盒和 CCAAT 盒，但没有 TATA 盒存在。

5. α_5（Ⅳ）链 α_5（Ⅳ）链由 COL4A5 基因编码。α_5（Ⅳ）链的一级结构由 685 个氨

基酸残基组成，分子质量为 160kDa。第 1~26 个氨基酸残基构成$α_5$（Ⅳ）链前体蛋白分子的信号肽序列。氨基末端非胶原位点序列位于第 27~41 个氨基酸残基。第 42~1456 个氨基酸残基的序列为三股螺旋位点结构区。羧基末端的非胶原位点由第 1457~1685 个氨基酸残基组成。$α_5$（Ⅳ）链前体蛋白分子中的第 125 个氨基酸残基是唯一的潜在糖基化位点。COL4A5 基因突变可以导致一种 X-连锁奥尔波特综合征（ATS）。

6. $α_6$（Ⅳ）链 $α_6$（Ⅳ）链编码基因 COL4A6 定位于人 Xq22.3，编码 46 个外显子序列。研究证实，COL4A5 删除突变时，往往会延伸至 COL4A6 部分，从而导致伴随 ATS 出现的弥漫性平滑肌瘤，此种现象称为"相邻基因病"。

五、Ⅴ型胶原

Ⅴ型胶原主要参与较细的纤维丝的形成，作为一种构成成分，Ⅴ型胶原可以控制Ⅰ型胶原纤维的直径大小。从数量上计算，Ⅴ型胶原仅占纤维胶原的少数。它能够与Ⅰ型胶原，或Ⅰ型、Ⅲ型胶原，或ⅩⅠ型、ⅩⅣ型胶原形成混合型纤维。Ⅴ型胶原主要分布在骨、肌腱、角膜、皮肤、血管及肝、肺和胎盘组织等更具顺应性的组织中。

Ⅴ型胶原有均一三聚体和不均一三聚体等两种不同的存在方式。由两个前$α_1$（Ⅴ）链与一个前$α_2$（Ⅴ）链组成的异三聚体结构的Ⅴ型胶原是Ⅴ型胶原的主要存在方式。但在子宫、胎盘组织等特殊组织类型，主要以由各一条$α_1$（Ⅴ）、$α_2$（Ⅴ）和$α_3$（Ⅴ）多肽链组成的均一三聚体形式为主。在体外培养的肺成纤维细胞中，研究者观察到由$α_1$（Ⅴ）链组成的均一三聚体形式。特殊的是，$α_1$（Ⅵ）链还可以替代前$α_1$（Ⅴ）链并形成型别交叉的异三聚体形式的胶原分子。前胶原在细胞外受到 C-蛋白酶和 N-蛋白酶的消化作用，并进行修饰加工，从而导致氨基末端仍然保留着 N 端多肽前体序列的细胞外基质形式。

1. $α_1$（Ⅴ）链 $α_1$（Ⅴ）前体由单一的基因进行编码，位于人染色体 9q34.2—q34.3。编码的多肽由 1838 个氨基酸残基组成，分子质量约为 183kDa。第 1~37 个氨基酸残基组成$α_1$（Ⅴ）链的信号肽序列。N-多肽前体与 C-多肽前体序列分别位于第 38~558 个与第 1606~1838 个氨基酸残基。C 端肽结构位于第 1573~1605 个氨基酸残基。富含脯氨酸与精氨酸的蛋白质（proline and arginine-rich protein, PARP）重复序列结构位于第 38~224 个氨基酸残基序列区域。第 444~538 个氨基酸残基区域为 COL2 位点结构区，螺旋位点结构区位于第 559~1572 个氨基酸残基。第 642 和第 1482 个 2 个氨基酸残基位点为赖氨酸/羟赖氨酸交联位点。第 156、1259、1397 个氨基酸残基是潜在的 N-糖基化位点。C 端蛋白酶的裂解位点位于第 1605/1606 个氨基酸残基。

2. $α_2$（Ⅴ）链 $α_2$（Ⅴ）链是Ⅴ型胶原的主要组成成分，可参与两种形式Ⅴ型胶原的组成：一条$α_2$（Ⅴ）链与两条$α_2$（Ⅴ）链组成第一种类型的Ⅴ型胶原，$α_1$（Ⅴ）、$α_2$（Ⅴ）和$α_3$（Ⅴ）三条链各一条组成第二种类型的Ⅴ型胶原。

$α_2$（Ⅴ）链胶原蛋白前体分子氨基末端的第 1~26 个氨基酸残基为其信号肽序列。N 端前体肽序列与 C 端末端肽序列分别位于第 27~212 和第 1224~1226 个氨基酸残基区域。C 端前体肽序列则位于第 1227~1496 个氨基酸残基，冯·威勒布兰德因子 C 重复序列位于第 36~104 个氨基酸序列，COL2 位点位于第 110~188 个氨基酸残基。第 213~1223 个氨基酸残基序列为$α_2$（Ⅴ）链的螺旋结构区。第 201、299、1127 个氨基酸残基为赖氨酸/羟赖氨酸交联位点。第 1259、1397 个氨基酸残基位点上是潜在的 N-糖基化修饰位点。C-蛋白裂解位点在第 1226/1227 个氨基酸残基。

3. α_3（V）链 α_3（V）链由 COL5A3 基因编码。COL5A3 基因定位于 19p13.2。2000 年，利用巢式 PCR 获得了人和小鼠的全长 COL5A3 编码序列。COL5A3 序列与 COL5A1 和 COL11A1 高度同源。

六、VI型胶原

VI型胶原是一种含有较短的胶原中心位点结构的基本胶原糖蛋白分子，具有直径 5nm 的微原纤维的超分子结构。

这一类型的胶原糖蛋白在几乎全部类型的结缔组织中均有分布。绝大多数VI型胶原是由各一条α_1（VI）、α_2（VI）、α_3（VI）链组成的三聚体分子。尽管可能存在由α_3（VI）链或由α_1（VI）/α_2（VI）链组成的VI型胶原分子，但其结构不十分稳定的。在大型球状结构位点的每一端，各条链组成一段长度仅为 I～III 型胶原的 1/3、约为 105nm 的短三股螺旋结构。α_1（VI）与α_2（VI）链的长度相似，且均明显短于α_3（VI）链；α_3（VI）链拥有很长的、α_1（VI）和α_2（VI）链中不存在的氨基末端序列。

VI型胶原的装配过程如下：首先在细胞内由两条链形成反向平行二聚体结构，然后再两两结合成四聚体形式。这种四聚体形式的胶原前体蛋白，可分泌至细胞外，并以末端对末端的方式聚集装配成微原纤维。α_3（VI）链的羧基末端仅以未修饰加工或略加修饰的方式存在。VI型胶原纤维通过链内、链间的二硫键形成稳定的主体结构。但与其他的胶原结构不同，VI型胶原立体结构的稳定性并不依赖于赖氨酸/羟赖氨酸残基间的交联作用。

1. α_1（VI）链 α_2（VI）链中的非胶原位点 NC1 和 NC2 分别由 2 个和 1 个重复序列结构组成。这些重复序列与冯·威勒布兰德因子的 A 型重复序列高度同源。α_3（VI）链还含有两个 A 重复序列及其他几种重复序列：与多种唾液蛋白同源性的赖氨酸/脯氨酸富含重复序列；含有苏氨酸的重复序列；纤维粘连蛋白III型重复序列；与 Kunitz 型丝氨酸蛋白酶抑制剂高度同源的重复序列。其中，含有苏氨酸残基的重复序列是一段潜在的 O-糖基化修饰位点。NC2 位点至少包含 10 个冯·威勒布兰德因子 A 重复序列。α_3（VI）链氨基末端的 NC2 位点存在多种形式的剪切位点结构，可以产生至少 4 种不同结构的α_3（VI）链。羧基末端不同方式的剪切使得α_2（VI）链具有不同的结构形式。

α_1（VI）链胶原蛋白前体分子由 1028 个氨基酸残基组成，分子质量约为 108kDa。氨基末端第 1～19 个氨基酸残基为其信号肽序列。NC1 和 NC2 位点分别位于第 593～1028 和第 20～256 个氨基酸残基序列。第 257～592 个氨基酸残基序列构成了α_1（VI）链的螺旋结构位点。第 30～216、609～783、801～1003 个氨基酸残基序列为冯·威勒布兰德因子 A 重复序列。所有的 Gly-X-Y 三肽结构中 Y 位点上的氨基酸残基均为羟赖氨酸的糖基化位点。第 212、516、537、804、896 个氨基酸残基都是潜在的 N-糖基化位点。与二聚体形成有关的半胱氨酸残基位于第 345 位点。第 515～516 和第 559～565 个氨基酸残基序列不是经典的 Gly-X-Y 结构，但却是二聚体分子超螺旋结构形成的基础。

人α_1（VI）链的编码基因位于人染色体的 21q22.3 位点上，长度约 36kb，大约由 30 个外显子组成。

2. α_2（VI）链 α_2（VI）链编码基因存在转录后的剪切加工机制，可以编码为不同的α_2（VI）链糖蛋白前体分子：主要的α_2（VI）链胶原蛋白前体分子由 1018 个氨基酸残基组成，分子质量约为108kDa；另外还有C2a和C2a'两种形式，分别由917个和827个氨基酸残基组成，分子质量分别约为97kDa和87kDa，但此两种结构形式的α_2（Ⅵ）链含量较少。

主要的α_2（Ⅵ）链胶原糖蛋白前体分子结构的第1～20个氨基酸残基构成了信号肽序列。NC2位点位于第21～254个氨基酸残基，螺旋结构位点位于第255～589个氨基酸残基。NC1结构位点位于主要的α_2（Ⅵ）链的第590～1018个氨基酸残基、C2a链的第590～917个氨基酸残基，以及C2a'链的第590～827个氨基酸残基。冯·威勒布兰德因子A重复序列分布在第36～218、606～783、818～995个氨基酸残基。羟赖氨酸糖基化位点位于所有的Gly-X-Y三肽结构的Y位点上。主要的α_2（Ⅵ）链胶原糖蛋白前体分子中的N-糖基化位点序列位于第140、326、629、784、896、953等位点上，C2a链的第855个氨基酸残基也是一个潜在的N-糖基化位点。与二聚体形成有关的半胱氨酸残基位于第343个氨基酸残基位点上。

3. α_3（Ⅵ）链　α_3（Ⅵ）链由3175个氨基酸残基组成，分子质量约为342kDa。氨基末端第1～25个氨基酸残基组成α_3（Ⅵ）链的信号肽序列，第26～2036个氨基酸残基序列构成NC2位点。螺旋结构位点位于第2037～2372个氨基酸残基。NC1位点位于第2373～3175个氨基酸残基。冯·威勒布兰德因子A重复序列分布在第26～230、239～425、432～632、636～827、834～1020、1026～1212、1230～1419、1433～1625、1636～1823、1835～2027、2399～258、2616～2863个氨基酸残基序列。第2864～2985个氨基酸残基序列富含赖氨酸/脯氨酸。纤维粘连蛋白Ⅲ型重复序列位于第2986～3074个氨基酸残基。Kunitz型丝氨酸蛋白酶抑制剂重复序列位于第3110～3160个氨基酸残基。第1433～1625（N3）、636～827（N7）、239～425（N9）、26～230（N10）个氨基酸残基序列为选择性剪切加工重复序列。所有的Gly-X-Y三肽序列结构中的Y位点残基均为羟赖氨酸糖基化修饰的位点。潜在的N-糖基化位点分布于第102、110、196、250、791、1149、2078、2330、2557、2676、2860、3035个氨基酸残基位点上，位于第2163～2166和第2299～2300个氨基酸残基的序列不是经典的Gly-X-Y三肽重复序列结构，但为α_3（Ⅵ）链二聚体形成超螺旋结构的结构基础，与α_3（Ⅵ）四聚体形成有关的二硫键形成的半胱氨酸残基位于第2086个氨基酸残基位点上。

人α_1（Ⅵ）胶原基因位于21q22.3位点上，α_2（Ⅵ）基因的定位与α_1（Ⅵ）基因相似，约36 kb长，由30个外显子组成。组成α_1（Ⅵ）和α_2（Ⅵ）链三股螺旋结构位点的序列几乎完全相同。人α_3（Ⅵ）胶原链的基因位于人染色体2q37位点上。

七、Ⅶ型胶原

Ⅶ型胶原基因位于人染色体3p21.3位点上。Ⅶ型胶原是一种锚定纤维，是最大的胶原类型之一，其分布具有高度的组织特异性。

Ⅶ型胶原是由α_1（Ⅶ）链组成的均一三聚体形式。每一条链形成1个长度约424nm的三股螺旋结构，并形成较大的氨基末端的球状位点和较小的羧基末端位点。α_1（Ⅶ）链的单体形式可以在组织中形成反向平行的二聚体结构，两个单体分子的羧基末端有60nm的重叠区，形成长度为785nm的三股螺旋结构形式。在二聚体形成之前，α_1（Ⅶ）的羧基末端发生有限的修饰过程，之后即形成片段长度隔离（segment-long spacing，SLS）样结构，通过其氨基末端位点插入到基底膜中。$α_1$（Ⅶ）链氨基末端含有数个与冯·威勒布兰德因子 A 重复序列高度同源的重复序列结构，同时也包含 9 个独立的纤维粘连蛋白三型重复序列。$α_1$（Ⅶ）链的羧基末端序列含有富含半胱氨酸的位点，与 $α_3$（Ⅶ）链中的 Kunitz 蛋白酶抑制重复序列具有高度的同源性。

八、Ⅷ型胶原

Ⅷ型胶原是角膜内皮细胞的基底膜，即地塞麦膜（Descemet's membrane）的主要成分。Ⅷ型胶原的六边形晶格结构是地塞麦膜的一种特征性膜结构。血管内皮细胞、上皮细胞及其他组织的上皮及间质细胞也都能合成一定量的Ⅷ型胶原。

Ⅷ型胶原是由 2 个 $α_1$（Ⅷ）链与 1 个 $α_2$（Ⅷ）链构成的异三聚体形式。每个 NC1 位点的羧基末端的 3/4 序列与 $α_1$（Ⅹ）链相应的结构区位点间具有高度同源性。三股螺旋结构与 NC1 位点的长度与 Ⅹ 型胶原相似，但 NC2 的位点结构长度则是 Ⅹ 型胶原长度的 2～3 倍。

1. $α_1$（Ⅷ）链 N 端的第 1～28 个氨基酸残基构成了 $α_1$（Ⅷ）链胶原蛋白前体的信号肽序列。NC2 位点位于第 29～117 个氨基酸残基。螺旋结构位点位于第 118～571 个氨基酸残基，NC1 位点位于第 572～744 个氨基酸残基。不严格的 Gly-X-Y 三肽结构区位于第 139～140、156～157、206～207、244～245、270～271、314～315、349～350、531～532 个氨基酸残基，与 $α_2$（Ⅷ）和 $α_1$（Ⅹ）链相应结构的位置十分类似。哺乳动物细胞胶原酶裂解位点位于第 206～207 和第 531～532 个氨基酸残基。

2. $α_2$（Ⅷ）链 $α_2$（Ⅷ）链编码基因 COL8A2 定位于 1p34.3。1991 年，Muragaki 等克隆获得了 COL8A2 基因全长序列。COL8A2 基因编码 644 个氨基酸残基，包含 3 个结构域，其中 N 端区域含有由 20 个氨基酸残基组成的非三股螺旋结构序列（NC2），紧随其后的是由 457 个氨基酸残基构成的三股螺旋序列。三股螺旋结构域（COL1）羧基端与 167 个氨基酸残基的非三股螺旋结构域（NC1）相邻。

九、Ⅸ型胶原

Ⅸ型胶原与Ⅻ、ⅩⅣ和ⅩⅥ胶原组成一个 FACTT 胶原的超家族。Ⅸ型胶原与Ⅱ型胶原具有特殊关系，参与Ⅱ型胶原的形成。除了与Ⅱ型胶原形成胶原纤维丝之外，还与其他基质大分子形成桥状胶原纤维丝。软骨、脊柱间隙及玻璃体中都有Ⅸ型胶原存在。

Ⅸ型胶原由 $α_1$（Ⅸ）、$α_2$（Ⅸ）和 $α_3$（Ⅸ）等 3 条不同的链通过链间二硫键形成三聚体形式。Ⅸ型胶原在沉积到细胞外基质之前不进行修饰加工。每一条链结构都含有 COL1～COL3 等 3 个胶原位点，以及 NC1～NC4 等 4 个非胶原位点。由于控制 $α_1$（Ⅸ）链基因表达的启动子不仅仅只有一个，因而可以表达出缺乏氨基末端第 NC4 位点的 $α_1$（Ⅸ）链，从而构成另一种类型的Ⅸ型胶原。后一种 $α_1$（Ⅸ）链的表达具有显著的组织特异性，而且受到发育不同阶段的调控。

1. $α_1$（Ⅸ）链 $α_1$（Ⅸ）链由 COL9A1 基因编码，COL9A1 定位于 6q13。COL9A1 位点结构与Ⅻ、ⅩⅣ和ⅩⅥ型胶原分子中相应的 COL1 位点结构具有高度同源性。$α_1$（Ⅸ）链中的 NC4 位点含有一个 PARP 重复序列，与Ⅻ、ⅩⅣ型胶原的 NC3 位点之间有着高度同源性。组成Ⅸ型胶原 3 条链的 COL9A2 位点的氨基末端序列可与Ⅱ型胶原的 N 端肽区进行交联，$α_3$（Ⅸ）链的 COL9A2 位点与Ⅱ型胶原的 C 端肽区进行交联。$α_3$（Ⅸ）链中可以与Ⅱ型胶原进行交联的两个位点精确地跨越Ⅱ型胶原纤维丝的隔离带，从而造成Ⅸ型胶原分子与Ⅱ型胶原分子在纤维丝结构中形成反向平行结构。$α_3$（Ⅸ）链的 NC1 位点也可与 $α_1$（Ⅸ）链和 $α_3$（Ⅸ）链的 COL2 位点进行交联。$α_1$（Ⅸ）链中的 NC4 位点还可与蛋白聚糖分子的氨基聚糖链相互作用。

$α_1$（Ⅸ）链胶原糖蛋白分子中的氨基末端第 1～23 个氨基酸残基构成了信号肽序列。NC4 位点位于第 24～268 个氨基酸残基。PARP 重复序列位于第 28～267 个氨基酸残基序列。COL3 位点位于第 269～405 个氨基酸残基序列。NC3 位点和 COL1 位点分别位于第 406～417 和第 418～756 个氨基酸残基。赖氨酸/羟赖氨酸交联位点位于第 432 个氨基酸残基位点上。NC1、NC2 和 COL2 位点分别位于第 902～931、757～786、787～901 氨基酸残基位点上。在第 171 个氨基酸残基位点上有一个潜在的 N 端重复序列。链间二硫键的形成与第 411、415、901、906 位点上的半胱氨酸残基有关。非经典的 Gly-X-Y 三肽结构位于第 356～360、847～851、864～868 个氨基酸残基序列上，与其超螺旋结构的形成有关。基质裂解蛋白（stromelysin）的裂解位点位于第 780/781 氨基酸残基。

2. $α_2$（Ⅸ）链 $α_2$（Ⅸ）链胶原糖蛋白前体分子中的第 1～21 个氨基酸残基组成了信号肽序列。NC1、NC2、NC3 和 NC4 位点分别位于第 663～677、518～547、162～178、22～24 个氨基酸残基，COL1、COL2 和 COL3 位点分别位于第 548～662、179～517、25～161 个氨基酸残基序列。GAG 接触位点位于第 167 个氨基酸残基位点上。赖氨酸/羟赖氨酸交联位点位于第 181 个氨基酸残基位点上。链间二硫键形成相关的半胱氨酸残基分别在第 172、175、662、667 位点上。第 112～116、608～612、618～622 个氨基酸残基序列不符合典型 Gly-X-Y 三肽经典结构特征，与超螺旋分子结构的形成有关。基质裂解蛋白的裂解位点位于第 541/542 氨基酸残基。

3. $α_3$（Ⅸ）链 $α_3$（Ⅸ）链胶原糖蛋白前体分子中的第 1～21 个氨基酸残基序列是其信号肽序列，与其分泌型表达过程有关。NC1、NC2、NC3 和 NC4 位点分别位于第 659～675、516～546、162～176、22～24 个氨基酸残基序列中。COL1、COL2 和 COL3 位点分别位于第 547～658、177～515、25～161 个氨基酸残基序列中。$α_1$（Ⅸ）和 $α_3$（Ⅸ）链之间进行交联的位点与 $α_3$（Ⅸ）链第 673 和第 674 个氨基酸残基有关。第 188 和第 326 位点为 2 个赖氨酸/羟赖氨酸交联的位点。潜在的 N-糖基化位点位于第 479 个氨基酸残基上。链间二硫键的形成与第 170、174、525、658、663 位点上的半胱氨酸残基有关。第 112～113、604～605、624～628 个氨基酸残基序列不太符合经典的 Gly-X-Y 三肽结构，与其超螺旋分子结构的形成有关。基质裂解蛋白的裂解位点位于第 539/540 个氨基酸残基。

$α_1$（Ⅸ）、$α_2$（Ⅸ）、$α_3$（Ⅸ）链基因分别定位于人染色体的 6q13.1.1。$α_1$（Ⅸ）基因包括 19 个外显子，总长达 100 kb，$α_2$（Ⅸ）基因包括 32 个外显子，总长达 10 kb。$α_1$（Ⅸ）基因的第 6、7 外显子之间还存在一段启动子序列。这一启动子指导的 $α_1$（Ⅸ）链形成的转录物中新形成的外显子 1 序列与另一种转录物的序列不同，NC4 位点的序列大大缩短。

十、X 型胶原

X 型胶原是由三个相同的 $α_1$（X）链组成的均一三聚体形式的胶原分子。X 型胶原是一种短链胶原,在胚胎发育的不同阶段或不同的组织类型中具有严格的差异表达特点。在软骨形成过程中,软骨细胞具有较高水平的X型胶原表达。

X型胶原有一个较短的三股螺旋结构,只有132nm的长度、一个较小的氨基末端位点,以及一个较大的羧基末端球状位点。X型胶原不经过明显的加工修饰即可沉积到软骨基质中。尽管X型胶原在体外可以形成一种大分子的结构,但在体内其结构更像Ⅷ型胶原那样的六边形晶格状结构。X型胶原NC1位点羧基末端的3/4与Ⅷ型胶原相应结构部分具有很高的同源性。X型胶原的三股螺旋结构位点及NC1位点的长度与Ⅷ型胶原相应结构位点的长度相似,但NC2结构的长度则要短得多。

X型胶原糖蛋白前体分子中第1~18个氨基酸残基组成信号肽序列。NC1、NC2位点分别位于第520~680和第19~56个氨基酸残基,螺旋位点位于第57~519个氨基酸残基,潜在的糖基化位点位于第617个氨基酸残基点上。第84~85、101~105、151~155、192~193、218~219、222~223、297~298、479~480个氨基酸残基并不符合Gly-X-Y三肽的编码序列,与α_1(Ⅷ)和α_2(Ⅷ)链相应位点的结构相同,与超螺旋结构的形成有关。哺乳动物细胞胶原酶裂解位点有2个,即第151/152和第479/480个氨基酸残基的位点。人X型胶原基因全长约7.0kb,位于人染色体6q21—q22.3。只有3个外显子。第3外显子编码氨基末端的氨基酸残基序列、全部三股螺旋序列、羟基末端球状结构及部分3'端非翻译区。

十一、XI型胶原

XI型胶原从数量上来说仅占胶原总数的少部分,大部分表达于软骨组织中。软骨中XI型胶原可与Ⅱ、Ⅸ型胶原形成异种纤维。

α_1(XI)、α_2(XI)和α_3(XI)各一条链组成XI型胶原的异三聚体形式,但也存在着其他的结构形式。α_1(V)链可以取代α_1(XI)以形成杂种胶原分子。α_3(XI)链的三股螺旋结构位点也可能是α_1(Ⅱ)链翻译后糖基化修饰的形式。但α_3(XI)不能被N-蛋白酶或哺乳动物胶原酶等所消化,表明两种链或者序列不同,或对于酶的消化作用敏感性存在差异。在细胞外,前胶原序列特别是其羧基末端虽然经过修饰、加工,但不很完全,氨基末端的修饰也不彻底。XI型胶原可以在Ⅱ型胶原的内部发生共多聚化,以形成杂种胶原分子。

1. α_1(XI)链 前α_1(XI)链的编码基因位于1p21,是由单一的基因进行编码的。前XI胶原分子中第1~36个氨基酸残基为信号肽序列,PARP重复序列位于第37~259个氨基酸残基。N端、C端多肽前体序列分别位于第37~528和第1564~1806个氨基酸残基,C端末端肽序列位于第1543~1563个氨基酸残基。COL2位点位于第420~511个氨基酸残基,螺旋结构位点区位于第529~1542个氨基酸残基。赖氨酸/羟赖氨酸交联位点有第612和第1452个氨基酸残基两个位点。第1640和第1709个氨基酸残基位点分别是潜在的N-糖基化作用位点。C-蛋白酶裂解位点位于第1563/1564个氨基酸残基。

2. α_2(XI)链 α_2(XI)链由COL11A2基因表达。COL11A2基因大约长30kb,包含50余个外显子序列。视黄醇X受体beta基因(Rxrb)定位于COL11A2基因上游,以头-尾形式存在。

3. α_3(XI)链 α_3(XI)链主要的三股螺旋结构区的基本结构与α_3(Ⅱ)链相同,但羟赖氨酸残基位点上发生了较多的糖基化修饰。前α_2(XI)链的编码基因位于6p21.2。α_3

（XI）链的编码基因与α_1（II）链的编码基因可能是同一个基因，只是与α_1（II）链前体蛋白的翻译后修饰程度不同。这个基因位于12q13.11—q12。

十二、XII型胶原

XII型胶原与IX、XIV、XVI型胶原都属于不连续三股螺旋结构的纤维相关胶原（fibril-associated collagen with interrupted triple helix，FACIT）家族的成员。XII型胶原主要存在于富含I型胶原的组织，如含有I型胶原的软骨组织中也有XII型胶原的存在。

XII型胶原是由3个相同的α_1（XII）链借助二硫键而形成的均一三聚体分子结构。在沉积到细胞外基质之前，α_1（XII）链一般不进行修饰加工。每一条α_1（XII）链结构中具有2个胶原三股螺旋结构位点（COL1、COL2）和3个非胶原位点（NC1、NC2和NC3）。α_1（XII）链的COL1位点与IX、XIV、XVI胶原链的COL1位点是同源性的。XII型胶原分子中不存在与COL2（IX）位点同源的结构，因而不能通过赖氨酸/羟赖氨酸形成的链发生自身交联或与其他的胶原链进行交联。XII型胶原链编码基因的转录物具有剪切现象，因此，由不同剪切体mRNA翻译而成的α_1（XII）链变异体分子中NC3位点的长度不同。较长的NC3位点结构中含有18个纤维粘连蛋白III型重复序列结构、4个冯·威勒布兰德因子A重复序列和1个PARP重复序列。在胎牛软骨组织等某些类型的组织中，较大的一个变异体分子中还含有一个氨基聚糖链，因其与NC3位点的氨基末端序列接触，被认为是一个蛋白聚糖分子。

α_1（XII）链胶原糖蛋白前体分子中第1～23个氨基酸残基组成了信号肽序列。NC1、NC2和NC3位点分别位于第3049～3124、2903～2945、24～2750个氨基酸位点上，COL1、COL2位点分别位于第2946～3048、2751～2902个氨基酸残基的序列。转录物的剪切序列为第25～1188个氨基酸残基。纤维粘连蛋白III型重复序列分别位于第24～114、332～425、629～720、721～811、812～904、905～998、999～1085、1086～1178、1384～1473、1474～1565、1566～1654、1655～1755、1756～1846、1937～2027、2028～2118、2119～2207、2208～2295个氨基酸残基。冯·威勒布兰德因子A重复序列位于第128～319、426～619、1188～1379、2297～2508个氨基酸残基序列。PARP重复序列位于第2509～2750个氨基酸残基。潜在的O-糖基化位点分布在第1389、1397、1406、2299、2303、2307、2313个氨基酸残基位点上，潜在的N-糖基化位点分布于第32、1006、1032、1044、1512、1767、1948、1971、2018、2177、2210、2273、2532、2683个氨基酸残基位点上。链间二硫键的形成与第3048、3053个位点上的半胱氨酸残基有关，在N型胶原中也是高度保守的。在第2994～2995、3014～3015、2805～2806个氨基酸残基具有非经典的Gly-X-Y三肽编码序列，与其超螺旋结构的形成有关，其中第2994～2995和第3014～3015个氨基酸残基序列在IX型胶原三条链的COL1位点结构中都是高度保守的。α_1（XII）链的编码基因位于人染色体6q12—q14，与α_1（XII）链编码基因的位点是相同的。

十三、XIII型胶原

XIII型胶原是一种短链、非纤维性胶原分子，在皮肤、小肠、胎盘、骨、软骨和横纹肌中均有分布。XIII型胶原是由α_1（XIII）链构成的均一三聚体。每一条α_1（XIII）链由3个胶原位点、4个非胶原位点组成。在胶原位点和非胶原位点结构区都存在着选择性剪切位点。在剪切加工过程中，COL1 位点中的 3B、4A、4B 和第 5 外显子序列都可能被剪切掉，NC3 的第 12、13 外显子，COL1 的第 29、33 外显子，以及 COL1/NC1 连接部位的第 37 外显子都有可能被剪切掉。通过外显子的剪切至少可以形成 12 种不同类型的 mRNA。

α_1（XIII）链由 623 个氨基酸残基组成，分子质量约为 60kDa。氨基末端第 1~21 个氨基酸残基组成信号肽序列，NC1~NC4 位点分别位于第 606~623、349~370、143~176、22~38 个氨基酸残基序列中，COL1、COL2 和 COL3 位点结构分别位于第 371~605、177~348、39~142 个氨基酸残基序列。

α_1（XIII）链的编码基因定位于人染色体的 10q22 位点上。

十四、XIV 型胶原

XIV 型胶原也是 FACIT 家族中的一个成员，其他成员还包括IX、XII 及 XVI 型胶原。XIV 胶原主要存在于富含 I 型胶原的组织中，含有 II 型胶原的软骨组织中有 XIV 型胶原的存在。

XIV 型胶原是由 3 个相同的 α_1（XIV）链组成的均一三聚体结构，各条链之间以二硫键相连接。在沉淀到细胞外基质中之前，不发生任何修饰改变。每一条链含有 2 个胶原性三股螺旋位点及 3 个非胶原位点结构。α_1（XIV）链的 COL1 位点与IX、XII、XVI 型胶原的 COL1 位点是同源性结构序列。NC3 位点结构序列中含有 8 个纤维粘连蛋白 T 重复序列、2 个冯·威勒布兰德因子 A 重复序列和 1 个 PARP 重复序列。XIV 型胶原含有 2 个半胱氨酸残基序列，参与链间的二硫键的形成。分别位于第 1769 和第 1774 位点上的半胱氨酸残基，在IX和XII型胶原分子中也是高度保守的氨基酸残基序列。在第 1715~1716 和第 1735~1736 个氨基酸残基序列中不严格符合 Gly-X-Y 三肽的序列结构特点，在IX和XII型胶原分子中也是高度保守的，与超螺旋分子的结构形成有关。第 352~712 和第 741~1010 个氨基酸残基中有 7 个纤维粘连蛋白III型重复序列。

α_1（XIV）链前胶原糖蛋白分子第 1~28 个氨基酸残基组成了信号肽序列，NC1、NC2 和 NC3 位点分别位于第 1770~1888、1621~1663、29~1468 个氨基酸残基序列，COL1 和 COL2 位点位于第 1664~1769 和第 1469~1620 个氨基酸残基序列。第 1813~1843 个氨基酸残基序列有剪切加工的信号序列。第 138、1398 位点是 α_1（XIV）链中潜在的两个 N-糖基化位点。PARP 重复序列位于第 1222~1468 个氨基酸残基。

十五、XV 型胶原

XV 型胶原基因定位于人染色体的 9q21—q22。α_1（XV）链的三股螺旋结构位点由 557 个氨基酸残基组成，羧基末端有一个非胶原结构位点。胶原位点在 13 个位点上有打断序列，其中 4 个位点中具有丝氨酸残基相关的氨基聚糖和天冬氨酸相关的寡糖链。

十六、XVI 型胶原

XVI 型胶原的 α1（XVII）链是 FACIT 家族的一个成员，在人皮肤、肺成纤维细胞、角质细胞、动脉平滑肌细胞和羊膜细胞中都有表达。编码基因 COL16A1 定位于 1p35—p34。α_1（XVI）链由 10 个胶原位点和 11 个非胶原位点组成。NC 位点中有 32 个半胱氨酸残基。COL1/NC1 位点连接处有 2 个半胱氨酸残基。

1~21 个氨基酸残基组成了 α_1（ⅩⅥ）链前胶原糖蛋白分子的信号肽。NC1~NC11 位点分别位于第 1578~1603、1433~1471、988~1010、839~972、876~886、723~737、631~651、555~571、506~520、361~374、22~333 个氨基酸残基。COL1~COL10 位点分别位于第 1472~1577、1011~1432、973~987、887~838、738~875、652~722、572~630、521~554、375~505、334~360 个氨基酸残基。PARP 重复序列位于第 22~255 个氨基酸残基。第 47、327、1578 个氨基酸残基是 3 个潜在的 N-糖基化位点。α_1（ⅩⅥ）链基因位于人染色体的 1p34—p35 位点上。

研究证实，COL16A1 可以诱导炎性肠道来源的肠肌成纤维细胞间的黏着斑形成，并在胶质母细胞瘤中表达增强，并可提高肿瘤细胞的黏附能力。

十七、ⅩⅦ型胶原

ⅩⅦ型胶原是一种跨膜蛋白，亦称 BP180，在细胞内和细胞外结构元件的相互联系中发挥重要作用。它能够与 keratin 18、actinin α4、dystonin、actinin α1、CTNND1 和 ITGB4 等蛋白质相互作用。每一个 180kDa 链都包含了一个大约 70kDa、可以与 β_4 整合素、网蛋白和 BP230 结合的球形胞内结构域。分子质量约 120kDa 的ⅩⅦ型胶原 C 端胞外结构域包含了 15 个胶原子域，含有典型的三股螺旋结构。最主要的胶原结构域 COL15 含有 232 个氨基酸残基，与胶原蛋白三聚体稳定性密切相关。

α_1（ⅩⅦ）链的编码基因 COL17A1 定位于 10q24.3，包含大约 12kb 基因组 DNA 序列和 19 个外显子序列。

十八、ⅩⅧ型胶原

α_1（ⅩⅧ）链的编码基因 COL18A1 定位于 21q22.3。1994 年，Oh 等首次发现并克隆获得其编码基因序列信息。人和小鼠 COL18A1 氨基酸序列同源性大致为 79%。COL18A 基因包含 43 个外显子序列。1998 年，Saarela 等证实 COL18A1 拥有两种差异信号肽和 N 端的剪切体形式，因此也有两种不同的启动子序列：第一种大致位于邻近外显子 1 和外显子 250kb 位置；第二种位于外显子 3 位置。

十九、ⅩⅨ型胶原

α_1（ⅩⅨ）链的编码基因 COL19A1 定位于 6q13，包含 51 个外显子序列，基因组序列约为 250kb。关于 COL19A1 的相关研究较少。

二十、ⅩⅩ型胶原

α_1（ⅩⅩ）链由 COL20A1 基因编码，定位于 20q13.33。

二十一、ⅩⅪ型胶原

α_1（ⅩⅪ）链的编码基因 COL20A1 定位于 6p12.1，编码蛋白由 957 个氨基酸残基组成，分子质量约为 99kDa。其 N 端含有一个信号肽，C 端的两个胶原结构域被一个短的间隔序列离断。COL21A1 含有 2 个潜在的 N-糖基化位点和多个潜在的 O-糖基化位点。COL21A1 编码 2 种剪切体形式，主要区别在于 5′-UTR。2001 年，Fitzgerald 等证实 COL21A1

编码 30 个外显子序列；2002 年 Chou 等提出编码的外显子数目应为 31 个，差别主要在于第一个外显子部位。

二十二、XXII型胶原

α_1（XXII）链由 COL22A1 基因编码，定位于 8q24.2—q24.3，编码 66 个外显子序列。2004 年首次获得了 COL22A1 基因全长编码序列。XXII型胶原分子由 1626 个氨基酸残基组成，其中 27 个氨基酸残基形成潜在的信号肽序列。XXII型胶原具有典型的 FACIT 胶原结构特点。其 N 端含有冯·威勒布兰德因子结构域，随后为含有 N-糖基化位点的 N 端凝血酶敏感蛋白样结构域（TSPN）；C 端 105 个氨基酸含有被 2 个半胱氨酸残基隔离的 Gly-X-Y 重复序列。

二十三、XXIII 型胶原

α_1（XXIII）链由 COL23A1 基因编码，定位于 5q35.3。2003 年获得了大鼠 COL23A1 基因全长序列。

二十四、XXIV 型胶原

α_1（XXIV）链由 COL24A1 基因编码，定位于 1p22.3，编码 49 个外显子序列。2003 年研究者从人胎盘 cDNA 文库中获得了与 COL5A1 同源的 COL24A1 基因全长序列。COL24A1 编码产物包含 38 个氨基酸残基组成的信号肽序列。

二十五、XXV 型胶原

α_1（XXV）链由 COL25A1 基因编码，定位于 4q25。研究显示，COL25A1 编码产物与阿尔茨海默病（AD）发病相关。

二十六、XXVI 型胶原

α_1（XXVI）链由 EMID2 基因编码，定位于 7q22.1。2002 年研究者通过酵母双杂交技术筛选了 HSP47 结合蛋白，从而获得了小鼠 Emid2 基因序列。

二十七、XXVII 型胶原

α_1（XXVII）链由 COL27A1 基因编码。COL27A1 基因又名 KIAA1870，定位于 9q32。COL27A1 与 COL1A1 基因编码蛋白具有 43% 的同源性。COL27A1 基因编码产物有多种剪切体形式，在 Western blot 研究中可以看到位于 110~240kDa 的多个条带。

二十八、XXVIII 型胶原

α_1（XXVIII）链的编码基因 COL28A1 定位于 7q21.3，全长编码序列由 Veit 等在 2006 年确定。COL28A1 编码 35 个外显子，其中第一个外显子不能编码氨基酸。

二十九、XXIX 型胶原

α_1（XXIX）链由 COL29A1 基因编码，定位于 3q22.1。COL29A1 基因编码 42 个外

显子，编码蛋白由 614 个氨基酸残基组成，分子质量约 289kDa，与 COL6A3 编码产物约有 32%的同源性。

第四节 胶原基因表达调控机制

胶原蛋白编码基因表达调控机制符合哺乳动物基因表达调控的一般规律，包括基因组水平、转录水平、转录后水平、翻译水平和翻译后水平等多个层次，涉及信号转导、转录因子、表观遗传学等多个方面。随着分子生物学相关技术的迅速发展，人们对胶原基因表达调控机制的理解越来越深入。目前认为，胶原的代谢过程由一系列信号转导通路和细胞因子共同调控，如 TGF-β/Smad、PI3K/Akt、MAPK、Wnt 等信号转导通路，以及包括 NF-κB 等在内的诸多转录因子，交互影响、共同介导胶原合成与分解的代谢过程。

一、转录因子调控机制

Ap1：许多生长因子、细胞因子及胶原等基因调控区都有 Ap1 的识别序列，Ap1 通过与相应靶序列的识别、结合，对靶基因的转录进行调控，从而导致体内一系列生理和病理生理过程。COL1A1 第一个内含子+292~+670bp 区域的 Ap1 结合位点参与了 Ras 介导的 COL1A1 基因表达抑制调控途径；在人肺纤维化细胞中，PMA 可以通过 PKC 依赖途径抑制 COL1A1 基因基础和 TGF-β 诱导的 mRNA 水平，此途径同样涉及 Ap1。除正向调节外，对纤维化模型鼠的研究报道了 Ap1 介导的负向调控作用，提示 Ap1 可能在不同情况下发挥差异调控效应。

NF-κB：NF-κB 是一种重要的核转录因子。在小鼠 NIH3T3 或肝星状细胞细胞中，过表达 NF-κB（p65 或 p50）和 c-Rel 可以抑制 COL1A1 启动子活性，其中 p65 的抑制作用主要依赖于 COL1A 1~220bp 内的 Sp1 结合位点且作用要强于 p50 和 c-Rel。TNF-α 是很强的 NF-κB 激活剂，NF-κB 在 TNF-α 诱导下转位入核，从而抑制 COL1A2 启动子活性。

Sp1 家族：Sp1 是重要的细胞内信号转导的靶分子，Sp1 在Ⅰ型胶原的基础表达及诱导性高表达中均有重要作用，并与纤维化病理条件下胶原产生增加相关。多项研究证实，Sp1 可正向调节 COL1A1 基因转录活性。Sp1 过表达基因后可显著促进Ⅰ型胶原基因启动子活性，并可介导 TGF-$β_1$ 对胶原基因的转录激活。在激活的肝星状细胞及硬化性皮肤成纤维细胞中均发现，Ⅰ型胶原基因启动子活性的上升与 Sp1 有关。相反，利用反义 Sp1 等阻断 Sp1 作用后，胶原基因表达显著受抑；对 COL6A1 的研究也得到类似结果。在 COL11A2 基因启动子（-149~-40）序列中也包含 3 个 Sp1 结合位点，利用细胞转染实验证实，过表达 Sp1、Sp3 或 Sp7 显著增加 COL11A2 的启动子活性和内源性 COL11A2 基因的表达。

Myb：Myb 属于基本螺旋-环-螺旋亮氨酸拉链蛋白，人皮肤成纤维细胞 C-Myb 可以上调Ⅰ型胶原蛋白表达水平；但也有研究报道，血管平滑肌细胞中的 B-Myb 可以抑制 COL1A1 和 COL1A2 启动子活性，并下调内源性Ⅰ型胶原蛋白的合成，上述相反结果提示，Myb 家族成员在Ⅰ型胶原蛋白基因表达中发挥了调控作用。

C-Myc：有报道显示，在 NIH-3T3 细胞中过表达 C-Myc 后不能阻断 TGF-β 诱导的 COL1A2 启动子活性改变。但在硬皮病成纤维细胞和 SSc 成纤维细胞中，C-Myc 表达水平明显提高，提示 C-Myc 与Ⅰ型胶原蛋白基因表达间的直接关系尚需进一步研究。

C-Krox：C-Krox 属于锌指蛋白家族，是一种果蝇 Kruppel 因子同源分子。NIH-3T3 细胞中的 C-Krox 可以与 COL1A1 基因启动子相结合并激活其启动子活性；但也有相反的报道称，在 NIH-3T3 细胞中过表达人 C-Krox 能够抑制人、小鼠和大鼠 COL1A1 启动子活性；进一步研究显示，差异的结果可能与 C-Krox 的种属差异有关。

BTEB：BTEB 也是锌指蛋白家族成员之一，可以通过与 GC 盒的相互作用调节基因启动子转录活性。在大鼠肝星状细胞，紫外线照射可以激活 JNK，刺激 COL1A1 基因表达，DNA-蛋白质相互作用研究证实，BTEB 与位于 -1491～-1470bp 的远端 GC 盒的相互作用介导了上述调控机制。

NF-1：NF-1 是一组复杂的真核细胞 DNA 结合蛋白，能与多种 CCAAT 序列特异性结合。目前研究发现，NF-1 是介导 TGF-β 激活 COL1A1 和 COL1A2 基因转录的重要分子。

PN-1：PN-1 是一种丝氨酸蛋白酶抑制剂，具有纤溶酶、凝血酶和纤溶酶原激活物的水解抑制活性。与正常人和硬皮病患者相比，SSc 患者皮肤成纤维细胞和真皮细胞中 PN-1 表达水平明显增加。研究还提示，PN-1 诱导也可能是硬皮病发病过程中的早期事件之一，在瞬时转染系统中过表达 PN-1 可以刺激 I 型胶原蛋白基因转录。PN-1 还可以作为细胞外基质降解抑制因子，从而通过上调基因转录活性，增加胶原蛋白的表达。

PPI 和 PP2A：蛋白磷酸酶 2A 可以激活 NIH-3T3 细胞中的 COL1A1 基因启动子；磷酸丝氨酸和磷酸苏氨酸特异性蛋白磷酸酶 1（PPI）和 2A（PP2A）抑制剂——冈田酸可以降低内源性 I 型胶原蛋白的合成能力，提示 PPI 和 PP2A 可以正性调节 I 型胶原蛋白基因表达水平。在人皮肤成纤维细胞中，冈田酸可以降低 TGF-β 诱导的 COL1A2 启动子活性，提示 PPI 和 PP2A 是 I 型胶原蛋白基因表达的正性调节因子。

ERK1/2：ERK1/2 是 MPKA 信号转导通路的重要分子，可以抑制人皮肤成纤维细胞的 I 型胶原蛋白合成，CBFA1 是一种牛相关的成骨细胞特异转录因子，与成骨细胞特异基因表达有关。小鼠、大鼠和人 COL1A1 基因启动子 -1347～-372bp 和 COL1A2 基因第一个外显子 +12bp 具有保守的 OSE2 结合位点，CBFA1 可以与上述位点相互作用并激活启动子。此外，TGF-β 还可以通过刺激连接组织生长因子（CTGF）合成来增加 I 型胶原蛋白的生成；相反，过表达 p53 则可以抑制人皮肤成纤维细胞中 TGF-β 和 Smad3 诱导的 COL1A2 启动子激活及 I 型胶原蛋白。

Smad 家族：Smad 家族成员也是 COL1A1 基因表达的重要调节分子，COL1A1 基因的 -263～-258bp 区域存在 Smad 结合元件序列；过表达抗-Smad 和 Smad7 均可以抑制 COL1A2 启动子的基础及 TGF-β 诱导活性。

P300/CBP：P300/CBP 是常见的转录共刺激分子，它能诱导人皮肤成纤维细胞 COL1A2 启动子活性，从而增加内源性 I 型胶原蛋白表达。

Zf9：Zf9 亦称 CPBP（corepromoter bingding protein），是一种肝纤维化特异的转录因子，属 Kruppel 样锌指结构转录因子家族，结构上与其他 Kuppel 样转录因子相似，为立早反应基因。肝损伤时，该基因在肝星状细胞首先被诱导表达，然后才出现胶原等细胞外间质及 TGF-β 等基因的表达；在功能上，Zf9 对胶原编码基因启动子活性具有很强的激活效应。

此外，COL1A1 基因启动子还包含其他调控区域：-174～-84bp 和 +380～+1440bp 的 DNA 结合序列对其启动子活性存在影响，包括基因启动子区域 -100～-96bp 的 CCAAT 结合因子、-190～-170bp 和 -160～-130bp 的 IF1 及 IF2 结合位点（小鼠）、-133～-71bp 的

IF2 结合位点、-365～-335bp 的 C/EBP-β结合位点（小鼠）、-330～-303bp 的 C/EBP 与 Box 5A 相互作用后的结合位点（小鼠）、-303～-271bp 的 Sp1 结合位点，以及-303～-271bp、-164～-159bp 和 -128～-123bp 的 Sp3 结合位点等转录激活区域。COL1A2 基因启动子也包含了以下区域：-376～-108bp 和-376～+58bp 的 DNA 结合序列、-350～-300bp 的 NF-1 结合位点、-165～-155bp 的 IF1 结合位点（小鼠）等转录激活位点；此外，还包含-353～-186bp 区域的 Fli-1 反应元件结合位点等转录抑制因素。

除了上述转录因子和信号转导通路以外，IGF-1、TGF-β、IL-1β、IFN-γ 和 TNF-α 等细胞因子也可以通过多种途径调控 I 型胶原蛋白编码基因表达水平。

TGF-β/Smad 通路：转化生长因子β（TGF-β）是与胶原代谢最为密切的细胞因子，目前认为，在 3 种异构体 TGF-$β_1$、TGF-$β_2$ 和 TGF-$β_3$ 中，TGF-$β_1$ 生物活性最强。TGF-β 可以通过上调胶原蛋白转录水平，抑制胶原降解，增加成纤维细胞内脯氨酸强化，稳定原胶原分子，抑制溶酶体产物，抑制细胞内部原胶原降解，通过自分泌方式间接调控胶原表达等方式调控胶原生成和降解水平。Smad 蛋白是 TGF-β信号通路的效应分子。过表达 Smad2 可以抑制 TIMP-1，敲除 Smad3 可以减少 I 型胶原蛋白表达并减轻纤维化程度。

PI3K/AKT 通路：研究显示，PI3K/AKT 通路激活与 I 型胶原蛋白增加有关，应用 PI3K/AKT 通路抑制剂可以抑制 I 型胶原蛋白。而在大鼠肝星状细胞中应用硫化氢可以激活 PI3K/AKT 通路来增加 I、III型胶原蛋白的表达。

MAPK 通路：MAPK 是一种具有多种功能的信号通路，p38MAPK 可以参与介导软骨细胞中 MMP13 的合成，导致 II 型胶原降解。ERK 通路抑制后，肺组织内 I、III型胶原蛋白表达明显下降。

Wnt 通路：Wnt 通路与细胞分化、生长和凋亡过程相关，主要包括 Wnt/β-catenin、Wnt/Ca^{2+}和 Wnt/PCP 等 3 条经典通路。Wnt 通路参与肝、肺和肾脏纤维化过程，抑制 Wnt 通路可以减少胶原蛋白合成。

二、表观遗传学机制

表观遗传学近年来的研究热点领域——启动子区域的甲基化和去甲基化修饰，也是影响基因转录的重要机制。在小鼠未分化成纤维细胞中 COL1A1 基因启动子区域呈现甲基化趋势，在产胶原和非产胶原分化细胞中则表现为去甲基化。虽然第一个内含子在胶原蛋白编码基因转录过程中发挥重要作用，但在产胶原和非产胶原细胞中第一个内含子区域均未观察到甲基化。此外，非产胶原细胞第一个外显子的高甲基化和产胶原细胞的非甲基化现象提示，与第一个外显子不同，第一个内含子和启动子在甲基化介导的 COL1A1 基因转录调控中不发挥作用。与 COL1A1 基因类似，DNA 甲基化修饰也可以下调 COL1A1 基因表达水平，第一个外显子区域+7～+23nt 的甲基化修饰可以抑制 COL1A2 转录活性，并增强甲基化 DNA 结合蛋白（MDBP）的结合活性。

组蛋白修饰液是表观遗传学调控的机制之一。组蛋白脱乙酰基酶（HDAC）可以上调 COL11A2 基因启动子活性。

（王　琦）

参 考 文 献

陈燕贞, 孙良忠, 王海燕, 等. 2017. 91例儿童Alport综合征临床、病理特点及误诊分析. 中国当代儿科杂志, 19: 371~375.

李倩男, 洪莉. 2017. 胶原代谢相关信号通路研究进展. 中国医药导报, 14: 56~59.

杨程显, 李戈, 张立颖. 2015. 胶原蛋白Ⅳ在肿瘤领域的研究进展. 重庆医学, 44: 4586~4588, 4589.

周露萍, 陈露露, 周宏灏, 等. 2015. Ⅳ型胶原蛋白与肾脏疾病. 中国临床药理学与治疗学, 20: 1060~1065.

Alexopoulos LG, Youn I, Bonaldo P, et al. 2009. Developmental and osteoarthritic changes in Col6a1-knockout mice: biomechanics of type VI collagen in the cartilage pericellular matrix. Arthritis Rheum, 60: 771~779.

Brown RJ, Mallory C, McDougal OM, et al. 2011. Proteomic analysis of Col11a1-associated protein complexes. Proteomics, 11: 4660~4676.

Canato M, Dal Maschio M, Sbrana F, et al. 2010. Mechanical and electrophysiological properties of the sarcolemma of muscle fibers in two murine models of muscle dystrophy: col6a1$^{-/-}$ and mdx. J Biomed Biotechnol, 2010: 981945.

Chang J, Liu F, Lee M, et al. 2013. NF-κB inhibits osteogenic differentiation of mesenchymal stem cells by promoting β-catenin degradation. Proceedings of the National Academy of Sciences of the United States of America, 110: 9469~9474.

Chiu KH, Chang YH, Wu YS, et al. 2011. Quantitative secretome analysis reveals that COL6A1 is a metastasis-associated protein using stacking gel-aided purification combined with iTRAQ labeling. J Proteome Res, 10: 1110~1125.

Fan B, Onteru SK, Nikkila MT, et al. 2009. The COL9A1 gene is associated with longissimus dorsi muscle area in the pig. Anim Genet, 40: 788.

Frka K, Facchinello N, Del VC, et al. 2009. Lentiviral-mediated RNAi in vivo silencing of Col6a1, a gene with complex tissue specific expression pattern. J Biotechnol, 141: 8~17.

Ge WS, Wang YJ, Wu JX, et al. 2014. β-catenin is over expressed in hepatic fibrosis and blockage of Wnt/β-catenin signaling inhibits hepatic stellate cell activation. Molecular Medicine Reports, 9: 2145~2151.

Hochart A, Dieux A, Coucke P, et al. 2015. Association between Kniest dysplasia and chondrosarcoma in a child. American Journal of Medical Genetics. Part A, 167A: 3204~3208.

Huang Q, Jin H, Xie Z, et al. 2013. The role of the ERK1/2 signalling pathway in the pathogenesis of female stress urinary incontinence. The Journal of International Medical Research, 41: 1242~1251.

Husain Q, Cho J, Neugarten J, et al. 2017. Surgery of the head and neck in patient with Kniest dysplasia: Is wound healing an issue. International Journal of Pediatric Otorhinolaryngology, 93: 97~99.

Kague E, Bessling SL, Lee J, et al. 2010. Functionally conserved cis-regulatory elements of COL18A1 identified through zebrafish transgenesis. Dev Biol, 337: 496~505.

Kasi SK, Adam MK, Ehmann DS. 2017. Bilateral retinal problem in a patient with Alport syndrome. JAMA ophthalmology.

Kim H, Watkinson J, Varadan V, et al. 2010. Multi-cancer computational analysis reveals invasion-associated variant of desmoplastic reaction involving INHBA, THBS2 and COL11A1. BMC Med Genomics, 3: 51.

Kumar S, Gupta R, Kumar S, et al. 2011. Molecular mining of alleles in water buffalo Bubalus bubalis and characterization of the TSPY1 and COL6A1 genes. PLoS One, 6: e24958.

Laenoi W, Rangkasenee N, Uddin MJ, et al. 2011. Association and expression study of MMP3, TGF-beta1 and COL10A1 as candidate genes for leg weakness-related traits in pigs. Mol Biol Rep, 39: 3893~3901.

Lamas JR, Rodriguez-Rodriguez L, Vigo AG, et al. 2010. Large-scale gene expression in bone marrow mesenchymal stem cells: a putative role for COL10A1 in osteoarthritis. Ann Rheum Dis, 69: 1880~1885.

Li F, Lu Y, Ding M, et al. 2011. Runx2 contributes to murine Col10a1 gene regulation through direct interaction with its cis-enhancer. J Bone Miner Res, 26: 2899~2910.

Liu SS, Zhou P, Zhang Y. 2016. Abnormal expression of key genes and proteins in the canonical Wnt/β-catenin pathway of articular cartilage in a rat model of exercise-induced osteoarthritis. Molecular Medicine Reports, 13: 1999~2006.

Long DL, Loeser RF. 2010. p38gamma mitogen-activated protein kinase suppresses chondrocyte production of MMP-13 in response to catabolic stimulation. Osteoarthritis and Cartilage, 18: 1203~1210.

Makitie O, Susic M, Cole WG. 2010. Early-onset metaphyseal chondrodysplasia type Schmid associated with a COL10A1 frame-shift mutation and impaired trimerization of wild-type alpha1(X)protein chains. J Orthop Res, 28: 1497~1501.

Maye P, Fu Y, Butler DL, et al. 2011. Generation and characterization of Col10a1-mcherry reporter mice. Genesis, 49: 410~418.

Nikopoulos K, Schrauwen I, Simon M, et al. 2011. Autosomal recessive Stickler syndrome in two families is caused by mutations in the COL9A1 gene. Invest Ophthalmol Vis Sci, 52: 4774~4779.

O'Connell K, Posthumus M, Collins M. 2011. COL6A1 gene and Ironman triathlon performance. Int J Sports Med, 2: 896~901.

Paisan-Ruiz C, Scopes G, Lee P, et al. 2009. Homozygosity mapping through whole genome analysis identifies a COL18A1 mutation in an Indian family presenting with an autosomal recessive neurological disorder. Am J Med Genet B Neuropsychiatr Genet, 150B: 993~997.

Posthumus M, September AV, O'Cuinneagain D, et al. 2010. The association between the COL12A1 gene and anterior cruciate ligament ruptures. Br J Sports Med, 44: 1160~1165.

Ren L, Yang Z, Song J, et al. 2013. Involvement of p38 MAPK pathway in low intensity pulsed ultrasound induced osteogenic differentiation of human periodontal ligament cells. Ultrasonics, 53: 686~690.

Ricard-Blum S. 2011. The collagen family. Cold Spring Harbor perspectives in biology, 3: a004978.

Richards AJ, McNinch A, Martin H, et al. 2010. Stickler syndrome and the vitreous phenotype: mutations in COL2A1 and COL11A1. Hum Mutat, 31: E1461~E1471.

Sefat F, Denyer MC, Youseffi M. 2014. Effects of different transforming growth factor beta(TGF-β)isomers on wound closure of bone cell monolayers. Cytokine, 69: 75~86.

Tiepolo T, Angelin A, Palma E, et al. 2009. The cyclophilin inhibitor Debio 025 normalizes mitochondrial function, muscle apoptosis and ultrastructural defects in Col6a1$^{-/-}$ myopathic mice. Br J Pharmacol, 157: 1045~1052.

Tompson SW, Bacino CA, Safina NP, et al. 2010, Fibrochondrogenesis results from mutations in the COL11A1 type XI collagen gene. Am J Hum Genet, 87: 708~712.

Tsuchimochi K, Otero M, Dragomir CL, et al. 2010. GADD45beta enhances Col10a1 transcription via the

MTK1/MKK3/6/p38 axis and activation of C/EBP beta-TAD4 in terminally differentiating chondrocytes. J Biol Chem, 285: 8395~8407.

Urtasun R, Lopategi A, George J, et al. 2012. Osteopontin, an oxidant stress sensitive cytokine, up-regulates collagen-I via integrin α(V)β(3)engagement and PI3K/pAkt/NFκB signaling. Hepatology: official journal of the American Association for the Study of Liver Diseases, 55: 594~608.

Woelfle JV, Brenner RE, Zabel B, et al. 2011. Schmid-type metaphyseal chondrodysplasia as the result of a collagen type X defect due to a novel COL10A1 nonsense mutation: A case report of a novel COL10A1 mutation. J Orthop Sci, 16: 245~249.

Xu F, Liu C, Zhou D, et al. 2016. TGF-β/SMAD Pathway and its regulation in hepatic fibrosis. The Journal of Histochemistry and Cytochemistry: Official Journal of the Histochemistry Society, 64: 157~167.

Xu Y, Harton JA, Smith BD. 2008. CIITA mediates interferon-gamma repression of collagen transcription through phosphorylation-dependent interactions with co-repressor molecules. J Biol Chem, 283: 1243~1256.

Yao QY, Xu BL, Wang JY, et al. 2012. Inhibition by curcumin of multiple sites of the transforming growth factor-beta1 signalling pathway ameliorates the progression of liver fibrosis induced by carbon tetrachloride in rats. BMC Complementary and Alternative Medicine, 12: 156.

Yasuda T, Nishio J, Sumegi J, et al. 2009. Aberrations of 6q13 mapped to the COL12A1 locus in chondromyxoid fibroma. Mod Pathol, 22: 1499~1506.

Yip SP, Leung KH, Fung WY, et al. 2011. A DNA pooling-based case-control study of myopia candidate genes COL11A1, COL18A1, FBN1, and PLOD1 in a Chinese population. Mol Vis, 17: 810~821.

Yu Y, Bhangale TR, Fagerness J, et al. 2011. Common variants near FRK/COL10A1 and VEGFA are associated with advanced age-related macular degeneration. Hum Mol Genet, 20: 3699~3709.

Zhang L, Liu C, Meng XM, et al. 2015. Smad2 protects against TGF-β1/Smad3-mediated collagen synthesis in human hepatic stellate cells during hepatic fibrosis. Molecular and Cellular Biochemistry, 400: 17~28.

第三章 纤维粘连蛋白

纤维粘连蛋白（fibronectin，FN）是一种细胞外糖蛋白基质成分，在体内广泛存在。纤维粘连蛋白有两种存在方式：一种是可溶性的纤维粘连蛋白，称为血浆纤维粘连蛋白（plasma fibronectin，pFN），主要存在于各种类型的体液中；另一种是不溶性的纤维粘连蛋白，称为细胞纤维粘连蛋白（cellular fibronectin，cFN），主要分布于细胞外基质（ECM）中。纤维粘连蛋白参与一系列的生理过程，如胚胎发生、损伤修复、止血和血栓形成。纤维粘连蛋白是以两个相同的单体分子、借助其羧基端两个二硫键形成的，构成均一的二聚体结构。每一个单体分子的分子质量为220～250kDa。如需要，还可形成其他类型的链间连接关系。纤维粘连蛋白是研究得最为清楚的细胞外基质分子之一。

第一节 纤维粘连蛋白的结构

由于纤维粘连蛋白的基因转录产物，至少在三个结构区中存在剪切加工机制，因而可以表达不同分子质量和结构的FN分子。单体形式的纤维粘连蛋白借助羧基端的二硫键，形成二聚体形式的二级结构；再进行不同的折叠，形成三级结构。分布于细胞外基质的纤维粘连蛋白，主要是二聚体形式的纤维粘连蛋白，再进一步装配成寡聚体的形式，或与原纤维（fibril）结合成复合体的形式，因而是不溶性的。体液中的二聚体形式的纤维粘连蛋白则是一类可溶性的分子。

一、纤维粘连蛋白的一级结构特点

纤维粘连蛋白由2476个氨基酸残基组成，分子质量为273.715kDa。N端的第1～20个氨基酸残基构成了纤维粘连蛋白的信号肽（signal peptide）序列。多肽前体序列为第21～31氨基酸残基。Ⅰ型重复序列（type Ⅰ repeat）为第52～96、97～140、141～185、186～230、231～272、308～344、470～517、518～560、561～608、2297～2341、2342～2385、2386～2428个氨基酸残基序列，Ⅱ型重复序列（type Ⅱ repeat）为第345～404、405～469个氨基酸残基序列，Ⅲ型重复序列（type Ⅲ repeat）为第609～700、719～809、810～905、906～995、996～1085、1086～1172、1173～1265、1357～1447、1448～1537、1538～1631、1632～1721、1812～1903、1904～1992、1993～2082、2203～2273个氨基酸残基序列。三个转录产物的剪切加工位点分别位于第1722～1811（ED-A）、1266～1356（ED-B）和2083～2202（ⅢCS）三段氨基酸残基的结构中。完整的ⅢCS域含120个氨基酸残基，分为3个亚片段，从N端到C端依次为CS1（25aa）、中间区（64aa）及CS5（31aa），CS1和CS5可被剪去，从而形成ⅢCS-0、ⅢCS-120、ⅢCS-95、ⅢCS-89和ⅢCS-64五种变异体；EDA和EDB分别由单个外显子编码，在剪切过程中只有剪去和未剪去两种情况。其剪切经组合后可翻译出20余种异构体。EDA片段位于EDB下游、Ⅲ11与Ⅲ12之间，属Ⅲ型同源

序列。其序列高度保守，在人、鸡、鼠、牛中均为 270bp，位于外显子 5431～5701bp 处。EDA 不存在于血浆型 FN（pFN）中。大多数正常成人组织的细胞外基质中不表达 EDA^+FN，但在增生旺盛的组织如肿瘤组织、创伤修复及胚胎组织中 EDA 片段高表达，说明该片段与细胞的迁移和增殖关系密切。

潜在的 N-糖基化作用位点位于第 430、528、542、877、1007、1244、1291、1904、2199 个氨基酸残基上。O-糖基化位点只有一个，位于第 2155 个氨基酸残基上。参与链间二硫键合成的残基位点是位于 2458 和 2462 两个位置上的半胱氨酸残基。RGD 细胞黏附位点位于第 1615～1618 个氨基酸残基序列中，IDAPS 细胞黏附位点位于第 1994～1998 个氨基酸残基序列中，LDV 和 REDV 细胞黏附位点分别位于第 2102～2185、2182～2185 个氨基酸残基序列中。纤维粘连蛋白分子中有两个肝素结合位点，分别位于第 2028～2046（FN-C/HⅠ）、2068～2082（FN-C/HⅡ）两段氨基酸残基序列。凝血因子Ⅷa（factor Ⅷa）转谷氨酰胺酶（transglutaminase）交联位点位于第 34 个氨基酸残基位点上。纤维粘连蛋白的一级结构中各个功能位点的结构与分布如图 3-1 所示。

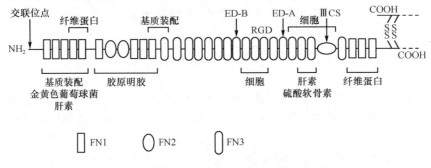

图 3-1 纤维粘连蛋白结构位点分布示意图

人的纤维粘连蛋白是由单一的基因进行编码的。基因组 DNA 位于人染色体 2p14—p16 或 2q34—q36 位点上，大约含有 50 个外显子。鸡和大鼠的纤维粘连蛋白基因组 DNA 的长度分别为 50kb 和 70kb。人的纤维粘连蛋白的基因组 DNA 长度目前还不十分清楚。人 FN 分子中，Ⅰ型和Ⅱ型重复序列都是由单一的外显子序列编码的，除了Ⅲ9 序列之外，其他的Ⅲ型重复序列每一段都是由 2 个外显子共同编码的。EDA 和 EDB 也都是由单一的外显子序列编码。ⅢCS 与Ⅲ15 的前半部分是由同一个外显子编码的。

二、纤维粘连蛋白的二级结构特点

纤维粘连蛋白的主要二级结构形式是同二聚体。单体形式的纤维粘连蛋白借助其羧基末端的半胱氨酸残基形成两对二硫键，以形成二级结构形式。这种二聚体形式的纤维粘连蛋白是可溶性的，存在于各种类型的体液中，还可以聚合装配成寡聚体，或与原纤维丝结合成复合体。纤维粘连蛋白的寡聚体形式，以及与原纤维丝结合成的复合体形式是其在细胞外基质中的主要存在形式，是不溶性的。

三、纤维粘连蛋白的三级结构特点

FN 分子主要有三种类型的重复序列结构：Ⅰ型重复序列（FN1）、Ⅱ型重复序列（FN2）

和Ⅲ型重复序列（FN3）。根据纤维粘连蛋白的一级结构序列，应用 MULSCRIP 计算机软件，对纤维粘连蛋白三种重复序列的三维立体结构，即三级结构进行预测分析。如图 3-2 所示，图 3-2A 为Ⅰ型重复序列的结构，图 3-2B 为Ⅱ型重复序列的结构，图 3-2C 为Ⅲ型重复序列的结构。

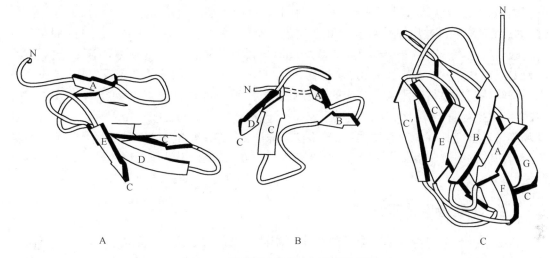

图 3-2 纤维粘连蛋白三级结构预测

1. FN1 FN1 结构序列位于纤维粘连蛋白 N 端和 C 端的纤维蛋白（fibrin）结合位点的结构区，以及纤维粘连蛋白胶原结合位点的结构区。在组织型纤维蛋白溶酶原激活剂（tissue type plasminogen activator，t-PA）及凝血因子Ⅻ等分子结构中也发现有单一拷贝的 FN1 序列存在。每一段 FN1 序列大约由 45 个氨基酸残基组成。

除了第 12 个 FN1 序列中多了一个二硫键之外，FN1 结构中一般都有 4 个半胱氨酸残基，1、3 和 2、4 半胱氨酸残基之间形成二硫键。纤维粘连蛋白与 t-PA 分子中 FN1 结构位点的磁共振（nuclear magnetic resonance，NMR）研究结果表明，在 N 端形成较短的反向平行β片层结构 A 和 B，而 C 端序列则形成三链反向平行β片层结构 C、D 和 E。高度疏水的保守氨基酸残基形成的蛋白质核心结构域位于反向平行β片层的反折部位。纤维粘连蛋白分子中的疏水基团之间的相互作用，有助于维持 FN1 三级结构的稳定性。片层 A 和 D 中的半胱氨酸残基之间形成的二硫键，将两个片层结构连接在一起。第一个β片层结构中带有负电荷的氨基酸残基与第二个片层结构中带有正电荷的氨基酸残基之间可以形成盐桥，使 FN1 的三级结构形成以后更加稳定。

2. FN2 纤维粘连蛋白分子中胶原结合区含有两个相邻的 FN2 结构。在 92kDa 和 72kDa 的Ⅳ型胶原酶（collagenase）和牛精液蛋白 PDC109 等蛋白质分子中，都发现有 FN2 序列的存在。第一个 FN2 和第二个 FN2 序列都是由 60 个左右的氨基酸残基组成，第一个半胱氨酸残基的上游有 15 个氨基酸残基。磁共振技术已对 PDC109 分子中由 46 个氨基酸残基组成的 FN2 结构在溶液中的三级结构特点进行了预测。其核心由两个双链反向平行β片层组成，另外还有两个不规则的环状结构。其中一个环状结构将两个β片层分开，另一个环状结构位于第二个β片层结构的双链之间。配体结合研究表明，FN2 的疏水表层结构及一个保守的天冬氨酸残基，是决定 PDC109 分子与胶原分子中含有特异性亮氨酸

（leucine）和异亮氨酸（isoleucine）残基之间相互作用的位点结构。

3. FN3 FN 结构由大约 90 个氨基酸残基组成。每个 FN 分子亚单位中有 15～17 个 FN3 结构。与 FN1 和 FN2 不同，FN3 结构的形成不依赖于二硫键，而且大部分是由 2 个外显子、而不是 1 个外显子编码的。从 67 个不同的蛋白质分子中都发现了 FN3 的保守序列，达 300 次之多。无论是真核还是原核细胞，无论是细胞内还是细胞外蛋白，都曾发现过 FN3 保守序列。对几种不同的 FN3 结构进行研究，发现其三级结构特点是相同的。FN3 的三级结构呈"三明治"结构特点，两个反向平行β片层包含着一个疏水的核心结构。A、B 和 E 链组成第一个反向平行β片层结构，C、C′、F 和 G 链组成第二个反向平行β片层结构。纤维粘连蛋白与细胞膜上相应的整合素受体分子之间的结合，即是通过 FN 分子 FN3 中的 Arg-Gly-Asp 三肽序列结构而进行的。对这两种分子之间的相互作用及相互作用的结构基础进行研究具有十分重要的意义，因为可根据纤维粘连蛋白等细胞外基质分子与细胞膜上相应的黏附分子受体之间相互结合的原理和结构基础，设计抗黏附的分子，用于溶栓和抗肿瘤治疗。

四、纤维粘连蛋白的装配

由 2 个纤维粘连蛋白单体分子借助其 C 端两对二硫键的形成，构成了纤维粘连蛋白的二聚体结构。纤维粘连蛋白的装配过程及 FN 分子中各种类型的重复序列结构位点之间的相互作用，对于纤维粘连蛋白的功能来说是十分重要的。纤维粘连蛋白的正确装配就是为纤维粘连蛋白各个亚基之间发生正确的相互作用提供正确的空间结构。

1. N 端和 C 端纤维蛋白结合位点 FN1 重复序列 纤维粘连蛋白 N 端含有 5 段 FN1 序列，由 5～9 个氨基酸残基连接在一起，其主要功能是与纤维蛋白结合，同时也是纤维粘连蛋白装配成细胞外基质所必需的结构部分。纤维粘连蛋白与其他分子之间的结合也与 FN1 有关。纤维粘连蛋白掺入纤维蛋白的过程涉及分子之间的共价和非共价结合的方式。在生理温度条件下，29kDa 的 N 端由第 1～5 个 FN1 组成的多肽，以及 19kDa 的 C 端由第 10～12 个 FN1 组成的多肽，都能以非共价方式与纤维蛋白-琼脂糖进行结合。纤维蛋白与纤维粘连蛋白之间的共价结合，是由纤维蛋白的赖氨酸残基与纤维粘连蛋白的 Gln_3 残基在转谷氨酰胺酶的催化作用下发生的交联反应。FN 分子中 N 端的纤维蛋白结合位点由第 4 个和第 5 个 FN1 结构组成，而且是由两个 FN1 重复序列结构之间发生相互作用而决定的。

血浆纤维蛋白与纤维粘连蛋白 N 端的一对 FN1 片段进行结合。但是，纤维粘连蛋白的基因突变研究表明，FN 分子中的 5 个 FN1 片段都是血浆纤维蛋白与纤维粘连蛋白结合，形成纤维状纤维粘连蛋白基质（fibrilar fibronectin matrix）所必需的结构位点。纤维粘连蛋白与血浆纤维蛋白之间的结合，需要 5 个 FN1 结构位点的完整性，提示这 5 个 FN1 结构位点可能形成一个结构单位，当其中的一个 FN1 结构位点缺失突变以后，则整个完整的结构形式即会遭到破坏，从而影响其功能。

2. 胶原结合位点 FN1 和 FN2 重复序列 胶原结合位点（collagen-binding domain）是一个由 4 个 FN1 与 2 个 FN2 组成的 46kDa 的结构单位，即 $^6FN1^1FN2^2FN2^7FN1^8FN1^9FN1$ 结构。完整的 FN 分子发生蛋白裂解以后，可以分离到这种 46kDa 的胶原结合位点单位。纤维粘连蛋白几乎与所有类型的胶原分子都能结合，但与已发生变性的胶原分子之间具有更高的亲和力。对 PDC109、胶原酶等含有 FN2 重复序列的蛋白质分子进行研究，发现 FN2

重复序列在纤维粘连蛋白与胶原之间的结合中具有决定性的作用,但其他重复序列结构位点也参与了这一过程。重复序列的折叠都是独立进行的,但两个 FN2 重复序列片段之间的相互作用则有助于这些结构的稳定性。

3. 纤维粘连蛋白中心结构区 FN3 重复序列　纤维粘连蛋白质分子中含有多个 FN3 重复序列,位于其结构的中心部位。FN3 重复序列结构的折叠也是独立进行的,但不同蛋白分子来源的 FN3 重复序列的结构却是一致的。相邻的 FN3 重复序列之间的相互作用对于纤维粘连蛋白的功能具有决定性的意义。纤维粘连蛋白的 C 端有一个肝素结合位点,其中 FN3 重复序列之间的相互作用,使各个 FN3 重复序列结构能够保持正确的方向,以保持纤维粘连蛋白与肝素进行结合时所需要的构象结构。

第二节　纤维粘连蛋白基因转录物的剪切

纤维粘连蛋白是由单一的基因编码的蛋白质分子。纤维粘连蛋白基因的转录产物 mRNA 前体（pre-mRNA）可以在其结构的三个部位发生剪切（splicing）加工。经过剪切加工的纤维粘连蛋白的 mRNA 可以编码分子质量大小不同的纤维粘连蛋白,具有不同的生物学功能。

一、纤维粘连蛋白基因转录物的剪切方式

纤维粘连蛋白的基因由三种类型的同源重复核苷酸序列亚单位组成,即Ⅰ、Ⅱ和Ⅲ型同源重复亚单位结构。这三种类型的同源重复亚单位序列在其他类型的基因序列中都有存在。在Ⅲ型重复序列中,存在着剪切加工的位点序列结构。重复序列 EⅢA 又称为 EDA 或 EDⅠ,重复序列 EⅢB 又称为 EDB 或 EDⅡ,它们都有可能经过纤维粘连蛋白 mRNA 前体的剪切加工而缺失掉。除了上述这两个部位的剪切位点之外,第三段可以进行剪切加工的非同源核苷酸序列区称为可变区（variable,V）或Ⅲ型连接片段。V 区剪切加工由于生物种类的不同而有所差别。例如,在爪蟾细胞中,纤维粘连蛋白基因转录产物 V 区在剪切过程中,或者是整个剪切掉,或者是整个保留;在鸡细胞中,仅见到 V 区部分序列可以剪切掉,而未见到整个 V 区序列剪切加工完全去除的现象;在大鼠的细胞中,纤维粘连蛋白基因转录物的剪切加工有三种不同的方式,即 V0、V95 和 V120 三种。在由 120 个氨基酸残基组成的可变区中,如果经过剪切去除全部由 120 个氨基酸残基组成的序列,则产生 V0 剪切形式;如果仅是外显子 5′端编码 25 个氨基酸残基的序列在剪切加工中缺失,则经过剪切的 V 区由 95 个氨基酸残基组成,称为 V95;当然,未经剪切的 V 区编码的多肽由 120 个氨基酸残基组成,称为 V120。在人的细胞中,纤维粘连蛋白基因转录物的剪切加工机制更为复杂。V 外显子的 5′端编码 25 个氨基酸残基,3′端编码 31 个氨基酸残基的核苷酸序列,都可以进行独立的或联合剪切加工,因而可有 5 种可能的剪切加工形式。总的说来,人、鸡和大鼠的纤维粘连蛋白基因转录产物经过剪切加工,可分别形成 20 个、8 个和 12 个不同的形式。

Ⅲ9 外显子与可以进行剪切加工的 EⅢA、EⅢB 等Ⅲ型重复序列的结构一样,都是由单一的外显子组成和编码。其余的Ⅲ型重复序列则都是由 2 个外显子编码。因此,Ⅲ9 外显子结构区是否存在剪切加工机制格外引人注目。但研究结果表明,Ⅲ9 外显子结构区不存

在剪切加工现象。其他纤维粘连蛋白的结构序列中也没有见到可能的剪切加工位点区。

关于纤维粘连蛋白基因转录产物的剪切加工机制，多是以脊椎动物血浆纤维粘连蛋白作为模型进行研究的。pFN 是一种可溶性的蛋白质，在血液中的浓度很高。血液中的可溶性纤维粘连蛋白大部分是由肝细胞合成的。蛋白凝胶电泳分析结果表明，pFN 主要以两种形式存在，但两者之间的分子质量差别很小。对爪蟾、鸡及大鼠肝脏中纤维粘连蛋白 mRNA 进行分析，V+和 V0 型纤维粘连蛋白的 mRNA 都存在。这说明上述 pFN 在分子质量上的差别，可能是纤维粘连蛋白编码基因转录产物 V 区发生不同的剪切加工所致。针对不同抗原位点的特异性单克隆抗体，也进一步证实了 V 区不同的剪切加工产物所编码的产物的存在。除了 V0 型 pFN 蛋白之外，大鼠肝细胞中的纤维粘连蛋白的 mRNA 序列几乎完全缺乏 EIIIA 和 EIIIB 两段重复序列。以抗-EIIIA 和抗-EIIIB 的抗体进行的定量分析表明，不到 1%的 pFN 分子含有 EIIIA 和 EIIIB 结构序列。因此，绝大部分 pFN 分子不被抗-EIIIA、抗-EIIIB 的特异性抗体所识别。但其他细胞类型的 FN，即 cFN，作为不溶性 FN 的一部分，可以掺入细胞周围的基质中，这些 cFN 即能被 EIIIA 和 EIIIB 的特异性抗体所识别。因为这些 FN 分子中包含了这些编码序列，因而 cFN 在蛋白凝胶电泳中就会呈现大分子质量的分子类型。体内的实验结果再一次证明了纤维粘连蛋白基因转录物剪切机制的存在。从 pFN 和 cFN 的研究工作中还可以看到，一种类型的细胞中，FN 蛋白的类型反映了细胞中 FN mRNA 不同方式剪切加工的结果。这在胚胎发育及创伤愈合过程中具有十分重要的作用和意义。

二、发育过程中纤维粘连蛋白基因转录物的剪切

研究表明，不同类型的细胞中具有不同的纤维粘连蛋白 mRNA 的剪切机制。关于发育过程中纤维粘连蛋白基因转录物的剪切过程的研究，为纤维粘连蛋白 mRNA 选择性剪切加工的调节机制提供了可靠的证据。对于来源于胚胎的成纤维细胞和非胚胎性成纤维细胞中纤维粘连蛋白 mRNA 的结构序列进行分析比较，证明前者的纤维粘连蛋白 mRNA 中的 EIIIB 序列仍然保留着，而后者的纤维粘连蛋白 mRNA 中的 EIIIB 序列则在剪切加工中缺失。鸡、大鼠及爪蟾等的体内研究表明，胚胎发育过程中细胞中的纤维粘连蛋白 mRNA 序列中大部分都含有 EIIIA 和 EIIIB 序列。一旦胚胎发育完成，如出生后 5 月月龄的大鼠组织细胞中的纤维粘连蛋白 mRNA，大部分缺乏这种 EIIIA 和 EIIIB 基因序列。EIIIA 和 EIIIB 序列的剪切加工过程是细胞特异性的，而且这两个外显子剪切缺失的频率也大不相同。对于肾、心、脑、肌肉中的 mRNA 定量研究表明，EIIIB 外显子经剪切切除的概率比 EIIIA 外显子切除的概率要大得多。特别是脑组织中纤维粘连蛋白 mRNA 分子含有 EIIIA 外显子序列者居多。以针对 EIIIA 和 EIIIB 序列抗原位点的单克隆抗体，或以两个外显子序列特异性的探针分别进行免疫化学染色和原位杂交研究，表明成年组织中纤维粘连蛋白 mRNA 剪切加工的组织细胞特异性更为明确。例如，大血管壁细胞中纤维粘连蛋白 mRNA 经剪切加工以后，EIIIA 外显子序列保留，但 EIIIB 外显子缺失；孕期和非孕期子宫内膜上皮细胞中也表达 EIIIA$^+$EIIIB$^-$的纤维粘连蛋白的 mRNA。

相反，软骨细胞中表达 EIIIA$^-$EIIIB$^+$的纤维粘连蛋白的 mRNA。肝细胞中纤维粘连蛋白 mRNA 则呈 EIIIA$^-$EIIIB$^+$的形式。大鼠皮肤细胞及大部分外周神经细胞中的纤维粘连蛋白 mRNA 也缺乏 EIIIBA 和 EIIIB 两个外显子的基因序列。以鸡胚组织对纤维粘连蛋白

mRNA 的剪切加工机制进行研究，在器官发生完成的第 16 天的胚胎组织中，除了肝脏组织之外，都没有见到 V 区剪切加工的现象。对于大鼠及爪蟾胚胎组织中的纤维粘连蛋白 mRNA 序列进行分析，证实绝大部分的纤维粘连蛋白 mRNA 中都含有 V 区的核苷酸序列。但在大鼠的晚期发育阶段中可以见到 V0、V95 和 V120 等各种类型的纤维粘连蛋白的 mRNA，证实 V 区的确存在着剪切加工机制。应用 RNA 酶保护法对胚胎及成年大鼠组织中 V95/V120 型纤维粘连蛋白 mRNA 含量的比例进行研究，发现 V25，包括大部分胚胎期的纤维粘连蛋白 mRNA，大部分消失。应用反转录聚合酶链反应（reverse transcription-polymerase chain reaction，RT-PCR）对于 V 区的各种突变体形式进行检测，发现除了缺乏 V25 剪切加工的纤维粘连蛋白 mRNA 之外，除肝脏之外的组织中纤维粘连蛋白的 mRNA 水平减少 30%～40%。

三、组织修复和疾病过程中的剪切

在不同的胚胎发育阶段，纤维粘连蛋白 mRNA 序列中 EIIIA、EIIIB 及 V 区的剪切加工形式与机制是大不相同的。最近的研究结果表明，在成年组织中，纤维粘连蛋白 mRNA 的剪切加工形式与机制也是不同的，而且在组织修复和不同的疾病过程中受到严格的调控。以抗-EIIIA 的特异性抗体进行检测，发现肺受到氧化损伤时 cFN 的表达水平升高。但在正常的肺组织中也存在 cFN mRNA。因此，可以认为肺组织受到损伤以后，只是将正常情况下业已存在的纤维粘连蛋白 mRNA 的表达水平提高而已，而不是对肺组织中纤维粘连蛋白 mRNA 的剪切加工过程进行调节。

皮肤和外周神经的修复对于纤维粘连蛋白 mRNA 的剪切加工具有调节作用。含有 EIIIA 及含有 EIIIB 外显子序列的纤维粘连蛋白 mRNA 的比例都显著升高。皮肤组织中这种纤维粘连蛋白 mRNA 的剪切现象是通过原位杂交（in situ hybridization）技术证实的，周围神经组织中纤维粘连蛋白 mRNA 的剪切加工特点是经原位杂交及 RNA 酶保护法证实的。在角膜修复和肝脏再生过程中，含有 EIIIA 外显子序列的纤维粘连蛋白 mRNA 的水平显著升高，这一现象经 RT-PCR 技术证实。有趣的是，在肝脏的再生过程中，含有 EIIIB 外显子序列的纤维粘连蛋白 mRNA 的转录表达水平并没有升高。这些结果表明，在组织损伤与修复的过程中，纤维粘连蛋白 EIIIA 和 EIIIB 两个外显子序列区的剪切加工机制，就像胚胎发育不同阶段的纤维粘连蛋白 mRNA 的剪切加工过程一样，都是组织特异性的过程。

在组织损伤与修复过程中，纤维粘连蛋白 mRNA 的剪切加工，不仅在 EIIIA 和 EIIIB 区的剪切加工特点有变化，而且在 V 区的剪切加工也有变化。在周围神经组织的修复过程中，伴随着含有 V 区的纤维粘连蛋白 mRNA 所占比例从 40%上升到 62%～67%，而 V0 型纤维粘连蛋白 mRNA 的量始终保持在很低的水平。肝脏再生过程中，V120 型纤维粘连蛋白 mRNA 所占的比例也从 11%上升到 32%。在修复过程中，V25 型纤维粘连蛋白 mRNA 的水平也有升高。在角膜愈合过程中，发现三种 V 区剪切加工类型的纤维粘连蛋白 mRNA 的表达水平都有显著升高。因此，一般认为在成熟的组织中大多有很低水平的胚胎型纤维粘连蛋白 mRNA 的表达；但在组织的损伤与修复过程中，胚胎型纤维粘连蛋白 mRNA 的表达水平又有显著的升高。

胚胎型纤维粘连蛋白 mRNA 的表达不仅见于组织的损伤与修复过程中，而且还见于肿瘤及其他类型的疾病状态。肝细胞癌（HCC）中，含有 EIIIA 和 EIIIB 外显子序列的纤维粘连蛋白 mRNA 的表达水平显著升高。在正常的肝组织中，含 EIIIA 和 EIIIB 序列的纤维粘连蛋白 mRNA 却几乎是不存在的。在成人肺组织中，正常情况下只有含 EIIIA 序列的纤维粘连蛋白 mRNA 的表达，但在肺发生各种形式的肿瘤时，含有 EIIIB 序列的纤维粘连蛋白 mRNA 的表达水平显著升高。以针对 EIIIB 序列抗原位点的单克隆抗体进行研究，发现许多类型的肿瘤组织中都有含 EIIIB 外显子的纤维粘连蛋白 mRNA 的表达，而在这些肿瘤组织所对应的正常组织中几乎见不到，说明这种类型的纤维粘连蛋白 mRNA 的剪切加工机制是肿瘤特异性的。应用同样的单克隆抗体证实肿瘤组织中含 EIIIB 外显子的纤维粘连蛋白 mRNA，主要是这些肿瘤组织中新生的血管中含 EIIIB 的纤维粘连蛋白 mRNA 的表达水平显著升高。在正常情况下，处于增生状态的内皮细胞也表达一定水平的含 EIIIB 序列的纤维粘连蛋白 mRNA。新生的肿瘤血管中表达的含 EIIIB 外显子的纤维粘连蛋白 mRNA 是肿瘤组织中含有 EBR 外显子纤维粘连蛋白 mRNA 的主要来源。在肝纤维化（hepatic fibrosis）过程中，也发现 EIIIA$^+$EIIIB$^+$ 的纤维粘连蛋白 mRNA 的表达水平升高。以 RNA 酶保护法结合精巧的细胞分离技术，证实含有 EIIIA 外显子的纤维粘连蛋白 mRNA 的表达水平显著升高。而且证实肝窦内皮细胞（sinusoidal endothelial cell）是肝纤维化过程中 EIIIA$^+$ 型纤维粘连蛋白 mRNA 表达的主要细胞。而肝纤维化过程中，EIIIB$^+$ 纤维粘连蛋白 mRNA 的来源则是另外一种细胞，即贮脂细胞（lipocyte），又称为肝脏中的周皮细胞类细胞（pericyte-like cell）。

正如发育过程中纤维粘连蛋白 V 区剪切加工过程的研究一样，疾病过程中 V 区纤维粘连蛋白 mRNA 的剪切加工研究得也不充分。研究表明，肝细胞癌中 V25 型纤维粘连蛋白的表达水平显著升高。以 V25 特异性的单克隆抗体，对类风湿关节炎患者 V25 型纤维粘连蛋白 mRNA 表达进行研究，发现病变部位血管能够表达高水平的 V25 型纤维粘连蛋白 mRNA，而正常组织中的 V25 纤维粘连蛋白 mRNA 水平则很低。

四、剪切位点的功能

纤维粘连蛋白 mRNA 的剪切位点有三个功能区，即 V 型、EIIIA 型和 EIIIB 型剪切位点区。这三段与剪切加工有关的结构区则具有不同的功能。

1. V 区 在三个纤维粘连蛋白 mRNA 的剪切位点结构区中，关于 V 区的结构和功能研究得最为清楚。人的纤维粘连蛋白分子中，V 区有两个细胞结合位点：PV25 区有一个 LDV 序列结构，V31 区有一个 REDV 序列结构。后两者皆可被其受体分子 $α_4β_1$ 整合素所识别。根据这些区域在细胞黏附中的作用，又分别称之为 CS1 区和 CS5 区。在这些可能的剪切位点结构区中，前者主要出现在发育的不同阶段及各种类型的疾病状态中。REDV 在各种系的生物系统中并不总是高度保守的，如牛和大鼠的纤维粘连蛋白分子中含有 REDV 结构序列，但鸡和爪蟾则没有 REDV 结构序列。爪蟾、大鼠、人及鸡的 FN 分子中则都含有 LDV 序列结构。因此，在所有种系的生物中，LDV 序列的剪切具有十分重要的作用。

$α_4β_1$ 型整合素对纤维粘连蛋白 V25 序列位点的识别，提示整合素在细胞迁移过程中具有十分重要的作用。$α_4β_1$ 型整合素的表达足以引起细胞朝着细胞外基质进行迁移。纤维粘连蛋白如同时与 $α_4β_1$ 和 $α_5β_1$ 型整合素受体结合，对于细胞的迁移将产生重要影响。以特异性序列的多肽阻断纤维粘连蛋白与$\alpha_4\beta_1$型和$\alpha_5\beta_1$型整合素之间的作用，无论是单独阻断还是联合阻断，都将严重阻断神经细胞的迁移。应用$\alpha_4\beta_1$、$\alpha_5\beta_1$的特异性抗体，可以阻断淋巴瘤细胞穿透基质细胞的迁移过程，说明淋巴瘤细胞的迁移需要整合素$\alpha_4\beta_1$、$\alpha_5\beta_1$受体分子与纤维粘连蛋白配体分子之间的结合。

2. EIIIA 区 在胚胎发育阶段，一般情况下纤维粘连蛋白 mRNA 序列中包括了 EIIIA 和 EIIIB 两段外显子序列，但成年组织中的纤维粘连蛋白 mRNA 序列中则缺乏 EIIIA 和 EIIIB 两段外显子序列。这些结果说明纤维粘连蛋白 mRNA 序列中的 EIIIA 和 EIIIB 两段外显子的序列具有十分重要的功能。关于这两段外显子序列的功能，以 EIIIA 外显子序列的功能研究较为深入。仅由 EIIIA 外显子序列编码的重组多肽与成纤维细胞之间具有黏附作用，表明这一外显子核苷酸序列的剪切加工，可以改变纤维粘连蛋白的黏附性质。进一步的研究表明，低浓度的 pFN 和 EIIIA 蛋白分子相混合以后，对细胞的黏附具有协同作用，导致细胞骨架的重新组织和细胞的分散。在肝硬化的发展过程中，EIIIA 对贮脂细胞具有激活作用。EIIIA 的特异性抗体可以阻断含 EIIIA 序列的纤维粘连蛋白对肝脏中贮脂细胞的激活作用。

纤维粘连蛋白 EIIIA 的另一个功能就是与基质的组装过程有关。一些细胞类型在出生之后仍能保持分泌表达含有 EIIIA 序列的 FN 分子的功能，如血小板激活时其α颗粒即释放纤维粘连蛋白。肌肉细胞及成纤维细胞也分泌表达这种类型的纤维粘连蛋白。这些类型的细胞分泌表达的纤维粘连蛋白具有一个共同的特点，就是能够掺入细胞周围基质中，因而考虑 EIIIA 具有基质组装的功能。含有 EIIIA 序列的纤维粘连蛋白比不含 EIIIA 序列的纤维粘连蛋白掺入细胞周围基质的效率更高一些。

3. EIIIB 区 在爪蟾、鸡、大鼠及人的 FN 分子中，EIIIB 外显子序列具有高度保守性，对于胚胎发育具有十分重要的作用。与 EIIIA 的功能一样，含有 EIIIB 序列的纤维粘连蛋白分子更易掺入细胞周围基质中，表明 EIIIB 序列在基质装配过程中具有十分重要的作用。但是，对 EIIIB 的进一步研究却未能发现 EIIIB 区的其他类型的功能。关于 EIIIB 的功能研究结果，也仅仅是来源于描述性的研究。EIIIB 具有三个显著的特点：第一，许多类型的细胞中，一旦发育完成，EIIIB 区的序列则完全消失，只是软骨细胞中的纤维粘连蛋白分子含有 EIIIB 序列；第二，EIIIB 的存在与否与细胞是否处于增殖状态无关；第三，在增生性疾病中 EIIIB 的表达往往升高。综上所述，EIIIB 对于细胞的增殖具有一定的作用。

五、剪切加工改变纤维粘连蛋白功能的机制

纤维粘连蛋白 mRNA 的剪切加工之所以能够改变其功能，最明显的机制就是识别细胞膜上受体分子类型发生了改变。V 区的剪切加工对于纤维粘连蛋白功能的影响就是一个非常具有说服力的例子。关于 EIIIA 和 EIIIB 区的位点结构，还没有具体的受体分子类型。但这些序列与 RGD 序列非常接近，而$\alpha_5\beta_1$、$\alpha_{IIb}\beta_3$ 和 α_v 整合素又都能识别 RGD 序列，说明纤维粘连蛋白 mRNA 剪切对于其功能的影响还至少存在三种其他机制。

第一，EIIIA 或 EIIIB 序列可能直接与整合素分子作用，从而对整合素与 RGD 序列之间的相互作用及亲和力产生影响。通过对纤维粘连蛋白质分子结构进行精细的系列缺失突变，在 FN 分子结构中鉴定了与 RGD 序列不同的一段核苷酸序列。这一段核苷酸序列与 RGD 序列在纤维粘连蛋白与$\alpha_5\beta_1$整合素受体分子结合过程中具有协同作用。这一序列称为

PHSRN，位于Ⅲ型重复序列（Ⅲ 9）中，与 RGD 序列（位于Ⅲ型重复序列Ⅲ 10 中）相邻。有趣的是，同一序列的结构中，还有一个 $\alpha_{IIb}\beta_3$ 整合素受体的识别位点（recognition site），这一段序列可与Ⅲ 9 中的 DRVPHSR 序列进行结合，同时又能和 RGD 序列结合，而 RGD 序列位于Ⅲ 10 重复序列之中。这些研究表明，RGD 序列周围的序列，也参与纤维粘连蛋白 RGD 序列与整合素受体分子之间的结合。如果 EⅢA 和 EⅢB 外显子中也含有与整合素分子进行相互作用的相关序列，那么这两个外显子序列的剪切加工，对于纤维粘连蛋白与细胞黏附的功能具有调节作用就不足为怪了。

第二，剪切序列可以改变 RGD 序列的构象（conformation）。三维立体结构研究表明，Ⅲ型重复核苷酸序列，如 FN 分子中的Ⅲ型重复核苷酸序列具有特殊的结构特点。在 FN 分子中加一个另外的Ⅲ型重复序列，既可以改变邻近的Ⅲ型重复序列的力学关系，也可以改变 RGD 序列的构象特点。RGD 序列发生改变之后，也就改变了 FN 分子与相应的整合素受体之间的相互作用。利用含有 RGD 序列的多肽研究表明，整合素具有识别不同纤维粘连蛋白构象的能力。FN 分子结构序列，特别是 RGD 序列发生改变之后，则导致纤维粘连蛋白与 $\alpha_5\beta_1$ 整合素之间结合能力及亲和力的下降，但与另一种整合素，即 $\alpha_v\beta_3$ 整合素分子之间的亲和力却显著上升。所有这些调节机制，都依赖于 EⅢA 和 EⅢB 重复结构序列是否引起 T 型重复序列的构象发生显著的变化。EⅢB$^+$ 纤维粘连蛋白的特异性单克隆抗体 BC-1，对 EⅢB 外显子剪切的发生与否为Ⅲ型重复序列的构象影响的研究提供了直接的证据。RC-1 单克隆抗体所识别的抗原表位并不位于 EⅢB 序列之中，而是位于Ⅲ型重复序列的上游。EⅢB 外显子是否发生剪切，对于其构象则产生显著的影响。

第三，在 RGD 序列与其相邻的序列之间加上另外的一段重复序列之后，可以影响这两个具有协同作用位点的空间结构。由于阻断了这两个协同位点与整合素之间同时发生的相互作用，因而对于纤维粘连蛋白与整合素之间的识别及亲和力产生显著的影响。

六、纤维粘连蛋白 mRNA 剪切加工的调控

纤维粘连蛋白 mRNA 的剪切加工对于纤维粘连蛋白的分子构象、纤维粘连蛋白与整合素分子的识别和结合等都具有决定性的影响，因而认为纤维粘连蛋白 mRNA 的剪切加工是受到严格调控的。纤维粘连蛋白 mRNA 剪切加工机制的调控至少包括两个水平上的调节：细胞外信号及细胞内机制。

1. 细胞外信号　细胞外存在着一系列不同的信号可以调节纤维粘连蛋白 mRNA 的剪切加工过程。其中一些生长调节因子对纤维粘连蛋白 mRNA 剪切加工过程的调节受到了较为广泛的重视。转化生长因子 β（TGF-β）具有提高成纤维细胞中 EⅢA$^+$ 和 EⅢB$^+$ 纤维粘连蛋白 mRNA 水平的作用。同时，TGF-β 还可使成纤维细胞及骨肉瘤细胞中含有 V25 的纤维粘连蛋白 mRNA 水平轻度升高。另外两种与信号转导有关的生长因子——视黄酸和 1,25-羟基-维生素 D 也能提高含有 EⅢA 外显子和（或）V25 序列的纤维粘连蛋白 mRNA 表达水平。但在另一项研究中，发现白细胞介素 1β（interleukin 1β，IL-1β）、血小板衍生因子 BB（platelet-derived growth factor BB，PDGF-BB）和 TGF-β_1 都可使体外培养的上皮细胞系中含有 V25 和 V31（CS5）区的纤维粘连蛋白的 mRNA 表达水平显著降低。肾间质细胞受到 TGF-β_1 的刺激以后，其中含有 EⅢA 或 V 区的纤维粘连蛋白 mRNA 的表达水平并未发生显著的变化。

2. 细胞内机制　如果每一种类型的纤维粘连蛋白 mRNA 的剪切都是以独立的方式进行，那么在细胞中就存在着不同的机制来调节纤维粘连蛋白不同外显子区的剪切加工过程。应用含有 EIIIA、EIIIB 外显子及其邻近的内含子序列的基因对其剪切加工机制进行研究，表明这两段外显子序列的剪切加工机制具有明显的差别。

在含有 EIIIB 外显子及其周围内含子序列基因转染的细胞中，EIIIB 外显子序列可以进行精确的剪切加工。EIIIB 外显子剪切加工的机制具有显著的细胞特异性。在 HeLa 细胞系中，大部分纤维粘连蛋白的 mRNA 中 EIIIB 外显子序列都被剪切去除，但在 F9l 畸胎瘤细胞中，含有 EIIIB 外显子序列的纤维粘连蛋白 mRNA 的比例则显著升高。关于 EIIIB 剪切加工机制的差别，是由 FN 分子中 EIIIB 外显子下游的内含子序列来决定的，特别是此区中的六核苷酸（hexanucleotide）重复序列（TGCATG）对于纤维粘连蛋白的剪切加工来说是必需的结构。

对 EIIIA 外显子序列剪切加工的机制进行研究，结果表明此外显子序列本身位于中心部位 81bp 的核苷酸序列对于 EIIIA 外显子序列剪切加工的调节具有十分重要的作用。从这一核苷酸序列结构中还鉴定出一段 GAAGGAAGA（c）核苷酸序列，参与纤维粘连蛋白 EIIIA 外显子序列剪切的调节。这一段核苷酸序列的缺失突变则导致 EIIIA 外显子序列持续地从纤维粘连蛋白 mRNA 中剪切去除。但如果在纤维粘连蛋白基因序列中重新插入这段核苷酸序列，则可使纤维粘连蛋白 mRNA 的剪切加工方式以正常的机制进行。将这一段核苷酸序列插入其他类型的基因结构中之后，可使这种基因出现 EIIIA 样的剪切加工现象，从而进一步证实了这一段核苷酸序列在 EIIIA 剪切加工调节中的重要作用。在 81bp 的核苷酸序列中，还存在着一段 CAAGG 核苷酸序列，对于纤维粘连蛋白的 mRNA 剪切加工也具有十分重要的调节作用。这段 CAAGG 序列缺失以后，可导致纤维粘连蛋白 mRNA 总是保有 EIIIA 外显子的核苷酸序列，表明 81bp 核苷酸序列中既存在着正性调节序列，也存在着负性调节序列。

第三节　纤维粘连蛋白相关的信号转导过程

目前研究认为，FN 影响细胞内信号转导，发挥多种生物学作用的机制是极其复杂的（图 3-3，见彩图 2）。首先，可溶性的 FN 二聚体分子与相应的受体结合（可能为整合素受体）后，激活细胞内信号分子的信号识别依赖序列，从而对细胞行为产生初步影响。细胞骨架重建及随后的细胞内某些复合物的激活促进细胞收缩，导致与之相连的分子构象发生改变。紧接着 FN 分子内发生解离，致密的 FN 二聚体分子展开，暴露更多的利于衔接的结合位点和信号识别位点，触发一系列同时发生的信号转导级联反应，对细胞行为产生进一步的影响。FN 二聚体分子内自身发生解离，致密折叠的分子伸展开来，可促进细胞内受体簇集形成黏附性模板平面，利于更多的 FN 分子伸展。延长伸展的 FN 原纤维不断地相互交织成层，最终在相邻的细胞之间形成一个连接网络。其他的 FN 可识别的细胞基质组分也一并混入该连接网络中。纤维粘连蛋白基质组分的多样性和分布可影响该结构的特性和信号转导倾向，使其可作为黏附单位或固相受体发挥作用。然而，单个分子之间的相互作用可在相互连接的分子之间形成信号流，加强基质配体结构的改变。

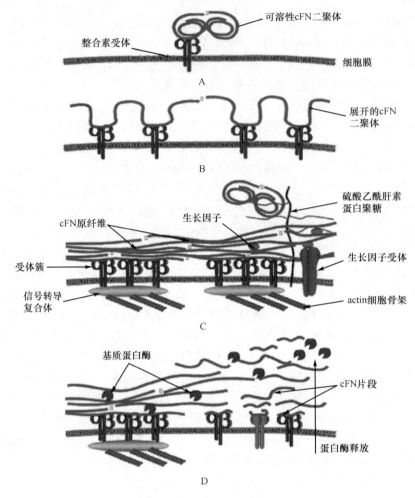

图 3-3　FN 介导的信号转导模式图

[引自：Razia S Aziz-Seible, Carol A Casey. 2011. Fibronectin: Functional character and role in alcoholic liver. World J Gastroenterol, 28:17 (20): 2482~2499.)]

细胞外干扰引起的机械性压力可改变受体与配体的连接性，影响信号转导通路的组成。而力传导也受该基质配体组分和密度的调控。一种致密的、相对坚硬的机制可以产生更多的外源性张力，影响细胞伸展和定向运动的能力。随着基质硬度的增加，蛋白酶的释放也相应增加。与完整分子不同的是，FN 原纤维水解产生的片段具有信号分子的特性。新的相互作用也由此形成，激活一批不同的信号转导途径，引起多种不同的细胞应答。与FN 相联系的其他分子经蛋白水解重塑过程更容易进入应答细胞。FN 影响细胞行为的所有机制组成了一个包含复杂空间和时间调控组分的动态系统。

第四节　纤维粘连蛋白的生物学功能及意义

纤维粘连蛋白及其相应的受体整合素分子之间的相互作用，与细胞的黏附和迁移有关。另外，纤维粘连蛋白也参与细胞周围基质的形成过程。纤维粘连蛋白是一种重要的具有多种生物学作用的细胞外基质蛋白分子。FN 具有多种生物学功能，多与其分子结构和特性密切相关。

一、参与细胞与细胞、细胞与基质之间的粘连

这是 FN 最重要和最根本的功能特性。FN 以三种主要方式起作用：①作为细胞间或细胞与其他细胞外结构分子如胶原和蛋白多糖之间的一种桥蛋白；②直接作为细胞间或细胞与基质之间的吸附因子；③本身作为一种结构分子，成为细胞外基质的一部分。有人认为 FN 起着一种黏附蛋白的作用。从分子结构看，FN 分子上有细胞、胶原等结合位点，细胞膜上有受体，因此，FN 与细胞、胶原等发生特异性结合，这种结合是细胞与细胞、细胞与基质结合的条件。FN 的细胞黏附活性位于 FN 分子的一个距氨基端约 2/3 距离的区域，含 4 个氨基酸序列即 RGDS 序列。FN 普遍存在于结缔组织内，通过它与胶原、黏多糖的强结合力支持组织的骨架，因此，FN 的黏附作用使之在保持组织完整性方面起重要作用。

二、维持细胞正常形态

体外培养加入 FN 后，细胞常可获得高度整齐的细胞内微丝束；若经蛋白酶或抗 FN 抗体处理，可使细胞变圆和微丝束消失。此外，还发现含 FN 的细胞外纤丝和细胞内微丝束排列的一致性，表明细胞外基质和细胞内细胞骨架有密切联系，使细胞接触和伸展良好，并维持良好的细胞形态。

三、作为细胞间基质，损伤后作为基质再生支架，形成利于细胞运动的暂时性基质

细胞分泌的 FN 可作为细胞间基质，成为结缔组织的结构蛋白。组织损伤后，FN 对基质的产生和组装起着重要作用。当成纤维细胞积成 FN 纤丝网时，真正的愈合过程开始，以此网为支架，胶原、硫酸乙酸肝素、蛋白多糖、硫酸软骨素及其他细胞外基质成分沉积其上。再生修复过程中，形成的 FN-纤维蛋白基质取代因损伤而破坏消失的基底膜层粘连蛋白和Ⅳ型胶原成分，作为暂时基质，便于表皮细胞向内生长和角化细胞黏附。一旦上皮再生完成，新生上皮分泌新的层粘连蛋白和Ⅳ型胶原，FN-纤维蛋白即从表皮和毛细血管基底膜消失。肉芽组织中，成纤维细胞、巨噬细胞均沿着 FN-纤维蛋白网支架清除细胞碎片、细菌及血凝块。一旦同期分泌的Ⅲ型和Ⅰ型胶原的前胶原成熟为胶原，成纤维细胞分泌的 FN 即消失。

四、促进细胞分化

FN 对各种器官的形态发生均具有重要作用，参与胚胎发生和神经再生中的细胞分化过程。FN 在骨髓幼稚细胞成熟分化过程中也有重要作用，如 FN 可增加淋巴因子与巨噬细胞的结合，以及巨噬细胞上 FN 受体的表达。

五、阻止肿瘤细胞的转移

很多学者发现，体外恶变细胞的细胞表面 FN 量显著减少，甚至完全缺如。这种现象与肿瘤转移有关。细胞发生转移时，细胞间 FN 和胶原消失；在培养基中加入 FN 可部分

阻止细胞的转移。这可能与 FN 参与的黏附功能丧失、细胞支架成分紊乱或消失及单核/巨噬细胞免疫功能减弱有关。

六、调节细胞运动，促进细胞黏附与迁移

细胞黏附与细胞的迁移是细胞与细胞外基质进行特异性识别、结合与作用的结果，在胚胎发育、组织形成、损伤的修复和肿瘤细胞的浸润过程中发挥着重要作用。细胞外基质蛋白分子与细胞膜相应的受体整合素之间的相互作用，是决定细胞黏附与迁移的重要机制。其中配体分子纤维粘连蛋白与相应的整合素蛋白之间的相互作用，是细胞黏附与细胞迁移调节的中心环节。

纤维粘连蛋白由三种类型的重复序列组成。这些重复序列组成不同的蛋白酶抗性位点结构，含有各种生物大分子的结合位点，如肝素、胶原、纤维蛋白和细胞表面受体等。纤维粘连蛋白分子中含有至少两种不同的细胞黏附结构位点区。如果纤维粘连蛋白中的 RGD（Arg-Gly-Asp）三肽结构区发生突变或缺失，则会导致纤维粘连蛋白中心部位的细胞黏附活性显著下降。因此，FN 分子中的 RGD 结构位点是细胞黏附活动的重要结构基础。除了 RGD 结构本身之外，RGD 附近的结构序列位点对于 RGD 正常构象的维持等都具有重要的功能。

FN 可能通过两种不同的机制介导细胞运动：接触导引和 FN 液相梯度的趋化特性。有人认为细胞内肌动蛋白微丝和细胞外 FN 基质之间存在"跨膜协同联系"，以调节细胞运动。用 FN 处理过的细胞，其运动速度加快。在胚胎发生过程中，细胞迁移区和分化区富含 FN，这能引导或促进细胞迁移，当细胞分化完成后，FN 随之消失。胎儿皮肤 FN 含量比新生儿和成人高，这为细胞迁移和增生提供了有利的微环境。内皮细胞受 FN 诱导，沿着含 FN 的轨迹而逐步展开、移动，长入肉芽组织，完成新血管再生。FN 还可诱导表皮细胞通过肉芽组织，并促进表皮下基底膜再建和正常角化过程。

七、FN 的趋化性

完整的 FN 分子对单核细胞具趋化性。也有研究者认为，只有经血源性或细胞源性的蛋白酶分解后形成的含有细胞结合区的 FN 片段才具趋化作用，而且分子质量越小，趋化性越强。FN 可能通过作为一种可逆性粘连蛋白，或者通过组织和传导来自含有 actin 的微丝及其他细胞内蛋白质的能动力而增加细胞趋化性。总之，具有细胞结合位点 RGD 序列的 FN 分子或其片段均可作为趋化因子，诱导巨噬细胞、中性粒细胞、成纤维细胞、上皮细胞、内皮细胞等向有 FN 沉积的损伤局部迁移。

八、参与止血和血液凝固

FN 位于血小板膜上和 α 颗粒中。当血小板受胶原或凝血酶刺激后 FN 便释放出来，调节、诱导和加强血小板与血小板之间的凝集，以及血小板对胶原和纤维蛋白（原）的黏附、凝血物质的释放。活化的血小板也与外源性血浆 FN 结合而起作用。在凝血因子Ⅷα作用下形成的FN-纤维蛋白网络即为血凝块支架（正常血凝内 FN 占 3%～5%），成纤维细胞和内皮细胞能侵入和锚定其上，从而进入血凝块。

九、FN 的调理作用

FN 是血液中一种主要的非特异性调理素，因为 FN 分子结构中既有与巨噬细胞结合的位点，也有与纤维蛋白（原）、胶原、细菌等结合的位点。FN 通过巨噬细胞表面 FN 受体，介导巨噬细胞与吞噬物结合，发挥吞噬作用。损伤处 FN 通过其促进单核细胞、巨噬细胞、成纤维细胞和表皮细胞吞噬碎片功能而净化伤口。FN 在炎症反应的几乎每一步都与吞噬细胞相互作用，通过其调理作用增加吞噬细胞的吞噬能力，起着重要的但常常是间接的作用。血中 FN 水平对保持单核-吞噬细胞系统功能、及时清除血液循环中颗粒性有害物质具有重要作用。在严重创伤、烧伤时，因单核-吞噬细胞系统阻滞引起 FN 降低，或注射抗 FN 血清后常伴有机体对感染的抵抗力降低。但是，为了改善严重疾病、败血症患者的器官功能和患者存活状况，以及为了加速创伤愈合而使用 FN 替代疗法，均不能达到满意的效果。因为替代疗法使用的 FN 来自血浆，经冷冻沉淀、浓缩提纯，而巨噬细胞和中性粒细胞却只与不溶性细胞型 FN 相互作用。这可能与血浆型 FN 活性比细胞型 FN 低有关。FN 替代疗法尚需进一步深入研究。

十、参与创口愈合

创伤后，FN 很快大量积聚于伤口，这些沉积于损伤胶原和纤维蛋白上的可溶性 FN，可增加血小板在损伤部位的附着，促进吞噬细胞、成纤维细胞、内皮细胞和表皮细胞的黏附、迁移及增生，并且通过帮助维持细胞骨架结构而增加细胞粘连和趋化性，参与损伤早期和中期组织修复与愈合。FN 分子具有的多种结合位点，使之在炎区内既发挥了调理素作用，促进吞噬；又提供了有利于细胞附着的基质，使成纤维细胞和内皮细胞能顺利长入支架。以后，FN 又诱导表皮细胞覆盖，创口愈合。可见，FN 与创伤愈合的每个环节均关系密切，在创伤愈合中具有重要作用。

第五节 纤维粘连蛋白与相关疾病

前面所提到的相互作用及相关功能，两种类型的纤维粘连蛋白都具备，区别在于细胞型纤维粘连蛋白（cFN）含有不同剪接形成的 EⅢA 和 EⅢB 结构域，而血浆型纤维粘连蛋白（pFN）则没有这两种结构域。cFN 和 pFN 都是以可溶性球蛋白的形式由细胞分泌产生。pFN 主要来源于肝细胞，由肝细胞迅速分泌入血，遍布全身。cFN 由局部的组织细胞产生，主要是细胞外周基质固有的成纤维细胞和上皮细胞，但 cFN 也可以被吸收入血。以往传统的观点认为纤维粘连蛋白在组织细胞外基质以 cFN 为主，但近来的研究显示基质中的纤维粘连蛋白有一半是血浆来源的。也就是说在正常的生理状态下，未受损组织中两种纤维粘连蛋白保持平衡状态。因此 cFN 水平的异常升高预示着原发灶组织存在某些潜在的功能紊乱，并极有可能引起病理性后果。

在胚胎发育过程中，cFN 对特异性组织形态发生和细胞分化发挥着至关重要的作用。在成人组织损伤需要再生或修复时会再次发生组织形态发生和细胞分化过程，因此，在损伤部位或形态发生过程重新被激活的受损组织，cFN 聚集是正常现象。研究显示，cFN 可以调控受损组织的细胞迁移，并刺激成纤维细胞转化为活性形式。另外有研究报道，在创伤修复过程中 cFN 具有趋化活性，并调节生长因子的作用。基因敲除动物实验结果显示，cFN 缺陷型小鼠的创伤愈合能力也是有缺陷的，这更有力地证明了 cFN 在创伤愈合中的重要性。综上所述，我们不难发现，在组织修复过程中，cFN 的作用是至关重要的。因此，任何形式的组织损伤都具有 cFN 生成和分泌增加的特点，邻近损伤部位的细胞尤为明显。在正常的调控机制下，当组织功能和完整性重建以后，修复过程就会结束，cFN 也降至生理水平。

然而，在某些情况下 cFN 一直维持在高水平状态，纤维粘连蛋白介导的细胞功能持续存在甚至被放大，而其他未受影响或下调信号机制也最终被激活。细胞行为也相应地发生改变，正常的生理过程最终演变为病理过程。

许多 cFN 增高相关性疾病都有一个显著的特点，即受损组织的细胞外基质蛋白持续地产生和沉积。瘢痕组织的形成是机体对慢性损伤做出的创伤修复应答，但会最终演变为纤维增生过程，造成进一步组织损伤。目前已发现多个器官系统会出现纤维化损伤，如肝脏、肺、肾脏等。尽管已经有研究显示纤维化是可逆过程，但大多数情况下纤维化并未得到改善，而是逐步进展为器官衰竭。

一、纤维粘连蛋白与酒精性肝病

作为机体最主要的解毒器官，肝脏是酒精代谢的首要场所，也最容易受到酗酒引起的有害作用。尽管 200 多年前人们就认识到了酒精过量蓄积与肝损伤之间的关系，但是这些损伤是如何发生的至今仍未完全清楚，也没有找到充分有效的方法来衡量酒精性肝病（alcoholic liver disease，ALD）的进展。

ALD 最初表现为肝细胞内脂质沉积所致的肝大，即脂肪肝（steatosis），为可逆性病变。随着病情的进展，脂肪肝可发展为酒精性肝炎，以肝脏炎性病变为特征。持续性的肝损伤可促进肝脏瘢痕组织的发生（肝纤维化），并逐步取代正常的功能性肝组织，导致酒精性肝硬化、肝衰竭甚至死亡。

研究显示酒精本身及其代谢产物均可刺激肝细胞发生变化，最终导致肝组织损伤。酒精的毒性与其氧化作用有关。酒精在胞质多种酶类如乙醇脱氢酶（ADH）的催化作用下，转化为乙醛，进而在线粒体内代谢为乙酸，绝大部分进入血液循环。乙醛与蛋白质的活性氨基酸残基结合形成乙醛-蛋白加合物，损伤细胞分泌蛋白的功能及酶活性。随着体内乙醇水平的增高，肝微粒体酶类尤其是细胞色素 P450 同工酶和过氧化氢酶即参与酒精的代谢，产生过量的活性氧簇（ROS）和羟自由基，促进脂质过氧化，进一步释放有害的代谢产物。

在乙醇脱氢转化为乙醛再进而脱氢转化为乙酸的过程中，氧化型辅酶Ⅰ（NAD）转变为还原型辅酶Ⅰ（NADH），$NADH/NAD^+$ 的比值升高，细胞内的氧化还原状态发生改变。持续性酒精代谢形成的高度还原性的细胞内环境会极大地损伤细胞活性，以致不能发挥正常的功能。在这种情况下，肝细胞更容易受到酒精活性代谢产物的损伤。通常情况下，细胞针对这些有害的代谢产物会释放一些因子以激活组织的防御和修复机制。

然而，在长期受酒精损伤的肝组织中，这种机制也同样受损。细胞做出的防御反应非但没有阻止损伤的进展，反而加重病情。例如，由于酒精代谢产生的有害的加合修饰蛋白水平升高，SEC 会随之上调 EⅢA 型 cFN 的表达量，参与组织修复。在慢性酒精代谢的状态下，修复过程将持续发生，导致肝脏 cFN 水平的增高。这种糖蛋白通常在损伤后创口愈合的后期才恢复至稳态水平。在肝脏，c-FN 的变化在一定程度上是通过肝细胞特异性 ASGP-R 介导的。有研究显示，该受体的细胞内过程，尤其与蛋白质运输相关的过程，特别容易受到酒精作用影响。目前已经明确了酒精诱导的 ASGP-R 活性的一些变化，导致受体介导的摄取相应配体的功能受损，其中有可能就包括 cFN。在酒精损伤肝中，持续不断地产生增多和清除减少的双重作用最终导致 cFN 的蓄积。该结论已在酗酒的大鼠模型中得到证实。长期给予酒精处理的动物模型，其肝脏的 cFN 水平明显升高，这与其受损肝细胞不能充分摄取和降解 cFN 有关。尽管这些现象还没有在人肝脏中得到证实，但通过对酒精性肝硬化患者的血浆进行分析，发现其 cFN 水平也是升高的，这提示 cFN 在肝脏的水平也是高的。

cFN 的功能特点提示其蓄积可以加重持续滥用酒精对肝脏的损害。更为充分地了解这种活性糖蛋白如何影响细胞内反应，促进肝脏损伤，将为 ALD 提供新的有效治疗的靶点。

以此为目的，研究人员建立了一种大鼠模型，广泛应用于酒精性疾病的研究。将雄性 Wistar 大鼠分为两组，配对饲养。实验组给予营养充足的 Lieber-DeCarli 液体饮食，其中酒精体积占 6.4%，提供总热量的 36%；对照组给予等热量的不含酒精的饮食。对实验动物晨间取血进行检测，酒精含量维持在 100～150mg/dl（21.7～32.6mmol/L），该浓度与人群中慢性饮酒者血液中的酒精水平相一致。喂养 12 周后，实验组（酒精组）大鼠肝脏的 cFN 水平较对照组高出 60%。而且，研究人员发现实验组大鼠的肝细胞降解 cFN 的能力下降。为了明确 cFN 是否与进展性肝损伤的发生有关，研究人员将饲养周期缩短为 4～6 周，这一段时间已足以发生早期酒精性肝损伤，但还没有出现 cFN 蓄积。而且，Lieber-DeCarli 诱导的大鼠模型极少发生脂肪肝以外的其他类型的肝损伤，因此取模型动物的原代肝细胞进行培养，用外源性 cFN 刺激培养细胞，可通过此种方法来研究 cFN 是否促进进一步的炎症和（或）纤维化反应。

cFN 促进 HSC 活化和增殖的作用已经显示出其具有原纤维生成的属性。Ⅰ型胶原分子是由活化的 HSC 合成的，是纤维化过程中结缔组织的主要组分。而研究显示纤维粘连蛋白原纤维与Ⅰ型胶原有着特殊的亲和力。此外，组织对损伤做出的纤维化反应过程中，基质的形成需要有稳定的 cFN 层为基础。这些研究结果均提示慢性饮酒者肝脏中 cFN 的蓄积已经足以引起肝纤维化损伤。

在创伤愈合应答过程中，cFN 还参与除 HSC 以外的其他类型细胞的募集和活化。这些细胞可能参与 HSC 活化之前的促炎症反应，甚至是肝脏 HSC 应答的主要组成部分。库普弗细胞（Kupffer cell，KC）是位于肝脏的巨噬细胞，在酒精诱导的肝损伤早期，KC 是炎症反应最主要的应答介质。这些巨噬细胞分布在整个肝窦的重要位置，监测并防御由门静脉流入肝小叶的有害物质。因此，KC 可以检测到酒精诱导的肝损伤所引起的肝脏内环境的早期改变，如 cFN 水平的升高。在正常组织中，KC 通过其吞噬能力参与防御和修复过程，并产生可溶性的信号分子。然而，在慢性饮酒的情况下，过量的 cFN 刺激 KC 造成进一步组织损伤，而起不到正常的保护作用。

组织损伤时，肝脏为维持内环境稳态做出的应答与 TNF-α 和 IL-6 有关，在此过程中，KC 是这两种细胞因子的主要来源。在酒精诱导的肝损伤患者血清中可特征性地检测到这些促炎因子水平升高。在肝损伤过程中，这些细胞因子通过自分泌和旁分泌的方式刺激肝脏其他类型细胞活化。例如，TNF-α和IL-6均可以促进HSC向肌成纤维细胞样表型的转变。而这些细胞反过来又加速了ECM蛋白的产生，对损伤做出成纤维应答。

肝脏对酒精的毒性作用首先做出应答的部位一般是富含cFN的基质区并伴有KC数目增多。这些区域的KC的行为有可能受到高浓度cFN的影响。有研究显示，cFN对KC分泌TNF-α和IL-6有着深远的影响，因此有可能参与促进KC介导的HSC活化过程。

ECM重建对细胞维持内环境稳态提出了挑战，细胞应迅速地产生可以恢复和维持正常组织结构的因子。MMP及其抑制剂（TIMP）是这一过程的关键调控因子。在各种病理条件下包括酒精性肝纤维化，都可以发现由于MMP和TIMP比例失衡导致ECM组分发生明显变化。FN是ECM组分之一，其水平升高也可引起易感组织MMP和TIMP比例失衡。

尽管HSC是肝脏调节基质组分沉积因子的最主要来源，但在纤维化损伤发生的早期及HSC活化之前，此作用由KC承担。研究显示，随着cFN水平的升高，培养的KC（取自酒精喂养组和对照组的动物模型）分泌MMP-2的量较无cFN刺激组明显增加。相应地，取自酒精喂养组动物的KC分泌的MMP-2总量是增加的，而且大部分MMP-2仍处于无活性的前体形式（pro-MMP-2）。这些研究结果提示，在饮酒的情况下机体存在着MMP-2高度抑制。MMP-2降解基质蛋白的能力下降最终又反过来导致以纤维化损伤为特点的ECM蛋白的沉积。

这些发现暗示了慢性饮酒会改变KC对ECM蛋白沉积做出的内环境稳定性应答。这也许是机体细胞对过量酒精代谢导致肝脏cFN沉积做出的另一种调节机制。cFN升高可抑制金属蛋白酶，进而使得纤维化过程中其他的基质蛋白更容易沉积。总体而言，这些研究结果显示KC活化可促进酒精诱导的肝损伤甚至肝硬化过程，而cFN对KC的活化发挥重要作用（图3-4）。

二、纤维粘连蛋白与心血管系统

纤维粘连蛋白的表达在心血管系统的正常发育、正常生理功能维持的过程中具有重要作用，并且与心血管疾病的发生、发展也有极为密切的联系。

1. 纤维粘连蛋白与心脏发育　在胚胎发生过程中，纤维粘连蛋白在不同组织中的表达具有高度特异性的方式。在心脏发育过程中亦是如此。纤维粘连蛋白mRNA的剪切加工在发育过程中也受到严格的调控。在胚胎发育早期，EIIIA和EIIIB两个外显子的编码区具有共同表达的特点，胚胎形成和器官形成之后则选择性地剪切去除。纤维粘连蛋白的总mRNA及含有EIIIA和EIIIB外显子的纤维粘连蛋白在发育过程中逐渐下降，至成年时，心脏中纤维粘连蛋白的mRNA表达水平很低，而在衰老的心脏中继续下降，纤维粘连蛋白mRNA的选择性剪切方式也发生变化。

对大鼠胚胎心脏中的纤维粘连蛋白的分布表达进行定量、定位研究表明，整个胚胎发育阶段都有纤维粘连蛋白的表达，分布方式呈网状，表明呈细胞周边或间隙性分布。心脏中的纤维粘连蛋白主要是由心脏的间质细胞合成分泌的。纤维粘连蛋白在心肌细胞前体的移行中和心脏的形态学发生过程中有十分重要的作用。心脏中含有EIIIA和（或）EIIIB外显子的纤维粘连蛋白与不含有这些外显子的纤维粘连蛋白的表达水平大体相当，说明在心肌的发育过程中，并没有哪一种纤维粘连蛋白mRNA的剪切加工方式占有绝对的优势。

在心脏发育过程中，cFN 蛋白的水平几乎检测不到，表明在间隙腔中积累的纤维粘连蛋白主要是 pFN 形式。进一步的研究表明，pFN 较 cFN 在心肌的发育过程中具有更为重要的作用。

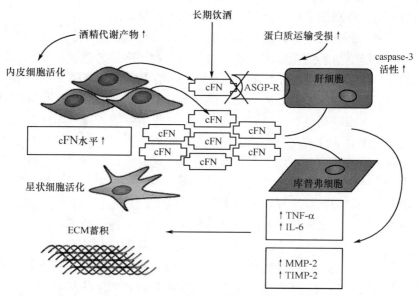

图 3-4 cFN 介导的酒精性肝损伤示意图

2. 纤维粘连蛋白与心肌肥大　动脉高压继发的心肌肥大是由于心肌细胞肥大和成纤维细胞增生引起的。动脉高压也可以引起动脉壁的肥大和血管周围硬化。在纤维化过程中，胶原和纤维结蛋白基因的表达水平显著升高。

对高血压引起的心肌肥大中的纤维粘连蛋白 mRNA 的表达水平进行定量检测，动脉高压发生 4~6 周以后，心肌肥大的程度超过 70%，没有心力衰竭的征象，而且心脏中的纤维粘连蛋白 mRNA 的表达水平也没有显著的上升。在纤维粘连蛋白 mRNA 表达水平保持恒定状态的同时，与正常心肌中的纤维粘连蛋白 mRNA 的表达水平相比较，肥大心肌中的纤维粘连蛋白 mRNA 表达的性质特点也不完全相同。含有外显子 EIIIA 的纤维粘连蛋白 mRNA 的表达水平升高 2 倍以上，但含有 EIIIB 外显子的纤维粘连蛋白 mRNA 的表达水平并没有显著的升高。

在动脉高压引起的心肌肥大过程中，总的纤维粘连蛋白 mRNA 的表达水平虽然没有显著的变化，但通过原位杂交及免疫组织化学等研究技术证实，极少部分的心肌细胞中纤维粘连蛋白 mRNA 及蛋白质的合成水平显著上升。在动脉高压引起的心肌肥大发展过程中，有时见到灶性心肌坏死。在发生坏死的病灶中，纤维粘连蛋白 mRNA 的水平具有累积现象，此时所表达的 FN 分子中包含有 EIIIA 和 EIIIB 两段外显子序列。心脏中的这种胎儿型纤维粘连蛋白表达主要来源于冠状动脉的平滑肌细胞及主动脉的平滑肌细胞。成熟的血管平滑肌细胞又重新表达胎儿型的纤维粘连蛋白，这在发生动脉粥样硬化性疾病时也能见到。

三、纤维粘连蛋白与结缔组织的衰老

结缔组织（connective tissue）的衰老有三个原因：①间质细胞的衰老；②细胞基质合

成以后的衰老；③细胞与基质之间相互作用的不断变化。结缔组织的这些变化，往往见于衰老的疾病过程中，而发生与衰老相关的疾病时，这些结缔组织的结构与功能将发生更为显著的改变。伴有结缔组织改变的衰老性疾病，以心血管的动脉粥样硬化、骨质疏松及骨关节炎等最为常见。皮肤的老化也见到上述结缔组织的病理改变。

多数间质细胞具有合成细胞外基质的功能，而且这些细胞是处于旺盛期的有丝分裂细胞。体外培养的动脉平滑肌细胞随着衰老的发展，其合成细胞外基质的功能也逐渐下降，与这些细胞的分裂活动没有更为密切的关系。当处于有丝分裂状态的间质细胞在三维胶原基质中进行培养时，其增殖效率显著降低。体外培养的成纤维细胞，其胶原合成速率的降低较其增殖功能衰退出现得早。但也有研究表明，体外培养的人皮肤成纤维细胞随着细胞增殖率的下降，其胶原的合成水平显著上升。人皮肤成纤维细胞及血管平滑肌细胞，在体外培养过程中纤维粘连蛋白合成的水平也显著升高。这充分说明细胞的增殖状态与细胞外基质蛋白的生物合成调节是独立进行的，互不相干。关于弹性蛋白受体的研究表明，在富含细胞基质的器官中，细胞发生死亡的机制是一种细胞凋亡过程，其触发因素是细胞内的钙离子浓度逐渐升高，失去其内环境稳定调节的机制，而不是其增殖潜能有何变化。基于这样的考虑，从单一的细胞水平上是很难对结缔组织老化的过程和特点进行研究的。

随着结缔组织的不断衰老，细胞外基质大分子衰老依赖性的变化也是显而易见的。结缔组织衰老依赖性的生物大分子的变化可以分为两种情况：细胞外基质蛋白分子合成速率的变化；细胞外基质蛋白分子翻译后修饰加工的改变。生物合成以后的修饰加工过程包括逐步地与胶原纤维之间的交联，另外一个显著的变化就是弹性纤维中脂质和钙的不断累积。细胞外基质大分子的蛋白裂解过程也是细胞外基质生物合成以后的重要修饰方式。在纤维结缔组织的衰老过程中，弹性蛋白酶型的蛋白酶表达水平也显著升高。这种弹性蛋白酶型的内肽酶可以是膜结合型的平滑肌细胞丝氨酸蛋白酶，也可以是人皮肤成纤维细胞的金属内肽酶。因此，这些酶的表达水平和活性可以作为结缔组织衰老程度定量测定的一个指标。

四、纤维粘连蛋白与骨关节炎

骨关节炎（ostarthritis，OA）是在多种类型的环境因素，特别是在外力应激的情况下，引起细胞外基质发生的进展性变化。这些结缔组织的变化主要影响蛋白聚糖（proteoglycan）和胶原网络，导致正常的软骨失去其生物力学特征，即软骨的张力和弹性发生改变。细胞外基质沉积，加上蛋白裂解活性的变化，尽管在 OA 疾病早期还有修复机制，但也不可避免地引起软骨的进行性破坏。最近 OA 的研究集中在非胶原结构的糖蛋白分子，如纤维粘连蛋白等。

在 OA 病变过程中，与其病理机制相关的纤维粘连蛋白包括软骨细胞合成的纤维粘连蛋白及滑液中的纤维粘连蛋白。尤其是滑液中的小分子质量纤维粘连蛋白片段，可以穿透软骨的表面结构，因而与 OA 的发生、发展之间也有着十分密切的关系。在 OA 的滑液中，纤维粘连蛋白的表达水平显著升高，占滑液中蛋白总量的 10%～15%。然而 OA 患者血浆中的纤维粘连蛋白水平并没有显著升高。在滑膜细胞及滑膜的内皮中证实有纤维粘连蛋白的存在，因而认为滑液中的纤维粘连蛋白至少有一部分是由局部合成分泌的。滑液中的纤维粘连蛋白另外的来源则是血浆中的纤维粘连蛋白。但研究表明，滑液中的纤维粘连蛋白与血浆中的纤维粘连蛋白，在分子质量、唾液酸含量、碳水化合物含量、蛋白裂解产生片段的长度及明胶结合能力等方面都有显著的差别。软骨中合成的纤维粘连蛋白也极有可能扩散到滑液中。

从人 OA 的软骨提取物中可以发现纤维粘连蛋白的存在，同时也通过免疫组织化学技术得到证实。在细胞外基质中有广泛的纤维粘连蛋白分布，在软骨细胞团的周围及软骨的表面则相对集中。纤维粘连蛋白的超微结构分析结果表明，纤维粘连蛋白主要位于内质网、高尔基复合体等细胞器中。以外科手术获得的 OA 患者的软骨分段并提取纤维粘连蛋白，结果表明，OA 患者的软骨中总纤维蛋白的量以酶联免疫吸附法（ELISA）测定，发现明显升高。OA 软骨中纤维粘连蛋白的水平达到 15μg/g 湿重组织。发生 OA 的软骨组织中，不仅纤维粘连蛋白的总量有明显的升高，而且其中的纤维粘连蛋白的分子类型也与正常软骨组织之间有着显著的差别，提示纤维粘连蛋白质与量的改变与 OA 软骨病理改变之间的密切关系。

五、纤维粘连蛋白与肿瘤进展、侵袭与转移及肿瘤治疗的耐药性

（一）纤维粘连蛋白与肿瘤进展

纤维粘连蛋白在肿瘤进展过程中起着非常重要的作用。例如，研究表明 $\alpha_5\beta_1$ 整合素和纤维粘连蛋白不仅在肿瘤细胞中表达上调，而且参与肿瘤细胞增殖。Nam 等研究发现纤维粘连蛋白及其 EDA 片段、$\alpha_5\beta_1$ 整合素在恶性乳腺癌细胞中表达显著上调。同样的，Mierke 等在 MDA-MB-231 乳腺癌细胞系中也得出了类似的结论。

不仅纤维粘连蛋白的全长形式在肿瘤发生中起作用，有研究报道 EDA 和 EDB 变体也具有调节肿瘤生长的作用。Rybak 等研究发现，来自 F9 畸胎癌细胞转移的鼠肝的脉管系统中 EDA 纤维粘连蛋白的表达明显升高，而在非病变器官中表达很少，提示了 EDA 纤维粘连蛋白在血管生成中的作用。事实上，以后的研究证明了过表达 EDA 的结直肠癌细胞中，血管内皮生长因子 C（VEGF-C）的表达升高，并促进肿瘤生长和小鼠淋巴管生成。为进一步明确这一现象的分子机制，作者发现 EDA 上调 VEGF-C 是通过 EDA 介导的 PI3K/Akt 途径的激活来实现的。用 PI3K 抑制剂治疗后观察到肿瘤细胞对 VEGF-C 呈剂量依赖性地减少。

恶性肿瘤中 EDA+FN 及其 mRNA 普遍呈高表达，但在良性肿瘤中并不明显。某些恶性肿瘤的 EDA 及其 mRNA 表达程度与肿瘤的转移能力及预后关系密切。人类肝细胞肝癌（HCC）肿瘤组织的 EDA+FN 含量明显高于周围正常组织和肝硬化组织。在发生外生瘤节和门静脉瘤栓的病例中，肿瘤细胞 EDA 的 mRNA 表达程度明显增高，比无外生瘤节和无门静脉瘤栓病例分别高出 3 倍和 4 倍。正常结肠组织中仅在腺窝结肠细胞及其周围的肌成纤维细胞可见少量 EDA 着色，而在结肠癌中 EDA 染色强度显著高于前者，并广泛见于细胞外基质。若结肠癌发生了肝转移，其原发灶中癌胚 FN（oncFN）阳性率为无转移的病灶中的 4 倍，转移灶中 oncFN 阳性率则 7 倍于无转移的病灶。通过随访结肠癌患者发现，随病灶中 oncFN 表达程度的升高，患者的 5 年生存率逐渐下降；癌胚 FN（oncFN）是在肿瘤及胚胎组织呈显著高表达的 FN 的总称，其中的 EDA 比例远高于正常成人组织。乳腺癌的肿瘤细胞和基质中 EDA 表达率分别为 45% 和 69%。与之相对，正常乳腺组织和乳腺纤

维瘤组织都不表达 EDA，分化不良和有淋巴结转移的乳腺癌病例中 EDA 表达率更高，oncFN 在分化不良的乳腺癌组织中表达程度明显高于分化良好者。张建鹏等证明涎腺腺样囊性癌（SACC）细胞高转移株（SACC-LM）的 EDA 的 mRNA 含量明显高于低转移株（SACC-83）。另外，甲状腺癌的侵袭性也与 EDA 的表达程度呈正相关。除此之外，人们在神经胶质瘤和骨肉瘤组织中也发现了 EDA 的表达显著增强，明显高于周围正常组织和相应的良性肿瘤。

肿瘤生长必须有血管为之提供氧及营养物质，如果没有血管供应，肿瘤的直径无法超过 1.5mm。EDA 可在多种肿瘤的血管内皮细胞、血管平滑肌和血管周围基质中呈高表达，但其在肿瘤血管形成过程中的作用却有待进一步研究。神经胶质瘤的血管上可见到 EDA 着色明显，尤其在小球样结构的血管系统中着色强烈。但围绕肿瘤的正常组织血管上 EDA 的表达却为阴性。分化不良的肾细胞癌（RCC）的基质，包膜和血管上均可见 EDA 沉积，但分化良好的 RCC 中仅在包膜和血管上有 EDA 沉积。此外，肝细胞肝癌（HCC）、结肠癌、乳腺癌等肿瘤的血管及其周围也可观察到 EDA 表达明显增加。上述结果提示 EDA 与肿瘤血管生长关系密切。除了在血管生成中的作用，有研究报道 ED-A 纤维粘连蛋白结肠直肠肿瘤特别是那些处于晚期阶段的患者中表达上调。Ou 等发现 ED-A 通过整合素介导的 FAK/ERK 激活途径维持 Wnt/β-连环蛋白信号转导，这是结肠直肠癌进展所必需的。

（二）纤维粘连蛋白与肿瘤侵袭和转移

纤维粘连蛋白在肿瘤进展的多个方面起着关键作用，并且研究证实纤维粘连蛋白参与肿瘤迁移、侵袭和转移等过程。Lou 等通过过表达 SOX2 来确定其在卵巢肿瘤细胞转移中的作用。在该研究中，过表达 SOX2 上调纤维粘连蛋白表达，进而导致 A2780 人卵巢癌细胞株侵袭和迁移增加。但研究结果也显示，即使过表达 SOX2，使用 siRNA 下调纤维粘连蛋白仍然可以逆转细胞的迁移和侵袭，这表明在肿瘤细胞转移过程中 SOX2 信号通过纤维粘连蛋白来发挥作用。为进一步探索纤维粘连蛋白对肿瘤细胞迁移的作用，Wei 等试图证明尼古丁是否通过烟碱乙酰胆碱受体（7-nAChR）介导的 COX-2 诱导作用增强 SW480 结肠直肠癌细胞的迁移。作者发现抑制 7-nAChR 和 COX-2 不仅限制纤维粘连蛋白表达，而且也增加 E-钙黏蛋白表达，减少 SW480 细胞迁移。在不存在 COX-2 抑制的情况下，尼古丁通过 7-nAChR 和 COX-2 介导的纤维粘连蛋白表达上调来增强结肠癌细胞迁移，这表明抑制 COX-2 和 7-nAChR 可减少结直肠癌细胞的迁移实际是由于纤维粘连蛋白的表达减少导致的。

据报道，整合素在纤维粘连蛋白介导的肿瘤细胞侵袭过程中发挥着关键作用。最近的一项研究表明纤维粘连蛋白和 $\alpha_5\beta_1$ 整合素相互作用对 HeyA8 和 SKOV3ip1 人卵巢癌细胞系的侵袭能力是不可或缺的。在该研究中作者首次发现卵巢癌细胞与间皮细胞共培养，通过激活 TGF-βR1/RAC1/SMAD3 信号通路促进间皮细胞纤维粘连蛋白的表达，这一现象对于肿瘤细胞的黏附、增殖和侵袭非常重要，因为沉默纤维粘连蛋白表达减少了这些细胞反应。为进一步阐明纤维粘连蛋白在肿瘤细胞进展中的作用，作者用抗 α_5 和 β_1 整合素抗体与卵巢癌细胞和间皮共培养，结果发现肿瘤细胞侵袭和增殖减少达 40%。体内实验中作者发现用 α_5 和 β_1 抗体治疗小鼠原位注射的卵巢癌细胞系，肿瘤细胞的转移数量和肿瘤重量均减少。这些结果表明卵巢癌细胞通过 TGF-β 通路刺激间皮细胞表达纤维粘连蛋白，而肿瘤细胞黏附、增殖和侵袭与 α_5 和 β_1 整合素与纤维粘连蛋白的结合有关。另一项类似的研究表明，抑制 α_5 和 β_1 整合素显著降低卵巢癌细胞黏附到由间皮细胞和成纤维细胞组成的 3D 基质模型，并且限制卵巢癌转移的数量和异位种植。

基质金属蛋白酶（MMP）可以降解并改造 ECM 以允许肿瘤细胞迁移。肿瘤细胞利用改变的细胞信号通路和 MMP 达到远处转移的目的。关于纤维粘连蛋白在改变细胞信号转导中的作用，Balanis 等发现 MDA-MB-231 乳腺癌细胞黏附到纤维粘连蛋白可引起强大的 STAT3 激活，这一结果依赖于细胞表达 FAK 和酪氨酸激酶 PYK2 实现。抑制 β_1 整合素或使用针对 STAT3 的小分子抑制剂逆转了上述现象，提示 MDA-MB-231 乳腺癌细胞在侵袭过程中需要利用纤维粘连蛋白-β_1 整合素介导的 STAT3 信号转导。为进一步阐明纤维蛋白和 MMP 在肿瘤侵袭中的协同作用，Meng 等发现纤维粘连蛋白刺激了 FAK 磷酸化和 Src 募集，导致下游靶标 ERK1/2 和 PI3K/Akt 在 A549 细胞中的激活，促进癌细胞在 transwell 室中的迁移和侵袭。抑制 ERK1/2 和 PI3K 导致 MMP9 下调，进而导致 A549 细胞迁移和侵袭的减少，暗示着纤维粘连蛋白-FAK-MMP9 在肺癌侵袭中的作用。

研究肿瘤转移的方法有多种。一种方法是静脉注射肿瘤细胞，然后测定转移瘤灶形成的数目及瘤灶的直径大小。一般情况下，静脉注射肿瘤细胞的悬液，瘤灶的形成在肺或肝中发生。但这一实验系统却忽略了肿瘤细胞从瘤组织中剥离、进入血管等肿瘤转移的早期过程，而只是重复了血液系统肿瘤发生转移的最初步骤。另一种方法称为自发性转移模型。在肿瘤研究中鉴定了一系列的具有高度转移特性的肿瘤和肿瘤细胞，当移植给受体动物之后，可以形成瘤灶并发生转移，此时可以通过定量发生远端转移的瘤灶形成数目及瘤灶的直径大小，对其转移的潜能进行定量测定。

根据纤维粘连蛋白的一级结构序列，设计并合成含有 RGD 的序列 Gly-Arg-Gly-Asp-Ser（GRGD），研究这一多肽对于 B16-F10 小鼠黑色素瘤细胞在 C57BL/6 纯系小鼠的肺脏中形成转移瘤灶能力的影响。GRGD 多肽其血液循环中的半衰期为 8min，可以特异性地抑制 B16-F10 黑色素瘤细胞在纯系小鼠肺脏中的瘤灶形成能力，而且这种抑制作用的效果是 GRGD 多肽剂量依赖性的。GRGD 多肽的主要作用似乎是阻断肿瘤细胞在肺脏中的附着，但对处于血液循环中黑色素瘤细胞团的大小及在肺中形成的瘤灶直径没有显著的影响。GRGD 多肽阻断黑色素瘤肺转移的能力，与动物缺乏血小板的正常功能及自然杀伤细胞的功能状态无关。因此，认为这一多肽抑制肿瘤转移的机制可能是破坏了肿瘤细胞早期黏附的一些步骤。即使使用单一剂量的合成多肽 GRGD，也可以显著抑制黑色素瘤细胞的转移，并提高荷瘤小鼠的平均寿命。

在甲状腺癌转移机制的研究上，Liu 等指出 FN 是一种细胞外基质，在甲状腺癌，高表达的 FN 可以增强肿瘤细胞之间的黏附，防止肿瘤细胞脱离细胞基质进行转移；相反，当 FN 低表达时，由于肿瘤细胞对细胞外基质的黏附能力因失去 FN 而减弱，因此对外的侵袭能力增强，从而介导肿瘤通过细胞外基质进行转移，这和 Ryu 等通过实验得出的结论一致。Ryu 用免疫组化方法对 54 例甲状腺乳头状癌伴淋巴结转移和 52 例甲状腺乳头状癌无淋巴结转移的肿瘤组织细胞内 FN 进行检测，发现肿瘤伴有转移时 FN 表达比无转移时减少，表现为细胞外基质 FN 的缺损，提示甲状腺乳头状癌可能通过破坏 FN，造成细胞基底膜缺损而转移。

(三) 纤维粘连蛋白与肿瘤治疗的耐药性

毫无疑问，化疗药物有助于提高肿瘤患者的生存率。尽管有一部分患者治疗成功，但肿瘤细胞的耐药和复发仍然是肿瘤治疗中常见的问题。化疗药物耐药涉及多种因素，近年来纤维粘连蛋白在其中的作用也受到关注。他莫昔芬是一种雌激素受体拮抗剂，为临床常用的乳腺癌化疗药物。Pontiggia 等通过研究探讨了微环境如何限制肿瘤细胞对他莫昔芬的敏感性。在研究中，作者将人类和小鼠的乳腺癌细胞分别与纤维粘连蛋白共同孵育，然后检测瘤细胞对他莫昔芬的敏感性。研究结果表明，纤维粘连蛋白能够促进肿瘤细胞对他莫昔芬的抗药性。进一步的机制研究表明，这一过程主要通过纤维粘连蛋白介导的 β_1 整合素的激活，进而激活 PI3K/Akt 和 MAPK/Erk 1/2 信号通路实现。破坏 β_1 整合素和纤维粘连蛋白的相互作用可以逆转已经产生的抗药性，进而产生药物诱导的肿瘤细胞凋亡。同样，Yuan 等发现，与他莫昔芬敏感的 MCF7 乳腺癌细胞相比，耐药的 MCF7 细胞内 β_1 整合素和纤维粘连蛋白表达明显增加。β_1 整合素过表达与 EGFR/ERK 信号通路的表达增加有关。抑制 β_1 整合素可以改善耐药 MCF7 细胞对他莫昔芬的敏感性，进而降低细胞在来自肿瘤相关成纤维细胞（CAF）的条件培养基中的迁移。此外，有研究报道，他莫昔芬和西妥昔单抗（通过与 EGFR 结合抑制细胞增殖的一种抗体）由于肿瘤细胞耐药的存在而表现出有限的有效性。已有研究表明在培养基表面加入纤维粘连蛋白，可以降低西妥昔单抗和放疗对 A549 人肺腺癌细胞及 H1299 人非小细胞肺癌细胞的细胞毒性作用。观察到的细胞毒性降低是肿瘤细胞 $\alpha_5\beta_1$ 整合素与纤维粘连蛋白结合的结果，因为沉默这些整合素可以恢复肿瘤细胞对西妥昔单抗的敏感性。有趣的是，西妥昔单抗通过激活的 p38-MAPK-ATF2 信号通路，促进增加肿瘤细胞系的纤维粘连蛋白表达。通过 siRNA 使得纤维粘连蛋白的表达沉默后可以改善西妥昔单抗在 H1299 和 A549 肿瘤细胞系中的细胞毒性，证明多余的纤维粘连蛋白与 $\alpha_5\beta_1$ 整合素结合促进西妥昔单抗耐药。

在类似的研究中，研究者事先用纤维粘连蛋白包被培养皿，然后培养 H69 小细胞肺癌细胞并用依托泊苷处理，来分析肿瘤细胞凋亡的变化。结果显示肿瘤细胞 α_2、α_3、α_6 和 β_1 整合素与纤维粘连蛋白相互作用抑制化疗诱导的凋亡，caspase-3 活性降低可以证明。Spangenberg 等以乳腺癌细胞为模型，发现 ERBB2 原癌基因的诱导表达引起 MCF7 细胞中 α_5 和 β_1 整合素基因表达上调。作者发现 MCF7 细胞对顺铂和 5-氟尿嘧啶的耐药性增加，这是 ERBB2 诱导 $\alpha_5\beta_1$ 整合素表达的结果。如果细胞在含有纤维粘连蛋白的培养基中培养，这些药物的有效性可下降至 1/2。为了克服由于整合素-纤维粘连蛋白相互作用导致的化疗药物耐药，Nam 等研究表明破坏了纤维粘连蛋白和 $\alpha_5\beta_1$ 整合素之间结合的肽键，同时联合放疗，可以促进细胞凋亡并减少 $\alpha_5\beta_1$ 在乳腺癌细胞中的表达。作者发现 $\alpha_5\beta_1$ 整合素与纤维粘连蛋白结合之所以能够促进肿瘤细胞的生长，主要是由于 $\alpha_5\beta_1$ 整合素作为 Akt 激酶介导了 Akt 信号通路的活化，而 $\alpha_5\beta_1$ 整合素受到抑制后 Akt 的磷酸化也随之下调。同样地，有研究发现对抗血管生成剂贝伐珠单抗有抗性的成胶质细胞瘤，其 β_1 整合素和 FAK 的表达较高，作者将此现象归因于抗血管生成治疗后肿瘤内高度缺氧所致。为了确定抑制 β_1 整合素是否可以改善治疗应答，作者对皮下生长的 U87MG 胶质母细胞瘤交替使用 β_1 抑制剂和低剂量（1mg/kg）贝伐珠单抗。与单独应用贝伐珠单抗高剂量方案（10mg/kg）相比，接受双药治疗的动物肿瘤显著消退，这表明联合 β_1 整合素抑制剂可改善贝伐珠单抗的治疗效果。图 3-5 是对以上研究结果的总结。鉴于这些和其他类似的研究显示，针对细胞与纤维粘连蛋白和（或）纤维粘连蛋白本身的相互作用可能是改善患者结局的理想策略。

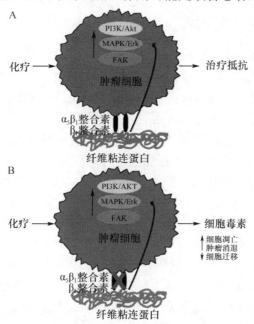

图 3-5　肿瘤治疗应答中整合素-纤维粘连蛋白相互作用

（引自：Jennifer Peyling Wang，Abigail Hielscher.2017.Fibronectin：how its aberrant expression in tumors may improve therapeutic targeting）

六、纤维粘连蛋白与糖尿病肾病

糖尿病肾病（diabetic nephropathy，DN）是糖尿病常见的慢性微血管并发症之一，是引起糖尿病患者死亡的重要原因。DN 的主要病理学特征为肾小球基底膜（glomerular basement membrane，GBM）和肾小管基底膜（tubular basement membrane，TBM）的增厚，肾小球系膜区细胞外基质进行性堆积及小管间质纤维化，从而导致肾小球硬化，并出现蛋白尿、肾衰竭等。已发现糖尿病患者的肾脏合成纤维粘连蛋白的能力明显增强，FN 对 GBM 的结合能力也增加。DN 患者的肾小球毛细血管基底膜增厚并可见 FN 沉积增加。

DN 的病理特征之一是肾小球内 ECM 的堆积，而高血糖一直被认为是与糖尿病各种并发症关系最为密切的因素之一。DN 的发生与血糖控制的好坏及糖尿病病程密切相关。van Det 研究发现葡萄糖浓度水平增高可刺激肾小球系膜细胞（glomerular mesangial cell，GMC）合成 FN 及 FN 的 mRNA 表达升高，这种作用是通过转化生长因子β（TGF-β）来介导的，在很大程度上依赖于内源性 TGF-β 活性的增高，抗 TGF-β 中和抗体可在蛋白质或 mRNA 水平逆转这种效应。而 Kreisberg 和 Coiso 等则认为高血糖促进 FN 分泌的作用是通过激活蛋白激酶 C（protein kinase C，PKC）而引起的。Kreisberg 进一步研究发现高血糖刺激 FN 的转录时，FN 基因表达的增强发生在位于-170bp 处的 cAMP 反应元件（cAMP response element，CRE）。GMC 在高浓度葡萄糖中培养的第 28 天即出现肾小球滤过屏障负电荷的减少，而刚发生蛋白尿后 GMC 合成 FN 的量显著增加。因此，可能是负电荷的减少、电荷屏障破损导致了蛋白尿，而发生蛋白尿后 FN 的增多是受损的肾小球屏障的代偿性反应。

七、纤维粘连蛋白与慢性肾炎

慢性肾小球肾炎（chronic glomerular nephritis, CGN）是由多种原因引起的原发于肾小球的一组免疫性炎症性疾病，主要表现为蛋白尿、血尿、水肿及高血压。慢性肾炎的病因、发病机制和病理类型不尽相同，但起始因素多为免疫介导的炎症。导致病程慢性化的机制除免疫因素外，非免疫非炎症因素占有重要作用。慢性肾炎常见的病理类型有系膜增生性肾小球肾炎、系膜毛细血管性肾小球肾炎、膜性肾病及局灶性节段性肾小球硬化。肾小球基底膜、肾小球系膜均含有 FN。在慢性肾炎病理过程中，FN 发挥着重大作用。

系膜细胞增殖是各种肾小球疾病的主要形态表现。FN 参与组成肾小球基底膜、肾小球系膜。FN 可由肾内细胞尤其是系膜细胞产生，并且是系膜基质重要成分，FN 将系膜细胞、系膜基质和肾小球基底膜连接起来并赋予相当机械强度。系膜细胞表面的 β_1 整合素是 FN 的受体。FN 可通过 β_1 整合素参与对系膜细胞等的调控，帮助后者清除肾内异物。周同等监测 49 例各种病理类型肾小球肾炎患者肾组织内 FN，发现 FN 在系膜增生型肾炎中增高，提示肾内 FN 改变可反映肾小球系膜病变或发展规律。在肾小球病变或肾内细胞受损早期，作为防御代偿机制 FN 可随系膜细胞增生、基质增加而增多，或促进系膜细胞等吞噬和清除肾内异物，或吸引单核/巨噬细胞局部浸润。然而在炎症或免疫损伤因素等排除后，FN 和其他胞外基质继续随系膜细胞增殖而聚集可能是肾小球硬化的物质基础。FN 是细胞外基质的重要组成部分，细胞外基质在肾小球内的蓄积，造成肾小管周围毛细血管堵塞、有效肾单位大量减少、肾小球滤过率进一步降低，最终导致肾功能丧失。

近年来，已有大量证据表明慢性肾炎患者血浆 FN 含量降低。慢性肾炎患者血浆 FN 含量降低是多种因素综合作用致消耗增加和（或）产生减少的结果，可归纳为以下几点：①血浆纤维粘连蛋白向肾组织的病理沉积增加。在病理情况下 FN 参与肾小球损伤及硬化过程。随着肾脏功能的进行性损伤，血中 FN 进入肾组织也增加，使肾小球内 FN 沉积增多。因此，血浆纤维粘连蛋白含量就减少。②血浆 FN 参与免疫复合物形成和清除。慢性肾炎发病的基本机制是免疫复合物沉积于肾小球，激活补体等炎症递质，从而引起组织损伤。Herbert 等的研究表明，FN 可能介导体内抗原-抗体复合物的结合。周同等经实验证实了 FN 有促进中性粒细胞（PMN）吞噬作用，且与其浓度呈正相关，表明血浆 FN 与机体免疫防御功能关系密切，其水平可反映患者细胞吞噬功能状态。FN 调理吞噬细胞吞噬外来抗原，促进机体清除血中有害物质，包括免疫复合物。血浆 FN 因为参与免疫复合物形成和清除而被消耗。③血浆 FN 参与损伤组织的修复。洪喜莲等认为慢性肾炎患者血浆 FN 下降不仅与 FN 的调理作用有关，还和 FN 参与损伤组织的修复而被消耗有关。FN 与纤维蛋白相互作用，产生多种生物活性如细胞黏附、铺展和运动等，从而在损伤的部位调节细胞应答，参与损伤细胞组织的修复。

八、纤维粘连蛋白与伤口愈合

伤口愈合是机体的一种修复功能，包括一系列复杂过程。多年研究发现，纤维粘连蛋白在伤口愈合过程中起着重要作用。伤口愈合过程一般分为凝血、炎症反应、肉芽形成和重组4个阶段。有证据表明，FN参与了伤口愈合过程中的所有阶段。①由于FN分子上有细胞结合位点，它可作为趋化因子诱导外周血中的单核细胞及其他吞噬细胞、上皮细胞、成纤维细胞向伤口处运动。伤口处的FN梯度加速上皮和成纤维细胞向伤口处移动生长。FN能与胶原、纤维原、DNA、微丝及某些细菌结合，作为一种非特异调理素调动吞噬系统清除病菌和组织碎片，净化伤口。此外，完整分子的血浆FN可以直接结合多种没有附加其他成分的微生物。这些微生物包括多种致病菌和病毒。②FN作为细胞运动的基质，其分子上有多个位点，可以结合细胞，并通过肝素、纤维原结合区域与细胞外基质结合。体外实验表明，FN介导人成纤维细胞、上皮细胞、内皮细胞、单核/巨噬细胞与各种细胞外基质的结合。FN是伤口处启动血液凝固的成分之一，它可以通过谷氨酰转移酶与纤维原交联。此外，成纤维细胞与纤维原的结合依赖于FN；谷氨酰转移酶、纤维原和FN共同形成的复合物加速成纤维细胞向基质的粘连。体内研究发现，伤口一旦出现，在纤维原凝块处便产生大量FN，并引起细胞的迁移和增殖，如FN存在于向内生长的成纤维细胞周围、迁移的表皮之下和新生的血管壁内。当上皮再生完成、新生血管形成及新基膜出现后，FN便很快消失。FN起着使细胞迁移和定位的作用。③FN可作为基质形成的基础。FN除了作为趋化因子诱导细胞向伤口处移动及作为介质利于细胞的运动之外，FN对于基质的产生及组装起着十分重要的作用。在伤口愈合中，成纤维细胞、肌成纤维细胞、真皮处都含有丰富的FN。④FN作为生长因子。血浆FN在体外具有强烈的促细胞生长活性，是一种生长因子。然而近来有人认为提纯的FN中混杂有TGF-β，此因子可促进细胞生长。但是，不管FN是否具有直接的生长因子功能，它引导细胞的移动、协同其他因子发挥作用、间接影响细胞的生长等作用却是十分肯定的事实。

九、纤维粘连蛋白与原发性开角型青光眼

原发性开角型青光眼（primary open-angle glaucoma，POAG）是常见的致盲性眼病之一，迄今为止，其病因和发病机制尚未完全清楚。研究表明，小梁网房水排出阻力增加使眼压升高是造成POAG患者视神经损害的主要原因。房水可通过网眼引流，房水引流通畅与否直接与网眼大小有关，而小梁网细胞外基质的成分和含量直接影响网眼的大小。因此，小梁网ECM是维持房水循环系统正常的生理基础。纤维粘连蛋白介导细胞与ECM的相互作用，同时它还具有与ECM各成分相结合的特点。ECM的异常沉积会引起房水外流受阻，导致眼压升高。许多学者研究发现POAG患者小梁网组织中FN沉积过多，提示这可能是POAG发病原因之一。

综上所述，FN作为趋化因子、非特异调理素、细胞运动基质及基质形成基础等，在伤口愈合过程中起着十分重要的作用。临床上已将FN用于治疗角膜性溃疡、创伤、烧伤及创伤造成的败血症，均取得良好疗效。FN有可能成为治疗创伤等的良好药剂。

（李　敏）

参 考 文 献

Balanis N，Wendt MK，Schiemann BJ，et al. 2013. Epithelial to mesenchymal transition promotes breast cancer progression via a fibronectin-dependent STAT3 signaling pathway. The Journal of Biological Chemistry，288：

17954~17967.

Carbonell WS, DeLay M, Jahangiri A, et al. 2013. Beta1 integrin targeting potentiates antiangiogenic therapy and inhibits the growth of bevacizumab-resistant glioblastoma. Cancer Research, 73: 3145~3154.

Eke I, Storch K, Krause M, et al. 2013. Cetuximab attenuates its cytotoxic and radiosensitizing potential by inducing fibronectin biosynthesis. Cancer Research, 73: 5869~5879.

Kenny HA, Chiang CY, White EA, et al. 2014. Mesothelial cells promote early ovarian cancer metastasis through fibronectin secretion. The Journal of Clinical Investigation, 124: 4614~4628.

Lou X, Han X, Jin C, et al. 2013. SOX2 targets fibronectin 1 to promote cell migration and invasion in ovarian cancer: new molecular leads for therapeutic intervention. Omics: a Journal of Integrative Biology, 17: 510~518.

Meng XN, Jin Y, Yu Y, et al. 2009. Characterisation of fibronectin-mediated FAK signalling pathways in lung cancer cell migration and invasion. British Journal of Cancer, 101: 327~334.

Mierke CT, Frey B, Fellner M, et al. 2011. Integrin alpha 5 beta 1 facilitates cancer cell invasion through enhanced contractile forces. Journal of Cell Science, 124: 369~383.

Nam JM, Onodera Y, Bissell MJ, et al. 2010. Breast cancer cells in three-dimensional culture display an enhanced radioresponse after coordinate targeting of integrin alpha 5 beta 1 and fibronectin. Cancer Research, 70: 5238~5248.

Ou J, Deng J, Wei X, et al. 2013. Fibronectin extra domain A(EDA)sustains CD133(+)/CD44(+)subpopulation of colorectal cancer cells. Stem Cell Research, 11: 820~833.

Pontiggia O, Sampayo R, Raffo D, et al. 2012. The tumor microenvironment modulates tamoxifen resistance in breast cancer: a role for soluble stromal factors and fibronectin through beta 1 integrin. Breast Cancer Research and Treatment, 133: 459~471.

Rybak JN, Roesli C, Kaspar M, et al. 2007. The extra-domain A of fibronectin is a vascular marker of solid tumors and metastases. Cancer Research, 67: 10948~10957.

Wei PL, Kuo LJ, Huang MT, et al. 2011. Nicotine enhances colon cancer cell migration by induction of fibronectin. Annals of Surgical Oncology, 18: 1782~1790.

Xiang L, Xie G, Ou J, et al. 2012. The extra domain A of fibronectin increases VEGF-C expression in colorectal carcinoma involving the PI3K/AKT signaling pathway. PLoS One, 7: e35378.

Yuan J, Liu M, Yang L, et al. 2015. Acquisition of epithelial-mesenchymal transition phenotype in the tamoxifen-resistant breast cancer cell: a new role for G protein-coupled estrogen receptor in mediating tamoxifen resistance through cancer-associated fibroblast-derived fibronectin and beta 1-integrin signaling pathway in tumor cells. Breast Cancer Research, 17: 69.

第四章 层粘连蛋白

层粘连蛋白（laminin）是由不同的蛋白质分子组成的一个蛋白质家族，是基底膜的主要成分，主要由内皮细胞、上皮细胞、平滑肌细胞和贮脂细胞产生。层粘连蛋白既可以与细胞结合，又可以与细胞外基质中其他大分子结合，故又称为黏着因子。层粘连蛋白结构复杂，功能多样，作为一种镶嵌蛋白，除了构成基底膜的片层网状结构之外，还与细胞的分化、黏附、迁移和增殖等活动有关。在不同的组织类型和不同的发育阶段中，有不同分子结构的层粘连蛋白表达。因此，层粘连蛋白的表达受到严格的调控。层粘连蛋白是胚胎发育、组织内环境稳定和组织更新的重要调节性蛋白质分子。

第一节 层粘连蛋白的分子结构

层粘连蛋白是由α、β、γ三个不同的链组成的三聚体结构。链的大小为140～400kDa。三条链的C端的α螺旋结构又形成超螺旋结构。到目前为止，已鉴定出至少8种不同一级结构序列的层粘连蛋白链（α_1、α_2、α_3、β_1、β_2、β_3、γ_1和γ_2），这些层粘连蛋白链又可以形成至少7种不同的层粘连蛋白分子（层粘连蛋白-1～7）。其中以层粘连蛋白-1（$\alpha_1\beta_1\gamma_1$）研究得最为清楚。层粘连蛋白-1是一种钙依赖性的自行组装并与多种细胞外基质进行结合的蛋白质分子。

一、层粘连蛋白经典结构

第一种层粘连蛋白是从engelbreth-holm-swarm（EHS）肿瘤的基质中发现的，由分子质量200～400kDa的链借助二硫键而组装在一起。之后发现了一系列不同结构的层粘连蛋白分子。层粘连蛋白编码基因的克隆化表明，除了从EHS肿瘤基质中分离到的层粘连蛋白之外，还存在着其他类型的层粘连蛋白分子。不同的片层蛋白具有不同的生物合成、生物化学、组织方式及组织分布的特征。根据新的命名方法，从EHS肿瘤基质中取得的层粘连蛋白称为层粘连蛋白-1，由α_1、β_1、γ_1三条链相互缠绕而成。α_1链旧称为A链，分子质量为400kDa；β_1链旧称为B1链，分子质量为220kDa；γ_1链旧称为B2链，分子质量为200kDa。层粘连蛋白-2、3和4由新型的α_2或β_2链组成，但其分子结构的形式却有很大的区别。α_3、β_3、γ_3链组成层粘连蛋白-5，较层粘连蛋白-1的分子质量要小得多。层粘连蛋白-6和层粘连蛋白-7由β_1（或β_2）、γ_1及α_3链组成，α_3链的分子质量为200kDa，形成一个Y形结构形式。7种层粘连蛋白的结构形式如图4-1所示。

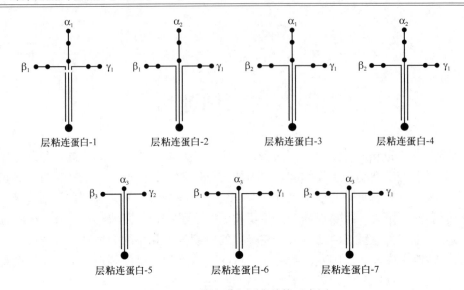

图 4-1　层粘连蛋白经典结构示意图

应用电镜和蛋白裂解片段分析法证实层粘连蛋白具有多位点结构的特点。

通过层粘连蛋白三条链编码基因的序列分析，层粘连蛋白结构的预测都得到了证实。

层粘连蛋白-1 由 α_1、β_1、γ_1 三条链组成，其 C 端区相互缠绕在一起，借助链间二硫键的形成，组成三链超螺旋结构。形成螺旋结构的羧基端氨基酸残基序列又分为两个结构位点，即 Ⅰ 型位点（domain Ⅰ）和 Ⅱ 型位点（domain Ⅱ）。前者位于下游，后者位于上游。α_1、β_1、γ_1 三条链的 N 端部分序列，又称为层粘连蛋白的三条臂，分别独立存在。β_1 和 γ_1 链又分为 Ⅵ、Ⅴ、Ⅳ 和 Ⅲ 型位点结构，依其顺序排列。在 α_1 链中，从 N 端开始，又分为 Ⅵ、Ⅴ、Ⅳb、Ⅲb、Ⅳa 和 Ⅲa 等位点结构。α_1 链的臂较长，称为长臂；β_1 和 γ_1 链的臂较短，称为短臂。短臂的典型结构位点为 42 个表皮生长因子（epidermal growth factor，EGF）样重复序列，大约由 60 个氨基酸残基组成，其中含有 8 个半胱氨酸残基，而在其他蛋白相似的结构序列中，仅有 6 个半胱氨酸残基。这些重复序列之间是一些球状位点结构，其长度大约为 200 个氨基酸残基。球状结构位点的序列，其 N 端的序列具有高度的同源性，是一类新型的蛋白质结构。α_1Ⅳa、α_1Ⅳb、γ_1Ⅳ 等球状结构位点序列与 EGF 样重复序列中插入的环状结构相对应。每一条链的中心部位，三条链借链间三对二硫键的形成结合在一起。之后便是由 600 个左右的氨基酸残基组成的 α 螺旋位点结构 Ⅰ 和 Ⅱ。这一段螺旋结构区的位点结构部分又可以分为 7 段重复序列区，即 abcdefg 重复序列区。a 和 d 重复序列区都是由疏水的氨基酸残基组成，e 和 g 区则主要是由带电荷的氨基酸残基组成。这 7 段重复序列并不是高度保守的氨基酸残基序列，如在 β_1 链中，由于链内二硫键的形成，形成了环状结构，称为 α 环。β_1 和 γ_1 链于位点 1 结束，在其末端由于二硫键的形成而结合在一起。组成 Ⅰ、Ⅱ 型位点的 α_1 链大约由 1000 个氨基酸残基组成，这 1000 个氨基酸残基又分为 5 段同源序列，分别进行折叠成为一种特殊的结构形式，称为 G 位点（G motif），每一段 G 位点结构由 160～180 个氨基酸残基组成。在其他类型的细胞外基质分子中也曾发现类似的结构位点。

电子显微镜的观察结合部分序列分析，结果表明层粘连蛋白-2、3 和 4 具有相似的位点结构。α_3、β_3 和 γ_3 链中的短臂序列有几处缺失，但却保持了一个较长的 α 位点，在 $\alpha3$ 链中有一个 G 位点。层粘连蛋白的这种结构特点表明 α 螺旋结构位点是层粘连蛋白结构组装的必需组成部分，是层粘连蛋白结构的一个特征性位点结构。

层粘连蛋白-1 的立体结构分析，表明 β_1 和 γ_1 两条链存在时就可以形成超螺旋结构形式，如果有 α_1 链的存在，则可以形成三链超螺旋结构。这种三链超螺旋结构的形成，是不依赖于二硫键形成的一种过程，而且还可以形成非常稳定的构象结构。

二、层粘连蛋白网状基底膜结构的形成

层粘连蛋白是基底膜的典型组成成分。由于层粘连蛋白分子结构中具有多种类型的位点，因而为层粘连蛋白与其他类型的细胞外基质成分之间的相互作用提供了结构基础。最初关于层粘连蛋白的位点结构是以不同的蛋白裂解片段组成的，近年来基因工程技术的广泛应用为层粘连蛋白位点结构的研究提供了大量的、均一的多肽片段。

层粘连蛋白的单体分子可以自发地聚合，组装成寡聚体分子，再形成较大的网状结构。层粘连蛋白网状结构的形成，主要是借助层粘连蛋白短臂的 N 端三个Ⅵ型球状位点之间的相互作用。层粘连蛋白寡聚体的形成需要有钙的参与，但层粘连蛋白分子中钙结合的位置及钙结合位点的序列尚不清楚。尽管目前还没有得到直接的证据，但仍然认为层粘连蛋白网状结构的形成是基底膜超分子结构的主要环节。

第二节 层粘连蛋白的受体及信号转导

层粘连蛋白是一类具有多个结构位点和多种生物学功能的蛋白质，除了层粘连蛋白形成基底膜的基本框架结构之外，层粘连蛋白与细胞的黏附、分化、移行等以及与肿瘤细胞转移之间的相互关系，无不与相应的受体分子相结合的过程有关。层粘连蛋白的受体分子有整合素受体和非整合素受体两大类，层粘连蛋白作为基底膜的主要成分，作为配体分子，与细胞膜上相应的受体分子进行结合，对细胞的信号转导产生一定的影响，从而对细胞的基本功能进行调节。

一、层粘连蛋白的整合素受体

整合素（integrin）是一个细胞外基质蛋白分子受体超家族。一部分层粘连蛋白的受体分子也是这一整合素受体蛋白超家族的成员。多种细胞外基质蛋白质分子的受体都属于整合素超家族的成员。整合素这一名称即反映了这种跨膜受体蛋白膜整合型的性质和特点，以及将细胞外基质大分子与细胞内肌动纤维排列之间连接起来的能力。具有受体功能的蛋白，由 α 和 β 两个亚单位通过非共价键的形式结合在一起。α 和 β 亚单位本身都有多种不同的结构形式，因而不同的细胞外基质大分子的受体，即是由不同的 α 链与不同的 β 链结合而成的整合素分子。根据整合素受体分子中 β 链的结构不同可以分为若干类型。某些整合素亚单位编码基因的转录产物还存在着剪切加工机制，从而导致整合素受体分子可与不止一种的黏附性配体分子结合。不同的细胞表达不同的整合素分子，这些整合素分子再与不同的黏附性配体分子进行结合。

最大的整合素家族是由 β_1 亚单位组成的整合素家族。在 β_1 亚单位组成的整合素家族

中，共有 7 种不同的 α 亚单位参与整合素的构成，即 $α_1$～$α_6$ 和 $α_v$ 亚单位。这 7 种 α 亚单位分别与 $β_1$ 亚单位结合形成不同的整合素分子。由 $α_1$、$α_2$、$α_3$ 和 $α_6$ 这 4 种 α 亚单位分别与 $β_1$ 亚单位组成的整合素分子在体外可与层粘连蛋白结合。许多类型的整合素，包括可与层粘连蛋白结合的整合素 $α_1β_1$、$α_2β_1$ 和 $α_3β_1$，与层粘连蛋白分子结合时，并不需要具备高度保守的结合位点。这些整合素蛋白质分子除了可与层粘连蛋白结合之外，还可与胶原及纤维粘连蛋白等分子结合。尽管在 P1 片段中有一段经典的细胞黏附位点可被纤维粘连蛋白结合的 RGD 三肽序列所抑制，但没有一种整合素分子与层粘连蛋白之间的结合是 ROD 位点依赖性的方式。但是，到目前为止还不十分清楚整合素与层粘连蛋白的亲和力是如何形成的。虽然整合素受体与层粘连蛋白配体之间的结合不依赖于层粘连蛋白 α 链中的三肽 RGD 序列，对于层粘连蛋白与整合素之间识别及结合的序列结构研究还是取得了一定的进展。$α_3β_1$ 和 $α_6β_1$ 的整合素与层粘连蛋白结合时，需要层粘连蛋白分子 C 端的结构序列。而 $α_1β_1$ 型整合素与层粘连蛋白结合时，与层粘连蛋白的 C 端及交联区的结构有关。另外，整合素与层粘连蛋白之间的相互作用依细胞类型的不同而有很大的差别。例如，$α_2β_1$ 整合素蛋白作为层粘连蛋白的一类受体分子，而在另一些细胞类型中又同时可以作为胶原和层粘连蛋白两种细胞外基质的受体。这些细胞类型的特异性决定机制目前尚不十分清楚。其他类型的调节分子如神经节苷酯及层粘连蛋白翻译后的修饰如磷酸化修饰等，都将影响层粘连蛋白与其相应的受体整合素分子之间的相互作用。在整合素蛋白质分子中存在多个层粘连蛋白的结合位点。也是决定整合素与层粘连蛋白之间相互作用特异性的重要因素之一。最近对 $α_6$ 链的序列进行分析比较，也发现了一些结构序列的变异，这可能是不同细胞表达的整合素与不同的层粘连蛋白之间具有不同作用的一个重要原因。层粘连蛋白分子中具有一系列的活性位点结构，又能与不同的细胞受体分子结合，因而层粘连蛋白的功能多样性是有其结构基础的。

二、非整合素受体

以层粘连蛋白的亲和柱层析，从细胞的表面鉴定出一个分子质量为 67kDa 的蛋白，这就是层粘连蛋白的第一个受体分子。以弹性蛋白的亲和层析又分离到一个相似的蛋白质。针对这些蛋白质、融合蛋白及多肽序列的单克隆抗体进行研究，发现这些受体蛋白是分子质量不均一的、在不同的细胞膜上具有不同表达水平的蛋白质家族，分子质量分别为 32kDa、45kDa、55kDa 和 67kDa。这些不同分子质量的蛋白受体之间的相互关系目前还不十分清楚。从中发现了一个分子质量 14kDa 的 mRNA，编码这些蛋白质中的一种，但其蛋白质分子质量之所以很高，主要是由于翻译后的加工修饰。多肽亲和层析的研究结果表明，层粘连蛋白中的 YIGSR 多肽序列是层粘连蛋白作为配体分子与分子质量为 67kDa 的受体分子之间结合和相互作用的位点结构序列。当含有分子质量为 67kDa 受体蛋白的细胞裂解物转移到硝酸纤维素膜上，层粘连蛋白的 YIGSR 多肽可与之结合。层粘连蛋白 β 链中的第 442～446 个氨基酸残基序列的多肽（CGYIPG），可从弹性蛋白及层粘连蛋白的亲和层析柱上洗脱分子质量为 67kDa 的受体蛋白分子。提示这种分子质量为 67kDa 的受体蛋白分子与弹性蛋白、层粘连蛋白之间的结合，可能与弹性蛋白及层粘连蛋白分子中的 CGYIPG 的氨基酸残基序列有关。在整合素蛋白质分子中的第 161～180 个氨基酸残基，即 IPC-NNKAHSV GLMWWMLAR，20 个氨基酸残基组成的序列是整合素受体蛋白质分子结构中的功能序列。这一段由 20 个氨基酸残基组成的序列可与层粘连蛋白结合,可将 67kDa 的蛋白质从含有层粘连蛋白的层析柱中洗脱下来。但是,关于层粘连蛋白与 32kDa、45kDa 及 55kDa 等受体蛋白分子之间相互作用的相关序列结构及机制,目前还不十分清楚。层粘连蛋白还有更多的其他类型的受体蛋白分子。一种分子质量为 110kDa 和另一种与之相关的分子质量为 140kDa 的蛋白质也可以与层粘连蛋白结合,特别是这两种蛋白质分子中的 SIKVAV 氨基酸残基组成的序列,是与层粘连蛋白结合的关键性的功能序列。这两种可与层粘连蛋白结合的受体蛋白似乎都是神经元细胞特异性的,当大脑受到损伤时可见到这两种蛋白表达水平的显著升高。从黑色素瘤细胞中分离到分子质量为 90kDa 的蛋白质,可与层粘连蛋白进行结合,特别是与层粘连蛋白β链中的 RYVVLPR 序列部分结合。一种碳水化合物结合型蛋白,分子质量为 35kDa,又称为巨噬细胞表面抗原-2(macrophage surface antigen-2,Mac-2),以二聚体的形式存在,证实可与层粘连蛋白结合。细胞表面的半乳糖转移酶蛋白也可以与层粘连蛋白结合,在细胞迁移、扩散、神经根的外向生长及滋养细胞的浸润等过程中具有十分重要的作用。因此,能够识别层粘连蛋白的受体蛋白分子是多种多样的。

三、细胞内信号转导

层粘连蛋白分子结构中具有多个活性作用位点,而且层粘连蛋白作为一种配体可与众多的整合素受体和非整合素受体结合,因而认为层粘连蛋白一定会介导或触发一系列的细胞内信号转导。而且层粘连蛋白与不同的细胞结合,可以触发不同性质的信号转导,也就是说层粘连蛋白与细胞膜上相应的受体结合,触发的信号性质是细胞类型特异性的。关于由层粘连蛋白诱导的细胞内信号转导的研究还不是非常广泛,但由于干扰或阻断层粘连蛋白介导的信号转导的一些药物是可以得到的,因而对于层粘连蛋白与细胞内信号转导的关系研究还是具有一定条件的。

1.神经元细胞 神经元细胞(neuronal cell)受到层粘连蛋白的刺激之后,可以产生快速而特异性的应答,这一细胞类型的应答持续很久。影响层粘连蛋白引起的神经元细胞细胞内信号转导的因子如表 4-1 所示。

表 4-1 影响层粘连蛋白诱导神经元细胞轴突生长的化合物

化合物	剂量	作用位点	作用性质
磷酸酶抑制剂			
冈田酸(Okdaic acid)	50nmol/L	蛋白磷酸酶 1	抑制
钒酸盐	10μmol/L	酪氨酸磷酸酶	抑制
激酶抑制剂			
k-252a	100nmol/L	NGF-诱导的激酶,磷脂钙依赖性激酶	抑制
H-7	30~60μmol/L	蛋白激酶 C	增强
H-8	30~60μmol/L	cGMP 蛋白激酶	增强
H-9	30~60μmol/L	cGMP 蛋白激酶	增强

续表

化合物	剂量	作用位点	作用性质
HA-1004	≤120μmol/L	蛋白激酶 C	无影响
激酶激活剂			
TPA	50μmol/L	蛋白激酶 C	抑制
DAG	100μmol/L	蛋白激酶 C	抑制
环化酶激活剂			
毛喉素	10μmol/L	与腺苷环化酶结合	轴突长变短、生长延迟
isoprotelenol		与β受体结合	无影响
百日咳毒素	≤5μg/ml	GTP 结合蛋白 ADP 核糖化，GTP 结合蛋白	无影响
环化核苷酸			
8-BrcAMP	≤10mmol/L	第二信使	无影响
胰岛素	5μg/ml	葡萄糖摄入，酪氨酸磷酸化	增强
干扰素	600U/ml	促进 NGF 的作用	无影响
白细胞介素-2	5000U/ml	T 细胞生长因子	无影响

促进蛋白磷酸化的化合物，如蛋白激酶的抑制剂等，可以促进神经元细胞轴突的生长。当有层粘连蛋白存在的条件下，放射标记的磷酸盐与神经元细胞共同孵育，可发现细胞掺入磷酸盐的能力显著下降，进一步证实了层粘连蛋白对于神经元细胞的去磷酸化的修饰具有促进作用。环化核苷酸（cyclic nucleotide）水平在神经元细胞受到层粘连蛋白的刺激时没有显著的改变，并不是层粘连蛋白所诱导的信号转导所必需的环节，但可以见到神经元细胞的形态学特征发生了显著的改变。加入外源性的 cAMP 或诱导内源性 cAMP 水平升高的毛喉素（forskolin），可使神经元细胞轴突的分支提高 4 倍。层粘连蛋白引起的神经元细胞的应答是一个快速的过程，说明层粘连蛋白诱导的神经元细胞内的信号转导不依赖于细胞内 cAMP 水平的变化，但 cAMP 对于层粘连蛋白的作用却具有调节作用。体内 cAMP 究竟有无这样的功能尚不得而知。

2. 内皮细胞　在基底膜的基础上，内皮细胞可在 12h 之内可沿着基底膜进行黏附、分配，从而进一步形成毛细血管样的管状结构。佛波 12-豆蔻酯（phorbol 12-myristate，PMA）可促进这种管状结构的形成，提示内皮细胞沿着基底膜基质形成管状结构的过程中有蛋白激酶 C（protein kinase C，PKC）的参与。在这种管状结构完全形成之后，PMA 不再产生任何影响，表明 PKC 仅在内皮细胞管状结构形成的早期阶段发挥作用。蛋白激酶 C 的抑制剂 H-7 可以阻断内皮细胞在基底膜管状结构的形成过程，进一步证实了 PKC 在内皮细胞管状结构形成过程中的重要作用。PMA 还有诱导胶原基底上血管形成的作用，但胶原基质本身一般对于这些内皮细胞的分化没有促进作用，说明 PKC 在内皮细胞的分化过程中具有十分重要的作用。内皮细胞内的信号转导机制与神经元细胞内信号转导的机制可能相反。不同细胞的信号转导及应答机制不同，说明细胞之间的相互作用及细胞所处的环境条件，都是决定细胞内信号转导及调节因子作用性质的重要因素。

第三节　层粘连蛋白的生物学意义

层粘连蛋白作为基底膜的主要组成成分之一，具有非常复杂的分子结构。不仅在其分子中具有多个活性作用位点，而且还能与一系列的整合素及非整合素受体结合。层粘连蛋白的这种结构特点及作用性质，决定了层粘连蛋白具有多种多样的生物学功能。层粘连蛋白在细胞的黏附、形态学发生、生长及移行、细胞的分化与血管的形成、肿瘤的生长与转移，以及神经元细胞的轴突发生过程中都具有十分重要的意义。

一、层粘连蛋白与细胞的黏附、生长、迁移及形态学发生

层粘连蛋白是 1979 年首先发现的，1980 年就有两个实验室证明层粘连蛋白具有细胞黏附（cell adhesion）功能。层粘连蛋白的细胞黏附功能首先是以表皮细胞、内皮细胞及神经元细胞为研究材料而证实的。许多研究表明，成纤维细胞（fibroblast）在层粘连蛋白基质上不能正常生长。这一特点被用来除去神经元细胞及成肌细胞（myoblast）培养体系中成纤维细胞的污染。因为层粘连蛋白具有促进细胞分化及降低成纤维细胞的黏附作用，因此在神经元细胞和成肌细胞培养中，经常应用含有层粘连蛋白、I 型胶原及多聚赖氨酸的基质进行培养。

几种具有层粘连蛋白活性的合成多肽具有促进细胞黏附的功能，如表 4-2 所示。

表 4-2　层粘连蛋白合成多肽的生物学活性

多肽链残基	YIGSR β（B1）929~933	PDSGRβ（B1）902~906	RYVVLPRβ（B1）641~647	LREγ（B3）	RGAα（A）1118~1128	SIKVAVα（A）2099~2105
黏附	↑	↑	↑	↑	↑	↑
形态学发生	↑	—	?	?	↑/—	↑
生长	—	—	?	?	—	↑/—
迁移	↑	↑	↑	?	↑	↑
轴突发生						
分化	↑	?	?	?		
IV型胶原酶活性	—	?	?	?		↑

上述多肽对于上皮细胞的作用是不完全相同的。例如，YIGSR 和 RGD 序列的多肽对上皮细胞及内皮细胞都具有生物活性，但对神经元细胞的活性却很弱，或根本不具备活性。与之相反，含有序列如 SIKVAV 的多肽可以促进神经元细胞的黏附及轴突的生长，而 LRE 序列的多肽分子作用是运动神经元细胞特异性的。许多细胞具有识别不止一种黏附分子多肽的功能。例如，内皮细胞可与 YIGSR、RGD 和 SIKVAV 三种多肽序列结合，其中 RGD 对这些细胞类型来说是活性最强的多肽序列。目前的资料表明，细胞膜上至少存在三种不

同的受体分子与上述序列的多肽的识别及结合有关。

层粘连蛋白可以引起多种类型的细胞产生形态学方面的改变，产生其体内发育时的细胞表型。当施万细胞（Schwann cell）培养在层粘连蛋白基质上时，其形态显著变长。与此相应，纤维粘连蛋白则使能够识别它的细胞发生扩散。到目前为止，在层粘连蛋白的分子结构中，仅仅鉴定出一种片段与细胞的形态学特征的变化有关。SIKVAV 序列的多肽可以促进 Bl6F10 黑色素瘤细胞等的扩散效应，从而使内皮细胞等变长。初步的研究表明，含有 17 个氨基酸残基以上的大片段可促进 HT1080 细胞的黏附和扩散，促进神经元细胞的黏附和轴突的生长，如表 4-3 所示。但不太清楚这些主要来源于片段蛋白α链序列的多肽对其他类型细胞的黏附和扩散过程有无影响。

表 4-3　层粘连蛋白大片段及其生物学功能

名称	序列	链	功能
TG-1（R18）	RPVRHAQCRVCDGNSTNPRERH	α（42～63）	角质细胞黏附
GD-1（R37）	KATPMLKMRTSFHGCIK	α（2615～2631）	HT1080 细胞黏附
GD-2（R38）	KEGYKVRLDLNITLEFRTTSK	α（2890～2910）	扩散、迁移、轴突生长
GD-3（R26）	KNLEISRSTFDLLRNSYGVRK	α（2443～2463）	扩散、迁移、轴突生长
GD-4（R28）	DGKWHTVKTEYIKRKAF	α（2779～2795）	扩散、迁移、轴突生长
GD-6（R30）	KQNCLSSRASFRGCVRNLRLSR	α（3011～3032）	角质细胞黏附
P20	RNAIEIKDA	γ（1542～1551）	小脑轴突生长

对于大多数类型的细胞来说，层粘连蛋白基质可以促进其生长过程。但这并不是由于层粘连蛋白基质促进细胞的黏附而引起的。层粘连蛋白促进细胞生长的结构位点中富含表皮生长因子（epidermal growth factor，EGF）样（EGF-like）重复序列，但具体的特异性序列结构还没有得到鉴定。层粘连蛋白分子结构中虽然富含 EGF 样重复序列，但却不与 EGF 竞争性地结合 EGF 受体，也并不能在单独情况下与 EGF 受体结合。这表明层粘连蛋白对细胞生长的促进作用是通过一种全新的机制来实现的，而不是通过类似 EGF 的机制进行的。A253 细胞系的研究结果表明，在不同的层粘连蛋白位点结构中都存在的 SIKVAV 序列的多肽对细胞的生长具有促进作用，以骨细胞系研究也得到了相同的结论。

层粘连蛋白具有促进细胞迁移的作用。与细胞迁移有关的小片段多肽（≤17 个氨基酸残基）如表 4-2 所示，与细胞迁移有关的大片段多肽（>17 个氨基酸残基）如表 4-3 所示。必须指出，无论是层粘连蛋白的大片段还是小片段，只有在浓度达到摩尔浓度水平时才可能表现出对细胞迁移、扩散及神经元细胞轴突生长的促进作用。而且同等浓度的条件下，多肽片段达到最大刺激作用效果的所需浓度水平高于层粘连蛋白整体浓度水平。这说明层粘连蛋白对细胞迁移过程的促进作用，必须是层粘连蛋白多个位点结构同时与细胞结合并发挥作用的一个综合的结果。层粘连蛋白对于细胞移行的促进作用，可被层粘连蛋白及纤维粘连蛋白特异性的抗体所阻断，表明在体内存在重要的细胞间的相互作用，以决定层粘连蛋白促进细胞移行的最终结果。

层粘连蛋白在形态学发生过程中也具有十分重要的作用。上皮细胞与间质细胞在层粘连蛋白-nidogen 复合物的形成过程中相互协调，层粘连蛋白或 nidogen 合成水平的下降意味着组织界面的基底膜组装水平下降。在肺的发育过程中，nidogen 的表达水平似乎自始至终保持不变，只是层粘连蛋白-1（laminin-1）在各个阶段的表达水平有变化。终端肺叶的上皮细胞表达高水平的层粘连蛋白α_1 mRNA，其他部位的上皮细胞仅表达低水平的层粘连蛋白α_1 mRNA。在近端支气管上皮细胞，层粘连蛋白α_1 mRNA 是由基底膜下层的间质细胞表达的。其他部位的间质细胞表达水平都很低。因此，发育过程中肺的不同部位具有不同层粘连蛋白α_1 mRNA 的表达，从而决定基底膜的形成过程，因而在肺的分支形态学发生过程中具有十分重要的调节作用。在肺的发育过程中，基底膜沉积的量的变化与上皮细胞的增殖速度呈正相关。

二、层粘连蛋白与细胞的分化

在体外细胞培养的条件下，层粘连蛋白促进和维持各种上皮细胞的分化状态。层粘连蛋白促进血管形成的过程是层粘连蛋白促进上皮细胞分化过程的一个典型的例子。对于层粘连蛋白的多肽序列在血管形成过程中的作用进行了一系列体内外的实验研究，如表 4-4 所示。

表 4-4 层粘连蛋白多肽序列的血管形成促进作用

血管形成实验	YIGSR	SIKVAV	血管形成实验	YIGSR	SIKVAV
体内			体外		
鸡绒毛膜尿囊膜	↓	↑	基质培养	↓	↑
兔眼	↓	?	肿瘤研究		
聚乙烯盘		↑	静脉转移	↓	↓
皮下基质		↑	皮下生长	↓	↑

层粘连蛋白对血管形成的促进实验，以兔角膜、鸡绒毛膜尿囊膜、植入的聚乙烯盘及皮下注射等进行了研究。这些研究一般情况下都要数天时间，而且是以肉眼观察进行定量分析。体外实验血管形成的时间则更长，需 4～6 周。内皮细胞在塑料、胶原基质、纤维蛋白原凝块或基底膜表面上进行培养。在基底膜凝胶的表面上，内皮细胞可发生接触、分布及毛细血管样管状结构，在 12h 之内大部分的内皮细胞都参与这种管状结构的形成，整个实验过程需 1～4 天。

层粘连蛋白在血管形成过程中具有重要作用。含有 YIGSR 和 SIKVAV 序列的多肽对血管的形成过程也具有很强的促进作用。无论是体内还是体外实验都是如此，因为这些层粘连蛋白的片段在体内外都具有促进血管形成的作用，因而认为血管形成的过程可能与细胞和层粘连蛋白质分子结构中的多个位点发生相互作用。血管形成过程中可能包括一系列的细胞与细胞外基质的相互作用，这些序列的层粘连蛋白多肽与细胞的相互作用，可能只是这一复杂过程中的一部分。

层粘连蛋白序列 YIGSR 的合成多肽是来源于β链的一段多肽序列，在体内外的一系列实验系统中都具有阻断血管形成的作用，而且以兔角膜、鸡绒毛膜尿囊膜等模型进行研究的结果都是一致的。这一序列的多肽对于业已存在的血管形成也没有阻断或破坏效应，只是对新的血管形成过程具有阻断作用。体外研究表明，YIGSR 多肽可以妨碍内皮细胞之间正确的排列过程，但不影响细胞与基质之间的相互作用关系。YIGSR 多肽对于新血管形成过程的抑制和阻断过程与机制，可能是由于这种多肽对于某些细胞受体的表达或功能具有显著影响的缘故。除了血管内皮细胞与血管形成之外，这一序列的多肽对于其他一系列的细胞类型的分化功能，如肌细胞的融合、神经元细胞轴突的生长等过程都具有抑制作用。但是，YIGSR 序列多肽在这些实验系统中的作用机制目前还不十分清楚。在某些情况下，这一多肽的作用机制部分是由于层粘连蛋白介导的细胞黏附过程受到了影响。

由层粘连蛋白α链序列来源的 SIKVAV 多肽与来源于β链序列的 YIGSR 多肽的功能相反，在所有的实验模型系统中都具有促进血管形成的作用。甚至类似成纤维细胞生长因子，这种最强的血管形成促进因子的作用方式。SIKVAV 多肽还具有提高Ⅳ型胶原酶活性的作用，也可以促进血浆纤维蛋白酶原激活的过程，因此认为这一序列的多肽可能是通过对蛋白酶的激活而促进血管的形成。

为什么在层粘连蛋白质分子结构中会存在作用性质完全相反的两个位点结构序列，目前还不十分清楚。在一种组织中，层粘连蛋白分子中这两个作用性质相反的位点结构同时具有活性的可能性不大。另外，已知在发育过程中层粘连蛋白α链的表达水平相差很大，胚胎发育阶段层粘连蛋白α链的表达水平很高，而在某些成熟的组织类型中的表达水平却很低，或根本没有表达活性。因此，在同一发育阶段中，往往只有一个位点结构的序列能够得到表达。

三、层粘连蛋白与肿瘤的生长和转移

自从发现层粘连蛋白促进肿瘤细胞的黏附过程以后，关于层粘连蛋白与肿瘤细胞之间的相互作用研究进展很快。肿瘤细胞通过分泌基质降解酶而破坏基膜的组织结构，同时调节细胞外基质受体整合素的表达，为穿过基膜并在靶器官黏附、增殖创造有利条件。层粘连蛋白作为基底膜的主要成分，一方面起着支撑和连接细胞、维持器官形态的机械性作用；另一方面可调节细胞的分化、增殖和功能，在多种生理和病理过程中发挥作用。层粘连蛋白促进肿瘤的生长与转移，主要表现在：①促进肿瘤细胞的黏附；②能够黏附层粘连蛋白的肿瘤细胞注射到体内之后具有更高的恶性程度；③恶性肿瘤细胞膜上层粘连蛋白的受体分子表达水平显著升高；④黑色素瘤细胞与层粘连蛋白共同注射给小鼠时，转移灶形成的数目显著增多；⑤黑色素瘤细胞与层粘连蛋白特异性的抗体共同给小鼠注射时，转移灶形成的数目显著减少；⑥在层粘连蛋白基质上长成的肿瘤细胞具有更为显著的转移能力；⑦层粘连蛋白提高胶原酶，特别是Ⅳ型胶原酶的活性，这是肿瘤细胞侵袭的重要环节；⑧来源于层粘连蛋白序列的合成多肽 YIGSR 可以降低肿瘤的转移与生长能力；⑨来源于层粘连蛋白序列的合成多肽 SIKVAV 可以提高Ⅳ型胶原酶的活性，提高肿瘤的转移与生长能力；⑩提高肿瘤的抗药能力；⑪来源于层粘连蛋白 67kDa 受体分子序列的多肽可以阻断肿瘤细胞对于内皮细胞的黏附。

层粘连蛋白直接促进体外肿瘤细胞的恶性表型及体内肿瘤细胞的生长与转移功能。体外与层粘连蛋白发生黏附的肿瘤细胞，当注入小鼠体内之后，其恶性程度显著高于非黏附

性细胞,也显著高于与层粘连蛋白黏附之前的亲代肿瘤细胞。这种与层粘连蛋白进行黏附的肿瘤细胞不仅仅是由于肿瘤细胞与细胞外基质蛋白质分子发生黏附之后其恶性程度就显著升高,因为与纤维粘连蛋白发生黏附的细胞,其体内致肿瘤形成的恶性程度与非黏附性细胞及亲代细胞的恶性程度相比并无差别。肿瘤细胞膜上非整合素型层粘连蛋白受体与肿瘤细胞的转移功能之间呈正相关。这只是解释与层粘连蛋白结合的肿瘤细胞其恶性程度为何显著不同的原因之一。体外实验研究表明,生长在层粘连蛋白基质上的肿瘤细胞其恶性程度提高,生长速度加快。但 B16F10 黑色素瘤细胞与层粘连蛋白一起静脉注射入小鼠体内之后,可以增加小鼠肺脏中肿瘤病灶的形成能力。Ⅳ型胶原酶与组织的降解有关,也与肿瘤细胞穿透基底膜有关,层粘连蛋白可诱导Ⅳ型胶原酶的活性。由于许多免疫细胞膜上有层粘连蛋白的受体,因而层粘连蛋白对免疫系统的功能也具有重要的调节作用。当与肿瘤细胞一起注入小鼠静脉系统以后,层粘连蛋白的特异性抗体即可阻断黑色素瘤细胞在肺中肿瘤病灶的形成能力。尽管还缺乏直接的实验证据,但仍然认为层粘连蛋白特异性抗体阻断静脉注入的黑色素瘤细胞肺内瘤灶的形成能力,其机制是阻断肿瘤细胞与肺血管基底膜发生黏附。另有研究发现,Ⅳ型胶原酶和层粘连蛋白破坏与肿瘤的侵袭和转移密切相关,基底膜上皮细胞构成了抗肿瘤侵袭的主要天然屏障,癌细胞和层粘连蛋白间的相互作用已被证实在这一过程中扮演重要角色。在鼻窦恶性肿瘤中,基底膜结构疏松或变薄,发生断裂或仅有少量残留,Ⅳ型胶原酶和层粘连蛋白在鼻窦恶性肿瘤中的阳性表达率明显低于癌旁组织和对照组,这可能是由于生长活跃的鼻窦恶性肿瘤细胞合成及分泌二者的能力较良性肿瘤细胞下降,或与其分泌蛋白水解酶的水平较高及降解有关,从而使生长活跃的肿瘤细胞穿透基底膜进入基质,具有较强的侵袭性。

来源于层粘连蛋白 67kDa 受体(67LR)分子序列的多肽可以阻断肿瘤细胞对于内皮细胞的黏附。最初,人们认为层粘连蛋白与 67LR 的相互作用只是简单的黏附,可后续研究发现,67LR 的活化可增加丝状伪足、定向运动诱导和调节基因表达,这一过程是细胞内信号转导活化的结果。此外,67LR 诱导 ERK、JNK 和 p38 MAPK 长时间去磷酸化,而额外的外源性可溶性层粘连蛋白-1 诱导独立于 67LR 水平的进一步临时去磷酸化。细胞中 MAPK 磷酸化增加降低了 67LR 表达水平,伴随 MKP-1 mRNA 表达水平显著降低,已在一些恶性肿瘤中发现 MKP-1 酶过表达可使 ERK、JNK 和 p38MAPK 去磷酸化。这些结果表明,层粘连蛋白相关信号转导通路的存在和一些蛋白激酶活性的降低均与肿瘤细胞的恶性程度增加相关。

来源于层粘连蛋白结构序列的几种合成多肽对于实验性肿瘤转移与肿瘤生长都具有一定的影响。当 B16F10 黑色素瘤细胞从静脉注射到小鼠体内时,2~3 周以后肺脏中就可以形成转移性瘤灶。如果以层就粘连蛋白序列的多肽 YIGSR 与黑色素瘤细胞一起经静脉注射到小鼠的体内,肺表面肿瘤病灶的形成能力则显著下降,与 PDSGR 序列的多肽一起注射也取得了相似的结果。RYVVLPR 序列的多肽对体外生长的肿瘤细胞的黏附过程有影响,但在体内则没有影响。YIGSR 多肽以酰胺的方式具有更强的作用,而以多聚体的形式其作用更强。以放射性核素标记的肿瘤细胞研究表明,YIGSR 多肽对于静脉接种肿瘤细胞之后各个时间点上的肿瘤细胞数目无显著的影响,因此这一多肽对于肿瘤转移的抑制作用机制是抑制肿瘤细胞与毛细血管基底膜的黏附。另外,小鼠静脉注射肿瘤细胞之后的第 4 天,再开始注射 YIGSR 合成多肽,也可以使肺内肿瘤的体积变小。YTGSK 多肽与小细胞肺癌细胞一起给小鼠注射时，也可显著降低肿瘤细胞的生长速度。在注射这种多肽时形成的肿瘤，其形成血管的能力也显著降低。YIGSR 多肽阻断肿瘤转移与生长的机制，可能与这种多肽抑制血管形成的作用有关。

腺样囊性癌是一种常见的易复发和转移的恶性唾液腺肿瘤，其突出特点是与基底膜丰富的组织具有高亲和力，如神经和血管，具有圆形或立方形上皮细胞，呈整片或岛屿状增殖，细胞质稀薄，胞核大且呈椭圆形、深染，呈实性管状假囊性生长的组织学特征。Vanessa 等研究了恶性肿瘤相关的非整合素层粘连蛋白受体 67LR 在腺样囊性癌中的表达，免疫组化结果显示腺样囊性癌中有 67LR 表达且这种受体结合于层粘连蛋白 B1 链的 YIGSR 肽。67LR 和 YIGSR 诱导 CAC2 细胞发生成纤维细胞样的形态改变，细胞与细胞接触中断并伴有β-catenin 减少。这些特点类似于上皮-间质转化（EMT），可增加细胞的迁移能力。细胞划痕实验结果显示，YIGSR 增加了 CAC2 细胞的迁移能力。由此可得出结论：67LR 和 YIGSR 参与上皮-间质转化，调节 β-catenin 的表达及 CAC2 细胞的迁移能力。非整合素受体 67LR 是 37/67kDa 的层粘连蛋白结合蛋白，选择性结合于层粘连蛋白β_1 链的 YIGSR 肽，该受体在多种肿瘤细胞表面过表达。67LR 表达与肿瘤细胞的转移潜能间的较强相关性提示，该受体在转移表型的发展中发挥了重要作用。

从层粘连蛋白α链序列衍生的多肽 SIKVAV 可以促进实验性肿瘤转移及皮下移植肿瘤的生长。这种多肽并不影响肿瘤细胞的附着过程，但却能够促进肿瘤细胞呈集落方式生长，促进血管的生长和形成。因此，这种情况下的肿瘤细胞可以穿透血管壁，引起肿瘤转移灶的形成。这种肿瘤块可以形成自己的供血血管系统，以满足其快速生长之需要。SIKVAV 多肽从血液循环中能够快速消除，可能又分布到各种组织中，延长了这种多肽发挥作用的时间。因为这种多肽可以诱导蛋白酶的活性，因而有可能破坏局部的组织，并释放促进血管形成的因子，以促进肿瘤血管的形成。

层粘连蛋白合成与分泌的改变也与癌症相关，与正常组织相比，肿瘤组织中层粘连蛋白链可以上调或缺失，例如，神经母细胞瘤、口腔鳞癌、肺癌细胞可产生层粘连蛋白。有针对乳腺癌的研究显示，ERK 表达可使 LN 表达强度明显降低，ERK 通路的活化可能促进了肿瘤细胞对基膜的降解，从而致使肿瘤浸润进展。

四、层粘连蛋白与神经系统发育

无论是中枢神经元还是外周神经元，无论是原代的神经元还是已建立起来的神经细胞系，细胞基质特别是层粘连蛋白对其存活和分化都具有显著的促进作用。层粘连蛋白在很低的浓度条件下就表现出很强的生物学活性。层粘连蛋白活性作用的产生仅需要数小时。层粘连蛋白分子结构序列 SIKVAV 位点多肽仅对于某些类型，而不是所有的神经元细胞都具有活性。从β链序列来源的一段由 20 个氨基酸残基组成的多肽也仅证实对小脑神经元具有促进生长分化的作用。其他来源于层粘连蛋白α链的多肽分子也具有促进神经元突触生长的作用，也只是在少数几种类型的神经元中得到了证实。NG108-15 是一种神经胶质母细胞瘤，对层粘连蛋白的刺激有明显的应答，但对 SIKVAV 合成多肽却没有应答反应。这提示在层粘连蛋白的分子结构中，除了 SIKVAV 位点之外，还存在着另外的神经细胞应答位点，以促进神经细胞轴突的生长。关于层粘连蛋白分子结构中促进神经元细胞轴突生长的位点结构的同源序列研究表明，层粘连蛋白γ链中的 LRE 位点对某些神经细胞轴突的生长具有促进作用。层粘连蛋白在体外也具有生物活性，层粘连蛋白在体内对神经细胞的生长与再生具有影响是不奇怪的。层粘连蛋白及富含层粘连蛋白的基底膜基质可以促进外周及中枢神经元细胞的再生和移植物的存活。受到层粘连蛋白的刺激以后，外周及中枢神经元细胞再生性应答的出现快速而持久。另外，发育中的轴突部位、神经嵴细胞迁移路线中也见到了层粘连蛋白的免疫活性。因此，层粘连蛋白或其活性多肽对损伤的神经具有治疗应用前景。层粘连蛋白可以抑制成纤维细胞的生长，减少神经元培养系统中成纤维细胞的污染，这为提高神经元细胞培养的质量及神经元细胞的研究提供更纯的神经元细胞群提供了一个有效的方法和途径。在体内其可以减少瘢痕的形成，以利于神经损伤时的再生过程。

1.神经细胞与层粘连蛋白的结合 关于层粘连蛋白与神经细胞之间相互作用的基础，首先以层粘连蛋白或神经细胞膜成分等的特异性抗体，试图阻断层粘连蛋白与神经细胞之间的相互作用，以及随后的神经元轴突的生长效应。研究结果表明，与神经元细胞结合的位点结构，位于层粘连蛋白长臂的 E8 结构区。因为能够阻断层粘连蛋白与神经细胞之间相互作用的特异性抗体，都能识别层粘连蛋白分子结构中长臂的 E8 区。但是，也有可能识别 E8 区的位点结构的特异性抗体所识别的位点结构，或许只是与真正的与神经元细胞识别和结合的位点结构区密切相关，而不是其位点结构的本身。因而这仅仅是一种间接的阻断作用效果。这一可能性是完全存在的，因为各种不同的层粘连蛋白的变异体缺乏识别共同位点的特异性抗体，但却都具有识别与结合神经元细胞的功能。以非神经元细胞进行的研究表明，层粘连蛋白与细胞识别和结合的位点结构都是同一个位点结构，或是位于层粘连蛋白 E8 片段上与之紧密相连的位点结构。

在自然构象的层粘连蛋白的分子结构中，发现了一系列不同的细胞结合位点结构。依据这些不同类型结构的序列合成的多肽，也具有生物活性。β链交叉臂结构区球状位点的氨基酸残基序列的合成多肽之一——F9 多肽，具有与肝素及细胞结合的双重作用特点。与之相邻的一个位点结构区，是一个与表皮生长因子（epidermal growth factor，EGF）具有高度同源性的位点结构的序列。这一位点结构含有 YIGSR 氨基酸残基序列，而且还能形成多个二硫键，因而组成一个棒状结构。如果合成多肽是这样的一个位点结构的序列，则具有细胞和受体的结合功能。这种多肽的环形形式比线性多肽的生物活性更高，提示自然结构状态下这一位点的序列有多对二硫键的形成。YTGSR 多肽可以抑制 I 型星形胶质细胞向层粘连蛋白的迁移，为这一段序列的多肽的生物学功能提供了直接的证据。但是，即使是环状的 YIGSR 多肽，也比整个分子的层粘连蛋白的生物学活性低。因此，自然的层粘连蛋白的分子结构中含有两个相邻的位点，两者发挥着协同作用。层粘连蛋白的第三个细胞结合位点，位于层粘连蛋白的交叉臂区，α链的短臂上含有纤维粘连蛋白样结合序列，即 RGD 序列。根据这一结构序列合成的多肽分子即具有细胞结合功能。

进一步的研究表明，在层粘连蛋白分子的短臂区，至少包括两段受体结合的氨基酸残基序列，与层粘连蛋白结合、黏附细胞的过程有关。其中一个受体分子在整合素受体超家族中是一种$\alpha_1\beta_1$整合素成员，识别 P1 片段中 RGDS 非依赖性的位点结构。但这种神经元细胞膜上的受体又不是β_1整合素分子。神经元细胞与层粘连蛋白之间的结合在很大程度上依赖于层粘连蛋白分子多条链的构象性质。单链层粘连蛋白以随机方式在体外形成的螺旋形结构是没有生物学活性的，表明依据这一段多肽序列而合成的多肽并不能表现出这一位点在完整的层粘连蛋白的分子结构中相应的生物学活性。利用层粘连蛋白长臂区序列的合成多肽，只有在所有组成链的多肽同时存在的条件下，并且都能保持其自然构象的条件下，才能具有其生物学活性。这一研究工作表明，仅以层粘连蛋白位点结构的序列合成的多肽，其生物学活性也具有一定的局限性。因为这些短的、呈线性的多肽序列缺乏正确的构象结构。

层粘连蛋白α链中的 TKVAV 序列也是一段与神经元细胞结合、促进轴突生长的一个位点结构。在分层蛋白（merosin）分子中相应的结构序列为 IKVSV，是一段高度保守的活性位点结构。层粘连蛋白和分层蛋白具有相似的生物学功能，表明这两种蛋白质分子中细胞结合位点序列都是位于β链中，而不是位于不同的链中。因为含有 TKVSV 序列的分层蛋白β链在体外的情况下也具有一样的生物学活性作用，进一步确定了其活性位点结构就位于β链中。在分层蛋白β链羧基末端有一段促进神经元细胞轴突生长的位点结构区，但需要进一步研究和分析。在神经肌接头的突触间隙中具有高浓度的 IKVSV 序列同源性的多肽，其中含有一个关键的三肽 LRE 序列，与神经元细胞的结合有关。利用 20 种 LRE 三肽的类似物进行的抑制研究表明，细胞与 LRE 相关多肽的结合具有高度的选择性，表明含有 LRE 序列的多肽与细胞的识别及结合需要一系列的静电作用和疏水作用。但这种多肽与细胞的黏附过程并不需要钙离子的参与，推测 LRE 序列是运动神经元特异性的黏附位点，对于神经元细胞的轴突生长具有抑制作用，因此可以保持突触接触的稳定性。

实验研究表明，髓星形胶质细胞可向细胞外基质中分泌层粘连蛋白样分子，但似乎只是合成层粘连蛋白的γ链，表明单独的层粘连蛋白γ链即可以刺激神经元细胞轴突的生长。但不排除这些细胞同时分泌其他链的类似蛋白质分子的可能性。

2. 层粘连蛋白对神经元的影响 在神经细胞增殖的早期阶段，神经上皮细胞（neuroepithelial cell）对于成纤维细胞生长因子（FGF）的刺激作用特别敏感。FGF 对于神经上皮细胞的刺激作用是多方面的，其中之一就是提高其层粘连蛋白的表达水平。在 mRNA 水平上，神经上皮细胞受到 FGF 的刺激之后层粘连蛋白β和γ链的表达水平显著升高。如果根据主要组织相容性Ⅰ型抗原（MHC-Ⅰ）的表达情况，将神经上皮祖细胞群（precursor population）分为神经元和胶质细胞亚群，发现只有神经胶质细胞具有层粘连蛋白的合成能力。因此，FGF 的生物学活性作用机制为促进神经胶质细胞中层粘连蛋白的合成。又通过旁分泌的机制，由神经胶质细胞合成与分泌的层粘连蛋白促进神经元的生长、分化及轴突的生长。神经前体细胞只有与细胞外基质持续地接触，才能保持前体细胞亚群的正常比例。

细胞迁移（cell migration）是神经系统形态发生的一个突出特点。大脑皮质及周围神经系统神经节的形成，都是神经元祖细胞和未成熟的神经元细胞迁移的结果。关于神经祖细胞的研究，阐明了神经祖细胞移行的分子调节机制。关于层粘连蛋白与神经祖细胞迁移的研究也得到了广泛的重视。体内外研究表明，细胞外基质分子是引导神经祖细胞迁移的一个重要分子。在正常的胚胎发育过程中，神经元细胞发生广泛迁移，在体外培养系统中亦可以看到这种神经元细胞的迁移现象。神经元细胞的迁移在很大程度上与细胞外基质有关。特别是层粘连蛋白、分层蛋白和纤维粘连蛋白质分子等，具有更为重要的作用。

在神经肌接头部位分布有肌纤维，以便在突触间隙中将神经、肌肉分开。神经损伤发生以后，当运动神经元的轴突在去神经的肌肉中再生时，能够选择性地重新分布在原来的突触位点，然后再发育、分化形成神经末梢。肌纤维去除之后，运动神经元轴突的分布仍然以突触部位为主，表明细胞外基质的成分对神经重新分布的特异性具有显著的影响。对这种突触结构位点内与神经重新分布有关的细胞外基质的成分进行分析，克隆了 S-层粘连蛋白（S-laminin）的编码基因。S-层粘连蛋白的序列分析研究表明，S-层粘连蛋白实际上就是 FHS 层粘连蛋白的 p 链同源分子。因而推测不同的组织中表达不同的层粘连蛋白样分子，发挥不同的生物学活性，例如，在神经-肌肉接头部位具有调节再生神经轴突再分布的性质和特点。对不同组织中层粘连蛋白的分布特点进行的免疫组织化学研究也证实了这一观点。

五、层粘连蛋白的碳水化合物与细胞之间的作用

研究表明，层粘连蛋白中含有 12%～15%的碳水化合物。通过外源凝集素（lectin）亲和层析法从 EHS 肉瘤中纯化分离到的层粘连蛋白中的碳水化合物含量更是高达 25%～30%。小鼠层粘连蛋白分子中，68 个保守的天冬氨酸残基位点发生了糖基化修饰，大部分糖基化位点都集中在层粘连蛋白的长臂结构区。α、β和γ三条链中分别具有 43 个、11 个和 24 个潜在的 N-糖基化位点。小鼠 ESH 肿瘤来源的层粘连蛋白质分子中，68 个潜在的糖基化位点中，有 40 余种不同的糖链结构。大多数碳水化合物是以复合物的形式出现的。一种寡糖与天冬氨酸残基相连，再与其他不同的分子形成复合物形式，其中不乏层粘连蛋白特异性的分子。

对层粘连蛋白分子结合的碳水化合物分析表明，层粘连蛋白的糖基化几乎是毫无例外的 N-位点连接寡糖链形式。与一些糖蛋白分子结构不同的是，层粘连蛋白分子中存在的碳水化合物并不具有保护层粘连蛋白不被蛋白酶水解的功能，同时也不是层粘连蛋白与肝素结合的必需基团。层粘连蛋白每条链的生物合成及装配成完整的层粘连蛋白分子的过程，都不依赖于 N-糖基化的形成。

层粘连蛋白分子中所有的 N-糖基化形式都有一个核心结构：$Man_3GLcNAC_2$。

对层粘连蛋白的甲基化分析表明，层粘连蛋白分子中的寡糖都是由 $3Gal\beta_1$、$4GlcNAc\beta_1$ 重复序列单位组成的两个或三个触角型链结构。这种寡糖链突出的特点是其末端有α-半乳糖结构、N-乙酰神经氨酸残基及多聚-N-乙酰乳糖链等。对层粘连蛋白分子中的碳水化合物进行系统分析，发现有以下 9 种主要的结构形式，如图 4-2 所示，其中 R 代表 Man-GleNAc-GlcNAc。

蛋白质分子结构中 N-寡糖链往往触发动物细胞外源凝集素介导的应答过程。最为典型的例子是肝细胞受体可以识别循环糖蛋白寡糖链末端的半乳糖残基。糖蛋白的寡糖链使肝细胞通过其膜上的相应受体而摄入细胞内，在细胞内发生降解。在这一识别与结合的过程中，糖蛋白分子中的碳水化合物具有关键的生物学作用，而不是其蛋白质骨架本身起作用。

正常而完全的糖基化是某些糖蛋白分子完整的生物学活性所必须具备的修饰加工形式。α链未发生糖基化修饰的促性腺激素不能有效地与细胞膜上相应的受体结合。如果将这种多肽激素糖链切除，则不能通过第二信使产生正常的信号转导。在层粘连蛋白的生物学活性过程中也是如此。层粘连蛋白可与其特异性的 67kDa 的受体相结合，这种受体有一个半乳糖结合位点，识别层粘连蛋白分子中的糖链。细胞表面的糖基转移酶（glycosyl transferase）是与层粘连蛋白糖链识别和结合的又一类蛋白质分子。这种糖基转移酶是介导细胞之间的黏附、细胞在细胞外基质底物上移行过程的重要调节分子，说明层粘连蛋白的糖基化修饰，其分子中的糖链结构也具有非常重要的生物学功能。

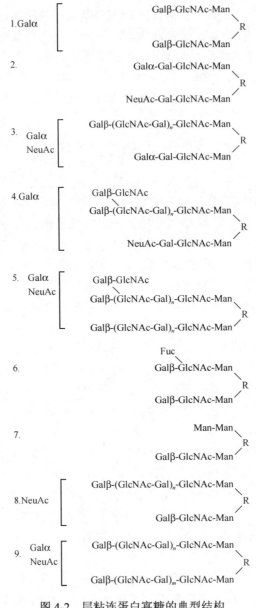

图 4-2 层粘连蛋白寡糖的典型结构

六、层粘连蛋白与疾病

1. 皮肤疾病 皮肤的基底膜（BM）位于复层扁平上皮细胞基底面与结缔组织之间，层粘连蛋白（LN）多为含 α_3 和 α_5 的三聚体，以 LN-332 较为多见，主要由角质细胞合成和分泌，并与基底层细胞膜上的受体整合素 $\alpha_6\beta_4$ 结合。皮肤创伤可引起表皮细胞间及细胞与 BM 间的黏附作用被破坏，创伤早期即有 LN-332 表达的上调，而创伤后 24h 其表达上调更为明显，LN 的大量合成和分泌促进表皮细胞再生、迁移及细胞的黏附和平铺。

疱性表皮松解症（JEB）是一组多基因遗传性皮肤病，以皮肤和黏膜对机械损伤易感并形成大疱为特征，是一组典型的侵及皮肤基底膜区的疾病，LN-332 与其受体整合素的结合功能对该疾病有重要意义。有研究通过对患交界性 JEB 的家族患者进行基因测序，发现在 LN-332 的基因上有多达 54 处突变。利用反转录病毒载体将 $LN\beta_3$ 基因导入 $LN\beta_3$ 表达缺陷的 JEB 患者表皮干细胞，再将其植入患者腿部，有显著的治疗效果。

2. 神经-骨骼肌疾病 在神经-骨骼肌系统中，BM 包绕肌纤维和施万细胞，存在于神经束膜、神经内膜、肌-腱接头和神经-骨骼肌接头、突触间隙等处。LN 参与了髓鞘的形成，$LN\alpha_2$ 缺陷会导致髓鞘形成障碍；顽固性癫痫患者的海马区有 $LN\beta_1$ 的过表达；在 $LN\gamma_1$ 链上存在神经上皮干细胞蛋白的结合位点，突变的 $LN\gamma_1$ 不能与神经上皮干细胞蛋白结合从而阻碍神经元细胞的迁移；LN-111 可通过神经生长锥的肌动蛋白 II 引导轴突的生长；多数 LN-322 异常的胎儿由于出生前神经管无法闭关，而出现颅脑畸形。

肌营养不良蛋白聚糖复合体（dystroglycan complex，DGC）是心肌及骨骼肌膜上的一种跨膜糖蛋白复合物，由抗肌萎缩蛋白、肌营养不良蛋白聚糖及肌聚糖构成。LN-211 可与 DGC 结合，在维持肌细胞膜的正常结构方面起着关键作用。研究发现 $LN\alpha_2$ 基因突变可造成肌细胞与细胞外基质的连接破坏，导致肌纤维变性、坏死，可引发 I 型先天性肌营养不良症（MDC I A），严重患儿出生不久即夭折。

3. 肾脏疾病 透明质酸（HA）和层粘连蛋白（LN）是肾细胞外基质中重要的成分，其中 HA 属于蛋白多糖，LN 是一种大分子糖蛋白，二者均是构成肾脏基质的主要成分。血清及尿中 HA、LN 的水平能够区分出正常人群与慢性肾病患者，同时，对不同病变程度的慢性肾病患者也具有良好的区分诊断，能够较为灵敏地反映不同的肾脏功能。在肾脏中，BM 主要存在于肾小球和肾小管，含多种 LN 亚型。系膜细胞和内皮细胞表达与分泌的 LN，能与血小板源性生长因子（PDGF）、胰岛素样生长因子-1（IGF-1）及胰岛素样生长因子结合蛋白 5（IGFBP-5）等相互作用，介导系膜细胞的移行，对肾脏的正常发育至关重要。肾小球基膜（GBM）是肾小球滤过屏障的重要组成部分，LN-132 缺陷可导致 GBM 通透性增高，出现蛋白尿。LN 作为细胞外基质的重要成分，其增加或进行性积聚是导致肾组织纤维化的主要物质基础，也是肾小球硬化早期形态学改变的一个重要标志，在系膜增生性肾炎、膜增生性肾炎、膜性肾病和局灶节段性及弥漫性肾小球硬化病变中均出现 LN 的过表达，可作为肾脏微小病变的诊断指标；在肾小管基膜中 LN 过表达与肾小管间质纤维化（TIF）密切相关。TGF-β 作为一种强效的致纤维化因子，在纤维化发生、发展的多个环节起作用，有研究表明在糖尿病肾病的肾小球系膜，TGF-β 增强了 $LN\gamma$ 的表达。Pierson 综合征表现为中枢神经系统（CNS）发育障碍、肾病综合征（NS）及眼的病变，发病早期即可出现肾衰竭，患者常伴有 $LN\beta_2$ 基因移码或错译突变。

4. 肝脏疾病 在肝脏中，LN 主要由肝星状细胞、内皮细胞合成和分泌。当肝损伤时，肝实质细胞也合成和分泌 LN。有研究发现，酒精肝患者血 LN 升高，且 LN 水平与患者的肝病严重程度呈正相关。LN 与整合素受体结合，激活 ERK 信号通路，促进酒精肝细胞内 Mallory 小体的形成，抑制 ERK 信号通路转导，可明显减少 Mallory 小体。肝纤维化是肝组织损伤后修复过程中 ECM 大量分泌、沉积的结果，并有大量 LN 分泌入血，多种原因如脂肪肝、酒精肝、病毒性肝炎及肝血吸虫等引发的肝纤维化，均伴有血 LN 浓度升高，且血清中 LN 浓度与肝纤维化程度相关。现已证明 TGF 在肝纤维化过程中起关键作用，而其也能增加 LN 的表达。经治疗后 LN 明显减少，因此 LN 可能成为肝纤维化诊断及预后评估的指标。正常肝血窦内无基膜，肝损伤时 LN 的过表达可引起肝血窦毛细血管化，同时肝内血管和胆管硬化，LN 的水平也可反映门静脉高压的程度。通过对肝癌及癌旁组织等进行的层粘连蛋白表达研究显示，在组织肝窦及新生血管中 LN 表达阳性率均较高，但 LN 在主要在肝癌细胞膜/细胞质中表达，而正常的癌旁组织中表达较低。

5. 病理性近视　关于层粘连蛋白与病理性近视的研究较少，国外研究者利用层粘连蛋白研制出的仿生支架，在小鼠中成功用于受损血管包括视网膜血管的恢复。国内有研究采用核黄素为光敏剂对豚鼠赤道部巩膜面进行紫外线照射，胶原交联，发现层粘连蛋白增多，巩膜的生物力学性能显著提高，说明通过此法能提高眼球巩膜中层粘连蛋白的含量，有望成为一种治疗近视的新方法。有研究发现，病理性近视的形成与层粘连蛋白在眼球巩膜中的含量降低有关。在近视的动物模型研究中，高度近视动物的眼巩膜中层粘连蛋白减少，LAMA1 基因缺失小鼠的眼球巩膜中层粘连蛋白减少，表现为眼轴增长、视力丧失，以及视网膜、玻璃体血管持续性迂曲，这证实层粘连蛋白在维持正常眼球生理功能中具有重要作用。病理性近视的形成与层粘连蛋白的相关性表现为：LAMA1 基因突变或表达异常导致层粘连蛋白合成、分布、结构和功能异常，导致眼球巩膜生物力学的改变，最终导致眼轴变长及其相关的并发症。

6. 妇科疾病　卵巢癌在妇科恶性肿瘤中的发病率占第 3 位，但其病死率却高居首位。Kato 等研究层粘连蛋白-5γ_2 在卵巢透明细胞癌（clear cell carcinoma，CCC）和交界性透明细胞肿瘤的表达，结果发现层粘连蛋白-5γ_2 在 20 例 CCC 患者的肿瘤间质中均呈局灶或弥漫性阳性，在胞质内表达不明显，而交界性肿瘤的间质和胞质几乎未显示阳性，提示 CCC 细胞和细胞外积聚的层粘连蛋白-5γ_2 间的相互作用是细胞迁移和 CCC 间质浸润的原因。子宫内膜癌是女性生殖道常见的三大恶性肿瘤之一。国内有研究检测层粘连蛋白 332 的 3 条链在正常子宫内膜、增生性内膜和子宫内膜腺癌组织中表达，结果发现 γ_2 链可在增生性内膜上皮细胞内散在表达，而在子宫内膜癌细胞质内显著表达，肿瘤间质亦可见弥漫性表达，提示层粘连蛋白-5γ_2 在子宫内膜癌过度表达可能与肿瘤细胞侵袭有关。在宫颈癌研究中，Imura 等发现层粘连蛋白-5γ_2 在正常宫颈黏膜中不表达，在宫颈腺体增生和宫颈原位腺癌的表达定位于基底膜，而在宫颈腺癌中的表达定位于肿瘤细胞质和肿瘤间质，可作为评价宫颈腺癌浸润的分子标记物。子宫内膜异位症（EM）是以子宫内膜在子宫腔以外的部位生长为特征的良性疾病，但具有类似肿瘤侵袭、转移等特性。Locci 等研究发现，EM 及正常女性子宫内膜在整个月经周期均有 LAMC2 mRNA 的表达，异位内膜 mRNA 的表达比在位内膜明显增高，免疫组化结果显示在位内膜层粘连蛋白-5γ_2 的表达比正常内膜明显增高，提示在位内膜层粘连蛋白-5γ_2 的表达改变可能为 EM 的诊断和治疗提供新的依据。

（董金玲）

参 考 文 献

刘开江，吕欣炜，刘青，等. 2013. 纳米炭在腹腔镜下宫颈癌前哨淋巴结检测中的应用. 中国医学科学院学报，35(2)：150～154.

吕雅平，周浩，夏文涛，等. 2012. 紫外光-核黄素交联法对豚鼠巩膜生物力学特性的影响. 中国实验动物学报，20(4)：44～47.

莫天石，山艳春，贾海英，等. 2011. Ⅳ型胶原蛋白、层粘连蛋在白在鼻腔鼻窦恶性肿瘤中表达的相关性研究. 临床耳鼻咽喉头颈外科杂志，25(17)：771～774.

王茂盛，郝蕾. 2013. 慢性肾病患者血清及尿透明质酸、层粘连蛋白的表达及临床意义. 中国医药导报，10(24)：62～64.

吴玉卓，翟玉峰，张怀宏，等. 2016. 层粘连蛋白和乙型肝炎表面抗原在乙型肝炎相关性肝癌组织中的表达及相关性研究. 中华医院感染学杂志，26(20)：4608～4610.

Choi HJ，Lee BH，Kang JH，et al. 2008. Variable phenotype of Pierson syndrome. Pediatr Nephrol，23：995～1000.

Edwards MM，Mammadova-Bach E，Alpy F，et al. 2010. Mutations in lamal disrupt retinal vascular development and inner limiting membrane formation. J Biol Chem，285(10)：7697～7711.

Feng C，Wang Y，Shi Y，et al. 2016. The expression and clinical significance of p-ERK1/2, CD34 laminin in breast cancer. The Practical Journal of Cancer，31(5)：697～700.

Fernandez-Perianez R，Molina-Privado I，Rojo F，et al. 2013. Basement membrane-rich organoids with functional human blood vessels are permissive niches for human breast cancer metastasis. PLoS One，8(8)：e72957.

Hong Y，Xiang L，Hu Y，et al. 2012. Interstitial magnetic resonance lymphography is an effective diagnostic tool for the detection of lymph nodemetastases in patients with cervical cancer. BMC Cancer，12：360.

Meinertz T，Kirch W，Rosin L，et al. 2011. Management of atrial fibrillation by primary care physicians in Germany：baseline results of the ATRIUM registry. Clin Res Cardiol，100(10)：897～905.

Morais FV，Nogueira DGDS，Cyreno OE，et al. 2007. Malignancy-related 67kDa laminin receptor in adenoid cystic carcinoma. Effect on migration and beta-catenin expression. Oral Oncol，43(10)：987～998.

Osarogiagbon RU，Ramirez RA，Wang CG，et al. 2014. Size and histologic characteristics of lymph node material retrieved from tissue discarded after routine pathologic examination of lung cancer resection specimens. Ann Diagn Pathol，18(3)：136～139.

Patricia SA，Gertraud O，Elmina MB，et al. 2011. Role of laminins in physiological and pathological angiogenesis. Int J Dev Biol，55(2)：455～465.

Raimond E，Ballester M，Hudry D，et al. 2014. Impact of sentinel lymph node biopsy on the therapeutic management of early-stage endometrial cancer：Results of a retrospective multicenter study. Gynecol Oncol，133(3)：506～511.

Siala O，Louhichi N，Triki C，et al. 2008. LAMA2 mRNA processing alterations generate a complete deficiency of laminin-a2 protein and a severe congenital muscular dystrophy. Neuromuscular Disorders，18：137～145.

Wu Y，Wang X，Mo X，et al. 2008. Expression of laminin β1 in hippocampi of patients with intractable epilepsy. Neurosci Lett，443：160～164.

第五章　双糖链蛋白聚糖

双糖链蛋白聚糖（biglycan，BGN）是一种存在于细胞基质中的小型蛋白聚糖，是细胞外基质的重要组成部分，不仅为各种类型的细胞提供支架结构与附着位点，而且对细胞的黏附、迁移、增殖、分化及基因表达的调控具有重要的作用和显著的影响。双糖链蛋白聚糖在发育过程中有助于正常组织的形成，在病理状态下参与修复过程，与多种疾病的发生、发展有关。

一、双糖链蛋白聚糖的结构

双糖链蛋白聚糖由两个糖胺多糖和一个核心蛋白组成。核心蛋白分子质量为38kDa，含10个富含亮氨酸的重复单位，糖胺多糖由硫酸皮质素/硫酸软骨素组成，是富含亮氨酸的蛋白聚糖家族成员（the small leucine-rich proteoglycan，SLRP）之一。人类双糖链蛋白聚糖基因定位于Xq27—q28。根据双糖链蛋白聚糖的氨基酸序列和核心蛋白可以将其分为6个区域：信号序列、前肽区、糖胺聚糖N端附着区、半胱氨酸环路、以亮氨酸为主的重复序列（核心蛋白的主要成分）、末端的半胱氨酸环路。双糖链蛋白聚糖广泛分布在发育的软骨、骨、纤维组织和牙周组织中，主要存在于间质起源的不同组织中的细胞表面和细胞周围空间，一般位于靠近细胞表面的细胞周围环境中，是细胞外基质的重要组成部分。

双糖链蛋白聚糖是SLRP家族成员之一，目前SLRP家族的基因已经扩展到17种，根据染色体的结构和功能将其分为5类。Ⅰ类包含双糖链蛋白聚糖、核心蛋白聚糖（decorin）和asporin，其N端均有形成二硫键的典型的半胱氨酸残端。除asporin外，二聚糖和核心蛋白聚糖均含有硫酸软骨素或硫酸皮质素。所有的Ⅰ类SLRP家族成员均有相似的连接高度保守的内含子和外显子的8个外显子结构。双糖链蛋白聚糖与核心蛋白聚糖之间有着相似的结构特征，两种蛋白质都含有富含亮氨酸残基的序列，而且这段富含亮氨酸残基的序列重复11次之多。根据其他类型含有这样重复序列的蛋白质的功能研究资料，证实这种特殊的结构形式决定细胞-细胞、细胞-蛋白质的相互作用。对人双糖链蛋白聚糖全基因组DNA序列分析发现，不同的重复序列结构也可以由同一个外显子编码，分子结构中的两个葡糖胺聚糖链的结合位点序列就是由同一个外显子编码的。基因定点突变研究表明，葡糖胺聚糖结合位点序列丝氨酸→苏氨酸残基的置换，可导致葡糖胺聚糖与修饰蛋白核心区的结合，但并不是所有结合功能全部消失。在保守序列Ser-Gly-X-Gly中，其中X可为任何一种氨基酸残基，以丙氨酸替代其中的一个甘氨酸残基，对于正常的蛋白聚糖分子的形成过程没有显著的影响。综合这些研究结果表明，双糖链蛋白聚糖分子核心蛋白与葡糖胺聚糖分子之间的结合，除了依赖于氨基酸残基的序列之外，还依赖于核心蛋白的分子构象。

二、双糖链蛋白聚糖的生物学特性

二聚糖的转录可能受调节性染色体的因子的影响。成骨细胞和成纤维细胞合成二聚糖前体后由信号肽引导蛋白质进入高尔基复合体,再到细胞表面,由此储存在细胞内或被分泌到胞外基质。在炎症反应中,二聚糖在巨噬细胞中是 TLR4 和 TLR2 的受体,刺激炎症介质 TNF 和 IL-8 的表达。此外,二聚糖通过结合腱蛋白来抑制 BMP,还通过 LRP1 来调节 TGF-β,在动脉粥样硬化中起到增强转录的作用。

研究者在动物肾炎模型中发现了二聚糖的过表达和浸润细胞的数量增加,提示二聚糖可能在炎症反应中发挥作用。事实上,在巨噬细胞中二聚糖是作为自然免疫受体 TLR4 和 TLR2 的内源性受体存在的。由于 MyD88 对胞外信号调节酶(Erk)、p38 和 NF-κB 的依赖性诱导作用,二聚糖可刺激炎症介质 TNF-α、MIP2 和鼠科 IL-8 类似物的表达。从 TLR 的激活需要完整的和可溶的二聚糖这一事实推断,二聚糖中的核心蛋白和糖胺聚糖侧链都发挥作用,并且需要从胞外基质的蛋白水解中释放来启动炎症反应。同时,激活的巨噬细胞用来合成和分泌二聚糖。类似的机制也发生在 TLR4 和 TLR2 依赖的活体败血症模型中,敲除二聚糖的小鼠因 TNF-α 和肺单核渗透细胞的减少导致其生存期延长。

许多 SLRP 家族成员能结合并调节 BMP/TGF-β 通路。Ⅰ类家族的核心蛋白聚糖、二聚糖、asporin,以及Ⅱ类家族的纤维调节素(fibromodulin)均可结合 TGF-β。其中,核心蛋白聚糖通过作用于 LRP1 来调节 TGF-β 通路,并可调节基质的结构、三维胶原基质的机械特征和骨骼肌的分化。二聚糖基因缺陷的小鼠出现了与年龄相关的骨质缺乏,其原因是骨基质细胞对 TGF-β 的反应降低导致造骨减少,显示了二聚糖和 BMP 在调控骨骼肌细胞分化中的功能性依赖关系。其实单个细胞缺乏二聚糖引起的分化缺陷源于 BMP4 结合力降低,继而出现 BMP4 敏感性降低、BMP 的信号转导能力降低,导致造骨细胞分化必需的核心结合因子表达减少。Zorn 的研究发现小鼠中二聚糖的表达还受雌激素、孕激素水平的调节。实时定量 PCR 结果显示,在小鼠发情期核心蛋白聚糖和光蛋白聚糖表达增强,并且沉积在细胞外基质中,而二聚糖 mRNA 表达水平在小鼠发情期和发情间期无明显差异。但卵巢切除术后,二聚糖的表达显著降低,雌激素和 MPA 替代治疗会增强二聚糖的表达和沉积。由此说明,在一定条件下,高浓度的雌激素会促进二聚糖的合成和沉积。在研究胚胎发育中 BMP4 的调节因素时发现,二聚糖能通过增强腱蛋白(chordin)对 BMP4 的结合力,提高腱蛋白复合物的效率来使 BMP4 失活。在非洲爪蟾蜍的胚胎中进行的实验证实了这一现象,显微注射二聚糖 mRNA 后能抑制 BMP4 的活性,并以腱蛋白依赖途径影响胚胎的发育。当二聚糖和纤维调节素存在时,腱祖细胞结合 BMP2 的敏感性增加,并抑制肌腱的形成和发展。由此得出,二聚糖可能在调节 BMP 通路的分泌蛋白网络中起关键作用。从敲除骨和肌腱二聚糖的小鼠模型中能显示出二聚糖在 BMP 信号转导中的功能,如使 BMP2 和 BMP4 竞争性结合二聚糖等。由此推论,作为结合 BMP 和腱蛋白的 BMP 抑制剂 tsukushi 可能也与此相关。tsukushi 通过间接结合 X-δ-1 和调控 Notch 信号来调节 BMP 的传导,由此来调控外胚层和神经脊的结构。两种 tsukushi 的亚型涉及鸡胚胎发育的关键 VG1 通路。近期有研究发现 tsukushi 的胞外信号通路也涉及成纤维细胞生长因子和 Xnr2。

三、双糖链蛋白聚糖与疾病

1. 双糖链蛋白聚糖与骨关节疾病 骨和关节是人体中细胞外基质蛋白分布最为集中的组织和器官。胶原、非胶原糖蛋白和蛋白聚糖分子等都是骨、软骨及各种关节的主要成分。这些主要成分以正常的比例和结构，构成了骨、关节的基本结构。Wang、Deng等的研究表明，双糖链蛋白聚糖可能与椎间盘退行性变的发生相关。

椎间盘是椎体之间的连接组织，在脊椎的轴向伸缩及旋转屈伸运动中起到维持灵活性和机械性稳定的作用。椎间盘是纤维软骨结构，具有特殊的解剖结构，由环绕于外部的坚实的胶原样纤维外环、内部松软的凝胶样髓核及两者之间的移行区域构成，在细胞数量及形态上表现出逐渐过渡的趋势。前者包含同心圆状纤维层，胶原含量丰富，与椎体紧密连接；后者含有大量蛋白聚糖，可以锁住水分。椎间盘由水、胶原、蛋白聚糖组成，在不同区域其组成比例截然不同，胶原样纤维外环和凝胶样髓核独特的生化组成决定了其不同的生物力学特征。椎间盘退变是一个与生俱来的过程，随着年龄的增长，一系列内在的、外在的多种因素影响其发生及发展。有研究认为，椎间盘退变是由于一种胞外基质的酶变性或者局部炎症引起椎间盘退变，涉及生物学变化（细胞核变化最明显）、总体结构改变（纤维环和终板最明显）。随着年龄的增长，椎间盘退化性疾病被认为是机械诱导及生物调控的病理过程。蛋白聚糖是组成椎间盘的主要物质，通过吸收的水分在髓核内产生静水压，有助于完整结构的动力学特性和粘连特性，对椎间盘的柔韧性及活动性产生重要影响。蛋白聚糖的特点是由一个核心蛋白与至少一个聚糖链组成，一般通过生长因子或细胞因子调节细胞外基质的组成与组装。在椎间盘中，细胞外基质中心蛋白聚糖及其合成随着年龄增长及退变而显著减少，随着年龄的增大，髓核内部的蛋白聚糖凝胶转变成具有多纤维软骨的组织，类似于纤维内环。另外，环状水合物的轻度减少，亦可导致内环纤维组织的折叠分离。随着年龄的增大，存在于椎间盘细胞外基质的软骨细胞合成的蛋白聚糖明显减少，这种蛋白聚糖的代谢性退变被认为是椎间盘退变进展的主要因素。蛋白聚糖的代谢改变、细胞因子的调控及二聚糖的浓度升高在椎间盘退变中发挥了作用。

二聚糖能黏结一些基质分子，但不直接黏结胶原，与细胞外基质有紧密的联系，可以通过其他基质分子（如纤维粘连蛋白）介导，黏结到胶原上。该蛋白质可以和Ⅰ、Ⅱ型胶原纤维相互作用，胶原纤维的高度有序排列是维持椎间盘生物力学性能的关键。二聚糖在胚胎椎间盘中含量丰富，但在成人纤维环标本中含量较少。双糖链蛋白聚糖与几种胶原相互作用，调节多种细胞因子的活性，它的表达可由生长因子和生长激素调节。它的功能与基质生成细胞游走及生长因子如TGF-β的活性相关。细胞外基质提供组织结构强度，保持器官的形状，往往是直接或间接参与调节细胞增殖及分化。细胞外基质的一个主要功能是储存和表达细胞因子，蛋白质是细胞因子的一个重要黏附剂，已被证明通过其黏多糖和核心蛋白的相互作用调节各类生长因子的活性，其酶变性促使了椎间盘退变。虽然单一因素导致椎间盘的退化尚未得到认可，作为髓核胞外基质的主要成分，蛋白聚糖的逐步减少是椎间盘退变的一个众所周知的主要特征因素，合成减少、分解增加，细胞外基质的组装紊乱，或它们共同作用导致椎间盘的正常静体力学与生物力学改变。与髓核胞外基质的主要成分蛋白聚糖逐步减少不同的是，二聚糖的浓度在退变椎间盘组织中升高。研究发现二聚糖通过激活ERK蛋白通路促进细胞合成代谢，直接参与组织退变过程中的自我保护机制。

二聚糖可抑制 EGF 和 OP-Ⅰ介导的合成代谢，也可抑制 IL-1 介导的分解代谢，由此推测二聚糖通过影响多种不同功能的细胞因子的信息编码和传递，从而调节正常椎间盘细胞和退变椎间盘细胞的代谢平衡，间接参与抑制椎间盘组织退变。

2. 双糖链蛋白聚糖与肿瘤　肿瘤是机体在各种致癌因素作用下，局部组织的某一个细胞在基因水平上失去对其生长的正常调控，导致其克隆性异常增生而形成的新生物。一般认为，肿瘤细胞是单克隆性的，即一个肿瘤中的所有瘤细胞均是一个突变细胞的后代。

肿瘤是由一个转化细胞不断增生繁衍形成的。一个典型的恶性肿瘤的自然生长史可以分为几个阶段：一个细胞的恶性转化→转化细胞的克隆性增生→局部浸润→远处转移。在此过程中，恶性转化细胞的内在特点（如肿瘤的生长分数）和宿主对肿瘤细胞及其产物的反应（如肿瘤血管形成）共同影响肿瘤的生长和演进。扩散是恶性肿瘤的主要特征。具有浸润性生长的恶性肿瘤，不仅可以在原发部位生长、蔓延（直接蔓延），而且可以通过各种途径扩散到身体其他部位（转移）。常见的转移途径有 3 种。①淋巴道转移：上皮组织的恶性肿瘤多经淋巴道转移；②血道转移：各种恶性肿瘤均可发生，尤多见于肉瘤、肾癌、肝癌、甲状腺滤泡性癌及绒毛膜癌；③种植性转移：常见于腹腔器官的癌瘤。

恶性肿瘤的浸润和转移机制有以下几个方面：

（1）浸润：在肿瘤的浸润阶段，肿瘤细胞穿透不同的细胞外基质，包括基底膜、间隙基质、软骨和骨等。肿瘤细胞穿过细胞外基质也是经过肿瘤转移链式反应的各个步骤，三种生物化学反应步骤不断重复进行，即肿瘤细胞的黏附、蛋白裂解和移动。第一步，肿瘤细胞借助其细胞膜上的受体，与基底膜或细胞外基质贴近、黏附；第二步，肿瘤细胞用其自身的一些蛋白裂解酶类，对肿瘤细胞周围的基底膜或细胞外基质进行降解；第三步，肿瘤细胞经过其蛋白酶降解而产生的通道发生迁移。肿瘤细胞迁移的方向并不是随机的，而是受到肿瘤细胞自分泌的迁移因子及这些因子的相关受体、宿主细胞旁分泌的趋化因子、细胞外基质的主要成分、肿瘤蛋白酶作用后产生的各种降解成分及各种生长因子等因素的影响。

（2）血管的形成：肿瘤细胞的浸润同时伴有血管形成，宿主的血管长入肿瘤组织中，为肿瘤组织的快速增生提供充足的营养成分。血管的形成发生在毛细血管后的小静脉水平上，通过肿瘤细胞和基质细胞释放的血管形成因子而促进肿瘤血管的形成。肿瘤血管的形成过程中，其血管内皮细胞的增殖速度是正常血管内皮细胞生长速度的 20～2000 倍。

（3）内向侵袭：肿瘤细胞的内向侵袭是指肿瘤细胞进入血流中。新形成的肿瘤血管其结构往往不很健全，易导致肿瘤细胞进入血流中。此外，肿瘤细胞还可以浸润宿主组织中业已存在的血管而进入血流中。

（4）血液循环：肿瘤细胞进入血流，可以是单个细胞的形式，也可以是多个肿瘤细胞簇集成团的形式，随着血流而循环。直径为 1cm 的快速生长的肿瘤，每天可以向血液循环中释放几百万个肿瘤细胞，因此，血液循环成为肿瘤转移细胞的一个暂时的栖息场所。在这么多的处于循环状态的肿瘤细胞中，不到 1%的肿瘤细胞能够形成转移瘤灶。

（5）附着：处于血液循环中的肿瘤细胞可以通过各种不同的途径附着在靶器官的血管壁上，包括物理吸附、血小板和纤维蛋白的捕捉，通过细胞膜上相应的受体，与血管内皮细胞黏附。不同的肿瘤细胞具有不同的黏附方式，反映出对于转移位点具有选择性的性质和特点。这可能是肿瘤转移的组织、器官特异性的机制之一。

（6）外向侵袭：附着以后的肿瘤细胞其过程和命运依其附着的位点而有所不同。在血液循环中的肿瘤细胞，90%以上从毛细血管及小静脉阶段离开血流，这一过程称为外向侵袭。肿瘤细胞与毛细血管或小静脉的血管内皮细胞发生黏附以后，再利用肿瘤细胞的蛋白水解作用，对基底膜和细胞外基质进行消化分裂，以实现肿瘤细胞从血管内向血管外的外向侵袭过程。需要 8~24h 才能完成肿瘤细胞的外向性侵袭过程。肿瘤细胞破坏的宿主组织，也可以对来源于血流的恶性肿瘤细胞进行改变，对于其附着及外向性侵袭过程产生影响。肿瘤细胞常常发生转移的位点以发生炎症和受损伤的部位多见，如创伤处、外科瘢痕、针刺部位、皮下注射部位等。

（7）生长：外向性侵袭成功的肿瘤细胞可以呈集落性生长，但当肿瘤病灶的直径在 0.5mm 以上时，需要形成新的肿瘤供血血管以支持其营养需要。因此，血管形成在肿瘤转移的过程中，从开始到结束，都是一个必需的环节。多种宿主和肿瘤因子可以改变肿瘤存活和生长所必需的微环境。作为一种自分泌机制，肿瘤细胞可以合成和释放肿瘤细胞生长所必需的生长因子。肿瘤细胞侵袭的宿主器官，也通过旁分泌机制合成和释放一些生长及抑制因子，不仅对于肿瘤细胞转移灶的存活和生长有着显著的影响，也为肿瘤转移的组织器官嗜性提供了合理的解释。

近年研究表明双糖链蛋白聚糖与肿瘤发生、发展有着重要相关性，已成为多种肿瘤的标志物。

（1）双糖链蛋白聚糖与结肠癌：结肠癌是全球常见的消化系统恶性肿瘤，其致死率在恶性肿瘤中高居第 4 位，在我国结肠癌的发病率呈现逐渐上升趋势。研究表明双糖链蛋白聚糖在结肠癌中高表达，并且与肿瘤低分化、淋巴结转移和远处转移呈正相关。在结肠直肠癌研究中发现，在腺瘤→不典型增生→癌变的发展过程中，双糖链蛋白聚糖的表达逐渐增强。运用共培养系统模拟肿瘤微环境，研究肿瘤与周围基质的作用，发现在与结肠直肠肿瘤细胞接触的成纤维细胞中双糖链蛋白聚糖表达明显增加，而位于远处成纤维细胞中的双糖链蛋白聚糖则未明显增加。Gu 等运用定量 RT-PCR 方法，对结肠直肠癌患者标本在 mRNA 水平检测双糖链蛋白聚糖表达。结果显示，患者肿瘤组织中双糖链蛋白聚糖 mRNA 水平相对于正常组织显著上调，提示双糖链蛋白聚糖表达上调可能与结肠直肠癌的发生发展有关。邢晓静等将在结肠癌细胞系 HCT116 中共转染双糖链蛋白聚糖 cDNA 和 VEGF siRNA，从增殖、凋亡角度探讨双糖链蛋白聚糖及 VEGF 对结肠癌细胞的影响，结果表明双糖链蛋白聚糖可通过促进 VEGF 表达来促进结肠癌细胞的增殖并抑制其凋亡。

（2）双糖链蛋白聚糖与胃癌：胃癌是全球常见的消化系统恶性肿瘤，其致死率在恶性肿瘤中高居第 3 位，在中国胃癌的发病率呈逐渐上升趋势，发病率居男性肿瘤第 2 位，居女性肿瘤第 4 位。研究发现双糖链蛋白聚糖于胃癌组织上皮高表达。Wang 等研究发现，胃癌中双糖链蛋白聚糖蛋白主要表达于上皮细胞的胞质，为本研究构建过表达双糖链蛋白聚糖的胃癌细胞株奠定了基础。胡磊等通过构建过表达细胞外基质蛋白双糖链蛋白聚糖的胃癌细胞株，检测双糖链蛋白聚糖对胃癌细胞的增殖、克隆形成及细胞周期和凋亡的影响，结果表明胃癌细胞过表达双糖链蛋白聚糖可抑制胃癌细胞的增殖、克隆形成。双糖链蛋白聚糖可能通过将细胞周期阻滞在 G_1 期、诱导细胞凋亡，从而发挥其生长抑制的生物学效应。

（3）双糖链蛋白聚糖与肺癌：肺癌是发病率和病死率增长最快、对人群健康和生命威胁最大的恶性肿瘤之一。近 50 年来许多国家报道肺癌发病率和病死率均明显增高，男性肺癌发病率和病死率均占恶性肿瘤的第 1 位，女性发病率居第 2 位、病死率居第 2 位。杨志强等研究发现，双糖链蛋白聚糖在非小细胞肺癌中高表达，且双糖链蛋白聚糖高表达与肺癌低分化、高 pTNM 分期和淋巴结转移显著相关。RT-PCR 与 Western blot 法检测发现，双糖链蛋白聚糖在非小细胞肺癌细胞中表达明显高于正常支气管黏膜上皮细胞，与未处理组和转染对照 siRNA 组相比较，干扰双糖链蛋白聚糖表达后，肺癌细胞 A549 和 SK-MES-1 增殖能力显著降低。同时侵袭实验结果表明肺癌细胞侵袭能力明显减弱，这提示高表达双糖链蛋白聚糖在非小细胞肺癌的恶性进展中起重要作用。

（4）双糖链蛋白聚糖与其他肿瘤：1997 年，Kalthoff 发现 Biglycan 在骨肉瘤中表达。1999 年，Nikai 在多形性唾液腺瘤中发现了双糖链蛋白聚糖的过表达。2001 年，Gress 发现双糖链蛋白聚糖在胰腺癌中表达水平升高。2008 年，Kaneko 用 RT-PCR 方法检测出双糖链蛋白聚糖在胆管癌中过表达。2009 年，Liu 等在卵巢癌中检测出双糖链蛋白聚糖过表达。Zhu 等研究发现在 170 例食管鳞状细胞患者的癌组织标本中，高表达双糖链蛋白聚糖与肿瘤侵袭性、淋巴结转移和临床分期呈正相关，且与患者 5 年生存率呈负相关。Liu 等采用免疫组化及实时定量 PCR 法检测发现子宫内膜癌患者血清中双糖链蛋白聚糖浓度与临床分期、组织学分级、淋巴结转移呈显著相关，且双糖链蛋白聚糖表达上调与子宫内膜癌的侵袭、转移等恶性生物学行为相关。研究表明双糖链蛋白聚糖在正常子宫内膜中表达均呈阴性，在非典型增生子宫内膜组织中表达呈阴性或弱阳性，而在子宫内膜癌癌细胞中表达呈阳性或强阳性。RT-PCR 结果也显示，子宫内膜癌组织中的双糖链蛋白聚糖 mRNA 表达水平显著高于非典型增生组。由此提示，双糖链蛋白聚糖在子宫内膜癌中作为一种致癌基因发挥作用。

双糖链蛋白聚糖在肿瘤中的作用机制可能为：①TGF-β 转导通路。Chen 等发现 TGF-β 在胰腺癌中能刺激双糖链蛋白聚糖的合成。TGF-β 存在于很多肿瘤中，它可以结合细胞表面的受体、刺激新生血管生成，并抑制宿主的免疫功能，使免疫监视功能减弱，有利于肿瘤的生长。在正常细胞中，TGF-β 可抑制细胞的增殖，但在肿瘤中却丧失了这种作用。有研究发现卵巢癌中 TGF-β 表达增强，提示其对肿瘤的发生起促进作用。TGF-β 还可促进胶原的合成，使细胞外基质堆积。②双糖链蛋白聚糖可使周期蛋白依赖性激酶 2（CDK-2）活性增强，使血管平滑肌细胞中的周期蛋白依赖性激酶抑制剂（CKI）中 p27 的活性减弱，从而促进肿瘤的发展。③新生血管生成是肿瘤的重要标志，双糖链蛋白聚糖可能使肿瘤细胞穿出血管转移至周围组织，通过 CDK / p27 通路促进血管平滑肌的生长。

因此可以看出双糖链蛋白聚糖可通过多种信号转导途径来调节肿瘤细胞的生物学行为，影响肿瘤的发生和发展，对其作用机制和与肿瘤相关性的研究，可为肿瘤的诊断和治疗提供新的思路。

3. 双糖链蛋白聚糖与血管疾病 血管的内皮层由内皮细胞覆盖，内皮细胞下层便是由不同的细胞外基质蛋白组成的血管壁结构。血管壁中的细胞外基质都是构成血管壁的主要成分，这些成分的异常，与血管疾病之间有着十分密切的关系。

系统性红斑狼疮（systemic lupus eythematosus，SLE）是一种自身免疫性疾病，可以累及皮肤、肾脏、心脏、关节等多个器官结构，其中狼疮性肾炎经常发生，病情严重时危及患者生命。目前认为狼疮性肾炎的发生可能与肾脏血管的破坏有关。动物实验研究表明，二聚糖可以激活基质细胞源性因子 13，通过巨噬细胞表面的 TLR2/4 导致细胞和组织损伤。

二聚糖水平降低时 SLE 患者的病情改善，特异性抗体的水平降低，肾脏损伤减轻，蛋白尿减少；二聚糖水平升高时蛋白尿增多，病情加重。因此，阻断二聚糖-TLR2/4 可能是缓解 SLE 病情的方法之一。

动脉粥样硬化（arteriosclerosis）是血管壁进行性变硬的一种疾病，其主要原因就是弹性纤维的断裂、血管壁中以Ⅰ型胶原为主的交联性胶原纤维增多、钙和脂质发生沉积，这些病变逐渐累及整个血管壁。动脉粥样硬化斑的形成是一种局部类型的病变，起初是血管内皮下脂质的沉积，特别是与蛋白聚糖分子结合成复合物形式。动脉粥样硬化斑逐渐形成，这一过程与泡沫细胞的形成有关。动脉粥样硬化性病灶的形成是一个连续的过程，人为地分成两个步骤，事实上两个步骤是同时进行的。局部动脉粥样硬化斑的形成与动脉粥样硬化向整个血管壁的浸润过程也是两个同时进行的过程。随着年龄的增加，血管壁中脂质的沉积与血管壁的硬度也呈进行性增加，但是只有当动脉粥样硬化斑开始形成之后，目前已有的降血脂医疗手段和药物才能发挥治疗作用。因此，从某种意义上来说，动脉粥样硬化性病变是一种内源性因素决定的"程序性"的衰老疾病。年轻人有时也会发生这种动脉粥样硬化，但如果不是低密度脂蛋白（low density lipoprotein, LDL）受体的遗传性缺陷，这种病变是可逆的。动脉粥样硬化性疾病是一种进行性发展的疾病，基本上与饮食和药物治疗无关，但饮食和药物治疗却能改善血管壁的结构与功能。这种结构的改善，既包括血管壁的细胞成分，也包括细胞外基质组分。血管壁的功能在很大程度上依赖于血管壁的细胞与细胞周围的基质蛋白的相互作用。在每一个心脏收缩周期中，胸主动脉依赖其弹性回缩的功能性质，协助心脏将血液排到外周血管之中。

细胞与细胞外基质构成了一个复杂的动力化学结构系统，这一系统的精确调节是血液循环进行精确调节的先决条件。因此，细胞与基质之间的相互作用，对于了解血管壁的功能、研究药物对于血管壁功能的影响，都具有十分重要的意义。

（赵 红）

参 考 文 献

胡磊，刘炳亚，于颖彦，等. 2014. 双链蛋白聚糖对胃癌细胞生长作用研究. 外科理论与实践，2：117～122.

邢晓静，谷小虎，马天飞. 2014. Biglycan 及 VEGF 对结肠癌细胞增殖、凋亡能力的影响及分子机制. 肿瘤学杂志，6：471～476.

邢晓静，谷小虎，马天飞. 2014. Biglycan 及血管内皮生长因子对结肠癌细胞迁移、侵袭能力的影响及机制. 中国临床医学，4：391～396.

邢晓静，谷小虎. 2012. 双糖链蛋白聚糖对大肠癌细胞增殖抑制作用及其机制研究. 中国肿瘤，9：706～709.

杨志强，温媛媛，钱立勇，等. 2016. 非小细胞肺癌中 Biglycan 高表达与肺癌的恶性程度相关. 医学研究杂志，8：41～46.

Bischof AG, Yüksel D, Mammoto T, et al. 2013. Breast cancer normalization induced by embryonic mesenchyme is mediated by extracellular matrix biglycan. Inteqr Biol, 5(8): 1045～1056.

Coulson-Thomas VJ, Coulson-Thomas YM, Gesteira TF, et al. 2011. Colorectal cancer desmoplastic reaction up-regulates collagen synthesis and restricts cancer cell invasion. Cell Tissue Res, 346(2): 223～236.

Gu X, Ma Y, Xiao J, et al. 2012. Up-regulated biglycan expression correlates with the malignancy in human colorectal cancers. Clin Exp Med, 12(3): 195～199.

Liu Y, Li W, Li X, et al. 2014. Expression and significance of biglycan in endometrial cancer. Arch Gynecol Obstet, 289(3): 649～655.

Wang B, Li GX, Zhang SG, et al. 2011. Biglycan expression correlates with aggressiveness and poor prognosis of gastric cancer. Exp Biol Med(Maywood), 236(11): 1247～1253.

Zhu YH, Yang F, Zhang SS, et al. 2013. High expression of biglycan is associated with poor prognosis in patients with esophageal squamous cell carcinoma. Int J Exp Pathol, 6(11): 2497～2505.

第六章 二 聚 糖

第一节 概 述

自然界中，糖类化合物是分布最广的有机分子。除了以单独形式存在外，糖类还与其他生物分子形成复合物，从而发挥重要的生物功能。例如，糖与蛋白质形成糖蛋白，能修饰蛋白质的结构而改变其功能。作为生物大分子，糖类物质在生命科学中扮演着重要的角色。糖作为糖脂的组分，在细胞识别和信号转导过程中起着重要的作用。与核酸、多肽等生物大分子相比，糖类的结构更具多样性，因而使其可作为携带生物信息的理想载体。

二聚糖（biglycan，BGN）是一种富含亮氨酸的重复蛋白多糖（SLRP），是化学合成许多复杂寡糖的重要中间体，以氨基葡萄糖、半乳糖为单体可以合成二聚糖。二聚糖概念最早在1989年由Fisher等学者提出，因为含有两个糖胺聚糖（GAG）链，以前被称为蛋白多糖-1（PG-1）。

一、蛋白聚糖

蛋白聚糖（proteoglycan，PG）是各种GAG与不同核心蛋白结合而形成的一类糖复合体。PG由GAG与线性多肽共价结合成的多糖和蛋白复合物组成，能够形成水性的胶状物，主要存在于高等动物的细胞间质和脊椎动物结缔组织及细胞表面，有些也可以整合在细胞膜中。GAG是其主要功能部分，决定了PG组分种类。核心蛋白聚糖（DCN）和二聚糖参与了细胞外基质（ECM）的组成，在细胞黏附和迁移调控中起到了重要作用。

PG是唯一含有糖类、GAG并与各种不同的分子相互作用的聚糖。PG的核心蛋白分子间的相互作用对于ECM中的组织支架或锚定细胞质膜显得十分必要。利用蛋白变性溶剂来破坏分子间的相互作用，可以最大限度地从组织或细胞中提取PG。

二、低聚糖

低聚糖中作为新生理活性物质且多数对人类有益的种类称为功能性低聚糖。壳低聚糖属于天然低聚糖，具有抗菌、抗肿瘤、调节肠道菌群、抗氧化、降血糖等保健功能。而葡萄糖胺二聚糖作为分子质量最小的壳低聚糖，具有极好的水溶性和渗透性，极易被人体吸收。

三、二聚糖

二聚糖广泛分布于ECM中，是Ⅰ型小的富含亮氨酸蛋白聚糖（SLRP）家族中的一员，编码基因位于Xq28染色体上。二聚糖包含富含亮氨酸重复序列的42kDa核心蛋白和N端由硫酸软骨素（CS）或硫酸皮肤素（DS）组成的两种GAG链。根据氨基酸序列情况，二聚糖的核心蛋白（core protein）可分为6种不同的区域：①信号序列；②前肽区；③N端

GAG 附着区；④可发生半胱氨酸循环区；⑤亮氨酸高复制区（形成超过 66%的核心蛋白）；⑥半胱氨酸循环结束区。目前已发现二聚糖几乎存在于身体的各个器官中，且非均匀分布。已证明二聚糖主要在细胞表面表达，有时在器官 ECM 内通过一系列特定的细胞器表达，其表达模式已被证实是由生长因子和某些病理条件所决定，其表达重现由转录和发生机制所决定。

二聚糖含有两个末端连接其最近 NH_2 的硫酸软骨素 GAG 链，而 DCN 仅有一个硫酸软骨素 GAG 链。为了确定体内二聚糖的功能，培养了肮蛋白敲除的转基因小鼠，这些小鼠骨含量随年龄增长逐渐减少。应用双四环素-钙黄绿素标记显示，二聚糖缺陷小鼠缺乏形成骨能力。在此基础上验证细胞内骨形成关键过程的缺陷导致出现类骨质疏松症表型这一假说。研究数据表明，二聚糖缺陷小鼠已经大大降低了骨髓基质细胞、骨祖细胞的产生能力，而这种缺陷随着年龄呈逐渐增加趋势。此外，在二聚糖缺陷小鼠中，将软骨细胞从降低表达晚期不同标志物如骨涎蛋白、骨钙素及可持续降低茜素红钙染色中分离。对患有骨质疏松症的二聚糖基因敲除小鼠进行研究，有助于检测在单独或结合的成骨细胞中任何一个缺陷。其他数据显示，二聚糖和骨形成蛋白-2/4（BMP2/4）在骨骼细胞分化中起调控作用。构建二聚糖缺陷小鼠，是为了验证这一假设，功能补偿可以发生在 SLRP 间。

1. 二聚糖和核心蛋白聚糖　二聚糖和核心蛋白聚糖（DCN）是两个密切相关的蛋白质，其蛋白质内核富含亮氨酸重复序列两侧二硫化物。已有实验表明，DCN 无论是溶解或晶体结构均以二聚体形式存在。为了探索二聚糖的二聚体结构，并研究这些 PG 折叠和稳定性的二聚作用，研究人员利用光散射来显示溶解状态下二聚糖的二聚体结构，并阐述二聚糖的糖蛋白核心在分辨率 3.40 Å 的晶体结构。这种结构表明，二聚糖的二聚体结构同 DCN 一样，即位于凹内表面的富含亮氨酸重复结构域。根据圆二色光谱学发现，低浓度盐酸胍变性二聚糖和 DCN 如若去除盐酸胍，变性是完全可逆的。经加热，DCN 在 45~46℃呈单一的结构转化，随后在 25℃冷却后完全折叠。DCN 的特性激发我们去研究量热学和光散射，同时可以显示二聚体以单体转化时解折叠并以单体形式再次折叠，因此这些过程是密不可分的。研究人员进一步得出这样的结论，折叠单体二聚糖或 DCN 存在于溶液中，这意味着针对这些富含亮氨酸重复蛋白的平行表面孔异常相关功能的检测包括二聚作用和蛋白质折叠稳定性。

2. 二聚糖和修饰蛋白　二聚糖和修饰蛋白（decorin）是两种小分子的 PG 分子，二聚糖核心蛋白分子质量大约为 45kDa，在其 N 端的序列中，有两条硫酸软骨素（chondroitin sulfate，CS）的葡萄糖 GAG 链。修饰蛋白的核心蛋白部分分子质量为 38kDa，其结构中只有一条硫酸软骨素链。通过这两种 PG 分子中核心蛋白的 cDNA 克隆化及序列分析，这两种 PG 分子之间的关系才更为明确。尽管这两种 PG 分子结构的性质具有很高的相似性，但很显然是由两种不同的基因编码的，而且这两种基因的基因组 DNA 还位于两条不同的染色体上。

二聚糖与修饰蛋白之间有着相似的结构特征，两种蛋白都含有富含亮氨酸残基的序列，而且这段富含亮氨酸残基的序列重复 11 次之多。根据其他类型含有这样重复序列蛋白的功能研究资料，证实这种特殊的结构形式决定细胞-细胞、细胞-蛋白质的相互作用。对人二聚糖全基因组 DNA 序列进行分析，发现不同的重复序列结构也可以由同一个外显子编码，分子结构中的两个葡萄糖 GAG 链的结合位点序列就是由同一个外显子编码的。

基因定点突变研究表明，葡萄糖 GAG 结合位点序列丝氨酸→苏氨酸残基的置换，可导致葡萄糖 GAG 与修饰蛋白核心区结合，但并不是全部结合功能都消失。在保守序列 Ser-Gly-X-Gly 中，X 可为任何一种氨基酸残基，以丙氨酸替代其中的一个甘氨酸残基，对于正常的 PG 分子的形成过程则没有显著的影响。综合这些研究结果表明，修饰蛋白与二聚糖分子，其核心蛋白与葡萄糖 GAG 分子的结合，除了依赖于氨基酸残基的序列之外，还依赖于核心蛋白的分子构象。

3. 二聚糖的合成 合成低聚糖比较复杂，究其原因在于糖中有较多可供偶联的反应位置，此种结果的多样性使得糖特别是低聚糖可以作为携带生物信息的理想载体。近年来，研究人员采用一个亲核取代的方式形成碳-氧键，其通常是由一个在异头碳上含有离去基团 X（如 Cl、Br 等）的被完全保护的糖基供体与另一含有一个自由羟基的被完全保护的糖基受体（R'OH）之间的偶联来实现的，这种一个糖和另一个糖连接起来的糖基化法显得越来越重要。

随后，将取代的烯丙基糖苷异构化为乙烯式糖苷并将后者作为糖基供体，可在酸性介质中进行糖基化反应，这种潜性-活性糖基化方法能使研究人员方便地合成在生物学上具有重要意义的复杂低聚糖，并利用此方法合成了 5 种新的二聚糖，包括 1-O-（3-丁烯-2-基）-2,4,6-三-O-苯甲基-3-O-（2,3,4,6-四-O-苯甲基-α-D-吡喃葡糖基）-β-D-吡喃半乳糖苷<3>、1-O-（3-丁烯-2-基）-2,4,6-三-O-苯甲基-3-O-（2,3,4,6-四-O-苯甲基-α-D-吡喃葡糖基）-β-D-吡喃半乳糖苷<4>、1-O-（3-丁烯-2-基）-2,4,6-三-O-苯甲基-3-O-（3,4,6-三-O-苯甲基-2-O-乙酰基-β-D-吡喃葡糖基-β-D-吡喃半乳糖苷<6>、1-O-甲基-2,3,4-三-O-苯甲基-6-O-（3,4,6-O-三-苯甲基-2-O-乙酰基-β-D-吡喃葡糖基）-α-D-吡喃甘露糖苷<8>、1-O-（3-丁烯-2-基）-3,4,6-三-O-苯甲基-2-O-（3,4,6-三-O-苯甲基-2-O-乙酰基-β-D-吡喃葡糖基）-β-D-吡喃葡糖苷。此种潜性-活性糖基化方法通过所用溶剂及所用保护基团的不同可以控制配糖键的α、β比例，为我们提供了一种合成低聚糖的捷径。

小蛋白聚糖是众所周知与 I 型胶原纤维相互作用的 PG，从而影响形成动力学的过程和纤维相邻的胶原纤维之间的距离。结构相关的二聚糖被指出其未与纤维胶原结合。然而，在骨肉瘤细胞培养的重组 I 型胶原纤维中，二聚糖和 DCN 被保留下来。免疫标识在电子显微镜的水平表明，蛋白质沿胶原纤维分布不仅存在于骨肉瘤细胞胶原蛋白中，而且在人的皮肤中亦含有。重组 I 型胶原纤维能够在体外结合无二聚糖的 N-聚糖及重组二聚糖核心蛋白。应用斯卡恰特作图进行分离，二聚糖的常数（8.7×10^{-8} mol/L）比 DCN（7×10^{-10} mol/L 和 3×10^{-9} mol/L）高。对两种 PG 结合位点的类似数量均进行了分析计算。重组二聚糖和 DCN 的特点是较低的解离常数与 glycanated 形式。Glycanated 及重组伴有二聚糖的 DCN 结合胶原蛋白，这意味着相同或相邻的结合位点上的纤维均来自 PG。这些数据表明，二聚糖在 ECM 中具有特殊的组织功能。

第二节 二聚糖与疾病

糖是人体最重要的能源物质，每克葡萄糖在体内彻底氧化时可释放 4 kcal（1.67×10^4 J）能量。此外，糖还可与其他成分一起构成糖脂、糖蛋白、PG 及氨基聚糖等。这些含糖物质既作为结构成分参与神经组织、结缔组织、生物膜等的组成，又在细胞间识别、血液凝固、免疫应答、营养物质运输、关节润滑等众多方面发挥重要作用。

一、二聚糖与骨骼疾病

ECM 各成分的平衡是维持各层软骨细胞活性的重要条件。这种平衡对于维持软骨基质结构与功能的完整性具有极其重要的作用，一旦平衡被打破，就可能导致软骨细胞的损伤。例如，骨关节炎和关节炎造成的软骨退变的一个主要特点就是 PG 的降解和胶原蛋白的丢失。

二聚糖作为小分子的 PG 分子之一，主要分布于骨的矿化部分，主要在间质起源的不同组织中的细胞表面和细胞周围空间发现，一般位于靠近细胞表面的细胞周围环境中。二聚糖能黏结一些基质分子，其缺乏可引起一系列骨关节疾病。

引起腰痛的最重要原因是椎间盘退行性变。PG，特别是聚集蛋白聚糖，作为髓核组织中非常重要的基质，在椎间盘组织承受力学中起着重要的作用。聚集蛋白聚糖由于其硫酸化的葡胺聚糖而具有高渗透压，可以吸收水分，使胶原纤维组织膨胀，抵抗压力负荷。椎间盘的稳固性很大程度上依赖于此。椎间盘退行性变首先发生的改变是 PG 含量的减少，评价椎间盘组织功能的一个重要指标，就是检测髓核组织产生的 PG 含量。而 PG 的含量部分依赖于构建物中每个细胞产生的量和细胞在构建物中的密度。有研究认为增加细胞数量和接种密度，可以提高 PG 聚集量，但亦有学者发现 PG 含量的增加与细胞数量、密度的增加不成正比，甚至某些高细胞密度状态下，细胞产生的 PG 含量下降，故认为三维细胞培养物中若细胞密度过大，其营养供应就会受到限制。

纤维化是肌营养不良症（DMD）的一种常见病理特征。二聚糖和 DCN 是肌肉 ECM 中的小软骨素蛋白聚糖/硫酸皮肤素蛋白，属于家族中的结构相关蛋白，称为小型富含亮氨酸重复序列的蛋白质。DCN 被认为是抗肝纤维化剂，其在 DMD 患者中无任何表达。所有检测到 ECM 中 PG 增加者均是从 DMD 患者的骨骼肌组织活检中发现的。对肌肉组织进行免疫组织化学分析发现，二聚糖和 DCN 在肌束膜中均增加，但仅 DCN 在肌内膜增加。从 DMD 患者移植组织中分离出成纤维细胞，并结合放射性硫酸盐，结果显示与单纯成纤维细胞相比，二聚糖和 DCN 结合体增加。这些结果表明在 DMD 患者骨骼肌中，二聚糖和 DCN 是增加的，若针对成纤维细胞进行研究，则这些 PG 在治疗肌营养不良细胞损伤方面将发挥作用。

二、二聚糖与循环系统疾病

动脉壁的蛋白多糖由于具有组织 ECM 分子，以及结合并滞留可导致动脉粥样化的载脂蛋白-B 的能力，因此在血管完整性和动脉粥样硬化的发展中起关键作用。二聚糖作为 ECM 主要组分，参与心血管疾病病理生理过程。已经证明二聚糖可促进动脉粥样硬化的发展。一项小鼠实验通过在平滑肌肌动蛋白启动子的控制下表达二聚糖来开发转基因小鼠，并与低密度脂蛋白受体缺陷型动脉粥样硬化小鼠模型杂交，将二聚糖转基因和非转基因对照小鼠给予动脉粥样硬化饮食 4～12 周。研究发现，在平滑肌α肌动蛋白启动子调控下过表达二聚糖可促进动脉粥样硬化发展，且与二聚糖含量相关，因二聚糖含量增加易使脂质滞留。其他研究显示在钙化性狭窄主动脉瓣中观察到二聚糖积累，细胞外可溶性二聚糖主要通过 Toll 样受体 2（TLR2）诱导人主动脉瓣间质细胞中骨形态发生蛋白-2（BMP-2）

和碱性磷酸酶（ALP）表达，在钙化性主动脉瓣疾病发展中具有潜在作用。

PG 主要有硫酸软骨素蛋白聚糖（CSPG）、硫酸皮肤素蛋白聚糖（DSPG）、硫酸乙酰肝素蛋白聚糖、透明质酸。目前研究发现，动脉壁 CSPG、DSPG 具有促进动脉粥样硬化（atherosclerosis，As）病理进程的作用。与正常冠状动脉比较，在病变动脉的脂质聚集区内有较多 CSPG 分布，部分泡沫细胞胞质内有 CSPG 存在，提示 CSPG 的聚集与细胞内外脂质沉积密切相关。进一步研究发现在 As 病变部位，CSPG、DSPG 的 GAG 分子链变长，硫酸化程度增高，带负电荷的蛋白聚糖部分与低密度脂蛋白带正电荷的载脂蛋白-B 部分有高度的亲和性，促使低密度脂蛋白在动脉壁内沉积和聚集，对 As 斑的形成起到了促进作用，这一病理环节被认为是 As 发病早期的关键和启动环节。

三、二聚糖与神经系统疾病

神经蛋白聚糖（neurocan）是凝集素蛋白聚糖家族中的一种 CSPG，它是神经系统 ECM 的成分之一，主要存在于中枢神经系统（CNS），主要表达于未成年脑组织塑形和重构阶段，是伴随胶质细胞增生而生成的调节因子。在脑组织发育过程中，蛋白聚糖与一些 ECM 分子相互作用，在中枢神经系统的发育过程中共同调节细胞的增生、迁徙、分化及轴突的生长、路径的发现、突触的形成与成熟，最终在促进中枢神经系统的解剖和功能分层中发挥作用。在成熟脑组织损伤后的再生修复过程中，表达上调的蛋白聚糖再次参与其中，在抑制中枢神经系统的再生与修复过程中发挥重要作用。

目前发现存在于神经系统中的蛋白聚糖有以下几种：①硫酸乙酰肝素蛋白聚糖（HSPG）类，如糖基磷脂酰肌醇蛋白聚糖（glypican）、脑蛋白聚糖（cerebroglycan）、黏结蛋白聚糖 1～4（syndecan 1～4）、神经黏结蛋白聚糖、串珠样蛋白聚糖（perlecan）及存在于神经-肌肉连接点突触部位的乙酰胆碱受体集聚因子（agrin）等；②CSPG 类，如可聚蛋白聚糖（aggrecan）、短小蛋白聚糖（brevican）、多能蛋白聚糖（versican）、神经蛋白聚糖（neurocan）、双链蛋白聚糖（biglycan）等。蛋白聚糖既位于细胞表面，亦是中枢神经系统、基底膜、ECM 的主要成分。它们的作用既可以由核心蛋白单独行使，也可以由 GAG 链单独行使，但常由两者共同决定。

蛋白聚糖由 163kDa 的核心蛋白和 3 条硫酸软骨素链及一定量的 O-连接寡糖链组成。蛋白聚糖全长 275kDa，在脑发育过程中可被蛋白水解酶裂解为蛋白聚糖-C（150kDa）及蛋白聚糖-N（130kDa）的片段，它们分别表达于脑发育的不同阶段。

CNS 损伤后胶质瘢痕的形成及 ECM 成分的变化导致很难再生。作为 ECM 中重要的抑制性成分之一，蛋白聚糖在调节细胞与细胞、细胞与 ECM 相互作用方面起了重要作用。同时其参与调控了正常脑组织的发育和成熟脑组织损伤后的再生修复。

胶质瘢痕中的反应性星形胶质细胞分泌再生抑制因子，从而阻碍了 CNS 损伤后的修复与重建。蛋白聚糖是抑制性因子之一，其与一些 CSPG 在 CNS 损伤后表达上调，通过其氨基葡聚糖侧链抑制轴突再生。在生理条件下蛋白聚糖主要在胚胎发育期合成，主要由神经元细胞合成和分泌；在脑发育过程中被分解为蛋白聚糖-C 和蛋白聚糖-N。全长的蛋白聚糖在未损伤的成熟鼠脑中未被发现。但在成熟鼠 CNS 损伤（如机械、缺血、电刺激等造成的 CNS 损伤）后的脑组织中其可被探测到。

关于蛋白聚糖在脑梗死中的表达谱的研究资料较少，且各研究者采用的模型不同导致结论不统一。脑梗死灶周围轴突出芽的过程有三个关键阶段：①梗死后第1周是触发和起始阶段；②第2周是轴突出芽的持续阶段；③第4周是再生轴突的成熟阶段。梗死灶周围区是神经再生的重要区域，也是胶质瘢痕形成的主要区域。有学者通过构建大脑中动脉缺血模型，观察到在第4天时，蛋白聚糖表达达到高峰，且持续时间较短，至第20天时，下降至最低水平。有研究应用实时荧光定量RT-PCR检测，发现蛋白聚糖mRNA的表达与Western blot检测基本一致，提示蛋白聚糖在脑梗死恢复期表达下降。蛋白聚糖的表达谱在脑梗死亚急性期与梗死灶周围轴突出芽的发生阶段相吻合，提示其对脑梗死亚急性期轴突再生具有重要调节作用。

四、二聚糖与肾脏疾病

在正常成年大鼠肾脏中，二聚糖主要分布于集合管、远端小管、血管壁及肾小球内。在人类肾皮质中，二聚糖主要表达于肾小管间质、小管间质细胞、远端小管及内皮细胞，弱表达于肾小球系膜和肾小球上皮细胞。二聚糖在组织内积聚或释放至循环中是大多数肾脏病变的一个常见特征，现认为其可能直接促进肾脏疾病进展。早期研究表明，二聚糖在不同类型的肾细胞中可以通过生长因子和细胞因子增加其表达。例如，在大鼠肾小球系膜细胞中，转化生长因子-β（TGF-β）诱导二聚糖和核心蛋白聚糖产生，主要发现于条件培养基中，而不是ECM中，且血小板生长因子（PDGF）、白细胞介素-1β（IL-1β）或肿瘤坏死因子-α（TNF-α）诱导较低水平二聚糖产生。

临床前动物模型和人类研究显示二聚糖是各种炎性肾脏疾病的主要引发剂和调节剂，可作为直接反映肾脏生理状态的一个指标。可溶性未结合的二聚糖可以通过TLR2/4通路加重肾脏炎症反应，故阻断TLR2/4介导的二聚糖信号转导通路可能是肾脏炎性疾病的一种新型治疗方法。

硫酸乙酰肝素蛋白聚糖（HSPG）在肾小球滤过中具有显著作用。此外，HSPG在炎症中可以起到限制白细胞黏附分子L-选择素和趋化因子的作用。为了解L-选择素和单核细胞趋化蛋白-1（MCP-1）的限制作用，有研究人员针对不同人群原发性肾病进行肾组织活检。在各种肾脏疾病中，L-选择素和MCP-1增强对血管周围基质HSPG的限制，这与白细胞的参与显著相关。在原发性肾病中，肾小管间质DSPG的明显改变可能影响炎症反应。

五、二聚糖与肿瘤

肿瘤微环境与肿瘤细胞生物学密切相关，主要体现在细胞黏附、迁移和转移方面。很多研究已经探讨了ECM与人类肿瘤的关系。正常细胞和癌细胞都通过生长刺激信号、生长抑制信号或起始信号来促进ECM的生物化学合成，以调控细胞黏附、迁移和转移。二聚糖是ECM的重要组成部分。现有证据表明二聚糖可能是促进肿瘤发生转移的关键分子。研究者将低转移性和高转移性的黑色素瘤细胞移植到小鼠皮肤中，发现在高转移性肿瘤中形成血管内衬的内皮细胞可以分泌较高水平的二聚糖，随后这些二聚糖可以与肿瘤细胞表面特殊的受体相结合，并且吸引肿瘤细胞到内皮组织中。当利用抗体中和二聚糖受体后，向内皮组织中迁移的肿瘤细胞就会被抑制。

二聚糖在各种肿瘤的转移过程中扮演重要的角色。肿瘤内皮细胞（TEC）可通过二聚糖表观遗传调控促进肿瘤转移。在肿瘤细胞入侵过程中，TEC通过启动子区域的DNA脱甲基化上调二聚糖表达，二聚糖通过核因子-κB 和细胞外信号调节激酶 1/2（ERK1/2）激活肿瘤细胞迁移，从而使肿瘤细胞发生血源性转移。最新研究已证明结直肠癌组织中的二聚糖 mRNA 表达高于正常组织。研究者用实时荧光定量 RT-PCR 分析了 55 例结直肠癌患者的 110 例样本（原发结肠直肠肿瘤和相邻的正常组织）中二聚糖 mRNA 的表达，发现在结肠直肠癌组织中二聚糖上调发生率为 61.8%（34/55），明显高于相应的正常组织，预示二聚糖可能是结肠直肠等恶性肿瘤的潜在标志物。此外，二聚糖表达与肿瘤预后差相关。临床前研究显示二聚糖过表达可能诱导停滞的胰腺癌细胞，过表达二聚糖的胰腺癌患者与没有二聚糖表达的患者相比预后更差。最新研究也表明，结肠癌组织中二聚糖表达升高，预示结肠癌的预后更差。

二聚糖有望成为肿瘤抗血管生成治疗的潜在靶目标。为研究二聚糖对结肠癌细胞血管内皮生长因子（VEGF）表达和体内肿瘤血管生成的影响，研究者构建二聚糖过表达载体，并通过 G418 筛选建立稳定过表达二聚糖的人结肠癌细胞系（HCT116 细胞），随后将稳定细胞克隆异种移植到裸鼠体内。研究结果表明，二聚糖过表达显著上调了结肠癌细胞中 VEGF 水平，并进一步通过免疫组织化学分析在异种移植结肠肿瘤中得到证实。二聚糖在结肠癌细胞中上调 VEGF 表达，促进肿瘤血管生成。

（蔺淑梅　张　曦）

参 考 文 献

Amenta AR, Creely HE, Mercado ML, et al. 2012. Biglycan is an extracellular MuSK binding protein important for synapse stability. J Neurosci, 32: 2324~2334.

Aprile G, Avellini C, Reni M, et al. 2013. Biglycan expression and clinical outcome in patients with pancreatic adenocarcinoma. Tumour Biol, 34: 131~137.

Beetz N, Rommel C, Schnick T, et al. 2016. Ablation of biglycan attenuates cardiac hypertrophy and fibrosis after left ventricular pressure overload. J Mol Cell Cardiol, 101: 145~155.

Gu X, Ma Y, Xiao J, et al. 2012. Up-regulated biglycan expression correlates with the malignancy in human colorectal cancers. Clin Exp Med, 12: 195~199.

Hsieh LT, Nastase MV, Zeng-Brouwers J, et al. 2014. Soluble biglycan as a biomarker of inflammatory renal diseases. Int J Biochem Cell Biol, 54: 223~235.

Hu L, Zang MD, Wang HX, et al. 2016. Biglycan stimulates VEGF expression in endothelial cells by activating the TLR signaling pathway. Mol Oncol, 10: 1473~1484.

Maishi N, Ohba Y, Akiyama K, et al. 2016. Tumour endothelial cells in high metastatic tumours promote metastasis via epigenetic dysregulation of biglycan. Sci Rep, 6: 28~39.

Moreth K, Frey H, Hubo M, et al. 2014. Biglycan-triggered TLR-2- and TLR-4-signaling exacerbates the pathophysiology of ischemic acute kidney injury. Matrix Biol, 35: 143~151.

Myren M, Kirby DJ, Noonan ML, et al. 2016. Biglycan potentially regulates angiogenesis during fracture repair by altering expression and function of endostatin. Matrix Biol, 52-54: 141~150.

Nastase MV, Young MF, Schaefer L. 2012. Biglycan: a multivalent proteoglycan providing structure and signals. J Histochem Cytochem, 60: 963~975.

Niedworok C, Rock K, Kretschmer I, et al. 2013. Inhibitory role of the small leucine-rich proteoglycan biglycan in bladder cancer. PLoS One, 8: e80084.

Song R, Ao L, Zhao KS, et al. 2014. Soluble biglycan induces the production of ICAM-1 and MCP-1 in human aortic valve interstitial cells through TLR2/4 and the ERK1/2 pathway. Inflamm Res, 63: 703~710.

Song R, Zeng Q, Ao L, et al. 2012. Biglycan induces the expression of osteogenic factors in human aortic valve interstitial cells via Toll-like receptor-2. Arterioscler Thromb Vasc Biol, 32: 2711~2720.

Thompson JC, Tang T, Wilson PG, et al. 2014. Increased atherosclerosis in mice with increased vascular biglycan content. Atherosclerosis, 235: 71~75.

Ueland T, Aukrust P, Nymo SH, et al. 2015. Novel extracellular matrix biomarkers as predictors of adverse outcome in chronic heart failure: association between biglycan and response to statin therapy in the CORONA trial. J Card Fail, 21: 153~159.

Wang L, Cheng BF, Yang HJ, et al. 2015. NF-kappaB protects human neuroblastoma cells from nitric oxide-induced apoptosis through up regulating biglycan. Am J Transl Res, 7: 1541~1552.

Xing X, Gu X, Ma T, et al. 2015. Biglycan up-regulated vascular endothelial growth factor(VEGF)expression and promoted angiogenesis in colon cancer. Tumour Biol, 36: 1773~1780.

Yamamoto K, Ohga N, Hida Y, et al. 2012. Biglycan is a specific marker and an autocrine angiogenic factor of tumour endothelial cells. Br J Cancer, 106: 1214~1223.

第七章 骨涎蛋白

骨涎蛋白（bone sialoprotein，BSP）是一种主要由成骨细胞（osteoblast）和破骨细胞（osteoclast）分泌的高度磷酸化和硫酸化的糖蛋白，其他组织如骨骼相关的细胞类型中的肥大软骨细胞、骨细胞和非骨骼相关的细胞类型中的滋养层细胞均可分泌骨涎蛋白。骨涎蛋白属于 SIBLING（small integrin binding ligand N-linked glycoprotein）蛋白家族，在组织矿化中起着重要的作用，主要分布于矿化的胶原基质如骨、牙本质、牙骨质和生长期的钙化软骨，以及含有矿化区的软组织如妊娠胎盘的滋养层及乳腺癌、前列腺癌中。骨涎蛋白占骨和牙骨质中非胶原蛋白含量的 8%~12%。1972 年，Herring 和 Kent 首次从牛皮质骨中提取了骨涎蛋白，由于当时分离技术受限，仅分离出一种富含涎酸（sialic acid）的 23kDa 糖蛋白。随着分离技术的进步，骨涎蛋白的特性逐渐被了解，发现早期分离的蛋白质实际上为两种，分别命名为：Ⅰ型骨涎蛋白（BSP-Ⅰ），现称骨桥蛋白（osteopontin，OPN）；Ⅱ型骨涎蛋白（BSP-Ⅱ），现称骨涎蛋白。两者的涎酸、磷酸含量和氨基酸组成均不相同，生物学特性也存在差异。骨涎蛋白富含碳水化合物（约占 50%），涎酸占 12%，葡萄糖胺占 7%，半乳糖胺占 6%。

一、骨涎蛋白的结构

骨涎蛋白的 cDNA 序列最初从大鼠中得到，随后相继获得了人、猪、牛、小鼠、仓鼠和鸡的 cDNA 序列。人骨涎蛋白 cDNA 序列的首次获得是利用大鼠骨涎蛋白 cDNA 作为探针从提取的人骨细胞 cDNA 文库中杂交得到。哺乳动物的骨涎蛋白大约由 317 个氨基酸残基组成（图 7-1，见彩图 3），包含一个 16 个氨基酸的疏水信号肽。哺乳动物的骨涎蛋白基因序列具有高度保守性（图 7-2），人、牛间的氨基酸同源性为 80%，人、牛、猪间的氨基酸同源性为 79%，大鼠、小鼠间的氨基酸同源性为 92%。骨涎蛋白的分子质量为 60~80kDa，核心蛋白分子质量为 33~34kDa，主要含有谷氨酸（glutamic，Glu）和甘氨酸（glycine，Gly），占氨基酸总量的 33%。骨涎蛋白的翻译后修饰包括：①N-糖基化，可能的 N-糖基化位点为 Asn-104、Asn-177、Asn-182、Asn-190，聚糖由唾液酸化和核心岩藻糖基化的二、三、四金属链组成；②O-糖基化，在 Thr-119、Thr-122、Thr-227、Thr-228、Thr-229、Thr-238、Thr-239 位点被 O-糖基化，黏蛋白型聚糖包括 Gal、GlcNAc、GalNAc 和末端 NeuAc；③硫酸化，磷酸化位点为 Tyr-313 和 Tyr-314；④磷酸化，明确的磷酸化位点为 Ser-31，可能存在的磷酸化位点有 Ser-67、Ser-74、Ser-75、Ser-94、Ser-100、Ser-149、Ser-280。

在骨涎蛋白分子中有三个功能性结构域：N 端、中间结构域及 C 端。其中，近 N 端含有多个丝氨酸（serine，Ser）或苏氨酸（threonine，Thr）磷酸化位点；中间结构域上含有 2~3 个高度保守的多聚谷氨酸序列，可赋予骨涎蛋白与羟基磷灰石（hydroxyapatite，HA）晶体结合的能力，参与调节骨骼的矿物化；C 端包括与整合素 $\alpha_v\beta_3$ 结合的精氨酸-甘氨酸-天冬氨酸（Arg-Gly-Asp，RGD）基序，参与整合素介导的信号转导通路，并与酪氨酸（tyrosine，

Tyr）富集区一起赋予骨涎蛋白细胞黏附特性。骨涎蛋白上还含有大量的 N 和 O-糖基化位点，以及磷酸化、硫酸化位点。翻译后修饰程度的差异造成不同来源的骨涎蛋白，虽然其一级结构非常相似，但在 SDS-PAGE 中仍然呈现出多样性的特点。例如，在人胚胎肾细胞中表达的 His6-Myc-BSP 在 SDS-PAGE 中呈现 70～80kDa 的弥散宽带，而从人骨中纯化的骨涎蛋白在 70kDa 处形成一清晰的条带，其他不同来源的重组骨涎蛋白其分子质量则处于 40～75kDa，而骨来源的骨涎蛋白分子质量为 40～60kDa。

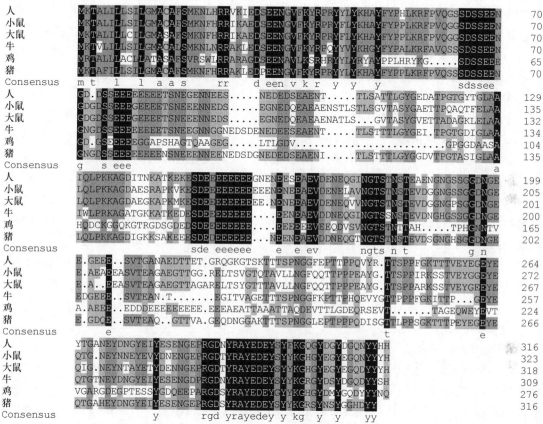

图 7-1　骨涎蛋白氨基酸序列对比

注：氨基酸编号从 0 开始，图中所列为人、小鼠、大鼠、牛、鸡、猪的氨基酸序对比，不同灰度标识不同的相似度

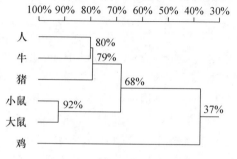

图 7-2　骨涎蛋白氨基酸序列的同源性分析

通过蛋白质的二级结构预测和疏水性分析，发现新生骨涎蛋白是一个开放的柔性结构，

可能形成大量的α螺旋和β折叠，通过旋转投影电子显微技术对骨涎蛋白结构进行鉴定，发现其核心蛋白是一个平均长度为40nm的伸展结构。由于高酸性氨基酸含量和少量疏水性残留的存在，骨涎蛋白分子中没有二硫键且少有疏水性氨基酸分布。骨涎蛋白上还有大量的N-连接和O-连接的寡糖侧链维持其构象稳定。Wuttke等推测C端缺乏聚糖而在电镜下呈球状结构，与缺乏二级结构的高度糖基化的N-端区域形成"球-线"结构。

在蛋白质中部附近，含有三个假设的N-连接糖基化位点（Asn-X-Ser/Thr），在所有哺乳动物中均含有其中两个位点。在人骨涎蛋白中，C端附近含有第4个N-连接糖基化位点。通过分析大鼠骨肉瘤细胞系UMR-601发现，在大鼠骨涎蛋白分子上有3个N-连接和21～24个O-连接低聚糖位点。兔骨涎蛋白中的多糖成分为硫酸角质素，但是人类、牛、大鼠的骨涎蛋白中均未发现该类成分。实验发现，在猪骨涎蛋白分子中的蛋白多糖分子可能为硫酸软骨素。

骨涎蛋白是高度磷酸化的蛋白质。通过研究哺乳动物骨涎蛋白共有的一级序列发现，有5个潜在的蛋白激酶C丝氨酸磷酸化位点，有9～11个酪蛋白激酶Ⅱ丝氨酸/苏氨酸磷酸化位点，有1～2个酪氨酸激酶酪氨酸磷酸化位点。然而在体外研究牛骨涎蛋白磷酸化时发现，该蛋白质具有6～9个磷酸化的丝氨酸残基，几乎不含有磷酸化的苏氨酸，表明最多只有9个磷酸化位点。此外，几乎所有的磷酸化都发生在蛋白分子的N端一侧，并且都被独立因子蛋白激酶所催化，主要为酪蛋白激酶Ⅱ样酶、少量的蛋白激酶C和cGMP依赖性蛋白激酶，没有cAMP依赖性蛋白激酶。值得注意的是，蛋白质一般在细胞内部被磷酸化，但是有研究表明骨涎蛋白和骨桥蛋白可在被细胞分泌到表面之后被具有酪蛋白激酶Ⅱ特性的酶磷酸化。磷酸化基团可以螯合钙离子，与羟基磷灰石成核有关。如果去掉磷酸化基团，则不能提升骨涎蛋白的结晶能力。然而磷酸化模拟大鼠和小鼠细胞附着序列中的苏氨酸可降低附着活力至1/10。

在所有哺乳动物骨涎蛋白C端的侧翼RGD序列都是酪氨酸富集区。在保守序列中有7～12个酪氨酸被硫酸化。在分析UMR细胞合成的骨涎蛋白时发现糖侧链也被硫酸化。该蛋白质的17个硫酸化基团中，有12个与酪氨酸有关，2个在O-连接寡糖链上，3个在N-连接寡糖链上。酪氨酸和寡糖链的硫酸化功能尚不清楚。但是在分泌蛋白中的酪氨酸硫酸化非同寻常，可能与蛋白质转运有关，可以提升或抑制生物活性。寡糖链硫酸化可以增加蛋白周转时间。值得注意的是，氯酸盐可以阻断骨涎蛋白的硫酸化，从而影响与羟基磷灰石的结合，但是对细胞附着没有造成明显的影响。

二、骨涎蛋白的基因结构

编码骨涎蛋白BSP的基因为IBSP(integrin binding sialoprotein)，也可称为BSP、BNSP、SP-Ⅱ、BSP-Ⅱ。人类骨涎蛋白基因定位于4q22.1（图7-3），长度为16 125bp，是一个单拷贝基因，由7个外显子和6个内含子构成。内含子和外显子连接成"O"形。前6个外显子较小，为51～159bp，而第7个外显子最大（1088bp），包括3'非翻译区（UTR）。5'非翻译区跨越第1个外显子和第2个外显子的前14个碱基；第2个外显子编码16个氨基酸信号序列及分泌蛋白的前两个氨基酸残基；第3个外显子编码17个氨基酸残基；第4个外显子编码26个氨基酸残基和富含芳香族氨基酸蛋白质的N端区域；第5个外显子和第7个外显子编码多聚谷氨酸片段，该片段通过静电作用与Ⅰ型胶原蛋白结合，协同促进羟基磷灰石晶核与矿化组织的形成，与骨桥蛋白的多聚天冬氨酸相似；第 7 个外显子编码序列占骨涎蛋白的 57%，包括 RGD 细胞附着基序（motif），可与细胞表面整合素（主要为 $\alpha_v\beta_3$）受体结合来介导细胞黏附。

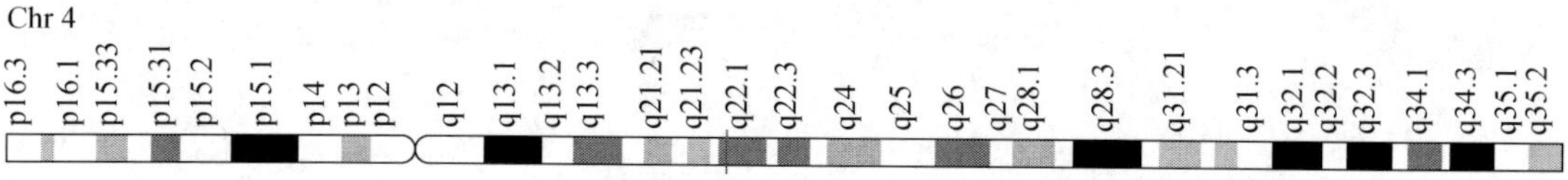

图 7-3 人 4 号染色体

（引自：GeneCards，GCID：GC04P087799）

分析骨涎蛋白基因的 5′-侧翼序列（非编码区）发现，骨涎蛋白启动子存在多个调控元件。紧靠启动子序列为骨涎蛋白盒，长 370bp。该序列是一段同源性达 75% 的高度保守区，距离转录起始位点 23 个核苷酸。存在一个反向 TATA 盒（-24～-19），上游为 CCAAT 盒（-50～-46）。TATA 盒可控制下游基因转录。TATA 与维生素 D 反应元件（vitamin D response element，VDRE）重叠，维生素 D 反应元件与 1, 25-$(OH)_2D_3$ 的调节作用有关。骨涎蛋白盒存在 AP-1 结合位点、CRE、NF-κB、homeobox 基因 ftz 和 en。此外，骨涎蛋白盒上游存在糖皮质激素反应元件（glucocorticoid response element，GRE），与 AP-1 结合位点重叠。糖皮质激素调控骨涎蛋白基因表达是通过直接和间接途径。通过 Northern 杂交技术发现，阻断骨涎蛋白 mRNA 转录后，地塞米松的作用对 mRNA 的稳定性并没有发生明显变化，因而说明地塞米松主要参与转录后机制，促进骨涎蛋白 mRNA 表达。同时，糖皮质激素可通过直接途径促进骨涎蛋白的表达，主要机制是糖皮质激素与受体结合后，通过骨涎蛋白启动子区糖皮质激素反应元件直接促进骨涎蛋白 mRNA 的转录。1, 25-$(OH)_2D_3$ 可抑制骨涎蛋白 mRNA 表达，并且可抑制糖皮质激素诱导的骨涎蛋白 mRNA 表达。主要因为在骨涎蛋白启动子序列中，维生素 D 反应元件与 TATA 盒重叠，可与 TATA 结合蛋白竞争结合，从而占据 TATA 盒，影响了骨涎蛋白基因转录中前复合物的形成。骨形成蛋白（bone morphogenetic protein，BMP）对成骨细胞骨涎蛋白的表达几乎没有作用，而 TGF-β_1 可明显刺激骨肉瘤细胞（ROS17/2.8 细胞系）mRNA 的表达。

三、骨涎蛋白在组织和细胞中的分布

骨涎蛋白是一种分泌性蛋白，主要分布于细胞外基质（图 7-4，见彩图 4），由成骨细胞、成牙本质细胞、成牙骨质细胞和成釉细胞等分泌。骨涎蛋白高特异性地分布在矿化组织中，包括骨、矿化软骨、牙本质和牙骨质等（图 7-5，见彩图 5）。骨涎蛋白在新生成的骨和牙骨质中含量较高，而在矿化软骨、牙本质和牙釉质中含量较少。骨涎蛋白在前成骨细胞中不表达，而在已分化的成骨细胞中表达，因而骨涎蛋白可作为成骨细胞分化的标志。Chen 等通过原位杂交分析 21 天的大鼠胚胎颅骨发现，骨涎蛋白 mRNA 在颅骨外层高水平表达，而在颅骨内层表达较少。在胚胎骨形成时期，骨涎蛋白含量达到最高。在牙骨质形成时，随着牙骨质细胞的分化，骨涎蛋白基因被激活，在早期矿化的牙骨质中高度表达。在牙本质中，骨涎蛋白含量较少，仅存在于成牙本质细胞及其突起，以及管周牙本质中。在肢体长骨中，骨涎蛋白高度表达在初级海绵体和关节软骨的次级骨化中心。通过免疫组

化实验发现，骨涎蛋白在编织骨、皮质骨、生长线和骨样组织中均有表达。在非矿化组织，如胚胎滋养层和血小板中也可检测到骨涎蛋白。

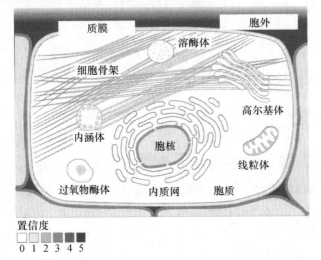

部位	置信度
胞外	5
细胞骨架	2
胞核	2
质膜	2
内质网	1
高尔基体	1

图 7-4 骨涎蛋白的亚细胞定位
（引自：GeneCards，GCID：GC04P087799）

四、骨涎蛋白的性质

骨涎蛋白核心蛋白部分富含谷氨酸和天冬氨酸，碱性氨基酸含量较少，等电点为 3.9。成熟骨涎蛋白糖蛋白高度磷酸化、硫酸化，寡糖侧链中富含涎酸使其负电荷明显增加，翻译后修饰程度方面的差异妨碍了常规蛋白染色技术（考马斯亮蓝和银染法），加之广泛存在的糖基化，造成骨涎蛋白在 SDS-PAGE 和色谱分析结果中的多样性。

1. 骨涎蛋白与羟基磷灰石 骨涎蛋白能与羟基磷灰石结合，在羟基磷灰石晶体形成中发挥作用。Sodek 等应用稳定态凝胶系统进行体外实验，在钙离子和磷酸盐浓度低于自发沉淀临界点的稳定体系中，琼脂糖凝胶中的骨涎蛋白（浓度为 0.3μg/ml）可以有效促进羟基磷灰石成核。结果预示骨涎蛋白与骨矿化早期的羟基磷灰石晶核的形成有关。研究证明骨涎蛋白与羟基磷灰石有很高的亲和力，而且人工合成的谷氨酸同聚物对于羟基磷灰石同样具有成核作用，这表明骨涎蛋白的两个多聚谷氨酸区在羟基磷灰石成核方面可能起着关键的作用。在 *E. coli* 分段表达猪骨涎蛋白分子肽段的研究中发现，具有羟基磷灰石成核活性的主要是第一个谷氨酸富集区，而第二个谷氨酸富集区似乎需要翻译后加工修饰才具有活性。Tye 等应用定点突变方法，将原核表达的全长鼠骨涎蛋白中聚谷氨酸序列替换为聚天冬氨酸或聚甘氨酸来研究氨基酸残基的构象和电荷对于羟基磷灰石成核方面的影响。聚天冬氨酸与 poly E 带相同电荷，而聚甘氨酸与 poly E 一样都有形成α螺旋的倾向。结果发现两个聚谷氨酸序列中任一个或两个均被聚天冬氨酸取代不改变羟基磷灰石晶核形成活性，任何一个被聚甘氨酸取代也不改变羟基磷灰石成核活性，但两个都被聚甘氨酸取代时重组骨涎蛋白的羟基磷灰石成核活性大大降低，由此认为该序列的电荷性与其二级结构相比对于羟基磷灰石成核似乎显得更为重要。

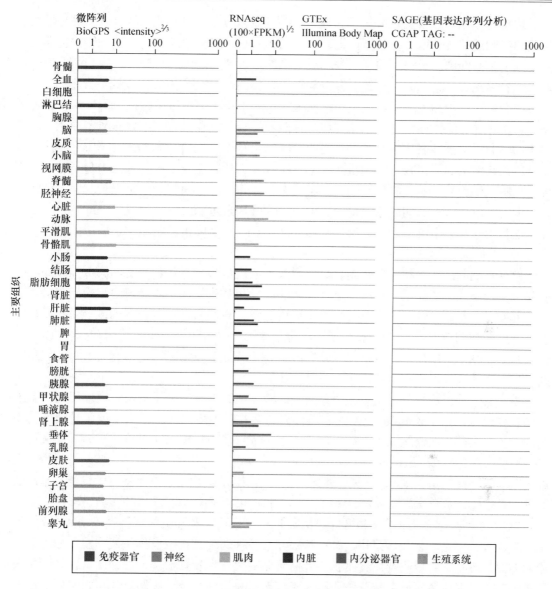

图 7-5　人各组织中 IBSP mRNA 表达情况
（引自：GeneCards，GCID：GC04P087799；数据整合自 BioGPS 和 GTEx）

骨涎蛋白分子中的翻译后加工修饰约占其分子质量的一半，包括磷酸化、硫酸化和含丰富唾液酸的糖基化。骨涎蛋白上丰富的酸性基团也应该是骨涎蛋白与羟基磷灰石紧密结合的原因之一。当骨涎蛋白与生长中的羟基磷灰石晶体结合时表现出抑制晶体生长的活性。天然骨涎蛋白和骨肉瘤细胞表达的 rBSP 比缺乏加工修饰的 *E.coli* 表达的骨涎蛋白表现出更强的抑制羟基磷灰石晶体生长的活性。

综上所述，骨涎蛋白在骨代谢中表现出双重调节功能。一方面，骨涎蛋白能促进羟基磷灰石聚集形成晶核；另一方面，骨涎蛋白能吸附于羟基磷灰石晶体表面，抑制羟基磷灰石晶体的生长。另外，血清骨涎蛋白浓度可作为骨代谢指标。

2. 骨涎蛋白与整合素 骨涎蛋白通过与整合素家族中受体识别、结合来发挥介导细胞黏附和细胞迁移的作用。骨涎蛋白上靠近 C 端有 RGD 细胞识别序列,这一结构也存在于其他一些具有细胞黏附作用的细胞外基质蛋白中,该序列是通过与位于细胞表面的整合素家族中受体识别、结合来介导细胞黏附和细胞迁移的,因而也称为整合素结合序列。

整合素是位于细胞表面、由一个α亚单位和一个β亚单位共价结合构成的异二聚体跨膜糖蛋白超家族。至少有 15 种α亚单位和 9 种β亚单位经不同组合产生 20 多种整合素,不同类型的细胞可选择性表达某些整合素而改变其黏附特性。α、β亚单位都由较长的胞外区、单螺旋的跨膜区和通常较短的胞质区三部分组成。胞外区能与细胞外基质大分子结合,使细胞黏附于细胞外基质;胞质区则与细胞骨架相互作用,将细胞骨架锚定于胞膜,借此介导细胞与细胞外基质之间的双向信号传递。一种整合素可以结合一种以上的配体,一种配体也能识别一种以上的整合素。最先被确认的结合位点是纤维粘连蛋白、玻连蛋白等分子中的 RGD 三肽序列。

整合素细胞外区与相应配体结合后,通过外向内信号传递过程(outside-in signaling)引起一系列跨膜分子的级联反应,包括受体的群集和信号传递,以及细胞结构蛋白向附着部位的补充,从而将细胞外信息传递到细胞内。整合素胞质区可与不同的胞质蛋白反应,引起细胞结构的改变,激活一系列信号传递途径的酶或信使,如丝氨酸-苏氨酸家族的蛋白激酶 C(PKC)和有丝分裂原激活的蛋白激酶(MAP),触发胞内 Ca^{2+} 浓度和 pH 升高,并产生大量磷脂代谢产物,从而将信息传递下去。

整合素的胞外部分与细胞外基质结合后,即与细胞外基质分子形成复合体而在细胞膜表面积聚成簇。由于整合素β亚基的胞质部分与细胞骨架蛋白相连,引起细胞骨架蛋白在细胞质中聚集形成肌动蛋白丝,后者结构重组形成体积更大的张力纤维,张力纤维又反过来刺激整合素的聚集。通过这种正反馈机制,整合素与细胞外基质蛋白和细胞质骨架蛋白在细胞膜的两边构成复合体。这种复合体即为灶性黏附。灶性黏附是细胞黏附于细胞外基质的基础,也是整合素介导信号转导的结构基础,并影响细胞形状的改变和细胞扩散、迁移。

RGD 序列与整合素识别、结合介导的黏附和信号转导及细胞的多种生理功能有关,如细胞的迁移、锚定、生长、分化、凋亡等,并在多种病理过程中发挥重要作用,如淋巴细胞的归巢、激活、骨吸收及血管生长、肿瘤细胞的生长和转移等。已经证明,在骨涎蛋白上 RGD 细胞识别序列是通过与整合素家族中的 $α_vβ_3$ 识别、介导细胞表面与细胞外基质的黏附作用,且 $β_3$ 整合素与骨涎蛋白的表达在空间位置上有一致性,时间上 $β_3$ 整合素的表达可能就发生在骨涎蛋白表达的同期或前期。体外实验中,骨涎蛋白作为成骨细胞、破骨细胞、骨转移的肿瘤细胞上整合素的配体并与之结合,在骨细胞分化、骨基质矿化及肿瘤细胞黏附、增殖和转移中发挥作用。

3. BSP 与血管生成 血管生成是指从已存在的血管中形成新的毛细血管,对生长和组织修复有重要意义,并与一些疾病有关,如银屑病、关节炎和癌症。在血管生成因子刺激下,内皮细胞首先增殖,然后内皮下基底膜降解并向其下的细胞外基质转移。血管生成不仅依赖血管生成因子,也和血管黏附分子有关。而 $α_vβ_3$ 和 $α_vβ_5$ 整合素受体与内皮细胞生物活性和血管生成有关,这些整合素是含有 RGD 细胞结合序列的多种细胞外基质配体的受体。研究发现,$α_vβ_3$ 受体在静止血管中不表达,但在血管生成过程中有很强的表达上调现象,表明细胞可能是与一些新表达的细胞外基质配体发生作用,用特定的抗整合素抗体或含 RGD 多肽进行干扰，能诱导内皮细胞的程序性死亡，并中断毛细血管的生成过程。在骨组织中，BSP 通过 $\alpha_v\beta_3$ 整合素受体介导成骨细胞和破骨细胞的黏附作用，而 $\alpha_v\beta_3$ 整合素与其配体在血管生成中发挥重要作用，因而推测 BSP 与新生血管形成有关。

Bellahcene 等报道了重组人 BSP 能促进人脐带血管内皮细胞（HUVEC）的黏附性和趋化性转移，这一过程涉及 HUVEC、$\alpha_v\beta_3$ 整合素受体和 BSP 的 RGD 序列的作用，$\alpha_v\beta_3$ 的单克隆抗体阻止 BSP 介导的 HUVEC 的黏附和转移，并抑制 BSP 的促血管生成活性，而 $\alpha_v\beta_5$ 不具有这一作用。重组入 BSP 和含 RGD 的 BSP 重组片段都能刺激血管生成。

4. BSP 与成骨细胞的分化 BSP 作为成骨细胞的特异性标记基因，常被用作人间充质干细胞 hMSC（human mesenchymal stem cell）成骨分化的一个重要检测指标，利用 qRT-PCR 技术检测细胞中 BSP 的 mRNA 水平可以指示成骨分化情况。另一检测 hMSC 向成骨细胞分化的重要检测指标是是碱性磷酸酶 ALP 活性的生物化学测定。

间充质干细胞（MSC）是组织再生的可靠细胞来源，因为 MSC 的定向分化机制不甚清楚而导致其使用受限。间充质干细胞（MSC）是最初从骨髓分离的多能细胞，它们可以分化成各种细胞类型，包括成骨细胞、软骨细胞、肌细胞和脂肪细胞。同源盒基因（homeobox gene，HOX）是一类由 180bp 核苷酸编码的长度为 60 个氨基酸的、具有 DNA 结合结构域的转录因子，同源盒基因通过结合于下游靶基因的 DNA 而促进或抑制靶基因的转录。HOXA10 可以介导染色质超乙酰化和 H3K4 甲基化，通过激活 RUNX2 诱导成骨基因的表达，或直接调节其他成骨细胞表型基因，有助于成骨和随后的骨形成。通过对前 B 细胞白血病同源盒蛋白 1（pre-B-cell leukemia homeobox protein 1，Pbx1）缺陷小鼠进行实验分析发现，Pbx1 通过扰乱软骨细胞的增殖和分化引起早期软骨内骨化和异常骨形成。研究表明，同源盒基因，如 DLX2、DLX5 和 HOXC6 是 MSC 成骨分化的关键调节因子，表明同源盒基因在干细胞分化中起重要作用，初步观察发现 HOXB7 在老化的 MSC 中表达出现下调。一些研究人员发现，HOXB7 在非牙齿组织来源的 MSC 中高度表达，HOXB7 的表达与细胞生长的改善、减缓衰老和成骨形成的改善有关。

研究人员使用来自在顶端乳头（SCAP）和骨髓干细胞（BMSC）的干细胞分析 HOXB7 在 MSC 向成骨细胞分化过程中的功能，与骨组织衍生的 MSC 相比，HOXB7 基因在 BMSC 中高度表达。体外研究表明，SCAP 中 HOXB7 的高表达增强了碱性磷酸酶 ALP 的活性和矿化作用。HOXB7 过表达影响骨粘连蛋白（ON）、胶原 α_2（I）链（COL1A2）、骨涎蛋白（BSP）和骨钙素（OCN）的 mRNA 表达，诱导关键转录因子 RUNX2 的表达，并在体外促进 SCAP 的成骨分化，HOXB7 的敲低抑制 BMSC 中 ALP 活性、矿化，以及 ON、BSP、COL1A2、OCN 和 RUNX2 的表达。此外，裸鼠荷瘤实验表明当 HOXB7 被激活时，SCAP 成骨被触发。ChIP 实验表明，HOXB7 的过表达显著增加了与 BSP 启动子结合的 HOXB7 的水平。综上表明 HOXB7 通过上调 RUNX2 并直接激活 BSP 的转录来增强 SCAP 成骨分化。因此，HOXB7 信号转导的激活可能改善由 MSC 介导的组织再生。

RUNX2 是成骨细胞分化和骨形成的必需转录因子，由 ERK／MAP 激酶磷酸化，研究人员为了了解成骨分化过程中的染色质特异性表观遗传学修饰与 RUNX2 之间的关系，使用染色质免疫沉淀（chromatin immunoprecipitation，ChIP）技术检测 RUNX2 转录因子在两个重要的成骨细胞相关基因 BGLAP2 和 IBSP 上的结合区域的表观遗传学变化。MC3T3-E1c4 前成骨细胞在分化时快速合成 BGLAP2 和 IBSP，对于这两种基因，成骨刺激增加染色质结合的 P-ERK、P-RUNX2、p300、RNA 聚合酶Ⅱ及组蛋白 H3K9 和 H4K5 乙酰化。另一基因激活相关组蛋白标记 H3K4 的二甲基化水平也增加，相比之下，相同区域的基因抑制标记 H3K9 单、二和三甲基化水平降低。抑制 MAP 激酶信号通路阻断分化相关的染色质修饰和 BGLAP2、IBSP 的表达。为了评估 RUNX2 磷酸化在这些应答中的作用，用编码野生型或磷酸化位点突变体 RUNX2（RUNX2 S301A/S319A）的腺病毒感染 RUNX2 缺陷型 C3H10T1/2 细胞，结果发现野生型 RUNX2，而非磷酸化突变体，增加了 H3K9 和 H4K5，以及染色质相关的 P-ERK、p300 和聚合酶Ⅱ的乙酰化，因此，RUNX2 磷酸化对于成骨细胞基因表达后的表观遗传变化是必需的，这也表明，成骨基因通过调控 MAPK 和 P-RUNX2 依赖性的 BGLAP2 和 IBSP 启动子区域的表观遗传修饰实现成骨分化。

5. BSP 与生长因子 胰岛素样生长因子（insulin-like growth factor，IGF）是一类多功能细胞增殖调控因子，在细胞的分化、增殖、个体的生长发育中具有重要的促进作用。其中，胰岛素样生长因子-1 和 2（IGF-1 和 IGF-2）是骨基质中最丰富的生长因子，两种生长因子都能刺激骨形成和脂肪细胞分化。IGF-1 由 70 个氨基酸组成，IGF-2 由 67 个氨基酸组成，二者与胰岛素氨基酸序列有 50% 的相似度，由成骨细胞在内的不同类型细胞分泌。在成人体内，相较于 IGF-1 而言，IGF-2 是一个更为重要的生长因子。IGF 不仅对细胞生长具有促进作用，还是细胞培养过程中的促细胞分裂素。糖皮质激素具有许多与 IGF-2 相反的作用，如胸腺退化、生长迟缓和骨质疏松症。IGF-2 转基因小鼠可以保护骨骼免受糖皮质激素的骨吸收作用。IGF-2 促进孤雌胚胎干细胞（parthenogenetic embryonic stem cell，PESC）中的成骨细胞分化，IGF-2 处理后的 PESC 细胞中骨钙素和碱性磷酸酶具有较高的表达水平。IGF-2 可增强 BMP-9 诱导的间充质干细胞的成骨分化和骨形成。由成骨细胞合成的 IGF 受多种激素和细胞因子的刺激，如甲状旁腺激素、成纤维细胞生长因子 2、转化生长因子 β 和前列腺素 E_2。IGF 的生物学功能的调控具有细胞特异性，其可被成骨细胞分泌的 6 种 IGFBP（IGF-binding protein）调节，IGF-1、IGF-2 和 IGFBP 的表达与分泌随着成骨细胞的分化而变化。

研究表明，在大鼠成骨细胞样 ROS17/2.8 细胞株中，IGF-2（50ng/ml）刺激 6h 后，BSP mRNA 水平和蛋白质水平均升高，荧光素酶活性增强[pLUC3（-116 增加至+60）、pLUC4（-425 增加至+60）、pLUC5（-801 增加至+60）、pLUC6（-938 增加至+60）]。IGF-2 的作用能够被酪氨酸激酶 TK、细胞外信号调节激酶 1/2ERK1/2 和磷脂酰肌醇 3-激酶 PI3K 抑制剂抑制，并被 cAMP 应答元件（CRE）、FGF2 应答元件（FRE）、同源域蛋白结合位点（HOX）的 2bp 突变所消除。凝胶迁移实验 EMSA 结果显示，IGF-2（50ng/ml）处理 3h 和 6h 时，结合到 CRE、FRE 和 HOX 上的核蛋白增加，CREB1、磷酸化 CREB1、c-Fos 和 c-Jun 抗体扰乱 CRE 蛋白复合体的形成，Dlx5 和 Runx2 抗体扰乱 FRE 和 HOX 蛋白复合体的形成，表明 IGF-2 通过靶向大鼠 BSP 基因的近端启动子中的 CRE、FRE 和 HOX 元件增加 BSP 的转录，并且磷酸化 CREB1、c-Fos、c-Jun、Dlx5 和 Runx2 转录因子是 IGF-2 对 BSP 转录调控的关键调控因子。另有研究表明 IGF-1 能够作用于 FRE 和 HOX 元件促进 BSP 的转录。

成纤维细胞生长因子 2（fibroblast growth factor 2，FGF2）由间充质细胞表达并存储在细胞外基质中。在细胞实验中发现 FGF2 能够降低成骨细胞的增殖，并降低Ⅰ型胶原、骨钙素和碱性磷酸酶的 mRNA 水平。然而，体外间歇性 FGF2 处理能增加骨形成，FGF2$^{-/-}$成年小鼠表现出骨质量和骨形成减少，而当用 FGF2 刺激 FGF2$^{-/-}$骨髓基质细胞后发现骨结节形成恢复。FGF2 转基因鼠出现多种骨骼畸形，包括长骨缩短和扁平化及中度巨头。在大鼠成骨细胞样 ROS17/2.8 细胞中，FGF2 刺激能够激活酪氨酸激酶 TK 和 MEK 信号通路，诱导 BSP 的表达。FGF2 通过大鼠 BSP 基因的近端启动子中的 FGF2 应答元件 FRE 增加 BSP 的转录，该调节作用可作用于基础的和 FGF2 诱导的 BSP 转录。激活蛋白 1（AP1）元件是 FGF2 调控 BSP 转录的又一靶点，另外，前列腺素 E$_2$ 通过作用于大鼠 BSP 基因的近端启动子中的 CRE 和 FRE 元件诱导 BSP 基因的表达。

BSP 在早期骨形成过程中高表达，在骨的初级矿化中发挥重要作用。研究发现在人成骨细胞样 Saos2 细胞中，FGF2（10ng/ml）在 3h 和 12h 时增加 Runx2 和 BSP mRNA 水平。使用连接有荧光素酶报告基因的载体进行瞬时转染测定，发现在 Saos 细胞中 FGF2（10ng/ml，12h）诱导-84LUC 和-927LUC 的荧光素酶活性。EMSA 实验结果表明，FGF2（10ng/ml）增加了核蛋白与 FGF2 应答元件（FRE）和激活蛋白 1（AP1）结合位点的结合。Dlx5、Msx2、Runx2 和 Smad1 抗体阻断 FRE 蛋白复合体形成，CREB1、c-Jun 和 Fra2 抗体阻断 AP1 蛋白复合体形成。综上表明，FGF2 通过靶向人 BSP 基因近端启动子中的 FRE 和 AP1 元件增加 BSP 的转录，并且转录因子 Dlx5、Msx2、Runx2、Smad1、CREB1、c-Jun 和 Fra2 可能是 FGF$_2$ 对人 BSP 基因转录影响的关键调控因子。

血小板衍生生长因子（platelet-derived growth factor，PDGF）刺激成骨细胞的增殖和分化，PDGF 也增加破骨细胞数量和骨吸收。研究表明，PDGF-BB 通过靶向人 BSP 基因启动子中的 CRE1、CRE2、AP1（3）和 SSRE1 元件增强人 BSP 转录。

6. BSP 与癌症 前列腺癌是泌尿系统中常见的恶性肿瘤，近年来发病率和死亡率增加，前列腺癌最常见的远处转移为骨转移。前列腺癌发展过程中骨转移的发生率为 65%～70%，而死于前列腺癌的患者为 85%～100%。由于前列腺癌发病时和早期骨转移时缺乏症状，大多数患者仅在骨转移已经形成并出现症状后才就医，前列腺癌骨转移可能导致病理性骨折和骨痛，严重影响生活质量和预后。随着对前列腺癌骨转移研究的增加，前列腺癌相关血清标志物的检测也更加多样。与骨扫描相比，血清标志物具有重现性、非侵入性和成本相对较低的优点。血清前列腺特异性抗原（prostate specific antigen，PSA）水平可以预测前列腺癌的病变范围，血清中骨涎蛋白 BSP 的水平反映了骨吸收和骨细胞活性情况，PSA 和 ALP 是骨转移的重要预测指标，ITCP（collagen type Ⅰ pyridine cross linking peptide）是指示骨吸收率和骨功能的重要指标。

研究人员将 83 例前列腺癌分为 42 例骨转移组和 41 例非骨转移组，对其血清中前列腺特异性抗原 PSA、碱性磷酸酶 ALP、骨涎蛋白 BSP、Ⅰ型胶原蛋白交联肽 ICTP 水平进行分析，并分析 ROC 曲线在前列腺癌骨转移诊断中的意义，结果表明骨转移组的血清 BSP、ALP、ICTP 和 PSA 水平最高，其次是非骨转移组、增生组，最后是对照组。ROC 曲线分析显示，生物标志物的诊断效率依次为 BSP、PSA、ICTP 和 ALP，BSP、ALP、ICTP 和 PSA 在前列腺癌骨转移诊断中的灵敏度分别为 80.95%、57.14%、69.05%、71.43%，同一标记的特异性分别为 72.80%、64.80%、76.80% 和 88.80%。四个标记物联合检测时灵敏度提高了 97.62%，阴性预测值提高到 97.60%。当组合两个标记物时，PSA+BSP 显示出最佳的效率。总的来说，前列腺癌骨转移患者的 BSP、ALP、ICTP 和 PSA 血清水平升高，所有标记物的联合检测可提高阳性预测率。FSK（forskolin）是腺苷酸环化酶的激活剂，能够增加细胞内 cAMP 水平，刺激成骨细胞的增殖和分化，研究表明 FSK 和 FGF2 可以通过靶向人 BSP 基因启动子中的 CRE1 和 CRE2 元件来增加 DU145 人前列腺癌细胞中的 BSP 的转录。

乳腺癌是女性常见的恶性肿瘤，虽然可以手术切除局部的原位肿瘤，但主要威胁来自入侵相邻组织或转移到远端的肿瘤细胞，而骨是远端转移的常见部位。事实上，死于乳腺癌的患者中有 64% 的患者出现骨转移，此外，骨骼系统的转移通常伴有溶骨性病变，这种病变会使患者非常痛苦。为了研究 BSP 对人乳腺癌细胞侵袭和转移的影响，利用反转录病毒介导的 RNAi 敲低 BSP 基因构建了人亲骨转移乳腺癌细胞株 MDA-MB-231BO-BSP27 和 MDA-MB-231BO-BSP81。在 BSP 敲低的细胞株中，细胞增殖、克隆形成、划痕和 transwell 能力都下降。通过 X 射线检测和 HE 染色发现心内注射 231BO-BSP27 和 231BO-BSP81 后骨转移能力显著降低（分别是 15.4% 和 28.6%）。此外，BSP 沉默细胞中整合素 $\alpha_v\beta_3$ 和 β_3 的表达降低，而异位 BSP 表达增加了整合素 $\alpha_v\beta_3$ 和 β_3 水平。综上表明，BSP 沉默降低整合素 $\alpha_v\beta_3$ 和 β_3 水平，进而抑制 MDA-MB-231BO 细胞迁移和侵袭，降低细胞转移到骨骼的能力。

BSP 在乳腺癌、肺癌、前列腺癌和甲状腺癌中的表达增加可用于预测这些恶性肿瘤的骨转移情况。在一项回顾性研究中，评估了 454 例患者肿瘤组织中的 BSP 水平，发现只有 8% 的 BSP 阴性患者发生骨转移，而 22% 的 BSP 阳性患者发生了骨转移。非小细胞肺癌患者的原发性切除的肺组织中的 BSP 表达水平与骨转移相关，可作为骨转移高危患者的预测指标。类似地，血液中升高的 BSP 水平可预测几种骨恶性肿瘤的骨转移，如乳腺、肺、前列腺和多发性骨髓瘤。血清骨涎蛋白可作为肿瘤负荷和肿瘤性骨受累的标志物。作为多发性骨髓瘤的预后因素，原发性乳腺癌患者的血清骨涎蛋白是随后骨转移的预后标志物。血清骨涎蛋白还可作为绝经后骨质疏松症中骨吸收的标志物。

7. BSP 与其他蛋白的相互作用 实验证明或者数据库分析预测显示 BSP 可与多个蛋白质有直接或间接的相互作用，包括 ITGA3、ITGB4、ITGB8、ITGAV、ITGB3、ITGA9、ITGB7、ITGB6、ITGA5、ITGB5、ITGA2、ITGA11、COL4A5、PTK2、COL4A2、ENPP1、COL4A6、ALPL、COL4A1、COL4A3、COL4A4、ITGA4、ITGA6、ITGA7、ITGB（图 7-6）。

（1）RUNX2（runt-related transcription factor 2，休克相关转录因子 2）：RUNX2 参与成骨细胞分化和骨骼形态发生，是成骨细胞成熟和膜内、软骨内骨化的必要条件。RUNX2 与许多增强子和启动子的核心位点 5'-PYGPYGGT-3' 结合，包括鼠白血病病毒、多瘤病毒增强子、T 细胞受体增强子、骨钙素、骨桥蛋白、骨涎蛋白、α_1（I）胶原、LCK、IL-3 和 GM-CSF 启动子。在成骨细胞中，其促进转录激活。

（2）SP7（Sp7 转录因子）：是成骨细胞分化所必需的转录激活因子，绑定到 SP1 和 EKLF 共有序列和其他富含 G/C 的序列。在表达 RUNX2 的间充质前体细胞中，SP7 表达将诱导这些细胞分化为成骨细胞，SP7 也起抑制软骨细胞分化的双重作用。该基因的突变与成骨不全、骨质疏松症和其他骨疾病有关。

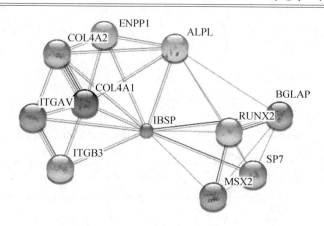

图 7-6 骨涎蛋白与其他蛋白间的相互作用
（引自：STRING，Identifier：ENSP00000226284）

（3）ALPL（alkaline phosphatase，碱性磷酸酶）：为组织非特异性，肝、骨、肾可见。ALPL 基因的产物是膜结合的糖基化酶，其不在任何特定组织中表达，因此被称为酶的组织非特异性形式，可能与基质矿化有关。该酶与低磷酸血症类疾病有关，是一种以高钙血症和骨骼缺陷为特征的疾病。

（4）ITGAV（integrin，alpha V，整合素α_V）：在哺乳动物中，包括整合素α_V的有$\alpha_V\beta_1$、$\alpha_V\beta_3$、$\alpha_V\beta_5$、$\alpha_V\beta_6$、$\alpha_V\beta_8$，骨涎蛋白上的 RGD 序列可识别$\alpha_V\beta_3$。

（5）ITGB3（integrin，beta 3，整合素β_3）：整合素$\alpha_V\beta_3$是细胞因子、纤维粘连蛋白、层粘连蛋白、基质金属蛋白酶-2、骨桥蛋白、骨髓蛋白、凝血酶原、血小板反应素、玻连蛋白和血管性血友病因子的受体。

（6）ENPP1（ectonucleotide pyrophosphatase/phosphodiesterase 1，核苷酸焦磷酸酶/磷酸二酯酶 1）：该蛋白质具有广泛的特异性，并切割多种底物，包括核苷酸和核苷酸糖的磷酸二酯键，以及核苷酸和核苷酸糖的焦磷酸键。其通过产生 PPi，起调节焦磷酸盐水平的作用，并在骨矿化和软组织钙化中起作用。PPi 通过结合新生羟基磷灰石（HA）晶体来抑制矿化，从而防止这些晶体的进一步生长。该基因的突变与特发性婴儿动脉钙化、脊柱后纵韧带骨化（OPLL）和胰岛素抵抗有关。

（7）MSX2（msh homeobox 2）：作为骨发育转录调节因子，抑制 ALPL 启动子活性，并在成骨细胞分化过程中对 DLX5 对 ALPL 表达的刺激具有促进作用。其可能在肢体模式形成中发挥作用，在成骨细胞中起到抑制由骨钙素 FGF 应答元件（OCFRE）驱动的转录的作用，可以绑定到 ALPL 启动子的同源结构域应答元件。

（8）COL4A1/2（collagen，type Ⅳ，alpha 1/2，Ⅳ型胶原蛋白）：Ⅳ型胶原蛋白是肾小球基底膜（GBM）的主要结构组分，与层粘连蛋白、蛋白聚糖和内含子/核酸组成"鸡丝"网。COL4A1 的 NC1 结构域是控制新毛细血管形成的重要抗血管生成分子，NC1 结合$\alpha_1\beta_1$整联蛋白并抑制血管上皮细胞中的特异性整联蛋白信号通路。它也可以通过抑制 MAPK 信号转导级联来调节 HIF-1α和 VEGF 的表达。

（9）BGLAP［bone gamma-carboxyglutamate（gla）protein，骨γ-羧基谷氨酸蛋白］：BGLAP 是骨和牙本质中发现的非胶原性蛋白激素，因为它具有 gla 结构域，其合成是维生素 K 依赖的。BGLAP 构成总蛋白质的 1%～2%，与磷灰石和钙结合紧密。

（武会娟）

参 考 文 献

Alam I, Padgett LR, Ichikawa S, et al. 2014. SIBLING family genes and bone mineral density: association and allele-specific expression in humans. Bone, 64: 166～172.

Bouleftour W, Boudiffa M, Wade-Gueye NM, et al. 2014. Skeletal development of mice lacking bone sialoprotein(BSP)-impairment of long bone growth and progressive establishment of high trabecular bone mass. PLoS One, 9(5): e95144.

Brum AM, van de Peppel J, van der Leije CS, et al. 2015. Connectivity map-based discovery of parbendazole reveals targetable human osteogenic pathway. Proc Natl Acad Sci USA, 112: 12711～12716.

Chen C, Uludag H, Wang Z, et al. 2012. Noggin suppression decreases BMP-2-induced osteogenesis of human bone marrow-derived mesenchymal stem cells in vitro. J Cell Biochem, 113: 3672～3680.

Chen J, Long F. 2015. mTORC1 signaling promotes osteoblast differentiation from preosteoblasts. PLoS One, 10: e0130627.

Chen Q, Sinha K, Deng JM, et al. 2015. Mesenchymal deletion of histone demethylase NO66 in mice promotes bone formation. J Bone Miner Res, 30: 1608～1617.

Choe J, Sasaki Y, Zhou L, et al. 2016. Insulin-like growth factor-II regulates bone sialoprotein gene transcription. Odontology, 104: 271～281.

Choung HW, Lee DS, Lee HK, et al. 2016. Preameloblast-derived factors mediate osteoblast differentiation of human bone marrow mesenchymal stem cells by Runx2-osterix-BSP signaling. Tissue Eng Part A, 22: 93～102.

Di Benedetto A, Sun L, Zambonin CG, et al. 2014. Osteoblast regulation via ligand-activated nuclear trafficking of the oxytocin receptor. Proc Natl Acad Sci USA, 111: 16502～16507.

Diercke K, Konig A, Kohl A, et al. 2012. Human primary cementoblasts respond to combined IL-1beta stimulation and compression with an impaired BSP and CEMP-1 expression. Eur J Cell Biol, 91: 402～412.

Ehlen HW, Chinenkova M, Moser M, et al. 2013. Inactivation of anoctamin-6/Tmem16f, a regulator of phosphatidylserine scrambling in osteoblasts, leads to decreased mineral deposition in skeletal tissues. J Bone Miner Res, 28: 246～259.

Eid AA, Niu LN, Primus CM, et al. 2013. In vitro osteogenic/dentinogenic potential of an experimental calcium aluminosilicate cement. J Endod, 39: 1161～1166.

Ermakov S, Leonov A, Trofimov S, et al. 2011. Quantitative genetic study of the circulating osteopontin in community-selected families. Osteoporos Int, 22: 2261～2271.

Farrokhi E, Samani KG, Chaleshtori MH. 2015. Oxidized low-density lipoprotein increases bone sialoprotein expression in vascular smooth muscle cells via runt-related transcription factor 2. Am J Med Sci, 349: 240～243.

Gao RT, Zhan LP, Meng C, et al. 2015. Homeobox B7 promotes the osteogenic differentiation potential of mesenchymal stem cells by activating RUNX2 and transcript of BSP. Int J Clin Exp Med, 8: 10459～10470.

Genetos DC, Wong A, Weber TJ, et al. 2014. Impaired osteoblast differentiation in annexin A2- and -A5-deficient cells. PLoS One, 9: e107482.

Gioia R, Panaroni C, Besio R, et al. 2012. Impaired osteoblastogenesis in a murine model of dominant osteogenesis imperfecta: a new target for osteogenesis imperfecta pharmacological therapy. Stem Cells, 30: 1465~1476.

Isaac J, Erthal J, Gordon J, et al. 2014. DLX3 regulates bone mass by targeting genes supporting osteoblast differentiation and mineral homeostasis in vivo. Cell Death Differ, 21: 1365~1376.

Jha AK, Jackson WM, Healy KE. 2014. Controlling osteogenic stem cell differentiation via soft bioinspired hydrogels. PLoS One, 9: e98640.

Kawanabe N, Murata S, Fukushima H, et al. 2012. Stage-specific embryonic antigen-4 identifies human dental pulp stem cells. Exp Cell Res, 318: 453~463.

Kazmers NH, McKenzie JA, Shen TS, et al. 2015. Hedgehog signaling mediates woven bone formation and vascularization during stress fracture healing. Bone, 81: 524~532.

Klevesath MB, Pantel K, Agbaje O, et al. 2013. Patterns of metastatic spread in early breast cancer. Breast, 22: 449~454.

Kruger TE, Miller AH, Godwin AK, et al. 2014. Bone sialoprotein and osteopontin in bone metastasis of osteotropic cancers. Crit Rev Oncol Hematol, 89: 330~341.

Lee J, Youn BU, Kim K, et al. 2015. Mst2 controls bone homeostasis by regulating osteoclast and osteoblast differentiation. J Bone Miner Res, 30: 1597~1607.

Li Y, Ge C, Franceschi RT. 2016. MAP kinase-dependent RUNX2 phosphorylation is necessary for epigenetic modification of chromatin during osteoblast differentiation. J Cell Physiol, 232: 2427~2435.

Li Z, Sasaki Y, Mezawa M, et al. 2011. cAMP and fibroblast growth factor 2 regulate bone sialoprotein gene expression in human prostate cancer cells. Gene, 471: 1~12.

Martins M, Ribeiro D, Martins A, et al. 2016. Extracellular vesicles derived from osteogenically induced human bone marrow mesenchymal stem cells can modulate lineage commitment. Stem Cell Reports, 6: 284~291.

Mezawa M, Araki S, Takai H, et al. 2009. Regulation of human bone sialoprotein gene transcription by platelet-derived growth factor-BB. Gene, 435: 80~87.

Mikami Y, Yamamoto K, Akiyama Y, et al. 2015. Osteogenic gene transcription is regulated via gap junction-mediated cell-cell communication. Stem Cells Dev, 24: 214~227.

Nakajima K, Kho DH, Yanagawa T, et al. 2014. Galectin-3 inhibits osteoblast differentiation through notch signaling. Neoplasia(New York, NY), 16: 939~949.

Pesesse L, Sanchez C, Walsh DA, et al. 2014. Bone sialoprotein as a potential key factor implicated in the pathophysiology of osteoarthritis. Osteoarthritis and Cartilage, 22: 547~556.

Robin M, Almeida C, Azais T, et al. 2016. Involvement of 3D osteoblast migration and bone apatite during in vitro early osteocytogenesis. Bone, 88: 146~156.

Satue M, Arriero Mdel M, Monjo M, et al. 2013. Quercitrin and taxifolin stimulate osteoblast differentiation in MC3T3-E1 cells and inhibit osteoclastogenesis in RAW 264.7 cells. Acta Biomater, 86: 1476~1486.

Schumacher M, Lode A, Helth A, et al. 2013. A novel strontium(II)-modified calcium phosphate bone cement stimulates human-bone-marrow-derived mesenchymal stem cell proliferation and osteogenic differentiation in vitro. Acta Biomater, 9: 9547~9557.

Silvent J, Nassif N, Helary C, et al. 2013. Collagen osteoid-like model allows kinetic gene expression studies of non-collagenous proteins in relation with mineral development to understand bone biomineralization. PLoS One, 8: e57344.

Simann M, Le Blanc S, Schneider V, et al. 2017. Canonical FGFs prevent osteogenic lineage commitment and differentiation of human bone marrow stromal cells via ERK1/2 signaling. J Cell Biochem, 118: 263~275.

Sinha KM, Yasuda H, Zhou X, et al. 2014. Osterix and NO66 histone demethylase control the chromatin of Osterix target genes during osteoblast differentiation. J Bone Miner Res, 29: 855~865.

Sitasuwan P, Lee LA, Li K, et al. 2014. RGD-conjugated rod-like viral nanoparticles on 2D scaffold improve bone differentiation of mesenchymal stem cells. Front Chem, 2: 31.

Sun J, Fu S, Zhong W, et al. 2013. PML overexpression inhibits proliferation and promotes the osteogenic differentiation of human mesenchymal stem cells. Oncol Rep, 30: 2785~2794.

Takedachi M, Oohara H, Smith BJ, et al. 2012. CD73-generated adenosine promotes osteoblast differentiation, J Cell Physiol, 227: 2622~2631.

Tiaden AN, Breiden M, Mirsaidi A, et al. 2012. Human serine protease HTRA1 positively regulates osteogenesis of human bone marrow-derived mesenchymal stem cells and mineralization of differentiating bone-forming cells through the modulation of extracellular matrix protein. Stem Cells, 30: 2271~2282.

Wang G, Zhang X, Yu B, et al. 2015. Gliotoxin potentiates osteoblast differentiation by inhibiting nuclear factor-kappaB signaling. Mol Med Rep, 12: 877~884.

Wang J, Wang L, Xia B, et al. 2013. BSP gene silencing inhibits migration, invasion, and bone metastasis of MDA-MB-231BO human breast cancer cells. PLoS One. 8: e62936.

Wang L, Zhang J, Wang C, et al. 2017. Low concentrations of TNF-alpha promote osteogenic differentiation via activation of the ephrinB2-EphB4 signalling pathway. Cell Prolif, 50. doi: 10.1111/cpr.

Wang N, Zhang J, Yang JX. 2016. Growth factor progranulin blocks tumor necrosis factor-alpha-mediated inhibition of osteoblast differentiation. Genet Mol Res, 15. doi: 10.4238/gmr.15038126.

Wei RJ, Li TY, Yang XC, et al. 2016. Serum levels of PSA, ALP, ICTP, and BSP in prostate cancer patients and the significance of ROC curve in the diagnosis of prostate cancer bone metastases. Genet Mol Res, 15. doi: 10.4238/gmr.15027707.

Wu G, Guo JJ, Ma ZY, et al. 2015. Correlation between calcification and bone sialoprotein and osteopontin in papillary thyroid carcinoma. Int J Clin Exp Pathol, 8: 2010~2017.

Zhang Y, Liu H, Zhang C, et al. 2015. Endochondral ossification pathway genes and postmenopausal osteoporosis: Association and specific allele related serum bone sialoprotein levels in Han Chinese. Sci Rep, 5: 16783.

Zhou L, Ogata Y. 2013. Transcriptional regulation of the human bone sialoprotein gene by fibroblast growth factor 2. J Oral Sci, 55: 63~70.

第八章 软骨寡聚基质蛋白

第一节 软骨寡聚基质蛋白的分子结构

软骨寡聚基质蛋白（cartilage oligomeric matrix protein，COMP）是细胞外基质蛋白的一种，属于血小板凝血酶敏感蛋白（thrombospondin，TSP）家族，又名血小板反应素-5，存在于软骨、韧带、滑膜中。1992 年，瑞典 LUND 大学 Dick Heinegard 教授首先描述了 COMP。COMP 含有 5 个分子质量为 87kDa 的亚单位，通过链间的二硫键连接成分子质量为 550kDa 的同源五聚体。1993 年，Briggs 和 Hecht 将 COMP 基因定位于 19 号染色体。COMP 分子结构包括 1 个螺旋区（氨基端）、4 个 II 型类表皮生长因子重复区（T2）、8 个类钙调蛋白 T3 重复区和 1 个 C 端球状区域，电镜下可见 COMP 分子由 5 个可弯曲的臂通过卷曲的 N 端连接组成。

COMP 基因大小约为 26kb，由 19 个外显子和 18 个内含子组成。第 4~19 外显子编码类 EGF 重复序列、类钙调蛋白重复序列及 C 端区。COMP 是一种钙结合蛋白，能通过保守的天冬氨酸与 Ca^{2+} 结合，其类钙调蛋白区由 8 个重复的高度保守序列组成：NX（D）QXDXDXDGXGDAC（D）XDXDXDXXDNCPX，组成 13 个钙结合环，其中保守的天冬氨酸和半胱氨酸有助于维持钙结合区结构完整，并通过电荷间相互作用与钙结合。研究发现，D361Y 突变改变了类钙调蛋白区的局部构象，一方面降低了可结合的钙离子数，另一方面降低了与 I 型、II 型、IV 型胶原蛋白的锌依赖性结合。而 COMP 羧基端包含 1 个 SFYVVMWK 序列，可能在整合素介导蛋白（integrin-associated protein，IAP）介导的软骨细胞间的相互作用中起作用，第 585 密码子苏氨酸突变对软骨细胞与 COMP 间相互作用的影响仍有待于进一步研究。

COMP 是同源五聚体细胞外基质糖蛋白，由 5 个相同的含有 755 个氨基酸的亚单位组成。软骨中的 TSP 主要有 TSP-1、TSP-3 和 COMP（也称为 TSP-5），其中 COMP 占主导地位，是软骨非胶原蛋白的主要成分。COMP 的 5 个亚单位间的二硫键连接是通过亚单位内的氨基酸区实现的，另外还有 4 个类表皮生成因子的重叠与 7 个 TSP-3 重叠，TSP-3 重叠内包含一类钙调蛋白的钙离子结合区基序，最后是一个羟基球形区。电镜下可见 COMP 分子由 5 个可弯曲的臂组成。凝血栓蛋白家族目前已知有 5 个成员：TSP-1、TSP-2、TSP-3、TSP-4 及 COMP。这些同源蛋白在其中央区域内都与 2 型（类表皮生长因子）及 3 型（类钙调蛋白）重叠。其同源性在羟基端的球形区内表现最为显著，而 N 端的氨基酸序列则不明显。TSP-1 与 TSP-2 为三聚体，结构上包含有前胶原样的 N 端区域。TSP-3、TSP-4 与 COMP 为结构上相类似的五聚体，缺乏 TSP-1 和 TSP-2 所具有的前胶原样区域。

结构是功能的基础，只有清楚地了解物质的结构才能更准确地分析物质所具有的功能。对 COMP 的结构已进行较多研究，并已有较清楚的认识。但对于 COMP 与其同源蛋白,尤其是与 TSP-3、TSP-4 的差异性则鲜有报道,此种差别应认为是 COMP 功能特殊性的物质基础。

第二节 软骨寡聚基质蛋白的合成和分泌

尽管在关节软骨基质中发现 COMP 已有十几年的时间,但在刚开始的一段时间内,对于其合成分泌及影响因素所知甚少。

COMP 是关节软骨细胞外基质的一种大分子,外周 COMP 的高水平表达作为一种关节软骨早期退行性变较为灵敏的标志物,正越来越多地受到关注和研究。由于 COMP 最初是从软骨组织中分离出来的,因此曾有学者认为 COMP 的基因表达与合成分泌只能由关节软骨细胞进行。Hedbom 等基于牛关节软骨的研究表明,COMP 只能由软骨细胞进行生物合成,其他任何组织都与之无关。Shen 等应用原位杂交技术对小鼠进行研究得出结论:COMP 基因的表达仅局限于关节软骨与骺软骨的软骨细胞内。近年来更多研究表明,在所有类型的软骨、滑膜、骨骼、肌腱、韧带及血管平滑肌细胞内都有 COMP 表达。Recklies 等的研究显示,尽管 COMP 由关节软骨细胞合成,但其合成过程并不局限于软骨细胞,研究证实,滑膜的成纤维细胞也可以合成与分泌 COMP,而且其量与关节软骨细胞合成与分泌的量相关。Di-Cesare 等的研究也证实了这一点,从类风湿关节炎(RA)患者提取的滑膜组织中也发现了 COMP。Dodge 等的研究进一步显示,在相同的体外培养条件下,滑膜细胞可以产生多于软骨细胞 9 倍的 COMP。但其在软骨及滑膜组织内高表达,具有明显的组织特异性。COMP 的合成受多种因素的影响。

COMP 在细胞外基质的装配及与基质蛋白相互作用中均起重要作用。近来有报道显示,COMP 突变引起软骨细胞基中某些蛋白质含量降低、分布分散,从而引起基质功能的紊乱。Di-Cesare 等经 ELISA 固相结合分析法发现,COMP 与纤维结合蛋白之间存在特有的相互作用,且有较高的亲和力。此种相互作用在生理条件下即可发生,作用大小受两种蛋白质浓度的影响并可达到饱和。电镜观察可以发现,在距纤维结合蛋白 N 端约 14nm 处有一与 COMP 羧基球形区相结合的主要位点,COMP 的七十肽特异性抗体可抑制此位点。Geng 等研究发现,COMP 缺乏的胶原诱导关节炎小鼠更容易发生关节病变,认为 COMP 在维持关节稳定性方面发挥重要作用。COMP 与 II 型胶原相结合,在软骨组织胶原网中起稳定的作用,并有助于关节透明软骨的完整性。其本质是一类在软骨基质破坏降解过程中释放到滑膜和血液中的大分子物质,其定量检测可反映关节软骨与骨破坏情况。

综上所述,对于 COMP 合成分泌的认识已从最初的局限于软骨细胞,扩大到多种细胞组织,对其影响因素的认识也更加清楚。目前认为,COMP 的作用通过其与细胞及细胞外基质成分(如 I 型、II 型胶原)的相互作用来实现。今后的研究应更多地着眼于 COMP 与其他基质蛋白的相互影响,进一步揭示其在组织发生、维持稳态等方面的作用。

第三节 软骨寡聚基质蛋白的生物学意义

COMP 最早被认为具有软骨特异性,表达于软骨细胞周围的基质中。但近年研究表明,COMP 在所有关节结构中均有表达,包括韧带、半月板、肌腱、滑膜。此外,视网膜和血管平滑肌细胞内也能表达 COMP。

COMP 主要由软骨细胞和滑膜细胞分泌。COMP 的生物功能尚不明确。它是透明软骨的重要组成成分，其 C 端球状区可以连接Ⅰ、Ⅱ和Ⅸ型胶原，提示其可能参与调节纤维结构和维持胶原蛋白网的完整性。Saxne 等也发现，COMP 有绑定Ⅱ型胶原和维持关节软骨胶原网稳定的作用。Geng 等的研究表明，缺乏 COMP 的小鼠呈现明显早发 OA 症状，且严重程度高，但 COMP 对Ⅱ型胶原的自身免疫无影响。Hashimoto 等也发现 COMP 突变可以阻碍软骨细胞正常的分泌过程，而且表达突变 COMP 的软骨细胞凋亡率高。Gagarina 等认为，COMP 可以上调凋亡蛋白抑制因子，保护软骨细胞，阻止细胞凋亡发生。

一、COMP 与遗传性假性软骨增生和多发骨骺发育不良

COMP 与遗传性假性软骨增生（PSACH）和多发骨骺发育不良（MED）的发病有关，它可以在软骨、肌腱和韧带的细胞外基质中找到，现在认为 COMP 通过与细胞及其他细胞外基质成分，如Ⅰ型和Ⅱ型胶原相互作用，在组织发生、维持稳态方面发挥重要作用。假性软骨发育不良及大多数的多发性骨骺发育不良是由 COMP 突变所致。

早期实验发现，COMP 基因的突变与 PSACH 及 MED 这两种疾病的发生、发展有关。PSACH 与 MED 都是常染色体显性的软骨发育不良，会导致中度或严重的短肢畸形，并较早出现骨关节炎。对取自于 PSACH 与 MED 患者的软骨细胞进行超微结构分析可以发现，在粗面内质网内有呈独特板状分布的物质，主要成分为 COMP 与Ⅸ型胶原。然而，Di-Cesare 等对胚胎及成人成骨细胞进行的实验证实，COMP 突变所致关节软骨基质蛋白结构的改变对成骨细胞存在直接作用，可能是 PSACH 和 MED 病理变化的主要原因。COMP 与 PSACH 和 MED 的发病关系的研究进展，促使研究人员将目标转向 COMP 在关节炎病变过程中的意义。

二、COMP 与关节炎

Dodge 等的研究发现，包括滑膜细胞与成软骨细胞在内的多种间充质细胞都可以分泌一定数量的 COMP，并由此提出可以将血清或滑液中 COMP 水平的测定作为关节软骨退变的重要指标。Salminen 等对转基因骨性关节炎（OA）小鼠的研究表明，COMP mRNA 上调与 COMP 蛋白重新分布是 OA 病程中关节软骨退行性变早期阶段的特征性改变，提出在 OA 进展期内可将血清 COMP 水平作为软骨代谢变化的标记物。Sharif 等对 115 例膝 OA 患者血清 COMP 水平的测定则证实，血清 COMP 水平与膝 OA 进行性关节损害是相关的，并且此种损害的发展呈阶段性。尽管个体间存在的较大差异排除了将其单独作为可信指标来预测关节损害进展的可能性，但针对某一患者血清 COMP 水平的连续测定，仍可提示在今后 2~3 年内病变是否将有所进展。Kolarz 等的一项多中心研究表明，迟发性 RA 患者关节症状尚未表现时，血清 COMP 水平已有所升高，这种升高可归咎于大关节内已存有炎症。Jiao 等研究显示膝关节骨性关节炎 Outerbridge 评分为 1 及 2 的组别中，血中 COMP 浓度升高，提示其血浆浓度可以作为早期关节软骨病变的学血清学指标。Kluzek 等通过对一 593 位女性队列 20 年的追访结果显示，血清 COMP 升高与放射学阳性的骨性膝关节炎相关，提示除外年龄、体重指数（BMI）外，血清 COMP 水平可作为骨性膝关节炎的预测因子。Verma 等进行的病例对照研究显示，COMP 可以作为骨性关节炎的诊断标志物，同

时骨性关节炎的快速进展有一定的预后价值。Skoumal 等研究提出，可以将已确诊 RA 患者血清 COMP 水平作为关节软骨退变的预后指标之一。

OA 与 RA 作为两种本质不同的关节疾病，在某些大关节的症状表现却较为相似，故两者发病过程中存在部分相似，甚至有相同的病理变化。Schedel 等的研究表明，OA 与 RA 的滑膜成纤维细胞在与多数细胞外基质蛋白（如骨唾液蛋白）的吸附上存在较大差异，但与 COMP、聚合素等的吸附却无显著差别。Carnero 等经研究提出，与其他分子标记物相比，COMP 可以更为可靠地提示关节炎症的发生。由此推测，COMP 的合成与降解可能与滑膜的炎性病理变化密切相关，而不与 OA 或 RA 的发生呈特异性。

最早的实验发现，COMP 主要表达在关节软骨。虽然它也表达在肌腱，但是肌腱炎时不会释放到血清中使其血清浓度升高。虽然 TGF-β 可以上调体外培养的滑膜细胞 COMP 的表达，但是其在软骨中的表达量是滑膜表达量的 100 倍以上。COMP 外周血中表达水平上调，而且其水平和胶原性关节炎中的关节软骨破坏呈正相关，其水平可以反映治疗对关节软骨的保护作用。有研究资料显示，与仅有滑膜损害的关节炎患者及正常人群比较，只有软骨受到明显损害的关节炎患者如 RA 才会出现 COMP 的显著升高，软骨部分累及的 OA、PSA 患者与正常人群比较 COMP 有差异，而与其他滑膜关节炎患者比较差异不大。RA、OA、PSA 患者间 COMP 值比较差异也无统计学意义，可能与其均有软骨受累有关。这些数据提示，COMP 可以作为软骨破坏的标志物，尤其适用于 RA 患者。国外已有资料显示，血清 COMP 是一有效的监测 RA 疗效的指标，其增高与 5 年后的 Larsen 指数进展明显相关，且可以作为早期 RA 的预后监测指标。通过测定 COMP 水平可以预见是否出现软骨的破坏，可以判断哪些人群将来可能致残或需要更积极的治疗。

丛翠翠等采用酶联免疫吸附法（ELISA）检测 65 例早期 RA 患者及 18 例健康人血清 COMP 水平，并测定 RA 组患者其他实验室指标：抗环瓜氨酸抗体（CCP）、类风湿因子（RF）、红细胞沉降率（ESR）、C 反应蛋白（CRP），记录关节晨僵时间、关节肿胀、疼痛数目、DAS28 评分，分析它们与 COMP 的相关性，同时记录 39 例 RA 患者治疗缓解后的各项指标，与其活动期指标进行比较分析，并对 28 例 RA 患者记录随访 1 年后进行双手 X 射线分级与 COMP 相关性分析。结果显示，与健康对照组相比，早期 RA 组 COMP 值明显升高，差异具有统计学意义。早期 RA 活动期 COMP 值明显高于缓解期，两者差异有统计学意义。缓解期 RA 患者 COMP 值仍明显高于健康对照组。活动期 RA 患者 COMP 与 ESR、CRP 具有正相关，与 RF 无相关性，缓解期 COMP 与 ESR、CRP、RF 均无相关性。而 COMP 与关节晨僵时间、肿胀关节数、压痛关节数及 DAS28 评分呈正相关。因此认为 COMP 作为软骨破坏的一种生物标记物，在早期 RA 患者血清中异常增高，可用于反映 RA 早期关节软骨破坏程度及预测疾病进程。

Liu 等进行的病例对照研究显示 COMP 可以作为诊断类风湿关节炎的、有潜在价值的血清学指标。El Defrawy 等研究显示 COMP 是类风湿关节炎活动的重要指标，有可能成为该病的治疗靶点之一。

众所周知，OA 与 RA 临床诊治过程中如何及早发现关节内病变的发生、发展对于疾病转归有着重要的意义，目前主要诊断依据影像学改变及关节症状等，往往只在病变的晚期才有所表现。因此，人们对 COMP 寄予厚望，对其在关节炎病变过程中所起的作用进行研究，相继提出了多种假说，并且在最新文献中已有学者将其作为软骨代谢或监测关节保

COMP 亦与血清阴性脊柱关节病的活动相关，马英淳等对强直性脊柱炎、反应性关节炎、炎症性肠病关节炎及未分化脊柱关节病等的研究表明，血清 COMP 水平与血清阴性脊柱关节病患者的 ESR、CRP、夜间背痛时间、肿胀关节数、附着点压痛数、骶髂关节炎的 CT 分级呈正相关，与患者的年龄、病程、RF、脊柱活动度（Schober 试验）和骶髂关节压痛无明显关系，说明血液循环中高水平的 COMP 提示急性滑膜炎症的增加，故 COMP 可以作为反映血清阴性脊柱关节病急性活动程度的指标。Gomez 等的研究也证实了这一点。

还有研究显示儿童特发性脊柱侧弯患者的血清 COMP 低于正常对照组，而血清 COMP 水平与脊柱侧弯的生长速度相关，与疾病的严重程度无关。Lewander 等的研究则表明血清 COMP 与青少年特发性关节炎的 C 反应蛋白、疾病活动的临床的征象没有明显关系。另外也有研究显示某些关节的运动，可能与血清中 COMP 的快速升高有关，提高运动的速度可增加血清 COMP 浓度。是因为运动刺激 COMP 产生还是运动造成的关节软骨轻微的损伤诱导 COMP 产生尚不可知；另外，血清 COMP 的升高程度是否与运动形式、运动量之间存在相关性仍值得进一步研究。而在干细胞组织生物材料方面，Guo 等研究显示在生物材料表面多层装配的 COMP 基因能够抑制间充质干细胞向成骨细胞的分化，促进其向软骨的分化。

三、COMP 与消化系统疾病

慢性胰腺炎组织 COMP 表达水平高于正常胰腺组织、胰腺癌和胰腺癌细胞株。原位杂交和免疫组化分析表明，COMP mRNA 及蛋白质在慢性胰腺炎组织和胰腺癌中类似慢性胰腺炎损伤的退变腺泡细胞胞质内表达水平较高，而癌细胞内水平并不升高。这一发现解释了为何一些胰腺癌组织中 COMP 的水平升高，主要是因为在这些标本中混杂了与肿瘤毗邻的类似慢性胰腺炎损伤区域；同时也提示 COMP 在慢性胰腺炎的腺泡细胞退变、破坏与细胞外基质重塑过程中发挥重要作用。COMP mRNA 的上调与 COMP 蛋白的重新分布是骨性关节炎病程中关节软骨退行性变早期阶段的特征性改变，同时 COMP 与Ⅳ型胶原相互作用的破坏也是骨发育不良的发病机制。可以推测，COMP 在慢性胰腺炎发病过程中的作用可能与其在骨发育不良过程中的作用相似。COMP 由间质细胞，如滑膜细胞和皮肤成纤维细胞产生，测定体液中的 COMP 可以用于关节病变患者的临床评价，所以测定血清或胰液的 COMP 或许可以了解慢性胰腺炎的进展与组织破坏程度。由于 COMP 也存在于胰腺癌组织中，它不能作为慢性胰腺炎与胰腺癌相鉴别的标志；但 COMP 在慢性胰腺炎组织退变的腺泡细胞中有高水平表达，它可以作为慢性胰腺炎进展与组织破坏程度的一个标志。急性胰腺炎中，Chen 等进行的实验显示 COMP-血管紧张素-1 在急性坏死性胰腺炎中可以上调血管紧张素-1 的表达，进而促进血管生成，加重炎症反应及损伤。

正常时肝的纤维组织形成和降解保持平衡，如果形成增多而降解减少则可导致肝纤维化。早期的纤维化是可逆的，但到后期有再生结节形成时则不可逆。肝星形细胞是形成纤维化的主要细胞，在肝受到刺激而激活时，细胞因子生成增加，细胞外基质合成增加，胶原合成过多。此外，库普弗细胞和肝细胞亦有合成胶原的功能。肝纤维化时胶原含量可增加 4~7 倍，以Ⅰ、Ⅲ型胶原增加为主，Ⅳ型胶原亦有所增加。除胶原外，其他细胞外基质和蛋白多糖、纤维粘连蛋白、透明质酸等亦增多。Xiao 等用 RNA 印迹和 DNA 印迹分析表明，正常的肝组织和肝硬化组织中没有 COMP 表达或表达很少，肝癌组织则明显高度表达，COMP mRNA 在肝癌中高表达与临床分期或肿瘤分级无关；用原位杂交和免疫组织化学分析发现，COMP mRNA 及蛋白质在肿瘤细胞的细胞质中表达，提示说明 COMP 很可能在肝癌的发病机制中起作用。新近 COMP 在肝硬化、肝细胞癌的研究中成为热点。Andréasson 等通过对慢性丙型肝炎的肝弹力瞬时成像、肝脏活检的对比分析显示血清 COMP 与慢性丙型肝炎患者的肝纤维化相关，成功治疗慢性丙型肝炎后血清 COMP 水平下降。Magdaleno 等研究显示 COMP 通过调节 I 型胶原在肝脏的沉积，激活 MEK1/2-pERK1/2，参与细胞外基质的重塑，影响肝脏的纤维化。Norman 等进行的长达 96 个月的随访观察显示血清 COMP 升高与肝硬化、原发性肝细胞癌相关，血清 COMP 可以作为监测原发性肝细胞癌的无创生物学指标。

四、COMP 与口腔黏膜下纤维化和系统性硬化症

口腔黏膜下纤维化（oral submucous fibrosis，OSF）是一种慢性隐匿性的癌前病变，OSF 特征性的病理表现包括黏膜下层胶原组织堆积、结缔组织弥散性炎性反应、微血管变化和上皮萎缩。李宁等研究发现，COMP 在正常颊黏膜中不表达，而在 OSF 组织中 COMP 蛋白和 mRNA 表达明显增加；免疫组化结果显示其蛋白质分布于 OSF 胶原沉积区域并且表达量和病理分期呈正相关，说明 OSF 中 COMP 的过度表达打破了正常的胶原网络的平衡，可能通过结合某些基质蛋白逐渐促进 OSF 胶原成分的合成与沉积，从而加剧了 OSF 患者的病情。同时 OSF 作为一种局限性硬皮病，COMP 在其结缔组织中的分布与在硬皮病皮肤结缔组织中的分布一致，说明两者在胶原形成方面有着相近的机制。

系统性硬化症（systemic scleroderma，SSc）表现为全身性和器官非特异性纤维化。成纤维细胞代谢缺陷导致胶原和细胞外基质蛋白过度产生和沉积，血管损伤、血管舒缩运动失调，以及微血管内膜增生和血管堵塞可能是其主要原因，血管内病变和血栓形成可能也是致病因素之一。

Farina 等通过免疫组织化学及 PCR 研究表明，SSc 患者的真皮和表皮中的肌成纤维细胞表达 COMP 和平滑肌肌动蛋白（smooth muscle actin，SMA），TGF-β 治疗可以增加成纤维细胞表达 COMP 和 SMA，参与纤维化的过程。Agarwal 等研究显示 COMP 在局限性硬皮病患者的皮肤中、在受伤的组织中、在腿部静脉溃疡患者的渗出液及基底细胞癌患者纤维化的基质中是升高的。Kobayashi 等研究显示紫外线可以诱导皮肤成纤维细胞产生 COMP 在 RNA 及蛋白质水平的表达，TGF-β 可能参与了 COMP 表达的调控。Otteby 等在局限性及广泛性系统性硬化症患者的血清中均发现 COMP-C3b 复合物升高，而皮肤中未发现此复合物，提示该复合物为在血液循环中 COMP 释放时产生，COMP 没有在 SSc 的皮肤病变中驱使补体激活。

五、COMP 与心血管疾病

COMP 的另外一个名称是血小板反应蛋白-5，是在软骨和心血管系统广泛表达的细胞蛋白，COMP 在心血管系统主要由血管的平滑肌细胞表达。Bond 等在 APOE 沉默小鼠中进行的研究提示 COMP 的低表达可能与颈动脉粥样硬化斑块的形态、大小相关，胶原的

代谢异常可能是一个重要的机制。Fu 等通过对 ApoE 基因沉默及 ApoE、COMP 双基因沉默的小鼠研究显示，COMP 缺乏可能通过整合素β_3影响巨噬细胞出现动脉粥样化及成骨化的表型，加速血管动脉粥样硬化的钙化过程。进一步的研究显示 COMP 能够通过影响动脉粥样硬化及血管钙化抑制血管的老化。Wang 等研究显示 COMP 基因沉默的小鼠血管老化相关的标志物，如 p53、p21、p16 升高；给上述基因沉默小鼠注射腺注射 COMP 腺病毒后，血管平滑肌细胞的衰老得到改善。Liang 等研究显示血小板表达、分泌 COMP，而 COMP 缺乏对于血小板的数量没有影响；COMP 主要抑制凝血酶诱发的血小板聚集、激活、收缩，还影响凝血酶介导的纤维蛋白原的降解；另外，表皮生长因子样重复氨基酸区是 COMP 与凝血酶结合的位点。COMP 对内源性凝血、血栓形成起负性调控作用。Wang 等的研究显示在冠心病患者的血清 COMP 水平高于对照组，血清 COMP 水平与患者的年龄、空腹血糖、糖化血红蛋白及冠状动脉钙化评分相关；逐步线性回归显示血清 COMP 水平是冠心病患者的冠状动脉钙化的独立预测因子。可见，COMP 通过对血小板、动脉粥样硬化斑块的作用影响冠心病。

另外也有研究显示 COMP 对其他心脏疾病存在影响。Huang 等的研究显示 COMP 基因沉默的小鼠在出生后的 3~5 个月自发地出现扩张型心肌病；出生后 1 个月的小鼠，虽然心功能是正常的，但是心脏的超微结构已经出现异常，包括心肌细胞的凋亡、肌丝的消失、连接蛋白 43 缺乏及基质金属蛋白酶的激活；COMP 很可能通过与整合素β_1细胞外的β尾状域结合，抑制整合素β_1的降解来维持心脏的平衡，COMP 整合素β_1很可能成为扩张型心脏病的治疗靶点。

六、COMP 与其他系统疾病

Qiu 等在神经损害的兔子中进行的研究显示 COMP-Ang1（COMP-血管生成素 1）在神经损伤的早期阶段可以通过内皮细胞上 p-Tie-2、Tie-2 受体促进神经新血管形成，COMP-Ang1 有可能在将来的临床试验中提高非细胞神经移植（ACNG）在周围神经损伤修复中的疗效。

在肺组织中巨噬细胞、单核细胞、肺泡表面液体层及血管内皮细胞中均可发现 COMP 的表达。Liu 等研究显示 COMP 可以直接与卡他莫拉菌表面的 A2 蛋白结合，结合了 COMP 的卡他莫拉菌，补体表面攻击复合物对其的杀菌活性降低；COMP 可以抑制中性粒细胞吞噬卡他莫拉菌，还可以保护该菌避免上皮细胞内的杀伤。卡他莫拉菌可以利用 COMP 逃避宿主的内在免疫。

Englund 等的研究显示 COMP 在乳腺癌组织及癌旁基质中表达水平升高，COMP 水平升高与预后不佳、复发具有独立的相关性。表达 COMP 的肿瘤细胞更具有侵袭性，体外试验证实 COMP 的表达可以诱导保护内质网应激的基因高表达。

除了在肝纤维化方面的研究，COMP 也与肺纤维化存在密切关系。Vuga 等研究显示 COMP 在特发性肺间质纤维化中的显著高表达，TGF-β_1刺激正常的肺成纤维细胞可以诱导 COMP 在 mRNA、蛋白质水平的高表达；在肺成纤维细胞中沉默 COMP 可以抑制细胞的增殖，同时抑制 TGF-β_1对 COL1A1 及 PAI1 的作用。IPF 患者血清中的 COMP 浓度与用力肺活量（FVC）呈一定程度的时间相关性。COMP 可以作为 IPF 患者疾病活动的生物学指标。

综上所述，COMP 参与多种疾病的发病过程，并不仅仅局限于软骨破坏性疾病，COMP

的深入研究对多种疾病的早期诊断、预后预测及疗效检测等都具有重要意义。

（李忠恕）

参 考 文 献

Agarwal P, Schulz JN, Blumbach K, et al. 2013. Enhanced deposition of cartilage oligomeric matrix protein is a common feature in fibrotic skin pathologies. Matrix Biol, 32: 325～331.

Andréasson K, Hesselstrand R, Saxne T, et al. 2015. Cartilage oligomeric matrix protein: a new promising biomarker of liver fibrosis in chronic hepatitis C. Infect Dis(Lond), 47: 915～918.

Bond AR, Hultgårdh-Nilsson A, Knutsson A, et al. 2014. Cartilage oligomeric matrix protein(COMP)in murine brachiocephalic and carotid atherosclerotic lesions. Atherosclerosis, 236: 366～372.

Briggs MD, Brock J, Ramsden SC, et al. 2014. Genotype to phenotype correlations in cartilage oligomeric matrix protein associated chondrodysplasias. Eur J Hum Genet, 22: 1278～1282.

Chen YF, Kong PT, Li HC, et al. 2016. Cartilage oligomeric matrix protein-angiopoietin-1 has a protective effect of vascular endothelial barrier in rat with acute necrotizing pancreatitis. Pancreas, 45: 142～147.

Denning WM, Becker PM, Winward JG, et al. 2016. Ambulation speed and corresponding mechanics are associated with changes in serum cartilage oligomeric matrix protein. Gait Posture, 44: 131～136.

El DAO, Gheita TA, Raslan HM, et al. 2016. Serum and synovial cartilage oligomeric matrix protein levels in early and established rheumatoid arthritis. Z Rheumatol, 75: 917～923.

Englund E, Bartoschek M, Reitsma B, et al. 2016. Cartilage oligomeric matrix protein contributes to the development and metastasis of breast cancer. Oncogene, 35: 5585～5596.

Fu Y, Gao C, Liang Y, et al. 2016. Shift of macrophage phenotype due to cartilage oligomeric matrix protein deficiency drives atherosclerotic calcification. Circ Res, 119: 261～276.

Fu Y, Kong W. 2017. Cartilage oligomeric matrix protein: matricellular and matricrine signaling in cardiovascular homeostasis and disease. Curr Vasc Pharmacol, 15: 186～196.

Gerdhem P, Topalis C, Grauers A, et al. 2015. Serum level of cartilage oligomeric matrix protein is lower in children with idiopathic scoliosis than in non-scoliotic controls. Eur Spine J, 24: 256～261.

Guo P, Shi ZL, Liu A, et al. 2014. Cartilage oligomeric matrix protein gene multilayers inhibit osteogenic differentiation and promote chondrogenic differentiation of mesenchymal stem cells. Int J Mol Sci, 15: 20117～20133.

Huang Y, Xia J, Zheng J, et al. 2013. Deficiency of cartilage oligomeric matrix protein causes dilated cardiomyopathy. Basic Res Cardiol, 108: 374.

Jiao Q, Wei L, Chen C, et al. 2016. Cartilage oligomeric matrix protein and hyaluronic acid are sensitive serum biomarkers for early cartilage lesions in the knee joint. Biomarkers, 21: 146～151.

Kluzek S, Bay-Jensen AC, Judge A, et al. 2015. Serum cartilage oligomeric matrix protein and development of radiographic and painful knee osteoarthritis. A community-based cohort of middle-aged women. Biomarkers, 20: 557～564.

Kobayashi M, Kawabata K, Kusaka-Kikushima A, et al. 2016. Cartilage oligomeric matrix protein increases in photodamaged skin. J Invest Dermatol, 136: 1143～1149.

Lewander P, Dahle C, Larsson B, et al. 2017. Circulating cartilage oligomeric matrix protein in juvenile idiopathic arthritis. Scand J Rheumatol, 46: 194～197.

Liang Y, Fu Y, Qi R, et al. 2015. Cartilage oligomeric matrix protein is a natural inhibitor of thrombin. Blood, 126: 905～914.

Liu F, Wang X, Zhang X, et al. 2016. Role of Serum cartilage oligomeric matrix protein(COMP)in the diagnosis of rheumatoid arthritis(RA): A case-control study. J Int Med Res, 44: 940～949.

Liu G, Gradstedt H, Ermert D, et al. 2016. Moraxella catarrhalis evades host innate immunity via targeting cartilage oligomeric matrix protein. J Immunol, 196: 1249～1258.

Magdaleno F, Arriazu E, de Galarreta MR, et al. 2016. Cartilage oligomeric matrix protein participates in the pathogenesis of liver fibrosis. J Hepatol, 65: 963～971.

Norman GL, Gatselis NK, Shums Z, et al. 2015. Cartilage oligomeric matrix protein: A novel non-invasive marker for assessing cirrhosis and risk of hepatocellular carcinoma. World J Hepatol, 7: 1875～1883.

Otteby KE, Holmquist E, Saxne T, et al. 2013. Cartilage oligomeric matrix protein-induced complement activation in systemic sclerosis. Arthritis Res Ther, 15: R215.

Qiu L, He B, Hu J, et al. 2015. Cartilage oligomeric matrix protein angiopoeitin-1 provides benefits during nerve regeneration in vivo and in vitro. Ann Biomed Eng, 43: 2924～2940.

Verma P, Dalal K. 2013. Serum cartilage oligomeric matrix protein(COMP)in knee osteoarthritis: a novel diagnostic and prognostic biomarker. J Orthop Res, 31: 999～1006.

Vuga LJ, Milosevic J, Pandit K, et al. 2013. Cartilage oligomeric matrix protein in idiopathic pulmonary fibrosis. PLoS One, 8: e83120.

Wang FF, Ha L, Yu HY, et al. 2017. Altered serum level of cartilage oligomeric matrix protein and its association with coronary calcification in patients with coronary heart disease. J Geriatr Cardiol, 14: 87～92.

Wang M, Fu Y, Gao C, et al. 2016. Cartilage oligomeric matrix protein prevents vascular aging and vascular smooth muscle cells senescence. Biochem Biophys Res Commun, 478: 1006～1013.

第九章 弹 性 蛋 白

弹性蛋白（elastin）是弹性纤维的主要蛋白成分，其以随机方式排列并彼此连接，形成网状结构，存在于多种类型的组织中。不同动物皮肤中的弹性蛋白占其干重的2%~70%。弹性蛋白分子中含有高比例的疏水性氨基酸残基，使弹性蛋白成为体内对化学及蛋白酶作用最具强抵抗力的蛋白质之一。弹性蛋白形成的弹性纤维，使其所分布的组织具有弹性和韧性。此外，弹性蛋白还可以促进细胞黏附，而弹性蛋白多肽则是一种具有趋化作用的分子。

第一节　弹性蛋白的基因及分子结构

弹性蛋白的前体形式为弹性蛋白原（proprelastin），是由单一基因编码的单链多肽。但弹性蛋白原基因的转录产物具有剪切加工机制，从而产生不同类型的弹性蛋白分子。弹性蛋白链分泌到细胞间隙中，与微纤维成分等结合而形成弹性纤维。

一、弹性蛋白的基因结构

人弹性蛋白是由单一基因编码的，位于人染色体7q11.2位点上。其基因组DNA长约45 000bp，编码基因分为34个外显子，被一些大的内含子序列分割。弹性蛋白分子的疏水结构区，以及与交联有关的重复序列结构区由不同外显子序列编码。大多数情况下，弹性蛋白基因转录产物的剪切，无论保留还是缺失一段外显子基因序列，均以盒式方式（cossette-like fashion）进行。但也有例外，一个外显子区存在两个剪切位点，如501~548bp和612~644bp。在外显子与内含子的邻接区，密码子三联体的分割都以同样方式进行，即5′端邻接区提供三联体密码子的第二个和第三个核苷酸，而3′端邻接区则提供三联体密码子的第一个核苷酸。

最初，弹性蛋白的cDNA克隆化应用鸡和羊的组织进行，只得到了其部分编码序列的cDNA片段。此后，建立了cDNA文库并从中克隆了人、牛、鸡和大鼠等弹性蛋白的全长cDNA。所有cDNA都编码一种非常特殊的蛋白质分子，在其C端有一段高度保守的多肽序列，由GGACLGLACGRKRK组成。这段多肽序列仅见于弹性蛋白的分子结构中，其C端序列富含酸性氨基酸残基，表明弹性蛋白原与酸性微纤维蛋白成分间有很强的相互作用。弹性蛋白的cDNA序列分析表明，其编码产物含有较多的疏水性氨基酸残基和富含赖氨酸的结构位点。这些位点结构中的赖氨酸残基一般都成对出现。弹性蛋白原的这一分子结构特点表明一种锁链（赖氨）素（desmosine）/异锁链（赖氨）素（isodesmosine）只供2个弹性蛋白原分子间的结合，而非理论上的4个弹性蛋白原分子间的结合。弹性蛋白原分子结构的另一个特点是，弹性蛋白原分子间的交联序列并非以均一方式分布。在N端的200个氨基酸残基中，两段与交联有关的氨基酸残基序列间相距较近，形成了弹性蛋白的非对称结构。

目前，人和牛的弹性蛋白基因研究得最为广泛，Southern blot 杂交研究结果表明，人、牛等的弹性蛋白基因均以单拷贝形式存在。弹性蛋白基因结构的显著特点之一是，相对于内含子序列的长度，其外显子序列较短，仅为 27~186bp。因此，弹性蛋白基因组的编码率较低，仅为 1：20。另外一个非常重要的结构特点是，弹性蛋白的疏水氨基酸残基序列及交联位点（cross-link domain）的氨基酸残基序列是由不同外显子编码的。所有外显子序列都为三核苷酸的整数倍，在外显子与内含子交界位点上也能发现甘氨酸编码序列的存在，但外显子大小却无规律性，这与纤维性胶原编码基因的特点类似。由于弹性蛋白基因组 DNA 中外显子/内含子邻接区总以同样方式将密码子三联体结构分开，也就是位于外显子/内含子邻接位点区，上游外显子的最后一个核苷酸与下游外显子的第一、二个核苷酸组成一个三联体密码子，因为所有外显子与内含子邻接位点的结构均如此，因而弹性蛋白基因转录产物经过不同方式的剪切加工后，也总能保持其完整的开放读码框架。由于弹性蛋白基因组 DNA 中外显子与内含子间的特殊关系，这种基因转录产物的剪切加工以盒式方式进行。每个剪切位点的供体位点（donor site）和受体位点（acceptor site）在剪切加工中破坏了三联体密码子的完整性，但经过剪切加工后，外显子又重新连接在一起，形成一个新的三联体密码子。被剪切破坏的三联体密码子和新形成的三联体密码子中的核苷酸组成并非总一致。对人弹性蛋白基因第 34 和 35 个外显子的同源性基因进行检索，至今尚未发现同源性基因。这一特殊结构的基因是否具有特殊功能，目前尚不十分明确。

在人弹性蛋白基因组结构中，含有一些长度为 300bp 的插入序列，其含有 AluⅠ限制酶酶切位点，即 AluⅠ重复核苷酸序列，占总 DNA 长度的 3%~6%。人弹性蛋白基因组中 AluⅠ重复序列出现频率为其他基因序列的 4 倍。除了 AluⅠ重复序列外，在人弹性蛋白基因组 DNA 序列中还有较长的富含嘌呤核苷酸或嘧啶核苷酸的碱基序列。但这些重复序列是否具有特定功能、有何种功能，目前尚不清楚。在其他类型的人基因序列中，这些重复序列间重组可能造成某些外显子序列缺失突变，从而造成一些遗传性疾病。另外，有足够证据表明富含 AluⅠ重复序列的基因组 DNA 为不稳定的核苷酸序列。人弹性蛋白基因无突变现象发生，但在其第 28 个外显子区却发现了一个转位位点（translocation site），从而使弹性蛋白的编码基因中断而导致一种遗传性疾病。

二、弹性蛋白的分子结构

人弹性蛋白由 786 个氨基酸残基组成，分子质量为 68 419kDa，其 N 端的 1~26 个氨基酸残基构成了人弹性蛋白的信号肽序列。在弹性蛋白分子结构中，含有一系列疏水重复序列（hydrophobic repeat）和交联重复序列（cross-link repeat）。疏水重复序列分别位于第 28~53、66~77、109~124、143~158、181~190、215~228、229~248、267~296、317~365、384~438、453~481、501~548、570~644、658~681、702~726、740~757、758~772 个氨基酸残基序列；交联重复序列分别位于第 56~65、78~108、125~142、159~180、191~214、249~266、297~316、366~383、439~452、482~500、549~569、645~657、682~701、727~739 个氨基酸残基序列。人弹性蛋白选择性的剪切重复序列分别位于第 453~481、482~500、501~548、570~644、740~757、758~772 个氨基酸残基间的序列中。在第 776 和第 781 两个位点的半胱氨酸残基为不参与二硫键形成的自由半胱氨酸残基。

第 505~546 个氨基酸残基构成了 β 螺旋结构。由此可见，人弹性蛋白的分子结构是由一系列疏水重复序列和交联重复序列交替排列而成的。在赖氨酰氧化酶的催化作用下，特定赖氨酸残基发生去氨基化修饰，促进弹性蛋白分子间的共价交联，进一步稳定了弹性纤维的结构框架。这种锁链（赖氨）素和异锁链（赖氨）素间的交联反应具有弹性纤维特异性。在交联重复序列中，赖氨酸残基一般成对出现，但在第 375~382 和第 558~567 两段氨基酸残基序列中，却有 3 个赖氨酸残基相距较近。人、牛、猪弹性蛋白的分子结构具有高度同源性，但都与鸡弹性蛋白的同源性较低。在人弹性蛋白分子结构中，发现了几段 VGVAPG 多肽序列，可与分子质量为 67kDa 的受体蛋白结合，介导与细胞之间的黏附。

由于弹性蛋白分子间存在广泛的交联，只有在较为强烈的条件下才能对其进行分离纯化，0.1mmol/L 的 NaOH 在 98℃条件下作用 60min，可使绝大部分蛋白溶解，只剩下不溶性的弹性蛋白。其他较为温和的办法有高浓度胍溶液抽提等。以细菌胶原酶进行消化也是一种十分有效的纯化提取方法，该法可避免弹性蛋白分子非特异性肽键的裂解。对来源于不同种系生物系统的弹性蛋白序列进行测定，发现弹性蛋白分子结构中含有高比例的甘氨酸与脯氨酸残基，分别占总氨基酸残基数量的 33% 和 10%~13%。疏水氨基酸残基约占氨基酸残基总数的 44%。赖氨酸残基占氨基酸残基总数的 4%，但大多数赖氨酸残基位于交联重复序列中，成熟的弹性蛋白分子中带电荷的氨基酸残基数量很少。进化过程中弹性蛋白分子的疏水性比较分析发现，其疏水性随着弹性蛋白质分子进化而逐渐升高，这可能与进化过程中血压逐渐升高有关。例如，鱼和双栖动物的血压仅为 30mmHg，而哺乳动物及鸟的血压已达 120~150mmHg。与高血压相对应，弹性蛋白的疏水性也随动物种系的进化而逐渐上升。

第二节 弹性蛋白的基因表达及调控

一、弹性蛋白基因转录产物的剪切

人、牛、大鼠弹性蛋白的 cDNA 序列分析表明，弹性蛋白基因转录产物存在剪切机制。绝大多数情况下，弹性蛋白基因转录产物的剪切以盒式方式进行，以使整个外显子序列经过剪切加工而去除或者保留，极少数情况下会打断外显子序列，但第 24 和第 26 个外显子除外。如果在这两个外显子区发生剪切加工，弹性蛋白分子中的疏水结构区及交联位点结构区都将受到影响。如果第 22 个外显子经过剪切加工后，两段交联位点结构则并列在一起；如果第 23 个外显子经过剪切加工后，两段交联位点结构间的插入序列则延长。虽然已知弹性蛋白质分子结构可发生上述变化，但目前还不十分清楚这种剪切加工是否会为弹性蛋白带来新的生物学作用。不过有一点十分明确，即弹性蛋白基因转录产物经过剪切加工后，其编码产物或者为一种结构较为紧凑的蛋白质分子，或者为结构较为松弛的蛋白质分子。从发育中的牛项背韧带中分离到弹性蛋白 mRNA，进行 S1 核酸酶作图分析，结果证实部分外显子结构区的剪切加工现象十分常见，但绝大多数弹性蛋白基因的外显子区不存在剪切加工机制。这些实验结果也表明成年动物体内弹性蛋白基因转录产物的剪切加工机制与胚胎发育阶段弹性蛋白 mRNA 的剪切机制并不完全相同。由于弹性蛋白基因转录产物存在剪切加工机制，体内不同弹性蛋白 mRNA 翻译成的弹性蛋白原也多种多样，导致不同种系的生物系统中存在不同的弹性蛋白原分子。到目前为止，尚不十分清楚弹性蛋白 mRNA 的剪切是否具有组织特异性，以及在疾病状态下是否会出现特殊的剪切加工方式。人弹性蛋白基因中 26A 外显子是否表达对于人弹性蛋白的结构和性质可能具有十分显著的影响。因为这一基因序列编码高度亲水性的非典型氨基酸残基序列，正常情况下极少有表达活性。如果该段序列在弹性蛋白分子中得到表达，将显著改变弹性纤维的性质。

弹性蛋白 mRNA 剪切加工研究证实人弹性蛋白基因组的 34 个外显子中，有 6 个外显子结构区存在频率不同的剪切加工现象。第 22 个外显子常经剪切加工而去除。以第 26 外显子结构区为 5'供体、以第 24 个外显子结构区为 3'受体的剪切加工时有发生。在第 23、32 和 33 个外显子结构区还可发生盒式剪切。

二、弹性蛋白基因表达的调控

通过对人弹性蛋白基因 5'端非翻译区序列分析而鉴定出几个可能对人弹性蛋白基因的转录表达具有调控作用的调控元件。人弹性蛋白基因与部分管家基因（house keeping gene）有几个共同的结构特点，如均缺乏典型的 TATA 盒式结构。在其 5'端非翻译区却有两个 CAATT 序列片段，对弹性蛋白基因表达具有一定的调节作用。另外，弹性蛋白 5'端非编码区 GC 碱基含量相对较高，达 66%，且还有较多的 CpG 二核苷酸序列。管家基因在多种细胞类型中都具有广泛的表达活性，但部分具有组织特异性基因的表达也具有类似结构特点。在人弹性蛋白基因的启动子结构区，也有一系列顺式作用元件，成为不同转录因子的结合位点。其中包括 SP1、AP2 等转录因子的结合位点，糖皮质激素应答元件（glucocorticoid response element），TPA 和 cAMP 应答元件（cyclic AMP response element，CRE）。这些调控元件的存在解释了人弹性蛋白基因表达水平会受到糖皮质激素及其他转录因子的调节。人弹性蛋白基因启动子功能分析表明，与弹性蛋白基础表达有关的启动子结构元件位于 -1～-128 核苷酸序列，其上游分布着几个正性、负性的顺式调节元件。弹性蛋白的正性调节部分源于启动子序列中存在的多个 SP-1 和 AP-2 结合位点。

人、牛的弹性蛋白基因 5'端非翻译区核苷酸序列分析比较发现该段核苷酸序列高度保守。-1～-192bp 的核苷酸序列同源性达 94%，-193～-588bp 的核苷酸序列同源性达 86%，表明该段核苷酸序列在进化过程中高度保守，也提示其在弹性蛋白基因表达过程中具有重要作用。两段 CAAT 序列分别位于-57～-61bp 和-599～-603bp 的核苷酸序列，根据这两段核苷酸序列在弹性蛋白基因中所处的位置，推测其不具有非常重要的生物学功能。弹性蛋白基因的-225～-275 核苷酸，有一段由鸟嘌呤及嘧啶核苷酸组成的序列，可能与转录活性调节有关。

为研究人弹性蛋白基因启动子的生物学功能及调节机制，构建了一系列启动子-报告基因的重组表达载体。研究结果表明，在 2.2kb 的 5'端非翻译区的核苷酸序列中，具有多个正性和负性调节元件。如果-1～-128bp 核苷酸序列缺失，缺乏弹性蛋白的核心启动子或基本启动子核苷酸序列后，弹性蛋白所有转录表达活性将全部丧失。这些研究大多数情况下是以大鼠动脉的平滑肌细胞为模型，以小鼠成纤维细胞 NTH3T3、人皮肤成纤维细胞、人 HT-1080 纤维肉瘤细胞及 HeLa 细胞等进行的定量研究。人皮肤成纤维细胞及纤维肉瘤细胞系 HT-1080 能够表达内源性弹性蛋白但水平较低，HeLa 细胞及 NIH3T3 细胞中却根本无内源性弹性蛋白的表达。凝胶泳动迁移率实验（gel mobility shift assay）表明，从表达内源性弹性蛋白的细胞如平滑肌细胞中提取的核蛋白,与无内源性弹性蛋白表达的细胞如HeLa细胞中提取的核蛋白相比较,与弹性蛋白基因组-195～+2bp核苷酸片段的结合能力有一定差别。但总体来讲,弹性蛋白基因表达的组织特异性与发育阶段特异性表达调节的序列结构并不位于弹性蛋白基因翻译起始密码子上游2.26kb范围内。已有多项研究表明,调节基因转录表达活性的结构序列并不仅仅存在于弹性蛋白基因5'端非翻译区的核苷酸序列中。在数个基因结构包括三个胶原的编码基因序列中,第一个内含子片段中就有促进启动子转录活性的增强子序列结构。对于人、牛等弹性蛋白基因内含子序列进行的分析表明只有两者的第一内含子序列间具有高度同源性,但其中却未能发现具有增强子样活性的同源片段。

弹性蛋白基因的表达活性受到激素、维生素、生长因子和细胞因子等的影响。弹性蛋白基因启动子的核苷酸序列分析研究表明,其含有糖皮质激素及cAMP的应答元件,而且这些结构元件具有生物学功能。例如,向鸡胚中注射地塞米松可以增加动脉中弹性蛋白的累积。胎牛项背韧带成纤维细胞与地塞米松共同孵育也可促进其弹性蛋白基因的表达。cAMP可阻断cGMP引起的韧带成纤维细胞中弹性蛋白水平的增加。但这些调节作用是否为同一转录水平的调节,尚缺乏直接的证据。胰岛素样生长因子-1(IGF-1)也具有促进弹性蛋白基因表达的作用。向新生大鼠主动脉平滑肌细胞加入20～80ng/ml的IGF-1,则可显著刺激其弹性蛋白的合成速度且呈剂量依赖性,最高时可提高4倍,与弹性蛋白mRNA水平的升高一致,提示IGF-1促进弹性蛋白水平的表达可能发生在转录水平。以弹性蛋白基因5'端非翻译区约500bp的核苷酸片段作为启动子结构,构建了含报告基因的重组表达载体,转染细胞后证实IGF-1的确可促进弹性蛋白的转录表达。IGF-1的应答元件位于弹性蛋白基因翻译起始位点上游500bp核苷酸序列之内。与之相反,重组的TNF-α却能显著抑制弹性蛋白mRNA的转录表达水平且呈时间和剂量依赖性。TNF-α对体外培养的人皮肤成纤维细胞及大鼠主动脉平滑肌细胞中弹性蛋白mRNA转录活性的抑制率高达91%。TNF-α对于弹性蛋白启动子/报道基因重组表达载体暂时转染细胞表达活性的抑制率达到70%,再次证实TNF-α对于弹性蛋白基因的调节是转录水平上的调节。进一步研究表明,TNF-α对于弹性蛋白基因转录表达的抑制作用是通过jun/fos与弹性蛋白基因启动子-223～-229核苷酸序列结合而发挥调节作用。白细胞介素-1β(IL-1β)对弹性蛋白的合成也有抑制作用,可使弹性蛋白mRNA的持续水平下降。但关于白细胞介素对弹性蛋白基因表达水平的调节机制尚不太清楚。

一般来讲,能够与转录调节因子发生相互作用并对弹性蛋白基因表达具有调控作用的蛋白质因子尚未得到鉴定,除其必须加以考虑外,其他类型基因表达的调控机制也必须考虑。到目前为止,虽尚无证据表明弹性蛋白的表达调控主要是弹性蛋白RNA转录水平上的调控,但有很多证据表明弹性蛋白原表达水平升高或降低,主要是通过几种调节因子对弹性蛋白mRNA稳定性的变化来进行调节的。以ELISA进行定量检测,发现猪平滑肌细胞受到TGF-β_1的刺激后,其弹性蛋白表达水平约升高3倍。对弹性蛋白基因中-1～-2260bp间的核苷酸序列进行分析研究,并未发现具有转录因子NF-1结合位点的结构序列。而TGF-β_1可以通过与前胶原α_2(I)基因启动子结构区NF-1序列结合,提高这种胶原蛋白链的表达。因此,TGF-β_1对于弹性蛋白表达调节的机制与TGF-β_1对于前胶原α_2(I)链表达调节的机制不完全相同。也可能通过对其他类型转录因子的调节作用,或通过弹性蛋白基因结构序列进行调节和控制。有证据表明，TGF-β_1对弹性蛋白表达的调节可能是通过转录后水平的调节。体外人皮肤成纤维细胞与TGF-β_1共同培养，可使弹性蛋白mRNA的稳定性显著提高。体外培养的胎牛弹性软骨细胞，如加入浓度为10^{-7}mmol/L的12-O-四癸酰佛波13-乙酸盐（12-O-tetradecanoylphorbol 13-acetate，TPA）时，细胞中弹性蛋白原mRNA水平下降至1/10，弹性蛋白原水平降低与之平行。核Runoff试验及人弹性蛋白-氯霉素乙酰化酶（chloraphenicol acetyltransferase，CAT）重组表达载体的暂时转染实验表明，其并不会受到TPA的影响。以放线菌素D抑制基因转录水平表达时，对照组中弹性蛋白原mRNA的半衰期为20h，但以TPA处理后，其半衰期降至2.2h。同样，以10^{-7}mmol/L浓度的1,25-$(OH)_2D_3$这种显著高于生理浓度的剂量处理细胞，弹性蛋白原的mRNA持续水平很低，但其转录水平未受到影响。这些结果均表明，弹性蛋白mRNA可能存着转录后的调节机制。

第三节 弹性纤维的形成

多细胞生物具有多种组织类型，其正常生理功能的发挥需要其本身具有一定的弹性。例如，心脏收缩时，血压升高，大血管发生扩张，但心脏舒张时，大血管本身由于弹性而回缩。心脏收缩及舒张过程是维持血压的重要因素之一，以保证组织具有持续的血液灌流。与之类似，呼吸过程也需要呼吸系统组织具有一定的弹性。吸气是一种主动的能量消耗过程，而呼气则是一种被动过程，是借助气管树的弹性回缩而引导的一个过程。非脊椎动物中无弹性蛋白的表达，只有脊椎动物组织中才有弹性蛋白。弹性蛋白的存在是上述这些组织、器官发生弹性回缩的结构基础。弹性蛋白在细胞外基质中以弹性纤维的形式存在，其含量较少，仅占其总量的2%~4%，但却具有十分重要的功能。在某些类型的器官中，弹性蛋白含量很高，如占大动脉干重的50%以上。电子显微镜下观察结果表明，弹性纤维由两种形态学上不同的成分组成：其中一种为非定形、缺乏明显规律性的结构，也不含重复序列，这就是弹性纤维中的微纤维蛋白，占总弹性纤维成分的90%；另一种即为弹性蛋白。

一、微纤维蛋白

微纤维蛋白（microfibrillar protein）是一种不溶性而且结构复杂的蛋白质，其化学特点的研究进展缓慢。尽管有一系列早期报道称从微纤维中分离到几种微纤维蛋白的成分，但后来的研究证实大部分是错误的。例如，牛项背韧带中的成纤维细胞分泌的一种分子质量为150kDa的蛋白质，考虑为微纤维相关蛋白，但后来证明为Ⅵ型胶原的α链。Ⅵ型胶原存在于其他类型的纤维基质中，但与弹性蛋白相关的微纤维无关。以免疫电镜观察发现淀粉状蛋白P和衰变加速因子均为微纤维相关性蛋白。这两种蛋白质的含量很少，虽然在微纤维组成与结构中具有一定功能，但并非重要的组成成分。近年研究表明，分子质量为350kDa的肌原纤维蛋白（fibrillin）是微纤维的重要组成部分。对单体的肌原纤维蛋白进行电子显微镜观察，证实这种来源于人成纤维细胞培养物中的肌原纤维蛋白的长度为148nm，直径为2.2nm。多个肌原纤维蛋白质分子以头-尾方式平行排列，构成了微纤维蛋白的主要部分。肌原纤维蛋白的基因克隆化研究表明，至少存在着两个高度同源的基因编码肌原纤维蛋白，一个位于染色体15q21位点上，另一个则位于5q23—q31位点上。第三种蛋白原命名为肌原纤维蛋白样蛋白（fibrillin-like protein，FLP），其基因序列中具有与纤维蛋白高度同源性的重复序列。位于15q21和位于5q23—q31位点的两个肌原纤维蛋白基因，分别称为Fib15和Fib5。免疫组织学研究表明，弹性纤维中的微纤维蛋白含有FLP蛋白成分，表明FLP是肌原纤维蛋白家族中，继Fib15和Fib5之后的第三个家族成员。对于Fib5、Fib15及FLP三种cDNA所编码蛋白质的氨基酸残基序列进行分析比较，证实其含有表皮生长因子的多个重复序列，另外还有6个高度保守的半胱氨酸残基。这些重复序列中，大多数包含与钙结合有关的保守序列。这些重复序列中的天冬氨酰胺与天冬氨酸残基发生羟基化后，即可形成与钙结合的相应位点结构。人肌原纤维蛋白基因中的EGF样重复序列与果蝇的North基因及线虫（C.elegans）的in-12基因间具有同源性。第二种类型的位点结构中含有8个半胱氨酸残基，同样的结构特点在TGF-β_1的蛋白质分子结构中也存在。在三种不同类型的肌原纤维蛋白质分子结构中，半胱氨酸残基的结构都高度保守。这三种肌原纤维蛋白部分基因结构研究资料表明其基因都很大，但具有编码功能的外显子序列却相对较小。

位于15号染色体上的肌原纤维蛋白基因与一种称为马方综合征的基因缺陷相关，使肌原纤维蛋白基因尤其是Fib15基因的研究备受重视。马方综合征是一种常染色体显性遗传性疾病，具有完全的显现性。这种疾病主要表现在骨骼、眼及心血管方面的病变，症状与体征多变而复杂。以肌原纤维蛋白的单克隆抗体进行免疫荧光研究，证实患有马方综合征患者皮肤中的肌原纤维蛋白水平降低，而且微纤维蛋白发生异常。对这类患者皮肤组织活检标本中得到的皮肤成纤维细胞进行体外培养，其产生微纤维网状结构的能力有缺陷。到目前为止，以马方综合征患者的组织为原材料，克隆了部分Fib15基因，发现各种类型的基因突变。这些基因突变大体上可分为两种不同的类型。第一类是外显子结构区发生缺失突变，包括整个外显子缺失及在mRNA剪切加工过程中遗漏了某些外显子的核苷酸序列。第二类是EGF样位点结构区的突变，位于这一结构区的半胱氨酸残基特别容易发生突变。肌原纤维蛋白质分子结构中的8个半胱氨酸残基中有6个残基参与二硫键的形成，以形成EGF样的β-反折结构。如果这6个半胱氨酸残基中的一个发生缺失或替换，则会破坏肌原纤维蛋白的整个结构。另外，与钙结合有关的结构位点区的序列发生突变，其EGF重复序列结构区的突变也常有发生。位于5号染色体上的肌原纤维蛋白基因即Fib5基因，与另一种遗传性疾病即先天性指（趾）挛缩症密切相关。Fib5、Fib15及FLP等肌原纤维蛋白基因的克隆化，为了解肌原纤维蛋白的结构、功能，以及与疾病间相互关系的研究提供了可能性。

除了3种肌原纤维蛋白外，还有几种与肌原纤维无关的蛋白质也参与微纤维的构成。牛项背韧带是一种富含微纤维的组织，以还原型盐进行提取，可得到分子质量为340kDa、78kDa、70kDa、31kDa和25kDa等5种大小不同的蛋白质。牛340kDa的蛋白质与人Fib15蛋白为同源的蛋白质分子。分子质量为78kDa的蛋白质分子被称为微纤维蛋白78（microfibrillar protein 78，MP78），分子质量为31kDa的蛋白质分子被称为微纤维相关糖蛋白（microfibril associated glycoprotein，MAGP），这两种蛋白质都是微纤维的组成成分。分子质量为25kDa、70kDa的蛋白质与微纤维的相互关系尚不清楚。MAGP基因已得到克隆化，这种基因的结构序列与肌原纤维蛋白基因有很大差别。MAGP蛋白可分为两个不同的结构区，N端的一半序列中富含谷氨酸、脯氨酸和酸性氨基酸残基；C端的一半序列中含有 MAGP 分子结构中所有的 13 个半胱氨酸残基，大部分为碱性氨基酸残基。应用几种溶剂（尤其是含有还原剂的溶剂）均能从组织中提取到 MAGP，提示 MAGP 分子间二硫键的形成是原纤维多肽链的结构特征之一。MAGP 分子中不含有 N-糖基化位点 Asn-x-Ser/Thr 的位点结构序列。因此，MAGP 分子中几乎所有的糖基化修饰均通过丝氨酸或苏氨酸残基位点而发生 O-糖基化修饰。Northern blot 杂交分析证实 MAGP 的 mRNA 为 1.1kb，其编码产物的计算分子质量为 21kDa。

其他微纤维成分包括赖氨酰氧化酶蛋白、分子质量为 36kDa 和 115kDa 的糖蛋白、分子质量为 32kDa 微纤维蛋白。从鸡胚的 cDNA 文库中克隆了编码 32kDa 微纤维蛋白的基因。这种蛋白质分子结构中谷氨酸和天冬氨酸残基分别占总氨基酸残基的 23%和 6%，是一种酸性极高的蛋白质。以合成的 14 肽抗血清进行免疫电镜超微结构分析，证实鸡动脉、牛项背韧带及人眼睫状小带的切片中，32kDa 的蛋白质主要位于微纤维结构中。其极高的酸性有助于与强碱性的弹性蛋白原分子结合。

总之，从目前研究结果来看，分布于全身许多组织中的微纤维结构明显具有相似的形态学特征。尽管几种可能的微纤维蛋白基因已得到克隆化，对其化学性质也进行了研究，但关于微纤维结构和功能的认识，仍然存在悬而未决的问题，肌纤维蛋白原与微纤维中其他成分间的相互关系仍不十分明确。另外，含和不含弹性蛋白微纤维的超级结构完全相同，但尚不清楚其微纤维间的结构及成分间是否存在差别、不同组织中的微纤维是否存在差别。目前已发现存在一个肌纤维蛋白原基因家族，在不同组织和发育的不同阶段中具有不同的表达方式。

二、弹性蛋白的生物合成与纤维组装

在正常条件下，只有在胚胎组织及快速生长的组织中才有较高水平弹性蛋白的合成。弹性蛋白原合成及分泌到细胞外基质中约需 20min。细胞内弹性蛋白的生物合成（biosynthesis）是一种可分泌蛋白合成的经典过程。能够使微管去极化的秋水仙素可显著抑制弹性蛋白的分泌。尽管弹性蛋白原分子中的部分脯氨酰残基在翻译后发生羧基化，但这种羧基化修饰对弹性蛋白原的分泌能力并无显著影响。胶原分子翻译后的羟脯氨酸有助于增加三链结构的稳定性，抑制胶原分子脯氨酸残基的羟基化就能抑制其分泌过程。弹性蛋白原分子羟基化修饰的生物学意义尚不十分清楚。有几项研究表明，作为羟基化修饰的辅助因子之一，维生素 C 并不影响弹性蛋白原的合成速度。但在 2μg/ml 维生素 C 的条件下，不溶性弹性蛋白的浓度却会显著下降，认为维生素 C 可提高弹性蛋白原分子中脯氨酰残基羟基化的程度，从而影响纤维蛋白原的形成过程及弹性蛋白的稳定程度。从马方综合征患者主动脉分离到的弹性蛋白分子结构中的羟脯氨酸水平显著升高。这一变化至少可以部分解释马方综合征患者动脉的弹力性质受到损害的原因。但肌原纤维蛋白基因的突变与马方综合征患者主动脉弹性下降间的关系尚不十分清楚。纤维性胶原分子中氨基或羟基裂解时有发生，弹性蛋白原分子在蛋白未裂解成不可溶性纤维时即掺入细胞外基质中，也可能是影响组织弹性的重要原因。在几种胚胎发育过程中，包括鸡动脉、羊项背韧带和肺组织中，mRNA 水平与弹性蛋白合成速度间有非常明显的相关性，表明弹性蛋白 mRNA 的稳定性控制着弹性蛋白的合成速度。

三、弹性纤维的交联

细胞外基质中弹性蛋白原高度的交联是弹性纤维的重要性质，对弹性纤维的功能具有十分显著的影响。催化氧化脱氨的酶类及催化赖氨酰侧链凝聚的赖氨酰氧化酶与胶原交链过程中的酶类完全相同。这些酶学催化的过程可能与微纤维有直接关系。有些终末双功能产物在弹性蛋白及胶原蛋白中都存在，但终末四功能产物如锁链（赖氨）素等则是弹性蛋白分子结构所特有的。弹性蛋白分子中参与交联的赖氨酸残基与聚丙氨酸序列成对出现，或包埋在疏水氨基酸序列中，被一个脯氨酸残基，或一个丙氨酸残基，或一个甘氨酸残基分开。弹性蛋白原分子中疏水位点区的序列具有多变性，其中的交联位点结构尤其是两个赖氨酸残基间的氨基酸残基数目高度保守。这些位点结构高度保守的性质，可保证交联后形成弹性蛋白的正确构象。

在弹性蛋白的聚丙氨酸残基结构中，赖氨酸残基总是被 2 或 3 个丙氨酸残基分开，只有 1 个丙氨酸残基或多于 3 个丙氨酸残基较为罕见。富含丙氨酸残基的交联位点结构区是形成α螺旋所必需的结构。在α螺旋结构中，每个氨基酸残基与下一个氨基酸残基间相距 0.15nm，其沿着α螺旋主轴进行 100°旋转，形成一个棒状结构，氨基酸残基的侧链朝外。因此，线性序列中氨基酸残基的侧链被 2 或 3 个氨基酸残基分开，空间结构上相距较近，而且位于螺旋结构的同侧。但如果被 1 或 4 个氨基酸残基分开，则两个氨基酸残基恰好位于螺旋结构的对侧，不可能发生接触。这也就是为何弹性蛋白分子结构中，两个赖氨酸残基间总是被 2 或 3 个丙氨酸残基分开的重要原因。如果分开两个赖氨酸残基的丙氨酸残基数目过多或过少，都将造成两个赖氨酸残基之间要么相距太远，要么不在螺旋结构的一侧，无法形成螺旋结构中侧链间的交联。关于赖氨酸残基侧链间的交联过程可以分为两个步骤：第一步是所谓的链内交联，形成双功能的中间产物；第二步再与另一条链上的双功能中间产物形成四功能锁链（赖氨）素的交联结构。如果弹性蛋白的序列为…Lys-Ala-Ala-Lys…或…Lys-Ala-Ala-Ala-Lys…的形式，赖氨酸残基的侧链位于弹性蛋白α螺旋的同侧，便于赖氨酰氧化酶的氧化作用后形成双功能产物的中间体形式。如果两个赖氨酸残基间相距 1 或 4 个丙氨酸残基，赖氨酸残基的侧链不在α螺旋结构的同侧或相距太远，则不能发生正常交联。弹性蛋白分子结构中共有 34 个赖氨酸残基，除了 5 个赖氨酸残基外，其余赖氨酸残基都参与弹性蛋白原分子中的交联过程。另外，每 65~70 个氨基酸残基中就有 1 个赖氨酸残基的侧链与另一条链上赖氨酸残基的侧链进行交联。这种弹性蛋白原赖氨酸残基侧链间的交联，可形成高度不溶性的多聚体。

四、纤维组装

关于纤维组装（fiber assembly）的机制目前知之甚少。弹性蛋白原分子分泌表达、渗透至纤维表面，与微纤维进行结合并发生交联反应。这一过程可能不足以解释纤维组装的高效性，也不能用以解释为何在不同组织中会形成不同的弹性纤维。越来越多的证据表明，弹性蛋白原的分泌和组装过程需要细胞内和细胞外辅助蛋白分子的参与。

弹性纤维的形成是在靠近细胞膜独特的位点上进行的，一般位于细胞膜表面的反折部位。微纤维是弹性纤维中第一个可以看得到的成分，在细胞质膜附近以束状形式存在。在纤维形成过程中，弹性蛋白作为一种必需成分，出现于束状微纤维的不同结构位点上。呈无规则状态分布的弹性蛋白逐渐结合集结，产生弹性蛋白的中心核结构。大部分微纤维逐步移行至纤维外表面，在成熟组织中一直保持在这一位置。微纤维集结形成的方式和方向就是弹性纤维的方式和方向，表明微纤维主导了弹性纤维的形成过程，并为弹性蛋白的沉积提供了框架结构。微纤维的形成指导着弹性蛋白原的排列方式，以便在赖氨酰氧化酶所催化的氧化反应发生前，交联反应精确地将各种氨基酸残基排列好，使其各就各位。如无微纤维作为支架结构，就不能使弹性蛋白原侧链间发生正确而有效的交联。

弹性蛋白原如何定向分泌到弹性纤维组装的位点，其机制尚不十分清楚。有证据表明，内质网中一种分子质量为 67kDa 的蛋白质可与弹性蛋白结合，作为一种运载蛋白或引导蛋白的分子，使弹性蛋白原分子定向分泌到细胞表面的组装位点。细胞内肌动蛋白可能是弹性蛋白原与 67kDa 蛋白质形成的复合物运输过程中的细胞内动力系统，通过微纤维蛋白的细胞基质受体间的相互作用，将弹性蛋白引导到弹性纤维组装位点上。

在细胞膜附近，弹性蛋白原仍保持与 67kDa 蛋白质结合的状态。当弹性蛋白原与微纤维间发生相互作用时，才将弹性蛋白原分子转移到正在形成过程中的纤维结构中。与弹性蛋白原结合的分子质量为 67kDa 的蛋白质的生物化学性质研究表明，其可能是一种半乳糖外源凝集素。这种蛋白质与碳水化合物作用后，与弹性蛋白的亲和力则显著下降。位于微纤维蛋白上的半乳糖基可能提供一种信号，使这种 67kDa 的蛋白质在纤维形成位点上将弹性蛋白原分子释放出来。当向产生弹性蛋白的细胞培养基中加入乳糖或半乳糖时，则可抑制弹性纤维的组装，进一步支持将 67kDa 蛋白作为弹性蛋白原运载蛋白的观点。在乳糖存在条件下，大部分新合成的弹性蛋白原会直接分泌到细胞培养基中，只有少部分弹性蛋白还能与细胞层保持结合状态。这一结果表明乳糖可导致弹性蛋白原的提前释放，难以到达纤维装配位点。

关于弹性蛋白原分子结构中与微纤维相互作用的位点结构尚不清楚，但有研究资料表明弹性蛋白原分子的 C 端序列可能是弹性蛋白与微纤维结合的功能位点结构。在弹性蛋白原分子的羧基端结构区，弹性蛋白原分子中仅有两个半胱氨酸残基间形成二硫键，该键所围成的"口袋样"结构带有正电荷，可能适合弹性蛋白原分子与微纤维间的结合。也有证据表明弹性蛋白原分子在微纤维分子中排列后，其羧基末端的位点结构就可从弹性蛋白分子结构中裂解。但在不溶性弹性蛋白分子中也检测到弹性蛋白原的 C 端序列，表明弹性蛋白原分子在交联发生前不会发生裂解。

五、弹性纤维的弹性结构基础

弹性回缩是部分组织、器官和系统功能的重要基础。例如，主动脉中的弹性纤维在人一生中要收缩 100 万次之多。弹性蛋白的更新率很低，某些类型的弹性纤维可持续终身。弹性纤维的持久性表明这种弹力的结构基础并非来源于化学键，如果来源于化学键，那么其弹性回缩幅度则会渐次缩小，因而必然存在其他机制。为了解这一机制，必须对弹性纤维的结构有较为清楚的了解。与弹性蛋白一级结构研究相比较，其自然状态上空间结构的研究难度很大。X 射线结晶衍射分析研究中的弹性蛋白只是较宽的环状结构。磁共振研究表明，弹性蛋白结构具有高度可变性。弹性蛋白链中的某些残基甚至在三维方向上都可自由取向。尽管弹性蛋白的部分结构域都是随机松散的弹性网状结构，但局部区域仍然保持高度有序的结构形式。例如，富含丙氨酸的氨基酸残基序列，尤其是位于交联区的序列，都呈α螺旋状结构。另外,电子显微镜研究表明弹性蛋白呈丝状结构。

第四节 弹性蛋白与临床相关疾病

与弹性纤维组装有关的弹性蛋白、赖氨酰氧化酶、肌原纤维蛋白-1 和肌原纤维蛋白-2 等成分基因克隆化的完成,促进了这些基因突变与疾病间相互关系的研究。肌原纤维蛋白-1 基因突变与马方综合征,肌原纤维蛋白-2 基因突变与先天性指(趾)挛缩症(congenital contractual arachnodactyly,CCA),弹性蛋白基因突变与瓣膜上主动脉狭窄(supravalvular aortic stenosis,SVAS)及威廉姆斯综合征间的相互关系如表 9-1 所示。与弹性纤维组成蛋白编码基因突变相关的疾病,如 SVAS、威廉姆斯综合征、Menkes 综合征、IX型 Ehlers-Danlos 综合征、马方综合征、CCA 等,均非皮肤的原发性疾病。赖氨酰氧化酶只是在 Menkes 综合征及IX型 Ehlers-Danlos 综合征中有继发性的降低。弹性纤维结构发生异常的遗传性皮肤疾病包括弹性蛋白假黄瘤、皮肤松弛症、Buschke-Ollendorff 综合征及皱缩皮肤综合征等;还有一些皮肤疾病与弹性纤维结构异常有关,但其相关基因及突变方式还未得到阐明。此外,弹性蛋白在慢性阻塞性肺疾病、腹主动脉瘤、椎管狭窄症、老化及肿瘤微环境中也发挥了重要作用。

表 9-1 弹性纤维相关疾病的有关基因

蛋白名称	基因位点	染色体位点	原发疾病类型
弹性蛋白	ELN	7q11.2	SVAS,威廉姆斯综合征
赖氨酰氧化酶	LOX	5q23	门科斯病与IX型厄勒斯-丹劳斯综合征
肌原纤维蛋白-1	FRN-1	15q15□q21.3	马方综合征
肌原纤维蛋白-2	FRN-2	5q23	先天性指(趾)挛缩症
Mc-1	MNK	Xq13	门科斯综合征

一、弹性蛋白假黄瘤

弹性蛋白假黄瘤(pseudoxanthoma elasticum,PXE)是一种较为罕见的临床疾病,主要波及富含弹性纤维的组织。PEX 的临床诊断并不困难,其基本体征包括特征性的皮肤病变、眼病变及心血管病变。尽管绝大多数 PXE 病例均为遗传性,但这种疾病的发病年龄较大,而且有一系列不同的 PXE 亚型表现,所以很难确定其遗传方式与机制。PXE 皮肤中的弹性纤维发生片段化,呈多形性,钙化以后主要集中在中层皮肤。眼视网膜后面的富含弹性蛋白的布鲁膜(Bruch's membrane)也可发生片段化而导致血管样条纹的 PXE 特征性病变。在病变组织中可看到弹性纤维结构异常,但究竟是哪种成分的编码基因异常则难以鉴定。PXE 的基因缺陷尚未得到证实,但根据 PXE 临床特征不断发现 PXE 的新表型,其分子病理学机制的研究尚不清楚,甚至某些研究结果间相互矛盾。PXE 的遗传性缺陷一旦得到阐明,就可根据基因突变的类型及遗传方式对 PXE 重新进行分类。

尽管确定 PXE 这种疾病的遗传方式有一定的困难,还有部分研究者利用备选基因对其遗传连锁的特点进行了分析。对于弹性蛋白、肌原纤维蛋白-1、肌原纤维蛋白-2 及赖氨酰氧化酶等 4 种备选基因的限制性片段长度多态性（restriction fragment length polymorphism，RFLP）进行了研究。对 10 个具有明显遗传性的 PXE 家系进行了分析，结果表明这 4 种备选基因中无一种基因的 RELP 特点与 PXE 的遗传特性相关。因此，可以排除这 4 种备选基因突变与 PXE 间相关的可能性。例如，在 10 个家系分析中，弹性蛋白基因 RFLP 可以排除其中 7 个家系。另外一个家系中，完全排除了 4 个备选基因与 PXE 相关的可能性。这说明在皮肤弹性纤维中还有一种重要成分的基因突变与 PXE 发病有关。

二、弹性蛋白与威廉姆斯综合征

威廉姆斯综合征（Williams syndrome）是一种发育性疾病，常波及血管、中枢神经系统和结缔组织。其临床特点是遗传性心脏病、高血压，以及皮肤过早的老化、脸部形状发育不全、人格异常、精神委靡、智力迟钝、婴儿期高血钙、注意力难以集中、多动症等。SVAS 也是威廉姆斯综合征的常见病症，呈常染色体显性遗传。到目前为止，SVAS 与威廉姆斯综合征间的关系尚不十分清楚。从目前研究结果来看，SVAS 与弹性蛋白基因缺陷有关，因此，弹性蛋白基因缺陷与威廉姆斯综合征间的关系备受关注。以染色体荧光原位杂交（fluorescent in site hybridization，FISH）技术，对 4 个威廉姆斯综合征家系及 5 例散发的威姆斯综合征患者的弹性蛋白位点进行研究，证实均有遗传性的弹性蛋白基因位点序列的缺失性突变。这些结果表明，一个弹性蛋白等位基因的缺失突变及其弹性蛋白基因相邻的基因突变是威廉姆斯综合征的遗传病因。

弹性蛋白基因的半合子（hemizygote）性质，可以解释威廉姆斯综合征中所见的结缔组织病变，包括疝、皮肤早老、关节松弛和挛缩、声音嘶哑、膀胱和结肠憩室、面部形状异常等。但威廉姆斯综合征的神经、精神症状却难以用弹性纤维基因异常来解释。威廉姆斯综合征患者为何比 SVAS 患者的结缔组织病变更为广泛、更为严重，其机制还不十分清楚。可能由于弹性蛋白基因不同位点的突变造成不同病变，这也许是威廉姆斯综合征与 SVAS 症状差别很大的原因之一。另一种可能是弹性蛋白基因周围相关序列的突变性质与程度，可能会影响 SVAS 和威廉姆斯综合征的发病情况。对于威廉姆斯综合征患者的基因异常进行的分子遗传学分析结果表明，与其致病有关的最小基因序列为 114kb，在这一段基因序列中，除了存在弹性蛋白基因异常外，还可能存在其他基因异常。也就是说，另外的基因异常也可能是威廉姆斯综合征的病因。

研究表明，如果孕期摄入大量维生素 D，可在兔动物模型中诱导出 SVAS，在人类也见到威廉姆斯综合征的发生。目前已清楚 SVAS 和威廉姆斯综合征的分子遗传学病因就是弹性纤维的半合子状态，胚胎暴露于维生素 D 后，可发展为 SVAS 或威廉姆斯综合征，可能的原因之一就是弹性蛋白基因的异常表达。英国一项研究报告表明，给孕妇大剂量的维生素 D 预防佝偻病，会出现较多的威廉姆斯综合征病例。当停止给孕妇补充大量的维生素 D 后，人群中威廉姆斯综合征的发病率又趋于正常范围。自然发生的 SVAS 和威廉姆斯综合征，是由于含有弹性蛋白基因的相应染色体位点区（7q11.2）发生缺失突变或基因重排造成的，而生前暴露于大剂量维生素 D 并非先决条件。维生素 D 可以导致胎儿 SVAS 和威廉姆斯综合征的发生，只是通过抑制弹性蛋白基因表达水平，造成与弹性蛋白半合子遗传背景相似的条件，从而导致疾病的发生。

三、弹性蛋白与慢性阻塞性肺疾病

慢性阻塞性肺疾病（chronic obstructive pulmonary disease，COPD）是以肺泡弹性纤维减少并缺少有效恢复机制为特征的疾病。研究发现，新产生或发生了抗原表位改变的获得性免疫反应为 COPD 发病机制之一。自身免疫反应参与 COPD 发病过程且意义重大，抗原弹性蛋白多肽片段（elastin fragment，EF）对 COPD 的发生、发展亦非常关键。

（一）弹性蛋白与 COPD 易感性

弹性蛋白对于肺脏的发育和肺功能的实现非常重要。研究证实，肺组织弹性蛋白含量低于正常，其在发育过程中经受周围环境的更大牵拉，肺泡壁更易被破坏而引起肺组织损伤，而弹性蛋白数量降低会造成吸烟者 COPD 的发病率升高。此外，研究证实弹性蛋白功能异常可源于弹性纤维形成受阻或成分异常，机体对吸烟引起肺损伤的易感性提高。在肺脏发育过程中，因弹性蛋白表达异常或长期暴露于有害环境中可导致弹性蛋白破坏、数量减少和功能异常，这均可增加肺部受到新刺激后发展为 COPD 的概率。

（二）弹性蛋白基因变异与 COPD

人类基因重复序列易发生缺失而导致遗传性疾病，且因富含 Alu 重复序列而导致其不稳定性，弹性蛋白基因亦富含 *Alu* I 限制位点的短小序列（约 300bp），推测其基因发生变异的概率较大。研究发现弹性蛋白基因为 COPD 疾病进程中非常有益的基因之一，其终端外显子变异与早发严重 COPD 有关。研究人员分析了 116 例 53 岁以下的早发 COPD 患者的弹性蛋白基因，发现了一种新的终端外显子变异，这种变异会导致一种氨基酸的置换，由甘氨酸变为天冬氨酸（G773D 变异型）。研究结果表明 G773D 变异型所致的结构和功能破坏与 COPD 发病有关。

（三）弹性蛋白降解和异常修复与 COPD

严重 COPD 患者肺组织中的肺泡间质被广泛破坏，相对较小的气腔融合成较大的气腔，发病关键为弹性蛋白的降解和异常修复。在吸烟者肺脏中，炎症细胞释放的可损伤基质成分的蛋白酶破坏弹性蛋白，造成蛋白酶与抗蛋白酶系统失衡，主要为中性粒细胞弹性蛋白酶、基质金属蛋白酶（MMP）等，这些酶使弹性蛋白发生酶解并导致异常修复，使病变部位肺泡间隔和小气道壁变薄甚至破坏而相互融合；某些病变部位的小气道周围则发生纤维化并引起气道重塑，管腔结构狭窄，气流受阻加重，导致严重的气道功能障碍。现普遍认为 COPD 中主要为小气道的气流受阻，是由于肺泡壁缺少弹性蛋白、小气道缺少弹性纤维所致。研究发现，与正常肺组织相比，轻中度小叶中央型肺气肿患者肺组织中胶原蛋白含量增加，弹性蛋白含量则变化不大，而严重小叶中央型肺气肿患者肺组织中的弹性蛋白含量则较正常减少，胶原蛋白含量较正常增多，且增加程度与轻中度肺气肿相似。不同程度肺气肿患者肺组织中的弹性蛋白量发生显著改变，而胶原蛋白变化不显著，说明弹性蛋白在 COPD 发生、发展中的作用更为重要。

(四)弹性蛋白降解产物的抗原性与 COPD

虽然吸烟为 COPD 的主要发病因素,但仅 10%~20%的吸烟者发展成 COPD。停止吸烟后,COPD 为何仍继续进展?由此有学者开始研究自身免疫在 COPD 发病中的作用。有研究认为吸烟导致非特异性免疫系统释放蛋白水解酶,而被降解的肺组织弹性蛋白产生的 EF 在 COPD 易感者体内被分解成具有抗原活性的多肽,从而激发机体产生一系列的体液和细胞免疫,导致肺组织破坏和 COPD 形成。

综上所述,COPD 的发生存在多种发病机制,如慢性气道炎症、蛋白酶和抗蛋白酶失衡、氧化与抗氧化失衡,以及个体的疾病易感性(α_1-抗胰蛋白酶缺乏)等。气道炎症是关联两大平衡的桥梁和纽带,并在 COPD 发生和发展中起核心作用;而免疫系统的功能又影响着气道炎症的变化和发展。

四、弹性蛋白与瓣膜上主动脉狭窄

瓣膜上主动脉狭窄(supravalvular aortic stenosis,SVAS)是一种遗传性血管疾病,包括局部或弥漫性的升主动脉腔变窄。SVAS 其他并发症包括主动脉瘤、心肌梗死及猝死等。SVAS 有时是一种局部的先天性畸形,也可以是整个主动脉的弥漫性病变。升主动脉局部病变的组织病理学研究表明,病变局部变厚,病变部位具有非平行的弹性纤维分布。SVAS 患者约为活产婴儿的 1/25 000。这种 SVAS 血管异常可以是独立存在的一种常染色体显性疾病,也可是整个综合征的一部分。威廉姆斯综合征是一种发育疾病,可侵害多个器官。研究表明威廉姆斯综合征的病因包括非常复杂的基因缺陷,其中包括与 SVASS 相关的基因缺陷。但 SVAS 作为一种家族显性遗传性疾病,其病理机制为单个基因缺陷。应用备选基因策略,对于 SVAS 家系进行分析,以基因多形性作为标志,对威廉姆斯综合征的几种结缔组织蛋白、生长因子和钙调节蛋白等进行分析研究,发现了一系列细胞遗传学的异常。在两个显性遗传性 SVAS 的家族中,位于染色体上 7q11.2 位点的弹性蛋白位点的联合最高 LOD 积分为 5.9。在第二个家族中,同一位点上的 LOD 积分为 466,表明 SVAS 相关基因位于 7q11.2 位点上,弹性蛋白基因与 SVAS 位点间无重组的发生。在一个常染色体显性遗传的 SVAS 家族中,发现一个 t(6;7)的平衡转位位点,进一步支持弹性蛋白与 SVAS 间的相互关系。在这一转位过程中,弹性蛋白基因第 28 个外显子的结构被打破,这一基因异常与疾病间有十分密切的关系,因而支持关于弹性蛋白基因突变与 SVAS 间相关性的假说。这是第一次发现弹性蛋白基因异常与一种遗传性疾病有关。另外一个很有意思的现象是在富含弹性蛋白的皮肤和肺中,却很少出现 SVAS 病症,其临床表现往往局限于主动脉和心血管系统。也许是心血管系统中的弹性纤维结构更为精密而复杂,弹性蛋白编码基因突变更易破坏心血管系统力学性质和特点的缘故。

五、弹性蛋白与腹主动脉瘤

在生理状况下,从胚胎、幼儿到成年、老年,人体腹主动脉的形态处于连续变化中,以适应不同阶段循环生理的需要。腹主动脉为弹性大动脉,维持其结构和功能的主要是其弹性膜(中膜)。中膜的主要结构成分是弹性蛋白和胶原,弹性蛋白呈折叠的筛状结构,分层排列。在外力作用下,弹性蛋白可伸长 70%,为维持腹主动脉轴向回缩力的主要成分;

胶原呈片状结构，嵌插于弹力层间，伸缩性不及弹性蛋白的 1%。目前认为腹主动脉瘤的形成是腹主动脉中膜在多种病理因素作用下代谢失衡，造成腹主动脉病理性扩张所致。多数研究认为其形成机制为组织中弹性蛋白减少，但亦有其含量增加的报道，而关于胶原含量的研究结论则更不一致。冯翔等采用大鼠腹主动脉弹性蛋白酶加压灌注模型研究发现，从术后第 2 天开始，实验组动物腹主动脉直径迅速扩张，同时中膜弹性蛋白含量迅速减少，且其含量与腹主动脉直径扩张率呈直线负相关，胶原含量仅轻度下降，说明弹性蛋白含量的减少在腹主动脉扩张过程中起主要作用。组织中弹性蛋白相对面积的减少有两种可能，即蛋白降解或成分稀释。研究发现，各组标本腹主动脉中膜截面积无显著差异，且弹性蛋白和胶原含量均随腹主动脉的扩张而下降，故排除胶原含量增加导致弹性蛋白稀释的可能。弹性蛋白和胶原的减少、动脉壁张力的增加均可刺激平滑肌细胞和成纤维细胞合成、分泌胶原，但蛋白酶活性增加使其降解亦增加，这与 Elmore 等报道的腹主动脉瘤组织中对弹性蛋白和胶原同时有降解作用的基质金属蛋白酶类活性增加一致。

六、弹性蛋白与遗传性皮肤松弛症

遗传性皮肤松弛症（cutis laxa，CL）是一种可累及全身多处富含弹性纤维组织器官的遗传性疾病，其临床表现为进行性皮肤松弛。该病有三种临床类型：常染色体显性遗传、常染色体隐性遗传和 X-连锁隐性遗传，致病基因分别为弹性蛋白基因、fibulin-5（FBLN5）基因、fibulin-4（FBLN4）基因和 ATP7A 基因。1989 年，Sephel 等通过对 6 例常染色体显性遗传性 CL 患者进行皮肤活组织学检查和成纤维细胞培养，结果证实 CL 患者的弹性蛋白原合成减少。然后进一步检测弹性蛋白的 mRNA，发现该病的发病环节与翻译前水平异常有关。1998 年 Tsabehji 等应用荧光原位杂交、单链构象多态性分析、异源双链分析及 DNA 测序多种方法检测 1 例遗传性 CL，结果发现先证者及其父亲弹性蛋白基因发生突变，第 32 号外显子第 748 位密码子发生单个胞嘧啶缺失。1999 年 Zhang 等对 1 例常染色体显性遗传性 CL 进行基因突变分析，结果发现弹性蛋白基因第 30 号外显子出现 2039C 和 2012G 杂合缺失。2004 年 Iaia Rodriguez 等在 1 例遗传性 CL 家系中发现弹性蛋白基因杂合性移码突变。2006 年 Szabo 等对 1 例常染色体显性 CL 家系进行基因突变检测，结果发现弹性蛋白基因第 30 号外显子发生小片段缺失（2114~2138del）和 2159C 单个碱基缺失。2008 年 Graul 等对 1 例有临床变异表现的常染色体显性 CL 家系进行基因突变检测，结果发现弹性蛋白基因的第 1621 个核苷酸发生 C 至 T 错义突变。

七、弹性蛋白与椎管狭窄症

椎管狭窄症的特征之一为黄韧带细胞外基质纤维化及弹性蛋白的降解。有研究证实导致细胞外基质重构的 MMP 在黄韧带疾病发生中起作用。该研究选取了 30 例椎管狭窄症及 30 例疝膨出患者的黄韧带标本，分别以苏木素-伊红染色及 Masson 染色评估黄韧带弹力蛋白降解及纤维化程度。以免疫组织化学法确定 MMP-2、MMP-3、MMP-13 在黄韧带中的定位，以 Western blot 评估其活性形式的表达并分析其含量。结果表明椎管狭窄症患者的弹力蛋白降解及纤维化程度均较疝膨出者严重，两类患者的黄韧带中均可见到 MMP 活性形式的表达。椎管狭窄症患者的活性 MMP-2 和 MMP-13 的表达均显著高于疝膨出患者。活性 MMP-3 的表达在椎管狭窄症患者稍高于疝膨出患者，但差异无显著统计学意义。在黄韧带的成纤维细胞均可见到 MMP-2、MMP-3、MMP-13 的阳性染色。结果表明椎管狭窄症患者黄韧带成纤维细胞 MMP 表达增加与其弹力蛋白降解及纤维化有关。

八、弹性蛋白微丝定位蛋白 2 与肿瘤

弹性蛋白微丝定位蛋白 2（extracellular matrix glycoprotein elastin microfibril interface located protein 2，EMILIN2）是一种细胞外基质（ECM）糖蛋白，通过与直接死亡受体结合引发细胞死亡。EMILIN2 可通过 ECM 分子特有的机制影响细胞的活性。有研究首次报道了其抗肿瘤作用，可能是由于其可降低肿瘤细胞的活性。出人意料的是，以 EMILIN2 治疗或缺失突变的肿瘤，其血管生成显著增加。鉴于这一新发现，联合抗血管生成的药物治疗肿瘤在大部分患者均能逆转肿瘤的生长。这一结果进一步验证了近期关于生理和病理状态下微环境可调节细胞生长的结论，并提示 EMILIN2 片段可作为潜在的抗肿瘤药物的作用靶点。

九、弹性蛋白与老化

弹性组织能够在生理学压力下变形并随之释放储存的能量以被动回弹，这对于许多动力学组织来说是十分必要的。脊椎动物的弹性纤维使动脉和肺组织能够扩张与收缩，以控制血压并使肺组织恢复静息状态。弹性纤维由中心的交联弹力蛋白及外周的微纤维蛋白组成。这两种成分各司其职，弹性蛋白储存能力并使组织被动回弹，而微纤维蛋白通过 TGF-β 途径、增加弹性纤维的作用而介导弹性的发生、细胞信号转导、维持组织生态平衡。随着年龄的增长，许多组织的弹性纤维功能降低、弹性减退，导致人类发病率和病死率上升。

十、弹性蛋白与颅内动脉瘤

研究表明，弹性蛋白单核苷酸多态性（single nucleotide polymorphism，SNP）在血管发育和血管疾病中起重要作用。颅内动脉壁很薄，仅含有一层弹力组织即内弹力层，是保证脑动脉壁强度的重要结构，因此认为只有这层结构发生损伤才能产生动脉瘤。有研究认为，脑动脉内弹力层局部退行性改变是形成囊性动脉瘤的最主要原因。另外，脑动脉瘤的发生与血浆弹性蛋白酶水平升高呈显著相关。在脑动脉分叉处等血管易损部位，高水平的弹性蛋白酶可过度水解血管壁中的弹性蛋白，破坏管壁局部弹力网代谢平衡，使动脉壁中的横向纤维断裂，呈轴向扩展，使血管回弹力下降，管壁过度疲劳，局部脑血管的抗扩张能力随之降低，导致脑动脉壁局部膨出，形成脑动脉瘤。研究表明，大动脉中层弹性蛋白含量减少和结构变化可降低动脉弹性并增加血管僵硬度，弹性蛋白基因多态性及单体型与动脉僵硬度密切相关。弹性蛋白过度降解可促进动脉粥样硬化，而内弹力膜断裂与动脉瘤形成密切相关。研究显示，弹性蛋白基因 SNP 位点与老年患者弹性动脉的舒张性密切相关，其多态性可使弹性蛋白 mRNA 表达下调，从而导致动脉壁弹性蛋白含量降低及功能改变。国内一项对 446 例颅内动脉瘤患者进行的研究显示，弹性蛋白基因 2 个 SNP 位点——rs2071307 和 rs2856728 与颅内动脉瘤相关，而 rs2071307 A 等位基因与颅内动脉瘤破裂有关。日本一项研究显示，弹性蛋白基因是日本人颅内动脉瘤的候选易感基因，其第 20 个和第 23 个内含子单体型多态性与颅内动脉瘤密切相关，纯合子患者具有高危风险，但大多数日本颅内动脉瘤家族可能并无染色体 7q11 的连锁遗传。荷兰一项研究同样显示，

弹性蛋白基因是 SAH 易感位点。而中欧和高加索地区的研究则得出了相反结论，未发现弹性蛋白基因多态性单倍体与颅内动脉瘤间存在关联。还有研究表明，弹性蛋白基因多态性，包括第 5 个外显子 rs41350445 和 rs41500150，第 20 个外显子的 rs34945509 位点，可能在家族性颅内动脉瘤和蛛网膜下腔出血的发生和发展过程中起重要作用，其作用机制为以上 SNP 导致颅内动脉僵硬度增高和顺应性降低。

十一、弹性蛋白与其他疾病

1. 弹性蛋白与皮肤衰老　皮肤老化是一个复杂的生物学过程，影响皮肤各层，但主要影响皮肤真皮。弹性纤维在真皮中形成弹性纤维网维持皮肤的弹性，占真皮细胞外基质的 2%～4%，在皮肤衰老中发挥一定作用。内源性老化的皮肤弹性和柔韧度降低，弹性纤维网断裂和衰退。光老化皮肤不仅是富含原纤维蛋白的微纤维在表皮真皮交界处丢失、弹性蛋白变性，更重要的是在真皮深层混乱的弹性纤维蛋白物质的沉积，弹性蛋白的功能也受到影响。弹性纤维的修复可归纳为促进组成蛋白表达、改善组装条件、减少破坏因素三个方面。

2. 弹性蛋白与女性盆腔器官脱垂　盆腔器官脱垂（pelvic organ prolapse，POP）是一种世界性的常见妇科疾病，随着人口老龄化加重，其发病率越来越高。王玉珍等在老年妇科疾病中研究发现，子宫脱垂和（或）阴道前后壁膨出占 32.8%，仅次于生殖器官恶性肿瘤。POP 已成为严重影响老年妇女健康和生活质量的突出问题，并引起医务人员的高度重视。但 POP 发病原因是多方面的，目前其发生机制尚不明确，阴道分娩及难产是其重要的危险因素。弹性纤维是 ECM 中的重要组成成分，大多数情况下，弹性纤维一旦生成就保持相对稳定，其主要赋予组织良好的伸缩性和可逆的变形性。女性的盆底组织富含丰富的弹性纤维，妊娠和分娩都会引起盆底弹性纤维的破坏和断裂，而弹性蛋白则决定着组织的韧性和弹性。RAHN 等对小鼠研究表明，弹性纤维破坏或缺失会导致小鼠盆底器官障碍性疾病（包括 POP 和尿失禁）的发生。因此，弹性纤维对于维持盆底结缔组织的弹性、韧性、功能的正常具有重要的作用。

弹性蛋白是弹性纤维的主要组成部分，弹性蛋白合成及降解决定弹性纤维的代谢和功能。有学者发现，子宫脱垂患者子宫骶骨韧带及阴道壁中的弹性纤维表达量较正常人下降，且弹性纤维降解增加。Man 等研究发现，盆底器官脱垂的女性患者弹性蛋白 mRNA 合成减少，并伴随脱垂器官中弹性蛋白合成障碍。赵晓婕等研究也发现，无论在 II 度脱垂组还是 III 度脱垂组，观察组中的弹性蛋白表达量均较对照组减少，且随着脱垂程度加重，弹性蛋白表达量减少。因此推测，弹性蛋白表达减少导致弹性纤维表达量减少，从而导致盆底结缔组织薄弱，促进了 POP 的发生。

（温少芳）

参 考 文 献

亓玉青，刘全忠. 2014. 弹性纤维与皮肤衰老. 国际皮肤性病学杂志，40(2)：97～100.

赵晓婕，王鲁文，高桂香. 2014. 原纤维蛋白-1 和弹性蛋白在女性盆腔器官脱垂患者阴道前壁的表达及意义. 广东医学，35(23)：3693～3696.

Andromanakos NP, Kouraklis G, Alkiviadis K. 2011. Chronic perineal pain: current pathophysiolocal aspects, diagnostic approaches and treatment. Eur J Gastroenterol Hepatol, 23(1): 2~7.

Francis SE, Tu J, Qian Y, Avolio AP. 2013. A combination of genetic, molecular and haemodynamic risk factors contributes to the formation, enlargement and rupture of brain aneurysms. J Clin Neurosci, 20(7): 912~918.

Geopel C. 2008. Differential elastin and tenascin immunolabeling in the uterosacral ligaments in postmenopausal women with and without pelvic organ prolapse. Acta Histoehem, 110(3): 204~209.

Kaushal R, Woo D, Pal P, et al. 2007. Subarachnoid hemorrhage: tests of association with apolipoprotein E and elastin genes. BMC Med Genet, 8: 49.

Man W C, Ho JY, Wen Y, et al. 2009. Is lysyl oxidase-like protein-1, alpha-1 antitrypsin, and neutrophil elastase site specific in pelvic organ prolapse? Int Urogynecol J Pelvic Dysfunet, 20(12): 1423~1429.

Rahn DD, Acevedo JF, Word RA. 2008. Effect of vaginal distention on elastic fiber synthesis and matrix degradation in the vaginal wall: potential role in the pathogenesis of pelvic organ prolapse. Am J Physiol Regul Integr Camp Physiol, 295(4): 1351~1358.

Thom DH, Rortveit G. 2010. Prevalence of postpartum urinary incontinence: a systematic review. Acta Obstet Gynecol Scand, 89(12): 1511~1522.

Yang S, Wang T, You C, et al. 2013. Association of polymorphisms in the elastin gene with sporadic ruptured intracranial aneurysms and unruptured intracranial aneurysms in Chinese patients. Int J Neurosci, 123(7): 454~458.

第十章 玻连蛋白

玻连蛋白（vitronectin，VN）又称 S 蛋白或血清播散因子，是凝乳酶家庭中的一员。由于在纯化过程中发现其对玻璃珠有亲和力而得名。玻连蛋白是肝脏中合成的一种多功能细胞外基质蛋白。可在血清和组织中以单链或双链形式存在，促进细胞黏附及播散。自 20 世纪 90 年代被发现以来，玻连蛋白的分子结构已基本明确，现已明确玻连蛋白与细胞生长分化、肿瘤发生与转移、病毒感染、补体系统、冠状动脉粥样硬化与凝血、创伤修复及纤维化发生等多种功能相关。

第一节 玻连蛋白的分子结构

在血浆中，玻连蛋白有两种存在方式：一种是单链状态的玻连蛋白分子，其分子质量为 75kDa；另一种是两条玻连蛋白链通过分子间二硫键结合在一起的双链结构，分子质量为 65～100kDa。玻连蛋白是一种不对称的分子结构类型，其中含有大量的β片层结构。玻连蛋白质分子构象的转换，可导致一系列结合位点的改变。

一、玻连蛋白的基因结构

人玻连蛋白的基因长度为 4.5～5kb，由 8 个外显子组成，基因的转录物为 1～7kb。在人染色体上的位点是 17 号染色体长臂（17q）的着丝位点区。人玻连蛋白基因的转录产物不存在剪切加工机制。Seifert 等克隆了小鼠玻连蛋白的基因组 DNA，对其结构与序列进行了分析，总长度为 3kb 左右，编码区由 8 个外显子组成，这些编码基因序列以 7 个内含子分开，内含子的大小为 78～723bp。对人和小鼠玻连蛋白的一级结构进行比较，发现其氨基酸残基水平上的同源性达 80%。人和小鼠的玻连蛋白不仅在结构上相似，而且也有相似的功能。

二、玻连蛋白的蛋白质结构

玻连蛋白分子由 478 个氨基酸残基组成，其 N 端的第 1～19 个氨基酸残基组成了玻连蛋白的信号肽序列。第 20～63 个氨基酸残基序列为生长激素介质 B 位点结构。位于第 150～287 及第 288～478 的两段氨基酸残基序列是血红素结合蛋白的重复序列结构。RGD 细胞黏附位点位于第 64～66 个氨基酸残基序列。第 86、169、242 三个氨基酸残基位点上，是三个潜在的 N-糖基化位点。在第 398 和第 390 个氨基酸残基有一个蛋白酶裂解位点。位于第 293 和第 430 个氨基酸残基位点上的两个半胱氨酸残基形成链内二硫键。cAMP 依赖性蛋白激酶的磷酸化位点为第 397 个氨基酸残基。位于第 75 和第 78 位点上的两个氨基酸残基是两个硫酸化位点。在第 112 位点上的氨基酸残基是由凝血因子ⅩⅢa 转谷氨酰胺酶催化的交联位点。肝素结合位点位于第 362～395 个氨基酸残基序列之中。

三、玻连蛋白基因表达与调控

现有研究表明，机体多部位均可表达玻连蛋白。其中肝脏是玻连蛋白合成最为重要的一个脏器。Seifert 等以小鼠玻连蛋白的 cDNA 作为探针，以 Northern blot 杂交技术对玻连蛋白的生物合成位点进行了研究，证实肝脏是体内玻连蛋白合成最为重要的器官。除了肝脏之外，其他类型的组织器官也有生物合成玻连蛋白的功能。例如，畸胎瘤细胞系代表了内胚层的组织类型，也有玻连蛋白的表达功能；人与小鼠的脑、喂食胆固醇诱导的兔动脉粥样硬化斑中都检测到了玻连蛋白 mRNA 的表达；最新研究表明在尿道上皮细胞亦可有玻连蛋白的表达。

现有研究表明，多种因素可调节玻连蛋白的表达。有研究表明，在 TGF-β 的作用条件下，体外培养的肝细胞合成玻连蛋白的水平显著升高。另外，给实验大鼠注射内毒素、弗氏完全佐剂或松节油可以刺激大鼠肝脏内玻连蛋白 mRNA 的转录。这一结果表明，在急性系统性炎症条件下，肝脏中玻连蛋白的生物合成水平显著升高。以注射内毒素的方法诱导小鼠的急性系统性炎症反应，对于炎症状态下玻连蛋白的基因表达水平的变化也进行了研究。注射内毒素之后的 16h 以内，血浆中的玻连蛋白水平提高 2~3 倍，这种玻连蛋白表达水平的升高持续 72h。血浆中玻连蛋白表达水平的升高，主要是由于肝脏中玻连蛋白水平升高所致。在急性系统性内毒素血症时，小鼠肝脏中的玻连蛋白 mRNA 表达水平升高 4 倍之多，而心、肺、脑等组织器官中的玻连蛋白 mRNA 表达水平则未见显著升高。这些结果表明玻连蛋白的体内表达调节具有显著的组织细胞特异性，同时也提示玻连蛋白是一种急性期反应蛋白。为了进一步证实玻连蛋白作为一种急性期反应蛋白，并研究其表达调控的机制，有学者研究了外科手术、体内注射内毒素等急性期应答情况下玻连蛋白表达水平的变化，并发现白细胞介素-6 可以刺激体内玻连蛋白的表达。接受矫形手术的患者其血浆中的玻连蛋白表达水平升高 2 倍，并持续 5 天时间。

四、玻连蛋白分子中的位点结构

玻连蛋白质的分子结构中存在着一系列的位点结构，如肝素结合位点、胶原结合位点、补体结合位点与 PAI-1 结合位点等，在玻连蛋白的生物学活性中占有十分重要的作用。玻连蛋白在细胞内完成翻译过程之后，还需要进行一系列的修饰。

1. 胶原结合位点 玻连蛋白是一种存在于血液系统和细胞外基质的糖蛋白。在生理浓度的盐溶液中，玻连蛋白即可自发地沉积在组织培养皿的表面，使细胞与基质黏附，改变细胞形态，促进细胞迁移。在玻连蛋白的分子结构中，最为重要的活性结构位点当数位于玻连蛋白 N 端的三肽结构位点 Arg-Gly-Asp。细胞表面的玻连蛋白受体主要是整合素 $\alpha_V\beta_3$，与玻连蛋白之间的相互作用即是通过上述三肽结构位点。以抗整合素 $\alpha_V\beta_3$ 抗体处理黑色素瘤细胞，可以刺激该肿瘤细胞分泌表达Ⅳ型胶原酶。因此，玻连蛋白与整合素 $\alpha_V\beta_3$ 组成了一个细胞表面调节系统，对于细胞的黏附、形态学特征的改变、迁移及一些蛋白基因表达分泌等活动具有调节作用。另外，在更高的层次上，这一系统还受到一些可溶性细胞因子，如肿瘤坏死因子-α、γ-干扰素及 $TGF-\beta_1$ 等的调节。

免疫结果表明，玻连蛋白可以沉积到多种类型的组织之中，如骨骼肌的松弛结缔组织、胚胎肺组织、胎膜和肾组织中。在血管壁及皮肤弹性纤维的周围也有玻连蛋白的分布。在肿瘤患者中，乳腺癌、结肠癌的基质中，以及神经母细胞瘤的实质中都有玻连蛋白沉积。血液循环中的玻连蛋白之所以能够选择性地沉积到细胞外基质组织中，应该有一种或多种生物大分子参与这一过程。但关于玻连蛋白向细胞外基质中进行沉积过程中是否有引导分子的参与，并不十分清楚。氨基聚糖很可能是其中的一种重要分子。组织型氨基聚糖包括硫酸软骨素、硫酸皮肤素、透明质酸与硫酸乙酰肝素等。Gehh 等报道纯化的玻连蛋白可与胶原进行结合。玻连蛋白与胶原之间的结合能力很强，但在高盐浓度条件下可以破坏玻连蛋白与胶原之间的结合。内源性的血清或血浆中的玻连蛋白不能与胶原结合，但加入 8mmol/L 的尿素再煮沸或加入肝素时，玻连蛋白则获得与胶原结合的能力。为了进一步研究和了解玻连蛋白与细胞外基质生物大分子相互作用的分子机制，有研究对玻连蛋白分子结构中的胶原结合位点进行了研究。玻连蛋白在甲酸作用下裂解成大小不等的片段，以肝素亲和层析法将片段分离，再以凝胶过滤层析法进一步纯化。将一定量的玻连蛋白分子以 ^{125}I 同位素标记，将胶原蛋白固相化，根据竞争性结合的原理，测定不同的玻连蛋白片段与胶原结合的能力。结果表明，在这些甲酸裂解的玻连蛋白片段中，有两种玻连蛋白片段可与胶原结合。一组与胶原结合的玻连蛋白片段，包括 5 个肝素结合片段，其分子质量分别为 12kDa、14kDa、16kDa、18kDa 和 19kDa；另一组包括 2 个非肝素结合片段，其分子质量为 18kDa 和 40kDa。这一结果说明在玻连蛋白的分子结构中，存在着两个胶原结合位点，一个位点位于羧基末端部分，靠近肝素结合位点区；另一个位于玻连蛋白的氨基末端部分。

2. PAI-1 结合位点 PAI-1 通过对组织纤维蛋白溶酶原激活剂和尿激酶催化活性的抑制来调节纤维蛋白溶解酶系统的作用。PAT-1 属于丝氨酸蛋白酶抑制物蛋白超家族中的一个成员，其分子质量为 50kDa。PAI-1 存在于血浆中，体外培养的各种细胞都分泌产生 PAI-1 蛋白。具有生物学活性的 PAI-1 能够与玻连蛋白结合，提示玻连蛋白的分子结构中可能存在 PAI-1 的结合位点。为了证实和鉴定玻连蛋白分子结构中存在 PAI-1 的结合位点，Sigurdardotir 等以胰蛋白酶对玻连蛋白消化，裂解为不同的片段，以玻连蛋白包被的微量滴定板，研究玻连蛋白的不同结构形式的片段对 PAI-1/玻连蛋白相互作用的抑制效应。无论是完整的玻连蛋白分子，还是胰酶消化的玻连蛋白片段，在 2nmol/L 浓度的条件下，对于 PAI-1 的结合抑制率达 50%。以葡聚糖凝胶 G-50 过滤，对胰酶消化的玻连蛋白片段进一步分离纯化，从洗脱的分离纯化物中，仅见到对 PAI-1 结合作用抑制效应的单一峰。具有抑制作用的洗脱体积 K_{av} 为 0.55，提示这种可以抑制 PAI-1 与玻连蛋白结合的片段为中等大小。以高压液相色谱对这一中等大小的玻连蛋白片段进一步纯化，然后对这一片段序列进行测定。结果表明，具有抑制作用的玻连蛋白片段为玻连蛋白氨基末端的 45 个氨基酸残基组成的多肽。在浓度为 13nmol/L 的条件下，玻连蛋白氨基端的多肽序列对 PAI-1 与玻连蛋白结合的抑制率为 50%。因此，玻连蛋白氨基端的多肽片段与完整的玻连蛋白片段相比较，对 PAI-1 与固相包被的玻连蛋白之间结合的抑制能力要低一些。多肽片段还原状态或 S-羧基甲基化修饰对玻连蛋白与 PAI-1 的相互作用无显著影响。玻连蛋白氨基端的多肽能够提高具有生物学活性的 PAI-1 的稳定性，提高的幅度达 60%，较完整的玻连蛋白分子稍低。玻连蛋白氨基端的多肽还可以防止氯胺 T 对 PAI-1 的氧化作用，PAI-1 与完整的玻连蛋白结合后，其半衰期可提高 30 倍；而与玻连蛋白 N 端的多肽片段相结合，其半衰期可提高 4 倍。

进一步的研究表明，玻连蛋白分子中 PAI-1 的结合位点位于其分子结构中的生长激素介质 B 位点。对来源于 14 种不同生物系统的玻连蛋白的一级结构序列进行分析比较，发现它们不仅在整体序列上具有高度的同源性，而且其大小和结构都极为相似，对人玻连蛋白质分子结构分析，发现了一系列的位点结构。靠近玻连蛋白 N 端的序列中有一个促生长因子 B（somatomedin B，SMB）位点，由 44 个氨基酸残基组成，说明玻连蛋白是生长激素介质/胰岛素样生长因子家族的一个成员。在 SMB 位点序列的 C 端，有 RGD 序列与之相邻。这是一段由细胞膜受体识别、与细胞黏附相关的功能性位点结构。RGD 序列对 PAI-1 和玻连蛋白的相互作用没有显著的影响，在 RGD 序列之后的一段氨基酸残基序列称之为连接区，其中含有胶原结合位点。玻连蛋白质分子中的 SMB 位点在所有生物类型的玻连蛋白分子中都是高度保守的，事实上，SMB 位点是玻连蛋白分子结构中最为保守的一段氨基酸残基序列。SMB 位点中含有 8 个半胱氨酸残基，说明 SMB 是含有二硫键的紧凑结构位点区。玻连蛋白分子中 PAI-1 结合位点位于玻连蛋白 SMB 位点的氨基端区。纯化的、含有 SMB 序列的多肽片段可与完整的玻连蛋白竞争性结合 PAI-1。

3. 补体结合位点 终末补体复合物中的蛋白质是一些水溶性的糖蛋白分子。补体 C5b-9 是膜相关部分，具有破坏组织的潜能。除此之外，这种复合物中还包括了液相复合物 SC5b-9，其中还包含着另外的一些调节蛋白，即玻连蛋白。研究表明，在 C5b-9 装配形成过程中，玻连蛋白与液相的补体终末复合物（terminal complement complex，TCC）结合，以便形成与膜插入和组织破坏有关的 SC5b-9 失活形式的复合物。玻连蛋白还具有抑制 C9 与 TCC 结合的功能，因而可以直接干预裂解核心的形成。膜相关型 C56-9 复合物中仅仅含有少量的玻连蛋白。玻连蛋白靠近 C 端部分的序列中有一段很短的肝素结合位点序列，据认为这是一段玻连蛋白与 TCC 结合有关的结构位点。这一段序列由 42 个氨基酸残基组成，其中大部分为碱性氨基酸残基，如含有 12 个精氨酸和 3 个赖氨酸残基，与硫酸鱼精蛋白的某些结构特点极为类似，后者也是 TCC 的一种抑制性蛋白。补体 C9 分子是裂解核心结构形成必不可少的一种效应分子，在其结构中有一段带有负电荷的氨基酸残基序列结构，这就不难理解带有正电荷结构位点的玻连蛋白为何能与补体 C9 结合了。在补体 C6、C7 和 C8 分子中也含有相同的富含半胱氨酸的结构区，因此补体 C5b-9 可以通过玻连蛋白分子中的肝素结合位点与之结合。研究结果表明，人玻连蛋白对补体的抑制作用与玻连蛋白的非肝素结合位点有关。以溴化氰处理玻连蛋白，可将其裂解为 12kDa、43kDa 和 53kDa 等三种大小的多肽片段。完整的玻连蛋白、溴化氰裂解的玻连蛋白总的混合物、43kDa 的玻连蛋白片段及 53kDa 的玻连蛋白片段都具有对豚鼠红细胞反应性裂解的抑制作用，但分子质量为 12kDa 的玻连蛋白的肝素结合片段，对这种补体介导的红细胞裂解过程的抑制作用却很不显著。另外，43kDa 的片段可以阻断 C5b-7 补体复合物与固相化的玻连蛋白的结合过程，而 12kDa 的玻连蛋白片段则无此效应。这些结果将玻连蛋白分子中 C5b-7 与玻连蛋白结合的位点定位在 43kDa 的片段序列中，而不是玻连蛋白的肝素结合位点区。

第二节　玻连蛋白的生物学功能

玻连蛋白作为一种细胞外基质糖蛋白，在细胞生长分化、肿瘤发生与转移、病毒感染、补体系统、冠状动脉粥样硬化、创伤修复及纤维化发生等多种病理生理学过程中都具有十分重要的作用。

一、玻连蛋白与细胞的生长和分化

玻连蛋白参与细胞生长分化的过程。细胞分化过程常常伴有细胞膜上整合素黏附分子表达种类和表达水平的变化。整合素$\alpha_V\beta_3$介导的内皮细胞与纤维蛋白原的相互作用，可以降低细胞的分化程度，促进毛细血管的形成。研究表明，玻连蛋白与其受体$\alpha_V\beta_3$结合以后，引起内皮细胞的分化，成为毛细血管样结构，其中包含着蛋白激酶C的参与及受体蛋白$\alpha_V\beta_3$蛋白的磷酸化修饰等过程。与之类似，豚鼠的巨核细胞通过其膜上的$\alpha_V\beta_3$受体分子与玻连蛋白结合，可以导致血小板的形成。作为血液中的一种活性成分，玻连蛋白与神经生长因子一起，共同刺激PC12细胞的轴突生长。玻连蛋白还介导骨髓中肥大细胞的黏附，协同白细胞介素-3促进其增殖过程，表明玻连蛋白还可以通过与细胞膜上相应的受体结合，触发有丝分裂信号的转导。近来Zhu等采用SMMC-7721细胞系证实，玻连蛋白可促进细胞增殖，并保护细胞免于凋亡诱导剂的作用，提示玻连蛋白可能在肿瘤的发生中起到一定作用。

二、玻连蛋白与肿瘤

玻连蛋白与多种肿瘤的发生及转移进展相关，并在肿瘤的早期诊断中起到一定作用。有研究表明，大黑色素瘤细胞从低转移性表型向高转移性表型的进展过程中，其细胞膜上玻连蛋白相应的受体分子，即$\alpha_V\beta_3$整合素分子的表达水平即显著升高。显然，这种受体蛋白分子在肿瘤形成和转移多个步骤中都具有十分重要的作用，因为这种受体蛋白可与相应的配体分子结合促进细胞的迁移与迁徙。在具有黑色素瘤细胞转移的淋巴结冷冻切片中，转移性黑色素瘤细胞膜上的$\alpha_V\beta_3$整合素受体的表达水平升高，且与玻连蛋白结合在一起。黑色素瘤细胞膜上的$\alpha_V\beta_3$受体与淋巴结中玻连蛋白基质结合的能力决定了黑色素瘤细胞发生淋巴结转移的潜能。另外，体外培养的胶质母细胞瘤细胞可与胶质细胞瘤活检组织的恒冷切片表达玻连蛋白的位点黏附，但不能与正常的脑组织黏附，表明胶质母细胞瘤通过其细胞膜上的$\alpha_V\beta_3$受体与细胞外基质玻连蛋白质分子结合，与这种恶性脑肿瘤的局部浸润特性有关。肿瘤的发生起源于肿瘤干细胞，这些细胞通常处于静止状态，多种因素可促进其分化。研究表明，血清来源的玻连蛋白可通过整合素$\alpha_V\beta_3$依赖的方式促进肿瘤干细胞的分化并最终导致肿瘤形成。在含有玻连蛋白的培养基中肿瘤干细胞的多种基因表达下调，β-层粘连蛋白的核定位消失。上皮源性的卵巢癌细胞通过定位于腹腔的腹膜间皮细胞来转移。研究通过免疫荧光等方法检测表明，玻连蛋白及其受体整合素$\alpha_V\beta_3$与uPAR在卵巢癌细胞黏附于腹膜间皮细胞的过程中起到关键作用，加入抗玻连蛋白、抗整合素$\alpha_V\beta_3$与抗uPAR的抗体可抑制卵巢癌细胞向腹膜间皮细胞的转移。

此外，由于肿瘤的迅速生长，肿瘤细胞多暴露于低氧环境，肿瘤细胞需要适应这一低氧环境方能存活。Pola等研究提示乳腺癌细胞可表达整合素$\alpha_V\beta_3$，通过与玻连蛋白相互作用，显著上调mTOR活性及Cap依赖的mRNA转录，保证在低氧环境下mTOR仍持续激活，促进肿瘤生长与侵袭。此外，尿激酶型纤溶酶原激活物受体（urokinase plasminogen activator receptor，uPAR）在肿瘤的发生发展及侵袭转移中发挥的重要生物学作用已广为熟知，近年来研究热点侧重于玻连蛋白与uPAR的相互作用。多项研究提示uPAR可作用于玻连蛋白，进而影响肿瘤的发生、发展与侵袭转移。鉴于玻连蛋白在肿瘤的生长及转移中的重要作用，近年来不断有研究提示玻连蛋白可能是肿瘤抑制的靶点。

三、玻连蛋白与感染

玻连蛋白参与多种病原体感染的病理生理过程。一方面，玻连蛋白作为细胞基质组分参与了病原体感染机体的过程；另一方面，玻连蛋白可能会影响机体免疫清除病原体的过程。有研究表明，纤溶酶原激活物可通过作用于玻连蛋白介导的巨噬细胞黏附过程来抑制 HIV 的复制。同样有研究表明，在流感嗜血病毒侵入机体的过程中，流感嗜血杆菌蛋白 E 通过结合细胞基质的玻连蛋白和层粘连蛋白来实现细菌的接触与定植。

四、玻连蛋白与补体系统

补体系统各种成分的相互作用可以介导一系列具有重要生物学意义的过程。关于自然的补体系统抑制物的发现与机制研究，不仅具有重要的基础理论意义，而且还有广阔的临床应用前景。其中，具有多种生物学活性的糖蛋白分子玻连蛋白，作为可溶性 TCC 的一种抑制物受到了广泛的重视。玻连蛋白可以将新形成的 C5b-7 补体复合物转变为可溶性的 C5b-9 复合物，而这种可溶性的 C5b-9 补体复合物是不具有生物学活性的形式。研究表明，玻连蛋白与 C5b-7/C5b-9 补体复合物结合以后，可以阻断亲水性复合物形式向疏水状态的复合物形式转变。以溴化氰处理玻连蛋白，使其裂解成大小不等的片段，再对于这些不同的片段进行研究，从中鉴定出一系列的功能位点。带有大量电荷的肝素结合具有补体抑制功能，补体 C6、C7、C8 和 C9 中高度酸性的、富含半胱氨酸的位点可与玻连蛋白分子中的肝素结合区相互作用。玻连蛋白分子中的这一肝素结合区对于补体 C9 管状结构形成的多聚化过程具有显著的抑制作用。这一结果说明未进行正确折叠的补体 C9 分子，暴露了其分子结构中的酸性位点，使其能够与肝素多肽进行结合，从而导致 C9 多聚化的解体及补体 C9 的降解。玻连蛋白分子构象发生改变，导致玻连蛋白分子中正常情况下掩盖在分子内部的肝素结合区又重新暴露出来。卡他莫拉菌的泛表面蛋白 A_1（ubiquitous surface protein A_1，$UspA_1$）和 A_2 可以与补体 C3 组分等相互作用而抑制补体系统的激活，从而避免被机体清除。最新研究表明，玻连蛋白可结合于卡他莫拉菌的泛表面蛋白 A_2 组分来抑制补体活性。泛表面蛋白 A_2 与玻连蛋白结合，进而结合补体 C9 组分，从而抑制膜攻击复合物的形成。电镜扫描证实，玻连蛋白与泛表面蛋白 A_2 的活性结合位点位于第 30~177 个氨基酸残基。

五、玻连蛋白与动脉粥样硬化及凝血

玻连蛋白首先可影响动脉粥样硬化过程中的平滑肌细胞增殖，玻连蛋白是聚集在动脉粥样硬化斑块的一种糖蛋白，在斑块损伤后发生增殖、迁移的平滑肌细胞能够强烈地表达玻连蛋白，而抗玻连蛋白抗体能够抑制平滑肌细胞的迁移。另外，玻连蛋白介导的平滑肌细胞迁移也是冠状动脉支架置入术后再狭窄的一个重要因素，而且玻连蛋白对动脉粥样硬化过程中巨噬细胞的黏附也有一定影响。尿激酶纤溶酶原激活物受体可以和玻连蛋白结合并通过整合素复合物转导细胞，从而调节巨噬细胞的黏附和迁移过程。

另外，玻连蛋白可作用于凝血和血栓形成过程。玻连蛋白可以和 PAI-1 形成一个分子质量为 320kDa 的复合物，该复合物由 2 个玻连蛋白分子和 4 个 PAI-1 分子组成，玻连蛋白复合物的形成可使循环中 PAI-1 的半衰期延长 2~4 倍。而血浆中 PAI-1 的水平与急性冠

六、玻连蛋白与创伤修复

既往对于损伤修复的研究多侧重细胞因子的作用,但这些研究的结果均不理想。近年来研究人员意识到,除了细胞因子外,细胞基质在损伤修复中也起到不可或缺的作用。因此有研究将生长因子与玻连蛋白联合应用于损伤修复过程中,初步研究结果表明玻连蛋白与生长因子组成的复合物对于"难治性"损伤有着极佳的疗效,提示玻连蛋白在损伤修复中有着极佳的应用前景。

七、玻连蛋白与纤维化发生

玻连蛋白通过结合 PAI-1 参与机体损伤后的纤维化过程。玻连蛋白可结合于 PAI-1,抑制玻连蛋白-整合素介导的细胞对病理生理情况的应答,如 Wheaton 等研究提示玻连蛋白可作用于纤维化发生的 TGF-β 信号通路。该研究采用细胞模型进行研究,当肺泡内皮细胞在含有正常玻连蛋白的培养基中培养时,细胞可抵抗 TGF-β 诱导的细胞凋亡。但如果采用 RGD 基序变异的玻连蛋白进行培养,细胞在 TGF-β 的作用下出现显著的细胞凋亡。因此,玻连蛋白参与了 TGF-β 相关的纤维化发病过程。

(杨 松)

参 考 文 献

Leavesley DI. 2013. Vitronectin--master controller or micromanager? IUBMB Life,65(10):807-818.

Madsen CD,Sidenius N. 2008. The interaction between urokinase receptor and vitronectin in cell adhesion and signalling. Eur J Cell Biol,87(8-9):617-629.

Pola C,Formenti SC,Schneider RJ. 2013. Vitronectin-$\alpha_V\beta_3$ integrin engagement directs hypoxia-resistant mTOR activity and sustained protein synthesis linked to invasion by breast cancer cells. Cancer Res,73(14):4571-4578.

Preissner KT,Reuning U. 2011. Vitronectin in vascular context:facets of a multitalented matricellular protein. Semin Thromb Hemost,37(4):408-424.

Schneider G,Bryndza E,Poniewierska-Baran A,et al. 2016. Evidence that vitronectin is a potent migration-enhancing factor for cancer cells chaperoned by fibrinogen: a novel view of the metastasis of cancer cells to low-fibrinogen lymphatics and body cavities. Oncotarget,7(43):69829-69843.

Singh B,Su YC,Riesbeck K. 2010. Vitronectin in bacterial pathogenesis:a host protein used in complement escape and cellular invasion. Mol Microbiol,78(3):545-560.

Wheaton AK,Velikoff M,Agarwal M,et al. 2016. The vitronectin RGD motif regulates TGF-β-induced alveolar epithelial cell apoptosis. Am J Physiol Lung Cell Mol Physiol,310(11):L1206-1217.

Zhu W. 2014. Vitronectin [correction of Vitronetcin] promotes cell growth and inhibits apoptotic stimuli in a human hepatoma cell line via the activation of caspases. Can J Physiol Pharmacol,92(5):363-368.

第十一章 腱生蛋白

腱生蛋白（tenascin）是细胞外基质蛋白的一个家族。1986 年前称为肌腱抗原（myoten-dinous antigen），1986 年以后称之为腱生蛋白，来源于拉丁语"tenere"和"nasci"这两个单词的缩写。在大鼠的胚胎及肿瘤组织中，通过免疫组织化学技术证实，在处于生长状态的上皮细胞层下的致密基底组织中，就存在着这种腱生蛋白。1983～1985 年，几个不同的实验室分别独立地发现了与腱生蛋白相似的细胞外基质糖蛋白，如胶质瘤间质细胞外基质（glioma mesenchymal extracellular matrix，GMEM），这是一种肿瘤相关性的细胞外基质糖蛋白。以人胶质瘤细胞系 u-251MG 免疫动物，制备了一种单克隆抗体 81cb，可以识别 GMEM 这种糖蛋白抗原。还有一种糖蛋白称为 nexabracnion，这是一种大分子的单体细胞外基质糖蛋白，是从人细胞表面纤维粘连蛋白制备过程中以电镜观察时所发现的。在成年大鼠的脑中，以抗 L^2/HNK-1 家族的一种 160kDa 糖蛋白的多克隆抗体，鉴定出的一种神经细胞黏附分子，称为 J1 蛋白。在鸡脑中发生了胶质细胞与神经元细胞相互作用时的一种细胞与细胞基质的黏附分子，称为 cytotactin。上述实验中所发现的糖蛋白分子都是腱生蛋白家族的成员。腱生蛋白家族中包括腱生蛋白-C、腱生蛋白-R 和腱生蛋白-X；在果蝇中还鉴定出 Ten^a 和 Ten^m 两种蛋白质，在线虫（C.elegans）中还鉴定出 ten^m 蛋白，这些都是腱生蛋白家族的主要成员。

一、腱生蛋白的分子结构

腱生蛋白是由 6 个相似的亚单位，经由各自 N 端之间二硫键的形成而结合在一起的六聚体分子形式。这 6 个亚单位之间并不完全相同，是由同一种基因转录而来的 mRNA 经过不同的剪切加工而形成不同结构的亚单位分子。

腱生蛋白的基因组 DNA 位于人染色体 9q32—q34 位点上。但是，以 Southern blot 杂交证实在人染色体基因组中还存在着数个相关基因。腱生蛋白基因的编码区横跨一段 80kb 的基因组结构区，由 27 个外显子组成。Ⅲ型重复序列由一个或两个外显子组成。所有经过剪切加工的Ⅲ型重复序列都是由单一的外显子编码的。纤维蛋白原样位点由 5 个外显子编码，表皮生长因子（EGF）重复序列则由单个外显子组成。

腱生蛋白由 2199 个氨基酸残基组成，分子质量为 240.449kDa。其 N 端的第 1～22 个氨基酸残基组成了腱生蛋白的信号肽序列。表皮生长因子重复序列位于第 174～185、186～216、217～246、247～278、279～309、310～340、341～371、372～402、403～433、434～464、465～495、496～526、527～557、558～588、589～619 个氨基酸残基。纤维粘连蛋白Ⅲ型重复序列位于第 620～709、710～800、801～890、891～982、983～1070、1071～1161、1162～1252、1253～1343、1344～1434、1435～1525、526～1616、1617～1707、1708～1796、1797～1884、1885～1972 个氨基酸残基。可以发生剪切加工的重复序列位于第 983～1070、1075～1252、1253～1343、1344～1434、1435～1525、1526～1616、1617～

1707 个氨基酸残基。潜在的 N-糖基化位点分布在第 38、166、184、326、787、1017、1033、1078、1092、1118、1183、1209、1260、1274、1300、1365、1391、1444、1454、1484、1533、1808、2160 个氨基酸残基上。RGD 细胞黏附位点位于第 876~878 个氨基酸残基，但在小鼠的腱生蛋白的分子结构中，这一 RGD 细胞黏附位点是不保守的。由此可见，腱生蛋白分子结构的显著特点是含有多种类型的重复序列。在腱生蛋白质分子结构中存在着 3 种类型的重复序列，即 6 段半胱氨酸 EGF 重复序列、纤维粘连蛋白Ⅲ型重复序列，以及与纤维粘连蛋白原β和γ链的同源性结构区等。

腱生蛋白的 N 端之间通过二硫键形成，组成六聚体的结构。腱生蛋白 N 端序列之后，是由 7 个氨基酸残基序列为单位的重复序列结构，以便能够使 3 个腱生蛋白亚单位之间形成三螺旋结构。其余部分包括几段腱生蛋白类型的 EGF 样重复序列、纤维粘连蛋白Ⅲ型重复序列及羧基末端的纤维蛋白原同源性球状结构位点。不同类型的腱生蛋白分子结构中Ⅲ型重复序列片段数目各不相同。即使是同一种类型的腱生蛋白分子，在不同类型的生物种系中，纤维粘连蛋白Ⅲ型重复序列片段的数目也不相同。在腱生蛋白分子结构中位于纤维连结蛋白中心部位的Ⅲ型重复序列存在剪切加工机制，因而即使同一种生物类型的细胞中，腱生蛋白质分子结构中纤维粘连蛋白Ⅲ型重复序列的片段数目也不尽相同。

二、腱生蛋白在体内的表达

胚胎时期腱生蛋白自移行细胞发育而成。腱生蛋白可以在发育、疾病或损伤情况下在多种细胞外基质中表达。腱生蛋白-C 的表达水平在自胚胎时期到成人时期的发展过程中有所不同，胚胎发育时期表达量很高，器官发生时期短暂出现，而在成熟器官中表达量则极少。众多实验表明，在炎症、感染或肿瘤形成等病理情况下，腱生蛋白-C 的表达被上调。在胚胎组织和成熟组织的修复、损伤和肿瘤发生过程中被不同因素诱导或抑制表达，如 TGF-β_1、TNF-α、白细胞介素-1、神经生长因子及角化生长因子等均可调节腱生蛋白-C 的表达。中枢神经系统发育过程中，腱生蛋白-C 对少突胶质前体细胞和星形胶质细胞的增殖具有调节作用。下面简单介绍腱生蛋白在人体一些重要脏器中的表达情况。

1. 腱生蛋白在乳腺中的表达　大鼠乳腺组织的发生始于变厚的上皮层在乳腺导管形成部位的折叠。与此同时，紧紧围绕着原发的导管上皮的致密间质层中即开始出现腱生蛋白的表达。但乳腺导管侵入脂肪垫前体组织并进行延长时没有腱生蛋白的表达。在新形成的腺体中，发育中的终端芽周围的腺泡开始分化时，又出现腱生蛋白的表达。但是，在成年的正常乳腺中却检测不到腱生蛋白的表达。即使在孕期乳腺腺泡开始增生时也检测不到腱生蛋白的表达。但是，在乳腺癌周围的基质中又重新出现腱生蛋白的表达。腱生蛋白表达的这种特殊方式，表明腱生蛋白的表达不仅仅是与处于生长过程的上皮细胞增生过程有关，而且与上皮的形态学发生过程的某些步骤有关。

几项实验研究结果表明，乳腺上皮细胞本身并不产生腱生蛋白，但对于其周围的间质细胞合成腱生蛋白的过程具有诱导作用。其中的一种诱导因子可能是 TGF-β。体外培养的乳腺癌细胞可以刺激与之相邻的成纤维细胞合成腱生蛋白，这种刺激作用是由 TGF-β介导的。

2. 腱生蛋白在肺中的表达　人类肺组织发育在子宫内经历了胚胎期、假腺体期、小管期、囊泡期四个时期，而肺泡期主要在出生后进行。在整个妊娠期内，均可检测到腱生蛋白表达，而且其表达量与成人肺组织相比明显增强。腱生蛋白表达与肺炎质的发育特别是与肺支气管树的构成密切相关，主要集中在上皮-间质交界处表达。有研究发现肺动脉起源于肺间质原始毛细血管丛，且动脉与内皮细胞管一起形成新的气道。早期肺动脉血管 SMC 来源于支气管平滑肌细胞，其次来源于围绕动脉的间质细胞。尽管它们的来源不同，但随着胎龄的增加，它们以相同的时间顺序获得平滑肌细胞特异性细胞骨架蛋白。气道发育作为肺动脉发育的模板，在腱生蛋白促进内皮细胞、平滑肌细胞黏附和迁移中发挥重要作用。在肺组织发育的不同阶段，腱生蛋白在肺动脉和静脉系统中的表达与分布方式不同。在胚胎肺发育过程中，静脉内膜部呈中等以上程度表达而动脉内膜部表达腱生蛋白；在小管期（妊娠 17~28 周），腱生蛋白-C 在肺静脉内膜处呈强表达。

3. 腱生蛋白在肾中的表达 在肾脏的发育过程中，在上皮细胞周围的致密间质组织中，有腱生蛋白的表达。这是肾脏发育过程中最早出现腱生蛋白表达的位点结构。新生的小鼠，其肾小管和肾小球仍然处于发育阶段，在整个肾髓质中都能见到腱生蛋白的表达。发育进程结束时，腱生蛋白的表达完全消失。因此，在肾脏中腱生蛋白的表达，也是与上皮形态学发生的某些步骤有关的。在发育过程中的肾脏，只是在围绕上皮生发中心的基质中才见到腱生蛋白的表达，在基底膜部位则未见到腱生蛋白的表达，可能是间质细胞在受到来自于上皮细胞信号的刺激以后，由间质细胞合成并分泌腱生蛋白。这一点与在乳腺组织中关于腱生蛋白表达的特点大体相同，但与肺组织中腱生蛋白表达方式是不一样的。对于发育中的肾组织中的腱生蛋白 mRNA 的原位检测，也证实了腱生蛋白在肾组织中由间质细胞进行表达的方式。

三、腱生蛋白表达的调节

因为腱生蛋白的表达受到严格的调控，因而研究腱生蛋白基因的启动子，鉴定其中具有调节作用的元件结构，以及与之结合并发生相互作用的转录因子，对了解腱生蛋白基因表达的组织细胞特异性及发育阶段的时序性调节机制具有十分重要的意义。第一个研究的腱生蛋白基因启动子序列是鸡腱生蛋白-C 基因的启动子。其中含有 TATA 盒式结构元件，还有其他一些转录因子蛋白结合的位点结构序列。在转染实验过程中，发现血清可以诱导由腱生蛋白-C 启动子指导的报道基因的表达。如果腱生蛋白基因启动子和报道基因的重组表达载体与含有均一盒式结构的基因 Rvx-1 进行共转染实验，可见到腱生蛋白-C 启动子被激活。但是，这一激活过程是一种间接的激活过程，是通过一种生长因子信号的转导途径，而不是通过转录因子蛋白对腱生蛋白-C 基因启动子的直接激活。最近又克隆了人及小鼠的腱生蛋白-C 基因的启动子序列。这两种腱生蛋白-C 基因的启动子与报道基因重组构建的表达载体转染细胞以后具有转录活性。在两种腱生蛋白-C 基因的启动子结构中，近端的 200~250bp 序列中含有主要的与激活有关的序列，如果保留更长一些的启动子结构区的核苷酸序列，腱生蛋白基因启动子的活性则受到抑制，这说明腱生蛋白启动子区 200~250bp 远端的核苷酸序列中，应该含有一段对于腱生蛋白基因启动子活性具有负调节作用的核苷酸元件结构。但是，鸡腱生蛋白-C 基因启动子的序列结构与之不同，近端 200bp 范围的核苷酸序列具有转录表达活性，而 200bp 以远的核苷酸序列中则存在促进腱生蛋白基因启动子转录活性的核苷酸元件结构。因为腱生蛋白-C 基因启动子核苷酸序列中重要的具有重要调节作用的结构元件可能是高度保守的，因而对人、小鼠及鸡的腱生蛋白-C 基因转录位点上游的 600bp 核苷酸片段的序列及同源性结构元件进行了分析和比较。结果表明，三种不同的腱生蛋白的启动子结构区 600bp 的核苷酸序列都是高度保守的，特别是 TATA 盒式结构及其周围 250bp 范围的核苷酸序列更为如此。在这些不同的启动子核苷酸序列中都有多种类型的转录因子结合位点，但转录因子识别与结合的位点序列结构却不在相同的位置上。对三种启动子更为远端的核苷酸序列进行比较，发现也是一些保守的核苷酸序列。

正常和异常的发育过程中，腱生蛋白-C 基因表达方式和特点完全不同，这一事实本身就说明了腱生蛋白-C 基因的表达是可以进行调节和控制的。体外培养的组织中，不同类型的细胞所表达的腱生蛋白水平及剪切方式都不尽相同，有些类型的细胞则根本不表达任何类型的腱生蛋白。有些根本不表达腱生蛋白的细胞类型，开始在体外进行培养时，突然出现腱生蛋白的表达活性。

血清是一种很强的诱导腱生蛋白表达的因子，在体外培养的条件下，一般都是应用含有 10%血清的培养基，因而许多类型的细胞在体外培养的情况下就能够表达腱生蛋白就不足为怪了。以肝素亲和层析法对血清中的蛋白因子进行纯化分离，从中发现了几种不同的蛋白因子都能够诱导腱生蛋白的表达。以 400~650mmol/L 的 NaCl 从肝素 M-琼脂糖凝胶中洗脱下来的血清蛋白成分能够特异性地诱导腱生蛋白-C 的表达，但是对纤维粘连蛋白的合成则没有诱导作用。这种蛋白质因子的调节活性，对改变体内的细胞外基质中腱生蛋白-C 与纤维粘连蛋白的相对比例具有十分重要的意义。对腱生蛋白-C 基因表达具有诱导作用的生长因子包括：TGF-β、碱性成纤维细胞生长因子（basic fibroblast growth factor，bFGF）、酸性成纤维细胞生长因子（acidic fibroblast growth factor，aFGF）、k-FGF、IL-1、IL-4、TNF-α、激活蛋白、血小板源生长因子（platelet-derived growth factor，PDGF）及血管紧张素Ⅱ等。值得注意的是，这些因子对腱生蛋白表达的诱导作用具有高度的细胞类型特异性。所以，导致腱生蛋白-C 基因表达活性升高的信号转导途径可能是多种多样的，也许与细胞膜上的受体类型及细胞内信号转导路经的特异性有关。

糖皮质激素对腱生蛋白的表达具有抑制作用，与上述生长因子的作用恰好相反。糖皮质激素对于体外培养的骨髓基质细胞及成纤维细胞中腱生蛋白的表达具有明显的抑制作用，这也是腱生蛋白-C 表达具有组织细胞特异性的决定机制。应用人纤维肉瘤细胞系 HT1080 发现糖皮质激素不但可以阻断腱生蛋白-C 基因的表达活性，同时对纤维粘连蛋白基因的表达具有诱导作用。细胞外基质蛋白表达种类的改变，导致细胞的形态学发生显著改变。细胞受到地塞米松的作用以后，其形态学变得非常平展，未处理的细胞则呈双极化。以地塞米松处理以后，高水平表达纤维粘连蛋白，无腱生蛋白-C 表达的细胞，再转移到含有腱生蛋白的培养皿中，细胞的形态学又变回原来的形态。因此，细胞周围环境中腱生蛋白与纤维粘连蛋白的比例，对细胞的形态学特征具有十分显著的影响，对细胞的功能也产生重要的影响。

与 ECM 其他成分如胶原、弹性蛋白、糖胺多糖和蛋白聚糖一样，腱生蛋白的合成与降解受到基质金属蛋白酶（MMP）和丝氨酸蛋白酶及其特异性抑制剂（serpin 和 TIMP）代谢的影响。体外平滑肌细胞（SMC）培养研究发现，MMP 能够上调腱生蛋白的表达，从而发挥 EGF 相关腱生蛋白介导的促进 SMC 增殖作用；应用腱生蛋白反义寡核苷酸干预腱生蛋白合成研究发现，SMC 凋亡增加，但不能减轻肺动脉高压。

此外，血流动力学改变及机械压力的作用也参与腱生蛋白表达的调控。有研究者应用免疫组织化学染色的方法观察腱生蛋白在不同年龄大鼠血管壁的分布情况，结果显示：在正常血压的不同年龄大鼠血管中，腱生蛋白较均匀地分布在大动脉中层，而随着动脉管径的变小，腱生蛋白染色强度呈轻度增加趋势；在受血流冲击的动脉分叉处，其内皮下可见较强的腱生蛋白染色。在高血压大鼠的动脉中膜，可见弥漫性腱生蛋白阳性斑点，动脉分叉处尤其明显，而对于尚未形成高血压的大鼠，则没有这种变化。关于血流动力学改变在新生猪肺动脉腱生蛋白表达的研究结果显示，增加的血流促进腱生蛋白-C mRNA 和腱生蛋白表达，且伴有 MMP 活性的增加及腱生蛋白的活化转录因子 Egr-1 的 DNA 结合能力上调。研究还发现腱生蛋白-C 及其 mRNA 在血流动力学改变的情况下表达明显增强，而正常血流动力学状态下，未检出大隐静脉表达腱生蛋白。进一步研究发现，腱生蛋白主要在血管中膜和内膜处表达，而外膜仅少量表达或不表达。机械压力对腱生蛋白转录的影响可能是基因表达的一种自我调节方式。

四、腱生蛋白的生物学功能

腱生蛋白-C 在同一细胞类型中可表现出蛋白质的多种功能。这主要源于细胞在不同生长发育和分化阶段信号转导途径的活化和/或目标基因不同，因此 mRNA 的拼接结果不同。由于人们发现腱生蛋白-C 能够抑制细胞黏附到纤维粘连蛋白，因此其被定义为黏附调节蛋白。腱生蛋白-C 的多数功能是通过敲除小鼠间接推断的。大量实验发现，腱生蛋白-C 在外伤、炎症或癌症发展过程中均被诱导表达，这都证明腱生蛋白-C 在信号转导中起重要作用。同样地，在细胞增殖和迁移过程中，腱生蛋白-C 也起到了重要的调节作用，尤其表现在发育分化和伤口愈合过程中。

1. 腱生蛋白与血管重建 ECM 的成分复杂、多样，与许多病理生理功能有关，是控制血管重建的动力，它可以通过对血管平滑肌细胞（VSMC）、成纤维细胞等功能的调节而影响重建过程。

ECM 主要由 VSMC 合成，其成分的变化又影响 VSMC 的数量。血管受损后，受损部位的 VSMC 释放一些趋化因子，外膜成纤维细胞被激活转化为肌成纤维细胞，后者经中膜迁移至内膜并伴有 VSMC 激活、增殖、迁移，形成新生内膜，同时伴有大量胶原等 ECM 生成。在新生内膜形成的早期，各种 MMP 参与包括腱生蛋白在内的 ECM 代谢调节，协同作用刺激 VSMC 的增殖和迁移，后期以 MMP-2 为主调节腱生蛋白表达发挥促 VSMC 迁移的作用。新生内膜中 MMP 染色阳性，主要位于管腔面，并在 VSMC 迁移过程中持续存在。

此外，体外平滑肌细胞凋亡实验研究发现：外源性的腱生蛋白可以阻止 SMC 的凋亡，如果抑制腱生蛋白的表达则诱导 SMC 凋亡。血管受损刺激内皮细胞（EC），释放血管活性物质，其中某些因子可能使 EC 和 SMC 中腱生蛋白及整合素表达增强，而后者促进了 SMC、成纤维细胞、肌成纤维细胞向内膜的迁移，新生内膜从而形成。

腱生蛋白参与血管重建的信号转导机制：血管壁含有几种可能的受体接受血流动力学信号，如整合素、G 蛋白、酪氨酸蛋白激酶、离子通道等。整合素含有 α、β 亚基，均由细胞外功能域、跨膜区和胞内区组成，贯穿细胞膜，其胞内部分是细胞骨架分子的结合区，ECM 中的某些蛋白质则是整合素配体。在血流机械力等作用下，腱生蛋白与细胞表面的整合素配体结合，这样腱生蛋白、整合素、细胞骨架蛋白形成复合物，将机械信号转化为细胞内化学信号,在黏着斑处触发下一级信号传递。早期通过黏着斑激酶(FAK)酪氨酸磷酸化而使其激活,FAK 激活在细胞迁移中起重要作用,FAK 敲除小鼠为中胚层发育缺陷型表型,FAK 的 Tyr 是介导细胞迁移的关键部位。FAK 激活后的信号转导有以下两种通路:一是通过 Grb2/sos,进入 Ras 途径;二是 FAK/src 结合,进入 Ras 途径,最终激活丝裂原活化蛋白激酶(MAPK)。MAPK 通过调节基因表达,进而引发其他细胞骨架蛋白和信号蛋白磷酸化,由此调节细胞骨架的重新组装和改变细胞的迁移功能,最终导致血管重建。

腱生蛋白的上述生物功能,在机械压力、血流动力学改变、低氧诱导、炎症刺激及骨形态生成蛋白受体突变等机制作用下,可导致肺动脉高压,对腱生蛋白生物学功能的进一步研究则可能为肺动脉高压的早期检测指标及制订有效治疗方案提供更多依据。

2. 腱生蛋白与肿瘤发生、转移的关系

(1)乳腺癌:在小鼠乳腺的发育过程中,14 天胚胎时围绕上皮细胞的致密间质细胞层中即有腱生蛋白的表达。成年以后,不再有腱生蛋白表达。当发生乳腺癌时,基质细胞中又出现腱生蛋白的表达。在某些条件下,乳腺癌细胞本身即具有合成腱生蛋白的能力。不分泌腱生蛋白的 MCF7 乳腺癌细胞系,如果与胚胎成纤维细胞进行共同培养,或加入胚胎成纤维细胞的培养基时,可以表达腱生蛋白。在 9 种基质细胞和 4 种癌细胞中也都检测到了腱生蛋白的表达。对于人乳腺癌组织标本中的腱生蛋白进行免疫组织化学研究,发现表达腱生蛋白的细胞与手术后的 5 年存活率有关,认为上皮细胞表达腱生蛋白是乳腺癌不良预后的一个标志。

(2)肝细胞癌(HCC):有研究者探讨了腱生蛋白在 HCC 中的表达,以及与 HCC 血管生成及浸润转移关系的研究,结果显示,腱生蛋白在 HCC 组织中的表达明显高于正常肝组织及肝硬化组织,随着肿瘤恶性程度增高,腱生蛋白表达也越强,但其表达与肿瘤直径、AFP 水平及肝硬化无关。此外,我们还观察到腱生蛋白的表达多集中于肿瘤边缘和血管周围的细胞基质中,其分布与肿瘤细胞的侵袭性生长相一致。因此我们推测 HCC 组织内的腱生蛋白表达可能与肝癌细胞的增殖和转移密切相关,作为一种细胞间黏附调节因子,表达于 HCC 组织边缘的腱生蛋白可能促进了肿瘤细胞的转移。

(3)食管癌:实体肿瘤的血管生成在肿瘤的进展中起着重要的作用,肿瘤的生长过程与微血管形成密切相关。因此,检验肿瘤组织内血管形成情况可反映肿瘤的生物学行为特征,并有助于判断肿瘤复发转移的风险及预后。微血管密度(microvessel density,MVD)是一种能够反映肿瘤血管形成活跃程度的指标。有试验通过免疫组化方法,检测腱生蛋白在食管癌组织中的表达,分析其与食管癌临床病理特征之间的关系。结果表明,腱生蛋白在食管癌组织中的表达强度明显高于在正常食管组织中的表达,两者差异显著,且肿瘤长径≥3cm、浸润至肌层时、有淋巴结转移时、病理 TNM 分期Ⅱ期上,腱生蛋白的表达增强;而肿瘤的分化程度与腱生蛋白的表达无相关性,提示腱生蛋白的阳性表达可能是食管癌局部浸润、淋巴转移及预后差的重要指标。

3. 腱生蛋白与伤口愈合及瘢痕形成的关系 瘢痕疙瘩和增生性瘢痕为创面过度增生所致,在正常成人皮肤中,腱生蛋白-C 表达局限、稀少,但在皮肤损伤修复时,伤后 1 天腱生蛋白-C 表达迅速增强,连续分布于创伤边缘,以扩散的方式遍及基质直至创面愈合(伤后 14 天)。婴幼儿皮肤伤后 1h 即出现腱生蛋白-C 表达增强,伤口愈合后腱生蛋白-C 消失的时间比成人早,因此推测婴幼儿伤后皮肤快速无瘢痕愈合可能与腱生蛋白-C 相关。腱生蛋白-C在瘢痕疙瘩和增生性瘢痕真皮组织中呈弥散分布，表达显著增强，以瘢痕疙瘩增强更为明显。随着病程延长增生性瘢痕逐渐成熟，伤口愈合后12个月瘢痕组织中腱生蛋白-C的表达情况接近正常皮肤。对6个月的增生性瘢痕的研究发现，胶原纤维和胶原束仍呈过度增生，其中细胞、血管成分仍较多，属未成熟瘢痕，但腱生蛋白-C的表达明显强于正常皮肤。瘢痕疙瘩的病程虽长达数年之久，但腱生蛋白-C在其真皮仍呈弥散性高表达，说明瘢痕疙瘩可长期保持不成熟的瘢痕组织状态，有别于增生性瘢痕。

真皮成纤维细胞被认为是腱生蛋白-C的主要细胞来源，腱生蛋白-C的表达可能反映了不断发展的纤维生成过程。例如，间质性肺炎中腱生蛋白-C mRNA在肌成纤维细胞和Ⅱ型肺泡上皮细胞组成的新生纤维灶中有表达，而陈旧的纤维化区域没有腱生蛋白-C mRNA表达。

推测瘢痕疙瘩成纤维细胞中存在变异的反馈机制来调节腱生蛋白-C的产生，这可能与其纤维生成活性延长有关。此外，$\alpha_2\beta_1$整合素是一种细胞胶原受体，也是腱生蛋白-C的受体。伤口愈合时，表达增加的腱生蛋白-C可与Ⅰ型胶原竞争性地结合$\alpha_2\beta_1$，导致细胞黏附减弱，使细胞迁徙，通过影响新的基质形成而妨碍真皮结构与收缩性的重塑，提示细胞外基质对瘢痕创面过度增生的生物学特征有一定作用。当伤口完全愈合时，腱生蛋白-C水平下降至正常，伤口中胶原得以与$\alpha_2\beta_1$整合素结合，稳定了重塑的真皮。

由于腱生蛋白C涉及诸多细胞功能和信号转导途径，因此成为近年来在蛋白质研究领域开发新的治疗手段和潜在生物标志的热点。近期有实验表明，腱生蛋白-C可通过与HIV-1包膜蛋白上的细胞因子共同受体位点结合，阻止病毒进入宿主细胞，从而抑制HIV感染免疫细胞。这些热点方向都可能在人类对一些疾病的预防和控制中起到至关重要的作用。

五、腱生蛋白-R

腱生蛋白-C是体内腱生蛋白表达的主要形式，除此之外，还有腱生蛋白-R（tenascin-R）和腱生蛋白-X（tenascin-X）。小鼠脑糖蛋白J1蛋白是一种蛋白质复合物，进一步分离鉴定，可将其分为两种蛋白质——J1-200/220，即腱生蛋白-C；J1-160/180，即腱生蛋白-R，又称为lanusin。从鸡的脑中也分离到一种神经细胞黏附分子F11/contactin的脑细胞外基质的配体分子，称为腱生蛋白-R，或称为restrictin。鸡腱生蛋白-R与F11/contactin的结合，还依赖于F11/contactin分子结构中的第2或第3个IgG位点的参与。这一位点也是F11/contactin分子结构与腱生蛋白-C结合的位点，称之为F11/contactin蛋白氨基末端的3个IgG位点区。鸡restrictin的基因克隆化及大鼠J1-160/180的基因克隆化研究表明，这两种蛋白质是不同种系中的同源蛋白。从结构上来说，腱生蛋白-R是由与腱生蛋白-C分子中一样的结构位点组成的。腱生蛋白-C是以六聚体形式存在的，而腱生蛋白-R则仅形成三聚体、二聚体或单体形式。

原位杂交研究表明，小鼠的腱生蛋白-R基因的转录物毫无例外地只在中枢神经系统中表达。以髓磷脂化过程中的寡突神经细胞中的表达水平最高。另外，处于活跃轴突生长早期发育阶段的神经元中也有很高水平的腱生蛋白-R的表达。在发育的晚期阶段，寡突神经细胞中腱生蛋白-R的表达水平下降。但是，神经元中腱生蛋白-R的表达水平在成年中枢神经系统中是恒定不变的。在发育中的鸡中枢神经系统中，免疫组织化学研究表明，在小脑富含轴突的结构区中有腱生蛋白-R 的表达，在视网膜和脊髓的运动轴索中也有腱生蛋白-R 的表达。以 Northern blot 法对发育中的鸡脑中腱生蛋白-R mRNA 的表达进行了研究，结果表明，在第 6 天的胚胎中可以检测到腱生蛋白 mRNA 的表达；在第 16 天的鸡胚中达到最高水平；成年时还有表达活性，只是表达水平已显著降低。

鸡的视网膜细胞可与腱生蛋白基质黏附，但却不能生长任何轴突。而小鼠的腱生蛋白-R 对神经元、星状细胞及成纤维细胞，都是一种刺激性的基质蛋白。小鼠神经元与腱生蛋白-R 的相互作用，是通过与其细胞膜上的 F3/F11/contactin 的结合而介导的。当背根神经节神经元受到腱生蛋白-R 与层粘连蛋白混合物基质蛋白的刺激时，可以加速轴突的生长，但仅含有层粘连蛋白的基质蛋白对背根神经节神经元轴突生长则无刺激作用。

六、腱生蛋白-X

与人固醇类 21-羟化酶/补体 C4 基因位点有重叠的基因，即在主要组织相容性复合体（major histocompatibility complex，MHC）Ⅱ型抗原基因位点克隆的一个基因，称为人基因 X。对该基因的序列及外显子结构特点进行分析，发现这是一个与腱生蛋白-C 基因具有广泛同源性的基因，称为腱生蛋白-X（tenascin-X）。腱生蛋白-X 分子结构中，含有与腱生蛋白-C 同样的位点结构。将腱生蛋白-X 基因和蛋白质的序列结构与腱生蛋白-C 等进行比较，将人腱生蛋白-X 的分子结构分为：氨基末端位点，4 个由 7 个氨基酸残基组成的重复序列、185 个腱生蛋白型的 EGF 样重复序列、至少 29 个纤维粘连蛋白Ⅲ型重复序列，以及 1 个羧基末端纤维蛋白原位点。

以 Northern blot 及 RNA 酶保护法（RNAse protection）对各种组织中腱生蛋白-X 基因的转录进行了研究，发现人腱生蛋白-X 基因在各种类型的组织中都有广泛的表达，以肌肉及睾丸组织中的表达水平为最高。以 DNA 重组技术从大肠杆菌中表达了小鼠的腱生蛋白-X 的片段，制备了相应的抗体。这种抗体识别一种分子质量为 500kDa、从心脏提取物中及人肾癌细胞系培养的条件培养基中得到的蛋白质。腱生蛋白质-X 亚单位中，含有大约 40 个纤维粘连蛋白的Ⅲ型重复序列。以免疫荧光技术对小鼠组织中腱生蛋白的表达进行了研究，证实心脏和骨骼肌中肌细胞周围的细胞外基质中有腱生蛋白-X 的表达。皮肤及发育中的肠道组织中腱生蛋白-X 与腱生蛋白-C 交互分布。在所有分析的组织类型中，发现腱生蛋白-X 的抗体可与血管组织中的蛋白质进行反应，这就是为什么在各种分析的组织中都发现腱生蛋白-X mRNA 转录表达活性。与腱生蛋白-C 和腱生蛋白-R 不同，腱生蛋白-X 在神经系统中没有表达活性。

关于腱生蛋白的生物学功能目前知之尚少。应用体外结合实验，证实腱生蛋白-X 与肝素有结合活性，但与腱生蛋白-C、纤维粘连蛋白、层粘连蛋白或胶原等之间没有结合活性。携带 21-羟化酶基因缺失突变的先天性肾上腺增生症患者，基因突变从未延伸到腱生蛋白-X 基因的编码区，提示腱生蛋白的表达对维持生命是不可或缺的。

在酒精性心肌病及腱生蛋白-X 的相关研究中发现，酒精组动物经过 6 个月酒精喂养，出现心脏 LVEF 降低、LVEDd 增大等心功能指标下降，同时发现胶原增生、腱生蛋白-X 和 Smad-3 蛋白表达增加，Smad-7 表达降低。已有研究证实，Smad 蛋白在心肌梗死、心力衰竭和高血压等疾病中与心肌重构和心肌纤维化有关，Smad-3 是致纤维化信号，而 Smad-7 是抗纤维化信号。有研究发现腱生蛋白-X、Smad-3 和 Smad-7 存在于正常及病理心肌组织中，在酒精长期作用下心肌腱生蛋白-X 和 Smad-3 表达增加，这可能与酒精性心肌病的心肌纤维化和心脏重构有关。对腱生蛋白-X 和 Smad 蛋白与心功能指标做相关性分析后发现，腱生蛋白-X 与 LVEF、FS 和 Smad-7 呈负相关，与 LVEDd、CVF 和 Smad-3 呈正相关。这些结果说明在酒精性心肌病进展中，腱生蛋白-X 与 Smad-3 协同促进心肌纤维化的发生，并且可能与酒精一起直接或间接导致心肌重构。由此可见，腱生蛋白-X 不仅介导细胞与细胞之间、细胞与基质之间的表达，而且还与胶原纤维相关分子一起介导细胞和基质纤维化，腱生蛋白-X 可能与 I 型胶原一起调控胶原纤维形成的速率和数量，或者是腱生蛋白-X 调节三酰甘油及其相关脂肪酸的合成。并且，腱生蛋白-X 可能与酒精协同促进心肌脂肪酸代谢紊乱，导致心肌能量合成障碍，心肌缺血缺氧，细胞因子、炎症介质释放和肾素-血管紧张素-醛固酮系统激活，间接或直接促进腱生蛋白-X 分泌和心肌纤维化，上述因素也可能促进内皮细胞和血管平滑肌细胞分泌腱生蛋白-X。另外，循环血液中可溶性炎性介质水平升高也可能刺激内皮细胞、肝脏和肺脏等分泌腱生蛋白-X。

（王 琳）

参 考 文 献

Bhattacharyya S，Wang W，Morales-Nebreda. 2016. Tenascin-C drives persistence of organ fibrosis. Nat Commun，7：11703.

Cheah M，Andrews MR. 2016. Targeting cell surface receptors for axon regeneration in the central nervous system. Neural Regen Res，11：1884~1887.

Cheung KJ，Padmanaban V，Silvestri V，et al. 2016. Polyclonal breast cancer metastases arise from collective dissemination of keratin 14-expressing tumor cell clusters. Proc Natl Acad Sci USA，113：E854~E863.

Franz M，Grün K，Betge S，et al. 2016. Lung tissue remodelling in MCT-induced pulmonary hypertension：a proposal for a novel scoring system and changes in extracellular matrix and fibrosis associated gene expression. Oncotarget，7：81241~81254.

Gutsche K，Randi EB，Blank V，et al. 2016. Intermittent hypoxia confers pro-metastatic gene expression selectively through NF-κB in inflammatory breast cancer cells. Free Radic Biol Med，101：129~142.

Lindholm T，Risling M，Carlstedt T，et al. 2017. Expression of semaphorins，neuropilins，VEGF，and tenascins in rat and human primary sensory neurons after a dorsal root injury. Front Neurol，8：49.

Maqbool A，Spary EJ，Manfield IW，et al. 2016. Tenascin C upregulates interleukin-6 expression in human cardiac myofibroblasts via toll-like receptor 4. World J Cardiol，8(5)：340~350.

Midwood KS，Chiquet M，Tucker RP，et al. 2016. Tenascin-C at a glance. J Cell Sci，129：4321~4327.

Midwood KS，Thomas H，Benoit L，et al. 2011. Advances in tenascin- C biology. Cellular and Molecular Life Sciences，68：3175~3199.

Momčilović M，Stamenković V，Jovanović M. 2017. Tenascin-C deficiency protects mice from experimental autoimmune encephalomyelitis. Neuroimmunol，302：1~6.

Song I，Dityatev A. 2007. Crosstalk between glia，extracellular matrix and neurons. Brain Res Bull，17：30135.

Tierney MT，Gromova A，Sesillo FB，et al. 2016. Autonomous extracellular matrix remodeling controls：a progressive adaptation in muscle stem cell regenerative capacity during development. Cell Rep，14：1940~

1952.

Wiese S, Karus M, Faissner A. 2012. Astrocytes as a source for extracellular matrix molecules and cytokines. Front Pharmacol, 3: 120.

Yang Z, Ni W, Cui C, et al. 2007. Tenascin C is a prognostic determinant and potential cancer-associated fibroblasts marker for breast ductal carcinoma. Exp Mol Pathol, 102: 262~267.

Yuan Y, Nymoen DA, Stavnes HT, et al. 2009. Tenascin-X is a novel diagnostic marker of malignant mesothelioma. Am J Surg Pathol, 33: 1673~1682.

第十二章 巢 蛋 白

巢蛋白（entactin，nidogen-1）是一种硫酸化的糖蛋白，是基底膜中的一种重要的基质蛋白成分。1981 年 Carlin 等从细胞外基质中纯化分离到一种与层粘连蛋白密切相关的硫酸糖蛋白（sulfated glycoprotein），称为巢蛋白，分子质量为 158kDa。巢蛋白与层粘连蛋白、Ⅳ型胶原蛋白、纤维粘连蛋白等都是构成基底膜的主要蛋白质成分。巢蛋白与基底膜蛋白聚糖一起，将基底膜中各种大分子如层粘连蛋白、Ⅳ型胶原蛋白等连接起来，因此，巢蛋白在基底膜的形成过程中具有十分重要的作用。除此之外，巢蛋白与细胞生长和分化、细胞黏附和迁移及分支形态学发生等都有极为密切的关系。

基底膜结构见图 12-1。

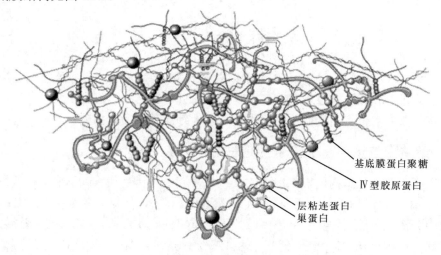

图 12-1　基底膜结构

第一节　巢蛋白的分子结构

巢蛋白是由人 NID1 基因编码，该基因位于人染色体 1q43 位点上。巢蛋白由 1247 个氨基酸残基组成，是一种单链多肽，其分子结构中含有一系列的 6 个半胱氨酸的表皮生长因子重复序列。这些重复序列被一些甲状腺球蛋白和低密度脂蛋白（low density lipoprotein，LDL）受体的重复序列所分割。

巢蛋白分子中的第 1～28 个氨基酸残基组成了巢蛋白的信号肽序列。含有 6 个半胱氨酸的表皮生长因子（EGF）重复序列位于第 388～425、670～711、712～759、760～803、804～846、1212～1247 个氨基酸残基。甲状腺球蛋白重复序列位于第 847～884 和第 885～921 个氨基酸残基，LDL 受体重复序列位于第 983～1028、1029～1078、1079～1128、1129～

1174个氨基酸残基。在第43～54和第278～289个氨基酸残基,有二价金属离子的结合位点。潜在的 O-型磷酸化位点位于第289、296个氨基酸残基。第1137个氨基酸残基是一个潜在的 N-糖基化位点。巢蛋白与层粘连蛋白之间的转谷氨酰胺酶(transglutaminase,TGase)交联位点位于第756个氨基酸残基,在小鼠的巢蛋白分子中,转谷氨酰胺酶交联位点则位于第726个氨基酸残基。精氨酸-甘氨酸-天冬氨酸肽(Arg-Gly-Asp peptide,RGD)细胞黏附位点位于第702～704个氨基酸残基序列,但小鼠的巢蛋白分子中这一RGD细胞黏附位点则不是保守结构。

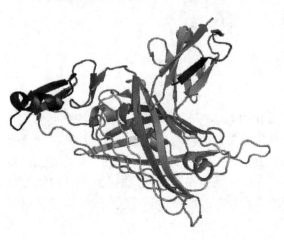

图12-2 巢蛋白分子结构

巢蛋白分子结构见图12-2。

第二节 巢蛋白分子中的位点结构

巢蛋白是基底膜中的一种重要的蛋白质成分,其主要功能是将玻粘连蛋白、层粘连蛋白、Ⅳ型胶原蛋白和纤维粘连蛋白等基底膜蛋白质分子黏结在一起。因而,在巢蛋白的分子结构中有一系列的位点结构,决定巢蛋白与其他细胞外基质蛋白的结合。

一、巢蛋白分子中Ⅳ型胶原的结合位点

将编码巢蛋白球状结构位点 G1 和 G2、杆状位点的基因片段,以及编码杆状位点和球状结构位点 G3 的基因片段,分别重组到真核表达载体中,转染人的细胞,可分别从细胞培养上清中分离制备这两种巢蛋白的多肽片段。重组的多肽片段,以糜蛋白酶进行消化裂解,可将球状结构位点 G1 和 G2 分开。这些多肽片段纯化以后,又经 N 端序列分析、电泳、电镜及放射免疫法进行鉴定检测。转染的细胞克隆、重组载体的表达以 Northern blot 杂交技术加以证实。由球状结构 G3 为编码基因的重组表达载体,当导入细胞中之后,有很高水平的巢蛋白基因特异性的 mRNA 表达,但却没有蛋白质相应的表达,表明蛋白折叠过程出现了障碍。应用上述片段的多肽作为可溶性的或固相化的配体分子进行了一系列的结合实验,结果表明,Ⅳ型胶原和硫酸乙酰肝素蛋白聚糖分子的结合位点,主要位于巢蛋白分子结构中的 G2 球状结构位点区。以含有锌和钴的亲和层析柱进行亲和层析分析,证实巢蛋白与二价金属离子结合的位点位于球蛋白结构 G2 和 G3,以及杆状结构区。黏结蛋白进行还原或烷化处理以后,与蛋白质的结合能力将消失,但与金属离子的结合能力和过程则不受影响。利用这种方法分离了几种锌结合蛋白形式、4 种球状结构位点 G2 的蛋白、2 种杆状结构位点及 1 种球状结构位点 G3 的多肽片段。这些类型的多肽分子中,大部分含有几个组氨酸残基,可能是其与金属离子结合的结构基础。在 4℃ 条件下,锌能有效地抑制巢蛋白球状结构 G3 介导的与层粘连蛋白的结合过程,其半抑制浓度(50% inhibiting concentration,IC_{50})约为 5μmol/L。但在较高的温度条件下,这种抑制效果则很

差。同样，锌可以抑制巢蛋白与Ⅳ型胶原的结合，也可以抑制巢蛋白与蛋白聚糖分子之间的结合，但这些抑制作用都是在较低的温度条件下实现的，而在37℃的条件下则没有这种抑制功能。这些研究结果表明，巢蛋白与基底膜结构中其他蛋白质成分的结合及相互作用，可受到某些金属离子的抑制性调节。

二、巢蛋白分子中层粘连蛋白的结合位点

巢蛋白在体内与层粘连蛋白结合，这种复合物形式不仅是构成基底膜时必需的结构形式，同时也是对细胞的功能进行调节的重要形式。巢蛋白在细胞内合成过程中，甚至在分泌到细胞外之前，即已与层粘连蛋白等结合成蛋白复合体的形式，说明黏结蛋白与层粘连蛋白的结合占有十分重要的地位。

代谢标记研究表明巢蛋白与层粘连蛋白可以形成一个稳定的非共价结合的复合物形式。从 EHS 肿瘤细胞中分离纯化的巢蛋白亦是以与层粘连蛋白结合成的复合物形式存在的。以完整的重组巢蛋白分子进行的结合实验结果表明，巢蛋白与层粘连蛋白及其他类型的基底膜蛋白质分子之间具有特异性的高度亲和力。以 DNA 重组技术表达仅仅含有某些位点结构的多肽片段，因而可以对巢蛋白分子结构中与层粘连蛋白等结合的位点结构进行精确的定位分析。结果表明，巢蛋白分子结构中的 G3 球状结构位点含有与层粘连蛋白结合的位点结构。

巢蛋白与层粘连蛋白的结合，与巢蛋白分子结构中的 G3 球状结构位点有关，而且这种结合过程，也与层粘连蛋白分子结构中的某些位点结构有关。Mayer 等的研究结果表明，巢蛋白与层粘连蛋白-5 以低亲和力结合，与层粘连蛋白-5 分子中 EGF 样结构γ_2Ⅲ4 位点中的两个丝氨酸残基位点有关。层粘连蛋白-5（$\alpha_3\beta_3\gamma_2$）和层粘连蛋白-7（$\alpha_3\beta_2\gamma_1$）可分别以低亲和力与高亲和力的方式与巢蛋白结合，这表明γ_2链是一种与巢蛋白结合的低亲和力链。以重组的层粘连蛋白的多肽片段进行研究的结果表明，γ_2链中的 EGF 样结构γ_2Ⅲ4 较γ_1链中的 EGF 样结构γ_1Ⅲ4 与巢蛋白的亲和力高 100 000 倍。γ_1Ⅲ4 位点中的七氨基酸残基序列 Asn-Ile-Asp-Pro-Asn-Ala-Val 中的个别氨基酸残基发生变化，使γ_2Ⅲ4 位点中的 Asn 和 Val 被 Ser 所代替。γ_2Ⅲ4 位点中获得两个 Ser 残基之后，与巢蛋白之间的亲和力便显著上升。将γ_2Ⅲ4 中的丝氨酸残基定位突变为 Asn 和 Val，其突变体与巢蛋白之间的亲和力是γ_1Ⅲ4 的 1/5。γ_1Ⅲ4 与γ_2Ⅲ4 两个位点结构的序列同源性为 77%，但其免疫学决定簇却显著不同，说明不同的层粘连蛋白之所以具有显著不同的生物学功能，在很大程度上是因为γ亚单位的结构与序列不同的缘故。Mayer 等的另一项研究表明，层粘连蛋白分子结构中单一的 EGF 样结构与层粘连蛋白和巢蛋白的高度亲和力有关。小鼠的层粘连蛋白分子结构中主要的巢蛋白结合位点位于层粘连蛋白β_2链Ⅲ型位点中的 EGF 样重复结构序列中。以聚合酶链反应（polymerase chain reaction，PCR）将相应的 cDNA 片段扩增，插入带有信号肽序列的真核表达载体中，稳定转染人肾细胞克隆，β_2Ⅲ3～5 片段可以于较高的水平分泌表达。在配体分析中，发现重组的β_2Ⅲ3～5 片段与重组的巢蛋白具有很高的结合活性。这一重组的β_2Ⅲ3～5 片段与巢蛋白的亲和力可与完整的层粘连蛋白相比。另外，β_2Ⅲ3～5 片段与巢蛋白结合成的复合物形式，在交联剂的催化作用下，这种复合物形式中的连接方式可以转变为共价结合方式。对于共价结合的复合物形式进行蛋白水解，表明β_2Ⅲ3～5 片段可与巢蛋白球状结构位点 G3 中的约 80 个氨基酸残基的片段结合。β_2Ⅲ3～5 片段中的 12 个二硫键

结构大部分可以正确地形成，表明是蛋白酶抗性的结构形式，但经过还原或烷化处理以后，这种交联结构及与巢蛋白的结合活性则全部消失。以同样的 DNA 重组技术表达出更小的 EGF 样重复结构序列的片段，结果表明，第 3、4 个 EGF 样重复序列和第 4、5 个 EGF 样重复序列，以及单一的第 4 个 EGF 样重复序列结构都具有与巢蛋白结合的能力，但第 3、5 个重复序列结构在单独情况下则没有与巢蛋白结合的能力，说明只有第 4 个 EGF 样重复序列结构才是层粘连蛋白与巢蛋白结合的位点结构。针对 $β_2Ⅲ3～5$ 片段的单克隆抗体可以阻断层粘连蛋白与巢蛋白的结合，表明 $β_2Ⅲ3～5$ 片段中，只有第 4 个 EGF 样重复序列结构位点才是层粘连蛋白分子结构中与巢蛋白进行高亲和力结合的一种结构位点序列。

三、巢蛋白分子中纤维粘连蛋白的结合位点

胚胎肿瘤细胞 4CQ 中纤维粘连蛋白与巢蛋白两种基底膜细胞外基质蛋白在细胞中的分布特点是一致的。以 pGEX3X 表达载体，表达出巢蛋白不同位点与载体中的谷胱甘肽 S-转移酶（glutathione S-transferase，GST）基因序列的融合蛋白，如融合蛋白 GST-G1、GST-G2、GST-E 和 GST-G3 等。重组表达产物以谷胱甘肽亲和层析柱进行纯化。以固相结合实验证明，以 ^{125}I 为标记的 29kDa 的牛纤维粘连蛋白 N 端片段可以特异性地与固相化的 GST-G2 融合蛋白结合，但不能与 GST-G1、GST-E 和 GST-G3 等多肽片段结合。29kDa 的纤维粘连蛋白氨基端片段与固相化的 GST-G2 融合蛋白半饱和结合浓度为 5nmol/L。这一结果说明，含有第二个球状结构位点的巢蛋白，在纤维粘连蛋白等细胞外基质蛋白组装过程中具有十分重要的作用。

四、神经肌肉接头部位巢蛋白的特异性位点结构

哺乳动物神经肌肉接头（neuromuscular junction，NMJ）处的细胞外基质蛋白，在生物化学特征及功能上应该是特异性的。这些细胞外基质蛋白在外周突触的形成与功能调节中都有十分重要的作用。从肌肉的细胞外基质蛋白中分离纯化到一种突出的结构成分，这是一种独特的片段蛋白分子结构，称为 S-层粘连蛋白。以施万细胞瘤细胞系的蛋白作为抗原成分，制备了一系列的单克隆抗体，其中一种单克隆抗体称为 9H6，可以选择性地与成年大鼠 NMJ 突触间隙结合，但与肌肉中突触外位点之间无结合活性。以 Western blot 证实，9H6 单克隆抗体识别一种分子质量为 150kDa 的蛋白质分子，而这种蛋白质与层粘连蛋白共同分布，也可一起得到纯化，这就是基质糖蛋白巢蛋白。还原和非还原条件下，9H6 单克隆抗体都可识别巢蛋白。对 9H6 识别的抗原分子进行 N 端的序列分析，证实这种 9H6 单克隆抗体识别的 9H6 抗原分子与巢蛋白有关。巢蛋白的多克隆抗体可以识别突触位点及突触外位点的巢蛋白。因此，9H6 单克隆抗体仅识别一种限于突触分布的巢蛋白中的一个位点。以 N-聚糖酶处理 9H6 抗原，其分子质量下降，也破坏了与 9H6 单克隆抗体结合的能力，因此说明巢蛋白分子结构中 9H6 位点的形成是一种糖基化依赖性的过程。这一结果说明突触间隙中的巢蛋白分子结构中，存在着一种与糖基化有关的、突触结构特异性的抗原结构表位。

第三节 巢蛋白的基因表达与调控

巢蛋白的表达及其调控的研究，对了解巢蛋白的生物学功能具有十分重要的意义。Schwoegler 等对正常的、肝纤维化的肝脏组织及大鼠的肝细胞中巢蛋白基因的表达进行了研究。在正常的肝脏组织中，在血管壁上可以检测到巢蛋白的表达，呈连续沉积方式及点状方式分布在肝窦。发生急性肝损伤时，浸入的炎性细胞也可以检测到巢蛋白的表达，在发生纤维化的肝脏中，巢蛋白的表达见于结缔组织阻隔部分、新形成的血管或胆管壁上等。层粘连蛋白的分布与之类似，但是在损伤的肝组织的狄氏间隙中也见到了层粘连蛋白的表达。以原位杂交技术证明，正常肝脏切片中仅有少量的巢蛋白阳性细胞，在发生急、慢性肝损伤的肝组织中，巢蛋白强阳性的细胞分布于整个受损伤的实质部分。从正常的或受损伤的肝组织中提取总的 RNA，以巢蛋白基因片段为探针进行 Northern blot 杂交检测，表明纤维化发展过程中，巢蛋白特异性转录物的表达水平显著上升。从体外培养的贮脂细胞（fat-storing cell，FSC）、肝细胞、库普弗细胞、内皮细胞、平滑肌细胞（smooth muscle cell，SMC）及皮肤成纤维细胞（skin fibroblast，SF）提取总 RNA。进行杂交检测，证实 FSC、SMC、SF 和内皮细胞中有巢蛋白基因特异性 mRNA 的表达，在 FSC 和 SF 中有层粘连蛋白的表达。在 FSC、SMC 和 SF 中检测到巢蛋白的合成与分泌。体外培养的 FSC 中巢蛋白与层粘连蛋白的表达水平的升高是相平行的。FSC 和肝细胞中巢蛋白的表达水平最高，在肝纤维化中具有重要的作用。此外，肝脏中的内皮细胞及肌成纤维细胞也分泌相当量的巢蛋白，在肝纤维化中也发挥着一定的作用。

Fassler 等对正常的或糖皮质激素处理的小鼠皮肤损伤修复过程中巢蛋白、腱生蛋白-C 及原纤维蛋白等蛋白质的表达进行了比较研究。在正常的小鼠皮肤损伤的修复过程中，腱生蛋白-C 和原纤维蛋白-2 的 mRNA 转录表达水平显著升高，皮肤愈合以后，其表达水平又下降，恢复正常。在整个颗粒组织层中都有这两种蛋白质的表达，mRNA 的转录表达停止以后仍然持续存在。原纤维蛋白-1 在正常的皮肤及皮肤损伤部位都存在，在皮肤损伤愈合过程中并未见到表达水平的显著升高。巢蛋白只是在皮肤损伤愈合的早期阶段在整个颗粒组织中进行表达，第 7 天时其表达水平达到高峰，皮肤损伤愈合以后即选择性地分布在基底膜上。皮肤损伤小鼠以地塞米松处理以后，损伤愈合过程中的固生蛋白-C 表达水平下降，但原纤维蛋白-1 基因的表达则不受影响。在体外实验中，生长因子，如 TGF-β_1 可以部分地克服糖皮质激素对细胞外基质蛋白的调节作用。这些结果从分子生物学水平上阐释了糖皮质激素延缓损伤修复过程的机制。

Durkin 等克隆了小鼠巢蛋白基因的 5'端非编码区的核苷酸序列，对巢蛋白基因表达的调控基础进行了分析。腱生蛋白基因主要的转录起始位点位于翻译起始密码子上游 35 个核苷酸处。5'-非翻译区的 DNA 序列中含有 TATA 盒式结构、2 个 CAAT 盒式结构及 2 个 GC 盒式结构。还有 9 个潜在的 AP-2 和 2 个潜存的 AP-1 转录因子蛋白结合位点序列。启动子结构区的核苷酸组成为 G+C 富含区。小鼠巢蛋白与人巢蛋白的 5'端非翻译区同源性为 65%。巢蛋白基因 5'端非翻译区核苷酸序列与报道基因重组，在细胞转染实验中具有启动子的转录活性。

第四节　巢蛋白分子的糖基化位点

小鼠的巢蛋白分子中含有 2 个潜在的 N-糖基化位点和 7 个潜在的 O-糖基化位点。以序贯性外切糖苷酶（exoglycosidase）消化法对巢蛋白分子结构中可能存在的碳水化合物链进行了检测。结果表明，N-型二、三、四聚体寡糖链还有进一步的加工修饰，如加上乳糖胺、末端 α-半乳糖和（或）唾液酸链等加工修饰方式。富含甘露糖的寡糖链也不常见。O-型寡糖链包括二聚体或四聚体形式的寡糖链核心结构，同时也可见到唾液酸化。两个天冬氨酸受体序列的氨基酸残基已发生替换。序列分析结果表明巢蛋白分子中有 Thr-271、Ser-303、Thr-309、Thr-317、Thr-320、Thr-892 和 Thr-905 等残基，大部分情况下被半乳糖胺替代。这些残基结构位于巢蛋白 N 端球状结构位点 G1 和 G2 之间的可塑性连接序列中，以及杆状结构与 C 端球状结构 G3 位点之间的连接序列中。其中有 4 段序列在-1 或+3 的位置上是 Pro 残基。所有这些 Ser、Thr 和 Pro 残基位点的结构与人巢蛋白的结构是一致的。

第五节　巢蛋白的酶学降解

应用颗粒储存的蛋白酶（白细胞弹性蛋白酶、肥大细胞糜蛋白酶）、血蛋白酶（凝血酶、血纤维蛋白溶酶、激肽释放酶）、基质金属蛋白酶（基质降解酶、基质溶解酶、胶原酶）等，对重组的巢蛋白进行了裂解研究，并与胰蛋白酶及 endoproteinase Glu-C 的消化作用相比较。蛋白酶学降解的片段以 Kaman 降解法对一些大片段和小片段的多达 50 余个主要裂解位点的序列进行了分析测定。结果表明，几乎所有的蛋白酶敏感位点都无一例外地位于可塑性片段序列中，如连接巢蛋白球状结构位点 G1 和 G2 之间的连接序列，以及位于 C 端的层粘连蛋白结合位点，即球状结构位点 G3 中。G1 和 G2 位点及杆状片段对蛋白酶的水解作用具有较高的抵抗性。对巢蛋白酶学降解的动力学参数进行了研究，发现球状结构的位点 G3 在几个连接区酶学裂解位点断裂以后，更易受到破坏。但对不同类型的蛋白酶也有不同的易感性。白细胞弹性蛋白酶是裂解巢蛋白最为有效的一种蛋白酶，而基质降解酶、基质溶解酶、血纤维蛋白溶酶和激肽释放酶的活性显著低下。胶原酶与明胶蛋白酶 A 对于巢蛋白根本没有消化能力。多肽片段的序列分析在 G3 球状结构位点中还定位于 2 对二硫键的位置。巢蛋白与层粘连蛋白结合成蛋白质复合物之后，对凝血酶、白细胞弹性蛋白酶及基质降解酶等的酶学消化作用具有一定的抵抗力，对 G3 球状结构位点来说尤为如此。结果表明，巢蛋白分子结构中酶学裂解位点的分布与其 G2 和 G3 球状结构位点的蛋白-配体结合活性是一致的。巢蛋白的水解与组织的更新与重建、细胞穿入基底膜等过程有关。

Sires 等也对间质性胶原酶、92kDa 的明胶酶及基质溶解酶等 3 种基质金属蛋白酶对巢蛋白的酶学裂解作用也进行了研究。结果表明，3 种基质金属蛋白酶对巢蛋白都具有裂解作用。但基质溶解酶对巢蛋白的裂解作用是胶原酶的 100 倍、明胶酶的 600 倍。基质溶解酶对巢蛋白裂解的 K_m 值为 8.9×10^{-7} mol/L。

第六节 巢蛋白的生物学功能

巢蛋白的生物学功能是多方面的，作为细胞外基质膜的一种重要组成成分，与层粘连蛋白、纤维粘连蛋白等基底膜蛋白分子结合。实际上，基底膜中的各种蛋白质成分都是通过与巢蛋白的结合而组装在一起的。除此之外，巢蛋白与细胞黏附与移行、血管的形成、肝纤维化的发生及肿瘤细胞的外向侵袭等过程都有十分密切的关系。

一、巢蛋白与细胞的黏附与迁移

与胚胎植入处于同一时期的胚泡在体外进行培养时，原代滋养体细胞可在无血清培养基中存活，并与 FN 和层粘连蛋白的细胞外基质黏附、迁移。在体内，与层粘连蛋白进行紧密结合的糖蛋白分子是巢蛋白，因而推测巢蛋白在基底膜的装配过程中及细胞黏附过程中发挥着十分重要的作用。以体外培养的小鼠胚泡作为一个模型系统，研究了巢蛋白是否能够介导滋养体细胞的侵袭活动。结果发现，重组的巢蛋白能够促进胚泡的生长，而且呈剂量依赖性的方式，以 25～50μg/ml 的重组巢蛋白可以取得最大的刺激作用效果。滋养体细胞能够与巢蛋白黏附，并在其上迁移。抗巢蛋白的抗体可以阻断细胞对巢蛋白的黏附，以及细胞在巢蛋白上的迁移。虽然在基底膜中巢蛋白与层粘连蛋白结合在一起，但对于层粘连蛋白的抗体，却不能阻断滋养细胞在巢蛋白基质上的黏附和迁移。含有 Arg-Gly-Asp（RGD）整合素识别位点的多肽 Gly-Arg-Gly-Asp-Ser-Pro 具有抑制巢蛋白介导的滋养体细胞的生长，而且也呈剂量依赖性。这一合成多肽对巢蛋白生物学活性的抑制作用是可逆性的，但对层粘连蛋白介导的滋养体细胞的生长效应则没有抑制作用。包含巢蛋白分子中真正的 RGD 序列的多肽 Gly-Phe-Arg-Gly-Asp-Gly-Gln 固定在基底上，则具有促进滋养体细胞生长的作用。如果将合成多肽片段序列中的 RGD 位点中的 Asp 换为 Gly，则对体外培养的滋养体细胞无任何黏附活性。从这些研究结果可以清楚地看到，巢蛋白对滋养体细胞具有生长促进作用，而且其作用机制与 RGD 识别位点有关。

二、巢蛋白对血管形成的调节作用

层粘连蛋白是一种交叉形状的糖蛋白，其内部交叉区与糖蛋白巢蛋白结合，形成一种稳定的蛋白质复合物。可以应用螯合剂从基底膜中将巢蛋白提取出来。Nicosia 等以胶原凝胶为基底层，体外培养大鼠的动脉，研究了层粘连蛋白-巢蛋白复合体对血管形成的影响。层粘连蛋白与巢蛋白形成的复合物对血管形成作用的影响性质依赖于凝胶的浓度，不同的浓度将产生不同的作用效果。在 30～300μg/ml 浓度的条件下，这种基质蛋白复合物对血管形成过程具有促进作用，当浓度达至 3000μg/ml 时，则出现抑制作用效果。以纯化的层粘连蛋白也观察到对血管形成的促进作用。以层粘连蛋白 E1′和 E8 片段与巢蛋白组成的复合物也具有促进血管形成的作用。在层粘连蛋白的 E1′和 E8 片段及巢蛋白分子中，都含有内皮细胞结合位点。层粘连蛋白的 E4 片段中不存在与内皮细胞黏附的位点，对血管的形成过程即缺乏促进作用。层粘连蛋白-巢蛋白复合物促进微血管的稳定性，防止血管的退化，而且呈剂量依赖性。受到层粘连蛋白-巢蛋白复合物刺激作用的血管，其稳定性增高的同时，血管周围的基底膜样组织层加厚；而未受到这种复合物刺激作用的血管其稳定性下降，易于退化，其周围基底膜样组织的厚度变小。层粘连蛋白-巢蛋白复合物对血管形成的促进作用还由于受到外源碱性成纤维细胞生长因子（bFGF）的作用而得到加强。但如果将 bFGF 掺入高浓度的层粘连蛋白-巢蛋白复合物凝胶中以后，对血管的形成作用却失去了促进作用。结果表明，层粘连蛋白和层粘连蛋白-巢蛋白的超分子复合物在血管形成的调节作用中占有十分重要的地位。层粘连蛋白-巢蛋白对血管形成促进作用的剂量依赖性质，表明基底膜是一种动态性的促进血管形成的调节因子，其作用与巢蛋白分子的浓度有关。

三、巢蛋白与分支形态学形成

上皮细胞和间质细胞的相互作用，决定了层粘连蛋白-巢蛋白复合物产生的数量，基底膜中的各种糖蛋白的成分相互作用，决定了基底膜的形成，其中层粘连蛋白或巢蛋白中一种成分的表达水平下降，都将显著影响基底膜的形成过程。在肺的发育过程中，巢蛋白基因的表达在整个间质中都是一样的，只是层粘连蛋白-1 的表达水平有显著的差别。肺远端终端小叶的上皮细胞中层粘连蛋白α_1 mRNA 的转录表达水平很高，其他的上皮细胞表达水平都很低。在近端支气管和气管中，层粘连蛋白-1 mRNA 的表达是由紧贴基底膜间质细胞进行的，其他部位间质细胞的表达水平则很低。因而推测发育中的肺中不同部位不同类型的细胞中具有不同的层粘连蛋白-1 mRNA 的转录表达，说明层粘连蛋白-1 与巢蛋白的表达影响基底膜的结构，因而在分支形态学形成过程中具有十分重要的作用。因为基底膜中糖蛋白量的变化与发育中的肺上皮细胞增生率密切相关，在支气管区能够形成稳定的基底膜区域，也是间质细胞表达层粘连蛋白和巢蛋白的部位，这些基底膜不易发生形态学改变，而位于远端的发育中的肺叶中的基底膜更易发生塑形。如果其他类型的层粘连蛋白处于不表达的状态，α_1 链表达水平下降，层粘连蛋白-1 的表达水平下降，这些区域的层粘连蛋白-巢蛋白复合物的形成能力就会下降。层粘连蛋白-巢蛋白复合物形成水平的下降，以及容易降解的复合物的形成，则可以解释为什么肺中不同部位的基底膜结构是有差别的。已知上皮细胞-间质细胞的相互作用对肺脏中的分支形态学形成有显著的影响。

四、巢蛋白与上皮细胞和内皮细胞的分化

哺乳动物的胚胎发育过程中，第一层上皮细胞层的形成过程是第 8～16 个细胞期。滋养细胞层和上皮细胞的多极化，与层粘连蛋白α_1链和巢蛋白的表达是同时发生的。细胞与基质的相互作用对维持上皮细胞的极性分布与上皮细胞的功能都是极为重要的。胚胎发育中许多上皮细胞都是来源于内胚层或外胚层，而在某些特殊的组织或器官如肾等，间质细胞可以转变为上皮细胞。肾小管形成过程的研究表明，上皮细胞的形成与层粘连蛋白α_1链的表达有关。未分化的间质细胞产生巢蛋白及层粘连蛋白的β_1、γ_1链，可以转变为上皮细胞表型，同时伴有巢蛋白基因表达水平的下降与层粘连蛋白α_1基因表达水平的升高。因此，上皮细胞基底膜是由上皮细胞、间质细胞分泌表达的层粘连蛋白-巢蛋白的复合物形成的。层粘连蛋白-1 与$\alpha_6\beta_1$整合素的结合对肾小管的形成是一种必需的步骤，层粘连蛋白α_1链及$\alpha_6\beta_1$整合素的表达是上皮细胞发育过程中的必要环节。

胚胎时期的血管形成也存在间质细胞转变为内皮细胞的过程。这种转变完成以后，内皮细胞发生迁移与增殖，形成血管网络。内皮细胞基底膜缺乏层粘连蛋白α_1链的表达，内皮细胞与上皮细胞的差别就是内皮细胞分化以后，还有持续的巢蛋白的表达。间质细胞向

内皮细胞的转变过程，层粘连蛋白-2等间质细胞特异性的层粘连蛋白基因表达停止，内皮细胞特异性的层粘连蛋白基因表达水平又升高，或同时伴有内皮细胞特异性的整合素分子的表达。成年期的内皮细胞只表达低水平的$\alpha_6\beta_1$整合素分子，而$\alpha_2\beta_1$整合素分子是层粘连蛋白主要的受体分子。发育过程中的组织所受到调节的间质细胞因子，与调节上皮细胞基底膜重建过程的间质细胞因子是不同的。除了装配机制不同之外，上皮细胞的基底膜与内皮细胞的基底膜其分子组成上也有差别。

第七节 巢蛋白的临床研究

巢蛋白归为第Ⅳ类中间丝蛋白，分布在细胞质内，参与细胞骨架的构成。巢蛋白在神经系统、胰腺、心肌、骨骼肌、牙齿、肾上腺、睾丸、胃肠基质肿瘤均有分布，且在组织中的表达有时间顺序性。巢蛋白的功能与维持前体细胞正常的形态结构有关，也可与其他中间丝蛋白共聚组装成中间丝发挥细胞骨架的作用。巢蛋白是神经干细胞和祖细胞的标志物，也是胰腺干细胞的标志物；临床上还可作为疾病的诊断指标。近年来，巢蛋白的研究进展主要是巢蛋白的定位分布及特性。

巢蛋白在细胞内呈现波形分布，在核周围聚集，呈放射状发散，与微管和微丝的不同。巢蛋白主要在未分化、具有分裂能力的细胞中表达，有时间顺序性；其表达尚与其他中间丝成员的表达有密切关系。在小鼠的胚胎发育过程中，当神经胚形成时，神经板皮层细胞开始表达巢蛋白；神经细胞的迁移基本完成后，巢蛋白的表达量下降，波形蛋白开始表达，此时胞内的中间丝网络由二者共同组成；随着进一步分化，巢蛋白停止表达。巢蛋白亦表达于肌前体细胞，但不表达于成熟的肌细胞。巢蛋白在骨骼肌母细胞、心肌细胞最先高表达，出生后显著低表达。随后是波形蛋白和结蛋白表达，三者共存于骨骼肌母细胞和心肌细胞。而且在中枢神经系统肿瘤、骨骼肌肿瘤及反应性星形胶质细胞中又重新出现巢蛋白表达的这种模式。这些都说明，巢蛋白在发育进程中有严格的时间顺序性，它作为必需的先导蛋白最先表达，其他中间丝成员的表达相继出现，保证了前体细胞执行其内在的功能，朝终末分化方向形成相应的成熟细胞；肿瘤细胞和反应性星形胶质细胞重新表达巢蛋白，可能分别与肿瘤恶性程度和相应的功能有关。

一、胶质瘤

胶质瘤是中枢神经系统最常见的原发恶性肿瘤，由于胶质瘤的浸润性生长特性和较高的复发率，胶质瘤的预后仍然不容乐观。研究发现，胶质瘤中存在一类具有干细胞特性的肿瘤细胞，虽然这类细胞在胶质瘤中只占小部分，但其对胶质瘤的起始、复发、恶性增殖和放化疗抵抗均起着极其重要的作用。

巢蛋白主要在神经和肌肉的干细胞或前体细胞中表达，随着细胞的分化成熟，其表达逐渐减少，分化成熟后消失。巢蛋白是一种研究得较多的肿瘤干细胞标志物。在胶质瘤中，巢蛋白的表达作为判断预后的指标的可能性已被广泛研究。巢蛋白的表达往往意味着去分化、较强的浸润性、较强的迁移能力及较高的恶性程度。巢蛋白在不同星形细胞瘤细胞系中的表达结果显示其与运动能力和侵袭力的增加有关。免疫组化结果表明，巢蛋白表达于胶质瘤细胞，且表达水平与胶质瘤的病理分级呈正相关。诸多研究表明，巢蛋白表达水平高的患者平均生存期较短，即巢蛋白的表达与总生存期和无进展生存期呈负相关，多元分析结果提示巢蛋白是胶质瘤预后的独立预测因子之一。但巢蛋白在胶质瘤发病及进展中的作用及其调控机制仍不清楚，对其研究的深入将有助于阐明胶质瘤的发生机制，并对胶质瘤的治疗和判断预后提供帮助。

二、缺血性脑损伤

在中枢神经系统中，巢蛋白的表达始于神经胚形成，当神经细胞迁移基本完成时，巢蛋白的表达逐渐减少，并随神经元的分化完成而停止表达。因此，在正常成人脑部，巢蛋白只在有神经再生发生的脑室下区的一小部分细胞和组织中表达。近年研究发现，巢蛋白的表达也可在缺血、炎症、脑损伤、肿瘤等病理条件下被检测到，并且这些因素均可诱导其重新表达。

巢蛋白可作为缺血性脑损伤时快速应答的敏感标志物。在成年大鼠局灶性脑缺血后的整个缺血区和周边区，巢蛋白的表达量增加，有显著的时间规律，并且它的表达还可诱导神经胶质细胞和神经元的产生。一些国内研究显示，在脑缺血-再灌注 6 h 即可见巢蛋白阳性细胞的少量表达，7d 时巢蛋白阳性细胞数量和形态变化最为显著，阳性细胞数目达到高峰，并以海马区颗粒下层最多，其次为缺血周边皮质、室管膜下区、纹状体。这表明巢蛋白是中枢神经系统早期损害的敏感标志物。

成人脑部存在神经再生的现象，并且成人脑部神经干细胞新产生的神经元存在于脑部的限定区域，如海马齿状回和侧脑室下区。这些神经干细胞多数是处于静止状态的，当机体处于一些病理条件下，如脑缺血或其他脑损伤情况下，可以诱导神经干细胞增殖、定向迁移及分化，对损伤组织进行修复和重塑。在胚胎和成人的许多中枢神经系统干/祖细胞中有巢蛋白基因的表达，并且其表达有明显的时序性。建立大鼠大脑中动脉脑缺血-再灌注模型，发现巢蛋白表达的时间规律与神经干细胞增殖的时间规律基本一致。缺血性脑损伤后神经干细胞存在由室管膜下区和齿状回颗粒下区向外周脑实质迁移的趋势，并且与巢蛋白的迁移规律基本一致，即随着脑缺血时间的延长，室管膜下区的巢蛋白阳性细胞明显增多，并有向外侧迁移进入脑实质的迹象。

三、胰腺

2000 年 Hunziker 等首先报道 1 周龄的小鼠胰岛内存在巢蛋白阳性细胞。2001 年 Zulewski 等首次提出，巢蛋白是胰腺干细胞的标志物，同时也证实了大鼠和成人胰腺组织中均存在巢蛋白阳性细胞，该细胞具有干细胞的特性，体外培养这种细胞可分化为胰腺内分泌细胞。从成年小鼠胰腺组织中以巢蛋白阳性细胞来源的细胞也建立了单克隆的多能胰腺干细胞，并且在体外可诱导分化为胰岛素分泌细胞。杨最素等对人胚胎胰发育过程中巢蛋白的表达变化做了研究，认为巢蛋白在胚胎胰腺发育过程中表达于胰腺干细胞，同时巢蛋白也代表着胰腺的增殖水平。巢蛋白阳性细胞主要分布于胰岛和间充质中，随着胎龄的变化，胰腺巢蛋白阳性细胞数也会发生变化。

胰腺肿瘤生长和转移的能力依赖于胰腺肿瘤干细胞的存在。另外，放化疗主要是通过诱导凋亡来杀死肿瘤细胞，而治疗失败的根本原因也可能是由于肿瘤干细胞的存在。在胰腺癌肿瘤干细胞中检测到了巢蛋白的表达。巢蛋白可能是通过调控肿瘤干细胞的功能来实现调节其他细胞的功能；然而，胰腺癌中的巢蛋白阳性细胞是否就是胰腺癌干细胞仍存在一定争议。因为肿瘤干细胞的起源仍没被阐明，但活化的胰腺星状细胞可能是胰腺癌干细胞的一部分，星状细胞能加强癌细胞形成肿块的能力，还能使肿瘤干细胞密切相关的基因表达（如巢蛋白）明显增加。曾有报道，巢蛋白是活化的胰腺星状细胞的一个标志物。关于巢蛋白与胰腺癌干细胞和胰腺星状细胞之间的相关机制及关系需要更多的研究予以证实。

肿瘤血管生成供给肿瘤细胞更多的氧气和营养，且新形成的肿瘤血管基膜的高渗透和易渗漏性，较成熟的血管，肿瘤细胞更容易穿透新形成的肿瘤血管，这样就增加了肿瘤细胞进入体循环的风险。研究认为，巢蛋白在血管内皮细胞中高表达，与肿瘤血管生成密切相关。Suzuki 等发现，巢蛋白在血管内皮祖细胞中表达而在成熟的血管内皮细胞中不表达，并且认为巢蛋白可作为新生血管的标志蛋白。Yamahatsu 等研究发现，巢蛋白特定表达于小且高增殖能力的血管，另外，巢蛋白与一些血管生成的相关因子表达高度一致，如血管内皮生长因子。总之，巢蛋白在胰腺癌组织的小血管中表达，并且可能成为测量胰腺癌微血管密度的一个有用的标志物；通过抑制肿瘤血管生成进而抑制肿瘤生成和（或）靶向抑制与巢蛋白相关的血管生长因子的治疗，提示巢蛋白可能成为治疗胰腺癌的一个新的分子靶向目标；并且通过详细分析巢蛋白的表达模式，明确其表达机制，对于肿瘤入侵寻找新的治疗靶点将会有很大作用。

体外研究发现，胰腺癌巢蛋白阳性细胞是通过选择性地调节肌动蛋白的表达和细胞黏附分子来实现迁徙、侵入、转移等过程。根据 Matsuda 等研究提示，剔除胰腺癌细胞中的巢蛋白基因将使胰腺癌转移和侵袭力下降，恢复巢蛋白基因，转移和侵袭力就增加。因此，巢蛋白通过调节细胞骨架、增强细胞活性和促进细胞运动，以此来调节细胞形态变化、迁徙、转移、侵入等过程。

四、胃肠道间质瘤

胃肠道间质瘤（gastrointestinal stromal tumor，GIST）是一组来自胃肠间质组织的恶性肿瘤，约占胃肠道肿瘤的 3%。该病病灶多位于肠系膜、网膜与胃肠道，其在组织学上主要由多形性、上皮样或梭形细胞以弥散状或束状排列，在免疫表型上有功能未知蛋白（DOG1）、巢蛋白及 c-Kit 蛋白（CD117）表达。应用巢蛋白抗体对 GIST 组织进行免疫组织化学标记，发现巢蛋白高表达，且特异性、敏感性均高，同 c-Kit 一样，可作为胃肠道间质瘤的一种特异而敏感的新标志物。巢蛋白和 c-Kit 的联合使用可提高诊断的准确率，对 GIST 的病理诊断及鉴别诊断有重要意义。但巢蛋白在 GIST 良性、恶性肿瘤组的表达无显著性差异，不能作为判断 GIST 良恶性的指标。卡哈尔细胞是正常胃肠道壁中的一种间质细胞，包绕 Auerbach 神经丛，并可表达 c-Kit 和 CD34。研究表明，卡哈尔细胞也可表达巢蛋白。卡哈尔细胞和 GIST 细胞在超微结构上也有一定的相似之处。因此一些学者认为 GIST 可能起源于卡哈尔细胞或起源于向卡哈尔细胞或平滑肌细胞分化的原始干细胞。GIST 组织中巢蛋白的表达可作为其干细胞起源假说的又一辅证。但对于 GIST 的真正起源及消化道中表达巢蛋白的细胞类型和功能，还有待于更深入的研究证实。

五、肾脏

巢蛋白主要表达在未分化、具有分裂能力的干细胞中，但是在正常的肾小球中，巢蛋白只表达于成熟的足细胞中。巢蛋白作为成熟足细胞分泌的一种细胞骨架蛋白，在足细胞中呈纵向排列，起到连接细胞骨架的作用，由胞体延伸至足突，在维持足细胞的形态和功能方面具有一定的意义。另外，巢蛋白还是肾小球基底膜的一种构成成分。

肾小球足细胞是一种具有复杂细胞骨架系统的高度分化的上皮细胞，它最主要的形态学特点是其呈指状连接的足突。这些足突由裂孔膜连接，是肾小球滤过膜的最后一道屏障，决定了肾小球选择性滤过的蛋白分子的大小。任何原因引起的足突损伤都可引起蛋白尿，影响肾脏功能。免疫电镜证实巢蛋白主要表达于足细胞胞质及初级足突，体外培养的足细胞中也可观察到巢蛋白呈丝状分布于胞质。在肾脏发育过程中，巢蛋白暂时表达于肾小球内皮细胞和未成熟近端小管的上皮细胞，然而在成年的肾脏组织中，巢蛋白仅表达在足细胞。

许多研究证明，巢蛋白对维持足细胞质正常功能起着重要作用。研究结果表明，正常肾组织肾小球毛细血管外周可以检测到巢蛋白的表达。半定量形态分析显示，巢蛋白在不伴有蛋白尿的IgA肾病肾小球的表达和正常肾组织没有明显差异。但是，在伴有蛋白尿的IgA肾病、膜性肾病及FSGS肾组织，巢蛋白的表达水平明显低于不伴有蛋白尿的IgA肾病和正常肾组织。通过定量RT-PCR试验也可以观察到，巢蛋白mRNA在IgA肾病伴蛋白尿和FSGS患者的肾脏中表达减少。

巢蛋白对维持足细胞的正常形态也起着重要作用。在成熟的肾小球，只在外部层粘连蛋白阳性的肾小球基底膜上发现有巢蛋白表达，并与裂孔膜蛋白nephrin共同聚集，符合巢蛋白在足细胞上的表达。免疫共沉淀研究结果表明，抗巢蛋白抗体不但可以沉淀巢蛋白，还可以沉淀其他细胞结构蛋白，如Ⅲ类中间丝蛋白波形蛋白、Ⅳ类中间丝蛋白α-互联蛋白等，提示巢蛋白可能通过与其他种类的中间丝蛋白结合，共同参与细胞骨架结构的组装和调节。研究表明，巢蛋白和波形蛋白有共定位现象，而与肌动蛋白和重链肌球蛋白没有共定位现象。降低小鼠足细胞系的巢蛋白，未能产生明显的表型改变或波形蛋白分布的变化，但会增加细胞周期。巢蛋白可能通过联合波形蛋白有助于加强这些细胞的机械强度，以帮助这些细胞适应肾小球滤过时的高压力。有研究发现，巢蛋白在足细胞中被抑制后，足细胞形态发生改变，失去巢蛋白的足细胞足突变短或消失。通过采用嘌呤霉素Wistar大鼠肾病模型发现，注射嘌呤霉素后，肾小球中巢蛋白的表达在初期呈现一过性增高，随即下降，同时足细胞的足突广泛融合，并有大量蛋白尿发生。

肾小球基底膜（GBM）在保持肾小球结构的完整性方面起重要作用。构成GBM的主要成分是层粘连蛋白、Ⅳ型胶原、蛋白聚糖及巢蛋白等。基底膜调控多种生物学活性，如细胞生长、黏附、分化及迁移等。巢蛋白是一种高度保守的中间丝状体蛋白质，几乎存在于所有的GBM上。然而与其他类别的中间丝蛋白不同，其N端较短，不能独立形成同源二聚体，必须和其他中间丝分子一起形成异源二聚体。但是其C端较长，使其可以连接其他中间丝的同源二聚体。以上的这些特征使巢蛋白成为连接细胞骨架蛋白的桥梁。巢蛋白分为两种：巢蛋白-1是一种分子质量为150kDa的蛋白质，它与GBM的主要成分层粘连蛋白、Ⅳ型胶原及基底膜聚糖相互作用，在连接Ⅳ型胶原和层粘连蛋白网络中发挥功能；巢蛋白-2是一种分子质量为200kDa的蛋白质，与巢蛋白-1具有46%的同源性。

六、黑色素瘤

黑色素瘤是一种黑色素细胞发生的恶性肿瘤，常发生于皮肤上的色素细胞。它比其他皮肤癌更易转移而导致病情加重和死亡。对该肿瘤早期发现、早期诊断和早期治疗是关键。此外，对肿瘤恶性程度和预后预测有助于个体化治疗方案的制定。

在人类皮肤组织中，巢蛋白已被报道在毛囊祖细胞和表皮干细胞中表达。在人类肿瘤中，巢蛋白的表达与多种恶性肿瘤的病理分级呈正相关。巢蛋白在黑色素瘤中表达且表达强度和范围与肿瘤进展和生存期降低有关。

有研究发现，人类黑色素瘤中 SOX9、SOX10 和巢蛋白的表达与肿瘤晚期和溃疡形成相关，这提示 SOX 家族转录因子与巢蛋白的共表达可作为黑色素瘤恶性程度的指标。巢蛋白基因增强子区域依赖 SOX2 的结合，巢蛋白和 SOX2 在结构及功能上有着密切关系。研究结果显示，巢蛋白在黑色素瘤组织中的表达较色素痣强，而恶性黑色素瘤中巢蛋白和 SOX2 共阳性率显著高于色素痣中巢蛋白和 SOX2 共阳性率，这一结果显示巢蛋白和 SOX2 表达增加均与黑色素瘤的发生有关，并且巢蛋白和 SOX2 共阳性病例的恶性程度更高。研究显示巢蛋白表达增加参与肿瘤细胞的迁移和转移，SOX2 表达增强可促进肿瘤生长。巢蛋白参与细胞迁移过程的能力与 SOX2 阳性且间质浸润较强的黑色素瘤细胞有关。SOX2 和巢蛋白共阳性的恶性黑色素瘤的生存期较其他非共阳性恶性黑色素瘤显著缩短。巢蛋白和 SOX2 共同阳性的情况在黑色素瘤中较为常见，同时过度表达 SOX2 和巢蛋白的肿瘤细胞具有更强的侵袭性及更差的临床预后。两个分子间的相互调节对黑色素瘤的生物学行为具有较大作用，影响黑色素瘤的临床进程和预后。

七、乳腺癌

乳腺癌是全球女性最常见的恶性肿瘤，是女性癌症的主要死亡原因。目前以手术治疗、化疗、放疗及内分泌治疗为主的综合治疗已成为抗乳腺癌的常规治疗手段，但对于雌激素受体（ER）、孕激素受体（PR）及人表皮生长因子受体 2（Her2）表达缺失或低表达的三阴型乳腺癌（triple negative breast carcinoma，TNBC），常规的化疗方案效果较差，目前尚无针对性的个体化治疗方案，而且 TNBC 占所有乳腺癌的 10%～17%，容易复发转移，预后较差，因此 TNBC 逐渐成为临床乳腺癌研究关注的焦点。

Parry 等研究认为，巢蛋白在 TNBC 和 Basal-1ike 型乳腺癌中表达明显升高，而与其他分子类型有关的乳腺癌不表达该蛋白质，所有巢蛋白阳性的乳腺癌患者组织学分级均为Ⅲ级，但巢蛋白不能作为乳腺癌独立的预后因素。另有研究显示，巢蛋白在三阴型乳腺癌中高表达，不但与乳腺癌的其他临床病理指标有一定的相关性，而且与乳腺癌的预后有关，巢蛋白阳性组患者 5 年无病生存率低于巢蛋白阴性组。

据文献报道，巢蛋白不仅在多种肿瘤组织中有表达，而且其表达与肿瘤的进展及恶性程度有关，下调巢蛋白能够抑制肿瘤细胞的迁移、侵袭、转移及细胞干性。近年来，有研究者发现巢蛋白阳性的乳腺癌患者组织学分级均为Ⅲ级。利用 siRNA 干扰技术介导巢蛋白基因沉默，检测转染巢蛋白 siRNA 前后乳腺癌细胞侵袭能力的变化，结果表明，转染后穿过基质膜的细胞数量明显下降，提示巢蛋白沉默后，乳腺癌细胞的侵袭能力降低。沉默巢蛋白基因后，乳腺癌细胞周期阻滞于 G_2/M 期，且细胞凋亡增加，说明巢蛋白参与 Cdc2 调控的细胞周期过程。巢蛋白基因沉默能够抑制乳腺癌细胞的增殖及侵袭，促进细胞凋亡。

有研究者从巢蛋白高表达的三阴型和巢蛋白无表达的乳腺癌临床标本中分别筛选出 $CD44^+/CD24^-$ 乳腺癌干细胞，发现注射 200 个巢蛋白高表达病例的 $CD44^+/CD24^-$ 乳腺癌干细胞即可在NOD／scid鼠中诱导成瘤，而注射10^4个巢蛋白无表达病例的$CD44^+$／$CD24^-$乳腺癌干细胞才可成瘤。结果提示，巢蛋白的表达可能决定了乳腺癌干细胞的高致瘤性。

巢蛋白与乳腺癌细胞的增殖、侵袭及凋亡密切相关，可能成为抑制乳腺癌细胞生物学行为的潜在靶点，但其在乳腺癌发生发展机制中的具体作用尚待进一步探索。

（李　玥）

参 考 文 献

尤莉，陈靖，苏蔚，等. 2008. 援巢蛋白在足突广泛融合的肾小球中表达下调及与蛋白尿程度的相关性. 中华肾脏病杂志，24：405～410.

Akiyama M，Matsuda Y，Ishiwata T，et al. 2013. Inhibition of the stem cell marker nestin reduces tumor growth and invasion of malignant melanoma. J Invest Dermatol，133：1384～1387.

Akiyama M，Matsuda Y，Ishiwata T，et al. 2013. Nestin is highly expressed in advanced-stage melanomas and neurotized nevi. Oncol Rep，29：1595～1599.

Akiyama M，Matsuda Y，Ishiwata T，et al. 2013. Inhibition of the stem cell marker nestin reduces tumor growth and invasion of malignant melanoma. J Invest Dermatol，133：1384～1387.

Arai H，Ikota H，Sugawara K，et al. 2012. Nestin expression in brain tumors: its utility for pathological diagnosis and correlation with the prognosis of high-grade gliomas. Brain tumor pathology，29：160～167.

Chen PL，Chen WS，Li J，et al. 2013. Diagnostic utility of neural stem and progenitor cell markers nestin and SOX2 in distinguishing nodal melanocytic nevi from metastatic melanomas. Mod Pathol，26：44～53.

Dahlrot RH，Hansen S，Jensen SS，et al. 2014. Clinical value of CDl33 and nestin in patients with glioma: a population—based study. Int J Clin Exp Pathol，7：3739.

Daniel C，Albrecht H，Ludke A，et al. 2008. Nestin expression in repopulating mesangial cells promotes their proliferation. Lab Invest，88：387～397.

Demetri GD，Von Mehren M，Antonescu CR，et al. 2010. NCCN 1′ask force report: update on the management of patients with gastrointestinal stromal tumors. J Natl Compr Canc Netw，8：Sl～S41.

Di C，Zhao Y. 2015. Multiple drug resistance due to resistance to stem cells and stem cell treatment progress in cancer(Review). Exp Ther Med，9：289～293.

Gaal J，Stratakis CA，Camey JA，et al. 2011. SDHB immunohistochemistry: a useful tool in the diagnosis of Carney-Stratakis and Carney triad gastrointestinal stromal tumor. Mod pathol，24：147～151.

Hatanpaa KJ，Hu T，Vemireddy V，et al. 2014. High expression of the stem cell marker nestin is an adverse prognostic factor in WHO grade II-III astrocytomas and oligoastrocytomas. J Neurooncol，117：183～189.

Ishiwata T，Matsuda Y，Naito Z. 2011. Nestin in gastrointestinal and other cancers: effects on cells and tumor angiogenesis. World J Gastroenterol，17：409～418.

Kapoor S. 2013. Nestin and its emerging role in tumor progression and carcinogenesis in systemic tumors besides pancreatic carcinomas. Med Mol Morphol，46：56～57.

Kim HS，Yoo SY，Kim KT，et al. 2012. Expression of the stem cell markers CD133 and nestin in pancreatic ductal adenocarcinoma and clinical relevance. Int J Clin Exp Pathol，5：754～761.

Kim KJ，Lee KH，Kim HS，et al. 2011. The presence of stem cell marker-expressing cells is not prognostically significant in glioblastomas. Neuropathology, 31: 494~502.

Korzhevskii DE, Kifik OV. 2008. Intermediate filament proteins nestin and in the rat kidney cells. Morfologila, 134: 50~54.

Laga AC, Zhan Q, Weishaupt C, et al. 2011. SOX2 and nestin expression in human melanoma: an immunohistochemical and experimental study. Exp Dermato, 20: 339~345.

Milde T, Hielscher T, Witt H, et al. 2012. Nestin expression identifies ependymoma patients with poor outcome. Brain Pathology, 22: 848~860.

Nambirajan A, Sharma MC, Gupta RK, et al. 2014. Study of stem cell marker nestin and its correlation with vascular endothelial growth factor and microvascular density in ependymomas. Neuropathol Appl Neurobiol, 40: 714~725.

Piras F, Ionta MT, Lai S, et al. 2011. Nestin expression associates with poor prognosis and triple negative phenotype in locally advanced(T4)breast cancer. Eur J Histochem, 55: 215~220.

Setia N, Abbas O, Sousa Y, et al. 2012. Profiling of ABC transporters ABCB5, ABCF2 and nestin-positive stem ceils in nevi, in situ and invasive melanoma. Mod Pathol, 25: 1169~1175.

Wan F, Herold-Mende C, Campos B, et al. 2011. Association of stem cell-related markers and survival in astrocytic gliomas. Biomarkers, 16: 136~143.

Wang D, Zhu H, Zhu Y, et al. 2012. $CD133^+ / CD44^+ / Oct4^+ / Nestill^+$ stem-like cells isolated from panc-1 cell line may contribute to multi-resistance and metastasis of pancreatic cancer. Acta Histochem, 115: 349~356.

Weigelt B, Mackay A, A'Hem R, et al. 2010. Breast cancer molecular profiling with single sample predictors: a retrospective analysis. Lancet Oncol, 11: 339~349.

Yamahatsu K, Matsuda Y, lshiwata T, et al. 2012. Nestin as a novel therapeutic target for pancreatic cancer via tumor angiogenesis. Int J Oncol, 40: 1345~1357.

Yang XH, Wu QL, Yu XB, et al. 2008. Nestin expression in different tumours and its relevance to malignant grade. J Clin Pathol, 61: 467~473.

Yurchenco, PD, Patton BL. 2009. Developmental and pathogenic mechanisms of basement membrane assembly. Current Pharmaceutical Design, 15: 1277~1294.

Zhang M, Song T, Yang L, et al. 2008. Nestin and CDl33: valuable stem cell-specific markers for determining clinical outcome of glioma patients. J Exp Clin Cancer Res, 27: 85.

Zhao Z, Lu P, Zhang H, et al. 2014. Nestin positively regulates the Wnt / beta-catenin pathway and the proliferation, survival and invasiveness of breast cancer stem cells. Breast Cancer Res, 16: 408.

第十三章 多能素

多能素（versican）属于凝集素蛋白聚糖家族，该家族还包括软骨聚集蛋白聚糖（富含软骨）、短蛋白聚糖及神经聚糖（神经系统蛋白聚糖）等。多能素是一种硫酸软骨素蛋白聚糖，是细胞外基质的主要组成部分之一，可由多种结缔组织细胞表达。多能素也被称为硫酸软骨素蛋白聚糖核心蛋白2、硫酸软骨素蛋白聚糖2（CSPG2）或PG-M。多能素参与细胞黏附、增殖、迁移及血管形成，在维持组织形态方面发挥重要的作用。此外，多能素还参与多种疾病的形成，包括动脉粥样硬化性血管性疾病、肿瘤、肌腱重建、中枢神经系统损伤、轴突生长等。

第一节　多能素的基因结构和蛋白结构

多能素是主要的大硫酸软骨素蛋白聚糖，是结构相关蛋白聚糖家族成员之一，广泛分布于人体内的多种组织中。其核心蛋白结构相似，含有N端和C端球形结构域，中心结构域长度可变，内含多个添加硫酸软骨素链或硫酸皮肤素链的位点和O-连锁寡糖。已有大量研究证实，在细胞水平，多能素可阻碍基质配体与细胞表面相互作用，从而影响细胞黏附和增殖。因此，多能素的表达和结构可能受到多种生长因子及细胞因子的调节，对细胞生长、迁移及分化等产生一定的作用。

一、多能素基因结构

多能素由位于人染色体5q12—q14或小鼠基因组13号染色体上的单个基因编码，基因结构严格遵循核心蛋白结构域的组成。人和鼠的基因均为90~100kb，含15个外显子。外显子Ⅶ和Ⅷ编码多能素GAG链附加结构域，形成四种主要的转录产物。其中三种为多能素蛋白聚糖V0、V1和V2，其GAG链长度各异；第四种转录产物V3产生一种小的核心蛋白，缺乏CS链，也被称为versicant。多能素结构见图13-1。图中箭头分别标注了位于外显子2的起始密码子ATG和位于外显子15的终止密码子TGA。多能素基因外显子结构与亚结构域相一致，且不同物种间高度保守。人多能素启动子中含有一个上游TATA盒和多个转录因子结合位点，包括AP2、CCAAT结合转录因子、SP1、CCAAT增强子结合蛋白和c-AMP应答元件结合蛋白等。缺失实验证实，AP2可能在基因转录过程中起到增强子的作用。

二、多能素蛋白结构

迄今为止，人、鼠、牛、鸡的多能素完整初级结构已经被成功克隆测序。此外还获得了猴子及一种多能素样美西螈蛋白聚糖的部分cDNA序列，另有几种多能素核心蛋白被确定。剪接过程不同导致了其结构上的多样性。人和牛均有4个结合突变体，在鸡体内可能存在6种多能素亚型。所有核心蛋白均保留有氨基末端区域和羧基末端结构域，含有能

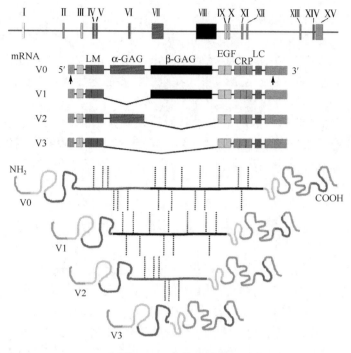

图 13-1 多能素结构

与透明质酸结合的链环分子、带有免疫球蛋白样环路的环形蛋白样结构、一个串联重复结构域和两个表皮生长因子（EGF）重复序列、一个 C-型凝集素蛋白聚糖结构域和互补调节蛋白样重复序列。多能素剪接变异体之间的差别主要存在于核心蛋白中心区。人黏多糖（glycosaminoglycan，GAG）结合结构域 GAG-α 和 GAG-β 分别由大小为 3kb 和 53kb 的外显子编码，小鼠则分别为 2.9kb 和 5.2kb。多能素的剪接变异体氨基末端和羧基末端的球形结构域参与调节其与其他大分子的相互作用，对多能素各种功能的发挥具有重要的意义。源于上述剪接变异体的核心蛋白被分别命名为 V0、V1、V2 和 V3。V0 中心区含有 GAG-α 和 GAG-β 结构域。V1 亚型仅含 GAG-α 结构域，V2 仅含 GAG-β 结构域，V3 则不含任何 GAG 附属结构域。

经计算得出，人多能素核心蛋白 V0、V1、V2 和 V3 亚型分子质量分别为 370kDa、262kDa、180kDa 和 72kDa。这些数值明显小于经 SDS-PAGE 得出的核心蛋白大小，经软骨素酶 ABC 消化后，V0、V1 和 V2 分别移行至 550kDa、500kDa 和 400kDa 相应的位置。这一差异可能是由于富含 N-和 O-连锁寡糖，也可能是由于核心蛋白等电点极低（4～5），这些均可导致凝胶迁移异常。此外，GAG 链的异质性使得准确预估多能素完整蛋白聚糖亚型的分子质量变得更加困难。多能素（V2～V0）的完整蛋白聚糖变异体大小很有可能介于 6×10^5～1.5×10^6 Da。

三、多能素的糖胺聚糖链

依据对共有序列的检测，估计人多能素 V0 可能含有 17～23 个硫酸软骨素结合位点，V1 含有 12～15 个结合位点，V2 则可能含有 5～8 个结合位点。由于缺少两个中心结构域，V3 通常没有 GAG 支链，因此有可能并不是一种蛋白聚糖。上述大部分数据是通过核心蛋白初级结构假定的碳水化合物结合位点估计的。然而碳水化合物碱基置换的数量、大小及组成不仅受 GAG 链结合区的长度影响，同时还与 G1 和 G3 结构域，以及细胞和组织的类型、位置相关。例如，G1 结构域抑制软骨聚集蛋白聚糖和多能素的 GAG 链结合，G3 结构域则起到促进作用。多能素的 GAG 形式在组织和多能素变异体中也是不同的。例如，在鸡的大脑发育过程中 GAG 硫酸化是逐渐变化的。

经细胞和组织培养分离得到的多能素亚型糖胺聚糖支链的大小及组成取决于组织来源和培养条件。源自小鸡肢芽的多能素 V0 和（或）V1 的硫酸软骨素链的平均分子质量超过 60kDa，然而在标准培养条件下，猴子主动脉平滑肌细胞分泌的多能素分子则带有 40～45kDa 的支链。

第二节 多能素的功能

多能素是一种重要的细胞外基质，由于其分子质量较大且具有水合能力，可在一定程度上阻碍结合素与其表面受体的结合作用，通常被认为是一种抗黏附分子，在生长及疾病的发生、发展过程中发挥重要的作用。通过细胞与分子直接或间接的相互作用，多能素能够调节细胞黏附和生存、细胞增殖、细胞迁移及细胞外基质装配。多能素通过其 N 端和 C 端球形区域及中心 GAG-结合区与其结合配体相互作用。它可以与多种细胞外基质成分结合，如透明质酸、Ⅰ型胶原、腱糖蛋白-R、原纤维蛋白-1 和原纤维蛋白-2、微纤维蛋白-1、纤维粘连蛋白、P-选择素和 L-选择素及趋化因子等。多能素还能够与细胞表面蛋白结合，如 CD44、β_1 整合素、表皮生长因子受体及 P-选择素糖蛋白配体-1。目前已有大量的研究发现，多能素在细胞黏附、迁移及增殖方面发挥重要的作用。

一、细胞黏附

早期的研究发现多能素具有抗黏着性，活性区可能位于多能素的 G1 结构域。然而，多能素的 C 端结构域可与神经胶质瘤细胞的 β_1 整合素相互作用，活化局部黏着斑激酶（focal adhesion kinase，FAK），促进细胞黏附并阻止凋亡的发生。多能素 G3 结构域这一促黏特性提示，多能素的不同断裂产物可能是通过不同的途径影响细胞黏附的。

多能素能够在炎性白细胞表面与黏附分子结合。例如，它通过硫酸软骨素链中的特异性过硫酸化序列与 L-选择素和 P-选择素相结合。此外，多能素通过硫酸软骨素链与 CD44 结合，这一相互作用能够对细胞表面的透明质酸-多能素聚集物起到稳定作用。多能素与 CD44 的相互作用需要借助 CD44 氨基末端的环状分子结构域。因此，可以推测，在细胞外基质中存在多种炎性细胞结合位点。一旦白细胞与多能素结合，多能素便能影响炎性趋化因子的效能，从而进一步促进炎症的发生。事实上，已有研究发现多能素可以与多种参与单核细胞募集的炎症趋化因子结合。多能素的硫酸软骨素链参与调节上述结合过程。这种相互作用可维持炎症反应，因此可以说多能素在控制炎症相关的一系列分子中占有非常重要的地位。

二、细胞增殖

多能素还可以参与细胞增殖。例如，有丝分裂原，如血小板衍生生长因子（PDGF），在动脉平滑肌细胞中上调多能素的表达，有助于细胞外 ECM 的蔓延，是相应细胞增殖和迁移过程中所必需的。因此，多能素的表达与增殖细胞的表型相关，常见于增殖旺盛的组织中，如乳腺、脑、前列腺等。事实上，前列腺间质中的多能素表达水平与早期前列腺癌的进展呈正相关。此外，细胞培养实验证实，通过 TGF-β_1 参与的旁分泌机制，前列腺肿瘤细胞诱导宿主干细胞增加多能素的合成，从而引起多能素水平的增高。此外，在乳腺癌患者和无复发生存者的癌旁多能素之间也呈现出类似的正相关性，说明低水平的多能素更有可能预示无复发生存。

陆续的研究正在一步步地揭示参与调节多能素合成的信号途径。例如，现已明确，在血管平滑肌细胞中，PDGF 受体的内源性酪氨酸激酶活性对上调多能素在转录和蛋白水平的合成至关重要。PDGF 对血管平滑肌细胞中多能素合成的作用具有特异性，核心蛋白聚糖和双糖链蛋白聚糖的 mRNA 转录产物不会受影响。在动脉平滑肌细胞中，PDGF 也可上调与多能素有关的分子，如透明质酸和透明质酸受体（CD44），表明在与平滑肌细胞增殖的 PDGF 刺激相关的事件中需要高阶多能素复合物。除了对多能素合成的转录和转录后调节之外，PDGF 还可增加与多能素核心蛋白相结合的硫酸软骨素链的长度。

多能素及与生长因子（如 PDGF 和 TGF-β_1）相关的蛋白质的增多可引起细胞外基质的增加。细胞外基质的增加在多能素和几种结合蛋白相互作用的过程中发挥一定的作用，如透明质酸和 CD44。这些复合物增加细胞外基质的黏弹性，有助于创造一个更具有延展性的细胞外环境，为细胞在增殖和迁移过程中发生的形态变化"保驾"。此外，这些富含高分子复合物的多能素能在一定程度上影响细胞表面张力及细胞牵引力。这样的机械性变化能够影响机械偶联信号途径。因此，包绕在细胞周围的多能素-透明质酸复合物对控制细胞形态发挥重要的作用，但这一机制又常常被忽视。研究发现，倘若这一细胞外层的形成受到抑制，将阻碍动脉平滑肌细胞的增殖。

多能素影响细胞增殖的另一个机制是借助 G3 结构域中的 EGF 序列，其本身作为一种促细胞分裂原从而发挥作用。例如，NIH3T3 细胞中 G3 微基因的表达可增强细胞增殖，且 G3 中 EGF 结构域缺失之后，这种作用能够被阻断。借助 G3 中的凝集素结构域抑制 G3 和细胞表面相结合，同样是这一结构在细胞增殖中则发挥主要的负调控作用。多能素的浓度可能在此过程中是一个关键的决定因素，细胞表面多能素缺失与细胞增殖下降密切相关。在 NIH3T3 细胞及同时带有 G1 和 G3 两个微基因的软骨细胞中均可达到最大限度的促生长活性，说明多能素通过直接和生长因子受体结合及干扰细胞黏附来调节细胞增殖。

三、细胞迁移

多能素能够影响神经细胞的迁移。Pax3 是一种与缺陷神经细胞迁移相关的转录因子。Splotch 鼠被认为具有 Pax3 基因变异，同时还存在神经冠相关异常状况。然而，体外实验发现源自上述变异鼠的神经冠细胞可以发生迁移，说明神经冠细胞本身并无缺陷，异常的根源存在于它们迁移的细胞外基质环境中。早期的研究已经证明，在神经冠细胞迁移过程中，多能素在 Splotch 变异体中明显过表达，说明多能素可能与缺陷的细胞迁移相关。近年的研究发现，髓母细胞瘤细胞系中，过表达 Pax3 可以上调多能素 V2 剪接变异体，下调 V3 变异体。多能素亚型的这种差异调节能在一定程度上解释 Splotch 鼠的迁移缺陷。V3 亚型缺乏硫酸软骨素链，该链能够减弱细胞外基质的排斥性。

多能素还对心脏发育过程中胚胎细胞的迁移发挥作用。在心脏发育过程中，多能素基因表达达到峰值。多能素的表达具有心腔特异性，在右心室中水平最高。已有研究发现，心脏缺陷小鼠的多能素基因中存在一个插入的转基因变异，进一步证实多能素在心脏发育过程中发挥至关重要的作用。在纯合子心脏缺陷小鼠中，多能素表达下降与心内膜垫细胞的迁移失败相关。有趣的是，该心内膜垫表型与敲除透明质酸合酶2小鼠的表型相类似，表明多能素与透明质酸的相互作用对组织中的细胞运动尤为关键。

多能素还能影响多种其他细胞类型的迁移，这主要受分子中G1结构域的抗黏附活性的影响。在神经系统和轴突生长过程中，V2剪接变异体抑制轴突旁支和迁移。通过去除硫酸软骨素链，多能素的上述抑制活性被减弱，但不会彻底消除，说明多能素的多个结构域共同参与控制轴突的再生。尽管V2亚型广泛存在于中枢神经系统，但其主要定位于有髓纤维束。少突神经胶质细胞可能是V2的来源。多能素抑制轴突生长的具体机制目前尚不明确。GAG和核心蛋白结构域共同参与抑制作用的发挥，表明细胞间直接的相互作用或是外周基质的变化形成了排斥性的"外壳"。

近年来诸多研究发现中枢神经系统受损之后可见多能素表达上调，进一步证实了多能素在轴突迁移过程中发挥重要的作用。上述改变与神经再生失败相关。多能素在抑制神经再生中的重要性已越来越多地受到关注。对脊索损伤的实验动物应用软骨素酶ABC裂解酶治疗，所引起的硫酸软骨素链的降解能够促进双向皮质脊髓束轴突的再生。这些结果都表明，脊索损伤时对多能素合成的调控有可能成为一种新的有效的治疗手段。

四、细胞外基质的装配

多能素与多种不同的ECM分子相互作用，并在ECM装配过程中发挥重要的作用。多能素的结构域以蛋白质-蛋白或蛋白质-碳水化合物相互作用的方式参与上述过程。最广为人知的方式为多能素（G1）N端和透明质酸之间的特异性相互作用。多能素与透明质酸相结合参与多能素G1结构域中一段串联双环序列的形成和透明质酸中一段五个重复二糖的延伸。多能素和透明质酸还可通过另一种蛋白质-蛋白质模式选择性特异性结合，以稳定其相互作用。

除了透明质酸，多能素还能与其他ECM分子相互作用，如腱糖蛋白-R。多能素通过其凝集素结合结构域与腱糖蛋白-R相互作用，并参与蛋白质-碳水化合物相互作用。凝集素结合结构域也参与和其他配体的相互作用。例如，多能素与细胞外基质蛋白生长家族成员原纤维蛋白-1和原纤维蛋白-2相互作用，在发育中的心脏瓣膜中表达水平很高。然而在成人中发现，原纤维蛋白-1和原纤维蛋白-2与弹性纤维的主要组成部分——微纤维密切相关。多能素还能与弹性纤维中的弹性蛋白相关蛋白相互作用，如多能素与弹性纤维相关蛋白微纤维蛋白的相互作用。此外，微纤维蛋白结合原纤维蛋白-2，并且在一部分组织中优先定位于弹性蛋白/微纤维界面。因此，可以将原纤维蛋白理解为多能素和微纤维蛋白之间的一座"桥梁"，它在弹性纤维的装配过程中形成重要且高度有序的多分子结构。

多能素与弹性纤维装配之间的关系是复杂而独特的。大鼠动脉平滑肌细胞中原弹性蛋白表达水平很高，但未见多能素合成；在成人的动脉平滑肌细胞中情况恰好相反。此外已经公认，硫酸软骨素抑制弹性纤维的形成，通过弹性蛋白受体与动脉平滑肌细胞表面相结合，进而发挥作用。

越来越多的研究发现多能素与弹性纤维装配之间存在关联。过表达缺失硫酸软骨素链

V3 的多能素剪接变异体后，动脉平滑肌细胞表型明显改变，细胞黏附增强，细胞生长和迁移减弱，原弹性蛋白表达上调。在损伤修复过程中，V3 转导的动脉平滑肌细胞进入受损血管可导致多层弹性层的形成。因此，过表达缺乏硫酸软骨素链的多能素与包含硫酸软骨素链的多能素竞争性结合细胞表面的结合位点。这可能使弹性结合蛋白与细胞表面结合，从而促进弹性纤维的装配。

多能素在细胞外基质的组织重塑中也发挥重要的作用，例如，在妊娠期间，子宫颈部结缔组织发生重塑。妊娠期间该组织中的多能素显著增加，经阴道分娩之后，在成熟的子宫颈中即刻达到最大浓度。然而对Ⅰ型和Ⅲ型胶原、富亮氨酸蛋白低聚糖、二聚糖和纤维调节素进行类似研究的结果与上述多能素的变化恰好相反。

五、多能素与肿瘤

已有诸多研究证实，在大多数恶性肿瘤中，多能素的表达水平上调，包括脑肿瘤、黑色素瘤、骨肉瘤、淋巴瘤、乳腺癌、前列腺癌、结肠癌、肺癌、胰腺癌、子宫内膜癌及卵巢癌等。甚至在非实体肿瘤，如急性单核细胞白血病细胞中也可见 V0 和 V1 的表达与分泌。在乳腺癌、前列腺癌及许多其他恶性肿瘤中，多能素表达水平增高往往与肿瘤复发和不良预后相关。在腺癌中，多能素主要由癌旁间质细胞分泌。在子宫内膜癌和卵巢癌中常见上皮细胞表达多能素。卵巢癌时，间质多能素异常升高往往与更为严重的疾病程度和更低的生存率相关。

六、多能素与动脉粥样硬化

多能素由内膜中的平滑肌细胞合成，发生动脉粥样硬化和再狭窄时大量聚集，并且与 LDL 相结合。氧化脂蛋白和 TGF-β_1 可增强多能素与脂蛋白的结合作用。脂蛋白在血栓形成过程中至关重要，与多能素的相互作用则可以显著促进上述过程。因此，多能素在动脉粥样硬化形成中发挥了关键的作用，是从动脉中分离到的最多的蛋白聚糖。组织中硫酸软骨素的定位和数量因解剖定位、年龄和病理情况的不同而不同。在血管壁中，多能素参与血管形成，且在动脉内皮细胞和血管平滑肌细胞中高表达。动脉粥样硬化患者主动脉内硫酸软骨素增多可能是由多能素水平升高导致的。

在血管性疾病中，经心脏移植术和冠脉血管成形术后，多能素表达水平和聚集量均有所增加。在增厚的黏液样内膜、再狭窄处疏松的细胞外基质、动脉粥样硬化患者血小板中及血栓表面，多能素表达增高更为明显。在动脉粥样硬化进展过程中，多能素 GAG 链硫酸化能力减弱，导致抗凝血酶亲和力下降、渗透性调节遭到破坏，使受损处更易发生血栓。此外，通过降解作用，多能素还被释放进入循环系统。多能素 G3 片段诱导白细胞聚集，它们在通过结合和抑制组织因子途径抑制剂-1 的功能诱导血液凝结的过程中发挥至关重要的作用。

简言之，多能素作为动脉中含量最丰富的硫酸软骨蛋白聚糖，在动脉粥样硬化形成过程中发挥了决定性的作用。它促进血管形成，影响细胞功能。多能素硫酸软骨素硫酸化修饰可能是导致动脉粥样硬化病理学改变的基础。

七、多能素与肺部疾病

在肺脏中，多能素被发现主要存在于中央气道壁固有层的弹性纤维中，靠近平滑肌束，也在肺泡隔膜的不规则和斑块区域出现。人胚胎肺成纤维细胞高表达多能素,但在发育过程中,当间质缩合成聚集蛋白聚糖时,其表达水平下降。在健康成人肺组织中多能素的表达水平就非常低,不过当肺脏组织出现疾病状态时多能素就会大量表达和累积,包括细菌性感染、急性肺脏损伤、过敏性气道炎症、肺纤维化、肺癌等。大量研究表明在以小气道和气道壁弹性蛋白丢失为特征的慢性阻塞性肺疾病中,升高的多能素与弹性蛋白呈负相关,通过抑制弹性蛋白的形成发挥有害作用。但是近年来在小鼠肺气肿模型中也有数据提示,增多的多能素可以抑制肺组织的破坏,提示提升多能素的含量或可减缓肺气肿的进展,与此同时一项慢性阻塞性肺疾病患者的三期临床对照试验显示,吸入糖皮质激素可以增加气道中多能素和Ⅲ型胶原的表达,而增多的多能素与肺功能的改善相关。

在哮喘患者中,病毒性感染常常是哮喘加重的触发因素,其会增加多能素等蛋白聚糖的沉积,而富有蛋白聚糖的环境则会增强单核细胞的浸润能力及引发更强的免疫应答,在小鼠过敏性哮喘模型中就发现多能素能与透明质酸相互作用对炎症中白细胞的募集和激活起重要作用,但是多能素在哮喘中到底扮演有益还是有害的角色有待进一步探索,或可成为未来哮喘治疗的靶点。另外,在 LPS 诱导的小鼠急性肺脏损伤模型中,V1 表达上升,敲除 V1 基因后,通过 TLR2-NF-κB 信号通路诱导严重的炎症反应。在一项关于小鼠胚胎时期多能素的表达、累积和降解的研究中发现,12~16 周龄的小鼠肺脏中几乎没有多能素的表达,但是在发生铜绿假单胞菌肺部感染后,多能素的累积却明显增加。在肺脏纤维化过程中,多能素作为细胞外基质的重要组成部分也会增多。而在小鼠肺部肿瘤模型中,促进肿瘤细胞增殖的某些因子除了刺激肿瘤相关因子的合成,也会刺激肿瘤细胞的肿瘤相关细胞外多能素的分泌;有研究已经证实多能素桥接肿瘤微环境的炎症与肿瘤的恶性进展,通过沉默表达多能素改善肿瘤局部的炎症微环境有效抑制了原位肺癌细胞的生长,大大延长了负瘤小鼠的生存时间,为抗肿瘤血管生成疗法引起的肿瘤局部炎性微环境影响抗肿瘤疗效问题提供了有前景的解决办法。

总之,多能素是肺部疾病研究的热点,关于其剪接变异体具体作用的研究将给诸如慢性阻塞性肺疾病、哮喘、慢性排斥反应等肺部疾病的治疗带来硕果累累的收获。

第三节 多能素基因表达的调节

在不同组织、发育及疾病进展过程中,已经证实多能素的合成与分泌存在多种模式。多能素亚型的表达随着脑的发育而发生变化。在出生之前,V2 逐渐代替 V1 成为最主要的亚型。毛发滤泡发育阶段,在表皮乳头中可检测到多能素瞬时启动子活性及免疫反应性。肢体发育阶段,在逐渐形成的间充质中可见高表达的多能素;当间质缩合成为聚集蛋白聚糖时,其表达水平下降。在黑色素母细胞、心内膜垫组织细胞的迁移过程中,以及发育中的心脏的其他区域同样可见多能素的瞬时表达。在变异小鼠的神经冠迁移途径中,出现异常的多能素沉积增多。Splotch 小鼠的 Pax3 转录因子变异、神经冠细胞迁移缺陷。研究发现,Pax3 可负性调节多能素的表达,多能素是 Pax3 的一个下游靶基因,V2 上调,而 V3 剪接变异体下调。如上所述,多能素的不同亚型存在差异调节,但其中的机制尚不十分明确。研究人员发现 EGF 和白三烯 D4 能够选择性地上调多能素 V0 亚型的表达,说明多能素 mRNA 间接作用能够受可溶的生长因子和细胞因子调节。

在疾病和发育过程中，重塑组织的增殖细胞中多能素的表达往往明显增高，在肺脏疾病、心血管疾病及肿瘤领域均有类似的报道。例如，在包括肺气肿、哮喘、急性呼吸窘迫综合征及原发性肺纤维化等肺脏疾病中，多能素大量沉积在肺间质中。其早期沉积与细胞增殖相关，并且可能早于纤维结缔组织沉积的发生。在多种肿瘤，如黑色素瘤、前列腺癌、脑癌和乳腺癌等发生时，多能素的合成也明显增多，并主要沉积在肿瘤间质中，伴有间质细胞增生。在血管性疾病中同样有类似的情况发生，血管损伤后动脉平滑肌细胞增生，导致多能素表达上调并发生聚集，常见于动脉粥样硬化和冠脉再狭窄患者。然而在血管性疾病中并不都表现为多能素水平上调，发生腹主动脉瘤时，则表现为多能素浓度降低，且V0亚型特异性下调。已在患有血管性疾病的实验动物模型身上检测出多能素表达的时程。研究发现，在平滑肌细胞增殖和迁移时伴随多能素的表达增高，这一过程与新的内膜形成密切相关。这些结果也与血管性疾病的自然发病史相一致。因此，多能素的表达受到诸多生长因子的调节，这些生长因子同时又参与平滑肌细胞的生长和增殖。另有研究发现，直接针对 TGF-β_1 的反义 S-寡核苷酸在颈动脉新内膜形成时可减少多能素的合成和聚集。在猝死的动脉粥样硬化患者体内发现多能素在血小板-血栓界面聚集。正常情况下，发生过硫酸化的多能素硫酸软骨素链与抗凝血酶Ⅲ结合，这可能是抑制血管中血栓形成的另一个机制。动脉粥样硬化患者受损处的多能素硫酸软骨素链硫酸化不足，则无法起到抑制血栓的作用。尽管多能素在低切应力情况下，通过介导血小板黏附和聚集来发挥趋血栓阻塞性作用，血小板-血栓界面仍然是生长因子释放的重要部位，如 PDGF 在伤口进展和多能素合成的调节方面都发挥关键性的作用。

多种生长因子和细胞因子参与调控多能素的合成与分泌已在细胞水平经实验证实。生长因子 PDGF 和 TGF-β_1 均能上调多能素 mRNA 及核心蛋白的合成，进而引起黏附在由平滑肌细胞合成的多能素核心蛋白上的硫酸软骨素链的延伸。然而，尽管 PDGF 刺激动脉平滑肌细胞的增殖和迁移，但 TGF-β_1 抑制动脉平滑肌细胞的增殖，说明多能素的合成不是直接与增殖和迁移的兴奋相关联。研究发现，染料木黄酮可以终止 PDGF 对多能素转录的影响，因此上述过程可能是由酪氨酸激酶介导的。染料木黄酮能够可逆性地抑制 PDGF 介导的动脉平滑肌细胞增殖聚集、降低多能素 mRNA 和核心蛋白表达水平，但是不影响 GAG 链的延伸，且无法逆转 PDGF 诱导的从软骨素-4-S 到软骨素-6-S 二糖的转变，说明多能素生物合成的多个方面是受不同因素分别调节的。此外，PKC 在 PDGF 介导的多能素 mRNA 水平上调中可能占有举足轻重的地位。由于皮肤、齿龈成纤维细胞和内皮细胞中的 TGF-β_1 也能上调多能素的表达，因此上述生长因子的作用并不是特异性针对动脉平滑肌细胞的。与之类似的是，其他生长因子，如 IGF-1 也可增加牙周成纤维细胞中的多能素 mRNA 水平。多能素基因对 IGF-1 的效应可能具有细胞类型特异性，D'Avis 等报道，在成骨细胞对该生长因子的应答过程中，多能素表达水平是下降的。

通过其他生长因子信号途径的效应，一些可溶性效应器的受体活化，进而调节多能素的表达。例如，应用血管紧张素Ⅱ治疗后，表达 AT1 受体的平滑肌细胞导致多能素 mRNA 水平呈剂量依赖性和时间依赖性增加。如果治疗前应用 AT1 受体拮抗剂，则不会出现上述变化，说明其对多能素合成的作用是直接的。血管紧张素Ⅱ上调多能素同时需要 EGF 受体和丝裂原活化蛋白激酶激酶，但并不受一般蛋白激酶抑制剂如星状孢子素的影响。细胞兴奋之后通过次级生长因子的活化或释放也可使多能素表达增强。细胞与细胞因子和生长因子的活化常常与细胞外基质的蛋白水解作用相关,该作用能够释放肝素结合生长因子,调节多能素的合成。由细胞伸展引起的机械性张力,如应用生长因子治疗,可以增加多能素的 mRNA 表达和核心蛋白的合成,同时伴随小的富亮氨酸-PG、核心蛋白聚糖表达下降。相反,当 O_2 水平升高时,胎儿肺成纤维细胞中多能素表达减少。目前发生这些效应的具体机制尚不明确,可能是由对环境刺激因素敏感的受体导致的转录机制直接介导的,也可能是由生长因子自分泌释放继发引起的。

促炎细胞因子也能影响多能素的合成,如白细胞介素可调节 ECM 产物,对炎症过程尤为重要。上述调节过程具有剂量或细胞类型特异性,体外实验证实,在动脉平滑肌细胞、皮肤和齿龈成纤维细胞中,IL-1β抑制多能素的合成;而在人肺成纤维细胞中,IL-1β上调多能素基因的转录。细胞应答也有可能直接由整合素介导的信号途径控制。因此,在 IL-1 对由成纤维细胞引起的多能素合成的作用过程中,可能需要包被纤维粘连蛋白底物的参与,才能使得重要的亚基进入 IL-1β受体复合物。此外,多能素第一个内含子中含有 p53 结合位点,p53 作为细胞凋亡中一个重要的介质可以直接活化多能素的表达。

综上所述,多能素作为一种多结构域蛋白,其表达受到一系列生长因子的调控,并在器官发育、疾病进展中均发挥重要的作用。多能素蛋白和碳水化合物结构域的相互作用引起大量配体进入细胞外基质。这些多能素结合分子与多能素分子共同调节细胞黏附、增殖和迁移等。未来关于多能素相互作用的探索仍将继续,究竟是直接作用还是间接作用最终导致了细胞表型的改变有待深入研究。体外实验发现,多能素的特定结构域具有独特的生物学活性,这一结论还需在组织中进一步验证。目前关于多能素的研究进展可以说仅仅是冰山一角,有效地应用分子遗传手段有可能为揭示多能素或相关蛋白中的特定基因缺陷,探索多能素的生物学功能奠定基础。

(陈天艳)

参 考 文 献

Andersson-Sjoland A,Hallgren O,Rolandsson S,et al. 2014. Versican in inflammation and tissue remodeling: The impact on lung disorders. Glycobiology,25:243~251.

Khare P,Bose A,Singh P,et al. 2017. Gonadotropin and tumorigenesis: Direct and indirect effects on inflammatory and immunosuppressive mediators and invasion. Mol Carcinog,56:359~370.

Reeves SR,Kaber G,Sheih A,et al. 2016. Subepithelial accumulation of versican in a cockroach antigen-induced murine model of allergic asthma. J Histochem Cytochem,64:364~380.

Takahashi A,Majumdar A,Parameswaran H,et al. 2014. Proteoglycans maintain lung stability in an elastase-treated mouse model of emphysema. Am J Respir Cell Mol Biol,51:26~33.

Wang Z,Li Z,Wang Y,et al. 2015. Versican silencing improves the antitumor efficacy of endostatin by alleviating its induced inflammatory and immunosuppressive changes in the tumor microenvironment. Oncol Rep,33:2981~2991.

Wight TN,Frevert CW,Debley JS,et al. 2017. Interplay of extracellular matrix and leukocytes in lung inflammation. Cell Immunol,312:1~14.

第十四章 微纤维蛋白

微纤维蛋白是指直径为 10~12nm、主要存在于细胞外基质中的一类蛋白质，除了具有形成弹力蛋白以维持细胞间连接和组织弹性力学的主要功能外，还具有调节细胞生长、分化的作用，甚至与炎症反应、免疫反应和机体内环境紊乱有着密切关系。因此，细胞外基质成分的变化往往会给整个器官的功能带来灾难性的损害。目前微纤维蛋白的研究信息主要来自于微纤维蛋白-1（FBN-1），一旦它的表达基因出现变异就会导致马方综合征和先天性指（趾）挛缩症等遗传性疾病。本章就微纤维蛋白的功能、结构，以及与疾病的发生、发展的相互关系和分子生物学信息等几个方面进行介绍。

一、微纤维蛋白的基本情况

微纤维蛋白主要分布于人体结缔组织中，在其他组织中也有少量分布。它在维持机体组织弹性和结构的稳定方面起着重要作用。由纤维蛋白组合而成的弹性纤维是结缔组织的主要成分，使之能够经受起拉伸力和扩张力。这些结缔组织在身体很多功能力学基础上发挥了重要作用，如发音、呼吸、血管紧张度等重要功能。根据各个器官系统不同的机械要求及各自的组织特异性结构的需要，微纤维蛋白和弹力纤维蛋白的结构也随之变得种类繁多。例如，在眼悬韧带中呈平行束结构，这样便于与睫状体一起起到固定晶状体的作用；而动脉壁上弹性纤维呈同心环结构，这样能够保持血管张力，并保证心动周期血液流动的畅通；在真皮层中，微纤维和弹性纤维形成疏松的网状组织，保证了皮肤组织的柔软性。

除此之外，微纤维蛋白还是细胞外、细胞表面、信号分子这个巨大的生物学网络中不可分割的生物元件。微纤维蛋白还起到分布、浓集，以及调节局部的 TGF-β 和骨形态发生蛋白的作用，在软骨膜和骨膜中的弹性纤维还参与骨板生长，并有助于保持骨弹性。因此，细胞外基质在组织生成、内环境稳定和修复方面起着重要的作用，协调组织形态的生成和多器官间的稳态。

二、微纤维蛋白的表达缺陷与疾病

由于微纤维蛋白对结缔组织发挥的固定、支撑、弹性等作用非常重要，因此微纤维蛋白表达缺陷引起的疾病最先发现在关节、肌腱、骨骼、肌肉等相关疾病。马方综合征是最早发现的纤维蛋白表达缺陷的一种常染色体显性遗传性疾病。这种疾病的病变部位在人类 15 号染色体上一个叫做 FBN-1 的基因，它编码微纤维蛋白 FBN-1。FBN-1 可以看成是把身体细胞黏合在一起的胶水。当 FBN-1 基因发生突变后，马方综合征便产生了。马方综合征患者最显著的特征就是骨骼系统的变化：他们身材修长，体格细高，臂展大于身高；他们的四肢及手指脚趾尤其长，有时被称为"蜘蛛指（趾）"；他们的面部特征也很明显，长头、高颧骨、小下巴、大耳朵，由于下颌发育不好，他们语言表达往往受影响。目前马方综合征的临床诊断主要依赖于患者的临床表现，尚缺乏敏感而特异的生化或基因诊断方法。一些马方综合征患者也显示出慢性阻塞性肺疾病和气胸等易患病的体质，表现等同于组织的完整性受损造成的破坏性肺气肿。

1991 年，Deitz 等首先发现了一种 FBN-1 基因突变 R239P（即 239 位密码子上的精氨酸被脯氨酸所代替），并提出 FBN-1 基因突变是马方综合征的致病原因。FBN-1 变异除了导致骨骼、肌肉、关节的病变外，它还导致 TGF-β 信号失调，从而引起二尖瓣脱垂、肌肉发育不全和主动脉瘤等。自 1991 年发现第一个 FBN-1 基因突变以来，已经有 600 多种 FBN-1 基因突变被证实。FBN-1 基因突变分布于整个基因，其中在 13、15、24～28、32 及 43 外显子上的突变类型相对较多，含有 13～18 种类型的 FBN-1 基因突变。导致马方综合征的基因突变的类型主要有无义/错义突变、插入/缺失突变、剪接位点突变等。到目前为止，所发现的马方综合征患者的基因突变遍布整个 FBN-1 基因，但无明显的突变热点。况且马方综合征临床表现多样化，不同家族间甚至同一家族内的临床表现变异性均较大，提示马方综合征的表型还受其他遗传或环境因素的影响和制约，因此要建立明确的基因型与表型的对应关系是十分困难的。

马切山尼综合征同样是与微纤维蛋白表达缺陷相关的一种遗传性结缔组织疾病。这种疾病在 1932 年由 Weil 首次报道，1939 年 Marchesani 详细描述了这种疾病的特征，此后国内外出现较多的此类报道。马切山尼综合征患者首次发病年龄一般较轻，大约为 9 个月到 13 岁。临床特征为身材矮胖、指（趾）短粗、球形晶体，多因闭角型青光眼或白内障而就诊。主要临床表现包括：眼部的球形晶状体、晶状体脱位半脱位，全身表现身材矮小、短指畸形、肌肉皮下组织发达等。

对于马切山尼综合征的遗传学研究发现，其病因是 ADAMTS-10（编码一种分泌性的金属酶）基因和 FBN-1 基因的突变。虽然在临床上很难区分具体是哪个基因突变引起的，但是这种疾病提示 ADAMTS-10 和 FBN-1 可能存在一定的关系。进一步的研究发现，重组表达的 ADAMTS-10 与 FBN-1 能够相互结合并且具有高度的特异性和高度的亲和性。共聚焦显微镜和免疫电镜观察同样发现 ADAMTS-10 与人组织长微纤维中的 FBN-1 有共定位现象。两个结合位点，一个在 FBN-1 的 N 端，一个位于 C 端的一半处。在 ADAMTS-10 存在和缺乏的条件下培养了胎牛的项韧带细胞，发现外源性地加入 ADAMTS-10 可以促进微纤维蛋白的生物功能。

Hatzirodos 等研究发现多囊性卵巢综合征有胎儿根源，因为通过检测人和牛胎儿不同阶段卵巢中 FBN-1～3、潜在的 TGF-β 结合蛋白、TGF-β 及成人卵巢的表达量，免疫定位 FBN-1～3，发现在胎儿时期 TGF-β 通路就已经开始运转。更为重要的是，他们发现 FBN 存在于胎儿卵巢的间质，并且在间质扩张和滤泡形成的关键阶段存在高表达。他们提出 FBN-3 在胎儿时期的高表达可能是导致今后容易出现多囊性卵巢综合征的重要原因。还有研究认为 FBN-1 的减少与子宫下垂有一定的关系。

在除草剂诱导的先天性膈疝患者中同样也发现了膈肌组织中 FBN-1 的表达减少。在维持组织弹性方面，微纤维蛋白能够独立发挥作用，也可以与不同数量的弹力蛋白组合成弹力纤维来发挥作用。研究发现细胞外基质中微纤维蛋白的出现早于弹性蛋白原，这说明微纤维蛋白可能在引导弹力蛋白的生成方面起到一定作用。另外，还有相关报道认为 FBN-1 缺陷的鼠类导致血脑屏障通透性降低，并加速血管硬化和动脉中脂肪瘤的形成。

三、微纤维蛋白的种类和相互关系

迄今为止在多细胞动物中有 3 个功能微纤维蛋白基因组序列被鉴定，编码分子质量大约 350kDa 的糖蛋白，直径 10～12nm。Karrer 等展示了微纤维蛋白（直径大约 10nm）的超微结构，它们点缀在无定形的弹力蛋白中。Ross 等把低于 20nm、没有特征性胶原蛋白条带的微纤维蛋白统称为"弹性纤维微纤维"。在分离得到 FBN-1 之后，FBN-2 相继被发现。它们均为富含半胱氨酸的大糖蛋白，执行两个关键的生理功能：一是作为支撑结构来保持组织的完整性，二是在信号传递过程中作为调节因子指导细胞执行信号传递。FBN-3 是最后被发现的，研究发现它与多囊卵巢综合征的形成密切相关。

FBN-1 是存在于细胞外基质中的一种糖蛋白，是构成微纤维的主要蛋白质之一，它结合潜在的转化生长因子β_1结合蛋白，成为 ECM 结构相关家族蛋白。FBN-1 分子质量为 320kDa，由 2871 个氨基酸组成，广泛存在于皮肤结缔组织基质、肺、血管、肾、软骨、腱、角膜和晶状体悬韧带中。FBN-1 以前微纤维蛋白（分子质量 350kDa）形式存在，其含有 3 种富含半胱氨酸的重复序列。分子结构包括三种：第一种为类表皮生长因子结构区，包含 6 个高度保守的半胱氨酸残基，FBN-1 基因含有 47 个 EGF 结构区，其中 43 个 EGF 结构区含有钙结合共有序列，被定义为钙结合 EGF 共有序列；第二种为 LTBP 结构区，包含 8 个半胱氨酸残基，其中内部 3 个保守的半胱氨酸相连续；第三种结构为 FBN-1 所特有，含有 Fib 结构区，由 8 个半胱氨酸残基组成，但其只有 2 个连续的半胱氨酸残基。FBN-1 突变基因是 MFS 的致病基因，定位于人类 15 号染色体上，Dietz 等进一步将其定位于 15q15—q21.3。FBN-1 基因全长大于 230 kb，含 65 个外显子和 47 个内含子，编码序列为 10 kb。目前共发现 600 多种 FBN-1 基因突变，这些突变不仅导致马方综合征，还与单纯晶状体异位、少数常染色体显性遗传的马切山尼综合征、脊柱后凸、仅伴有轻微骨骼异常的升主动脉瘤及 Spritzen-Gorberg 综合征等有关。FBN-2 基因定位于 5q23—q31，目前发现的突变均位于 23～34 外显子，该基因突变导致先天性指（趾）挛缩症的发生，主要表现为蜘蛛指（趾）、屈曲指、低垂弯曲耳、中度关节挛缩和肌肉痉挛。FBN-3 基因定位于 19p13，与其他微纤维蛋白基因有很高的同源性，含有 63 个外显子，其蛋白质由 2809 个氨基酸构成，并含有多个 EGF 结构区。所有的 3 个微纤维蛋白显示有重叠的结构，包括 46/47 表皮生长因子相似的区域（42/43 是钙结合型的，cbEGF）穿插着 7 个 8-半胱氨酸片段（TB/8-Cys）。TB/8-Cys 对微纤维蛋白和 LTBP 是独有的结构。此外，微纤维蛋白包括两个混合区域，由 TB/8-Cys 和 cbEGF 序列组成。FBN-1 富含脯氨酸，FBN-2 富含甘氨酸，FBN-3 同时富含脯氨酸和甘氨酸。钙与 cbEGF 区域稳定紧密地结合成精密的线性结构，这种结构被认为是微纤维装配，以及与蛋白质相互作用防止蛋白水解所必需的结构。

动物实验中，在 FBN-1 沉默小鼠的主动脉出现损伤并导致壁间动脉瘤和新生儿死亡。虽然 Carta 等研究发现 FBN-2 的缺乏对于血管的成熟和产后的存活及适应性没有影响，但是 FBN-1 和 FBN-2 都缺乏的小鼠，在怀孕中期死亡，主动脉发育非常不完善，暗示了微纤维蛋白在促进弹性基质组装过程的功能方面的协同作用。研究表明，FBN-2 在器官发育和组织重塑的过程中广泛存在，与主动脉瓣的形成过程有关，但是数量比 FBN-1 要低得多。尽管 FBN-1 和 FBN-2 分享着相似的表达模式和相同的大分子组装，马方综合征的不同表型和先天性指（趾）挛缩症患者表明这两个微纤维的亚单位在器官的生成和功能上同时拥有独特的和重叠的作用。

Arteaga-Solis 等研究发现 FBN-2 基因缺失表达的小鼠表现为并指，这一现象在 FBN-1 缺失的小鼠中没有发现，尽管这两种蛋白质在形成的肢体中的细胞外基质中大量存在。FBN-2 沉默小鼠的并指发生可以用指/趾组织经历程序性细胞死亡的间质细胞的损伤来解释，因为没有激活 BMP-7 诱导的细胞死亡决定子。指/趾的形成是软骨向外生长和指/趾间细胞死亡相结合的结果，这一过程由一些信号分子控制，包括 BMP。并指和多指现象也在 BMP-7 沉默的小鼠中发现，但是在 FBN-2 或者 BMP-7 不足的小鼠中没有发现，这些发现证明在肢身形成的过程中 FBN-2 对 BMP-7 的信号调节占优势是正向调节，因此，尽管表达旺盛，但是 FBN-1 仍然不能补偿 FBN-2 对于指（趾）间隙形成的作用。在存在微纤维缺陷的小鼠中研究肌肉发育和骨骼形成，FBN-1 和 FBN-2 差异性地调节 TGF-β 和 BMP 的信号依赖于时间和空间的背景。Arteaga-Solis 等的研究发现在骨材料的性质方面，FBN-1 所起的作用比 FBN-2 大得多。而生物力学实验证实 FBN-2 对于骨的机械性能方面的作用是正向的，并且比 FBN-1 的作用要大。因此他们认为病理学上骨丢失疾病是因为 FBN-1 和 FBN-2 的变异造成的。

FBN-3 最近才被发现不具有太多的致病特征，它主要在胎儿时期表达较多。研究发现 FBN-3 在妊娠 6~12 周小鼠的许多组织中都有表达，如软骨膜、神经束膜、肌束膜、皮肤、发育中的支气管、胰腺、肾脏、心脏等器官都有表达。在软骨、软骨膜、发育中的支气管中 FBN-3 与其他的微纤维蛋白存在共同表达现象，表明 FBN-3 与其他的微纤维蛋白在人类发育过程中存在着重叠和不同的功能。主动脉的发育涉及血管平滑肌细胞伴随细胞外基质组装和变异从生物合成到收缩性表型的变化。在组织损伤的情况下，血管平滑肌细胞能够恢复生物合成表型。在这一过程中，血管平滑肌细胞开始沉积，组织微纤维蛋白及弹性蛋白原进入弹性纤维。Fedak 等研究表明，与三叶型主动脉瓣患者相比，先天性二叶型主动脉瓣患者主动脉中 FBN-1 含量显著降低，肺动脉中 FBN-1 含量也降低，弹性蛋白和胶原无明显变化。

四、微纤维蛋白的组装

微纤维蛋白先由单体组装成微纤维，再由微纤维组装成弹性纤维是一个多级的、复杂的过程，原理还需要进一步的研究。通过现有的超微结构证据来看，微纤维可以提供细胞外支架来引导弹性蛋白原排列和交联。Jensen 等通过体外的研究认为微纤维相关糖蛋白-1 和纤维粘连蛋白-5 在这一过程中分别作为弹性蛋白原和微纤维蛋白，以及它们和整合素受体的桥接分子。微纤维蛋白通过头尾排列或者旁侧连接的方式聚合成微纤维。通过旋转阴影电子显微镜观察到纤维蛋白是有多条带的规则空间距离的串珠样聚合物，根据材料来源和提取的步骤不同可以延伸 50~150nm。然而分子间二硫键作为微纤维组合的起始步骤被广泛接受。关于条带串珠结构形成的过程仍然存在争论。一些研究者已经证明 N 端介导的同型二聚体的形成潜在地推动了微纤维蛋白的聚合作用。最近，其他的研究者进一步证明 C 端具有促进相互交联的作用，首先需要 FBN-1 寡聚化成串珠样结构，随后与 N 端序列相互作用。相似地，早期的研究提及，微纤维生成有一个先决条件，那就是 C 端必须通过 furin/PACE 酶对 FBN-1 的加工处理。此外，对天然的微纤维进行蛋白组学分析，也能检测到未加工的 FBN-1 多肽。

Sabatier 研究报道纤维粘连蛋白纤维同样能够与 C 端微纤维蛋白低聚体组装相互作用，而微纤维蛋白低聚体的形成对微纤维的生成有促进作用。细胞培养实验发现肝素/硫酸肝素蛋白多糖（HSPG）和纤维粘连蛋白对微纤维在细胞外周的组装有促进作用。肝素结合位点的 FBN-1 与邻近的 RGD 序列产生协同作用，以支持 $\alpha_5\beta_1$ 介导的皮肤成纤维细胞的黏着，抑制硫酸乙酰肝素与核心蛋白结合，或者是氨基葡萄糖硫酸化可以干扰微纤维的组装。体外研究也证明纤维粘连蛋白对促进微纤维的生成是必需的。动态影像学最近已经揭示，在基质生成的过程中伴随着纤维粘连蛋白和 LTBP 纤维细胞介导的组装及重组。

在微纤维中，微纤维蛋白是如何组装而成的？一方面，通过表位作图的研究，普遍认为微纤维蛋白是以头尾排列的方式存在，其中的串珠是 N 端和 C 端平行单体连接对应的位置；另一方面，有三种不同的模型被提出来，这种排列可以解释微纤维的伸展性，同时保持微纤维蛋白分子间的多重相互作用。分子间的折叠模式被想象成平行的微纤维蛋白单体逐渐折叠成大约 50nm 的微纤维，当微纤维伸展时再打开伸长。半交错模式假定微纤维蛋白是与 N 端半交错形成微纤维的外表面，从而介导与多重蛋白的结合。然而仍然需要去探究解释 150nm 的微纤维分子间的折叠模式。半交错的模型是基于非酶提取微纤维的时期，只有很少扩展到 80nm。甚至在众多的胶原酶消化的微纤维，大多数在 46~66nm，只有不到总数的 10%超过 70nm。但是因为从微纤维中提取弹性纤维很难，这些研究也停滞不前。

五、微纤维蛋白相关蛋白及其相互作用

微纤维蛋白的结构作用是通过暂时的和分层组装的微纤维及弹力纤维来实现的，这种指导作用表现为微纤维蛋白能够在细胞外基质中分离 TGF-β 和 BMP。微纤维蛋白突变导致的功能紊乱在患者和遗传工程小鼠已经被证明。这些研究表明，微纤维蛋白是细胞外、细胞表面、信号分子这个巨大的生物学网络中不可分割的生物元件，协调着形态的发生和多器官的稳态。它们还表明富含微纤维蛋白的微纤维能够通过局部浓缩配体，特异性地传递 TGF-β 和 BMP 的信号，从而实现在器官发育的背景下调节细胞的分化（正向调控），在组织重塑和修复过程中通过抑制它们的生物利用度适时地调节细胞的进程（负向调控）。相关的证据表明微纤维及靶向的 TGF-β 和 BMP 复合物都与微纤维蛋白息息相关。因此新的观点认为富含微纤维蛋白的微纤维是结构和指示信号的分子整合器，TGF-β 和 BMP 作为节点将细胞外输入的信号转化为独立的细胞反应。Chaudhry 报道在微纤维中 FBN-1 的 C 端第三个片段能够取代 LTBP，因此促进酶作用的底物从细胞外基质的释放。其他的研究显示，合成的 FBN-1 肽或者是从 FBN-1 变异的动脉中提取的蛋白质能够刺激金属蛋白酶的产生和巨噬细胞的趋化作用，因此增加 TGF-β 的激活作用。还有研究发现对 FBN-1 变异的小鼠全身应用多西环素可以改善动脉壁的结构，从而延缓动脉瘤的破裂。

六、结论和展望

自从纯化出 FBN-1 以来，关于细胞外微纤维的起源和功能等方面的研究已经取得了巨大的进展。大家广泛接受微纤维蛋白参与专门基质的组合并赋予结缔组织结构的性质，以及提供 TGF-β 和 BMP 信号的相关特异性，这些信号调节在基质的组成和重建方面起到了重要作用。富含微纤维蛋白的微纤维是组织结构和信号转导的整合器，能够把 TGF-β 和

BMP 作为节点,把细胞外输入信号转化成相关生物信号,从而引起一系列的细胞反应。微纤维蛋白的变异会导致器官结构和功能的损伤,产生马方综合征、先天性指(趾)挛缩症、马切山尼综合征、心血管疾病等相关的疾病。但是目前对于微纤维蛋白的研究还远远不够,还有很多问题需要研究,例如,TGF-β和 BMP 复合物对于微纤维蛋白分子靶向作用的分子和细胞内机制是怎样的?这些物质间不同的相互作用对组织形成和自身稳态的生理学意义是什么?不同种类的微纤维蛋白在特定结构中的确切作用是什么?不同的微纤维蛋白之间是否还存在相互作用?微纤维蛋白变异是怎样导致 TGF-β和 BMP 信号失调?这些变异怎样促进了相关的细胞反应从而导致不同组织中疾病的发生和发展?解答这些问题需要进一步深入了解微纤维在器官形成和功能方面的作用,或许能够找到导致结缔组织病发生的根本原因,以提高诊疗水平,解除患者病痛。

(郑铁龙)

参 考 文 献

Al-Haggar M, Bakr A, Wahba Y, et al. 2017. A novel fibrillin-1 mutation in an egyptian marfan family: a proband showing nephrotic syndrome due to focal segmental glomerulosclerosis. Saudi J Kidney Dis Transpl, 28: 141～148.

Barrett PM, Topol EJ. 2013. The fibrillin-1 gene: unlocking new therapeutic pathways in cardiovascular disease. Heart, 99: 83～90.

Davis MR, Summers KM. 2012. Structure and function of the mammalian fibrillin gene family: implications for human connective tissue diseases. Mol Genet Metab, 107: 635～647.

Eser A, Unlubilgin E, Hizli F, et al. 2015. Is there a relationship between pelvic organ prolapse and tissue fibrillin-1 levels. Int Neurourol J, 19: 164～170.

Halper J, Kjaer M. 2014. Basic components of connective tissues and extracellular matrix: elastin, fibrillin, fibulins, fibrinogen, fibronectin, laminin, tenascins and thrombospondins. Adv Exp Med Biol, 802: 31～47.

Jensen SA, Handford PA. 2016. New insights into the structure, assembly and biological roles of 10-12 nm connective tissue microfibrils from fibrillin-1 studies. Biochem J, 473: 827～838.

Kim EH, Lee Y, Kim HU. 2015. Fibrillin 5 is essential for plastoquinone-9 biosynthesis by binding to solanesyl diphosphate synthases in arabidopsis. Plant Cell, 27: 2956～2971.

Lee SJ, Lee EH, Park SY, et al. 2017. Induction of fibrillin-2 and periostin expression in Osterix-knockdown MC3T3-E1 cells. Gene, 596: 123～129.

Loeys BL, Mortier G, Dietz HC. 2013. Bone lessons from Marfan syndrome and related disorders: fibrillin, TGF-B and BMP at the balance of too long and too short. Pediatr Endocrinol Rev, 10 Suppl 2: 417～423.

Makihara H, Hidaka M, Sakai Y, et al. 2016. Reduction and fragmentation of elastic fibers in the skin of obese mice is associated with altered mRNA expression levels of fibrillin-1 and neprilysin. Connect Tissue Res: 1～8.

Meirelles T, Araujo TL, Nolasco P, et al. 2016. Fibrillin-1 mgΔ(lpn)Marfan syndrome mutation associates with preserved proteostasis and bypass of a protein disulfide isomerase-dependent quality checkpoint. Int J Biochem Cell Biol, 71: 81～91.

Parent JJ, Towbin JA, Jefferies JL. 2016. Fibrillin-1 gene mutations in left ventricular non-compaction cardiomyopathy. Pediatr Cardiol, 37: 1123~1126.

Peng Q, Deng Y, Yang Y, et al. 2016. A novel fibrillin-1 gene missense mutation associated with neonatal Marfan syndrome: a case report and review of the mutation spectrum. BMC Pediatr, 16: 60.

Pilecki B, Holm AT, Schlosser A, et al. 2016. Characterization of microfibrillar-associated protein 4 (MFAP4) as a tropoelastin- and fibrillin-binding protein involved in elastic fiber formation. J Biol Chem, 291: 1103~1114.

Rueda-Martínez C, Lamas O, Mataró MJ, et al. 2017. Fibrillin 2 is upregulated in the ascending aorta of patients with bicuspid aortic valve. Eur J Cardiothorac Surg, 51: 104~111.

Schiavinato A, Keene DR, Wohl AP, et al. 2016. Targeting of EMILIN-1 and EMILIN-2 to fibrillin microfibrils facilitates their incorporation into the extracellular matrix. J Invest Dermatol, 136: 1150~1160.

Smaldone S, Ramirez F. 2016. Fibrillin microfibrils in bone physiology. Matrix Biol, (52-54): 191~197.

Takahashi T, Friedmacher F, Zimmer J, et al. 2017. Fibrillin-1 expression is decreased in the diaphragmatic muscle connective tissue of nitrofen-induced congenital diaphragmatic hernia. Eur J Pediatr Surg, 27: 26~31.

Umeyama K, Watanabe K, Watanabe M, et al. 2016. Generation of heterozygous fibrillin-1 mutant cloned pigs from genome-edited foetal fibroblasts. Sci Rep, 6: 24413.

Van der Donckt C, Roth L, Vanhoutte G, et al. 2015. Fibrillin-1 impairment enhances blood-brain barrier permeability and xanthoma formation in brains of apolipoprotein E-deficient mice. Neuroscience, 295: 11~22.

Walji TA, Turecamo SE, DeMarsilis AJ, et al. 2016. Characterization of metabolic health in mouse models of fibrillin-1 perturbation. Matrix Biol, 55: 63~76.

Wohl AP, Troilo H, Collins RF, et al. 2016. Extracellular regulation of bone morphogenetic protein activity by the microfibril component fibrillin-1. J Biol Chem, 291: 12732~12746.

Yalamanchi SK, Sam S, Cardenas MO, et al. 2012. Association of fibrillin-3 and transcription factor-7-like 2 gene variants with metabolic phenotypes in PCOS. Obesity(Silver Spring), 20: 1273~1278.

Zeyer KA, Reinhardt DP. 2015. Fibrillin-containing microfibrils are key signal relay stations for cell function. J Cell Commun Signal, 9: 309~325.

第十五章 纤维蛋白原

纤维蛋白原（fibrinogen，Fg）又称纤维素原或凝血因子Ⅰ，是血浆中含量最高的凝血因子，也是凝血系统中的"中心"蛋白，分子质量 340kDa，由肝细胞合成和分泌，半衰期为 3～5 天。在正常人体血液中，纤维蛋白原的浓度在 20～40g/L，占血浆总蛋白的 2%～3%，为机体止血生理中重要的凝血因子。此外，在淋巴液和组织间液中都有纤维蛋白原的存在，其浓度为血浆的 20%～40%。在凝血酶的作用下，Fg 降解为纤维蛋白（fibrin，Fb）。血中的 Fg、未交联和交联的 Fb 在纤溶酶作用下均可降解为一系列可溶性降解产物（fibrinogen degradation product，FDP）。纤维蛋白原除参与凝血外，还具有其他多种功能，如介导血小板聚集反应、影响血液黏度等。近年来人们发现血浆纤维蛋白原水平升高是心脑血管、血栓性疾病的重要危险因素。

第一节 纤维蛋白原的基因结构

纤维蛋白原是由 Aα、Bβ、γ 三条链经由 29 个二硫键连接而成。每条链由独立的 mRNA 转录，分别由纤维蛋白原α链基因（fibrinogen alpha chain gene，FGA）、纤维蛋白原β链基因（fibrinogen beta chain gene，FGB）、纤维蛋白原γ链基因（fibrinogen gamma chain gene，FGG）三个基因编码，这三个基因均为不连续单一拷贝基因，位于 4 号染色体长臂上，按照 5'→3'的排列顺序，FGG、FGA 和 FGB 相连成簇，总长度约为 50 kb。其中 FGA 基因居中，转录方向与 FGG 基因相同，而与 FGB 基因相反。FGA 基因在生理情况下由于 3'端的不同剪接可产生两个不同的转录本，即人群中 98%～99%剪接成 5 个外显子，而 1%～2%可产生 6 个外显子的 aE 转录本。FGB 基因有 8 个外显子，FGG 有 10 个外显子。

关于这三个基因片段的顺式作用元件及反式作用因子的研究较为广泛。这三个基因包括含有 TATA 结构及 CAAT 结构的启动子区和一些序列元件，包括肝细胞核因子 1（HNF1，位于基因的 5'端）和白细胞介素-6 反应元件（位于这三条基因的 5'端）等，这些元件使得纤维蛋白原能够在肝脏组织内特异性表达，并且通过这些序列元件使纤维蛋白原表达增加。在纤维蛋白原的转录过程中，FGA、FGB、FGG 三个基因是协调转录的，增加任意一条链 mRNA 的转录都能促进其他两条链 mRNA 的转录，从而促进纤维蛋白原的合成和分泌。其中纤维蛋白原 Bβ链 mRNA 的合成被认为是整个分子合成的限速步骤。人纤维蛋白 Bβ 链基因已经研究得比较透彻。Bβ链基因长约 8200bp，含 8 个外显子、7 个内含子，由 461 个氨基酸残基组成。其 5'端上游序列富含 AT，C+G<30%，此处碱基序列比较保守，5'侧翼的碱基序列中的 142bp 在人和鼠有 80%同源，此段序列可能在转录调控中起重要作用。Bβ链-29～-21bp 处有典型的 TATA 盒。在-58～-63bp 和-113～-117bp 处有两个类似 CAAT 盒的序列，可能涉及 Fg 基因转录调控的基础元件。Bβ mRNA 在+5、+18、+53 处具有 3 个潜在的翻译起始位点 AUG。有证据表明其第 3 个起始位点是 40srRNA 主要结合位点。

在 Bβ 纤维蛋白原 5'端还存在着两个调控元件。一个是负调控元件，位于-122～-123bp，此处碱基的突变会导致纤维蛋白原表达提高 2～3 倍；另一个为正调控元件，位于-113～-112bp。这两个碱基的变化会导致纤维蛋白原在 HepG2 中表达完全丧失。此外，在 Bβ 纤维蛋白原 5'端-1500 ～-2900bp 区域还存在糖皮质激素的调控位点。在这三个基因中已经发现很多多态性位点，近年来研究多集中在对 Bβ 链基因多态性的研究。FGB 的编码基因总长度为 1476 kb，其中包括 30 个信号肽和 461 个氨基酸。现发现 FGB 的编码区基因存在近 20 个多态性位点。1987 年 Huphries 等报道了 Bβ 基因的第一个多态性位点 BclⅠ。其他主要包括：β-455G/A、β-148C/T、β-448Lys（448G/A）、β-1420G/A、β-993C/T、β-854G/A、β-453G/A、β-249C/T、β-345C/T、β-448G/A、β-1689T/G 及 β-1038G/A 等。其中 β-455G/A 经 HeaⅢ 限制性核酸内切酶消化可产生 3 种基因型：野生型（GG 型）为酶切后 96bp、74bp 片段，杂合子突变（GA 型）有 170bp、96bp、74bp 片段，纯合子突变（AA 型）有 170bp 片段；β-148C/T 经 HidⅢ 限制性内切核酸酶消化可产生 3 种基因型：野生型（CC 型）为酶切后 163bp、148bp 片段，杂合子突变（CnT 型）有 311bp、163bp、148bp 片段，纯合子突变（TT 型）有 311bp 片段；β-448Lys（448G/A）经 MnlⅠ 限制性核酸内切酶消化可产生 3 种基因型：野生型（GG 型）为酶切后 118 pb、30bp 片段，杂合子突变（GA 型）有 148bp、118bp、30bp 片段，纯合子突变（AA 型）有 148bp 片段；β-249C/T 经 Sdu 限制性核酸内切酶消化可产生 3 种基因型：野生型（CC 型）为酶切后 250bp、61bp 片段，杂合子突变（CT 型）有 311bp、250bp、61bp 片段，纯合子突变（TT 型）有 311bp 片段；β-1689T/G 经 AvaⅡ 限制性核酸内切酶消化可产生 3 种基因型：野生型（TT 型）为 252bp 片段，杂合子突变（TG 型）有 252bp、192bp、60bp 片段，纯合子突变（GG 型）有 192bp、60bp 片段。这些位点的关系多为强连锁不平衡或者是完全连锁不平衡关系。研究表明，Bβ-455G/A 与 Bβ-148G/A 的关系为完全连锁不平衡关系，而 Bβ-448G/A 位点与上述两个位点的关系同样是连锁关系，但关系为连锁不完全关系。正是因为这样，各位点间相互或者独立地影响或调控血浆纤维蛋白原水平及其功能。另外，FGA 和 FGG 都存在基因多态性位点。FGA 的编码基因总长度为 1935 kb，其中包括 19 个信号肽和 625 个氨基酸。1993 年，Baumann 和 HeSchen 通过限制性核酸内切酶消化和等位基因特异性扩增的方法首次证明人类纤维蛋白原研究发现的 FGA 基因多态性主要有 α-258G/A、α-22224G/A 及 α-2Thr312Ala 等，主要的酶切位点有 TaqⅠ 和 RsaⅠ 等。其中 α-2Thr312Ala 是近年来研究最多的 FGA 基因多态性，研究表明该多态性主要和血栓性疾病相关联。FGG 的编码基因总长度为 1314kb，其中包括 26 个信号肽和 411 个氨基酸。FGG 基因含有 30 余个多态性位点，常见的有 γ-29340T/C、γ-29615C/T 及 γ-210034C/T 等，主要的酶切位点为 Kpn/SacⅠ。纤维蛋白原基因多态性的研究，对脑血管病的发生发展及预防具有重要意义。目前一致认为纤维蛋白原多态性是导致心脑血管疾病的危险因素。

第二节　纤维蛋白原的蛋白结构

纤维蛋白原是一种含 2964 个氨基酸的大分子糖蛋白，分子质量为 340kDa。纤维蛋白原首先在肝细胞中合成，由三对非等同的多肽链（$\alpha_2\beta_2\gamma_2$）形成六聚体，链间以二硫键相连，Aα、Bβ、γ 三条多肽链借助 Aα-Cys28、γ-Cys8 和 Cys9 构成对称性二聚体，单体中

Aα-Cys36 与另一单体 Bβ-Cys65 组成的二硫键对形成二聚体分子也起到关键作用。Aα、Bβ、γ三条多肽链分别由 610 个、461 个、411 个氨基酸组成，其分子质量为 329 818Da。此外在 Fg 的每条β链和γ链上还各有一个糖基簇，分子质量约为 10kDa。因此整个人纤维蛋白原的分子质量为 340kDa。研究表明纤维蛋白原的二级结构包括α螺旋、β折叠、无规则卷曲及β转角，其中天然 Fg 中各二级结构的含量不同，α螺旋结构占 38.03%，β折叠结构占 29.89%，无规则卷曲结构占 15.84%，β转角结构占 12.66%。纤维蛋白原的 coiled.coil 区中含有较多的α螺旋（50%）和β转角，而β折叠则主要分布在纤维蛋白原分子的 Aα-α羧基端。

在成熟的纤维蛋白原二聚体分子中，中央区（E 区）由 6 条多肽链的 N 端组成，形成二硫键；两个外围区（D 区）由 Bβ和γ链的 C 端组成，而 Aα链的 C 端折回参与 E 区结构。E 区和 D 区之间由带状结构（coiled.coil）相连，coiled.coil 区为 Aα、Bβ、γ链形成的螺旋结构，大约由 110 个氨基酸残基组成。该区近 N 端部分的缺失对杂聚体和半分子的形成几乎没有影响，但会阻止半分子形成成熟的六链分子；相反，此区远 N 端部分的缺失则会完全终止装配过程。coiled.coil 区两端的二硫键对纤维蛋白原分子成熟二聚体结构的形成至关重要。除此之外，β链的合成是装配的限速步骤，特别是 Bβ之间是装配所必需的。γ链的 C 端氨基酸 143~411，特别是γ387 也是关键。幼鼠肾细胞株（BHK）转染实验显示，纤维蛋白原的起始装配包括αγ和βγ杂聚体的形成，但不包括αβ杂聚体，第三条链的加入导致半分子αβγ的形成，而后二聚化形成成熟的六链的纤维蛋白原，参与血液循环。

纤维蛋白原分子中有多个配体的结合位点，研究较多的是凝血酶作用位点和血小板糖蛋白Ⅱb/Ⅲa 的结合序列。凝血酶的裂解位点在 Aα16 和 Bβ14，作用后分别释放出纤维蛋白肽 A 和 B，并同时分别形成纤维蛋白单体Ⅰ和Ⅱ。Fg 中与血小板糖蛋白Ⅱb/Ⅲa 结合的序列主要是纤维蛋白原 Aα链 N 端 95~98 位氨基酸、C 端 572~575 位氨基酸及γ链羧基端 400~411 位氨基酸，它们均含有 RGD（精氨酸-甘氨酸-天冬氨酸），Bβ链 318~320 位氨基酸含有 KGD（赖氨酸-甘氨酸-天冬氨酸）序列，这些结合序列与血小板糖蛋白Ⅱb/Ⅲa 的结合位点发生结合从而介导血小板聚集。其次，纤维蛋白原分子中还有与钙离子结合的位点，主要位于γ链纤维蛋白原的 C 端。纤维蛋白原与钙离子的高亲和力使血纤维不易为纤溶酶降解。另外还有与 t-PA 相互结合的位点使纤溶过程正常发挥作用。当然，纤维蛋白原分子中还有一些特异性部位与其他结构如整合素、细胞黏附分子等结合，介导白细胞与血管内皮黏附作用。近年来还发现，纤维蛋白原特殊部位与白蛋白一起维系肺泡的表面张力。

第三节　纤维蛋白原的生物合成

三条肽链在肝脏由独立的多核糖体合成其前体蛋白（分别包括 19 个、30 个、26 个信号肽），在粗面内质网内经过将信号肽切除、疏水反应及二硫键形成等加工后，折叠、装配成成熟的二聚体分子，最后经糖基化、部分磷酸化分泌到细胞外。Fg 在肝细胞合成时，只有正确装配的 Fg 分子能够分泌，异常的 Fg 直接被降解，或者形成细胞内包含物滞留在粗面内质网。

纤维蛋白原的合成、分泌和分子活性受遗传及环境因素的影响，而 Fg 功能表达的基因调控是其重要的遗传决定因素，且其转录受肾上腺糖皮质激素和白细胞介素的调控，另外也与吸烟等因素有关，但机制尚不完全清楚。白细胞介素 6（IL-6）是 Fg 生物合成的主要调控因子。Fg Bβ 链基因 5′端上游含有 3 个与 IL-6 作用相关的位点。其中，第一个位点位于 $-143 \sim -137$ bp（5′-CTGGGA-3′），称之为 IL-6 反应成分，此位点是 IL-6 调控所必需的，其中两个核苷酸发生突变就会导致 IL-6 诱导作用完全消失。第二个位点是在 IL-6 RE 下游的一个 CAAT 增强子结合蛋白元件，序列为 5′-AAATTCGTTG-3′，此段序列并非 IL-6 调控所必需的元件，但此序列发生突变时也会降低 IL-6 的作用。IL-6 的第三个调控元件位于 $-89 \sim -77$ bp（5′-ATTAAATATTAAC-3′），也是肝细胞核因子 1（HNF1）的作用位点。HNF1 也是参与调控 Fg 表达的蛋白因子，它存在于肝细胞中，是 Fg 组织特异性表达的基础，此位点发生突变会极大地降低 Fg 的表达，并会使 IL-6 的诱导作用消失。有证据表明 IL-6 对基因的调控一般是通过 IL-6 受体来实现的。目前认为 IL-6 诱导 Bβ 纤维蛋白原表达并非通过活化胞质转录因子（APRF）途径，而是可能与一分子质量为 50kDa 的蛋白质有关，对此蛋白质的研究正在进行中。糖皮质激素是调控 Fg 基因表达的另一种重要因子，其中主要是地塞米松（DEX）。Bβ 链 5′端 $1503 \sim 2900$ bp 区域含有 DEX 的调控元件，缺失此段会使 DEX 调控作用完全消失。DEX 是通过促进 Bβ 链 mRNA 的转录而发挥作用的；其次，它还可以延长 mRNA 的半衰期并增强其稳定性。

第四节　纤维蛋白原的功能

纤维蛋白原是参与凝血过程后期阶段的一个血浆糖蛋白，作为凝血因子Ⅰ，纤维蛋白原主要的功能是参与体内的生理性止血过程。纤维蛋白原参与生理凝血经历了三个阶段。

1. 纤维蛋白单体的形成　当凝血酶作用于纤维蛋白原时，首先释放 α 链氨基端的肽段 FpA，然后释放 β 链 N 端的肽段 FpB，剩下的部分即为纤维蛋白单体。

2. 纤维蛋白单体的聚合　在纤维蛋白单体的聚合过程中肽段 FpA 的释放起主要作用，使纤维蛋白单体首尾聚合形成原纤丝，而肽段 FpB 的释放能使聚合加速并开始侧向聚合。纤维蛋白单体由于 FpA、FpB 肽段的释放，在每一个亚基中暴露出 2 个相嵌的互补区，单体间就可借非共价键首尾或侧向聚合。

3. 纤维蛋白的交联　激活后的凝血酶除降解纤维蛋白原释放肽段 FpA、FpB 外，在 Ca^{2+} 存在下又同时激活ⅩⅢ因子，后者能使聚合的纤维蛋白在邻近的肽链间形成桥键而成为稳定的纤维蛋白多聚体，并将血液的有形成分包绕其中形成牢固的血栓。其次，纤维蛋白原 Aα、Bβ、γ 链上含有的 RGD 和 KGD 序列能被血小板膜糖蛋白整合素 GPⅡb/Ⅲa 识别，进而启动血小板的活化，促进原位血栓的形成。另外，作为血液组成成分，其分子大、浓度高且有聚合作用，是除红细胞外决定血液黏度的第二重要因素。它还能增强红细胞和血小板聚集性，提高血液黏度，使血液处于高凝和高黏状态，影响组织血液灌注，促使血栓形成。

除了在凝血过程发挥作用外，纤维蛋白原还有很多功能，具体如下：

（1）纤维蛋白原可以结合内皮细胞上的细胞间黏附分子 1（intercellular adhesion molecule-1，ICAM-1）并通过影响 occludin、ZO-1、ZO-2 及 TJP 等蛋白质的表达，激活 ERK 信号通路使内皮细胞内皮素 1（endothelin-1，ET-1）生成增多，进而促进血管收缩。纤维蛋白原 γ 链的羧基端可以直接作用于内皮细胞，导致内皮细胞功能障碍，微血管通透性增加，进而使液体和蛋白质漏出。

（2）纤维蛋白原与肥大细胞的整合素 GP Ⅱ b/Ⅲa 受体结合可以促进肥大细胞的增生、脱颗粒、细胞因子的释放及迁移，进而使慢性炎性反应加重。

（3）纤维蛋白原慢性刺激可以使人肺动脉平滑肌细胞的基础钙水平升高，进而导致其过度增生，这一过程可能参与了慢性血栓栓塞性肺动脉高压（chronic thromboembolic pulmonary hypertension，CTEPH）的形成。

（4）Fg 属黏附蛋白家族，与恶性实体肿瘤的转移密切相关。Fg 在肿瘤的转移过程中可作为不同黏附分子的配体，即桥梁作用，增加白细胞、血小板及肿瘤细胞间的黏附结合。

（5）纤维蛋白原及其降解产物有沉积于血管壁中促进动脉硬化、刺激平滑肌细胞增生迁移的作用。

（6）血浆纤维蛋白原也是急性时相蛋白，在很多应激状况下，如感染、严重创伤等也可短时间内升高。作为一个快速组装临时基质蛋白，纤维蛋白（原）可以作为限制细菌生长的早期保护主体，抑制微生物向远处传播，并介导宿主杀死细菌。纤维蛋白原介导宿主抗菌活性的发生主要是通过两种机制，即作为一个保护屏障和纤维蛋白矩阵（原）直接或间接驱动的宿主免疫功能。目前的数据表明纤维蛋白原作为一个环境相关的、决定宿主防御或病原体的毒力因素，其在金黄色葡萄球菌感染中的作用最终取决于金黄色葡萄球菌毒力因子的表达、感染路径和组织微环境。

（7）近年来有研究表明，纤维蛋白原可以与一种称为 $β_3$ 黏合素的受体结合，启动神经细胞上的表皮生长因子受体，后者会抑制神经轴突的生长。

（8）研究发现纤维蛋白原可以作为 Toll 样受体 4（Toll-like receptor 4，TLR4）及整合素受体超家族中的 $α_5β_1$、$α_vβ_3$、Mac-1 等的配体参与到机体炎症反应的过程中，并激活 NF-κB。

第五节　纤维蛋白原的结构和功能关系

纤维蛋白原的结构决定了这种蛋白质特异性的功能，若纤维蛋白原的结构发生改变，如单个核苷酸异常、核苷酸的插入或缺失等都会明显影响其蛋白质表达，或影响其单体的聚合及稳定性，进而影响其功能的发挥，导致一系列的病理变化，在临床上可表现为出血、血栓形成或者无症状。

人 Fg 是迄今为止所了解的 Fg 分子中最为混杂的蛋白质分子之一。这是由于 Fg 在生物合成中或合成之后，结构成分发生了许多变化。到目前为止，人们已经发现 300 余种纤维蛋白原的自然变异体，Fg 分子的区域性结构变异可分为非遗传性和遗传性两类。非遗传性 Fg 变异可见于正常人群，而遗传性变异仅见于特定患者。

非遗传性 Fg 变异常见的有：

（1）Fg 肽链拼接变异，即γ链 C 端区域最后 4 个氨基酸残基被拼接上 20 个氨基酸残基，造成γ链延长。长链形式可被因子ⅩⅢ交联，但不能与血小板结合。α链 C 端区域也存在拼接变异形式，这种变异的具体功能不详，在成年人约占 1%，在胎儿约占 3%。

（2）结构当中某些特殊氨基酸发生变异。Bβ链 364-Asn 和γ链 52-Asn 可被糖基化，糖基化的结构有助于抵抗聚合作用和蛋白酶水解作用。γ链硫酸化与因子Ⅻ结合有关。Aα链磷酸化与 Fg 功能无关，在急性时相反应时，其水平可以减低。另外还有一些非遗传性变异，如 Aα链 N 端第 1 位氨基酸（Ala）缺失等，这些变异的具体功能不详。

遗传性 Fg 变异常见的有：

1. Fg 基因多态性 有关纤维蛋白原的基因多态性结构位点已在基因的结构部分做了详细的介绍。近年来的研究表明，编码 Bβ链基因的某些部位的多态性将影响纤维蛋白原分子的表达，使血中纤维蛋白原的含量增加，从而发生血栓形成倾向。国内外许多研究都证实了 BcⅡ可能是一个控制 Fg 分子结构的功能基因，它通过改变 Fg 分子结构来影响 Fg 功能基团，从而导致 CAD 或 PAD 的发病危险性增加。B-455G/A 多态性位点位于 5′端启动子区 HaeⅢ，其功能表达直接影响纤维蛋白原浓度。Arg448Lys（G/A）同样是因为影响纤维蛋白原分子的表达，使血浆纤维蛋白原水平升高，这与脑血管疾病的发生密切相关。-455G/A 及-854G/A 基因的多态性被认为是导致个体间血浆纤维蛋白原水平差异的遗传决定性因素。而-148C/T、-249C/T、-993C/T 这三个位点被认为并不影响纤维蛋白原基因的转录，-148C/T 只是通过与-455 位点的强连锁不平衡关系间接影响血浆纤维蛋白原水平。在决定血浆纤维蛋白原水平上，Fg 基因的多态性除与吸烟状况、性别、年龄有关外，还与口服避孕药、体重指数（BMI）、绝经、血压、饮酒、体力活动、血浆脂肪酸、血糖、血 ApoB 等存在交互作用。

2. Fg 基因突变 其中，点突变最为常见，变异体 Nijmegen 为编码 Bβ链 44 位精氨酸的密码子处发生点突变，使精氨酸为半胱氨酸取代，还有变异体 Zurich、Dusurd、Hannover H 等，均为 Aα链编码精氨酸的密码子核甘酸序列中发生点突变；而纤维蛋白原 Bernl 系γ链编码第 337 位天冬氨酸的密码子中核甘酸序列发生点突变。ParisⅤ为 Aα链的第 5 个外显子处发生点突变，核苷酸 C 为 T 所取代，使 Aα链 Arg554 变为 Cys，临床表现为静脉血栓形成倾向。另外一部分变异体为缺义突变：Vissingen 系γ链缺失 6 个碱基序列，使第 319Asn／320Asn 氨基酸序列缺失；NewYorkⅠ是编码 Bβ链第 9～72 位氨基酸的碱基序列的缺失；MarburgⅠ则是编码 Aα链第 461～610 位氨基酸的碱基序列的缺失；这些缺义突变同样会影响纤维蛋白原的功能。其次，Miehio Matsuda 等研究发现 PariⅥ是在γ链第 351～365 位插入 15 个氨基酸序列，从而导致纤维蛋白原的功能异常。Koopman 等研究发现 MarburgⅠ的纯合子患者主要是由于编码 Aα链 461 位氨基酸 Lys 的密码子发生突变形成终止密码子导致 Aα链第 461～610 位氨基酸缺失，但这种突变并不影响纤维蛋白原的止血功能，故称之为无意义突变，但进一步研究表明该变异体将引起纤维蛋白原与血管内皮细胞的亲和力下降。

前面已经介绍了纤维蛋白原结构中的结合位点，当上述这些部位的氨基酸残基发生变异时，必将影响纤维蛋白原相应的功能。

1. Fp 片段释放障碍 当 Aα链 16Arg 为 His 取代、Aα链 11Glu 为 Gly 取代、Aα链 12Glu 为 Val 取代时都会引起纤维蛋白原和凝血酶结合障碍，表现为 FpA 释放迟缓。而 FpB 释放障碍目前仅有报道 Bβ链 14Arg 为 Cys 取代，从而影响纤维蛋白单体聚集，临床上则主要表现为凝血功能障碍和出血倾向。

2. 纤维蛋白单体聚合交联障碍 当纤维蛋白单体形成后，即开始发生自发性聚集，先是中央 E 区与 D 区发生 D：E 聚合。研究发现 D 结构内有一个被凝血酶激活的 A 位点，该位点与相邻蛋白单体 D 结构域内互补的α位点相结合形成 A-α结构。α链第 17～19 位氨基酸序列 Gly-Pro-Arg（GPR）作为 A 位点与γ链 C 端相应的α位点发生共价性 A：α聚合。当α链的 A 位点或γ链中α位点分子结构发生变异时，必然影响纤维蛋白原的功能。例如，纤维蛋白原 Bremen 因 Aα17Gly 为氨基酸取代，纤维蛋白原 Kumamat 则因 Aα19Arg 为 Ser 或 Gly 或 Asn 取代，从而间接影响 A：α聚合，临床上表现为出血倾向及伤口愈合延迟；而纤维蛋白原 OsloⅣ同样因为 Aα19Arg 为 Gly 取代，表现为无症状。以上三种均是 A 位点结构异常引起的纤维蛋白原功能的改变。另外，α位点结构异常也可以引起纤维蛋白原功能的改变，临床上主要表现为出血、PT 及 APTT 时间较正常延长。例如，Milanom 为γ链 Asp364 为 Val 取代及 KyotoⅢ为 Asp364 被 Tyr 取代，MatsumotoⅠ为纤维蛋白原γ364Asp 为 His 所取代，研究发现γ链的 C 端第 308 位氨基酸 Lys 为 Asn 取代等均影响到纤维蛋白 A：α聚合过程，在临床上表现为纤维蛋白聚合时间延迟及出血倾向。此外，α位点周围的氨基酸突变也会影响 A-α结合，如γ链 Ala327 替换为 Thr、Ser358 替换为 Cys。

3. D：D 聚合障碍 正常纤维蛋白原分子中起 D：D 聚合作用的位点主要为γ链的 C 端 268Gly、275Arg 及 280Try 等，当纤维蛋白原某一氨基酸序列发生结构变异而影响 D：D 聚合时，同样会引起纤维蛋白单体聚合障碍。例如，纤维蛋白原 OsakaⅡ、ToehigiⅠ、MoriokaⅠ、TokyoⅡ等，均是γ链 275Arg 为 Cys 取代。Banks Peninsula 为γ链的第 280 位氨基酸 Tyr 为 Cys 取代，导致 D：D 聚合障碍，临床上表现为止血障碍，经常发生鼻出血、牙齿出血。

4. 与因子ⅩⅢa 聚合障碍 FⅩⅢ是一种钙离子依赖的转谷酰氨酶，可催化纤维蛋白γ链和α链之间形成分子间的共价交联，因而在稳定纤维蛋白凝块化学结构的同时还有对其物理结构起稳定作用。ParisⅠ就是与 FⅩⅢa 聚合障碍引起的纤维蛋白原自然变异体。

5. 与血小板糖蛋白 GPⅡb/Ⅲa 聚合障碍 当介导血小板发生聚集的氨基酸序列发生变异时，将引起血小板聚集障碍。

6. 与钙离子、t-PA、凝血酶等结合障碍 自然变异体 vlssongen 主要为γ链第 319 位 Asn 及 320Asp 缺失；BernⅠ为γ链第 337 位 Asn 被 Lys 取代，这些变异都影响了纤维蛋白原与钙离子的高亲和力，导致形成的血纤维易为纤溶酶降解。自然变异体 CaracasⅤ由于 Aα链第 532Ser 被 Cys 取代，最终形成的纤维蛋白纤细、短，并具有高度分枝，以致纤维蛋白网的结构较致密，网孔较小，纤溶酶不能够进入形成的纤维蛋白凝块内部，从而导致纤溶过程不能持续，临床上表现为复发性肺栓塞。

7. 其他 纤维蛋白原分子中还有一些特异性部位与其他结构如整合素、细胞黏附分子等结合，介导白细胞与血管内皮黏附作用。近年来还发现，纤维蛋白原特殊部位与白蛋白一起维系肺泡表面张力的作用。当与这些结构结合的位点发生变异时，将影响相应的功能。

第六节　纤维蛋白原的调控机制

纤维蛋白原几乎完全表达于肝细胞，而且它们的输出也受到精细的调控，以确保机体内丰富的血浆纤维蛋白原水平。纤维蛋白原的表达受到以下几个方面的调控：纤维蛋白原基因启动子和增强子的调控；急性期刺激的影响；miRNA 的转录后调控；功能性调节变体。研究表明，HNF-1 是一个 FGB 和 FGA 表达的基础转录因子。C/EBP 蛋白家族可以结合于人 FGA 上游-142～-134 位点处，以及 FGB 上游-132～-124 位点处。在炎症状态下，在多种刺激因素，如糖皮质激素（glucocorticoids，GC）、IL-1β和IL-6等的作用下，激活STAT3，与纤维蛋白原启动子上游的IL-6 RE结合，增加纤维蛋白原mRNA的转录。在转录的后调控方面，研究表明，hsa-miR-409-3p、hsa-miR-29、miR-17、miR-9及miR-18a等都可以通过对纤维蛋白原的3′-UTR结合调控其表达。除此之外，纤维蛋白原的表达水平也受到其基因多态性的影响，这也是纤维蛋白原水平和心血管疾病相关的部分原因。

第七节 纤维蛋白原与疾病

纤维蛋白原质与量的异常可以导致遗传性出血性疾病，即纤维蛋白原病。除此之外，纤维蛋白原的异常还与心脑血管疾病等有关。作为一种细胞外基质蛋白分子，纤维蛋白原还与肿瘤细胞的黏附及肿瘤的转移有着极为密切的关系。

一、纤维蛋白原病

临床上，通常把纤维蛋白原异常分为高纤维蛋白原血症（hyperfibrinogemia）、低纤维蛋白原血症（hypofibrinogemia）、无纤维蛋白原血症（afibrinogenemia）、异常纤维蛋白原血症和低异常纤维蛋白原血症5种类型。根据发病原因又可分为获得性纤维蛋白原病和遗传性纤维蛋白原病。

1. 遗传性无纤维蛋白原血症 遗传性无纤维蛋白原血症（inherited afibrinogenemia）是一种常染色体隐性遗传病，约半数见于近亲婚配家系，该病非常罕见，发病率为1/100万。迄今已发现30余种导致先天性无纤维蛋白原血症的基因突变，其中60%以上发生在FGA基因，其余的发生在FGB和FGG基因上。突变类型包括大片段缺失、无义突变、错义突变、移码突变、剪切突变，其中导致无纤维蛋白原血症最常见的基因缺陷是FGA基因IVS4+1G>T的剪接突变，即FGA基因4号内含子的第一个碱基G替换为T，从而改变4号内含子5′剪接点的保守序列，影响其与U1snRNP的结合，最终导致FGA基因的异常剪接，FGA突变使Aα链的合成提前终止，由于切断点多位于Aα链螺旋卷曲区域，突变Aα链缺乏Fg装配和稳定存在的必需区域。另外，2002年Asselta等发现第1例FGB的截短突变引起的无纤维蛋白原血症，突变发生于FGB基因3282C→T，使突变的β链仅含16个氨基酸。该病的首发症状常为脐带出血，其后可出现轻伤和手术后出血过多、皮下血肿、鼻出血、牙龈出血等情况，颅内出血为其最重要的死因。虽然此病患者的血液不能正常凝固，但患者出血的症状比血友病者轻得多。

2. 遗传性异常纤维蛋白原血症 遗传性异常纤维蛋白原血症（inherited dysfibrinogenemia）是由于维蛋白原基因缺陷而导致合成了分子结构和功能异常的遗传性疾病，表现为血浆中有正常的纤维蛋白原抗原水平，而结构和（或）活性异常。遗传性异常纤维蛋白原血症既关系到出血性疾病，又关系到血栓形成性疾病。该病多以常染色体显性遗传，具有很高的外显性，少数为常染色体隐性遗传。患者临床症状呈异质性，约40%无症状，45%~50%的病例表现为出血性疾病，而其余患者表现为血栓性疾病，或同时表现为出血和血栓形成的倾向。另外还有自发性流产、伤口愈合不良等临床表现。这种临床表现的异质性主要源于其分子机制的多样性：有些突变影响了钙离子、血小板或内皮细胞结合位点，或阻碍凝血酶作用，或使因子a的交联功能不能发挥；有的突变削弱了组织型纤溶酶原活化剂调节的纤溶过程，或抵抗纤溶酶的纤溶活性等。至 2008 年 9 月，已报道了 465 例遗传性异常纤维蛋白原血症家系。这些家系中 Aα链在 Arg16 被 Cys 或 His 替代是最常见的原因。这两种突变均是影响了凝血酶对 FPA 的释放，从而阻碍了纤维蛋白的多聚化。所不同的是，Arg16His 突变导致凝血酶对 FPA 的释放速率减慢，表现为 TT 明显延长，而 Arg16Cys 突变时，凝血酶不能引起 FPA 释放。因此，前者可以无任何症状，而后者有明显出血。

3. 低异常纤维蛋白原血症　迄今，在 Bβ链上有 5 种基因缺陷导致约 20 个家系发生低异常纤维蛋白原血症（hypodysfibrinogenemia），而且这 5 种基因缺陷均局限于 Bβ 链的"coiled. coil"区域。

4. 低纤维蛋白原血症　低 Fg 血症临床较为多见，为常染色体显性或隐性遗传，出血症状较少且轻微，估计是先天性无 Fg 血症的杂合子病例。

二、纤维蛋白原与心脑血管疾病

近年来，大量临床和流行病学研究资料证实，纤维蛋白原水平升高是冠心病的独立因素。在心血管疾病发生、发展过程中，血浆 Fg 主要参与血管内血栓形成，并在动脉血栓形成的最后阶段起增强作用。许多研究表明，血浆 Fg 水平能够增加血浆和全血的黏度，改变血液流动及增加对血管内皮的切变应力；可与血小板膜上的糖蛋白Ⅱb/Ⅲa 受体（FIB 受体）结合，使血小板相互聚集而形成血栓；与 LDL 结合形成动脉粥样硬化；刺激血管平滑肌迁移和增殖，并且能激活组织纤溶酶原激活物抑制剂（PAI-1）。这些因素可能影响内皮功能，并参与动脉硬化的形成及进展。研究发现，冠心病患者血浆 Fg 水平与冠状动脉造影所示的疾病严重程度及缺血事件发生相关。高 Fg 血症者，其死亡和发生急性心肌梗死（acute myocardial infarction，AMI）的危险性更高。研究发现 Fg 升高的患者冠脉介入的不良事件如支架内血栓、再狭窄、急性心肌梗死、死亡等发生率明显升高。另外，研究表明纤维蛋白原与心肌肥大的发病之间可能具有一定相关性。纤维蛋白原在肥大心肌组织中的聚集增加，聚集部位主要位于微血管壁周围细胞外基质中，同时 TLR4/MyD88/NF-κB 信号通路出现激活表现。

血液中的纤维蛋白原浓度的升高也与缺血性脑血管疾病（ischaemic cerebrovascular disease）有关。纤维蛋白原水平与颈动脉粥样硬化明显相关，随着血浆纤维蛋白原水平的增加，颈动脉粥样硬化程度也加重。脑血栓形成机制最早由 Rudolph Virchow 于 1845 年提出，即著名的血栓形成的三大因素：血管壁异常、血流异常、血液成分改变。血浆 Fg 浓度增高对这几个方面都有影响（前文已经叙述）而发生脑血栓。研究表明，脑血栓患者体内 C-反应蛋白和 Fg 增高与卒中神经功能缺损评分量表的卒中严重程度及死亡或脑血管疾病复发狭窄相关。另外，近年来有研究表明，脑梗死急性期 Fg 水平在不同类型脑梗死间存在差异，其中，心源性栓塞型的 Fg 升高最多，预后最差；大动脉粥样硬化型次之，预后较好；小动脉闭塞型升高不多，预后最好。现有的数据表明，纤维蛋白原与心脏性猝死风险呈独立正性线性相关。

三、纤维蛋白原与呼吸系统疾病

慢性阻塞性肺疾病（COPD）是一种进行性气流受限的慢性呼吸系统疾病，患病率和死亡率高，现已成为一个重要的公共卫生问题。慢性气道炎症是 COPD 病理改变的重要特征，它导致气道壁反复损伤和修复，致使气道阻塞。频繁急性的发作使纤维蛋白原的水平明显高于正常。主要机制包括：气道炎症的反复发生使气道炎性标志物如 IL-6 增加，IL-6 可诱导 T 淋巴细胞的激活，诱导肝细胞产生急性期蛋白如 Fg，加重炎症反应；同时长期的低氧、高碳酸血症使肝、肾对纤维蛋白原降解功能减弱；肝脏是合成纤溶酶原的主要部位，COPD 因缺氧而出现肝脏功能损害，使纤溶酶原合成减少且 COPD 急性加重期纤溶酶活性减低，Fg 破坏减少；Fg 的升高已成为血管病变的一个独立危险因素，在 COPD 患者中 Fg 的升高在肺动脉血栓形成、AS、肺动脉高压加重等方面对肺功能产生影响，导致肺功能减退。因此，COPD 患者在常规检查治疗基础上应加测血浆纤维蛋白原水平，对高纤维蛋白原血症者应予抗凝抗栓类药物行去纤、降黏和溶栓治疗，以达到减少 COPD 危险因素和急性发作次数、减缓病情发展和肺功能下降、防止并发症和降低病死率的目的。

四、纤维蛋白原与肿瘤

早在 1865 年 Trousseau 等首次发现肿瘤患者有发生血液凝固的倾向，10%～30%的恶性肿瘤患者会出现血栓栓塞性疾病，其中以肺癌、结肠癌、乳腺癌患者发病率较高。恶性肿瘤细胞分泌黏蛋白、组织因子，破坏血管内皮细胞，抑制凝血酶调节蛋白表达，诱导 X 因子激活剂形成，以上因素的作用导致肿瘤患者易形成血栓，而继发纤溶亢进所形成的纤维蛋白降解产物，又能反馈性地刺激血浆 Fg 增高。增高的 Fg 可作为不可黏附分子配体，即桥梁作用，增加白细胞、血小板及肿瘤细胞间的黏附结合，在肿瘤转移中起重要作用。国内外很多研究都表明 Fg 水平与恶性肿瘤的形成、发展、转移、恶化呈正相关。恶性肿瘤患者血浆 Fg 水平较良性肿瘤患者高，肿瘤转移的患者较未转移的患者 Fg 水平高，而且病情越重，转移程度越高，则 Fg 水平也越高。临床上 Fg 水平由高到低可能是肿瘤受到抑制的信号，而 Fg 的由低到高则表明肿瘤可能发生转移。血浆纤维蛋白原升高也与实体瘤患者（如肝癌、食管癌、非小细胞肺癌、肾癌、宫颈癌等）生存率下降显著相关。

五、纤维蛋白原与其他疾病

纤维蛋白原是由肝脏实质细胞合成的一种急性反应蛋白，在炎症或脏器损伤时合成增加，在肝功能严重受损或失代偿时合成减少。急性乙型肝炎患者肝脏受到严重损害，凝血因子合成减少，纤维蛋白原的含量降低。有研究表明，肝硬化患者血浆纤维蛋白原大量沉积于肝纤维组织中，所以血浆中的纤维蛋白原含量明显减少。另外，并发肝癌的肝硬化患者血浆纤维蛋白原含量还与原发性肝癌有一定的关系：肝硬化并发原发性肝癌者血浆纤维蛋白原含量显著高于未并发原发性肝癌者。因此，临床上肝硬化患者出现血浆纤维蛋白原含量较高时，除考虑肝功能好转外，还应考虑并发原发性肝癌的可能性。此外，在体外的非酒精性脂肪性肝病模型中，纤维蛋白原的表达增强，这可能是 NAFLD 作为心血管疾病的独立的决定因素的一个重要原因。

糖尿病肾病（diabetic nephropathy，DN）发病机制复杂，影响因素众多，目前认为凝血和纤溶系统的紊乱与 DN 密切相关。研究表明，糖尿病患者中 Lp（α）常增高，后者与纤维蛋白溶解酶有相似的同源性，能与之竞争结合纤维蛋白和纤维蛋白原，从而抑制纤溶酶的活性，血浆纤维蛋白增高。同时，蛋白激酶 C（PKC）是细胞内信息传递过程中的一个关键酶。在高糖状态下，PKC 活化是糖尿病血管并发症的重要生化机制，其使 PAI-1 基因表达增加，血浆纤维蛋白原增高，血小板活性增加。在糖基化终产物（AGE）的作用下，纤维蛋白原与血小板上的 Fg 受体结合，并通过氧化应激来促进血小板聚集，从而导致血小板黏聚性增加，促进血栓的形成。2 型糖尿病患者血浆纤维蛋白原水平增高，不但是心血管疾病的独立因素，而且促进了其他危险因素的作用。因此，对 2 型糖尿病患者积极进行降纤治疗是防治糖尿病、冠心病发生和发展的重要措施。

对于原发性肾病综合征（primary nephrotic syndrome，PNS）患者，高凝状态是 PNS 的主要并发症，易导致血栓、栓塞以致截肢等严重后果。研究发现，PNS 患者 Fg 升高，且升高的程度与尿蛋白的选择性丢失有关。选择性蛋白尿者，血浆蛋白浓度降低，而代之以高分子蛋白包括 Fg 及各种凝血因子升高，进而导致高凝。非选择性蛋白尿者 Fg 的升高并不明显，出现高凝状态的可能性小。

近年来，纤维蛋白原在创伤性出血中的重要作用日益受到人们的重视。在严重创伤时，纤维蛋白原水平急剧下降，由此产生的低纤维蛋白血症与创伤的不良预后有关。

另外，血浆纤维蛋白原水平的提高可能是突发性耳聋血管性病因中的主要因素。动物实验已经证实耳蜗血供调节有限，对全血血液流变改变很敏感。内耳的功能正常依赖于细胞的内、外环境运输氧和营养物质进行新陈代谢，血液高黏和高凝状态使血流缓慢淤滞，损害毛细胞的内、外环境。

（冯胜虎）

参 考 文 献

Doolittle RF. 2008. Searching for differences between fibrinogen and fibrin that affect the initiation of fibrinolysis. Cardiovasc Hematol Agents Med Chem，6：181～189.

Fish RJ，Neerman-Arbez M. 2012. Fibrinogen gene regulation. Thromb Haemost，108：419～426

Fort A，Borel C，Migliavacca E，et al. 2010. Regulation of fibrinogen production by microRNAs. Blood，116：2608～2615.

Fort A，Fish RJ，Attanasio C，et al. 2011. A liver enhancer in the fibrinogen gene cluster. Blood，117：276～282.

Guo M，Daines D，Tang J，et al. 2009. Fibrinogen-garmna C. Terminal fragments induce endothelial barrier dysfunction and microvascular leak via integrin-mediated and RhoA-dependent mechanism. Arterioscler Thromb Vas Biol，29：394～400.

Kim KH，Park TY，Lee JY，et al. 2014. Prognostic significance of initial platelet counts and fibrinogen level in advanced non-small cell lung cancer. J Korean Med Sci，29：507～511.

Kinoshita A，Onoda H，Imai N，et al. 2013. Elevated plasma fibrinogen levels are associated with a poor prognosis in patients with hepatocellular carcinoma. Oncology, 85: 269～277.

Ko YP，Flick MJ. 2016. Fibrinogen is at the interface of host defense and pathogen virulence in staphylococcus aureus infection. Semin Thromb Hemost，42：408～421.

Kunutsor SK，Kurl S，Zaccardi F，et al. 2016. A. Baseline and long-term fibrinogen levels and risk of sudden cardiac death：A new prospective study and meta-analysis. Atherosclerosis，245：171～180.

Lu K，Zhu Y，Sheng L，et al. 2011. Serum fibrinogen level predicts the therapeutic response and prognosis in patients with locally advanced rectal cancer. Hepatogastroenterology, 58: 1507~1510.

Moerloose P, Boehlen F, Neerman-Arbez M. 2010. Fibrinogen and the risk of thrombosis. Semin Thromb Hemost, 36: 7~17.

Morozumi T, Sharma A, De Nardin E. 2009. The functional effects of the 2455G/A polymorphism on the IL-26 induced expression of the beta-fibrinogen gene may be due to linkage disequilibrium with other functional polymorphism. Immunol Invest, 38: 311~323.

Obata J, Tanaka N, Mizuno R, et al. 2015. MP35-20 Plasma fibrinogen level independently predicts the prognosis of patients with non-metastatic renal cell carcinoma. J Urol, 193: e427.

Patibandla P K, Tyagi N, Dean W L, et al. 2009. Fibrinogen induces alterations of endothelial cell tight junction proteins. J Cell Physiol, 221: 195~203.

Perisanidis C, Psyrri A, Cohen EE, et al. 2015. Prognostic role of pretreatment plasma fibrinogen in patients with solid tumors: A systematic review and meta-analysis. Cancer Treat Rev, 41: 960~970.

Pillay J, Kamp VM, Pennings M, et al. 2013. Acute-phase concentrations of soluble fibrinogen inhibit neutrophil adhesion under flow conditions in vitro through interactions with ICAM-1 and MAC-1(CD11b/CD18). J Thromb Haemost, 11: 1172~1182.

Qiu J, Yu Y, Fu Y, et al. 2012. Preoperative plasma fibrinogen, platelet count and prognosis in epithelial ovarian cancer. J Obstet Gynaecol Res, 38: 651~657.

Raza I, Davenport R, Rourke C, et al. 2013. The incidence and magnitude of fibrinolytic activation in trauma patients. J Thromb Haemost: JTH, 11(2): 307~314.

Sen U, Tyagi N, Patibandla P K, et al. 2009. Fibrinogen-induced endothelin-l production from endothelial cells. Am J Physiol Cell Physiol, 296: C840~C847.

Stemberk V, Jones RP, Moroz O, et al. 2014. Evidence for steric regulation of fibrinogen binding to Staphylococcus aureus fibronectinbinding. protein A(FnBPA). J Biol Chem, 289: 12842~12851.

Wang H, Gao J, Bai M, et al. 2014. The pretreatment platelet and plasma fibrinogen level correlate with tumor progression and metastasis in patients with pancreatic cancer. Platelets, 25: 382~387.

Wang J, Liu H, Shao N, et al. 2015. The clinical significance of preoperative plasma fibrinogen level and platelet count in resectable esophageal squamous cell carcinoma. World J Surg Oncol, 13: 157.

Winearls J, Campbell D, Hurn C, et al. 2017. Fibrinogen in traumatic haemorrhage: A narrative review. Injury, 48: 230~242.

Yeung EN, Treskes P, Martin SF, et al. 2015. Fibrinogen production is enhanced in an in-vitro model of non-alcoholic fatty liver disease: an isolated risk factor for cardiovascular events. Lipids Health Dis, 14: 86.

Yuan XD, Wang SJ, Xu YR et al. 2010. Relational analysis among fibrinogenic β-chain gene polymorphisms and its functional expression and obesity. Obesity Research & Clinical Practice, 4: 127~134.

第十六章 纤维调节素

蛋白多糖是一组异质性蛋白质-碳水化合物复合物，由一种蛋白质（核心蛋白）和一个或多个共价连接的糖胺多糖链组成。它们作为基质结构的组成部分，分布于基质及细胞表面和细胞器内。根据组织定位，蛋白多糖至少可以分为3组：细胞外蛋白多糖、细胞表面蛋白多糖和细胞内蛋白多糖。富含亮氨酸的间质蛋白多糖是细胞外基质蛋白多糖的一个亚类。纤维调节素（fibromodulin）是富含亮氨酸重复基序的结缔组织糖蛋白/蛋白多糖家族（SLRP）的一员。这个基因家族包括10个已知成员，根据氨基酸序列和基因组成的相似性可以分成若干亚家族。一个亚家族包括核心蛋白多糖和二聚糖，均包含为硫酸软骨素或皮肤素链所取代的N端域。这些蛋白多糖包含57%相同蛋白序列，由8个外显子构成的基因所编码，其外显子/内含子连接点位于保守区。纤维调节素和基膜聚糖构成另一亚家族，具有48%相同蛋白序列。它们的基因由3个外显子构成，外显子/内含子连接点保守。这个家族的其他成员是角膜蛋白、PRELP和骨黏附蛋白聚糖。chondroadherin 是一单独家族，具有不同的基因组成和氨基酸构成。

富亮氨酸的细胞外基质糖蛋白有一大小为32~42kDa的核心蛋白，它又可以被分为3个主要结构域：N端、C端和中心结构域。N端最不保守，但是所有的该基因家族成员均包含4个半胱氨酸残基，形成链间二硫键。核心蛋白多糖和二聚糖的糖胺多糖链是 O-糖苷类，以N端区连接丝氨酸残基，提供已证实的蛋白多糖的多聚阴离子特性。类似地，纤维调节素的N端结构域很有可能在基膜聚糖中也带有一些负电荷的酪氨酸硫酸盐残基，而C端结构域由50个氨基酸残基构成，并在此家族成员中显示出明显的类似作用。这个结构域包含2个半胱氨酸残基，以链间的二硫键结合，导致34~41个残基环的形成。通常的中心结构域占总氨基酸数的60%~80%。在此家族的大多数成员中，由10~11个重复的20~25个长的富亮氨酸残基折叠而成，在保守区以天冬氨酸和亮氨酸残基为主。这样的重复在许多细胞外蛋白质中可以找到。对于这些当中的一个如核糖核酸酶抑制因子，可提供重要的结构信息。它的三维结构可以用X射线晶体图像确认。已经发现富亮氨酸重复序列（LRR）形成平行的马蹄形状圈，改变了由链内氢键所稳定的α螺旋和β片层结构，推测细胞外基质富亮氨酸重复的蛋白多糖有类似的三维结构。在中心重复结构域当中有共同的被糖类所取代的天冬氨酸残基位点（表16-1）。

表16-1　蛋白多糖的分类

定位	命名	基因名	GAG
胞内	serglycin	SRGN	Hep
胞膜			
SL1Ps	syndecan-1	SDC1	HS/CS
	syndecan 2-4	SDC 2-4	HS

续表

定位	命名	基因名	GAG
GRIPs	glypican 1-6	GPC 1-6	HS/CS
其他	betaglycan	TGFBR 3	HS/CS
	CD44	CD44	CS
胞外			
SLRPs			
class Ⅰ	decorin	DCN	DS/CS
	biglycan	BGN	CS
	asporin	ASPN	—
class Ⅱ	fibromodulin	FMOD	KS
	lumican	LUM	KS
	keratocan	KERA	KS
	PRELP	PRELP	—
	osteoadherin	OMD	KS
class Ⅲ	epiphycan	EPYC	CS/DS
	osteoglycin	OGN	—
胞周			
BM 区	agrin	AGRN	HS
	collagen ⅩⅧ	COL18A1	HS
	aggrecan	ACAN	CS/KS
hyalectans	versican	VCAN	CS
	neurocan	NCAN	CS
	brevican	BCAN	CS

一、富含亮氨酸的间质蛋白多糖的分类和结构

（一）二聚糖

二聚糖以前称为 PG Ⅰ、PG-S1 或 DS-PG-1，有两个糖胺多糖链黏附区和一个约 45kDa 的核心蛋白，原肽序列约 18 个氨基酸，由氨基酸-糖胺多糖黏附区-富含半胱氨酸区-富含亮氨酸区-富含半胱氨酸区-羧基端组成。二聚糖能黏结一些基质分子，但不黏结胶原。它一般位于靠近细胞表面的细胞周围环境中。二聚糖的表达可以被生长因子如转化生长因子（TGF-β）和生长激素调节。

（二）核心蛋白聚糖

核心蛋白聚糖（decorin）以前称为 PG Ⅱ、PG-S2 或 PG-40，结构和分子质量大小与二聚糖相似，但仅有一个糖胺多糖黏附区。核心蛋白聚糖核心蛋白由较短的原肽序列（14 个氨基酸）组成。它广泛分布于细胞外基质，如骨、软骨、肌腱、皮肤和牙龈。与二聚糖不

同,核心蛋白聚糖通过核心蛋白介导,与Ⅰ型胶原有很密切的联系。在软组织当中,核心蛋白聚糖位于Ⅰ型胶原的 d 带或 e 带。骨中未见核心蛋白聚糖的分布,提示核心蛋白聚糖在矿化过程中起作用。核心蛋白聚糖也与其他基质分子如纤维粘连蛋白相互作用。

(三) 纤维调节素

纤维调节素的氨基酸序列与二聚糖和核心蛋白多糖极为相似,但硫酸角质素链和寡糖可以取代纤维调节素核心蛋白。纤维调节素基因位于染色体 1q32。它广泛分布于巩膜、肌腱、角膜、关节软骨、皮肤、主动脉,以及与核心蛋白多糖类似的多种其他组织的细胞外基质中。与核心蛋白多糖一样,纤维调节素可以黏结Ⅰ型胶原、Ⅱ型胶原,延迟胶原纤维形成。纤维调节素对胶原的黏结区局限在 a 带或 c 带。

(四) 基膜聚糖

基膜聚糖 (lumican) 最早被发现于角膜,分子质量约 38kDa。与其他小蛋白多糖比较,基膜聚糖的核心蛋白含 338 个氨基酸,纤维调节素最相似。它有 5 个 N-糖基化部位,其中 4 个位于富含亮氨酸区。不一定所有的糖基化部位都被硫酸角质素链取代,与其他富含亮氨酸的小蛋白多糖一样,基膜聚糖与胶原有很强的相互作用。

二、纤维调节素基因缺陷小鼠出现异常胶原纤维、组织构成及肌腱中基膜聚糖成分的改变

Liz Svensson 等对纤维调节素基因缺陷小鼠出现异常胶原纤维、组织构成及肌腱中基膜聚糖成分的改变进行了研究。结果发现,纤维调节素缺陷小鼠并未显示出大体解剖上的异常,可以生长到正常大小,可以生育,寿命正常。光镜检查显示,心脏、肝脏、肺、肾脏及皮肤、软骨并未显示异常。尾部提取的蛋白质转移印记分析显示在此缺陷小鼠当中缺乏纤维调节素,Northern 印迹分析显示在纤维调节素基因缺陷小鼠中纤维调节素 mRNA 缺乏,而在杂交型小鼠中此成分与野生型小鼠比较含量减半。

使用结缔组织组织学和免疫组化方法研究,尾部横断的苏木精染色显示在纤维调节素缺陷及杂合型小鼠当中见到异常肌腱胶原纤维束。当与野生型小鼠肌腱纤维束进行比较时发现,在野生型中为高度有组织的均匀分布的细胞。而在纤维调节素缺陷小鼠大多数胶原纤维束有着不同的外观,表现出非正常形态。在杂合型小鼠也是如此,10%~20%的胶原纤维束与纤维调节素缺陷小鼠中的异常纤维束相似。异常的纤维束表现为由缺乏组织性非均匀分布的细胞构成,横断面部分显示较野生型小鼠纤维调节素缺陷小鼠肌腱细胞数更少。然而,纵向部分显示在野生型和纤维调节素缺陷型小鼠肌腱纤维中,成纤维细胞数量近似。

对肌腱超微结构进行研究,对 7 周和 20 周大小同窝仔跟腱进行电镜分析,显示胶原纤维结构的异常。纵向结构显示与野生型小鼠比较,在纤维调节素缺陷小鼠当中存在更多数量的细纤维。在纤维调节素缺陷小鼠肌腱中的一些细纤维显示出更有弹性而且其方位也有所改变。横向部分显示更多的在纤维调节素缺陷小鼠中,比起野生型小鼠,有更多细纤维存在。纤维调节素缺陷小鼠肌腱中的纤维是不规则和粗糙的,提示纤维侧向融合异常或者纤维前体中掺入更多的胶原分子。比较起来,野生型的肌腱因为有着结实和平滑的纤维

而外观显得更为正常。杂合型和野生型的电镜表现类似。

这些结果提示，纤维调节素在胶原纤维合成中的作用，也显示了这些富亮氨酸重复序列蛋白多糖在胶原矩阵构建中的协同影响作用。

三、纤维调节素及相关蛋白多糖、胶原的组织分布与牙周细胞的 mRNA 表现

牛的纤维调节素的氨基酸序列显示与同家族的核心蛋白多糖和双糖蛋白聚糖（二聚糖）非常相似。已经有充分证据说明，纤维调节素在胶原纤维上有规律地分布，参与胶原纤维网络的调节，并能与Ⅰ型、Ⅱ型等胶原相互作用。纤维调节素也能与 TGF-β 相互作用，在基质内调节该生长因子。国内钱虹等用免疫组织化学和反转录-聚合酶链反应技术，对大鼠磨牙牙周组织的纤维调节素及相关蛋白多糖、胶原的组织分布及牙周细胞的 mRNA 表现进行分析，结果显示纤维调节素在靠近口腔牙龈面的区域和牙周韧带-牙槽骨、牙周韧带-牙骨质界面有强阳性表现；核心蛋白多糖强阳性表现于牙龈组织龈沟附近的区域；二聚糖则在牙龈上皮着色明显。从 mRNA 的表现可以看出，纤维调节素、核心蛋白多糖和二聚糖在成骨细胞中强烈表现，其蛋白密度是其他两种细胞的 1～3 倍；Ⅰ型、Ⅲ型胶原的 mRNA 在牙龈成纤维细胞中表现水平较高，其蛋白密度是其他两种细胞的 1.5 倍以上。以上结果推测纤维调节素可能与其他小蛋白多糖相互作用，调节胶原纤维的网络形成，并可能参与牙槽骨和牙骨质矿化，具有参与牙周组织自身稳定、修复或再生的功能。

四、蛋白聚糖与肝癌发生的关系

硫酸乙酰肝素蛋白多糖如 syndecan，是健康肝脏组织细胞表面最初始的类型。然而，肝功能恶化时会导致其他类型的蛋白多糖的过度产生。尽管在正常肝组织中无法检测到，这些蛋白多糖的表达在肝纤维化形成中被诱导出来。纤维调节素被认为显示出促进肝脏星状细胞纤维化的作用。蛋白多糖被发现位于细胞表面及细胞外基质中。它们的 GAG 链可以与诸多的调节分子及信号通路相互作用，包括生长因子、细胞因子和激素，这样影响到多数细胞过程，包括那些与肿瘤发展相关的过程。有明确的证据显示蛋白多糖构成在肝癌发展中会发生变化，因此蛋白多糖提供潜在治疗的靶标和诊断生物学标志物。

五、纤维调节素基因在培养的人类表皮角质形成细胞中及体内人类表皮细胞中的表达

纤维调节素是 SLRP 家族的一员，在维持胶原纤维结构中起着重要的作用，同时能够调节 TGF-β 的生物学活性。尽管其经常在软骨和肌腱中被发现，但在其他类型细胞中的表达研究甚少。CristinaVelez-del Valle 等通过 RT-PCR 和实时 PCR 方法及免疫组织化学定位显示，描述了纤维调节素基因在培养的和正常人类表皮中的表达及在人类角质形成细胞中蛋白质的存在。其结果首次显示纤维调节素基因在培养的角质形成细胞中恒定表达。免疫染色显示纤维调节素定位于细胞质内基底和角质形成细胞生长克隆内。

此结果首次显示了纤维调节素在体内及培养的角质形成细胞中的表达。纤维调节素 mRNA 的表达及其蛋白质的呈现支持角质形成细胞中可以合成及积累这种蛋白质。此研究作为证据也显示了角质形成细胞是纤维调节素在体内正常人类皮肤中的新来源。但很遗憾的是，该研究未能分析 mRNA 的表达与蛋白质含量间的关系，因为在对细胞提取物的

Western blot 分析时，抗体未能识别。细胞外纤维调节素的定位是一个新发现，其广泛的细胞外分布与之前报道的角质形成细胞胞质中硫酸角质素的表位存在一致性。已经有研究显示这种硫酸角质素与角蛋白在 SDS-聚丙烯酰胺凝胶（SDS-PAGE）中共同迁移。有趣的是，角蛋白及相关联的硫酸角质素的迁移方式与纤维调节素重组迁移方式包含相同的分子质量范围。因而提出这种假设，即角蛋白和蛋白多糖间的相互作用可能起到稳定长丝结构中间体的作用。

阐明纤维调节素的其他成分的生物学作用仍然是一个非常开放的研究，主要是那些 SLRP 家族其他成员如基膜聚糖和核心蛋白多糖所具有的功能，基膜聚糖在角膜上皮细胞创伤修复中的暂时表达及与细胞迁移有关，提示纤维调节素可能在上皮或其他上皮角质形成细胞中也有相似的作用。

六、纤维调节素在外周角膜发育中调节胶原纤维合成的作用

纤维调节素可以调节胶原纤维合成，但是其在角膜中存在与否及其作用的现有研究仍互相矛盾。Chen 等假设其在产后前眼发育中有调节胶原纤维合成的作用。纤维调节素在出生后 4 天的角膜缘中有微弱的表达，在产后 14 天水平升高并且进入角膜中央，角膜缘在产后 30 天、产后 60 天水平降低。这个不同的空间和短暂的表达与正视化过程、轴向距离及眼球体积的提高一致。遗传学分析显示，纤维调节素对胶原纤维合成的调节是以区域特异性方式进行。在角膜缘，其主要是在产后发育时调节纤维生长。在后部角膜周边，纤维调节素和基膜聚糖协同作用于纤维合成调节过程。这些资料提示纤维调节素在调节区域特异性胶原纤维合成中起到非常重要的作用，需要角膜、巩膜基质和纵沟的发育的整合来建立视轴。

角膜和巩膜形成了眼外部的大部分，它们均以 I 型胶原为主要的结构成分。然而，在胶原结构、组织和功能方面，这两种相邻结构间存在显著差异。角膜基质的纤维均匀、直径较小，分层整齐排列。这个精确的组织是因为角膜需要一定的机械强度和透明度。相比较，巩膜的纤维直径较粗，直径大小分布不均匀，交织排列后形成纤维，所以，巩膜不透明，但比起角膜能够承受更大的机械压力。在两者整合的边缘，这两种结构与功能均不同的组织形成两种不同的曲度，这样形成了巩膜沟，在那里角膜与巩膜相连接。破坏此区域的胶原纤维合成导致屈光异常。SLRP（如基膜聚糖、纤维调节素、PRELP、opticin）编码基因的失能突变与高度近视有关。纤维调节素和基膜聚糖显示有 47%相同的初级序列，与 I 型胶原相同的位点结合。两者均以组织特异性方式参与胶原纤维合成的调节。此外，在肌腱当中，当纤维调节素缺失时，基膜聚糖水平升高，正如核心蛋白多糖和二聚糖一样。

角膜和巩膜中均含有 I 类 SLRP（核心蛋白多糖和二聚糖），但是 II 类 SLRP 在其分布方面更加多变，纤维调节素在角膜和巩膜基质中均存在，但 keratocan 仅仅在角膜基质中存在。纤维调节素在巩膜中存在，但很少或未在成年小鼠的角膜基质中检测到。之前的报道认为纤维调节素缺陷小鼠有着正常的视轴距，但基膜聚糖/纤维调节素双重缺陷小鼠视轴距加大了。这些双重缺陷小鼠的表型比单一基因缺陷小鼠的表型更严重，提示两者有协同作用。

1. 纤维调节素在产后发育中角膜边缘被表达　纤维调节素在成熟角膜中的存在目前有争议。Chen 等的结果显示，纤维调节素 mRNA 在产后 4 天表达，峰值时间是 14 天，水

平有 4～5 倍的升高。之后在 30 天时陡然下降，90 天时不表达。而纤维调节素蛋白核心也显示类似的表达方式，即 14 天时达峰值，30 天时明显下降，90 天时仅为可检测水平。这些资料提示纤维调节素可能在角膜发育早期是一种基质成分，但晚期则不然。纤维调节素空间的表达通过免疫荧光显微镜得到确认，其在第 4 天时定位于巩膜、角膜缘和角膜周边。第 14 天时其活性由角膜缘扩展到角膜中央，然而，在第 30 天时其除了角膜周边基质，其余活性被去除。在 60 天后其活性则严格限于巩膜。这些结果提示纤维调节素可能在生后角膜发育过程中与角膜周边胶原纤维合成的调节有关。

2. 角膜缘中基膜聚糖和纤维调节素不同的表达方式 使用免疫荧光显微镜来做此研究，结果发现 14 天时纤维调节素在巩膜中活性很强，在角膜周边及角膜缘水平下降，巩膜中仅可微弱检出。在角膜缘两者独特的重叠的表达方式提示这两种 SLRP 家族成员间的合作可能导致这一区域的组织特异性功能。

3. 基膜聚糖活性在纤维调节素缺陷小鼠的角膜缘水平升高 SLRP 家族成员密切相关，相互补偿效应当被考虑。例如，二聚糖可以补偿角膜中核心蛋白多糖的缺失，纤维调节素缺失可以导致巩膜和肌腱中基膜聚糖水平的升高。为了证实在纤维调节素缺陷小鼠中其他 SLRP 家族成员会出现补偿性空间性升高，免疫组织化学分析方法在纤维调节素缺陷小鼠及野生型小鼠当中被应用。与野生型比较，角膜周边和角膜缘的基膜聚糖活性升高。相比较，与之密切相关的 II 级 SLRP 成员 keratocan 的活性无明显变化。在纤维调节素基因缺陷小鼠，I 级 SLRP 家族成员核心蛋白多糖和二聚糖的活性和表达方式均无变化。

4. 纤维调节素在产后角膜缘发育过程中调节纤维生长 此研究显示，产后 14 天纤维调节素在角膜缘或角膜周边达到峰值，和野生型小鼠比较，在纤维调节素缺陷小鼠中未见到角膜中央出现明显的纤维结构改变。因此，此研究应注意观察角膜缘，即角膜和巩膜转换的区域，这个区域在巩膜沟和角膜曲度的发育过程中起到很重要的作用，同样在确定视轴和眼部特点方面非常重要。角膜边缘的这个区域被认为是 Descemet 膜消失的位置，通过分析后方角膜基质的周边区域，大约距离此处 30μm 就是 Descemet 膜朝向中央角膜中止的地方。穿过角膜缘，纤维结构和直径逐渐从角膜的结构特点向巩膜的结构特点转换。这种方式在纤维调节素缺陷小鼠和野生型小鼠间相似。超微结构分析显示在两种类型小鼠间纤维的圆形轮廓和直径分布相似。然而，在纤维调节素缺陷小鼠产后发育 4～14 天时，与野生型比较，有一个向大直径纤维转换的过程。尽管在 90 天时也显示出一些区别，对照组和纤维调节素缺陷组的纤维分布与 30 天时相比更加相似。在纤维调节素缺陷小鼠中纤维表型的改变与发育过程中角膜周边纤维调节素表达水平的改变相关。这个结果提示纤维调节素可能在 4～30 天的外周角膜发育过程中起到重要作用。

5. 基膜聚糖和纤维调节素在外周角膜发育中的相互作用 目前的工作显示基膜聚糖的活性在角膜外周及角膜缘中的纤维调节素缺乏时会升高，为了调查在角膜缘中基膜聚糖是否会和纤维调节素协同调节胶原纤维的合成，使用透射电镜对小鼠产后 30 天纤维的结构及其组织进行比较，其中包括野生型、纤维调节素缺陷型、基膜聚糖缺陷型和纤维调节素/基膜聚糖复合缺陷型。与纤维调节素缺陷型比较，角膜缘中间的纤维分布在复合缺陷小鼠中显示为相似的、非均质的方式，然而，整体的分布转换为大直径纤维。这个结果显示，基膜聚糖和纤维调节素缺乏都可以阻止大直径纤维的形成。在纤维调节素缺陷小鼠的角膜缘中，基膜聚糖的活性增强可能与细小纤维的合成增加有关。

复合缺陷组显示了非均匀的直径分布，粗大纤维明显增多。这种粗大纤维改变了显微结构，显示不规则菜花样外观。这些结果提示纤维调节素和基膜聚糖协同来调节周边角膜的侧向纤维的生长。

6. 纤维调节素在角膜、角膜缘和肌腱中有着相似的蛋白质大小 纤维调节素最早被鉴定为一个 59kDa 的蛋白质，含有硫酸角质素氨基多糖链。然而，在不同的组织中，不同的纤维调节素分子重量也有报道。牙组织中为 40kDa，牙槽骨中为 52kDa，肌腱中为 59kDa。有趣的是，纤维调节素缺陷型小鼠显示出牙组织中为厚纤维，肌腱中为薄纤维。是否不同大小的核心蛋白导致不同表型仍然未知。为了阐明此现象，小鼠的眼球解剖结构分为三个部分：角膜、角膜/巩膜交接处（包括角膜缘）和巩膜。研究发现来自眼球三个部位的核心蛋白有着相同的迁移位置，与肌腱中纤维调节素核心蛋白去糖基化后相似。这些资料提示巩膜中和周边角膜不同的表型并非因为不同的核心蛋白大小而致。来自角膜基质的纤维调节素也证明了不同于肌腱或者巩膜的一个相容的广泛区带，提示更多的非均质的角膜纤维调节素的存在。类似地，在角膜基质中基膜聚糖被硫酸角质素侧链糖基化，在其他组织中也是以糖蛋白形式存在。

总之，此项研究显示了纤维调节素在外周角膜发育过程中特殊的空间和暂时性表达。研究者认为纤维调节素以区域特异性方式在外周角膜调节纤维合成，这是一个把角膜和巩膜基质功能进行整合的区域。在眼前房发育中胶原纤维合成的区域特异性调节是正常角膜曲度和视力发育所需要的。

七、SLRP 在人类巩膜中的分布

SLRP 家族有一些成员被认为可以通过蛋白质-蛋白质和（或）蛋白质/糖类相互作用而指导基质组建和构成。为了进一步鉴定巩膜的细胞外基质成分，Janel Mac Johnson 等在 2~93 岁的捐献者巩膜中对 SLRP 家族一些成员的基因和蛋白质表达进行了评估。使用半定量和定量 RT-PCR 方法进行 RNA 的分析，RNA 来自捐献的人类巩膜，使用核心蛋白多糖、纤维调节素和 PRELP、二聚糖及基膜聚糖等引物扩增得到。此外，蛋白质表达和 SLRP 家族成员、PRELP 的分布通过 Western blot 和免疫组化方法进行鉴定。半定量和定量 RT-PCR 方法显示 6 种 SLRP 成员在巩膜中均有表达，PRELP 显示最高稳定状态的 mRNA 水平，与 SLRP 成员相比较（$P<0.001$），使用 Western blot 进一步分析 PRELP 显示 PRELP 包含一个 45kDa 的核心蛋白，其含有一个短的非硫酸化的角质素硫酸侧链。似乎在 40 岁的巩膜中最为丰富。这些结果提示 SLRP 蛋白多糖在人类巩膜中有表达，首次描述了 PRELP 在巩膜中的存在。巩膜中相对丰富的 PRELP mRNA 及蛋白质，以及观察到的年龄相关的 PRELP 表达的改变提示其可能在调节巩膜细胞外基质的生物活性中扮演着重要角色。

既往大量文献集中显示 SLRP 家族的几个成员，包括核心蛋白多糖、纤维调节素、基膜聚糖和二聚糖，通过它们的核心蛋白与一系列的生长因子和细胞外基质成分，包含Ⅰ型胶原结合的能力。在那里它们被认为指导基质合成和组建，通过蛋白质-蛋白质和（或）蛋白质-糖类间相互作用。对Ⅰ型胶原和 SLRP 间相互作用的实验分析显示，SLRP 结合到胶原分子影响纤维和（或）纤维直径、组成及稳定性。核心蛋白多糖、纤维调节素及基膜聚糖已经被证实在体外与胶原纤维相互作用，通过减慢胶原形成率及胶原纤维直径导致纤维大小的改变。除了这些体外研究，核心蛋白多糖、纤维调节素、keratocan 及基膜聚糖缺陷小鼠显示了众多的皮肤、肌腱、角膜和巩膜中胶原纤维结构及排列方面的异常表现。但是在该研究当中，纤维调节素在所有 RNA 库中表现水平极低，能够看到纤维调节素的循环数在其他同家族成分检测的线性范围之外，故其资料未纳入研究。

八、小鼠子宫中雌二醇及孕酮作用下对 SLRP 表达的调节

既往 Renato M Slagado 等的研究曾经证明作为细胞外基质的 SLRP 家族的 4 个成员，即核心蛋白多糖、二聚糖、基膜聚糖和纤维调节素，在小鼠子宫中可以随着发情周期和早孕而明显变化。已知雌激素和孕酮结合作用来协调决定发情周期及为妊娠准备子宫内膜，调节合成、沉积和降解多种分子。事实上，既往也证明了另一种细胞外基质的蛋白多糖 vercican，是在子宫组织中受激素水平的调控。使用 E_2 和乙酸甲基孕酮（MPA），分别利用实时 PCR 和免疫过氧化物酶染色来描述这些 SLRP 在子宫组织中的 mRNA 表达和蛋白质沉淀作用。结果表明，核心蛋白多糖和基膜聚糖在缺乏卵巢激素情况下，组成性地表达及沉积在细胞外基质中。然而，二聚糖和纤维调节素的沉积在非处理组的子宫细胞外基质中却未发现。有趣的是，卵巢切除术促进了核心蛋白多糖、基膜聚糖和纤维调节素 mRNA 水平的提高，但是二聚糖 mRNA 水平却大幅度下降。使用 E_2 和（或）MPA 可以对其表达和沉积起到不同的调节作用。可见，这些 SLRP 在子宫组织内的表达方式被发现是激素依赖型及子宫间隔相关的。这些结果强调了子宫内膜成纤维细胞亚群的存在，定位于子宫腔的重要功能类似人类子宫内膜基础和功能层组织。

本次研究将实验动物按不同处理方法分为 5 组。第 1 组卵巢切除术后 20 天收集组织，不使用激素治疗；第 2 组每日使用启动剂量的 E_2 溶于矿物质油预处理，共 3 天，间隔 2 天，后 4 天每天注射 E_2；第 3 组每日使用启动剂量 E_2 预处理，间隔 2 天，后 4 天每天注射溶于蒸馏水的 MPA；第 4 组进行同样的预处理和休息期，后 4 天每天注射 E_2 和 MPA；第 5 组对照组仅接受载体（矿物油）注射 3 天，2 天休息，后 4 天矿物油注射。

1. 纤维调节素的免疫定位 在第 1 组和第 5 组，纤维调节素免疫染色在子宫内膜和子宫肌层的细胞外基质中未被观察到，然而，一些单核白细胞在子宫内膜间质呈现活化，正如之前在发情周期中观察到的那样。在第 2 组，免疫活化发生在所观察的子宫内膜间质的管腔上皮的尖端区域和单个核白细胞的细胞质中。在子宫肌层和血管周围的结缔组织中可以见到很强的免疫染色。在第 3 组，免疫活化主要在管腔上皮，腺体分泌也对纤维调节素活化。在子宫肌层，免疫活化在肌肉层尤其细胞外基质层更显著。在第 4 组，染色方式与第 3 组类似。

2. 纤维调节素 mRNA 的相对表达 纤维调节素的 mRNA 表达在发情间期明显高于发情期（约 2 倍）（$P<0.05$）。当与发情期比较时，卵巢切除促进了纤维调节素 mRNA 水平的显著提高（约 7 倍）（$P<0.05$）。此外，在经 E_2 处理后，纤维调节素表达较切除后未处理组显著下降（约 7 倍）（$P<0.01$）。而且，MPA 组和 E_2+MPA 组与发情间期比较显示出明显增强表达（约 2 倍）（$P<0.01$），与发情期比较（约 2.5 倍）（$P<0.05$）。在此研究中，核心蛋白多糖、二聚糖、基膜聚糖和纤维调节素在子宫内膜及子宫肌层的表达与分布被发现是卵巢激素依赖的，与剂量相关，证明这些分子在胚胎植入的准备及成功妊娠方面起到很重要的作用。以前，San Martin 等研究显示核心蛋白多糖和基膜聚糖在内膜蜕膜化之前，怀孕 4 天的间质表面存在。然而，在孕酮峰值和蜕膜建立后，核心蛋白多糖从子宫内膜间

质当中消失了。有趣的是,发情间期在间质表面核心蛋白多糖缺失和基膜聚糖沉积下降,而以高水平孕酮为特点;呈现的结果与 MPA 处理后的分布方式相似。Ameye 等的研究结果显示,纤维调节素缺陷小鼠合成异常结构及数量减少的纤维束,而且这些纤维经常不规则,直径减小。近期 Markiewicz 等发现,与野生型同窝仔小鼠比较,卵巢切除后的小鼠皮肤当中,核心蛋白多糖、基膜聚糖和纤维调节素的 mRNA 水平明显下降。相反地,在作者的结果当中显示,卵巢切除术后,不使用激素替代治疗,可以促使小鼠子宫内核心蛋白多糖、基膜聚糖和纤维调节素的 mRNA 表达增强,当使用 E_2 替代治疗后,它们的 mRNA 水平显著下降。事实上,之前的微阵列资料显示在卵巢切除术后小鼠子宫中核心蛋白多糖和纤维调节素表达可以通过 E_2 治疗下调。与作者的结果一致。尽管在卵巢切除小鼠子宫内膜和子宫肌膜的细胞外基质中缺乏二聚糖和纤维调节素的沉积,这点仍然很清楚,即没有卵巢激素时,可以促进它们的 mRNA 表达出现反向效应。二聚糖 mRNA 水平下降,然而纤维调节素 mRNA 水平显著升高,提示重要的转录后修饰可能发生在密切相关的分子中。实际上,成熟的 mRNA 转录可能被不同的反应所修饰,如可选择的转录起始位点、可选择的剪接和可选择的多聚腺苷酸化位点。在人类子宫肌膜中,纤维调节素的表达在月经周期的分泌相中明显高于增殖相。研究显示,激素治疗后,在发情周期和妊娠早期的观察中,子宫肌膜的细胞外基质当中纤维调节素沉积很明显,提示纤维调节素在子宫肌膜重建中以激素依赖的方式作用。现有的发现也显示 4 种 SLRP 的沉积在卵巢切除后的子宫肌膜内层及外层中均消失,证实子宫腔对卵巢激素的水平波动很敏感。令人惊奇的是,在发情周期中使用激素替代后,仅仅二聚糖和纤维调节素在子宫上皮细胞胞质中被检出。Qian 等研究结果显示纤维调节素在牙龈上皮细胞中表达,提示上皮细胞合成和分泌这些细胞外基质中的蛋白多糖,和(或)通过分泌分子的内化作用在组织重建中发挥作用。

九、纤维调节素在 B 淋巴细胞白血病和套细胞型淋巴瘤中独特的基因和蛋白质表达特点

纤维调节素基因曾经被发现在 B 淋巴细胞白血病(B-CLL)中过度表达。在 EvaMi-kaelsson 等的研究中,所有 B 淋巴细胞白血病患者(75 例)和大多数套细胞型淋巴瘤(MCL)的患者(5/7)中,纤维调节素在基因水平被表达。未检测出纤维调节素基因突变。纤维调节素蛋白也在 B-CLL 细胞胞质和体外培养液上清中被检测出,但是在细胞表面没有检测到。纤维调节素在 T 细胞慢性淋巴细胞白血病(T-CLL)患者、B 细胞前淋巴细胞白血病(B-PLL)、T 细胞前淋巴细胞白血病(T-PLL)、毛细胞白血病、滤泡性淋巴瘤、淋巴浆细胞性淋巴瘤、多发性骨髓瘤、急性淋巴母细胞性白血病(ALL)、急性髓性白血病(AML)、慢性髓性白血病(CML)或在 36 个血液细胞系中均未检出。正常血单个核细胞(T 或 B 淋巴细胞、单核细胞)、扁桃腺 B 细胞和粒细胞不表达纤维调节素。正常 T 和 B 淋巴细胞活化可以诱导微弱的纤维调节素基因表达,但是达不到在新鲜分离的 B-CLL 细胞上被观察到的程度。这种在 B-CLL 和 MCL 独特的异位表达的原因仍然不清。然而,其独特的蛋白质表达使得纤维调节素似乎参与了 B-CLL 和 MCL 的病理机制。

十、肾脏疾病中的 SLRP 家族

在过去的 20 年中,细胞外基质中的 SLRP 家族(包括核心蛋白多糖、二聚糖、纤维

调节素和基膜聚糖），被认为与肾脏炎症调节及肾脏纤维化疾病密切相关。最初的相关研究集中在核心蛋白多糖与 TGF-β 之间，因为有明确证据显示核心蛋白多糖治疗在与 TGF-β 过量相关的肾脏纤维化疾病中显示良好作用。但之后对 SLRP 家族生物学作用的认识有了改变，有新的证据显示除了作为细胞外基质成分，可溶性的 SLRP 家族以分子特异性及细胞特异性方式作为信号分子调节许多复杂的生物学过程。随着 SLRP 派生的 Toll 样受体内源配体的鉴定，关于 SLRP 派生的信号在病原依赖及非依赖的肾脏炎症发生中的机制成为主要问题。这使得 SLRP 作为肾脏应激及损伤中无菌性炎症的自发性激发因子成为研究的热点。其中，核心蛋白多糖、二聚糖和纤维调节素被认为能够有效地调节 TGF-β 的活性，因而在肾脏纤维化性疾病的致病中起到重要的作用。此外，核心蛋白多糖的表达影响 P21 的表达，后者与肾脏的肥大与萎缩相关。然而，此蛋白多糖家族的任何一员均未被在正常的肾脏皮质中进行过研究，这就使得它们与疾病相关的表达的改变不能与正常体内情况下表达水平联系起来。Liliana Schaefer 等使用原位杂交法、免疫组织化学方法染色，在光学及电子显微镜水平对正常人肾脏皮质中这些蛋白多糖的表达进行研究，Northern blot 和 RT-PCR 方法被用来估计从肾小球中分离出来的这些成分的表达状况，核心蛋白多糖由尿液中排出量使用 Western blot 法进行测量。结果在肾小球分离产物中，Northern blot 方法鉴定出 2 条核心蛋白多糖条带和 1 条单一二聚糖的 mRNA 条带。所有的 4 种蛋白多糖优先表达在肾脏间质，聚集在肾小管周围，在肾脏系膜基质有微弱表达。二聚糖被肾小球内膜细胞表达，和纤维调节素一起被合成和沉淀在远曲小管及收集管细胞中。免疫金标显示蛋白多糖存在于肾小球基底膜中，这被解释为由于肾小球滤过的原因。非直接证据提示核心蛋白多糖在肾小球滤过后被肾小管再摄取。资料显示 4 种小蛋白多糖在成年人肾脏的不同细胞有不同的表达特点，提示这些蛋白多糖可能有不同的致病作用，而这又依赖于是否其在系膜细胞中、内皮细胞、上皮细胞或小管间质细胞被表达有关。

基膜聚糖和纤维调节素属于 SLRP II 类，二者的基础表达可以在肾脏中见到，尤其是肾小球球周间隙染色远远高于肾小球系膜间质。原因并不清楚，基膜聚糖在正常肾脏的表达方式类似于核心蛋白多糖，然而纤维调节素出现在远曲小管和集合管的上皮细胞中，与二聚糖的染色方式相似。在糖尿病肾病中，基膜聚糖和纤维调节素在管间隙和小球的沉积主要定位于纤维瘢痕区域，远超出肾小球区及管间质的纤维化范围。集中在纤维调节素和基膜聚糖上对肾脏疾病作用的相关资料较少，新的发现提示其在细胞外基质交互作用中的角色可能使其成为未来研究有希望的候选者。

十一、纤维调节素与骨关节炎的发生

近期的基因靶向试验显示，SLRP 分子在体内调节胶原纤维形成方面起到基础的作用，至少在特定组织中如此。纤维调节素缺陷小鼠表现由于细小纤维比例升高及不规则胶原纤维合成而导致的肌腱结构改变，从而提高了关节炎的发生。有研究显示在关节炎关节组织中纤维调节素基因表达上调。而当软骨移植组织使用 IL-1 治疗时，纤维调节素也会降解。当使用 MMP-13 治疗时也会获得相似的降解产物，大小约 10 kDa。由于纤维调节素在软骨中结合于胶原纤维的表面，其裂解会导致胶原纤维网络损害的严重的早期事件，导致可以使得蛋白酶进一步裂解胶原的位点暴露。在骨关节炎中，纤维调节素的上调也可能归因于通过刺激炎症通路导致的进行性关节损伤。近期研究显示纤维调节素可以与 C1q 结合，导致补体级联反应的直接活化。补体系统形成了天然免疫防御系统的重要部分，补体成分已经从类风湿关节炎或骨关节炎患者的滑膜中检测出来，在那里它们可以导致慢性炎症。纤维调节素与补体 C1q 的球状头部相互作用，这与其他活化因子如 IgG 结合的方式相似。尽管其他的细胞外基质分子如层粘连蛋白和核心蛋白多糖也可以与 C1q 相互作用，仅纤维调节素能导致补体的活化。纤维调节素也可以与因子 H 相互作用，后者为补体级联反应中的一个抑制分子。因此这里也许有多种机制，通过纤维调节素的补体通路成分活化可能导致关节的发病。

由于纤维调节素上对 C1q 及因子 H 的结合位点不同，可能是其蛋白质降解所导致的不同片段释放参与了补体级联反应的调节。

十二、纤维调节素与动脉粥样硬化的关系

Talusan 等在人类动脉中检测出来基膜聚糖和纤维调节素蛋白。当颈动脉内膜有动脉硬化倾向时，基膜聚糖沉积水平会显示升高。但纤维调节素水平在二者间相似。此外，基膜聚糖基因表达水平在患有冠状动脉硬化的患者动脉中升高。同样的现象发生在形成动脉硬化斑块的周围动脉闭塞性疾病的患者股动脉中及退行性变的主动脉狭窄的主动脉瓣膜中。另外，基膜聚糖和纤维调节素也在有或无症状的颈动脉硬化斑块的患者被检测到。在这篇未发表文章中，纤维调节素水平在合并糖尿病及神经科事件的手术后患者的斑块中显著提高。此外，纤维调节素与斑块的液化、炎症因子前体及抗炎细胞因子 IL-10 呈正相关。纤维调节素累积与 ApoE x Ldlr 基因敲除小鼠在巨噬细胞富集区域与人类动脉硬化斑块研究一致。另外，Shami 等的研究显示，由剪应力修饰的颈动脉剥脱物产生的动脉硬化的范围在 ApoE x Fmod 双裸小鼠中是降低的，伴有降低的液体滞留、斑块更小及更低的斑块负担。相同的研究中，作者显示从 SMC 获得的细胞外基质提取物，在野生型小鼠与纤维调节素裸鼠间比较，发现其促进了细胞因子产量的提高，培养的巨噬细胞系的液体摄取提示了纤维调节素在液体摄取方面的作用。纤维调节素也显示了补体经典活化及替代活化通路中的作用。补体活化通过纤维调节素介导，可能影响巨噬细胞功能，如黏附、细胞碎片的摄取、液化等，从而影响斑块的形成及进展。

（王艳斌）

参 考 文 献

Bubenek S，Nastase A，Niculescu AM，et al. 2012. Assessment of gene expression profiles in peripheral occlusive arterial disease. Can J Cardiol，28：712～720.

Kornélia Baghy，Tátrai P，Regös E，et al. 2016. Proteoglycans in liver cancer. World J Gastroenterol，22：379～393.

Krishnan A，Lu Y，Ge X，et al. 2012. Lumican, an extracellular matrix proteoglycan, is a novel requisite for hepatic fibrosis. Lab Invest，92：1712～1725.

Martin-Rojas T，Gil-Dones F，Lopez-Almodovar LF. 2012. Proteomic profile of human aortic stenosis: insights into the degenerative process. J Proteome Res，11：1537～1550.

Nakajima M，Kizawa H，Saitoh M. 2017. Mechanisms for asporin function and regulation in articular cartilage. J Biol Chem，282：32185～32192.

Schaefer L. 2011. Small leucine-rich proteoglycans in kidney disease. J Am Soc Nephrol 22: 1200~1207.
Shami A, Gustafsson R, Kalamajski S, et al. 2013. Fibromodulin deficiency reduces low-density lipoprotein accumulation in atherosclerotic plaques in apolipoprotein E-null mice. Arterioscler Thromb Vasc Biol, 33: 354~361.

第十七章 基膜聚糖

第一节 基膜聚糖概述

基膜聚糖（lumican）是一种蛋白聚糖，隶属于富含亮氨酸低分子蛋白聚糖家族，最早在牛角膜基质中发现。和其他SLRP蛋白一样，基膜聚糖在结构上主要由4个结构域组成：①16个氨基酸残基构成的信号肽；②N端结构域，包含硫化酪氨酸及二硫键；③用于蛋白质相互作用的亮氨酸高度重复的分子结构；④羧基端结构域，包含两个保守半胱氨酸残基。根据其聚糖修饰形式的不同，基膜聚糖以核心蛋白共价连接未硫酸化的聚乙酰氨基乳糖的糖蛋白形式和核心蛋白共价连接硫酸化的硫酸角质素侧链的蛋白聚糖形式存在。研究表明，基膜聚糖基因定位于染色体12q21.3—q22，广泛存在于人体组织中。基膜聚糖主要参与维持组织的结构稳态，其独具的富亮氨酸重复结构可与胶原纤维发生相互作用，并在糖胺聚糖糖链延伸时调控纤维的形成。体内实验证实，基膜聚糖和胶原共定位于皮肤、筋膜、骨骼肌结缔组织和眼角膜。敲除基膜聚糖基因的大鼠出现皮肤松弛、脆弱和双侧角膜混浊，提示基膜聚糖在调节胶原纤维化方面发挥重要作用。除了维持组织的结构稳态，基膜聚糖还参与细胞调控功能，如内皮间质化、细胞增殖、迁移和黏附。作为细胞外基质的重要成分，基膜聚糖被认为是一种基质激酶，可结合细胞表面受体，如整合素和（或）生长因子和（或）生长因子受体等，介导细胞内信号通路。

第二节 基膜聚糖与肿瘤

一、基膜聚糖在肿瘤中的表达

肿瘤的发生、发展、侵袭和转移常伴有细胞外基质及其细胞表面受体表达的变化。作为细胞外基质的重要成分，基膜聚糖与肿瘤的关系日益受到关注。

1. 乳腺癌 在乳腺癌间质中基膜聚糖mRNA呈高表达，与肿瘤高分化、低雌激素受体水平和患者的低龄化相关。基膜聚糖主要在乳腺癌间质的成纤维细胞样细胞内表达，并辅助侵入肿瘤细胞，但基膜聚糖的表达与肿瘤的预后因素无关。而在早期无淋巴结转移的乳腺癌中，基膜聚糖蛋白的低表达与不良预后有关。Troup等认为，早期乳腺癌中基膜聚糖的高表达可调控肿瘤边缘的间质反应及纤维化，抑制肿瘤侵袭。

2. 消化道肿瘤 在结直肠癌的肿瘤细胞内基膜聚糖表达明显，同时也分布于上皮细胞和邻近肿瘤细胞的成纤维细胞。由这些细胞合成的基膜聚糖与结直肠肿瘤的进展有关。Watanabe等运用DNA微阵列技术对术前接受放疗的结肠癌患者进行基因表达谱检测，发现对放疗有效应答的患者基膜聚糖基因表达水平高于放疗无应答的患者。宋洪江等应用组织芯片技术检测基膜聚糖在结直肠癌组织中的表达，发现癌中的表达率显著高于癌旁正常黏膜中的表达率，表达强度与结直肠癌浸润程度呈正相关。基膜聚糖的异常表达可能是结直肠癌发生的早期事件，与结直肠癌的组织分型和侵袭能力有关。

罗海蓉等采用反转录-聚合酶链反应（RT-PCR）方法分析检测胃癌、癌旁及正常组织中基膜聚糖 mRNA 的表达，发现其在胃癌组织的表达缺失率显著高于癌旁及正常组织，且临床分期越晚的胃癌，其基膜聚糖 mRNA 的表达缺失率越高。在胰腺癌，基膜聚糖在肿瘤细胞和间质的成纤维细胞均有表达，但胰腺癌细胞株来源的基膜聚糖拥有更多非硫酸化或弱硫酸化的聚乳糖胺侧链。在胰腺癌中，基膜聚糖由胰腺星状细胞分泌至细胞外基质，而肿瘤细胞本身不表达基膜聚糖。

3. 恶性黑色素瘤 在恶性黑色素瘤基膜聚糖仅在癌旁的间质中表达，不在肿瘤细胞中表达。但在恶性黑色素瘤的细胞株中能检测到基膜聚糖 mRNA 的表达，其侧链部分被硫酸角质素取代。在鼠恶性黑色素瘤模型中，基膜聚糖可抑制非支持物依赖的细胞增殖、迁移和凋亡。

4. 头颈部肿瘤 Yamano 等运用 RT-实时 PCR 技术比较化疗敏感和化疗耐受的头颈部鳞状细胞癌细胞株，发现基膜聚糖等基因在化疗耐受组表达显著上调，siRNA 沉默这些过表达的基因后，顺铂介导的凋亡显著增强。

5. 其他肿瘤 最近的研究结果显示，类癌肿瘤细胞胞质中基膜聚糖的高表达可减缓肿瘤生长。Nikitovic 等对骨肉瘤细胞株的研究表明，基膜聚糖的表达与肿瘤的分化呈正相关，与肿瘤的进展呈负相关。尽管文献中报道基膜聚糖对肿瘤的作用不尽一致，但无疑都提示基膜聚糖与肿瘤的生长、转移密切相关，而基膜聚糖影响肿瘤生长及侵袭转移的作用途径和机制还有待研究。

二、基膜聚糖的作用机制

在肿瘤增殖、浸润或转移病灶的形成过程中，细胞外基质通过生化合成及降解的改变而重建，而基膜聚糖表达的异常可影响细胞基质的形成，从而影响肿瘤的发生、发展。基膜聚糖通过调节细胞生长介质从而影响成纤维细胞的生长。

基膜聚糖基因的下调，可使抑癌基因 p53 基因及其上游的 p21WAF/CIPI 基因下调，使其失去对细胞向恶性转化的抑制作用，进而易导致细胞癌变进一步发展。Yoshioka 等的研究结果表明，外源性基膜聚糖基因的表达可抑制由 Vsrc 和 V-K-ras 诱导的细胞恶性转化。在骨肿瘤细胞株中，基膜聚糖参与调控 Smad 的主要信号通路。有研究揭示，MG-63 和 Saos-2 两种具有高低转移潜能的骨肿瘤细胞株都能分泌基膜聚糖蛋白，Saos-2 细胞株的基膜聚糖表达量显著高于前者。下调减少基膜聚糖的合成可促进 Saos-2 细胞的增殖，但对 MG-63 细胞没有影响。基膜聚糖的下调可激活通路中转化生长因子（TGF）β_2 的下游效应器 Smad-2 的磷酸化水平。体外实验提示，基膜聚糖与 TGF-β_2 结合并影响该生长因子的生物学特性。TGF-β_2 能调节骨肉瘤等不同骨肿瘤的基膜聚糖表达，表明 TGF-β_2 下游的信号通路和基膜聚糖的表达之间可能存在着某种反馈机制。上皮间质化作为肿瘤侵袭转移的演变过程，以上皮特性丧失和间质特性获得为主要特征，TGF-β_2 作为一有效诱导物参与其中。体外实验提示 Lum$^{-/-}$鼠晶状体 TGF-β_2 介导的上皮间质化延迟。研究结果表明，基膜聚糖参与 Smad 信号通路介导的上皮间质化，因此，可假定认为基膜聚糖调控 TGF-β_2 通路和下游的 Smad 信号转导。在 Lum$^{-/-}$ 角膜间质细胞中，Fas-FasL 信号通路受损。基膜聚糖能直接结合 FasL，增强后者与细胞表面特异性受体 Fas 的亲和力，从而激活 Fas-FasL 凋亡信号通路，介导细胞凋亡。眼球内肿瘤 FasL 的功能受其表型及表达水平的影响，基膜聚糖通过调节宿主免疫应答参与成瘤过程。

总之，基膜聚糖作为一种细胞外基质蛋白，其作用广泛，不仅促进胶原的正常生成和维持组织结构稳态，还参与细胞凋亡及肿瘤抑制。越来越多的证据表明，成瘤过程中相关的细胞功能及分子机制等均与基膜聚糖有关。随着对基膜聚糖研究的深入，将有助于进一步了解和阐释肿瘤的发生机制，为肿瘤防治开辟新的途径。

第三节　基膜聚糖与眼部疾病

一、基膜聚糖分子结构

小鼠基膜聚糖核心蛋白由 338 个氨基酸残基组成，核心蛋白的 N 端连接硫酸化的酪氨酸残基，不同脊椎动物的蛋白质一级结构同源性极高。

二、基膜聚糖的存在形式

基膜聚糖根据其聚糖修饰形式的不同，以糖蛋白和蛋白聚糖两种形式存在：核心蛋白共价连接未硫酸化的聚乙酰氨基乳糖的糖蛋白形式与核心蛋白共价连接硫酸化的硫酸角质素（keratan sulfate，KS）侧链的蛋白聚糖形式。

三、基膜聚糖基因定位

研究人员测得小鼠基膜聚糖基因位于 12 号染色体远端，由 3 个外显子和 2 个内含子构成，全长 6.9kb，其编码的 mRNA 长度为 1.9kb。

四、基膜聚糖的调控序列

研究发现基膜聚糖基因在转录起始点上游第 27 个核苷酸位点有一转录起始必需的 TATCA 元件，另一必需元件是 GC 富含序列，可以结合转录起始因子 SP1 和 SP3。与小鼠不同的是，人类在 GC 富含区的上游还有一个顺式作用元件，一些组织特异性反式作用因子可结合于其上，抑制基膜聚糖的表达。

五、基膜聚糖在角膜的表达

1. 基膜聚糖在角膜发育中的表达　小鼠出生后 10 天角膜组织中基膜聚糖核心蛋白含量达到高峰，硫酸化 KS 侧链出现时间要比基膜聚糖核心蛋白晚，出生后 20 天含量达高峰。在小鼠自然睁眼之前，角膜基质中的基膜聚糖是糖蛋白形式；自然睁眼之后，角膜中才出现基膜聚糖蛋白聚糖。在鸡胚眼角膜逐渐透明发育过程中，基膜聚糖也经历由糖蛋白形式向蛋白聚糖形式的转变。由此推测，基膜聚糖在角膜透明发育的发生中发挥着重要的作用。

2. 基膜聚糖与角膜的透明性　角膜是眼球重要的屈光介质，角膜的屈光力超过眼球总屈光力的 2/3，角膜的组织结构也非常复杂，共分为 5 层，其中 90%由角膜基质构成，角膜胶原纤维的正确空间构型维持角膜的透明性。基膜聚糖在角膜发育及其透明性中发挥着重要的作用，有文献报道，通过比较新生基膜聚糖基因敲除小鼠和野生型 CD1 小鼠的角膜基质的发育和角膜透明性的特点来阐明基膜聚糖的作用，结果发现野生型小鼠出生 12 天后比刚出生时角膜的散光性降低 50%，同时角膜基质细胞的密度下降了 60%，而角膜基质在第 8～12 天表现出明显的膨胀，第 14 天开始收缩变薄。与野生型 CD1 小鼠相比，基膜聚糖基因缺陷小鼠的角膜散光性明显增加；角膜发育也明显异常，角膜基质的收缩在出生后 3 周才开始出现；角膜基质细胞的密度大幅上升但总的细胞数目并没有增多，角膜肿胀混浊。由以上观察结果可以得出：正常新生小鼠角膜的透明性可能与角膜细胞的密度变化有关，在眼睑睁开的过程中（小鼠出生后 8～14 天）角膜基质经过了明显的膨胀和收缩变薄的过程。而在基膜聚糖基因缺陷小鼠，基质的膨胀过程是缺失的，可以推测在基质发育中膨胀这一关键阶段是基膜聚糖依赖性的，并且基膜聚糖对基质的生长和维持基质的透明性至关重要。另外，其他相关研究也同样发现基膜聚糖（–/–）小鼠角膜混浊。

研究者利用同步加速器分别测量基膜聚糖基因缺失小鼠和野生小鼠的角膜平均胶原纤维直径、纤维间隔和空间排列。结果发现小鼠缺失基膜聚糖基因后，其角膜基质胶原纤维直径增粗且不均匀，纤维间隔增大，空间结构排列紊乱，角膜基质的这些变化可以对角膜的透明程度产生影响。更进一步的研究发现，基膜聚糖主要影响角膜后部的胶原纤维结构，基膜聚糖基因缺失小鼠角膜前部的胶原纤维结构未发现明显变化。但角膜后部表现出明显的结构异形性。

此外，角膜损伤后基膜聚糖除了诱导角膜上皮细胞与角膜基质细胞迁移之外，还能增加巨噬细胞和中性粒细胞，诱导肿瘤坏死因子α与白细胞介素-1 的合成来增强炎症反应。

3. 基膜聚糖在角膜损伤中的表达　角膜损伤后，在伤口的愈合过程中，基膜聚糖不仅在角膜基质细胞高水平表达，而且在损伤周围的角膜上皮中也一过性表达。Saika 等研究发现基膜聚糖（+/+）小鼠损伤的角膜上皮在角膜修复的初期一过性高表达基膜聚糖，而基膜聚糖（–/–）提示基膜聚糖可能参与角膜修复。尤其这种小鼠角膜损伤的修复显著延迟，角膜损伤后表达的基膜聚糖是糖蛋白形式，这种糖蛋白形式的基膜聚糖能促进角膜上皮细胞与基质细胞的迁移，有利于伤口的愈合。

六、基膜聚糖与巩膜的生长发育

为了更好地了解基膜聚糖在巩膜细胞外基质、巩膜胶原纤维的直径、形状和排列方式中所起的作用，Austin 等发现在野生型小鼠巩膜中分子质量约为 48kDa 的基膜聚糖核心蛋白连接低度到中度亲和力的 KS 侧链，这种空间结构利于维持巩膜胶原纤维的稳定性。而基膜聚糖（–/–）小鼠巩膜胶原纤维直径明显变大，排列方式也发生变化，由以上结果可以推测基膜聚糖对巩膜胶原纤维的正确形成具有重要作用，而已知胶原纤维的改变能够导致眼睛形状、大小的异常且严重影响视力。此外，Dunlevy 等首次发现在巩膜胞外基质中，基膜聚糖与 aggrecan（一种软骨蛋白聚糖）以共价键方式结合为分子质量超过 200kDa 的复合物，并且随着年龄的增加其复合物的含量增加，据此推测基膜聚糖-aggrecan 复合物可能在功能上相互影响，在年龄相关性巩膜胞外基质的改变中起重要作用。

七、基膜聚糖与细胞增生、细胞凋亡信号通路

新近的研究发现，细胞外基质中的基膜聚糖还参与细胞凋亡，具有肿瘤抑制作用。基膜聚糖的抑制细胞增生作用主要是通过如下两条途径实现的。

1. 基膜聚糖增强 p21 的表达途径　基膜聚糖能增强抑癌基因 p21 的表达，从而抑制细胞分裂。基膜聚糖（-/-）小鼠 p21（一种广泛存在的依赖 cyclin 的激酶抑制剂）水平下降，此外 p21 上游调控因子——肿瘤坏死因子 p53 在胶原母细胞表达水平下降，以上证据表明基膜聚糖对 p21 的调控依赖于肿瘤坏死因子 p53，p53 是 p21 的转录增强因子。基膜聚糖能直接提高 p21 和 p53 的表达水平，还能抑制 p53 的降解。

2. 基膜聚糖激活 Fas-FasL 途径　基膜聚糖能直接结合 Fas 配体（FasL），增强后者与细胞表面特异性受体 Fas 的亲和力，从而激活 Fas-FasL 凋亡信号通路，介导细胞凋亡。

八、基膜聚糖与病理性近视的关系

目前在世界范围内近视是最常见的眼部疾病之一，其中，高度病理性近视由于发病率的上升及严重的危害性日益受到人们重视。现已经通过基因测序发现基因位点 18p11.31 与部分病理性近视的发病关系密切。Young 等利用基因筛查等技术对一家族病理性近视的研究发现，第 2 个近视眼发病候选基因位于常染色体 12q21.23，而基膜聚糖的基因位点恰好也位于这一段序列中，这一结果说明了高度近视有不同的基因来源并且这些基因的确定可以提高对病理性近视及眼球发育的进一步认识。还有研究发现基膜聚糖和纤维调节素基因双缺失小鼠表现出病理性近视的一般特征：眼轴变长、巩膜变薄、视网膜脱离等。但是有学者提出，虽然在基膜聚糖敲除小鼠模型中发生了小鼠的高度近视，但在对高度近视人群的基因筛查中并没有发现基膜聚糖基因序列的变异或缺失，由此该学者认为基膜聚糖与人类高度近视的产生无关。对于这两种截然不同的观点还有待于进一步的研究考证。目前最新的研究更加倾向于第一种观点，即基膜聚糖与病理性近视的发生有关，对台湾地区 120 例成年病理性近视患者和 137 例正常人对照研究中发现，病理性近视人群位于基膜聚糖基因启动子区域的单核苷的多态性显著变化。

九、基膜聚糖在临床的应用展望

1. 基膜聚糖与角膜损伤修复　虽然人们对基膜聚糖这一机体广泛存在的蛋白多糖物质功能的认识还不是很清楚，但已逐渐认识到基膜聚糖对眼部上皮损伤修复等至关重要，有学者也对此进行了有益的探索。羊膜中基膜聚糖含量丰富，Yeh 等采用基膜聚糖特异性抗体从人类羊膜中提取并纯化蛋白多糖基膜聚糖，将提取好的羊膜中的基膜聚糖加入野生型小鼠角膜上皮细胞培养液中，发现培养液中上皮细胞大量增生小鼠，人类在基膜聚糖（-/-）小鼠的基膜聚糖促进角膜上皮损伤修复的作用甚至比基膜聚糖（+/+）小鼠更明显。研究还发现，无论是体内还是体外培养，晶状体上皮细胞受损后均使晶状体内基膜聚糖的表达增高，据此推测基膜聚糖可能与眼部上皮损伤修复有关。目前，临床治疗角膜严重损伤，除了角膜移植外均缺少有效且彻底的方法，而角膜移植又由于其供体的缺乏大大抑制了其应用，所以，基膜聚糖促进角膜上皮增生的作用可能为角膜的修复提供一个广阔的前景。

2. 基膜聚糖与角膜屈光手术 有研究发现，基膜聚糖基因缺失小鼠发生的角膜混浊与 PRK 术后产生角膜上皮下混浊（Haze）的表现极其相似，于是有人就考虑屈光性角膜切除术后发生的严重 Haze 是否与机体基膜聚糖基因的改变有关？然而经过对大量屈光性角膜切除术后发生 Haze 患者的研究，表明两者之间并无明显关联，Haze 患者基膜聚糖基因没有变异或缺失；此外，利用准分子激光技术治疗屈光不正已被越来越多的人接受，但如何避免术后角膜感染和瘢痕的形成等并发症仍是困扰众多眼科医师的一个难题，于是有学者提出利用基膜聚糖对角膜的修复作用来解决以上难题不失为一种可行方法。

综上所述，基膜聚糖作为一种胞外蛋白作用广泛，以上所列举的对基膜聚糖的研究还只是很少的方面，眼科领域关于基膜聚糖在视网膜中的表达及作用的相关报道较少。基膜聚糖除了促进胶原的正常生成外，还参与细胞凋亡及肿瘤抑制；它在眼的发育中具有重要作用，不仅是机体正常发育所必需，还参与许多疾病的发生、发展。因此，对基膜聚糖这一重要分子的认识还有待于进一步的研究，与临床工作结合起来，有助于病因的探讨和疾病的治疗。

（张锦前）

参 考 文 献

罗海蓉，刘连新，姜洪池. 2007. 抑癌基因 lumican 在胃癌中的表达及其临床意义. 中国普外基础与临床杂志，14：551～553.

武静，周晓东. 2007. Lumican 在眼部的表达和作用. 眼科新进展，27：869～873.

杨国欢，代智，周俭. 2011. 恶性肿瘤与 lumican 的关系研究进展. 中华实验外科杂志，28：1008～1009.

Brezillon S, Venteo L, Ramont L, et al. 2007. Expression of lumican, a small leucine-rich proteoglycan with antitumour activity, in human malignant melanonla. Clin Exp Dermatol, 32：405～416.

Ishiwata T, Cho K, Kawahara K, et al. 2007. Role of lumican in cancer cells and adjacent stromal tissues in human pancreatic cancer. Oncol Rep, 18：537～543.

Nikitovic D, Berdiaki A, Zafiropoulos A, et al. 2008. Lumiean expression is positively correlated with the differentiation and negatively with the growth of human osteosarcoma cells. FEBS J, 275：350～361.

Yamano Y, Uzawa K, Saito K, et al. 2010. Identiffcation of eisplatin-resistance related genes in head and neck squamous cell carcinoma. Int J Cancer, 126：437～449.

第十八章 激活第Ⅶ因子

随着凝血因子Ⅶ（factor，FⅦ）在凝血途径中作用的阐明及分子生物学技术在临床研究中的广泛应用，凝血因子FⅦ的相关研究及基因突变情况，以及作为风险因子在冠状动脉硬化性心脏病（CHD）、血栓形成发病过程及预后中的作用等方面取得了不少进展。另外，重组活化凝血因子FⅦ的基础和应用研究也取得成效。

第一节 FⅦ因子的基本结构与生物功能

一、FⅦ因子

FⅦ是肝脏合成的一种维生素K依赖的单链糖蛋白，成熟蛋白由406个氨基酸残基组成，分子质量约为50kDa，血浆浓度为500～2000ng/ml。成熟的蛋白从N端至C端分为：γ羧基谷氨酸，2个表皮生长因子（EGF）样区及催化区。单链的FⅦ于Arg152/Ile153处裂解为活化的双链形式：20kDa的轻链（152aa）与30kDa的重链（254aa），轻、重链由Cys135与Cys262二硫键连接。在哺乳动物中，该基因编码的氨基酸序列高度同源。FⅦ在血浆中的浓度仅为0.5～2mg/ml，半衰期为3～6h，常用作肝功能异常的分子标志物。

FⅦ基因位于13q14，约12.8kb，紧邻FX基因上游2.8kb，含9个外显子。由于外显子1a、1b的选择性剪接，其前导肽由38个或60个氨基酸残基组成，约90%的FⅦ mRNA不转录外显子1b。前导肽含蛋白质分泌有关的疏水区及部分维生素K依赖的γ羧基谷氨酸区，由外显子1编码；外显子2主要编码γ羧基谷氨酸区；外显子3编码疏水的芳香族氨基酸的堆积区（38～45aa）；外显子5（46～83aa）及外显子6（84～130aa）编码表皮生长因子样区；外显子6（131～167）及外显子7（168～208aa）编码活化区；外显子8（209～406aa）编码催化区及1026核苷酸的3′端非编码区。FⅦ的启动子缺乏TATA盒及CAAT盒，其主要的转录起始位点位于起始密码子（Met+1）上游的50bp处。DNase I 的结合位点为-51～-32、-63～-58、-108～-84及-233～-215；另外的结合位点为HNF-4及Sp1，其突变会导致启动子活性丧失而致FⅦ缺乏。FⅦ基因含大量的多态性，有些多态性对血浆凝血因子Ⅶ水平有明显影响。

二、FⅦ的生物学作用

FⅦ是机体外源凝血途径的始动因子，在血液循环中是以一种微弱活性的酶原形式存在。组织因子（TF）是FⅦ的辅因子。生理情况下，FⅦ与血管受损处的TF结合活化，水解形成由二硫键连接、活性较FⅦ强100倍的双链活化因子（FⅦa），其轻链为结合部位，重链为丝氨酸蛋白酶活性中心。位于细胞膜上的TF能迅速与血浆中的FⅦ结合并改变其构象，进而激活FⅨ、FX从而启动凝血级联反应，最终形成稳固的纤维蛋白性血栓。FⅦa/TF

不仅能迅速激活 FX，其激活 FIX 的能力亦强于 FXIa。因此，由 FVII 参与启动的外源性凝血途径在生理性血栓形成中具有较内源性凝血途径更为重要的意义。FVII 的缺乏无论是原发性的还是继发性的，都有可能造成出血，甚至危及生命。TF-FVIIa 重要的生理性抑制物是组织因子途径抑制剂（tissue factor pathway inhibitor，TFPI）。TFPI 是由内皮细胞及巨核细胞合成分泌的 276 个氨基酸残基组成的蛋白质，分子质量约为 32 kDa，属 Kunitz 抑制物家族，血浆浓度为 60~180ng/ml，而且肝素及血小板激动剂也能促进其释放。TFPI 与 TF-FVIIa、FXa 形成复合物而灭活 FVIIa，调节外源凝血途径。抗凝血酶在肝素的辅助下也能灭活 FVIIa，但其确切的作用仍有争议。相反，FIXa、FXa、FVIIa 及 FIIa 也能活化 FVII。FVII 的 N 端含 10 个 γ 羧基谷氨酸，这些残基有助于 FVII 与钙离子结合，导致其构象变化，暴露 FVII 与 TF 及磷脂结合的新表位。位于重链的 Ser344、Asp242 及 His193 组成丝氨酸酶活性中心，对 FVII 功能极为重要。另外，FVII 蛋白的 Ser52 与 60 为 O-联糖基化位点，而 Asn145 与 322 为 N-联糖基化位点，这些糖基化可能对其功能及半衰期很重要。

当前国内外的研究表明，FVII 不仅在生理止血方面具有重要的作用，而且其血浆水平的高低、基因多态性还与疾病的发生存在相关性。研究发现，FVII 与许多疾病如高血压、冠心病、2 型糖尿病存在一定的相关性，血浆 FVII 的升高与这些疾病的发生呈正相关，血浆 FVII 水平的检测可以作为预测一些疾病发生的一项指标。同时研究还发现 FVII 基因的过表达能促进细胞增生，与肿瘤的发生、生长和转移有一定的关系。

第二节 FVII 与凝血因子VII缺乏症

一、遗传性凝血因子VII缺陷症

遗传性凝血因子VII缺陷症（hereditary factor VII deficiency，FVIID）是一种罕见出血紊乱疾病。Alexander 等于 1951 年首次报道此病，发病率约为 1/50 万，约 18% 的患者与近亲婚配有关。该病是一种常染色体隐性遗传病，由于 FVII 基因突变（包括错义突变、无义突变、插入或缺失突变、启动子或剪接位点突变等）导致 FVII 蛋白结构或表达水平异常，从而使其促进凝血的活性下降。其中最主要的突变类型为错义突变，其次为剪接位点及缺失突变。FVII 基因紧靠凝血因子 X 基因上游 2.8kb 处，包含 9 个外显子。迄今已发现外显子区有 130 多个突变，其中大部分突变位于编码催化结构域的第 8 号外显子。

二、FVIID 的临床表现

FVIID 的临床表现主要是各种部位的出血，最常见的是鼻出血和经血过多，致残性出血及危及生命的出血比较少见。致死性出血以中枢神经系统和胃肠道出血为主，主要发生于出生不到一周的新生儿。3%~4% 的 FVIID 患者有血栓形成，特别是外科手术及替代治疗时，也有自发性血栓形成。有些 FVIID 患者的死亡原因还与肺栓塞和下腔静脉的血栓形成有关。较少出现肌肉关节出血。Peyvandi 等分析了意大利 FVII 缺陷患者的出血表现谱，主要表现为鼻出血、月经增多、口腔出血及创伤后出血。

FVIID 的临床表现迥异，其出血的临床表现与血小板疾病类似。血浆中 FVII 水平与临床出血危险没有明显的相关性，约 30%的 FⅦD 患者没有出血症状，有的纯合子 FⅦ活性小于 5%也没有出血表现。在发生出血的患者中，女性更为普遍，2/3 的 FⅦD 育龄女性经血过多，较男性更易出现皮下淤血和牙龈出血。另外研究报道，FⅦ水平小于 1%却没有出血症状的情况并不罕见；另一方面，FⅦ的水平大于 5%也有可能出现严重的出血。术后出血较常见，但 PT 及 FⅦ水平不能预测出血危险程度，出血与否与 FⅦ水平无明确的相关性。Herrmann 等研究发现，FⅦD 的临床表现可能与 FⅦ 基因突变类型有着非常重要的关系：纯合子和复合杂合子的基因突变，临床出血多数较为严重；而杂合子几乎无临床出血表现。手术后的出血情况与患者的出血史、FⅦ水平及手术类型相关。

FⅦ分为非活化和活化两种状态。活化的 FⅦ减少是 FⅦD 的重要生化特征。正常情况下，活化的凝血 FⅦ范围为 5～15ng/ml。轻中度 FⅦD 患者 FⅦ活性水平为 1%～52%。但是，仅仅检测活化的 FⅦ水平及 FⅦ活性仍然不足以判断疾病的严重程度，还必须对 FⅦ基因进行检测。

三、FⅦD 的实验室诊断

临床上主要根据实验室检测来诊断 FⅦD，患者常常凝血酶原时间（PT）延长，而活化的部分凝血活酶时间（APTT）、凝血酶时间（TT）及纤维蛋白原（FIB）正常，而且延长的 PT 可以被正常血浆纠正。必须通过特异的 FⅦ活性及抗原检测来确诊，还需排除维生素 K 的缺乏、药物及其他获得性的因素。家系调查对 FⅦD 也是有价值的。

1. FⅦ活性（factor Ⅶ activity，FⅦ：C）的分析　FⅦ：C 通常采用基于 PT 的一期法分析，该法简便、快速、易于自动化。但不同来源的凝血活酶对 PT 及 FⅦ：C 的检测具有较大的差异，因此怀疑 FⅦ缺陷时应采用多种组织凝血活酶检测。O'Brien 等报道 Arg304Gln 纯合性突变，用兔组织凝血活酶测定，其 FⅦ活性小于 5%，而用重组的人 TF 测定，FⅦ活性为 30%，用牛脑凝血活酶却正常，FⅦ抗原水平正常，先证者无临床出血表现。在 FⅦ：C 分析中，牛凝血活酶较人或兔凝血活酶敏感。此外，还可用合成的发色胺基底物来分析 FⅦ：C，其较敏感，而且可以避免一期法的影响因素，但较昂贵。

2. FⅦ抗原（FⅦ antigen，FⅦ：Ag）分析　通常 FⅦ：Ag 用 ELISA 或 IRMA 来定量分析，其敏感性能达到 0.0001U/ml。FⅦ：Ag 的检测有助于鉴别功能异常的 FⅦ缺陷症。先天性 FⅦ缺陷分为三类：交叉反应物质阴性（cross reacting material negative，CRM$^-$），交叉反应物质阳性（cross reacting material positive，CRM$^+$），交叉反应物质降低（cross reacting material reduced，CRM^R）。

3. 血浆中 FⅦa 的分析　血浆中仅有微量的 FⅦ活化，FⅦ：C 及 FⅦ：Ag 应一致，但如果 FⅦ不能有效地活化，那么检测就有较大的差别。直接分析血浆中 FⅦa 的方法有采用突变的无跨膜及胞内段的可溶性 TF（不能促进 FⅦ向 FⅦa 转化，但具有 FⅦa 辅因子活性）来作为一期法的组织凝血活酶。用这种方法检测正常血浆基本水平约为 3.6ng/ml，相当于循环总量的 1%。另一种分析血浆 FⅦa 的方法是特异的免疫学分析法，该法用 FⅦa 的特异性抗体作为捕获抗体，不依赖 FⅦa 的凝血活性。但其测定血浆内源 FⅦa 的水平与基于活性的 sTF 方法有较大差异，ELISA 检测正常血浆中的 FⅦa 约为 0.0125，比基于活性 sTF 法低 100 倍。这两种方法差异的原因不清，轻链的 C 端可能在循环中被降解，ELISA 法中的抗体不能将其捕获，而对活性分析则没有影响。另外，基于 sTF 活性检测不够特异，

FXa也能使FⅦ活化，使检测结果偏高。

4. FⅦ基因诊断 FⅦ基因已广泛用DNA测序的方法研究，包括所有的编码区、内含子/外显子接头及启动子区。测序的方法能非常有效、简便地检测FⅦ缺陷症中的突变，并且很多突变均用定点诱变方法重组并于真核细胞中表达。据人类基因突变数据库最新统计，已发现FⅦ基因突变有250多种，包括错义、无义、剪切位点、启动子、小插入和缺失等6种突变，其中错义突变最多，约占70%，而剪接位点突变约有15%。在中欧，Ala294Val及11125delC的发生率较高；而且很多突变发生于CpG岛，这是FⅦ突变的热点。大约10%患者，普通PCR结合测序的方法不能找到突变，这是目前面临的一个问题。可能由于PCR结合测序的方法不能有效地检测大片段缺失、基因内重排、内含子突变，而且受内含子7重复序列的影响等，常规PCR技术可能得出矛盾、不可解释的结果。有研究者用半定量荧光PCR及长链PCR或选择合适的引物等方法来克服这些问题。总之，实验室检测是诊断FⅦ缺陷的重要手段，但在临床实际应用中必须注意各种方法的敏感性及缺点。

5. FⅦ的基因突变 FⅦ基因没有明显的突变热点，R79Q/W、6071G>A、A244C、R304Q、T359M等这些突变发生在CpG岛。突变部位多在外显子，其次为内含子。近年随着分子生物学及细胞学技术的迅速发展，多采用体外重组蛋白表达及分子模型图研究。剪接位点突变多采用minigene表达及mRNA异位表达来研究。minigene表达构建相应外显子及侧翼的内含子克隆入真核表达载体中，转染细胞后，做RT-PCR并测序确定剪接的情况；异位表达是观察体内剪接位点突变后剪接情况的方法，即提取外周血中mRNA，RT-PCR并测序确定剪接情况。剪接位点突变常导致外显子的跳跃或隐性剪接位点的激活，导致框移突变。Yu等报道了内含子5的3'剪接位点AG二核苷酸G>A的突变，虽然异位表达中没有发现异常，但minigene表达发现外显子6被跳跃而丢失，导致FⅦ不能正常表达，临床出血表现较重。FⅦ启动子区缺乏TATA盒及CAAT盒，主要转录因子为SP1（锌指结构家族成员）和肝细胞核因子4（HNF4），与位于−101～−94和−63～−58的序列结合启动转录，启动活性较弱。Carew等发现−61 T>G突变发生在与HNF4结合的共有序列，应用荧光酶报告基因研究发现其转录活性降低，FⅦ的抗原及活性明显降低。

6. FⅦ基因突变与临床表型的关系 FⅦ：C及FⅦAg水平与临床表现的相关性不明显，因此研究FⅦ基因突变与临床表现的关系更为重要。根据FⅦ：C及FⅦAg将FⅦ缺陷分为CRM$^+$、CRM$^-$及CRM^{red}三类，临床表现分为无症状、轻/中度FⅦ缺陷及重度FⅦ缺陷。Rosen等研究发现FⅦ基因敲出的小鼠，虽然其胚胎能正常发育，但在围生期发生致命的出血，最初24h内新生小鼠，出现腹腔内的出血，多数死于颅内出血，这与人纯合性FⅦ突变新生儿的临床表现相似。这反映了凝血启动中FⅦ的重要性，但FⅦ缺陷患者的临床表型与实验室表型无明显相关性。可能是体内的凝血启动仅需要痕量的FⅦa，体外的实验分析不够敏感，不能鉴别真正的裸突变（FⅦ水平为0）和极低量却能在体内启动凝血的非零FⅦ：C水平。例如，纯合性的R304Q突变患者，用不同的凝血活酶检测得到不同的结果，而患者无明显的临床表现，这说明非人TF测定FⅦ：C临床应用的局限性。另外，临床表型还受其他遗传学、环境、性别及年龄的影响。Herrmann等分析欧洲较高的纯合及杂合性FⅦA294V突变临床表现多样性的原因，发现易栓症相关的FV Leiden及FⅡG20210A与FⅦA294V纯合突变无症状者的临床表型有关，但分析患者数量较少，而且欧洲人种携带FV Leiden及FⅡG20210A较高。FⅦ缺陷的临床表型是遗传学改变及环境共同作用的结果。在重度FⅦ缺陷患者中，基因突变多为干扰基因表达、蛋白分泌的纯合及双杂合性突变，包括启动子区，多发生在转录因子结合的共有序列中，降低了转录因子的结合，导致FⅦ基因转录水平严重降低，使FⅦ得水平明显降低。O'Brin等认为FⅦR79Q能够表达，但与TF结合力下降，临床表现为CRM$^+$。Wulff等研究发现FⅦR152Q突变改变了裂解位点的结构，使FⅦ不能被Fxa裂解为轻链与重链，即FⅦ不能被活化，临床也表现为CRM$^+$。而FⅦD242N突变位于丝氨酸蛋白酶活性中心的主要氨基酸，突变改变了催化区的结构，导致蛋白错误折叠而分泌缺陷，致使FⅦ：C及FⅦ：Ag均下降，表现为CRM$^-$。在轻中度及无症状的FⅦ缺陷中，几乎均为错义突变所致，已知的突变有R79Q、R79W、G97C、R223W、A244V、W356X等，有些表现为CRM$^+$，也有为CRM$^-$、CRM^{red}。患者体外FⅦ：C水平为1%～52%，但单用血浆中的FⅦ水平区分重度和轻/重度FⅦ缺陷不可靠，应进行基因检测。另外，FⅦ基因的多态性对FⅦ水平有明显的影响，Hunauh与Mtiraoui发现FⅦQ353可使FⅦ的分泌效率降低，使血浆中的FⅦ水平降低30%～50%。-323 P0/P10多态性影响了FⅦ的转录效率来降低FⅦ的水平，而不影响转录因子与启动子的结合。-401G/T及-402G/A影响核蛋白与启动子相互作用而降低FⅦ的表达。Pinotti等发现内含子7的37bp可变数目的重复序列通过影响FⅦm RNA剪接来调控FⅦ的表达，定量mRNA分析示高数目重复序列与相对高的mRNA表达相关，这提示该突变有血浆FⅦ有关。总之，FⅦ缺陷的临床表现与基因突变的类型、血浆中FⅦ水平均无明显相关性，相同突变不同的患者临床表现有差异，轻重各异，而且相同的血浆FⅦ水平的患者也有极大的差异。另外，血浆中FⅦ的水平也不能预测患者出血严重程度。目前这些差异的原因不明，可能与不同人群的遗传学及环境不同有关，诸如FV Leiden等及降低FⅦ水平基因的多态性；也可与目前实验室的检测方法的局限性有关。这些均需进一步研究分析。

四、FⅦD的治疗

维生素K治疗对FⅦD没有效果。临床治疗主要依靠输注新鲜冰冻血浆、凝血酶原复合物或重组活化人凝血因子Ⅶa（rFⅦa）。FⅦ半衰期很短，频繁输注血浆既增加患者的循环负担，又易导致输血相关疾病。凝血酶原复合物治疗可造成维生素K依赖凝血因子增多，增加动脉和静脉血栓的发生风险。rFⅦa是一种有效的替代治疗方法，风险相对较小，使用剂量及次数可根据患者个体情况而定。欧洲药品监督管理局给出的治疗参考方案是：15～30μg/kg，每4～6h输注一次，直到成功止血。FⅦ治疗评估协会（STER）的研究认为每周使用3次rFⅦa，总量为90～100μg/kg，可以有效预防出血且无血栓形成等不良反应。Wiszniewski等对17个FⅦD患者使用rFⅦa后，能有效减少患者血栓栓塞、出血及出血并发症的发生。对于儿童FⅦD患者（小于12岁），rFⅦa制剂可用于长期预防治疗，剂量及使用的频率需要根据患儿的具体情况及临床反应而定。最近的一项研究也表明，对于严重FⅦD患者，长期的rFⅦa预防性治疗是可行的，剂量为20～30mcg/kg，频率为2～3次/周。还有研究表明，肝移植可有效治疗FⅦD。Mohan等报道了世界上第一例活体肝移植治疗FⅦD，获得了成功。

第三节 FⅦ与CHD

FⅦ是启动外源性凝血途径的关键环节,外源性凝血途径又在血栓形成过程中发挥重要作用,因此,FⅦ是动脉血栓形成过程中的影响因素。经过长期大样本的研究发现,FⅦ是冠心病的危险因素,其血浆水平与冠心病患病率正相关,尤其是与恶性心血管事件显著关联。血液中FⅦ水平受遗传和环境的双重影响,正是由于影响因素复杂,往往导致遗传因素的研究结果出现争议。其中遗传因素主要指FⅦ基因多态性,其具有明显的人种差异。目前研究较多的多态性位点有以下几种。

1. 位于FⅦ外显子8的353位编码氨基酸多态性(R353Q) R353Q位点是国内外研究最多且是R353Q基因上功能最显著的位点。Girelli等研究发现,意大利人R353Q基因外显子8R353Q的多态性中Q等位基因携带者发生心肌梗死的危险性显著低于RR纯合子,故认为Q等位基因具有对抗心肌梗死的作用,并且R353Q可影响FⅦ水平,携带Q等位基因者比R等位基因者FⅦ水平低。国外学者Wu等通过回顾分析了R353Q关于基因多态性和冠心病的多项大型研究,提出RQ和QQ基因型能够减少冠心病的发生,进一步证实了该位点的作用。国内Xu等对105名中国正常汉族人群和234例冠心病患者的R353Q基因多态性情况进行分析发现,冠心病人群中非心肌梗死组(RQ和QQ)的基因型和Q等位基因频率显著高于心肌梗死组,证明R353Q基因多态性与心肌梗死有相关性。

2. 位于FⅦ启动子区域位323位点的插入缺失多态性5′F7 5′F7有研究表明,10bp的碱基插入A1等位基因可以使得启动子活性下降,从而使FⅦc与FⅦAg水平均下降。国内学者发现5′F7基因A2的等位基因与低凝血因子Ⅷ活性相关,A1等位基因与高FⅦ活性相关。

3. FⅦ基因内含子7的串联可变重复序列多态性(HVR4) HVR4该位点具有明显的人种差异。Iacoviello等研究发现,HVR4与心肌梗死的发病有关,其中H7H5、H6H5基因型增加心肌梗死的发生,而H6H6、H6H7和H7H7基因型则减少其发生。

4. 位于启动子区的-401G/T、-402G/A Kang等对60名冠心病患者和149名正常对照分析-401G/T、-402G/A后发现,正常对照组中-402位三种基因型中,-402A纯合子血浆FⅦAg显著升高,-402G/A杂合子血浆FⅦ水平升高不明显。因此认为-402G/A多态性影响血浆FⅦ水平,并且能够影响血栓形成,然而,-402A纯合子血浆FⅦc与FⅦa水平没有明显升高,这可能是由于存在环境因素或者种族因素影响活化,此类人群并无血栓形成。

近年来,随着冠心病分子致病机制的研究深入,不难发现FⅦ基因是通过血清影响冠心病的发生。FⅦ基因多态性可能通过调节启动子的活性影响蛋白质表达、分子序列变异改变蛋白质构象等机制,影响FⅦ体内代谢,导致其分泌减少。但是由于样本量偏少、检测手段单一等因素制约了该领域的发展,相信随着大样本、多中心、随机双盲、多民族研究项目的广泛开展,会进一步明确FⅦc基因与冠心病的关联,也可能发现关于冠心病的更有效的分子标记,促进冠心病分子致病机制的阐明。

第四节 重组活化凝血因子 FⅦ

作为一种重要的凝血因子制剂，重组活化凝血因子 rFⅦ（recombinant activated factor Ⅶ，rFⅦa）通过对内外源凝血途径的共同促进作用及非组织因子途径促进凝血酶的生成。除应用于血友病甲型、乙型患者的标准用法外，rFⅦa 的说明书外应用扩展到控制创伤、产科、肝移植的难治性出血。同样，rFⅦa 也为降低心血管手术围术期出血及输血风险提供了新的治疗选择。

一、rFⅦa 的作用机制

rFⅦa，1999 年由美国 FDA 批准上市。通过基因技术制备，其标准用法是治疗血友病甲型、乙型患者（伴或不伴有 Ⅷ 因子抗体）、先天性凝血因子 FⅦ缺乏和血小板无力症患者的出血。其促进凝血的作用机制包括：通过与组织因子形成复合物激活凝血因子 X 以激发外源性凝血途径，启动凝血过程；同时，FⅦ组织因子复合物通过激活凝血因子 IX 激活内源性途径，维持凝血过程。除激发和交联内外源凝血途径之外，rFⅦa 可不借助 TF 直接在激活的血小板表面促进凝血酶原的形成（即非组织因子途径），也可通过激活的凝血酶原间接抑制纤溶酶原复合物抑制剂的激活从而稳定凝血块。

二、rFⅦa 的应用效果

1. 心血管围术期的应用　Walter 回顾性研究了 415 名出血高危患者，将复杂心血管手术后发生难治性出血的 24 名患者分为接受 rFⅦa 治疗组和直接二次开胸手术组。接受 rFⅦa 治疗组中有 75%的病例避免二次开胸止血，而直接进行二次开胸止血的病例仅有 83.3%的止血成功率，推测该类患者使用 rFⅦa 二次开胸止血效果类似。Deniz Goksedef 利用倾向性匹配方法分析主动脉手术患者的围术期数据，发现在术中应用 rFⅦa 可显著减少红细胞和新鲜冰冻血浆的使用量、胸液引流量和二次开胸率，建议将 rFⅦa 应用于主动脉手术中非外科因素的持续性纵隔出血患者。相似的临床研究显示，对于心脏手术围术期的难治性出血，rFⅦa 可减少出血和输血的量，并显著改善凝血指标（PT 和 aPTT）。

2. rFⅦa 应用剂量　rFⅦa 用于血友病患者的建议剂量为 90μg/kg，必要时可重复使用。而在心血管手术围术期，rFⅦa 的应用剂量没有统一标准，文献报道为 9～182μg/kg 不等，75%的患者使用总量小于 90μg/kg。有文献称应用于心血管手术的最低有效剂量至少要达到 80μg/kg。近期也有临床数据表明小剂量 rFⅦa（11.1～21.5μg/kg）可有效控制血管外科术后难治性出血。与上观点不同，有学者称 rFⅦa 的临床效果与剂量无关。

3. 临床应用指标和时机　一般认为 INR>1.5 时可使用该药物且应将 INR 维持在 1～1.2。有文献却发现较 PT 和 INR 两个指标而言，aPTT 数值变化与 rFⅦa 的应用效果有更加紧密的联系。随着即时检验（POCT）的重要性逐渐被承认，血栓弹力描记技术也为 rFⅦa 的使用提供了更为客观和快速的实验室指导指标。目前被广泛接受的观点是，作为出血的挽救治疗，rFⅦa 越早使用效果越好。Karkouti 针对 rFⅦa 的使用时机进行研究，发现早期应用 rFⅦa 的死亡率（7.6%）要低于晚期应用的死亡率（27.1%）。另有学者认为 rFⅦa 只可作为难治性大出血的挽救措施，仅在常规治疗措施无效的情况下使用。2011 年美国胸外科医师协会和心血管麻醉医师协会联合发布的《心血管手术围术期血液保护指南更新》中指出，rFⅦa 可用于治疗心血管外科术后常规止血策略无效的体外循环后患者的非外科因素出血。根据 rFⅦa 因子的作用机制，当患者的凝血因子不足时，rFⅦa 的应用可直接激活凝血酶从而促进血凝块的形成，但是如果凝血块形成的最后阶段底物缺乏、血小板功能下降或数量不足、或天然抗凝成分过度激活，应当先予纠正再给予该类药物。Yan 回顾性分析了 71 名 A 型主动脉夹层者，联合应用 3 个单位血小板和 2.4mg rFⅦa 的实验组较应用常规策略的对照组有更少的血制品输注量和更短的关胸时间。Guzzetta 的研究也提示在没有添加人凝血酶原复合物时 rFⅦa 不能有效改善凝血指标，并且指出起主要作用的是人凝血酶原复合物中的凝血因子 Ⅱ。

心血管外科手术过程中病理因素也可能影响 rFⅦa 的效果。Meng 研究了 rFⅦa 和 rFⅦa 组织因子复合物在不同温度和 pH 作用下于磷脂表面和血小板表面的功能，结果显示 rFⅦa 组织因子复合物在温度为 33℃时较 37℃时的活性下降 20%，pH 从 7.4 变化到 7.0 时 rFⅦa 活性降低 90%，rFⅦa 组织因子复合物降低 60%。对于人体内环境，有人提出"细胞模型"的概念，应用 rFⅦa 之前应当先纠正低温、酸中毒和电解质紊乱，以确保其完全发挥作用。

4. 不良事件 作为促进凝血的药物，rFⅦa 促血栓形成的作用不可忽视，美国 FDA 回顾了 1999～2004 年 rFⅦa 的说明书外应用，发现每 200 名患者中有 1 名死亡。无论是病例报道还是临床试验都曾披露 rFⅦa 的使用可引发严重血栓相关并发症的发生，报道发生率为 0～44%不等。

一项前瞻性随机对照实验表明 rFⅦa 组不良事件的发生率要高于非 rFⅦa 组，相同的结果出现在针对 4942 名患儿的回顾性研究中。Chuansumrit 的试验显示，不良事件的发生与患者使用该类药物的剂量有关。美国食品药品监督管理局表示接受 rFⅦa 说明书外治疗的患者有更高的血栓事件发生率。对于心血管手术，尤其是老年患者和冠状动脉硬化性心脏病患者而言，rFⅦa 的使用应当更加谨慎。近期，一项针对 29 个随机实验进行的 Cochrane 回顾发现，围术期预防性或治疗性应用 rFⅦa 对减少死亡率并无益处，但却增加动脉血栓事件的风险。更有学者将 rFⅦa 的拮抗剂作为预防动脉硬化斑块血栓形成的潜在靶点。然而，另外的临床研究却表明应用 rFⅦa 并不增加不良事件的发生率，血栓事件在两组中并没有区别。如何权衡血栓并发症和终止出血之间的利弊是临床医生使用该类药物时需要面临的重要难题之一。

（王燕颖）

参 考 文 献

Boehlen F，Casini A，Pugin F，et al. 2013. Pulmonary embolism and fatal stroke in a patient with severe factor XI deficiency after bariatric surgery. Blood Coagul Fibrinolysis，24(3)：347～350.

Borhany M，Boijout H，Pellequer JL，et al. 2013. Genotype and phenotype relationships in 10 Pakistani unrelated patients with inherited factor Ⅶ deficiency. Haemophilia，19(6)：893～897.

Di Minno MN，Dolce A，Mariani G. 2013. Bleeding symptoms at disease presentation and prediction of ensuing bleeding in in-herited FⅦ deficiency. Thromb Haemost，109(6)：1051～1059.

Farah R，Al Danaf J，Braiteh N，et al. 2015. Life-threatening bleeding in factor Ⅶ deficiency：the role of prenatal diagnosis and primary prophylaxis. Br J Haematol, 168(3): 452~455.

Greene LA, Goldenberg NA, Simpson ML, et al. 2013. Use of global assays to understand clinical phenotype in congenital factorⅦ deficiency. Haemophilia, 19(5): 765~772.

Gupta E, Finn L, Johns G, et al. 2015. Correction of factor Ⅺ deficiency by liver transplantation. Blood Coagul Fibrinolysis, 352(22): 2357~2358.

Hedner U. 2015. Recombinant activated factorⅦ: 30years of research and innovation. Blood Rev, 29(1): S4~8.

Kreuziger BLM, Morton CT, Reding MT. 2013. Is prophylaxis required for delivery in women with factorⅦ deficiency?Haemophilia, 19(6): 827~832.

Mirzaahmadi S, Asaadi-Tehrani G, Bandehpour M, et al. 2011. Expression of recombinant human coagulation factor VII by the lizard Leishmania expression system. J Biomed Biotechnol, 2011: 873~874.

Mohan N, Karkra S, Jolly AS, et al. 2015. First living-related liver transplant to cure factor Ⅶ deficiency. Pediatr Transplant, 19(6): E135~138.

Napolitano M, Giansily-Blaizot M, Dolce A, et al. 2013. Prophy-laxis in congenital factor Ⅶ deficiency: indications, efficacy and safety. Results from the Seven Treatment Evaluation Registry(STER). Haematologica, 98(4): 538~544.

Palla R, Peyvandi F, Shapiro AD. 2015. Rare bleeding disorders: diagnosis and treatment. Blood, 125(13): 2052~2061.

Pavlova A, Preisler B, Driesen J, et al. 2015. Congenital combined deficiency of coagulation factors Ⅶ and X-different genetic mechanisms. Haemophilia, 21(3): 386~391.

Siboni SM, Biguzzi E, Mistretta C, et al. 2015. Long-term prophy-laxis in severe factor Ⅶ deficiency. Haemophilia, 1~8.

Wiszniewski A, Szczepanik A, Misiak A, et al. 2015. Prevention of bleeding and hemorrhagic complications in surgical patients with inherited factor Ⅶ deficiency. Blood Coagul Fibrinolysis, 26(3): 324~330.

第十九章　血栓黏合素

血液循环中的血小板受到血液中不同因子的刺激时，可有不同应答。当血小板受到凝血酶激活时，从血小板的α颗粒中释放出一种蛋白质，称为血小板的血栓黏合素（thrombospondin，TSP）。以后的研究中发现不仅血小板的α颗粒中合成这种蛋白质，在不同类型的细胞中也发现了这种蛋白质的存在。不仅如此，还在其他类型的组织细胞中发现与之同源的蛋白质，因而将首先在血小板α颗粒中发现的血栓黏合素称为血栓黏合素-1（TSP-1），其他的则依次命名为血栓黏合素-2（TSP-2）、血栓黏合素-3（TSP-3）、血栓黏合素-4（TSP-4）和血栓黏合素-5（TSP-5），这五种结构和功能同源的蛋白质组成了一个血栓黏合素家族（thrombospondin family），其中血栓黏合素-1是研究得最为清楚的一种。这一蛋白质家族中的各个成员，在细胞黏附、细胞移行、细胞扩散及细胞增殖等过程中都具有十分重要的调节作用。

一、血栓黏合素的分子结构

血栓黏合素是一种重要的细胞外基质糖蛋白，包括 TSP-1、TSP-2、TSP-3、TSP-4、TSP-5/软骨寡聚基质蛋白五种类型。其中，TSP-1 由血小板α颗粒、成纤维细胞、血管内皮细胞等分泌，在病理及生理情况下可发挥多种生物学作用（如抑制血管内皮细胞增殖和迁移、促进血小板激活和聚焦等），且与多种疾病的发生发展密切相关。

1978年，Lawler 等首次报道了 TSP-1 的存在；1990年，Good 等首次从人体血小板中成功分离出了 TSP-1，并证明其具有抑制血管化的作用；Bagavandoss 和 Wilks 发现，TSP-1 能够抑制内皮细胞的增殖，TSP-2 作用机制与 TSP-1 类似，但作用强度远低于 TSP-1。

小鼠的血栓黏合素 cDNA 序列与从 Swiss 3T3 成纤维细胞基因组文库中分离到的血栓黏合素基因组 DNA 序列进行比较，发现其 cDNA 序列与基因组 DNA 中的编码序列有较大的差别。将小鼠的血栓黏合素与人的血栓黏合素的基因序列进行比较，发现从小鼠成纤维细胞基因组文库中获得的血栓黏合素基因序列，与人血栓黏合素-1 的基因序列同源，因而称之为小鼠血栓黏合素-1；而克隆的小鼠血栓黏合素 cDNA 则与人血栓黏合素-2 同源，称为小鼠血栓黏合素-2 基因。通过 Southern blot 杂交及细胞遗传学分析，证实小鼠的血栓黏合素-1 基因与血栓黏合素-2 基因分别位于小鼠染色体基因组的不同位点上。以 RNA 酶保护法对 4 周龄的小鼠各种组织中血栓黏合素-1 和血栓黏合素-2 两种 mRNA 的表达进行检测，发现这两种血栓黏合素基因 mRNA 的表达水平及组织细胞分布情况并不完全一致。尽管小鼠血栓黏合素-1 和血栓黏合素-2 基因的内含子与外显子的结构极为类似，但其编码产物的氨基酸残基序列却差别很大，羧基端序列的同源性为82%，氨基端序列的同源性仅为32%。对 rnucin 基因的 5′端侧翼序列进行分析时发现了第三个小鼠血栓黏合素的成员，称为血栓黏合素-3。小鼠血栓黏合素-3 基因的多聚腺苷酸信号与 rnucin 基因的转录起始点仅以 3kb 的序列相隔。血栓黏合素-3 与血栓黏合素-1 及血栓黏合素-2 基因显然属于同一个基因家族，其3'端的序列具有相对较高的同源性，而且其分子结构中具有同源性的重复序列及位点结构。但血栓黏合素-3的5'端序列，与血栓黏合素-1及血栓黏合素-2相比，有较大的差别。人、小鼠的血栓黏合素-1、血栓黏合素-2和血栓黏合素-3这三种基因的染色体定位如表19-1所示。

表19-1 人、小鼠血栓黏合素基因定位

	人	小鼠
TSP-1	15q15	2F
TSP-2	6q27	17AB
TSP-3	1q21—q24	3E3~F1

到目前为止，在5种已得到基因克隆化的血栓黏合素分子结构的研究中，以血栓黏合素-1的结构研究得最为清楚。血栓黏合素-1是血小板α-颗粒中含量最多的一种蛋白质成分，在组织损伤或血栓形成部位，受到激活的血小板可以快速分泌这种血栓黏合素-1。除了血小板之外，还有各种各样的细胞类型都可以合成与分泌血栓黏合素-1，包括成纤维细胞和平滑肌细胞等。TSP-1和大多数大蛋白质一样，是外显子改组和复制的结构单位复合体。根据其结构和功能可将其分为6个结构域。①N端：类似于正五聚蛋白和层粘连蛋白-G。N端区域的氨基酸残基190～201与$β_1$整合素结合，介导TSP-1与肝素结合调节细胞间接触、游走、增殖及血小板聚集。②前胶原同源区：可通过亚基聚集抑制血管新生。③type Ⅰ序列（TSR）：由3组重复的备解素序列组成，可通过与CD36、HSPG、整合素等结合，调节细胞间接触、轴突生长、激活TGF-β、抑制内皮细胞增殖、诱导内皮细胞凋亡、抑制血管新生。④type Ⅱ序列：由3组重复的类表皮生长因子组成，与可溶的基质蛋白相互作用。⑤type Ⅲ序列：由7组重复的钙结合位点序列组成。⑥C端：可与整合蛋白相关蛋白（IAP）结合，介导细胞黏附、游走、血小板聚集。初步的研究表明，血栓黏合素-1基因的转录产物还存在着剪切加工现象，因而可以编码分子质量为140kDa、50kDa的两种蛋白质分子。

血栓黏合素-1的亚单位由1170个氨基酸残基组成，计算分子质量为129.27kDa。氨基末端的1～18个氨基酸残基构成了血栓黏合素的信号肽序列。前胶原同源结构区位于第303～372个氨基酸残基。表皮生长因子重复序列位于第549～587、588～645和646～689个氨基酸残基。血栓黏合素Ⅲ型重复序列位于第723～758、759～781、782～817、818～840、841～878、879～914和915～950个氨基酸残基。潜在的 N-糖基化位点分布在第248、360、708和1067个氨基酸残基上。两段肝素结合位点分别位于第41～47和99～102个氨基酸残基序列中。RGD细胞黏附位点位于第926～928个氨基酸残基。VTCG细胞黏附位点位于第449～452和第506～509个氨基酸残基。血小板黏附位点位于第1034～1063和第1084～1138个氨基酸残基。可能的剪切位点位于第19～292个氨基酸残基。

TSP-2像TSP-1、TSP-3、TSP-4及软骨寡聚物基质蛋白（cartilage oligomerie matrix protein，COMP）4个成员一样，属于多功能细胞间质糖蛋白，具有与凝血酶、纤维蛋白原、纤维粘连蛋白等多种物质结合的位点。其在内皮细胞、成纤维细胞、平滑肌细胞和Ⅱ型肺泡细胞等多种细胞内合成，并被分泌到细胞间质中；它是一种420kDa的细胞间质糖蛋白，由成纤维细胞、平滑肌细胞等分泌。近年来的研究表明，TSP-2 具有抑制血管内皮细胞增殖的能力，TSP-2 与肿瘤的生长和转移有密切的关系。

二、凝血酶激活血栓黏合素基因家族的进化特点

血小板血栓黏合素由三个分子质量为 420kDa 的亚单位糖蛋白组成。人与小鼠的血栓黏合素基因的克隆化及序列比较结果表明，两者具有高度的同源性。小鼠的血栓黏合素-1 和血栓黏合素-2，其总体结构形式十分相似。其羧基端和氨基端都是半胱氨酸残基分布较少的结构区，不含有内部重复序列，与其他类型蛋白的一级结构序列的同源性也很低。血栓黏合素-1 分子结构中的氨基与羧基端，都与血栓黏合素和细胞表面之间的相互作用有关。抗-羧基端或抗-氨基端的血栓黏合素的特异性抗体，都可以阻断血小板聚集。氨基端位点可与含有硫酸肝素的蛋白聚糖 syndican 分子进行结合。此结构区中碱性氨基酸残基的突变，对血栓黏合素与肝素-琼脂糖凝胶的结合具有抑制作用。与氨基端的序列相反，血栓黏合素分子的中部结构区则是富含半胱氨酸的结构区。除此之外，还具有内部重复序列及在其他的蛋白质分子中所存在的结构位点序列。有三种内部重复序列，分别称之为Ⅰ、Ⅱ和Ⅲ型重复序列，在血栓黏合素-1 和血栓黏合素-2 分子结构中都有这三种类型的内部重复序列。Ⅰ型重复序列与 C8、C9 等补体分子中的某些位点结构区同源。Ⅱ型重复序列与表皮生长因子的结构位点相似。Ⅲ型重复序列中含有大量的、连续分布的钙结合位点，在血栓黏合素-1、血栓黏合素-2 和血栓黏合素-3 等三种血栓黏合素的分子结构中都发现了这种Ⅲ型重复序列结构的存在。血栓黏合素Ⅲ型重复序列中的钙结合位点序列与调钙蛋白及纤维蛋白原β亚单位、γ亚单位中的位点结构是同源性的。

为了研究血栓黏合素基因家族的进化关系，Lawler 等（1993）对来源于不同生物种系的血栓黏合素的序列与结构进行了系统的比较分析。人血栓黏合素-4 的序列与爪蟾血栓黏合素-4A 的序列之间的同源性高达 92.8%。人血栓黏合素-1 与爪蟾血栓黏合素-1A 序列的同源性达 89.0%。以人或爪蟾的血栓黏合素-4 进行 Northern blot 杂交实验，其结果完全一致。血栓黏合素-1 和血栓黏合素-2 序列的长度完全一致，而血栓黏合素-3 和血栓黏合素-4 的序列与血栓黏合素-1 序列之间的差别大一些。另外，在血栓黏合素-3 和血栓黏合素-4 的羧基末端，还有另外的氨基酸残基序列，其长度超过血栓黏合素以后的序列。从血栓黏合素基因的进化树来看，人与小鼠的血栓黏合素-1 基因之间更为接近。人与小鼠的血栓黏合素-2 基因也相距不远。除了小鼠的血栓黏合素-3 基因之外，其他类型的血栓黏合素基因序列之间的差别大致相似。其原因可能是目前只得到一个种系的血栓黏合素-3 的基因序列。根据计算，血栓黏合素-1 和血栓黏合素-2 基因大约在 5.83 亿年前就形成了，而血栓黏合素-3 和血栓黏合素-4 基因的发现更早，大约在 9.25 亿年前。血栓黏合素-3、血栓黏合素-4 与血栓黏合素-1、血栓黏合素-2 之间最早出现的差别就是在血栓黏合素-4 的分子结构中，缺乏前胶原的同源性序列及Ⅰ型重复序列。

三、血栓黏合素分子中的位点结构

与其他类型的细胞外基质糖蛋白分子结构一样，在血栓黏合素的分子结构中也发现了一系列的位点结构，如Ⅰ型重复序列、Ⅱ型重复序列、Ⅲ型重复序列、肝素结合位点、钙结合位点、表皮生长因子重复序列、RGD 细胞黏附位点、血小板结合位点等。这些位点结

构在血栓黏合素的生物学作用及其调节中占有十分重要的地位。

1. 与血栓黏合素寡聚体形成相关的结构位点　血栓黏合素-1 在血小板的α-颗粒中合成并贮存,当血小板受到凝血酶等的激活以后,即得到释放。这种血栓黏合素-1 是一种由完全一致的三个亚单位组成的均一三聚体形式。血栓黏合素-1 分子结构中的三个亚单位是靠二硫键的形成而结合在一起的。血栓黏合素-2 的均一三聚体的形成也是通过类似的过程。将血栓黏合素-1 与血栓黏合素-2 的氨基酸残基序列进行比较,发现血栓黏合素-1 分子结构中链间二硫键形成的半胱氨酸残基在血栓黏合素-2 分子结构中也是保守的。血栓黏合素-1 与血栓黏合素-2 分子结构相似,氨基酸序列结构长度相同,Swiss 3T3 成纤维细胞既表达血栓黏合素-1,也表达血栓黏合素-2,因而 O'Rourke 等（1992）怀疑是否有这两种血栓黏合素的亚单位之间形成异三聚体的可能性。因此,对于 Swiss 3T3 小鼠成纤维细胞所表达的血栓黏合素,以及以血栓黏合素-1 和血栓黏合素-2 两种基因的表达载体共转染的上皮细胞所表达的重组血栓黏合素的分子结构和亚单位的组成进行了分析比较,发现了异常的三聚体分子的存在。另外,发现血栓黏合素-2 三聚体分子结构中的肝素结合位点与肝素之间的亲和力低于血栓黏合素-1 分子中的相关结构,因此,不同的血栓黏合素异常三聚体的形成,可以调节血栓黏合素与肝素之间的亲和力。

血栓黏合素-1 三聚体的形成与其分子结构中的氨基端的两个半胱氨酸残基形成链间二硫键的过程有关。血栓黏合素-3 的分子结构与血栓黏合素-1 之间最显著的差别就是其氨基端序列部分不同。因此,Qabar 等认为这种结构上的差别,特别是有关链间二硫键形成有关的半胱氨酸残基的数目及其分布不同,可能造成寡聚体形成性质的不同。以基因的缺失突变和定点突变相结合,证实血栓黏合素-3、血栓黏合素-4 及血栓黏合素家族中的另一个成员,即软骨寡聚基质蛋白（COMP）一样,都是五聚体形式,而不是三聚体。血栓黏合素-3 五聚体链间二硫键的形成与 Cys-245 和 Cys-248 两个半胱氨酸残基有关,证实血栓黏合素-3 的氨基端结构序列,特别是与链间二硫键形成有关的序列,是决定血栓黏合素寡聚体形成相关的结构位点。

2. 血栓黏合素的细胞结合位点　血栓黏合素可以介导数种类型细胞的黏附、扩散与迁移。与细胞黏附有关的结构位点有 4 种,包括其氨基端肝素结合位点、含有 CSVTCG 序列的 I 型重复序列、最后一个III型钙结合重复序列中的 RGDA 序列,以及羧基端的细胞或血小板结合位点。人黑色素瘤细胞素（G361）与血栓黏合素结合的位点,位于血栓黏合素分子结构中的羧基端,与 RGDA 序列无关,可被单克隆抗体 C6.7 所阻断。为了在血栓黏合素分子结构中羧基端的 212 个氨基酸残基中鉴定出与细胞结合有关的位点结构,合成了相互重叠的 7 段由 30 个氨基酸残基组成的多肽,以及一段由 37 个氨基酸残基组成的多肽,分别进行细胞黏附实验,结果表明,两段互不相连的多肽与 G361 细胞的黏附有关。单克隆抗体可以阻断一个多肽片段对于 G361 细胞的黏附,而硫酸糖结合物可以抑制 3 种多肽片段与细胞之间的黏附。针对多肽片段的多克隆抗体可以抑制这些合成的多肽片段、重组的细胞结合位点（cell-binding domain,CBD）及完整的血栓黏合素对于细胞的黏附作用过程。CRGDSP 和 VTGG 两种多肽片段对于这些合成多肽与细胞之间的黏附作用没有抑制效应。因此,与细胞结合有关的位点结构,既不是 I 型重复序列,也不是血栓黏合素的 RGD 序列。每一种具有活性的多肽片段可以抑制其他类型的活性片段、细胞结合位点序列的多肽,以及完整的血栓黏合素分子与细胞的结合过程。突变抑制效应研究结果表明,含有共同的细胞受体的多肽，可能含有相关的糖结合物链。这些研究结果表明，血栓黏合素羧基末端的细胞结合位点至少含有两段多肽序列，决定了血栓黏合素与细胞的结合功能。

3. CD36 结合位点 CD36 是一个单链跨膜糖蛋白，是 B 类清道夫受体家族的一员，广泛表达于微血管内皮、脂肪细胞、骨骼肌、树突状细胞、视网膜色素上皮细胞、乳腺、肠道、平滑肌细胞，以及幼红细胞、血小板、单核/巨噬细胞及巨核细胞等，是血栓黏合素在细胞表面的一种特殊类型的受体分子。从血小板的膜上纯化得到的 CD36 分子在纯化的蛋白系统中与血栓黏合素结合。抗-CD36 的抗体可以阻断血栓黏合素与激活的血小板结合。人脐静脉内皮细胞（HUVEC）表面原本缺乏 CD36 分子，故对 TSP-1 的抗血管新生作用不敏感，但用 CD36 表达质粒转染 HUVEC 后与野生型 HUVEC 之间在血管新生活性及 CD36 表达水平等方面存在着明显的差异。研究还表明，血栓黏合素-1 与 CD36 分子之间识别结合的主要是 TSR 中的 CSVTCG 氨基酸残基序列。但是，Dawson 等通过实验证明，一种缺乏 CSVTCG 序列的 Col 重叠肽能将完整的 TSP-1 从黑色素瘤表面的 CD36 分子上替换下来；另外一种缺乏 CSVTCG 序列的 MalⅢ变异体也具有上述功能。进一步的研究还发现，这两者都含有一个共同 GVQXR 序列，这一序列同时存在于前胶原同源区结构域和 TSR 中。同时含有 CSVTCG 序列和 GVQXR 序列的 MalⅢ与 CD36 有着比单独含有上述单个序列的小肽更高的亲和力和更强的抑制内皮细胞迁移功能。由此可见，CSVTCG 序列和 GVQXR 序列都参与 TSP-1 与内皮细胞表面 CD36 结合后介导的抗血管新生和抑制内皮细胞迁移的作用，但是有学者设想两者的生物学功能是不同的：CSVTCG 序列介导 TSP-1 与 CD36 的初始结合，而 GVQXR 序列可能介导结合后信号转导。最近研究提出硫酸肝素蛋白聚糖（HSPG）typeⅠ序列（TSR）和 TSP-1 形成的 CD36-TSP-HRGP 三聚体可能是抑制血管新生的关键调控中心。Lin 等研究发现，原位杂交的结果显示高血压大鼠脑缺血复流后 1 天，电针组和对照组在缺血区周围（缺血半暗区）出现 TSP-1-mRNA 表达，7 天达高峰并持续到 14 天后，但随着时间的推移，电针组和对照组 TSP-1-mRNA 表达均逐渐减少。TSP-1-mRNA 主要在早期表达明显，考虑和早期脑缺血炎性细胞浸润明显有关，有研究表明 TSP-1 能促进脑卒中后突触再生和运动功能，而 7 天时间点基本在血管新生之前的炎症反应阶段，提示这种早期表达可能和突触的可塑性相关；后期 7～28 天是血管新生及成熟和重构的主要阶段，TSP-1-mRNA 表达随血管新生明显减少，提示在血管成熟和重构期间 TSP-1-mRNA 的降低主要与降低脑缺血大鼠脑内对血管新生的抑制作用有关。TSP-1 在不同的阶段发挥不同的作用，是否与通过不同的信号途径有关有待进一步研究。

4. 血栓黏合素的钙结合位点 在一个完整的血栓黏合素中，每一亚单位含有 12 个钙结合位点（calcium-binding domain, CBD），而血栓黏合素-1 是一个三聚体结构形式，由三个完全相同的亚单位组成，故共有 36 个钙结合位点。血栓黏合素-1 与其他类型的钙结合蛋白（calcium-binding protein, CBP）的序列进行比较，发现血栓黏合素-1 分子结构中的钙结合位点位于Ⅲ型重复序列结构之中。当血栓黏合素-1 分子结构中几乎所有的潜在钙离子结合位点都与钙离子结合以后，就可以保护血栓黏合素-1 分子结构中富含天冬氨酸的区域不被胰蛋白酶所消化；当部分血栓黏合素-1 分子中的钙结合位点与钙离子结合以后，如果血栓黏合素-1 受到胰蛋白酶的消化作用时，可产生多肽片段。另外，还研究了其他的二价金属离子与血栓黏合素-1 之间的结合能力，如 Mn^{2+}、Mg^{2+}、Co^{2+}、Zn^{2+} 和 Ba^{2+} 等，只

有 Zn^{2+} 可以抑制 Ca^{2+} 与血栓黏合素-1 的结合能力，抑制率为 40%。这一实验结果为血栓黏合素-1 与钙离子结合的能力，以及钙离子与血栓黏合素-1 结合以后可以保护血栓黏合素不受胰蛋白酶的消化等提供了直接的证据。

5. CD47 结合位点 CD47 分子又称整合素相关蛋白，是一种多次跨膜的糖蛋白，在机体各种组织细胞中均有表达。在无碱性成纤维细胞生长因子存在时，高浓度的 TSP-1 可促进血管内皮细胞（EC）迁移，但是这种作用可被抗 CD47 抗体所阻断。Davies 等研究发现，在体外，TSP-1 可以通过 C 端的 RFYVVM 模体与 CD47 结合而促进 EC 的迁移；但研究也同时发现含有 TSP-1 C 端 CD47 结合序列的小肽却能抑制血管新生和 EC 管样结构的形成。CD47 与其配体 TSP-1 分子共同作用于机体的免疫系统，它们可暂时聚集于炎症部位，通过下调 IL-12 的产生及释放来影响炎症反应的强度及持续时间。TSP-1 还通过与细胞表面 CD47 分子结合，抑制单核细胞及由之发育而来的树突状细胞分泌细胞因子，抑制树突状细胞的分化成熟，同时还对激活的树突状细胞发挥着持久的负调控作用。此外，CD47/TSP-1 可诱导 T 和 B 细胞发生凋亡，抑制 T 细胞向 Th1 型细胞的分化发育，同时也可作为共刺激分子激活 T 细胞，在炎性浸润性 T 细胞的增殖及激活中发挥作用，参与自身免疫性疾病如类风湿关节炎的发生。值得注意的是，TSP-1 对 T 细胞的作用具有双向性：完整的 TSP-1 分子一般对免疫系统发挥着负向调节作用，抑制 CD3/TCR 激活 T 细胞，下调 IL-2 的分泌；一旦 TSP-1 的分子构象发生改变或 TSP-1 所处环境的 pH 较高，就会改变这种负向调节作用，反而会激活 T 细胞。

6. 转化生长因子结合位点 TGF-β 在分泌前为无活性的前体复合物，不能与其受体结合，分泌前其 N 端潜在相关蛋白（LAP）被酶切但仍与成熟 TGF-β 以非共价键结合，两者以二硫键相连形成大的复合物。LAP 对 TGF-β 适当折叠形成分泌复合物有重要作用。

四、血栓黏合素基因表达的调控

1. 黄体酮对血栓黏合素基因表达的调节 血栓黏合素-1 是一种具有多种功能的细胞外基质黏蛋白，包括体内、体外对于血管形成的抑制作用。TSP 很可能是生理性新生抑制物质。黄体酮对 TSP 的调节作用是双向的，开始表现为刺激，随后出现抑制作用。黄体酮的拮抗剂 Ru-486 可以抑制黄体酮对于血栓黏合素-1 转录表达的激活作用。黄体酮对血栓黏合素-1 基因表达的激活作用，是一种细胞类型特异性的过程。经黄体酮的刺激之后，体外培养的细胞所表达的血栓黏合素足以抑制体外内皮细胞的移行，以抗-血栓黏合素的抗体可以阻断血栓黏合素的生物学作用。因此，研究认为在子宫内膜周期的晚期，血栓黏合素的产生与血管形成抑制过程有关，而且血栓黏合素的表达是黄体酮依赖性的。

2. 视黄酸对血栓黏合素基因表达的调节 视黄酸（RA）是维生素 A 的衍生物，是一个具有亲和组织特性的调节因子，在维持视力、促进生长发育、保持上皮的完整性、抗感染等各种病理、生理过程中发挥重要的作用。此外，视黄酸也是一种很强的细胞分化诱导剂。有研究表明某些情况下恶性神经母细胞瘤可以自发地成熟，形成良性的神经节瘤。有学者以 SMH-KCNR 人神经母细胞瘤细胞系，研究了视黄酸诱导其分化过程中细胞外基质蛋白血栓黏合素的作用。这种人神经母细胞瘤受到视黄酸的诱导 4h 之内，血栓黏合素的表达水平快速上升。即使在蛋白质合成抑制剂环磷酰胺（cycloheximide，CHX）存在的条件下，血栓黏合素的表达水平升高也不受影响。这表明血栓黏合素是一种视黄酸可诱导性的即刻早期应答基因。受到视黄酸的诱导后 24h，可以检测到细胞相关性和可溶性的血栓黏合素。以抗–血栓黏合素的抗体处理 SMH-KCNR 人神经母细胞瘤细胞系，再以视黄酸进行诱导时，这种肿瘤细胞的分化过程延迟 48h。当细胞克服了血栓黏合素的抑制时，细胞的层粘连蛋白的表达水平达到最高峰。以抗–血栓黏合素及抗–层粘连蛋白的抗体共同处理成人神经母细胞瘤细胞，则可以完全抑制视黄酸对于这种肿瘤细胞分化的诱导作用。

3. 巨噬细胞集落刺激因子诱导血栓黏合素的表达 DeNichilo 等（1995）对于巨噬细胞集落刺激因子（macrophage colony-stimulating factor，M-CSF）诱导凝血酶蛋白表达的作用进行了研究。体外培养的人巨噬细胞在受巨噬细胞集落刺激因子刺激后，可以快速而短暂地诱导血栓黏合素两种大小的血栓黏合素-1 mRNA 的表达。一种 mRNA 大小为 3.2kb，只有当巨噬细胞受到巨噬细胞集落刺激因子的作用以后，才有这种大小的血栓黏合素 mRNA 转录物的产生，因而是一种特异性的表达方式。以巨噬细胞集落刺激因子处理后的具有黏附功能的巨噬细胞也表达大量的细胞表面结合型血栓黏合素。以粒细胞–巨噬细胞集落刺激因子（granulocyte-macrophage colony stimulating factor，GM-CSF）诱导的血栓黏合素-1 mRNA 的转录表达出现较晚。因为这种血栓黏合素 mRNA 的表达，是细胞在 GM-CSF 刺激作用下，诱导内源性的 G-CSF 产生，这种内源性的 G-CSF 又将诱导血栓黏合素基因表达的一种结果。以 GM-CSF 处理人巨噬细胞 3h 后还未见到膜相关型血栓黏合素的表达。对于 M-CSF 处理的巨噬细胞中血栓黏合素-1 的合成与表达进行分析，表明有三聚体形式的血栓黏合素-1 的表达。另外，还发现一种分子质量为 95kDa 的蛋白质与血栓黏合素-1 呈共价结合形式。这种与血栓黏合素-1 相关性的 95kDa 的蛋白质，仅在巨噬细胞中可以见到，而在其他类型的细胞中不存在，所以是巨噬细胞类型特异性的。结果表明，巨噬细胞受到 M-CSF 的刺激作用下，诱生血栓黏合素-1 的表达，对于巨噬细胞的功能产生重要影响。

4. 转化生长因子对血栓黏合素基因表达的调节 转化生长因子β（TGF-β）有三个亚型，分别是 TGF-$β_1$、TGF-$β_2$ 和 TGF-$β_3$。其中，TGF-$β_1$ 在血管生成和肿瘤进展中起重要作用。Murphy 在生理条件下活化的 TGF-β 可与 TSP-1 形成紧密复合物。TSP-1 能明显抑制牛主动脉内皮细胞增殖并呈剂量依赖性，而这种抑制作用能被抗 TGF-$β_1$ 抗体所拮抗。此外，有研究表明，一些细胞类型受到 TGF-β 的刺激以后，可以刺激血栓黏合素-1 的分泌与表达。例如，牛的肾上腺髓质细胞受到 TGF-β 的作用时，可见到肾上腺髓质细胞分泌三聚体形式的血栓黏合素-1。当牛肾上腺髓质细胞在受到 2ng/ml 的 TGF-β 刺激以后 24h，血栓黏合素-1 和血栓黏合素-2 的表达水平分别升高 3 倍和 2 倍。TGF-β 诱导肾上腺髓质细胞分泌表达血栓黏合素是剂量依赖性的。诱导最大分泌量效果的 TGF-β 剂量为 0.2ng/ml。诱导作用从 TGF-β 刺激 5h 后开始出现，15～25h 达到稳定的高峰状态，5～15h TGF-β 诱导血栓黏合素的表达作用是时间依赖性的。以放线菌素 D 阻断 RNA 聚合酶的活性，TGF-β 不再诱导血栓黏合素的表达。已证实 TGF-β 可以诱导血栓黏合素的表达。

5. p53 蛋白对血栓黏合素基因表达的调节 p53 基因是迄今发现的与肿瘤发生相关率最高的抑癌基因，早期的研究认为，p53 的抑癌作用主要与其组织肿瘤细胞生长和诱导肿瘤细胞凋亡相关。近来研究发现野生型 p53 可以通过调节 TSP-1 基因的表达间接抑制血管新生而实现抑癌作用。Li-Fraumeni 综合征的特征之一是一个 p53 等位基因突变失活，Dameron 等将取自该病患者的成纤维细胞长期培养致另一野生型 p53 等位基因丢失后发现 TSP-1 的分泌量明显下降，同时细胞培养上清液也失去了抑制内皮细胞移行的能力。瞬时转染实验表明 p53 蛋白对 TSP-1 基因启动子具有正向调节作用。Liu 等证明静脉导入携有 p53 基因的阳离子脂质体 DNA 复合物可有效抑制荷瘤鼠肿瘤生长和转移，并发现通过刺激 TSP-1 合成而抑制瘤体内血管新生是 p53 蛋白抑癌效应的一个重要机制。

五、血栓黏合素的生物学意义

TSP-1 参与许多生物活动和生理、病理过程：结合细胞受体（如 CD36、CD47、LRP 等），结合细胞因子/蛋白酶，结合细胞外基质（ECM）组分，调节细胞增殖、凋亡、胞吞作用，调节胚胎发育、组织分化、肿瘤生长和转移、血管新生、炎症反应等；TSP-1 还可以通过 CSVTCG 序列与 HIV 的 gp120 结合而抑制 HIV 感染 CD4 细胞，而且 GP120 与 CD36 有同源性。虽然 TSP 家族有众多成员，但这并不足以解释 TSP-1 以上如此复杂的生物学功能，现在认为 TSP-1 之所以具有如此多的生物学功能，是由于 TSP-1 可通过不同的结构域和多种 ECM 蛋白质及细胞表面受体结合，而且不同的细胞在不同的生理状态时，其表达的受体是不一样的。

TSP-1 存在可溶相和固相两种形式。可溶相 TSP-1 及 TSP-1 的衍生物小肽片段是血管新生的强烈抑制物，并且能诱导 EC 凋亡；而固相 TSP-1 在低浓度时可以通过促进 EC 黏附和迁移而促进血管新生。之所以出现以上矛盾，是由于不同形式的 TSP-1 通过不同的结构域而发挥不同的生物学功能。固相 TSP-1 通过 C 端促进 EC 迁移；而可溶相 TSP-1 通过 N 端抑制 EC 迁移。

在不同情况下，TSP-1 可以对同种细胞或不同细胞产生两种截然相反的生物学功能。虽然 TSP-1 也可以通过与 CD36、整合素相关蛋白（IAP/CD47）、整合素 $\alpha_v\beta_3$、蛋白聚糖等结合而促进多种细胞的迁移，但是，TSP-1 在体外可以强烈抑制 EC 的增殖、迁移，在体内也能强烈抑制血管新生。在无碱性成纤维细胞生长因子（bFGF）时，高浓度的（>20nmol/L）TSP-1 能促进 EC 迁移，但浓度低于 20nmol/L 时，TSP-1 抑制 EC 的迁移。在体内的正常生理浓度范围内，TSP-1 是血管新生的强烈抑制物，并可限制 EC 的密度。

（一）调节血管新生

血管新生是已有血管内皮细胞通过分裂增殖，以出芽方式形成新的毛细血管的多步骤过程，包括内皮细胞的激活、芽生、增殖、迁移、血管腔形成等过程。血管新生受到血液中的促血管因子与抑制血管因子之间平衡的严格调控。

TSP-1 通过抑制基质金属蛋白酶（matrix metalloproteinase，MMP）对细胞外基质的降解来抑制 VEGF 的释放。动物模型中，Rodriguez-Manzaneque 等分别比较了 TSP-1 缺陷小鼠、野生型小鼠和 TSP-1 过表达小鼠的乳腺癌进展情况，发现 TSP-1 可与 MMP-9 直接结合抑制其活性，TSP-1 缺陷的小鼠皮肤伤口处 MMP 和 VEGF 水平增加；进一步研究发现，TSP1/2 与 MMP 结合域为 TSR，而且 TSP-1 存在时，VEGF 与其受体结合的能力下降。TSP-1 可结合低密度受体相关蛋白的糖胺聚糖末端，然后结合 VEGF，介导 VEGF 和 MMP 的清除。但 TSP-1 中与 VEGF、MMP 结合的结构域氨基酸序列还未阐明，VEGF 也可结合其他蛋白质的 TSR 片段，如结缔组织生长因子。TSR 有三类，分别为 TSR1、TSR2 和 TSR3，三者在空间上相互靠近，合称 3TSR，是 TSP-1 发挥功能的主要结构域。研究表明，TSR1、TSR2 和 TSR3 均可抑制 VEGF 信号通路，3TSR 作用于人皮肤微血管内皮细胞可降低血管内皮细胞 2 型受体上的酪氨酸-1175 位点的磷酸化效应，而这种磷酸化效应在生理情况下由 VEGF 介导，有剂量依赖性；研究也发现，血管内皮细胞 2 型受体可与 CD36（B 型清道夫受体家族的成员之一，可作为 TSP-1 和 TSP-2 的受体）相互作用，且 TSP-1 对血管内皮细胞 2 型受体磷酸化的抑制作用是通过 CD36、β 整合素实现的；而 CD36 尾部羧基末端的半胱氨酸-464 突变后，CD36 便不能与 $β_1$ 整合素结合，从而不能发挥对血管内皮细胞 2 型受体的抑制作用。另外，血管内皮细胞 2 型受体磷酸化的抑制似乎也可导致蛋白激酶 B（protein kinase B，PKB/Akt）旁路未能激活，3TSR 作用于 VEGF 也可抑制 Akt 旁路的激活，而在 TSP-1 缺陷的小鼠视网膜中可见 Akt 磷酸化的上调。由于 Akt 通路对内皮细胞的存活至关重要，提示 TSP-1 能够通过抑制增殖通路、激活凋亡通路来发挥抑制血管化的作用。

Good 等发现 TSP-1 具有抑制血管的功能，后来的研究显示 TSP-1 在血管新生的每个环节均有直接或间接的作用。TSP-1 可直接抑制内皮细胞的增殖和迁移，诱导内皮细胞的凋亡。近年研究证明 CD36 是 TSP-1 发挥抗血管新生功能的重要受体。Tolsma 等发现 TSP-1 两个抑制血管新生片段，一个是原胶原同源区，另一个是第二个 TSR。而 TSR 的 CSVTCG 序列被认为是结合 CD36 的高亲和力位点。Iruela-Arisp 等证明包含 CSVTCG 序列的多个 TSR 来源的合成多肽可抑制碱性成纤维细胞生长因子（FGF-2）和血管内皮生长因子（VEGF）诱导的鸡绒毛膜囊内毛细血管的形成。只包含 WSPWSHW 序列、缺少 CD36 结合序列的多肽只能抑制 FGF-2 诱导的血管新生，而不能抑制 VEGF 诱导的血管新生。Guo 等证明含有 WSHWSPW 序列的肽可以结合肝素，TSR 可能通过与细胞表面的蛋白聚糖结合形成 FGF-2 的辅助受体抑制 FGF-2 刺激的血管新生，推测 TSP-1 NH_3 端的肝素高亲和位点可通过相同的机制抑制血管新生。Jimenez 等证明 TSP-1 可以通过激活 CD36、p53fyn、caspase-3、p38MAPK 途径来诱导血管内皮细胞的凋亡。更新的研究显示 TSP-1 可以通过激活 caspase-3 介导内皮细胞凋亡引起的血管新生的抑制。Nyor 等发现 TSP-1 介导的内皮细胞凋亡与促凋亡蛋白 Bax 的高表达、抗凋亡蛋白 Bcl2 的低表达及 caspase-3 的激活相关。TSP-1 诱导凋亡是剂量相关的，通过转染细胞系可显示全长的 TSP-1 或 typeⅠ序列均可介导内皮细胞的凋亡。

TSP-1 还可通过抑制促血管生长因子与它们在内皮细胞表面的受体结合而间接抑制血管新生。Rodriguez-Manzaneque 等证明 typeⅠ重复序列可结合基质金属蛋白酶（MMP）从而抑制其激活。在肿瘤毛细血管内皮细胞上 VEGFR-2 受体与 VEGF 结合的水平和激活的 MMP 呈正相关，TSP-1 通过与活性 MMP 结合从而阻断汇集于细胞外基质中的 VEGF 与其受体的结合抑制血管新生。TSP-1 N 端和 typeⅠ中的 WSXW 肽段可结合肝素、肝素硫聚糖、硫酸乙酰肝素糖蛋白（HSPG）。Yu 等证明 TSP-1 通过与 FGF-2 竞争性结合位于细胞表面的作为 FGF-2 辅助受体的蛋白聚糖上的硫酸肝素位点来抑制 FGF-2 诱导的血管新生。

（二）TSP-1 在细胞凋亡中的作用

细胞凋亡是用来描述伴随细胞死亡的一系列形态学上特定的变化，在体内凋亡的细胞可通过吞噬细胞的识别、摄取和降解过程清除。TSP-1 不仅可以诱导血管新生中血管内皮细胞的凋亡，而且在免疫细胞的凋亡过程中也发挥了重要的作用。TSP-1 在吞噬细胞识别及吞噬凋亡的免疫细胞过程中起重要作用。吞噬细胞在清除凋亡细胞过程中进行的识别机制还不清楚，但 Savill 等在体外实验研究证实吞噬细胞受体（包括 TSP 受体整合素 $\alpha_v\beta_3$、CD36）及清道夫受体在吞噬细胞识别凋亡中性粒细胞过程中发挥作用。研究证明整合素 $\alpha_v\beta_3$ 及 CD36 通过结合 TSP-1，在吞噬细胞与凋亡细胞之间搭桥而介导吞噬细胞识别凋亡细胞。Stern 等研究证实通过 RGD 肽或 TSP-1 的单克隆抗体阻断 TSP-1 与整合素 $\alpha_v\beta_3$、CD36 的结合，显示单个核细胞衍生的巨噬细胞在识别凋亡的嗜伊红细胞与淋巴细胞时采用了与识别中性粒细胞同样的机制，说明 TSP-1 诱导 HC-CLM3 凋亡的作用途径之一是通过与受体 CD47 结合后上调 caspase-3 的表达来实现的。有报道 CD47 可与 TSP-1 的羧基端细胞结合域（CBD）结合，调节整合素活性。caspase-3 导致细胞凋亡的机制有可能是酶切凋亡抑制蛋白 Bcl-2 使其失去抑制细胞凋亡的生物活性；还可直接裂解细胞组分或裂解细胞骨架调节蛋白导致细胞裂解凋亡。TSP-1 在对免疫细胞的诱导凋亡中也起作用。Wintergest 等证实氧化的 LDI 可以诱导单个核细胞衍生的人巨噬细胞的凋亡，此过程包括了 CD36 及 caspase 的激活。TSP-1 可结合在 CD36 与氧化的 LDL 结合区的邻近区域，使氧化的 LDL 与 CD36 结合，被证明可起始人巨噬细胞的凋亡而 TSP-1 并不能直接诱导凋亡。总之，TSP-1 通过在吞噬细胞和凋亡细胞之间与受体 $\alpha_v\beta_3$/CD36 相互作用，在免疫细胞清除中起重要作用。

2000 年，Jiménez 等发现，TSP-1 可诱导内皮细胞凋亡，通过 CD36 染色及末端脱氧核糖核酸转移酶介导的 dUTP 切口末端标记技术发现，TSP-1 的 TSR 结构域能够诱导体内肿瘤血管内皮细胞凋亡；在 TSP-1 存在的条件下，CD36 可以募集 Fyn（一种酪氨酸特异性磷酸转移酶，属于 Src 家族），激活线粒体依赖的和非线粒体依赖的细胞凋亡通路。TSP-1/2 诱导的内皮细胞凋亡是通过 TSR 与 CD36 结合启动的，TSP-1 与 CD36 结合后，Jun 氨基末端激酶迅速激活，释放细胞色素酶 c，通过级联反应产生胱天蛋白酶 3 和胱天蛋白酶 9；内皮细胞的凋亡也涉及膜表面受体的改变，TSP-1 作用于内皮细胞会导致 Fas/FasL 配体对数增加，死亡受体（death receptor，DR）4 和 DR5 也得以上调。生理条件下，内皮细胞通常能够抵抗肿瘤坏死因子凋亡诱导途径，但是经过 3TSR 作用后，对该通路诱导凋亡的抵抗性下降。

（三）激活 TGF-β

在体内，TSP-1 是 TGF-β 激活剂之一。TGF-β 在许多细胞中可合成和分泌，在分泌前，为无活性的前体复合物，不能与其受体结合。TGF-β 在体内影响许多的生理及病理过程，包括调节细胞生长、分化、黏附、迁移、死亡。TGF-β 基因敲除小鼠或死于中期妊娠，或存活几周后死亡（由于母体生长因子的存在）。TGF-β 缺乏可导致发育缺陷，伤后愈合差，肿瘤发生率高。TGF-β 表达过高或活性过高可导致免疫抑制及多组织系统的纤维性疾病。

(四) 抑制内皮细胞的迁移和增殖

TSP-1 通过抑制 CD36 依赖的内皮细胞增殖通路来抑制血管化过程。TSP-1 能够与毛细血管内皮细胞膜表面的极低密度脂蛋白受体结合,通过 Akt/丝裂原活化蛋白激酶通路抑制细胞增殖。在大血管中也存在 p21 和 p53 介导的第二条细胞增殖抑制通路;然而大血管内皮细胞很少或者不表达 CD36、TSP-1 则是通过 $β_1$ 整合素与磷脂酰肌醇 3 激酶通路,而不是 Akt 途径来抑制内皮细胞的迁移。研究发现,TSP-1 的 TSR 结构域可结合多个 $β_1$ 整合素,$β_1$ 整合素亚单位抗体能够解除 TSP-1 对 $CD36^+$ 小血管内皮细胞迁移的抑制作用。但由于 CD36 和 $β_1$ 整合素亚单位这两个细胞膜表面受体在空间上十分接近,所以对于抑制作用的解除是 $β_1$ 整合素/磷脂酰肌醇 3 激酶信号通路被抑制的结果,还是 $β_1$ 整合素亚单位抗体对 CD36 的空间阻遏作用,目前尚无确切的结论。

Kanda 等发现 TSP-1 C 端 4N1K peptide(KRFYV-VMWKK)能够抑制鼠毛细血管内皮细胞(IBE)管道形成,但不能抑制 IBE 细胞的增殖,4N1K 抗体能拮抗 TSP1 诱导的 IBE 管道形成。其作用的机制在于,4N1K 可以抑制成簇黏附激酶和 bFGF 诱导的磷脂酶 C-γ 的酪氨酸磷酸化。实验亦证实,4N1K 可抑制 bFGF 诱导的角膜血管新生,故认为是 TSP-1 抗血管生成机制之一。

众多研究已经证明,TSP-1 与 CD36 结合后抑制内皮增殖、迁移,以及抑制内皮管样结构的形成。Dawson 等用抗 CD36 的 IgG 抗体、含 TSP-1 结合位点的谷胱甘肽-转移酶-CD36 融合蛋白可以阻断 TSP-1 抑制内皮迁移的功能,抗 CD36 的 IgM 抗体 SMO、氧化低密度脂蛋白、人胶原蛋白可以模拟 TSP-1 与 CD36 结合从而抑制人微血管内皮细胞的迁移;将 CD36 基因转染不能表达 CD36 的人脐带静脉内皮细胞后,TSP-1 便可以抑制 HUVEC 的迁移和管腔的形成。

但是,Dawson 等通过实验证明,一种缺乏 CSVTCG 序列的 Col 重叠肽具有抗血管新生的作用,而且它能将完整的 TSP-1 从黑色素瘤表面的 CD36 分子上替换下来,另外一种缺乏 CSVTCG 序列的 MalⅢ变异体也具有上述功能。进一步的研究还发现,这两者都含有一个共同的 GVQXR 序列,这一序列同时存在于前胶原同源区结构域和 TSR 中。同时含有 CSVTCG 序列和 GVQXR 序列的 MalⅢ与 CD36 有着比单独含有上述单个序列的小肽更高的亲和力和更强的抑制内皮细胞迁移功能。由此可见,CSVTCG 序列和 GVQXR 序列都参与 TSP-1 与内皮细胞表面 CD36 结合后介导的抗血管新生和抑制内皮细胞迁移的作用,但是有学者设想两者的生物学功能是不同的:CSVTCG 序列介导 TSP-1 与 CD36 的初始结合,而 GVQXR 序列可能介导结合后信号转导。

Short 等研究发现在无 CD36 受体时,TSR 依然能抑制 VEGF 诱导的 HUVEC 迁移,他们认为 TSR 抑制 VEGF 诱导的 HUVEC 迁移还与 $β_1$ 整合素有关。当存在 $β_1$ 整合素抗体 PC410 时,发现抑制迁移的作用明显减少。TSR 抑制 VEGF 诱导的 HUVEC 迁移依赖于 $β_1$ 整合素表达和水平。

(五) 抑制内皮细胞增殖

Jef 等通过实验证明,TSP-1 的 typeⅠ序列能明显抑制由 NO 诱导的内皮细胞增殖。TSP-1 可抑制内皮细胞与基质纤维粘连蛋白的黏附,使内皮细胞局灶黏着斑丧失,间接地抑制内皮细胞增殖，该作用是由 TSP-1 的 N 端肝素结合区介导的。另外，TSP-1 可通过竞争性抑制 bFGF-2 与内皮细胞结合位点，从而抑制由生长因子刺激的内皮细胞增殖。TSP-1 可通过其 N 端肝素结合区、硫苷脂、HSPG 亲和性结合。TSP-1 可与这些生长因子竞争性结合 HSPG，抑制内皮细胞的增殖。

TSP-1 抑制血管化的另一个重要机制就是通过 CD36 和 CD47 对一氧化氮通路的抑制作用。内源性一氧化氮是一种血管活性分子，主要由血管内皮细胞以 L-精氨酸为底物，在一氧化氮合酶（nitric oxide synthase，NOS）的三种异构体的作用下产生，这三种异构体分别为：内皮细胞来源的 NOS、巨噬细胞来源的 NOS 和神经源性的 NOS。TSP-1 是一氧化氮通路的重要拮抗因子，也是促血管化信号通路的强效抑制剂，TSP-1 和 TSP-2 是通过与内皮细胞表面受体 CD36 和 CD47 结合来发挥抑制作用的。TSP 与 CD36 结合阻断肉豆蔻酸盐的吸收，从而阻断腺苷磷酸依赖的蛋白激酶-Src 通路，而该通路能够促进一氧化氮的产生；除此之外，TSP 还可与 CD47 结合产生相同的血管化抑制作用；对于 CD36 和 CD47 而言，发挥抑制一氧化氮通路的作用只有 CD47 是必需的，这一点可以通过 TSP-1 能够抑制野生型和 CD36 缺陷小鼠的一氧化氮通路证明。介导 TSP-1 与 CD47 结合的结构域是 TSP-1 羧基末端的两个多肽结构域，尽管这种残基的保守序列也可以在 TSP-2 和 TSP-4 中发现，但与 CD47 的高亲和力结合却是 TSP-1 特有的。TSP-1 激活 CD47 能够阻断可溶性鸟苷酸环化酶和环鸟苷酸依赖的蛋白激酶 I 作用，从而抑制一氧化氮信号通路。TSP 通过抑制一氧化氮通路能够强力抑制血管化，无论是体内还是体外，TSP-1 的抑制作用在很低浓度（10^{-3}）便可实现。而数据也显示，一氧化氮存在的情况下，TSP-1 对于血管化的抑制作用要提高 100 倍。

（六）对肿瘤生长、转移的调节作用

由于 TSP-1 的抗血管新生的功能已基本明确，而在抗肿瘤治疗中抑制血管新生有很好的前景，所以研究 TSP-1 热点集中于它的抗肿瘤功能上。Lawler 等发现，TSP 重组多肽可强力抑制内皮细胞迁移，有效抑制肿瘤细胞增殖，促进肿瘤细胞凋亡；相似的抗癌作用也可在胰腺癌的小鼠模型中观察到，肿瘤内部血管数量和直径明显减少，内皮细胞凋亡明显增加。研究发现，3TSR 联合来沙木单抗能够抑制 Akt 通路诱导内皮细胞凋亡，较单纯使用 3TSR 有更强的血管抑制作用，表明血管化抑制因子之间往往具有协同作用。研究 TSP 作用机制及其与下游分子选择性地相互作用能为癌症靶向治疗提供依据。TSP-1 的类似物之一 ABT-510 已经广泛地用于治疗器官性实体肿瘤的临床研究，目前 I 期临床研究数据显示，ABT-510 对各种实体肿瘤有很好的细胞毒性作用，药动学特性呈线性和时间依赖性。ABT-510 在肿瘤治疗中主要起辅助化疗的作用，能够提高包括卵巢癌在内的恶性肿瘤化疗的有效性。因此，TSP 类似物可用于提高传统细胞毒性肿瘤化疗的有效性及降低化疗药物的剂量，当然，应用于临床之前还需更多的试验研究和数据加以佐证。TSP 及其类似物在持续、稳定低剂量的化疗药物（如环磷酰胺、顺铂）作用下能够提高血管化抑制的有效性，这种剂量被称为"节拍剂量"。其机制可能在于上调内皮细胞表面 Fas 受体，增加其对于 TSP-1 和 ABT-510 促凋亡作用的敏感性。

（七）对骨骼发育的影响

假性软骨发育不全（pseudoachondroplasia，PSACH）和多发性骨骺发育不良（multiple

epiphyseal dysplasia，MED）均为骨发育不良性疾病的家族成员之一，它们的遗传方式和临床表型都具有异质性的特点，两者均由软骨低聚物基质蛋白（cartilage oligomeric matrix protein，COMP）基因突变所致。COMP 是血栓黏合素家族的成员之一，即 TSP-5，它在骨骼的发育过程中起着重要的作用。有研究表明，PSACH 是常染色体显性短肢侏儒，几乎完全由 COMP 基因突变所致。MED 临床症状易变，主要表现为关节疼痛、僵硬及轻到中度的身材矮小，遗传方式以外显完全的常染色体显性遗传为主，少数为隐性遗传，其中，常染色体显性 MED 中的一些类型和 PSACH 都是由 COMP 基因突变所致，呈现等位基因异质性的特征。近来有报道显示，COMP 突变引起软骨细胞基质中的 COMP、IX型胶原蛋白及 matrilin-3 这三种蛋白含量急剧降低，由此导致它们在基质中的分布变得分散，不能结合在一起，这种分布的改变引起基质功能的紊乱，由此推断出 COMP 可能在基质的组装中发挥着重要的作用。有人曾在马拉松运动员的血浆中检测出高水平的 COMP，说明 COMP 可能参与受损关节和肌腱的修复过程。另外，通过 X 射线晶体衍射术研究，推测 COMP 可能是维生素 D_3 的储存和转运蛋白。TSP1/2 能与膜上多个蛋白受体结合，调节信号转导通路，影响细胞增殖、迁移、分化及生长等生理活动。

细胞疗法可局部增强 TSP 表达，TSP 功能结构域的小分子替代物也可用于血管化抑制的临床治疗。目前，全世界病死率最高的两种疾病为癌症和心血管疾病。对于前者，血管化抑制剂可能有助于防止其进展；而对于后者，采用促血管化物质有助于改善心血管功能。因此，"TSP 与血管化"必将成为未来医学研究的热点与焦点。

（郝彦琴）

参 考 文 献

张永兴. 2016. 血小板反应蛋白 1/2 及其类似物调节血管化的分子基础和临床应用进展. 医学综述，22：1669~1672.

Bigé N，Boffa JJ，Lepeytre F，et al. 2013. Role of thrombospondin-1 in the development of kidney diseases. Med Sci(Paris)，29：1131~1137.

Campbell NE，Greenaway J，Henkin J，et al. 2010. The thrombospondin-1 mimetic ABT-510 increases the uptake and effectiveness of cisplatin and paclitaxel in a mouse model of epithelial ovarian cancer. Neoplasia，12：275~283.

Colombo G，Margosio B，Ragona L，et al. 2010. Non-peptidic thrombospondin-1 mimics as fibroblast growth factor-2 inhibitors：an integrated strategy for the development of new antiangiogenic compounds. J Biol Chem，285：8733~8742.

Greenaway J，Henkin J，Lawler J，et al. 2009. ABT-510 induces tumor cell apoptosis and inhibits ovarian tumor growth in an orthotopic，syngeneic model of epithelial ovarian cancer. Mol Cancer Ther，8：64~74.

Hüttemann M，Lee I，Perkins GA，et al. 2013. Epicatechin is associated with increased angiogenic and mitochondrial signalling in the hindlimb of rats selectively bred for innate low running capacity. Clin Sci(Lond)，124：663~674.

Koch M，Hussein F，Woeste A，et al. 2011. CD36-mediated activation of endothelial cell apoptosis by an N-terminal recombinant fragment of thrombospondin-2 inhibits breast cancer growth and metastasis in vivo.

Breast Cancer Res Treat, 128: 337~346.

Lee I, Hüttemann M, Kruger A, et al. 2015. Epicatechin combined with 8 weeks of treadmill exercise is associated with increased angiogenic and mitochondrial signaling in mice. Front Pharmacol, 6: 43.

Matsuki K, Tanabe A, Hongo A, et al. 2012. Anti-angiogenesis effect of 3'-sulfoquinovosyl-1'-monoacylglycerol via upregulation of thrombospondin 1. Cancer Sci, 103: 1546~1552.

Olsson AI, Björk A, Vallon-Christersson J, et al. 2010. Tasquinimod(ABR-215050), a quinoline-3-carboxamide anti-angiogenic agent, modulates the expression of thrombospondin-1 in human prostate tumors. Mol Cancer, 9: 107.

Paasinen-Sohns A, Kaariainen E, Yin MA, et al. 2011. Chaotic neovascularization induced by aggressive fibrosarcoma cells overexpressing S-adenosylmetllionine decarboxylase. Int J Biochem Cell Biol, 43: 441~454.

Pollina EA, Legesse-Miller A, Haley EM, et al. 2008. Regulating the angiogenic balance in tissues. Cell Cycle, 7: 2056~2070.

Recouvreux MV, Camilletti MA, Rifkin DB, et al. 2012. Thrombospondin-1(TSP-1)analogs ABT-510 and ABT-898 inhibit prolactinoma growth and recover active pituitary transforming growth factor-β_1(TGF-β_1). Endocrinology, 153: 3861~3871.

Ren B, Song K, Parangi S, et al. 2009. A double hit to kill tumor and endothelial cells by trail and antiangiogenic 3tsr. Cancer Res, 69: 3856~3865.

Sahora AI, Rusk AW, Henkin J, et al. 2012. Prospective study of thrombospondin-1 mimetic peptides, ABT-510 and ABT-898, in dogs with soft tissue sarcoma. J Vet Intern Med, 26: 1169~1176.

Segal E, Pan H, Benayoun L, et al. 2011. Enhanced anti-tumor activity and safety profile of targeted nano-scaled HPMA copolymer-alendronate-TNP-470 conjugate in the treatment of bone malignances. Biomaterials, 32: 4450~4463.

Sekiyama E, Saint-Geniez M, Yoneda K, et al. 2012. Heat treatment of retinal pigment epithelium induces production of elastic lamina components and antiangiogenic activity. FASEB J, 26: 567~575.

Van Hul M, Frederix L, Lijnen HR. 2012. Role of thrombospondin-2 in murine adipose tissue angiogenesis and development. Obesity(Silver Spring), 20: 1757~1762.

Zhao C, Isenberg JS, Popel AS. 2017. Transcriptional and post-transcriptional regulation of thrombospondin-1 expression: a computational model. PLoS Comput Biol, 13: e1005272.

第二十章 核心蛋白聚糖

核心蛋白聚糖（decorin，DCN）又叫 PG-2、PG-Ⅱ、PG-S2、PG-40 或 DS/CS-PGⅡ、饰胶蛋白聚糖，属于细胞外富含亮氨酸的小分子 PG 家族，是一种富含亮氨酸的小分子蛋白多糖，由富含亮氨酸的核心蛋白和一条糖胺聚糖链组成，主要分布在人和动物的主动脉、肺、皮肤、肾脏、肌腱、平滑肌、骨、软骨、脐带、韧带、胎盘及角膜等部位的结缔组织中，属于细胞外基质（extracellular matrix，ECM）成分，与胶原纤维紧密相连，1978 年首次由美国国立卫生研究院骨科研究所的 Fisher 教授分离、纯化。1986 年，Krusius 等通过提取人胚胎成纤维细胞系 IMR290RNA、构建 cDNA 文库，成功克隆核心蛋白聚糖基因并测序鉴定。有活性的核心蛋白聚糖以可溶性单体形式存在，是各种胞外基质蛋白、生长因子和细胞表面受体的单价配体。其分子结构中的核心蛋白成分可发挥多种生物学功能，核心蛋白聚糖的核心蛋白可以结合多种细胞因子及生长调节因子，包括转化生长因子β（transforming growth factor，TFG-β）、纤维粘连蛋白（fibronectin，FN）、血小板反应蛋白、表皮生长因子受体（epidermal growth factor receptor，EGFR）及核心蛋白聚糖胞吞受体等，从而发挥多种生物活性，包括调节和控制组织形态发生、细胞分化、运动、增生，以及参与胶原纤维的形成等过程，在细胞增殖分化、基质形成、维持内环境稳定及器官发育过程中的结构与功能完整性方面起重要作用，其代谢异常或结构改变与许多疾病的病理过程密切相关。

第一节 核心蛋白聚糖的结构

一、核心蛋白聚糖的分子结构

核心蛋白聚糖基因在人类基因组为双拷贝，定位于 12 号染色体（12q21—q22），包括终止密码子 TAA 在内共 1080bp。核心蛋白聚糖分子质量为 90~140kDa，广泛存在于细胞基质中，在肝细胞、肝贮脂细胞、Ⅱ型肺泡细胞、肾小球系膜细胞和皮肤成纤维细胞等细胞中均有表达，由一个球形的核心蛋白（分子质量为 40kDa）和一条含硫酸软骨素（chondroitin sulfate，CS）/硫酸皮肤素（dermatan sulfate，DS）葡糖胺聚糖侧链（glycosaminoglycan，GAG）组成。核心蛋白含有 10~12 个亮氨酸重复序列的结构区域，每个结构域长度约相当于 24 个氨基酸。人类核心蛋白聚糖由 359 个氨基酸组成，包含氨基末端 16 个氨基酸的信号肽、14 个氨基酸的前肽，以及 329 个氨基酸组成的成熟核心蛋白。糖胺聚糖侧链附着在核心蛋白氨基末端的 Ser-Gly 序列，具有 2 个特性二硫环和 3 个 N-连接寡糖。由于糖胺聚糖链的合成不是由基因直接控制，其组成随组织来源不同而不同，在骨和软骨中为硫酸软骨素，而在皮肤、肌腱及动脉内膜等组织中为硫酸皮肤素。通过 X 射线晶体衍射发现，核心蛋白聚糖的三级结构形式为马蹄样，由富含亮氨酸的重复序列形

图 20-1 核心蛋白聚糖结构示意图

（引自：Järvinen TA，Prince S.2015.Biomed Res Int，9：654-765.）

成一个折叠凹陷的β短链和一个凸出的α螺旋所形成,能与多种分子结合而发挥不同的生理功能（图 20-1）。

二、核心蛋白聚糖的功能

核心蛋白聚糖包含了 N 端 16 个氨基酸的信号肽、14 个氨基酸的前肽及 329 个氨基酸组成的成熟核心蛋白,按其作用不同可分为 4 个功能域：第一功能域包括氨基末端的 30 个残基,其中包括 16 个氨基酸的信号肽及 14 个氨基酸的前肽。信号肽可引导新翻译的核心蛋白进入粗面内质网加工结合葡糖胺聚糖链并切除信号肽自身；而前肽含有许多酸性氨基酸,它可协助调节单链葡糖胺聚糖与第二功能区氨基端上的丝氨酸残基结合。第二功能域包含一个特异血小板反应蛋白结合位点,起始处是 GAG 侧链连接成熟核心蛋白聚糖氨基末端的一个丝氨酸残基处,葡糖胺聚糖链连接后与其他侧链（包括其他的葡糖胺聚糖侧链或者核心蛋白）相互作用。葡糖胺聚糖侧链结合点紧随的是一个富含半胱氨酸的区域,区域的中心是核心蛋白,为第三功能域,其最大特点是包括一个 24 个氨基酸的富含亮氨酸的重复序列（LX2LXLX2NXL）（leucine-rich repeat，LRR）,亮氨酸的残基定位于富含亮氨酸的重复序列的 1、4、6、11 和 14 位,LRR 的共同特性是促进蛋白质之间的相互结合,如 TFG-β、血小板反应蛋白及层粘连蛋白的结合域之间的结合。第四功能域是位于羧基末端的部分,结构特点是包含一个保守的 34～41 个残基的二硫化物环,还包括胶原纤维和纤维粘连蛋白细胞结合域的结合位点。

目前研究发现核心蛋白聚糖的功能有多种：Ⅰ、Ⅱ、Ⅲ及Ⅴ型胶原和补体 C1q 都能与核心蛋白聚糖相互作用,但大部分研究工作集中在核心蛋白聚糖与 I 型胶原的相互作用,I 型胶原的三股螺旋在其每个 D 区 d 带均有能与核心蛋白聚糖核心蛋白特异性结合的部位,核心蛋白聚糖结合在胶原原纤维表面,延缓三股螺旋的胶原分子的融合；结合细胞外基质中的一些成分,如纤维粘连蛋白、血小板反应蛋白 1 等,调节细胞的增殖、迁移及血管生成；与细胞因子如 TGF-β 及 TNF-α 结合而作为其在 ECM 中的储存形式；中和 TGF-$β_1$ 的活性,在抗器官纤维化及硬化中发挥重要作用；抑制肿瘤细胞生长、逆转肿瘤细胞的表型、抑制肿瘤血管生成,在肿瘤治疗方面具有重要意义；与酸性成纤维细胞生长因子、碱性成纤维细胞生长因子、IL-3、γ-IFN 等结合而发挥结合、储存、激活、灭活多种生长因子和细胞因子的作用；核心蛋白聚糖通过调节 MCP-1 改变单核细胞的趋化作用、抑制巨噬细胞凋亡、调节过敏原诱发的哮喘；核心蛋白聚糖还可调节细胞凋亡,但对不同的细胞,其作用不尽相同。

三、核心蛋白聚糖的生物合成与代谢

人类核心蛋白聚糖基因的启动子被分为两个确切的区域：约含 188 个碱基对的近侧区和 800 个碱基对的远侧区。近侧区包括一个 CAAT 盒（上游启动子元件）和位于转录起始点处的紧密排列的两个 TATA 盒（真核生物启动子元件），该区域也包括两个肿瘤坏死因子α（TNF-α）反应成分，核心蛋白聚糖基因表达的下调可以被 TNF-α 诱导的核蛋白所介导，而后者则可以识别和结合近侧区的 TNF-α 反应成分。与主要转录起始点相关的是第 144～188 碱基之间的区域，该区域包含激活蛋白-1（activator protein-1，Ap-1）结合位点，Ap-1 结合位点处有核心蛋白聚糖基因表达的双向调节因子。核心蛋白聚糖基因启动子的远侧区包含大量的 Cis 反应成分（顺式作用元件）及一个 AP-1（转录因子）、一个 AP-5（转录因子）、两个 NF-κB 基序（反式作用因子）、TGF-β 的负性调节成分等。其中，TGF-β 的负性调节成分已经在多种蛋白酶的序列中被发现，其功能可能是抑制核心蛋白聚糖基因的转录。葡糖胺聚糖侧链的生物合成在粗面内质网中进行，第二功能域的丝氨酸被木糖转移酶识别，木糖转移酶又被两个半乳糖残基构成的三糖结合，糖醛酸和半乳糖共同建构核心结构，该结构可以在不同的水平上被修饰。核心蛋白聚糖的来源有两种方式：一是从组织中直接提取，二是利用 DNA 重组技术生产基因工程的产品。

核心蛋白聚糖核心蛋白的合成是在粗面内质网上进行的，其核心蛋白上有几个 Asn-X-Ser/Thr 三肽序列，是起始合成 N-连接寡糖键所必需的序列。葡糖胺聚糖链的合成是在高尔基体中进行的。核心蛋白聚糖代谢机制目前尚不明确，多数研究资料提示其过程有特异的蛋白水解酶的参与，其中基质金属蛋白酶（matrix metalloproteinase，MMP）中的 MMP-2、MMP-3 和 MMP-7 可以使基质中的核心蛋白聚糖降解。

第二节 核心蛋白聚糖与纤维化

一、核心蛋白聚糖抗纤维化机制

纤维化形成的关键是细胞外 ECM 的过度沉积。ECM 主要由胶原蛋白、透明质酸、蛋白聚糖和糖蛋白构成，这些组分按不同比例形成生物体内多种类型的 ECM，执行各自的功能。ECM 能结合多种生长因子和激素，给细胞提供信号，细胞的形态、分化及运动均与 ECM 有关。已知的胶原至少有 15 种，常见的有 I、II、III、IV 型胶原等。胶原均以三股螺旋的方式形成，不同之处仅为各型的中段三股螺旋形式的多肽片段有所差异，从而折叠成不同的三维结构。核心蛋白聚糖的中心区由富含亮氨酸的重复序列（LX2LXLX2NXL）构成，该区的结构已知有重复平行的β链，以及数量不一的、形成拱形螺线管样结构的螺旋区构成，β链形成的凹陷表面提供主要的蛋白质-蛋白质反应表面，信号胶原的三螺旋结构与核心蛋白聚糖形成的拱形表面刚好匹配。核心蛋白聚糖形成的拱形结构在重组核心蛋白聚糖分子的实验中已经电镜证实，显示其拱形两臂的距离约 7nm，拱和顶的距离约 5nm。

核心蛋白聚糖是与胶原纤维相关的小分子间质性蛋白多糖，主要由皮肤成纤维细胞、肝星状细胞及肾小球系膜细胞等产生，能调节和控制组织形态发生、细胞分化、运动、增殖及胶原纤维的形成等过程，对防止组织和器官的纤维化有重要作用。已有的研究表明，

TGF-β是较为重要的刺激细胞增殖、分泌胶原等ECM的细胞因子之一，TGF-β的过度产生是各种纤维化疾病的典型特征，TGF-β在体内外可刺激胶原、纤维粘连蛋白和蛋白多糖的合成，抑制基质降解酶（如胶原酶）的产生，上调蛋白酶抑制剂（如纤溶酶原激活物抑制剂）的合成，从而引起ECM堆积。TGF-β以易发生纤维化的细胞，如肝、肾、肺间质细胞作为细胞媒介导致后者向成纤维细胞分化，并分泌多种ECM如I型胶原和层粘连蛋白等，促进纤维化的形成。研究表明，核心蛋白聚糖可通过旁分泌和自分泌的方式在ECM部位，通过其TGF-β结合区与TGF-β形成复合物，干扰TGF-β与其受体结合，阻断TGF-β和TGF-β受体相互作用所介导的信号通路，促使TGF-β的致有丝分裂等作用削弱，从而产生抗纤维化作用，这可能是核心蛋白聚糖抗纤维化作用的主要机制。Neame等在核心蛋白聚糖与基膜聚糖调节胶原原纤维形成的研究中发现，核心蛋白聚糖延迟纤维化初期的进程，并减小纤维的直径，核心蛋白聚糖与基膜聚糖协同作用比单独作用显示更多延缓纤维化形成。研究显示，基膜聚糖并不竞争胶原纤维上核心蛋白聚糖的结合位点，而且二者共同作用还增加纤维结构的稳定性。免疫电镜示核心蛋白聚糖可大量存在于胶原纤维的附近，通过调整胶原纤维的C端，在胶原形成的起始阶段延迟原胶原纤维的组建，使胶原数量减少（图20-2，见彩图6）。

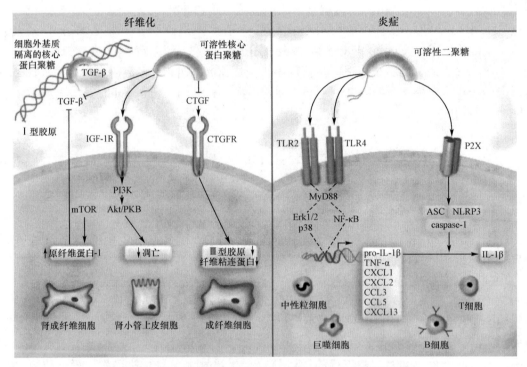

图20-2 核心蛋白聚糖及配体参与纤维化和炎症机制示意图

［引自：Nastase MV，Iozzo RV，Schaefer L.2014.Biochim Biophys Acta，1840（8）：2460-2470.］

二、核心蛋白聚糖与皮肤纤维化

Sayani等在肥大性瘢痕中用核心蛋白聚糖mRNA与TGF-β mRNA原位杂交研究显示，核心蛋白聚糖mRNA在组织受到损伤后12个月以内缺乏，在12～36个月有较高的表达，而正常组织中却很少表达,可能提示核心蛋白聚糖在纤维化的形成中起双向调节作用。Scott 等研究发现,增生性瘢痕中核心蛋白聚糖含量减少,只有正常组织的 25%。Reese 等研究发现核心蛋白聚糖在 Ⅰ 型胶原形成过程中,可以增加其数量和强度。核心蛋白聚糖核心蛋白结构与 Ⅰ 型胶原结合,通过 GAG 侧链之间形成的抗平行的双螺旋结构使胶原分子的侧向装配受限,调节胶原纤维的直径,并保证其正确装配。在核心蛋白聚糖蛋白缺乏时,可导致异常粗大的胶原纤维形成。增生期瘢痕中的核心蛋白聚糖 mRNA 表达明显减少,胶原原纤维间的塑形分子结构消失,从而使胶原原纤维的形成和装配失去限制。

胶原纤维的有序排列和按需组装是维持真皮结缔组织正常结构及功能的基础,核心蛋白聚糖通过核心蛋白和 GAG 链调控胶原纤维有序组装,使胶原纤维的构成适合其自身形态和功能需要,因此,核心蛋白聚糖可能抑制瘢痕形成或皮肤脆性增加等。

三、核心蛋白聚糖与肝脏纤维化

肝纤维化是在肝损害持续存在的情况下,组织发生修复反应时因 ECM 合成、降解与沉积不平衡引起的病理过程。肝星状细胞(hepatic stellate cell,HSC)激活、增殖和移行的改变在肝纤维化发生、发展的过程中发挥作用。正常情况下,大部分的 Ⅲ、Ⅳ 型胶原及层粘连蛋白由 HSC 和内皮细胞合成,且主要由内皮细胞合成,但是在肝纤维化时合成 ECM 的细胞则变成了 HSC,合成 ECM 的质和量与正常情况相比均不同,这种 ECM 质和量的变化反过来又能激活静息状态的 HSC,加重 ECM 的沉积。研究发现,$TGF-\beta_1$ 是一种介导 HSC 启动和活化的细胞因子,因此,可将 $TGF-\beta_1$ 作为开展肝纤维化基因治疗的靶点。大量研究表明,核心蛋白聚糖具有中和并调节 TGF-β 活性的作用,通过与 TGF-β 结合形成复合物,干扰 TGF-β 与其受体结合,阻断 TGF-β 和 TGF-β 受体相互作用所介导的信号通路,从而产生抗纤维化的作用。除此之外,核心蛋白聚糖还具有抗黏附分子的作用,能与许多其他 ECM 成分结合(如 FN 和血小板反应蛋白 1),从而参与细胞增殖、迁移的调节。因此,核心蛋白聚糖在 TGF-β 过表达或活性过高所引起肝脏疾病的治疗中有良好的应用前景,体外给予核心蛋白聚糖或基因转染技术在体内产生核心蛋白聚糖成为拮抗 TGF-β 活性的新方法。Shi 等报道重组核心蛋白聚糖显著抑制 HSC 细胞系(LX-2)在 TGF-β 刺激作用下的增殖,并且能够抑制 MMP-2、金属蛋白酶组织抑制因子的活性,这些生物学效应均能起到抗纤维化的作用。

Ma 等研究发现,以肝纤维化模型小鼠为实验对象,通过注射外源性核心蛋白聚糖,能抑制纤维化相关蛋白的表达,减少小鼠肝纤维化的形成。Jang 等研究发现,与骨髓间充质干细胞单方案质量相比,感染表达核心蛋白聚糖腺病毒的骨髓间充质干细胞(包括骨髓间充质干细胞和核心蛋白聚糖的联合治疗方案)强烈抑制硫代乙酰胺诱导的大鼠肝纤维化的进展,$TGF-\beta_1$ 的表达降低和 Smad3 磷酸化抑制,提示其显著抑制作用是由于抑制转化生长因子(TGF-β)/Smad 信号通路。因此,使用感染表达核心蛋白聚糖腺病毒的骨髓间充质干细胞治疗顽固性肝硬化患者,是一个新的可行方案。

四、核心蛋白聚糖与肾脏纤维化

在正常肾,蛋白聚糖是由肾成纤维细胞分泌,主要存在于肾间质,肾小球含量极少。原位杂交证实,核心蛋白聚糖 mRNA 主要分布于正常大鼠肾脏的间质细胞、血管周围和 Bowman

囊，肾小球系膜细胞仅有微量表达。Davis 等提出，核心蛋白聚糖尤其与肾脏纤维化损伤的病理机制有关。在抗 Thy-1 肾炎模型及 5/6 肾切除模型中，核心蛋白聚糖 mRNA 在肾小球中的水平增加。在间质纤维化区域，表达核心蛋白聚糖 mRNA 的小管周围间质成纤维细胞的数目较正常形态的间质明显增多。Diamond 等报道，由单侧输尿管梗阻引起的肾盂积水模型中，激活的 TGF-β 诱导核心蛋白聚糖 mRNA 和蛋白质水平的上调，但这种核心蛋白聚糖的升高并未能阻止该模型中 ECM 的继续生成，认为这种核心蛋白聚糖上调不足以中和 TGF-β 活性，或者存在一个 TGF-β 优先与其受体激活的机制。相对于正常小鼠，DCN 基因敲除的单侧输尿管梗阻小鼠，纤维化速度明显加快。Border 等发现在抗 Thy-1 肾炎模型中注射药理剂量的核心蛋白聚糖（450μg/dose）能阻止体内过量的基质堆积和蛋白尿的发展。在应用早期（1~2 天）未见效果；在 4~6 天时，反映 TGF-β 活性的 ECM 成分如 FN、FN-EDA$^+$和腱蛋白明显减少，并发现应用核心蛋白聚糖治疗后其病变肾小球外观几乎正常，在实验中未见核心蛋白聚糖的毒性效应。Border 和 Isaka 等将核心蛋白聚糖的 cDNA 通过脂质体介导注入宿主骨骼肌，转染骨骼肌细胞，在肌细胞内合成核心蛋白聚糖蛋白，分泌入血，经血流作用于肾脏。治疗后病变肾小球内 FN-EDA$^+$、腱蛋白和 I 型胶原基因表达明显减少，蛋白尿的水平也明显降低，在第 14 天，治疗组的肾小球与正常对照已无明显区别。Ma 等研究发现核心蛋白聚糖高表达可减轻 SD 鼠肾间质纤维化，延缓肾衰竭及减轻慢性肾衰竭的血脂代谢异常。

在肾小球硬化和间质纤维化病变中，核心蛋白聚糖与 I 型胶原分布相同，提示这些 ECM 的合成和沉积与病理性相关。核心蛋白聚糖在调节胶原纤维聚集和生成中起关键作用，在核心蛋白聚糖缺乏的小鼠，其胶原纤维异常。核心蛋白聚糖与 I 型胶原相互作用对纤维化损伤部位重塑的 ECM 稳定起重要作用。核心蛋白聚糖与胶原纤维结合可减少正常的再摄取和受体介导的内吞。这与体外观察到的结果相似，即生长于胶原基质上的成纤维细胞合成的蛋白聚糖降解减慢。引人深思的是，蛋白聚糖与胶原的结合可能导致这些物质与生长因子（如 TGF-β）相互作用的生物可利用性减少，从而导致这些部位无法调节 TGF-β 活性。相同的，生长因子与 ECM 蛋白聚糖的结合可作为储蓄池功能，增加在纤维化损伤部位的生长因子的生物利用度。

核心蛋白多糖抗肝纤维化的疗效无可争议，但其机制尚不完全清楚。可以肯定的是，核心蛋白聚糖直接与 TGF-β 相互作用，核心蛋白聚糖将 TGF-β 限制于细胞外基质，防止其不利影响。值得注意的是，通过与 IGF-IR 相互作用，核心蛋白聚糖能够诱导微纤维蛋白-1 表达，其可以调节 TGF-β 生物可利用性。在肾小管上皮细胞，核心蛋白聚糖还可通过 IGF-IR 信号级联反应抑制凋亡。

研究表明，核心蛋白聚糖的抗肝纤维化作用可能不仅限于其与 TGF-β 及其受体的相互作用。结缔组织生长因子（CTGF/CCN2）是 TGF-β 信号转导通路的下游信号因子，在纤维化疾病的演变中起着重要的作用。在多种细胞中，包括成纤维细胞和肾近曲小管上皮细胞，TGF-β 诱导 CTGF 表达。CTGF 能促有丝分裂，具有趋化性，诱导合成 I、III 型胶原蛋白，以及整合素β$_1$和纤维粘连蛋白。

第三节 核心蛋白聚糖与肿瘤

核心蛋白聚糖是一种肿瘤细胞生长的负性调节因子，实验表明，核心蛋白聚糖可抑制肿瘤细胞的增殖，核心蛋白聚糖的抗肿瘤生长作用是通过多个信号通路（图20-3，见彩图7）相互协同作用实现。核心蛋白聚糖富集于肿瘤细胞侵袭的微环境中，并对肿瘤细胞的生长发挥负性调节作用，是宿主天然抗肿瘤免疫功能的体现。

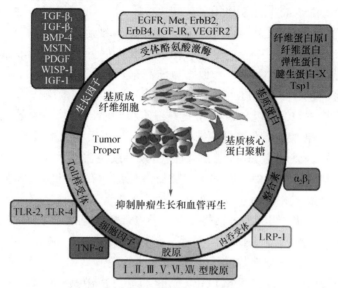

图 20-3　核心蛋白聚糖相互作用的受体

[引自：Neill T，Schaefer L，Iozzo RV.2012.Am J Pathol，181（2）：380-387.]

一、抑制肿瘤细胞增殖

1. EGFR　EGF是原癌基因C-erbB-1的表达产物，是一种细胞调节多肽，对体内外的许多研究表明，EGF具有促进细胞分裂增生的作用，通过与靶细胞膜的EGF受体（EGFR）结合，使酪氨酸残基磷酸化而引起细胞的一系列代谢变化，从而引发细胞的增生。已经发现许多肿瘤包括胃癌、乳腺癌、结肠癌、膀胱癌的组织中EGFR的表达增强，并认为与肿瘤的预后有关。核心蛋白聚糖是EGFR/erbB2胞外功能区的一个天然配体，与受体结合后可引起受体二聚体形成和磷酸化，导致促丝裂原活化蛋白激酶（MAPK）活化，细胞内钙离子增加，诱导p21基因开放，P21蛋白上调直接引起细胞循环的终止；同时，促使caspase-3前体转化为caspase-3，诱导肿瘤细胞发生凋亡。

Schonherr等研究发现核心蛋白聚糖可诱导两个抑制细胞周期依赖激酶的小分子蛋白——P21、P27表达上调，P21和P27都是细胞周期蛋白依赖激酶（cyclin dependent kinase，CDK）抑制因子，核心蛋白聚糖通过上调P21和P27的表达负性调节细胞增殖因子，使细胞阻止在G_0/G_1期，能使各种肿瘤细胞株生长停滞，从而抑制肿瘤细胞的增殖。核心蛋白聚糖也可以增高P21水平并导致其在细胞核内易位突变，进而影响细胞周期依赖激酶，导致细胞生长抑制。核心蛋白聚糖介导的细胞生长抑制主要与上调P21 mRNA和蛋白质水平有关。核心蛋白聚糖在肿瘤细胞中少量表达，转染核心蛋白聚糖基因能使人结肠癌WiDr/HT29生长明显抑制，将此细胞移植到重症免疫缺陷型小鼠体内，发现细胞大部分阻滞在G_1期。其机制为核心蛋白聚糖与EGFR相互作用，促使其磷酸化，进而引起促分裂原活化蛋白激酶的活化、胞内Ca^{2+}动员及细胞周期素依赖性抑制物p21的表达，最终起到抑制细胞生长的作用。核心蛋白聚糖的表达被其特异性反义寡聚核苷酸阻断后，p21的表达下调，细胞周期恢复。靶向阻断人结肠癌细胞 p21 的两个等位基因后，核心蛋白聚糖不能抑制其生长，这些研究均表明核心蛋白聚糖通过与 EGFR 的相互作用诱导 p21 表达，发挥抑制肿瘤生长的生物学作用。也有学者认为，核心蛋白聚糖抑制肿瘤细胞生长、诱导凋亡的作用是其与 EGFR 相互作用并导致磷酸化的细胞外信号调节激酶、应激活化蛋白激酶/Jun 氨基末端激酶和 p21 表达上调或激活 EGFR/促分裂原活化蛋白激酶/p21 信号通路所致。P27 的上调具体通过哪条信号通路目前尚未定论。

核心蛋白聚糖还通过与 EGFR 直接结合形成二聚体/细胞内摄作用，从而导致 EGFR 降解或者下调酪氨酸激酶的活性，以阻断变异细胞和肿瘤异种移植物的生长。因此，核心蛋白聚糖可能如同一种肿瘤细胞的自然拮抗剂。核心蛋白聚糖直接结合 EGFR 抑制肿瘤的机制有二：其一可能是通过使 EGFR 的酪氨酸激酶持续性失活，下调 EGFR 和 ErbB 受体家族其他成员酪氨酸激酶的表达，减弱 EGFR 介导的胞内钙的动员，以及通过激活细胞凋亡蛋白激酶触发肿瘤细胞凋亡而实现。在重组核心蛋白聚糖实验和核心蛋白聚糖共孵育实验中，ErbB2 酪氨酸激酶的初级诱导活性下调，导致乳腺癌细胞生长抑制和细胞分化受阻，核心蛋白聚糖介导的效应涉及 ErbB4 的激活，包括依次阻止 ErbB2、ErbB3 异二聚体的硫酸化，皆认为是核心蛋白聚糖介导的灭活 ErbB2 的效应。其二，在 EGFR 的 mRNA 表达水平不变时，核心蛋白聚糖也能引起 EGFR 数量和 EGFR 激酶活性的持续下调，推测核心蛋白聚糖与 EGFR 结合后，通过促进受体内在化和胞内降解，减少细胞表面受体循环，从而拮抗 EGFR 活性，抑制癌细胞增殖。

还有研究证实，核心蛋白聚糖可通过与 EGFR2 相互作用，激活 PI3K/Akt 信号通路，使 mTOR 失活，从而诱导血管内皮细胞自噬。

2. TGF-β TGF-β 是普遍存在的调节因子家族成员之一，是一种相对分子质量为 25 000 的二聚体分子，具有三种亚型（TGF-$β_1$、TGF-$β_2$、TGF-$β_3$），肿瘤细胞可以产生 TGF-β，而且能特异地激活它。TGF-β 不仅可以促进宿主的免疫抑制和肿瘤免疫逃逸，还可以自分泌和旁分泌的形式调节肿瘤生长、肿瘤细胞对抗肿瘤药物的耐药机制，促进肿瘤血管生成。目前认为 TGF-β 介导的免疫抑制是肿瘤细胞能够逃离宿主细胞免疫监视的主要机制。TGF-β 主要通过诱导免疫细胞的生长抑制和凋亡、抑制免疫细胞的活性及细胞因子的释放、下调主要组织相容性复合体 II 类抗原表达等抑制宿主对肿瘤细胞的免疫监视能力。值得注意的是，肿瘤细胞释放的 TGF-β 介导的免疫抑制作用是受正常宿主细胞完整的 TGF-β 受体调节的，而肿瘤细胞的 TGF-β 受体常出现突变或功能缺失。

核心蛋白聚糖是 TGF-β 的天然拮抗物质，在核心蛋白聚糖有一个 TGF-β 结合区域，两者结合后阻止了 TGF-β 同其他受体的结合，从而抑制 TGF-β 的生物活性和结构稳定性。目前研究提示各种 TGF-β 同源异构体均能与核心蛋白聚糖的核心蛋白结合，并在纳摩尔级的浓度范围内保持稳定的游离、溶解状态。此外，核心蛋白与胶原结合后仍可与 TGF-β 结合，起到灭活后者的作用。转染核心蛋白聚糖基因的中国仓鼠卵巢细胞高效表达核心蛋白聚糖，如不加入外源 TGF-β，则中国仓鼠卵巢细胞表达核心蛋白聚糖后细胞生长受抑制，其培养基也会有一定的抑制生长的活性，这可能是核心蛋白聚糖对 TGF-β 的中和作用，降低了 TGF-β 的生长刺激活性。对绒毛膜滋养细胞肿瘤的体外研究表明，核心蛋白聚糖可显著发挥其抗肿瘤细胞增殖、迁移及浸润的作用而不依赖于 TGF-β。Cabello-Verrugio 等发现

TGF-β信号通路的激活依赖于核心蛋白聚糖。由此，核心蛋白聚糖与TGF-β的关系可能因不同的细胞类型而表现不同的作用。

核心蛋白聚糖还可通过胰岛素样生长因子受体和低密度脂蛋白受体相关蛋白间接影响TGF-β信号通路。核心蛋白聚糖结合低密度脂蛋白受体相关蛋白1（LRP-1）并唤起细胞内吞，活化磷脂酰肌醇-3激酶，通过Smad蛋白2/3/7干扰TGF-β信号通路。

3. Met 核心蛋白聚糖与Met结合是其发挥抗癌作用的重要机制之一，结合而形成异源二聚体插入含有微囊蛋白1的细胞膜凹陷中，同时Met被磷酸化，招募E3-泛素连接酶与Met连接。新形成的复合体，一方面通过26S蛋白酶持续下调β连环蛋白编码基因和Myc这两个致癌基因的表达；另一方面，抑制缺氧诱导因子1基因和血管内皮生长因子A基因的转录，激活基质金属蛋白酶组织抑制剂3和凝血酶敏感蛋白1等抗血管生成因子的表达与分泌，以此来抑制血管生成，进而阻止肿瘤的生长和转移。

二、抑制肿瘤细胞的转移

核心蛋白聚糖通过抑制胞外基质的形成和聚集来发挥抑瘤作用。Troup认为低水平的核心蛋白聚糖和光蛋白聚糖有利于肿瘤形成、侵袭和生长。核心蛋白聚糖和光蛋白聚糖表达的降低可使基质结构紊乱，降低基质作为肿瘤迁移的物理屏障效应的有效性。在骨肉瘤细胞系中发现一些基质分子（如FN、Ⅰ型胶原），这些基质分子具有促进细胞迁移的作用，核心蛋白聚糖可特异性、高亲和性地与FN、血小板反应结合蛋白、Clq，以及Ⅱ、Ⅵ、Ⅹ、Ⅳ型胶原结合，从而阻断此类物质与细胞的结合或由它们介导的细胞与ECM结合。后来发现在FN存在的情况下，核心蛋白聚糖对细胞的转移抑制作用是核心蛋白聚糖的硫酸皮肤素链承担的，一旦核心蛋白与基质（FN、Ⅰ型胶原）结合，核心蛋白聚糖的硫酸皮肤素链就通过空间阻碍或通过调节细胞表面组分的活性抑制细胞转移。核心蛋白聚糖的糖氨聚糖侧链还可直接与整合素结合，并干扰整合素在细胞迁移中的作用。

E-钙黏蛋白是研究最为透彻的钙黏蛋白家族成员，主要作用是参与细胞–细胞间的黏附作用，维持细胞间、细胞与基质间的黏附作用及组织结构的完整性。E-钙黏蛋白与恶性肿瘤的浸润、转移密切相关，E-钙黏蛋白减少或E-钙黏蛋白介导的细胞间黏附受到干扰，肿瘤常常发生浸润或转移。Bi等发现DCN基因与E-钙黏蛋白之间存在交互作用，核心蛋白聚糖基因缺失导致E-钙黏蛋白表达下降。通过重组DCN转染技术可以增加肿瘤细胞E-钙黏蛋白及基因表达，进而阻止肿瘤细胞的浸润和转移。

Neill等的研究指出，核心蛋白聚糖可通过氧化物酶体增殖物激活受体γ共激活因子1α诱导肿瘤乳腺癌细胞的线粒体自噬。此外，核心蛋白聚糖还可促进Fas/FasL的表达，诱导骨形成蛋白2诱导的蛋白激酶骨形成蛋白2等基因的表达，影响肿瘤微环境；同时通过下调转化生长因子β、稳定上皮钙黏素等其他途径抑制肿瘤细胞的生长和转移。

由于核心蛋白聚糖可通过多种途径抑制肿瘤的生长或减少肿瘤细胞转移，故将其应用于肿瘤治疗的研究也越来越多。在胰腺癌组织中，核心蛋白聚糖可促进癌细胞周围ECM的降解，提高化疗药物在肿瘤病灶中的渗透性，核心蛋白聚糖与化疗联合可改善胰腺癌的治疗效果。Goldoni等发现，核心蛋白聚糖可有效抑制乳腺癌细胞在原发灶的生长和远处转移，提出核心蛋白聚糖可作为乳腺癌靶向治疗候选药物之一。核心蛋白聚糖抗肿瘤的作用并不局限于给药的局部，对远隔部位的肿瘤也有抑制效应，且对细胞生长的抑制作用具有肿瘤细胞选择性。

三、抑制肿瘤血管生成

大多数肿瘤的浸入性生长依赖新生血管的建立，血管生成是 ECM 与细胞微环境中多种大分子蛋白动态相互作用的结果。根据诱导血管生成不同的分子微环境，核心蛋白聚糖表现出促进血管生成和抑制血管生成两种不同的效应，双向调节血管生成的过程。

核心蛋白聚糖直接通过调节 I 型胶原的合成参与血管生成。在血管形成过程中，核心蛋白聚糖为血管内皮细胞提供胶原结构的模板，诱导内皮细胞聚集，促进血管壁形成。新形成的胶原纤维与核心蛋白聚糖黏附后，可抵抗蛋白水解酶的攻击，使这两者形成更牢固的原纤维网络，同时改变 ECM 的生化特性，增强其拉伸度和强度，这些生化特性是 ECM 影响血管生成的核心特性。核心蛋白聚糖通过与参与血管生成的细胞表面受体、信号分子和血管生成生长因子等大分子蛋白相互作用，间接影响血管生成过程，这些大分子蛋白包括 EGFR、HGF、IGF、VEGFR-2、PDGF、FGF、CTGF 子等。Ma 等利用 Balb/c 小鼠建立肝纤维化的动物模型，经实验发现，注射核心蛋白聚糖可加速被部分切除后肝脏的再生速度，这可能与核心蛋白聚糖可加速肝脏的血管生成有关。

核心蛋白聚糖通过诱导血管内皮细胞内自噬复合体的形成及减少自噬抑制物的合成来诱导内皮细胞自噬，抑制血管增殖，从而抑制肿瘤扩散。核心蛋白聚糖可通过 Peg3 依赖的方式诱导血管内皮细胞自噬，Peg3 编码的 Peg3 蛋白是细胞凋亡的关键成分；核心蛋白聚糖与 VEGFR2 黏附后招募 Peg3，趋化吸引 Beclin1 蛋白和 LC-3 等经典的自噬标志物，并形成自噬前体复合物；同时，核心蛋白聚糖直接抑制 Bcl-2 等自噬抑制物的形成。核心蛋白聚糖还可上调 AMPKα、VPS34，选择性抑制 PI3K/Akt/mTOR 自噬调节通路，诱导血管内皮细胞自噬，减少肿瘤间质中血管的生长。有证据表明，表达核心蛋白聚糖的肉瘤细胞 VEGF 水平降低，从而抑制肿瘤细胞介导的血管生成。同样，病毒介导核心蛋白聚糖基因转染家兔角膜细胞，VEGF、MCP-1 和血管生成素表达降低。然而，也有研究发现，核心蛋白聚糖对 VEGF 的表达存在相反的效果。Buraschi 等发现，溶解状态的核心蛋白聚糖可引起微血管和大血管内皮细胞自噬，同时抑制内皮细胞管道形成，导致血管生成减少。

核心蛋白聚糖可表现出促血管生成和抗血管生成活性，这取决于血管生成的细胞和分子微环境。

四、其他

炎症在肿瘤形成过程中扮演重要角色，最近关于核心蛋白聚糖与炎症-癌转化的相互作用关系已明确：核心蛋白聚糖通过与 TLR2/4 直接结合和抑制 TGF-β1，促进 PDCD4 的表达，提高 PDCD4 蛋白的产生，进而抑制抗炎细胞因子如 IL-10 的产生，抑制肿瘤细胞产生促炎性肿瘤微环境。同时，核心蛋白聚糖还通过诱导合成促炎症反应调节剂（TNF-α和 IL-12 p70）抑制瘤形成，且核心蛋白聚糖可结合 TNF-α 以进一步修饰 TNF-α 活性。

（李洪杰）

参 考 文 献

吴凡，王千秋. 2017. 核心蛋白聚糖生物学功能研究进展(医学综述)，23：249~256.

张芬芬，韩安家. 2010. 核心蛋白聚糖与肿瘤信号通路. 国际肿瘤学杂志，37：332～335.

Baghy K，Iozzo RV，Kovalszky I. 2012. Decorin-TGF β axis in hepatic fibrosis and cirrhosis. J Histochem Cytochem，60：262～268.

Bi X，Pohl NM，Qian Z，et al. 2012. Decorin-mediated inhibition of colorectal cancer growth and migration is associated with E-cadherin in vitro and in mice. Carcinogenesis，33：326～330.

Bi XL，Yang W. 2013. Biological functions of decorin in cancer. Chin J Cancer，32：266～269.

Daniela G. 2008. Seidler and Rita Dreier. Decorin and its Galactosaminoglycan Chain：Extracellular Regulator of Cellular Function? IUBMB Life，60：729～733.

Goldoni S，Iozzo RA，Kay P，et al. 2007. A soluble ectodomain of LRIG1 inhibits cancer cell growth by attenuating basal and ligand-dependent EGFR activity. Oncogene，26：368～381.

Iozzo RV，Schaefer L. 2010. Proteoglycans in health and disease: novel regulatory signaling mechanisms evoked by the small leucine-rich proteoglycans. FEBS J，277：3864～3875.

Jang YO，Cho MY，Yun CO，et al. 2016. Effect of function-enhanced mesenchymal stem cells infected with decorin-expressing adenovirus on hepatic fibrosis. Stem Cells Transl Med，5：1247～1256.

Järveläinen H，Sainio A，Wight TN. 2015. Pivotal role for decorin in angiogenesis. Matrix Biol，43：15～26.

Järvinen TA，Prince S. 2015. Decorin：A growth factor antagonist for tumor growth inhibition. Biomed Res Int，9：654～765.

Ma HB，Wang R，Yu KZ，et al. 2015. Dynamic changes of early-stage aortic lipid deposition in chronic renal failure rats and effects ofdecorin gene therapy. Exp Ther Med，9：591～597.

Ma R，He S，Liang X，et al. 2014. Decorin prevents the development of CCl_4-induced liver fibrosis in mice. Chin Med J(Engl)，127：1100～1104.

Matsumine A，Shintani K，Kusuzaki K，et al. 2007. Expression of decorin, a small leucine-rich proteoglycan, as a prognostic factor in soft tissue tumors. J Surg Oncol，96：411～418.

Nastase MV，Iozzo RV，Schaefer L. 2014. Key roles for the small leucine-rich proteoglycans in renal and pulmonary pathophysiology. Biochim Biophys Acta，1840：2460～2470.

Neill T，Schaefer L，Iozzo RV. 2012. Decorin：a guardian from the matrix. Am J Pathol，181：380～387.

Neill T，Schaefer L，Iozzo RV. 2015. Oncosuppressive functions of decorin. Mol Cell Oncol，2：e975645.

Neill T，Schaefer L，Iozzo RV. 2016. Decorin as a multivalent therapeutic agent against cancer. Adv Drug Deliv Rev，97：174～185.

Reese SP，Underwood CJ，Weiss JA. 2013. Effects of decorin proteoglycan on fibrillogenesis, ultrastructure, and mechanics of type I collagen gels. Matrix Biol，32：414～423.

Shintani K，Matsumine A，Kusuzaki K，et al. 2008. Decorin suppresses lung metastases of murine osteosarcoma. Oncol Rep，19：1533～1539.

Wu H，Wang S，Xue A，et al. 2008. Overexpression of decorin induces apoptosis and cell growth arrest in cultured rat mesangial cells in vitro. Nephrology(Carlton)，13：607～615.

Yu X，Zou Y，Li Q，et al. 2014. Decorin-mediated inhibition of cholangiocarcinoma cell growth and migration and promotion of apoptosis are associated with E-cadherin in vitro. Tumour Biol，35：3103～3112.

第二十一章 基底膜蛋白聚糖

基底膜蛋白聚糖（perlecan）是一种大型蛋白聚糖分子，是基底膜的一种重要成分。由于基底膜的基底膜蛋白聚糖使基底膜带负电荷，从而使基底膜获得电荷选择性的超滤功能。基底膜蛋白聚糖和基底膜的其他基质蛋白，如胶原和层粘连蛋白等发生相互作用，构成基底膜的基本结构。此外，基底膜蛋白聚糖分子结构中还有细胞黏附位点，因而参与细胞的相互作用。

基底膜蛋白聚糖也称为串珠聚糖，是珠宝或珍珠样（perl）葡糖氨聚糖（glycosaminoglycan）两个词部分结构的缩写。Hasll 等创造这个新词，用以描述一种结构呈串珠状的蛋白聚糖分子。其核心蛋白质的分子质量很大，人基底膜蛋白聚糖的核心蛋白质约 467kDa，可分为 5 个结构域，3 条硫酸乙酰肝素链接在核心蛋白质的 N 端结构域。基底膜蛋白聚糖作为细胞外基质的一部分，具有多种功能（图 21-1）。

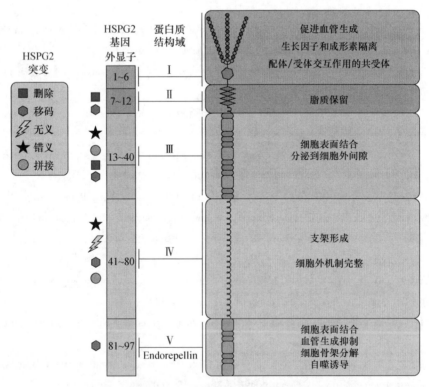

图 21-1　人类基底膜蛋白聚糖 HSPG2 和蛋白质的示意图

左侧为致病突变，右侧为蛋白质的各个结构域与其相应功能

［引自：Gubbiotti MA，Neill T，Iozzo RV. 2017. Matrix Biol，57-58：285-298.］

一、基底膜蛋白聚糖的分子结构

到目前为止已克隆人、鼠、线虫等生物种系的基底膜蛋白聚糖的 cDNA 序列、人串珠蛋白基因组 DNA 的序列及其结构，因而对基底膜蛋白聚糖的分子结构有较为清楚的了解。通过对不同种系基底膜蛋白聚糖分子结构特点的比较，发现这是一个高度保守的基因类型。不同生物种系来源的串珠蛋白基因的外显子、内含子结构一样。除分子结构本身庞大外，还存在着为数众多的内部重复序列，编码这种串珠蛋白的位点结构。这一系列的蛋白结构位点，与基底膜蛋白聚糖的生物学功能有极为密切的关系。

1. 人基底膜蛋白聚糖基因位于 1 号染色体的端粒区 研究表明，人和小鼠基因组中都存在单一拷贝的基底膜蛋白聚糖编码基因。以小鼠的 N-CAM 作为探针，应用人染色体的种系间的原位杂交，以及以人基底膜蛋白聚糖的基因作为探针，在严谨条件下进行人/啮齿类动物体细胞杂交，均证实人基底膜蛋白聚糖的基因位于人 1 号染色体的端粒区，即人染色体 1p36.1 的位点区。小鼠基底膜蛋白聚糖的编码基因位于 4 号染色体，与碱性磷酸酶-2的编码基因相邻。大量证据表明，人 1 号染色体与小鼠 4 号染色体相对应结构区的序列是高度保守的结构区。虽然到目前为止还没有观察到哪一种疾病与基底膜蛋白聚糖基因所在的染色体位点结构异常有关，但与家族性皮肤黑色素瘤、神经母细胞瘤、多发性内分泌 II 型肿瘤、乳腺癌、结肠直肠癌等肿瘤的发生有一定相关性。另外，研究表明，人 1 号染色体的短臂区可能包含一种或几种肿瘤抑制基因。在人的基底膜蛋白聚糖的基因中含有 Taq I/Eco R I 或 Bam H I 的酶切位点，因此，可以对人 1 号染色体基底膜蛋白聚糖所在的染色体基因区进行限制性片段长度多态性研究，以确定人基底膜蛋白聚糖基因的突变与疾病可能的关系。HSPG2 基因突变与 Balkan 地方性肾病患者突变基因有关。

2. 基底膜蛋白聚糖的启动子结构 基底膜蛋白聚糖基因的启动子序列中 GC 碱基比例很高，在第一个外显子序列上游 500 碱基的范围内，GC 碱基比例达 80%，其中 CpG/GpC 为 0.9，因此缺乏 CpG 抑制现象。在人基底膜蛋白聚糖基因的启动子区，含有 4 个 GC 盒或结构，以及 3 段 GGGCGG 六核苷酸序列结构，已知这类六核苷酸序列是锌指转录因子 SP1 的结合位点。在第一段的内含子和第一段的外显子序列中，存在着 5 段 GGGCGG 六核苷酸序列片段和 1 个 GC 盒结构。此区中还有一段由 21 个 CCGG 四核苷酸组成的序列，这种四核苷酸序列，是甲基化敏感性的 Hpa II 限制性内切核酸酶识别的位点序列。在基底膜蛋白聚糖基因启动子的远端区段有两个病毒增强子 AP2 的结构位点，还有 3 段较短的回文直接和间接重复序列，这些重复序列形成的二级结构可调节基底膜蛋白聚糖的基因表达活性。在人基底膜蛋白聚糖的启动子结构区域，缺乏典型的 TATA 盒式结构及 CAAT 盒式结构，但能与多种类型的转录因子蛋白进行结合，且可能有多个转录起始位点。引物延伸和 S1 核酸酶作图法研究表明，在基底膜蛋白聚糖基因启动子区中至少有 5 个不同的转录因子蛋白结合区。除这些特点外，在基底膜蛋白聚糖基因启动子区还存在 CpG 岛状结构区，又称为 Hpa II 小片段岛区。此 DNA 结构序列含有未甲基化的 CpG 二核苷酸结构，与 GpG 核苷酸序列结构相近。这些岛状结构与转录控制区有关，结构特点与癌基因蛋白、生长因子、转录因子及持家蛋白等编码基因的启动子序列结构相似。这也是基底膜蛋白聚糖在广泛组织细胞类型中具有持续表达活性的结构基础。在数种其他类型的细胞外基质蛋白及细胞黏附分子的基因启动子结构中也发现与之类似的结构，包括层粘连蛋白 B1 和 B2

链、N-CAM 等。所有这些基因的启动子区也有较高的 GC 碱基组成比例,同时含有 SP1 转录因子的结合位点。从启动子到编码基因及其编码产物结构的相似性,可推测基因表达的调节机制是相似的。

3. 基底膜蛋白聚糖的 I 型位点　　基底膜蛋白聚糖的分子结构中,位于信号肽下游是 1 个由 172 个氨基酸残基组成的小位点,其中含有 3 个连续的 Ser-Gly-Asp(SGD)三肽片段,可与硫酸乙酰肝素侧链进行结合。这一位点结构是基底膜蛋白聚糖的 I 型位点结构。但这一结构位点是否是基底膜蛋白聚糖成为氨基聚糖分子的唯一结构位点,或者这一位点是否仅是基底膜蛋白聚糖的一个可能的糖基化位点,都有待于进一步研究证实。值得注意的是,在基底膜蛋白聚糖的蛋白质分子结构中,其核心部位含有超过 50 个 Ser-Gly (SG) 的二肽序列结构,其中某些二肽结构与一些酸性氨基酸残基相邻,与氨基聚糖结合位点的保守序列是一致的。基底膜蛋白聚糖分子结构中 SGD 序列的结构与其他类型的硫酸乙酰肝素型的蛋白聚糖的结构有共同特点,其中与细胞表面的蛋白聚糖分子 syndecan 家族成员的序列最为类似。与其他类型基底膜蛋白聚糖的其他位点结构相反,I 型位点结构不含有任何内部重复序列,缺乏半胱氨酸残基序列,而且富含酸性的氨基酸残基。这些结构特点使 I 型位点与基底膜蛋白聚糖分子其他类型的位点结构不同。事实上,基底膜蛋白聚糖分子结构中 I 型位点的氨基酸残基序列结构及核苷酸序列结构与其他一些已知蛋白的序列都不具有同源性性质。I 型位点结构似乎是基底膜蛋白聚糖分子结构中唯一的基底膜蛋白聚糖独特的位点结构,值得注意的是,包括第一段 SGF 三联体结构在内的 I 型位点结构序列的编码基因外显子结构的特点也具有独特的性质,分别由外显子 2 和外显子 3 编码。因为这些外显子序列被 I 型内含子序列分隔,因此,第 3 个外显子在剪切加工过程中可能被剪切加工。这样的基底膜蛋白聚糖基因转录物的剪切加工产物,由于没有第三段外显子的编码序列,因而由此剪切加工的基底膜蛋白聚糖基因的 mRNA 编码的蛋白质产物则不具备硫酸乙酰肝素侧链。这就是为什么常规体外培养的结肠癌细胞系表达的基底膜蛋白聚糖分子没有硫酸乙酰肝素侧链的原因。研究发现,肥大细胞 HMC-1 中 HSPG2 基因转录产物存在剪切加工机制,与基底膜蛋白聚糖在组织损伤修复的作用相关。

总之,基底膜蛋白聚糖可以是一种发生糖基化修饰的蛋白质分子,同时也可以是未经糖基化修饰的蛋白质分子。其中存在的一个问题是糖蛋白型与蛋白聚糖型基底膜蛋白聚糖的表达在正常情况下的比例如何,而且在肿瘤细胞中是怎样改变的。

4. 基底膜蛋白聚糖的 II 型位点　　基底膜蛋白聚糖分子结构中的 II 型位点与低密度脂蛋白受体(low density lipoprotein receptor,LDL-R)的配体结合部分的序列是同源性的结构序列。低密度脂蛋白受体分子的配体结合位点部分由 3 个不同的外显子编码,其序列还包含 4 段富含半胱氨酸残基的序列。许多具有配体结合功能的分子结构都有同源性序列。基底膜蛋白聚糖 II 型结构位点与 LDL-R 配体结合位点的编码基因外显子结构特点十分类似。例如,基底膜蛋白聚糖的前两个富含半胱氨酸残基的重复序列与对应的 LDL-R 中的重复序列都是由一个外显子编码,而且外显子的长度也几乎一致。远端的两个重复序列结构也由一个高度保守的外显子序列编码。无论是基底膜蛋白聚糖还是 LDL-R 相关的重复序列,都是由 I 相内含子将 3 个外显子分开,这种结构特点提示其转录产物存在剪切加工机制。通过不同方式的剪切加工,LDL-R 基因可以编码产生对于配体分子具有不同结合能力的受体分子。LDL 受体分子的重复序列中,每隔约 40 个氨基酸残基就有 1 个高度保守的半胱氨酸残基,共有 6 个这样的半胱氨酸残基。哺乳动物细胞表达的基底膜蛋白聚糖分子结构中也含有 DGSDE 五肽序列,而这一五肽序列就是 LDL-R 分子中与配体结合的序列。

5. 基底膜蛋白聚糖的Ⅲ型位点 基底膜蛋白聚糖的Ⅲ型位点序列与层粘连蛋白的序列有广泛同源性,内部片段特别是与层粘连蛋白 A 链分子结构序列同源性最高。这一结构区含有 3 个不同的球状亚位点结构,其中不含半胱氨酸残基,而其两侧序列则是富含半胱氨酸的序列。球状结构区的氨基酸残基构成及构型特点类似层粘连蛋白 A 链中的Ⅳa 和Ⅳb 亚位点的结构性质和特点,而与层粘连蛋白 B2 链Ⅳ亚位点的同源性稍低。基底膜蛋白聚糖的棒状节段由一系列重复序列组成,每一段重复序列都含 8 个高度保守的半胱氨残基及 2 个高度保守的甘氨酸残基。基底膜蛋白聚糖Ⅲ型位点中,这些保守半胱氨酸及甘氨酸残基的位置排列与层粘连蛋白Ⅲ型或Ⅴ型位点的位置排列完全一致。整个Ⅲ型位点序列由 27 个外显子编码,外显子大小为 50～231bp。但外显子的排列却不像蛋白位点的排列总是高度一致。另外,基底膜蛋白聚糖分子结构中缺乏 ROD 三联体位点。

6. 基底膜蛋白聚糖的Ⅳ型位点 基底膜蛋白聚糖的Ⅳ型位点具有两个独特性质:第一是质量很大,编码的多肽分子质量达 200kDa;第二是基底膜蛋白聚糖分子结构中最具反应性的一个位点结构。基底膜蛋白聚糖Ⅳ型位点含有 21 个连续重复序列结构,这样的重复序列结构也见于免疫球蛋白超家族。此位点由 40 个外显子编码,是目前含有免疫球蛋白重复序列数目最多的一种蛋白质分子。每一段重复序列结构单位由 70～100 个氨基酸残基组成,其中形成一对链内二硫键,横跨 50～70 个氨基酸残基,还有数个高度保守的甘氨酸及色氨酸残基。基底膜蛋白聚糖分子Ⅲ型位点中的 21 个连续免疫球蛋白重复序列与免疫球蛋白超家族中的 N-CAM 分子结构中重复序列的结构类似。除 17～21 个重复序列外,每一段免疫球蛋白重复序列都是由 2 段外显子序列编码。上游的一半重复序列的外显子总是被 0 相内含子分隔,而且分隔位点总是位于 His-Glu 二肽序列的下游;下游的一半重复序列则总是被 1 相内含子序列分隔。这一位点结构的生物学意义至今尚不十分明确。根据其结构特点进行推测,可能与蛋白质-蛋白质之间相互作用的稳定性、在基底膜中形成二聚体及促进表面具有基底膜蛋白聚糖的细胞的黏附有关。

7. 基底膜蛋白聚糖的Ⅴ型位点 基底膜蛋白聚糖的Ⅴ型位点由基底膜蛋白聚糖的羧基端序列组成,由 16 个外显子进行编码,包含 3 个球状结构位点和 4 个表皮生长因子(EGF)样结构,与层粘连蛋白 A 链的羧基末端序列在结构上具有相似性。与Ⅲ型位点中的结构所见相同,基底膜蛋白聚糖Ⅴ型位点与层粘连蛋白 A 链外显子结构不同。Ⅴ型位点中的 4 个 KGF 样重复序列中,每段重复序列由 40 个氨基酸残基组成,与 EGF 分子中的Ⅰ型重复序列一样。其中几个高度保守的甘氨酸残基与这一结构区的正常折叠有关。就像分子结构中具有 EGF 样重复序列的层粘连蛋白,基底膜蛋白聚糖的重复序列结构也具有诱导细胞生长的作用。Ⅴ型位点结构中的两段 SGXG 四肽片段可被氨基聚糖的侧链替换,而不是被硫酸乙酰肝素代替。但是,在 FHS 肿瘤及人角膜成纤维细胞中都有既含有软骨素,又含有硫酸乙酰肝素侧链的杂种基底膜蛋白聚糖分子。

二、基底膜蛋白聚糖的结构功能

基底膜蛋白聚糖分子结构中含有一系列的位点结构,这些重复序列的结构与基底膜蛋白聚糖分子的生物学功能有密切关系。基底膜蛋白聚糖分子可与细胞外基质蛋白、细胞表面、生长因子等进行结合。

1. 基底膜蛋白聚糖与细胞外基质蛋白的结合　基底膜蛋白聚糖分子可自行结合成多聚体形式的大型分子,提示基底膜蛋白聚糖在基底膜的形成过程中可能具有十分重要的作用。基底膜蛋白聚糖分子通过自身凝集的同型作用,形成二聚体及多聚体形式的基底膜蛋白聚糖分子,这种同型作用主要是由基底膜蛋白聚糖羧基末端的序列介导。除这种同型作用外,基底膜蛋白聚糖还可与一系列细胞外基质大分子结合,如层粘连蛋白、黏结蛋白和纤维粘连蛋白等。基底膜蛋白聚糖与上述这些细胞外基质蛋白的相互作用称为异型作用。从 EHS 肿瘤细胞提取基底膜蛋白聚糖时,总有一部分层粘连蛋白"污染",只有通过 CsCl 的梯度离心以后才可将两者分开。

2. 基底膜蛋白聚糖与细胞表面的结合　在人结肠癌的细胞膜上存在一种细胞表面蛋白聚糖分子,这种蛋白聚糖分子可被抗–基底膜蛋白聚糖的特异性抗体识别,后来基因克隆化证实,人结肠癌细胞膜的这种蛋白聚糖分子就是基底膜蛋白聚糖。这种结肠癌细胞中的基底膜蛋白聚糖分子与细胞膜紧密相连,位于微绒毛的表面。研究表明,基底膜蛋白聚糖通过与细胞膜上受体蛋白的识别而与之紧密结合。基底膜蛋白聚糖的受体蛋白识别蛋白的核心部位,通过硫酸乙酰肝素得到加强。介导基底膜蛋白聚糖与细胞表面紧密结合的受体蛋白分子为β_1亚单位型的整合素分子。动脉内皮细胞产生基底膜蛋白聚糖并有基底膜蛋白聚糖的沉积。这种内皮细胞识别与结合基底膜蛋白聚糖的受体蛋白是β_1型和β_3型整合素分子,而且这一类型的结合部分是 RGD 序列依赖性的。与细胞黏附有关的基底膜蛋白聚糖分子结构部分位于羧基端分子质量为 160kDa 的片段内。

3. 基底膜蛋白聚糖与生长因子的结合　研究表明,一系列的生长因子与细胞因子对基底膜蛋白聚糖的合成、分泌、储存、结合及释放等过程具有重要影响。目前有关基膜蛋白聚糖和生长因子联系的研究主要集中在 FGF 之上,除此之外,基底膜蛋白聚糖分子与γ干扰素(IFN-γ)和转化生长因子β(TGF-β)等也具有高度亲和力。有研究认为,基底膜蛋白聚糖的 HS 侧链可结合 FGF-1、2、7、9、10、18 等。在胶原酶、肝素酶或纤维溶解酶等多种酶的作用下,基膜蛋白聚糖能够释放或者结合 HS 侧链的 FGF,从而发挥其生物调节作用。特别是碱性成纤维细胞生长因子(bFGF)对基底膜蛋白聚糖等基底膜细胞外基质蛋白的功能调节发挥重要作用。bFGF 似乎可与基底膜蛋白聚糖的硫酸乙酰肝素链结合,受到肝素或肝素酶的作用,基底膜蛋白聚糖可从牛角膜的内皮下细胞基质蛋白中释放出来,但不受软骨素或软骨素酶等影响。在损伤修复及肿瘤浸润过程中,bFGF 的异常释放将有助于局部组织新血管的形成,具有促进毛细血管内皮细胞增生作用。但是,肝素酶Ⅰ和肝素酶Ⅱ在体内具有抑制血管形成作用。约 70%的 bFGF 与细胞外基质结合,只有 7%的 bFGF 与细胞结合。因此,硫酸乙酰肝素链的特异性序列与基底膜蛋白聚糖的蛋白核心部位进行共价结合,可能对血管形成过程具有直接调控作用。体外结合实验证实碘化的 bFGF 与 FHS 肿瘤细胞的基底膜蛋白聚糖分子有高度亲和力(K_D=30nmol/L)。bFGF 与基底膜蛋白聚糖的结合,可以避免 bFGF 由于蛋白水解而失活,而且 bFGF-基底膜蛋白聚糖复合物在细胞受到血纤维蛋白溶酶原激活剂介导的蛋白水解中,从细胞中释放出来。有研究表明平滑肌细胞基底膜蛋白聚糖有硫酸乙酰肝素和硫酸软骨素装饰,而内皮基底膜蛋白聚糖仅含有硫酸乙酰肝素链。只有去除糖胺聚糖时,平滑肌细胞才能结合到基底膜蛋白聚糖的蛋白质核心,这种结合涉及结构域Ⅲ及结构域Ⅴ和$\alpha_2\beta_1$整联蛋白的一个新位点。相比之下，存在糖胺聚糖的情况下，内皮细胞黏附于基底膜蛋白聚糖的蛋白质核心。平滑肌细胞基底膜蛋白聚糖通过其硫酸乙酰肝素链结合 FGF1 和 FGF2，并促进 FGF2 而不是 FGF1 的信号转导。内皮细胞基底膜蛋白聚糖也通过其硫酸肝素链结合 FGF1 和 FGF2，但相比之下，促进两种生长因子信号转导。基于这种不同的生物活性，研究人员认为平滑肌细胞与内皮细胞合成的基底膜蛋白聚糖不同，具有不同信号转导能力，可能主要由于聚糖化差异导致细胞黏附、增殖和生长因子信号转导的差异调节。另外，体外实验表明不管哪种类型的细胞，只要转导了反义基底膜蛋白聚糖，硫酸乙酰肝素链与血管生长因子 A、成纤维细胞生长因子 2、肝细胞生长因子的结合都表现出迟钝反应，可以认为硫酸乙酰肝素链是细胞因子信号转导必需的。

除 FGF 外，基底膜蛋白聚糖分子与γ干扰素和转化生长因子β等也具有高度的亲和力。TGF-$β_1$ 诱导基底膜蛋白聚糖沉积增强迁移性气道平滑肌细胞（ASMC）的附着是慢性阻塞性肺疾病 ASMC 层肥厚的机制。

三、基底膜蛋白聚糖的生物学功能

基底膜蛋白聚糖分子具有多种多样的生物学功能。通过其分子结构中的 RGDS 序列介导细胞之间的黏附，在糖尿病的微血管病变、阿尔茨海默病及肿瘤转移过程中都有十分重要的作用。

1. 基底膜蛋白聚糖与细胞的黏附 基底膜蛋白聚糖可通过其蛋白质分子的核心序列结构部位与多种细胞的表面进行作用和结合。但是，基底膜蛋白聚糖与细胞的结合序列部分却一直不清楚。含有 RGDS 序列的小鼠基底膜蛋白聚糖的层粘连蛋白样位点Ⅲ可能与基底膜蛋白聚糖和细胞膜上整合素受体蛋白的相互作用有关。Chakra-varti 等克隆基底膜蛋白聚糖核心位点序列的编码核苷酸序列，在其上游组建一段信号肽的编码核苷酸序列，并使两者之间的框架结构一致；在基底膜蛋白聚糖核心位点编码序列的下游设计上一个翻译终止密码子，这一段编码基因序列克隆到真核表达载体中，转染人纤维肉瘤细胞系在 HT1080 中进行表达。转染的细胞系可分泌表达基底膜蛋白聚糖的Ⅲ型位点结构序列，从转染细胞的培养上清中分离纯化到分子质量为 130kDa 的重组蛋白质分子。以 V8 蛋白酶等消化结合旋转投影图像分析，证实在真核细胞中表达的这一重组多肽片段的构象处于正常的自然状态。以这种重组的基底膜蛋白聚糖的Ⅲ型位点片段包被细胞培养皿的表面，可使上皮样小鼠乳腺肿瘤细胞系 MMT060562 黏附其上，而且这种细胞黏附作用是重组基底膜蛋白聚糖片段剂量依赖性的方式。细胞与重组基底膜蛋白聚糖片段的黏附与结合，可由合成的 RGDS 多肽片段及完整的基底膜蛋白聚糖分子阻断，但却不受层粘连蛋白的影响。这一结果提示基底膜蛋白聚糖分子结构含有 RGD 的Ⅲ型结构位点是基底膜蛋白聚糖分子与细胞黏附有关的一段位点序列结构。

2. 基底膜蛋白聚糖与软骨、骨和肌肉的形成及发育 骨陷窝-微管系统（lacunar-canalicular system，LCS）系统主要由骨细胞外未钙化的胞周基质（mechanosensing pericellular matrix，PCM）构成。基底膜蛋白聚糖是骨陷窝-微管系统的关键组成成分，基底膜蛋白聚糖缺陷的小鼠软骨发育异常。软骨细胞周围的基底膜蛋白聚糖表达位置与 FGF2 相似，基底膜蛋白聚糖激活 MAP 激酶 Erk1 和 Erk2 引起细胞增殖。基底膜蛋白聚糖中的硫酸软骨素部分在软骨生长板上抑制 FGF2 与其受体 FGFR3 的结合。基底膜蛋白聚糖的核心蛋白能结合 FGF18，并改变生长板的软骨细胞的有丝分裂作用。基底膜蛋白聚糖缺陷和 FGF 缺陷的小鼠都有软骨内成骨缺陷。基底膜蛋白聚糖可以感受生理流体阻力，具有将外部刺激转移到骨细胞膜传感器的功能。研究发现减少基底膜蛋白聚糖分泌会改变 PCM 纤维组成并干扰骨对机械载荷的反应。纯化的人类全长基底膜蛋白聚糖的核心蛋白质空间尺寸为（170±20）nm，直径为 2～4nm，适合于跨越 LCS。基底膜蛋白聚糖核心蛋白可抵抗超过 100 pN 的张力。基底膜蛋白聚糖蛋白核心的平均弹性常数为 890pN，相应的杨氏模量为 71MPa。椎间盘（intervertebral disc，IVD）是具有软骨性质的连接结构，位于整个脊柱的前部、两个椎体之间，作为脊柱重要的连接结构，是脊柱进行屈曲、伸展和旋转等活动的重要保障。微纤维蛋白是 ECM 的主要成分，可以独自聚合形成微纤维，也可和弹性蛋白一起构成弹性纤维。微纤维的主要成分是微纤蛋白原纤维蛋白-1（fibrillin-1，Fib-1）和 Fib-2，可以和多种基质蛋白相互作用共同发挥生物学效应，其中就包括 TGF-β。Fib-1 是胎儿 IVD 的纤维环（annulus fibrosus，AF）的主要成分。TGF-β 是一种细胞生长调节因子，具有细胞趋化、软骨诱导、调节软骨中 ECM 合成等作用。在 IVD 中 Fib-1 能够阻断 TGF-β 的促合成代谢作用，表明 Fib-1 在椎间盘发育和（或）重塑中具有潜在作用。Fib-1 也在 C57BL/6 野生型小鼠的纤维环中表达，但在 HS 缺陷小鼠中表达水平较低。这表明基底膜蛋白聚糖的 HS 链可能有助于纤维蛋白-1 组装或在 IVD 中沉积。

基底膜蛋白多糖缺乏的鼠胚胎即使过了胚胎期幸存下来，也会同时出现骨骼变短和增厚、颅面异常等多种骨骼异常表现，出生后由于肋软骨缺陷导致呼吸衰竭死亡。基底膜蛋白多糖在鼠的长骨、骨生长面等各个发育带均存在，基底膜蛋白多糖缺乏的生长面增殖带、肥大带严重断裂。基底膜蛋白多糖是软骨细胞重要成分，在软骨细胞末期分化中起重要作用。人 Silverman-Handmaker 综合征目前病因并不明确，临床表现子宫内生长迟滞、两侧骨骼不对称、身材矮小、脸小呈三角形、低位耳、小指短且内弯等，被认为是基因突变引起基底膜蛋白多糖功能异常所致骨骼发育异常。

青少年特发性脊柱侧凸是在儿童或青少年生长发育高峰时期发生的一种脊柱畸形，主要表现为脊柱的侧凸和旋转，目前发生病因不明。采用外显子测序技术研究多代遗传的特发性脊柱侧凸相关病因，结果表明 HSPG2 基因中罕见的变体可能有助于特发性脊柱侧凸患者出现特发性脊柱侧凸表型，但仍需进一步验证。

Schwartz-Jampel 综合征又称软骨营养不良肌强直或骨软骨肌营养不良，持续性肌强直和软骨发育不良为主要特征，患者尿液中硫酸软骨素异常增多，故认为可能属于硫酸软骨素-4 的一种黏多糖异常疾病。Schwartz-Jampel 综合征是一种罕见的常染色体隐性遗传病，根据致病基因不同分为两型，HSPG2 基因突变致病为 1 型，LIFR 基因突变致病为 2 型。基因分析证实患儿 HSPG2 基因存在复合杂合突变，7 个错义突变中 5 个会影响基底膜蛋白聚糖结构域Ⅲ。基底膜蛋白聚糖结构域Ⅲ可能是将基底膜蛋白聚糖分泌至细胞外必需的结构。

3. 基底膜蛋白聚糖与肿瘤的关系 基底膜蛋白聚糖的异常表达在肿瘤的发生、发展及转移过程中具有重要生物学意义。细胞外囊泡（extracellular vesicle，EV）介导的信号蛋白和核酸的胞间转移在肿瘤的发生、发展及演变过程中发挥重要作用。大量研究表明，EV 的分泌在肿瘤细胞显著增多，EV 不仅与肿瘤细胞增殖、上皮间质转化及远处转移相关，在肿瘤细胞耐药方面也发挥重要作用，但是 EV 的内化机制尚不清楚。研究表明硫酸乙酰肝素（HS）蛋白聚糖（HSPG）是癌细胞衍生的 EV 的内化受体。内化的外泌体与细胞表面的磷脂酰肌醇蛋白聚糖类型 HSPG 共定位，而游离 HS 链能够特异性抑制外泌体的摄取过程。外泌体吸收中 HSPG 的受体功能依赖其完整的硫酸乙酰肝素特别是依赖于 2-O 和 N-硫酸化基团。HS 广泛分布于体细胞的细胞膜及胞外基质，是软骨的重要组成成分，在细胞生长和分化过程中发挥重要作用。HME 患者骨软骨瘤的软骨帽突变细胞周围 HS 明显减少，分布散乱，未形成类似正常软骨组织中浓度梯度。动物实验证实，突变细胞被种植在正常细胞时并不会诱发骨软骨瘤形成，但被种植到软骨边缘时则会发生。研究人员认为，突变细胞自身并不能分泌正常 HS，而依靠周围正常细胞维持 HS 水平；在软骨边缘的突变细胞周围 HS 水平较低，不能形成梯度，扰乱以下诸多信号通路，形成骨软骨瘤。

Cohen 等对转移黑色素瘤组织细胞表达基底膜蛋白聚糖的水平进行研究。结果表明，在 27 例肿瘤组织标本中，有 26 例基底膜蛋白聚糖蛋白的表达水平显著升高，最高者达 15 倍。基底膜蛋白聚糖的 mRNA 转录表达水平的升高，与肿瘤组织中基底膜蛋白聚糖蛋白的沉积完全一致。以神经营养因子刺激黑色素瘤细胞，基底膜蛋白聚糖蛋白的表达水平显著升高，与之平行，这种黑色素瘤细胞的转移潜能也显著升高。体外培养的黑色素瘤细胞在受到神经营养因子的刺激后 10min，基底膜蛋白聚糖 mRNA 的转录表达水平即显著增加，提示基底膜蛋白聚糖基因属于一种早期应答基因。基底膜蛋白聚糖基因表达水平升高前，肝素酶的活性还没有升高，表明基底膜蛋白聚糖在诱发肿瘤的转移过程中具有重要作用。

基底膜蛋白聚糖不仅在肿瘤转移过程中具有重要作用，而且在肿瘤的发生及肿瘤的进展阶段也具有重要作用。Grassel 等应用 RT-PCR、核糖核酸酶保护法及代谢标记法对红细胞白血病细胞系 k562 中基底膜蛋白聚糖的表达进行研究。与前髓细胞白血病细胞系 HL-60 相比，k562 细胞系中基底膜蛋白聚糖的表达水平显著升高。当 k562 细胞系受到佛波乙酯等诱导后，其基底膜蛋白聚糖的表达水平显著升高，表明基底膜蛋白聚糖分子在血液干细胞的分化及肿瘤的形成中具有重要调节作用。

基底膜蛋白聚糖蛋白在子宫内膜癌中是一个有用的预后因素。其在子宫内膜癌中表达，且淋巴转移、血管侵犯及深层肌浸润的子宫内膜癌中表达水平显著增高。一项旨在探究维持卵泡液与血清雌激素浓度差异的机制研究，采用 PCR、Western blot 和 ELISA 实验技术来确定性激素结合球蛋白是否由黄体颗粒细胞产生，而后应用亲和柱和质谱来鉴定滤泡液中的雌激素结合蛋白。该研究发现在无细胞系统中维持显著的雌激素浓度差异，并且通过滤泡液蛋白质的蛋白水解而丢失。亲和柱中最高度富集的滤泡蛋白是基底膜蛋白聚糖，因而认为基底膜蛋白聚糖可能是卵泡液中最主要的雌激素结合蛋白，对于维持卵泡液与血清的雌激素浓度差异具有重要意义。

基质金属蛋白酶（MMP）几乎能够降解细胞外基质中各种蛋白成分，破坏肿瘤细胞侵袭的组织学屏障，在肿瘤侵袭转移中起关键性作用。而基底膜蛋白聚糖/HSPG2 是细胞外基质和基底膜的一种重要成分。一项基于 288 名 Gleason 不同等级的前列腺癌患者的组织和血清的研究，利用组织芯片检测组织中基底膜蛋白聚糖的表达水平，发现前列腺癌切除术标本中基底膜蛋白聚糖水平比正常对照组高。利用免疫组织化学方法检测前列腺癌组织中 MMP-7 和基底膜蛋白聚糖表达水平，结果发现 MMP-7 和基底膜蛋白聚糖表达水平相关。相邻切片的免疫组织化学染色结果显示 MMP-7 和基底膜蛋白聚糖的染色区域相近但不重叠，反映蛋白酶–底物的关系。在前列腺切除术中收集的 288 名 PCa 患者血清分析显示，PCa 患者血清中基底膜蛋白聚糖片段水平较高，且其中结构域 IV 为主。PCa 血清中的基底膜蛋白聚糖片段与 PCa 组织中的 MMP-7 染色水平相关。基底膜蛋白聚糖片段 IV 出现在 IV 期前列腺癌，但正常血清中不存在，表明癌症转移时出现基底膜蛋白聚糖降解。前列腺癌患者血清中基底膜蛋白聚糖和癌组织中 MMP-7 能够作为前列腺癌侵袭性的指标。MMP-7 裂解基底膜蛋白聚糖是改变前列腺癌细胞行为的分子开关，有利于癌细胞播散与侵袭。

口腔鳞状细胞癌发生过程中分子改变特征对于理解肿瘤进展的分子机制及促进肿瘤生物标志物和治疗靶点的发现至关重要。蛋白聚糖是细胞表面和细胞周围微环境的主要效应分子，在肿瘤的发生发展过程中发挥多种功能。集聚蛋白 agrin 和基底膜蛋白聚糖在口腔鳞状细胞癌中高表达。集聚蛋白 agrin 和基底膜蛋白聚糖在不同地方来源的细胞系中表达水平存在差异。软骨素酶消化硫酸软骨素蛋白聚糖，口腔鳞状细胞癌细胞系黏附于细胞外基质蛋白的能力降低而对顺铂的敏感性增加。沉默集聚蛋白 agrin 和基底膜蛋白聚糖抑制细胞迁移和黏附能力，同时对顺铂的敏感性增加。

成纤维细胞生长因子（FGF）和成纤维细胞生长因子受体（FGFR）信号通路在调节正常细胞的生长、存活、分化及新生血管等一系列的生理过程中起重要作用，同时也在肿瘤的发展中起一定作用。FGF 几乎在所有组织中均有表达，可通过刺激多种间叶和上皮细胞的有丝分裂参与生长发育、伤口愈合和肿瘤新生物的形成。生理状态下，FGFR 与 FGF 的结合需要 HSPG 参与，HSPG 可促进 FGFR 二聚体的形成，同时保护配体不被降解。FGFR 在 HSPG 的协助下与 FGF 结合使得自身磷酸化而被激活，激活的 FGFR 又使细胞内激酶相互靠近，相互磷酸化，从而激活下游一系列的相关信号通路如 MAPK、PI3K/Akt 等，最终影响细胞的有丝分裂和分化。软骨肉瘤由于对化疗和放疗耐药，因此广泛手术切除目前是其唯一有效的治疗方式。目前认为 FGF 和其受体 FGFR 对软骨细胞的生长起负调节作用。有研究人员通过免疫组织化学技术，在 42 例低分化型、23 例透明细胞型软骨肉瘤中研究发现，23 例透明细胞型均有 FGFR-3 的高表达及 HSPG 结合位点的异常。

内皮素是从基底膜蛋白聚糖的 C 端切割的产物，几乎所有上皮基底膜中都有蛋白多糖。基底膜蛋白聚糖的 N 端在肿瘤中是促血管生成的，内皮素可能抑制血管发生。以前的研究发现血管生成增加意味着导管内乳头状黏液性肿瘤（intraductal papillary mucinous neoplasm，IPMN）的不良结果，因此基底膜蛋白聚糖的促血管生成活性和抗血管生成活性的平衡可能对肿瘤进展有影响。MUC5AC 表达与 IPMN 恶性肿瘤相关，可能是由于 MUC5AC 刺激细胞-细胞接触丧失和促进侵袭的因子表达。一项研究分析来自黏液性和非黏性囊肿（$n=22$）的囊肿液中 72 种不同抗体捕获的 16 种不同糖蛋白糖基，然后在 22 个额外的样品和 22 个盲样中测试了 3 种生物标记。糖基的改变在这些蛋白质中并不普遍，仅有 MUC5AC 和内皮素蛋白。这些蛋白质的特定糖基形式在黏液性囊肿中显著升高，而这些蛋白质的核心蛋白水平没有显著升高。MUC5AC 和内皮素可能是区分黏液性与非黏性胰腺囊肿的高度特异性和敏感的生物标志物。

miR-663 在 MDA-MB-231/ADM 细胞中表达水平显著增高，而环磷酰胺和多西紫杉醇敏感的 MDA-MB-231/ADM 细胞中 miR-663 表达水平降低。乳腺癌组织中 miR-663 呈高表达，且与化疗耐药性相关。而在 MDA-MB-231 细胞中，miR-663 通过靶向下调 HSPG2 促进化疗耐药。MDA-MB-231/ADM 细胞系中 CpG 甲基化岛要少于其敏感细胞系。在 MDA-MB-231 细胞中 5-Aza-dc 去甲基化处理后 miR-663 表达上调，提示 DNA 甲基化对于 miR-663 的表达起作用。该研究表明，低甲化的 miR-663 能够靶向下调硫酸肝素蛋白多糖

2（HSPG2）表达，过表达低甲基化的 miR-663 能够通过下调 HSPG2 水平促进乳腺癌化疗耐药，靶向 miR-663 的药物有望用于乳腺癌的治疗。

4. 基底膜蛋白聚糖与糖尿病 患有长期糖尿病的患者有多种形式并发症，其中最普遍的是微血管病变。糖尿病并发的微血管病变，其特征是微血管的基底膜增厚，甚至可达到正常微血管基底膜厚度的 2 倍。在相当长的一段时间内，微血管基底膜的厚度还在持续增加。随着微血管壁中基底膜厚度的增加，毛细血管的功能却进一步下降。微血管病变影响皮肤和肌肉等组织，但受微血管病变影响最为严重的还是肾小球和视网膜等。肾微血管病变导致肾功能减退，甚至出现肾衰竭；视网膜病变导致视力下降，甚至致盲。微血管基底膜的改变是由于构成基底膜的基质蛋白成分发生改变。目前发现具有硫酸乙酰肝素链的蛋白聚糖分子在基底膜基质蛋白成分中所占比例升高是一个不可忽视的现象。在动物糖尿病模型中，对肾小球基底膜中基底膜蛋白聚糖所占比例进行研究，发现肾基底膜中硫酸盐成分的掺入水平增加；蛋白质合成水平下降，蛋白质降解速度增加，因而导致肾小球基底膜的电荷数下降；硫酸化修饰反应的水平降低。由于基底膜中其他蛋白质成分合成速度不平衡，因而产生一种稀释效应。随着基底膜成分对生物大分子锚定作用异常，硫酸乙酰肝素的蛋白聚糖成分也会逐渐出现下降，其中包括基底膜蛋白聚糖成分水平下降。HSPG2-rs3767140 的 G 等位基因可能影响硫酸乙酰肝素（HS）链的结合，从而导致基底膜的 HS 缺失。一项在 60 例 2 型糖尿病患者和 109 例健康对照组中对 HSPG2-rs3767140 突变的研究发现，与 GG 基因型携带者相比，糖尿病患者 HSPG2-rs3767140 T 变异等位基因携带者（TT + GT）空腹血浆葡萄糖（FPG）和血清 LDL-C 水平均显著降低，而 HDL-C 水平较高。HSPG2-rs3767140 可能与糖尿病患者 FPG 和 LDL-C 降低及 HDL-C 升高有关。HSPG2-rs3767140 可能能够改善血脂，对糖尿病患者起到保护作用。

5. 基底膜蛋白聚糖与阿尔茨海默病 阿尔茨海默病（Alzheimer's disease，AD）是一种中枢神经退行性疾病，主要临床表现为学习记忆、认知和分析能力的进行性减退。由于淀粉样蛋白β具有神经毒性和触发局部炎症的活性，所以它被认为参与 AD 的发病机制。AD 患者有明显的脑细胞丢失导致脑室面积增大，脑重量和体积减少。最近发现基底膜蛋白聚糖分子是血管壁的一种重要的细胞外基质蛋白成分，在神经轴突斑和其他类型的淀粉样变性中也有特征性的基底膜蛋白聚糖基质蛋白成分的沉积。因此，作为基底膜中一种重要的蛋白质成分，其在 AD 的作用引起了人们广泛关注。基底膜蛋白聚糖与淀粉样β蛋白的高亲和力关系是否是一种继发性的过程，目前还不十分清楚。但注意到基底膜蛋白聚糖与淀粉样β蛋白结合而引起的结构变化，与淀粉样病变中结构变化完全一样。基底膜蛋白聚糖与淀粉样蛋白前体结合的定量分析研究表明，两者结合具有高度亲和力，其分离常数为 1~10 nmol/L，类似于基底膜蛋白聚糖与纤维粘连蛋白的结合情况。这说明基底膜蛋白聚糖核心蛋白与淀粉样蛋白前体的特异性结合与 AD 的发病过程有关。最近研究发现串珠素结构域 V 通过与$α_2$整合素结合抑制淀粉样蛋白β神经毒性。此外，淀粉样蛋白β更有效地与表达活化$α_2$整合素的细胞结合。最后，$α_v$整合素和$β_1$整合素抑制剂与串珠素结构域 V 能够协同抑制淀粉样蛋白β神经毒性。研究认为，串珠素结构域 V 及其他潜在的$α_2$整合素的配体，能够抑制 AD 中淀粉样蛋白β斑块沉积及其神经毒性，有望用于治疗 AD。

6. 基底膜蛋白聚糖与迟发性运动障碍 迟发性运动障碍（tardive dyskinesia，TD）是慢性抗精神病药物治疗的严重不良反应，一组肌群不自主的节律性重复运动。除了临床危险因素外，TD 敏感性受遗传易感性的影响。有研究报道，HSPG2 基因的单核苷酸多肽性 rs2445142 与 TD 相关。

7. 基底膜蛋白聚糖与脑动静脉畸形　脑动静脉畸形（BAVM）是颅内出血罕见但重要的原因。血管内皮生长因子（VEGF）和转化生长因子-β 都参与了 BAVM 的病理学和血管调节作用。细胞外基质组分基底膜蛋白聚糖的 C 端片段（结构域 V，DV）显著增加，并通过 $\alpha_5\beta_1$ 整合素增加脑缺血损伤区域及其周围区域的 VEGF 水平，促血管生成。有研究表明，与来自癫痫切除的对照脑组织相比，BAVM 中 DV 和 $\alpha_5\beta_1$ 整合素水平都升高。此外，与 $\alpha_2\beta_1$ 整合素相比，$\alpha_5\beta_1$ 整合素优先增加并定位于内皮细胞。与对照组织相比，BAVM 中 VEGF 和转化生长因子-β 水平也升高。此外，所有成分（DV、$\alpha_5\beta_1$ 整合素和 $\alpha_2\beta_1$ 整合素）的增加均相关。BAVM 中过量生成的促血管生成 DV，表明 DV 可能参与其病理学，可能代表未来的治疗靶点。

8. 基底膜蛋白聚糖与卒中　卒中是指各种病因使脑血管发生病变而导致脑功能缺损的一组疾病的总称。脑血管疾病具高发病率、高病死率和高致残率，严重影响人们的生存及生活质量。目前临床上治疗脑卒中的方法很多，基本都不是针对脑梗死后缺血区神经细胞的修复及再生。脑卒中 DV 治疗显著减少脑梗死体积，显著改善、甚至恢复运动功能，促进梗死周围血管的生成，增加梗死区域周围星形胶质细胞的活化，增加梗死区域周围神经发生、神经母细胞迁移和新的突触形成。此外，研究人员认为人重组基底膜蛋白聚糖 DV 蛋白用于脑卒中患者会更为有效。基底膜蛋白聚糖 DV 用于脑卒中具有多种潜在的有益效果，研究其机制发现 DV 对脑与非脑源性内皮细胞的活性或其对其他细胞类型的影响不同。结构域 V，通过结合 $\alpha_2\beta_1$ 整合素的 α_2 亚基，抑制非脑内皮细胞的血管发生功能，包括迁移和毛细管发生。在脑微血管内皮细胞没有抗血管生成 $\alpha_2\beta_1$ 整合素，DV 通过 $\alpha_5\beta_1$ 整合素发挥其活性。这种相互作用最终导致 VEGF 的产生和释放增加。VEGF 又具有神经保护作用并增强血管生成。与 DV 在非脑内皮细胞中具有相反活性一样，DV 抑制大脑外的 VEGF 信号转导。此外，与人脐静脉内皮细胞和猪主动脉内皮细胞不同，DV 抑制 VEGFA 转录，DV 对星形胶质细胞 VEGF 的生成没有影响。

9. 基底膜蛋白聚糖与肾病　基底膜蛋白聚糖由 5 个结构域组成，各自具有与其他蛋白同源的序列。结构域 V（DV 或 endorepellin）的基底膜蛋白聚糖的 C 端片段由 3 个层粘连蛋白球状（LG）结构域组成，各自由两个表皮生长因子样结构域隔开。结构域 V 及层粘连蛋白 G3 片段（LG3）（基底膜蛋白聚糖的 C 端酶解肽段）通常在人尿液、血液和脑脊髓液蛋白质组中找到。一项关于身体活动对尿液中 LG3 水平影响的研究表明，运动会引起尿液中 LG3 水平显著升高，尿液中 LG3 水平可能是身体活动的生物标志物。身体活动介导 LG3 释放到循环中可能是身体活动与癌症风险呈负相关的生物学机制。另外有研究显示，IgA 肾病患者尿液中 LG3 水平显著降低，与临床和组织学特征的严重程度呈负相关。进一步研究发现，在 IgA 肾病中，肾功能稳定的患者尿 LG3 水平较健康对照组降低，肾功能减退的患者（GFR＜35 ml/min）尿中 LG3 水平升高。LG3 片段的水平与 GFR 呈负相关，并且在其他肾小球疾病中无显著相关性（包括膜性肾病、狼疮肾炎、局灶节段性肾小球硬化症和糖尿病肾病）。IgA 肾病是最常见的慢性肾小球肾炎，最终导致终末期肾病。临床上从 IgA 肾病早期进展到终末期肾病的时间变化很大。病理表现对预后影响较大，但肾活检是一种高危的侵入性手术，不易被患者接受。有研究把尿液中生物标志物作为一种非侵入性的方法诊断临床早期 IgA 肾病的不同病理表现。这项研究发现包括 LC3 在内的几个潜在生物标志物，并建立诊断系统。该诊断系统可区分重症 IgA 肾病的敏感性为 90.48%，特异性为 96.77%。在 IgA 肾病患者早期应用 MALDI-TOF-MS 检测尿蛋白谱对判定 IgA 肾病不同病理预后具有重要意义。

10. 基底膜蛋白聚糖与同种异体移植物血管排斥反应 凋亡的内皮细胞释放 LG3，LG3 是参与同种异体移植物排斥相关的闭塞性血管重建的调节因子。肾脏同种异体移植物的急性 VR 患者 LG3 血清水平显著增加，且与移植物衰竭相关。同种异体主动脉移植受体 LG3 血清水平显著增加，且与新生内膜形成相关。注射 LG3 能够促进 α-平滑肌肌动蛋白阳性细胞的积累，减少 CD31 阳性内皮细胞的数量。LG3 通过细胞外信号调节激酶 1/2 依赖性途径增加血管平滑肌细胞的迁移。

11. 基底膜蛋白聚糖与胆道闭锁 胆道闭锁（biliary atresia，BA）是由于纤维炎性组织堵塞肝内外胆管最终导致肝衰竭的疾病。胆道闭锁是小儿常见的胆道系统先天性畸形，其发病机制尚不完全明确，被认为是遗传易感个体暴露于某些环境因素所致。胆道闭锁仅发生于新生儿肝脏，因此在肝胆管发育过程中的基因变异可能影响易感性。全基因组关联研究在 2q37 确定了一个潜在的感兴趣区域，进一步研究确定 BA 敏感性基因。与健康人（$n=5088$）相比，BA 患者（$n=61$）的肝脏样本在胆管细胞中的 GPC1 水平降低。GPC1 编码一种硫酸乙酰肝素蛋白多糖 glypican-1。在斑马鱼中敲除 gpc1 后导致发育性胆汁缺陷。敲除 gpc1 的斑马鱼用 Hedgehog 拮抗剂 cyclopamine 处理后能够改善 gpc1 敲除的表型。用重组 Sonic Hedgehog 注射斑马鱼导致与 gpc1 敲除类似的胆汁缺陷。以上结果表明，GPC1 可能是 BA 易感基因，Hedgehog 信号转导参与 BA 的发病机制。

（李亚茹）

参 考 文 献

Baschal EE，et al. 2014. Exome sequencing identifies a rare HSPG2 variant associated with familial idiopathic scoliosis. G3(Bethesda)，5：167～174.

Bentov Y，et al. 2016. What maintains the high intra-follicular estradiol concentration in pre-ovulatory follicles? J Assist Reprod Genet，33：85～94.

Bix GJ. 2013. Perlecan domain V therapy for stroke：a beacon of hope? ACS Chem Neurosci，4：370～374.

Cao Z，et al. 2013. Specific glycoforms of MUC5AC and endorepellin accurately distinguish mucinous from nonmucinous pancreatic cysts. Mol Cell Proteomics，12：2724～2734.

Christianson HC，et al. 2013. Cancer cell exosomes depend on cell-surface heparan sulfate proteoglycans for their internalization and functional activity. Proc Natl Acad Sci USA，110：17380～17385.

Cui S，et al. 2013. Evidence from human and zebrafish that GPC1 is a biliary atresia susceptibility gene. Gastroenterology，144：1107～1115.

Goyal A，et al. 2012. Endorepellin affects angiogenesis by antagonizing diverse vascular endothelial growth factor receptor 2 (VEGFR2) -evoked signaling pathways：transcriptional repression of hypoxia-inducible factor 1alpha and VEGFA and concurrent inhibition of nuclear factor of activated T cell 1 (NFAT1) activation. J Biol Chem，287：43543～13556.

Grindel BJ, et al. 2014. Matrilysin/matrix metalloproteinase-7 (MMP7) cleavage of perlecan/HSPG2 creates a molecular switch to alter prostate cancer cell behavior. Matrix Biol, 36: 64~76.

Gubbiotti MA, Neill T, Iozzo RV, 2017. A current view of perlecan in physiology and pathology: A mosaic of functions. Matrix Biol, 57-58: 285~298.

He Q, et al. 2012. Urinary proteome analysis by matrix-assisted laser desorption/ionization time-of-flight mass spectrometry with magnetic beads for identifying the pathologic presentation of clinical early IgA nephropathy. J Biomed Nanotechnol, 8: 133~139.

Ichimaru Y, et al. 2012. TGF-beta enhances deposition of perlecan from COPD airway smooth muscle. Am J Physiol Lung Cell Mol Physiol, 302: L325~L333.

Iwata S, et al. 2015. A missense mutation in domain III in HSPG2 in Schwartz-Jampel syndrome compromises secretion of perlecan into the extracellular space. Neuromuscul Disord, 25: 667~671.

Kawahara R, et al. 2014. Agrin and perlecan mediate tumorigenic processes in oral squamous cell carcinoma. PLoS One, 9: e115004.

Kurnaz-Gomleksiz O, et al. 2016. Can rs3767140 SNP of the perlecan(HSPG2)gene affect the diabetes mellitus through the dyslipidemia? Cell Mol Biol(Noisy-le-grand), 62: 35~39.

Lord M S, et al. 2014. The role of vascular-derived perlecan in modulating cell adhesion, proliferation and growth factor signaling. Matrix Biol, 35: 112~122.

Lord M S, et al. 2014. Transcriptional complexity of the HSPG2 gene in the human mast cell line, HMC-1. Matrix Biol, 35: 123~131.

Maruyama S, et al. 2014. Perlecan-enriched intercellular space of junctional epithelium provides primary infrastructure for leukocyte migration through squamous epithelial cells. Histochem Cell Biol, 142: 297~305.

Parker T J, et al. 2012. A fragment of the LG3 peptide of endorepellin is present in the urine of physically active mining workers: a potential marker of physical activity. PLoS One, 7: e33714.

Shu C, et al. 2013. Comparative immunolocalisation of perlecan, heparan sulphate, fibroblast growth factor-18, and fibroblast growth factor receptor-3 and their prospective roles in chondrogenic and osteogenic development of the human foetal spine. Eur Spine J, 22(8): 1774~1184.

Soulez M, et al. 2012. The perlecan fragment LG3 is a novel regulator of obliterative remodeling associated with allograft vascular rejection. Circ Res, 110: 94~104.

Surin B, et al. 2013. LG3 fragment of endorepellin is a possible biomarker of severity in IgA nephropathy. Proteomics, 13: 142~152.

Toncheva D, et al. 2014. NGS nominated CELA1, HSPG2, and KCNK5 as candidate genes for predisposition to Balkan endemic nephropathy. Biomed Res Int, 2014: 920723.

Wijeratne S S, et al. 2016. Single molecule force measurements of perlecan/HSPG2: A key component of the osteocyte pericellular matrix. Matrix Biol, 50: 27~38.

Willis C D, et al. 2013. Endorepellin laminin-like globular 1/2 domains bind Ig3-5 of vascular endothelial growth factor(VEGF)receptor 2 and block pro-angiogenic signaling by VEGFA in endothelial cells. FEBS J, 280: 2271~2284.

第二十二章 骨钙素

骨钙素（osteocalcin）是成骨细胞特异表达的标志蛋白，在骨骼中含量丰富，其通过促进造骨细胞钙化为成骨细胞参与骨骼发育。以往研究证实，血清骨钙素含量与骨骼中骨钙素含量呈正比，临床上常通过测定血清中骨钙素含量推测骨组织中成骨细胞骨钙素的合成效率。由于骨钙素主要在骨骼矿化形成期出现，因此也被认为是成骨细胞向矿化发生期分化的重要分子标志。随着现代医学及分子生物学等技术发展，越来越多证据表明，骨钙素具有体内激素样生物学特征，能够促进机体脂肪细胞脂联素表达增多、提高胰岛β细胞增殖能力及对胰岛素的敏感性、促进胰岛素分泌增加等，在机体糖、脂肪等能量代谢中发挥重要作用。

一、骨钙素的分子生物学特征

骨钙素属于非胶原酸性糖蛋白，是一种维生素 K 依赖性钙结合蛋白。由于骨钙素分子中含有依赖维生素 K 的羧基谷氨酸残基，因此骨钙素也被称为骨羧基谷氨酸蛋白（bone gamma carboxyglutamic-acid-containing protein，BGLAP 或 BGP）。骨钙素相对分子质量较小，前体蛋白（包含信号肽）只有 100 个氨基酸，但其一级结构在不同物种间却非常保守。成熟的骨钙素蛋白需要特殊的生物学加工才能发挥自身生物学作用，即谷氨酸的羧基化修饰。羧基化的骨钙素与钙离子亲和力增加，有利于羟磷灰石结合，从而促进骨骼发育。研究证实，上述过程至少需要两种酶参与催化，包括受体样跨膜蛋白酪氨酸磷酸酶（osteoblast protein tyrosine phosphatase，OST-PTP）和维生素 K 依赖的γ-谷氨酸羧化酶（γ glutamylcarboxylase，GGCX）。除了存在羧化形式外，骨钙素还存在未羧化的形式，羧化不全的骨钙素常分泌到血液中，直接参与能量代谢调节。

（一）骨钙素的基因结构特点

不同种属来源的骨钙素基因有较高的同源性，非保守区域主要集中在 N 端氨基酸残基。除此之外，其他区域尤其是含有 3 个谷氨酸残基和能被 Ca^{2+} 结合的中间区域也高度保守。研究证实，人和大鼠的骨钙素基因结构十分相似，均由 4 个外显子和 3 个内含子组成，分别编码由 98 个或 99 个氨基酸残基组成的骨钙素前肽。在编码区 4 个外显子中，前 3 个外显子均由 64、33、70 个核苷酸组成，而在第 4 外显子编码区大鼠比人多 1 个密码子。在骨钙素完整编码基因中，第 1 外显子 5′端的 DNA 序列由 36 个核苷酸组成前导序列，直接编码信号肽协助新合成的骨钙素分泌到胞外。由于种属差异，人源性骨钙素蛋白主要由 47～50 个氨基酸残基组成，相对分子质量为 5200～5900。骨钙素蛋白中第 17、21、24 位氨基酸残基均为羧基化的谷氨酸残基，而第 23 位半胱氨酸残基和第 29 位半胱氨酸残基间能够形成分子内二硫键。当 Ca^{2+} 存在时，骨钙素第 16～25 位间的氨基酸残基能够形成一个紧密的α螺旋，该种构象导致 3 个谷氨酸残基突向同一个方向，有助于与羟基磷灰石结合。

(二)骨钙素基因的转录调控

骨钙素的基因转录分别由正、负启动子调控元件双重调控,该类调控元件主要作用于5'端启动子 DNA 序列,其中包括:①与 RNA 聚合酶Ⅱ转录起始相关的 DNA 序列,如 AP21、AP22、TATA 盒、NF1 结合位点、CAAT 盒;②金属离子、环磷酸腺苷(cAMP)反应元件和甾体激素反应元件(GRE);③OC 盒,即邻近启动子区由 24 个核苷酸组成的核心结构为 CCAAT 的 DNA 序列。目前已在 OC 基因序列证实数个重要反应元件,并对其在 OC 基因转录调控机制中的作用进行深入研究,分述如下。

1. 维生素 D 反应元件(vitamin D responsive element,VDRE) 维生素 D 是具有广泛生物效应的甾体激素,其通过自身核内受体(vitamin D receptor,VDR)靶向作用于维生素 D 反应元件,进而调控骨钙素基因表达。通过缺失突变方法已证实,人骨钙素基因的 VDRE 位于第-512~-485 位核苷酸,而大鼠的 VDRE 位于启动子远端的第-465~-438 位核苷酸,两者 VDRE 基因序列高度保守。体内外实验均发现,如果 VDRE 序列缺失,骨钙素基因表达水平明显降低,即使大量维生素 D $[1,25-(OH)_2-D_3]$ 增强诱导,骨钙素表达仍无改善;如果恢复该序列,骨钙素基因则重新获得对 $1,25-(OH)_2-D_3$ 刺激的表达活性。随后研究表明,VDR 与 VDRE 的特异结合需要核辅助因子参与:VDR 的 C 端激素结合区含有两个能与视黄酸受体 X(retinoid X receptor,RXR)结合的保守区域,当 VDR 与 RXR 结合形成异二聚体复合物后,可进一步最大化 VDR 与 VDRE 的亲和力,该研究进一步证明 RXR 能够增强 $1,25-(OH)_2-D_3$ 对骨钙素基因表达的诱导作用。最近研究发现,转化生长因子β能够拮抗维生素 D 对骨钙素基因的转录调控。具体机制为:TGF-β不改变 VDR 的表达量,但其可显著抑制 $1,25-(OH)_2-D_3$ 诱导的 VDR/RXR 异二聚体复合物形成,从而降低 VDR/RXR 与 VDRE 的结合;此外,TGF-β还可诱导 FOS 相关转录因子过度磷酸化,进而阻止其对骨钙素基因启动子的激活。近年研究还发现,多功能转录调节因子 YY1 也能与 VDR/RXR 异二聚体复合物竞争性结合 VDRE,特异性抑制 $1,25-(OH)_2-D_3$ 对骨钙素基因的转录增强作用。

2. OC 盒和 TATA 盒 OC 盒位于转录起始位点前第-99~-76 位,由极其保守的 24 个核苷酸组成,该序列核心结构为 CCAAT。研究发现,OC 盒特异性分布在骨钙素基因的 DNA 序列中,而在维生素 D 调控的其他靶基因(如碱性磷酸酶和钙结合蛋白基因等)中并没有被发现该序列。进一步研究证实,作为骨钙素基因表达调控元件,OC 盒特异性调控骨钙素基因的基础表达并参与 $1,25-(OH)_2-D_3$ 对 OC 转录的诱导增强作用。

TATA 盒是通过与转录因子 TFⅡB 及相关反式作用因子相互结合的基本 DNA 调控序列,该序列与甾体激素反应元件重叠。研究证实,人和大鼠的 TATA/GRE 区 DNA 序列有较高同源性。凝胶迁移分析实验发现,TATA/GRE 区含有维生素 D 介导的蛋白质-DNA 相互作用位点,且 VDR 抗体不能阻断该位点的蛋白质-DNA 的结合,表明 TATA 盒不参与 VDR 与 DNA 的直接结合,其可能通过与其他特异调节因子相互作用而发挥作用。

3. 调控骨钙素基因表达的其他相关因素 已有研究证实,骨钙素基因的转录与表达并非单一调控元件调控,而是由多种因素相互协同发挥作用:①染色质空间结构改变可使得 VDRE 附近的 DNA 序列如 NMP1/2 等与核酸基质蛋白的相互作用加强;②DNA 与核酸基质的相互作用使启动子区域的空间构象发生变化,进而促使共调节因子和转录因子协同定位；③在 VDRE、OC 盒和 TATA/GRE 调控元件区域中，核小体可缩短上述三者彼此的空间距离，进而协同调控骨钙素基因的高效表达。

（三）机体骨钙素蛋白的表达分布

1. 骨钙素在骨形成细胞中表达　最近研究证实，骨钙素不仅来源于成骨细胞，在骨细胞及骨肉瘤细胞等骨形成细胞也发现存在骨钙素蛋白合成及分泌。用抗骨钙素抗体对骨骼外骨肉瘤组织进行染色后发现，在肿瘤细胞和细胞外基质中均证实骨钙素蛋白阳性，而软骨基质和周边其他类型细胞则无该蛋白质表达。在培养的鸡胚骨细胞中，骨钙素蛋白阳性信号主要集中于胞质高尔基体中，实验中发现骨钙素可通过产生骨基质蛋白调节并改变骨细胞基质成分。

2. 骨钙素在软骨中的表达　软骨中是否存在骨钙素一直存在较大争议，但近年诸多研究发现，软骨细胞中确实能够检测到骨钙素基因 mRNA 及骨钙素蛋白。免疫组化实验进一步证实，胎儿下颌髁突软骨能够检测到骨钙素蛋白的表达。动物实验亦证实，新生小鼠从第 3 天开始在下颌髁突软骨就能检测到骨钙素 mRNA，且 mRNA 主要集中在分化旺盛的软骨细胞中。应用免疫组化 LSAB 法研究兔的生长板软骨也发现，软骨细胞各层均能检测到骨钙素的表达，其中肥大软骨细胞的阳性率最高，而骨基质中的成骨细胞、骨细胞骨钙素表达相对次之。进一步研究发现，骨钙素阳性表达的细胞多位于胫骨骨折处的骨内膜和骨膜中，而软组织中则未发现骨钙素阳性的细胞，因此推测，如果软骨细胞能够产生骨钙素，则其可能具备转化为成骨细胞的能力。研究发现，生长激素也可直接作用于小鼠的髁突软骨，直接促进软骨细胞增殖及进而向成骨细胞分化的能力。在培养的软骨祖细胞中加入生长激素，骨钙素 DNA 合成明显增加，随后分泌到细胞外的骨钙素蛋白也随之增多。

业已证实，骨骼形成主要包括软骨内成骨和膜内成骨两种形式。以生长板为例，其主要为软骨内成骨，即通过软骨表面的未分化间充质细胞分化成为软骨细胞，进而分化为肥大软骨细胞，最终经过钙化转化为成熟骨细胞。但该过程中何种因素促使软骨向成骨转化目前仍不明确：是软骨细胞直接钙化转化为成骨，还是软骨细胞凋亡后由成骨细胞形成成骨仍需进一步研究证实。由于 Fas/Fas 受体信号通路是细胞凋亡过程中的重要信号通路，因此推测，如果软骨细胞中仅骨钙素表达阳性，则提示软骨细胞可直接转化为骨形成细胞，这一推测符合体外培养的鸡胚软骨细胞的实验结果；如果软骨细胞中仅 Fas 受体蛋白表达阳性，则提示软骨细胞可能经过凋亡后由成骨细胞形成成骨。通过 Fas 受体蛋白和骨钙素双染研究发现，位于生长板的肥大软骨细胞既能检测到 Fas 受体蛋白，也能检测到骨钙素蛋白，但两者没有相应的规律性：或两者单独表达，或两者共表达，或两者均阴性。根据上述研究结果目前仍无法得出结论，因此骨钙素在软骨向成骨细胞分化过程具体生物学机制有待进一步深入研究。

3. 血液中的骨钙素　血液中的骨钙素含量反映新合成但还没有完全结合到矿化部位的骨钙素含量。使用组织形态测量法发现，血液中具有免疫活性的骨钙素和骨形成率具有很高的相关性，因此检测血液中骨钙素含量常作为病理或生理条件下骨形成的特异性分子标志。临床上，常规放射免疫法均可检测到骨钙素含量，但考虑到骨钙素在外周血液中相对不稳定的生化特点，因此日常临床工作中常常能够检测到包括完整及各种分子质量大小的骨钙素分子片段。此外，由于各种不同的试剂盒针对不同的抗原决定簇，因此所得结果也不尽相同，这也使得不同测量结果之间缺乏可比性。但作为一种特异性骨形成分子标志，骨钙素检测仍然优于碱性磷酸酶等其他分子标志，直接用来反映成骨细胞的合成能力。

4. 骨钙素基因在其他组织中的表达　应用 RT-PCR 技术发现，在 2 月龄 SD 大鼠的肝、肾、脑及动脉中均可检测到低水平的骨钙素 mRNA 表达。但研究者认为，骨组织以外其他组织内这种低水平的骨钙素表达并不受维生素 D 调控，其可能与动脉粥样硬化等体内异位骨形成有关。此外研究也发现，雌激素可使牙周膜细胞分泌骨钙素增加，并呈时间和剂量依赖关系。在成年大鼠的脊髓和三叉神经感觉神经元也发现具有免疫活性的骨钙素蛋白，进一步应用 Northern blot 和 RT-PCR 技术在培养的骨髓脂肪细胞中也发现骨钙素的基因转录和蛋白表达。尽管如此，骨钙素在上述过程中的具体生物学作用仍有待进一步探究。

5. 骨钙素的受体　普遍观点认为，骨钙素可能通过自身受体发挥作用，但骨钙素的受体一直没有明确。最近研究发现，G 蛋白偶联的受体 Gprc6a 可能是骨钙素的一种特异性受体。研究显示，Gprc6a 在多种细胞均有表达，能够与血液中循环的骨钙素靶向结合并发挥作用。随后进一步研究证实，单独抑制 Gprc6a 基因的功能可导致脂肪堆积、高血糖症、糖耐受及睾酮水平降低等引起的胰岛素抵抗，这种表型与单独敲除骨钙素基因所得到的动物表型完全一致。还有，Oury 课题组通过骨钙素处理体外培养的睾丸间质 Leydig 细胞检测特异性骨钙素信号通路，最终确认 4 种骨钙素的候选受体分子，均为 G 蛋白偶联受体，其中包括 Gprc6a。此外研究还证实，Gprc6a 蛋白同样在胰岛 B 细胞有高表达，骨钙素通过与 Gprc6a 结合能够显著激活 B 细胞的 MAP 激酶信号通路。当 Gprc6a 基因功能受到抑制，则可导致高血糖、低胰岛素血症，更重要的是骨钙素刺激 B 细胞增殖的正常生理作用会被严重影响。最后，研究者还发现，胰岛 B 细胞缺失骨钙素的一个等位基因与缺失 Gprc6a 一个等位基因的小鼠两者在表型上完全一致，此结果再次佐证骨钙素与 Gprc6a 存在遗传级联相关性。基于上述研究结果，随后的多项研究也逐渐证实，Gprc6a 在肌肉、脂肪和骨骼等其他组织同样发挥骨钙素的生物学功能。例如，成骨细胞表达 Gprc6a，当该基因缺失时可导致骨质疏松症，尽管该表型在很大程度上受代谢缺陷和矿物质平衡改变的影响，但体外培养的新生成骨细胞却出现显著的分化缺陷，其机制是否归因于成骨细胞骨钙素代谢信号通路发生改变还尚待进一步明确，但至少可以肯定骨钙素与 Gprc6a 两者存在相当显著的相关性。

二、骨钙素的生物学功能研究新进展

骨钙素是成骨细胞分泌的特异性非胶质蛋白，既往诸多研究已证实其对骨骼的生长代谢具有重要意义，但近年多项研究证实，骨骼细胞分泌的骨钙素具有体内激素特点，对能量代谢（尤其对糖、脂代谢等）具有强大的调控作用。

（一）骨钙素在能量代谢调节中的作用

小鼠的受体样跨膜蛋白酪氨酸磷酸酶 OST-PTP 由胚胎干细胞磷酸酶（embryonic stem cell phosphatase，Esp）基因编码生成。研究证实，Esp 基因主要存在于胚胎干细胞、Sertoli 细胞和成骨细胞。如果该基因缺失，则将导致骨钙素羧基化修饰失效，从而使机体内聚积大量未羧化形式的骨钙素蛋白。敲除 Esp 基因研究发现，小鼠胰岛B细胞的增殖能力明显提高，进而胰岛素分泌增加及机体对胰岛素的敏感性增强。此外，该基因敲除小鼠还可避免出现因饮食过多或高脂饮食导致的肥胖和糖尿病。相反，如果 Esp 基因过量表达，则引起小鼠胰岛B细胞增殖下降，进而导致高血糖和胰岛素抵抗的发生。上述研究表明，OST-PTP 在机体能量代谢过程中发挥重要作用。随后进一步研究证实，在 Esp 基因敲除的小鼠模型中，如果再将骨钙素基因敲除，则能够使上述异常的功能恢复正常；如果单独敲除骨钙素基因，则可使小鼠出现葡萄糖耐受、高血糖和肥胖（与 Esp 过表达小鼠模型类似），因此推测 OST-PTP 通过影响骨钙素活性直接参与能量代谢。脂联素是一种主要由脂肪组织合成并分泌的激素，其含量与胰岛素抗性呈负相关，如果破坏脂联素可引起胰岛素抗性增加，进一步体外细胞试验发现，骨钙素一方面促进胰岛B细胞增殖、胰岛素表达和分泌，另一方面还能够增加白色脂肪细胞中脂联素的基因表达，上述研究结果说明骨钙素促进脂联素表达是减少小鼠胰岛素抵抗的重要方式。此外研究还发现，骨钙素因浓度不同而发挥两种不同的生物学效应：皮摩尔（pmol）级的骨钙素可有效调节胰岛B细胞中胰岛素和细胞增殖相关基因的表达，当浓度增至纳摩尔（nmol）级浓度时则能够促进脂肪细胞中脂联素的表达。因此推测，不同类型的细胞表面骨钙素的受体敏感性不同。

（二）骨钙素在生育能力调节及认知障碍中的作用

近年，Oury 等发表有关羧化不全的骨钙素具有另外两种激素样功能的研究成果，其中第一项研究成果证实骨钙素与生育能力密切相关，第二项研究成果则证实骨钙素与认知功能密切相关。研究发现，骨钙素基因敲除雄性小鼠的生育能力较基因野生型小鼠显著下降，从而提出羧化不全的骨钙素影响机体内性激素的分泌进而调控机体的生育能力的假说。随后，Oury 等进行验证：来源于成骨细胞条件培养基和羧化不全的骨钙素均能够提高雄性小鼠体内睾酮的水平；当骨钙素基因被突变后，小鼠体内睾酮水平显著降低、精子数量急剧减少、生殖器官重量明显减轻。在此基础上，Oury 等又进一步证实胰岛素能够通过激活骨钙素的生物活性，进而调控雄性小鼠的生育能力。此外，该课题组在研究中发现，骨钙素基因敲除小鼠的认知功能严重受损。通过进一步验证证实，骨钙素缺失可导致小鼠模型焦虑和抑郁的发病率猛增，究其发病机制，主要为血液循环中的骨钙素能够通过血脑屏障，促进脑干、中脑及海马影响神经递质的合成，从而有助于学习和记忆形成；当小鼠成骨细胞骨钙素的表达受到快速抑制后，小鼠产生的认知行为表型与骨钙素基因敲除小鼠的表型完全一致。临床上，孕妇体内的骨钙素是维持正常胎儿大脑发育所必需的物质，胎儿在骨骼发育之前能够在胎儿血液中检测到骨钙素。而在基因敲除动物模型中发现，骨钙素缺失的新生幼鼠海马神经细胞凋亡率较同龄野生幼鼠明显增加。综上所述，骨钙素调控与机体认知障碍缺陷密切相关。

（三）影响骨钙素生物活性的主要调节因子

业已证实，羧化不全的骨钙素是调节机体能量代谢的主要形式，因此增加其含量才可有效减少糖尿病及其并发症的发生。研究证实，体内骨钙素的活性形式受多种因素影响，目前最为关注的影响因子主要包括瘦素和激活转录因子 4（activating transcription factor 4，ATF4）等。瘦素是由脂肪细胞合成的激素，一方面其直接作用于胰岛B细胞抑制胰岛素分泌，另一方面则通过间接机制调节骨钙素表达。研究发现，瘦素基因敲除的小鼠血液中胰岛素浓度显著增加，如果进一步使成骨细胞 Esp 基因失活，则导致胰岛素升高效应倍增，但如果使骨钙素活性失活则导致胰岛素升高效应减半。研究还发现，瘦素能够促进 Esp 基因表达，这表明瘦素通过影响骨钙素的羧基化修饰发挥间接抑制胰岛素的作用。ATF4 主要在成骨细胞中表达，属于钙 MP 反应元件结合蛋白（cAMP-responsive element-binding protein，CREB）家族成员，拥有碱性拉链结构。前期研究证明，ATF4 主要调节成骨细胞的分化和骨骼形成，而通过 Atf4 基因敲除小鼠模型意外发现，ATF4 也能够参与能量代谢调节：与正常小鼠相比，Atf4 基因敲除小鼠在 2 周、1 个月和 2 个月时胰岛素含量明显增加、血糖浓度显著下降。随后体外试验证明，ATF4 的失活并不影响体外分离肝细胞对胰岛素的敏感性，但成骨细胞 ATF4 失活却增加胰岛素分泌和对胰岛素敏感性。相反，在成骨细胞中 ATF4 过表达则抑制胰岛素合成和削弱胰岛素敏感性，上述结果表明成骨细胞中 ATF4 对能量代谢具有重要调节作用。研究还发现，ATF4 能够直接促进成骨细胞中 Esp 基因的表达，而 Esp 基因表达增加可使羧化不全的骨钙素含量显著降低。最近 Elefteriou 等研究发现，瘦素作用于成骨细胞发挥生理活性时需要 ATF4 的激活，而 Hinoi 等研究证实，瘦素通过激活 ATF4 诱导 Esp 基因表达，进而影响活性骨钙素的含量。综上研究结果，初步推测骨钙素调节能量代谢作用的机制模式：瘦素作用于成骨细胞，激活 ATF4，造成 Esp 基因表达增加，细胞中 OST-PTP 含量升高，大量骨钙素转化为羧化骨钙素，促进骨骼发育；相反，当上面任何调节环节被抑制引起 OST-PTP 含量降低，则引起羧化不全的骨钙素浓度增加，如果分泌到血液中，可通过促进胰岛B细胞增殖、胰岛素分泌和脂联素表达而预防糖尿病及肥胖的发生。

三、骨钙素与常见临床疾病

骨钙素是机体内重要的生物激素，目前证实骨钙素具有三重功效，即提高胰岛素的产量、促进组织对胰岛素的敏感性及阻止脂肪的累积，因此骨钙素与临床常见代谢性疾病密切相关。

1. 骨钙素与妊娠糖尿病　妊娠过程中初次发现的任何程度的糖耐量异常，均称为妊娠期糖尿病（gestational diabetes mellitus，GDM），此过程常被认为是糖尿病的早期模型。通过比较 GDM 患者和糖耐量正常（normal glucose tolerance，NGT）的妊娠者发现，骨钙素在 GDM 组体内的浓度明显高于 NGT 组，且整个妊娠期骨钙素呈早期下降、中晚期升高的变化趋势，胰岛素、C 肽变化与骨钙素的变化呈正相关，而两组间 CRP、hs-CRP 及脂含量与骨钙素间未发现相关性。在 GDM 早期，骨钙素显著下降；在妊娠中期（24～28 周），骨钙素浓度缓慢增加且其作用受抑制的现象改善；而在妊娠晚期（33～38 周），骨钙素浓度明显升高；在产后 12 周，GDM 组与 NGT 组两组间骨钙素水平的差别消失。此外研究还发现，胰岛素、C 肽浓度在妊娠中后期也明显升高，但产后快速下降，提示与骨钙素在 GDM 患者体内的变化趋势基本一致。此外，孕妇体内血糖的变化与怀孕期间体内其他激素的变化密切相关。妊娠早期，体内人绒毛膜促性腺激素、胎盘产生的雌激素等胰岛素拮抗激素较少，加之孕妇通过胎盘把葡萄糖输给胎儿及早孕呕吐所导致的饥饿现象，均可使妊娠早期体内胰岛素的需求量下降；但妊娠中后期，除孕妇体内胰岛素拮抗激素水平升高或活性增强外，骨钙素可通过促进胰岛B细胞分泌弥补胰岛素的抵抗。

GDM 患者中除存在胰岛素抵抗现象外,胰岛B细胞的自身功能紊乱也导致其不能适应孕妇体内血糖的变化。研究推测,高浓度的骨钙素可刺激 GDM 患者胰岛B细胞分泌胰岛素,进而应对体内胰岛素的相对不足,但实际发现,GDM 患者妊娠中后期骨钙素增加虽可调节胰岛素的分泌作用,但 GDM 患者的高血糖却未得到改善,这可能是晚期胰岛素明显抵抗导致的高血糖血症所致。因此推测,GDM 患者对胰岛素的需求增加可能是对糖耐量异常的早期反应。在 2 型糖尿病患者体内,胰岛B细胞功能受损伴胰岛素严重抵抗,骨钙素代偿机制不能得到有效发挥,因此导致骨钙素水平下降。由此假设,通过减少骨钙素的降解作为对B细胞功能紊乱的一种代偿,并推测可运用骨钙素对早期 2 型糖尿病进行治疗。骨钙素含量增加可提高胰岛素的水平,而胰岛素反过来进一步影响骨的代谢,因此在 GDM 患者中胰岛素的增加也可能引起骨代谢的改变;也有研究显示骨钙素与肝脏摄取胰岛素的量呈反比,提示骨钙素增加会减少胰岛素的降解,进而引起高胰岛素血症。

2. 骨钙素与肥胖 人及动物实验均证实骨钙素可提高胰岛素水平、增加胰岛素的敏感性,进而阻止脂肪的累积,究其原因:骨钙素通过刺激胰岛B细胞增殖和调节B细胞基因表达增加胰岛素的分泌量,而该过程主要由羧化不全的骨钙素完成。骨钙素的羧化程度受成骨细胞特异表达基因 Esp 编码的特异性受体样蛋白酪氨酸磷酸酶调控,当体内缺乏 Esp 基因时,骨钙素羧化过程受到影响,进而导致不完全羧化骨钙素的大量聚积。实验结果显示,该过程可导致能量消耗增加,三酰甘油水平下降,由此可降低糖尿病和肥胖的发生率。人体研究发现,减肥和适度运动能够增加骨钙素的浓度,该种作用一方面是由于骨骼重建、骨转化率增加提高体内骨钙素的水平,另一方面是由于降低机体内脏的脂肪含量。在缺乏骨钙素的大鼠模型中,肝内胰岛素靶基因表达水平下降,进而导致胰岛素抵抗;此外还发现,大鼠体内骨钙素浓度与脂肪肝时谷丙转氨酶及谷草转氨酶的含量呈负相关。上述结果均提示骨钙素是胰岛素抵抗导致脂肪肝病的一个活性调节因子。

另外,根据动物实验中骨钙素可影响胰岛素的敏感性而影响糖、脂代谢的研究发现:羧化完全的骨钙素可提高胰岛素的敏感性,而这种作用主要是通过骨钙素诱导脂联素在脂肪细胞的表达来实现。脂联素是由脂肪细胞分泌的一种蛋白质,具有抗炎、抗动脉粥样硬化、促进葡萄糖和脂肪代谢、增加胰岛素的敏感性与减轻胰岛素抵抗的作用。正常血液循环中含有丰富的脂联素,而肥胖、糖尿病、冠心病患者其水平显著降低。在 2 型糖尿病的发病过程中,脂联素的减少和胰岛素敏感性的下降呈平行关系,当外源性给予脂联素后可显著抑制肝脏的糖原合成作用,进而加强脂肪的代谢来降低糖脂毒性。实验证明,成骨细胞表面有脂联素受体,脂联素可通过此受体调节成骨细胞的分化和增殖。研究还表明,脂联素与骨密度、骨转化及 2 型糖尿病的脊椎骨折密切相关。以上实验结果均表明:骨钙素通过刺激胰岛素的分泌和提高胰岛素的敏感性来加强机体对葡萄糖的作用,机体内骨钙素水平与血糖、血脂及糖化血红蛋白含量呈显著负相关。

四、影响机体内骨钙素含量的相关因素

1. 钙、磷及其比例 骨骼对钙的需求直接影响小肠对钙的吸收能力,每日摄入较低的钙会增加小肠对钙的吸收率,同时也影响依赖于维生素 D 的肾中 1,25-$(OH)_2$-D_3 的合成和钙转运。翟必华等利用体外 SD 大鼠成骨细胞(osteoblast,OB)与脾细胞共培养诱导

BGP 生成，研究过程中分别加入中高浓度的钙、磷，以及不同浓度比例的钙、磷，结果发现试验组（含钙 5mmol/L）和对照组差异极显著（$P<0.01$），表明中高浓度的钙、磷确实能够抑制 BGP 的生成，进而抑制骨的吸收，这一结果与国外 Lorget 和 Kanatani 等的报道一致。此外，钙/磷为 2∶1 时试验组对 BGP 生成的抑制作用最大，这个比例和动物饲料中添加的钙/磷最佳比例一致。魏炳栋等研究表明，春季、秋季和冬季时的牧草含钙、磷的量较低，不能完全满足放牧绵羊的需求，那么此时骨骼就开始动用大量的钙和磷，以此来维持机体的需求，加快骨转化，BGP 也大量释放到血液中，因此引起血清 BGP 含量增加。而夏季的牧草钙、磷含量比较丰富，无需从骨中动用 BGP 就可满足机体需要，此时骨转化减弱，血清中 BGP 含量降低。因此，饲料中的钙、磷含量明显影响动物血清中 BGP 的含量。

2. 维生素 A 维生素 A 是人和动物维持正常代谢必需的维生素之一，如果摄入过量将导致骨骼发育不良及代谢异常，进而影响 BGP 的表达水平。研究表明，维生素 A 水平过高会引起肉仔鸡的血清 BGP 含量显著降低。闫素梅等研究结果表明，饲料中维生素 A 水平为 45 000IU/kg 时，肉鸡胫骨钙、灰分浓度及矿化度含量显著下降，而磷的含量显著增加，胫骨的钙、磷代谢发生紊乱。

3. 维生素 K 维生素 K 是脂溶性维生素，基本结构是 2-甲基-1，4-萘醌。天然维生素可根据侧链不同分为维生素 K_1 和维生素 K_2，这两种维生素广泛存在于自然界中，其中维生素 K_1 在体内通过组织酶转变为维生素 K_2 发挥作用。维生素 K 的主要储存器官是骨皮质和骨小梁，而两者均含有较多的维生素 K_1 和维生素 K_2。有研究表明，维生素 K_1 和维生素 K_2 均具有促进钙化的作用，其中后者作用更为显著。维生素 K 可影响 BGP 的生物活性与生物合成，是 BGP 中谷氨酸的γ位羧化重要的辅酶。Koshihara 等在大鼠成骨细胞和人类骨肉瘤细胞培养液中加入维生素 K_2 时发现，成骨细胞分泌 AKP 和 BGP 增多，钙沉积的速度随之增加，该实验证明维生素 K_2 能够增加成骨细胞的合成代谢。郭洪敏等从新生大鼠的颅骨中分离出成骨细胞，并且采用 ^3H-胸腺嘧啶核苷掺合试验、放射性免疫法、细胞计数法测定细胞内的 BGP，结果发现不同浓度的维生素 K_2 均可轻度抑制成骨细胞增殖，但可明显提高成骨细胞内骨钙素的含量。维生素 K 能够促使血清中 BGP 的羧化，而羧化的 BGP 与羟基磷灰石的结合能力更强，可促进骨矿化，以此改善骨骼质量。

4. 维生素 D 维生素 D_3 的活性形式是 1，25-$(OH)_2$-D_3，是 BGP 的重要调节激素。目前诸多研究证实，维生素 D_3 对 BGP 的调节作用主要发生在转录水平。研究发现，过量的维生素 D 在消化物到达吸收部位以前，就会影响维生素 K 的吸收和利用，并且影响 BGP 的合成，造成骨骼代谢障碍。

5. 体内激素、细胞因子对 BGP 基因表达的调节作用 研究证实，体内多种激素如糖皮质激素、生长激素等能够影响 BGP 基因的表达。甲状旁腺激素与成骨细胞膜的甲状旁腺激素受体蛋白（G 蛋白偶联受体）偶联结合后，通过 cAMP 依赖型蛋白激酶 C 及 cAMP 依赖型蛋白激酶 A 信号转导通路调节 BGP 的表达。随着年龄的增长，血清中 BGP 的含量常呈下降趋势，但是在生长激素分泌旺盛的年龄，BGP 含量则迅速增加。另外，多种细胞因子如成纤维细胞生长因子、骨形态形成蛋白及胰岛素样生长因子-1 等能够上调 BGP 基因的表达，而转化生长因子和血小板衍生生长因子则抑制 BGP 的表达与合成。

五、展望

研究证实骨骼具有内分泌器官的特征确实扩展人们对骨骼生物学功能的重新认识。脂肪细胞通过分泌激素作用于成骨细胞参与能量调节，而成骨细胞通过分泌骨骼衍生分子骨钙素调控能量代谢，这一过程仍需要更多实验进一步去证实；尽管已证明只有羧化不全的骨钙素能调节能量代谢，但OST-PTP调节骨钙素羧化的分子机制仍有待明确；研究证实骨钙素确实能够调节雄性动物的生育能力并且与机体的认知功能密切相关，尽管该项成果完全颠覆以往对骨骼系统的认识，但具体分子机制仍需进一步探讨。此外，体内激素常常通过自身受体发挥生物学效应，尽管目前对机体内骨钙素存在的受体有一定认识，但骨钙素如何通过受体发挥其生物学功能目前仍不完全明确；最为重要的是，上述研究成果主要来自基因敲除模式动物，如何将研究成果扩展到人类并进一步应用于临床还有大量工作需要完成。

（韩聚强）

参 考 文 献

成海荣，闫素梅. 2009. 骨钙素在动物营养中的研究进展. 饲料博览：124～126.

付强，刘源，安星兰，等. 2007. 日粮不同钙磷含量、钙磷比对生长期实验大鼠骨骼发育和成骨细胞功能的影响. 中国比较医学杂志，7：603～605.

闫素梅，冯永淼，张海琴，等. 2007. 维生素A、D对肉鸡钙、磷代谢的影响. 动物营养学报：321～323.

叶山东. 2009. 临床糖尿病学. 2版. 合肥：安徽科学技术出版社：273～274.

郑晓辉，方秀斌. 骨钙素的基础与应用研究进展. 解剖科学进展，5：327～332.

朱达文，许静，顾建红. 2009. 低钙对蛋鸭血清钙、磷及破骨细胞活性的影响. 扬州大学学报(农业与生命科学版)，18：123～125.

卓丽玲，张春岭，顾建红. 2009. 钙对体外培养大鼠成骨细胞增殖分化及细胞周期的影响. 中国兽医学报，29：769～773.

Bugel S. 2008. Vitamin K and bone health in adult humans. Vitam Horm，78：393～416.

Clemmensen C，Smajilovic S，Wellendorph P，et al. 2014. The GPCR，class C，group 6，subtype A(GPRC6A)receptor: from cloning to physiological function. Br J Pharmacol，171：1129～1141.

Confavreux CB，Levine RL，Karsenty G. 2009. A paradigm of integrative physiology, the crosstalk between bone and energy metabolisms. Mol Cell Endocrinol，310：21～29.

Conigrave AD，Hampson DR. 2010. Broad-spectrum amino acid-sensing class C G-protein coupled receptors: molecular mechanisms，physiological significance and options for drug development. Pharmacol Ther，127：252～260.

Fernandez Real MJ，Ortega F，Gomz Ambrosi J，et al. 2010. Circulating osteocalcin concentrations are associated with parameters of liver fat infiltration and increase in parallel to decreased liver enzymes after weight loss. Osteoporos Int，21：2101～2107.

Fernández-Real JM，Izquierdo M，Ortega F，et al. 2009. The relationship of serum osteocalcin concentration to insulin secretion，sensitivity，and disposal with hypocaloric diet and resistance training. J Clin Endocrinol

Metab, 94: 237~245.

Ferron M, Hinoi E, Karsenty G, et al. 2008. Osteocalcin differentially regulates β-cell and adipocyte gene expression and affects the development of metabolic diseases in wild-type mice. Proc Natl Acad Sci USA, 105: 5266~5270.

Fukumoto S, Martin TJ. 2009. Bone as an endocrine organ. Trends Endocrinol Metab, 20: 230~236.

Hinoi E, Gao N, Jung DY, et al. 2008. The sympathetic tone mediates leptin's inhibition of insulin secretion by modulating osteocalcin bioactivity. J Cell Biol, 183: 1235~1242.

Hinoi E, Gao N, Jung DY, et al. 2009. An osteoblast-dependent mechanism contributes to the leptin regulation of insulin secretion. Ann N Y Acad Sci, 1173: E20~30.

Hwang YC, Jeong IK, Ahn KJ, et al. 2009. The uncarboxylated form of osteocalcin is associated with improved glucose tolerance and enhanced β-cell function in middle-aged male subjects. Diabetes Metab Res Rev, 25: 768~772.

Im JA, Yu BP, Jeon JY, et al. 2008. Relationship between osteocalcin and glucose metabolism in postmenopausal women. Clin Chim Acta, 396: 66~69.

Kanazawa I, Yamaguchi T, Yamamoto M, et al. 2009. Serum osteocalcin level is associated with glucose metabolism and atherosclerosis parameters in type 2 diabetes mellitus. J Clin Endocrinol Metab, 94: 45~49.

Kassi E, Papavassiliou AG. 2008. A possible role of osteocalcin in the regulation of insulin secretion: human in vivo evidence? J Endocrinol, 199: 151~153.

Kindblom JM, Ohlsson C, Ljunggren O, et al. 2009. Plasma osteocalcin is inversely related to fat mass and plasma glucose in elderly Swedish men. J Bone Miner Res, 24: 785~791.

Lee NK, Karsenty G. 2008. Reciprocal regulation of bone and energy metabolism. Trends Endocrinol Metab, 19: 161~166.

Lee NK, Sowa H, Hinoi E, et al. 2007. Endocrine regulation of energy metabolism by the skeleton. Cell, 130: 456~469.

Metzger BE, Buchanan TA, Coustan DR, et al. 2007. Summary and recommendations of the Fifth International Workshop Conference on gestational diabetes mellitus. Diabetes Care, 30: S251~S260.

Oury F, Ferron M, Huizhen W, et al. 2013. Osteocalcin regulates murine and human fertility through a pancreas-bone-testis axis. J Clin Invest, 123: 2421~2433.

Oury F, Khrimian L, Denny CA, et al. 2013. Maternal and offspring pools of osteocalcin influence brain development and functions. Cell, 155: 228~241.

Oury F, Sumara G, Sumara O, et al. 2011. Endocrine regulation of male fertility by the skeleton. Cell, 144: 796~809.

Patterson-Buckendahl P, Sowinska A, Yee S, et al. 2012. Decreased sensory responses in osteocalcin null mutant mice imply neuropeptide function. Cell Mol Neurobiol, 32: 879~889.

Pi M, Chen L, Huang MZ, et al. 2008. GPRC6A null mice exhibit osteopenia, feminization and metabolic syndrome. PLoS One, 3: e3858.

Pi M, Wu Y, Quarles LD. 2011. GPRC6A mediates responses to osteocalcin in beta-cells in vitro and pancreas in vivo. J Bone Miner Res, 26: 1680~1683.

Pi M, Zhang L, Lei SF, et al. 2010. Impaired osteoblast function in GPRC6A null mice. J Bone Miner Res,

25: 1092~1102.

Pittas AG, Harris SS, Eliades M, et al. 2009. Association between serum osteocalcin and markers of metabolic phenotype. J Clin Endocrinol Metab, 94: 827~832.

Raska O, Bernaskova K, Raska I Jr. 2009. Bone metabolism: a note on the significance of mouse models. Physiol Res, 58: 459~471.

Rath B, Nam J, Knobloch TJ, et al. 2008. Compressive forces induce osteogenic gene expression in calvarial osteoblasts. J Biomech, 41: 1095~1103.

Riedl M, Vila G, Maier C, et al. 2008. Plasma osteopontin increases after bariatric surgery and correlates with markers of bone turnover but not with insulin resistance. Clin Endocrinol Metab, 93: 2307~2312.

Semenkovich CF, Teitelbaum SL. 2007. Bone weighs in on obesity. Cell, 130: 409~411.

Seo J, Fortuno ES 3rd, Suh JM, et al. 2009. Atf4 regulates obesity, glucose homeostasis, and energy expenditure. Diabetes, 58: 2565~2573.

Shi Y, Yadav VK, Suda N, et al. 2008. Dissociation of the neuronal regulation of bone mass and energy metabolism by leptin in vivo. Proc Natl Acad Sci USA, 105: 20529~20533.

Wei J, Hanna T, Suda N, et al. 2014. Osteocalcin promotes beta-cell proliferation during development and adulthood through Gprc6a. Diabetes, 63: 1021~1031.

Winhofer Y, Handisurya A, Tura A, et al. 2010. Osteocalcin is related to enhanced insulin secret ion in gestational diabetes mellitus. Diabetcs Care, 33: 139~143.

Wolf G. 2008. Energy regulation by the skeleton. Nutr Rev, 66: 229~233.

Yoshizawa T, Hinoi E, Jung DY, et al. 2009. The transcription factor ATF4 regulates glucose metabolism in mice through its expression in osteoblasts. J Clin Invest, 119: 2807~2817.

Zhou M, Ma X, Li H, et al. 2009. Serum osteocalcin concentrations in relation to glucose and lipid metabolism in Chinese individuals. Eur J Endocrinol, 161: 723~729.

第二十三章 骨 连 蛋 白

骨连蛋白（osteonectin，ON）最早于 1981 年被作为非胶原成分加以描述和纯化，还曾被称为分泌型酸性富含半胱氨酸（secreted protein acidic and rich in cystcine，SPARC）的蛋白质、基底膜-40（BM-40）或 43-k 蛋白。1987 年，Mann 等通过对上述几种蛋白质的编码 cDNA 序列进行比较，证实它们是一种分子间或种间同系物。

骨连蛋白分布广泛，多种类型的组织细胞中均可分离、纯化到骨连蛋白或克隆到骨连蛋白的 cDNA 序列。骨连蛋白可参与结缔组织细胞外基质的组装。

随着研究的不断深入，骨连蛋白参与组织发育、重建和某些疾病发病机制的报道不断增多，骨连蛋白也日益受到人们重视。

第一节 骨连蛋白基因和分子结构

从线虫到脊椎动物，骨连蛋白基因均为单拷贝基因类型。不同种属骨连蛋白 cDNA 具有中度同源性，但在 C 端区域、N 端区域及含 RGD（Arg-Gly-Asp）序列区域呈高度保守。

一、骨连蛋白基因结构

小鼠骨连蛋白基因位于 11 号染色体，连锁分析研究表明，小鼠骨连蛋白基因与酸性成纤维细胞生长因子（acidic fibroblast growth factor，aFGF）、集落刺激因子-1（colony-stimulating factor-1，CSF-1）、粒细胞-巨噬细胞集落刺激因子（granulocyte-macrophage colony stimulating factor，GM-CSF）、白细胞介素-3（interleukin-3，IL-3）、CSF-1 受体（c-fms）、血小板衍生生长因子（platelet-derived growth factor，PDGF）-β亚单位的受体及$β_2$-肾上腺素能受体等基因都是连锁基因。目前还未发现骨连蛋白基因位点的缺失突变与发育异常间有直接关系。小鼠的骨连蛋白基因由 10 个外显子组成，由 9 个内含子分开。小鼠骨连蛋白基因内含子约为 26.5kb。第一外显子的核苷酸序列特别长，达到 10kb 以上，其中包含了一些具有调节功能的序列。其他 8 个内含子的序列长度为 500~2500bp。骨连蛋白基因组 DNA 内含子-外显子交界区的核苷酸序列在不同生物种系间高度保守，第一外显子有 CCTG 重复序列但不具备编码功能。第 10 外显子含有全部的 3′端非翻译序列，包含至少 2 个功能性多聚腺苷酸化位点。

从线虫细胞中克隆的骨连蛋白基因与从哺乳动物细胞克隆到的有显著区别，其编码区为 6 个外显子。线虫骨连蛋白的基因中没有相当于哺乳动物细胞中骨连蛋白基因的第 1、3、10 外显子的编码核苷酸序列，且第 6 和第 7 外显子发生融合。哺乳动物细胞骨连蛋白基因的第 3 外显子是一段多变的核苷酸序列片段，线虫细胞骨连蛋白基因中缺乏这段核苷酸序列，导致线虫骨连蛋白第Ⅰ位点结构区长度变短。虽然在线虫骨连蛋白基因中没有发现类似哺乳动物骨连蛋白长度的第一内含子核苷酸序列，但其他的内含子-外显子结合区的核苷酸序列却高度保守。

人类骨连蛋白的基因是一个单一编码基因，全长约 26.5kb，位于人染色体 5q31—q33，也具有 10 个外显子和 9 个内含子序列，分子质量为 40~44kDa，具体大小取决于其翻译后的修饰程度。

二、骨连蛋白蛋白质结构

骨连蛋白多肽结构中主要的免疫学位点位于其氨基末端区。利用哺乳动物细胞来源的 cDNA 片段可与不同种系来源的骨连蛋白 mRNA 进行交叉杂交，但却不能识别 SC1 和 QR1 蛋白编码基因中的同源序列。

脊椎动物细胞分泌表达的骨连蛋白由 298~304 个氨基酸残基组成，分子质量为 30~43kDa。信号肽序列都是由氨基末端的 17 个氨基酸残基组成，分泌型的蛋白质由第 283~287 个氨基酸残基组成。根据骨连蛋白二级结构分析结构，自 N 端可以依次分为 4 个区域，各结构域基本情况如下。

Ⅰ型位点序列由第 3 和第 4 外显子组成，其特征是含有高比例的酸性氨基酸残基，能与 5~8 个钙离子进行结合，其 K_D 值为 10^{-5}~10^{-3}mol/L。由于这段多肽序列与 Ca^{2+} 之间只具有较低亲和力，因此Ⅰ型位点结构中的α螺旋区对于生理性 Ca^{2+} 浓度的变化非常敏感。Ⅱ型位点结构由第 5 和第 6 外显子编码，这一段序列中含有 10 个半胱氨酸残基。卵泡抑素是一种 FGF-β样细胞因子激活蛋白和抑制蛋白的抑制剂，而 agrin 是一种可诱导烟碱型乙酰胆碱受体聚集的蛋白质。骨连蛋白的Ⅱ型位点结构与卵泡抑素中的重复序列结构及氨基酸残基序列是同源的，且其编码基因的内含子-外显子交界区的核苷酸序列一致。Ⅱ型结构位点含有 2 个 Cu^{2+} 结合位点及一段 GHK 序列，这两种序列结构对于细胞增殖过程具有重要调节作用。Ⅲ型位点序列由第 7 和第 8 个外显子编码，具有α螺旋结构片段，并含有一个内源性蛋白酶敏感位点。Ⅳ型位点结构区第 137 位点和Ⅳ型位点结构区第 247 位点的半胱氨酸残基可形成二硫键（Cysl37-Cy247）。Ⅳ型结构位点由第 9 个外显子编码，结构相对稳定，含有一个 EF-手样环状结构，与单一的 Ca^{2+} 结合，其 K_D 值为 10^{-7}mol/L。其编码基因内含子-外显子交界区的结构与调钙蛋白样 Ca^{2+} 结合环状结构区不完全相同，是骨连蛋白质分子中的一种特有结构类型。

第二节　骨连蛋白的表达与调控

骨连蛋白基因编码产物具有高度同源性，提示在进化过程中骨连蛋白的表达面临巨大的选择性压力。下面简要介绍骨连蛋白表达与调控的研究进展。

一、表达分布

骨连蛋白基因转录产物包含 2 个多聚腺苷酸化的信号位点，在几种不同的种系生物中也发现 2 种类型的 mRNA。人类骨连蛋白基因可转录为主要的 2.2kb 和次要的 3kb mRNA。

Western blot 和原位杂交技术证实，骨连蛋白可在发育的骨组织、成牙质细胞、上皮、肾上腺的带状筋膜、基蜕膜、睾丸间质细胞、卵巢的鞘膜和黄体细胞中，以及眼的感觉层、神经视网膜、睫状体上皮细胞、脉络膜血管内皮细胞、晶状体囊上皮细胞、视网膜色素上皮细胞等多种成熟和胚胎组织中表达，但在不同的发育阶段或不同组织类型中表达水平差别较大。

研究发现，哺乳动物细胞3个胚胎层的结构中均有一过性的骨连蛋白的表达。在小鼠胚胎发育中的第9天，骨连蛋白的表达水平最高；第14天时，骨和上皮组织中都有较高的骨连蛋白基因表达。成年后，骨连蛋白主要集中在消化道上皮及骨细胞中，并与组织器官的重建、细胞运动与增殖过程有关。在随后发育过程中，骨连蛋白高水平地表达于骨和牙组织成骨细胞中。大多数类型的造血细胞不表达骨连蛋白，但巨核细胞及某些特殊种群的巨噬细胞等与组织损伤有关的血液细胞中存在骨连蛋白的表达。在中枢神经系统中，某些特殊类型的神经内分泌细胞也可合成骨连蛋白，而脑髓质及神经元细胞缺乏骨连蛋白的表达活性。

贴壁细胞在体外培养时，骨连蛋白的表达水平显著升高，即培养休克现象，此现象在体外培养的成纤维细胞、内皮细胞及胶质细胞中表现尤为显著。但体外培养的淋巴细胞、巨噬细胞、某些已建立的细胞系及部分肿瘤细胞却没有骨连蛋白的表达。此外，病毒基因转化的细胞系，其骨连蛋白的表达水平通常比较低。

二、表达调控

甲基化修饰是近年来基因表达调控研究的热点领域，研究证实，骨连蛋白基因启动子区高度甲基化可能是导致其表达水平降低，抑癌作用减弱从而导致肿瘤发生、发展的原因之一。

非小细胞肺癌细胞株及患者组织、多发性骨髓瘤患者组织中，骨连蛋白低表达与其甲基化明显相关，且与患者的预后呈负相关。在混合谱系白血病基因发生重排的急性髓系白血病细胞株中，可观察到基因启动子区甲基化对骨连蛋白表达的影响，但患者样本中却未发现类似的现象。在宫颈液基细胞中，鳞状上皮内高度病变骨连蛋白基因启动子区域甲基化频率较未见上皮内病变或恶性病变及鳞状上皮内高度病变者显著增高。

张飞雄等检测6种胰腺癌细胞株中SPARC基因启动子区5'CpG岛甲基化状况，结果发现，骨连蛋白基因启动子区5'CpG岛甲基化改变是胰腺癌SPARC基因的一种重要失活方式，骨连蛋白基因启动子区的高甲基化是胰腺癌细胞区别于正常细胞的分子事件之一，可能在胰腺癌的发生、发展中起重要作用。另一项针对胰腺癌患者组织标本的检测则证实，健康人外周血白细胞DNA中骨连蛋白基因第一外显子区CpG位点均无甲基化；胰腺癌骨连蛋白基因甲基化率与正常胰腺、慢性胰腺炎相比差异显著，与相应癌旁组织相比差异则不显著。

在卵巢癌细胞中，骨连蛋白表达也可呈下调趋势，启动子区域CpG甲基化水平增高，甲基化抑制剂5-Aza-CdR可以逆转上述现象，DNMT3a作为主要的甲基转移酶参与修饰过程。

此外，在结肠癌、卵巢癌中也出现类似的骨连蛋白基因启动子甲基化修饰现象。

三、合成和分泌

骨连蛋白的合成与分泌受到多种细胞因子的调节。实验表明，与胞外基质降解有关的IL-1可刺激软骨细胞分泌骨连蛋白，TGF-β、PDGF、IGF-1可刺激SPARC的合成，并可逆转 IL-1 刺激软骨细胞分泌骨连蛋白的作用。但与 IL-1 功能相仿的 TNF-α、IL-6 对软骨细胞分泌骨连蛋白无明显影响。此外，某些基质蛋白酶可迅速降解骨连蛋白；铅、热应激等因素亦可调节某些细胞骨连蛋白的分泌能力。

第三节　骨连蛋白的生物学功能及其与临床疾病的关系

骨连蛋白的生物学功能非常多样，并与多种临床疾病的发生发展相关。考虑到本书会安排专门章节详细介绍细胞外基质与各种临床疾病发生、发展、治疗、预后等的关系，本节主要从骨连蛋白的生物学功能角度进行阐述。

一、参与细胞外基质形成

骨连蛋白能够在钙离子的作用下与Ⅳ型、Ⅰ型、Ⅱ型、Ⅲ型及Ⅴ型胶原结合，参加细胞外基质的形成。在结合的各型胶原蛋白中，Ⅳ型胶原最多。Ⅰ型胶原在距离其 C 端 180nm 处存在一个与骨连蛋白结合的主要位点，Ⅱ型和Ⅲ型胶原中也发现类似结合位点，另外在分别距离 C 端 80nm 和 240nm 处也发现少量能与骨连蛋白结合的位点。

骨连蛋白在发育过程中主要分布于基底膜。去除果蝇体内骨连蛋白的表达后，其胚胎基底膜因Ⅳ型胶原缺失而不能形成正常结构。骨连蛋白表达缺失的小鼠皮肤含有的胶原数量只有野生型的 50%，心脏及脂肪组织的细胞间质胶原数量亦显著下降，胶原纤维的直径也明显小于野生型小鼠。

血小板脱颗粒过程会释放骨连蛋白；损伤修复过程中，成纤维细胞与巨噬细胞也能够合成骨连蛋白，提示骨连蛋白在细胞外基质蛋白的沉积与装配过程中具有重要的调节作用。用骨连蛋白刺激体外培养的内皮细胞，细胞外基质相关蛋白的合成速度和水平均会发生改变，而纤维蛋白溶酶原激活剂抑制物-1（plasminogen activator inhibitor-1，PAI-1）、胶原酶、基质降解酶和明胶酶等 4 种金属蛋白酶表达增强。

骨连蛋白与各型胶原结合的亲和力存在差异，翻译后修饰或位点缺失突变可改变亲和力大小。在骨组织中，骨连蛋白经甘露糖修饰后可与Ⅰ型胶原高度亲和。骨连蛋白分子失去第 196~203 个氨基酸残基时，能形成一种骨连蛋白重组体，其与胶原结合的亲和力为原骨粘连蛋白的 10 倍。

二、调节生长因子功能

骨连蛋白对多种生长因子分布及生物学活性均具有调节作用。骨连蛋白可与血小板衍生生长因子（platelet derived growth factor，PDGF）的 AB 和 BB 二聚体进行结合，调节 PDGF 二聚体的利用率，从而影响它的生物学活性，其 K_D 值约为 10^{-9}mol/L。骨连蛋白还可与成纤维细胞膜上的 PDGF 受体进行结合。血小板中，骨连蛋白与 PDGF 共同分布。动脉硬化斑及肾病模型中骨连蛋白的表达水平升高。

血管内皮生长因子（vascular endothelial growth factor，VEGF）与 PDGF 同源性较高。骨连蛋白也可与 VEGF 结合，干扰 VEGF 与人微血管内皮细胞的结合。骨连蛋白还可降低 VEGF 与其细胞表面受体 Flt-1 的联系，并抑制内皮细胞增殖。

骨连蛋白还可增强肾小球系膜细胞中转化生长因子-β（TGF-β）的表达，在骨连蛋白缺失表达的小鼠模型中，TGF-β合成显著下降，加入骨连蛋白后又可回复到正常水平。此外，骨连蛋白还可抑制表皮生长因子及其受体功能，在多种生命过程中发挥作用。

三、影响细胞增殖

骨连蛋白是一个潜在的细胞周期抑制因子。既往研究发现，骨连蛋白 Sparc 基因敲除小鼠平滑肌细胞、肾小球膜细胞和成纤维细胞的增殖，比野生型小鼠明显增加，而再转染 Sparc 基因可抑制细胞的增殖。外源性骨连蛋白可诱导牛主动脉内皮细胞周期停滞于 G_1 中期。体外培养骨连蛋白表达缺失小鼠模型来源的上述细胞，其增殖速度比野生型明显加快，机制研究提示可能与骨连蛋白调节细胞周期素 A 表达增多有关。外源性骨连蛋白还可抑制正常的卵巢上皮细胞及癌细胞增殖。骨连蛋白抑制细胞周期素 A 和 D 表达、增强细胞周期负调控因子 $p21^{cip}$ 及 $p27^{Kip}$ 表达及对肿瘤微环境中细胞与可溶性成分的调节，可能在前列腺癌发生中起到一定的作用。

四、调控细胞凋亡

细胞凋亡异常是多种疾病发生、发展的重要原因之一，针对卵巢癌、直肠癌和肝癌细胞或动物模型的研究显示，骨连蛋白可促进细胞凋亡过程，但详细机制还需深入阐明。

外源性骨连蛋白可以促进卵巢癌细胞株凋亡，骨连蛋白与相应的受体结合后引发的特异性信号转导通路激发可能是其作用机制。

与各种化疗药物联合应用时，结直肠癌细胞过度表达的骨连蛋白可降低癌细胞的生存率，促进癌细胞凋亡的发生。研究显示，骨连蛋白可上调半胱天冬氨酸蛋白酶-8（caspase-8）及 caspase-10、Fas 相关死亡结构域蛋白（FADD）等的表达水平。其中，caspase-8 基因转录主要受转录因子 IRF-1 及 IRF-2 表达变化的影响，而骨连蛋白能够促进 IRF-1 及 IRF-2 与 caspase-8 的启动子相结合。免疫共沉淀显示，骨连蛋白还可与 caspase-8 的 N 端相结合。

维生素 D 可通过磷酸化蛋白激酶 B 途径及随后的生存信号通路的失活，增强骨连蛋白促进结直肠癌细胞凋亡的作用。

用表达骨连蛋白的腺病毒感染肝癌细胞株及在相应的动物模型中肝癌细胞内源性分泌的骨连蛋白也可促进癌细胞凋亡，并延长动物模型的生存期。

五、影响细胞与底物基质作用

与许多类型的细胞外基质蛋白不同，骨连蛋白在体外不能与细胞发生黏附。相反，骨连蛋白对细胞在胶原上的扩散具有抑制作用，诱导体外培养的内皮细胞及成纤维细胞变圆，并改变这些细胞内细胞骨架元件的分布及内皮细胞单层的通透性。针对过表达或不表达骨连蛋白转染的 F9 胚胎肿瘤细胞系的研究，为骨连蛋白调节细胞形态学的作用提供直接证据：表达骨连蛋白的细胞形态变圆，表达骨连蛋白基因的反义 RNA 的细胞则呈伸展性生长。

针对贴壁生长细胞的研究显示，骨连蛋白、骨桥蛋白和固生蛋白等分泌型糖蛋白均为细胞扩散作用的抑制性蛋白因子，上述蛋白质被统称为"抗黏附蛋白"。外源性骨连蛋白可诱导细胞变圆、减少细胞间的黏附、促使细胞骨架重排。骨连蛋白可介导血小板与骨桥蛋白的结合，促进血小板凝集。由于骨连蛋白分子结构中没有 RGD 序列，因而骨连蛋白的抗黏附作用无 RGD 序列依赖性,而与其分子结构中的 I 型和 IV 型位点结构序列有关。

推测骨连蛋白抑制细胞黏附的机制可能与以下因素相关:骨连蛋白与黏附蛋白直接竞争细胞膜受体;骨连蛋白与细胞外基质相互作用,调节细胞黏附,防止细胞黏附受体成簇,如通过调节细胞外基质金属蛋白酶的产量等;骨连蛋白借助钙离子结合区域与细胞表面受体进行直接作用;干扰蛋白质的水解过程;通过酪氨酸蛋白激酶依赖性信号转导通路调节黏附作用等,但确切的作用尚需进一步研究。

六、骨连蛋白新功能位点的暴露

细胞外基质中,功能性蛋白降解可导致其活性降低。骨连蛋白在受到各类型蛋白酶作用下也可发生降解。骨化和非骨化组织来源的蛋白酶均对骨连蛋白有消化降解作用,但由于作用位点不同,其消化产物的多肽片段的生物学功能亦存在差异。另一方面,由于骨连蛋白酶学消化片段的构象与完整的野生型骨连蛋白分子不同,新功能性位点可导致新型功能出现,如骨连蛋白分子中第 II 位点结构中含有的 KGHK 序列是丝氨酸蛋白酶的裂解位点序列。在脊椎动物骨连蛋白序列中,作为 Cu^{2+} 结合型核心三肽序列的 GHK 高度保守,这一位点裂解的破坏使骨连蛋白丧失对细胞生长和血管形成的调节功能。由此可见,骨连蛋白的蛋白酶水解,不仅决定此蛋白翻转率,对于特异性位点结构也有选择性的重要作用。

七、与肿瘤发生、浸润、转移的关系

骨连蛋白对肿瘤发生的影响,目前尚存在很大争议,不同的实验研究展示许多一致或者完全相反的结果,但综合来看,其角色主要取决于骨连蛋白在不同微环境中所展现的不同功能。

一般认为,骨粘连蛋白作为细胞外基质的一种调节蛋白,在细胞外基质更新较快的组织中含量较高,在创伤修复时的血管发生,但也在成熟骨和肠上皮中观察到其表达受到抑制。较多的临床标本研究显示,在恶性胶质瘤、星形细胞瘤及脑膜瘤等肿瘤中,骨连蛋白表达增强,甚至可作为肿瘤发展、转移的一种标志分子,如星形细胞瘤小鼠脑组织中骨连蛋白 mRNA 表达量是野生型小鼠的 3.5 倍。

另一方面,骨连蛋白对急性髓细胞样白血病、神经母细胞瘤、乳腺癌、直肠腺癌、肝细胞癌等显示抑制作用,上述肿瘤细胞中骨连蛋白基因的启动子因超甲基化修饰而表达下降,导致肿瘤恶化。体外培养正常鼻黏膜上皮细胞中骨连蛋白 mRNA 表达量是鼻咽癌细胞的 4000 倍,而这种肿瘤细胞中的抑制效应是由于转录因子 SOX-5 表达增强造成。外源性 SPARC 能够抑制胰腺癌细胞的增殖,且抑制作用具有浓度依赖性。胰腺星状细胞(PSC)是胰腺癌细胞外基质的主要来源,而 PSC 与胰腺癌细胞的相互作用在胰腺癌的病理学变化中起重要作用。研究显示,PSC 是 SPARC 在胰腺癌组织中的主要来源,SPARC mRNA 和蛋白质在 PSC 中的表达明显高于胰腺癌细胞,而在 PSC 培养液中可检测出 SPARC 的分泌。SPARC 可直接抑制内皮细胞 DNA 的合成,使细胞生长停滞;可抑制血小板源性生长因子与其受体结合,调节人成纤维细胞生长或减弱成纤维生长因子-2 促进内皮细胞增殖和迁移的效应。前列腺癌肿瘤细胞很少表达 SPARC,肿瘤组织基质细胞适度表达 SPARC。基因表达分析显示,SPARC 在良性前列腺增生及正常前列腺组织中高表达,在前列腺癌中表达下降,在转移性前列腺癌中表达进一步降低。

骨连蛋白可通过多种机制影响肿瘤血管生成、细胞黏附、浸润和转移过程。

骨连蛋白能够促进基底膜的溶解和内皮细胞的移动。骨连蛋白的水解产物-钙离子结合肽能够刺激血管生成和细胞生长。外源性骨连蛋白还降低血管生成抑制剂的浓度，促进血管生成。

研究表明，骨连蛋白可降低卵巢癌细胞表面α_5及β_1整合蛋白的表达水平及其活性，从而抑制卵巢癌细胞与 ECM 及腹膜间皮细胞的黏附作用，阻滞卵巢癌的转移能力。骨连蛋白通过抑制 MMP-9 的表达减慢由其引起的胰腺癌细胞的迁移及浸润。肝癌细胞中，骨连蛋白可上调 E-钙黏蛋白并同时下调 N-钙黏蛋白及平滑肌肌动蛋白，参与间质-上皮转化的调节，从而抑制肝癌细胞的浸润及转移。

骨连蛋白神经胶质瘤中表达增强，并与肿瘤的浸润呈正相关；但又能通过增加 I 型胶原蛋白的表达、改变细胞外基质微环境、抑制 VEGF 的表达及分泌等途径抑制肿瘤生长。骨连蛋白表达水平与卵巢癌细胞系的恶性程度呈负相关，加入外源性骨连蛋白或骨连蛋白过表达可使卵巢癌细胞系的增殖能力下降。骨连蛋白敲除小鼠中，肿瘤细胞系会显示出更高的侵袭和转移能力，并伴有血管生成增加和巨噬细胞浸润减少。骨连蛋白敲除小鼠肿瘤结节及腹腔积液中还可检测到更高水平的 VEGF 及其受体 VEGFR2 跨膜蛋白。

八、与骨生长和重建的关系

骨连蛋白能够促进骨的钙化，这与骨连蛋白的细胞外基质形成功能相关联，但其促进骨生长与重建的机制尚不十分清楚。

Termine 等提出目前较为公认的观点。骨连蛋白与 I 型胶原形成非可溶性复合物，诱导钙、磷沉积，并经过一系列的中间过程最终形成羟基磷灰石结晶。羟基磷灰石分子的阴离子末端选择性地结合在骨粘连蛋白上，形成羟基磷灰石-骨粘连蛋白- I 型胶原复合物。该复合物中骨粘连蛋白分子内的有机磷酸酯和唾液酸表现出与钙的高度亲和性，诱导溶液中的 Ca^{2+} 不断地结合羟基磷灰石的表面，使钙化延伸，从而促进骨的形成和重建。

骨的生长和重建是成骨细胞与破骨细胞共同作用的结果。骨连蛋白还通过调节成骨细胞与破骨细胞促进骨的生长。

甲状旁腺激素（PTH）是骨重建的刺激物，为探索骨连蛋白对 PTH 功能的影响，研究者用 PTH 处理野生型（WT）和骨连蛋白缺陷小鼠，并评估骨形成的差异。结果显示，PTH 治疗提高 WT 小鼠的全身骨矿物质密度，而在骨连蛋白缺陷小鼠中没有观察到骨矿物质密度增加。

破骨细胞和巨噬细胞同样来源于骨髓细胞群的前体单核细胞系，某些单核/巨噬细胞系和单核/巨噬细胞可以表达骨连蛋白。目前，尚无报道破骨细胞在体外或体内可表达骨连蛋白。在 PTH 处理的小鼠中，骨连蛋白似乎具有限制破骨细胞形成的能力。

九、与晶状体的关系

骨连蛋白在晶体上皮表达，周边部分表达最高。研究提示，骨连蛋白可与晶体囊膜主要结构成分 IV 型胶原相结合，有可能对晶体囊膜的合成与稳定起重要作用，从而在晶体透明性的维持与年龄相关性白内障的发病中发挥潜在的重要作用。

对骨连蛋白基因敲除小鼠进行的研究证实，小鼠表现出不同程度的晶状体浑浊，个别甚至导致白内障的发生,且层粘连蛋白和Ⅳ型胶原均可受到不同程度的破坏,基底膜构成受抑。

年龄相关性白内障患者的晶体骨连蛋白水平高于正常人;后囊下白内障与核性白内障患者的晶体骨连蛋白基因转录水平也高于正常人。但骨连蛋白表达增多是白内障发生的因还是果目前尚无定论,通常的考虑可能是过表达的骨连蛋白破坏了晶体化学平衡,导致人类白内障的发生或者晶体为改善自身状况而产生的保护性应答。

十、与胰岛素抵抗的关系

既往研究证实,胰岛素可增加骨连蛋白的表达并呈现时间依从性,骨连蛋白能够在无血清条件下增加丝/苏氨酸激酶(serine threonine kinase,Akt)和磷脂酰肌醇3激酶(phosphoinositide 3-kinase,PI3K)的磷酸化程度,从而激活胰岛素信号转导通路中的PI3K/Akt途径。利用二甲双胍和罗格列酮干预后,胰岛素抵抗明显改善的同时也会伴有骨连蛋白在脂肪中的表达下降,提示胰岛素抵抗的形成与骨连蛋白表达改变相关联。

脂肪组织被认为是胰岛素抵抗产生的始发部位,脂肪组织的胰岛素抵抗主要表现为脂肪合成的不敏感及脂蛋白酯酶活性减低使脂肪分解增强和脂肪合成减弱。研究发现骨连蛋白通过增强Wnt/β-catenin信号通路抑制脂肪形成。骨连蛋白基因后小鼠皮下脂肪沉积,脂肪中Ⅰ型胶原蛋白减少,脂肪细胞数目增多、体积增大。高脂喂养大鼠骨连蛋白的表达增多。动物实验显示,骨连蛋白不仅与AMP活化的蛋白激酶相互作用,还参与糖代谢调控,在高脂喂养的Wistar大鼠脂肪组织中骨连蛋白表达增加,且与胰岛素抵抗相关。

肥胖是与2型糖尿病和代谢综合征密切相关的危险因素,并可增加心血管疾病和肿瘤发生的风险。许多组织都能分泌骨连蛋白,在肥胖组织中骨连蛋白水平升高,考虑可能与脂肪组织中骨连蛋白的分泌增加有关。在脂肪细胞的分化中,骨连蛋白的分泌和表达呈双向调节模式:在脂肪细胞分化早期阶段,骨连蛋白分泌最多;经过一个下降阶段后,骨连蛋白的分泌又开始上升。此外,骨连蛋白还具有调节细胞外基质的作用,是肥胖相关脂肪组织纤维化的主要调节因子。体外实验显示,在小鼠的白色皮下脂肪细胞中,骨连蛋白增加纤维蛋白的表达,促进了脂肪纤维化的作用。

(李 越)

参 考 文 献

白晶,张劲松,郭莲英. 2008. 骨连蛋白对人晶状体上皮细胞在人工晶状体上黏附的影响. 眼科新进展,28:340~343.

白晶,张劲松,夏泉,等. 2009. 晶状体上皮细胞中骨连蛋白的研究. 眼科研究,27:149~152.

冯丹,蔡建,张颖一,等. 2011. SPARC在恶性肿瘤中的研究进展. 医学研究杂志,40:13~16.

耿文君. 2009. SPARC研究进展. 生命科学仪器,7:7~10.

刘锴,宋海燕,刘姝,等. 2014. 2型糖尿病肥胖患者SPARC表达差异性研究. 中华内分泌代谢杂志,30:388~392.

孙烈,陈国卫,尹杰等. 2014. 富含半胱氨酸的酸性分泌蛋白对胰腺癌细胞增殖、迁移和侵袭能力的影响. 中华实验外科杂志,31:1954~1956.

颜丽丽，崔竹梅，郑烨，等. 2008. 卵巢上皮性肿瘤中 SPARC 的表达及意义. 山东医药，48：29～31.

张飞雄，杨力，李兆申，等. 2008. 胰腺癌细胞株 SPARC 基因启动子区甲基化状况的研究. 宁夏医学杂志，30：1087～1088.

Arthur A, Zannettino A, Gronthos S. 2009. The therapeutic applications of multipotential mesenchymal/stromal stem cells in skeletal tissue repair. J Cell Physiol, 218: 237～245.

Atorrasagasti C, Malvicini M, Aquino JB, et al. 2010. Overexpression of SPARC obliterates the in vivo tumorigenicity of human hepatocellular carcinoma cells. Int J Cancer, 126: 2726～2740.

Bradshaw AD, Baicu CF, Rentz TJ, et al. 2009. Pressure overload-induced alterations in fibrillar collagen content and myocardial diastolic function: role of secreted protein acidic and rich in cysteine(SPARC)in post-synthetic procollagen processing. Circulation, 119: 269～280.

Bradshaw AD. 2012. Diverse biological functions of the SPARC family of proteins. Int J Biochem Cell Biol, 44: 480～488.

Bradshaw AD. 2016. The role of secreted protein acidic and rich in cysteine(SPARC)in cardiac repair and fibrosis: Does expression of SPARC by macrophages influence outcomes. J Mol Cell Cardiol, 93: 156～161.

Delany AM, Hankenson KD. 2009. Thrombospondin-2 and SPARC/osteonectin are critical regulators of bone remodeling. J Cell Commun Signal, 3: 227～238.

Feng J, Tang L. 2014. SPARC in tumor pathophysiology and as a potential therapeutic target. Curr Pharm Des, 20: 6182～6190.

Greiling TM, Stone B, Clark JI. 2009. Absence of SPARC leads to impaired lens circulation. Exp Eye Res, 89: 416～425.

Heller G, Schmidt WM, Ziegler B, et al. 2008. Genome-wide transcriptional response to 5-aza-2'-deoxycytidine and trichostatina in multiple myeloma cells. Cancer Res, 68: 44～54.

Kahn SL, Ronnett BM, Gravitt PE, et al. 2008. Quantitative methylation-specific PCR for the detection of aberrant DNA methylation in liquid-based Pap tests. Cancer, 114: 57～64.

Kaleağasıoğlu F, Berger MR. 2014. SIBLINGs and SPARC families: their emerging roles in pancreatic cancer. World J Gastroenterol, 20: 14747～14759.

Mauzo SH, Yang M, Brown RE, et al. 2015. Primary epithelioid angiosarcoma of bone with robust cell cycle progression and high expression of SPARC: a case report and review of the literature. Ann Clin Lab Sci, 45: 360～365.

Nagaraju GP, Dontula R, El-Rayes BF, et al. 2014. Molecular mechanisms underlying the divergent roles of SPARC in human carcinogenesis. Carcinogenesis, 35: 967～973.

Nagaraju GP, El-Rayes BF. 2013. SPARC and DNA methylation: possible diagnostic and therapeutic implications in gastrointestinal cancers. Cancer Lett, 328: 10～17.

Neuzillet C, Tijeras-Raballand A, Cros J, et al. 2013. Stromal expression of SPARC in pancreatic adenocarcinoma. Cancer Metastasis Rev, 32: 585～602.

Rossi MK, Gnanamony M, Gondi CS. 2016. The 'SPARC' of life: Analysis of the role of osteonectin/SPARC in pancreatic cancer(Review). Int J Oncol, 48: 1765～1771.

Said N, Frierson HF Jr, Chernauskas D, et al. 2009. The role of SPARC in the TRAMP model of prostate carcinogenesis and progression. Oncogene, 28: 3487～3498.

Said NA, Elmarakby AA, Imig JD, et al. 2008. SPARC ameliorates ovarian cancer-associated inflammation. Neoplasia, 10: 1092~1104.

Socha MJ, Said N, Dai Y, et al. 2009. Aberrant promoter methylation of SPARC in ovarian cancer. Neoplasia, 11: 126~135.

Vaz J, Ansari D, Sasor A, et al. 2015. SPARC: A Potential Prognostic and Therapeutic Target in Pancreatic Cancer. Pancreas, 44: 1024~1035.

Wang Z, Hao B, Yang Y, et al. 2014. Prognostic role of SPARC expression in gastric cancer: a meta-analysis. Arch Med Sci, 10: 863~869.

Wong SL, Sukkar MB. 2017. The SPARC protein: an overview of its role in lung cancer and pulmonary fibrosis and its potential role in chronic airways disease. Br J Pharmacol, 174: 3~14.

第二十四章 骨 桥 蛋 白

骨桥蛋白（osteopontin，OPN），HGNC（HUGO Gene Nomenclature Commitee）命名为分泌型磷酸化蛋白1，曾用名称骨唾液酸蛋白Ⅰ、早期T淋巴细胞激活物、MGC110940。这种蛋白质的分子结构中有较多的酸性氨基酸残基及唾液酸基团，首先于1986年在成骨细胞中被发现，是一种广泛存在于人和其他物种的蛋白质。它既是一种细胞外结构蛋白，也是骨的有机组成部分，在骨、软骨、肾、蜕膜和胎盘等组织中都有广泛表达。在免疫系统的细胞类型中也有骨桥蛋白的表达。骨桥蛋白在细胞黏附、细胞信号转导、肿瘤的转移、免疫调节等过程中都具有重要作用。

一、骨桥蛋白的基因结构

1. 骨桥蛋白基因的染色体定位及结构　编码人骨桥蛋白的基因位于染色体4q221，骨桥蛋白基因由8个外显子组成，外显子全长为7762bp，与小鼠骨桥蛋白基因外显子一致。小鼠骨桥蛋白外显子序列与已克隆的人骨桥蛋白cDNA的核苷酸序列完全一致。内含子-外显子邻接位点的核苷酸序列符合AG-GT机制，而且每一段外显子的核苷酸序列长度都与小鼠骨桥蛋白基因组外显子的长度相似。大部分内含子序列的长度也相差无几，只有内含子3例外。人的内含子3序列的长度是小鼠内含子3长度的27倍，因为在人内含子3的核苷酸序列中，位于下游的1750bp的序列是一段插入序列。人桥蛋白基因的外显子1序列中不含有编码序列，与外显子2相距1083bp。第2外显子编码人骨桥蛋白氨基末端的18个氨基酸残基，其中上游的16个氨基酸残基构成了人骨桥蛋白的信号肽序列。人骨桥蛋白内含子1的长度与猪骨桥蛋白基因内含子1的长度极为类似。人骨桥蛋白外显子3、4、5和6分别编码由13个、27个、14个和108个氨基酸残基组成的多肽片段，外显子6编码含有GRGDS序列的多肽片段，外显子7编码骨桥蛋白羧基端的134个氨基酸残基。

2. 骨桥蛋白基因的非编码区和启动子　人骨桥蛋白基因5′端非编码区约250bp的序列范围内含有一系列保守调节序列结构。以氯霉素乙酰化酶（chloramphenicol acetyl-transferase，CAT）的编码基因作为报告基因，对人骨桥蛋白5′端非编码区的结构与功能的关系进行研究，发现在-474~-270、-124~-80和-55~-39核苷酸序列中存在顺式功能增强序列。其中，-124~-80核苷酸序列的增强活性力最高。

对不同种系来源的骨桥蛋白基因5′端非编码区序列进行比较，-250~-1bp的核苷酸序列同源程度很高，但-650~-250bp核苷酸序列差别较大。在人骨桥蛋白基因5′端的非编码区序列中，-27~-22核苷酸有一段TATA样序列，即TTTAAA序列。在其上游还有一系列的TATA样序列。但这些TATA样序列或许因为距离帽状结构位点太远而不具有重要的生物学活性。在-2190~-73核苷酸序列中散在分布一系列CCAAT样序列结构，但这些结构位点所处位置较CCAAT通常位点结构所处位置更上游一些。正常情况下具有生物学功能的CCAAT序列位于-100~-50核苷酸序列。

小鼠骨桥蛋白基因启动子区都有相似的 TATA 样序列，即 TTTAAA 序列，而且也位于相似的位置上。在基因的启动子结构区还有一系列的转录因子 TCP-1 结合位点。人骨桥蛋白基因启动子序列区有一段维生素 D 应答元件（vitamin D-responsive element，VDRE）样结构序列，位于−698～−684 核苷酸序列。在−1892～−1878 核苷酸序列还存在另一段 VDRE 样元件。还发现 4 段 NF-IL6 序列，分别位于−2091～−2083、−1950～−1942、−1778～−1770 和−1007～−999 核苷酸序列。红细胞、肌肉及成纤维细胞特异性的 CCCTC 核苷酸序列结构及其翻转的 GAGGG 核苷酸序列广泛存在于骨桥蛋白基因 5′端的非编码序列之中。GATA-1（GF-1）为红细胞、巨核细胞、肥大细胞及 T 细胞特异性的核苷酸序列，分别位于−1616～−1611、−1252～−1247、−851～−847 和−366～−362 核苷酸序列。AP1 特异性序列 TGACACA 位于−78～−72 核苷酸，但小鼠的骨桥蛋白基因启动子的核苷酸序列中没有 AP1 特异性的核苷酸序列。干扰素调节因子-1 结合的核苷酸序列 AACTGA 位于−1270～−1264 核苷酸。离帽状结构形成位点 728bp 范围内的核苷酸序列中，分布着 E2A、E2BP、Myb、Sp1、PPAR、AP2、SIF、E4TF1、Oct-1 和 Ets-1 等广泛存在或组织特异性的位点结构。三段广泛存在的 CFI 元件分布在−2059～−2054、−1872～−1867 和−1592～−1587 核苷酸序列。TPA、EGF、血清及癌基因蛋白介导的信号转导作用的靶位 PEA3 序列分别位于−1695～−1690 和−1418～−1413 核苷酸序列。

3. 骨桥蛋白基因 mRNA 骨桥蛋白虽然有 8 个外显子，但并非所有成熟的 mRNA 都包含这 8 个外显子，骨桥蛋白基因存在 5 个版本的 mRNA 剪接变体，分别编码不同亚型的骨桥蛋白，转录副本 1～5 mRNA 分别编码 OPN-a、b、c、d、e 亚型。其结构如图 24-1 所示。

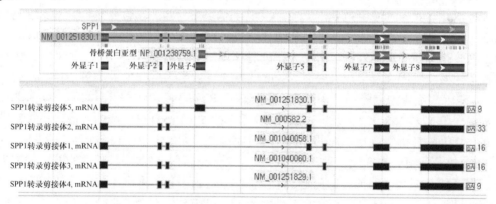

图 24-1 骨桥蛋白基因结构

4. 骨桥蛋白的基因多态性 目前提交 GenBank 数据库的人骨桥蛋白 SNP（单核苷酸多态性）有 380 多个，但有文章被 PubMed 收录的 SNP 只有 18 个，分别是：rs28357094、rs11730582、rs11728697、rs11439060、rs10516799、rs6840362、rs6811536、rs6532040、rs3841116、rs2853754、rs2853749、rs2853744、rs2728127、rs1126893、rs1126772、rs1126616、rs9138 和 rs4754。发生在 CDS 区（编码区）的 SNP 有两种——rs7435825（A/G）蛋白 S/N 和 rs4660 蛋白 R/H。绝大多数 SNP 与疾病的关系不是很清楚。目前报道与 SNP 可能有关的疾病有系统性红斑狼疮、冠心病、神经胶质瘤、系统性硬化症、肝炎、糖尿病等，但多数没有得到公认。

二、骨桥蛋白的分子结构

标准型（OPN-a）人骨桥蛋白由 314 个氨基酸残基组成，计算分子质量为 35.385kDa，1～16 位氨基酸组成信号肽，17～314 位为骨桥蛋白，其中 159～161 位为细胞黏附修饰区。共有 4 种亚型：A 亚型（OPN-a，OP1B），作为基本亚型，其他亚型以此为基准，314 个氨基酸残基；B 亚型（OPN-b，OP1A），长 300 个氨基酸，第 58～71 位氨基酸缺失；C 亚型（OPN-c），长 287 个氨基酸，第 31～57 位氨基酸缺失；D 亚型，长 292 个氨基酸，第 95～116 位氨基酸缺失。还存在两种自然变异，一种是 224 位氨基酸由 S 变为 N（dbSNP：rs7435 825），另一种是 301 位氨基酸由 R 变为 H（dbSNP：rs4660）。还有两种实验报道的突变，188 位 D 变为 H（BAA05949），237 位 T 变为 A。在骨桥蛋白的分子结构中有多个丝氨酸、磷酸苏氨酸残基，有两个 N-糖基化（GlcNA）修饰分别位于第 79 和 106 位氨基酸残基上，4 个 O-糖基化修饰分别位于第 134、138、143、147 和 152 位氨基酸残基上。最近发现一种新的骨桥蛋白亚型 e 亚型（OPN-e），由 327 个氨基酸残基组成，与 a 亚型的差异在前 45 位氨基酸。此 5 种亚型骨桥蛋白均含信号肽，为分泌型骨桥蛋白（sOPN）。

选择性翻译还产生了细胞内骨桥蛋白（iOPN），OPN mRNA 有一个标准的 AUG 翻译起始密码子和一个选择性翻译起始点。当翻译从标准起始点开始时，肽链产品包含一段信号序列，引导其进入分泌囊泡，就形成分泌型骨桥蛋白。此外，当翻译从选择性翻译起始点开始时，其肽链产品缺乏信号序列而留在细胞内。小鼠骨桥蛋白为 294 位氨基酸，前 16 位氨基酸为信号序列。细胞内骨桥蛋白与细胞内信号转导有关。

从人、小鼠、大鼠、猪、牛和鸡等的不同组织细胞类型中克隆不同生物种系的骨桥蛋白 cDNA，并对其核苷酸序列分析比较，发现在基因序列的两端含有 RGD 三肽编码序列的 150 个核苷酸序列高度保守。在大鼠的骨桥蛋白 cDNA 序列中，有一部分核苷酸序列是其自身的核苷酸序列进行复制形成的。牛的骨桥蛋白 cDNA 序列中，有一段编码 22 个氨基酸残基的核苷酸序列发生缺失突变。Sigh 等从 Ras 癌基因转化的大鼠正常肾（normal rat kidney，NRK）细胞中克隆的骨桥蛋白 cDNA，在其编码区未见改变，在其 5′端的非编码区却发现一段 52 个核苷酸片段的插入。这段插入的 52 个核苷酸组成的片段，在大鼠骨肉瘤细胞中克隆的骨桥蛋白 cDNA 的序列中是不存在的。大鼠骨桥蛋白 cDNA 序列插入这一段由 52 个核苷酸组成的片段以后，可以导致大鼠骨桥蛋白 mRNA 转录后的剪切加工出现异常。在这种 Ras 转化的 NRK 细胞中，骨桥蛋白基因中第一内含子的部分核酸序列则成为第一外显子序列的一部分。因而存在两种不同剪切方式骨桥蛋白的 mRNA。

Yamamoto 等从人肝脏基因组 DNA 文库中筛选到一个阳性克隆，所用的筛选探针是根据人骨桥蛋白的 cDNA 序列合成的。这一阳性克隆的片段长度为 13kb，对之进行限制性酶切图谱分析，以人骨桥蛋白 cDNA 的不同序列片段作为探针进行 Southern blot 杂交检测，也进一步证实这一基因片段即为人的骨桥蛋白的基因组 DNA 片段。将这一 13kb DNA 片段的 SadⅠ酶切产物亚克隆到单链噬菌体载体 M13 中，对 SadⅠ片段的核苷酸序列进行测定，对人骨桥蛋白基因组 DNA 序列中的外显子与内含子的结构进行分析。

骨桥蛋白是一种富含唾液酸的糖蛋白，由于来源的生物种系不同，由 264～301 个氨基酸残基组成。在骨桥蛋白的分子结构中，富含天冬氨酸、谷氨酸及丝氨酸残基。大鼠骨桥蛋白约含有 30 个单糖链，既有 N-糖基化位点，也有 O-糖基化位点。在大鼠骨桥蛋白的分子结构中含有 12 个磷酸丝氨酸和 1 个磷酸苏氨酸残基及硫酸盐基团，但这一基团的性质却有待于进一步研究分析。对于 6 个种系生物系统的骨桥蛋白的一级结构序列进行比较，发现大鼠、小鼠、人、猪和牛的骨桥蛋白一级结构序列的同源性最高，达 40%左右；但相对而言，这 5 种骨桥蛋白与鸡骨桥蛋白的一级结构序列差异较大，同源性仅为 19%左右。在骨桥蛋白的一级结构序列中，有 3 段序列是相对高度保守的核苷酸序列，包括骨桥蛋白氨基端 1/4 的序列、GRGDS 位点周围的序列及羧基端的氨基酸残基序列。在凝血酶有几个氨基酸残裂解位点之后的羧基端的氨基酸残基序列中，有几个氨基酸残基在所有 6 个种系的骨桥蛋白的一级结构序列中都是高度保守的。在保守的氨基酸残基序列中，以保守的丝氨酸残基序列所占的例最高。在 6 个种系的骨桥蛋白一级结构序列的高度保守的氨基酸残基中，丝氨酸残基约占 24%。其次是天冬氨酸和谷氨酸残基，分别占 19%和 17%。骨桥蛋白的这一结构特点提示骨桥蛋白可能是某些蛋白激酶作用的底物，而且可以发生磷酸化修饰。

在 5 个种系的骨桥蛋白分子结构中，在其氨基端的序列结构部分发现高度保守的 LPVK 和 IPVK 两段位点结构，在鸡骨桥蛋白分子结构中相应的结构区，只有 PV 两个氨基酸残基是高度保守的。这种 LPV 和 IPV 结构位点在其他几种富含唾液酸的糖蛋白的分子结构中也有发现。氨基端中还有一段 SSEEK 位点结构序列，这是骨桥蛋白作为细胞内某些蛋白激酶的底物，是发生磷酸化修饰的结构基础。骨桥蛋白的分子结构中含有单一的 NES 序列结构，这是一个 *N*-糖基化修饰的识别位点。位于骨桥蛋白分子结构的中间部位，有一段 RGDS 高度保守的序列，与细胞膜上 $\alpha_v\beta_3$ 整合素受体蛋白的结合有关。在骨桥蛋白的分子结构中还有一个 RS 位点结构，这是一个凝血酶位点。在骨桥蛋白的羧基末端序列中，还有一段非 RGD 的细胞黏附位点。

三、骨桥蛋白的翻译后修饰

以大肠杆菌表达的重组小鼠骨桥蛋白在 ATP 或 GTP 存在的条件下，其酪氨酸位点可发生自发磷酸化修饰。骨桥蛋白发生自发性磷酸化的机制目前还不十分清楚。对于骨桥蛋白一级结构序列进行分析，并未发现许多蛋白激酶分子结构中相似的结构序列位点，仅发现 ATP 和 GTP 的结合位点。骨桥蛋白的自发磷酸化修饰可在 Mg^{2+} 存在的条件下发生，但在有 Mn^{2+} 存在的条件下，这种自发性磷酸化反应可大大加速。这一点与胰岛素受体和表皮生长因子受体中见到的自身磷酸化反应及蛋白激酶活性相似。但是，Mn^{2+} 对于骨桥蛋白自身磷酸化修饰的促进作用与 Mn^{2+} 所催化的某些蛋白质丝氨酸残基和酪氨酸残基 ATP 的磷酸化修饰作用不同。因为后者仅在 50℃条件下才能发生，30℃条件下则不可能发生，而骨桥蛋白的自身磷酸化反应在 30℃的条件下也能发生。在小鼠骨桥蛋白的一级结构序列中共有 4 个酪氨酸残基，分别是 Tyr32、Tyr150、Tyr166 和 Tyr277。但自身磷酸化反应究竟在哪个酪氨酸残基的位点上发生却不太清楚。在哺乳动物中，骨桥蛋白究竟在哪个部位发生磷酸化修饰也不太清楚。在哺乳动物细胞中，骨桥蛋白 Tyr150 是唯一的高度保守的酪氨酸残基，因而 Tyr150 是最有可能发生自身磷酸化的氨基酸残基。小鼠骨桥蛋白 Tyr150 位于一个肝素结合位点结构序列中，又与凝血酶裂解位点相邻。

骨桥蛋白的翻译后修饰除磷酸化修饰、糖基化修饰外，与其他类型的细胞外基质蛋白如纤维粘连蛋白等的交联也是决定其生物学活性的重要修饰类型。在大鼠骨组织中纯化分离的骨桥蛋白，含有12个磷酸化的丝氨酸残基、1个磷酸化丝氨酸残基、1个N-糖基化修饰位点及5～6个O-糖基化位点。用谷氨酰胺转氨酶处理，骨桥蛋白发生分子内和分子间的共价交联反应。如果向含有骨桥蛋白和纤维粘连蛋白的反应系统中加入谷氨酰胺转氨酶，发现骨桥蛋白与纤维粘连蛋白同样可发生共价交联。这一发现对进一步认识骨桥蛋白在骨基质、尿石基质及细胞外基质的形成过程中发挥的作用及机制具有重要意义。人骨桥蛋白的磷酸化和糖基化修饰见图24-2。

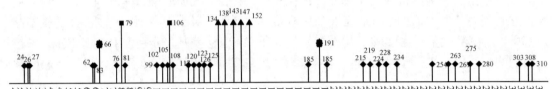

图 24-2 人骨桥蛋白的磷酸化和糖基化修饰示意图

四、骨桥蛋白在不同组织中的表达

骨桥蛋白在各种组织和细胞广泛表达，其中表达量高的组织有胰岛、脊髓、视网膜、脑（包括下丘脑、脑桥、延髓、皮质等）、胎盘、骨、肾、胎盘、视网膜等。在心脏、肝脏、肺、平滑肌、皮肤、骨骼肌、淋巴结、全血、免疫细胞等组织或细胞中少量表达。

五、骨桥蛋白的生物学意义

1. 促进钙吸收　骨桥蛋白是骨重建的重要的因素。研究表明，骨桥蛋白对破骨细胞向骨基质的锚定发挥重要作用。骨的有机成分占干重的20%，包括骨桥蛋白、Ⅰ型胶原、骨钙素、骨结合素、骨蛋白、碱性磷酸酶。Ⅰ型胶原占蛋白总量的90%。骨桥蛋白启动破骨细胞形成皱褶缘开始骨的重吸收。当成骨肉瘤细胞受到维生素D刺激作用后，其中骨桥蛋白的表达水平显著升高。骨桥蛋白不仅与RGD多肽序列介导的细胞黏附过程有关，而且与破骨细胞和矿物质表面结合的过程有关，以骨桥蛋白包被的塑料与玻璃表面，破骨细胞可以进行识别与结合。维生素D和破骨细胞在骨形成和重建过程中都具有重要作用。骨桥蛋白也在尿液中发现，它可阻止尿路结石的形成。

2. 骨桥蛋白的免疫功能　骨桥蛋白是一种细胞黏附的调节器，也可通过自分泌和旁分泌与细胞表面受体作用，如整合素家族。骨桥蛋白包含一个整合素结合RGD修饰域，可被$α_vβ_3$、$α_vβ_1$、$α_vβ_5$、$α_vβ_6$、$α_5β_1$和$α_8β_1$识别。与此对应，$α_9β_1$和$α_4β_1$与骨桥蛋白的隐含表位SLAYGLR修饰域结合，该隐含表位当凝血酶裂解后暴露。骨桥蛋白也可被CD44特别是含V4～V7区和整合素$α_xβ_2$检测。骨桥蛋白的功能是通过转录后修饰，如磷酸化、糖基化、硫酸化和蛋白裂解来实现的。各种免疫细胞表达分泌型骨桥蛋白sOPN：巨噬细胞、树突状细胞、中性粒细胞、嗜酸性粒细胞、自然杀伤细胞、NKT细胞、T淋巴细胞及B淋巴细胞。免疫细胞表达sOPN启动细胞增殖迁移、活化、抗凋亡、血管发生和细胞因子的表达，以及细胞骨架功能，包括细胞运动和细胞融合。现已知NF-κB至少介导其中一些机制通过胞内用$α_vβ_3$检测sOPN。sOPN通过与$α_vβ_3$整合素和CD4 结合上调IL-12和下调IL-10介导Th1 免疫反应。最近的研究还表明sOPN促进IL-17的表达。虽然sOPN在抗原提呈细胞，而不是T细胞，但也增强Th17反应，OPN启动Th17反应似乎得到固有免疫细胞内iOPN（细胞内骨桥蛋白）的协助。

CD44蛋白家族是细胞膜表面的受体蛋白家族，对于细胞的黏附、细胞运动，以及正常和肿瘤细胞的激活过程具有重要作用。细胞因子蛋白骨桥蛋白，又称为Eta-1蛋白对于细胞的功能有类似的调节作用，发现骨桥蛋白是CD44受体蛋白的配体蛋白分子。骨桥蛋白可以诱导细胞趋化，但却不发生同型聚集现象。但是，CD44分子的另一种碳水化合物配体透明质酸的相互作用却正好相反，仅能诱导细胞的同型聚集，却不能诱导细胞趋化。CD44分子与不同配体分子结合，可诱导细胞的移行和生长两种完全不同的应答方式。肿瘤细胞表达骨桥蛋白的水平升高，与肿瘤的转移过程有关。

就像CD44受体蛋白分子与不同配体分子结合后，可产生不同生物学结果一样，骨桥蛋白作为一种配体分子，可与不同受体蛋白分子进行结合。除CD44受体蛋白分子外，骨桥蛋白还可与$α_vβ_3$整合素受体蛋白、$α_vβ_1$整合素受体蛋白和$α_vβ_5$整合素受体蛋白等结合。人胚肾293细胞可与重组表达的骨桥蛋白进行黏附和结合，其机制是骨桥蛋白与293细胞膜的$α_vβ_1$整合素受体结合。当这种293细胞系以$β_5$亚单位表达载体转染后，发现重组的骨桥蛋白也可与$α_vβ_1$整合素受体蛋白进行结合。二价金属离子对骨桥蛋白与$α_vβ_1$、$α_vβ_5$的结合具有调节作用。Mg^{2+}和Mn^{2+}二价金属离子可支持骨桥蛋白与$α_vβ_1$，$α_vβ_5$整合素之间的结合。但Ca^{2+}却无此作用。在Mg^{2+}存在的条件下，骨桥蛋白与整合素蛋白之间的亲和力最高。

3. 趋化作用 体外实验表明骨桥蛋白对中性粒细胞的迁移具有重要作用，胶原导致的关节炎模型中观察到骨桥蛋白向炎性关节募集炎症细胞。在骨桥蛋白基因敲除肥大细胞相对于野生型肥大癌细胞趋化显现减少。还发现骨桥蛋白具有巨噬细胞趋化因子功能，在此研究中，研究者观察rhesus猴脑巨噬细胞聚集区，骨桥蛋白可阻止巨噬细胞离开集聚区。

4. 细胞黏附 IL-12可促使激活的T细胞向Th1型分化，产生细胞因子类物质，包括IL-12和IFN-γ。骨桥蛋白阻止Th2细胞因子IL-10的产生，这导致Th1反应的增强。骨桥蛋白影响细胞介导的免疫且有Th1细胞因子功能。它增强B细胞的增殖和免疫球蛋白产生，最近研究表明还会导致肥大细胞脱颗粒作用。有些研究者观察到在骨桥蛋白基因敲除比野生型小鼠IgE介导的过敏反应明显减少。

5. 凋亡 骨桥蛋白在许多情况下是一种抗凋亡因子。骨桥蛋白阻止T细胞和巨噬细胞启动活化介导的细胞死亡，也使成纤维细胞和内皮细胞易于受到有害刺激。骨桥蛋白在炎症性肠炎中阻止非程序性细胞死亡。

6. 信号转导 除与细胞的黏附作用外，骨桥蛋白影响细胞生理功能的另一条途径可能是与受体蛋白的结合而诱导的细胞内信号转导。从骨组织来源的磷酸化骨桥蛋白可与多个Ca^{2+}结合在一起。在骨桥蛋白分子结构中，在N-糖基化位点与凝血酶裂解位点之间有很多带有阴性电荷的氨基酸残基序列，因而这种蛋白质的构象与自由的Ca^{2+}之间有极为密切的关系。在RGD细胞黏附位点的周围有高密度的酸性氨基酸残基分布，说明骨桥蛋白质分子的正确折叠也是自由Ca^{2+}敏感化的过程，进而影响骨桥蛋白与受体$α_vβ_3$的相互结合。骨桥蛋白与$α_vβ_3$受体蛋白结合后，可触发不同的信号转导。

iOPN 首先是 Sodek 课题组在大鼠颅骨细胞中发现的。该课题组用激光共聚焦显微镜发现一个细胞内存在两种不同形式的骨桥蛋白,一种核周围分布的出现在高尔基复合体,另一种在膜周分布。后者存在于分泌囊泡之外的是 iOPN。该课题组后来的研究还表明 iOPN 在膜周区域与 CD44-ERM 复合体连接在一起,与 ERM 介导的细胞运动密切相关。相比研究较多的 sOPN,最近几年才对 iOPN 生物学作用有较为清晰的认识,除了细胞运动、细胞骨架重排和有丝分裂外,iOPN 作为配体分子在固有免疫细胞的信号转导中也发挥重要作用。iOPN 通过 IRF7 活化 TLR9 刺激树突状细胞表达 IFN-α 增强。

六、骨桥蛋白与疾病

骨桥蛋白是一种细胞基质蛋白,有许多细胞表面分子受体,包括整合素和 CD44。它在许多组织表达,并可分泌到体液如血液、乳汁和尿液。OPN 在骨重建、免疫反应和炎症反应中起重要作用。它也是一种肿瘤相关蛋白,OPN 水平的升高与肿瘤的形成、进展和代谢相关。研究表明,OPN 有可能成为一种肿瘤生物标记物。OPN 参与选择性剪接、翻译后修饰如磷酸化糖基化和溶蛋白性裂解。不同的亚型和翻译后修饰有不同的功能。不同的亚型和翻译后修饰的 OPN 表达具有细胞特异性,并可作为潜在的恶性肿瘤生物标记物。骨桥蛋白通过与多种细胞表面受体相互作用,在多种疾病的生理、病理过程中无处不在,如伤口愈合、骨折、肿瘤形成、炎症、缺血损伤及免疫反应。因而,处理血浆骨桥蛋白水平可能在治疗自身免疫性疾病、癌症转移、骨质疏松方面具有意义。

1. 骨桥蛋白与骨修复及尿路结石 骨桥蛋白与骨修复及尿路结石密切相关,其作用机制主要是调节钙的吸收,骨桥蛋白可促进骨重建和抑制尿路结石的形成。

2. 骨桥蛋白与自身免疫性疾病 骨桥蛋白与风湿性关节炎有关,例如,研究者发现 OPN-R、凝血酶裂解形式的骨桥蛋白在风湿性关节炎中是增加的。然而,骨桥蛋白与风湿性关节炎的机制目前还不是很清楚。研究发现骨桥蛋白敲除小鼠对关节炎具有保护作用。骨桥蛋白还与其他自身免疫性疾病如自身免疫性肝炎、哮喘、多发性硬化症有关。

3. 骨桥蛋白与癌症及炎症 骨桥蛋白已经被发现在多种癌症中过表达,如肺癌、乳腺癌、结肠癌、间皮瘤、卵巢癌、胃癌、乳头状甲状腺癌、黑色素瘤。Beausoleil 等为了解 OPN 凝血酶裂解域的作用,用 MDA-MB-468 人乳腺癌细胞稳定转染野生型 OPN(468-OPN)、缺失凝血酶裂解域的突变型 OPN(468-deltatTC)及空质粒(468-CON),评价其在体内和体外恶性迁徙行为功能差异。结果发现三种细胞系表达凝血酶、组织因子、CD44、$\alpha_v\beta_5$ 整合素和 β_1 整合素无差异。相对于 468-OPN 和 468-CON 细胞,表达缺失凝血酶裂解域 OPN 的 468-deltaTC 细胞的细胞黏附降低,MCAM、maspin 和 TRAIL 的 mRNA 表达降低($P<0.01$),体外 uPA 表达升高,活力升高($P<0.01$)。并且,向裸鼠乳房注射 468-deltaTC,比注射 468-OPN 和 468-CON 细胞,原发瘤等待时间明显降低($P<0.01$),原发瘤生长和淋巴结转移负荷明显增加($P<0.001$)。其结果显示,乳腺癌细胞表达不能被凝血酶裂解的骨桥蛋白有利于早期肿瘤形成和迁移。可能是因为增加的蛋白水解活性及细胞黏附、凋亡降低,这一机制的阐明将有可能为最终攻克乳腺癌提供一种治疗途径。Wang 等报道 OPN mRNA 水平和蛋白质水平与鼻咽癌的肿块大小、临床分级、淋巴结转移存在

相关性。Baliga 等研究前脑缺血再灌注 SD 大鼠模型 OPN 的表达，发现 iPON 在皮质和海马区胞质表达，但意外的是，仅仅在右侧皮质、再灌注 45min 后 iOPN 的表达显著增加。醋氨酚为一种最近发现可减少细胞凋亡发生率、减少脑缺血再灌注损伤中 caspase-9 的活化和线粒体功能障碍的药物，显著抑制右侧皮质 iOPN 蛋白的增加，提示 iOPN 在右侧皮质缺血再灌注损伤反应中发挥作用。

4. 骨桥蛋白与过敏及哮喘病 最近研究发现骨桥蛋白与过敏性炎症和哮喘相关。在过敏性炎症小鼠模型中发现分泌型骨桥蛋白,对 Th2 反应的气道过敏性疾病发挥两种绝对相反的作用：首先在全身过敏反应中起到促炎症作用，其次在肺部抗原攻击损伤中起到抗炎症作用，这主要是通过调节树突状细胞来实现的。有报道称骨桥蛋白具有保护气道重塑和高反应性作用。并且，最新研究显示，哮喘患者骨桥蛋白表达上调，与疾病的严重程度相关。

5. 骨桥蛋白与肌病及损伤 许多证据表明，骨桥蛋白在骨骼肌疾病方面发挥重要作用，如迪谢内肌营养不良。骨桥蛋白被描述成肌营养不良和肌损伤的炎性环境成分之一，可增加老年营养不良小鼠肌膜瘢痕形成。最新研究表明，骨桥蛋白在迪谢纳肌营养不良患者严重化过程中是一个遗传因素，此研究发现一个骨桥蛋白基因启动子突变，导致骨桥蛋白表达水平低，与迪谢内肌营养不良患者随着病程延长逐渐丧失离床活动能力和肌力相关。

6. 骨桥蛋白与肝脏疾病 近年对 OPN 在乙型肝炎导致 HCC 患者中表达水平的变化进行研究时发现，由乙肝病毒导致的 HCC 患者体内的 OPN 水平升高与患者的生存期直接相关。OPN 水平异常升高患者的无病生存期与总生存时间要显著短于 OPN 水平较低的患者。OPN 在各种肝炎中均表现为表达水平升高，并对疾病的发展具有重要的调控作用，其中包括病毒性肝炎、酒精性肝炎和重症肝炎等。在丙型肝炎患者中，血清 OPN 水平与患者发展成肝纤维化、炎症活动呈正相关，而在乙型肝炎患者体内血清 OPN 水平与患者发展成为肝硬化也呈正相关。

OPN 也参与肝纤维化的进程，目前大多数研究显示，在肝纤维化过程中，OPN 发挥加速和促进纤维化的作用。

研究还表明骨桥蛋白是一种介导肝细胞癌的进展和转移的磷酸化蛋白。Chen 等在研究中运用基于寡核苷酸阵列的转录因子含量测定比较不同转录因子活性对两种人肝癌细胞系骨桥蛋白的表达水平的变化，并对其中一种被选择的转录因子对骨桥蛋白表达的影响进行进一步研究，结果表明在转移肝癌细胞系中有 11 种转录因子过表达，而 12 种转录因子表现为下调，进一步电泳迁移率分析和报告基因分析结果显示一种上调的转录因子 c-Myb 可与骨桥蛋白启动子结合并增加其转录活性。此外，目标为 c-Myb 的 siRNA 能够抑制骨桥蛋白的表达，且明显降低体外 HCCLM6 的侵袭和迁移。因此认为 c-Myb 是肝细胞癌中调节骨桥蛋白表达的一个重要角色，Myb 可能是控制肝癌转移的新靶点。

（张泽高）

参 考 文 献

Anborgh PH, Mutrie JC, Tuck AB, et al. 2011. Pre- and post-translational regulation of osteopontin in cancer. J Cell Commun Signal, 5: 111~122.

Baliga SS, Merrill GF, Shinohara ML, et al. 2011. Osteopontin expression during early cerebral ischemia-reperfusion in rats: enhanced expression in the right cortex is suppressed by acetaminophen. PLoS One, 6: e14568.

Beausoleil MS, Schulze EB, Goodale D, et al. 2011. Deletion of the thrombin cleavage domain of osteopontin mediates breast cancer cell adhesion, proteolytic activity, tumorgenicity, and metastasis. BMC Cancer, 11: 25.

Chen RX, Xia YH, Xue T C, et al. 2010. Transcription factor c-Myb promotes the invasion of hepatocellular carcinoma cells via increasing osteopontin expression. J Exp Clin Cancer Res, 29: 172.

Liu W, Xu G, Ma J, et al. 2011. Osteopontin as a key mediator for vasculogenic mimicry in hepatocellular carcinoma. Tohoku J Exp Med, 224: 29~39.

Wang HH, Wang XW, Tang CE. 2011. Osteopontin expression in nasopharyngeal carcinoma: its relevance to the clinical stage of the disease. J Cancer Res Ther, 7: 138~142.

Zhang R, Pan X, Huang Z, et al. 2011. Osteopontin enhances the expression and activity of MMP-2 via the SDF-1/CXCR4 axis in hepatocellular carcinoma cell Lines. PLoS One, 6(8): e23831.

第二十五章 骨形成蛋白

1965 年由 Urist 等首次发现动物脱钙的骨基质中含有未知的、能够促进软骨组织及骨组织形成的活性蛋白质。这种活性蛋白质具有使未分化的间充质细胞定向分化为造骨细胞，进而形成骨组织的能力，因而被命名为骨形成蛋白(bone morphogenetic protein, BMP)。骨形成蛋白属于转化生长因子β（TGF-β）细胞因子超家族成员，这一家族包括 TGF-β、激活素、抑制素、BMP、生长和分化因子、肌肉生长抑制素等。目前，BMP 家族已鉴定出超过 35 个成员，除 BMP-1 外，其他均属于 TGF-β 超家族成员。近年来研究表明，BMP 在胚胎发育、组织与细胞的分化和增殖等方面起重要作用，它与细胞增殖分化、组织器官发生发育以及肿瘤发生、发展的关系是目前的研究热点。

第一节 骨形成蛋白概述

一、骨形成蛋白及其受体的结构

所有 BMP（除 BMP-8）的羧基端均含有 7 个半胱氨酸残基，在进化过程中具有高度保守性。合成初期，BMP 是一分子质量为 50kDa 的前体，经过加工和酶切形成由 2 个相同或不同亚单位组成的二聚体，通过自分泌或旁分泌发挥生物学作用。同二聚体通过 p38-MAPK 信号转导通路发挥生物学效应，而异二聚体则参与 Smad 信号转导的过程。

BMP 受体分为 Ⅰ 型和 Ⅱ 型，均属于跨膜丝氨酸/苏氨酸蛋白激酶受体。BMP Ⅰ 型受体包括活素受体样激酶-2（ALK2）、BMPR-ⅠA（ALK3）、BMPR-ⅠB（ALK6）；Ⅱ 型受体包括 BMPR-Ⅱ、ACTRⅡ、ACLRⅡB。两种类型受体都为糖蛋白，核心多肽由 500～570 个氨基酸组成，分为胞外区、跨膜区和胞内区。其中 Ⅰ 型受体激酶区外侧富含甘氨酸及丝氨酸残基，亦称 GS 区，是被 Ⅱ 型受体磷酸化激活部位。GS 区在调节 Ⅰ 型受体的激酶活性及其与底物相互作用方面起关键作用。当配体分子与 Ⅱ 型受体结合后，诱导 Ⅰ 型和 Ⅱ 型受体发生低聚反应，形成异二聚体，Ⅰ 型受体被磷酸化而活化，并迅速激活 R-Smad，继而与 Co-Smad 结合形成异二聚体蛋白，随后移入细胞核，调节不同的靶基因转录。在细胞核内，Smad 蛋白通过直接结合 DNA 而发挥转录调控活性。近期研究发现一种被称为 Bambi 的跨膜蛋白，其胞外区具有类似 BMP Ⅰ 型受体的结构次序，而胞内区却缺乏酶活性，它能通过与所有 BMP Ⅰ 型受体（除外 ALK2）相互作用来影响配体分子与 Ⅱ 型受体结合，从而抑制 BMP 的信号转导。

二、骨形成蛋白的分类与功能

根据同源性可将 BMP 大致分为 5 类：①BMP-2 和 BMP-4；②BMP-5、BMP-6、BMP-7 和 BMP-8；③BMP-3；④BMP-9 和 BMP-10；⑤BMP-12 和 BMP-13。不同 BMP 发挥不同

功效，这与细胞类型、细胞分化阶段及共同作用的相关因子有关。BMP可促进胚胎干细胞分化为无神经嵴细胞，而当它与白血病抑制因子共同作用时，则能够阻碍胚胎干细胞分化。

BMP-4 和 BMP-8 相互协同作用能诱导大鼠外胚层形成原始生殖细胞，BMP-2 和 BMP-7 在肾脏的枝芽形态发生过程中起互相拮抗作用。在细胞外，BMP 能被一些分泌性调节蛋白拮抗，如 Cerbarus、Dan、Germlin、Noggin、Chordin、Follistatin 等，它们被认为能与 BMP 结合进而抑制 BMP 与其受体结合，并影响 BMP 的分布。

三、骨形成蛋白的信号通路

1. Smad 信号途径 在遗传学模式生物果蝇和秀丽隐杆线虫体内存在同源基因 Mad 和 Sma，它们编码的蛋白质是丝氨酸/苏氨酸激酶受体下游的转录调节物，在信号转导中发挥重要作用，于是将脊椎动物中与 Mad 和 Sma 同源的基因统称为 Smad。Smad 信号蛋白是 BMP 受体下游重要的信号分子，在细胞增殖、分化和细胞基质形成方面有广泛而重要的生物学功能。

Smad 家族一共发现 8 个成员（Smad-1～Smad-8），可分为 3 组。①受体激活 Smad（R-Smad）：其 C 端 SSXS 特异序列能被 I 型受体磷酸化（3 个丝氨酸中有 2 个磷酸化），包括 Smad-1、Smad-2、Smad-3、Smad-5 和 Smad-8；②共介导 Smad（Co-smad）：可与磷酸化的 R-Smad 结合形成复合体，从而进入细胞核，调控基因表达，包括 Smad-4；③抑制性 Smads（I-Smad）：由 TGF-β 家族成员诱导的，能够竞争性地与 TGF-β 信号受体结合，从而对 Smad 介导的信号转导起反馈调节作用，包括 Smad-6 和 Smad-7。

Smad-1、Smad-2、Smad-3、Smad-5、Smad-8 同 Smad-4 一起转移入核，活化基因转录。Smads 进入核后有 3 种调节转录方式：①直接与 DNA 结合；②与其他转录因子协同作用；③与转录活化复合物或抑制物结合。它们通过不同的调节转录方式，激活或抑制目的基因表达。TGF-β 和细胞活素特异性的 Smad-2/3 能激活大量目的基因，比如，纤溶酶原激活物-1、I 型胶原、细胞周期调控子 p15 和 p21、转录因子 JunB 等。

BMP 通常先与 I 型受体结合，II 型受体也结合上去并激活 I 型受体。激活的受体复合物则通过磷酸化 Smad-1、Smad-5 及 Smad-8 蛋白羧基端的丝氨酸使之活化。Smad-1、Smad-5 及 Smad-8 受体激活后与相关 Smad 蛋白结合，Smad-4 在此扮演合作伙伴的角色。此复合体转入细胞核参与基因转录，从而实现 BMP 信号由细胞外经细胞质向细胞核内靶基因的传递过程。Smad-6 及 Smad-7 则参与基因表达的负调控。简言之，Smad 的功能是能够接受来自 TGF-β 信号受体的磷酸化信号，从而引起自身的磷酸化而被激活（R-Smad），再通过激活 Co-Smad 信号蛋白并结合辅助因子形成复合物进入细胞核，调节靶基因表达。Smad 是唯一已知的能够接受 TGF-β 信号受体丝氨酸/苏氨酸激酶活性的蛋白底物，也称为通路特异型信号蛋白。大量研究表明 Smad 介导 TGF-β 信号转导的证据，约 1997 年，大量的果蝇实验验证 Smad 对 TGF-β 信号转导的作用。

2. MAPK 信号途径 丝裂素激活的蛋白激酶（mitogen-activated protein kinase，MAPK）有 3 个亚家族成员，即细胞外信号调节激酶（Erk）、p38 和 c-Jun N 端粒酶（JNK），它们在细胞的生长、分化及凋亡中发挥重要作用。MAPK 不仅参与 BMP 的信号转导，而且同 Smad 的信号转导有密切关系。当 BMP-2 与细胞表面具有高亲和性的 BMPR-I 连接形成复合体，并通过 BMPR-I 结合胞质中游离的 BMPR-II 共同形成异聚体，BMPR-I 通过桥蛋白 XIAP、TAB1 再与 TAK1 间接连接，TAK1 激活 p38-MAPK，转导 BMP 的信号途径。实验证明，抑制 p38-MAPK 可抑制碱性磷酸酶、骨钙素的表达，成骨分化延迟。激活 p38-MAPK 可直接磷酸化转录因子 Runx2、Osterix 或间接激活另外一些激酶继而使下游基因磷酸化，从而促进碱性磷酸酶等成骨分化标志的表达。另有研究发现 MAPK（Erk1/2）和 p38 信号途径在 BMP-2 诱导 C2C12 细胞向成骨细胞分化过程中也起决定性作用。

随着 BMP 调控成骨分化信号通路中相关转录因子研究的深入，还发现一些信号途径中的重要转录因子，包括正调控因子 Runx2、Osterix、Dlx，负调控因子 CIZ、AJ18 等。

3. 信号转导的调控　磷酸化的 R-Smad 从膜受体上脱离，结合 Co-Smad 后，进入细胞核。Smad 异聚体复合物在其他 DNA 结合蛋白的参与下作用于特异的靶基因，起转录调节作用。BMP-Smad 途径的调控有明显的正负两个方向和时间顺序、空间位置的特点。在 BMP 信号转导途径中，存在细胞外拮抗剂、膜受体、细胞质微环境和转录水平四个层次的调节控制。其信号转导的调控总体上分为正、负调控两个方面。一般来说，正调控对信号起放大作用，负调控在限制和终止信号方面起重要作用。

第二节　骨形成蛋白各论

一、BMP-1

骨形态发生蛋白-1（BMP-1）最初从牛骨的成骨性浸出物中分离出来，当时认为它与 BMP 家族的其他成员一样具有骨诱导的活性，因此而得名。然而其后的研究显示，BMP-1 本身并没有诱导骨及软骨形成的能力，且 BMP-1 也不是 TGF-β相关蛋白，而是一类金属蛋白酶。

1. BMP-1 类家族及结构　BMP-1 是一类金属蛋白酶，属于虾红素家族成员。从结构组成上，这类金属蛋白酶都由一个 NH-终末前区、一个类虾红素金属蛋白酶区域、几个数目不等的 CUB 区域和类 EGF 区域组成。

目前发现，BMP-1 类成员主要由 BMP-1、TLD、mTLD、mTLL-1、mTLL-2 等组成。BMP-1 是最先被发现的，它由 1 类虾红素金属蛋白酶区、3 个 CUB 区、1 个类 EGF 区域组成。不久之后，一种与果蝇胚胎背腹图示形成相关的基因产物 drosophilatolloid（TLD）被科学家发现，TLD 与人的 BMP-1 有 41%的结构和序列相似性。mTLD 即哺乳动物 tolloid 是这几种分子中蛋白序列最长的一种，它包含 5 个 CUB 区域和 2 个类 EGF 区。mTLL-1 和 mTLL-2 是两种 BMP-1 相关分子，它们并不是 BMP-1 基因编码，由于其在结构和功能上与 BMP-1 有很高的同源性，所以将其与 BMP-1 归为一类。

2. BMP-1 类分子的生物学作用　许多蛋白质首先以前体形式表达，然后通过蛋白酶解加工方式变为成熟蛋白质。BMP-1 作为金属蛋白酶，便参与这一加工过程；其主要作用是对 ECM 中的一些蛋白进行肽链切割。这些蛋白包括：多种胶原、小型富含亮氨酸蛋白聚糖、赖氨酸氧化酶、SIB-LING 等。

（1）参与胶原的成熟：Ⅰ～Ⅲ型胶原是脊椎动物 ECM 的主要纤维组成部分。这三种胶原都首先以前胶原形式存在。只有去除这些 N 端与 C 端的前肽，前胶原才能变成原胶原，后者再通过共价交联方式成为稳定的成熟胶原。水解 N 端前肽的是 ADAMTS-2 及相关蛋白水解酶。C端前肽则由BMP-1来切割，故BMP-1是一种前胶原C端肽酶（PCP）。BMP-1的切割位点在特定的丙氨酸或甘氨酸残基和一个天冬氨酸残基之间，是丙氨酸还是甘氨酸取决于前胶原链，而天冬氨酸是固定不变的。

（2）加工处理SLRP：SLRP具有可与Ⅰ型胶原纤维结合并调控该纤维生成的作用。SLRP根据序列同源性和蛋白质结构不同可分为4类：第1类包括核心蛋白聚糖和二聚糖；第2类包括fibromodulin、lumican、keratocan、PRELP和osteoadherin；第3类包括chon-droadherin；第4类包括epiphycan和osteoglycin。其中第2、3类成员并不需要加工，只有第1和第4类成员是先以前体形式合成，随后在体内经过生物加工后变为成熟的蛋白聚糖的。研究显示，在体外BMP-1可有效地加工前体二聚糖和osteoglycin；然而对于BMP-1能否加工核心蛋白聚糖及其他SLRP成员还有待进一步研究。但已能推断的是，如果前体核心蛋白聚糖和前体二聚糖均由同一种蛋白水解酶（如BMP-1）加工，则方式不同。二聚糖和核心蛋白聚糖都广泛存在于骨组织的ECM和结缔组织中，核心蛋白聚糖基因Dcn的靶向断裂可导致皮肤的脆弱和松弛。二聚糖基因Bgn断裂会造成骨骼生长速度和骨量的减少，继而导致泛发型的骨质疏松。Bgn的缺失可影响富含Ⅰ型胶原纤维的组织，如在骨、肌腱、真皮等富含Ⅰ型胶原纤维的组织中可发现有杂乱变形的胶原纤维存在，提示二聚糖有促进胶原纤维生成的作用。有报道称，核心蛋白聚糖和osteoglycin有明显降低微纤维生成的作用。因此，作为加工前体SLRP的BMP-1对这些蛋白聚糖的功能有精确的调控作用。

（3）加工处理前体LOX：LOX由成纤维细胞和平滑肌细胞等纤维生成细胞分泌。LOX可催化共价交联这一醛醇或醛胺缩合反应，使被BMP-1加工的前胶原成为稳定、成熟的纤维性胶原。赖氨酸氧化酶是先以酶原形式存在，只有去除其N-终末区域，它才能具有酶的活性、行使氧化酶的功能。许多实验证实，BMP-1可加工LOX酶原使之成为有活性的LOX。在哺乳动物中，LOX家族的成员包括LOX酶、类LOX蛋白1～4（LOXL1～4）。LOX和LOXL1在很多组织中都有表达且两者的表达有重叠性。相比较而言，LOX2～4的表达就很局限，表达水平也很低。敲除Lox基因的小鼠在围生期即死亡，且伴有突发性血管动脉瘤破裂、隔膜断裂、弹性纤维断裂、胶原及弹性纤维交联减少等症状。敲除Loxl1基因的小鼠虽然可存活，但却伴有肺泡扩张、皮肤冗余、血管异常、弹性纤维（不包括胶原纤维）变形等症状。可见，LOXL1的主要功能是引导弹力蛋白在特定区域沉积，而LOX的主要作用是促进胶原及弹性蛋白的交联反应，从而使它们发挥正常的生物学作用。

（4）对于SIBLING的加工：SIBLING是一类ECM中非胶原类蛋白，包括骨桥蛋白、骨唾液蛋白、牙本质基质蛋白1（dentin matrix protein 1，DMP1）、基质细胞外磷蛋白（matrix extracellular phosphoprotein，MEPE）、牙本质涎磷蛋白（dentin sialophosphoprotein，DSPP）等。敲除Dmp1及Dspp基因的小鼠会导致牙齿发育异常，DSPP亦被证实与人的牙本质Ⅱ型发生不全症有关。DMP1及DSPP也是需要被加工处理后才可发挥活性。现已证实BMP-1可切割DMP1，但能否以相似方式加工DSPP还有待于进一步研究。

二、BMP-2

BMP-2在胚胎期或出生后有多方面的功能，其诱导骨形成的作用非常显著和重要，是最主要的骨形成调控因子。BMP-2并不直接作用靶基因，而是通过BMP-2受体、信号途径和靶基因组成的一个较完整的信号系统发挥骨诱导作用，BMP-2处于系统的核心位点。

尚有研究表明，BMP-2 与骨肉瘤的发生与转移、恶性肿瘤骨转移、支气管哮喘均有一定关系。近期研究提示，BMP-2 参与动脉粥样硬化及血管钙化中作用机制。血管钙化的关键环节是血管平滑肌细向成骨样细胞的分化，而这一过程就涉及 BMP-2 表达增加。是血管钙化中强有力的因素，它对血管钙化的诱导作用可能与 microRNA、细胞凋亡、MGP 及氧化应激和高血糖等因素有关，有助于研究血管发生的相关机制，为预防和逆转血管钙化疾病找到新的靶点。

三、BMP-3

BMP-3 是一种疏水性非胶原糖蛋白，分子质量为 30~40kDa，为二硫键结合的二聚体结构。目前有关 BMP-3 的研究较少，现有研究表明 BMP-3 在胚胎组织中主要分布于胚胎肾脏与肺组织，在成人的骨折愈合处也伴有高表达，说明它可能与肾脏、肺组织的发育有关，也参与骨折的愈合。尚有研究表明，在甲状旁腺激素的作用下，BMP3 基因被激活、表达，可能起到类似牙胚发育早期成釉细胞的作用，通过自分泌和旁分泌作用参与牙乳头间充质细胞的诱导和分化，促进牙本质和牙本质样基质的形成，具体机制有待更深入的探究。

四、BMP-4

BMP-4 是骨形态发生蛋白家族的重要成员之一，初称 BMP-2B，后由于 BMP 家族成员不断扩大，按发现的先后顺序改称为 BMP-4。

人 BMP-4 基因定位于 14 号染色体，包括 4 个外显子和 3 个内含子，全基因跨越 9.03kb 的基因组区域。BMP-4 基因通过选择性启动子的使用及转录过程中的剪切加工，可产生多种转录产物，各转录产物的表达水平及比例的改变都可能影响机体的细胞生长、分化、凋亡等生命活动。

早期研究结果表明，BMP-4 不仅具有促进软骨和骨组织形成的作用，而且证实其对脑组织和脊髓组织的生长、发育、分化均有重要调节作用，并参与调节细胞凋亡和信号转导。近年随着研究的进一步深入，发现 BMP-4 基因在雌性哺乳动物卵泡发育中也发挥重要调节作用。尚有研究提示，血管钙化病变部位及血清中可发现 BMP-4 的表达增加，表明 BMP-4 与血管钙化的发生发展密切相关。血管内皮细胞和血管平滑肌细胞（vascular smooth muscle cell，VSMC）可表达 BMP 及其受体，BMP-4 在钙化病变部位的表达增加会激活转录程序，导致 VSMC 收缩表型下降（如肌动蛋白α），而成软骨和成骨样基因表达上升，引起 VSMC 表型转化，参与血管钙化的发生和发展。由此可见，深入研究 BMP-4 在血管钙化中的作用机制，对于高龄、糖尿病、慢性肾脏病等疾病所致血管钙化的预防、治疗及减少心血管事件的发病率、死亡率具有重要临床指导意义。

五、BMP-5

BMP-5 在启动高等动物骨骼的形成发生中具有重要作用，在骨骼凝集区的形成中表达最早。同时，BMP-5 又与骨骼畸形的发生关系密切，小鼠实验证明，BMP-5 基因突变可直接导致骨骼发育异常。此外，发育中的肾、尿道及膀胱等泌尿道上皮也有 BMP-5 的表达，提示 BMP-5 可能与泌尿系统的发育相关。还有研究显示，BMP-5 可能与口腔癌、舌癌的发生相关。

六、BMP-6

BMP-6 定位在染色体 6p24，除促进骨发育和骨形成外，BMP-6 还参与胚胎的发育、生长、分化并能够调控多种组织和器官形成与功能。BMP-6 在乳腺、前列腺、唾液腺的正常组织中均能表达，在肿瘤研究中发现 BMP-6 在肿瘤细胞中异常表达，而且可能与肿瘤细胞的分化和转移相关，并可作为判断预后的标志。目前研究发现 BMP-6 与乳腺癌、前列腺癌、唾液腺肿瘤、食管鳞状细胞癌、结肠癌关系密切。

七、BMP-7

BMP-7 又称成骨蛋白 1（OP1），是一个 35kDa 的同型二聚体蛋白，作为 TGF-β 蛋白超家族的一员，最初是作为骨诱导剂被发现的。BMP-7 与肾间质纤维化关系密切，是一个能延缓肾间质纤维化进程的细胞因子。体外研究表明 BMP-7 能拮抗 TGF-$β_1$ 的致肾纤维化作用，其活性减低可能会促进肾纤维化的发生。另有研究显示，在急性肾损伤、糖尿病肾病、慢性肾炎等炎性肾病中，肾小管 BMP-7 的表达减低，而在肾小管和肾小球损伤恢复后，BMP-7 的表达随之恢复。在链霉素诱导的糖尿病肾病大鼠模型中，BMP-7 及其受体表达下调，而 BMP-7 的拮抗剂表达增高。体外应用外源性人重组 BMP-7（rhBMP-7）治疗急慢性肾衰竭模型，BMP-7 能改善肾功能及维持肾小管上皮细胞的形态。外源性 rhBMP-7 能恢复损伤的肾小管结构，预防间质炎症和纤维化，从而减缓慢性肾脏疾病的进程。由此提出，BMP-7 有望成为治疗慢性肾纤维化的有效治疗手段。尚有研究发现，BMP-7 能促进脂肪细胞分化和产热功能，增加褐色脂肪的产热功能和总热量平衡。褐色脂肪细胞能够利用脂质进行氧化代谢，增加能量消耗，减少机体脂肪堆积。在改善代谢类疾病、促进棕色脂肪组织分化、抑制炎症、抑制肝纤维化等方面发挥重要作用，且与肝癌预后相关，同时 BMP-7 在非酒精性脂肪性肝病（non-alcoholic fatty liver disease，NAFLD）的发生及进展中发挥重要作用，可能成为诊断及治疗 NAFLD 的新靶点。

八、BMP-9

除参与骨形成外，BMP-9 与糖、脂代谢中多个关键转变环节有直接相关性。BMP-9 主要在肝脏表达，可通过内分泌、旁分泌或自分泌方式发挥效应。BMP-9 能阻遏磷酸烯醇式丙酮激酶合成并激活丝/苏氨酸激酶 Akt，从而可能抑制肝内糖异生并促进肌糖原合成以降低血糖；同时，BMP-9 还能调控苹果酸酶与脂酸合成酶的转录，此二酶均为涉及肝脂肪酸代谢的关键酶。在动物实验中，BMP-9 不仅显示出与胰岛素相似的促进肌细胞将葡萄糖向细胞内转运、抑制肝细胞生糖（IC_{50}=81pmol/L）等作用，还能直接刺激糖负荷后（主要为第一时相）的胰岛素分泌（340%～388%）。这表明 BMP-9 具有部分类似胰岛素的糖代谢调节作用，并与 B 细胞的胰岛素分泌有直接相关性，说明 BMP-9 与 2 型糖尿病的发生可能存在联系。近期研究发现，BMP-9 在与牙周膜干细胞（periodontal ligament stem cell，PDLSC）相互作用中通过 BMP-Smad 信号通路和 BMP-MAPK 信号通路诱导 PDLSC 成骨分化。PDLSC 是牙周组织工程中最佳种子细胞。BMP-9 是牙周组织工程中合适的成骨生长因子，可诱导 PDLSC 成骨分化产生成骨标志物。因此，其对治疗牙周疾病、牙周组织修复领域发挥重要作用并具有良好的临床应用前景。

九、BMP-10

目前，BMP-10 在国内外均有大量研究，但基本都是关于其生物功能。BMP-10 成熟肽（mBMP-10）由 108 个氨基酸残基组成。由于 BMP-10 与 BMP-9 成熟肽序列拥有很高同源性（65%），所以不仅将这两个蛋白质单独归于一种 BMP 亚型，而且许多 BMP-10 的研究都是伴随 BMP-9 产生。BMP-10 在心脏方面具有独特功能：在胚胎期它能促进心室壁发育和心室小梁形成；在成熟期它能诱导已分化的心肌细胞再增殖，增强心脏功能。研究 BMP-10 有助于开发心脏保护和心肌修复相关药物，减少心脏疾病的发病率。近期也有研究发现它在肿瘤抑制方面有一定作用。有关 BMP-10 的表达及不同表达体系活性相关性的研究较少，但非常有意义。

十、BMP-14

BMP-14 具有独特的软骨诱导能力，可在异位诱导软骨形成。大量实验证明，BMP-14 能在体外诱导骨髓间充质细胞、骨膜源性细胞等形成软骨样结构。一系列体内外实验证明 BMP-14 具有诱导活性，如促进体外培养的胎鼠颅顶软骨细胞形成软骨结节，而用胶原或透明质酸负载 BMP-14 可以在皮下或肌肉内形成软骨样组织。BMP-14 是调控肢体骨骼发育和关节形成的重要因子，能够在体内诱导软骨、骨及腱样组织形成，参与细胞聚集、软骨分化及组织修复等过程的调节。

十一、BMP-15

BMP-15 与生长分化因子 9（growth differentiation factor 9，GDF9）结构同源且功能类似，故又被称为 GDF9B。BMP-15 作为一种卵母细胞分泌因子（oocyte-secreted factor, OSF），对哺乳动物的繁殖性能起重要作用，能促进颗粒细胞增殖，对早期卵泡发育和分化十分重要。在人的卵巢中，无论是胎儿还是不同年龄的女性，均可见 BMP-15 的表达，特别是原始卵泡期。从人和一些动物的研究中发现，BMP-15 在原始卵泡募集后就开始出现在胞质中，一直持续到胚胎期。在卵泡发育过程中，BMP-15 在前期呈低水平表达，排卵前在内源和外源性促黄体生成素（luteinizing hormone，LH）高峰刺激下显著增加，在胚胎后期逐渐消失。在垂体中也检测到 BMP-15 的表达，并发现 BMP-15 选择性刺激促性腺细胞分泌 FSH，呈剂量依赖性，但并不影响 LH 及促性腺激素释放激素受体的合成，说明 BMP-15 在垂体中对 FSH 的促进作用与在卵巢中负性调节 FSH 受体的表达，共同参与机体中垂体-性腺轴的反馈作用。在卵泡发育过程中，BMP-15 能促进卵泡及颗粒细胞的生长，但却抑制卵泡的最后成熟，考虑其可能为黄体化抑制剂，避免卵母细胞过早排出极体，核质成熟不同步，而这个作用可能与其对抗 LH 受体、孕激素的作用有关。

（麦维利　闫　杰）

参 考 文 献

Chen H, Brady R J, Sai T, et al. 2013. Context-dependent signaling defines roles of BMP9 and BMP10 in embryonic and postnatal development. Proceedings of the National Academy of Sciences of the United States of America, 110: 11887.

David L, Mallet C, Mazerbourg S, et al. 2007. Identification of BMP9 and BMP10 as functional activators of the orphan activin receptor-like kinase 1(ALK1)in endothelial cells. Blood, 109: 1953~1961.

Derwall M, Malhotra R, Lai CS, et al. 2012. Inhibition of bone morphogenetic protein signaling reduces vascular calcification and atherosclerosis. Arteriosclerosis Thrombosis & Vascular Biology, 32: 613~622.

Laux DW, Young S, Donovan JP, et al. 2013. Circulating Bmp10 acts through endothelial Alk1 to mediate flow-dependent arterial quiescence. Development, 140: 3403~3412.

Lichtner B, Knaus P, Lehrach H, et al. 2013. BMP10 as a potent inducer of trophoblast differentiation in human embryonic and induced pluripotent stem cells. Biomaterials, 34: 9789~9802.

Mahlawat P, Ilangovan U, Biswas T, et al. 2012. Structure of the Alk1 extracellular domain and characterization of its BMP binding properties. Biochemistry, 51: 6328~6341.

Mariëtte R Boon, Sjoerd AA van den Berg, Wang Y, et al. 2013. BMP7 activates brown adipose tissue and reduces diet-induced obesity only at subthermoneutrality. PloS One, 8: e74083.

Nakano N, Hori H, Abe M, et al. 2007. Interaction of BMP10 with T cap may modulate the course of hypertensive cardiac hypertrophy. American Journal of Physiology Heart & Circulatory Physiology, 293: H3396.

Son JW, Jang EH, Kim MK, et al. 2016. Serum BMP-4 levels in relation to arterial stiffness and carotid atherosclerosis in patients with Type 2 diabetes. Biomarkers in Medicine, 5: 827~835.

Sun L, Yu J, Qi S, et al. 2014. Bone morphogenetic protein-10 induces cardiomyocyte proliferation and improves cardiac function after myocardial infarction. Journal of Cellular Biochemistry, 115: 1868.

Townsend KL, Suzuki R, Huang TL, et al. 2012. Bone morphogenetic protein 7(BMP7)reverses obesity and regulates appetite through a central mTOR pathway. Faseb Journal, 26: 2187.

Zeng J, Jiang Y, Xiang S, et al. 2011. Serum bone morphogenetic protein 7, insulin resistance, and insulin secretion in non-diabetic individuals. Diabetes Research & Clinical Practice, 93: e21.

第二十六章 选 择 素

选择素是细胞黏附分子家族的重要成员，根据其表达部位不同分为 E-选择素、P-选择素和 L-选择素三大类。三种选择素相互关联，主要介导白细胞与血管内皮细胞及血小板的黏附事件，在炎症级联反应、血栓形成、肿瘤转移和淋巴细胞归巢等病理、生理过程中起重要作用，参与心血管疾病、糖尿病、感染性疾病、肿瘤、自身免疫性疾病等多种疾病的发生和发展。选择素在相关疾病的发病机制、诊断标记和治疗靶点等方面的研究受到越来越多的关注。

第一节 选择素的分子结构及功能

一、选择素的分子结构

选择素是一类钙依赖的Ⅰ型细胞表面跨膜糖蛋白，根据其表达部位不同，分为 E-选择素、P-选择素、L-选择素三大类。三种选择素分子几乎同时在 1989 年被成功克隆。

E-选择素是在内皮细胞上表达的黏附分子，主要集中在毛细血管后微静脉，在炎症反应中起重要作用。E-选择素又称为 CD62 抗原样家族成员 E（CD62E）、内皮细胞白细胞黏附分子 1（ELAM-1）或白细胞内皮细胞黏附分子 2（LECAM-2）。静息时其含量甚微，当内皮细胞受到脂多糖、IL-1、TNF-α 等细胞因子的刺激被活化，通过胞内信息传递，E-选择素基因被激活、转录、翻译，在内皮细胞表面表达。E-选择素的表达于 4h 达高峰，维持 24h 后从胞膜脱落入血液，成为可溶性 E-选择素。核因子（NF-κB）是许多细胞因子诱生的免疫反应基因表达的调控者，E-选择素基因启动子近侧含有 3 个 NF-κB 家族结合位点，因此 NF-κB 是调控 E-选择素基因表达的重要因子。人类 E-选择素定位于 1 号染色体长臂，为一长 13kb 的 DNA 序列，含 14 个外显子、13 个内含子，内含子长 106~1300bp。单纯从序列上计算其分子质量是 64kDa，通常观察到的分子质量范围是 107~115kDa，这与糖基化的性质和程度有关。

P-选择素是已知的分子质量最大的选择素，其分子质量为 140kDa，又被称为 CD62P，颗粒酶蛋白 140（GMP-140）和血小板活化依赖颗粒外膜蛋白（PADGEM）。其主要作用是在炎症过程中启动白细胞和血小板募集。人类 P-选择素基因定位于 1 号染色体长臂，为一长 50kb 的 DNA 序列，含 17 个外显子、16 个内含子，全长由 789 个氨基酸残基组成，N 端 730 个氨基酸构成胞外区，C 端 24 个氨基酸组成跨膜区，35 个氨基酸组成胞质短尾。P-选择素储存在内皮细胞 Weibel-palade 小体和静息的血小板α-颗粒，在巨核细胞、活化的血小板和内皮细胞表达。当内皮细胞受刺激或血小板活化时，P-选择素迅速由储存形式重新分布于细胞表面或释放于循环血中，介导内皮细胞与白细胞、血小板的黏附。在血小板活化因子（PAF）的协同作用下，P-选择素与白细胞上的配体相结合，介导白细胞滚动，并将其锚定于内皮细胞。活化的内皮细胞排列在血管内面，进一步活化血小板。故 P-选择素被认为是内皮细胞活化的重要标志及血小板活化的"金标准"。

L-选择素是最小的血管选择素，分子质量为 74~100kDa，组成性表达于多形核中性粒细胞、单核细胞、嗜酸性粒细胞和循环中的淋巴细胞亚群表面。L-选择素又称为 LECAM-1、LAM-1、MeI-14 抗原、gP90MeI 和 Leu8/TQ-1 抗原。L-选择素基因定位于人类 1 号染色体长臂，全长约 30kb，含 10 个外显子。L-选择素对淋巴细胞归巢和与毛细血管后微静脉内皮细胞的黏附至关重要。在黏附级联事件早期阶段白细胞的捕获过程也起重要作用。

三类选择素成员具有相似的分子结构，分为胞外区、跨膜区和胞质区。胞外区均由三种不同的蛋白结构域构成：①外侧氨基端为钙离子依赖的 C 型凝集素样结构域，约含 120 个氨基酸残基，是选择素分子的配体结合部位，通过与细胞表面糖基相互作用介导细胞间的黏附；②表皮生长因子样结构域，约含 35 个氨基酸残基，是维持选择素分子构型所必需的结构域；③补体调节蛋白重复序列或称为补体结合蛋白重复序列，是靠近胞膜部分的 2~9 个共有重复序列，约含 60 个氨基酸残基。选择素家族各成员胞膜外部分有较高的同源性。跨膜区为 C 端跨膜结构域，通过连接胞外区和胞内区参与细胞间的黏附及信号转导。胞质区为一短的胞质尾结构域，与细胞内骨架相连，参与信号转导。每个选择素具有特殊配体，决定其功能的专一性。选择素的功能主要受三个理化参数调节：选择素共有重复序列的长度，N 端凝集素样结构域的独特结构，配体供选择素识别的翻译后碳水化合物修饰产物。

二、选择素的配体

三种选择素的天然配体几乎均是唾液酸化、岩藻糖基化或硫酸化的聚糖，存在于糖蛋白、糖脂或蛋白聚糖上。四糖结构 sialyl Lewis X（SLeX）和 sialyl Lewis A（SLeA）是已知的三种选择素能识别的最小配体单位。E-选择素识别各种造血细胞和肿瘤细胞的糖轭合物。其配体为细胞表面的寡糖唾液酸化 SLeX 和它的异构体唾液酸化 SLeA 抗原，包括皮肤淋巴细胞相关抗原、CD43、造血细胞 E-选择素配体、L-选择素配体、β_2 整合素、糖脂类等。近来在结肠癌细胞表达的死亡受体 3（DR3）被鉴定为 E-选择素新的配体。P-选择素识别的配体包括 P-选择素糖蛋白配体 1（PSGL-1）、SLeX，以及含有唾液酸、岩藻糖、甘露糖等的相关寡糖，其与配体相互作用是 Ca^{2+} 依赖性的。L-选择素配体包括 SLeX 和其异构体 SLeA，磷酸化的单糖和多糖，硫酸化的多糖和糖脂等。

在这些配体中，PSGL-1 是 L-选择素或 P-选择素最重要的配体，其分子、细胞及功能特征研究最为广泛。PSGL-1 是分子质量为 240kDa 的唾液蛋白二硫化物结合同二聚体，是 1992 年在中性粒细胞和 HL60 细胞系中提取出来的跨膜糖蛋白。PSGL-1 属于黏蛋白样细胞黏附分子，在中性粒细胞、单核细胞、淋巴细胞表达，与 P-选择素具有高度亲和力，参与血小板–白细胞，内皮细胞–白细胞的相互作用。成熟 PSGL-1 分子具有很多 O-连接的糖基化位点，岩藻糖基化、唾液酸化和氨基末端酪氨酸的硫酸化对 PSGL-1 的功能十分重要。活化血小板表面表达的 P-选择素可与中性粒细胞、单核细胞、淋巴细胞的 PSGL-1 结合，介导细胞因子的分泌。P-选择素和 PSGL-1 配体相互作用，启动白细胞滚动到活化的血小板和内皮细胞，引发机体对组织损伤和感染的早期应答。PSGL-1 接受中性粒细胞转导信号活化整合素 LFA-1，促进炎症部位中性粒细胞募集。

选择素的配体常常被特殊的碳水化合物基序修饰。这些配体包括含有 SLeX 或 SLeA 的蛋白质或脂质支架。SLeX 和 SLeA 碳水化合物位于 O-聚糖类的末端。SLeX 和 SLeA 通过 N-乙酰葡糖胺、半乳糖、sialyl 和岩藻糖基转移酶的作用在高尔基复合体与糖轭合物连接。SLeX 和 SLeA 合成的最终步骤是岩藻糖转移到 N-乙酰葡糖胺。岩藻糖基化由岩藻糖基转移酶家族成员催化。对于 Lex 和 SLeX，FT3～FT7 或 FT9 催化α1，3-糖苷键连接岩藻糖与 N-乙酰葡糖胺。通过 G-CSF、IL-4 和 IL-12 等细胞因子调节糖基转移酶的表达，来调节选择素结合 PSGL-1 的糖形和不同细胞亚群上的 CD44，以此产生更多的 SLe 抗原，有助于白细胞和肿瘤细胞与选择素识别。白细胞表达的 SLeX 能有效介导选择素在炎症部位的结合。循环中肺癌细胞表达的 SLeX 或 SLeA 启动与远处组织内皮细胞的黏附。因此，糖基转移酶合成 SLe 抗原可能作为防治炎症和肿瘤转移中有效的靶点。

三、选择素的生物学功能

（一）选择素与炎症反应

炎症部位白细胞募集是炎症反应的基础，包括接触、滚动、黏附、游出 4 个步骤，主要由白细胞和内皮细胞表达的 L-选择素、P-选择素、E-选择素及糖基配体介导，与整合素家族、细胞黏附分子 1（ICAM1）、细胞黏附分子 2（ICAM2）、血管细胞黏附分子 1（VCAM1）及血小板内皮细胞黏附分子 1（PECAM-1）等共同作用，参与白细胞与血管内皮细胞的稳固黏附及游出，和细胞外基质、趋化因子协同促进白细胞向炎症部位迁移、聚集。黏附级联反应引起一系列病理、生理变化，导致全身炎症反应失调和组织器官损伤。活化血小板表面表达的 P-选择素是白细胞激活的一种早期信号，在白细胞捕获过程中是介导细胞间黏附和信号传递的重要介质。在炎症早期，凝血酶、组胺、H_2O_2 等激动剂刺激内皮细胞释放 P-选择素，P-选择素从内室细胞移动到内皮细胞表面瞬间表达，成为俘获循环白细胞的首发分子。P-选择素与配体相互作用介导白细胞与血管内皮初始黏附，引起细胞内 Ca^{2+} 增加、胞质蛋白激酶磷酸化、β_2 整合素等黏附分子表达，使活化的血小板与单核细胞及中性粒细胞、内皮细胞与中性粒细胞稳固黏附。同时刺激氧自由基、肿瘤坏死因子等炎性介质释放，加重炎症反应。P-选择素在正常情况下呈低水平表达或不表达，受到炎症、损伤等刺激后表达显著增加。在 L-选择素缺陷小鼠，P-选择素介导大多数创伤诱导的白细胞滚动。在 P-选择素缺陷小鼠，创伤诱导的白细胞滚动立刻消失。P-选择素的表达是启动炎症反应和维持炎症状态的关键因素。

E-选择素与炎症反应关系密切，在白细胞招募到炎症损伤部位的过程中，E-选择素起关键作用。局部损伤细胞释放 IL-1、TNF 等细胞因子诱导邻近血管内皮细胞过度表达 E-选择素。血液中的白细胞，通过相应配体与 E-选择素结合，介导白细胞沿血管内皮滚动。体外实验显示 E-选择素在炎症的内皮细胞表达，对炎性细胞因子产生应答。在炎症反应过程中，损伤组织释放炎症介质，活化血管中滚动的白细胞，使之能够紧密结合到内皮细胞表面，进一步向组织中外渗。E-选择素和 P-选择素的功能多有重叠。在 P-选择素缺陷小鼠，必然会阻断 E-选择素的功能，减弱白细胞滚动。E-选择素除介导白细胞滚动，还从 P-选择素的下游调控稳固黏附的级联反应。

L-选择素对淋巴细胞归巢和与毛细血管后微静脉内皮细胞的黏附至关重要，在黏附级联事件早期阶段白细胞的捕获过程中也扮演重要角色。在化学趋化物的刺激下，随着白细胞捕获，L-选择素从白细胞表面脱落，与配体相互作用参与黏附级联事件。L-选择素在手术创伤后介导白细胞滚动，也是炎症后中性粒细胞募集所必需。L-选择素和 P-选择素共同协作介导白细胞滚动，缺乏 L-选择素或 P-选择素中的任何一个，白细胞滚动则不能发生。在 L-选择素缺陷小鼠创伤诱导的白细胞滚动是 P-选择素速率依赖的。

（二）选择素与血栓形成

血小板活化及黏附分子介导的血小板聚集是血栓形成的主要机制。血管内皮细胞受损，血管胶原暴露，与血小板接触面增加易导致血管内血栓形成。P-选择素在血管损伤部位血小板募集过程中起重要作用。凝血酶、II 型胶原和 ADP 的作用使血小板活化，释放 α-颗粒和致密颗粒，P-选择素表达，通过介导血小板与纤维蛋白结合及血小板与血小板结合而促进血小板聚集。P-选择素还可引起活化的单核巨噬细胞高表达组织因子，激活外源性凝血途径，参与血栓形成机制。同时，P-选择素介导单核细胞黏附于缺损部位的血小板，促使纤维蛋白沉积。L-选择素与 P-选择素相互识别，可触发白细胞与血小板结合，导致血流动力学改变、血流淤滞、形成血栓。血流缓慢、血液成分异常和血管损伤是静脉血栓形成的三大主因。P-选择素与静脉血栓形成密切相关。血小板上 P-选择素大量表达，促进血小板在血管壁的黏附、聚集，导致血栓形成，加重微循环障碍。抑制 P-选择素及其与配体的结合，可使病理状态下血栓局部白细胞聚集减少，细胞因子和组织因子表达降低，纤维蛋白生成减少，从而抑制血栓的形成。

（三）选择素与缺血再灌注损伤

缺血再灌注损伤是指微循环缺血后血流重建所造成的组织损伤。其发生机制主要与氧自由基产生增加和细胞内钙超载有关。组织缺血再灌注后，血管内皮细胞和多形核白细胞产生大量氧自由基，活性氧自由基造成微血管和实质器官损伤。缺血组织抗氧化酶合成障碍，清除氧自由基的功能下降，加剧缺血后再灌注损伤。血小板、内皮细胞、中性粒细胞在缺血再灌注过程中起协同作用，加重组织损伤和炎症反应。研究显示，L-选择素和 P-选择素在再灌注后 20min 内激活中性粒细胞与损伤的内皮细胞黏附，导致血管功能失调和组织损伤。缺氧/再氧化使内皮细胞 P-选择素表达上调，血小板、中性粒细胞沿内皮细胞表面滚动并牢固黏附。活化血小板表达的 P-选择素促进中性粒细胞募集和外渗。肝缺血-再灌注损伤时，P-选择素介导肝组织中白细胞募集、黏附和浸润，白细胞释放大量氧自由基、蛋白水解酶及血管活性物质，引起肝组织损伤。缺血再灌注损伤是冠状动脉急性闭塞致心肌缺血性坏死的机制之一。在缺血心肌组织中，中性粒细胞浸润导致心肌细胞的再灌注损伤。选择素特异性单抗具有保护心肌的作用。脑缺血再灌注 4h 后 E-选择素表达上调，E-选择素抗体可减少脑内中性粒细胞聚集，使缺血的脑皮质血流量增加 2.6 倍。L-选择素的竞争性拮抗剂能显著缩小大鼠脑缺血/再灌注后的梗死灶面积，改善神经功能，黏附分子可能成为脑保护研究的新靶点。NF-κB 表达是诸多炎性细胞因子和黏附分子表达的关键上游事件，有研究发现大鼠脑缺血再灌注损伤后 E-选择素和 L-选择素表达明显上调，IL-10 显著降低 E-选择素和 L-选择素蛋白表达水平。推断 IL-10 可能部分阻断活化的 NF-κB 上

E-选择素和 L-选择素的启动子结合位点,抑制 NF-κB 介导的信号转导,下调 E-选择素和 L-选择素的激活表达,抑制白细胞和血管内皮细胞的黏附、浸润,从而减轻脑缺血再灌注后免疫炎性损伤。

(四)选择素与肿瘤转移

肿瘤转移是一个多步骤、多环节、多因素参与的复杂过程。细胞黏附分子介导的肿瘤细胞与内皮细胞的相互作用是造成肿瘤器官特异性转移的重要机制。E-选择素和 P-选择素与肿瘤的进展及转移有关。SLeX 和 SLeA 在许多肿瘤细胞表面高表达,与其配体 E-选择素相互作用参与肿瘤细胞与血管内皮细胞的识别和黏附。P-选择素既表达于激活的血管内皮,也表达于激活的血小板,因此 P-选择素在肿瘤转移中具有双重作用:一方面直接介导肿瘤细胞与血小板及血管内皮的黏附;另一方面,P-选择素可与多种人肿瘤细胞系相结合。有研究发现 L-选择素促进鼠淋巴瘤转移。定位在外周淋巴结的人非霍奇金淋巴瘤 L-选择素表达呈阳性。选择素配体是一跨膜糖蛋白,在白细胞和癌细胞表达。选择素和选择素配体相互作用介导肿瘤转移过程。SLeX 和 SLeA 四糖是陈列在蛋白质或脂质支架的碳水化合物基序,是重要的选择素配体功能元件。选择素与各种肿瘤细胞的 SLeX 和 SLeA 结合促进向远处器官转移。在结肠癌、胃癌、胆囊癌、胰腺癌、乳腺癌和前列腺癌中 SLe 配体呈高表达,与术后预后不良密切相关。研究显示,E-选择素配体 C2-O-SLeX 糖蛋白介导人类结肠癌和肝癌细胞的侵袭。当 SLeX 端连接聚糖形成 C2-O-SLeX 时,选择素与人类白细胞上 SLeX 具有高度亲和力。碳水化合物与 SLe 结构的合成促进肿瘤的转化。肿瘤中 E-选择素的上调与高表达的 SLe 结构是肿瘤血源性播散的危险因素。SLeX 表位大部分分布于 O-聚糖,在结肠癌和肝癌细胞系是重要的选择素配体。C2-O-SLeX 生物合成是涉及糖基转移酶活性的一系列酶促反应的复杂过程。C2、$β_1$、6-N-乙酰葡糖氨基转移酶基因表达和活性与 C2-O-SLeX 合成有关,介导结肠和肝癌细胞系肿瘤细胞的侵袭及转移。

第二节 选择素与临床疾病

一、选择素与心血管疾病

近年来炎性反应在冠心病发病机制中的作用越来越引起人们的重视。动脉粥样硬化被认为是一种炎性疾病。慢性炎性反应促进动脉粥样硬化的进展。细胞黏附分子是冠状动脉内膜炎症发生、发展过程中不可缺少的因子。许多研究发现动脉粥样硬化病变组织的内皮细胞上有 P-选择素表达。在缺氧、氧自由基、凝血酶、胶原等刺激下,P-选择素于数分钟内在活化的内皮细胞和血小板表面表达,介导炎性细胞在粥样斑块处黏附、聚集,释放大量生物活性物质,使纤维帽基质降解,导致粥样斑块破裂,进一步启动凝血系统,凝血酶反馈性诱导 P-选择素在血小板和内皮细胞表面表达。有研究发现冠心病患者可溶性细胞黏附分子 1(sICAM-1)、可溶性 E-选择素、纤溶酶原激活物抑制剂-1(PAI-1)、髓过氧化物酶(MPO)和基质金属蛋白酶-9(MMP-9)水平明显高于健康对照组,胰岛素抵抗指数也明显升高。比较不稳定型心绞痛冠心病患者与稳定型心绞痛冠心病患者,前者具有较高水平的 sICAM-1、可溶性 E-选择素、MMP-9、PAI-1、MPO,提示选择素家族成员参与动脉粥样硬化的发生机制。低密度脂蛋白升高是冠脉疾病的危险因素。在多基因性高胆固醇血症患者，E-选择素、可溶性血管细胞黏附分子1（sVCAM-1）和sICAM-1水平明显高于单纯高三酰甘油血症患者和健康对照组，黏附分子、同型半胱氨酸和C反应蛋白（CRP）水平升高增加心血管事件的风险，表明选择素、黏附分子、C反应蛋白和同型半胱氨酸与冠状动脉硬化症的发病机制有关。波兰一项研究揭示E-选择素基因多态性是动脉粥样硬化和冠状动脉疾病的独立危险因子。动脉粥样硬化患者E-选择素C1901T和G2692A基因多态性的频数分布与对照组明显不同。校正环境风险因素后，多变量模型分析显示C1901T多态性是预测冠状动脉疾病的独立风险因素。A-C和G-T单倍体与冠状动脉疾病密切相关。在对照组，A-C单倍体很常见，而G-T单倍体仅见于冠状动脉疾病组，表明A-C单倍体是冠状动脉疾病的保护因素，低频率的G-T单倍体明显增加冠脉疾病的风险。有研究证实E-选择素基因第561位碱基（位于4号外显子）因腺嘌呤/胞嘧啶（A561C）发生转换，导致其分子128位氨基酸由丝氨酸（Ser）变成精氨酸（Arg），这种基因多态性改变E-选择素构象，使其更易与白细胞的寡糖配体结合，进而影响E-选择素的生物学作用。同样有学者发现E-选择素基因128位Ser/Arg基因多态性与早期严重的动脉粥样硬化症的发生风险有关。中国也有研究显示E-选择素基因密码子128位多态性SR基因型是一个决定冠状动脉疾病的遗传易感因子。在冠状动脉疾病组，R等位基因频率较高。C反应蛋白具有调节炎症反应的作用，是冠心病的重要危险因素。其作用机制与诱导选择素为主的黏附分子的表达及C反应蛋白结构重排密切相关。研究发现CRP的蛋白酶解产物羧基端肽Lys（201）PoGL-Leu-Trp-Pro（206），在中性粒细胞与内皮细胞和血小板之间相互作用的黏附事件中起关键作用。CRP肽201~206诱导L-选择素从中性粒细胞脱落，抑制L-选择素介导的中性粒细胞与TNF活化的HCAEC细胞的黏附，以及血小板P-选择素的上调表达。抗-CD32能有效防止CRP肽201-206的抑制作用。研究鉴定出与CRP肽201-206-FcγRⅡ（CD32）相互作用的氨基酸残基在抗中性粒细胞黏附和抗血小板黏附中的重要作用，这一发现为控制冠心病中炎症和血栓形成提供新的视角。一项997例多民族动脉粥样硬化症的研究发现代谢综合征与sICAM-1、CD40配体（CD40L）、可溶性血栓调节蛋白、E-选择素和氧化的低密度脂蛋白水平升高相关，与颈内动脉内膜厚度和冠状动脉容量相关，提示代谢异常、氧化应激及内皮损伤导致动脉粥样硬化的形成。

　　高血压的发生与内皮功能障碍有一定关联，高血压引起靶器官损害的机制中，炎症反应相关的黏附事件起到关键作用。在血管内皮白细胞募集过程中，VCAM-1、ICAM-1和选择素表达上调，细胞因子和趋化因子释放增加。研究报道E-选择素基因A561C位点多态性与原发性高血压有关。原发性高血压患者AC和CC基因型及C等位基因频率明显高于正常对照组，C等位基因可能是原发性高血压的易患因素之一。携带C等位基因的患者舒张压和平均动脉压高于携带AA等位基因的患者，血糖、低密度脂蛋白胆固醇也高于携带AA等位基因的患者，一氧化氮浓度低于携带AA等位基因组。E-选择素介导白细胞与内皮细胞黏附，促进血管生成，导致平滑肌细胞重构。AC-CC基因型及C等位基因可能与原发性高血压患者左室重构具有相关性。国内有研究检测500例高血压患者和930例健康对照组E-选择素基因C602A和T1559C变异，发现正常组和高血压组C602A基因型CC、CA和AA存在显著差异，C等位基因频率明显不同。男性T1559C基因型TT、TC、CC存在显著差异，T等位基因频率明显不同，表明C602A和T1559C与中国人群高血压有关，

T1559C 与男性高血压关系密切。

二、选择素与糖尿病

糖代谢紊乱、血脂异常、胰岛素抵抗、各种细胞因子、炎性反应等多种危险因素参与糖尿病的发生、发展。糖尿病患者及糖耐量减低者血清 E-选择素水平明显高于正常人群，其机制与高血糖诱导的氧化应激激活核转录因子、引起 E-选择素基因表达上调、促使内皮细胞与中性粒细胞黏附有关。纠正糖代谢紊乱可明显改善血管内皮细胞的活性。有学者于 1989～1990 年对 32 826 例健康妇女进行病例对照研究，737 例妇女自 2000 年发展为糖尿病。基线血清 E-选择素、ICAM-1 和 VCAM-1 水平是临床诊断 2 型糖尿病的危险因素。在病例组，上述生物标记物的平均水平明显高于对照组。逻辑回归模型分析显示在条件匹配，校正体重指数、糖尿病家族史、吸烟情况、饮食评分、酒精摄入、运动指数和绝经后激素使用等因素后，升高的 E-选择素和 ICAM-1 是糖尿病事件的预测因子，提示内皮功能紊乱是 2 型糖尿病的独立危险因素。内蒙古一项横断面研究对 2536 例成人进行流行病学调查，结果显示 18.5%属于糖尿病前期，3.6%患有糖尿病，27.4%具有 3 个以上代谢综合征组分。C 反应蛋白和 sICAM-1 升高与糖尿病前期或糖尿病的易感性有关，E-选择素水平升高增加代谢综合征的风险。另有一项病例对照研究观察 29 例 1 型糖尿病患儿和 39 例健康对照组 24h 动态血压，检测 VCAM-1、E-选择素和 P-选择素水平。结果显示，1 型糖尿病患儿体重指数、血脂、血压、VCAM-1 浓度高于对照组，舒张压与病程、E-选择素和三酰甘油水平相关，表明在 1 型糖尿病患儿，早期动脉粥样硬化生物标记物与舒张压呈正相关。有研究报道成人 2 型糖尿病患者餐后炎症或内皮细胞功能指标无明显差异，而体重减少 6 个月后，在低脂饮食组 C-反应蛋白明显降低，在低碳水化合物组 sICAM 和可溶性 E-选择素水平明显下降，高密度脂蛋白的变化与 E-选择素和 sICAM 的变化密切相关，表明低碳水化合物和低脂饮食有益于心血管疾病的防治，通过减轻体重潜在地减少心血管疾病的风险。目前认为脂肪组织是促进炎症反应的根源，可导致血管损伤、胰岛素抵抗、动脉粥样硬化生成。然而，一些脂肪组织对血管炎症和（或）胰岛素抵抗具有保护作用，如脂联素和一氧化氮。脂联素是脂肪衍生激素，能够增强胰岛素敏感性。研究发现脂联素通过下调黏附分子 E-选择素表达，抑制高敏 C 反应蛋白、白细胞介素-1β 和单核细胞趋化蛋白-1 表达，参与抗动脉粥样硬化的作用机制。比较 2 型糖尿病合并冠心病组、未合并冠心病组及健康对照组，上述指标具有显著差异。脂联素和 E-选择素存在明显的负相关性。脂肪因子水平下降、氧化压力增加及内皮细胞黏附分子水平增加共同参与 2 型糖尿病患者动脉粥样硬化形成的复杂过程。

糖尿病伴有缺血相关性血管重建功能障碍、选择素表达和炎症反应失调。有研究发现糖尿病鼠缺血组织选择素介导的单核细胞招募反应受损，缺血介导的血管发生功能下降。野生型小鼠和 db/db 小鼠在动脉结扎后 1 天、3 天和 21 天，应用超声灌注成像和分子成像技术观察 db/db 小鼠及野生型小鼠后肢近端的 P-选择素表达，结果显示基线 P-选择素信号前者是后者的 4 倍；但是局部缺血后 1 天，野生型小鼠 P-选择素信号较 db/db 小鼠明显增强约 10 倍。后肢骨骼肌免疫组织化学检测显示，db/db 小鼠单核细胞招募反应明显降低。局部用单核细胞趋化蛋白-1 处理可纠正缺血后 db/db 小鼠 P-选择素表达和单核细胞招募反应的缺陷，加快血流恢复，表明在缺血的肢体存在选择素表达失调，引起单核细胞招募反应受损，这可能是缺血肢体血管重建功能下降的机制之一。

2型糖尿病患者血清L-选择素和白细胞表面L-选择素表达异常。有研究将80例2型糖尿病患者随机分为3组：糖尿病微血管病变组、糖尿病大血管病变组和糖尿病无血管并发症组，20例为健康对照，结果显示2型糖尿病患者血清L-选择素水平是降低的。慢性微血管或大血管病变的进展与白细胞表面L-选择素表达降低相关。毛细血管闭塞是糖尿病视网膜病变中最为严重的损伤。目前认为白细胞可能是引起毛细血管闭塞的主要原因。一方面，糖尿病患者血流速度缓慢，白细胞在微血管中几乎处于停滞状态，且变形能力减弱，极易阻塞毛细血管；另一方面，糖尿病患者内皮细胞表面表达E-选择素，使白细胞与内皮细胞的黏附作用增强，易形成微血栓阻塞毛细血管，并浸润于视网膜组织，导致微循环障碍和组织损伤。

三、选择素与肺部疾病

多形核白细胞与内皮细胞黏附、跨越血管内皮、在肺内大量"扣押"，以及多形核白细胞激活后释放蛋白酶和氧自由基致肺组织损伤，均需要多种细胞黏附分子的参与。有学者用猕猴研究灵长类动物内毒素休克早期肺损伤机制，观察到内毒素休克猕猴早期肺组织的改变与内毒素休克前后选择素的变化有关。内毒素组动物肺泡内可见P-选择素表达，血管内皮可见L-选择素表达，而空白对照组肺组织未见选择素表达，表明选择素参与猕猴休克早期肺损伤机制。P-选择素主要介导白细胞与内皮细胞的起始黏附，多形核白细胞与内皮细胞接触时需要E-选择素作为启动因子。急性肺损伤实验动物血清、肺组织及支气管肺泡灌洗液中ICAM-1、E-选择素浓度显著增高，肺组织中P-选择素表达增加，表明选择素在急性肺损伤（ALI）的发生中起重要作用。可溶性P-选择素是急性肺损伤敏感的标记物，有助于监测和防止严重急性肺损伤的发生。有研究显示肺炎合并急性肺损伤患者血清可溶性E-选择素水平升高，在肺炎治疗过程中，可溶性E-选择素水平逐渐下降。单变量和多变量回归分析显示可溶性E-选择素是鉴定合并ALI的唯一重要因素，独立于C反应蛋白和乳酸脱氢酶。受试者工作特征曲线分析，Cut-off值是40.1ng/ml，敏感度及特异度均达到80%。在急性肺炎的病理过程中，跨膜蛋白酶ADAM17调节白细胞表面L-选择素、TNF-α、IL-6R等各种蛋白质的释放和密度，参与肺部炎症的发生。肺泡间隔中性粒细胞浸润是急性气管炎症重要的病理事件。小鼠吸入LPS后，肺泡中性粒细胞水平降低，肺组织炎症减轻。ADAM17-null小鼠肺泡间隔中性粒细胞招募反应发生在暴露LPS的早期。Adam17基因敲除小鼠肺泡中性粒细胞招募反应降低，同时肺泡中性粒细胞趋化因子CXCL1和CXCL5显著减少，提示白细胞ADAM17基因可能是潜在的治疗急性肺损伤的药物作用靶点。

慢性阻塞性肺疾病（COPD）是指中性粒细胞、肺泡巨噬细胞、T淋巴细胞及嗜酸性粒细胞在肺组织中浸润，以气道、肺实质和肺血管的慢性炎症为主要病理特征的肺部疾患。研究发现COPD患者肺血管内皮细胞E-选择素表达较正常对照组显著增高，且与支气管肺泡灌洗液中的中性粒细胞数呈正相关，表明气道内中性粒细胞的聚集与E-选择素的表达上调有关，提示E-选择素可能通过介导中性粒细胞、内皮细胞反应参与COPD的炎症过程。有学者报道在健康吸烟者和健康不吸烟者中，PSGL-1在白细胞的表达无明显差异，而在COPD患者白细胞PSGL-1表达明显上调。

支气管哮喘是由多种细胞和细胞组分参与的气道慢性疾患。在哮喘炎症反应过程中，有多种黏附分子表达。动物实验显示哮喘豚鼠支气管黏膜下血管内皮细胞过度表达 E-选择素 mRNA，并且与支气管黏膜嗜酸性粒细胞的浸润程度呈正相关。通过免疫荧光显微镜检查发现，在支气管哮喘患者嗜酸性粒细胞有 P-选择素表达，部分被血小板标记凝血酶敏感蛋白-1 着色，部分 P-选择素与活化的 β_1 整合素共同定位在嗜酸性粒细胞。将可溶性 P-选择素加入全血中，促进嗜酸性粒细胞 β_1 整合素活化，以及嗜酸性粒细胞与 VCAM-1 黏附。P-选择素介导嗜酸性粒细胞 $\alpha_4\beta_1$ 整合素活化，刺激嗜酸性粒细胞与 VCAM-1 黏附并迁移到哮喘气道，这可能是支气管哮喘的发生机制之一。伊朗一项研究观察支气管哮喘患者 E-选择素基因多态性，发现支气管哮喘患者血清可溶性 E-选择素水平较健康对照组升高，患者中 SS、SR 和 RR 基因型频率分别是 66.3%、31.4%和 2.3%，在对照组中分别是 91.9%、8.1%和 0。患者中 Arg-128 等位基因占优势，且 E-选择素基因 Ser128Arg 多态性与哮喘严重程度有关。

支气管相关淋巴组织是支气管黏膜的二级淋巴组织，参与支气管肺的免疫应答。淋巴细胞从血管到次级淋巴组织的迁移在适应性免疫应答过程中起重要作用，内皮细胞和淋巴细胞黏附分子招募特定的淋巴细胞亚群到成人肺支气管相关淋巴组织（BALT）也扮演重要角色。有学者对 17 例肺癌切除术患者的肺炎冷冻切片进行免疫荧光染色，结果显示 BALT 切片中 T 细胞围绕着 B 细胞，大多数 BALT $CD4^+$ T 细胞具有 $CD45RO^+$ 记忆表型。几乎所有的 BALT 中 B 细胞表达 α_4 整合素和 L-选择素，而只有 43%的 BALT 中 T 细胞表达 α_4 整合素、20%的 BALT 中 T 细胞表达 L-选择素，表明人类 BALT 表达内皮细胞和淋巴细胞黏附分子，在支气管肺保护性及病理性免疫应答过程中招募幼稚和记忆淋巴细胞到 BALT 起重要作用。

四、选择素与肝脏疾病

HBV 感染导致不同的临床结局，主要取决于宿主的遗传易感性及病毒的变异性。有学者研究发现 E-选择素基因 A561C 多态性与慢性 HBV 感染的疾病进展有关，G98T 多态性与肝纤维化严重程度相关。肝硬化患者 A561C 多态性中 C 等位基因频率明显高于对照组。从 Child-Pugh A 级到 C 级，血清 E-选择素水平明显降低。HIV/HCV 共感染患者可溶性 $TNF-R_1$ 水平升高，E-选择素和 sICAM-1 水平高于 HIV 单独感染者。在抗 HCV 治疗期间和治疗结束时，P-选择素、E-选择素和 sICAM-1 水平下降。持续病毒学应答患者较无应答患者，$TNF-R_1$、P-选择素、E-选择素和 sICAM-1 水平均显著降低。在抗病毒治疗期间，升高的 $TNF-R_1$ 与升高的 P-选择素、E-选择素具有正相关关系，表明慢性 HCV 感染引起炎症和内皮功能障碍，干扰素联合利巴韦林治疗持续病毒学应答可改善炎症和内皮功能障碍。

肝硬化患者 P-选择素表达异常，导致内皮功能失调，肝血管紧张度增加，加重门静脉高压。有研究显示肝硬化患者 P-选择素和异前列腺素水平均高于对照组。肝硬化患者常伴有固有免疫应答和适应性免疫应答异常。由于吞噬功能下降，中性粒细胞代谢活性受损、细胞凋亡增加，感染部位中性粒细胞招募发生缺陷，易并发自发性细菌性腹膜炎。肝硬化合并自发性细菌性腹膜炎患者血清和腹腔积液可溶性黏附分子及炎症趋化因子水平有明显变化。有学者观察到肝硬化患者 CD11b 表达水平较健康对照组明显升高，而 CD62L 表达水平明显降低。肝硬化患者中性粒细胞与静止的或 TNF-α 激活的微血管内皮细胞的黏附作用增强，向内皮细胞的迁移作用减弱。不论是肝硬化组还是健康对照组，粒细胞集落刺激因子明显改善中性粒细胞迁移。组织因子是参与炎症和止血过程的重要蛋白之一。肝脏中存在活化的单核细胞，促进组织因子的表达及在器官中堆集，进一步加剧炎症反应。P-选择素代表血小板活化指标，CD14、CD11b 代表单核细胞活化指标，有研究报道在进展期肝硬化患者单核细胞和血小板活化伴随着单核细胞组织因子（CD142）表达水平的升高，CD142 与肝硬化患者凝血过程、炎症和免疫反应密切相关。血管内皮生长因子 165（VEGF165）由血小板储存、转运及释放。原发性肝癌（HCC）患者存在血小板功能异常。研究报道，对 70 例 HCC 患者、45 例肝硬化患者、70 例健康对照组进行血浆 VEGF165 及可溶性 P-选择素水平测定，结果显示肝细胞癌或肝硬化患者，血浆 VEGF165/血小板的中位浓度及可溶性 P-选择素/血小板的中位浓度均高于对照组。

多形核白细胞和细胞因子相互作用是重症酒精性肝病的发病机制之一。有研究检测酒精性肝炎患者血清 L-选择素和 β_2 整合素表达、H_2O_2 产生、IL-8 和 TNF-α 合成能力，结果显示多形核白细胞被活化，L-选择素表达水平降低，H_2O_2 产生、IL-8 及 TNF-α 合成增加。经过激素治疗，第 14 天促炎细胞因子 IL-8 下降，第 21 天抗炎细胞因子 IL-10 水平升高，多形核白细胞功能恢复正常。中性粒细胞浸润是酒精性肝炎的特征之一。肝细胞坏死时中性粒细胞浸润最严重。用 LPS 诱导酒精性肝炎大鼠，肝脏细胞黏附分子 1 和血管细胞黏附分子 1 mRNA 表达水平升高，L-选择素表达水平在诱导后 12～24h 升高。细胞黏附分子与升高的细胞因子及趋化因子协同引起中性粒细胞浸润。胆汁淤积是脓毒症的主要并发症之一，脓毒症相关的胆汁淤积依赖于 P-选择素介导的白细胞招募。研究发现内毒素诱导明显的炎症反应，表现为 TNF-α 和 CXC 趋化因子浓度增加、白细胞浸润、肝酶释放及细胞凋亡增加。这些应答同时伴随胆汁流量及胆管排泌磺溴酞钠减少。P-选择素中和免疫削弱内毒素诱导的白细胞浸润，表现为肝内髓过氧化物酶水平显著降低。干扰 P-选择素表达，减少内毒素诱导的肝细胞凋亡和坏死，但不影响肝内 TNF-α、CXC 趋化因子水平；抑制 P-选择素，则恢复胆汁流量及胆管正常排泌磺溴酞钠，表明 P-选择素介导白细胞募集反应，是脓毒症肝损伤中胆汁淤积发生的主因。另有研究发现胆管结扎小鼠出现严重的胆汁淤积性肝细胞损害，表现为肝内白细胞浸润、血清 ALT 和 AST 水平升高、窦状隙灌注减少。用抗 PSGL-1 抗体处理后，ALT 和 AST 水平迅速降低。抑制 PSGL-1，胆管结扎刺激的白细胞滚动及在窦状隙后小静脉的黏附作用明显减弱。PSGL-1 的免疫中和反应恢复了肝窦状隙灌注，减少了肝内 CXC 趋化因子形成。研究提示抑制 PSGL-1 可防治胆汁淤积性肝细胞损伤。

PSGL-1 mRNA 在各种组织中表达，如脑、骨髓、脂肪组织、心脏、肾脏和肝脏。PSGL-1 缺陷是肥胖相关的胰岛素抵抗的保护剂。脂肪组织中巨噬细胞的堆积与体重和胰岛素抵抗呈正相关。基因芯片技术显示 PSGL-1 在附睾白色脂肪组织（eWAT）表达上调。RT-PCR 和免疫组织化学分析显示 PSGL-1 在肥胖小鼠的 eWAT 内皮细胞和巨噬细胞表达，$Psgl\text{-}1^{-/-}$ 小鼠巨噬细胞堆集和促炎基因表达显著下降，表明肥胖小鼠脂肪组织单核细胞募集过程中 Psgl-1 起关键作用，对防治肥胖相关的胰岛素抵抗是新的治疗靶点。PSGL-1 缺陷提高胰岛素敏感性，减轻肥大脂肪组织中巨噬细胞浸润和炎症反应，改善脂类代谢及肝脂肪变。$Psgl\text{-}1^{-/-}$ 小鼠血清总胆固醇、LDL、游离脂肪酸、瘦素水平明显低于野生型小鼠。

五、选择素与肾脏疾病

肾脏疾病的发生机制与机体免疫反应有关。P-选择素是急性炎症早期介导炎症细胞募集的重要信号，在血小板、血管内皮细胞、中性粒细胞、单核细胞的黏附事件中起重要作用，参与炎症反应、组织损伤、微血管病变等病理过程。白细胞募集到肾小球是肾小球肾炎最基本的发病机制。有研究通过原位免疫复合物沉积诱导肾小球肾炎模型，观察到白细胞、血小板在肾小球毛细血管聚集。血小板表达的 P-选择素介导白细胞募集。糖尿病肾病是糖尿病严重的微血管并发症之一，其发生、发展是多因素综合作用的结果。其中，糖代谢紊乱、肾血流动力学改变、细胞因子及遗传背景等均起关键作用。研究发现炎症机制也是糖尿病肾病持续发展的因素之一。各种病因导致的肾小球疾病大多存在肾小管损伤及肾间质纤维化，而炎性细胞浸润及免疫反应是肾小管间质病变的重要病理、生理过程。黏附分子 P-选择素介导树突状细胞（DC）参与肾小管间质炎性反应。利用 P-选择素凝集素-表皮生长因子功能域单克隆抗体（PsL-EGFmAb）可抑制 DC 浸润并减轻肾小管间质损伤，调节促炎及抗炎因子格局及 Th1/Th2 细胞免疫失衡，减轻大鼠肾脏病理损害，改善肾功能。DC 肾内浸润依赖 P-选择素介导的黏附作用。研究报道 P-选择素参与早期增生性肾小球肾炎的发生，与肾小管间质病变程度密切相关。原发性肾小球肾炎患者血浆 P-选择素表达阳性率高于正常对照组，且 P-选择素表达与 24h 尿蛋白定量成正相关。P-选择素可作为肾小球肾炎时肾内血小板活化的分子标志。慢性肾病患者基质金属蛋白酶（MMP）和基质金属蛋白酶抑制剂（TIMP）在细胞外基质堆积，与炎症、应激和内皮功能失调共同参与动脉粥样硬化的形成。有研究评价 MMP-2、MMP-9、TIMP-1、TIMP-2 与应激反应（Hsp90-α、抗-Hsp60）、E-选择素和 C 反应蛋白的相关性，结果发现在慢性肾病儿童，MMP-2、MMP-9、TIMP-1、TIMP-2、Hsp90-α、抗-Hsp60、E-选择素水平明显升高。慢性肾病儿童存在 MMP/TIMP 功能失调，并随着肾衰竭而加重。IgA 肾病的发生机制中，白细胞浸润扮演了重要角色。P-选择素在 IgA 肾病患者肾小管上皮细胞中高表达，在肾小管间质 P-选择素的表达与肾小管间质病变程度呈正相关。有学者发现 E-选择素、L-选择素基因多态性与终末期肾病的迅速进展有关联。P-选择素基因-825 多态性与过敏性紫癜性肾炎的易感性相关。狼疮性肾炎患者血清中 P-选择素水平明显增高。有研究检测 824 例血液透析患者血清 P-选择素水平，观察与动脉粥样硬化性心脏病（ASCVD）事件、心血管病死亡率及心源性猝死的关系，结果显示，在男性患者 P-选择素水平升高与 ASCVD 的风险和心血管病死亡率有关。超过 38 个月，男性患者 P-选择素水平升高增加心源性猝死的风险。

六、选择素与肿瘤

肿瘤转移过程涉及肿瘤细胞与机体组织和细胞间复杂的相互作用，是多种分子参与、器官选择性、高度有序的过程。P-选择素和其受体 P-选择素糖蛋白配体-1 介导白细胞、肿瘤细胞和血小板的黏附，在血细胞生成、T 细胞活化、肿瘤生长和转移方面起重要作用。P-选择素介导的血小板-肿瘤细胞、肿瘤细胞-内皮细胞的相互作用是启动肿瘤转移的第一步，是肿瘤细胞在血管内滞留和进一步破坏血管壁发生侵袭的重要环节。肿瘤相关的血栓形成和持续的炎症也参与肿瘤的进展和转移。研究发现，硫酸软骨素通过抑制 P-选择素或 L-选择素表达发挥抗肿瘤转移和抗炎症作用。动脉血栓模型实验显示应用硫酸软骨素处理后减少血小板沉积，在血栓形成中，糖胺聚糖抑制 P-选择素与活化的血小板结合，认为特异性抑制 P-选择素可能是防治血栓形成、炎症发生、肿瘤转移的治疗靶点。

炎症与肿瘤转移有关。SLe 在肿瘤转移中起重要作用。用 TNF-α 处理人类淋巴结衍生的转移前列腺癌细胞系（C-81LNCaP），通过刺激参与选择素配体合成的糖基和磺基转移酶基因表达，促进肿瘤细胞的运动和侵袭。用抗-SLeX 抗体或 E-选择素处理 TNF-α 刺激的细胞系，明显抑制体外肿瘤细胞的转移和侵袭。在炎症反应过程中，白细胞从外周血到周围组织的转运是重要步骤，T 淋巴细胞和内皮细胞的细胞黏附分子调节这一过程。L-选择素（CD62L）是一个重要的运输分子，调节人类肿瘤反应 T 淋巴细胞活性，参与获得效应细胞功能。$CD62L^+$T 细胞进入淋巴结后被抗原提呈细胞活化。CD62L 从淋巴结抗原活化的 T 细胞上脱落，进入循环行使效应功能。CD62L 基因敲除实验显示在淋巴细胞归巢到淋巴组织和炎症部位的过程中 CD62L 起主要作用。当遇到肿瘤抗原时，CD62L 在人类细胞毒性 T 淋巴细胞表达。T 细胞归巢到炎症部位及行使效应功能，免疫系统维持两者平衡。

进展期的人类黑素瘤表达 CXC 趋化因子受体 4（CXCR4）、趋化因子受体间质细胞衍生因子-1α（SDF-1α），CXCR4-SDF-1α 轴与黑素瘤的侵袭力有关。有学者发现 SDF-1α 特异性上调内皮细胞的 E-选择素表达，以此黏附循环中内皮祖细胞。体内和体外实验证实过度表达的 SDF-1α 促进黑素瘤细胞生长，促进循环内皮祖细胞归巢到肿瘤组织，并促进肿瘤血管生成。基因敲除血管 E-选择素，明显抑制 SDF-1α 诱导的循环内皮祖细胞归巢及肿瘤血管再生，进一步抑制黑素瘤生长，提示 E-选择素是抑制黑素瘤血管生成和肿瘤生长的新靶点。有研究对 311 例胃癌患者和 425 例对照组进行 E-选择素基因分型，发现两组 E-选择素变异体 rs5361（A>C）存在显著差异。多元回归分析显示 E-选择素 rs5361AC 基因型明显增加胃癌风险。病例组 E-选择素 rs5361 变异体 C 等位基因频率较高。E-选择素蛋白表达促进胃癌进展。E-选择素蛋白不仅在肿瘤间隙的血管内皮细胞表达，也在胃癌原发病灶和转移部位表达。该蛋白质与胃癌的临床病理特征密切相关，如年龄、肿瘤大小、分化程度和肿瘤转移阶段。胃癌细胞高表达 SLeX。西咪替丁通过降低活化的内皮细胞 E-选择素表达，降低胃癌细胞与活化的内皮细胞黏附而起到抗胃癌转移作用。抑制 E-选择素表达，肿瘤细胞与内皮细胞的黏附也相应减少。用 E-选择素和 SLeX 抗体预培养，西咪替丁抗肿瘤细胞黏附的作用被消除。

肿瘤相关聚糖在恶性肿瘤细胞的侵袭和转移中起重要作用，葡糖氨基聚糖类（GAG）与蛋白聚糖类（PG）相结合，进一步促进肿瘤细胞黏附和迁移。有报道在许多新生物组织中 PG 产量和 GAG 结构发生变化。CS/DS-GAG 存在于乳腺癌细胞表面，充当 P-选择素配体，具有高度转移的潜能。CSPG4 和 CHST11 基因在进展期乳腺癌细胞表达。细胞表面 P-选择素结合依赖 CHST11 基因表达。CSPG4 通过 CS 链参与 P-选择素与具有高度转移特性的乳腺癌细胞结合。CS-GAG 及其生物合成途径可望成为抗肿瘤转移治疗的靶点。P-选择素的异质性黏附是决定肿瘤细胞播散效能的重要方面。研究肿瘤细胞 P-选择素相互作用分子对评价肿瘤转移的风险、采取可能的处理方案具有重要意义。

在转移癌前阶段，原发肿瘤诱导形成播散的病灶，这些病灶血管通透性增加，内皮细胞黏着斑激酶（FAK）介导 E-选择素表达上调，导致转移的肿瘤细胞优先归巢到这些病灶。抑制内皮细胞 FAK 或 E-选择素活性，则减少播散病灶的癌细胞数量。肺脉管系统中内皮细胞 FAK 和 E-选择素的局部活化，介导转移的癌细胞最初归巢到肺组织特定的病灶。

七、选择素与器官移植

内皮细胞活化在异体器官移植排斥反应中起重要作用。在这一过程中，黏附分子 E-选择素和趋化细胞因子 IL-8 表达上调。研究显示，环孢素和糖皮质激素有效防止心脏内皮细胞 TNF-α 介导的 E-选择素表达。用内毒素处理培养的内皮细胞，环孢素和糖皮质激素分别以剂量依赖的方式抑制 E-选择素蛋白表达。在鼠心脏同种异体移植物急性排斥反应中，L-选择素依赖的淋巴细胞渗出是重要特征。心脏移植术后心内膜活组织检查证实急性排斥反应发生时，内皮细胞硫酸化或 SLe 修饰的 L-选择素表达水平明显升高，心脏内皮细胞的这种表位表达越多，组织学观察到的排斥反应越严重。随着排斥反应缓解，这些聚糖类分子表达水平下降。研究表明，内皮 E-选择素、L-选择素、内皮聚糖型 L-选择素配体均可诱导淋巴细胞向炎症部位转运，这为基于聚糖的免疫调节干预提供靶标。动物实验研究显示 P-选择素受体阻止皮肤、肝、小肠移植物抗宿主病的发生，降低移植物抗宿主病的死亡率，这与减少集合淋巴结和小肠中再激活的 T 细胞浸润有关。在移植物抗宿主病的发生中，不仅通过 P-选择素糖蛋白配体 1，还有多种配体与 P-选择素相互作用，介导供体 T 细胞转运到炎症部位。骨髓移植患者 P-选择素缺乏会减轻移植物抗宿主病，同时脾脏和次级淋巴结的供体 T 细胞有所增加。以 P-选择素为靶点可能对移植物抗宿主病的防治是好策略。

研究显示，黏附分子的基因多态性与肾移植生存率有关。黏附分子的基因多态性会改变其功能和表达，影响白细胞在移植器官的浸润，认为黏附分子的基因多态性作用等同于次要组织相容性抗原。肾移植术后除常见的冠状动脉病变风险因素，肾移植患者的凝血功能障碍也不容忽视。肾移植患者由于血管内皮细胞损伤，导致内皮功能障碍，P-选择素表达水平升高，促进血栓形成，增加肾移植术后的心血管事件。一项前瞻性多中心研究揭示肺移植术后可溶性 P-选择素水平与原发性移植物功能障碍（PGD）的风险有关。该研究纳入 376 例肺移植患者，在肺移植前和肺再灌注后 6h 和 24h、肺移植术后 72h 检测血清 P-选择素水平，以 61 例无原发性移植物功能障碍的患者为对照组，结果显示移植术后 P-选择素水平升高与 PGD 的风险有关。原发性移植物功能障碍常在肺移植术后因缺血再灌注损伤而迅速发生，表现为急性肺损伤。中性粒细胞与肺血管内皮的黏附、渗出和浸润是启动急性肺损伤和 PGD 的关键步骤。在中性粒细胞稳定黏附到血管壁的过程中，血小板活化起着重要作用。急性肺损伤动物模型显示可溶性 P-选择素水平升高，表明存在血小板的活化。血小板活化升高了可溶性 P-选择素水平，增加了肺移植术后 PGD 的风险。在鼠肺移植模型中，P-选择素基因敲除对缺血再灌注的移植肺起到保护作用。部分肝叶切除后机体呈高凝状态，因此肝移植供体存在术后血栓形成风险。有研究观察 12 例肝叶切除的供体和 8 例对照组，发现在术后早期，凝固抑制蛋白 C、抗凝血酶均降低，同时Ⅷ因子和 von Willebrand 因子增加，促血栓形成的标记凝血酶-抗凝血酶复合物增加 10~30 倍，可溶性 P-选择素增加 1.5~2 倍，表明止血系统功能失调。血栓形成组，在第 1 天、第 2 天凝血酶-抗凝血酶复合物明显升高，术后第 2 天、第 4 天 P-选择素水平也明显升高，表明肝叶切除后有必要预防血栓形成。凝血酶-抗凝血酶复合物和 P-选择素在术后血栓形成的并发症中是早期的预测指标。在脑死亡心脏移植供体中，P-选择素明显上调。在移植过程中 85% 的血管存在 P-选择素表达，移植后下降到 60%。E-选择素表达从开始的 15% 升高到再灌注时的 45%，手术后又逐渐降低，表明心脏移植过程中内皮细胞被活化。

八、选择素与皮肤疾病

E-选择素是微血管内皮细胞的Ⅰ型膜蛋白，介导白细胞滚动到微血管内皮。促炎细胞因子 IL-1α 和 TNF-α 诱导 E-选择素组成性表达于炎症组织的微血管内皮，有助于循环白细胞招募到皮肤、骨和炎症组织。选择素与循环白细胞的配体相互作用，引起特征性的白细胞滚动。皮肤炎症状态下诱导产生内皮细胞黏附分子 E-选择素，在各种皮肤病真皮微血管表达，与 E-选择素配体——一种淋巴细胞相关抗原相互作用，参与变应性皮炎的发生机制。T 细胞亚群归巢到变应原暴露的皮肤，这一过程中黏附分子起重要作用。有研究对 30 例特应性皮炎患者的皮损活检标本，应用免疫组织化学方法检测表皮和真皮 E-选择素表达，结果显示在真皮血管内皮 E-选择素表达异常显著。有学者观察到皮肤炎症或感染时患者 P-选择素水平明显高于健康对照组，治疗后 P-选择素水平逐渐降低。近来有报道银屑病患者存在血管闭塞性疾病，银屑病的发生机制可能与血小板活化有关。研究显示血浆血小板源性微粒（PDMP）和可溶性 P-选择素水平明显高于对照组，随着临床症状的改善而逐渐降低。在银屑病患者，P-选择素水平与病变严重性指数呈正相关。因此 P-选择素表达既可作为皮肤炎症的生物学标记，又可帮助监测皮肤炎性疾病的治疗效果。弹性假黄瘤是影响皮肤、视网膜和血管系统的遗传性疾病。在弹性假黄瘤患者，P-选择素水平明显升高，并且与 ABCC6 基因位点相关。2 个突变型 ABCC6 等位基因患者 P-选择素水平升高 1.5 倍。一项研究显示过敏性紫癜患儿 P-选择素启动子-2123 中 GG 基因型和 C 等位基因频率明显升高，在合并肾炎与不合并肾炎的患儿中 P-选择素启动子-2123 基因型和等位基因频率无差异。

九、选择素与自身免疫性疾病

疱疹性皮炎和大疱性类天疱疮属于自身免疫性疾病，以基底膜的结构破坏为主要特征，黏附分子选择素和整合素在其发病机制中扮演重要角色。有学者对 75 例风湿性关节炎（RA）、系统性硬化症（SSc）和系统性红斑狼疮（SLE）患者在不同临床阶段检测循环中 P-选择素、L-选择素水平和 T 淋巴细胞活化程度，结果显示 RA 患者平均 P-选择素水平明显高于正常对照组，但较临床缓解期患者低；SSc 患者平均 P-选择素水平也明显高于正常对照组，尤以疾病早发阶段为高；SLE 患者平均 L-选择素水平明显高于正常对照组，与疾病活动程度无相关性。反映 T 细胞活化指标——可溶性白细胞介素-2 受体（sIL-2R）在 3 组患者中几乎均是正常对照组的 2 倍。在 SLE 组，L-选择素水平与 sIL-2R 存在明显的正相关性，表明选择素与风湿性关节炎、系统性硬化症和系统性红斑狼疮的发生有关。动物实验也显示 TNF-α 和其他细胞因子诱导 E-选择素在内皮细胞表达，参与风湿性关节炎和胶原诱发性关节炎的发病机制。

溃疡性结肠炎和克罗恩病是以慢性肠道功能紊乱为特征的炎症性肠病。其机制是由于免疫调节障碍，细胞黏附分子介导白细胞外渗及白细胞在炎症肠黏膜上聚集。P-选择素糖蛋白配体-1 参与炎症性肠病中 T 细胞募集，以及局部 Th1 和 Th17 细胞因子的产生。PSGL-1 缺失则减少结肠 $CD4^+T$ 细胞数，减轻炎症性肠病。有研究观察到炎症性肠病患者 E-选择素基因 L554F 和 L-选择素基因 F206L 存在变异。与对照组比较，在溃疡性结肠炎和克罗恩病患者中 L-选择素 206L 等位基因频率明显升高，E-选择素基因中等位基因或基因型频率无差异。F/L206基因频率在溃疡性结肠炎左半结肠炎亚型中明显升高。波兰一项研究对31例克罗恩病患者、27例溃疡性结肠炎患者和20例健康对照组进行血清可溶性E-选择素和L-选择素的检测，在炎症性肠病患者中，可溶性E-选择素水平高于健康对照组，而L-选择素水平低于健康对照组，但无统计学差异。在活动性克罗恩病患者中，E-选择素水平明显高于疾病缓解期患者，L-选择素水平在活动期和缓解期患者无差异，表明E-选择素对评价克罗恩病炎症活动性具有重要意义。有研究发现E-选择素在Graves病和桥本甲状腺炎患者的内皮细胞呈上调表达，在甲状腺组织炎症明显的区域多见。P-选择素、E-选择素、CD31和内皮因子在Graves病和桥本甲状腺炎患者中表达升高。

（柯比努尔·吐尔逊）

参 考 文 献

董立科. 2017. 血小板计数和P-选择素水平在重症感染患者中的表达及其临床意义. 临床合理用药杂志：161～162.

黄洁，杨海英，王德伟，等. 2017. 循环组织型金属蛋白酶抑制剂4与可溶性E选择素联合检测对慢性心力衰竭病情及预后的评估价值. 中国心血管杂志：121～125.

李嘉琳，李梦诗，李斌，等. 2017. P-选择素缺失对小鼠生理特征的影响. 中国实验动物学报：14～19.

李世荣，苏园园，黄颖珊. 2016. E-选择素、CD14及VCAM1水平与生殖道沙眼衣原体感染的相关性分析. 标记免疫分析与临床：760～762，765.

李滔，王昌富，梅冰，等. 2017. P-选择素基因S290N和P-选择素糖蛋白配体-1基因M62I多态性与缺血性脑梗死临床关联性研究. 临床神经病学杂志：24～28.

刘海丰，严培玲. 2017. 布地奈德直肠给药治疗远端溃疡性结直肠炎的临床疗效及对P-选择素，ICAM-1表达影响. 健康研究：103～104，106.

刘赟，吴星恒. 2017. 乌司他丁干预对脓毒症幼鼠血清肿瘤坏死因子-α、P-选择素和凝血酶抗凝血酶复合物水平的影响. 中国当代儿科杂志：237～241.

毛晨梅，郁丹红，桂环. 2017. 橙皮素抑制P-选择素诱导的乳腺癌转移作用机制研究. 中草药：714～721.

魏从真，朱淑敏，史筱茜，等. 2017. 病毒性脑炎患儿选择素和sVCAM-1的变化及意义. 广东医学：705～708.

张玲. 2017. 2型糖尿病合并冠心病患者可溶性P选择素与超敏C反应蛋白的相关性研究. 当代医学：9～11.

张蕴鑫，刘建龙，贾伟，等. 2017. P-选择素、溶酶体颗粒糖蛋白、血小板活化因子和血浆D-二聚体水平与下肢深静脉血栓形成的关系. 中国老年学杂志：1221～1223.

Antonopoulos CN, Sfyroeras GS, Kakisis JD et al. 2014. The role of soluble P selectin in the diagnosis of venous thromboembolism. Thromb Res, 133(1)：17～24.

第二十七章 整 合 素

整合素为细胞黏附分子家族的重要成员之一,由于其主要介导细胞与细胞、细胞与细胞外基质(ECM)的相互黏附,并介导细胞与 ECM 的双向信号转导,使细胞得以附着形成整体,故被称为整合素。整合素在体内表达广泛,大多数细胞表面都可表达一种以上的整合素,在多种生命活动中发挥关键作用。

第一节 整合素的分子结构及分布

一、整合素的分子结构

整合素最早由 Richard 于 1987 年提出,是指细胞与细胞或细胞与 ECM 相关联的细胞膜表面的一族细胞黏附分子。整合素结构上是由α、β两个亚基以非共价键结合形成的异二聚体糖蛋白。目前已有至少 18 种α亚基和 8 种β亚基被确认,它们按不同的组合构成 24 种整合素(图 27-1)。α、β两种整合素亚基都是 I 型跨膜蛋白,不同的整合素α亚基或β亚基之间的氨基酸序列有不同程度的同源性,它们在结构上的共同特征为:都有一个较长的胞外域、一个单次跨膜域和一个较短的无催化作用的胞内域(β_4亚基除外)。整合素α亚基的分子质量为 150~210kDa,β亚基中除个别分子质量较大(如β_4分子质量为 210kDa)外,基本为 90~110kDa。各α亚基多肽链的氨基酸序列表现出较多的相异性,它的胞外域含有 Ca^{2+} 结合区,胞质区近膜处都有非常保守的 KXGFFKR 序列,与整合素活性的调节有关。靠近外侧 N 端的 3 个或 4 个重复序列中含有 Asp-X-Asp-X-Asp-Gly-X-X-Asp 或类似结构,它与整合素分子结合二价阳离子(Mg^{2+})有关,并与β亚基共同构成整合素分子的配体结合部位。不同β亚基均有部分保守的氨基酸序列,占总氨基酸数的 40%~48%。β亚基胞外域大都含有 4 个富含半胱氨酸残基的重复序列,靠近外侧 N 端的 40~50kDa 的氨基酸残基通过链内二硫键紧密折叠在一起,C 端位于胞质内。

二、整合素家族成员及分布

根据β亚基的不同,整合素被分为 8 个不同的亚家族(β_1~β_8),同一亚家族中的整合素β链相同,α链不同。另外,一种α亚单位可与多种β亚单位结合。因此,整合素亚家族的划分并非绝对严格。表 27-1 列举了整合素家族中的 8 个亚家族及其中的主要成员。下面对主要成员做简要介绍。

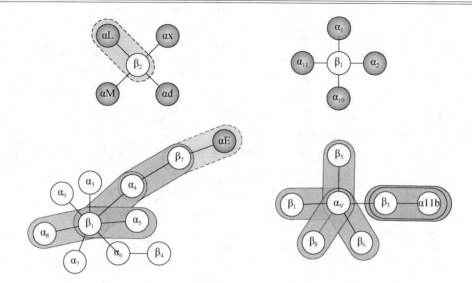

图 27-1 整合素亚型

(引自：Ley K，Rivera-Nieves J，Sandborn WJ，et al. 2016. Nat Rev Drug Discov，15：173-183)

表 27-1 整合素家族中的一些主要成员

组别		名称	组织分布	配体
β_1	$\alpha_1\beta_1$	VLA-1、CD49a/CD29	单核细胞、活化 T 细胞、软骨细胞、平滑肌细胞、成纤维细胞、内皮细胞	LN、CO
	$\alpha_2\beta_1$	VLA-2、CD49b/CD29	单核细胞、血小板、B 细胞、T 细胞、NK 细胞等	LN、CO
	$\alpha_3\beta_1$	VLA-3、CD49c/CD29	单核细胞、T 细胞、B 细胞	FN、CA、LM
	$\alpha_4\beta_1$	VLA-4、CD49d/CD29	胸腺细胞、单核细胞、T 细胞、B 细胞、NK 细胞等	VCAM-1、FN
	$\alpha_5\beta_1$	VLA-5、CD49e/CD29	胸腺细胞、T 细胞、单核细胞、血小板	FN
	$\alpha_6\beta_1$	VLA-6、CD49f/CD29	胸腺细胞、T 细胞、单核细胞、血小板	LN
	$\alpha_v\beta_1$	CD51/CD29	血小板、内皮细胞、巨核细胞	FN、OPN
	$\alpha_7\beta_1$	CD49g/CD29	肿瘤细胞	LN
	$\alpha_8\beta_1$	-/CD29	平滑肌细胞、肺泡间质细胞	FN、OPN、VN、腱生蛋白
	$\alpha_9\beta_1$	-/CD29	PMN、皮肤	ADAM、OPN、FN、VEGF、VCAM-1
	$\alpha_{10}\beta_1$	-/CD29	软骨细胞、纤维组织	
	$\alpha_{11}\beta_1$	-/CD29	肿瘤细胞	CO
β_2	$\alpha_L\beta_2$	LFA-1、CD11a/CD18	淋巴细胞、单核细胞、粒细胞	ICAM-1、-2、-3
	$\alpha_M\beta_1$	Mac-1、CD11b/CD18	髓样细胞、NK 细胞	iC3b、ICAM-1、Fg
	$\alpha_X\beta_1$	P150-95、CD11c/CD18	髓样细胞	iC3b、ICAM-1、Fg、LPS
	$\alpha_D\beta_1$	CD11d/CD18	白细胞	ICAM-3

续表

组别	名称		组织分布	配体
β_3	$\alpha_{IIb}\beta_3$	GP II bIIIa、CD41/CD61	血小板、单核细胞、内皮细胞	Fg、vWF、FN、VN、TSP
	$\alpha_V\beta_3$	VN 受体、CD51/CD61	内皮细胞、血小板、NK 细胞	VN、Fg、vWF、LM、TSP、CD31
β_4	$\alpha_6\beta_4$	CD49f/CD104	复层表皮细胞	LN
β_5	$\alpha_V\beta_5$		肿瘤细胞、成纤维细胞	VN
β_6	$\alpha_V\beta_6$		某些肿瘤细胞系	FN
β_7	$\alpha_4\beta_7$		黏膜淋巴细胞、NK 细胞、嗜酸性粒细胞	VCAM-1、FN
	$\alpha_E\beta_7$	HML-1 抗原	黏膜淋巴细胞	
β_8	$\alpha_V\beta_8$			

注：LN. 层粘连蛋白；FN. 纤维粘连蛋白；CO. 胶原；Fg. 血纤蛋白原；VN. 玻连蛋白；TSP. 血小板反应蛋白；OPN. 骨桥蛋白。

1. 迟现抗原组（very late appearing antigen，VLA）亚家族或称β_1亚家族 β_1（CD29）整合素亚单位可与 CD49a～f（α_1～α_6）、CD51（α_V）及α_7～α_{11}分别组成 VLA-1～VLA-6、$\alpha_V\beta_1$（VNR-β_1）、$\alpha_7\beta_1$、$\alpha_8\beta_1$、$\alpha_9\beta_1$ 和$\alpha_{11}\beta_1$整合素分子。由于最早发现的 VLA-1 和 VLA-2 分子是在用同种异体抗原或外源凝集素活化淋巴细胞后 2～4 周才出现，因此习惯称为迟现抗原。CD29 表达十分广泛，包括所有白细胞。CD29 在记忆 T 细胞的表达水平高于未致敏 T 细胞。含β_1亚家族的整合素主要介导细胞与细胞外基质成分的黏附。CD29 胞质区与细胞骨架相互结合导致 T 细胞活化，并可调节 CD29 的黏附功能。VLA 家族成员的配体各异，某些成员可有多种配体，且依其表达的细胞不同而与不同配体结合。黏附作用的稳定有赖于多种整合素协同。整合素与配体结合主要是通过识别配体分子中特定的氨基酸序列，大多为精氨酸-甘氨酸-天冬氨酸序列（Arg-Gly-Asp，RGD），简称 RGD 序列。β_1亚家族也可按识别不同配体分为三大类，分别为：①识别 RGD 序列的整合素，包括$\alpha_5\beta_1$、$\alpha_V\beta_1$；②识别非 RGD 序列的整合素，包括$\alpha_2\beta_1$、$\alpha_4\beta_1$；③识别序列不明确的整合素，包括$\alpha_1\beta_1$、$\alpha_6\beta_1$、$\alpha_7\beta_1$、$\alpha_8\beta_1$ 等。

2. 白细胞黏附分子亚家族或称β_2亚家族 含β_2亚家族的整合素主要存在于各种白细胞表面，包括由分子质量为 95kDa 的β_2亚单位（CD18）分别与 CD11a～c（α_L/CD11a、α_M/CD11b 和α_X/CD11c）亚单位和α_D亚单位组成的整合素二聚体 LFA-1（$\alpha_L\beta_2$）、Mac-1（$\alpha_M\beta_2$）、p150-95（$\alpha_X\beta_2$）、$\alpha_D\beta_2$，以及$\alpha_4\beta_7$和$\alpha_E\beta_7$。白细胞黏附分子亚家族介导细胞间的相互作用，CD18 胞质区可与多种细胞骨架蛋白相互作用，如α辅肌动蛋白和细丝蛋白及胞质调节分子 cytohesin-1。此外，它们还在炎症和免疫中发挥重要作用。

其中的淋巴细胞功能相关抗原 1（lymphocyte function associated antigen-1，LFA-1）即$\alpha_L\beta_2$（CD11a/CD18），是重要的细胞间黏附分子，为形成免疫突触所必需。其功能为：参与 CTL、NK 细胞的杀伤效应；参与 Th 细胞增殖反应；参与粒细胞及单核/巨噬细胞介导的 ADCC；参与白细胞定位、渗出和迁移，淋巴细胞向外周淋巴结归巢等。

另一个重要的β_2成员是 Mac-1，即$\alpha_M\beta_2$（CD11b/CD18），又称补体受体 3（CR3）。在人类被称为 Mol，表达于 PMN、单核/巨噬细胞和某些淋巴细胞表面，在宿主防御，特别是抵抗细菌和真菌感染方面发挥重要作用。作为补体受体，Mac-1 可识别 C3bi，并与之结合，进而调理吞噬，在单核细胞和中性粒细胞穿过内皮细胞层迁移到炎症部位时起重要作用。Mac-1 还参与 PMA 诱导的中性粒细胞相互黏附及趋化作用。

表 27-1 中列举的第 3 个 β_2 成员是 CD11c 与 CD18 组成的 p150-95 二聚体（$\alpha_X\beta_2$），又称补体受体 4（CR4），它亦可结合 C3bi，主要分布于单核细胞、PMN 和某些活化的淋巴细胞表面。p150-95 在 CTL 杀伤及中性粒细胞和单核细胞黏附到内皮细胞的过程中起重要作用，并参与粒细胞的呼吸爆发和 B 细胞的活化。炎症刺激剂可诱导储存于胞内颗粒中的 p150-95 迅速转移到细胞表面。

3. 细胞黏附素亚家族或称 β_3 亚家族 β_3 亚单位为 CD61，分子质量为 105kDa，表达于血小板、巨核细胞、单核细胞和内皮细胞，介导血小板的聚集，并参与血栓形成。CD61 可与 CD41 和 CD51 分别组成血小板糖蛋白 II bIIIa（GP II bIIIa，$\alpha_{IIb}\beta_3$）和 VN 受体（$\alpha_V\beta_3$）。其中的 GP II bIIIa（CD41/CD61）高表达于血小板表面，其配体主要为 FB，也可与 FN、vWF 和 TSP 低亲和力结合。GP II bIIIa 在血小板受到凝血酶、腺苷二磷酸（ADP）和胶原等刺激活化后，即可与相应配体结合。活化血小板表面 GP II bIIIa，通过结合 FN 和 VN 而发生黏附及凝集，也介导血小板与内皮下基质的黏附。而 CD51/CD61 是玻连蛋白受体（vitronectin receptor，VNR），介导血小板黏附于固相化的玻连蛋白，代表 $\alpha_V\beta_3$ 整合素。$\alpha_V\beta_3$ 作为 ECM 纤维粘连蛋白、玻连蛋白、层粘连蛋白、胶原蛋白等的受体，其分布广泛，在内皮细胞、平滑肌细胞、造血细胞（如血小板和破骨细胞）中均有发现，并大量表达于血管新生促进因子刺激下活化的内皮细胞和肿瘤细胞中。CD51/CD61 和 CD41/CD61 还可与称为整合素相关蛋白的 CD47 分子相连，后者发挥整合素功能。

4. β_7 亚家族 β_7 亚单位的分子质量为 110kDa，可与 α_4 亚单位（CD49d）组成 $\alpha_4\beta_7$。$\alpha_4\beta_7$ 整合素表达于黏膜淋巴细胞、NK 细胞和嗜酸性粒细胞，其配体为 VCAM-1（CD106）和纤维粘连蛋白（FN）。$\alpha_4\beta_7$ 结合高内皮小静脉（HEV）黏膜地址素 MAdCAM-1，使淋巴细胞归巢到派氏集合淋巴结和肠道黏膜固有层。β_7 与 α_E 亚单位（CD103）组成 $\alpha_E\beta_7$，大量表达于黏膜淋巴细胞，如肠道上皮内淋巴细胞中 95% 为 $\alpha_E\beta_7$ 阳性。$\alpha_E\beta_7$ 结合上皮细胞的 E-cadherin，对淋巴细胞归巢并滞留在肠道上皮细胞间可能有重要作用。

5. 其他 β 亚单位组成的整合素   其他 β 亚单位（β_4、β_5、β_6、β_8 等）可分别与不同 α 亚单位结合，介导细胞间相互作用。例如，β_4 可与肌动蛋白及其相关蛋白质结合，$\alpha_6\beta_4$ 整合素以层粘连蛋白为配体，参与形成半桥粒。整合素分子在体内分布很广泛。多数整合素分子可表达于多种组织细胞，如 VLA 组的整合素分子在体内广泛分布于各种组织细胞，而多数细胞可同时表达数种不同的整合素分子，但不同类型的细胞表达整合素分子的种类是不同的。某些整合素分子的表达具有明显的细胞类型特异性，如 GP II b/IIIa（α II bβ_3）主要表达在巨核细胞和血小板；LAF-1、Mac-1、p150、p95 表达在白细胞表面。每一种细胞整合素分子的表达可随其分化与生长状态的改变而变化。

三、整合素家族的配体

整合素家族的配体主要为某些细胞基质成分，如纤维粘连蛋白（fibronectin，FN）、纤维蛋白原（fibrinogen，FB）、胶原蛋白（collagen，CA）、玻连蛋白（vitronectin，VN）、层粘连蛋白（laminin，LM）、血栓海绵蛋白（thrombospondin，TSP）和 von Willebrand 因

子（vWF）等，参与介导细胞与 ECM 的相互作用。某些整合素可与细胞表面相应配体结合，从而介导细胞间黏附作用。

1. FN FN 可与 β_1、β_2、β_3、β_5、β_6 和 β_7 多组整合素结合，参与细胞的发育、生长、分化、活化和迁移。此外，FN 还可结合胶原蛋白、肝素、血纤维蛋白和其他细胞表面受体。FN 主要参与保持组织完整性及细胞与组织间的黏附，也与抗感染、结缔组织增生纤维化、血栓形成、组织发育和分化等相关。

2. LM LM 主要分布于细胞基底膜基质的透明层和某些肿瘤细胞的结缔组织中，其主要来源于基膜上皮细胞、血管内皮细胞和某些肿瘤细胞。LM 主要功能为参与介导 PMN 向炎症部位迁移，参与 NK 细胞杀细胞效应，参与肿瘤转移。

整合素分子与配体结合时，其所识别的仅是配体分子中由数个氨基酸组成的短肽序列。不同整合素分子可能识别相同的短肽序列或同一个配体中不同的短肽序列。由于同一短肽序列可存在于数种不同配体中，故每一整合素分子均可能以数种细胞外间质成分作为配体，而每一种细胞外间质中的配体也可能被数种不同整合素分子识别。整合素的不同 α、β 链结合决定其与不同 ECM 蛋白配体结合的特异性，不同的 α、β 二聚体识别相同或不同的配体。例如，纤维粘连蛋白的受体是 $\alpha_5\beta_1$，只识别单一配体，但更常见的是一个整合素分子可结合多种配体，此外，多种整合素结合相同的基质蛋白也导致功能的进一步重叠。亚单位之间的组合不是随机的，多数 β 亚单位只能结合 1 个 α 亚单位，如 β_4、β_5、β_6、β_8，这 4 个亚单位只能结合 1 个 α 亚单位，也有 β 亚单位可与多个 α 亚单位结合，如 β_1 亚单位至少可与 9 个不同的 α 亚单位结合。

第二节　整合素的生物学功能

整合素作为跨膜接头在细胞外基质和细胞内肌动蛋白骨架之间起双向联络作用，将细胞外基质同细胞内的骨架网络连成一个整体，这就是整合素所起的细胞黏附作用。整合素还可作为介导信号传递的膜分子，通过独特的信号转导途径，参与细胞的多种生理功能和病理变化。整合素的生物学功能主要包括细胞的信号转导与活化、细胞的伸展和移动、细胞的生长和分化、炎症、创伤愈合等过程。

一、整合素在细胞黏附中的作用

α、β 异二聚体的胞体外域连接成球形区域，并含有一个二价阳离子结合域，整合素通过此结合域可特异性识别配体的 RGD 三肽序列，从而与胶原蛋白、层粘连蛋白、凝血酶敏感蛋白、纤维粘连蛋白、玻连蛋白、骨桥蛋白等细胞外基质结合，为细胞黏附提供附着点，介导细胞与细胞、细胞与 ECM 的相互作用。RGD 是整合素主要的识别位点，此外，整合素识别的序列还包括 GPR 序列、CS21 短肽、CS25 短肽、P1 短肽、P2 短肽等。

整合素的跨膜域相对保守，可与许多细胞因子及其他可溶性调节因子共同作用调节整合素的功能。

整合素的胞内域则可与细胞骨架蛋白连接，如 α-辅肌动蛋白、踝蛋白、黏着斑蛋白、张力蛋白，并最终连接到肌动蛋白，引起细胞的形态变化。

由此，整合素将细胞外基质与细胞内骨架蛋白连接在一起，介导细胞与细胞及细胞与细胞外基质的黏附，维持细胞的形态，影响细胞的增殖、黏附、运动、吞噬等作用。

研究结果表明，细胞黏附分子的表达机制和功能的改变都会对肿瘤、疾病及干细胞产生影响。含β_1亚单位的整合素主要介导细胞与细胞外基质成分的黏附。在整合素家族中，整合素β_1（CD29）是整合素家族中的一员，CD29还独特表达于心肌，它可作为心肌细胞与ECM相互作用的黏附受体，使细胞得以附着ECM形成整体，介导细胞感受环境变化并做出反应或提高适应环境的能力。它在炎症反应、细胞增殖、细胞分化、组织修复、细胞凋亡及基因表达的调节中起重要作用。近年研究结果发现，在小鼠体内用抗体抑制CD29的作用，能够阻止迟发型超敏反应的发生，包括移植物诱发的宿主疾病、抗体诱导的关节炎、半抗原诱导的结肠炎等。慢性心肌炎小鼠心肌CD29的表达随着心肌炎症及纤维化的进展而逐渐升高，其机制可能在于：①为炎症细胞的募集和保留提供一种黏附环境；②在以后的过程中作为层粘连蛋白、纤维粘连蛋白和玻连蛋白的受体参与对心肌细胞的固定；③像急性心肌炎中高度表达的细胞间黏附分子一样，调节释放毒素的免疫效应使细胞黏附并表达CD29的心肌细胞。胰岛素样生长因子21（IGF-21）能够通过PI32K/AKT途径上调β_1亚基的表达；研究发现，免疫力低下的动物，β_6亚基的缺失可使损伤愈合延迟，而β_6亚基的过表达则可促进损伤的愈合。

二、整合素在细胞信号转导中的作用

整合素作为细胞黏附分子大家族的一部分和细胞表面的受体分子，在介导细胞内外的信号转导中也起重要作用。整合素相关信号通路的调节，影响整合素的生物学功能，包括调节细胞周期、细胞凋亡、细胞迁移等。整合素激活两种酪氨酸依赖性通道，即聚焦黏附激酶（focal adhesion kinase，FAK）和SHc通道，大部分整合素通过激活FAK通道传导信号，但$\alpha_1\beta_1$、$\alpha_5\beta$、$\alpha_V\beta_3$也激活SHc通道（图27-2，见彩图8）。

1. 整合素信号转导的结构基础 整合素的胞外区与ECM相连，胞内区则与细胞骨架相接，形成黏附斑，并介导细胞内外信号的传递。整合素通过特殊分子结构将ECM与细胞内的细胞骨架系统相连，ECM-整合素-细胞骨架蛋白所构成的焦点黏附物是整合素信号转导的结构基础，许多信号蛋白通过与焦点黏附物结合，在整合素介导的信号转导中发挥作用，如FAK、磷脂酰肌醇23激酶（phosphatidyl inositol 23 kinase，PI23K）等。而它与ECM中配体的连接可促使黏附斑（focal adhesion plaques，FAP）的形成。经研究认为整合素β亚基胞内区是FAP形成必需的，即其主要进行信号传递，而α亚基只起调节作用，正常情况下其封闭β亚基胞内区活性。但是并非所有的β亚基都能介导FAP的形成，有此功能的β亚基在不同物种间和不同亚基间在结构上存在一些共同的基序，如"天冬酰胺-脯氨酸Xaα-酪氨酸（NPXY）α"基序等，而那些序列相对开放的亚基如β_4、β_5、β_{1c}、β_{1b}等则无此功能。FAP的存在为信号分子间的反应提供支架，利于整合素介导的信号传递，故其为信号转导复合体。因此，FAP是整合素信号转导的结构基础。黏附斑中除桩蛋白、辅肌动蛋白等细胞骨架蛋白外，还存在多种重要信号转导分子，如TPK、蛋白激酶C、整合素连接激酶、接头蛋白、Rho GTP酶等，黏附斑的存在为这些信号分子间的反应提供支架，利于整合素介导的信号传递。

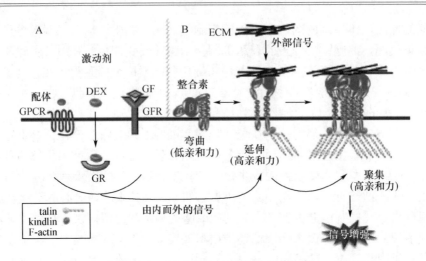

图 27-2 整合素信号转导通路示意图

A.整合素可被 G 蛋白偶联受体（GPCR）或生长因子受体（GFR）信号通路介导的由内而外的信号激活。这些细胞内信号通路导致整合素变为扩展、高亲和性构象。通过 GPCR 激活整合素的配体，有参与淋巴细胞转运的趋化因子，而激活整合素的生长因子包括 FGF、HGF 和 VEGF。在小梁网细胞（TM），地塞米松（DEX）也可作为受体激动剂通过糖皮质激素受体（GR）信号活化整合素构象。B.当整合素呈弯曲构象时，其跨膜域和胞质域密切相关。在激活过程中，跨膜域和胞质域分离，踝蛋白或 kindlin 等胞质蛋白可绑定和稳定扩展的构象。整合素还可通过与 ECM 的特异配体结合引发由外而内的信号，进而发生高亲和性的构象变化。多价 ECM 蛋白可诱导整合素聚集，并增强该信号

[引自：Gagen D，Faralli JA，Filla MS，et al.2014. J Ocul Pharmacol Ther，30（2-3）：110-120]

2. 整合素激活 FAK 信号转导通路的机制　聚焦黏附激酶（focal adhesion kinase，FAK）是一种非受体酪氨酸蛋白激酶（PTK），与整合素受体连接，在细胞表面信号蛋白聚集成黏附斑复合体的过程中起关键作用。FAK 是整合素依赖性信号转导通路的基础分子，在整合素介导的信号转导途径中起关键作用，整合素-FAK 信号转导通路主要介导细胞的黏附和迁移，调节细胞增殖、存活及分化。FAK 是细胞活动的调节物，体内 FAK 缺乏时细胞活动性降低，FAK 表达增高时细胞活动性增强。FAK 的分子质量为 125kDa，可分为三个结构域：N2 端区、激酶区和 C2 端区。N2 端区和 C2 端区结构域较大，位于激酶结构域外侧，激酶结构域则具有蛋白质酪氨酸激酶共有的底物结合位点和催化位点。C2 端区的第 856~1012 位氨基酸构成一个黏附斑定位区（profocal adhesion targeting，FAT），将 FAK 定位于 FAP。在羧基端还有 2 个脯氨酸富集区。FAK 具有 6 个可磷酸化的酪氨酸位点，其中 Tyr397 和 Tyr407 位于 N2 端区，Tyr576 和 Tyr577 位于激酶区的活化环内，Tyr861 和 Tyr925 则位于 C2 端区，这些区域都是 FAK 发挥信号转导功能的关键部位。Schlaepfer 等研究发现在未激活的 FAK 分子内，N2 端区和 C2 端区结构域相互连接，掩蔽催化结构域 Tyr397。整合素与 ECM 配体结合后，促使 FAP 形成，整合素 β_1、β_3 和 β_5 亚基的胞质端与 FAK 的 N2 端区结合，从而引起 FAK 构象的改变，使激酶结构域处于活化状态，同时 Tyr397 自身磷酸化而与 Src 的 SH2 结合形成 FAK/Src 信号转导复合物。Tyr397 是 FAK 的主要磷酸化的位点，也是 Src 族激酶的高亲和力位点。Src 和 FAK 能够相互激活，两者结合后 Src 羧基端的调节性酪氨酸被 FAK 的 Tyr397 取代，消除 Src 的自体抑制，Src 被激活，活化的 Src 催化 FAK 的 Tyr407、576、577 和 925 磷酸化，使 FAK 完全活化。活化的 FAK 进

而通过桩蛋白、Grb2、Cas、PI3K 等与信号转导有关的多种下游分子，激活多条信号转导通路。所以，尽管 FAK 本身不能直接磷酸化其他底物，但是其自身磷酸化后可活化一系列下游信号分子，因而被认为在整合素信号通路中起关键作用。

3. 激活 FAK 后的信号转导通路

（1）FAK-Ras-丝裂素激活蛋白激酶（MAPK）通路：MAPA 信号通路是广泛存在于各种动物细胞中的一条信号转导途径，对于细胞周期的运行和基因表达具有重要的调控作用。它由一组以级联方式依次活化的丝/苏氨酸蛋白激酶组成，以此将细胞外信号逐级放大并传导到细胞质乃至细胞核，把膜受体结合的胞外刺激物与细胞质和细胞核中的效应分子连接起来，在细胞增殖、迁移、分化、生存、凋亡、炎性反应信号转导、肿瘤细胞增殖及参与调控体内多种物质代谢中起重要作用。此通路包括两个方面：一方面，FAK/Src 复合后，可以磷酸化 Crk 相关底物（Crk-associated substrate，Cas）和桩蛋白；两者酪氨酸磷酸化后，除可调节细胞骨架外，还产生其他含 SH2 结构域蛋白如 Crk 的结合部位，进而通过 Crk 激活 Ras/MAPK 途径；另一方面，FAK/Src 复合导致 FAK 的 Ty925 磷酸化，为另一种接头蛋白 Grb2 提供结和位点；Grb2 的 SH3 可与 SOS 结合，SOS 蛋白是一种鸟苷酸交换因子，通过连接蛋白 Gb2 与在酪氨酸残基上被磷酸化的受体相连接。因此，通过 Grb2，FAK 也可激活 Ras/MAPK 途径。活化的 MAPK 可激活多种转录因子，介导 FAK 调节基因表达的活性。

MAPK 信号转导通路采用高度保守的三级激酶级联传递信号，即 MAPK、MAPK 激酶和 MKK 激酶。在真核细胞中，目前已确定 5 条信号转导通路：细胞外信号调节蛋白激酶（ERK1/2）、c-Jun 氨基端激酶（JNK）/应激活化蛋白激酶（SAPK）、p38、ERK3/4 和 ERK5/大丝裂原活化蛋白激酶 1（BMK1）亚家族。ERK1/2 是迄今研究最广泛的一条 MAPK 信号转导通路：生长因子等细胞外因子与受体结合后，通过其细胞表面的受体酪氨酸激酶激活 Ras，活化的 Ras 以高亲和力结合到 Raf 丝氨酸/苏氨酸激酶并易位到细胞膜而激活，活化的 Raf 通过磷酸化两个丝氨酸残基而激活 MEK，活化的 MEK 通过磷酸化活化环中的 Thr-Glu-Tyr 基序而激活 ERK，从而激活 Ras-Raf-1-MEK1/2-ERK1/2 信号模块，而活化的 ERK 可易位到细胞核通过磷酸化调节基因表达和激活各种转录因子。

（2）FAK-磷脂酰肌醇 3 激酶（PI3K）通路：研究证实，FAK/PI3K 结合是通过 FAK 的 Tyr397 直接与 PI3K p85 亚基的 SH2 结构域连接而实现的。在 Ras 的参与下，PI3K 被激活，进而通过蛋白激酶 B 即 PKB 成员 AKT 磷酸化一系列下游分子 [如 bad、核因子κB（NF-κB）、cAMP 反应元件结合蛋白（CREB）、survivin 及 forkhead 转录因子家族成员 FKHRL1 等]，导致 bcl-22 转录增强。

（3）FAK-信号转导和转录激活蛋白（STAT1）通路：研究发现，STAT1 蛋白可与 FAK 直接结合并发生酪氨酸磷酸化而被激活。这种结合具有 STAT1 特异性，且依赖于 FAK 的羧基端结构域。STAT1 激活后将导致细胞黏附下降和迁移增强。

（4）整合素激活 SHc 信号转导通路的机制：某些整合素可激活 SHc 途径。借助膜接头蛋白 cavalin1，整合素的α链能和 Src 家族的 Fyn 连接。当配体和整合素结合后，Fyn 被激活，它的 SH3 区与 SHc 的脯氨酸富集区结合。这样 SHc 的 Tyr317 被磷酸化，与 Grb2/msos 复合物结合激活 Ras/MAPK 途径。有研究认为 SHc 位于 FAK 的下游，ERK 的激活依赖于 FAK 对 SHc 的磷酸化。但 Laura 等应用初级成成纤维细胞整合素β链的突变体，证实 SHc

的磷酸化和下游 ERK 的激活并不依赖 FAK。而且在表达 B-Raf 的细胞中,通过 Rap1/B-Raf 激活 ERK。SHc 和 FAK 两条途径在激活和功能上都可相互独立。

(5) 整合素/FAK 信号转导通路的主要生物学功能:整合素/FAK 信号转导通路的主要生物学功能有三方面。①介导细胞的黏附和迁移。可由 FAK-Ras-MAPK 和 FAK-PI3K 通路介导,与其对细胞骨架的调节有关;也可由 FAK-STAT1 通路介导,这与下游基因的转录有关。②调节细胞增殖和存活。主要由 FAK-Ras-MAPK 通路介导,与某些调节基因的表达相关;也可由 FAK-PI3K 通路导致 bcl-2 转录增强介导。此外,整合素-SHc-Ra-ERK(MAPK)亦可保护细胞不发生凋亡。③调节分化。由 FAK-Ras-MAPK 通路的外向信号传递介导,即依赖于 MAPK 的整合素与配体结合力的削弱,通过减少生长促进信号转导而导致细胞生长停滞和分化。

(6) 整合素转导信号的机制:整合素以两种构型存在——潜伏型(低亲和力状态)和激活型(高亲和力状态)。一方面,整合素与胞内信号分子结合后,由潜伏型转化为激活型,从而与胞外配体亲和力增高,将胞内信号传递至胞外,该过程依赖于整合素跨膜域结构的改变。在整合素α、β亚基的胞内域,存在着一些小的区域,通过其他相关蛋白发生磷酸化或去磷酸化,使整合素的活化状态发生改变,最终影响与其配体的结合、整合素的聚集、细胞间的黏附及细胞外基质的变化等,这是由内向外的信号转导过程。另一方面,整合素与相应配体结合后,通过 FAK-Ras-MAPK、FAK-STAT1 等通路向细胞内传递信号,引起细胞质与胞内某些信号分子的相互作用,导致细胞骨架重组,最后影响基因的表达,进而影响细胞的增殖、分化、基因转导、凋亡等生物学行为。同时,还能将细胞内信息传出,调节细胞与细胞外基质成分黏附的特异性和亲和力,这是由外向内的信号转导过程。因此,整合素通过胞内、外结构域构象的改变可介导胞外-胞内和胞内-胞外的两种信号转导,是双向的信号传递分子,即细胞内的信号能调节整合素胞外区的活性,而细胞外基质与整合素胞外区的结合,又能将信号传递至细胞内。

研究显示,整合素必须在激活后才能与胞内信号分子发生联系,即整合素与细胞外配体结合后,胞外域结构伸直,引起跨膜域和胞内域的结构改变,破坏α和β亚基的连接,两亚基胞内域相互分离,暴露β亚基,使其与细胞内蛋白亲和力增高。但是跨膜域和胞内域是如何改变的,目前尚不清楚。由于其β链连接于细胞骨架,故被推测为信号传递的关键,而α链则负责与基质的特异性黏附。目前普遍认为低活性、高活性整合素$α_Vβ_3$的胞外结构域处于伸展状态以致球状结构域能吸附配体,而无活性的整合素$α_Vβ_3$处于折叠状态,其球形结构域不能吸附配体。整合素$α_Vβ_3$能够通过两种途径介导跨膜的双向信号传递作用:①通过胞内外及跨膜区结构域构象的改变致使细胞骨架重组,改变细胞形状和细胞内结构传递信号;②与配体结合产生细胞内的生化信号。整合素$α_Vβ_3$与其他细胞表面受体(如激素及其他可溶性信号分子受体)的区别在于它在细胞表面有较高的浓度,但与其配体结合的亲和力却较低,一旦受到某些刺激,分散的整合素就会迅速聚集成簇,在细胞表面形成黏附斑,亲和力增强,此聚集复合物根据其结构特点的不同可具有不同功能。此外,整合素$α_Vβ_3$在介导血管内皮细胞和肿瘤细胞的黏附、肿瘤生长、骨组织的维持等方面也具有重要作用。

(7) 信号转导的磷酸化调控:对蛋白质的 Ser/Thr 或 Tyr 残基进行磷酸化,这一重要的翻译后修饰可调控各种信号转导通路,而细胞内蛋白质的磷酸化水平是由蛋白激酶和蛋白磷酸酶的活性协同控制的。胞内蛋白激酶的一个重要作用是参与信号转导,细胞通过信号转导可对来自外界的信息做出功能性回应。现今对蛋白酪氨酸磷酸化的研究较多,酪氨酸磷酸化水平反映蛋白酪氨酸激酶(proteintyrosinekinases,PTK)和蛋白酪氨酸磷酸酶(proteintyrosinephosphatases,PTP)的协同控制。PTK 启动信号转导通路,而 PTP 不仅可终止信号通路,还积极参与到各处信号途径中,许多 PTP 与钙黏蛋白/连环蛋白复合物相关,可调节这些蛋白质的磷酸化水平,从而影响细胞与 ECM 及细胞间的黏附。

整合素与胞外配体结合后,还可增加胞内 pH、Ca^{2+} 水平及脂肌醇的合成。胞内的信号还可经整合素向胞外传导,影响整合素分子的亲和性、亲和力及细胞外基质的变化。

综上所述,整合素信号转导通路中信号分子繁多,关系复杂,主要通过酪氨酸磷酸化级联反应跨膜转导双向细胞信息,整合素、FAK、MAPK 是该通路的关键信号分子。整合素及其信号转导通路的研究领域面临两个方面的挑战:其一,构建依赖于整合素的细胞信号转导通路;其二,阐述该信号转导通路与生长因子受体及其他细胞信号转导通路间的信号互换和协同作用。

第三节 整合素在生理、病理过程中的作用

整合素介导细胞的增殖、分化、黏附、迁移、凋亡等过程,因此在免疫活动、凝血、肿瘤生长、浸润、创伤修复、妊娠等许多生理、病理过程中发挥重要作用。

一、免疫系统

1. 炎症反应 当炎症部位的细胞释放信号分子,诱发炎症部位的血管内皮细胞表达 P、E-选择素;而选择素与中性粒细胞表面的糖蛋白作用,形成较松散的细胞黏附。中性粒细胞与内皮细胞黏附-分离、再黏附-再分离,呈滚动方式运动"捕获"。与此同时,另一些活化因子(如血小板活化因子等)被释放出来,使中性粒细胞表面的整合素被活化。活化的整合素与内皮细胞表面的 Ig-SF(如 ICAM)作用,形成牢固的细胞黏附,使中性粒细胞变形,穿过内皮细胞层迁移入炎症组织内,有利于炎性反应的发生。而中性粒细胞的黏附及其迁移过程都离不开整合素。因此,整合素在人体各种急、慢性炎性疾病中都发挥不同程度的作用,如哮喘、慢性阻塞性肺疾病、类风湿关节炎等。同时整合素还参与调控炎症反应程度。研究发现整合素 β_2 可通过抑制 NF-κB 途径和提升 p38 蛋白激酶的活化限制 Toll 样受体的信号转导,从而调控炎症反应程度。

2. 自身免疫 研究者发现,在多发性硬化患者中,$\alpha_4\beta_1$ 整合素可介导淋巴细胞通过血脑屏障,特异性地结合在中枢神经内皮细胞,引起神经脱髓鞘,对此,人工合成的 α_4 抗体在多发性硬化的治疗中起到较显著的作用。国外有研究报道在 IgA 肾病患者的尿液中也可发现 α_1 整合素,具体分析有待进一步研究。另外,还有研究在类风湿关节炎患者的关节中发现 α_9 整合素的过度表达,提示其在自身免疫性关节疾病的发展中发挥一定作用。

3. 病原体入侵 整合素在细胞表面分布广泛,因此往往成为病原体侵袭细胞的主要结合靶点。病毒通过与整合素配体某段相同氨基酸序列与整合素识别、结合,从而感染细胞。不同病毒可与不同整合素识别,如腺病毒与 α_V 整合素、汉坦病毒与 β_3 整合素、轮状病毒与 β_1 及 β_3 整合素;细菌则利用侵袭素与黏附素某些结构相似的特点与整合素识别、入侵细胞,

如幽门螺杆菌利用与黏附素结构类似的 CagL 蛋白与整合素连接。

4. 移植免疫 有学者报道，$α_Mβ_2$ 整合素在同种异体移植后的排斥反应中起重要作用，由此也为延长移植物的生存、减少排斥提供了作用靶点。

二、心血管系统

1. 血压调节 在生理状态下，人体外周阻力血管保持一定张力，并根据血管内压力调节收缩程度，以此反馈性调节血压，这被称为肌源性反应。当血压过高时，阻力血管收缩加强，若过高的压力长期存在，就会引起血管代偿性的向心性发育重塑。$α_Vβ_3$、$α_4β_1$ 整合素可通过控制钙离子通道间接调控阻力血管的肌源性反应，维持血管张力，在血管重塑过程中，$α_Vβ_3$ 也是一个重要环节。

2. 血管重塑 血管重塑是高血压、动脉粥样硬化、介入治疗后再狭窄、肺动脉高压等多种广泛血管病变的特征性病理表现。它的主要病理、生理过程是血管平滑肌细胞从基质迁移至内膜下并增殖，导致内膜形成和内膜增生，在这一过程中，$α_Vβ_3$ 扮演重要角色。正常血管中 $α_Vβ_3$ 表达很少，但在血管受到损伤后，平滑肌细胞中 $α_Vβ_3$ 的表达上调，与同样在受损血管中大量表达释放的骨桥蛋白结合，使平滑肌细胞向血管内膜迁移，同时刺激平滑肌细胞的增殖。另外，还可通过激活基质金属蛋白酶间接调整平滑肌细胞的迁移。

3. 心肌肥大 在心肌细胞中，$α_1$、$α_3$、$α_5$、$α_7$、$α_9$、$α_{10}$、$β_1$、$β_3$ 和 $β_5$ 亚单位的表达可以检测到。绝大部分 $α$ 亚单位的表达是短暂并随着发育而变化的。例如，$α_1β_1$ 和 $α_5β_1$ 在胚胎心脏中表达，而出生后表达下调。在肌细胞中 $β_{1A}$ 和 $β_{1D}$ 是两种主要的 $β_1$ 亚型剪接变体。$β_{1A}$ 在老鼠的胚胎心肌细胞中表达，而在约孕 18 周后开始下调。$β_{1D}$ 是骨骼肌和心肌中的亚型。在心脏中，怀孕后期其开始表达，出生后其为主要的表达亚型。作为 ECM 主要的受体，整合素正确的表达和功能对于正常心血管系统是非常重要的。体外研究发现新生心室肌细胞的肥大直接与 $β_1$ 整合素（包括亚型 A 和 D）相关。$α_1$ 肾上腺素能激动引起整合素 $β_1$ 的过度表达（增加 3.5 倍），从而导致心肌肥大；而 $β_1$ 抑制剂可减少这种改变。在小鼠心肌细胞内通过 $β_1$ 基因的失活证实其在心脏肥大中的作用。还有研究表明 $β_3$ 整合素亚单位在离体心肌细胞中有重要作用。最近有研究发现整合素结构中 CD11 异丙肾上腺素刺激的大鼠心肌肥厚模型中表达升高。在大鼠和小鼠的体内心脏肥大模型研究中发现 $β_{1A}$、$β_{1D}$、$α_1$、$α_3$、$α_5$ 和 $α_{7B}$ 的表达增加。在右心室压力负荷下，$β_3$ 整合素、c-SRC 和 FAK 协同形成一个细胞骨架结合复合物。在小鼠肥大心肌细胞内给予 $β_1$ 受体阻滞剂抑制血管紧张素 II 的产生。在 $β_3$ 敲除基因小鼠中发现心肌炎症反应，在压力负荷下表现更为明显。整合素还参与右心衰小鼠的病理过程。整合素及与其相关的细胞骨架/信号蛋白在心脏肥大中具有重要作用。FAK、melusin 及 Zyxin 和 ENA/VASP 这些信号蛋白在心脏处于血流动力学负荷时引导出现良性的肥大反应是必需的。这些分子也可能是潜在的"修饰"基因，其突变可增加心肌病的易感性。

三、凝血系统

血小板在止血、凝血、血栓形成中有至关重要的作用，它的作用发挥则受其表面的整合素调节。血小板表达的整合素有 5 种：$α_{IIb}β_3$（GP II b/IIIa）、$α_Vβ_3$、$α_2β_1$、$α_5β_1$、$α_6β_1$，其中 $α_{IIb}β_3$ 在血小板分布最广。$α_{IIb}β_3$ 是血小板聚集、在细胞外基质扩布及血块收缩过程中的必需要素，它通过与邻近血小板的可溶性纤维蛋白原或Ⅷ因子（von Willebrand factor, vWF）的交叉耦合完成血小板的聚集，通过同配体的连接加强血小板在细胞外基质中的扩布，通过与纤维蛋白的连接使血块发生收缩，从而介导局部血液凝固、血栓形成。值得注意的是，$\alpha_{IIb}\beta_3$在正常血液循环中处于静止状态，只有在受到来自血小板、活化的抗体或可溶性激动剂（如凝血酶、TXA_2）等的刺激时才参与介导以上活动。

根据$\alpha_{IIb}\beta_3$的功能，学者们研制出GPⅡb/Ⅲa受体拮抗剂用于治疗急性冠脉综合征及缺血性脑卒中等容易或已经形成血栓的疾病，现在已经广泛应用于临床。另外，在血小板无力症患者中，缺乏$\alpha_{IIb}\beta_3$或$\alpha_{IIb}\beta_3$功能不良，则表现为血小板收缩功能障碍及出血倾向，充分证明$\alpha_{IIb}\beta_3$在血小板功能调节及疾病治疗中的重要性。

关于其他4种血小板整合素的报道相对较少，目前所得到的结论是：$\alpha_2\beta_1$、$\alpha_5\beta_1$、$\alpha_6\beta_1$可分别与胶原蛋白、纤维粘连蛋白、层粘连蛋白连接，参与正常止血及血栓形成等过程，$\alpha_V\beta_3$则主要与玻连蛋白、骨桥蛋白结合，骨桥蛋白存在于动脉粥样硬化的斑块及受损的血管中。

四、肿瘤

研究报道，细胞黏附受体的整合素家族调控大多数细胞功能排列，尤其在实体肿瘤的起始阶段、发展过程和肿瘤转移中起关键作用。某些整合素亚型的缺失、突变可导致肿瘤的失控性生长并发生转移，其高表达也可促进肿瘤细胞浸润、黏附和转移。整合素还可调控细胞外蛋白酶分泌及介导血管生成，促进肿瘤生长、局部浸润和远处转移播散。

1. 肿瘤生长 细胞发生恶变时，细胞表面的整合素发生构型或表达水平的改变，从而调节细胞内外的信号转导，进而影响细胞之间、细胞与细胞外基质间的相互作用，并最终影响肿瘤细胞的生长、存活、分化及凋亡。同一肿瘤细胞可表达多种整合素，而同种整合素在不同肿瘤细胞的表达水平也存在差异。例如，胰腺癌细胞可表达$\alpha_2\beta_1$、$\alpha_5\beta_1$等多种整合素；$\alpha_3\beta_1$在肺癌、卵巢癌、乳腺癌表达通常是降低的，而在神经胶质细胞瘤、黑色素瘤及胃癌中表达却是增加的。

2. 血管生成 整合素与肿瘤的血管生成关系密切。研究发现，肿瘤血管内皮细胞表面特异性地高表达整合素$\alpha_5\beta_3$分子，其被认为是诱导肿瘤血管形成的重要细胞黏附分子，是判断肿瘤恶性程度及预后的可靠指标。文献报道，$\alpha_5\beta_1$和配体纤维粘连蛋白协同作用，上调血管的生成，增加肿瘤组织中的血管密度，促进肿瘤的生长。Senger等的实验表明，VEGF通过激活细胞外信号调节激酶和细胞分裂素活化蛋白激酶信号转导途径引起内皮细胞的增殖和迁移，$\alpha_2\beta_1$、$\alpha_1\beta_1$都能够支持这一途径。应用两者的抗体都能对抗VEGF诱导的鳞癌生长和血管生成整合素家族中以α_V与肿瘤血管生成关系最为密切，肿瘤血管内皮细胞似乎依赖于α_V家族而生存，尤其以$\alpha_V\beta_5$的表达在血管中具有较高的特异性，被认为是肿瘤新生血管的一种特异性标记。同种整合素在不同类型肿瘤和不同转移阶段所表现的作用不同。不同整合素在许多不同组织来源肿瘤中的表达或结构的差异也很大。例如，β_1在表皮性肿瘤中表达下降，而在骨肉瘤中表达上调；$\alpha_V\beta_3$在恶性黑色素瘤、恶性卵巢肿瘤细胞中呈高表达，在结肠癌、胰腺癌、乳腺癌等肿瘤细胞中$\alpha_V\beta_3$却呈不表达或低表达，代之以$\alpha_V\beta_5$、$\alpha_V\beta_6$或$\alpha_5\beta_1$、$\alpha_2\beta_1$的表达为主。故不同的整合素分子在肿瘤血管生成中的确切作用还有待进一步研究。研究发现，黑色素瘤细胞整合素的表达水平可作为评价以整合素为靶点的抗肿瘤治疗的生化指标。此外，整合素还能调节基质金属蛋白酶（matrix metalloproteinase，MMP）的分泌及肿瘤细胞与宿主细胞的黏附。MMP不但能破坏基底膜的完整，还能与多种受体及蛋白分子相互作用，参与调节与细胞生长、存活、侵袭、炎症及血管生成相关的诸多信号通路。

3. 肿瘤转移 肿瘤细胞的转移与侵袭机制十分复杂。肿瘤细胞转移的大致步骤为：首先是癌细胞表面黏附分子减少，正常上皮细胞表面有各种细胞黏附分子，它们之间相互作用有助于使细胞黏附在一起，阻止细胞移动，一旦细胞表面的细胞黏附分子减少，细胞就会彼此分离。其次，癌细胞与基底膜的黏着增加。再者，细胞外基质降解，最后癌细胞迁移。由于细胞彼此分离则与基底膜结合紧密，同时细胞外基质降解造成基底膜缺损，癌细胞通过基底膜缺损处移出，进一步溶解间质结缔组织，在间质中移动，到达血管壁时又以同样的方式穿出血管壁，最后迁移到其他部位。多种整合素可介导此过程，如β_1、β_4组。

越来越多的研究表明整合素在肿瘤中的表达异常与肿瘤的侵袭转移有密切关系。整合素在肿瘤细胞的表达影响肿瘤细胞的转移。目前发现整合素β_1调节细胞信号转导影响肿瘤的发展。通过免疫组化法检测整合素与子宫内膜癌细胞黏附和迁移的关系发现，整合素如$\alpha_1\beta_1$、$\alpha_5\beta_1$、$\alpha_6\beta_1$均与癌细胞的转移有关。Jianmin等发现FAK和$\alpha_2\beta_1$整合素亚基在癌组织中比非癌组织中高表达，在胃癌、直肠癌中与肿瘤恶性程度、淋巴结转移、浸润深度呈正相关。Li等研究发现，将包含β_3 cDNA的反转录病毒导入高转移性黑色素瘤细胞系K1735M2后，$\alpha_V\beta_3$表达下降，细胞的运动与侵袭力也明显下降；对低转移性黑色素瘤细胞系K1735C23转染β_3亚单位的cDNA后，高表达$\alpha_V\beta_3$的瘤细胞的运动与侵袭力增强，并可发生肺转移。Zheng等研究发现，具有高侵袭性的前列腺癌PC3细胞系均表达$\alpha_V\beta_3$，且可黏附于玻璃连接蛋白并发生转移，无$\alpha_V\beta_3$表达的LNCaP前列腺癌细胞则无此作用。Hosotani等研究$\alpha_V\beta_3$在胰腺癌中的表达，发现在胰腺癌伴淋巴结转移的标本中$\alpha_V\beta_3$的表达水平显著高于无淋巴结转移的标本，提示$\alpha_V\beta_3$与胰腺癌的浸润转移有关。Rein-muth等将$\alpha_V\beta_3$的抗体S247用于结肠癌肝转移鼠原位模型，发现S247显著抑制结肠癌肝转移灶的形成，提示整合素$\alpha_V\beta_3$与结肠癌的侵袭转移密切相关。整合素在肿瘤转移中的作用可能有：①整合素参与肿瘤在微血管中的定位；②整合素介导转移的肿瘤细胞与宿主细胞的相互作用，参与器官转移特异性调节；③整合素参与肿瘤细胞亲和转移调节；④整合素参与肿瘤细胞生存的控制和调节。研究表明，不同肿瘤细胞均通过$\alpha_V\beta_3$完成骨转移。$\alpha_V\beta_3$在骨转移过程中通过以下两点发挥作用：①$\alpha_V\beta_3$参与抑制乳腺癌细胞死亡的信号调控，通过与骨唾液蛋白的结合，再与补体因子H形成复合物，保护肿瘤细胞逃避体液攻击，提高转移到骨的乳腺癌细胞的存活率；②$\alpha_V\beta_3$和BSP等细胞外基质的蛋白三肽结构RGD结合，相互作用介导乳腺癌细胞与骨小梁发生黏附，致使肿瘤细胞在骨中浸润、侵袭成为可能。

目前认为，肿瘤生成早期主要是降低整合素与基底膜或细胞外基质的蛋白黏附能力，从而利于肿瘤在局部的生长与扩散。深入研究整合素与肿瘤转移的关系，对肿瘤药物的研究开发与肿瘤治疗都具有重要意义。

4. 多药耐药 多药耐药（multi-drug resistance，MDR）是指肿瘤细胞经初次化疗生存下来并对多种化疗药物产生广泛耐受的现象，是导致化疗失败和肿瘤复发的主要原因，并最终影响治疗效果及预后。整合素是细胞黏附分子家族主要成员，它介导肿瘤细胞与基质蛋白及细胞间的黏附，通过调节细胞凋亡、改变药物作用靶点、抑制DNA损伤、增强DNA修复、调节P27蛋白、减少化疗药物的渗透扩散及形成肿瘤细胞的自分泌循环等机制抑制化疗，导致恶性肿瘤耐药性的产生，即所谓的CAM-DR。在多种实体瘤的肿瘤干细胞中都有整合素$\alpha_V\beta_3$的表达，这种整合素能介导促细胞生存的信号转导途径，由此赋予肿瘤干细胞的耐药特征。Gao等对人卵巢上皮癌细胞的分析发现，整合素$\alpha_V\beta_3$与瘤细胞耐药相关，耐药瘤细胞中$\alpha_V\beta_3$整合素表达水平显著性高于药物敏感细胞。Maubant等在对比分析顺铂耐药和敏感卵巢癌细胞的整合素表达状况后发现，整合素$\alpha_V\beta_5$在耐药细胞株中的表达水平显著性高于药物敏感细胞株。用$\alpha_V\beta_5$阻断抗体处理能部分抑制耐药细胞株的生长但对药物敏感细胞株无明显影响。

基于整合素在肿瘤发生发展中的关键作用，以整合素为靶点进行的抗肿瘤药物的研发及相应治疗方法的开发已成为近几年肿瘤治疗的热点。诸多实验室和制药公司都争相投入巨大精力研究开发各类整合素靶向抗肿瘤药物，并已取得显著进展，其中一部分药物已顺利进入临床研究阶段。当前的整合素靶向抗肿瘤药物主要分为以下几类：①抗肿瘤生长类整合素阻断剂药物（去整合素，可强力拮抗整合素；etaraeizumab，为抗人整合素$\alpha_V\beta_3$单克隆抗体；voloeiximab，能够阻断纤维粘连蛋白与整合素$\alpha_5\beta_1$的结合，直接抑制肿瘤细胞生长，也可通过抑制内皮细胞增殖，诱导内皮细胞凋亡间接起到肿瘤抑制效果）；②抗肿瘤转移类整合素阻断剂药物（S24，是含RGD序列的合成多肽，是整合素$\alpha_V\beta_3$阻断剂；PSK1404，是整合素$\alpha_V\beta_3$的非肽性拮抗剂，能通过抑制破骨细胞介导的骨质吸收有效减少肿瘤骨转移；CNTO95，是完全人源化的且能够识别多个α_V整合素的单克隆抗体，它能阻断整合素介导的细胞黏附和运动；ATN-161，是不含有RGD序列的整合素抑制多肽，可与多种整合素的β亚基结合）；③抗血管生成类整合素阻断剂药物（cilengitide，是环状含RGD序列的五肽，是整合素$\alpha_V\beta_3$和$\alpha_V\beta_5$抑制剂，临床前实验证明可抑制内皮细胞增殖和迁移；tumstatin，是来自Ⅳ型胶原的非胶原结构域的28kDa的片段，作用靶点是整合素$\alpha_V\beta_3$具有抗血管生成的活性；pentastatin，来源于Ⅳ型胶原，作用靶点是整合素$\alpha_V\beta_3$和$\alpha_V\beta_1$，能显著抑制内皮细胞增殖和迁移；其他血管生成抑制剂，如含RGD的多肽HM-3和EDSM-Y，作用靶点为整合素$\alpha_V\beta_3$，含RGD-4C的多肽AP25，作用靶点为整合素$\alpha_V\beta_3$和$\alpha_5\beta_1$）；④以整合素为靶点的其他抗肿瘤药物及疗法（化学药物的靶向化：给某些抗肿瘤药物偶联上RGD肽，通过与肿瘤血管内皮细胞表面整合素$\alpha_V\beta_3$的特异性结合，达到肿瘤靶向给药的目的，既减少用药量，也降低副作用；以整合素为靶点的中药；整合素介导的基因治疗；整合素介导的其他治疗）。

五、内分泌系统

研究显示，$\alpha_V\beta_3$可与甲状腺激素表面的RGD序列识别，通过MAPK转导系统介导甲状腺激素的非基因调节，这种非基因调节影响某些基因的转录速率，也可参与肿瘤细胞的增殖及血管形成。另外，近年在肾上腺球状带的细胞发现$\alpha_5\beta_1$、$\alpha_V\beta_1$及$\alpha_V\beta_3$的表达，可介导细胞与纤维粘连蛋白的连接，短暂激活P42/P44-MAPK通路，增加细胞内钙离子，导致细胞增殖、醛固酮分泌，调节内分泌功能。

六、生殖系统

许多研究者利用免疫组织化学、流式细胞仪技术，发现整合素在子宫内膜中的表达呈周期性变化，由此推测整合素在内膜周期性生长及胚泡着床等一系列分子事件中发挥重要作用。进一步对月经周期和早孕期子宫内膜整合素的表达研究发现，内膜腺上皮呈周期性表达 α_1、α_4 和 β_3 整合素，同时，研究也发现子宫内膜异位症、习惯性流产及不明原因不孕女性的子宫内膜整合素表达缺乏，说明整合素与妊娠的维持关系密切。因此，很多学者将 $\alpha_V\beta_3$、$\alpha_4\beta_1$ 的表达作为评价子宫内膜容受性的良好指标。

七、骨代谢

成熟破骨细胞是骨吸收的主要执行者，可表达大量 $\alpha_V\beta_3$ 及少量 $\alpha_2\beta_1$、$\alpha_V\beta_1$。$\alpha_V\beta_3$ 主要参与破骨细胞的迁移及黏附，它与骨唾液酸蛋白 II 及骨桥蛋白连接，引起破骨细胞的构象变化，并激活一系列信号通路，黏附在吸收部位。另外，一项体外实验发现，$\alpha_V\beta_3$ 的作用被阻断后，原本集中分布在正在迁移的破骨细胞表面的 $\alpha_V\beta_3$ 整合素被分散，随机分布在表面，由此证明 $\alpha_V\beta_3$ 在破骨细胞的迁移中也有重要作用。由于在破骨细胞性骨吸收的重要作用，学者们已逐渐认识到 $\alpha_V\beta_3$ 在骨质疏松、风湿性关节炎中的治疗价值。含 RGD 序列的多肽能抑制破骨细胞间、破骨细胞与基质间的黏附，阻止破骨细胞的增殖、迁移、分化，从而促进骨组织的再生。

八、中枢神经系统

阿尔茨海默病（Alzheimer's disease，AD）的主要病理改变包括β-淀粉样蛋白（β-amyloid peptide，Aβ）的沉积、Tau 蛋白过磷酸化导致的神经原纤维缠结，以及大脑特定区域的神经元丢失。整合素在中枢神经系统分布广泛，研究表明其可与 Aβ 连接，通过 FAK 信号转导系统将胞外 Aβ 信号转导入胞内，直至胞核，从而诱导 Tau 蛋白过磷酸化、激活细胞循环、导致细胞死亡，引起 AD。

九、创面修复

创面的修复主要包括表皮的再生和真皮的重构两个方面，前者主要依靠表皮基底层细胞，后者则依靠创面底部的成纤维细胞，整合素高度表达于这两种细胞中。皮肤受损后，表皮基底层表面的 β_1 组整合素表达上调，介导细胞对细胞外基质的黏附，同时调节基底层干细胞的增殖及向成熟的角质细胞分化；而成纤维细胞表面的整合素可通过同细胞外基质的连接，促进创面的收缩，加快伤口愈合，保持组织结构完整，但如果愈合过程中成纤维细胞表面的整合素表达过度，则会导致皮肤组织的病理性瘢痕增生。

十、眼

整合素广泛分布于眼部视网膜、晶状体、角膜及小梁网等组织，影响细胞增殖、分化及黏附，在维持角膜与晶状体的透明度、调节房水外流阻力、维持正常眼内压等生理过程中发挥重要作用。同时，它们的异常表达也会导致白内障、视网膜脱离、增生性玻璃体视网膜病变、原发性开角型青光眼等常见眼病。

十一、肾脏疾病

整合素与其配体的相互作用在调节细胞运动、分化与存活等方面发挥重要作用。整合素在肾脏的生理病理过程中扮演重要角色，通过表达数量、表达位置的改变及分子结构的修饰等途径参与肾病综合征、急性肾损伤、局灶节段性肾小球硬化、糖尿病肾病和多囊肾病等肾脏疾病的发生发展过程。Nicolaou 等发现肾病综合征患者足细胞足突融合、裂孔膜破坏的发生与足细胞 α_3 整合素的获得性糖基化有关，糖基化的整合素与 GBM 的结合力减弱，使足细胞易于从 GBM 剥离。增加 GBM 中层黏蛋白 β_1 的表达能部分延缓肾病综合征的发生，减轻临床症状，但不能完全代偿 β_2 的缺失，这可能与层粘连蛋白 β_2 与足细胞的 $\alpha_3\beta_1$ 亲和力比 β_1 高有关。研究证实局灶节段性肾小球硬化患者足细胞从基膜剥离及出现大量蛋白尿可能与丢失 $\alpha_3\beta_1$ 相关，首发局灶节段性肾小球硬化患者在出现形态学改变前就有足细胞数量明显下降，免疫染色显示足细胞仅 $\alpha_3\beta_1$ 表达明显下调。整合素 $\alpha_3\beta_1$ 表达的下降与足细胞损失的数量、肾小球纤维化的程度及每日丢失的蛋白量密切相关。含有 RGD 序列的短肽如骨桥蛋白（可作为 $\alpha_8\beta_1$、$\alpha_v\beta_3$ 的配体），可防止肾小管阻塞，减轻肾小管扩张，改善肌酐清除率，从而减轻急性肾损伤的程度。整合素 β_1 连接的蛋白激酶信号通路的激活在糖尿病肾病的发病过程中起重要作用。有研究表明整合素与多囊肾患者囊壁的形成密切相关，囊壁的上皮细胞通过 $\alpha_6\beta_4$ 与 LN5 结合，并在 $\alpha_3\beta_1$ 的协助下完成细胞在囊壁的黏附和迁移。因此，研究整合素与肾脏疾病的关系，对于深入认识肾脏疾病，寻找新的治疗靶点具有重要意义。整合素在成熟肾组织中的分布见表 27-2。

表 27-2　整合素在成熟肾组织的分布（史文潮，2015）

强弱度	肾小球			近端小管	远端小管	集合管
	系膜区	足细胞+基膜	内皮细胞			
强	$\alpha_1\beta_1$	$\alpha_3\beta_1$	$\alpha_v\beta_3$	$\alpha_6\beta_1$	$\alpha_2\beta_1$	$\alpha_2\beta_1$
中	$\alpha_2\beta_1$、$\alpha_5\beta_1$	$\alpha_v\beta_3$	$\alpha_5\beta_1$、$\alpha_3\beta_1$	—	$\alpha_3\beta_1$	$\alpha_3\beta_1$
弱	$\alpha_6\beta_1$、$\alpha_3\beta_1$	—	$\alpha_6\beta_1$、$\alpha_2\beta_1$	—	$\alpha_6\beta_1$	$\alpha_6\beta_1$

第四节　整合素拮抗剂及其生物学作用

能抑制整合素与其配体结合的物质称为整合素拮抗剂，根据阻断受体的作用机制不同，可分为抗整合素单克隆抗体拮抗剂和能够封闭整合素结合位点的拮抗剂两类，后者包括合成多肽和肽类衍生物，以及来源于天然生物毒素的解离素。解离素是主要从蛇毒中分离的能够拮抗整合素的一类富含半胱氨酸的小分子多肽，至少已发现 80 余种，已在抗血小板聚集、抗肿瘤及抗肿瘤转移中显示出良好的应用前景。整合素拮抗剂通过阻断不同整合素与其配体（含 RGD 序列的胞外基质蛋白）的结合而发挥作用。近年对整合素及其拮抗剂的研究和新药的开发成为治疗心血管疾病、自身免疫性疾病和肿瘤的热点之一。

一、抗整合素单克隆抗体拮抗剂

Senger 等对抗 α_1 单克隆抗体进行研究，结果显示单克隆抗体能显著延缓肿瘤生长，抑制人鳞状上皮细胞癌转移灶中血管生成。在小鼠实验性结肠炎模型中，抗α_1单克隆抗体能够抑制黏膜固有层单核细胞的聚集及其活性。在小鼠接触性过敏和关节炎模型中，给予抗α_1单克隆抗体治疗能够显著抑制迟发型超敏反应效应器官的炎症应答。在小鼠新月体肾小球肾炎模型中也同样观察到抗α_1单克隆抗体的抑制效应。

GP Ⅱb/Ⅲa 受体是血小板膜的整合素$\alpha_{Ⅱb}\beta_3$，其内源性配体为纤维蛋白原，可介导血小板的聚集。其人-鼠嵌合单克隆抗体阿昔单抗（abciximab，c7E3），与 GP Ⅱb/Ⅲa 亲和力增强，解离速度缓慢，作用持久，已获美国 FDA 批准用于临床，是目前最成功的抗血小板药物。目前正在研发的还有人源单克隆抗体抗$\alpha_V\beta_3$单抗 LM609（药名 Vitaxin），郑伟等发现应用 LM609 封闭乳腺癌细胞株受体，可抑制裸鼠模型中整合$\alpha_V\beta_3$受体阳性的乳腺癌细胞骨转移。Shin Fujita 等在研究抗整合素β_1亚基抗体 NCC-INT-7 的抗肿瘤转移与侵袭过程中发现，其可完全抑制肿瘤细胞对层粘连蛋白、纤维粘连蛋白、胶原等的降解作用。体外实验时 NCC-INT-7 可抑制人膀胱癌细胞的侵袭作用，也可抑制人胃癌细胞株（TMK-1、MKN-45、MKN-74 等）穿过人工基底膜；体内试验时它可显著减少 MKN-45 和 TMK-1 胃癌细胞在裸鼠体内的远处转移数目，也减少人肠癌肝转移结节数，说明这一新的抗体极有希望用于肿瘤转移治疗。

二、能够封闭整合素结合位点的拮抗剂

这一类整合素拮抗剂从结构上一般可分为单链和双链两种，前者按分子大小又可分为短链、中链和长链，后者又可分为同双链和异双链。随着对整合素拮抗剂研究的不断深入，发现可根据其与整合素结合时的识别位点不同进行分类，通常可分为 3 种：识别 RGD 的整合素类拮抗剂，包括大多数含有 RGD 活性位点的单链拮抗剂，以及活性位点不含有 RGD 序列但具有抑制识别含 RGD 的整合素活性的一些拮抗剂，如单链 KGD、WGD 及双链 KGD、MGD、WGD 拮抗剂；识别 MLD 的整合素类拮抗剂，主要作用于白细胞表面的整合素$\alpha_4\beta_1$、$\alpha_9\beta_1$、$\alpha_4\beta_7$；识别 KTS 的整合素类拮抗剂，能有效识别和选择性抑制Ⅳ型胶原的特异性受体整合素$\alpha_1\beta_1$。

第五节 展　　望

整合素分布十分广泛，一种整合素可分布于多种细胞，同一种细胞也有多种整合素的表达。整合素介导的细胞信号转导通路在调节细胞功能中起重要作用。研究显示，很多疾病的发生、发展都与整合素关系密切，因此，整合素为多种疾病的治疗提供有价值的方向。但是，整合素的表达机制十分复杂，对于细胞内外信号转导的具体过程及众多整合素相关蛋白的功能目前仍不十分清楚，有待进一步研究。因此，深入研究生物中整合素的结构功能、表达调控及其在生理和病理环境下的作用机制，不仅可为研究整合素在多种人类疾病中的作用机制奠定基础，也将为预防和治疗肿瘤，以及炎症的治疗和伤口的愈合等开辟广阔的空间。

（蔺淑梅　张　曦）

参 考 文 献

Almokadem S, Belani C P. 2012. Volociximab in cancer. Informahealthcare, 12: 251~257.

Bosnjak M, Dolinsek T, Cemazar M, et al. 2015. Gene electrotransfer of plasmid AMEP, an Integrin targeted therapy, has antitumor and antiangiogenic action in murine B16 melanoma. Gene Therapy, 22: 1~13.

Dessapt C, Baradez MO, Hayward A, et al. 2009. Mechanical forces and TGFβ_1 reduce podocyte adhesion through $\alpha_3\beta_1$ integrin downregulation. Nephrol Dial Transplant, 24: 2645~2655.

Estevez B, Shen B, Du X. 2015. Targeting integrin and integrin signaling in treating thrombosis. Arterioscler Thromb Vasc Biol, 35: 24~29.

Kannan N, Nguyen L, Eaves C. 2014. Integrin β3 links therapy resistance and cancer stem cell properties. Nat Cell Biol, 16: 397~399.

Katherine M, Bell-MeGuinn, Caroklyn M, et al. 2011. A phase II single-arm study of the anti-$\alpha_5\beta_1$ integrin antibody volociximab as monotherapy in patients with platinum-resistant advanced epithelial ovarian of primary peritoneal cancer. Gynecologic Oncology, 121: 273~279.

Li R, Wu Y, Manso AM, et al. 2012. β_1 integrin gene excision in the adult Murine cardiac myocyte causes defective mechanical and signaling responses. Am J Pathol, 180: 952~962.

Mu L, Jing C, Guo Z. 2014. Expressions of CD11a, CD11b and CD11c integrin proteins in rats with myocardial hypertrophy. Iranian Journal of Basic Medical Sciences, 17: 874~878.

Nathan K Y, Jessica A H. 2013. β_2 integrins inhibit TLR responses by regulating NF-κB pathway and p38 MAPK activation. European Journal of Immunology, 43: 779~792.

Nicolaou N, Margadant C, Kevelam SH, et al. 2012. Gain of glycosylation in integrin α_3 causes lung disease and nephrotic syndrome. J Clin Invest, 122: 4375~4387.

Simon L, Goodman, Picard M. 2012. Integrins as therapeutic targets. Cell, 33: 405~412.

第三篇

细胞外基质的代谢调控

第二十八章　细胞外基质代谢的结构基础

尽管不同的组织和器官，细胞外基质的代谢和组织损伤修复的特征不同，但细胞外基质的分泌调控、翻译后修饰调节，以及间质细胞的分化调控，均具有一些共同特征。本章旨在通过糖生物学视角初步阐述蛋白质糖基化修饰对间质细胞的分化调控，通过细胞外基质代谢的一般规律阐述间质细胞在细胞外基质代谢过程中的一般机制。

第一节　信号分子的糖基化修饰与间质细胞分化调控

一、间质细胞的胚胎来源及聚糖修饰特征

从受孕至胚胎发育，蛋白质和脂质的糖基化修饰发挥了关键性作用，基本上左右了有机体的演化过程。糖基转移酶的基因缺陷直接导致生殖细胞结合异常、胚胎发育终止及严重的短命性缺陷。与机体所有的组织器官、细胞发育一样，在间质细胞的分化调控也受一系列糖基化修饰的调控。胚胎发育过程中，间质细胞分化主要的调控信号途径之一——Wnt 信号途径，其活性通过 LRP8 的糖基化修饰影响 Mest/Peg1 分子转录活性，而对 Wnt 信号途径介导的胚胎间质细胞分化具有重要的抑制作用。间质细胞在胚胎发育分化过程中，散在于细胞间质中，构成间质细胞的细胞种类繁多，且因组织、器官的不同而有很大的差异。分泌细胞外基质的细胞起源于胚胎时期的间充质（mesenchyme），细胞呈扁平星状，多突起，彼此相互连接成网。这类细胞分化程度很低，在胚胎发育过程中能够分化成为多种细胞。在胚胎发育过程中，这类细胞中最多的是成纤维细胞。成纤维细胞是疏松结缔组织中数量最多、分布最广的一类细胞，也是组织损伤和修复过程中细胞外基质的主要来源。

器官发育过程中，糖基化修饰特征左右着间质细胞的分化和功能特征。不同性质的间质细胞具有不同的凝集素结合特征，提示不同功能特征的间质细胞，表达不同的聚糖糖型。例如，发育过程中纤维细胞主要呈 N-聚糖结合凝集素的识别模式。根据其分泌细胞外基质的功能状态，分化、分泌细胞外基质功能活跃的称为成纤维细胞，而功能不活跃的称为纤维细胞，两者在一定条件下可以相互转化。功能活跃的成纤维细胞是组织发育、伤修复过程中细胞外基质的主要来源，这类细胞呈扁平状，多突起，细胞核呈椭圆形，细胞质较多，呈弱碱性。细胞呈现分泌功能活跃状态，即内质网、高尔基体发达，粗面内质网上的核糖体丰富，提示蛋白质合成及分泌功能旺盛。而典型的非分泌状态的纤维细胞则相对较小，内质网、高尔基体体积也相对较小。此外，在组织发育、创伤修复过程中，组织间质内还可见一种未分化的间充质细胞（undifferentiated mesenchymal cell），这是一种原始而幼稚的细胞，在形态上很难与成纤维细胞区分，多分布在组织器官血管壁的周围。在机体损伤修复过程中，这些细胞可以在血管周围增殖，分化为成纤维细胞等多种细胞。

胚胎发育和创伤修复过程中形成的细胞外基质，主要包括纤维和基质两部分。根据结构特征又可以将纤维分为胶原纤维、弹性纤维和网状纤维三种。胶原纤维构成了细胞外基质的主要部分。基质的主要成分是蛋白多糖和糖蛋白两部分。蛋白多糖为蛋白质和多糖结合而成的大分子复合物，由透明质酸、硫酸软骨素 A 和 C、硫酸角质素、硫酸乙酰肝素等组成，总称糖胺多糖。糖胺多糖表面含阴离子，可结合水。透明质酸是一种曲折盘绕的长链大分子，将其拉直长度可达 2.5μm，由其构成了蛋白多糖复合物的主干。其他糖胺多糖以蛋白质为核心构成蛋白多糖亚单位，后者再通过连接蛋白结合在透明质酸的长链大分子上。蛋白多糖复合物的主体构型形成了具有许多微孔隙的分子筛，便于血液与细胞之间进行物质交换，同时分子筛可阻止侵入机体的一定大小物质的扩散，但部分病毒及病菌能分泌透明质酸酶溶解基质而在体内扩散。糖蛋白分子内主要含纤维粘连蛋白、层粘连蛋白和软骨粘连蛋白等，它们也参与了基质分子筛的构成。

此外，1994 年 Bucala 等首次确认了外周循环中成纤维细胞这一白细胞亚群后，其逐渐成为创伤和纤维化领域内的研究热点。该类细胞具有血液白细胞和成纤维细胞的双重特征。近年来第二军医大学胚胎学系的科研人员也对这类细胞的分化和功能特征进行了一系列研究。而脂肪来源的基质细胞（adipose tissue-derived stromal cell）亦被证实能够分化为脂肪细胞、软骨细胞、成骨细胞和成肌细胞等分泌细胞外基质的细胞。

二、信号分子糖基化修饰对间质细胞的分化调控

转化生长因子（TGF）和血小板源性生长因子是介导间质细胞分化调控的最重要分泌信号分子。分泌信号分子中的 TGF-β 超家族成员是胚胎发生、器官形成、一级成年组织内损伤修复、组织内环境稳态控制的关键因子，同样也是控制间质细胞分化、细胞外基质表达的关键分子和信号途径。近期的研究揭示，抑制黏蛋白型 N-乙酰葡萄胺修饰，则导致 TGF-β 信号转导中断，提示糖基化修饰是间质细胞分化和发育调控的重要因素。而组织损伤过程中介导间质成纤维细胞分化、成熟的关键细胞因子——血小板源生长因子诱导间质细胞分化具有蛋白激酶 Src-依赖的 O-糖基化修饰调控特征，该信号途径的下游信号直接靶点在于高尔基体内的 O-糖基化修饰。近期，大连医科大学的科研人员发现，抑制 TGF-β 受体的核心岩藻糖基化修饰即可显著抑制肾脏上皮源性间质细胞的转化，提示糖基化修饰直接影响了间质细胞的分化过程。

第二节 糖基化修饰在干细胞向间质细胞分化过程中的作用

蛋白质、脂质的糖基化修饰不仅是胚胎发育的关键调控因素，且在整个个体发育过程中，以糖基化修饰为特征的分泌途径调控都是细胞分化调控的关键环节。干细胞是一种具有多向分化潜能和自我复制功能的早期未分化细胞，能够产生表型和基因型与自己完全相同的子细胞，同时还能分化为祖细胞，产生至少一种类型的高度分化的子细胞。干细胞的分化过程也是表面信号分子，细胞标志糖基化修饰改变的过程，如神经干细胞和神经祖细胞的关键分子差异之一在于其表面表达的 Lewis X 抗原上的修饰聚糖特征性差异。根据分化潜能的大小，干细胞可分为三种类型：①全能干细胞，具有形成完整个体的分化潜能，如胚胎干细胞；②多能干细胞，这种干细胞具有分化出多种细胞组织的潜能，但却失去了

发育成完整个体的能力，发育潜能受到一定的限制，如骨髓多能 HSC；③单能干细胞，这类干细胞只能向一种类型或密切相关的两种类型的细胞分化，如上皮组织基底层的干细胞。根据在个体发育过程中出现的先后次序不同，干细胞可分为胚胎干细胞和成体干细胞。当受精卵分裂发育为囊胚时，内层细胞团的细胞即为胚胎干细胞。成体干细胞是指那些具有组织或器官特异性的干细胞，具有很强的可塑性，组织类型非常广泛。成体干细胞存在于机体的各种组织器官中。目前发现的成体干细胞主要有造血干细胞（HSC）、骨髓间充质干细胞（MSC）、神经干细胞、肝脏干细胞、肌肉卫星细胞、皮肤表皮干细胞、肠上皮干细胞、视网膜干细胞等。成年个体组织中的成体干细胞在正常情况下大多处于休眠状态，在病理状态或在外因诱导下可以表现出不同程度的再生和更新能力。对创面愈合过程中表皮干细胞的分布研究发现，表皮干细胞能主动参与创面的修复，促进创面再上皮化。在多数情况下，成体干细胞分化为与其组织来源一致的细胞，但是在某些情况下，成体干细胞的分化并不遵循该规律，表现出很强的跨系或跨胚层分化潜能和"可塑性"。成体干细胞的这些生物学特性表明其将在修复、取代受损的细胞和组织甚至是器官方面发挥重要作用。而在肝细胞分化过程中，最为突出的特征之一就在于细胞表面修饰聚糖唾液酸化修饰的改变。

一、造血干细胞的 *N*-聚糖修饰特征与分化调控

HSC 是一群存在于造血组织，具有自我更新和定向分化潜能的造血细胞，是干细胞中研究最早、最多、最深入和应用最广的一种。成年人血液 HSC 主要存在于骨髓，约占骨髓细胞的 0.05%。与其他组织的干细胞及分化终末期细胞相比，HSC 具有特征性细胞表面 *N*-聚糖，突出表现在复合型 *N*-聚糖，以及 $\alpha_{2,3}$-唾液酸化修饰 *N*-聚糖增加，而且在其分化过程中高甘露糖型 *N*-聚糖的表达也增加。

HSC 是存在于造血组织中的一群原始造血细胞，也可以说它是一切血细胞（其中大多数是免疫细胞）的原始细胞，由 HSC 定向分化、增殖为不同的血细胞系，并进一步生成血细胞。人类 HSC 首先出现于胚龄第 2~3 周的卵黄囊，在胚胎早期（第 2~3 个月）迁至肝、脾，第 5 个月又从肝、脾迁至骨髓。在胚胎末期一直到出生后，骨髓成为 HSC 的主要来源，具有多潜能性，即具有自身复制和分化两种功能。在胚胎和迅速再生的骨髓中，HSC 多处于增殖周期之中；而在正常骨髓中，则多数处于静止期（G_0 期），当机体需要时，其中一部分分化成熟，另一部分进行分化增殖，以维持 HSC 的数量相对稳定。HSC 进一步分化发育成不同血细胞系的定向干细胞。定向干细胞多数处于增殖周期之中，并进一步分化为各系统的血细胞系，如红细胞系、粒细胞系、单核-吞噬细胞系、巨核细胞系及淋巴细胞系。由造血干细胞分化出来的淋巴细胞有两个发育途径，一个受胸腺的作用，在胸腺素的催化下分化成熟为胸腺依赖性淋巴细胞，即 T 细胞；另一个不受胸腺的作用，而受腔上囊（鸟类）或类囊器官（哺乳动物）的影响，分化成熟为囊依赖性淋巴细胞或骨髓依赖性淋巴细胞，即 B 细胞。分别由 T、B 细胞引起细胞免疫及体液免疫。若机体内 HSC 缺陷，则可引起严重的免疫缺陷病。

除了细胞表面标志分子的糖基化修饰改变直接影响干细胞向间质成纤维细胞分化的过程外，糖基化修饰还能通过影响某些关键细胞分化调控信号途径的信号转导特征，从而决定干细胞的分化方向。例如，岩藻糖基化修饰、木糖基化修饰均可以通过影响 Notch 信

号系统的活性，从而影响 HSC 的分化过程。

二、O-岩藻糖基化修饰与表皮干细胞分化

表皮生长因子是调节表皮干细胞向间质成纤维细胞分化的关键细胞因子之一。糖基化修饰对表皮组织特异性干细胞原表皮干细胞的表达调控，主要是通过影响表皮生长因子的 O-岩藻糖基化修饰，进而影响该生长因子活性实现的，是皮肤及其附属器发生、修复、改建的基础。成体表皮起源于胚胎表面的神经外胚层细胞，表皮干细胞在胎儿期主要集中于初级表皮嵴，成人时表皮干细胞主要分布在表皮基底层和毛囊外根鞘膨凸部。不同部位表皮干细胞的数量也存在差异，正常人头顶部、阴阜、阴囊皮肤组织中的表皮干细胞多于其他部位。

表皮干细胞能主动参与创面的修复，促进创面再上皮化。Taylor 等研究发现用 BrdU 标记的慢周期细胞即标记滞留细胞（label retaining cell，LRC）在毛囊外根鞘隆突区紧邻皮脂腺开口的下方有增殖现象，提示毛囊外根鞘膨凸部基底层的干细胞是表皮干细胞的主要来源，其具有多向分化潜能，能够向着表皮细胞和毛囊细胞两个方向分化。Zuk 等的研究结果显示，表皮基底层的干细胞受到破坏时，残存于皮下组织的间充质细胞如脂肪细胞有可能提供表皮再生的干细胞，提示间充质细胞可再生为表皮干细胞。

三、骨髓间充质干细胞的凝集素结合特征

凝集素是一类介导蛋白质和修饰聚糖相互识别的分子。干细胞向间质细胞分化的过程中表面修饰聚糖的变化突出表现为不同分化阶段的特征性凝集素结合特征。很多聚糖的变化在间充质干细胞分化中的作用至今尚不清楚。

骨髓间充质干细胞（MSC）是从骨髓细胞分离出来的一种骨髓基质非 HSC，具有很强的自我更新和多向分化潜能，可以分化为多种间充质组织，并可促进间充质组织的再生。其容易分离获得，可在体外大量扩增且仍保持增殖与分化潜能。此外，MSC 还具有归巢的特性，炎症对其有趋化作用，容易归巢到炎症、损伤部位。因此，MSC 被认为是修复组织损伤的理想种子细胞。

骨髓干细胞可以横向分化为肝细胞而没有细胞融合，且分化后为功能完备的肝细胞。肝脏的肝细胞、卵圆细胞、星状细胞、库普弗细胞、窦内皮细胞及肌成纤维细胞的来源均与 BMSC 有关。其中成体肝细胞具有较强的增殖能力，正常情况下大部分处于静止期，只有 1/3000~1/2000 的分化成体肝细胞分裂，以维持生理肝组织质量，但在恰当刺激和肝损伤时可被激活。卵圆细胞/肝祖细胞是最早被认识的内源性肝干细胞，在发育成熟的哺乳类动物肝脏中含量少，胚胎肝脏中含量多，占肝实质细胞数的 2%~5%。卵圆细胞有双分化潜能，在体内、外可分化为肝细胞和胆管上皮细胞。由于卵圆细胞在多种情况下可被激活（如肝损伤时的刺激），因而被用于各种实验中。人类卵圆细胞位于 Hering 管段的胆管基底部，接近肝腺泡 1 区，处于休眠状态，在肝脏疾病状态，如酒精性肝病、脂肪性肝病、病毒性肝炎及肝衰竭等时被激活后增殖为明确的两个细胞系——胆管细胞系和肝细胞系，参与肝脏的修复。

1999 年，Petersen 等首次报道大鼠骨髓中的某个细胞群具有转化为卵圆细胞，并进一步分化为肝细胞和胆管上皮细胞的潜能。Theise 等发现雌性小鼠肝脏的部分肝细胞表达 Y

染色体,提示骨髓干细胞在正常肝脏环境中能分化为肝细胞。进一步研究发现人骨髓干细胞在正常肝脏中也能分化为肝细胞。Mitchel 等认为只有在肝功能持续损害的前提下,骨髓干细胞才会向肝细胞转化。Kummar 证实来源于骨髓的造血干细胞、间充质干细胞具有向肝系细胞分化的潜能,并可逆转肝纤维化的病程。Strasser 等研究了 3721 例经过临床和病理证实是肝硬化的患者,他们经过同一个机构进行骨髓干细胞移植,存活率超过 1 年或更长。尽管骨髓干细胞治疗肝脏疾病的临床应用已有个案报道,但目前国内外的研究仍然以动物实验为主,骨髓干细胞或骨髓源性的肝细胞要达到治疗水平的肝脏重建还需要明确很多问题。尽管很多修饰聚糖在间充质干细胞向间质细胞分化过程中调控的基质还不明了,但这种修饰聚糖的改变是决定该类细胞分化方向调控的关键环节已经基本确定。

第三节 糖基化修饰与成纤维细胞凋亡调控

组织损伤修复过程中激活的大量间质成纤维细胞、肌成纤维细胞在组织损伤修复完成后的命运和归宿一直是病理学家们关注的热点问题之一。尽管不同的组织、不同的间质细胞在组织损伤修复后的转归特点也不尽相同,但多数的间质细胞在损伤修复完成后凋亡,少数转回静止细胞的基本特点类似。而凋亡过程中也同样伴有特征性细胞表面分子或信号分子糖基化修饰特征的改变。本节以肝星状细胞的凋亡特征为例,阐述糖基化修饰在该类细胞凋亡信号转导过程中的作用。肝脏合成细胞外基质的细胞主要是被激活的肝星状细胞 (hepatic stellate cell,HSC)。肝星状细胞位于 Diss 间隙,胞体呈卵圆形,形状不规则,有数个星状突起。胞质富含类维生素 A 脂滴,肝受损时受多种因素作用,非肽类介质(如酒精、活性氧等)参与肝星状细胞的激活及肝纤维化。HSC 可在多种细胞因子及活性氧自由基的作用下激活并转化为肌成纤维细胞,胞内维生素丢失,并产生大量以胶原为主的 ECM。

活化的肝星状细胞可分泌趋化因子,以及 TNF-α、TGF-β、肝细胞生长因子、成纤维细胞因子、白细胞介素-6 等细胞因子。总之,肝星状细胞活化、增殖、数量增加,从而使细胞外基质的合成增加是肝纤维化形成的直接原因。肝星状细胞静态在损伤因素作用下活化,转化为肌成纤维细胞合成大量的 ECM,构成肝纤维化发生发展的基础。

一、复合型 N-聚糖对 HSC 激活的影响

糖基化修饰对 HSC 激活的影响主要通过两个方面的机制实现:①通过糖基化修饰影响关键细胞因子及其受体的结合活性,如 TGF-$β_1$ 受体的 N-糖基化修饰直接影响该受体的细胞传导活性;②影响 HSC 表面分子,如 vitronectin 的糖基化修饰直接影响 HSC 的活化过程。HSC 激活过程中的糖基化变化主要表现为双唾液酸修饰及复合型 N-聚糖增加、核心岩藻糖修饰减少等。

肝脏损伤后 ECM 成分发生快速、细微的改变,HSC 周围细胞(受损肝细胞、毗邻内皮细胞和库普弗细胞)失稳态,通过旁分泌刺激和致纤维化细胞因子刺激等诱导即刻早期基因转录事件,从而使 HSC 基因表达和表型改变,HSC 活化而启动肝纤维化过程。继而进入持续活化期,通过自分泌、旁分泌刺激及 ECM 的加速重构、生长因子表达及应答性增强等进一步放大 HSC 表型变化,维持其持续活化状态。其过程可分为两步:炎症前期各种致病因素导致肝细胞受损,致使肝细胞分泌各种细胞因子,如 TGF-β、胰岛素样生长

因子（IGF-1）、血小板衍生生长因子（PDGF）等，通过旁分泌作用于 HSC，促进其活化和增殖；炎症期和炎症后期，肝内的内皮细胞、Kupffer 细胞等其他的一些炎性细胞被各种损伤因子激活后，会进一步分泌更多的细胞因子，促进 HSC 的活化。活化后的 HSC 会分泌更多的细胞因子，作用于自身和其他 HSC 细胞。此时即使致病因素去除，通过活化的 HSC 的自分泌与旁分泌作用，促进 HSC 的活化与增殖，使纤维化进一步发展。

在上述的细胞因子中 TGF-β 是 HSC 最强的激活因子，其主要生物学作用有：抑制大多数细胞的增殖，诱导细胞分化，免疫抑制，促进 ECM 合成，调节胶原生成和组织修复。在肝纤维化中 TGF-β 主要是促进 HSC 合成 ECM，促使 HSC 分泌金属蛋白酶组织抑制物，下调降解蛋白酶的合成，阻止新合成的细胞基质的分解从而减少 ECM 的降解。TGF-β 还可以上调 HSC 表达Ⅰ型、Ⅲ型、Ⅳ型胶原及纤维粘连蛋白（FN）、层粘连蛋白（LN）、透明质酸、硫酸软骨素，释放细胞因子及炎症介质，包括 TGF-β 自身形成 TGF-β 的自分泌环路，从而促进静息 HSC 激活。HSC 活化后细胞膜上 α_2-巨球蛋白受体表达，使 α_2-巨球蛋白入胞降解，未能清除 TGF-β 而进一步增高其水平。内皮细胞也参与了 HSC 的激活过程，其产生的纤维粘连蛋白能将转化生长因子 TGF-β 从无活性形式到有活性、促纤维生成的形式。Oh 等研究了萝卜硫素（SFN）对肝纤维化的影响，以及与肝纤维化密切相关信号通路 TGF-β/Smad 的影响，结果发现 SFN 通过 Nrf2 介导抑制了 TGF-β/Smad 信号通路，从而起到了抑制肝纤维化的作用。Lang 等发现 TGF-$β_1$ siRNA 能够降低 TGF-$β_1$ 的表达，对抗由于高脂和四氯化碳导致的肝纤维化。

PDGF 可明显促进 HSC 的增殖，促进肝纤维化。PDGF 可直接引起体外培养 HSC 的Ⅰ型、Ⅲ型前胶原 mRNA 的表达增加，说明其对胶原的合成也有促进作用。PDGF 亦可增强 HSC、MMP23 及 TIMP21 基因的表达，从而影响降解过程。此外，PDGF 与 HSC 上的受体（PDGFR）结合，促使激活细胞内或特殊靶蛋白的酪氨酸残基磷酸化，通过信号转导诱发细胞内的一系列反应。IGF-1 与其受体结合后，通过 Ras/细胞外信号调节激酶途径、PB-κ 途径抑制 HSC 凋亡等方式促进 HSC 增殖并产生基质，从而促进肝纤维化进程。Choi 等研究发现一种花青素 AF 能够作用于 HSC-T6 细胞的 PDGF-BB 信号系统，抑制了 HSC 的激活，包括 PDGF 诱导的 α-SMA 的表达，另外 AF 还抑制了 PDGF-BB 诱导的 Akt 和 ERK1/2 的磷酸化。

二、Fas/FasL 分子糖基化修饰与激活 HSC 凋亡调控

尽管还没有直接证据提示糖基化修饰可以直接影响激活后的 HSC 转归，但 Fas 分子配体 FasL 分子上的 3 个 N-糖基化修饰位点突变显示，该位点的糖基化修饰与其介导的凋亡信号转导有关，而且修饰 N-聚糖直接影响细胞表面 Fas/FasL 分子的募集及凋亡信号的转导。

在急、慢性肝损伤动物模型中，肝纤维化的逆转伴随着 HSC 增殖的减少和 HSC 凋亡的增多，因而抑制 HSC 增殖、诱导 HSC 凋亡成为治疗肝纤维化的关键。目前已知的 HSC 凋亡途径主要包括：①经典的线粒体途径；②DR 途径，包括 Fas/FasL 途径、肿瘤坏死因子相关的凋亡诱导配体（TRAIL）途经和 TNF-α 途径；③非 DR 途径。其中，由 DR 途径 Fas/FasL 通路启动的 HSC 的凋亡是其主要的分子机制。

死亡受体（death receptor，DR）是指细胞表面的某些蛋白质。它们能与携带凋亡信号的专一性配体结合，并迅速将凋亡信号转导到细胞内诱导细胞凋亡。DR 属于肿瘤坏死因子受体（TNFR）基因超家族，其胞外区都有富含半胱氨酸的区域，胞质区有一由同源氨

基酸残基构成的结构,具有蛋白水解功能,称为"死亡结构域"(death domain,DD),是信号转导和凋亡发生的重要结构。目前已知的 DR 有 FAS(CD95 或 Apo-1)、TNF-R_1(又称 CD120a 或 p55)、TNF-α。

HSC 的凋亡主要是经过 Fas/FasL 通路启动,在激活后 Fas/FasL 的表达增加,Bcl-2 和 Bcl-xL 的表达下降及 p53 基因、Bax 蛋白上调。Fas 也称 Apo-1 或 CD95,属于肿瘤坏死因子(tumor necrosis factor,TNF)受体和神经生长因子(nerve growth factor,NGF)受体超家族。人 Fas 基因定位于染色体 10q33,cDNA 全长 2534bp,由 8 个内含子和 9 个外显子组成,可编码含 319 个氨基酸、分子质量为 45kDa 的 I 型跨膜蛋白。Fas 分子由胞外区、跨膜区和胞质区组成,N 端位于胞外区,可与其配体或抗体结合,胞质区有一段第 60~70 个氨基酸序列组成的区域可与下游分子的 DD 结合而介导细胞死亡。Fas 分子与 FasL 之间的结合及凋亡信号转导与该区域内 N-糖基化修饰密切相关(图 28-1,见彩图 9)。

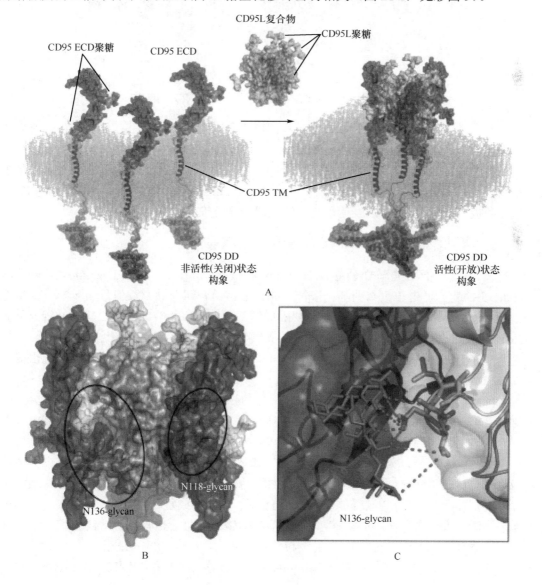

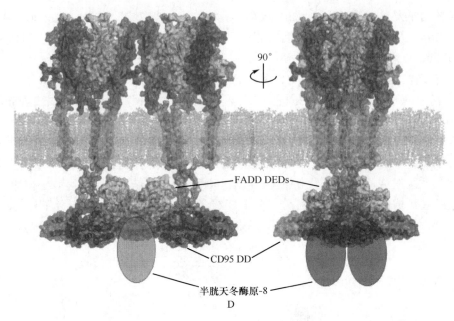

图 28-1　Fas 分子与 FasL 配体结合及与糖基化修饰之间的关系模型

Saile 等在体外和体内对 HSC 凋亡及其调控的研究中发现,在 HSC 活化过程中有凋亡现象出现。随着 HSC 活化的进展,Fas 和 FasL 的表达不断增加。采用 Fas 抗体可以完全阻止正常的和已经进入凋亡周期的 HSC 继续发生凋亡;而用 Fas 激活抗体则可以显著增加凋亡细胞数量。由此可以说明 HSC 凋亡是由 Fas/FasL 途径启动的。Lee 等发现 TMMC 处理能显著提高 FasL mRNA 的表达,从而能够用于肝纤维化的预防和治疗。

三、半乳糖凝集素与 TNF-α 介导的凋亡信号转导

肿瘤坏死因子相关凋亡诱导配体(tumor necrosis factor-related apoptosis-inducing ligand,TRAIL)通过与特殊糖基化修饰的死亡配体结合而介导凋亡信号的转导。分泌型凝集素 galectin-3 能够通过影响 DR 与其配体的结合,从而影响细胞凋亡信号的转导。而 TRAIL 信号途径被认为是介导 HSC 凋亡的关键信号途径之一。干扰该途径的信号转导即可显著抑制 HSC 的凋亡,提示糖基化修饰同样可以通过影响 TNF 受体等介导的凋亡信号转导过程,而参与 HSC 凋亡调控。

TNF-α 主要由活化的单核/巨噬细胞、活化的 NK 细胞、抗原刺激的 T 细胞和肥大细胞分泌。TNF-α 是由 157 个氨基酸组成、分子质量为 17kDa 的可溶性多肽,以二聚体、三聚体或五聚体的形式存在于溶液中,成熟型 TNF-α 的活性形式为三聚体 TNF-α,仅通过与靶细胞膜上 TNFR 结合,实现其生物学功能。TNF-α 与靶细胞膜上的 TNFR 结合通过受体后效应将信息传递到胞核,使 mRNA 表达并进而合成蛋白质。TNF-α 途径与 Fas、TRAILDR 途径的区别在于:TNF-α 与其受体 TNF-R_1 结合后,首先形成复合物 I,一方面激活 NF-κB 和丝裂原激活蛋白激酶(JNK),另一方面经过修饰和受体的分解形成复合物 II-DISC,激活凋亡级联反应。JNK 可诱导 HSC 经线粒体途径凋亡。Tarrats 等研究发现 TNF 调节 HSC 凋亡是通过与 TNF-R_1 结合,需要 MMP-9 的增殖与表达。研究利用 HSCS 野生细胞,进行

TNF-R$_1$ 基因敲除、TNF-R$_2$ 基因敲除和 TNF-R$_1$/R$_2$ 基因敲除,发现两种均敲除的胶原-α$_1$（Ⅰ）表达,使 HSC 增殖减少,修复了 PDGF 诱导的 HSC 激活。但只有 TNF-R$_1$ 敲除时有上述作用,而 TNF-R$_2$ 单独敲除时无上述作用。另外,基质代谢蛋白 9（MMP9）的表达也与 TNF 和 TNF-R$_1$ 的结合有关。

TRAIL 又称凋亡素-2 配体（Apo-2L）,属于 TNF 家族成员。TRAIL 基因定位于染色体 3q26,编码 281 个氨基酸,属于Ⅱ型跨膜蛋白。N 端无信号肽序列,第 15～40 位氨基酸为疏水区并形成跨膜结构,胞内区非常短;C 端胞外区为保守性强的第 114～281 位氨基酸,可形成典型的 B 夹心,是与受体结合的部位。在 TRAIL 分子中有一些特殊的位点,第 109 位的天冬氨酸是一个潜在的 N-糖基化位点,可被金属蛋白酶从膜上切下而产生一分子质量为 24kDa 左右的可溶性活性肽段（114～281）,该片段可形成分子质量分别为 48kDa 和 66kDa 左右的二聚体和三聚体。TRAIL 在形成三聚体时生物活性最强,受体激活时也呈三聚体形式,三聚体顶部附近的锌结合位点对维持 TRAIL 的结构及稳定性起重要作用。体外实验表明,全长或可溶形式的 TRAIL 形成的三聚体都可以快速诱导多种肿瘤细胞凋亡。TRAIL 诱导细胞凋亡是通过与细胞表面受体的胞内 DD 结合启动细胞凋亡途径,从而引起细胞凋亡。

HSC 表面存在 4 种 TRAIL 受体,即 TRAIL-R$_1$/DR4、TRAIL-R$_2$/DR5、TRAIL-R$_3$/DcR1 和 TRAIL-R$_4$/DcR2。前两种受体含有死亡域,能通过 FADD 诱导的 Caspase 信号途径促进细胞凋亡。Abriss 等以转基因技术将 p53 基因导入活化的 HSC,结果显示 HSC 中有 p53 蛋白表达,细胞增殖明显受到抑制,凋亡增加。Fas 和 TNF-α 途径在介导 HSC 同时也介导了肝实质细胞的凋亡,因此,相比之下,TNF-R$_1$ 诱导的凋亡则更具有特异性。Liu 发现能够抑制激活 HSC 中肌动蛋白的迁移及 α-SMA 的表达,导致激活 HSC 的凋亡,这些均和 Bcl-2 表达降低、p53 表达升高,以及 PPARγ 和 TRAIL-R 表达升高有关。

综上所述,糖基化修饰通过影响间质细胞分化、干细胞分化及间质细胞的激活、凋亡等关键生命过程,而在细胞外基质的合成、分解代谢调控过程中发挥重要的调节作用。因此,干预细胞的糖基化修饰过程,可能是未来组织纤维化防治的有效环节。

（魏红山）

参 考 文 献

Aalinkeel R, Mangum CS, Abou-Jaoude E, et al. 2017. Galectin-1 reduces neuroinflammation via modulation of nitric oxide-arginase signaling in HIV-1 transfected microglia: a gold nanoparticle-galectin-1 "nanoplex" a possible neurotherapeutic? J Neuroimmune Pharmacol, 12: 133～151.

Dykstra B, Lee J, Mortensen LJ, et al. 2016. Glycoengineering of E-selectin ligands by intracellular versus extracellular fucosylation differentially affects osteotropism of human mesenchymal stem cells. Stem Cells, 34: 2501～2511.

Fajka-Boja R, Urbán VS, Szebeni GJ, et al. 2016. Galectin-1 is a local but not systemic immunomodulatory factor in mesenchymal stromal cells. Cytotherapy, 18: 360～370.

Jung H, Lee SK, Jho EH. 2011. Mest/Peg1 inhibits Wnt signalling through regulation of LRP6 glycosylation. Biochem J, 436: 263～269.

Wang P, Xing Y, Chen C, et al. 2016. Advanced glycation end-product(AGE)induces apoptosis in human retinal ARPE-19 cells via promoting mitochondrial dysfunction and activating the Fas-FasL signaling. Biosci Biotechnol Biochem, 80: 250~256.

Xiao J, Wang M, Xiong D, et al. 2017. TGF-β_1 mimics the effect of IL-4 on the glycosylation of IgA1 by down-regulating core 1 β_1, 3-galactosyltransferase and Cosmc. Mol Med Rep, 15: 969~974.

第二十九章　基质金属蛋白酶

　　细胞外基质（extracellular matrix，ECM）是一种不可溶性的蛋白质，包括胶原蛋白、蛋白多糖、粘连糖蛋白及弹性蛋白等，它们组成了间质的基底及上皮与血管的基底膜部分，因而与组织修复、肿瘤转移、脏器纤维化等多种病理过程的机制相关。然而许多酶类可以降解 ECM 成分中的大分子，它们通常被称为细胞外基质的代谢酶类，主要包括脯肽酶、丝氨酸蛋白酶、半胱氨酸蛋白酶、天冬酰胺蛋白酶、糖苷酶和基质金属蛋白酶（MMP）等几大类。其中，MMP 属于锌内肽酶，故而得名，它被认为是最重要的一类细胞外基质降解酶。这不仅因为 MMP 直接以酶原的形式分泌到 ECM 中，并在正常生理条件下发挥作用，而且 MMP 的表达及活性均受到严格的调控，更重要的是 MMP 中的一些酶是迄今为止已发现的唯一能够分解纤维类胶原的酶。本章主要介绍基质金属蛋白酶的分类、表达调控及其功能。

第一节　基质金属蛋白酶的分类

一、基质金属蛋白酶家族简介

　　MM 来源于多种类型的细胞。到目前为止，共发现了 20 余种 MMP 分子。MMP 家族成员都存在以下 5 个基本特性：①它们都以酶原的形式分泌到 ECM 中，并在适当条件下被激活而发挥生理作用；②它们均含有 Zn^{2+} 中心，且活性都依赖于 Zn^{2+} 的存在，Ca^{2+} 对其活性及稳定性也起一定作用；③它们结构上具有 40%～50% 的同源性，并且结构具有高度的恒定性；④在体内存在它们的天然激活剂和抑制剂（MMP 组织抑制因子-TIMP 及血浆抑制因子——$α_2$-巨球蛋白），每种 MMP 至少被一种 TIMP 抑制；⑤至少能水解一种 ECM 成分。MMP 在细胞外基质的破坏与降解过程中具有十分重要的作用。因此，在肿瘤的浸润和转移，关节炎、肾小球肾炎、腹膜炎、组织溃疡等疾病，心血管疾病，以及正常组织的更新与吸收过程中，MMP 类均发挥着十分重要的作用。

二、基质金属蛋白酶的类型

　　MMP 家族中已经被发现的成员，根据它们的降解底物和功能不同主要可分为以下五大类：第一类为胶原酶类，包括 MMP-1、MMP-8、MMP-13，主要降解的底物是纤维类胶原，即 Ⅰ、Ⅱ、Ⅲ 型胶原；第二类为明胶酶类，包括明胶酶 A（MMP-2）和明胶酶 B（MMP-9），主要降解Ⅳ型胶原纤维和层粘连蛋白；第三类为基质水解酶（基质裂解素）类，包括基质水解酶 1、2、3，可降解蛋白多糖、层粘连蛋白、纤维粘连蛋白和Ⅳ型胶原；第四类为膜型基质金属蛋白酶（MT-MMP）类，MT-MMP 进一步分类为 Ⅰ 型跨膜型（MT1-MMP、MT2-MMP、MT3-MMP 和 MT5-MMP）和糖基磷脂酰肌醇（GPI）-锚定型（MT4-MMP

和 MT6-MMP)，它们又分别被称为 MMP-14、MMP-15、MMP-16、MMP-24、MMP-17、MMP-26。这种酶表达于细胞表面，具有广泛的底物特异性，除能降解 ECM 外，对 MMP-2 和 MMP-13 有激活作用；第五类为包括 MMP-4、5、6、7、12、19、20、21、22、23、26 等在内的其他基质金属蛋白酶，因其作用尚不清楚，故暂没有对其进行分类。间质性胶原酶又称 MMP-1，其前体分子的分子质量为 52kDa，具有酶学活性的蛋白质分子质量为 41kDa，其作用底物为 I、II 和 III 型胶原蛋白。中性粒细胞胶原酶又称为 MMP-8，前体分子的分子质量为 56kDa，具有酶学活性的蛋白质分子质量为 45kDa，其作用底物为 VII、X 型胶原蛋白、明胶蛋白、蛋白聚糖和黏结蛋白等。间质性胶原酶与中性粒细胞胶原酶统称为胶原酶。

明胶酶 A 又称为 MMP-2，前体分子的分子质量为 72kDa，具有酶学活性的蛋白质分子质量为 67kDa，其作用底物为：明胶蛋白（gelatin）、IV、V、VII 和 XI 型胶原，纤维粘连蛋白，层粘连蛋白，蛋白聚糖，弹性蛋白等。明胶酶 B 又称为 MMP-9，前体分子的分子质量为 92kDa，具有酶学活性的蛋白质分子质量为 82kDa，其作用底物包括明胶蛋白、IV 和 V 型胶原、蛋白聚糖、弹性蛋白及黏结蛋白等。明胶酶 A 和明胶酶 B 统称为明胶酶，它们的主要水解底物是变性胶原、BM 的主要成分 IV 型胶原和 V 型胶原等。它们都可以作用于 α_1（IV）链的 Gly446~Ile447 位点和 α_2（IV）链的 Gly464~Leu465 位点，使 IV 型胶原降解成为 1/4 和 3/4 的片段，MMP-2 可以分解糖蛋白成分 FN 和 LN，而 MMP-9 则不能。

基质裂解素 1 又称为 MMP-3，前体分子的分子质量为 57kDa 或 59kDa，具有酶学催化活性的蛋白质分子质量为 45kDa 或 28kDa，其作用的底物包括蛋白聚糖、明胶、纤维粘连蛋白、层粘连蛋白，III、IV、IX 和 X 型胶原，胶原的末端肽等。基质裂解素 2 又称为 MMP-10，前体分子的分子质量为 57kDa，具有酶学催化作用的蛋白质分子质量为 45kDa 或 28kDa，其作用的底物包括蛋白聚糖、IV 型胶原、纤维粘连蛋白和层粘连蛋白等。基质裂解素 3 又称为 MMP-1，其分子质量及其在体内的生物学活性目前还不十分清楚。基质裂解素 1、基质裂解素 2 和基质裂解素 3 统称为基质裂解素，它们的水解底物比较广泛，如 III、IV、V 型胶原，以及明胶、蛋白聚糖及糖蛋白等。

膜型基质金属蛋白酶是 MMP 家族中的新成员，在人类有 6 种 MT-MMP，MMP-14 是第一个被发现的 MT-MMP，短期内 MMP-15、MMP-16 和 MMP-17 相继被发现，随后又发现了 MMP-24、MMP-26。MMP-14、MMP-15、MMP-16 和 MMP-17 cDNA 分别为 3.4kb、3.53kb、3.1kb 和 1.55kb，可分别编码 582 个、699 个、604 个和 518 个氨基酸，分子质量分别为 63ku、72ku、64ku 和 70ku。目前已发现 MMP-14 和 MMP-16 可以激活 MMP-2。

基质溶解因子又称为 MMP-7，其前体分子的分子质量为 28kDa，具有生物学活性的酶蛋白分子的分子质量为 19kDa，其水解底物较广泛，如蛋白聚糖、纤维粘连蛋白、明胶、IV 型胶原、弹性蛋白、黏结蛋白、FN、LN 及 entactin 等。

金属弹性蛋白酶又称为 MMP-12，仅在小鼠的组织细胞中发现，其前体分子的分子质量为 53kDa，具有酶学催化活性的蛋白质形式分子质量为 45kDa 或 22kDa，其作用底物为弹性蛋白。MMP 分类详见表 29-1。

表 29-1 基质金属蛋白酶家族

酶的名称	MMP 数目	前体分子(kDa)	活性分子(kDa)	底物
1. 胶原酶				
间质性胶原酶	MMP-1	52	41	Ⅰ、Ⅱ和Ⅲ型胶原等
中性粒细胞胶原酶	MMP-8	75	65	Ⅰ、Ⅱ和Ⅲ型胶原
2. 明胶酶				
明胶酶A	MMP-2	72	67	明胶、Ⅵ、Ⅴ、Ⅶ、Ⅺ型胶原、纤维粘连蛋白、层粘连蛋白、蛋白聚糖、弹性蛋白
明胶酶B	MMP-9	92	82	明胶、Ⅳ和Ⅴ型胶原、蛋白聚糖、弹性蛋白、黏结蛋白
3. 基质裂解素				
基质裂解素1	MMP-3	57 59	45 28	蛋白聚糖、明胶、纤维粘连蛋白、层粘连蛋白、Ⅲ、Ⅳ、Ⅸ和Ⅹ型胶原，胶原末端肽
基质裂解素2	MMP-10	57	45 28	蛋白聚糖、Ⅳ型胶原、纤维粘连蛋白、层粘连蛋白
基质裂解素3	MMP-11	61	55	FN 和 LN
4. 膜型基质金属蛋白酶				
MT1-MMP	MMP-14	63		酶原型 MMP-2
MT2-MMP	MMP-15	72		不详
MT3-MMP	MMP-16	64		酶原型 MMP-2
MT4-MMP	MMP-17	70		不详
5. 其他				
端肽酶	MMP-4	不详		Ⅰ型胶原的α1链和FN
3/4 胶原内肽酶	MMP-5	不详		Ⅰ、Ⅱ、Ⅲ型胶原降解后的 3/4 片段及明胶
酸性金属蛋白酶	MMP-6	不详		软骨、蛋白聚糖及胰岛素的β链
基质裂解蛋白	MMP-7	28	19	LN、FN、蛋白聚糖、纤溶酶原激活因子、明胶、弹性蛋白、Ⅳ型胶原、entactin；tenascin、TNF-α、MMP-1、MMP-9
金属弹性蛋白酶	MMP-12	53	45 22	弹性蛋白、FN、Ⅳ型胶原
Cossins/Pend-as	MMP-19	不详		不详
釉质溶解	MMP-20	不详		釉质层

三、基质金属蛋白酶的结构与底物特异性

从哺乳动物细胞和组织中鉴定的9种MMP的基本结构具有许多共同的特点和生物化学特性。所有的MMP都是以蛋白酶原前体的形式从细胞分泌到细胞外。从一级结构及与底物作用的位点来看，活化的pMMP重要的结构片段包括：①His218、His222、His228（以 MMP-1 编号为准），络合催化部位的锌离子；②Glu219，作为催化部位的广义酸碱催化剂；③Ala182，

其羧基氧与肽键的 NⅡ 形成氢键；④Leu181 和 Tyr240，其侧链组成一道"墙"将 S1′和 S37 隔开，并提供一供体 NH 与底物形成氢键；⑤Pro238 和 Ala234，其羧基指向 S1′区域。从酶的三级结构来看，MMP 分子中包括 3 个 α 螺旋和 4 个平行、1 个反平行 β 折叠。从与底物或抑制剂作用的模式来看，可分为两个部分：①N 端催化部位；②酶的疏水区 S1、S1′、S27、S3′。各种 MMP 及其亚型在氨基酸序列上的同源性很强，仅在局部区域有不同。这种差异主要体现在酶的 S1′疏水区。此结构特征也成为选择性 MMP 抑制剂结构设计的依据。

　　大部分 MMP 分子都是 MMP-1 的同源性分子，它们具有三个共同的位点结构：一个是由 77～87 个氨基酸残基组成的末端肽，一个由 162～173 个氨基酸残基组成的催化位点，以及羧基端由 202～213 个氨基酸残基组成的与亲玻连蛋白（vitronectin，VN）同源性的位点序列。MMP-2 和 MMP-9 含有另外一个由 58 个氨基酸残基组成的位点，与纤维粘连蛋白的 Ⅱ 型位点结构的氨基酸残基序列具有显著的同源性。所有 MT-MMP 共享一个由信号肽、前域、催化结构域、铰链（接头-1）、血红蛋白样（Hpx）结构域和茎区（接头-2）组成的结构域。跨膜型 MT-MMP 包括 MT1、MT2、MT3、MT5-MMP 具有跨膜（TM）结构域和接头-2 之后的短细胞质（CP）结构域，GPI 锚定型 MT-MMP 包括 MT4-MMP 和 MT6-MMP 在接头-2 之后有短的疏水性序列，用来作为 GPI 锚定的信号肽。所有 MT-MMP 都有 RX（K/R）的碱性氨基酸基序，R 在它们前域的 C 端，由蛋白质转换酶（PC）如分泌期间的弗林蛋白酶激活。MT6-MMP 在茎区（接头-2）具有不配对的半胱氨酸 Cys532，这介导细胞表面二硫化物键介导的同二聚体的形成。TM 型 MT-MMP 有插入催化域中 8～9 个氨基酸，命名为 MT 循环，这是 TM 型 MT-MMP 所独有的，不存在于 MMP 家族的其他任何一个酶中。在明胶酶 B 的分子结构中，在催化位点的羧基端区有一个由 53 个氨基酸残基组成的位点。其催化作用位点含有一段锌结合位点，即 HEXXHXXGXXH 序列。其中的 3 个组氨酸（H）残基可能是锌的配体分子结构。明胶酶的稳定性和酶活性的表达，同时也需要有钙离子的参与，如图 29-1 所示。

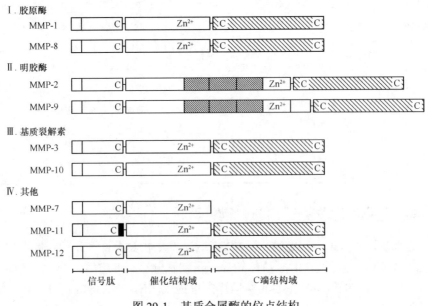

图 29-1　基质金属酶的位点结构

胶原酶是哺乳动物组织细胞中唯一的能够消化Ⅰ、Ⅱ和Ⅲ型间质性胶原螺旋结构区的蛋白酶类。但是，胶原酶却不能降解Ⅳ和Ⅴ型胶原。除了胶原之外，胶原酶还在一定程度上能够降解其他类型的细胞外基质蛋白类型。但是，MMP-1 能够降解的底物还是 α_2-巨球蛋白。其通过模拟底物与大多数类型的内肽酶发生相互作用，因而是一种血浆蛋白酶的抑制剂。对于两种胶原酶的分子结构来说，其羧基末端的序列结构是其裂解胶原蛋白所必需的位点结构方式。但对于普通的蛋白水解功能来说，这一位点结构并非必需。而 MMP-8 仅仅存在于中性粒细胞之中，相比较而言，MMP-1 的分布较为广泛，多种细胞都可以表达这种类型的胶原酶，包括巨噬细胞等都具有分泌 MMP-1 的功能。

两种明胶酶，包括明胶酶 A（MMP-2）和明胶酶 B（MMP-9），又称为 72kDa 的明胶酶或Ⅳ型胶原酶，或 92kDa 的明胶酶或Ⅳ型胶原酶。这两种类型的明胶酶都可以降解明胶蛋白，在某些程度上还可以降解自然结构的Ⅳ和Ⅴ型胶原。两种明胶酶也都可以降解弹性蛋白与蛋白聚糖。MMP-2 还可以降解纤维粘连蛋白、层粘连蛋白、Ⅶ和Ⅺ型胶原等。许多类型的细胞及肿瘤细胞都表达 MMP-2。MMP-9 首先是在中性粒细胞中发现的，但巨噬细胞也可以表达和分泌这种基质蛋白酶。一些发生恶性转化的细胞，以及一些受到刺激的结缔组织细胞等，也具有表达分泌这种基质金属蛋白酶的能力。

到目前为止，已有 3 种基质金属蛋白酶命名为基质裂解素。但是，基质裂解素 3 的酶学催化活性的性质却不十分清楚。基质裂解素 1 和 3 之间氨基酸残基序列的同源性为 40%，而 MMP-3 和 MMP-10 之间氨基酸残基序列的同源性则高达 79%。因此，暂将基质裂解素 3 归为未知类。基质裂解素 1（MMP-3）具有裂解蛋白聚糖、纤维粘连蛋白、Ⅳ型胶原、Ⅸ型胶原、Ⅹ型胶原、层粘连蛋白等底物的功能，在一定程度上还具有降解弹性蛋白的作用和功能。基质裂解素 1 还参与激活 MMP-1 和 MMP-9 酶蛋白前体的功能。基质裂解素 2（MMP-10）裂解底物的种类与 MMP-3 大致相同，但其作用活性比 MMP-3 要弱得多。MMP-3 主要来源于激活的结缔组织细胞，但产生和分泌 MMP-10 的细胞类型还不十分清楚。

基质裂解蛋白又称为 MMP-7，也叫做 Pump-1，主要由大鼠的子宫、单核-吞噬细胞及一些肿瘤细胞表达分泌。MMP-7 对于蛋白聚糖、纤维粘连蛋白、明胶蛋白、Ⅳ型胶原、弹性蛋白及黏结蛋白等底物具有很强的裂解作用。金属弹性蛋白酶即 MMP-12，首先是从小鼠巨噬细胞的 cDNA 文库中克隆化，重组 MMP-12 只有降解蛋白质底物弹性蛋白一种，对于其他类型基质蛋白是否有裂解作用，还不十分清楚。

在 6 个 MT-MMP 中，MT1-MMP 具有最广泛的底物特异性，尤其在针对细胞外基质（ECM）组分时。胶原蛋白是 ECM 中的最主要结构组分，并在 ECM 中极为丰富。MT1-MMP 降解Ⅰ、Ⅱ、Ⅲ类纤维胶原蛋白，但不降解作为基底膜主要成分的Ⅳ型胶原蛋白。MT2-MMP 据报道也降解胶原蛋白Ⅰ，但其活性为 MT1-MMP 的 1/100，因此被认为不是主要的胶原酶。MT3-MMP 显示降解Ⅲ型胶原，但它不能降解Ⅰ型胶原蛋白。其他的 M-MMP 不降解纤维胶原蛋白。因此，MT1-MMP 被公认为是膜锚定的胶原酶。MT1-MMP、MT2-MMP 和 MT3-MMP 已被证明能降解纤维蛋白并促进细胞侵入纤维蛋白基质。MT1-MMP、MT2-MMP、MT3-MMP 和 MT5-MMP 也显示出在细胞表面激活 proMMP-2 的作用，但 MT4-MMP 和 MT6-MMP 没有此作用。据报道 MT4-MMP 处理 ADAMTS4 的 C 端域，将其转换为一种更有效的聚蛋白聚糖酶。MT5-MMP 在神经干细胞中可以脱落 N-钙黏蛋白。

第二节 基质金属蛋白酶的表达调控

组织外基质蛋白的合成与降解过程,决定细胞外基质的更新与细胞、组织、器官的发育和形成。MMP 的活性调节,决定了细胞外基质降解的速度,因此,具有重要的生物学意义。

一、基质金属蛋白酶表达调控的概述

正常生理条件下 MMP 的活性很低,并在 4 个水平上受到调节:①转录水平基因表达的调控;②MMP 合成与分泌调节;③MMP 前肽(酶原)的激活;④TIMP 的调节。MMP 的生物合成由其基因转录率所决定。而 MMP 的基因转录受许多因素的影响,如 MMP-9 的 1562 位存在 C 到 T 的突变时可影响 MMP-9 基因的表达水平。其中,生长因子和细胞因子等活性介质是酶原合成阶段最主要的调节因素,它们不仅能促进或抑制 MMP mRNA 的转录,而且能影响其半衰期;另外,一些黏附分子(受体)、uPA 等致癌剂及细胞外环境等因素均对 MMP 的转录有调控作用。MMP 的活性抑制可发生在两个层次上:一是在前肽转化为活性形态时;二是其活体与 TIMP 结合而被抑制。MMP 与 TIMP 的平衡程度决定了净 MMP 活性,同时也是决定 ECM 转化的重要因素,其在组织重建、血管生成、伤口愈合、胚胎发育、肿瘤细胞的侵袭转移等过程中发挥重要作用。下面将分别叙述 MMP 在不同水平的表达调控。

二、基因转录水平的调节

大多数 MMP 基因的表达具有"诱导性"。细胞因子、激素、生长因子、化学药物、生理应激、肿瘤细胞转化等都可以增强 MMP 的基因表达。其中最主要的是细胞因子和生长因子,例如,IL-1β、EGF、PDGF、VEGF、bFGF、TNF-α 能够增加大多数金属蛋白酶的基因表达。然而,增强的基因表达又可以被 TGF-β、视黄酸、糖皮质激素和 IL-4 等抑制因子下调。基因分析表明,MMP 的启动子区域包含各种顺式作用元件,如激活蛋白位点(AP-1 和 AP-2)、PEA-3(polymaenhancer A banding protein 3)位点、C/EBP 位点及 SP-1 位点。近年来研究表明,MMP 转录水平的调节关键在于 AP-1 和 PEA-3 这两个位点与各种因子之间的关系。与其他 MMP 不同的是,MMP-2 的启动子中存在丰富的 GC 序列,但不含 AP-1 结合位点,故其表达很少受癌基因的影响,被认为是一种典型的持家基因。另外,不同的信号途径会介导不同 MMP 基因表达。例如,甾体激素孕酮正是通过 MMP 启动子 AP-1 位点上的激素反应元件来实现对子宫内膜中 MMP-1、MMP-3、MMP-7、MMP-9 和 MMP-11 mRNA 表达的抑制作用。而孕酮对 MMP-7 的调节则是一种间接调节,首先孕酮作用于子宫内膜的基质细胞使其分泌 TGF-β,然后 TGF-β 以旁分泌的形式作用于上皮细胞,从而抑制 MMP-7 的表达。糖皮质激素地塞米松既可以直接抑制 MMP-1 和 MMP-3 mRNA 的表达,也可以使已转录的 mRNA 的稳定性降低,从而减少 MMP-1 和 MMP-3 蛋白的产生。另外,地塞米松还可以抑制 IL-β 的表达,而使 MMP-9 的表达减少。表皮生长因子(EGF)的作用与糖皮质激素的作用正好相反。TNF-α 和 IL-1α 对 MMP-1、MMP-3、MMP-9 的表达都具有上调作用,当然在某些细胞中并不表现上调作用,这可能与某些细胞中 AP-1 位点的缺失有关。

三、基质金属蛋白酶合成与分泌的调节

中性金属蛋白酶（neutral metalloproteinase）活性的调节是一个非常复杂的生物学过程，包括酶蛋白原分子的合成与分泌调节、酶蛋白原分子激活过程的调节，以及活性蛋白酶分子与其特异性抑制剂之间的相互作用等环节。关于间质性胶原酶的活性调节已进行了较为详尽的研究，目前的研究表明，中性金属蛋白酶整个家族成员的活性调节机制也与之类似。

体外培养的成纤维细胞及其他类型的结缔组织细胞中，中性金属蛋白酶的合成与分泌受到一系列可溶性因子的调节。这些调节因子的作用性质不尽相同，一方面有些可溶性因子促进中性金属蛋白酶的合成与分泌，另一些可溶性因子则抑制中性金属蛋白酶的合成与分泌。IL-1、TNF-α、表皮生长因子（EGF）、血小板衍生生长因子（platelet-derived growth factor，PDGF）及碱性成纤维细胞生长因子（basic fibroblast growth factor，bFGF）等对于成纤维细胞间质性胶原酶的分泌都具有促进作用。EGF、bFGF 及胚胎癌衍生生长因子（embryonic carcinoma-derived growth factor，ECDGF）可以促进成纤维细胞基质裂解素的生物合成过程。其他促进成纤维细胞间质性胶原酶产生的因子包括 PMA 和尿酸单钠与结晶等，其中 PMA 的作用机制与蛋白激酶 C 的激活作用有关。最近有研究结果表明，PMA 与尿酸盐结晶可以刺激滑膜成纤维细胞产生一类自分泌蛋白，这些自分泌蛋白即可以促进滑膜成纤维细胞本身间质性胶原酶的产生与释放过程。对这些自分泌蛋白进一步研究分析表明，两种小分子质量的蛋白质 14kDa 和 12kDa 可能与中性胶原酶的调节有关，这两种自分泌蛋白分别与淀粉样蛋白 A（amyloid A）和 α_2-微球蛋白（α_2-microglobulin，α_2-MG）是同源性的蛋白质结构。兔角膜上皮细胞分泌表达的一种 20kDa 的细胞因子，也可以促进成纤维细胞分泌间质性胶原酶的过程。这些细胞因子促进成纤维细胞合成中性金属蛋白酶合成的生物学机制，主要是促进基因转录表达的活性，但也可以提高其 mRNA 的稳定性。总的来讲，促进成纤维细胞金属蛋白酶生物合成的信号，主要来源于巨噬细胞、结缔组织细胞、上皮细胞及血小板等分泌表达的可溶性生长因子。此外，自分泌方式合成的多肽也具有十分重要的调节作用。从这些生长因子对于中性金属蛋白酶合成调节的性质来看，表明成纤维细胞分泌表达中性金属蛋白酶，与炎症过程及细胞增殖过程有关。恶性肿瘤细胞及恶性转化细胞可以合成释放基质裂解素和 72kDa 的Ⅳ型胶原酶，或称为明胶酶。这些基质金属蛋白酶的表达，将有助于基底膜的破坏，促进肿瘤细胞的浸润与转移。成纤维细胞合成与表达中性金属蛋白酶的能力也受到几种不同可溶性因子的抑制。全反视黄酸和地塞米松可使成纤维细胞中的间质性胶原酶 mRNA 的水平下降，其机制是抑制基因转录表达的活性。高密度条件下培养的角膜上皮细胞可以释放两种抑制性因子，分子质量分别为 7kDa 和 19kDa，可以抑制角膜基质细胞产生间质性胶原酶的产生。处于静止状态的兔滑膜成纤维细胞释放一种分子质量为 12.5kDa 的因子，以自分泌的表达方式，抑制由 PMA 诱导的间质性胶原酶的分泌。TGF-β是中性金属蛋白酶生物合成的一种重要的抑制性分子。TGF-β能够抑制间质性胶原酶及基质裂解素的生物合成过程，特别是由 EGF、bFGF 诱导的过程，TGF-β的抑制作用尤为强烈。因此，成纤维细胞中基质金属蛋白酶的生物合成调节，取决于促进信号与抑制信号作用强度之间平衡的结果。

巨噬细胞在受到内毒素细菌的脂多糖（lipopolysaccharide，LPS）及淋巴因子的刺激之后，均可以促进基质金属蛋白酶的产生。当巨噬细胞受到如吲哚美辛（indomethacin）等的刺激以后可以抑制其间质性胶原酶的生物合成。研究表明，前列腺素 E_2（prostaglandin E_2，PGE_2）合成酶抑制剂，具有促进 PGE_2 合成的作用，而 PGE_2 通过提高细胞内的 cAMP 浓度，进一步促进间质性胶原酶的合成。地塞米松可以抑制巨噬细胞合成间质性胶原酶的能力，也是通过降低细胞内 cAMP 的浓度而实现的。

四、MMP 前肽（酶原）的激活

金属蛋白酶是以无活性酶原形式分泌的，其活性的封闭是由于在其锌离子活性中心的近旁结合了由该 MMP 前区肽链内所固有的一个半胱氨酸，该半胱氨酸阻断了活性中心与底物的结合。

关于 MMP 的激活机制目前还不十分清楚，但公认的学说为"半胱氨酸开关"学说。该学说认为当 MMP 以酶原的形式存在时，其活性中心部位的 Zn^{2+} 除了与催化结构域保守序列中的三个组氨酸上的咪唑基形成配位键外，还与前区肽结构域保守序列中的半胱氨酸形成一个配位键，此时前区肽段将酶的活性中心覆盖住，因而没有催化活性。MMP 的活化过程正是将此前区肽段劈开，使半胱氨酸与锌离子分离，从而暴露出锌离子的活性中心。具体的几种可能激活机制如下：某些激活剂可直接打断 $Cys-Zn^{2+}$ 之间的配位键，使前肽段移位，一个水分子进入并与催化结构域保守序列中的谷氨酸结合，然后该水分子再与 Zn^{2+} 结合形成配位键，即水分子取代了半胱氨酸，从而使酶的活性中心暴露，底物进入该疏水区域而被催化降解。有些激活剂可以将前肽段水解去掉，或裂解掉前肽中一段，然后酶本身进一步自动裂解而使前肽去除，即 $Cys-Zn^{2+}$ 打开，使酶活性中心暴露而激活。另外，有些激活剂还能从 MMP 的羧基端水解掉一个小肽段，从而使其进一步被激活而形成分子质量更小的超活性形式。另一种激活机制可能是某些激活剂可以改变 MMP 的空间构象，使其发生某种程度的扭曲，当扭曲产生的张力大于打开 $Cys-Zn^{2+}$ 的键能时，$Cys-Zn^{2+}$ 打开而被激活。

MMP 既可以被体内存在的天然激活剂激活，也可以在体外被特定的化学物质所激活，但 MMP 大多数成员的激活需要外源性酶的作用。常见的外源性酶有纤溶酶、激肽释放酶、组织蛋白酶及中性弹力酶等。但明胶酶 MMP-2 则不能被纤溶酶等激活，此酶由细胞膜成分介导而被激活，这种激活剂主要包括刀豆蛋白凝集素 A、组织蛋白酶 D 等。Okada 等（1990）发现胰蛋白酶和糜蛋白酶可以激活 MMP-3 和 MMP-8，而对 MMP-2 和 MMP-9 则没有激活作用。最近研究表明，膜性金属蛋白酶 MT-MMP 参与了 MMP-2 的激活，组织蛋白酶 B 和 G 也可能是 MMP 的体内激活剂。有些 MMP 可以激活其他的 MMP，MMP 家族中各成员之间的相互作用很有可能像血液凝固过程中各种凝血因子间的作用一样，是一个有序的过程。例如，MMP-14 和 MMP-16 可以激活 MMP-2。

过去认为 MMP 对 ECM 的降解过程中，需要 MMP 和其抑制剂（主要是 TIMP）的相互协调作用，但其实此过程既受到其激活剂的调控，也受其抑制剂的调控。所以，确切地说该过程需要 MMP 及其激活剂和其抑制剂三者之间的协调作用。例如，在对宫外孕患者的研究中发现，输卵管着床部位既有 MMP-2 mRNA 的高度表达，也有其激活剂 MMP-14 mRNA 的高度表达；而在非着床部位及正常妊娠者的输卵管中，仅有 MMP-2 mRNA 的表达，而没有 MMP-14 mRNA 的表达。这说明 MMP 的生物活性既受到其抑制剂的调节，也受到体内激活剂的调节。

五、基质金属蛋白酶特异性抑制物

已发现的 MMP 的天然抑制剂有两类：一类是 MMP 的内源性特异性抑制因子——TIMP，另一类是 MMP 的血浆抑制剂 α_2-巨球蛋白（α_2-M）。另外，MMP 的活性也可被络合剂 EDTA 和 1，10-phenylthrolin 所抑制。TIMP 是一个多基因家族的编码蛋白，由成纤维细胞、角质细胞、单核/巨噬细胞、内皮细胞等产生，广泛分布于组织和体液中。现已发现的 TIMP 有 4 种，分别命名为 TIMP-1、TIMP-2、TIMP-3 和 TIMP-4。TIMP 有相同的域结构，分为两个功能区域，其 N 端功能区的半胱氨酸残基与 MMP-8 的锌离子的活性中心结合，其 C 端功能区与 MMP 的其他部位结合，以 1∶1 的比例形成 MMP-TIMP 复合体，从而阻断 MMP 与底物结合，是一种转录后调节机制。

TIMP-1 是一个由 184 个氨基酸组成的糖蛋白，其分子质量为 28kDa，分子结构中有 6 个二硫键（disulfide bond），以形成两个主要的位点结构。TIMP-1 主要抑制间质胶原酶（MMP-1、MMP-13）的活性，还抑制基质分解素和明胶酶 B，但是对于跨膜型基质金属蛋白酶，包括 MT1-MMP、MT2-MMP、MT3-MMP 和 MT5-MMP，TIMP-1 的抑制作用很弱，生理剂量的 TIMP-1 根本不能发挥抑制作用。另一方面，对于 GPI 锚定型基质金属蛋白酶，包括 MT4-MMP 和 MT6-MMP，所有 TIMP（包括 TIMP-1）均可对其进行有效抑制。TIMP-1 还可能对细胞的生长有调节作用。以重组蛋白形式表达的仅仅含有 TIMP-1 氨基端序列的蛋白片段，对于基质金属蛋白酶仍然具有抑制性作用，但这种抑制作用的机制却不十分清楚（TIMP-1 的结构如图 29-2 所示）。

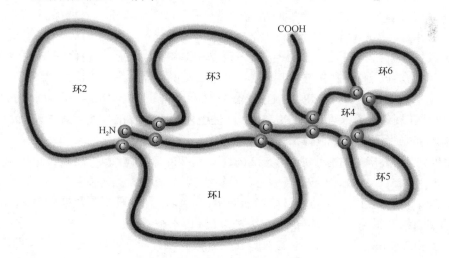

图 29-2　TIMP-1 结构示意图

TIMP-2 是一个非糖基化的由 194 个氨基酸组成的蛋白质，其分子质量为 22kDa，除了通过与 MMP-2 的活性位点结合而特异性抑制其活性外，也能结合到明胶酶原 A 的 C 端而形成酶-抑制因子复合物并分泌到细胞外，再与 MT1-MMP 相互作用形成三分子复合物而使明胶酶原 A 激活。TIMP-2 过量时会抑制明胶酶原 A 的激活，但通过形成三分子复合物，适量 TIMP-2 的存在对于明胶酶原 A 的激活似乎是必不可少的。

TIMP-1 和 TIMP-2 都含有 12 个半胱氨酸，它们靠二硫键两两结合而形成大小不等的 6 个环（loop），在羧基端形成 3 个比较小的环，其中在其氨基端构成 3 个比较大的环（图 29-2）。氨基端的 3 个大环可以与 MMP 催化结构域相互作用而起抑制作用。这种抑制作用很有可能是 TIMP 上的半胱氨酸与活性中心部位的 Zn^{2+} 结合，而覆盖在其活性中心部位，由于空间位阻效应使底物不能与其结合而发挥其抑制作用；也有可能是 TIMP 氨基端上的 3 对半胱氨酸与激活型的 MMP 竞争酶活性中心上的 Zn^{2+}，从而使酶失活。TIMP 除了能抑制已激活的 MMP 的活性外，还能阻止或延缓酶原型 MMP 转变为激活型 MMP 的过程。TIMP-1 和 TIMP-2 均能与具有生物活性的基质金属蛋白酶以 1:1 的分子比例非共价结合，但与不具有生物活性的基质金属蛋白酶则呈紧密结合在一起的复合物形式。Negro 等（1995）证明 TIMP-2 只抑制 MMP-2 的活性，而不影响 MMP-9 的活性。此外，TIMP-2 通过 MT1-MMP 桥接 proMMP-2 介导 proMMP-2 的激活。因此，TIMP-2 对血浆中 MT1-MMP 依赖的 proMMP-2 激活效应是双相的：TIMP-2 在较低的浓度下激活作用增强，然而高浓度时激活则被抑制。又因为细胞中容易发现 TIMP-2 和 MT1-MMP 的复合物，经常有人认为 TIMP-2 是主要的内源性 MT1-MMP 抑制剂，但 TIMP-2 无效小鼠和 TIMP-2 缺陷细胞中均未有迹象表明强 MT1-MMP 活性。另外，TIMP-1 还可与 32 kDa 的明胶酶（MMP-9）的前体分子形成双分子复合物（bimolecular complex），而 TIMP-2 则与 72 kDa 的明胶酶（MMP-2）形成类似的复合物。TIMP-2 对 MMP-2 的抑制较 TIMP-1 强 7~10 倍，而对 MMP-1 的抑制比 TIMP-1 弱。

最近从鸡胚成纤维细胞中又分离出一种 TIMP 分子，称为 TIMP-3，其主要分布于细胞外基质中。TIMP-3 是一个分子质量为 21 kDa 的蛋白质，其氨基酸序列与 TIMP-1 和 TIMP-2 的同源性分别为 28%和 24%，属非水溶性。它只存在于 ECM 中并表现出与 ECM 组分子有极强的亲和力，可阻碍转化的成纤维细胞对 ECM 的黏附，促进非转化细胞的增殖和转化表型的表达。小鼠、猪和人的 TIMP-3 基因也已相继得到了克隆化。有研究发现在 TIMP-3 缺陷小鼠胚胎成纤维细胞中通过 MT1-MMP 对 proMMP-2 的激活作用比在野生型小鼠胚胎成纤维细胞中强得多，而 TIMP-2 缺陷小鼠仅显示出抑制 proMMP-2 激活作用。这表明 TIMP-3 可能在调节细胞表面的 MT1-MMP 活性中发挥着重要的作用。此外，TIMP-3 能诱导肿瘤细胞和血管平滑肌细胞凋亡，但其作用机制还不十分清楚。

TIMP-4 刚分离出来时分子质量为 22.6kDa，有 224 个氨基酸，与前三者的同源性分别为 37%、51%和 51%。TIMP-4 的表达更具有组织特异性，其分泌水平在各脏器差异较大，以心脏为最丰富。TIMP-4 的功能目前尚未明确。然而，有大量相关数据表明 TIMP4 限制发展中的肺组织、眼睛和移植组织等中的 ECM 蛋白水解。

TIMP 和胶原酶由同一种类型的细胞合成分泌，或者与基质裂解素由同一种类型的细胞分泌表达，而且 TIMP 又是基质金属蛋白酶的特异性抑制作用蛋白，表明 TIMP 在减慢结缔组织降解的过程中发挥着十分重要的作用。

骨关节炎（OA）和类风湿关节炎（RA）病变的特征就是结缔组织的破坏，可能是局部激活的 MMP 与 TIMP 之间的平衡被打破，倾向于结缔组织的破坏而造成的。从骨关节炎与类风湿关节炎的软骨提取物中都证实基质金属蛋白酶的活性上升超过 TIMP 活性上升的程度。关节炎病变组织与其周围的正常组织相比较，发现有明显的差别。以原位杂交技术，对于骨关节炎与类风湿关节炎滑膜组织中 TTMP mRNA 的水平进行了检测，证实两种疾病的 TIMP 基因表达水平大体相似，但存在高度炎性病变的类风湿关节炎中，与基质金属蛋白酶类相比，TIMP 的水平则出现显著下降，提示基质金属蛋白酶过度激活，而 TIMP 水平又保持不变，因而出现关节炎的病变。

既然认为骨关节炎和类风湿关节炎的损伤与病变是由于基质金属蛋白酶的活性相对升高、TIMP 的活性相对下降而引起的，那么 TIMP 应该对这些类型的关节炎病变损伤具有一定的治疗作用。实际上，以 TIMP 对关节炎治疗的结果，却得到一些相互矛盾的结果。以 II 型胶原诱导的关节炎小鼠模型，每只小鼠每天腹腔注射 2mg 的 TIMP-1，与未经治疗的对照组相比，关节损伤的程度显著下降。但是，这种用药方法，能否引起病变关节局部的 TIMP-1 蛋白浓度的升高尚不十分清楚，因而难以断定 TIMP-1 的治疗效果。向体外培养的处于吸收状态的软骨中加入外源性的 TIMP-1 或 TIMP-2，能够显著抑制软骨组织释放胶原的水平，但对于软骨组织释放葡糖胺聚糖的水平则无显著的影响。这一结果表明，软骨组织中的蛋白聚糖释放完毕之前，TIMP 很难释放进入软骨组织中。人工完成的小分子质量的 MMP 类的抑制性多肽分子，可以穿透软骨组织，使葡糖胺聚糖和胶原的释放水平都显著下降。在软骨降解过程中，胶原的降解代表的是不可逆过程。如果胶原的网状结构存在，葡糖胺聚糖则可能被替换。一旦胶原组织结构被破坏，软骨的破坏则是一种不可逆的过程，因而也不能完全肯定 TIMP 的治疗价值。

降低结缔组织破坏程度的一个途径即为促进局部 TIMP 的产生。目前已发现一系列的制剂，可提高 TIMP-1 mRNA 及蛋白质的表达水平，这些制剂对于基质金属蛋白酶的表达或者有抑制作用，或者没有任何影响。能够促进 TIMP-1 基因表达的制剂包括全反视黄酸或合成的维生素 A 的类似物，还有几种细胞因子，如 TGF-β、IL-6、IL-11、白血病抑制因子（leukemia inhibitory factor，LIF）及杀肿瘤蛋白 M。所有这些药物对于细胞都有多种作用。全反视黄酸可以刺激各种来源的成纤维细胞的 TIMP-1 的表达水平。TGF-β 一般认为是一种组成代谢因子，可以使体外培养的单核细胞表达 TIMP-1 的水平升高。TGF-β 单独情况下即可发挥其对于 TIMP-1 基因表达的调节作用，也可与其他类型的生长因子联合起来调节 TGF-β 易感性基因的表达。TGF-β 还可以抑制由 IL-1 引起的人工软骨移植物中葡糖胺聚糖分子的释放。

IL-6、IL-11 和 LIF 及杀肿瘤蛋白 M 具有许多共同的作用。所有这些因子都能产生对于造血细胞的影响，而且都能诱导肝细胞急性期蛋白的释放。另外，IL-6 在体外还能促进滑膜成纤维细胞及软骨细胞 TIMP 基因的表达。在炎症活跃阶段及类风湿关节炎患者的滑液（synovial fluid，SF）中，都有高水平 IL-6 的表达。在类风湿关节炎患者滑液中也发现了 IL-11，也可以诱导关节软骨细胞和滑膜成纤维细胞中相关基因的表达。IL-11 的许多生物学效应与 IL-6 之间有许多类似之处，其中包括诱导 TIMP 的表达等。最近，也把 LIF 与杀肿瘤蛋白 M 归为诱导 TIMP 表达的细胞因子范畴。因为这些分子都通过一种 gp130 蛋白作为信号转导的介质，因而可能有共同的信号转导途径。对于这些因子本身进行分析，表明其氨基酸残基序列之间有着广泛的同源性，二级结构的预测结果也相似，编码这些因子的基因的基因组外显子结构也相似，这些都是其生物学活性相似的结构基础。

除上述细胞因子之外，一些化疗制剂、抗生素及一些合成多肽都具有抑制 MMP 的活性。在众多的抗生素中，四环素及其相关的化合物对于抑制 MMP 的活性具有一定的效果，说明除了 TIMP 之外，还可以通过抑制基质金属蛋白酶的活性，对结缔组织的降解过程进行调节。

六、α_2-巨球蛋白对基质金属蛋白酶的抑制

α_2-巨球蛋白（α_2-macroglobulin，α_2-MG）是一个高达 725 kDa 的大分子质量蛋白质，是血浆中一种重要的糖蛋白分子。α_2-巨球蛋白可以与一系列不同的蛋白酶分子进行结合，包括间质性胶原酶及其他的金属蛋白酶分子等。α_2-巨球蛋白还是一种主要的急性期反应物（acute phase reactant，APR），主要由肝脏中的肝细胞和肝贮脂细胞合成表达。然而，α_2-巨球蛋白在炎症过程中及肝纤维化过程中的作用还不十分清楚。在曼氏血吸虫（Schistosoma mansoni）感染的小鼠动物模型引起的肉芽肿（granuloma）组织中发现了 α_2-巨球蛋白/蛋白酶的复合物形式。作为一种蛋白酶活性作用的抑制作用性蛋白，其可以抑制胶原酶的活性，与肝纤维化的形成机制有关。

第三节 基质金属蛋白酶的功能

细胞外基质的合成与降解过程之间平衡的结果，决定组织器官中细胞外基质的含量及代谢状态。无论是细胞外基质的合成还是细胞外基质的降解过程，都是处于严格的调节和控制之下。但是，一旦细胞外基质的合成或降解过程哪一方面首先出现变化，或两者同时出现异常，则都会导致细胞外基质的代谢发生异常，甚至出现疾病状态。目前认为 MMP 参与了细胞外基质（ECM）的降解，因而它们在细胞的增殖分化、肿瘤的侵袭转移、凋亡、纤维化等多种生理、病理等领域里发挥着不同的功能作用，但其作用机制尚未完全阐明。不仅如此，关于 MMP 与机体各系统疾病之间相互关系的研究，可能对探索疾病的治疗方法方面也大有裨益。

一、基质金属蛋白酶在细胞增殖中的作用

MMP 能降解各种不同的底物，包括其他 MMP、细胞因子、生长因子和受体及其他非基质蛋白。MMP 可以使肝素结合表皮生长因子（HB-EGF）从细胞膜脱落，并促进胰岛素样生长因子（IGF）的释放，还可以激活 TGF-β，从而促进细胞的增殖。MMP 具有降解 HB-EGF 形成生物活性裂解体的功能，并通过激活 EGFR 通路而促进细胞生长。这一作用在 Yoshida 等学者的研究中得到进一步证实，他们通过对化疗药物顺铂的研究发现，顺铂可以诱导生成 HB-EGF 裂解体而激活 EGFR 系统，利用抗 EGFR 单抗可阻碍 EGFR 系统，从而达到对肿瘤生长的抑制。另有学者在结肠癌细胞 TH29 的研究中发现 MMP-7 可以降解 IGFBP-2，从而有利于 IGF-2 在组织中发挥促进细胞生长的生物学活性，提示 MMP 一方面通过对 IGF-2/IGFBP-2 复合物作用，另一方面通过对 ECM 的降解共同促进活性 IGF-2 形成。MMP 可能在恶性肿瘤进展的中晚期通过 TGF-β 促进肿瘤细胞生长，这种作用可能是由 MMP-1 直接催化酶解 TGF-β_1 产生有活性的 TGF-β_1（25kDa）而实现的。有学者研究显示 MMP-9 对 E-cad 有降解作用，从而激活 WNT 信号通路，认为 COX-2 与 MMP-9 相互作用诱导β-连环蛋白信号，刺激增殖并改变黏附连接点，即 COX-2 抑制β-连环蛋白磷酸

化稳定该蛋白质，而 MMP-9 使β-连环蛋白从细胞膜上释放，通过 WNT 信号途径促进细胞增殖。

二、基质金属蛋白酶抑制细胞凋亡

MMP 通过一些信号途径抑制肿瘤细胞凋亡。Meyer 等用 MMP 抑制剂和 MMP-siRNA 导入 SW480 结肠腺癌细胞研究显示，MMP 保护细胞免于 PKC/p53 诱导的凋亡，并且确定 MMP-9 和 MMP-10 有这样的保护作用，说明 MMP 在肿瘤细胞中具有抗 PKC/p53 诱导凋亡作用。在 MMP-2-siRNA 诱导 A549 肺腺癌细胞凋亡研究中发现，MMP-2-siRNA 转染改变 Bax/Bcl-2 表达，诱导 caspase-3、caspase-8、caspase-9 及 PARP-1 分裂体形成；诱导 Bid 分裂体形成和细胞色素 c 的释放；诱导 Fas/FasL 的活性和招募 FADD（Fas 相关死亡域）形成多聚体促进细胞凋亡；增加 TIMP-3 的表达。通过 TUNEI 染色分析提示 MMP-2 通过上述途径发挥抗凋亡作用。MMP-7 可促进凋亡抵抗，降低凋亡的效能。从细胞、裸鼠模型、人的组织研究中发现多数 MMP 有促进 VEGF 释放的作用，如 MT1-MMP 上调 VEGF 的表达，VEGF-A 的上调是与 MT1-MMP 增加 VEGF-A 的转录活性有关，而不是增加 mRNA 的稳定性，能被 TIMP-2 阻断。其信号转导机制可能为通过 MT1-MMP 信号通路，涉及 Src 酪氨酸激酶，MMP-2 通过水解 HARP-VEGFF 和 CTGF-VEGF 复合物而释放活性 VEGP。

三、基质金属蛋白酶在肿瘤浸润、转移中的作用

肿瘤侵袭转移是一个多步骤的复杂过程，涉及肿瘤细胞与宿主之间复杂的相互作用，多种基因及其产物参与这一过程的调控。MMP 的最主要功能是降解细胞外基质。大量实验表明，瘤细胞侵袭和转移能力与其诱导产生蛋白酶降解基底膜的能力相关。因此基质金属蛋白酶在此过程中起着非常重要的作用，其中最重要的是 MMP-2、MMP-9、MMP-7 和 MMP-3。MMP 不但介导肿瘤细胞对宿主的包括基底膜在内的细胞外基质的降解，还控制肿瘤新生血管生成，影响细胞黏附分子。对该酶适当的抑制和调控，如天然和人工合成金属蛋白酶抑制剂，可以对肿瘤细胞的侵袭和转移进行控制，阻断肿瘤血管的生成，从而阻断肿瘤的生长和发展。

在肿瘤侵袭过程中，肿瘤细胞首先与基底膜表面受体如纤维粘连蛋白（FN）和层粘连蛋白（LN）结合，然后分泌 MMP 等降解酶或诱导基质细胞分泌酶类，降解基底膜和基质，最终肿瘤细胞沿基底膜缺损和基质空隙向周围生长。MMP 主要以 3 种机制促进肿瘤细胞的侵袭生长：①蛋白酶作用使得肿瘤细胞周围由基质分子如胶原、LN、FN 等形成的物理屏障被破坏；②MMP 可以重塑细胞间黏附力，以便肿瘤细胞向周围生长；③MMP 作用于基质成分后，激发其他一些潜在的生物活性，如 MMP-2 分解 LN-5 后可产生具催化作用的可溶性片段，参与肿瘤的免疫过程。

MMP 除了可以促进肿瘤细胞浸润外，还对肿瘤组织血管生成起作用。肿瘤新生血管形成基本过程为：在血管生成刺激因子作用下，血管周围 ECM 降解，内皮细胞增殖、迁移，新生血管重新管腔化成型。MMP 降解、改建基底膜和基质组织对内皮细胞迁移极为重要，故认为其是肿瘤血管生成的关键之一。目前认为，MMP 至少通过两个途径来参与促血管生成作用：MMP 降解细胞外基质及血管基底膜的作用，即"清除物理屏障作用"。细胞外基质中的胶原、纤维粘连蛋白、层粘连蛋白等在肿瘤细胞、间质细胞等分泌的 MMP

作用下得以降解，在 MMP 这一"开路先锋"引导下，为新生血管生成提供空间，使得血管内皮细胞能繁殖并向肿瘤方向发展，以"发芽"的方式从原有的血管发出新的分支，并且在血管形成后期重塑基底膜和管腔的过程中发挥作用；可促进合成和释放许多刺激及抑制血管生长的因子，如成纤维细胞生长因子受体-1、肿瘤坏死因子、表皮生长因子，从而影响血管生成（图 29-3）。下面简要介绍一些 MMP 在不同组织器官肿瘤中的表达及作用。

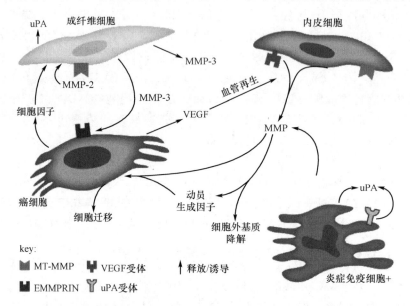

图 29-3　MMP 在肿瘤细胞和 ECM 之间相互作用示意图

胃癌组织中 MMP-1 表达明显增高，它能破坏局部组织结构，破坏基底膜，通过对细胞外基质的改建，促进肿瘤新生血管的形成，利于肿瘤的浸润和转移。肝细胞癌组织中同时检测到 MMP-2 和 HAbl8G，并且两者表达的阳性率与癌组织的分化程度有一定关系。在非小细胞肺癌中，MMP-9 和 TIMP-1 在腺癌中表达显著高于鳞癌，这种差异可能能够解释临床上肺腺癌往往较鳞癌预后差，且腺癌易早期转移的特性。在 TNM 高分化期肺癌中 TIMP-1 呈过度表达，说明在肺癌的进展期 MMP-9 和 TIMP-1 新的平衡关系重新建立。另外，TIMP-1 在对增高的 MMP-9 局部反应的同时，也通过与活化的 MMP-1、MMP-3 和 MMP-8 结合来抑制三者的作用。癌变时此三者表达的增加也可能引起 TIMP-1 的增高。检测肺癌组织中 MMP-9 可作为判断肺癌恶性程度、转移及预后的指标。骨肉瘤细胞的胞质中和胞膜上 MMP-9 表达增高，且显著高于周围正常组织，说明骨肉瘤组织中肿瘤细胞是 MMP-9 的主要来源。此外，MMP 成员也在如膀胱癌、肾癌等泌尿系统肿瘤组织中有明显的表达，并与肿瘤的细胞分化和病理分级有关。

四、基质金属蛋白酶在肝脏纤维化中的作用

肝纤维化是各种慢性肝病向肝硬化发展的共同病理基础，是由于各种致病因子（酒精、病毒、寄生虫等）引起肝脏的损伤和炎症，导致纤维组织广泛增生和沉积。其实质是库普弗细胞介导的 HSC 激活后产生的以Ⅰ、Ⅲ型胶原为主的 ECM 合成与降解失衡，导致 ECM 在肝内过度沉积。在 ECM 降解过程中起主导作用的 MMP 和 TIMP 也主要由 HSC 分泌产

生。在正常的肝脏，ECM 合成和降解始终保持着动态平衡，是由于 MMP 和 TIMP 等精确调节的结果，故 MMP 和 TIMP 两者的平衡在这个过程中发挥着重要的作用。肝纤维化时过度沉积的 ECM 不仅是由于细胞外基质的合成增多，而且在很大程度上特别是纤维化后期由于降解减少所致——TIMP 的表达增多，MMP 活性受抑制，从而使基质蛋白在细胞外间隙大量积聚，形成肝纤维化。以往观点认为肝纤维化是不断进展、不可逆的病理过程。但现有证据提示肝纤维化是一个动态的过程，基质的沉积和降解分别导致疾病的进展与消退，研究表明如果去除肝损伤的原发因素，动物模型和人类肝脏疾病中的肝纤维化及早期肝硬化是可以逆转和消退的。

目前肝内共发现有 8 种 MMP，肝纤维化时，在 ECM 降解中起作用的 MMP 为 MMP-1/MMP-13（MMP-13 是鼠类主要的间质胶原酶）、MMP-3、MMP-2、MMP-9。但在肝脏中发现的 TIMP 只有 TIMP-1 和 TIMP-2。其中降解 ECM 主要成分（Ⅰ和Ⅲ型胶原）的 MMP-1 及其抑制因子（TIMP-1）被认为发挥了关键作用。

MMP-1 在正常肝组织中可见较少量表达，仅见于个别间质细胞和肝细胞中。肝纤维化形成过程中主要分布在小叶内、中央静脉周围和纤维间隔处，作用于Ⅰ、Ⅱ、Ⅲ型胶原，主要以酶原形式表达于 HSC，间质细胞、部分肝细胞也有表达。一般认为，随肝纤维化程度加重，MMP-1 的表达及活性下降，致使纤维化肝组织中基质降解不平衡，间质胶原降解减少，造成这些胶原沉积。Murawaki 等测定肝病患者血清 MMP-1 的活性，发现其与Ⅲ、Ⅳ型胶原呈显著负相关；用 EIA 方法检测慢性肝炎患者血清内 MMP-1 的活性也得出同样的结果；原位杂交技术发现，在肝纤维化模型中，肝窦周围基底膜内 MMP-1 的表达出现同样的变化。Leroy 等也观察到在慢性丙型肝炎患者的纤维化过程中 MMP-1 水平显著下降，与 METAVIR 纤维化分期呈现明显的负相关。此外，另有研究发现酒精性肝硬化发展过程中，MMP-1 活性也下降。以上这几个实验都表明 MMP-1 的活性降低与肝纤维化的发展密切相关。Watanabe 等用 CCl_4 诱导大鼠肝纤维化，结果显示，MMP-13 mRNA 在正常对照组表达微弱，而在 CCl_4 处理组 4 周时（此时肝细胞脂肪变性明显而尚未达到纤维化）表达显著升高，在处理 8 周和 12 周形成明显的纤维化时表达显著下降。国内也有学者用 ELISE 方法检测 MMP-13 在慢性肝炎及肝硬化患者中的表达水平，但却发现在肝硬化组血清 MMP-13 水平明显高于对照组及慢性肝炎组，说明 MMP-13 在肝纤维化形成过程中具有重要作用。

另一方面，明显的肝纤维化中有高水平的 TIMP 表达。TIMP-1 被看成是肝纤维化发生过程中的一个非常重要的促发因素，在调节胶原的降解代谢中发挥重要作用。TIMP-1 在肝脏中由库普弗细胞、HSC 及肌成纤维细胞产生，活化的 HSC 表达 TIMP-1 最强。TIMP-1 能结合除 MMP-14 和 MMP-19 以外的所有 MMP 而使其活性减弱。研究发现在正常肝组织内，TIMP-1 也有表达，但其量非常少，随肝纤维化病程的进展表达增强，到肝硬化阶段达到高峰，随着纤维的自然消散，TIMP-1 迅速下降。目前认为 TIMP-1 促进了肝纤维化甚至肝硬化形成的可能机制是：①TIMP-1 与 MMP-1 特异性结合，使 MMP 活性下降，造成肝损伤后增生的 ECM 降解减少，沉积增加；②TIMP-1 能够抑制由 MMP 介导的 HSC 凋亡（这种抑制作用是持续、显著的，并且具有剂量依赖性），从而维持 HSC 处于活化状态而抑制肝纤维化的自发逆转。Murawaki 等研究发现肝硬化的 TIMP-1 水平较正常升高 41 倍，而慢性轻度肝炎无明显升高。Gindy 等检测了正常人和慢性肝炎、肝炎肝硬化 TIMP-1

的表达，结果显示从正常→慢性丙型肝炎无纤维化→慢性肝炎丙型伴纤维化→肝硬化，TIMP-1 的表达稳定持续上升。TIMP 在肝组织中的表达水平可以反映肝组织学纤维化程度，因而被认为是可监测肝纤维化发展过程和判断抗纤维化疗效的血清学诊断的新指标。通过各种方法抑制 TIMP-1 的表达，可释放 MMP-1 的活性，增加 ECM 降解，达到逆转肝纤维化的目的。如能抑制 TIMP-1 的活性和（或）增强 MMP-1 的活性，有可能对肝纤维化的发生、发展进行调节，从而减缓和阻断肝纤维化的过程。在肝纤维化时，TIMP-2 的表达情况与 TIMP-1 类似。原代培养的 HSC 早期并不表达 TIMP-2，当 HSC 激活后 TIMP-2 表达增加。

MMP-2 的表达在新分离的人 HSC 和正常人肝脏中很少或检测不到，主要由激活的 HSC 产生。根据国内、外较多的研究，目前认为 MMP-2 在不同病因所导致的肝纤维化和肝纤维化发展过程的不同阶段，其表达可能有一定的差异。Watanabe 和朱跃科分别用四氯化碳（CCl_4）和二甲基亚硝胺（DMN）诱导大鼠肝纤维化，结果均显示，随着纤维化的发生发展，MMP-2 的表达与 MMP-2 的活性都增加。但 Xu 等用酒精灌胃诱导大鼠肝纤维化时却发现，造模开始 MMP-2 的表达便下降，同时用酶谱法也未检测到它的活性，并且在整个造模过程一直处于低水平，直至第 11 周时才有轻微升高。但在临床研究中发现在正常对照组、慢性丙型肝炎无/有肝纤维化组患者中血清 MMP-2 水平无明显差异，而在肝硬化患者中却明显升高，并对诊断肝硬化有较高的敏感性。

在体内，MMP-3 在其他 MMP 的激活中扮演重要角色，层粘连蛋白是其重要的作用底物之一。在酒精性肝损伤过程中，乙醇的代谢产物能明显抑制 MMP-3 的表达，从而有利于 LN 积聚，致纤维化持续发生。肝细胞表达合成 MMP-3 的能力下降可能是肝纤维化持续发展的原因之一。

MMP-9 在肝脏中主要由库普弗细胞分泌，与 MMP-2 一起维持肝脏修复过程中细胞环境结构完整及肝窦基底膜的正常形态。在临床试验中，有学者发现在慢性丙型肝炎患者血清中 MMP-9 的水平与纤维化分期呈明显负相关，即随着疾病的进展其水平逐渐降低。另有研究表明，MMP-9 在肝细胞性肝癌中的高表达显著强于 MMP-2，故在肝肿瘤转移的研究中日益受到重视。

治疗慢性肝病的关键是逆转或阻止肝纤维化的发展，MMP 和 TIMP 是 ECM 降解过程中的重要因素，因此通过调节 TIMP 与 MMP 基因的表达来治疗肝纤维化，有可能会成为肝纤维化治疗的新途径。

五、弹性金属蛋白酶与肺气肿

肺气肿（pulmonary emphysema）是慢性阻塞性肺疾病（COPD）的主要并发症及主要死因，也是目前主要导致死亡的人类疾病之一。肺气肿的特点是终末支气管气囊变大，肺泡壁被破坏。有两个方面的证据表明，弹性纤维（elastic fiber）的破坏是肺气肿的主要发病机制。第一，啮齿类动物吸入弹性蛋白酶（elastase）以后造成肺气肿，但吸入非弹性蛋白酶的蛋白酶类却不能诱发肺气肿，说明弹性蛋白酶对于弹性纤维的消化降解是肺气肿形成的重要原因。第二，α_1-抗胰蛋白酶（alpha-1-antiproteinase，α_1-AT）缺乏与肺气肿的发生有关。携带 α_1-AT 基因突变的患者，其肝脏不能正常地合成并释放这种 α_1-AT，导致血液循环中这一丝氨酸蛋白酶（serine proteinase）的抑制剂水平很低，α_1-AT 水平下降，同时导致中性丝氨酸蛋白酶、中性粒细胞弹性蛋白酶的活性过于升高，因而导致弹性蛋白的裂解，从而发生肺气肿。

在正常情况下，特别是在慢性炎症状态下，保护肺脏的细胞是其中的巨噬细胞，而不是中性粒细胞。在支气管肺泡的灌洗液中，98%的细胞属于巨噬细胞类型，而多形核细胞还不到1%。吸烟者支气管肺泡中的细胞数可提高5～10倍。但是，巨噬细胞又可以降解弹性蛋白，因而又与肺气肿的发生有关。因此，巨噬细胞在肺气肿的发生、发展过程中的作用是相互矛盾的。应用体外培养的人支气管肺来源的巨噬细胞证实，巨噬细胞具有显著的裂解弹性蛋白的功能。随后又从这些巨噬细胞中发现了两种不同的降解弹性蛋白的半胱氨酸蛋白酶，即组织蛋白酶L和组织蛋白酶S。但是后来的研究表明，这种巨噬细胞产生的降解弹性蛋白纤维的酶类，其生物活性受到TIMP的抑制。

1. 单核-吞噬细胞发育中弹性蛋白酶的表达　人的单核-吞噬细胞合成并释放能够降解细胞外基质的蛋白酶类。在单核吞噬细胞发育的不同阶段中，其表达的蛋白酶的种类是不一样的。新鲜收集的血液单核细胞中含有丝氨酸蛋白酶，即中性粒细胞弹性蛋白酶与组织蛋白酶G。这些类型的酶以颗粒形式贮存于细胞之中，在受到细胞外的信号刺激之后，即快速释放到细胞之外，可能与其跨血管的移行过程有关。与丝氨酸蛋白酶类相反，血液循环中的单核细胞可以合成大量的基质裂解蛋白，但其他类型的蛋白酶，如间质性胶原酶及92kDa等的含量则很少，或根本不存在。当单核细胞分化为巨噬细胞之后，无论在体内还是在体外，则丢失其丝氨酸蛋白酶的成分，但却获得了合成各种类型的基质金属蛋白酶的功能。与新鲜分离的单核细胞相比，具有降解基质功能的组织巨噬细胞其作用更为缓慢，受到细胞外信号的更严格调控。基质裂解蛋白是一种小分子质量的MMP，其分子结构中缺乏位点Ⅲ的结构序列，对于弹性蛋白具有很强的裂解功能，在单核-吞噬细胞分化的过程中具有独特的表达方式。在骨髓衍生的前单核细胞及从外周血中新鲜分离的单核细胞中都有这种基质裂解蛋白的表达。来源于单核细胞的巨噬细胞，其基质裂解蛋白的生物合成能力即显著升高，但从吸烟者支气管肺泡灌洗液中分离的巨噬细胞则检测不到基质裂解蛋白和mRNA的表达。间质性的巨噬细胞或其他类型的巨噬细胞群是否具有表达基质裂解蛋白的功能尚不十分清楚。杆状病毒表达系统已成功地表达并纯化了重组的基质裂解蛋白。基质裂解蛋白裂解$\alpha_1 P$的能力也较其他类型的基质金属蛋白酶强，因而从总体上来说也促进了基质裂解蛋白对于弹性蛋白的降解过程。基质裂解蛋白对于一系列不同的基质底物蛋白具有裂解催化作用。例如，基质裂解蛋白降解黏结蛋白的能力是基质裂解素的5倍之多。基质裂解素在基底膜的降解过程中具有重要作用。

2. 巨噬细胞介导的弹性蛋白裂解过程　在已知的金属基质蛋白酶中，明胶蛋白酶A和B都属于弹性蛋白酶，即72kDa的明胶酶A和92kDa的明胶酶B，除降解各种变化的胶原蛋白分子之外，还可以降解Ⅳ、Ⅴ、Ⅶ和Ⅹ型胶原分子。92kDa的明胶酶是一种主要的巨噬细胞产物，同时也是中性粒细胞中原发性颗粒的主要组成成分。成纤维细胞及其他类型的结缔组织细胞都表达、产生大量72kDa的明胶酶。在75ng/ml低浓度的92kDa的明胶酶条件下，即可见到明显的弹性蛋白降解现象。92kDa明胶酶的浓度与弹性蛋白降解之间呈显著的线性关系。

到目前为止，还没有直接的证据表明人巨噬细胞能够产生蛋白酶，特别是弹性蛋白酶，但多年以前已知道小鼠的巨噬细胞具有裂解弹性蛋白的功能。不但从小鼠腹腔中分离的巨噬细胞可以检测到弹性蛋白酶的活性,而且从小鼠的巨噬细胞中还分离到一种分子质量为22kDa 的裂解弹性蛋白的酶蛋白分子,称为小鼠巨噬细胞弹性蛋白酶（mouse macrophage elastase，MME）。MME 是一种金属蛋白酶类,其活性可由于受到α_2-巨球蛋白的作用而受到抑制,但丝氨酶蛋白酶的活性抑制剂对于 MME 则没有太大的影响。MME 的 cDNA 获得克隆化之后,发现 MME cDNA 编码一种特殊的基质金属蛋白酶,与其他类型的基质金属蛋白酶同源性达 32%～45%。MME 的 cDNA 编码的蛋白质分子质量为 53kDa,由 3 个共同的基质金属蛋白酶的位点结构组成。在大肠杆菌中表达了 MME 的蛋白质,进一步证实了 MME 属于一种弹性蛋白酶,而且其活性还受到 TTMP 的抑制。MME 的激活方式也是独特的。一般来说,基质金属蛋白酶的激活过程,都是蛋白酶原分子的氨基端序列发生加工。MME 的活化过程也涉及 MME 酶蛋白前体分子氨基端的加工过程,失去约 8kDa 的 I 型位点结构。同时,MMF 的酶蛋白前体分子还存在着羧基端的加工修饰过程。经过羧基端的加工,失去其Ⅲ型位点结构,从而形成分子质量为 22kDa 的成熟的 MME。

在小鼠的巨噬细胞中发现了 22kDa 的 MME 蛋白分子以后,推测人肺泡巨噬细胞也表达相关的基质蛋白酶类。为了证实这一点,以 MME 的 cDNA 片段,对于人肺泡巨噬细胞弹性蛋白酶的 cDNA 进行了杂交筛选,从而得到了 HME 的全长 cDNA 克隆,其开放读码框架（open reading frame，ORF）由 1410bp 组成,其下游有一段 350bp 的 3′-非翻译区,之后是多聚腺苷酸化信号和多聚腺苷酸（poly A）尾巴。HME 的 cDNA 编码的蛋白质由 470 个氨基酸残基组成,其序列分析研究表明 HME 的氨基酸位点结构属于典型的基质金属蛋白酶的位点结构,其中包含着高度保守的半胱氨酸开关和锌结合位点。HME 的计算分子质量为 54kDa,与 MME 的计算分子质量接近。人巨噬细胞弹性蛋白酶与 MME 在氨基酸残基水平上的同源性达 64%。HME 与基质金属蛋白酶家族中的基质裂解素（stromelysin-1）和间质性胶原酶之间的同源性最高,在氨基酸残基的水平上都能达到 49%的同源性。

同样,从大肠杆菌中也表达了重组的人巨噬细胞弹性蛋白酶（recombinant，rHME），并进一步证实 rHMK 对于弹性蛋白的降解作用。重组表达的人巨噬细胞,弹性蛋白酶结合在肝素–琼脂糖柱上,以 NaCl 洗脱,这一过程可以导致 rMHE 的激活。激活的 rHME 与 ^{3}H 标记的弹性蛋白混合进行共同孵育,以测定 HME 裂解弹性蛋白的活性。结果证实了这种激活的 rHMF 具有裂解弹性蛋白的作用。如果加入过量的 TIMP,则可以完全阻断激活的 rHMK 对于 ^{3}H 标记的弹性蛋白的裂解作用。但丝氨酸与半胱氨酸蛋白酶的抑制剂对于重组的 HMK 裂解弹性蛋白的作用则无抑制性影响。

对于人肺泡巨噬细胞中 HME 的表达进行了研究,证实了有人 HME 的表达和分泌,而且这种自然结构的 HME 具有降解弹性蛋白的作用。以支气管肺泡灌洗技术从健康的吸烟者中分离到肺泡巨噬细胞,在含有血清的培养基中培养 24～48h,以总 RNA 进行 Northern blot 杂交分析,以 HME cDNA 为探针,检测到了一条大小为 18kb 的 mRNA 带,证实 cDNA 的长度近乎于完整,而且基因也具有转录表达活性。另外,以脂多糖（lipopolysaccharide，LPS）刺激体外培养的巨噬细胞,可使 mRNA 的转录表达水平升高,而以地塞米松作用于巨噬细胞时,对于 HME 的 mRNA 转录表达则具有抑制作用。HME 表达调控的这一特点,与 MME 表达调控的特点完全一致。在新鲜分离制备的外周血单个核细胞及 U937 前单核细胞样细胞中未检测到 HME 的基因表达活性。受到佛波酯的刺激诱导以后,U937 细胞系朝着巨噬细胞系的方向进一步分化，同时出现 HME mRNA 的转录表达。以 Western blot 杂交技术对于体外培养的肺泡巨噬细胞的条件培养基中 HME 的表达进行测定，在 EDTA 存在的条件下，可以检测到 54kDa 的 HME 蛋白。胰蛋白酶处理可使 HME 酶蛋白前体分子激活，转变为成熟的 22kDa 的 HME 蛋白形式。其氨基末端与羧基末端的加工处理过程与 MME 极为类似。以肝素琼脂糖色谱法部分纯化的 HME，经明胶葡聚糖糖凝胶色谱法除去分子质量为 92kDa 的具有裂解弹性蛋白作用的明胶酶，对纯化的蛋白组分再进行裂解弹性蛋白的研究，证实 HME 的蛋白激活形式对于弹性蛋白具有裂解作用。HME 对于弹性蛋白的裂解作用，可被 TIMP 及 EDTA 所阻断，但丝氨酸、半胱氨酸蛋白酶的抑制剂对于 HME 裂解弹性蛋白的裂解作用则未见显著的影响。来源于肺泡巨噬细胞的金属蛋白酶活性，一半是 HME，另一半是 92kDa 的明胶酶。

六、中性粒细胞弹性蛋白酶与炎症

多形核白细胞又称为中性粒细胞，是一类在骨髓中成熟，然后进入血流，迅速分布于周边池及循环池中的特殊吞噬细胞群。在正常的人的肺脏中，也含有大约 $6.1×10^7$ 个中性粒细胞。通过细胞膜上特殊受体的趋化作用，血液循环中的中性粒细胞则通过整合素受体黏附到血管壁的内皮细胞层上，再根据趋化因子的浓度梯度，移行到肺组织之中。中性粒细胞的吞噬作用，中性粒细胞对于颗粒、侵入的微生物及各种化合物的识别与结合，通过直接的识别，或受体介导的结合，然后摄入中性粒细胞的吞噬溶酶体中。在吞噬过程中获得的中性粒细胞的细胞膜与细胞内的颗粒或溶酶体的膜发生融合。中性粒细胞中的颗粒分为特异性颗粒和原发性颗粒，原发性颗粒又称为嗜天青蓝颗粒，其中含有丝氨酸蛋白酶、弹性蛋白酶、组织蛋白酶 G、蛋白酶 3，以及其他类型的与吞噬物水解、蛋白裂解及氧化断裂有关的酶类。因此，吞噬物中的降解过程是由溶酶体酶和氧自由基的作用而完成的。

1. 弹性蛋白酶-抗弹性蛋白酶假说 中性粒细胞的弹性蛋白酶是一种类型的丝氨酸蛋白酶，对于多种类型的蛋白底物具有裂解活性。由于这种类型的蛋白裂解作用，白细胞周围的环境发生改变。这种改变的程度依赖于浸润的中性粒细胞数目、炎症反应的持续时间，以及内源性蛋白酶抑制剂等。主要的内源性丝氨酸蛋白酶的抑制剂就是中性粒细胞弹性蛋白酶的$α_1$-蛋白酶抑制剂（$α_1$-proteinase inhibitor，$α_1$-PI）。因为携带$α_1$-PI 等位基因的缺陷与肺气肿的发病之间有着十分密切的关系，而且纯化的这种酶蛋白可以引起动物模型的肺气肿，因而一般认为细胞外中性粒细胞的弹性蛋白酶对于机体是一种有害的蛋白酶类。溶酶体释放的蛋白酶类以及产生的氧自由基都可以破坏人的细胞、溶解结缔组织等。其中，中性粒细胞的弹性蛋白酶对于肺中弹性蛋白的降解作用对于肺气肿的发生最为重要。在慢性炎症过程中，在中性粒细胞周围即有高水平自由的中性粒细胞弹性蛋白酶。当$α_1$-PI 发生缺陷，蛋白酶与抗蛋白酶之间的平衡被打破，则发生严重的肺纤维蛋白的破坏。在特发性肺纤维化、类风湿关节炎及急性呼吸窘迫综合征中，自由的中性粒细胞弹性蛋白酶则几乎检测不到。

2. 中性粒细胞弹性蛋白酶与肺囊性纤维化 肺囊性纤维化患者常合并肺部的感染。因为持续性感染的存在，呼吸道中常有中性粒细胞的存在。而中性粒细胞在呼吸道中的持续存在、白细胞弹性蛋白酶的持续性分泌，则可以引起肺弹性蛋白的降解。在肺囊性纤维化患者的尿中,可以检测到肺弹性蛋白的降解产物。但是,当每毫升痰液中的中性粒细胞数目达到 10^8 之后,中性粒细胞释放溶酶体酶的量则不再增加。在肺囊性纤维化患者的每毫升痰液中可以检测到 100μg 的中性粒细胞弹性蛋白酶。中性粒细胞离开骨髓以后,其半衰期为 6~8h。当这些中性粒细胞到达炎症位点时,则不再返回。因此,有一种机制可以阻断中性粒细胞进一步释放弹性蛋白酶,使肺囊性纤维化患者能够在肺部分并慢性感染的情况下生存。其中一个可能就是中性粒细胞发生细胞程序化死亡(programmed cell death, PCD),或称为细胞凋亡(apoptosis)。中性粒细胞在释放弹性蛋白酶前发生细胞凋亡,凋亡小体由巨噬细胞吞噬清除,而其内容物,包括中性粒细胞弹性蛋白酶等还不至于漏出。而且通过各种方式释放到细胞外的中性粒细胞弹性蛋白酶,还可以通过其细胞膜上的低亲和力受体(low-affinity receptor)由肺泡的巨噬细胞清除,不至于造成肺弹性蛋白的降解过程的发生。但在肺囊性纤维化患者的呼吸道中,中性粒细胞的数目远远大于其中的巨噬细胞数目。当中性粒细胞弹性蛋白酶的分子数目大于 α_1-PI 的分子数目时,弹性蛋白酶即开始降解 α_1-PI。在合并慢性炎症的肺囊性纤维化患者的痰中,90%以上的 α_1-PI 处于无活性状态,只有 3.8%的 α_1-PI 能与中性粒细胞弹性蛋白酶进行结合。以免疫印迹法对痰中的 α_1-PI 进行检测,也可以证实大部分的 α_1-PI 蛋白分子都呈已降解的低分子质量状态。加入放射性核素标记的中性粒细胞弹性蛋白酶以后,也未见到与 α_1-PI 形成蛋白复合物的出现。主要分布于上呼吸道的丝氨酸蛋白酶抑制剂,如分泌性白细胞蛋白酶抑制剂(SLPI)并没有因为 α_1-PI 的降解与灭活而发生补偿性升高。相反,在有些肺囊性纤维化患者中,还见到了 SLPI 的降解与灭活程度的增加。

3. 调理素细胞吞噬中外渗中性粒细胞弹性蛋白酶的作用 有证据表明,中性粒细胞弹性蛋白酶本身即具有调节炎性过程的作用。中性粒细胞弹性蛋白酶具有裂解经典和旁路补体激活过程的一些补体成分的作用,因而影响细菌的调理作用。因为中性粒细胞弹性蛋白酶还具有对免疫球蛋白的裂解作用,使中性粒细胞不能通过免疫复合物而激活。因而免疫球蛋白通过与中性粒细胞膜上的 Fc 段受体的结合及激活过程是行不通的,而且补体在 Fc-位点上 CH_2 段的沉积也被阻断。中性粒细胞还具有裂解补体受体的功能,也是细胞外中性粒细胞弹性蛋白酶使中性粒细胞保持其静止和未激活状态的重要机制。

4. 中性粒细胞弹性蛋白酶功能在抗蛋白酶治疗中的作用 因为弹性蛋白酶与抗弹性蛋白酶之间的平衡在肺弹性纤维的降解及肺疾病的发生、发展过程中具有十分重要的作用,因而可考虑增加肺内抗弹性蛋白酶制剂以治疗肺脏疾病。以汽化的 α_1-PI 制剂对囊性纤维化患者进行了治疗实验,得到了预期的结果。由于反馈机制的存在,对于囊性纤维化患者肺中中性粒细胞弹性蛋白酶的抑制,持续感染肺脏的微生物又可以快速诱导中性粒细胞的趋化及在感染位点的激活,重新建立起一种不平衡的状态。

七、基质金属蛋白酶与风湿性疾病

细胞外基质不可逆性降解是风湿性疾病(rheumatic disease)的重要标志,而细胞外基质的降解又是由基质金属蛋白酶类介导的一种酶学催化过程。例如,MMP-1、MMP-3、MMP-9 和 MMP-13 的表达在 RASF 中上调,因此认为 MMP 在 RA 关节软骨退化中发挥关键作用。MMP-1(胶原酶 1)和 MMP-13(胶原酶 13)切割胶原,而 MMP-3(基质溶素 1)

和 MMP-9（明胶酶 B）则靶向于由聚集蛋白聚糖组成的蛋白聚糖。在表面的蛋白聚糖变性和随后在深部区域中发生的胶原纤维的降解则导致了关节软骨的破坏。因此，MMP 在 RA 的关节破坏中起独特的作用。因而可以探索应用基质金属蛋白酶的抑制剂治疗风湿性疾病的可能性。另外，通过抑制基质金属蛋白酶的合成过程，也是探索风湿病治疗方法的一个研究途径。

1. 抑制 MMP 的活性 有一系列自然的基质金属蛋白酶的抑制剂存在于机体之中。最为显著的一种当属α_2-巨球蛋白（α_2-MG），这是一种分子质量为 750 kDa 的、由肝脏合成的大分子蛋白。在正常人的血清及风湿性关节炎和骨关节炎患者血清、滑膜液中都存在这种蛋白质，不仅对 MMP 类具有十分显著的抑制作用，而且对于其他类型的蛋白酶类也同时具有抑制作用。这些抑制物蛋白质分子中都有一个蛋白酶的裂解作用位点，这一位点发生裂解以后，如α_2-MG 等的分子构象即发生改变，使其与基质金属蛋白酶类等进行结合，从而也阻断了 MMP 再与其底物蛋白再次进行结合的过程，也就抑制了 MMP 对于底物蛋白的裂解作用。在一些破坏性关节炎病例的关节囊滑液中，有时见到 MMP 类活性超过抑制物水平的现象，因而发生细胞外基质破坏为主的关节炎的发生。在未经治疗的化脓性关节炎患者的滑液中，浸润的中性粒细胞蛋白酶的活性超过了抑制剂的水平，从而使滑液中具有保持其生物学活性金属蛋白酶的存在，伴有快速的组织破坏过程。抗生素的应用，导致侵入的中性粒细胞数目的减少，同时降低蛋白酶类的水平，组织降解过程即被抑制。由于α_2-MG 的分子质量特别巨大，因而许多结缔组织中并没有α_2-MG 的分布，如软骨组织的深处即缺乏α_2-MG 的分布，从而影响了α_2-MG 作为 MMP 抑制剂的作用效果。

除了α_2-MG 这种金属蛋白酶非特异性的抑制剂之外，还存在着一系列特异性的 MMP 的抑制剂。TIMP-1 为一种分子质量 28kDa 的糖蛋白，形成 6 个二硫键，从而使其形成两个位点结构。TIMP-2 与 TIMP-1 的同源性达 40%，也保持了 6 个二硫键和 2 个位点的结构形式。TIMP-1 和 TIMP-2 都能够与活化的 MMP 以 1∶1 的分子比例通过非共价键的形式进行结合，使这种基质金属蛋白酶失活。最近还克隆了 TIMP-3，但 TIMP-3 是否也是通过这一途径，目前还不十分清楚。

2. 抑制蛋白酶的生物合成 蛋白酶的绝对量对于其活性来说是一个决定性的因素。通过抑制蛋白酶的生物合成过程，以减少其酶蛋白的绝对量，也是抑制基质金属蛋白酶活性，防止关节炎滑膜组织过度破坏的一个治疗途径。TGF-β及全反视黄酸等都是自然界中存在的 MMP 生物合成的天然抑制剂。一些人工合成的化合物，包括合成的视黄酸衍生物及糖皮质激素如地塞米松等，都能够抑制 MMP 的生物合成。这些抑制 MMP 的化合物，其作用机制都发生在转录调节水平，即抑制 MMP 基因的转录表达，当然也不排除对于转录后加工过程的调节。一般来讲，转录起始因子与启动子序列中的 TATA 盒式结构进行结合，除此之外，转录活动还受到增强子序列的影响。在胶原酶与基质裂解素基因上游–77bp 处有一段 8 个核苷酸（5′-TGAGTCAC-3′）组成的增强子序列，可与 AP-1 结合，同时调节转录。TGF-β可以作用大鼠基质裂解素基因-709nt 位点上的 5′-GAGTTGGTGA-3′一段 10bp 的序列结合，以调节此基因的转录表达。糖皮质激素及视黄酸衍生物类也通过类似机制，抑制 MMP 的转录表达，以减少 MMP 的绝对含量，降低其生物活性及对滑膜结缔组织的降解过程，从而达到治疗关节炎结缔组织破坏性的病理改变。

八、基质金属蛋白酶与慢性肾脏疾病

CKD 的发展将进展到终末期肾病（ESRD），导致肾功能不可逆转的丧失。而肾间质纤维化被认为是所有 CKD 的最终病理结果，其发病机制复杂，涉及多种因素。当肾脏受到损伤时，炎症的发生会导致炎性细胞如巨噬细胞、淋巴细胞等的浸润，并且受损细胞和炎性细胞会在肾脏释放大量炎症介质，如肿瘤坏死因子（TNF）、单核细胞趋化蛋白（MCP）、生长因子（GF）等，一方面进一步加重肾脏的炎症反应，另一方面导致相关信号通路活化，如转化生长因子-β（TGF-β）/Smad 和 Notch，促进纤维化的发展。最终会导致细胞外基质（ECM）沉积，其将诱导肾间质毛细血管床的阻塞和缺氧。以上所有都将共同促进肾间质纤维化的出现；在此过程中，金属蛋白酶（MMP），尤其是明胶酶，起着重要的作用。

明胶酶主要包括 MMP-2 和 MMP-9。在正常条件下，人肾脏中的肾小球系膜细胞、肾小管上皮细胞等可以产生 MMP-2 和 MMP-9，但总是处于低水平。然而在肾纤维化过程中，MMP-2 和 MMP-9 的 mRNA 转录水平由于异常活化，以及与多种细胞信号通路的相互作用而迅速上调。例如，对肾纤维化的发展至关重要的 TGF-β/Smad 信号通路，当它被激活时，MMP-2 和 MMP-9 表达也被上调。P38 MAPK 和 Notch 信号通路也非常重要，一些研究表明，当它们被激活时，MMP-2 和 MMP-9 的表达也会上调。随着纤维化的恶化，肾脏肾小管上皮细胞通常出现缺氧，而缺氧反过来又可导致 MMP-2 表达的上调。相反，如果 MMP-2 和 MMP-9 的活性被抑制，则 pro-TNF-α 转化为 TNF-α 也将被抑制。所有这些研究表明 TNF 与 MMP 相互作用，共同作用于 CKD 的发生发展。

此外，MMP-2、MMP-9 和单核细胞趋化蛋白（MCP）也会相互作用影响 CKD 进程。MCP 家族属于趋化因子 CC 亚科；它包括 5 个亚型（MCP-1~MCP-5），并且已知 MCP-1 和 MCP-3 在肾间质纤维化发病机制中起重要作用。一些研究发现 MCP-1 不仅可以模拟 MMP-9 的表达，也可以增强 MMP-2 的活性，并且存在的 MMP-2 可以促进 MCP-3 的降解；MCP-3 可以转化为常见的 CC 趋化因子受体拮抗剂，抑制炎症反应和单核巨噬细胞浸润。因此，在没有 MMP-2 的情况下，MCP-3 的降解会减少，这可能会促进炎症反应，在肾损伤和 CKD 发展中发挥重要作用。

其他金属蛋白酶在肾脏纤维化中的作用研究也越来越多，如 MMP-7 主要通过以下 3 个途径：EMT、TGF-β 信号转导和 ECM 沉积。这些通路相互作用共同促进肾纤维化病变的发展。几项研究表明，MMP-7 是肾纤维化治疗的潜在靶点。白藜芦醇（RSV）可以抑制由 MMP-7 表达的上调诱导的 EMT。此外，与正常受试者相比，各种肾脏疾病患者尿 MMP-7 水平均明显升高，并与这些患者的肾纤维化评分密切相关。此外，在 2 型糖尿病患者中，尿液和血清 MMP-7 水平与糖尿病并发症即肾脏疾病密切相关。总而言之，这些结果表明 MMP-7 可能不仅仅是一个潜在治疗靶点，也可作为肾脏纤维化的一个无创生物标记。

过去关于明胶酶的研究侧重于它们在 ECM 水解中的传统作用，而近年来越来越多的研究开始关注其非蛋白水解功能，并且提示其非蛋白水解作用与 CKD 的发生和发展密不可分，我们期待关于其非蛋白水解作用的研究为 CKD 的发生、发展、治疗带来新的观点。

（陈天艳）

参 考 文 献

Afkarian M, Zelnick LR, Ruzinski J, et al. 2015. Urine matrix metalloproteinase-7 and risk of kidney disease progression and mortality in type 2 diabetes. J Diabetes Complications, 29: 1024～1031.

Araki Y, Mimura T. 2017. Matrix metalloproteinase gene activation resulting from disordred epigenetic mechanisms in rheumatoid arthritis. Int J Mol Sci, 18. doi: 10.3390/ijms18050905.

Arpino V, Brock M, Gill SE. 2015. The role of TIMPs in regulation of extracellular matrix proteolysis. Matrix Biol, 44-46: 247～254.

Cheng Z, Limbu MH, Wang Z, et al. 2017. MMP-2 and 9 in chronic kidney disease. Int J Mol Sci, 18. doi: 10.3390/i jms18040776.

Cieplak P, Strongin AY. 2017. Matrix metalloproteinases—from the cleavage data to the prediction tools and beyond. Biochimica et biophysica acta. doi: 10.1016/j.bbamcr.2017.03.010. ［Epub ahead of print］

Itoh Y. 2015. Membrane-type matrix metalloproteinases: Their functions and regulations. Matrix Biol, 44～46: 207～223.

Ke B, Fan C, Yang L, et al. 2017. Matrix metalloproteinases-7 and kidney fibrosis. Front Physiol, 8: 21.

Rahimi Z, Abdi H, Tanhapoor M, et al. 2017. ACE I/D and MMP-7 A-181G variants and the risk of end stage renal disease. Mol Biol Res Commun, 6: 41～44.

Xiao Z, Chen C, Meng T, et al. 2016. Resveratrol attenuates renal injury and fibrosis by inhibiting transforming growth factor-beta pathway on matrix metalloproteinase 7. Exp Biol Med(Maywood), 241: 140～146.

Zhou D, Tian Y, Sun L, et al. 2017. Matrix metalloproteinase-7 is a urinary biomarker and pathogenic mediator of kidney fibrosis. J Am Soc Nephrol, 28: 598～611.

第三十章 组织型金属蛋白酶抑制剂

第一节 总 论

组织型金属蛋白酶抑制剂（tissue inhibitor of metalloproteinase，TIMP）是一组低分子质量的糖蛋白，广泛分布于组织和体液中，可由成纤维细胞、上皮细胞、内皮细胞等产生。TIMP 是近年来发现的有抑制基质金属蛋白酶（MMP）活性的一组多功能因子家族，它通过对 MMP 的抑制，在正常细胞外基质（ECM）改建和各种病理过程，如肿瘤的侵袭、扩散转移、组织纤维化中发挥重要作用。此外，TIMP 在细胞的生长、增殖和分化中发挥一定的作用，这种作用与 MMP 的活性抑制无关。TIMP 与特异的 MMP 的亲和力不同，但 TIMP 都可以以可逆的非共价形式按 1：1 的比例结合到 MMP 的活性位点。

一、TIMP 的分类和结构

（一）TIMP 的分类

TIMP 家族是一个多基因编码群，目前已发现由 TIMP-1、TIMP-2、TIMP-3、TIMP-4 等 4 型组成，其分子质量为 21～34kDa。TIMP 按照发现先后顺序命名为 TIMP-1、TIMP-2、TIMP-3、TIMP-4；不同 TIMP 对 MMP 家族中不同成员的作用有一定程度的特异性。

1. TIMP-1　TIMP-1 是分子质量为 29kDa 的 N-乙酰糖基化蛋白，其基因定位于 Xp11.23—p11.4，由巨噬细胞、角质生成细胞、成纤维细胞、平滑肌细胞和内皮细胞合成。TIMP-1 最先从兔骨中分离出来，但它广泛存在于体液和组织提取液中，可抑制所有胶原酶的活性及绝大多数的 MMP，可与 MMP-9 前体及有活性的 MMP-1、MMP-3、MMP-9 形成高度亲和的、非共价键结合的复合物。

2. TIMP-2　TIMP-2 是 1989 年从牛主动脉上皮细胞中分离、纯化出的 TIMP 家族中的第二个成员。1990 年从人的黑色素瘤细胞 cDNA 文库中纯化、克隆了人 TIMP-2。TIMP-2 是一种非糖基化蛋白，分子质量为 21kDa，基因座位于 17q23—q25，其 40% 的序列与 TIMP-1 一致。TIMP-2 与 MMP-2 有很强的亲和力，主要抑制 MMP-2 活性，对 MMP 家族其他成员的活性也有抑制作用，能阻断所有被激活的 MMP 的水解酶活性。TIMP-2 多随 MMP-2 的表达而表达，很少受细胞因子的诱导。在有些细胞（如成纤维细胞）中 TIMP-2 通过与 MMP-2 酶原形成复合物的形式被分泌出来，而在另一些细胞（如肺泡巨噬细胞）中则以非结合的形式分泌出来。大多数分泌型的 proMMP 的激活是由组织或血浆中的蛋白酶完成的，但 proMMP-2 是个例外。TIMP-2 在 MMP-2 的激活过程中发挥了极为重要的作用。TIMP-2 的 N 端负责对 MMP 的抑制，C 端结构参与了 MMP-2 的活化。Itoh 等指出，TIMP-2 可以通过两种方式与细胞膜结合：一种是对 MMP 肽基氧肟酸抑制剂〔HXM〕竞争性抑制敏感的方式，占细胞膜 TIMP-2 总量的 40%～50%，与 MTI-MMP 结合涉及 proMMP-2 细胞表面激活；另一种是对 HXM 竞争性抑制不敏感的方式，能够抑制 MMP-2 的活性。研究认为这种 proMMP-2 的细胞表面激活方式在肿瘤转移的局部细胞外基质降解过程中有重要意义，但其确切机制还有待进一步研究。

3. TIMP-3　TIMP-3 是 1992 年由 Pavoloff 等发现的 TIMP 家族中的第三个成员，因是首先从鸡胚成纤维细胞中发现的，故命名为 chTIMP。TIMP-3 是一个分子质量为 21kDa 的非糖基化蛋白，其基因座位于 22q12—q13，从乳腺癌 cDNA 文库中被克隆出来，与 TIMP-1 和 TIMP-2 仅有 25% 的同源性。TIMP-3 具有与其他 3 个成员不同的特性，它只存在于细胞外基质中，是一种结合 ECM 的非可溶性蛋白。TIMP-3 是全功能 MMP 抑制因子，对 MMP-2、MMP-9、胶原酶-Ⅰ及基质溶素的抑制作用相似。TGF-β、PDGF、碱性成纤维细胞生长因子（bFGF）、EGF 均可诱导 TIMP-3 的表达。研究发现，过表达 TIMP-3 可诱导很多癌细胞的凋亡，如 Bian 等发现将一个不表达 TIMP-3 的结肠癌细胞系 DLD-1 过表达 TIMP-3，细胞呈现出剂量依赖性的生长抑制。TIMP-3 诱导细胞的聚集，之后则是死亡，而这与其抑制 MMP 的特性无关。TIMP-3 不仅对多种肿瘤细胞具有促进凋亡的作用，还具有抑制肿瘤侵袭的作用。同时，TIMP-3 对血管生成也有抑制作用。

4. TIMP-4　TIMP-4 是最新克隆的蛋白类抑制因子，在成人的心脏中有较高水平的表达，在肾脏、胰、结肠、睾丸有低水平的表达，在肝、肺、脑、脾、甲状腺等无表达。它抑制 MMP-2、MMP-7 作用稍强于 MMP-1、MMP-3、MMP-9。已证明它在体外抑制乳腺癌细胞的浸润，并能阻止新生血管的形成，在裸鼠体内抑制肿瘤细胞生长和转移方面具有重要的作用。研究显示，从腺癌和骨癌克隆的 TIMP-4 对所有的 MMP 均有抑制作用，无显著的特异性，并发现 TIMP-4 的第 2 位残基（Ser-2）在 TIMP-4 与 MMP 相互作用并抑制 MMP 的活性中发挥了重要的作用。也有研究指出 TIMP-4 与 MMP-2 在人中枢神经系统的发育中发挥了重要的作用。Wang 等发现在裸鼠中注射 TIMP-4 可以抑制肿瘤生长。

（二）TIMP 的进化及其 3D 结构

从结构上看，可将哺乳类的 TIMP 分为两个功能区：N 端为 125 个氨基酸，其位于二硫键附近的 Cys-1-Cys-70 残基，可通过螯合锌原子来抑制 MMP 的水解作用，这个功能域如果被烷化或者发生突变，则会失去抑制 MMP 的作用；C 端为 65 个氨基酸，每个功能结构域均由 3 个二硫键稳定。而已有研究表明，在 TIMP 中仅是单独的 N 端就可稳定地抑制 MMP 的活性。很有趣的是，TIMP 基因家族中，各成员的编码序列均位于 synapsin 基因内元中。果蝇的一个 TIMP 基因在其 synapsin 基因的内元中，序列分析发现该 TIMP 基因有 35% 的序列与人 TIMP 的一致；而在结构上，也具有保守的内元、外元结构。而人的 TIMP-1 基因则位于 synapsin-Ⅰ基因的内元 6 中。位于染色体 22q12.3 上的人 TIMP-3 基因，其编码序列也位于 synapsin-Ⅲ 基因的 V 内元中，而人 TIMP-4 则是位于 synapsin-Ⅱ 的 V 内元中。这种特殊的基因排列方式有何生物学意义尚待进一步研究。

（三）TIMP 的进化历程

目前，在人类中发现的 TIMP 共有 4 种：TIMP-1、TIMP-2、TIMP-3 和 TIMP-4。通过对网上数据库的检索，还可在很多物种，如鸡、两栖类、鱼类、昆虫、软体动物及秀丽隐杆线虫（C.elegans）等中找到与哺乳类的 TIMP 同源的蛋白质和 cDNA。无脊椎动物的 TIMP 同源物与脊椎动物的差异很大，如在线虫中 TIMP 的两个同源物（GenBank 检索号 AAA96174 和 AAA96176），虽然均是推导自秀丽隐杆线虫基因组的序列、都具有 N 端的分泌信号序列，并含–信号肽酶剪切位点，其后是成熟 TIMP 的 N 端特征性序列 Cys-X-Cys，但这两个推导出的蛋白质都缺乏对应于哺乳动物 TIMP 蛋白的 C 端结构域。从果蝇中的核酸序列翻译推导出的 TIMP 蛋白，虽然具有 N 端和 C 端，但是缺乏与人类的 TIMP-1 蛋白中相对应的 Cys-13 和 Cys-120，而这两个半胱氨酸残基在其他已知的脊椎动物的 TIMP 中都是存在的。然而，果蝇的 TIMP 具有另外的两个在 C 端的半胱氨酸（图 30-1），对该蛋白质尚未见有较为深入的研究，目前仅知道该 TIMP 的 N 端具有 2 个二硫键，而在 C 端有 4 个二硫键。最近，Montagnani 等在软体动物长巨牡蛎中也克隆到了 TIMP，并发现其仅在血细胞中表达，是软体动物关键的防御组分。这提示 TIMP 可能是一种普遍存在的酶类。从构建的进化树中可见，以无脊椎动物为外群，TIMP 家族的各组均自成一支。其中，TIMP-1 可能较为古老，TIMP-3 和 TIMP-4 为较新的类群。在 TIMP-2 组与 TIMP-3 组中，均可再分为两类，一类是哺乳动物的 TIMP，一类是非哺乳动物的 TIMP，提示 TIMP-2 与 TIMP-3 分化的时间在哺乳动物产生之时。哺乳类的 TIMP 是 2 个结构域的蛋白质，这已经被很多的实验结果所证明：①TIMP 中二硫键的排列方式，N 端和 C 端均各由 3 个二硫键稳定，N 端和 C 端相对独立；②TIMP 与底物的结构图谱，也提示其为 2 个结构域的蛋白质；③仅单独的 N 端 120 个基团就可折叠和形成有活性的 MMP 抑制剂，提示可将蛋白质分为两个部分。尽管在结构上看，全长的 TIMP 是连续的，但这是因为 TIMP 的 C 端区域紧密结合在其 N 端 OB-折叠结构上的结果，而且这在很多的 2 个结构域结构蛋白中均存在相似的情况，如免疫球蛋白 Fab 区域等。而在模式生物秀丽隐杆线虫中，推导出的 TIMP 蛋白仅有 N 端结构域，这提示目前的 TIMP 的祖先很可能是单结构域的。TIMP 的 N 端结构域属于 OB 折叠种类，由一个闭合的或部分开放的 5-链β-barrel、一个 Grekkey 模体和一个或多个α螺旋构成。Murzin 发现，这种形式的结构存在于一系列的寡核苷酸核和寡糖结合蛋白，包括葡萄球菌核酸酶、肠毒素、一些 tRNA 合成酶及其他的蛋白质。但 TIMP 在序列上与其他的 OB-折叠家族蛋白并不太相似。以目前的一些遗传距离模型、算法不能确定 TIMP 是否与其他的蛋白质享有共同的祖先，并且不能将之与其他的蛋白质相联系。

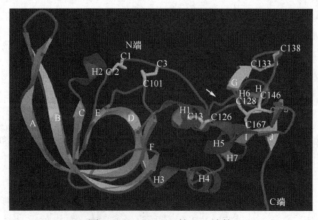

图 30-1　TIMP-2 的 3D 结构

［引自：Molscript（Kraulis, 1991）；RASTER3D（Bacon & Anderson.1988；Merritt & Murphy, 1994）］

二、TIMP 功能学研究

TIMP 是多功能分子，不仅抑制 MMP 活性，且具有细胞生长因子样作用，促进成纤维细胞（肌成纤维细胞）增生及胶原合成，使 ECM 沉积并抑制其降解。TIMP 还可抑制肿瘤细胞的发生、侵袭和转移。TIMP-1 和 TIMP-2 能刺激多种细胞增殖，并且抑制活化的肝星状细胞（HSC）凋亡。TIMP-1 抑制 HSC 凋亡的作用可能依赖于其对 MMP 活性的抑制。TIMP 参与了多种生理过程，如胚胎发育、排卵、子宫扩张、骨重塑、伤口愈合等，表达活性的改变导致了很多的病理现象，如肿瘤的发展和侵袭、器官硬化等。TIMP 与 MMP 的失衡，可导致如关节炎、癌症、心血管系统疾病、肾炎、组织溃疡、硬化等多种疾病的发生，具体见表 30-1。

表 30-1 TIMP 的生物学功能

TIMP	主要底物	肿瘤侵袭	促红活性	细胞生长	凋亡	pnMMP-2 激活	血管形成
TIMP-1	pmMMP-9，MMP-9	↓	↑	↑	↓	—	↑或↓
TIMP-2	pmMMP-2，MMP-2，MT1-MMP	↓	↑	↑	↓	↑	↓
TIMP-3	MMP-1，MMP-3	↓	ND	ND	↓	↓	↓
TIMP-4	MMP-2	↓	ND	↑或↓	↓	↓	↓

注：—. 无作用；↑. 激活；↓. 抑制；ND. 未测。

（一）TIMP-1 的调控

TIMP 可在多种细胞中表达，如成纤维细胞、上皮细胞和内皮细胞等。酶免疫学测定 TIMP-1 和 TIMP-2 在正常血清中的含量分别为（101.1±13.3）ng/ml 和（82.7±26.3）ng/ml。几乎所有间叶组织细胞包括肾小球细胞和浸润炎细胞都能产生 TIMP。生理情况下肾脏表达极微量的 TIMP-1 mRNA 和蛋白质，病理状态下表达升高。TIMP 主要在转录水平受到调节，受基因 5′端 TAP、AP-1、SP-1 等反应元件的控制。外源性生长因子（b-FGF、PDGF、EGF 等）、细胞因子（IL-6、IL-1 和 IL-1β）、佛波酯、促红细胞生成素等可诱导 TIMP 在不同类型细胞中进行表达。许多胶原酶的激活物也可在转录水平同时激活 AP-1 位点，提示 AP-1 可能是一个不同刺激诱导 MMP 和 TIMP 基因表达的关键因素。TIMP-1 和 TIMP-2 基因表达同样可以受到调节 MMP 基因表达的生长因子的调节：TNF-α、EGF、b-FGF 增加 TIMP-1 和间质胶原酶的表达；TGF-$β_1$ 上调 TIMP-1 和明胶酶 A 的表达，而下调间质胶原酶、基质溶素、TIMP-2 的基因表达；IL-1、IL-6 可增加 TIMP1 的表达。对鼠 TIMP1 基因研究表明，AP-1、PEA-3 位点可上调 TIMP-1 表达。

（二）TIMP 的生理作用

1. 抑制基质金属蛋白酶的活性 TIM 的基本功能是抑制 MMP 的活性。TIMP 氨基端的环状结构可以与 MMP 的催化结构相互作用而抑制 MMP 的活性。其可能的作用方式是 TIMP 分子结构上的 N 端功能区的半胱氨酸残基与 MMP 活性中心的 Zn^{2+} 结合，以 1：1 的比例形成 MMP-TIMP 复合体，由于空间位阻效应妨碍底物与 MMP 结合而抑制其活性，是一种转录后的调节机制。TIMP-1 可以抑制几乎所有的 MMP，包括明胶酶（MMP-2 和

MMP-9)、间质胶原酶（MMP-1、MMP-8 和 MMP-13）和基质溶解素（MMP-3、MMP-7 和 MMP-10）等。但在对明胶酶的作用上，TIMP-1 主要抑制明胶酶 B（MMP-9）的活性，而 TIMP-2 主要抑制明胶酶 A（MMP-2）的活性。TIMP-1 可从以下 3 个水平影响 MMP 的活性：①阻止和延缓酶原型 MMP 转变为活性 MMP，从而稳定酶原型 MMP；②与活性 MMP 以 1∶1 结合使其失活；③调节可溶性 MMP 与底物结合。TIMP-1 可通过抑制 MMP 的作用发挥对 ECM 代谢的调控、肿瘤的局部浸润和转移、血管生成等生物学作用。

2. TIMP 对 MMP 活性的调节　MMP 的调节主要在酶原合成、酶原活化和酶的抑制 3 个水平，其中 TIMP 对 MMP 的调节起重要作用。MMP 的活化一般认为是酶原在特定条件下由其他活性 MMP 及蛋白酶（主要是丝氨酸蛋白酶类）介导的级联水解过程，酶原脱去氨基端的前肽区，使半胱氨酸与 Zn^{2+} 分离，从而暴露活性中心而活化。体内存在许多抑制物可以特异性或者非特异性抑制 MMP 的活性，主要是 TIMP。TIMP 由分泌 MMP 的细胞同时分泌，是 MMP 生理性抑制物，活性的 MMP 受特定的 TIMP 调节。在生理状态下，MMP 与 TIMP 之间保持着一种动态平衡，协调 ECM 降解与重建，维持组织结构的完整和内环境的稳定。TIMP 主要从两个方面抑制 MMP 的激活：一方面可以阻止 MMP 酶原活化，另一方面可以特异结合活化型的 MMP，导致后者功能失活。在酶原活化阶段，TIMP 与 pro-MMP 可形成稳定的复合体，并阻碍 pro-MMP 酶原的自我激活；在活化的 MMP 阶段，TIMP 可直接与活化的 MMP 形成紧密的 1∶1 复合体，抑制其活性。

TIMP 能抑制所有 MMP 的活性，但并非单种 TIMP 对所有的 MMP 均有抑制作用。TIMP-1 可与活化的或非活化的 MMP-9 特异性结合，并可间接阻断 MMP-9 对 MMP-3 的激活，而对部分膜型 MMP 及 MMP-19 的抑制能力较差；TIMP-2 与 MMP-2、TIMP-3 与 MMP-9 分别有较高的亲和力，其中，TIMP-2 对 MMP-2 具有抑制和激活双重作用，与浓度有关，也有研究认为 TIMP-2/MT1-MMP 比例为 0.05 时，能最有效地激活 MMP-2 酶原；TIMP-3 能抑制膜型 MMP 的活性；TIMP-4 对 MMP 的抑制没有明确选择性。

TIMP 见表 30-2。

表 30-2　TIMP

TIMP	大小（kDa）	性质	主要结合部位	其他结合部位
TIMP-1	29	可溶性	前 MMP-9，MMP-9	MMP-21，MMP-22，MMP-23
TIMP-2	21	可溶性	前 MM-P-2，MM-P-2，MT12MMP	MMP-21，MMP-23，MMP-29
TIMP-3	27	ECM 结合型	MMP-1，MMP-3	MMP-22，MMP-23，MMP-29
TIMP-4	23	可溶性	MMP-2	MMP-1，MMP-23，MMP-27，MMP-29

3. 促进细胞生长　TIMP-1 和 TIMP-2 最早发现能加强 EPO 促进红系祖细胞增生和分化，近年来研究表明 TIMP-1 可诱导多种正常细胞的生长，包括角质细胞、足突细胞、成纤维细胞、内皮细胞和骨髓细胞等，也可在病理状态下诱导细胞的增生，如硬皮病中的成纤维细胞、肝细胞瘤、胸腺癌和人骨肉瘤细胞等。TIMP-1 蛋白可在人成纤维细胞沉积，并在细胞 S 周期中达到最大峰值。而 TIMP-2 参与了人骨肉瘤细胞、兔角膜上皮细胞、成纤维细胞和纤维肉瘤细胞的增生。一系列研究结果证明 TIMP-1 和 TIMP-2 促进细胞生长的作用不依赖于抑制 MMP 的活性。烷化 TIMP 不具备 MMP 的抑制活性，能促进细胞的

生长。而且，MMP 的合成抑制剂 batimastat B（BB-94）并不影响 TIMP-1 促进细胞生长的作用。对 TIMP-1 的结构和功能进行磁共振（NMR）和晶体衍射研究表明，TIMP-1 在发挥抑制 MMP 蛋白酶活性作用和促进细胞生长作用时，在结构和功能上都存在显著差异。而 TIMP-2 的异构体（Ala$^+$TIMP-2）并不具备抑制 MMP 的活性，却具有促进细胞生长的特性。这些结果表明 TIMP-1 和 TIMP-2 对细胞生长的调节作用是独立存在的，不依赖于对 MMP 活性的抑制。TIMP-1 和 TIMP-2 之间并不互相竞争，表明它们可能具有各自的特异受体。有学者提出 TIMP-1 促进细胞生长机制的 3 种假说：①某些生长因子及其受体如 FGF-RI、proTGF-β_2、IGF/IGFBps 等受 MMP 的修饰，故 TIMP-1 可能阻止了某些生长因子被 MMP 降解，导致细胞增殖；②可能与细胞表面受体脱落有关，MMP 可降解某些细胞表面受体，后者参与了细胞内的信号转导，TIMP-1 阻止了激活受体的降解，从而刺激了细胞的增殖；③TIMP-1 可能与某种 MT-MMP 结合，引起一种经 MT-MMP 胞内区而发生的细胞信号转导途径激活。

4. 抑制细胞凋亡 TIMP-1 表达水平的增高可抑制 Burkitt 淋巴瘤细胞、正常扁桃体 B 细胞、人乳腺上皮细胞 MCF10A 和大鼠系膜细胞的凋亡。TIMP 抑制细胞凋亡的一个可能机制是通过抑制 MMP 的活性作用，但其具体机制又各有不同。TIMP-1 抑制 B 淋巴细胞凋亡的作用不依赖于 MMP 途径，而在肝星状细胞中则通过抑制 MMP 的活性发挥抗凋亡作用。TIMP 抗细胞凋亡的机制可能是阻止了 MMP 对 ECM 的降解作用，从而抑制了"失巢凋亡"（anoikis）。此外，可能的机制包括凋亡细胞中相应受体和配体的脱落或蛋白质的降解。

5. 促进甾体化合物的生成 TIMP-1 促进甾体类化合物的生成作用首先在睾丸 Leydig 细胞和卵巢颗粒细胞中发现。TIMP-1 可与组织蛋白酶原 L 形成复合物，刺激类固醇的生成，调节其在体内的浓度，并影响生殖细胞的发育。用 IL-1β 刺激体外培养的颗粒细胞，TIMP-1 的表达水平增加，与类固醇的生成呈正相关，这表明 IL-1β 是通过 TIMP 介导颗粒细胞生成类固醇激素。TIMP-1 主要表达于卵巢、肾上腺和胎盘等类固醇生成组织中，其表达的变化与卵巢组织的重构有关，表明 TIMP-1 有促进类固醇生成的作用。在 TIMP-1 敲除鼠的体内实验研究表明，敲除 TIMP-1 基因后其雄性激素水平有一定程度的下降，但尚不影响其生物学作用，这表明 TIMP-1 对睾丸类固醇的生成起协同调节作用。此外，转入 TIMP-1 突变体的小鼠仍有良好的繁殖能力，说明 TIMP-1 并不是生殖细胞发育的必要条件，也可以被其他 TIMP 所代替。

6. 抗血管生成活性 TIMP-1 在胰腺癌细胞中过表达可抑制血管生成和细胞的植入。TIMP 可在不同阶段抑制血管生成过程，新生血管的形成与 TIMP 表达受到抑制有关。单纯疱疹病毒诱导的角膜血管生成和 bFGF 刺激内皮细胞增生的研究证明 TIMP 抗血管生成的作用与抑制 MMP 的活性有关。对 MMP 的合成抑制剂 BB-94 的研究表明，BB-94 可抑制实验性血管瘤的生长，阻断血管的生成和内皮细胞胞芽的形成。

7. TIMP 参与的信号转导 越来越多的证据表明 TIMP-1 和 TIMP-2 参与了细胞内的信号转导。TIMP-2 可分别通过增加 cAMP 浓度和促进 PKA 激酶的活性，促进正常真皮成纤维细胞、纤维瘤和内皮细胞的增生。在骨肉瘤细胞系 MG-63 中，TIMP-1 和 TIMP-2 可诱导细胞内蛋白酪氨酸磷酸化并激活 MAP 激酶。TIMP-1 和 TIMP-2 可通过不同途径对 Ras-GTP 水平进行调节，从而促进 MG-63 细胞生长。TIMP-1 通过 MAP 激酶途径、IMP-2

通过 PKA 途径参与 Ras/PI3K 复合物的形成。Gouedez 等发现 TIMP-1 可通过阻止 Bcl-xL 蛋白的形成而抑制体外 B 细胞的凋亡。Li 等进一步研究发现 TIMP-1 可激活 FAK，调节 Bcl-2 家族活性，从而抑制了人胸腺上皮细胞的凋亡。TIMP-2 可通过对 EGF 受体磷酸水平和活性的调节，参与 EGF 介导的有丝分裂信号转导。研究发现 TIMP-1 可通过激活 p38MAPK 和 c-JNK 促进红白血病细胞 U-T7 的红系分化作用。Lmabert 等研究发现 TIMP-1 可诱导 Epo 依赖性 U-T7 和 IL-3 依赖性骨髓 32D 两种造血细胞系的生成，并且 TIMP-1 的细胞内信号转导与 JAK2/PI3K、Akt/Bda 途径有关。TIMP-1 以 PI3K 依赖的方式控制 Bcl-xL 的表达，证明 PI3K 在 TIMP-1 信号通路中起关键作用。TIMP-1 可在血清和不含 Epo 的培养基中对细胞发挥直接作用，说明 TIMP-1 有不依赖于 Epo 的独立信号通路，并进一步表明 TIMP-1 特异受体的存在。上述研究表明，TIMP-1 可通过不同的途径参与细胞内信号转导，这一过程是不依赖于 MMP 的，然而，证实 TIMP-1 受体的存在及其细胞内信号转导的具体分子机制还需进一步研究。

8. MMP、TIMP 在肿瘤中的作用机制 MMP、TIMP 在肿瘤中的作用机制主要有以下几个方面。①降解 ECM。ECM，尤其是其中的基底膜，是肿瘤转移过程中必须克服的生理屏障。MMP 能降解除多糖以外的全部 ECM 成分，并可使其他的 MMP 激活，形成瀑布效应。TIMP 作为 MMP 的天然抑制物可下调 MMP 的活性，对维持 ECM 的稳态具有重要作用。②促进肿瘤新生血管、毛细血管形成的过程中，许多细胞因子以自分泌或旁分泌的形式相互作用，其中包括血管内皮细胞生长因子、成纤维细胞生长因子、肿瘤生长因子、肝细胞生长因子等，进而激活 MMP 或直接诱导细胞 MMP 基因的转录，TIMP 能在多个环节发挥抑制新生血管形成的作用。③MMP 促进生长因子分泌，加速肿瘤生长、侵袭、转移。

第二节 组织型金属蛋白酶抑制剂在肝纤维化中的应用研究

TIMP 在许多细胞和组织类型中的不同表达表明每个 TIMP 的生理作用是有差别的。在生理状态下，ECM 在肝脏组织中不仅起着支架的作用，而且是供应营养和提供免疫应答、适应外界环境和维持内部环境的场所，在机体生长发育过程中起着中心作用。ECM 的生成和降解是由 TIMP 与 MMP 在正常状态下保持动态平衡来调节的。随着分子生物学和细胞周期调控学说的进一步发展，肝纤维化研究也有很大发展。目前的研究已从 ECM 生成机制转移到重视 ECM 降解的研究。在 ECM 降解过程中起主导作用的是 MMP。它是一组锌离子依赖酶，通过降低胶原螺旋结构的稳定性，改变底物的二级结构，为其他蛋白酶的进一步降解创造条件。TIMP 作为抑制 MMP 功能的活性多肽，通过与 MMP 非共价结合抑制 MMP 的活性，也可与酶原结合阻止其活化，从而抑制 ECM 的降解，造成 ECM 的过度沉积。MMP 与 TIMP 这两个作用相反的家族，在肝脏中维持一种平衡统一的状态，当有过量的 ECM 产生时，会被 MMP 降解，同时 TIMP 又适当抑制 MMP 的活性，不至于损伤正常肝脏组织，如此，两者共同维护着肝细胞微环境的稳态。一旦有各种致病因子打破这种统一，则使两者失衡，从而导致肝纤维化的发生、发展。目前肝内共发现有 8 种 MMP，肝纤维化时，在 ECM 降解中起关键作用的 MMP 为 MMP-1、MMP-3、MMP-2、MMP-9。

一、肝内 TIMP 的表达情况

现研究已表明在肝脏组织中可表达出 TIMP-1、TIMP-2，故在肝纤维化研究中报道较多的是 TIMP-1 和 TIMP-2。由于研究证明肝细胞、库普弗细胞合成和分泌的 IL-1、IL-6 等细胞因子，以及激活的 HSC 均可使 TIMP-1 表达增强，提示 TIMP-1 在肝纤维化的发病中起着更重要的作用。Murawaki 指出，在慢性肝病发展过程中，血清 TIMP-1 和 TIMP-2 滴度随着肝病进展而呈升高趋势，且升高幅度与肝组织学的改变呈正相关。Koulentaki 等在研究中发现纤维化肝脏中 TIMP-1 及 TIMP-2 在肝损伤早期阶段（6h）即出现增高，其中 TIMP-1 敏感性、特异性均高于 TIMP-2。进一步观察到，用 CCl_4 造模大鼠在应用 CCl_4 1～3h 后，肝内就发现有 TIMP-1 和 TIMP-2 的转录，通常早于 I 型前胶原基因表达的增加，并在整个肝硬化进展期维持高水平。国外有人发现，在不同动物模型中 TIMP 的变化不同，用单次 CCl_4 制造的急性肝损伤模型早期 TIMP 保持不变，而 CCl_4 的慢性损伤仅有 TIMP 和 MMP 的升高；在部分肝切除模型中 TIMP-1 轻度增加。Boeker 等检测了不同人群的 TIMP-1 表达及相应的肝脏组织学变化，也发现从正常到慢性肝炎无纤维化、慢性肝炎伴纤维化、肝硬化，TIMP-1 表达呈稳定持续的上升。采用固相致敏红细胞吸附技术（SPASE）检测多种肝病患者的 TIMP 水平，发现慢性肝炎活动期、晚期肝硬化及晚期肝癌患者血清 TIMP-1 水平显著增高；慢性肝炎稳定期及肝癌手术患者血清 MMP-1 和 MMP-1/TIMP-1 复合物水平显著下降；急性肝炎及胃癌手术患者血清 MMP-1、TIMP-1、MMP-1/TIMP-1 复合物含量无显著变化，提示慢性肝病患者的 TIMP-1 升高还有肝癌的可能。用原位分子杂交技术检测肝硬化患者肝组织中 TIMP-1、TIMP-2 mRNA 的阳性率可达 100%，且 TIMP-1 mRNA 表达强度略高于 TIMP-2 mRNA，而正常肝组织中未见阳性表达。TIMP-1 和 TIMP-2 mRNA 表达的阳性信号主要位于肝细胞的细胞质中，未见细胞核表达。Murawaki 等同时检测了慢性病毒性肝炎患者的 MMP-2、proMMP-2 和 TIMP-2，发现其 MMP-2 并无变化，但 MMP-2/proMMP-2 比值下降，与纤维化程度、TIMP-2 呈负相关，推测 proMMP-2 活性可被 TIMP-2 所抑制。另有研究发现 proMMP-2 的激活可因人肝脏内的肌成纤维细胞凋亡而提高。而实验性免疫性大鼠肝纤维化模型的肝内 TIMP-2 mRNA 及相关抗原表达在肌成纤维细胞、成纤维细胞，以汇管区及纤维间隔中最明显。阳性信号位于细胞胞质中，未见细胞核表达，提示在肝纤维化中，成纤维细胞及肌成纤维细胞是 TIMP-2 表达的主要细胞，并随着病损肝脏中肝纤维化程度的加重，TIMP-2 基因和蛋白表达水平随之增高。肝纤维化时 TIMP-1 表达高于 TIMP-2 的原因可能是：①TIMP 对 MMP 的抑制活性因 MMP 种类的不同而存在差异，如 TIMP-1 对间质胶原酶（MMP-1）、TIMP-2 对明胶酶 A（MMP-2）和明胶酶 B（MMP-9）显示出较强的抑制活性，在肝纤维化 ECM 降解过程中，MMP 的主要代表酶为 MMP-1，后者降解的主要对象为 I、III 型胶原；②TIMP-1 对细胞增殖（包括成纤维细胞、上皮细胞、内皮细胞和平滑肌细胞等）的促进作用较 TIMP-2 强 10 倍以上，且此促进作用与其抑制 MMP 活性无关。

二、TIMP 在肝纤维化发展过程中的作用

TIMP 除了作为抑制因子抑制由活化的 MMP 导致的基质降解以外，还参与基质蛋白的黏结、前金属蛋白酶的活化、调节细胞增殖、抑制或促进凋亡及抑制血管生成。由于 TIMP

具有调节组织改建、血管再生和修复的能力，其可能在肝纤维化的发病机制中扮演主要角色。实验已证明，新分离获得的 HSC 不表达 TIMP-1、TIMP-2，但当原代培养的细胞活化后，两者明显增加，这与间质胶原酶（鼠为 MMP-13，人为 MMP-1）减少相一致。在原发性胆汁性肝硬化、自身免疫性慢性肝炎、硬化性胆管炎和胆管闭锁中，TIMP-1 和 TIMP-2 单独或同时增加约 5 倍。

进一步的实验使用了 TIMP-1 的启动子——氯霉素乙酰转移酶 CAT 结构，在培养的 HSC 中研究 TIMP-1 基因的转录调节。最小的启动子（−120~+60，与转录起始位点有关）和在 −93~−87 的一个 AP-1 位点的切除/变异几乎导致启动子活性全部丢失。在培养的活化 HSC，这个 AP-1 位点主要由 JunD 占据，后者是 TIMP-1 启动子活性的有力刺激物。在 TIMP-1 启动子结构和 JunD 编码的表达载体的复合转染研究中，启动子的活性明显增加，而 Jun 原癌基因家族其他成员（c-Jun 和 JunB）没有影响或被抑制。反式激活功能区的显性 JunD 明显减弱了 TIMP-1 启动子活性。TIMP-1 最小启动子有一个结合区称为上游 TIMP 成分-1（UTE-1）。将 TIMP-1 启动子结构进行凝胶阻滞试验分析，显示 UTE-1 对活化 HSC 的 TIMP-1 基因调节是必不可少的。这些研究确定了培养的活化 HSC 内 TIMP-1 基因表达的两种关键的转录调节机制，可能在肝纤维化分子发病机制中非常重要。

Benyon 从基因转录水平对肝组织 TIMP-1、TIMP-2 mRNA 表达研究显示，原发性胆汁性肝硬化和原发性硬化性胆管炎患者 TIMP-1 mRNA、TIMP-2 mRNA 显著升高，与肝组织内羟脯氨酸含量呈正相关，说明 TIMP-1、TIMP-2 mRNA 升高有助于胶原沉积。肝星状细胞（HSC）在肝纤维化的发生中具有重要作用。有研究表明，原代培养的肝星状细胞在不同时期 TIMP 表达有别。培养初期（0~3 天）HSC 处于静止期，主要表达 MMP-1（大鼠为 MMP-13），不表达 TIMP。随着培养时间延长，HSC 被激活，开始表达 α-平滑肌肌动蛋白和 I 型前胶原，此时，TIMP-1 的表达也明显增加并释放至细胞外，而 MMP-1 的表达则检测不到。用亲和层析法将激活的 HSC 培养液中的 TIMP 清除后，MMP 的总活性增加 20 倍以上。将 TIMP 重新加入培养液中，MMP 的活性又受到抑制。由此可以推测，HSC 激活后 MMP 的合成并未减少，其活性降低是由于 TIMP 抑制的缘故。故持久的 TIMP-1 mRNA 表达与持久的 HSC 活化密切相关，TIMP-1 通过抑制 MMP 活性抑制 HSC 凋亡，导致肝纤维化的形成。

综合国内外对 MMP 及 TIMP 的研究，在肝内主要由肝星状细胞和库普弗细胞不同程度合成 MMP 与 TIMP，与肝纤维化相关的 MMP 主要有 MMP-1（鼠类为 MMP-13）、MMP-2、MMP-3、MMP-8、MMP-9、MMP-14，与肝纤维化相关的 TIMP 主要为 TIMP-1、TIMP-2。肝脏存在 MMP/TIMP 介导的纤维降解的平衡机制。机体在正常情况下，MMP 与 TIMP 以一定的比例结合，通过复杂的调节机制，维持正常肝脏纤维组织中 ECM 的合成与降解的动态平衡。多种病因导致 HSC 活化，MMP 表达上调，TIMP 随之上调，MMP 活性受 TIMP 抑制增加，同时由于 TIMP 对 MMP 的活性抑制因 MMP 的种类不同而有差异，导致了不同 MMP/TIMP 动态表达的比例失衡，ECM 的合成和降解也随之失衡，最终 ECM 过量沉积在肝内，促进了肝纤维化及肝硬化的形成。

另外，也有研究显示肝脏损伤早期和肝纤维化晚期 ECM 降解可能是不同的过程。在肝脏损伤早期，库普弗细胞等激活 HSC，分泌 MMP 降解正常基底膜基质，破坏细胞与基质正常的联系，这时 HSC 处于静止或活化初期，由于 TNF-α 作用，HSC 大量合成 MMP，

ECM 大量降解，不会形成肝纤维化；而在慢性肝组织损伤时，HSC 完全活化，TGF-β_1 使 HSC 大量合成 ECM 和 TIMP，减少 MMP 的合成，由于 TIMP 相对增加，造成 TIMP 对 MMP 的不平衡，基质降解被抑制或消失，ECM 在细胞外累积，形成肝纤维化。Knittel 等认为库普弗细胞是肝脏各种损伤反应中主要的效应细胞，TGF-β_1 是造成肝脏损伤的主要细胞因子。实验性肝纤维化的研究表明，TIMP-1 mRNA 的持续表达与持续的 HSC 激活相关，而且激活的 HSC 减少与 TIMP-1 mRNA 减少有关。另外，TIMP-1 可以直接抑制 HSC 的凋亡，表现为一致的、明显的、剂量依赖的抗凋亡作用。其对凋亡的抑制是通过对 MMP 的抑制作用介导的。另外，有研究表明，TIMP-1 对凋亡的抑制作用需要以肝纤维化已经发生作为前提，它自身不能独立地引发肝纤维化的发生。综合研究表明，TIMP-1 随肝纤维化病程的进展而表达增强，到肝硬化阶段达到高峰；而随纤维的自然消散，TIMP-1 和 MMP-2 迅速下降。随着 TIMP-1 的进行性升高、与 MMP-1 的特异性结合，使间质胶原酶活性下降，造成肝损伤后增生的 ECM 成分，尤其是Ⅰ、Ⅲ型胶原降解减少，沉积增加，ECM 合成与降解的失衡促进了肝纤维化甚至肝硬化的形成。经对应用免疫吸附试验检测并经病理证实的慢性肝病患者的 MMP-1 浓度及 MMP-1 与 TIMP-1 复合物的比值观察，结果表明血清 MMP-1 与慢性肝病程度反向相关，MMP-1/TIMP-1 复合物的浓度与慢性肝病组织学的严重程度密切相关，提示血清 MMP-1 与坏死程度密切相关，对肝纤维化的诊断敏感性为 76%，特异性为 70%。Murawaki 等发现与正常人相比，慢性肝炎中度患者血清 TIMP-1 水平增加 22 倍，重度患者增加 2.9 倍，肝硬化患者增加 4.1 倍，轻度患者无变化。其水平与门脉周围坏死程度、门脉炎症程度及肝纤维化程度密切相关。同时还发现血清 MMP-3 水平检测对于评价慢性肝炎患者纤维化降解程度意义不大。Kasahara 等认为血清 MMP-2 及 TIMP-1 可以估计肝纤维化程度，血清 MMP-2 与 TIMP-1 比值可以作为慢性肝炎对干扰素反应的一个新的预测指标。

1. MMP-1（MMP-13）/TIMP-1 在肝纤维化发生发展过程中，MMP-13 的表达增高，但 TIMP-1 的表达在肝损伤早期即开始持续增高，从而使 MMP-13 降解胶原的活性受到抑制，致使过度产生与沉积的胶原得不到有效降解，促进了肝纤维化的发展。随着肝纤维化的不断进展，MMP-1 和 TIMP-1 蛋白表达不断增加，且 TIMP-1 蛋白表达增加尤为明显，因而 MMP-1/TIMP-1 比值减小，两者表达失衡，抑制了 ECM 降解。在慢性乙型病毒性肝炎患者中发现 TIMP-1 于炎症早期阶段表达就开始增加，随着肝纤维化进展，TIMP-1 表达持续增高，提示 ECM 降解受抑制是肝纤维化进展的主要原因。一些致病因素作用于机体后，TIMP-1 的表达逐渐增强，MMP-1/13 和 TIMP-1 的比例失衡，TIMP-1 抑制 MMP-1/13 的活性，导致Ⅰ、Ⅲ型胶原降解减少，从而促进 ECM 的沉积，形成肝纤维化。

2. MMP-2/TIMP-2 在酒精性大鼠纤维化肝脏新鲜分离的非实质细胞及 CCl_4 诱导的大鼠纤维化肝脏分离培养的 HSC 中，MMP-2、MMP-9 表达明显增加。在二甲基亚硝胺（DMN）诱导的肝纤维化形成过程中，MMP-2 的表达增高，而 TIMP-2 的表达相对于 MMP-2 过于低下，从而使 MMP-2 的酶活性得不到抑制而增高，促进了 HSC 的活化。轻度性乙型肝炎患者的肝组织中 MMP-2 和 TIMP-2 表达增加，MMP-2/TIMP-2 比值早期逐渐升高，后期下降，且与纤维化分级具有相关性，可用于评估患者肝纤维化的程度。MMP-2/TIMP-2 表达平衡对Ⅳ胶原增生、沉积、降解有重要调节作用。在肝纤维化形成中，MMP-2 表达增强，破坏了 HSC 微环境稳态；在肝纤维化发展中，TIMP-2 增强，从而使 MMP-2 的活性得到抑制，Ⅳ胶原含量增多，ECM 的降解减少。

3. MMP-3 在 HSC 激活的早期阶段，MMP-3 呈一过性表达，在肝纤维化发生发展过程中，MMP-3 表达下降有助于 LN 等沉积于基底膜，促进肝窦毛细血管化。与其他 MMP 相比，MMP-3 对 ECM 的直接降解作用较弱，但是 MMP-3 可通过前肽的断裂激活多种基质金属蛋白酶原（MMP-1、MMP-3、MMP-7、MMP-8、MMP-9、MMP-13），从而发挥其降解 ECM 的作用。因此，MMP-3 的表达变化在肝纤维化发生发展过程中发挥着重要的作用。

4. MMP-8 MMP-8 又称中性粒细胞胶原酶，它在纤维化的形成过程中并未发挥重要作用，MMP-8 可特异性降解Ⅰ型胶原，纤维溶解，减少 ECM 的沉积。研究发现，胆总管结扎 7 天致纤维化的肝组织中 MMP-8 活性无变化，然而，在胆道减压后 MMP-8 活性增加，由此推论中性粒细胞分泌的 MMP-8 可能对溶解胆汁淤积过程中产生的纤维化瘢痕发挥关键作用。

5. MMP-9/TIMP-1 MMP-9 及其特异性抑制剂 TIMP-1 在细胞分泌前是 proMMP-9-TIMP-1 复合体，存在于高尔基复合体，MMP-9 酶原及活化 MMP-9 均可结合 TIMP-1，并且大多数细胞以 MMP-9-TIMP-1 复合物的形式分泌。在 CCl_4 诱导大鼠肝纤维化模型发现，MMP-9 和 TIMP-1 的蛋白表达明显增高。在对大鼠酒精性肝纤维化模型研究中发现，随着肝纤维化的进展，TIMP-1、MMP-2 及 MMP-9 表达均同时升高，但 TIMP-1 的升高幅度超过 MMP-2 及 MMP-9，MMP/TIMP 比例失调导致 ECM 大量沉积，从而促进 ALF 形成。

6. MMP-14/TIMP-2 MMP-14（MT-1-MMP）由活化的 HSC 表达，人肝硬化肝组织中 MMP-14 mRNA 是正常肝组织表达量的 2.3～3.3 倍，CCl_4 诱导的肝纤维化模型肝组织内 MMP-14 蛋白和基因水平表达及活性增加。在 CCl_4 诱导肝纤维化模型恢复的过程中，肝组织 MMP-2 和 MMP-14 在第 3～7 天仍维持高水平表达，酶活性在第 7 天达到高峰，是肝纤维化发生发展过程中酶活性最大值的 1.4 倍，在肝纤维化逆转期间，MMP-2 和 MMP-14 表达明显增多，TIMP-2 表达水平降低，MMP 可以更好地发挥降解基质的作用。MMP-14 除了本身降解胶原等物质，还在细胞膜上形成 pro-MMP-2-TIMP-2-MMP-14 复合物，作为 MMP-2 酶原激活剂，在时间和空间上共同调节 MMP-2 的活性。

三、以 MMP/TIMP 为靶点的肝纤维化逆转的研究进展

MMP/TIMP 介导的纤维降解的平衡机制破坏，促进了肝纤维化的发生、发展。因此，应增加 MMP 的表达、增强 MMP 的活性、减少 TIMP 的表达、抑制 TIMP 的活性，从而重建 MMP/TIMP 介导的纤维降解的平衡机制，抑制 ECM 的合成、分泌，促进 ECM 降解而逆转肝纤维化。

（一）基于 MMP/TIMP 基因工程技术的应用

1. MMP 基因重组 以腺病毒为载体的 MMP 基因重组治疗肝纤维化的研究不断增加。将 AdMMP-8 导入 CCl_4 诱导的肝纤维化模型中，肝纤维化程度明显改善。转染 AdMMP-9 和 AdMMP-9 突变体至 CCl_4 诱导的小鼠肝纤维化模型，MMP-9 的过度表达可以减少肝脏Ⅰ型胶原和羟脯氨酸的含量，MMP-9 突变体（与 TIMP-1 结合的无催化活性 MMP-9-H401A

作用于 HSC 后，可显著降低 TIMP-1 mRNA、SMA mRNA 的表达，阻止 HSC 向肌成纤维细胞转化，促进其凋亡，同时结合 TIMP-1，降低 TIMP-1 的活性，减缓肝纤维化的进展。

2. 反义 TIMP 基因重组　以 TIMP 为靶基因的反义技术应用，可减少 TIMP 基因和蛋白质表达，为治疗肝纤维化提供新的思路。将表达反义 TIMP-1 序列的重组质粒导入人体外培养的 HSC 内，反义 TIMP-1 成功表达，TIMP-1 基因与蛋白质表达明显下降，MMP 的活性增加，Ⅰ、Ⅲ型胶原沉积减少。

3. si-RNA-TIMP　以 MMP/TIMP 为靶点的 RNA 干扰技术为肝纤维化治疗提供了新的策略。运用 RNA 干扰技术，构建针对 TIMP-1 和 TIMP-2 基因的 siRNA 真核表达载体，载体成功转染人体外培养的 HSC-T6 细胞，并显著抑制了目的基因的表达。用携带腺病毒的 siRNA（rAAV/si-RNA-TIMP-1）沉默 CCl_4 和胆管结扎诱导的两种肝纤维化大鼠模型中 TIMP-1 基因，TIMP-1 表达显著下调、MMP-13 的 mRNA 水平及酶活性升高，肝纤维化严重程度减轻。借助超声微泡联合超声辐射，将 TIMP-1 siRNA 导入 DMN 诱导的肝纤维化大鼠肝脏细胞内，TIMP-1 mRNA 表达显著下降，肝脏纤维化程度明显减轻。

（二）一些蛋白质或药物通过影响 MMP/TIMP 平衡发挥抗肝纤维化作用

除基因工程技术针对 MMP/TIMP 抗肝纤维化外，许多学者也探索了其他影响 MMP/TIMP 平衡抗肝纤维化的蛋白质或药物。一些体内差异表达基因、激素参与了对 MMP/TIMP 平衡的调节，在 CCl_4 诱导大鼠肝纤维化模型中，MMP-9 和 TIMP-1 的蛋白质表达明显增高，运用褪黑素后，MMP-9 活性明显下降。TIMP-1 抗体在抗肝纤维化中的作用日益突出，人抗鼠 TIMP-1 抗体作用于 CCl_4 诱导的肝纤维化大鼠后，胶原沉积明显减少，有效逆转了肝纤维化发展。调节 MMP/TIMP 平衡的食物研究可为肝纤维化治疗提供新颖的思路，在甲硫氨酸胆汁素缺乏饮食的大鼠肝纤维化模型中发现，芝麻油可以通过抑制 MMP-2 和 MMP-9 的活性，上调 TIMP-1 的表达来发挥抗肝纤维化的作用。MMP/TIMP 介导的纤维消融平衡在维持机体正常生理过程中发挥着重要的作用。在肝纤维化发生发展过程中，MMP/TIMP 介导的纤维消融平衡调控机制的研究还处在初级阶段，以 MMP/TIMP 为靶向的肝纤维化治疗还处在基础研究阶段，精确控制 MMP 活性、精准调控 MMP/TIMP 平衡、探索可调节 MMP/TIMP 平衡的细胞因子和药物是今后研究治疗肝纤维化的一个关键问题。

四、TIMP 在肝再生中的作用及机制

TIMP-1 不仅在肝纤维化形成过程中对 ECM 沉积起到促进作用，对于肝细胞再生也有重要影响，在 TIMP-1 基因缺失的大鼠中，肝细胞生长因子（HGF）活性增强，可加速肝细胞分裂；而在具有 TIMP-1 功能大鼠中则可延缓肝细胞分裂。在肝细胞再生过程中，对于 HGF 来说 TIMP-1 是一个负性调节蛋白。在大鼠肝切除早期，卵圆细胞表达 TIMP-1 增加，MMP 表达减少，从而促进卵圆细胞周围基质沉积，不利于其向肝细胞分化；在晚期则相反，TIMP-1 表达减少，MMP 表达增加，促进卵圆细胞向肝细胞分化，利于肝细胞再生，此研究还提示抑瘤素是 TIMP-1 合成的一个重要诱导因素。有学者对肝纤维化伴胆管闭锁儿童肝脏表达的 TIMP 进行评估，TIMP-1 的信号强度在 4 种 TIMP 中是最高的，其次是 TIMP-3、TIMP-2，TIMP-4 的信号太弱不能测出且在各组间差别不显著，TIMP-1、TIMP-2

信号强度的变化与肝纤维化的进展程度一致。TIMP-3 基因缺失大鼠可使肿瘤坏死因子 TNF-α转化酶活性增强、肝脏 TNF 释放增多及 TNF 信号转导增强。TIMP-3 基因缺失大鼠 TNF 增高在肝脏淋巴细胞浸润和坏死区尤为明显，这种现象在人类慢性活动性肝炎同样可见。TNF 表达失调特异性地发生在 TIMP-3 基因缺失大鼠而不是 TIMP-1 基因缺失大鼠，说明 TIMP-3 是一个内生性、对 TNF 具有负性调节作用的决定性因子，其在肝脏炎症和再生过程中都发挥了一个基础调节作用。既往研究认为 TIMP 中 TIMP-1 和 TIMP-2 对于肝纤维化具有重要作用，而上述研究说明 TIMP-3 对肝纤维化也发挥了调节作用。

五、TIMP 对肝纤维化的诊断价值

因为早期发现、诊断肝纤维化，及时治疗，肝纤维化是可以逆转的，而肝活检又具有局限性，故近年来研究人员一直研究致力于非创性检测诊断方法，血清肝纤维化指标就是医学界颇为关注的热门课题。研究认为血清中 TIMP-1、TIMP-2 与肝组织中 TIMP-1、TIMP-2 表达有明显相关性。由于有这样明显的相关性，已有越来越多的研究人员把它看成是肝纤维化的最新诊断指标，对于早期肝纤维化的及时发现和治疗有重要价值。血清 TIMP-1 检测及其国内试剂盒的开发就是研究方向之一。目前血清 TIMP-1 检测方法有酶联免疫测定（RIA）、酶联免疫吸附测定（ELISA）、改良固相致敏红细胞吸附技术（SPASE）。Boeker 等用 ELISA 法检测了慢性丙型肝炎患者血中的 TIMP-1、MMP-2 水平，并将其与现行肝脏组织学、透明质酸、肝功能等标准诊断方法比较，发现从正常肝脏到无纤维化的慢性肝炎活动期、肝硬化，TIMP-1 诊断肝纤维化的敏感性为 67%，特异性为 88%，其诊断价值类似于透明质酸，优于白蛋白，建议两者合并动态观察。也有学者对慢性乙型病毒性肝炎患者血清学指标进行检测并与肝组织活检等级进行比较，发现如同时检测血清 PDGF-BB、TIMP-1 mRNA 和 TIMP-1 mRNA/MMP-1 mRNA 时，其诊断纤维化的敏感性和特异性分别为 99.0%和 95.0%。Flisiak 等检测了慢性 HBV 和 HCV 感染者共 28 例，发现 TIMP-1 随 TGF-β升高而升高，两者都与经活检证实的肝纤维化呈一定正相关，而与肝组织炎症程度无关，认为两者合并检测可能作为一种反映早期肝纤维化程度的指标。上海肝纤维化协作组对 200 例慢性肝病患者检测多种标志物，同时进行影像学检查，与病理学分级分期进行比较。结果提示，肝组织的炎症活动度与肝纤维化的分期呈明显的正相关，认为 TIMP-1 与 CT、B 超等非创伤性诊断指标的组合对诊断肝纤维化具有较高的敏感性和特异性，其诊断价值高于单一指标。

六、针对 MMP 和 TIMP 的抗肝纤维化策略

综前所述，任何降低 TIMP-1 表达和活性、促进 ECM 降解的方法都有可能成为抗肝纤维化的有效手段。TIMP 不仅抑制 MMP 活性，还抑制活化 HSC 的凋亡，靶向 TIMP 治疗肝纤维化成为近年来研究肝纤维化治疗的热点。肝纤维化的防治不仅要阻止纤维化的发展，而且在初步明确 TIMP 调控 ECM 生成降解机制的基础上，应把重点放在纤维化的逆转上。张亚飞等通过抑制 TIMP-2 的表达，间接增强 MMP-2 的活性，降低IV型胶原在肝纤维化中的沉积，可减缓肝纤维化的发展。目前研究的抗纤维化治疗可能有以下几个方向：①人工合成 TIMP 的类似物，抑制其病理状态下的活性；②从细胞水平减少或阻止 TIMP 的分泌；③调控 TIMP 基因的表达；④调节 TIMP 的调控因子，减弱其活性；⑤加速 TIMP

的灭活及降解。现在有些药物已在动物实验中展示了良好的效果，为临床治疗带来了希望。在肝纤维化时，TIMP-1 主要由 HSC 分泌，因此凡抑制 HSC 激活或诱导其凋亡的因素都可抑制 TIMP-1 的产生。激活的 HSC 的减少还降低了 ECM 的持续生成，可从两个方面逆转肝纤维化。国内外的几个研究分别发现，用于临床的维生素 E、秋水仙碱等均有降低 TIMP-1 的作用。IFN-α 可能通过降低 TIMP-2、MMP-1/TIMP-1 比值而具有改善慢性丙型肝炎患者肝纤维化的作用。美国 Biogen 公司的 Gotwals 等合成了一种高效的 TGF-1 拮抗剂，由融合于人 IgG 的 TGF-β_1 型受体的细胞外功能区组成。已经证明此种拮抗剂可在各种器官损伤动物模型中用于抗肝纤维化，也可使 TIMP-1 活性降低。

第三节　组织型金属蛋白酶抑制剂与肾脏疾病

在人类肾组织中，4 种 TIMP 均有表达，能产生 TIMP-1 的细胞主要包括肾小球系膜细胞、内皮细胞、肾小管上皮细胞、肾间质成纤维细胞及浸润的单核/巨噬细胞等。

一、TIMP 与肾纤维化

前面第二节已用大量的实验说明了 TIMP 在肝纤维化的形成、诊断、治疗中的作用，类似的作用也在肾纤维化过程中体现。肾纤维化是因各种肾脏疾病持续发展，ECM 合成过程增强而降解过程受抑制，肾脏正常组织结构被 ECM 所取代，导致终末出现肾衰竭的病理过程。目前认为肾小管间质纤维化形成的分子机制主要分四个阶段：第一阶段是细胞的活化和受损；第二阶段是促纤维化因子的释放；第三阶段是纤维化的形成，主要表现为基质蛋白合成增多和基质降解减少，两者均可通过破坏 ECM 产生与降解的平衡功能，从而导致基质蛋白在肾间质积聚，促进纤维化形成；第四阶段是肾脏结构和功能受损。正常肾脏产生大量对 ECM 有特异性水解作用的蛋白酶，其中最重要的是 MMP。它是一类活性依赖于钙离子、锌离子的蛋白水解酶，主要由炎症刺激下的巨噬细胞释放，其活性受其天然抑制剂 TIMP 的调控。MMP 与 TIMP 在肾脏中处于平衡统一的状态，一旦有致病因子打破这种平衡，使细胞与细胞、细胞与基质之间的结构、信号传递紊乱，就可能导致肾纤维化发生。如前所述，MMP/TIMP 是调控 ECM 降解的重要酶系，在病变肾脏中，合理调控 MMP/TIMP 的比例可减轻肾纤维化，被认为是 ECM 降解的限速环节，其中以 TIMP-1 和 MMP-9 最为重要。

（1）在生理条件下，MMP-9 的合成、分泌及其激活过程的各个环节都受到机体的严密调控。在肾组织中，MMP-9 主要由肾小球系膜细胞、内皮细胞、肾小管上皮细胞、浸润的单核/巨噬细胞、中性粒细胞和成纤维细胞等分泌。MMP-9 可以有基础表达，也可以由许多细胞因子、生长因子或激素等诱导表达和调控。其受到以下三个水平的调节。①基因水平的调控：MMP-9 基因启动子位置存在多种核因子结合位点，如 NF-κB、AP-1，促炎因子等可通过这些结合位点调控 MMP-9 的表达。②酶原水平的激活：MMP-9 初始以酶原形式从细胞内分泌，在胞外被蛋白酶主要是纤溶酶（PA）或其他活化的 MMP 分子裂解前肽结构域而完全活化。此途径是一个逐步激活过程，有瀑布放大效应。其中，纤溶酶系统是 MMP 的重要激活剂。③TIMP-1 可特异性抑制 MMP-9。

（2）TIMP-1 可与活化的 MMP-9 的 Zn^{2+} 活性中心以 1∶1 非共价结合，从而阻断或抑制 MMP-9 活性；可与 MMP-9 酶原形式形成稳定的复合物而阻止其活化。此外，TIMP-1 可通过两种方式参与细胞生长、增殖与凋亡的调控：①与细胞表面的受体结合直接发挥作用，如 TIMP-1 可与人乳腺上皮 MCF10A 细胞表面的 CD63 结合直接抑制细胞生长与凋亡，此作用与 TIMP-1 抑制 MMP 的活性无关；②通过调节 MMP 的活性而间接发挥作用，研究发现肝脏间质的 TIMP-1 能促进肝癌的微小转移，具有促生长作用，此作用与 TIMP-1 调节 MMP 的活性有关。在肾纤维化的临床病例中也发现，肾活检标本的肾间质中 MMP 的表达显著减少，而 TIMP 显著增多，表明 MMP 活性下降可能与肾纤维化有密切的联系，且 MMP 的活性下降较其蛋白质及基因水平的变化更为重要，MMP 产生下降是由于 TIMP 的产生增多所致。

（3）MMP/TIMP 在肾纤维化发展中的作用及机制：MMP/TIMP 除了降解细胞外基质、减轻 ECM 的过度沉积外，由于它的降解功能，可以破坏肾小管基膜（tubular basement membrane，TBM），为小管上皮细胞向间质细胞转分化（epithelial-mesenehymal transition，EMT）提供了条件，最终导致间质纤维化。TBM 的主要成分是Ⅳ型胶原，它是 MMP-2 和 MMP-9 的特异性底物，生理情况下，MMP 能够切断任何 ECM 成分，参与 ECM 的降解与重建，在肾小球 ECM 的降解、转运和重塑过程中发挥着关键性作用。研究表明，MMP-9 过度表达与 TBM 破坏相关，薛痕等通过结扎大鼠单侧输尿管（UUO）制备实验性肾纤维化模型，发现在肾小管间质纤维化早、中期，MMP-9 活性强于 TIMP-1，分解破坏 TBM，由此促进了 EMT；而在肾小管间质纤维化晚期，MMP-9 表达减少，活性低于 TIMP-1，故 TBM 破坏有所减轻，提示 MMP-9 与 TIMP-1 表达的动态变化同 TBM 完整性密切相关，MMP-9 与 TIMP-1 相互拮抗调控基底膜的代谢，参与肾小管上皮细胞转分化，从而影响肾小管间质纤维化的进展。孙良忠等通过利用白蛋白刺激大鼠近端肾小管上皮细胞，发现白蛋白可呈剂量和时间依赖性诱导 MMP-2 和 MMP-9 表达。该研究发现在蛋白尿诱发的肾小管间质损害中，白蛋白诱导近端肾小管上皮细胞表达的 MMP-2 和 MMP-9 有可能对 TBM 起破坏作用，从而促进肾间质炎性反应和纤维化。这些研究表明，MMP-9 可能通过破坏 TBM 而触发 EMT，从而参与肾小管间质纤维化，而肾小管上皮细胞经 EMT 转变为 MFB 后大量生成 ECM，可造成 ECM 大量沉积。

研究发现，人 TIMP-1 转基因小鼠 UUO 术后 14 天肾小管间质组织损伤及巨噬细胞（F4/80 阳性细胞）浸润程度明显重于野生型小鼠，提示 TIMP-1 可能通过炎症途径促进肾小管损伤。TIMP-1 在炎症过程中是如何发挥作用的？有研究发现 ICAM-1 在 UUO 术后 14 天蛋白质表达显著高于野生型小鼠，表明 ICAM-1 表达上调可能是 TIMP-1 过表达加重肾小管炎症损伤的途径之一。研究发现，TIMP-1 在某些细胞中能转位入核，作为一种转录因子调节某些生物学功能。ICAM-1 的启动区上是否存在 TIMP-1 结合位点不清楚，然而越来越多的研究发现 MMP 可以通过对前炎症介质、趋化因子及其生物活性分子的作用参与和调控免疫及炎症反应。有研究证明 ICAM-1 的膜近端区域包含 MMP-9 的共同识别序列——P-G-N-W-T 序列，此序列中单个碱基的突变或缺失可抑制 MMP-9 对 ICAM-1 的清除作用。由此可推断，人 TIMP-1 转基因鼠中 ICAM-1 表达上调，在一定程度上是由于 TIMP-1 通过抑制 MMP-9 活性使 ICAM-1 降解受抑所致。Eddy 等通过给大鼠注射小牛血清白蛋白以造成蛋白过负荷性蛋白尿和间质炎症与纤维化，发现在出现肾病范围的蛋白尿后 1~3 周大鼠肾脏发生肾小管间质纤维化，肾小管间质 TGF-β、血管细胞黏附分子 1

（VCAM-1）和细胞间黏附分子 1（ICAM-1）表达增加，肾小管间质Ⅳ型胶原、层粘连蛋白、纤维粘连蛋白等 ECM 蛋白表达显著增加；TIMP-1 及 TIMP-2 mRNA 和蛋白质表达水平明显上调，而 MMP-3 和 TIMP-3 表达无明显变化。以上结果提示，TIMP-1 及 TIMP-2 可能通过抑制 MMP 对细胞外基质的降解而参与大量蛋白尿诱导的肾小管间质损害。

Li 等在体外培养的肾小管上皮细胞的研究中发现，TGF-β 合成分泌增加可促进 ECM 沉积，这可能通过调节 MMP 及 TIMP-1 的活性而实现。Stephan 等发现白蛋白可通过增加 TIMP-1 和 TIMP-2 的水平使基质的降解减少，造成细胞外基质成分增加，此过程不依赖于 TGF-β 的作用，表明白蛋白可作为一个独立的因素参与肾小管间质纤维化，其作用可部分通过 TIMP 实现。抗纤维化因子 HGF 可通过上调 MMP-9 的表达和抑制 TIMP-1 的表达以促进 ECM 的代谢，从而减轻肾脏纤维化。而促炎因子 TNF-α 同样可通过上调酶原形式的 MMP-9 的表达和抑制 TIMP-1 的表达而促进细胞外基质的代谢，这使得我们不得不重新审视促炎因子的作用，但不可否认的是 ECM 成分和数量的改变的确与 MMP/TIMP 的功能紊乱密切相关。

TGF-β 可刺激肾小管上皮细胞合成 MMP-2 和 MMP-14，在残余肾模型上两种酶共同定位在基底膜断裂处。因此，MMP-2 与 MMP-14 的结合物可促进肾小管上皮转分化的发生，也是诱导 EMT 所必需的条件。Yang 等研究发现组织型纤溶酶原激活物（t-PA）可诱导梗阻性肾病的大鼠肾间质成纤维细胞 MMP9 的基因表达和蛋白质分泌，而敲除 t-PA 后，MMP-9 显著下降，TBM 的结构和功能得到有效保护。因此，MMP-9 可通过破坏 TBM 而触发 EMT，导致纤维化的发生。Zeisberg 等的研究发现在肾小球基底膜与细胞外基质完整性保存良好的情况下，使用特异性 MMP-2、MMP-9 及 MMP-3 抑制剂，对肾脏损伤有明显的保护作用。这些研究都提示 MMP/TIMP 与肾纤维化的发生有着密切的关系。

（4）利用 TIMP 抗纤维化的研究表明，血清 TIMP-1 浓度与肾小球硬化比率、肾小管肾间质病变比率呈显著相关。慢性肾炎患者血清 TIMP-1 浓度明显高于对照组，且临床上排除了肝、肺等脏器的纤维化病变，其中，存在肾组织纤维化病变的慢性肾炎患者血清 TIMP-1 明显高于未发生肾组织纤维化的患者；以血清 P-1 浓度显著升高诊断肾脏纤维化，敏感性为 83.3%，特异性为 88.2%，假阳性率为 10.7%，与肾活检符合率为 88.8%。临床上若能排除肾外脏器纤维化，肾脏病患者血清 TIMP-1 浓度显著升高，应高度怀疑肾脏纤维化。血管紧张素Ⅱ可刺激体外培养的系膜细胞肥大，上调 ECM 成分及 TGF-β、纤溶蛋白酶原激活物抑制物等的基因及蛋白质的表达，通过多种机制引起 ECM 合成增加、降解减少。故血管紧张素转换酶抑制剂、血管紧张素Ⅱ受体阻断剂在临床肾脏病患者中得到广泛应用。研究观察血管紧张素Ⅱ受体阻断剂氯沙坦对慢性肾炎患者的治疗效果及对血清 TIMP-1 浓度的影响，发现氯沙坦能显著降低慢性肾炎患者血清 TIMP-1 浓度，在排除肾外脏器纤维化的前提下，肾脏患者血清 TIMP-1 浓度增高可作为判断患者肾组织纤维化的无损伤性检查指标，值得临床推广。而氯沙坦治疗可显著降低血清 TIMP-1 浓度，从而提示有可能延缓肾脏纤维化进程。

二、TIMP 与其他肾脏疾病的关系

1. TIMP 与糖尿病肾病 糖尿病肾病的基本病理改变是肾小球毛细血管基底膜的增厚和毛细血管间质（系膜区）扩张引起的肾小球硬化。有关糖尿病肾病中 MMP 表达变化的报道

结论不一。Yao 等报道链脲佐菌素糖尿病大鼠肾组织 MMP-9 的蛋白质和 mRNA 水平增高。Suzuki 等报道，糖尿病肾病中 MMP-2、MMP-9 的表达下调或活性下降，以及其特异性抑制因子 TIMP-1 表达上调。Portik-Dobos 等用链脲佐菌素制成糖尿病大鼠模型，发现肾小球 MMP-2 的表达下降，Ⅳ型胶原表达上升，且随病程进展愈加明显。与肾小球的情况不同，糖尿病大鼠肾间质 MMP-2 的表达增加，而与Ⅳ型胶原表达成正比。许多新近研究提示糖尿病肾病中 TIMP-2 的表达和活性增强。上述研究提示 MMP/TIMP 参与了糖尿病肾病的发生、发展，且作用机制不同。

2. TIMP 与高血压肾病　高血压是导致肾小球硬化进展的重要因素之一。其特征表现是广泛的细胞外基质沉积。Camp 等报道，6 周龄自发性高血压肾病大鼠皮质和髓质 MMP-9 的表达均明显增加，同时尿蛋白排泄率和肾组织胶原含量也显著增加，表明 MMP-9 的活性造成肾小球的损伤和高血压重塑。有学者在大鼠肾性高血压模型中发现，随着血压升高，肾动脉 MMP-2、MMP-2 mRNA 表达明显增加，提示 MMP/TIMP 的表达失衡可能参与了高血压性肾小球硬化的发生机制。

3. TIMP 与 IgA 肾病　Zeisberg 等报道，在蛋白尿发生或肾小球基底膜结构缺陷之前，消除 MMP-9 的酶活性能显著抑制 IgA 肾病的进展。Urushihara 等用免疫组织化学法检测 20 例 IgA 肾病患者肾组织中 MMP-2 的表达，发现 MMP-2 在 IgA 肾病早期炎性细胞浸润阶段的肾小管间质表达显著增多，随着纤维化病变加重而表达减少。MMP-2 的表达与肾小管间质炎性细胞浸润程度呈正相关趋势，与肾间质纤维化呈负相关。王建中等发现，MMP-9 mRNA 在 IgA 肾病增殖性病变的肾小球内表达增多，在硬化性肾小球内表达减少，TIMP-1 在系膜增殖性肾小球内仅有少量表达，而在硬化性肾小球及纤维化间质中则有大量表达，提示 MMP-9 及 TIMP-1 在 IgA 肾病的不同病理阶段具有不同的作用，可能是 IgA 肾病进展的重要原因。

4. TIMP 与抗中性粒细胞胞质抗体（ANCA）相关性肾小球肾炎　ANCA 相关性肾炎是一组以血清 ANCA 阳性为特征的自身免疫性小血管炎导致的肾脏损害，如韦格纳肉芽肿、显微型多动脉炎等。ANCA 相关性肾炎以节段性肾小球毛细血管坏死和新月体形成为病理特征。新月体的形成是浸润白细胞、局部增生的细胞和 ECM 积聚相互作用的结果。MMP/TIMP 参与了细胞性和纤维性新月体的形成，并在炎症和生理重塑过程中表达上调。在炎症状态中，激活的 MMP 降解了 ECM，促进了白细胞的浸润和 ECM 中前炎症介质的释放。Snaders 等用 PR3-ANCA 和 MPO-ANCA 相关性肾炎患者的肾活检组织，通过免疫组化等方法研究了 MMP-2、MMP-3、MMP-9 和 TIMP-1 在肾活检组织中的表达。结果发现在 ANCA 相关性肾小球肾炎中，上述指标表达于处于炎症活化状态的肾小球中（细胞性新月体和纤维性新月体）。肾小球中 MMP-2、MMP-9 和 TIMP-1 与肾小球组织蛋白酶 G 的表达相关，肾小球中表达 MMP-9 细胞的数量与肾小球中新月体形成的比例有关。小管间质的表达与中性粒细胞和单核细胞的浸润有关，间质 MMP-9 和 TIMP-1 的表达与肾功能损害有关，说明肾小球和间质中 MMP 及 TIMP-1 的表达与 ANCA 相关性肾小球肾炎的炎症活性程度相关，提示 TIMP-1 通过调控 ECM 的降解和前炎症介质的释放参与了这一炎症过程。

5. TIMP 与衰老相关性肾病　肾脏衰老以肾小球硬化和肾小管间质纤维化为主要特征，而各种原因引起的肾小管间质损害所导致的肾小管间质纤维化在肾脏衰老中的作用已越来越引起研究者的重视。现已证实，在肾小管间质损害发展至肾间质纤维化的过程中存在着 ECM 的异常积聚和肾间质细胞的过度增殖，MMP/TIMP 是引起此改变的一个关键因素。陈荣权等选用 3 月龄和 26 月龄大鼠制备 UUO 模型，采用病理及免疫组化等方法动态观察不同年龄大鼠 UUO 术后 3 天、7 天、14 天梗阻肾的组织学变化，以及 TIMP-1、TIMP-2、MMP-2 和 MMP-9 的表达情况。结果发现与 3 月龄 UUO 大鼠比较，26 月龄 UUO 大鼠 TIMP-1、TIMP-2 在肾小管间质中各时间点的表达均显著增高，而 MMP-2 和 MMP-9 在两者之间无显著差异。肾小管间质纤维化面积随 UUO 术后时间的延长而增加，且 TIMP-1、TIMP-2 的表达与肾小管间质纤维化面积呈正相关，说明 TIMP 的高表达所导致的 MMP/TIMP 比例失调促进老年大鼠肾小管间质损害的进程。

6. TIMP-1 与高胆固醇血症诱导的肾间质损伤 单侧肾切除大鼠经饮食诱导高胆固醇血症后 8～10 周出现肾间质炎症损伤和纤维化。肾小管间质中脂质过氧化产物积聚伴随间质胶原、TGF-β_1 及一些基质蛋白酶和 TIMP-1 mRNA 水平提高，而 uPA mRNA 水平下降。联合抗氧化剂丙丁酚和维生素 E 治疗后肾间质纤维化减轻，与未治疗组相比，治疗组肾脏前胶原 mRNA 水平下降 60%，胶原Ⅳ下降 60%，TIMP-1 下降 20%，而 uPA 水平显著提高到 210%。作者认为抗氧化剂治疗可以改善单侧肾切除的高胆固醇血症大鼠的肾间质纤维化，其中基质蛋白合成减弱、肾内 MMP/TIMP 下降及 uPA/纤溶酶活性提高在减轻纤维化中具有作用。

7. TIMP-1 与多囊肾 肾小管基底膜增厚是多囊肾（PKD）的病理特征之一，Schaefer 为了探讨基质金属降解酶及其抑制剂在 PKD 进展中的作用，观察 PKD 动物模型 Hna：SPRD 大鼠中 MMP/TIMP 表达与病变关系，发现 TIMP-1 mRNA 较对照组提高 9 倍，TIMP-2 mRNA 升高 3.8 倍，而 MMP-2 mRNA、蛋白质及活性则下降。Rankin 等在体外培养多囊肾小鼠模型的 C57BL/cpk 肾小管上皮细胞发现培养 MMP-2、MMP-3、MMP-9 和 TIMP-1、TIMP-2 浓度增高，进一步观察在体内肾脏中的表达，发现 MMP-2 的表达与活性增加明显。MMP-2 在出生后第 2～3 周多囊肾中表达增多，上调的 MMP 多以非活性的酶原形式存在，表达集中在囊腔中间。这两个实验说明 PKD 动物模型中 TIMP-1 和 TIMP-2 表达上调导致 MMP/TIMP 平衡紊乱，从而导致 ECM 降解异常，进而促进了 PKD 进展。

8. TIMP-1 与环孢素肾病 环孢素肾病的主要组织学特征是肾小管损伤、间质炎细胞浸润、动脉病变和局灶间质纤维化。Duymelinck 等每天用 CsA（10mg/kg、15mg/kg 或 20mg/kg）或媒介溶液注射大鼠肾脏 3 周后观察 MMP/TIMP 系统成员和 RAI-1 的表达。Northern blot 分析结果发现 TIMP-1 mRNA 在对照组表达较低，而在 CsA 处理组 TIMP-1 表达明显升高，且表达量与 CsA 剂量呈正相关。原位杂交在对照组未检出 TIMP-1 mRNA 表达，而 CsA 处理组 TIMP-1 转录水平明显升高，主要位于肾小管或肾小球旁的受损区域的间质细胞以及脏层/壁层上皮细胞，受损肾小球及某些动脉平滑肌细胞也有表达。结果提示，局部 TIMP-1 表达升高比 MMP 表达下降更有助于 CsA 诱导的局灶间质纤维化进展。

9. TIMP-1 与梗阻性肾病 持续的尿路梗阻造成肾盂内和肾小管压力增高，导致肾盂、集合管及肾小管扩张，以及肾间质水肿、局灶性炎症细胞浸润、进行性基质蛋白沉积，梗阻如不能解除则出现肾小管萎缩、肾间质纤维化，最终导致肾功能丧失。董建平等用 UtJO 大鼠模型通过免疫组织化学方法检测 UUO 术后 1 天、3 天、7 天和 14 天肾小管间质中

TIMP-1、PC-NA、α-SMA 和 ED-1 的表达水平及其与输尿管梗阻后肾小管间质损害的关系。结果发现，TIMP-1 蛋白在肾小管间质病变早期表达于肾小管间质，早于肾间质纤维化出现，其表达量与肾间质α-SMA 表达及肾间质相对面积呈正相关，并随病变进展逐渐增加。作者进一步用反转录病毒载体介导的人反义组织金属蛋白酶抑制剂-1（hTIMP-1）基因经输尿管逆行注射后，免疫组化显示肾小管间质的 PCNA 和α-SMA 抗原表达下调，肾间质相对面积明显下降。Dumyelinck 等用原位杂交检测到 UUO 术后 24h 间质细胞和肾小管上皮细胞出现 TIMP-1 mRNA 表达。TIMP-1 表达上调出现在纤维化早期，主要由间质细胞包括极少巨噬细胞和少数中性粒细胞表达。上调的 TIMP-1 和 PAI-1 参与肾小管间质损害进展。HsIdioya 等也以 UUO 模型探讨血管紧张素转换酶抑制剂——依那普利延缓梗阻性肾病肾间质纤维化的作用。研究发现，依那普利处理可明显降低梗阻肾中 TGF-$β_1$、胶原Ⅳ和 TIMP-1 mRNA 表达。组织学研究发现依那普利阻止并在一定程度上逆转 UUO 术后肾间质容积扩张、单核/巨噬细胞浸润和胶原Ⅳ蛋白沉积，所以 UUO 术后给予依那普利是防止梗阻性肾病肾间质纤维化进展的有效措施，而 TGF-$β_1$和 TIMP-1 可能介导上述过程。Heungsoo 用 TIMP-1 敲除鼠进行单侧输尿管梗阻术，结果发现 TIMP-1 基因的缺失并不能减轻肾小管间质纤维化的程度，推测可能是由其他蛋白酶抑制剂 TIMP-2 或 TIMP-3 的代偿所致。

第四节 组织型金属蛋白酶抑制剂与骨科疾病

一、TIMP 与骨质疏松

骨质疏松症（osteoporosis，OP）是一种伴随增龄老化或医学原因引起的、以骨基质和矿物质由骨内丢失，因骨量丢失而致骨组织显微结构改变、骨脆性增加的退行性、系统性、代谢性骨病。骨形成过程主要包括骨基质合成和矿化两个方面，骨吸收是骨基质不断降解的过程。正常的骨重建有赖于两者间的动态平衡，以维持机体骨量的稳定。在骨重建过程中，骨吸收与骨形成的量在健康人是基本平衡的，由于生理或其他病理原因，这种平衡被打破，骨吸收与骨形成之间的偶联出现缺陷，破骨细胞活性增强，骨小梁的吸收进程加快，吸收陷窝加深。与此同时，成骨细胞活性相对减弱，骨形成速度减慢，从而出现不可逆的骨丢失，并导致骨小梁变薄和间隙增宽，最终导致骨体积的减少和骨小梁彼此连接的破坏，从而造成骨质疏松。骨组织的 MMP 与 TIMP 主要来源于成骨细胞（osteoblast，OB）和破骨细胞（osteoclast，OC），在骨基质不断降解的过程中，成骨细胞和破骨细胞产生的 MMP 起着重要的作用，MMP 和 TIMP 之间的平衡状况调控着骨基质降解的速度和数量。

二、TIMP-1 与骨肿瘤的关系

有关骨软骨瘤病例，研究中发现 TIMP-1 均呈阳性表达，而骨恶性肿瘤病例中表达阳性率仅为 44%，与 MMP-1 的检测结果恰好相反。同时，组织学分级Ⅰ级和无原发灶外转移的恶性肿瘤 TIMP-1 表达阳性率明显高于组织学分级Ⅲ级和有原发灶外转移病例，且 TIMP-1 表达与 MMP-1 表达在骨恶性肿瘤中呈密切负相关，证实了 TIMP-1 作为 MMP-1 的抑制因子，可特异性地抑制间质胶原酶 MMP-1 的活性，而产生限制骨肿瘤向周围组织侵袭和转移的作用。其机制可能是通过抑制 MMP-1 阻止肿瘤的局部生长，进而阻止继发

灶的形成和限制肿瘤心血管的形成。由此可见，TIMP-1/MMP-1 的调节参与了骨肿瘤的发生和发展，影响肿瘤的预后。

实验表明，MMP/TIMP 的调节对肿瘤的发生、发展有着重要的影响，两者的表达与骨恶性肿瘤生物学行为、侵袭潜能及预后有密切关系，可作为骨肿瘤重要的生物学标记物。骨良性病变 MMP-1 和 TIMP-1 的检测，对预防和早期发现骨恶性肿瘤具有重要临床价值。

有实验结果显示，骨肉瘤患者的 MMP-9 的表达例为 87.41%，呈普遍过表达，明显高于对照组；MMP-9 的表达与骨肉瘤是否侵及软组织明显相关（$P<0.05$），骨肉瘤组织中 MMP-9 阳性表达者，肿瘤浸润软组织的比例达 63.93%，明显高于 MMP-9 阴性表达者（22.22%，$P<0.05$），提示 MMP-9 的表达与其骨肉瘤细胞的侵袭能力有关，证实了肿瘤细胞的 MMP-9 表达与其侵袭能力有关的理论。虽然发现 MMP-9 阳性表达者术后 1 年的生存率，与阴性表达者差异无统计学意义，但随着术后时间的延长，其生存率有明显降低，提示 MMP-9 尚不能作为判断患者预后的独立指标，但对骨肉瘤患者预后的判断有一定的参考价值。实验结果显示，TIMP-1 可能具有抑制骨肉瘤细胞侵袭的作用。MMP/TIMP 在体内维持基质降解平衡，恶性肿瘤存在某种因素使 MMP 过度表达和程度大于 TIMP 时，这种平衡就发生改变，导致基质降解，有利于肿瘤浸润、转移；相反，TIMP 过度表达可防止基质降解，抑制肿瘤的浸润、转移。MMP-9 与 TIMP-1 可作为诊断骨肉瘤的辅助指标，同时出现阳性表达提示骨肿瘤的恶性表型。MMP-9 阳性而 TIMP-1 阴性者浸润软组织的比例明显高于其他患者，且预后最差，提示 MMP-9 与 TIMP-1 的表达失衡导致细胞外基质降解的失衡，该类患者发生侵袭、转移的可能性较大，预后较差。

TIMP-2 在骨肉瘤组织中的阳性率为 41.51%，在骨软骨瘤对照组中阳性率为 70%，两者表达之间的差异有显著性意义；在有、无侵袭转移组中，TIMP-2 的表达为无侵袭转移组的 66.67%、有侵袭转移组的 28.57%，两者表达之间的差异有显著性。研究发现，MMP-2、TIMP-2 在肿瘤组织与正常组织交界处阳性细胞密度较高，且染色程度较强。MMP-2 在高度恶性的骨肉瘤中表达明显高于良性肿瘤，提示骨肉瘤具有明显的侵袭转移潜能。TIMP-2 在高度恶性的骨肉瘤中表达明显低于良性肿瘤，提示骨肉瘤中 TIMP-2 抑制肿瘤侵袭转移的作用明显减弱，其侵袭转移概率远高于良性肿瘤。综上所述，TIMP-1 与 TIMP-2 在抑制骨肉瘤侵袭和转移方面均发挥了重要的作用，具体作用机制有待深入研究。

第五节　组织型金属蛋白酶抑制剂与肺部疾病

一、TIMP 与 COPD 的关系

COPD 患者肺功能呈进行性下降，其病理学改变包括气道阻塞、气道炎症、气道结构改变及黏膜纤毛功能障碍。许多 COPD 患者伴有气道高反应性（AHR），且随着病情发展 AHR 随之增高。从某种程度上讲，AHR 已成为 COPD 发病的一个风险指标，可导致肺功能进行性下降。研究发现 MMP 能诱导炎症细胞在气道的聚集（特别是 MMP-2 和 MMP-9），随之诱发 AHR；TIMP 是内源性的 MMP 组织特异性抑制剂，能调节及抑制 MMP 活性。研究表明，与肺部疾病（如肺气肿、肺纤维化、肺癌等）相关的 TIMP 主要为 TIMP-1 和 TIMP-2，而 TIMP-2 对 MMP 的抑制作用比 TIMP-1 更强，其能抑制 MMP 诱导炎症细胞在

气道的聚集从而阻止 AHR 的发生。有研究显示，TIMP-2 基因+853 位点多态性与 COPD 的易感性有关，特别是当吸烟者存在等位基因 G 时易患 COPD，这种多态性的改变可能降低了 TIMP-2 的活性，而 TIMP-2 活性的降低可继发 MMP 在机体的聚集，继之诱导炎症细胞诱发 AHR 的出现。目前关于 COPD 的发病机制尚未完全明了，主要涉及炎症、氧化还原、蛋白酶/抗蛋白酶失衡等。以气道壁增厚和炎症存在为特点的气道重塑是 COPD 不完全可逆性气流阻塞的病理生理基础，MMP/TIMP 的失衡是气道阻塞及肺实质破坏的重要发病机制。研究表明，与肺部疾病（如肺气肿、肺纤维化、肺癌等）相关的 TIMP 主要为 TIMP-1 和 TIMP-2，而 TIMP-2 对 MMP 的抑制作用较 TIMP-1 更强。Gualano 等研究发现 MMP 的抑制物在肺组织中主要是 TIMP-2。Ohnishi 等还发现在肺气肿患者病变区域内，成纤维细胞、肺泡巨噬细胞表达 MMP-2、MT1-MMP mRNA 水平升高，所以 MT1-MMP/TIMP-2 系统在调节肺组织基质降解与重塑中起重要作用，其与肺气肿的形成有明显关系。所以 TIMP-2 与 COPD 的形成有密切关系，TIMP-2 的活性减弱或 MMP 的活性增加均导致 MMP/TIMP 失衡而出现 COPD。

二、TIMP 与哮喘

气道炎症和气道重塑是支气管哮喘（简称哮喘）的主要特征，ECM 的降解和沉积失衡是导致呼吸道壁结构异常的主要原因，而 MMP 则是调节 ECM 代谢的主要限速酶。各种 MMP 及其抑制剂之间可以相互调节，也可以作用于细胞因子等多种炎性因子，以增强或减弱其生物学效应。气道重塑是造成哮喘不可逆性气流阻塞及肺功能损害的主要病理基础。气道重塑可导致气道上皮下胶原沉积，出现基底膜增厚、软骨和气道平滑肌的改变、成纤维细胞增生及弹性纤维网的异常形成。气道炎症是哮喘的基本特征之一，经典的理论认为哮喘是一种由嗜酸性粒细胞、肥大细胞和 T 淋巴细胞等参与的慢性气道炎症，在哮喘的血清、支气管肺泡灌洗液和支气管组织活检中，MMP-9 是最主要的 MMP，免疫组化法观察到 MMP-9 主要表达在嗜酸性粒细胞和气道上皮细胞，但最近研究发现，MMP-9 浓度水平在任何时期测定都与中性粒细胞呈相关性。MMP-9 可以降解血管胶原成分，加快气道平滑肌移行到血管基质，扩大血管的表面积，使血管壁变薄，参与 VEGF 的释放而促进新生血管形成，从而促进气道重塑。Lee 等研究发现哮喘患者痰中 MMP-9 和 VEGF 水平均明显升高，并且两者明显相关，使用 VEGF 受体拮抗剂后 MMP-9 水平也下降。为了验证 TIMP-1 基因的缺失可能导致肺部炎症、气道高反应性及气道重塑这一假说，Sands 等建立了用卵清蛋白致敏的 TIMP-1 缺失小鼠模型，发现 TIMP-1 基因的缺失易导致小鼠发展为气道高反应性、显著炎性细胞的浸润、肺的可塑性显著降低、Th2 细胞因子 mRNA 和蛋白质的高度表达，以及肺结构胶原蛋白的改变等特征，这可能与 TIMP-1 基因的缺失导致 MMP-9 活性增加有关。已经有研究显示 MMP-1 基因多态性能提高哮喘的易感性，Huang 等研究了中国台湾人口 MMP-1 的 SNP 与哮喘持续性气流阻塞相关，主要涉及 MMP-1 启动子区（−1607bp）1G/2G 的基因多态性，发现 MMP-1 多态性与哮喘持续性气道阻塞相关，并且与同质性 1G 基因型（1G/1G）及 2G 基因型（2G/2G）相比较，异质性 1G 基因型（1G/2G）在伴有持续性气道阻塞的哮喘中最易感。

三、TIMP 与肺癌

(一) TIMP 在肺癌细胞中的表达

关于肺癌组织中 MMP 及 TIMP 的细胞来源一直是人们研究的主要问题。大量实验证明 MMP 主要由肿瘤周围的间质细胞分泌，而癌细胞本身则不分泌 MMP、TIMP。Nawroeki 用免疫组化方法检测了 88 例肺癌和 13 例癌旁肺组织 MMP 及 TIMP 的来源定位，发现 MMP 和 TIMP 在癌巢周围的间质细胞有高表达。通过一个体外新生血管的模型证实 MMP/TIMP 平衡的重要性，表明外源性 TIMP 的加入抑制基质中内皮细胞管腔的形成。血管内皮管腔的形成依赖于 MMP/TIMP 的平衡。到目前为止，除了淋巴结转移和远处转移外，还没有其他可靠的肿瘤预后因子，因 MMP-2、TIMP-2 蛋白表达量有助于对各型肺癌的临床预后的探讨。

Nawroeki 等研究了人支气管肺癌的 MMP 及 TIMP 的表达，发现 MMP 的表达强度及其 mRNA 水平随着肿瘤的异型性、失分化程度及 TNM 分级的增加而升高，而 TIMP-1 的表达在肺癌发展早期即开始下降。本研究表明，肺癌组织 MMP-2/TIMP-2 明显高于正常肺组织，淋巴结转移组 MMP-2/TIMP-2 明显高于非淋巴结转移组，且 MMP-2/TIMP-2 比值低的生存期长，提示 MMP/TIMP 的失衡导致过剩的 MMP，从而给肿瘤向周围侵袭创造了条件。由此说明，MMP-2/TIMP-2 可作为肺癌的一个诊断和预后指标。

(二) MMP/TIMP 与肺癌治疗

MMP/TIMP 失衡在肺癌侵袭与转移的过程中起重要作用，也为抗肺癌转移治疗提供了一个重要靶点。TIMP 不仅能抑制 MMP 的活性，而且具有抑制肿瘤血管生成的作用。目前人们研究的抗肿瘤侵袭和转移的治疗方法主要有以下几个途径：①MMP 抑制剂，包括巴马司他、普马司他、马马司他和美他司他等。初步结果表明，它们不仅能抑制 ECM 降解，显示出抑制新生血管形成的作用，并且在临床试验中，尤其是 MMP 抑制剂与化疗联合使用，取得较好的疗效。②反义核苷酸及 RNA 干扰技术。RNA 干扰技术是近年来发展起来的研究基因功能的新工具。Lakka 等实验说明，反义核酸技术可以降调 MMP-9 的表达，减少肿瘤细胞的侵袭力。利用反义技术及 RNA 干扰可以改变和抑制肿瘤生物学行为，是肿瘤治疗的新方向。③基因治疗。在动物模型体内进行 TIMP 的转基因临床试验具有抗肿瘤的作用，肿瘤基因治疗是一种新的方法。Prontera 等用含 MMP 抑制剂 batimastat B (BB-94) 的水饲养 Levis 癌细胞的荷瘤小鼠，结果显示小鼠产生的 MMP-22、MMP-29 水平下降，平均肿瘤体积和肺部转移灶数量较对照组明显减少。④目前人工合成的特异性 MMP 抑制剂还有 AG4430、RO3223555、CGS27023A、Bay1224566 和 marimastat 等。其中 marimastat 是最早进入 II 期临床实验的口服 MMP 抑制剂 (MMPI)，其抗肿瘤作用明显优于其他 MMPI。这些化合物具有与 TIMP 相似的作用，竞争性结合 MMP，抑制 MMP 活性，从而抑制肿瘤侵袭和转移。

MMP-9 表达水平的增高与许多肿瘤的发生、进展及转移有关。Suzuki 等认为在肿瘤侵袭转移中，MMP 不仅可降解 ECM，而且可维持肿瘤微环境并促进肿瘤生长。还有研究证实 MMP 能促进新生血管的形成，认为在肿瘤侵袭转移中，MMP 在肿瘤的血管化和肿瘤浸润及转移灶的形成过程中均起重要的作用。本研究结果显示，MMP-9、TIMP-2、VEGF在 NSCLC 中的表达水平均有不同程度的增高，MMP-9、VEGF 在淋巴结转移组明显增高，说明在 NSCLC 中 MMP-9、TIMP-2 和 VEGF 之间可能有相互协同的作用，并且 MMP-9 和 VEGF 之间有相互加强的作用。MMP-9 与传统的影响 NSCLC 患者预后的临床和病理因素有不同程度的相关性，可作为肺癌的辅助诊断指标，成为 NSCLC 的预后预测、疗效判定和随访的指标。研究显示，MMP-9、TIMP-2 和 VEGF 在 NSCLC 患者的表达中明显增高，其联合检测对临床更有意义，通过标志物显示的结果不同，可以作为临床医生治疗 NSCLC 患者重要的参考指标，选择更加合理的治疗方案。例如，对于 MMP-9、TIMP-2、VEGF 均阳性，特别是 MMP-9、VEGF 明显增强的患者，说明肿瘤细胞的侵袭与转移能力相对较强。

第六节　组织型金属蛋白酶抑制剂与心血管疾病

一、TIMP 与自身免疫性心肌病（DCM）

人们发现 MMP-9 可高效地降解明胶，故又称其为明胶酶-2，但后来发现其也可降解 I、III、IV 及 V 型胶原纤维。分布于心肌细胞外基质中的胶原成分（其中主要为 I、III 型胶原）主要由成纤维细胞合成，分泌后沉积于胞外间质并相互交联成网状结构，它们对心肌细胞及胞内肌原纤维起支撑固定的作用，且在心肌细胞收缩过程中协调收缩力量的均匀传导。当 MMP 分泌增加及活性加强时可改变其正常的交联及含量，从而导致心肌细胞间脱偶联、心室扩张及心功能不全。TIMP 则为一类天然的 MMP 抑制物，可与 MMP 的水解活性部位相结合，抑制其活性。TIMP-1 在全身组织中分布最广，并可有效结合 MMP-3 与 MMP-9。它与 MMP 一起，共同影响细胞外基质中胶原的沉积与降解平衡，在基质重构中发挥重要作用。

MMP-9 基因缺失小鼠的研究发现，因结扎冠状动脉分支所致急性心肌梗死后，其心脏破裂、心腔扩张及心功能不全的发生率和严重程度均明显低于对照组小鼠。而与之相反，TIMP-1 基因缺陷的小鼠在心肌受到损伤时则出现明显的心肌肥厚、心腔扩张及心功能不全。另外已有许多研究表明，对各种疾病的动物模型（自发性高血压、急性心肌梗死及心腔快速起搏等），用广谱的 MMP 抑制剂均可减轻心室重构的发生并改善心功能。在针对 EAM 模型小鼠的研究中，我们发现在病变早期模型组，小鼠心肌组织中 MMP-3 及 MMP-9 无论在蛋白质水平或基因表达水平均明显高于对照组，而 TIMP-1 则恰好与之相反，在蛋白质及 mRNA 水平表达均明显下调。这种 MMP/TIMP 表达比例的改变可打破 ECM 中胶原沉积与降解的平衡，促进心肌胞外间质重构的发生并向不可逆方向发展。

二、TIMP 与房颤

有研究显示，房颤组患者左心耳心肌组织中 MMP-9 和 TIMP-1 的蛋白质及 mRNA 表达水平与窦律者显著不同，并与心房内径的扩大密切相关，提示 MMP-9 和 TIMP-1 表达水平改变参与了房颤发生、发展的过程。研究发现，MMP-9 在心腔扩张过程中起着关键作用。在心力衰竭并伴有心室扩张的小鼠心脏中 MMP-9 活性显著增强，其表达贯穿在扩张心室壁的每个层次。研究还发现，心肌梗死后，敲除 MMP-9 基因的小鼠，左心室的扩张程度明显减低，并可避免其心脏破裂的危险。这是因为 MMP-9 活性增高将过度降解细胞外基质，正常的胶原蛋白降解并被缺乏连接结构的纤维性间质所取代，造成心肌收缩失去协调性，并容易导致在心腔压力升高的情况下心肌细胞过度拉长、心室壁变薄和心腔扩张。此外，MMP-9 对基底膜成分的过度降解将影响心肌细胞的空间组合和排列。因而，房颤时，MMP-9 表达增加可导致心房肌细胞外基质的过度降解，使心房肌细胞对机械牵张抵抗力下降，并易于扩张。TIMP-1 作为 MMP-9 的特异抑制因子，是体内调节 MMP-9 活性的重要内生性抑制系统。而研究也表明内源性 TIMP-1 的减少与 MMP-9 对心肌基质的过度降解有关。动物实验表明敲除 TIMP-1 基因的小鼠，心肌胶原含量下降，左心室几何形状发生改变。这表明 MMP-9/TIMP-1 相互间作用的平衡在维持心腔形状方面起着关键作用，机体选择性 TIMP-1 下调和 MMP-9 上调、活性升高，与促进基质降解和转变是相一致的。由此可见，MMP-9/TIMP-1 基因表达不平衡是房颤时心房构型改变的重要影响因素之一，阻止 MMP-9 的过度激活可能会延缓或阻碍房颤的进程。

三、TIMP-4 与血管平滑肌细胞的迁移

TIMP-4 是新近发现的 MMP 特异性抑制剂，可以抑制多种 MMP 的活性。有研究在培养的血管平滑肌细胞（VSMC）中检测了 TIMP-4 对 MMP 活性的影响，并用反向酶谱法证实了 TIMP-4 的活性。结果表明 TIMP-4 可以显著抑制大鼠平滑肌细胞分泌的 MMP-2 的活性。用反向酶谱法检测 TIMP-4 活性发现，凝胶经 MMP 消化后，转染 AdTIMP-4 组的细胞上清在分子质量 25kDa 位置有未被消化的条带，与 Western 印迹检测到的 TIMP-4 的条带位置一致，这表明细胞感染 AdTIMP-4 后可以表达分泌 TIMP-4，后者发挥生物活性抑制了 MMP 的活性。在正常的动脉组织中可以检测到 MMP-2 的表达，但检测不到其活性，这表明局部 MMP 的活性受到了精确调控，即 MMP 的活化和其相应的抑制剂达到平衡，维持了组织中细胞外基质代谢的稳定。在转染 AdTIMP-4 组，TIMP-4 可以显著抑制 MMP-2 的活性。因此，过表达 TIMP-4 对新生内膜形成的抑制作用至少部分是通过抑制 MMP 活性起作用的。由于 TIMP-4 是 MMP 活性抑制剂，在抑制 MMP 活性的同时可能造成血管组织局部胶原合成和沉积增加，但结果表明过表达 TIMP-4 并没有造成过度胶原的沉积，相反，转染 TIMP-4 组血管外膜组织中胶原含量反而减少，平均每个细胞的胶原含量没有显著差异，这与以前研究中应用合成的 MMP 抑制剂或高表达 TIMP-1 观察到的结果相似。可能的解释是在血管损伤早期，损伤等因素作用于血管局部使 MMP 活性增高，同时机体反应性增加 TIMP 的表达和活性以对抗过度增高的 MMP 活性，在血管损伤后期造成了过度的胶原沉积，早期局部高表达 TIMP-4 后，使 MMP/TIMP-4 的比例保持于相对稳定，这对于胶原降解与合成的调节起重要作用。

四、TIMP-1 与动脉粥样硬化

TIMP-1 是调节细胞外基质（ECM）代谢的重要蛋白水解酶，与许多心血管疾病的发病机制有关，如动脉粥样硬化、扩张型心肌病、心肌梗死等。在急性冠状动脉综合征（acute coronary syndrome，ACS）的发生过程中，MMP-9 与 TIMP-1 失去平衡，MMP-9 表达增加大于 TIMP-1 表达增加，使冠状动脉粥样硬化斑块纤维帽的胶原降解大于合成，导致斑块

脆性增加并最终破裂。研究结果显示，ACS 组血清 MMP-9 浓度明显高于稳定型心绞痛（stable angina pectoris，SAP）组与对照组，血清 TIMP-1 浓度则明显低于 SAP 组与对照组，提示血清 MMP-9 及 TIMP-1 水平与斑块的不稳定性密切相关，可作为预测斑块破裂的血清学指标。冠状动脉壁的炎症反应参与了动脉粥样硬化和血栓形成过程，在血管收缩/舒张、痉挛和血栓形成等过程发挥极其重要的作用。巨噬细胞是不稳定斑块的主要构成细胞，与 SAP 或无症状性动脉粥样硬化比较，ACS 患者的斑块中富含巨噬细胞，因此斑块中巨噬细胞的浸润程度对不稳定斑块的损害过程起重要的调控作用。斑块内的 T 淋巴细胞也促进了斑块的破裂，可以分泌多种细胞因子加重炎症反应，诱导血管平滑肌细胞凋亡并影响细胞外基质代谢。MMP 通过对冠状动脉细胞外基质的降解而参与动脉粥样硬化的重构和纤维帽的破裂，在冠心病的发生、发展过程中发挥着重要的作用，尤其是 ACS 的发生。临床检测 MMP 及 TIMP 对判断冠心病患者的预后有一定的价值。随着对 MMP 及 TIMP 了解增多，人们也在研究怎样抑制 MMP 活性以延缓动脉粥样硬化的进展、防止斑块破裂和预防再狭窄的发生。随着分子生物学技术的进步，利用分子生物学技术使局部 TIMP 表达来中和 MMP，为人们治疗动脉粥样硬化带来了希望。

五、MMP 与心肌梗死后心室重塑

1. 心室重塑的过程及影响因素　心室重塑是由神经激素、机械因素及基因等多因素调控，心室大小、形态及功能不断发生改变的过程。它可以是正常生长过程中生理性和适应性的改变，也可以是由心肌梗死、心肌病、瓣膜病等引起的病理过程。心室重塑也受炎症反应、血流动力学负荷的改变、分子变化及细胞外反应（纤维化和胞外蛋白酶的增加）的影响。

2. ECM 与心室重塑　ECM 是一个高度有序的胶原支架网状结构，主要包括纤维胶原、蛋白聚糖、糖胺多糖、糖蛋白及弹力纤维等物质，在维持心室的形态结构、功能完整性，以及协调协调心肌收缩性方面起着非常重要的作用。ECM 成分的合成或代谢失衡被认为是引起心室重塑的因素之一。MMP 是一组重要的蛋白水解酶，心肌中的 MMP 能特异性地降解 ECM，是降解 ECM 的推动力量，在心肌梗死后心室重塑中起着重要作用。现代多数研究显示，心肌梗死后心室重塑与特定的 MMP 增加和 TIMP 的相对减少相关，具体与 MMP-2、MMP-8、MMP-9、TIMP-1、TIMP-3 及 MMP/TIMP 的比例失衡密切相关。

3. MMP-2 与心室重塑　MMP-2 在左心室的提取物中被发现，在心肌细胞、成纤维细胞、血管平滑肌细胞及内皮细胞中均有表达。MMP-2 在心肌细胞、成纤维细胞、血管平滑肌细胞、内皮细胞，以及炎症细胞在人心肌梗死后 1～6 天的梗死组织提取物中被发现。研究还发现，在大鼠左心室心肌梗死的第 2 天，MMP-2 的活性被发现是增加的，至第 7 天达到高峰，至第 14 天下降到控制水平；在兔心肌梗死模型中，梗死区 MMP-2 的活性也适度增加；MMP-2 被明确证明具有促进心肌梗死后心室重塑的作用。MMP-8 与心室重塑MMP-8 在中性粒细胞、巨噬细胞中均有发现。研究显示，在梗死心肌中，MMP-8 mRNA 在心肌梗死后 6h 被发现，12h 达到高峰，在大鼠前降支结扎 2 周后，MMP-8 的蛋白表达增加，其水平保留至 16 周，这暗示 MMP-8 积极参与心肌梗死晚期的心室重塑。

4. MMP-9 与心肌梗死后心室重塑　MMP-9 最初在中性粒细胞中被发现，尽管 MMP-9 与中性粒细胞或巨噬细胞密切相关，但 MMP-9 在心肌细胞、成纤维细胞、血管平滑肌细胞及内皮细胞中均有所表达。实验研究显示，在大鼠心肌梗死模型中，MMP-9 mRNA 在结扎后 6h 增加，在 24h 达到高峰；在兔的心肌梗死模型中，巨噬细胞释放的 MMP-9 在心肌梗死后早期的 24h 增加；在猪的心肌梗死模型中，心肌梗死后 3h，梗死区和梗死区边缘 MMP-9 的活性增加。研究还发现，在人的破裂的心室中 MMP-9 被检测到增加，并且敲除 MMP-9 基因，心肌梗死早期心室重塑可减轻。Horne 等通过对 404 名心肌梗死患者研究发现，只有 MMP-9 与 TIMP-1、NT-proBNP 与相应的左心室容积的改变相关，并且多态 4MMP（MMP-1、MMP-2、MMP-3、MMP-9）与 3TIMP（TIMP-1、TIMP-2、TIMP-3）的相关性显示，MMP-9 对心肌梗死后心室重构和不良预后可作为一个有用的临床生物标志物。MMP-9 被明确证明具有促进心肌梗死后心室重塑的作用。

以上实验研究提示，MMP 的表达和活性与 MI 密切相关，并积极地参与了心肌梗死后心室重塑的进程。现在多数研究认为，MMP 在左心室重构中的主要作用机制是由于其表达或活性增高，促使梗死区 ECM 大量降解，破坏了心室壁的张力，从而心肌排列紊乱，进而导致心室扩张及心脏收缩功能异常。

六、MMP 及 TIMP 与心肌梗死后心室重塑

1. TIMP-1 与心肌梗死后心室重塑 TIMP-1 在心肌细胞与成纤维细胞中均有所表达，现代实验研究显示，在 AMI 后，与观察到的 MMP 表达和活性增加不同，TIMP-1 蛋白水平被观察到大体上是减少的。在兔的实验中，TIMP-1 蛋白水平在局部缺血后第 1 周减少，在第 2 周返回到控制水平。有研究发现，与控制区相比，TIMP-1 的水平在过渡区是低的，并且在梗死区更低。实验研究发现，大鼠中 TIMP-1 基因的缺乏，加速了心肌梗死后左心室扩张，这也表明 TIMP-1 在心肌梗死后心室重塑中起着关键作用。

以上研究结果提示，MMP/TIMP 的比例平衡在心肌梗死后心室重塑的进程中扮演重要角色，两者以其比例的精确平衡维持着胶原蛋白网络。大量的实验研究表明，MMP 与 TIMP 的活性在心肌梗死后心室重塑进程中极具不稳定性，若两者平衡被打破，将导致 ECM 结构的紊乱，以及加速心肌纤维化和心室扩张的进程。Yan 等用大鼠诱导心肌梗死损伤模型研究还发现，若 MMP/IMP-1 的比值增大，那么 ECM 的降解将增加，这进一步说明了 MMP/TIMP 的比例平衡与心肌梗死后心室重塑的密切相关性。

第七节 组织型金属蛋白酶抑制剂与消化系统疾病

一、TIMP-2 与肿瘤侵袭

在肿瘤侵袭、转移的复杂多步骤过程中，除肿瘤细胞彼此相互作用及与宿主细胞相互作用外，还与细胞外基质相互作用有关，肿瘤细胞的黏附、铺展、迁移、骨架组装、信号转导及增殖等都与转移潜能有关。其中，黏附在肿瘤细胞侵袭过程中起双重作用，一方面，同型肿瘤细胞黏附能力减低，使其从原来黏附的原发瘤上脱离才能移动；另一方面，瘤细胞又必须与远处部位基质粘连才能定位，故肿瘤细胞从连续的黏附接触中获得移动的牵引力。浸润的过程首先是黏附和去黏附的交替过程，其中层粘连蛋白（LN）是涉及黏附与降解复合机制的主要因素。实验表明，TIMP-2 基因的转染抑制了瘤细胞的侵袭特性，受转

染 TIMP-2 的肿瘤细胞的穿膜移动能力受到限制，而在趋化因子作用下，未转染 TIMP-2 基因的肿瘤细胞明显移动增强，转染组的细胞与对照组比较差异非常显著（$P<0.01$），说明 TIMP-2 基因参与了瘤细胞的侵袭增殖过程。同时，瘤细胞在 LN 作用下的黏附能力也受到抑制，转染 TIMP-2 基因的瘤细胞对 LN 的诱导不敏感，而且有明显的抑制黏附过程的作用。在实验中观察到，肿瘤细胞表面形态发生了一定的变化，在转染 TIMP-2 基因组的瘤细胞由丝状突触和长的突起逐渐变成短的突触或变钝。在扫描电镜和普通电镜的表现基本相同，这与 Koop 等用体电子显微镜发现 TIMP-2 在黑色素瘤细胞中的初始过量表达可影响细胞形态改变，使其外渗（到血管外）减少结论基本一致。转染 TIMP-2 基因后的转染细胞在膜皱襞、伪足蔓延和平移等参数上发生了改变，均与细胞骨架的运动有关。

有关大肠癌组织中 MMP-2/TIMP-2 表达量研究的实验证实，大肠癌组织中 MMP-2 mRNA 的表达率及表达水平均显著高于正常组织 MMP-2 mRNA 的表达水平，与淋巴结转移及 Dukes 分期密切相关，且 TIMP-2 mRNA 的表达水平与 Dukes 分期密切相关，提示 MMP-2 及 TIMP-2 在大肠癌的发生、发展，特别是在肿瘤的浸润转移过程中发挥了重要作用，有可能成为预测大肠癌转移潜能的临床指标。然而在大肠癌组织中 MMP-2 mRNA 的表达水平均显著高于正常组织，而 TIMP-2 mRNA 的表达水平在肿瘤组织及正常组织中无显著差异，提示肿瘤组织中存在着 MMP-2 mRNA 的过表达及 TIMP-2 mRNA 的相对低表达。针对这一特点，在大肠癌的治疗中减少 MMP-2 的表达或人工诱导 TIMP-2 的表达或给予类似 TIMP-2 结构的拮抗药物有可能成为治疗大肠癌的一个有效手段，为大肠癌的治疗提供了一个新的思路。

TIMP-2 是 MMP-2 的特异性抑制剂，可以和有活性或无活性的 MMP-2 结合，终止其活动，达到抑制肿瘤细胞侵袭和转移的作用。研究显示，TIMP-2 在胃癌及癌旁、胃溃疡组织中均有表达，而在胃癌组织中的表达最低（43.3%），其次是癌旁组织（56.7%），在胃溃疡组织中的表达最高 70%，这与 MMP-2 的表达顺序相反；TIMP-2 在胃癌中表达与浆膜是否受侵、淋巴结有否转移和 TNM 临床分期密切相关，与性别、年龄、肿瘤大小、浸润深度和分化程度无关。虽然 TIMP-2 与 MMP-2 的表达相似，但在浆膜未受侵、无淋巴结转移时，TIMP-2 在癌旁组织中的表达仅与肿瘤浸润深度有关。在胃溃疡组织中，TIMP-2 的表达与部位无关，但与溃疡大小相关，尤其<1.0cm 与≥2.0cm 组之间比较有显著性差异，溃疡越小表达越高，这与临床直径>2.0cm 的胃溃疡容易恶变相符。

二、TIMP-1 与肿瘤侵袭

2011 年最新的 Meta 分析显示，血清或血浆中的 TIMP-1 可以作为结直肠癌患者预后的评价指标。前面已经详述了 MMP-9 与 TIMP-1 之间的相互作用，研究结果显示，在 86 例食管鳞癌组织检测中，TIMP-1 表达阳性率为 39.02%；而 42 例正常食管黏膜未见阳性表达。TIMP-1 表达阳性率在食管鳞癌组织中Ⅲ～Ⅳ期者（25.49%）显著低于Ⅰ～Ⅱ期者（54.29%）；低分化（28.21%）显著低于高中分化（44.67%）；淋巴结转移组（22.58%）显著低于无淋巴结转移组（75.00%），表明 TIMP-1 高表达的食管鳞癌组织中，高浸润性和转移性均减弱，呈负性调节关系,这与体外（动物模型）和部分体内肿瘤研究结果相符。TIMP-1 与食管鳞癌的浸润转移呈负性调节，这种调节可能通过肿瘤细胞和基质细胞分泌 TIMP-1 起效应,TIMP-1 可与 MMP-9 前体和活化的 MMP-9 形成复合物，从而下调 MMP-9 对 ECM

和基底膜（BM）的降解作用，抑制肿瘤的浸润和转移。此外，TIMP-1 还可抑制肿瘤组织的血管生成，这种抗增殖活性可有效地抑制肿瘤的增长和转移。在肿瘤恶变时，可能尚有一些其他的因素通过 TIMP-1 而起负性调节。MMP-9 与 TIMP-1 的调节作用影响食管鳞癌患者的生存期，MMP-9 高表达及 TIMP-1 低表达可预示食管鳞癌高恶性度、高转移能力及低生存期。TIMP-1 是 MMP-3 的天然抑制剂，可通过下调 MMP-3 活性来抑制肿瘤的转移。这主要通过两条途径实现：一是通过影响 MMP-3 的基因转录、酶原的分泌和激活及 mRNA 的稳定性来抑制 MMP-3 的生物合成；另一条途径是通过 TIMP-1 特异与活化的 MMP-3 形成不可逆的 1∶1 非共价键结合，进而抑制其活性。正常组织中，MMP-3 与 TIMP-1 之间存在着微妙的平衡关系，维持着 ECM 的稳定。癌变时两者之间的平衡被打破，导致 ECM 降解。研究发现，ESC 和正常食管组织中均有 TIMP-1 阳性表达，但 ESC 组织中的阳性表达率显著高于正常食管组织，而 ESC 组织中 TIMP-1 增高的机制还不清楚，可能为：①癌变时 MMP-3 水平增高，由于机体的反馈调节机制，可通过增加 TIMP-1 来抑制 MMP-3 的增高；②TIMP-1 同时是 MMP-1 和 MMP-9 的抑制剂，癌变时后两者的增高也可导致 TIMP-1 的升高；③TIMP-1 是一种多功能蛋白质，具有促进细胞生长（包括肿瘤细胞）的能力，它是血清生长因子活性的重要组成成分。癌变时，可能还有一些其他的因素促成 TIMP-1 表达增高，尚待进一步研究。

三、TIMP 与肿瘤组织的血管生成

实体肿瘤的生长有赖于新生血管的形成，而 TIMP 可直接抑制内皮细胞的增殖，进而抑制新生血管形成。在过度表达 TIMP-2 的实体肿瘤组织中可发现肉眼及显微镜水平下血液供应减少，肿瘤区域没有大口径血管和充血血管，通过免疫染色发现血管密度下降，进一步的研究发现 TIMP-2 可以通过整合素 $\alpha_3\beta_1$ 介导直接抑制血管内皮细胞的增殖。因此，TIMP-2 具有两种互相独立的抗血管生成机制，一种依赖于其对 MMP 的抑制作用，另一种为其本身具有，结构基础为其羧基端的第 6 个环区。TIMP-3 同样可以不依赖其 MMP 抑制机制，而是通过阻止 VEGF 与其受体结合抑制血管生成。

第八节　组织型金属蛋白酶抑制剂与生殖系统疾病

一、TIMP 与前列腺癌

许多研究证实前列腺癌 MMP 及其 TIMP 的变化与其他恶性肿瘤相似。多种金属蛋白酶在前列腺癌表达增高，并与病理分级和分期相关。Boag 等用免疫组化方法研究，结果表明正常及前列腺增生组织 MMP-2 轻度到中度阳性，而前列腺癌全部强阳性。Stearns 等用同样的方法研究，结果表明前列腺癌组织 MMP-2 的活性型与肿瘤的 Gleason 评分呈正相关。Jung 等报道转移性前列腺癌患者血清 TIMP-1 要比正常组、良性前列腺增生组和无转移的前列腺癌组高得多。有研究发现前列腺癌患者血清中 MMP 及 TIMP 也出现显著变化，检测 MMP 和 TIMP 可以作为前列腺癌诊断、鉴别诊断及预后判断的指标。Gohji 等用酶免疫一步法检测正常组（70 例）、前列腺增生组（76 例）和前列腺癌组（98 例）血清 MMP-2 水平，结果前列腺癌组比其他两组要高得多，而且与肿瘤分级相关，分级越高，MMP-2

水平就越高。进一步研究发现血清 MMP-2 水平与骨转移的前列腺癌患者临床进展相吻合。当激素治疗有效时,MMP-2 和 PSA 均显著下降;当出现激素耐药时,MMP-2 水平明显回升,而 PSA 回升不明显。这说明血清 MMP-2 可作为骨转移前列腺癌患者随访的一项指标。另外作者提出用 MMP-2 密度(血清 MMP-2 浓度除以局限性前列腺的体积)来鉴别局限性前列腺癌和前列腺增生。Festecia 等证实了 MMP 在前列腺癌中的重要意义。Jung 等报道 10 例局限性前列腺癌的患者血清 PSA 正常,而 TIMP-1 却明显升高。这些结果说明了 MMP 和 TIMP 作为前列腺癌的诊断和随访指标具有重要的临床意义。

二、TIMP 与卵巢癌

MMP 在各型卵巢癌中的表达均有明显增加,MMP 的表达与卵巢癌的临床分期、病理分级、淋巴结转移及预后有关。MMP-2、MMP-9 及 TIMP-2 在卵巢癌组织中阳性表达率明显高于卵巢囊腺瘤,MMP-2 和 MMP-9 在病理学分级 3 级病例中的表达率明显高于 1~2 级者。TIMP-2 在浆液性卵巢癌组织中高表达,对浆液性卵巢肿瘤的形成可能起支持作用。

MMP 及 TIMP 表达与卵巢癌组织分级及临床分期有关。Demeter 等发现正常卵巢不存在活性 MMP-2、MMP-9,上皮性卵巢癌 MMP-2、MMP-9 水平高于良性卵巢肿瘤,MMP-2 活性在分化低、分期高的卵巢癌中表达明显增高,同时发现复发性卵巢癌中 MMP-9 明显升高。MMP 及 TIMP 表达与卵巢癌的浸润转移及预后相关,MMP-9/TIMP-1 在卵巢癌中的比值明显高于正常卵巢组织,说明 MMP-9 和 TIMP-1 的平衡失调与卵巢癌的浸润转移密切相关。Wu 等研究发现,晚期卵巢癌患者及病情进展者的活性 MMP-2 表达阳性率显著高于早期及病情无进展患者,认为活性 MMP-2 的表达与卵巢上皮性癌的复发、预后相关,是卵巢上皮性癌的一项监测指标。Tomg 等认为基质 MMP-2 的表达在浆液性腺癌的侵袭中起了重要的作用,MMP-2 及肿瘤分期是无瘤生存的重要预后因素。Kamat 等也发现 MMP-2 高表达的卵巢癌患者生存期明显缩短,认为 MMP 可成为一项评估卵巢癌患者预后非常有意义的指标。

三、TIMP 与宫颈癌

宫颈癌是妇科最常见的恶性肿瘤,其局部侵袭力强,可直接蔓延和经过淋巴管转移。从原位癌增殖到侵袭转移癌的演进过程,一方面依赖于肿瘤细胞本身的恶性潜能,另一方面是其实质与间质之间相互作用的结果,MMP 和 TIMP 的异常表达有可能参与宫颈癌的发生、发展过程。

TIMP-2 可与活化的或无活性的 MMP-2 结合,形成 1:1 的化学复合物,使 MMP-2 丧失活性,还可抑制肿瘤血管的生成,从而抑制肿瘤细胞的浸润。研究得出 TIMP-2 蛋白的表达在宫颈癌组与正常组比较有统计学差异($P<0.01$),且在正常宫颈上皮组织中无表达,表明组织中 TIMP-2 表达增强是宿主对肿瘤细胞增殖生长的一种应答。至于肿瘤细胞为何既可产生 MMP-2 又可产生拮抗其作用的 TIMP-2,这可能是一种自分泌或旁分泌机制。在细胞发生癌变过程中,通过 TIMP-2 的表达水平上调来抑制癌变细胞易浸润、转移的特性。对宫颈癌组织的检测发现,TIMP-2 的阳性表达率在高分化组高于低分化组,临床 I 期高于临床 II 期,淋巴结无转移组高于淋巴结有转移组,差异均有显著性($P<0.05$),说明 TIMP-2 可能抑制宫颈癌的浸润转移,也暗示了只有那些表达 MMP-2、低表达或不表达

TIMP-2 的肿瘤细胞株因适宜宿主的环境而得以克隆性生长,造成肿瘤组织异质化。研究同时显示,在宫颈癌组织中,MMP-2 和 TIMP-2 的表达有相关性:MMP-2 阳性表达时,TIMP-2 多为阴性表达;而 MMP-2 表达阴性时,TIMP-2 多为阳性表达,提示两者确实存在相互抑制的关系。肿瘤恶性度高、浸润转移时 TIMP-2 不表达或表达量低,暗示了 TIMP-2 的阻抑作用。研究结果提示,MMP-2 的表达对宫颈癌的较早浸润和转移及不良预后有参考价值,而 TIMP-2 的表达对宫颈癌的浸润转移有抑制作用。抑制 MMP-2 的分泌及活性是研究宫颈癌侵袭转移的重点,MMP 的人工抑制剂已开始应用于临床。

四、TIMP 与子宫内膜异位症

子宫内膜异位症是一种具有侵袭性的良性病变,以疼痛与不育为主要临床表现,在育龄妇女中发病率为 10%～15%,首次发现并报道距今有 140 多年,但其确切病因及发病机制至今不明。许多研究提示 MMP 和 TIMP 与子宫内膜异位症的发生有关,认为子宫内膜中 MMP 和 TIMP 促成了异位症内膜的形成和生长。MMP/TIMP 的比例增加与经期逆流于腹腔的内膜侵袭生长于异位部位有明显的相关性。MMP/TIMP 失衡导致细胞外基质降解,基底膜消失,促使子宫内膜在异位部位的生长。TIMP-1 在间质细胞、上皮细胞中表达无明显差异,且表达于各个时期的内膜中。体外动物实验证实 TIMP-1 可有效地减少异位症的侵袭生长。Kim 等研究发现 TIMP-1 和 TIMP-2 能抑制血管生成素诱导血管内皮细胞出芽。TIMP-1 可与活化的 MMP-1、MMP-3、MMP-9 形成复合体而抑制其活性,TIMP-2 主要抑制 MMP-2 活性,对 MMP 家族其他成员也有抑制作用,并能阻碍所有被激活的 MMP 水解酶活性。TIMP-1/MMP-9 复合物还能与 MMP-3 结合形成一个更加稳定的三元复合物,导致对 MMP-3 活性的抑制。TIMP-3 能抑制 MMP-1、MMP-2、MMP-3、MMP-7、MMP-9 和 MMP-13 的活性,还能阻断另外一种金属蛋白酶 ADAM-10 的活性。TIMP-4 能抑制 MMP-2 和 MMP-7 的活性,对 MMP-1、MMP-3 和 MMP-9 也有较弱的抑制作用,然而 TIMP-4 的研究不透彻。Sharpe 等对实验大鼠的研究表明,用 GnRH-α 治疗患子宫内膜异位症的大鼠后,MMP 的活性降低而 TIMP 的活性增加,同时也证实了子宫内膜异位症患者腹腔中 TIMP-1 明显下降,且有体外动物实验证明 TIMP-1 可有效减少异位内膜的侵袭生长。总之,MMP 及 TIMP 在子宫内膜异位症的发生、发展中具有重要作用,并为子宫内膜异位症的治疗提供了新的靶点。抑制 MMP 活性是当前研究的主要方向。在子宫内膜异位症患者中使用简便易行的、标准化的 MMP 和 TIMP 检测有助于评估病情及治疗效果,为广大子宫内膜异位症患者排忧解难。

五、TIMP 与恶性黑素瘤

1. 黑素瘤细胞系的研究 大量基于细胞系和小鼠模型的研究发现,MMP 和 TIMP 的相互作用及平衡决定恶性黑素瘤的生长、侵袭和转移。通过对转基因黑素瘤小鼠模型的研究发现,在肿瘤恶性转变过程中出现 MMP-9 上调和 TIMP-2 下调。经细胞因子刺激的高侵袭性黑素瘤细胞系可产生大量 MMP-9 而 TIMP-1 缺乏,相同细胞因子刺激低侵袭性黑素瘤细胞系则使 TIMP-1 产生增加。这些实验结果提示,在肿瘤进展过程中出现 MMP 与 TIMP 表达量的转换,过度表达 TIMP 将抑制肿瘤进一步发展。将 TIMP-1、TIMP-2 转染至具有高侵袭和转移潜能的 B16-F10 黑素瘤细胞,在体内外均可抑制其生长、侵袭和转移能力,

TIMP-2 还可抑制血管形成。同时转染 TIMP-1、TIMP-2、TIMP-3 至转移性恶性黑素瘤细胞系 SK-Mel-5 和 A2058，均可抑制细胞穿透人工基底膜，过度表达 TIMP-3 还可通过稳定细胞表面死亡受体激活凋亡信号诱导细胞凋亡。然而，大多数 MMP 和 TIMP 并不在肿瘤细胞中表达，而是由周围的基质细胞合成和分泌，其确切的作用与肿瘤微环境中的多种因素密切相关。研究结果表明，TIMP 可抑制肿瘤生长和转移灶形成。然而，除了 TIMP 对肿瘤的负向调节作用，也有部分研究出现与此相反的结果。TIMP-2 本身具有刺激黑素瘤细胞生长的效应。Valente 等发现转染 TIMP-2 的黑素瘤细胞出现凋亡抵抗，表明 TIMP 可维持肿瘤细胞的存活。有研究表明，TIMP-1 促进原发性肿瘤细胞系的生长，而 TIMP-2 可刺激内脏转移性黑素细胞系生长。

2. 黑素瘤患者的研究　TIMP 在黑素瘤中的研究多数是通过体外实验或实验性动物模型进行的，到目前为止，仅有少数关于 TIMP 在人类黑素细胞肿瘤不同时期分布模式的研究，且结果缺乏一致性。研究发现，TIMP-1 和 TIMP-3 仅在 Clark Ⅱ和Ⅳ级恶性黑素瘤中大量表达，与肿瘤进展过程中，MMP 升高而 TIMP 降低的观点不符，作者认为，TIMP 的高表达是机体为控制肿瘤晚期升高的 MMP 活性、维持细胞基质完整性的应答结果。升高的 TIMP 可能具有抗肿瘤效应，由于其刺激生长效应，同时提示预后不良。研究发现，TIMP-2 在原发性黑素瘤及转移灶中均表达，且与 BRESLOW 厚度及有丝分裂指数呈正相关，提示其参与肿瘤的增殖和侵袭过程。有学者发现，黑素瘤患者血浆中 TIMP-1 和 TIMP-2 水平升高并与恶性程度相关，也有研究表明，患者血浆 TIMP-1 水平与正常对照并无显著差别，并不足以作为恶性黑素瘤侵袭和转移的标志。

3. TIMP 与黑素瘤的炎症反应　Sun 等比较 3 株稳定的黑素瘤细胞发现，过度表达 TIMP-2 可上调核因子-κB 活性，表现为 IL-8 蛋白和 mRNA 表达显著增加，此外，TIMP-2 对黑素瘤细胞抗凋亡的保护作用可能与调节核因子-κB 活性有关。由此可见，由于 MMP 与 TIMP 之间复杂的调控和降解平衡，MMP 高表达并不意味酶活性的增强，而 TIMP 的高表达也不意味强效抗 MMP 效应。TIMP 在黑素瘤中的作用非常复杂，不同的 TIMP 成员甚至同一成员在黑素瘤进展的不同时期起到特定的作用。TIMP 在皮肤恶性黑素瘤中到底起着何种作用尚无定论，是正向调节主导或是负向调节占优势，其表达升高是促进肿瘤进展的原因或是宿主对肿瘤应答的结果，与 MMP 是如何进行相互作用从而导致肿瘤的发生、侵袭和转移，尚待进一步研究。

第九节　组织型金属蛋白酶抑制剂与眼部疾病

一、MMP/TIMP 与白内障

MMP/TIMP 在白内障发生中的表达及作用：有资料表明囊下性白内障是因 ECM 聚集、异常和晶状体上皮细胞（lens epithelium cell，LEC）转化等所致的一种纤维化疾病。正常人眼房水中有 MMP 及 TIMP 存在（MMP-1、MMP-2、MMP-9、TIMP-1、TIMP-2 等），主要来源于血液、角膜、睫状体和小梁网细胞；体外动物实验表明正常晶状体不表达明胶酶 B，即 MMP-9，在白内障囊外摘除术、人工晶状体植入术后等病理状态下，虹膜和晶状体囊膜均可表达，从而改变房水中 MMP 及 TIMP 的分布，这在白内障及术后后囊混浊的发生中有重要作用。正常晶状体前囊无 MMP/TIMP 表达，囊下性白内障 MMP/TIMP 有不同程度的表达活性改变。Seomun 等通过基因转染使 LEC 表达 MMP-2，发现晶状体囊膜中 MMP-2 表达增加，其诱导 LEC 发生转化，同时伴有增殖和迁移能力的增强。Kawashima 等应用免疫组化方法对白内障术后的晶状体囊膜进行检测，发现有 TIMP-1、TIMP-2 的阳性表达。Sachdev 等通过免疫组化、ELISA、酶谱分析等方法对白内障和正常晶状体进行对比研究，证实均有 TIMP-1、TIMP-2、TIMP-3 的表达。因此，TIMP 在白内障及正常组织中均有阳性表达。Wormstone 等对后发性白内障混浊的后囊进行培养，同样发现了 MMP-2、MMP-9 的释放，并且 TGF-β_2 可调节编码 MMP 的基因表达，增加其释放。关于 MMP/TIMP 与皮质性白内障的关系目前研究得比较少。Sachdev 等首次揭示了活体内 MMP-1 在皮质性白内障的 LEC 和纤维中有表达，而正常晶状体 MMP-1、MMP-2、MMP-3、MMP-9 和 TIPM-1、TIPM-2、TIPM-3 几乎无表达。Kawashimaden 等检测到白内障人工晶状体植入术后平均 35.2 个月取出的晶状体囊膜 ECM 或 LEC 中有 MMP-1、MMP-2、MMP-3、MMP-9 的表达。MMP 表达增强可重塑 ECM，并且调节 LEC 的功能。戴南平等观察兔白内障囊外摘除及人工晶状体植入（ECC+IOL）术后 TIMP 在 LEC 的表达，发现 ECC+IOL 术后 LEC 中 TIMP-1 和 TIMP-2 mRNA 的表达量第 1 天明显升高，术后 3 天轻度下降，在第 7 天 TIMP-1、TIMP-2 和 TIMP-3 mRNA 的表达量达到高峰，此后逐渐下降，术后第 30 天表达量仍高于对照组。在术后 3 天轻度下降可能与术后血-房水屏障破坏、炎细胞浸润、产生较多的 MMP 有关，因为 TIMP 伴随 MMP 平行增高，抑制分泌过多 MMP 的活性，从而减少 MMP 对 ECM 的过度降解而导致其他正常组织损伤。术后 ECM 成分的降解能力下降一方面使房水中 TIMP 水平增高，导致术后纤维蛋白反应、纤维膜形成；另一方面也可导致 ECM 在晶状体后囊膜发生沉积，这为 LEC 向后囊膜迁移、黏附、增殖及转化的整个过程提供了内环境。

二、MMP 和 TIMP 与结膜病变

正常结膜 MMP 表达水平低或不表达，结膜松弛症患者结膜 MMP-1 和 MMP-3 mRNA 水平升高，其原因可能是在眼部炎症存在时，从眼表上皮细胞和泪液中来的炎性细胞因子 IL-1β 或 TNF-α 等刺激结膜成纤维细胞表达 MMP 增加，从而使结膜基质和 Tenon 囊过度降解。正常结膜 MMP 和 TIMP 的表达处于平衡状态，IL-4、IL-13 等使结膜 MMP-1 表达降低，TIMP-1 表达增加，打破两者的平衡，增加胶原产生，参与乳头及结膜的重建，在过敏性结膜炎的发生中起重要作用。分析翼状胬肉中活性 MMP-7 的种类，证实了其在翼状胬肉组织中的表达及其对新生血管形成的促进作用，从而表明 MMP-7 在胬肉的形成过程中起重要作用。Li 等发现与正常结膜成纤维细胞相比，胬肉标本头部成纤维细胞 MMP-1 和 MMP-3 的表达显著增加，在胬肉体部成纤维细胞则无明显区别；成纤维细胞表达 MMP-1 和 MMP-3 从胬肉头、胬肉体到结膜下依次减少，这除与紫外线照射有关外，还与眼表炎症刺激下从眼表和泪液分泌的 IL-1β 和 TNF-α 产生慢性刺激致其发生或复发有关（IL-1β 和 TNF-α 显著增加体外培养的翼状胬肉成纤维细胞 MMP-1 和 MMP-3 的表达）。与正常结膜、角巩膜缘、角膜细胞比较，翼状胬肉细胞（变异的角膜缘基底上皮细胞）表达更多类型的 MMP，在胬肉形成及入侵角膜过程中起关键作用；侵入 Bowman 层的胬肉细胞分泌更多的 MMP-1、MMP-2、MMP-9（主要负责 Bowman 层降解）；胬肉细胞也可能活化胬肉头的

成纤维细胞，通过 MMP-1 的表达裂解 Bowman 层胶原。除此之外，MMP 和 TIMP 在术后及创伤后结膜下结缔组织的重建、组织纤维化形成瘢痕过程中起重要作用。

三、MMP 和 TIMP 与角膜病变

人角膜上皮、基质层、内皮不同程度地表达 MMP-2、MMP-9、TIMP-1 等，参与圆锥角膜、干眼病、角膜炎、角膜溃疡、新生血管形成等多种角膜疾病的发生。人角膜上皮细胞移动需要 MMP 的参与，广谱 MMP 抑制剂可显著减少其移动；MMP-1 涉及角膜上皮细胞移动的初期，中和 MMP-1 后上皮移动明显减慢，延迟角膜伤口愈合。MMP-2、MMP-9 是角膜病理改变过程中关键的细胞外基质重建酶。MMP-2 在正常角膜表达，降解偶尔受损的胶原分子；角膜受伤后，至少几个月内 MMP-2 表达增加，参与角膜基质重建；上皮层在角膜修复期间一定时间内表达 MMP-9，参与基底膜的降解，与溃疡形成有关。角膜受伤后 PAF 迅速积聚，刺激尿激酶和 MMP-1、MMP-9 表达，并产生相关联的 TIMP 和纤溶酶原激活剂抑制物调节其活性，打破蛋白水解酶和其抑制物的平衡，改变角膜创伤的愈合。MMP-9 可抑制某些转录信号，使炎症反应延迟，不能有效重建细胞外基质，从而使创伤愈合减慢，可能与 MMP-9 抑制细胞复制有关。角膜受伤后，角膜细胞过表达 MMP，阻碍上皮再生，最终会导致溃疡发生。

生长因子（EGF、HGF、KGF、TGF-α、TGF-β等）、IL-1β、TNF-α等炎性细胞因子可以调节 MMP-2、MMP-9 表达，从而影响角膜上皮细胞的移动和再生。创伤性角结膜炎患者的泪液中，明胶酶（MMP-9）活性显著升高。Kumagai 等通过泪液分析，认为 MMP-2 和 MMP-9 通过降解角膜上皮基底膜的主要成分Ⅳ型胶原和层粘连蛋白参与春季角结膜炎的发生。正常患者泪液中有无活性的 MMP-2 和 MMP-9 表达，但无活性 MMP-2 和 MMP-9 表达；少数过敏性结膜炎患者泪液有活性 MMP-2 和 MMP-9 表达；几乎所有的春季角结膜炎的泪液中都有活性 MMP-2 和 MMP-9 表达。大鼠角膜碱烧伤模型中，新生血管形成早期 MMP-2 活性增高，继而 TIMP-2 分泌增多，MMP-2 活性受抑，基底膜降解受阻，新生血管延伸停滞。角膜烧伤未进行羊膜移植时 MMP-2、MMP-9 表达低，移植后表达显著增加，新生血管形成和炎症发生减少，这支持人羊膜在烧伤后眼表重建中的应用。角膜感染单纯疱疹病毒时，中性粒细胞浸润，分泌 MMP-9，促进基质新血管形成，用 TIMP-1 抑制 MMP-9 可以减少新血管形成。家兔真菌性角膜炎模型中，感染真菌的角膜组织匀浆中有 MMP（MMP-2、MMP-9）存在，其活性都对 MMP 抑制物 EDTA 敏感。各种炎细胞浸润时早期多形核中性粒细胞数量增多，晚期巨噬细胞增多，说明角膜感染铜绿假单胞菌产生炎性反应时，白细胞的浸润在这个过程中与 MT-MMP 水平升高机制有一定关系。

四、MMP 和 TIMP 与视网膜疾病

增殖性玻璃体视网膜病变（PVR）是视网膜创伤愈合过程。正常情况下视网膜色素上皮（RPE）并不进行细胞分裂，在视网膜脱离或是脉络膜新生血管发生时，ECM 降解，RPE 可被诱导重新进入细胞分裂周期。其纤维膜收缩是细胞通过细胞外基质的移动和黏附介导的，MMP 调节细胞和 ECM 之间的相互作用而影响这种作用。正常视网膜有 MMP-1 表达，在 PVR 患者视网膜前膜及后膜有 MMP-1、MMP-2、MMP-3、MMP-9、TIMP-1 及 TIMP-2 表达。孔源性视网膜脱离患者玻璃体均有 MMP-2，部分有 MMP-9 表达，患者玻

璃体 MMP 的水平与术前 PVR 的发生并无显著关系，但与术后 PVR 的发生密切相关。增殖型糖尿病视网膜病变、单纯孔源性视网膜脱离、并发于 PVR 的孔源性视网膜脱离患者玻璃体内均有 MMP-2 表达，但 MMP-9 表达不同：32%单纯孔源性视网膜脱离患者有 MMP-9 表达，44.7%并发于 PVR 的孔源性视网膜脱患者表达 MMP-9，89.5%增殖型糖尿病视网膜病变患者都有 MMP-9 表达，后者明显高于前两者，这表明 MMP-9 与增殖型糖尿病性视网膜病变的新血管形成密切相关。研究发现，MMP-9 可促进胶原Ⅳ型隐含的一种抗原决定簇暴露，在此基础上视网膜内皮细胞相互作用、迁移，进一步视网膜新血管形成，应用 MMP 抑制剂可显著减少新生血管生成。

五、MMP 和 TIMP 与眼部其他疾病

MMP 与 TIMP 在结缔组织重建过程中起重要作用，参与类风湿关节炎、骨关节炎、葡萄膜炎、巩膜炎等慢性炎症的病理改变，在组织破坏中起关键作用。Di 等研究表明葡萄膜炎患者房水有 MMP-1、MMP-3、MMP-9 表达，其含量各有所异，但 TIMP-1 水平保持不变。巩膜炎时 MMP 表达增强，TIMP 的负性调节无明显改变，两者之间的平衡失调，是其组织破坏的主要特征。在进一步的动物实验研究中，葡萄膜炎眼房水中 MMP-2 和 MMP-9 上升超过 1 周，其上升的高峰与炎症反应最重阶段相一致，炎症减轻时其上升程度也变小；自身免疫性葡萄膜视网膜炎大鼠与正常对照组比较，其视网膜 MMP-7、MMP-8、MMP-12 表达增加，MMP 合成抑制剂 BB-1101 可减少其发病率和延迟临床症状的出现，从而指出减少 MMP 活性在这类疾病的治疗中有一定意义。近视患者眼轴变长与后部巩膜 ECM 重建、巩膜结构改变相关。动物形觉剥夺性近视模型形成过程中后巩膜活性 MMP-2 增加，其抑制物 TIMP-2 表达降低，恢复期间 MMP-2 活性下降，TIMP-2 表达无明显变化。这表明 MMP-2 和 TIMP-2 表达的改变在视觉调节下眼的发育及巩膜重建中有一定作用。

总之，MMP 与 TIMP 在眼科疾病中的研究起步较晚，虽已证实其参与眼科多种疾病的发生、发展、转归，为临床治疗提供新的策略，但其具体参与机制尚需做进一步研究。目前已经开发出许多 MMP 的抑制剂和激活剂，在动物模型甚至临床上取得了很大的成就，有望成为眼科疾病治疗的一个新方向。

第十节　组织型金属蛋白酶抑制剂与其他疾病

一、TIMP 与川崎病

川崎病（Kawasaki disease，KD）是一种急性发热性系统性血管炎综合征，其主要并发症是冠状动脉损害（coronary artery lesions，CAL）。目前的观点认为儿童川崎病可能是成人期发生冠状动脉粥样硬化的新型危险因素，近年来研究表明 MMP 及 TIMP 在川崎病冠状动脉病变的发生、发展中起着重要作用。

1. MMP-2、TIMP-2 与川崎病冠状动脉损害　MMP-2 是血管壁细胞表达和分泌的最主要的 MMP，可以高效降解基底膜的主要成分Ⅳ型胶原。TIMP-2 具有抑制血管形成和增殖的双重功能，它通过抑制 bFGF 刺激的人微血管内皮细胞的增殖和迁移来完成其抑制作用。Gavin 等通过免疫组化的方法对死于心血管并发症的川崎病患儿研究发现，MMP-2 在

冠状动脉瘤心内膜和外膜新生血管内皮细胞中表达明显增加，提示 MMP-2 可能参与急性川崎病动脉壁的重建，尤其是新生内膜增厚和血管生成过程。

最近有研究指出川崎病组、发热组、对照组三组比较 MMP-2、TIMP-2 水平无显著差异，该结果与国内外的一些文献报道结果并不完全一致，以前研究报道 MMP-2、TIMP-2 水平在川崎病急性期明显高于对照组，这些研究结果的不同可能与应用的酶联免疫吸附实验的类型或在实验中应用的抗-MMP 单克隆抗体的不同有关。Furuno 等运用实时聚合酶链反应及定量 RT-PCR 对 144 例合并冠状动脉损害川崎病患儿和 64 例无冠状动脉损害川崎病患儿的基因微点阵分析表明，TIMP-2 在合并冠状动脉损害病例组的外周血单核细胞中表达上调；用 U-937 探针分析 TIMP-2 启动子多态基因单型时发现彼此的转录活性有显著差异，表明 TIMP-2 的过度表达和启动子多态性可能与冠状动脉损害发生相关。

2. MMP-3、TIMP-1 与川崎病冠状动脉损害　TIMP-1 是 MMP-9 天然的活性抑制因子，它以 1∶1 的比例与之结合形成复合体，从而阻断 MMP-9 与底物的结合，使其失去活性。Gavin 等研究认为在川崎病急性期和亚急性期 MMP-9 及 TIMP-1 的水平都是升高的，但通过丙球治疗后降低，川崎病患儿急性期 MMP-9 及 MMP-9/TIMP-1 比值增高可能使血管内膜层首先破坏，进而导致全层血管炎；而 MMP-9 过度增高及 MMP-9/TIMP-1 持续失衡是患儿冠状动脉炎及动脉瘤形成的主要原因之一。Hojo 等研究发现单核细胞和血管内皮细胞共培养时 TIMP-1 表达量无显著变化；彭茜等亦发现川崎病患儿无论是否合并有冠状动脉损害病程，各时期 TIMP-1 浓度基本保持在一个比较狭窄的范围内；Gavin 等通过免疫组化发现在死于心血管并发症的川崎病患儿中，其受损的冠状动脉组织中并没有发现 TIMP-1 的表达。因此，我们认为在川崎病急性期冠状动脉损害时，TIMP-1/MMP-9 的失衡使 MMP-9 过度表达，并进一步导致冠状动脉的扩张或动脉瘤的形成。

MMP 家族在川崎病冠状动脉损害发生、发展过程中扮演重要的角色，由于 TIMP 是 MMP 天然的活性抑制因子，从而阻断 MMP 与底物的结合，使其失去活性，减轻对冠状动脉的损害，因此，开发出一些 MMP 的特异抑制剂作为治疗靶点是预防和治疗川崎病冠状动脉损伤的关键。可见，应用 TIMP 对 MMP 水平进行调控是川崎病治疗及预防冠状动脉并发症的一个值得深入探讨的方向。相信在不远的将来，TIMP 将广泛地应用于预防和治疗川崎病冠状动脉的损伤。

二、TIMP 与乳腺癌

TIMP-1 不仅是 MMP 的催化抑制剂，同时也是一种生长因子。以前研究测量都是由肿瘤标本中得出 TIMP-1 高表达与差的预后有关，近年发现在血液尤其是血浆中测量出 TIMP-1 高水平仍然与乳癌较差的预后有关，这要比直接取肿瘤标本好很多。现在研究发现 TIMP-1 与乳癌相关体现在几个不同的方面：①血浆中高水平的 TIMP-1 与短期的生存率有关，对于淋巴结转移阴性的患者，血 TIMP-1 的水平与预后相关，而淋巴结转移阳性的患者却无相关性，得出的重要结论是可以对淋巴结阴性的患者进行低风险的分层；②治疗过程中提高了 TIMP-1 的水平后减低了乳癌患者对于二线激素疗法的反应性，从而降低了转移性乳癌患者的生存率；③目前化疗对于乳癌转移患者只有 50%有效果，研究发现提高 TIMP-1 的水平与对化疗反应差明显相关，用 TIMP-1 以后发现乳癌转移患者几乎对常用的化疗无效，其机制可能是肿瘤高表达 TIMP-1 能够阻止细胞的程序性死亡诱导剂的作用，导致了诱导程序性细胞死亡的化疗药物的低敏感性。

TIMP-1 的表达与肿瘤大小有关，与组织学分级有关，与临床 TNM 分期、淋巴结转移状态密切相关，而与年龄、月经状态、病理类型以及雌孕激素受体状态无关。TIMP-2 的表达与临床 TNM 分期、淋巴结转移状态密切相关，而与肿瘤大小、组织学分级、年龄、月经状态、病理类型及雌孕激素受体状态无关。大样本研究发现乳腺癌中 MMP-2、MMP-9、MMP-13 与其抑制剂 TIMP-1、TIMP-2 的表达均呈明显负相关，提示随着 MMP 表达的升高，体内存在着一种负反馈机制，上调 TIMP 的表达以抑制 MMP 对细胞外基质及基底膜的降解。

目前关于 TIMP-2 与乳腺癌关系的研究很多，多数研究认为 TIMP-2 不仅可以通过 MMP-2 调节 ECM 的降解而抑制肿瘤侵袭转移，而且可以通过多种分子机制直接调节肿瘤细胞生长并抑制肿瘤血管生成，与乳腺癌发展及预后有重要关系。范松青等的研究表明，MMP-2 在伴有淋巴结转移的乳腺癌中表达明显高于无淋巴结转移者，而 TIMP-2 的表达则明显低于无转移者。部分研究则表明，肿瘤组织 TIMP-2 的高表达与差的预后有很大关系。近来研究还表明，血液中的 TIMP-2 的高表达同样与肿瘤侵袭转移及预后差相关。本实验结果显示 TIMP-2 在浸润性乳腺癌部分组织学分级分组中表达有统计学差异，说明其在肿瘤细胞发展分化过程中可能发挥一定作用。本实验并未发现在不同淋巴结转移分组中 TIMP-2 的表达有差异，另外，TIMP-2 表达在不同月经状态、年龄、肿块大小、临床分期、激素受体状态分组中比较也均未见统计学差异（均 $P>0.05$）。在预后方面，原位癌 TIMP-2 表达阳性组中 5 年无病生存率高于表达阴性组，两者比较有统计学差异（$P<0.05$）；浸润性乳腺癌 TIMP-2 表达阳性组 5 年无病生存率与表达阴性组无统计学差异（$P>0.05$）。本研究认为 TIMP-2 表达水平在乳腺原位癌中与预后有关，高表达的 TIMP-2 可能是预后良好的一个指标。而在浸润性乳腺癌中未得出一致的结论。对于这样的实验结果，我们认为 TIMP-2 在乳腺癌的早期，即原位癌阶段，可以有效结合 MMP-2，起到调节 MMP-2/TIMP-2 平衡，进而防止肿瘤浸润和转移的作用；而在浸润性癌阶段，即使 TIMP-2 表达水平比在原位癌中的要高，但可能 MMP-2 表达水平此时升高得更多，MMP-2/TIMP-2 的平衡被打破，TIMP-2 已经不能有效抑制 MMP-2 的活性及表达，甚至可以作为 MMP-2 的激活剂而存在，TIMP-2 的升高可能只是 MMP-2 升高的反馈调节结果，因此，在浸润性乳腺癌中，TIMP-2 的升高并不能作为预后良好的一个优良指标。

前面几节均有对 TIMP 在肿瘤的发生、发展、侵袭转移方面作用的描述，研究较多的主要是 TIMP-1 和 TIMP-2，两者对肿瘤的作用大体相似，均有抑制不同部位多种肿瘤侵袭和转移的作用，这与其本身生物学活性相一致。但是研究的层次多数局限于证实其发挥的作用，而作用的具体机制还需更深入的研究。

（全　敏）

参 考 文 献

秦学金，王莞莞，郝吉庆. 2012. MT1-MMP 和 TIMP-2 在非小细胞肺癌中的表达及与病理特征的相关性. 现代肿瘤医学，20：293～296.

Cong M，Liu T，Wang P，et al. 2013. Antifibrotic effects of a recombinant adeno-associated virus carrying small interfering RNA targeting TIMP-1 in rat liver fibrosis. Am J Pathol，182：1607～1616.

Crespo I, San-Miguel B, Fernández A, et al. 2015. Melatonin limits the expression of profibrogenic genes and ameliorates the progression of hepatic fibrosis in mice. Transl Res, 165(2): 346~57.

Ishibashi M, Fujimura T, Hashimoto A, et al. 2012. Successful treatment of mmp-9-expressing angiosarcoma with low-dose docetaxel and bisphosphonate. Case Rep Dermatol, 4: 5~9.

Mezentsev A, Nikolaev A, Bruskin S. 2014. Matrix metalloproteinases and their role in psoriasis. Gene, 540: 1~10.

Okazaki I, Noro T, Tsutsui N, et al. 2014. Fibrogenesis and carcinogenesis in nonalcoholic steatohepatitis (NASH): involvement of matrix metalloproteinases(MMPs) and tissue inhibitors of metalloproteinase(TIMPs). Cancers(Basel), 6: 1220~1255.

Pytliak M, Vargová V, Mechírová V. 2012. Matrix metalloproteinases and their role in oncogenesis: a review. Onkologie, 35: 49~53.

Rey MC, Bonamigo RR, Cartell A, et al. 2011. MMP-2 and TIMP-2 in cutaneous melanoma: association with prognostic factors and description in cutaneous metastases. Am J Dermatopathol, 33: 413~414.

Yin C, Evason KJ, Asahina K, et al. 2013. Hepatic stellate cells in liver development, regeneration, and cancer. J Clin Invest, 123: 1902~1010.

Zhu CL, Li WT, Li Y, et al. 2012. Serum levels of tissue inhibitor of metalloproteinase-1 are correlated with liver fibrosis in patients with chronic hepatitis B. J Dig Dis, 13: 558~563.

第三十一章　细胞外基质代谢相关信号转导

长期以来，人们普遍认为细胞外基质只是作为结缔组织细胞的框架而起作用。然而随着研究的进展，人们发现细胞外基质不仅仅是一种支持物，而且在调节细胞的活动中起到很重要的作用。例如，细胞外基质蛋白可为与之接触的细胞提供特别丰富的信号，从而影响细胞的形状、代谢、功能、迁移、增殖和分化。

第一节　TGF-β/Smad 信号系统

转化生长因子β（TGF-β）是一类多功能的细胞因子，由多种组织细胞合成，调控细胞周期，影响细胞的增殖、分化、黏附、转移和凋亡，与人类多种疾病的发生发展密切相关。TGF-β超家族与其相应的受体、胞内信号转导分子（主要是 Smad 蛋白家族）组成信号通路，调节靶基因的转录，通路中任何一个组成元件及相关调节因子的异常均可导致信号转导紊乱，影响 TGF-β的生物学效应，从而对疾病的发生、发展产生重要影响。下面介绍几种与细胞外基质代谢相关的信号转导通路。

一、TGF-β及其受体结构特点

1. TGF-β结构　TGF-β超家族主要包括 TGF-β、活化素和骨形态发生蛋白（BMP）三个亚家族，其他成员还有抑制素、果蝇 DPP、穆勒抑制物或称抗穆勒激素和生长分化因子（GDF）等。

TGF-β是一族具有广泛生物学活性的多肽，是由 112 个氨基酸组成的同源二聚体蛋白，分子质量为 25kDa，多种细胞如淋巴细胞、血小板、上皮细胞和成纤维细胞等均可产生。TGF-β通过自分泌和旁分泌的方式调节细胞的增殖、迁移和细胞外基质产生等。

目前发现TGF-β至少有6种亚型，哺乳动物体内主要存在 3 种：TGF-$β_1$、TGF-$β_2$ 和 TGF-$β_3$，并分别有各自的受体。3 种异构体分别定位于染色体 19q3、1q41 和 14q24，核苷酸序列有64%～82%的同源性，但其与受体的亲和力各不相同。体内许多组织及体外培养的细胞株中都可检测到 3 种异构体，如人血清中 TGF-$β_1$、TGF-$β_2$ 和 TGF-$β_3$ 浓度分别是 30 ng/ml、1～1.5ng/ml 和 1～2ng/ml，而在人血浆中 TGF-$β_1$ 浓度非常低，TGF-$β_2$ 和 TGF-$β_3$ 几乎测不到。

3 种异构体在体内的生物学活性不尽相同，如 TGF-$β_2$ 对血管内皮细胞和造血祖细胞的生长抑制作用仅为 TGF-$β_1$ 和 TGF-$β_3$ 的 1%。另外，三者在基因表达上具有明显的组织及发育特异性，生理状态下 TGF-$β_1$ 主要由淋巴细胞和单核细胞产生，其 mRNA 表达于内皮细胞、造血细胞及一些结缔组织的细胞中，而实质细胞不表达，但在器官慢性炎症或纤维化时间质细胞对其表达增加，实质细胞对其表达也启动。

TGF-$β_2$ 主要由骨、肺和脑组织产生，表达于上皮细胞及神经细胞中。中枢神经系统可产生 TGF-$β_3$，其 mRNA 更多表达于间质细胞中。在发育过程中，TGF-$β_1$、TGF-$β_3$ 在组织结构形态建成的早期表达，TGF-$β_2$ 则表达相对晚一些，参与了上皮细胞的分化及成熟。在 TGF-β

的三种亚型中，TGF-$β_1$所占比例最高（>90%），其生物学活性也最强。其中对TGF-$β_1$的研究最为深入和活跃，正常时它以无活性前体形式存在，需经活化才具有生物学活性，而活性的发挥有赖于正常的信号转导途径。TGF-β的激活是其发挥生物学功能的关键性调控步骤。蛋白酶的裂解作用可使非活性的TGF-β复合体转变为活化的TGF-β，从而始动其信号转导过程。

2. TGF-β受体结构特点 TGF-β的受体有Ⅰ、Ⅱ、Ⅲ三种类型，在人多种细胞表面均有表达，其中，Ⅰ型和Ⅱ型受体起信号转导作用，均是单次跨膜的丝氨酸/苏氨酸蛋白激酶受体；Ⅲ型是280kDa的高亲和力受体，在胞质中存在的时间很短，不能介导TGF-β的生物活性。Ⅰ型TGF-β受体最初发现是在细胞膜上，尤其在伸长、迁移的纤维细胞前端明显；Ⅱ型TGF-β受体位于上皮细胞核内和晶状体赤道过渡带细胞核内；Ⅰ型受体，即活化素受体样激酶（activin receptor-like kinase，ALK）在哺乳动物中存在7种亚型。ALK-1是一种内皮细胞特异性Ⅰ型受体，ALK-2、ALK-3和ALK-6是BMP的Ⅰ型受体，可磷酸化Smad-1、Smad-5和Smad-8。ALK-4和ALK-5分别是活化素和TGF-β的Ⅰ型受体，分别磷酸化Smad-2和Smad-3。ALK-7与ALK-4和ALK-5有很高的同源性，被认为通过活化Smad-2发挥作用。Ⅰ型受体在胞质区蛋白激酶结构域N端与细胞膜之间存在一个富含丝氨酸和甘氨酸的结构域（Ser-Gly-Ser-Gly-Ser-Gly），称为GS结构域，是TβR1活化的关键部位。Ⅲ型受体也是跨膜糖蛋白，是280kDa的高亲和力受体，但其胞内段没有激酶活性，在胞质中存在的时间很短，不介导信号转导，而是调节TGF-β同信号受体的结合。

二、Smad蛋白家族结构特点

1. Smad蛋白家族结构 TGF-β家族主要通过Smad蛋白发挥其生物学功能。Smad是TGF-β家族细胞内信号转导分子。TGF-β家族与其受体结合后，Ⅰ型和Ⅱ型丝氨酸/苏氨酸激酶受体形成异二聚体，Ⅱ型受体使Ⅰ型受体磷酸化，并激活Ⅰ型受体。活化Ⅰ型受体通过磷酸化R-Smad以启动细胞内信号级联反应。

Smad蛋白家族是在脊椎动物、昆虫和线虫内发现的转录因子家族。Skelsky于1995年在研究果蝇DPP（一种BMP同源分子）体内信号转导时，发现Mad（mother against DPP）蛋白是DPP Ⅰ型受体细胞内信号下游分子，并克隆其基因。Itoh等在线虫克隆出与Mad同源蛋白Sma-2、Sma-3、Sma-4，统一命名为Smad，意为Sma与Mad的同源基因。它是TGF-β受体作用的直接底物，其作用是将配体与受体作用的信号由细胞质传导到细胞核的中介分子。Smad通路目前被公认为介导TGF-β胞内信号转导的主要通路。

Smad蛋白约由500个氨基酸构成，由N端Mad同源区1（MH1）和C端Mad同源区2（MH2）及富含脯氨酸的连接区组成。DNA通过β-发夹结构（β-hairpin structure）与R-Smads和Smad-4中的MH1结构域β-发夹结构结合。MH1区主要介导Smads核定位、DNA结合及蛋白相互作用的过程。SBE与Smad-3/Smad-4复合体的MH1结合。Linker区即连接区富含脯氨酸，包含Smurf泛素连接酶的结合位点等许多蛋白激酶的磷酸化位点，可介导non-Smad途径，可接受其他信号激酶磷酸化调节的作用，例如，有丝分裂原激活蛋白激酶（MAPK）可磷酸化Smad-2和Smad-3的连接区，从而抑制Smad-2和Smad-3进入细胞核内，进而拮抗TGF-β的抗增殖作用；细胞周期蛋白依赖性激酶（CDK）如CDK2和CDK4可通过影响Smad-3磷酸化来抑制Smad-3转录活性并发挥其抗增殖作用，MH2区主要发生蛋白相互作用，此结构域高度保守。蛋白激酶可通过影响Smad-3磷酸化来调节TGF-β/Smad信号的转导。Smad N 端蛋白激酶（JNK）可以磷酸化 Smad-3 的 C 端 SSXS 模体，增强 Smad-3 活性及促使其进入细胞核。蛋白激酶 C（PKC）Smad-3 磷酸化可以抑制 TGF-β 促凋亡和生长停滞作用。酪蛋白激酶 I 可以通过影响 Smad-3 磷酸化来调控 TGF-β/Smad 信号转导。PI3K/Akt 途径可促进细胞增殖、抑制凋亡，Akt 可与 Smad-3 相互作用，从而抑制 Smad-3 的磷酸化、复合体形成及进入细胞核。mTOR 是 Akt 下游关键调节因子，可以抑制 Smad-3 活化并且抑制 TGF-β 诱导的凋亡。此外，磷酸肌醇依赖性蛋白激酶 1（PDK1）和 G 蛋白偶联受体激酶 2（GRK2）都可以通过与 Smads 相互作用来负性调节 TGF-β 信号途径。不同激酶通过对 Smad 结构区域的不同位点磷酸化对 Smad 信号通路发挥重要调节作用。

2. Smad 蛋白分类 Smad 蛋白可分为 3 类。第一类是受体调节型 Smad 蛋白（receptor-activated Smad，R-Smad），如 Smad-15 和 Smad-18 可被 BMP 型 I 型受体激酶和 ALK1 磷酸化并激活，而 Smad-2、Smad-3 可被活化的 activin 及 I 型受体（ALK4 和 ALK5）磷酸化并激活。R-Smad 在 C 端有一个丝氨酸基序（SSXS）结构，后 2 个丝氨酸可被 I 型受体直接磷酸化；在 N 端有一个高度保守的核定位样序列（NLS）基序，含有 NLS 基序的孤立的 R-Smad MH1 结构域可发生持续的核向转位，NLS 的突变可中止这一转位过程。R-Smad 的 MH1 区可抑制 MH2 区的作用，直接结合 DNA，抑制信号转导；MH2 区也可抑制 MH1 区，MH2 具有与受体作用的磷酸化位点（SSXS 基序，即 Ser-Ser-X-Ser 序列），与其他 Smad 蛋白、协同活化因子或协同抑制因子、DNA 结合蛋白结合，产生转录活化的作用，为信号转导的功能性结构域。R-Smad 的 MH2 结构域中的碱性残基可与受体的磷酸化位点结合，同样 Smad-4 的碱性残基可与磷酸化的 R-Smad 蛋白结合。MH2 表面有一组连续的、由疏水片段构成的疏水通道的结构，可与核孔复合体、胞质贮留蛋白等结合。受体介导的磷酸化可使 Smad 蛋白聚集在核中，R-Smad 蛋白的去磷酸化可使 Smad 蛋白重返胞质。基础状态下，Smad-2 和 Smad-3 散布于整个细胞内。TGF-β 与其受体结合，可磷酸化 Smad 和 Smad-3 羧基端，并和 Smad-4 形成复合物。这些复合物进入细胞核内并调节目的基因的转录。

第二类是共同调节型 Smad 蛋白（common-mediator Smad，co-Smad），如 Smad-4 可与 R-Smad 蛋白形成复合物，并转位至细胞核内从而调节靶基因的转录。Smad-4 具有 MH1、MH2 和连接区，但无 SSXS 基序，不能被磷酸化，也不能结合 TGF-β 或 BMP 受体。但 Smad-4 可以稳定 Smad 低聚物的结构，使 Smad 复合物具有转录活性。Smad 连接区有一个 Smad-4 活化结构域（SAD），富含脯氨酸，介导其与转录辅激活因子（SMIFCBP 和 P3OO）和转录辅阻遏物（TGIF、SnoN 和 c-ski）的相互作用。SAD 的突变会导致 Smad 复合体丧失转录活性。

第三类是抑制型 Smad 蛋白（inhibitory Smad，I-Smad），包括 Smad-6 和 Smad-7，其结构中无 MH1。I-Smad 羧基端无 SSXS 基序，不能被受体磷酸化，但可竞争性地与活化的 I 型受体结合，阻止 R-Smad 的磷酸化，抑制信号转导。Smad-7 由 TGF-β 诱导产生，对 TGF-β 信号转导起自身负反馈调节的作用，可抑制 TGF-β/activin 和 BMP 通路。Smad-6 由 BMP 诱导产生，抑制 TGF-β 和 BMP 的信号转导。Smad-6 能与 Smad-4 竞争和 Smad-1 结合，形成失活的 Smad-1-Smad-6 复合体。Smad-6 基因定向破坏的小鼠会发生心血管系统发育缺陷，过表达 Smad-6 或 Smad-7 可使 TGF-β 和 BMP 均受抑制。I-Smad 还可通过 E3 泛素连接酶 Smurf1 和 Smurf2 泛素化并降解 I 型受体，起到负调控作用。

Smad-6、Smad-7 是 TGF-β/BMP 通路调节的关键点。TGF-β、activin 和 BMP 信号转导均可诱导产生 Smad-7，且负反馈调节这些信号通路。Smad-7 通常聚集于细胞核中，TGF-β

促使其进入胞质中。

三、Smad 信号转导的过程

TGF-β家族主要通过 Smad 蛋白发挥其生物学功能。Smad 是 TGF-β家族细胞内信号转导分子。TGF-β家族与其受体结合后，Ⅰ型和Ⅱ型丝氨酸/苏氨酸激酶受体形成异二聚体，Ⅱ型受体使Ⅰ型受体磷酸化，并激活Ⅰ型受体。活化的Ⅰ型受体通过磷酸化 R-Smad 以启动细胞内信号级联反应。

首先是活化的 TGF-β的二聚体先与细胞膜表面的两个Ⅱ型受体的二聚体结合，形成二元复合物。Ⅰ型受体不能与 TGF-β单独结合，它能识别这个复合物，并与之结合形成三元复合物。此时Ⅱ型受体胞质区的丝氨酸/苏氨酸蛋白激酶结构域将Ⅰ型受体 GS 功能区的丝氨酸/苏氨酸磷酸化，使Ⅰ型受体活化。磷酸化的Ⅰ型受体进一步磷酸化下游信号分子-受体活化的 Smad-2 和 Smad-3，从而参与 TGF-β的跨膜信号转导。

另有学者认为，TβR-Ⅱ与 TβR-Ⅰ之间存在固有的亲和力，两者可结合形成功能性复合物。配体存在时使之更稳固。然后激活的Ⅰ型受体可结合并活化 R-Smad，R-Smad 中的 Smad-1、Smad-5 和 Smad-8 传导 BMP 的信号，而 Smad-2 和 Smad-3 传导 TGF-β及活化素（activin）的信号。Smad-2 和 Smad-3 通过 Smad 锚着蛋白（SARA）与细胞膜上的 TGF-β受体结合，并形成 TβR-Ⅰ-SARA-Smad 复合体。R-Smad 羧基端丝氨酸基序（SSXS motif）均可被Ⅰ型受体磷酸化而活化，并解除 MH1、MH2 的相互抑制作用，与Ⅰ型受体分离，被磷酸化的 R-Smad 接着与 Smad-4 形成异聚体转录复合物，进入细胞核内。

进入细胞核内，R-Smad/Smad-4 复合物以不同的方式来诱导靶基因的转录：①磷酸化的 Smad-3 和 Smad-4 的 MH1 区可直接与 DNA 上含 CAGA 序列的 Smad 结合元件（SBE）结合，SBE 存在于许多受 TGF-β调节的基因的启动子区域；②Smad-2 的 MH1 区有 3 个氨基酸的插入序列丢失，不能直接与 DNA 结合，因此可能与其他转录因子结合，再诱导靶基因的转录，如激活素的信号转导过程中。已发现 Smad-2、Smad-4 转到核内后与核转录因子 Fast-1 共同作用于下游的靶基因，Smad-2 的磷酸化能增强其与 Fast-1 之间的作用；③Smad-2/3 的 MH2 区还可与一些转录激活因子（如 p300/CBP）结合，从而促进靶基因的转录。

四、TGF-β/Smad 信号转导通路调节

1. 配体的调节 TGF-β首先以激素原形式合成，其结构可分为氨基端的前肽和羟基端片段，两者以非共价结合且后者为有活性的 TGF-β。在此复合体形式的 TGF-β不能被受体识别，被称为潜伏相关蛋白（latency-associated protein，LAP），特指 TGF-β的前肽。潜伏相关 TGF-β结合蛋白（LTBP）是一类可以与 LAP 共价结合的分泌型糖蛋白，可以促进 TGF-β-LAP 复合体的分泌、储存和激活。

2. 受体活性的调节 β聚糖（betaglycan）是一种蛋白聚糖，与 TGF-$β_1$、TGF-$β_2$ 和 TGF-$β_3$ 均有高亲和力。其缺少信号识别区域，不能激发信号转导，但可以促使 TGF-β与信号受体结合。与 TGF-$β_1$ 和 TGF-$β_3$ 相比，TGF-$β_2$ 自身与 TGF-βⅠ型、Ⅱ型受体的结合亲和力较弱，因此需要β聚糖的参与。一种免疫亲和素 FKBP12 可以通过与 TGF-βⅠ型受体的 GS 区域结合，从而阻止 TGF-βⅡ型受体磷酸化Ⅰ型受体，进而阻止 TGF-β的信号转导。

3. Smad 蛋白与受体相互作用的调节 SARA 是一种锚定蛋白，参与并促进 R-Smad 与

TGF-β受体的结合。SARA 的过表达能提高 TGF-β受体蛋白激酶介导的 R-Smad 蛋白磷酸化反应的效能。在信号转导过程中，当进一步的磷酸化发生时，R-Smad 先与 SARA 脱离，然后转位至核内。拮抗型 Smad 的负反馈调节 I-Smad 羧基端没有 SSXS 基序，不能被受体磷酸化，但可竞争性地与活化的 I 型受体结合，阻止 R-Smad 的磷酸化，抑制信号转导。Smad-7 由 TGF-β诱导产生，对 TGF-β信号转导起自身负反馈调节的作用，可抑制 TGF-β/activin 和 BMP 通路。Smad-6 由 BMP 诱导产生，抑制 TGF-β和 BMP 的信号转导。Smad-6 能与 Smad-4 竞争和 Smad-1 结合，形成失活的 Smad-1-Smad-6 复合体。Smad-6 基因定向破坏的小鼠会发生心血管系统发育缺陷，过表达 Smad-6 或 Smad-7 可使 TGF-β和 BMP 均受抑制。I-Smad 还可通过 E3 泛素连接酶 Smurf1 和 Smurf2 泛素化并降解 I 型受体，起到负调控作用。

4. Ras 等对 Smad 在核内积累的调节 Ras 信号能直接干扰 Smad 传递信号。Ras 可减少 Smad-1/2/3 在核内的积累。Ras 激活的 Erk1/2 蛋白激酶磷酸化 Smad-1/2/3；磷酸化位点包括 Smad-1 的 linker 区、Smad-2/3 的 Erk 位点和 SP 位点。EGF、HGF、Ras 癌基因表达产物等可诱导这些位点磷酸化。

5. Smad-2 蛋白的降解和清除 蛋白质泛素化或蛋白酶体可能降解磷酸化 Smad-2。

6. Smad 在核内的转录调节因子 进入核内的 Smad 蛋白异聚体可与两类调节因子结合，即转录激活因子和转录抑制因子。抑制因子包括 TGIF、c-ski 和 SnoN，它们都能与 Smad-2 和 Smad-3 的 MH2 区作用。TGIF 能直接与组蛋白去乙酰基转移酶（HDAC）作用，并将之募集到 Smad-2-Smad-4 异聚体上。同样，c-ski 和 SnoN 也能募集 HDAC。当给予 TGIF 的反义寡核苷酸时可以增强 TGF-β的转录效应，TGIF 是 TGF-β信号转导负反馈调节因素。

五、Smad-2 和 Smad-3 通路的区别

在体内 Smad-2 和 Smad-3 的作用是不同的。Smad-2 缺失对胚胎鼠有致死性，胚胎鼠在 Smad-3 缺失时则存活。TGF-$β_1$ 介导的 MMP-2 的作用选择性依赖 Smad-2 途径，而 c-fos、Smad-7 和 TGF-$β_1$ 自身诱导则依赖于 Smad-3，Smad6/7 阻断 Smad-2/3 的磷酸化。

六、非 Smad 依赖的 TGF-β信号通路

TGF-β家族配体的信号也可通过非 Smad 依赖的方式激活其他信号通路。例如，p38-有丝分裂原活化的蛋白激酶（MAPK）、JNK、IκB 激酶（IKK）、AKT 蛋白激酶 B（AKB）、RhoA 及β-catennin 通路。TGF-β可激活非 Smad 依赖的其他信号级联反应如 MAPK 通路，MAPK 可磷酸化 Smad-3 的连接区。TGF-β和 BMP-4 能够通过激活 MAP-KKK 家族成员的 TAK1，从而激活 JNK 和 p38 MAPK 信号通路。TGF-β可激活 Erk 和 JNK 通路，进而激活 Smad 磷酸化。相反，TGF-β诱导的 Ras/Erk MAPK 信号的激活也可导致 TGF-β的表达。在 TGF-β诱导的 MAPK 途径激活的过程中，Smad 相关转录因子可直接影响转录应答，如 JNK 底物 Smad 或 p38MAPK 底物、ATF-2 使 Smad 和 MAPK 途径汇集协同作用。TGF-D 还可激活 Rho-GTP 酶（RhoA、Rac 和 Cdc42），从而调节 JNK 和 p38 MAPK 途径，影响上皮细胞向间叶细胞的分化、细胞骨架的形成等。

七、TGF-β与其他信号转导通路的交互作用

TGF-β/Smad 信号转导通路与其他信号转导通路之间存在广泛的交联，研究显示其他

串联信号途径通过对 Smad 信号的修饰作用，调节 TGF-β 刺激胶原产生。已报道的与 TGF-β/Smad 信号转导通路有交互作用的通路包括丝裂原激活的蛋白激酶（MAPK）信号通路、PP2A/P70S6K 信号通路、PKA 信号通路、PKB（protein kinase B）信号通路等。MAPK 包括 ERK、p38 和 JNK，它们通过上游的激酶激活物，如 Ras、TAK1、蛋白激酶 B（AKI）、RHo 家族 GTpase 和 Smad 共同调节其转录。MAP 激酶通路不仅磷酸化其自身下游转录因子 Smad 等，也作用于 Smad 蛋白，由此构成 TGF-β 信号通路与 MAPK 信号转导通路的作用交联。Smad 和 ERK 的相互作用是在转录水平连接的。cAMP 通过 PKA 依赖性的、CREB 介导的途径抑制 TGF-β/Smad 信号转导及后续的基因转活。PI3K/AKT 通路磷脂酰肌醇 3 激酶（PI3K）是一个异源二聚体蛋白。PI3K 的激活对 HSC 的增殖和趋化性有重要作用。研究表明，PI3K 信号转导通路可以被 TGF-β 调节。TGF-β/Smad 信号和其他通路间存在交叉作用，故阻断某种信号转导通路，不仅可直接阻断此信号的生物学效应，还可间接影响其他信号通路，起到效应放大作用。

八、TGF-β/Smad 信号转导通路的生物学作用

1. Smad-2、Smad-3 蛋白抑制细胞增殖 有研究表明 TGF-β 是通过 TGF-β/Smad-3 信号转导途径实现其抑制细胞增殖作用的。Smd3 是细胞周期蛋白依赖激酶（cyclin-dependent kinases，CDK）CDK2、CDK4 生理条件下的底物。CDK4、CDK2 在 Smad-3 上的磷酸化位点是 Thr8、Thr178 和 Ser212。Smad-3 包含 9 个 CDK 潜在磷酸化位点，4 个位于脯氨酸富集的连接区，分别是 Thr178、Ser203、Ser207 和 Ser212。CDK 磷酸化位点的突变可增加 Smad-3 的转录活性，导致 CDK 抑制因子 p15 的高表达和降调节 c-myc 的表达。Smad-3$^{-/-}$ 鼠胚胎成纤维细胞研究发现 Smad-3 可抑制细胞周期从 G_1 期进入 S 期。生理条件下，CDK 磷酸化 Smad-3 抑制其转录活性，导致 p15 浓度下降、c-myc 浓度上升，这有利于细胞周期从 G_1 期进入 S 期。因此，生理浓度的 TGF-β 可抑制正常细胞增殖。

2. Smad-3 直接参与 EMT 过程 EMT（epithelial-mesenchymal transition）是指上皮细胞向间充质细胞转化。间充质细胞具有较高的活动能力，能够在细胞基质间自由移动。EMT 与肿瘤细胞的原位侵袭和远端转移关系密切，是肿瘤侵袭、发展的标志。近来有研究表明体内肿瘤细胞发生 EMT 需要 TGF-β 的参与。在小鼠上皮组织中过表达 TGF-β 可以促进肿瘤发生，这与其促进 EMT 过程有关。在小鼠角化细胞过表达 TGF-β 可以促使纺锤瘤发生，但这种纺锤瘤在 TGF-β 受体显性失活的小鼠中不常见，纺锤瘤发生与 TGF-β 促 EMT 作用有关，说明 TGF-β 可以促进 EMT 发生。E-cadherin 由上皮细胞膜表达，是抑制肿瘤转移的重要分子；α-SMA 是间质细胞主要标志性分子。TGF-β 可以上调 α-SMA 表达，下调 E-cadherin 表达。在恶性角化细胞和正常上皮细胞的实验表明，TGF-β 诱导 EMT 发生需要 Smad 介导。TGF-β Ⅰ型受体突变（这种突变可导致受体不能与 R-Smad 结合）后，上皮细胞缺乏诱导 EMT 的能力，这表明 Smad 信号转导途径在 TGF-β 调节的 EMT 应答中是必要的。而缺失 Smad 的小鼠会产生阻断 EMT 应答现象。TGF-β 能够通过抑制细胞生长来维持成熟组织稳态，Smad 在这些过程中必不可少。

3. Smad 通路对 ECM 产生的调节 TGF-β 介导的 ECM 的表达上升是 Smad-3 依赖性的过程。Verrecchia 等通过应用包含 265 个已知 ECM 相关基因的 cDNA 差异杂交表达阵列技术，发现人类成纤维细胞中许多胶原基因启动子（包括 COL Ⅰ$α_1$、COL Ⅰ$α_2$、COLⅢ$α_1$、

COLVα₂、COLVIα₁ 和 COLVIα₃)由 Smad-3 介导。在敲除 Smad-3 的成纤维细胞中无上述 TGF-β 的启动子激活作用。

TGF-β 被认为介导许多纤维性疾病，在纤维化反应发生部位常有逐渐增多的 TGF-β 出现。Smad-3 的丧失可影响巨噬细胞的趋化和 TGF-β 的自身诱导，致使 TGF-β 功能下降，这表明 Smad-3 敲除小鼠可能抵抗纤维化。TGF-β 的自身诱导可维持创伤部位 TGF-β 配体的高水平。TGF-β 能吸引成纤维细胞进入创伤区，并产生胶原和 TGF-β。在博来霉素诱导的肺纤维化模型中，Smad-3$^{-/-}$ 小鼠表现出的纤维化损伤比野生型小，Ⅰ型胶原及纤维粘连蛋白 mRNA 和蛋白质的表达量也比野生型的少。在由吸入表达活化 TGF-β 的腺病毒载体诱导的肺纤维化模型中，Smad-3$^{-/-}$ 小鼠无纤维化损伤，而野生型小鼠有 ECM 的沉积。野生型小鼠的肺组织中 CTGF、COLⅢα₁、TMP-1 和 PAI-1 的 mRNA 都有所增加，而 Smad-3$^{-/-}$ 小鼠肺则无此变化。Smad-3$^{-/-}$ 小鼠的 MMP-9 和 MMP-12 表达较野生型小鼠高，但是与 ECM 有关的基因(CTGF、PAI-1 和 TMP-1)表达无变化。

九、TGF-β/Smad 信号转导通路在与细胞外基质代谢相关疾病发生、发展中的作用

1. TGF-β/Smad 信号转导通路与晶状体疾病 TGF-β 处理的移植物和晶状体内可发现 α-SMA 和Ⅰ型胶原，这暗示 TGF-β 与人后囊下型白内障和白内障术后后囊膜混浊发生有关。体外实验证明，TGF-β 是影响纤维性发生、发展的主要生长因子之一，其可以引起晶状体上皮细胞 EMT 及随后的组织纤维化。TGF-β₂ 在房水中占主导地位，白内障手术中发现房水中 TGF-β 质量浓度为 2.3~8.1ng/ml，其中 61% 为有活性的 TGF-β₂。某针刺鼠模型显示，鼠晶状体损伤 12h 后，Smad-4 转位到核内，这表明 TGF-β 在这期间被激活。在眼内加入 TGF-β₂ 中和抗体后，Smad-4 转位被阻断，这表明 TGF-β 激活损伤后晶状体上皮细胞。这些细胞然后在 3~5 天内开始表达 α-SMA 的 mRNA 和蛋白质。而在 Smad-3-null 鼠模型中未发现晶状体上皮细胞的 EMT，这暗示 Smad-3 介导了 EMT 的过程。

2. TGF-β/Smad 信号转导通路与心脏疾病 TGF-β/Smad 信号转导通路参与心肌纤维化的发生发展。研究发现心肌纤维化小鼠模型中 TGF-β₁ 和 Smad 蛋白表达明显增加，而过表达金属硫蛋白的转基因小鼠，其心脏收缩功能受损程度较低，同时观察到了 TGF-β₁ 和 Smad 蛋白的明显下降，并进一步证实 TGF-β₁ 和 Smad 蛋白的表达与心肌纤维化程度呈正相关。另外，心肌梗死发生后，TGF-β 通过激活 TGF-βⅡ型受体，激活 SMAD 信号，进而使心肌间质纤维化、诱导心肌细胞凋亡，从而加重心肌梗死后心室扩张，最终导致心肌功能向失代偿方向发展。TGF-β 激活 Smad 信号后还可以促进成纤维细胞增殖、前胶原蛋白和纤维粘连蛋白(FN)合成，抑制细胞外基质降解，激活诱导细胞凋亡的蛋白激酶。

3. TGF-β/Smad 信号转导通路与瘢痕形成 TGF-β 是导致病理性瘢痕产生的重要性因素，它可刺激损伤部位成纤维细胞异常增殖和胶原纤维过量合成与沉积等，在病理性瘢痕中 TGF-β 高水平表达。Ashcroft 等在其小鼠动物模型中发现，Smad-3 介导创伤愈合，Smad-2 却和这一过程没有关联。TGF-β₁ 在瘢痕疙瘩和增生性瘢痕中均为高表达，而在正常皮肤中几乎不表达；P-Smad-2/3 在瘢痕疙瘩中表达最强，增生性瘢痕次之，正常皮肤组织中最低。TGF-β₁ 表达增强产生是病理性瘢痕的重要原因。

4. TGF-β/Smad 信号转导通路与肺纤维化 肺纤维化是以肺间质细胞的增生和胶原蛋

白为主的 ECM 过度沉积为主要表现，TGF-β是与肺纤维化关系密切的细胞因子。Smad-3 是肺纤维化疾病的重要介导者，Smad-7 是抑制 TGF-β信号转导途径调节蛋白，其异常表达可影响 TGF-β/Smad 通路活性，进而改变肺纤维化进程。

5. TGF-β/Smad 信号转导通路与肝纤维化　TGF-$β_1$/Smad 信号通路在肝纤维化中发挥主要作用，阻断或调解该信号的传导可作为防治肝纤维化的重要策略。目前研究显示，TGF-βR-Ⅱ-siRNA 下调 TGF-βR-Ⅱ、Samd-2、Smad-3 mRNA 表达，减少肝星状细胞胶原合成，但对 Smad-7 mRNA 无明显下调。同时，TGF-$β_1$ 是促进上皮间质转换的重要因子，可促进肝细胞转变成产胶原蛋白的间质细胞。另外，TGF-$β_1$ 还可以通过激活 MAPK 和 Smad 通路促使结缔组织生长因子（connective tissue growth factor，CTGF）大量表达，CTGF 是一种重要的致纤因子，HSC 是其主要来源，CTGF 可直接导致 HSC 活化、增殖及迁移，促进活化的 HSC 合成及分泌 ECM。

6. TGF-β/Smad 信号转导通路与肾脏疾病　有研究表明，TGF-β是各种肾病肾小球硬化和肾间质纤维化发生、发展的必需因子。TGF-β过度产生在许多肾病中引起了不可逆的间质纤维化。肾小球硬化组肾小球内 TGF-$β_1$、p-Smad-2、p-Smad-3、FN 的蛋白质表达均明显高于对照组。这暗示 TGF-$β_1$/Smad 信号通路在肾小球硬化中有重要作用。新近研究发现，小鼠肾脏组织的肾纤维化程度与 TGF-$β_1$ 的表达呈正相关；另外，在高盐饮食所致的肾小球和肾小管间质纤维化过程中 TGF-$β_1$ 是必需因子。还有实验表明，TGF-$β_1$ 是一种多效性细胞因子，能调节细胞的自我吞噬功能，是肾纤维化过程的中心介导者。由此可知，TGF-β/Smad 信号转导通路在肾纤维化过程中发挥至关重要的作用。

综上所述，TGF-β/Smad 信号转导通路（图 31-1）是一个极其复杂的体系，其与细胞外基质代谢密切相关，参与细胞外基质代谢相关多种疾病的发生、发展。随着对 TGF-β/Smad 信号转导通路在细胞分子水平的进一步研究，组织器官纤维化的形成机制将进一步得到阐明，针对 TGF-β的药物治疗对提高该类疾病将具有重要意义。

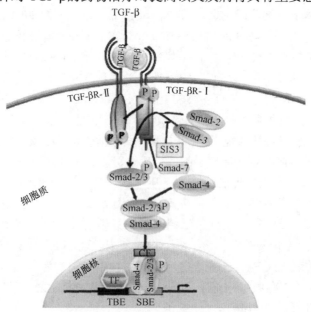

图 31-1　TGF/Smad 信号通路

第二节　PPARγ信号系统

过氧化物酶增殖物激活受体（peroxisome proliferater-activated receptor，PPAR）是一类配体激活的核转录因子超家族成员。PPAR 包括 PPARα、PPARβ 和 PPARγ 三种表型，其中以 PPARγ 的研究最为深入。以下重点介绍 PPARγ 的结构、PPARγ 的配体、PPARγ 激活后的细胞效应及其在相关疾病发生、发展过程中的作用。

一、PPARγ的结构特点

（一）PPARγ的分型

人类 PPARγ 基因位于 3 号染色体 p25 区，包括 9 个外显子，全长超过 100kb。用生物素标记的探针进行原位杂交，研究发现小鼠 PPARγ 基因位于 6 号染色体 E32FI 位上，全长大于 105kb。由于启动子及拼接位点的不同，PPAR mRNA 又分为 PPARγ1、PPARγ2、PPARγ3、PPARγ4 共 4 种亚型，但只转录翻译成 2 种不同的蛋白质，其中 PPARγ1 mRNA、PPARγ3 mRNA 和 PPARγ4 mRNA 翻译成由 475 个氨基酸组成的相同蛋白，而 PPARγ2 mRNA 翻译的蛋白质在氨基端多 30 个氨基酸，由 505 个氨基酸组成。在人类由于 PPARγ2 基因较 PPARγ1 的 5′端多 84 个氨基酸，故其编码的 PPARγ2 的氨基端比 PPARγ1 多 28 个氨基酸，导致 PPARγ2 的非配体依赖的激活活性是 PPARγ1 的 5～10 倍。

（二）PPARγ的结构

PPARγ 蛋白与其他核激素受体一样具有 A～F 共 6 个结构区，构成 4 个功能结构域。①氨基端结构域（N 端）由 AB/结构区形成，N 端为非配体依赖的转录活化域，具有潜在的反式激活作用（AF-1）；N 端被确定的序列很少，特征性不强，目前认为与分化有关，可通过 MAPK 途径被磷酸化后，影响转录活性以及配基与受体结合，对 PPARγ 活性功能发挥调控作用。②DNA 结合结构域（DBD）由 C 结构区形成。氨基酸序列高度保守，有两个锌指结构，PPAR 通过此结构域与 DNA 上相应的反应元件结合而调节基因转录。③转录活性调节结构域由 D 结构区形成，为铰链区，连接 DDB 与 LDB，发挥辅助因子作用，是阻遏剂结合的位点，许多核内因子与此结构域结合后可影响 PPARγ 的活性。④配体结合结构域（LBD，C 端）由 E/F 结构区形成，其中 E 区为配体结合区，F 区为配体活性依赖区，具有使受体二聚化和激活转录的作用（AF-2），配体与 PPARγ 结合可调节氨基端 A/B 区与羧基端 E/F 之间的分子内信号转导，该结构域在从激素信号至转录激活的转导过程中起关键作用。

（三）PPARγ的组织分布

PPARγ 在脂肪、脾、肾上腺和结肠中呈高表达，而在肝、小肠、胃、胰腺、脑、输尿管、膀胱、肾髓质、骨髓和骨骼肌中呈低表达，在消化道平滑肌层不表达。其 4 个亚型的组织学分布是不一致的，其中 PPARγ1 为主要亚型，广泛分布于脂肪组织、骨骼肌、心肌、胰、脾、肠、肾脏等多种组织；PPARγ2 主要在脂肪组织和肝脏表达；PPARγ3 在脂肪细胞、巨噬细胞和结肠上皮细胞表达；PPARγ4 的组织分布目前尚不清楚。

二、PPARγ的配体（激动剂）和拮抗剂

许多外源性过氧化物酶体增殖物（PP）、脂肪酸及其代谢产物都是 PPARγ的激活剂，它们在结构上有一个共同点，即含有羟基功能基团和一个疏水区。根据配体来源的不同，将其分为合成配体和天然配体。合成配体和天然配体可竞争性结合 PPARγ，说明它们具有相似的结合位点。

1. 合成配体 PPARγ合成配体有：①噻唑烷二酮类药物（thiazolidinedione，TZD），具有较高的亲和性，包括吡格列酮、环格列酮、曲格列酮、罗格列酮等。相对于大多数天然激动剂，TDZ 类化合物有着更强的 PPARγ激动活性，尤其是罗格列酮的活性已经达到纳摩尔级。与其高活性对应的是 TZD 类化合物的抗糖尿病的效果亦令人满意，临床实验表明这类化合物能增加人体对胰岛素的敏感度，有效地降低血糖。正因为如此，曲格列酮、罗格列酮和吡格列酮已经作为治疗 2 型糖尿病药物分别于 1996 年和 1999 年被美国 FAD 批准上市，这类药在其他疾病如动脉粥样硬化、炎症、肿瘤中也有一定的治疗作用。②含有酪氨酸结构的药物（如 GI262570、GW1929、GW7845）和α-烷基-β-苯丙酸类物质（如 SB213068 及 SB136636）也显示了良好的 PPARγ的活性。③1,1-双（3-引哚基）-1-（p-代苯基）甲烷（DIM-C-Pphcf3）是近年研究发现合成的 PPARγ配体，具有较高的亲和性。④苯乙酸的衍生物 L2796449 亦为 PPARγ合成配体，但其作用较弱。⑤还有某些信号转导通路的抑制剂也具有一定的配体活性，如 LTD4 受体配体拮抗剂 LY171883 在较低浓度即能激活 PPARγ。⑥环氧合酶抑制剂吲哚美辛在较高浓度时有一定的结合和激活 PPARγ的作用。许多其他的非甾体类抗炎药物（NSAID）如布洛芬、非诺洛芬、氟灭酸也是 PPARγ较弱的配体。

2. 天然配体 ①必需脂肪酸及其代谢产物，如亚油酸、亚麻酸、花生四烯酸、二十碳五烯酸（EPA）、白三烯和氧化低密度脂蛋白（包括 13-HODE、15-HETE、ox-LDL 等），这些代谢产物在低浓度时即表现出 PPARγ配体功能。②前列腺素衍生物，如 15-去氧-12，14-前列腺素 J_2（15d-PGJ$_2$）、PGD$_2$、PGA 等。15d-PGJ$_2$ 与 PPARγ的结合作用最强，是目前使用最广泛的 PPARγ天然配体。③近年来，又有不少天然 PPARγ激动剂被发现。2002 年，美国密西西比大学的 Feller 小组从金钱松中分离出的土槿皮酸 B（PLAB）有较强的 PPARγ激动活性。2001 年，美国犹他大学的 McIntyre 小组发现低密度脂蛋白的氧化产物十六烷基壬二酸基卵磷脂（azPC）能很好地与 PPARγ结合，竞争结合实验显示它的活性达到 40nmol/L，这个化合物是迄今为止发现的最强的天然 PPARγ激动剂。

三、PPARγ调控的靶基因及其功能

（一）PPARγ的调控机制

PPARγ能被过氧化物酶体增殖物激活而表达，过氧化物酶体增殖物是指脂肪酸、邻苯二甲酸盐、白三烯拮抗物或乙酰唾液酸等化合物。PPARγ的转录后调控作用依赖于与其配体的结合，激动剂小分子进入核内与 PPARγ配体结合区的氨基酸残基结合后，激活 PPARγ。一方面活化的 PPARγ和维 A 酸 X 受体（RXR，另一种核受体蛋白）组成的异源二聚体识

别相应靶基因启动区域中一段为 AGGTCA 的重复序列，该重复序列间被一核苷酸分隔，被称为 DR-1 反应元件。PPAR 的激动剂与靶基因结合后，可观察到由这些基因编码的 mRNA 的表达水平升高。另一方面，PPARγ的 AF-2 功能区构象发生变化，有利于核内的一些激活因子如 SRC 等与 AF-2 功能区结合。这些激活因子能使 NDA 链缠绕的核组蛋白乙酰化，从而导致 DNA 的解链和转录。转录后合成的蛋白酶能刺激和调节不同的信号途径，产生药理作用。PPARγ/RXR 异二聚体与位于其上游的靶基因启动子区的特异性 DNA 序列，即过氧化物酶体增殖物反应元件（PPRE）结合，激活目的基因转录而发挥调控作用，调节目的基因的表达。PPARγ/RXR 能被 PPARγ的配体或 RXR 的配体单独或协同激活。PPARγ配体显示出转录抑制的活性。PPARγ配体依赖 PPARγ转录抑制可能的机制有抑制激活转录因子的信号转导通路，即 PPARγ/RXR 异二聚体与 NF-κB、活化蛋白 1（AP-1）、信号转导和转录活化因子（STAT）之间相互作用，阻滞这些转录因子诱导基因转录。在鼠巨噬细胞中，PPARγ激动剂 15d-PGJ$_2$ 以 PPARγ非依赖性方式直接阻滞 I-κB 激酶复合体而抑制 I-κB 激酶，抑制细菌脂多糖诱导的 TNF-α和白细胞介素-6 的分泌，缺乏 PPARγ的胚胎干细胞的增殖可被曲格列酮和环格列酮所抑制，提示 PPARγ激动剂以依赖 PPARγ和非依赖两种途径发挥其作用。

（二）PPARγ调控的靶基因

含有 PPRE 结构的基因即 PPARγ调控的靶基因包括脂酰辅酶 A 氧化酶、过氧化酶体双功能酶、肝脏脂肪酸结合蛋白、微粒体 CYP4A、细胞色素 P450、脂肪酸 co-羧化酶、SOD 和一些生长调控基因（如 c-myc、Smad、erg-1、c-fos、c-Ha-ras）等，这些基因对脂类代谢、细胞分化及癌症的发生有重要影响。近年来发现 PPARγ激活剂可通过抑制 PKB/AKT 活性，调控肿瘤抑制基因 PTEN 表达。

四、PPARγ相关信号转导途径

PPARγ相关信号转导途径包括如下几种：①PPARγ活化的途径，PPARγ直接和配体结合；配体调节 PPARγ磷酸化状态并参与 MARK 和 PI3K 活性调节。②PPARγ激活和调节靶基因转录表达途径，包括配体激活 PPARγ、活化 PPARγ与 PPRE 相互作用，通过调节基因转录和翻译等生物学效应参与脂类代谢、细胞增殖、分化和凋亡等。③PPARγ影响其他转录因子及信号途径，如在炎症反应中竞争抑制 NF-κB、AP-1、JAK-STAT 等途径。

五、PPARγ的功能及相关疾病

PPARγ的生物学功能复杂多样，包括调控脂肪和糖代谢、脂肪细胞终末分化、能量平衡；控制单核细胞分化成熟，诱导巨噬细胞凋亡，抑制炎症反应；诱导肿瘤细胞分化和凋亡，抑制肿瘤血管生成；抗动脉粥样硬化、降血脂和降血压；改善心功能衰竭和参与心室重构等；治疗代谢综合征；抗肝纤维化作用；促进排卵等。许多研究表明 PPARγ传导通路与其他核受体的通路之间有交叉，这种不同通路之间的汇聚发生在多水平上，包括 PPARγ与其他核受体竞争同一个异源二聚体配体或结合于相同的 DNA 反应元件，这种通路间的交叉可以解释 PPARγ多种生物学效应的原因。

1. PPARγ与心血管疾病 PPARγ对动脉粥样硬化的抑制作用主要表现为抑制炎症反

应、调节细胞增生和迁移。PPARγ配体可减少炎症因子 IL-1β、IL-6、TNF-α、基质金属蛋白酶-9（MMP-9）的表达，抑制单核/巨噬细胞转录因子 AP-1、NF-κB 和 STAT 的活性，显示激活的 PPARγ可调节动脉粥样硬化中的炎性反应。另外，ATP 结合盒转录体 A1/G1（ABCA1/G1）是介导巨噬细胞内胆固醇外流的重要分子，A1 转运体受 PPARγ信号通路调节。研究发现吡格列酮可增加 ABCA1/G1 的表达以增强巨噬细胞中胆固醇的外流，发挥抗动脉粥样硬化的作用。趋化因子 FNK（fractalkine）及其受体在白细胞迁移及其在炎症区域积聚的过程中起重要作用，激活的 PPARγ能够抑制该信号的表达，可能有益于改善动脉粥样硬化中的炎症反应。

2. PPARγ与肥胖及糖尿病 四氢噻唑二酮介导的 PPARγ的激活能刺激脂肪形成，并恢复非胰岛素依赖型糖尿病患者对胰岛素的敏感性。部分人 PPARγ2 基因发生突变，导致 PPARγ2 蛋白的 115 位氨基酸改变，使 114 位的丝氨酸不能被磷酸化，引起 PPARγ2 的持续激活而加速脂肪细胞的分化，这类患者肥胖程度较严重。另有报道，肥胖患者丙氨酸突变降低了 PPARγ2 蛋白与激活剂的亲和能力，说明其配基结合位点受到影响。有关肥胖、糖尿病与 PPAR 关系的遗传学背景还有待进一步研究。

3. PPARγ与肿瘤 PPAR 与肿瘤的关系已受到普遍的关注，PPARγ在多种肿瘤细胞中均有表达，经 PPARγ的配体激活后，能抑制癌细胞的生长，如乳腺癌、胰腺癌、结肠癌、胃癌等。PPARγ能调节组织中细胞的增殖、分化及凋亡。PPARγ受体激动剂能导致 G_1 期细胞周期停滞，抑制细胞增殖，而达到抗肿瘤增殖效应。PPARγ激动剂可以诱导细胞凋亡。研究发现，C6 胶质瘤细胞在 PPARγ激动剂作用下前凋亡蛋白 Bax 和 Bad 表达上调，导致细胞色素 c 的释放，引起一系列 Caspase 家族因子的激活，最终引起肿瘤细胞的凋亡。另外，研究显示 PPARγ激动剂吡格列酮可以通过降低培养基 PH，降低耗氧量，增加乳酸分泌的方式，调节前列腺癌细胞代谢来抑制其增殖。PPARγ激动剂 HODE 可以抑制结肠癌细胞增殖并诱导其凋亡，这一过程是通过 PPARγ途径抑制 NF-κB 表达实现的。PPARγ激动剂还可通过抑制肿瘤新生血管的形成而产生抗肿瘤作用。PPARγ激动剂可以抑制癌细胞转移。

4. PPARγ与肝纤维化 PPARγ与肝纤维化关系的研究主要集中于 PPARγ与肝星状细胞激活之间的关系上。PPARγ可以在体内外抑制星状细胞激活和基质合成，可以减慢肝纤维化的进程。PPARγ的活化可以减少 HSC 的激活，PPARγ激动剂可以抑制 HSC 激活的几种标志物如胶原的表达、细胞增殖和转移，这些发现支持了 PPARγ在逆转活化的 HSC 向静止期转化的作用。

5. PPARγ与肾脏疾病 PPARγ配体吡格列酮可以缓解蛋白尿，防止肾小球肥大，抑制 TGF-$β_1$、Ⅳ型胶原蛋白的表达，抑制糖尿病大鼠肾脏的巨噬细胞浸润，同时糖尿病大鼠肾脏 NF-κB 的活性在吡格列酮的干预下降低。此外，高糖环境可以升高体外培养的肾小球内皮细胞 NF-κB 的活性，而噻唑烷二酮类（TZD）药物可以改善这一状况，提示吡格列酮可能通过其抗炎功能发挥对肾脏的保护作用。PPARγ在常染色体显性多囊性肾病的肾脏组织及多囊肾病囊肿衬里上皮细胞系中表达显著高于正常组织及细胞，罗格列酮能够将上述细胞系阻滞于 G_1 期并诱导其凋亡，提示 PPARγ可能是今后治疗多囊性肾病的靶点。

6. PPARγ与神经系统疾病 PPARγ激动剂 TZD 还具有神经保护的功能。研究显示，TZD 类药物可以减小大脑中动脉闭塞再灌注模型大鼠的梗死区域，并改善神经功能。在脑缺血/再灌注后，小胶质细胞中 PPARγ表达水平升高，罗格列酮可通过干预胶质激活和增加抗炎因子的表达延迟神经损害，发挥神经保护的作用。

目前学者正在对 PPARγ 信号通路及相关靶基因进行更深入的研究，以期研制干预 PPARγ 基因转录和直接影响 PPARγ 蛋白的药物及其作用机制。对 PPARγ 生物学功能的研究和 PPARγ 新的配基的不断发现，将会为动脉粥样硬化、糖尿病、肿瘤、肝纤维化、肾脏等疾病的预防和治疗带来新的希望。

第三节 JAK/STAT 信号系统

JAK/STAT（Janus kinase/signal transducer and activator of transcription，Janus 激酶/信号转导及转录激活因子）途径在转导细胞因子信号中扮演着十分重要的角色。这种途径通过穿膜受体将细胞外多肽信号信息直接传送到核内的靶基因启动子，发挥信号转导子与基因转录活化子蛋白的双重作用，是一种不需要第二信使的比较简单的转录化转录调控机制。近来研究表明，JAK/STAT 途径是人体内生理和病理反应的共同通路之一，与多种疾病发病及防治密切相关。

一、JAK/STAT 信号途径的基本组成

1. Janus 蛋白激酶家族（JAK） JAK 是一类胞质内可溶性酪氨酸蛋白激酶，大约由 1000 个氨基酸组成，分子质量 120~130kDa。现已发现在哺乳动物有 4 种家族成员，即 JAK1、JAK2、JAK3 和 TYK2。JAK1、JAK2 和 JAK3 在人和小鼠分布广泛，而 TYK2 仅见于造血细胞、髓样组织和肿瘤细胞等。JAK 的活化在抑制细胞凋亡中起重要作用，过度激活可导致肿瘤发生。JAK 家族有 7 个高度保守的结构域（JAK homology domains，JH），JAK 结构的主要特征是存在 JH1 和 JH2 功能域，不存在 SH1 和 SH2 功能域。

2. JAK 家族与细胞因子受体的联系方式 根据细胞因子受体结构，JAK 与受体联系的方式分为三类。第一类为单链受体，其近膜保守域主要与 JAK1、JAK2 联系，如 G-CSF、GH 等受体。第二类由两条链构成，即一条与配体结合的 A 链，一条信号转导链 Bc 链，其近膜保守域主要与 JAK2 相联系；有 gp-130 链的受体可激活 Tyk2、JAK1 和 JAK2。第三类至少由两条链构成，且其中有两条链均参与信号转导。IL-2 受体由 α、β、γc 3 条链构成，至少两条链的胞质域参与信号转导；JAK1 与 β 链或 α 链相联系，而 JAK3 只与 γc 链相联系。已知多种细胞因子可活化 JAK 家族成员。

3. STAT 家族（STAT） STAT 家族是含有 750~850 个氨基酸的蛋白质，分子质量为 84~113kDa。在人和动物已发现有 8 个 STAT，其中 7 个在哺乳动物，分别为 STAT1、STAT2、STAT3、STAT4、STAT5a、STAT5b 和 STAT6，1 个在果蝇纲（Drosophila）。STAT 分布于多种类型的组织和细胞，在小鼠发育早期，STAT1 存在于蜕膜内，STAT3 存在于蜕膜和内脏内胚层，STAT2 和 STAT6 分布广泛，STAT4 主要分布于骨髓细胞、睾丸和淋巴细胞，STAT5 存在于其他组织和髓类细胞等。STAT 分子功能区包括：①SH2 结构域，核心序列为 GTFLLFS（E/D），SH2 介导 STAT 与活化受体的酪氨酸残基相结合，并且 STAT 可形成二聚体；SH3 结构域能与富含 pro 的位点结合；②C 端，为转录激活结构域，其中的磷酸丝氨酸决定 STAT 的核转位，其只见于 STAT1、STAT3、STAT4、STAT5a 和 STAT5b。N 端，其 VTTE 保守序列存在于所有 STAT，参与 DNA 结合，如发生微小缺失，会使 STAT

失去被磷酸化的能力;③DNA 结合区,其决定 STAT 与 DNA 结合;④酪氨酸磷酸化位点,位于所有 STAT 的 701 位氨基酸上,当其磷酸化时,STAT 呈活化状态。STAT 是一种能与靶基因调控区 DNA 结合的胞质蛋白家族,它与酪氨酸磷酸化信号偶联,发挥转录调控作用。已知多种细胞因子可通过 JAK 活化 STAT 家族不同成员。

二、JAK/STAT 信号转导途径激活基本过程

细胞膜上的细胞因子受体与相应的配体结合后,形成同源或异源二聚体,使胞质内 JAK 处于适当的空间位置而相互磷酸化,活化后的激酶使受体链酪氨酸残基磷酸化。STAT 通过 SH2 结构域将 STAT 补位到受体复合物的酪氨酸磷酸化特异位点,此时 JAK 接近 STAT 并使 STAT 的 1 个羟基酪氨酸磷酸化,从而激活 STAT。目前已知有多种细胞因子(IFN、IL-2、IL-4、IL-6、CNTF 等)、生长因子(EGF、PDGF、CSF 等)通过 JAK/STAT 途径进行信号转导,该途径已经成为细胞因子信息内传最重要的一条通道。细胞因子与受体结合后,使其二聚体化,JAK 相互靠近、磷酸化,使受体上的酪氨酸残基也磷酸化,通过 STAT 形成二聚体后,STAT 与受体分离并转位到核内,结合到 DNA 序列,从而调控基因表达。但 JAK 并非唯一能激活 STAT 的酪氨酸激酶,EGF、PDGF 受体由于自身具有酪氨酸激酶活性,也能直接将 STAT 磷酸化而无需 JAK 参与。甚至 STAT 无需与受体结合也能被激活;将所有相关受体中的酪氨酸突变后,配体仍能诱导 STAT 的磷酸化。因此,除 JAK 以外的酪氨酸激酶很可能不需受体就能直接磷酸化 STAT。近来研究发现,STAT 蛋白 C 端有 MAPK 的作用位点,可被 MAPK 活化。在 IFN 刺激活化的细胞中,阻断 MAPK 的作用后,STAT 的转录活性明显降低,表明 STAT 可能是 MAPK 的底物。

三、JAK/STAT 信号途径的调节

JAK/STAT 通路激活机制阐明后,其调控机制的研究便成为热点。目前研究发现细胞因子信号转导抑制蛋白(suppressors of cytokine signaling,SOCS)家族、PIAS(protein inhibitor of activated STAT)家族、蛋白酪氨酸磷酸酶(protein tyrosine phosphatase,PTP)、STAT 的丝氨酸磷酸化、泛素依赖的蛋白水解酶、天然 STAT 突变体等多种因素可能参与了 JAK/STAT 信号转导的调控。

1. SOCS 家族 SOCS 家族至少由 8 个成员组成:SOCS1~SOCS7 及细胞因子可诱导含 SH2 蛋白(cytokine-inducible SH2 protein,CIS),其功能正被研究人员广泛关注,对 CIS、SOCS-1、SOCS-2 和 SOCS-3 进行了较深入的研究,而对其他 4 种 SOCS 蛋白则研究较少。但总体说来,SOCS 无论是在体内或体外均可抑制细胞因子信号转导,被认为是细胞因子信号转导的抑制因子。SOCS 抑制细胞因子信号转导的可能机制有 3 种。①抑制 JAK 的磷酸化活化:研究表明 SOCS-1 能与 JAK 激酶家族的 4 个成员结合,抑制其磷酸化及接触性活化;②抑制 STAT 的磷酸化活化:与 SOCS-1、SOCS-3 不同,CIS 则能与 STAT 分子竞争结合磷酸化的细胞因子受体胞质区,从而阻止 STAT 的磷酸化活化;③SOCS 介导信号蛋白依赖蛋白酶体的降解过程:SOCS 分子羧基端的 SOCS 盒可以介导 SOCS 蛋白与 elogin BC 复合物的结合,后者又与 cullin2(一种 E3 泛素连接酶)结合,而 SOCS 蛋白可以借其 SH2 结构域与其他活化的信号蛋白结合,因此 SOCS 可能作为一种接头蛋白使信号蛋白和 cullin2 相互靠近,进而使信号蛋白发生泛素化并进一步被蛋白酶体降解,在此过程中 SOCS

蛋白本身也被降解。

2. PIAS 家族 PIAS 家族包括 PIAS1、PIAS3、PIASx（PIASxA、PIASxB）、PIASy，其中 PIAS1 和 PIAS3 分别为 STAT1、STAT3 的特异性抑制子。PIAS 对 STAT 的这种抑制作用一方面是通过与二聚化的 STAT 结合、掩盖 STAT 的 DNA 结合区；另一方面是通过与 STAT 单体结合阻碍其二聚化而实现。与 SOCS 家族不同，PIAS 蛋白的产生不受细胞因子的诱导，而天然存在于胞质中，持续调节活化的 STAT 的数量，从而调节相应细胞因子的生物学活性。

3. PTP 家族 PTP 是最简单的负调节因子，它可以阻断 JAK 活性。研究证明 JAK/STAT 信号途径还存在一种重要的负性调节机制，这种机制中需要激活含 tandem SH2 结构域 SHP-1，以及 SHP-2 的酪氨酸蛋白酶与受体复合物结合。SHP-1 是天然存在于胞质中的一种酪氨酸磷酸酶，SHP-1 发挥作用的基本模式是：细胞因子与其受体结合后引起受体分子的二聚化，使得与受体偶联的 JAK 激酶相互接近并通过交互的酪氨酸磷酸化而活化，活化的 JAK 催化受体本身的酪氨酸磷酸化，同时也形成了磷酸酶 SHP-1 的停靠位点。一旦停靠在该位点，SHP-1 就会催化 JAK 或其他酪氨酸激酶如 Src、c-fms 等的酪氨酸去磷酸化，降低这些激酶的催化活性。另外，研究表明 SHP2 通过使 STAT1 脱磷酸负性调节 INF 诱导的 JAK/STAT 信号通路。SHP2 以酪氨酸磷酸酯酶依赖的方式和 STAT5a 相互作用，体外的酪氨酸磷酸酯酶定量测定显示纯化的 SHP2 直接使 STAT5 脱磷酸化。SHP2 还负性调节 STAT3 的活性，STAT3 是一个非常重要的信号蛋白，参与维持胚胎干细胞的自身更新及细胞因子所产生的造血细胞反应。

4. STAT 的丝氨酸磷酸化 STAT 充分发挥其转录调控功能，酪氨酸磷酸化外，还需要丝氨酸磷酸化，特别是与低亲和力位点的结合。STAT 丝氨酸磷酸化的过程与 ERKMAPK 关系密切。STAT1B 是 STAT1 的另外一种剪接形式，缺乏 STAT1 C 端的 38 个氨基酸残基，无转录活性。据报道，缺失的这一区域含 MAPK 的一致序列，纯化的 MAPK 在体外可使与 STAT1 712～740 个氨基酸残基序列相同的合成肽磷酸化。IFN 刺激后 PI3K 的 p85 调节亚基与酪氨酸磷酸化的 STAT3 结合，随后发生酪氨酸磷酸化。因 PI3K 有内源丝氨酸激酶活性且 PI3K 抑制剂 wortmannin 可抑制 IFN 诱导的慢迁移 STAT3（Ser/Tyr 均磷酸化的 STAT3）形成，故 PI3K 很可能参与 STAT3 的丝氨酸磷酸化。

5. 泛素依赖的蛋白水解酶 泛素依赖的受体降解系统影响着关闭配基-受体结合产生的信号转导。在与 GH 结合后 30min，GH 受体即迅速泛素化并以 GH 依赖的方式降解；若泛素化受阻，则不能观察到 GH 依赖的受体摄入与降解。在核内体/溶酶体功能抑制剂存在时，GH 受体的降解明显受抑，说明降解发生在核内体/溶酶体。泛素依赖的蛋白水解酶也对 JAK/STAT 通路的其他成员进行负调控，STAT 就是一个很好的靶点。不过，蛋白酶仅降解磷酸化的 STAT1，对非磷酸化 STAT1 的量无明显影响。

四、JAK/STAT 信号途径相关疾病

1. JAK/STAT 信号转导途径与肾脏疾病 肾脏组织的纤维化是多种慢性肾脏病进展至终末期肾病（尿毒症）的重要原因。在肾间隙不断增生的纤维和过量细胞外基质蛋白沉积是导致慢性肾脏疾病的一种常见途径。有研究表明，在糖尿病肾病患者的肾间质纤维化中，通过抑制 JAK2/STAT5 信号转导途径的活化，可以抑制细胞增殖，减少肾间质的纤维

化。JAK/STAT 信号转导途径是晚期糖基化终产物诱导正常大鼠肾脏间质成纤维细胞增殖所必需的，高糖环境可以使 JAK2/STAT1 途径活化。在大鼠肾脏间质成纤维细胞中的晚期糖基化终产物，可以增强热休克蛋白 70 与 STAT1、STAT3、STAT5b 之间的作用。JAK2/STAT3 信号通路在肾间质纤维化、细胞外基质蛋白沉积及肾脏炎症的进一步加剧等过程中起重要作用。

2. JAK/STAT 信号转导途径与肝脏疾病 在肝炎性疾病研究中，白细胞介素-4 在重症复发性丙型病毒性肝炎的移植肝中呈过度表达，并使纤维化的进展显著加速，而这一作用的发挥需要白细胞介素-4 与受体结合及 STAT6 的活化。丙型肝炎患者肝组织中 STAT1、STAT2 和 STAT5 呈高表达，而且 STAT1、STAT2 和 STAT5 蛋白水平与肝损伤的增加成正比。在肝细胞纤维化性疾病中，JAK/STAT 途径也能够影响纤维化。瘦素是一类脂性的激素，可促进巨噬细胞和内皮细胞产生 TGF-β_1，活化肝星状细胞，增强肝内纤维化因子活性。肝星状细胞可通过瘦素受体调节表型，而瘦素受体的调节与 JAK/STAT 信号通路途径有关。

3. JAK/STAT 信号转导途径与肺脏疾病 肺纤维化的病理学研究表明，成纤维细胞和其他细胞的组织学位置及起源对其表型和功能可能起着至关重要的作用。有研究发现，在肺纤维化组织中 JAK、STAT1 和 STAT3 过度表达，苦参碱抑制 JAK/STAT 信号通路后，可改善肺纤维化。STAT3 可能在肺纤维化形成前期扮演了重要的角色，可作为治疗靶目标之一。另外，IFN-γ 在肺纤维化性疾病中发挥作用需要 STAT1 活化。白细胞介素-13 在肺成纤维细胞中诱导 JAK/STAT 信号转导途径活化，抑制肺成纤维细胞。由此可知，JAK/STAT 信号通路与肺纤维化有着紧密的联系。

4. JAK/STAT 信号转导途径与血液系统疾病 STAT 在 JAK2 诱导产生的骨髓和淋巴组织增生性疾病的过程中是必不可少的。2006 年，JAK2V617F 等位基因在真性红细胞增多症、原发性血小板增多症、伴有髓样化生的骨髓纤维化患者中被确认。不断活化的 JAK/STAT 信号转导途径在这些患者中是一个重要的致病因素。

5. JAK/STAT 信号转导途径与心血管系统疾病 活性氧来自氧代谢，现在普遍认为活性氧是各种生物过程和病理状态的关键调节剂。活性氧能调节血管发展过程中不同阶段，包括平滑肌细胞分化、血管细胞迁移、内皮祖细胞募集、血管形成。氧化应激是心肌缺血-再灌注损伤的一个重要机制，H_2O_2 可以激活 STAT3。研究显示，用白血病抑制因子（LIF）和 H_2O_2 共同处理细胞模型，LIF 和 H_2O_2 都能促进 STAT3 磷酸化，STAT3 转入核内，但会减慢 STAT3 直接靶基因 SOCS3 表达速度，导致 JAK/STAT 信号通路负反馈作用减弱。心肌梗死后心室壁机械牵拉激活 JAK/STAT 信号通路，引起心肌肥大，抑制 JAK/STAT 信号通路可以抑制心肌肥大和胶原基质沉淀。另外，JAK/STAT 信号通道可以介导血管紧张素 Ⅱ（AngⅡ）触发基因转录，JAK/STAT 信号通路反过来作为一个放大系统，进一步促进肾内 RAS 激活，促使区域性 AngⅡ 合成，增加细胞因子 IL-6、IFN-γ 表达水平，循环性地导致 JAK/STAT 激活，从而导致高血压及高血压组织损伤。

6. JAK/STAT 信号转导途径与神经系统疾病 近年来的研究表明，许多细胞因子（IL-2、IL-4、IL-6、IFN 等）、生长因子（EGF、PDGF、CSF 等）可以通过 JAK/STAT 信号转导通路参与中枢神经系统的发育及神经细胞的生长、分化、凋亡等过程，并与脑卒中、脑肿瘤等中枢神经系统疾病的病理生理过程密切相关。缺血后脑组织中 JAK1、JAK2、

STAT1、STAT3 表达上调，出现脑水肿、梗死面积扩大、神经功能障碍等现象。STAT1、STAT3 的过度活化有促进神经元凋亡的作用，它能降低抗凋亡基因 Bcl-2、Bcl-x 的表达。

JAK/STAT 信号转导途径与多系统疾病之间存在密切关系，对于该信号转导途径的深入研究，不仅可以使我们对于临床各种疾病的发病机制及药物作用机制有更进一步的了解，而且有助于指导临床对各种疾病的预防和治疗产生积极的影响。

第四节 Notch 信号系统

Notch 信号通路发源于 1919 年对果蝇的基因研究，其名称来源于一些缺失的等位基因会导致果蝇翅膀的残缺，两种类型 Notch 配体的名称 Serrate 和 Delta 也同样来源于果蝇翅膀的表型。此后的研究发现，notch 基因突变的果蝇表达一种"神经源性基因"的表型，在上皮组织中神经元数量异常增多。20 世纪 80 年代中期 notch 基因被克隆。Notch 信号通路作为一种进化上相对保守的细胞相互作用机制，维持着细胞增殖、分化、凋亡之间的平衡，对细胞分化命运起决定性作用。

一、Notch 蛋白的基本结构

Notch 蛋白是其基因编码的单链跨膜受体蛋白，果蝇只有 1 种 notch 基因，目前，脊椎动物中共发现了 4 个 notch 同源体，包括 notch1、notch2、notch3 和 notch4。Notch 受体在不同物种之间、同一物种的不同成员之间都有高度的结构同源性，其基本结构分为胞外区、跨膜区和胞内区。Notch 的胞外区包括 29~36 个表皮生长因子样重复序列和 3 个富含半胱氨酸的 notch 重复区，主要功能是和配体结合并激活 notch。Notch 胞内区（ICN）由细胞膜开始依次是 RAM 结构区、6 个细胞分裂周期基因 10 重复区（是激活 Notch 的增强子，在 Notch 信号通路中起重要作用）、2 个核定位信号、谷氨酰胺丰富区和富含 PEST 序列（即富含脯氨酸、谷氨酸、丝氨酸、苏氨酸的区域，与 Notch 受体的稳定性有关）。Notch 配体 Serrate 和 Delta 也是膜蛋白，表达在相邻的细胞膜上，当邻近细胞表面的配体结合 Notch，Notch 的胞内区 ICN 从细胞膜上脱离，ICN 是 Notch 的活化形式，其被转运进入细胞核，激活 notch 诱导基因的转录。

二、参与 Notch 信号通路的其他主要相关分子

1. Notch 配体（DSL 蛋白） 在果蝇中，Notch 有 2 个配体：Delta 和 Serrate，线虫的 notch 配体是 DSL，取 Delta、Serrate、Lag-2 的首写字母，Notch 配体又被称为 DSL 蛋白。DSL 蛋白也是跨膜蛋白，胞外区含数量不等的表皮生长因子 R 结构域和 DSL 结构域。DSL 结构域高度保守，是与 Notch 结合并激活 notch 所必需的。人的 DSL 蛋白有 jagged1、jagged2、Delta2、Delta3 和 Delta4。人的 jagged 配体与果蝇的 Serrate 配体有高度同源性。

2. CSL 蛋白 CS 是 Notch 信号通路的重要调控分子。CSL 是一种 DNA 结合蛋白，在哺乳动物中称 RBP-JK 和 CBF-1，在果蝇中称 Su，在线虫中称 Lag-1。CSL 是 CBF-1、Su、Lag-1 的首字母缩写。CSL 一方面与 ICN 的 RAM 结构域结合，形成 ICN-CSL 复合物；另一方面可与核内特定的 DNA 序列结合，而该序列位于 notch 诱导基因的启动子上，从而激活转录过程。

3. MAML MAML 是 Notch 信号通路的必需成员，它不能直接与 DNA 结合，而与

ICN、CSL、CoA 共同构成 ICN-CSL-MAML-CoA 复合体，起到稳定这个复合体的作用；同时直接与 Notch 的 ANK 结构域结合，起到协同强化转录的作用。

Notch 信号通路见图 31-2。

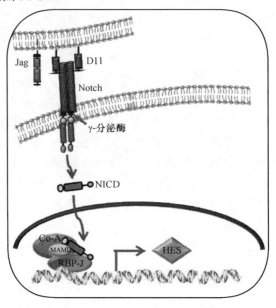

图 31-2　Notch 信号通路

三、Notch 信号通路的激活途径

从无脊椎动物到脊椎动物，Notch 信号通路的成分和活化过程都是高度保守的，Notch 信号转导不需要第二信使的参与。目前研究认为，Notch 信号通路的激活需要经过以下酶切过程：Notch 受体分子前体被高尔基复合体内的 Furin 蛋白酶酶切，酶切位点在 Notch 跨膜区胞外端的 S1 位点，酶切形成胞外亚基（extracellular notch subunit，ECN）和跨膜亚基（notch transmembrane subunit，NTM），两个亚基通过一种 Ca^{2+} 依赖的非共价键结合在一起，形成异二聚体形式的成熟 Notch 受体，转运至细胞膜上。配体与受体结合后，跨膜亚基（NTM）对蛋白酶的作用更为敏感，来自 ADAM（adisintegrin and metaloprotease）金属蛋白酶家族的肿瘤坏死因子-α-转换酶（tumor necrosis factor-α-converting enzyme，TACE）或 Kuz（Kuzbanian）在 S2 位点切割 NTM，导致 ECN 从膜上游离，产生膜性锚定 Notch 细胞外截短片段（NEXT），随后由早老素（presenilin，PS）、nicastrin、APH-1 和 PEN-2 组成的复合体产生γ-分泌酶活性。NEXT 是γ-分泌酶复合体的一个底物，γ-分泌酶在位点 S3 到位点 S4 依次切割 NEXT，释放出 Notch 的细胞内结构域（NICD）及 Nβ肽，NICD 转移至细胞核内，通过 RAM23 区域和锚蛋白重复序列与核内的 CSL 结合。CSL 是脊椎动物中的 CBF1/RBP-Jκ、果蝇的 Su（H）和线虫的 Lag-1 等转录因子的缩写，CSL 通过其 Rel 同源区 N 端的β折叠结构域（RHR-n）与 Notch 的活化形式 NICD 结合形成 NICD-CSL 复合体，此复合体再通过 CSL 分子的 Rel 同源区（RHR）及其 N 端的 31~435 位氨基酸残基与 GTGGGAA 序列结合，进而激活靶基因的表达。Notch 信号的靶基因多为碱性螺旋-环-螺旋（bHLH）家族转录因子，如哺乳动物中的 Hes 和 Hes 相关抑制蛋白（HERP）

的各种转录因子、果蝇中的 E（Spl）及非洲爪蟾中的 XHey-1 等。这些基因主要是编码核碱性螺旋-环-螺旋（bHLH）转录调节因子家族如 Mash1、NeuroD 和 Ngns（neurogenins）等的抑制性调节因子。Mash1、NeuroD 和 Ngn1 等的基因产物是神经元分化基因的转录因子，提高细胞对分化信号的内源性反应能力而向神经元分化。Notch 的活化使 Mash1、NeuroD 和 Ngn1 蛋白的功能下降，抑制前体细胞分化为神经元。另外，Notch 还可和 Groucho 蛋白一起抑制 Ac-Sc 和 MyoD 等前神经元基因，而 Ac-Sc 基因产物是将神经系统和上皮系统进行分离的 ASC 蛋白，MyoD 产物的功能也为促进干细胞向神经元方向分化。因而 Notch 的活化可以抑制未分化的前体细胞向神经细胞特异分化。最后在这些邻近细胞中，主要表达 Delta 配体的细胞为"发放信号"的细胞，向神经元方向分化，而其周围主要表达 Notch 受体的细胞为"接收信号"的细胞，抑制其分化为神经细胞，但仍保持进行各种分化的活性状态，一丛细胞中的不同细胞系因此得以分隔。除抑制细胞向神经元方向分化以外，Notch 还可明显促进细胞增殖和向星形胶质细胞方向的发育。

四、Notch 信号通路的功能

Notch/Delta 信号通路通过短距离-邻近细胞间相互作用来精确调控各谱系细胞分化，在细胞分化中起着关键作用。研究表明，相邻细胞可以通过 Notch 受体与配体的结合传递 Notch 信号，从而扩大并固化细胞间的分子差异，最终决定细胞命运，影响器官形成和形态发生。Notch 信号通路对血管的发生、发展，包括细胞增殖、迁移、平滑肌分化、血管生成、动静脉分化等多个方面也有重要调控功能。近年的研究发现，Notch 信号功能失常可导致一系列的发育紊乱，Notch 信号改变与肿瘤、遗传性疾病、神经退行性疾病及心血管病变等多种疾病的发生、发展有密切关系。

Notch 信号途径的相关研究已经成为目前最热门的课题之一。进一步探明 Notch 信号途径及各种调节过程，在器官发育、移植排斥、过敏反应及自身免疫性疾病中均具有潜在的应用价值。

（党双锁）

参 考 文 献

Babon JJ, Kershaw NJ, Murphy JM, et al. 2012. Suppression of cytokine signaling by SOCS3: characterization of the mode of inhibition and the basis of its specificity. Immunity, 36: 239~250.

Bae EH, Kim IJ, Ma SK, et al. 2010. Rosiglitazone prevents the progression of renal injury in DOCA-salt hypertensive rats. Hypertens Res, 33: 255~262.

Bi WR, Yang CQ, Shi Q. 2012. Transforming growth factor-beta1 induced epithelial-mesenchymal transition in hepatic fibrosis. Hepatogastroenterology, 59: 1960~1963.

Cimen I, Astarci E, Banerjee S. 2011. 15-lipoxygenase-1 exerts its tumor suppressive role by inhibiting nuclear factor-kappa B via activation of PPAR gamma. J Cell Biochem, 112: 2490~2501.

Ding Y, Choi ME. 2014. Regulation of autophagy by TGF-β: emerging role in kidney fibrosis. Semin Nephrol, 34: 62~71.

Dooley S, Dijke P ten. 2012. TGF-beta in progression of liver disease. Cell Tissue Res, 347: 245~256.

Elpek GÖ. 2014. Cellular and molecular mechanisms in the pathogenesis of liver fibrosis: An update. World Journal of Gastroenterology, 20: 7260~7276.

Frias MA, Lecour S, James RW, et al. 2012. High density lipoprotein/sphingosine-1-phosphate- induced cardioprotection: Role of STAT3 as part of the SAFE pathway. JAK-STAT, 1: 92.

Gil AP, Kostopoulou E, Karageorgou I, et al. 2012. Increased growth hormone receptor(GHR)degradation due to over-expression of cytokine inducible SH_2 domain-containing protein(CIS)as a cause of GH transduction defect(GHTD). J Pediatr Endocrinol Metab, 25: 897~908.

Gottfried E, Rogenhofer S, Waibel H, et al. 2011. Pioglitazone modulates tumor cell metabolism and proliferation in multicellular tumor spheroids. Cancer Chemoth Pharm, 67: 117~126.

Hata A, Chen YG. 2016. TGF-β signaling from receptors to Smads. Cold Spring Harb Perspect Biol, 8: a022061.

Hovater MB, Sande BPW. 2012. Effect of dietary salt on regulation of TGF in the kidney. Semin Nephrol, 32: 269~276.

Hu ZC, Shi F, Liu P, et al. 2017. TIEG1 represses Smad7-mediated activation of TGF-$β_1$/Smad signaling in keloid pathogenesis. J Invest Dermatol, 17: 30016~30017.

Katayama Y, Inaba T, Nito C, et al. 2014. Neuroprotective effects of erythromycin on cerebral ischemia reperfusion-injury and cell viability after oxygen-glucose deprivation in cultured neuronal cells. Brain Res, 9: 159~167.

Kershaw NJ, Murphy JM, Liau NP, et al. 2013. SOCS3 binds specific receptor-JAK complexes to control cytokine signaling by directkinase inhibition. Nature Structural & Nolecular Biology, 20: 469~476.

Kershaw NJ, Murphy JM, Lucet IS, et al. 2013. Regulation of Janus kinases by SOCS proteins. Biochem Soc Trans, 41: 1042~1047.

Kuratsune M, Masaki T, Hirai T, et al. 2007. Signal transducer and activator of transcription 3 involvement in the development of renal interstitial fibrosis after unilateral ureteral obstruction. Nephrology, 12: 565~571.

Lee CH, Park OK, Yoo KY, et al. 2011. The role of peroxisome proliferator-activated receptorγ, and effects of its agonist, rosiglitazone, on transite cerebral ischemic damage. J Neurol Sci, 300: 120~129.

Li J, Dong Y, Chen H, et al. 2012. Protective effects of hydrogen-rich saline in a rat model of permanent focal cerebral ischemia via reducing oxidative stress and inflammatory cytokines. Brain Res, 1486: 103~111.

Liu Y, Dai B, Fu L, et al. 2010. Rosiglitazone inhibits cell proliferation by inducing G_1 cell cycle arrest and apoptosis in ADPKD cyst-lining epithelia cells. Basic Clin Pharmacol Toxicol, 106: 523~530.

Lu W, Gong D, Bar-Sagi D, et al. 2001. Site-specific incorporation of a phosphotyrosine mimetic reveals a role for tyrosine phosphorylation of SHP-2 in cell signaling. Molecular Cell, 8: 759~769.

Ma X, Chen R, Liu X, et al. 2013. Effects of matrine on JAK-STAT signaling transduction pathways in bleomycin-induced pulmonary fibrosis. Afr J Tradit Complement Altern Med, 10: 442~448.

Massague J. 2012. TGF-β signalling in context. Nat Rev Mol Cell Biol, 13: 616~630.

Moustakas A, Heldin CH. 2009. The regulation of TGF-β signal transduction. Development, 136: 3699~3714.

Nagaraja T, Chen L, Balasubramanian A, et al. 2012. Activation of the connective tissue growth factor (CTGF)-transforming growth factor beta 1(TGF-beta 1)axis in hepatitis C virus-expressing hepatocytes. PLoS One, 7: e46526.

Ng IHW, Yeap YYC, Ong LSR, et al. 2014. Oxidative stress impairs multiple regulatory events to drive persistent cytokine-stimulated STAT3 phosphorylation. Biochim Biophys Acta,1843:483~494.

Ozasa H, Ayaori M, Iizuka M, et al. 2011. Pioglitazone enhances cholesterol efflux from macrophages by increasing ABCA1/ABCG1 expressions via PPARγ/LXRα pathway: findings from in vitro and ex vivo studies. Atherosclerosis,219:141~150.

Peng Y, Lee J, Zhu C, et al. 2010. A novel role for protein inhibitor of activated STAT(PIAS)proteins in modulating the activity of Zimp7, a novel PIAS-like protein, in androgen receptor-mediated transcription. J Biol Chem,285:11465~11475.

Prêle CM, Yao E, O'Donoghue RJ, et al. 2012. STAT3: a central mediator of pulmonary fibrosis? Proc Ameri Thorac Soci,9:177~182.

Quintas-Cardama A, Verstovsek S. 2013. Molecular pathways: Jak/STAT pathway: mutations, inhibitors, and resistance. Clin Cancer Res,19:1933~1940.

Rd BF, Alpers CE. 2013. New targets for treatment of diabetic nephropathy: what we have learned from animal models. Current Opinion in Nephrology & Hypertension,22:17~25.

Satou R, Gonzalezvillalobos RA. 2012. JAK-STAT and the renin-angiotensin system: The role of the JAK-STAT pathway in blood pressure and intrarenal renin-angiotensin system regulation. JAK-STAT,1:250.

Scharpfenecker M, Floot B, Russell N, et al. 2012. The TGF-β coreceptor endoglin regulates macrophage infiltration and cytokine production in the irradiated mouse kidney. Radiother Oncol,105:313~320.

Trengove MC, Ward AC. 2013. SOCS proteins in development and disease. Am J Clin Exp Immunol,2:1~29.

Wan Y, Evans RM. 2009. Rosiglitazone activation of PPARγ suppresses fractalkine signaling. J Mol Endocrinol,44:135~142.

Weiss A, Attisano L. 2013. The TGF-β superfamily signaling pathway. Wiley Interdiscip Rev Dev Biol,2:47-63.

Xu F, Liu C, Zhou D, et al. 2016. TGF-β/SMAD pathway and its regulation in hepatic fibrosis. J Histochem Cytochem,64:157~167.

Xu P, Liu J, Derynck R. 2012. Post-translational regulation of TGF-β receptor and Smad signaling. FEBS,586:1871~1884.

Zhang S, Liu X, Goldstein S, et al. 2012. Role of the JAK/STAT signaling pathway in the pathogenesis of acute myocardial infarction in rats and its effect on NF-κB expression. Molecular Medicine Reports,7:93~98.

Zhang Y, Hu N, Hua Y, et al. 2012. Cardiac overexpression of metallothionein rescues cold exposure-induced myocardial contractile dysfunction through attenuation of cardiac fibrosis despite cardiomyocyte mechanical anomalies. Free Radic Biol Med,53:194~207.

Zhang Y, Wang S, Liu S, et al. 2015. Role of Smad signaling in kidney disease. Int Urol Nephrol,47:1965~1975.

Zhang YE. 2017. Non-Smad signaling pathways of the TGF-β family. Cold Spring Harb Perspect Biol,9:a022129.

Zhou Y, Yan H, Guo M, et al. 2013. Reactive oxygen species in vascular formation and development. Oxid Med & Cell Longev,9:374963.

第三十二章 细胞因子与细胞外基质代谢

第一节 参与细胞外基质合成及分解代谢的细胞因子及其作用

细胞因子是由活化的免疫细胞和某些基质细胞分泌、介导与调节免疫和炎症反应的小分子多肽，是除免疫球蛋白和补体外的另一类非特异性免疫效应物质。它包括由淋巴细胞产生的淋巴因子（lymphokine）和由单核/巨噬细胞产生的单核因子（monokine）等。细胞因子是对由多种细胞，特别是活化的免疫细胞分泌的、介导细胞与细胞相互作用、具有多种生物学功能的小分子多肽物质的统称。根据细胞因子在炎症反应中的不同作用将其分为促炎细胞因子和抗炎细胞因子。促炎细胞因子也称致炎因子，包括 TNF-α、IL（包括 IL-1、IL-6、IL-8、IL-12 等）、干扰素γ（IFN-γ）、集落刺激因子（CSF）等，与炎症的发生、发展密切相关。抗炎细胞因子也称抗炎因子，包括 IL-2、IL-4、IL-10、IL-13、脂联素（adiponectin）、TGF-β、IL-1 受体抗体（IL-1ra）等。

基质金属蛋白酶/金属蛋白酶组织抑制因子（MMP/TIMP）系统对 ECM 的代谢进行直接的调控，而这种调控作用又受局部细胞因子的影响。MMP-3 为 MMP 家族中基质溶解素类的一种，又称基质溶解素 1（stromelysin-1），其作用底物广泛，不仅可以单独降解构成 ECM 的大部分成分，而且可以激活 MMP-1、MMP-8 及 MMP-9 等基质金属蛋白酶的活性，共同参与 ECM 的代谢过程。

肝纤维化（hepatic fibrosis）是指肝脏内弥漫性 ECM 过度沉积的病理过程。与肝纤维化发生有关的细胞因子简称肝纤维化相关性细胞因子，根据细胞因子对 HSC 增殖、分化和 ECM 合成的影响，可将肝纤维化相关性细胞因子分为刺激因子和抑制因子两大类。刺激因子又分为两类。①直接刺激因子，包括 TGF-β、PDGF、IGF-1、EGF、FGF 等，其中 TGF-β在肝纤维化形成中的作用最重要。这些细胞因子主要通过增加 HSC 的 ECM 基因表达和翻译或刺激 HSC 增殖、分化起作用。②间接刺激因子，包括 TNF-α、IL-4、IL-6、IL-8、PAF 等，通过促进炎症反应或作为巨噬细胞、HSC 增殖和活化的刺激物，间接促进肝纤维化形成。抑制因子主要通过抑制 HSC 增殖和 ECM 合成而起作用，如 IFN-α、IFN-β、IFN-γ及 IL-10 等，其中 IFN-γ的作用最为突出。肝星状细胞（HSC）被认为是 ECM 的主要来源细胞，在肝纤维化发生、发展中起着关键作用。另外，各种病因引起肝细胞损伤时，库普弗细胞、肝窦内皮细胞等分泌一系列细胞因子，通过旁分泌和自分泌方式作用于邻近的 HSC，影响其增殖、趋化和 ECM 代谢。现已有研究明确肝星状细胞的活化是肝纤维化的关键环节，众多的细胞及细胞因子参与了这一系列变化过程：肝细胞受损伤是肝纤维化的重要启动因素，它可以产生脂质过氧化产物、TGF-α、IGF-1、成纤维细胞生长因子（FGF）、凝血酶等激活 HSC。窦内皮细胞在肝损害早期即产生细胞型纤维粘连蛋白、血小板源生长因子（PDGF）、FGF、TGF-α及内毒素-1（ET-1）等激活 HSC。还可以通过激活纤溶酶参与 TGF-β 由无活性形式转换为活性形式；此外，窦内皮细胞尚可产生纤溶酶原激活抑制因子（PAD）使 ECM 降解减少。肝损伤后库普弗细胞被激活，可释放大量细胞因子包括 TGF-α、TGF-β、PDGF、TNF-α 及 IL-1、IL-6 等，刺激 HSC 转化、增殖和合成 ECM。其产生的活性氧及明胶酶 B（MMP-9）降解Ⅳ型胶原的产物，均可激活 HSC。该细胞亦是启动 HSC 激活或肝纤维化发生的重要因素。肝脏因炎症、坏死而浸润的单核细胞可产生 TGF-α、TGF-β 和 PDGF 等细胞因子，促进 HSC 增殖和 ECM 合成；中性粒细胞可产生活性氧激活 HSC，并使血小板聚集和裂解；血小板裂解可释出 PDGF、TGF-$β_1$ 和表皮生长因子（EGF）等多种重要介质，刺激 HSC 增殖和 ECM 合成。静息状态的 HSC 可表达少量肝细胞生长因子（HGF）、EGF 和集落刺激因子-1（CSF-1），但激活早期的 HSC 或 MFBLC 则产生多种细胞因子如 TGF-$β_1$、TGF-α、PDGF、FGF、ET-1、IGF-1、PAF 等，不仅促进自身增殖和 ECM 合成，而且可刺激其周围 HSC 激活。此外，激活的 HSC 还产生 MCP-1、细胞因子诱导的中性粒细胞等炎性趋化因子，加重肝损伤时的炎症反应。现就国内外研究较多的参与细胞外基质合成及分解代谢的细胞因子作简要介绍。

1. TGF-β　TGF-β 是由两条分子质量为 12.5kDa 的肽链构成的二聚体分子，每条肽链均含 112 个氨基酸。TGF-β 有 5 种同分异构体，其中 3 种存在于哺乳动物中，即 TGF-$β_1$、TGF-$β_2$ 和 TGF-$β_3$，它们中 70%～80% 的氨基酸序列相同，这些同分异构体的 TGF-β 分别由不同基因进行编码。它既可促进细胞外基质的合成，又可抑制其降解，在 HSC 激活过程中亦起重要作用。目前的研究表明，TGF-β 同肝纤维化和肾脏肾小球硬化及肾间质纤维化密切相关：①TGF-β 能刺激间质成纤维细胞合成及分泌 ECM，并能抑制基质降解酶如 MMP，促进酶抑制剂如纤溶酶原激活物抑制剂 1 及金属蛋白酶组织抑制剂合成而阻止 ECM 降解；②能刺激细胞合成 ECM 的受体整合素，增强细胞与 ECM 间相互作用；③能促进细胞转化成肌成纤维细胞（表达 α-平滑肌肌动蛋白），进而合成及分泌间质胶原（胶原Ⅰ、Ⅲ）；④TGF-β 还能趋化循环中单核细胞，并刺激肾小球细胞合成炎症介质（如内皮素-1、血小板源生长因子及 TGF-β 自身），加重炎症反应。上述各种作用均能最终促进 ECM 积聚。动物活体实验表明，敲除了 Smad-3（TGF-β 受体的下游转录因子）的大鼠没有发展为肝纤维化。另外，阻断 TGF-β 的活性能有效地抑制各种器官对损伤所产生的纤维化反应。同样，在转基因动物中，TGF-$β_1$ 的表达可以增强器官的纤维化反应。因此，阻断 TGF-$β_1$ 活性的试剂，如可溶性 TGF-$β_1$ 受体等被认为可能是抗纤维化治疗的潜在方法。但 Goldschmeding 等报道，若将小鼠 TGF-β 基因敲除，TGF-β 活性完全消失后，小鼠即会出现致死性高炎症反应，提示 TGF-β 除有促 ECM 积聚的不良效应外，还具有其他有益效应。因此，无选择地阻断多效应因子 TGF-β 并非抗间质纤维化的最好办法，还需寻找其他途径。此外，TGF-β 不仅可以促进 ECM 的合成，还可以协调与纤维化相关的各种关键性蛋白的表达。

2. 骨成形蛋白-7（BMP-7）　BMP 为 TGF-β 超家族成员。人 BMP-7 基因定位于 2 号染色体，其 cDNA 的编码区有 1293 个碱基，编码的多肽产物由 431 个氨基酸组成。其前体分子约为成熟分子 3 倍大小，前体分子经酶解后再通过二硫键结合，形成成熟的 BMP-7 二聚体分子。比较氨基酸序列，发现 BMP-7 与 TGF-β 的同源性为 38%。前文已叙，TGF-β 超家族成员的受体有Ⅰ型和Ⅱ型两种，BMP-7 先与Ⅱ型受体结合，再结合Ⅰ型受体使其磷酸化，磷酸化的Ⅰ型受体作用于 Smad-1 或 Smad-5 再结合 Smad-4 形成复合体，最后移位到细胞核内，启动特定基因引起生物学效应。BMP-7 能拮抗 TGF-β 的促 ECM 蓄积作用，抑制硬化及纤维化发生。Wang 等发现 BMP-7 可使近端肾小管细胞的 Erk1 和 Erk2 迅速磷酸化，磷酸化后激活的 Erk1 可进而抑制 Smad-2 和 Smad-3 在细胞核内的转移，从而阻断了 TGF-β 的信号转导。Itoh 等发现 BMP-7 可使 Smad-6 表达增加，而 Smad-6 作为抑制性 Smad，可与 TGF-β 激活的 I 型受体结合而抑制其信号转导，阻抗 TGF-β 的促 ECM 蓄积效应。此外，Wang 等发现中和 BMP-7 生物学作用后，体外培养的小鼠近端肾小管上皮细胞 FN mRNA 表达增加了 35%，胶原 III 的 α_1 链 mRNA 表达也有所增加。BMP-7 的这些抗 TGF-β 及抗 ECM 蓄积效应均可能参与了肾脏保护作用。此外，Lund 等应用基因微阵列和反转录聚合酶链反应（RT-PCR）法分析 BMP-7 对近端肾小管上皮细胞的作用，发现 BMP7 能明显下调白细胞介素-6（IL-6）及 IL-1β 等细胞因子基因表达，下调单核细胞趋化蛋白 1（MCP-1）及 IL-8 等趋化因子基因表达，以及下调细胞间黏附分子-1（ICAM-1）基因表达，经此途径也能减轻炎症反应，最终减轻纤维化发生。

3. 血小板源生长因子（PDGF） 是目前已知的 HSC 最强的促分裂素，以激活 HSC 并促进其增殖、转化为主，也可促进其产生胶原，它的主要作用是使处于静止期的 G_0 期细胞通过转化进入 G_1 期及 S 期，继而进行 DNA 复制。王爱民等报道称 PDGF 争抢 HSC、MMP-3 及 TIMP-1 基因的表达从而影响降解过程，但其具体的机制尚不十分清楚。研究证实，静止的 HSC 无 PDGF 受体表达，只有活化的 HSC 才表达 PDGF 受体。PDGF 除促使 HSC 增殖外，也促使 HSC 向损害部位迁移，诱导 ECM 合成与分泌 TGF-β 等细胞因子。PDGF 是 sis 原癌基因表达产物，由 A、B 两条肽链组成，形成 3 种亚型，其中 PDGF-BB 对促进肝纤维化形成的作用尤为突出。抑制 PDGF 的产生或对其作用进行拮抗是抗肝纤维化的重要途径。对 HSC 体内、外研究证实，选择性地以 PDGF 受体作为靶标，拮抗其作用被认为是延缓肝纤维化进展方面很有价值的策略。Borkham-Kamphorst 等研究发现，可溶性 PDGF 受体可以降低 I 型胶原信使核糖核酸的表达，抑制 PDGF-BB 产生的自分泌，有效抑制 HSC 的活化。因而认为，采用抗 PDGF 治疗可能干预肝纤维化的过程。

4. 表皮生长因子（EGF） EGF 是一种强烈的促多种细胞增殖的有丝分裂原，当其与受体结合后，可诱导受体蛋白聚合形成二聚体，发挥一系列的生物学作用。肝硬化时，EGF 表达上调是主要特征，而且上调的 EGF 主要分布于再生的肝小叶和胆管上皮细胞，说明硬化肝脏中肝小叶的再生可能是一个自分泌过程。EGF 除了刺激肝细胞和胆管上皮细胞增殖外，也具有促进 HSC 分裂增殖的能力。

5. 肝细胞生长因子（HGF） HGF 由非实质细胞如 HSC、窦状内皮细胞产生，它作为肝细胞的有丝分裂蛋白和 c-Met 原癌基因产物的配体，在刺激肝细胞增殖上起重要作用。在 mRNA 水平上，HGF 可下调前胶原 TGF-β_1，并能抑制 TGF-β_1 表达，促进肝细胞再生，抑制肝细胞凋亡。HGF 不但能增加沉积胶原的转移、加速肝脏功能的正常化，还可促进转录调节因子 ets 的表达，通过其上调胶原酶 I、尿激酶原基因的表达并增强其活性，从而促进 ECM 的降解。已有的研究表明，应用 HGF 转基因治疗肝硬化具有良好的应用前景，它通过抑制 TGF-β 表达，减少前胶原产生，降解已形成的胶原纤维及抑制肝细胞凋亡，刺激肝细胞再生，从而提高生存率。

6. 结缔组织生长因子（CTGF） CTG 是一个由 349 个氨基酸组成的、分子质量为 36~38kDa 的多肽，富含半胱氨酸，属 CCN 家族，是一种新型细胞因子。人类 CTGF 基因定位于染色体 6q23.1，含有 5 个外显子和 4 个内含子，其 mRNA 长 2.4kb。现知 CTGF

是 TGF-β 发挥生物学效应的一个下游因子，是 TGF-β 致纤维化的标志。CTGF 广泛存在于多种器官组织中，肾脏含量尤高，正常肝组织中仅在门管区梭状细胞中检测到少量 CTGF mRNA。有研究发现，与正常肝组织比较，硬化的肝组织内 CTGF mRNA 与 TGF-$β_1$ mRNA 表达分别增加 6.5 倍和 7.8 倍，两者上升水平与病理上肝硬化进展程度呈平行关系。CTGF 是 TGF-β 的下游效应介质，可以介导 TGF-β 的促细胞外基质效应。实验研究提示，CTGF 能诱导成纤维细胞增生和分泌细胞外基质，参与调节细胞增生、分化、胚胎发育及伤口愈合。CTGF 能通过促进成纤维细胞增殖、ECM 合成、诱导细胞凋亡及血管成型而在肾脏炎症、肾小球硬化及肾间质纤维化发生过程中发挥重要作用。目前认为，HSC 是 CTGF 的重要来源，原位杂交结果显示，CTGF mRNA 在肝纤维间隔和窦状的 HSC 内均有高度表达，且明显受控于 HSC。在体外研究中，采用 DNA 印迹法发现，CTGF mRNA 的表达在培养大鼠的 HSC 活化过程中逐渐升高；蛋白质印迹法也可以证实，经培养并已活化的 HSC 比刚分离的 HSC 分泌更多的 CGTF。Riser 等发现 CTGF 能刺激体外培养的大鼠肾小球系膜细胞合成胶原 Ⅰ、Ⅳ 及 LN；Gore-Hyer 等发现 CTGF 均能刺激体外培养的人肾小球系膜细胞高表达胶原蛋白；Duncan 等利用体外培养的成纤维细胞进行实验，证实 TGF-β 刺激该细胞产生胶原 Ⅰ 的效应系由 CTGF 介导。Riser 等在 db/db 小鼠糖尿病模型观察到，糖尿病、肾病早期（系膜区轻度增宽，尚无蛋白尿时）肾小球系膜区的 CTGF mRNA 表达即已较对照组增高 28 倍，也支持 CTGF 与肾小球 ECM 蓄积相关。

7. TNF-α TNF-α 主要由单核巨噬细胞、HSC、库普弗细胞等产生，具有促炎症活动及细胞毒性作用。TNF-α 是一个重要的细胞因子，在各种原因引起的肝脏损伤、HSC 活化以及肝细胞再生过程中均发挥重要作用。TNF-α 与其他细胞因子如 TGF-β、PDGF、IL-1 等形成调节网络，对肝纤维化的启动及调控起重要作用。TNF-α 可促进肝内成纤维细胞增殖，并促使其向肌成纤维细胞的转化，对成纤维细胞的胶原合成有促进作用。TNF-α 是一种有免疫活性的细胞因子，它不仅与 IL-6、IL-1 形成重要的炎症介质，而且还能刺激 HSC 细胞的增殖，促使 HSC 产生 ECM。据报道，TNF-α 能促使活化的 HSC 自分泌多种细胞因子，如 IL-6、IL-1、EGF、ET-1、TGF 等，后者活化 HSC，使其产生大量的 ECM，加重肝纤维化的进展。因此减少 TNF-α 的合成或拮抗其作用可以显著降低各种原因所致的肝脏损伤程度，这在动物实验中得到验证。另外，Prosser 等报道 TNF-α 可以诱发细胞凋亡。凋亡过程进一步加重肝脏损伤，其中有毒性的细胞因子或化学因子在损伤过程中发挥重要的调解作用。因此抑制凋亡的发生可以减轻肝脏损伤，同时延缓或阻止肝纤维化的进展。

8. 内皮素（ET） ET 是一种内皮衍生的血管收缩因子，共有 3 种亚型，即 ET-1、ET-2 和 ET-3。作为一种旁分泌和（或）自分泌激素，其生物学效应首先是与靶细胞上内皮素受体结合，然后启动一系列细胞化学过程。肝脏内多数细胞可以表达 ET 受体，包括 HSC、内皮细胞和库普弗细胞，其中 HSC 上受体数目最多。ET 及其受体在肝脏中发挥多种生物学效应。首先，ET 作为一种强烈的血管收缩因子，在肝脏的血流调节中发挥重要作用，ET-1 也可以引起肝窦的直接收缩。其次，ET 在肝脏生化反应中也具有重要作用，可引起肝糖原分解减少、胆汁流减少、肝脏缺血缺氧等。此外，ET 在细胞生长和 DNA 合成中也具有明显作用。

9. 干扰素（IFN） IFN 是可溶性细胞外信号蛋白。以前仅知其干扰病毒复制的作用，现在它的多种作用已被发现。IFN 分为 Ⅰ 型（IFN-α、INF-β、IFN-ω）、Ⅱ 型（INF-γ）和 Ⅲ 型（IFN-λ）。Ⅰ 型 IFN 共用一种受体，Ⅱ 型 IFN 结合另一种受体。当机体遭受病毒感染时，细胞合成 IFN-α 和 INF-β。当机体遭受各种抗原及有丝分裂原（如葡萄球菌肠毒素 A）刺激时，T 淋巴细胞分泌 INF-γ。对人和动物大量实验研究证实，IFN 还具有抗肝纤维化作用。一些体内试验研究证实，IFN 可以抑制 HSC 活化，促进 HSC 凋亡。人 MFP 体外研究证实，IFN-α 或者 INF-γ 还能够降低 HSC 增殖和（或）ECM 成分的合成。另外，INF-γ 也可以抑制大鼠 HSC 的增势和活化，同时可以抑制 ECM 中蛋白质的合成，包括腔隙基质蛋白和基质膜蛋白。

10. 白细胞介素 10（IL-10） IL-10 是 1989 年由 Firnio 等发现的，主要由 Th2 细胞、巨噬细胞和活化的 B 细胞产生。HSC 活化后也具有分泌 IL-10 的作用，并且其 IL-10 mRNA 表达明显高于静止的 HSC，在受 TNF-α、TNF-β 等刺激后表达进一步上调。IL-10 与间质胶原酶表达呈正相关，而与 I 型胶原 mRNA 呈负相关。用 IL-10 抗体与 HSC 共同培养，其合成胶原能力明显增强，而用 IL-10 表达载体转染 HSC 后，其合成胶原能力受抑制，表明活化的 HSC 可通过自分泌 IL-10 抑制 I 型胶原转录并刺激胶原酶产生而对肝纤维化产生负调节作用。丙型肝炎的肝纤维化患者中，随着纤维化的进展，IL-10 水平逐渐下降，提示 IL-10 有抗纤维化作用。据此观点，通过阻断 IL-10 的来源，致使大鼠损伤模型纤维化加重。翁山耕等用 ELISA 方法检测 ICAM-1 蛋白在 HSC 中的表达，结果显示传代培养的 HSC 表达 ICAM-1，TNF-α 能明显上调 HSC 表达 ICAM-1，这与 Hellefbrand 等的报道相符；IL-10 对 TNF-α 诱导的 HSC 表达 ICAM-1 有明显抑制作用，并且呈量效依赖关系。

11. 锌指结构 9（ZF9） 是大鼠肝损伤数小时后即有表达的一种细胞因子。1998 年，Friedman 教授采用急性肝损伤大鼠模型，分离肝星状细胞，扩增出一段大鼠即刻早期基因的 cDNA，由于其蛋白质具有锌指结构，命名为 ZF9。肝损伤数小时后可诱导 HSC 中 ZF9 基因的转录和翻译，它可以促进 TGF-$β_1$ 及 TGF-$β_1$ 受体表达的上调，亦可促进胶原 $α_2$（I）基因的转录，促进肝损伤的修复反应。有研究者观察到 ZF9 mRNA 似乎只在表达 HSP47 的细胞中出现，这是否是普遍现象还有待于进一步研究观察。Kunihiko 等研究鼠 HSP47 的合成时发现 ZF9 蛋白结合到 HSP47 基因的顺式作用元件 BS5-B 上可以上调 HSP47 的表达，因此提出 ZF9 是 HSP47 的共活化子。现有的研究亦在不同的组织和细胞中观察到 HSP47 和 MMP-9 之间的相互调节关系，但在肝纤维化中是否仍然存在这些调节关系、这些细胞因子是否组成一个通路或网络在肝纤维化中发挥信号转导作用则未见研究报道。作为 HSP47 在大鼠基因组中的同源基因，gp46 是否和上述细胞因子一起在肝纤维化的发生、发展中起到同样的作用亦未见研究报道。从先前的研究中我们可以知道，深入研究其中的转导关系、了解这一信号通路在肝纤维化发生和发展中的作用，对于进一步阐明肝纤维化发生、发展的分子机制，确定干预、治疗的关键靶位有重要意义。

第二节 与细胞因子相关的细胞外基质代谢疾病

一、细胞外基质代谢异常与肾脏疾病

目前已经发现，ECM 积聚引起的进行性的肾小球硬化与间质纤维化是各种原发性肾病或者继发性肾病发展至终末期肾衰竭的共同病理表现，导致这一致病过程的确切机制尚不十分清楚。

ECM 在病变肾组织中的代谢紊乱及异常沉积是各类肾小球病变发生机制中一个重要环节。各种肾小球疾病的一个突出表现是系膜细胞增生、系膜基质增多和毛细血管基膜增厚。大量的实验研究证实在肾小球损伤及硬化过程中，ECM 的多种成分在系膜区及毛细血管基膜上沉积，涉及内分泌、自分泌和旁分泌产生的多种细胞因子，以及受各种来源不同的基质降解酶和相应的组织抑制因子间相互作用的影响。因此，肾小球硬化是一个多种因素参与和作用的复杂过程。

1. ECM 合成和分泌 ECM 合成和分泌均有增加是各种肾小球疾病的主要改变，但不同病理发展阶段及组织学类型中，ECM 的成分及其分布并不一致。在抗 Thy-1 大鼠肾炎模型、自发性免疫性肾炎小鼠及慢性移植物抗宿主病小鼠（GVHD）等动物实验中，病变的肾小球以系膜细胞明显增生及系膜基质增多为特征。Northern 印迹法和免疫组化等方法显示增生的基质中主要是Ⅳ型胶原（COL-Ⅳ）、层粘连蛋白（LN）、纤维粘连蛋白（FN）及硫酸肝素等成分，亦有Ⅰ、Ⅲ型胶原的增加，而且随肾小球损伤的加重而发展。嘌呤霉素肾炎动物的肾组织以局灶节段性肾小球硬化及间质纤维化为特征，免疫荧光证实在节段性肾小球硬化灶内有Ⅰ、Ⅲ、Ⅳ型胶原及 FN 沉积。

在人类各种肾小球肾炎病变中，ECM 的沉积也是以 COL-Ⅳ、LN、FN 及 Ts（tenascin）沉积为主。在微小病变和膜性肾炎早期，ECM 变化不明显，当膜性肾炎发展至第Ⅱ和Ⅲ期，COL-Ⅳ和 FN 的合成增强，尤多见于钉突及上皮下区。系膜增生性肾炎、IgA 肾病及膜性增生性肾炎中，系膜细胞常明显或大量增生，系膜细胞内 COL-Ⅳ和 LN mRNA 水平增高。以系膜增生为表现的肾炎在进展过程中，系膜基质的合成不断增多，逐渐压迫周边毛细血管，致使部分血管襻管腔闭塞，形成局灶节段性硬化。此时 ECM 的沉积以 COL-Ⅳ及 LN 沉积为主，伴有较多的 FN。随着肾小球硬化转变为球形阶段，COL-Ⅳ和 LN 的密度逐渐降低，而出现Ⅰ型和Ⅲ型胶原，此时肾小球球囊多已破坏。而在一些代谢性疾病如糖尿病肾病、肾淀粉样变中，肾小球中除 COL-Ⅳ、LN、FN 及硫酸肝素增多外，还常有 COL-Ⅴ和 COL-Ⅵ的分泌增多。

2. ECM 成分的性质改变 肾小球病变中的 ECM 除合成增多外，某些基质成分的性质也发生改变，涉及 FN 基因拼接、COL-Ⅳα链表达、LN 表位增强，以及它们的构型等改变。其中研究较多并有临床意义的是 COL-Ⅳ的α链的表达改变。Northern blot 及α链单克隆抗体免疫组化研究已证实，小鼠正常肾小球中 COL-Ⅳ的α链以α_1和α_2为主链，分布在基膜内皮细胞侧及系膜区，α_3分布在基膜上皮细胞侧，α_4～α_6为次链。各类肾炎及动物肾炎模型中常有 COL-Ⅳα链的表达改变。膜性肾炎的钉突中存在α_3和α_4链，而在内皮下增厚的 GBM 中则为α_1和α_2链。Cai 等应用免疫荧光及免疫电镜观察局灶节段性肾小球硬化时发现：增厚的 GBM 上皮下积聚的透明物质呈α_1和α_2阳性；当整个肾小球完全硬化时，塌陷的肾小球毛细血管襻丛被一圈α_1和α_2阳性的硬化基质包裹，同时原位杂交还发现硬化灶外围呈空泡化的足细胞停止表达α_3的 mRNA，却异常表达α_1的 mRNA，提示在硬化病灶的进展过程中，COL-Ⅳα链的异常分布可能起着重要作用。糖尿病肾病中，增厚的 GBM 以α_4次链为主，但扩张的系膜基质则主要是α_1、α_2及α_3链，病变硬化后，整个肾小球仅含次链。

Good-Pasture 抗原（GA）是由 COL-Ⅳα链的非胶原区（NC），即α_3NC 区的最后 36 个氨基酸残基组成，近来又发现其还存在于α_4区中。研究显示 GA 抗原决定簇平时隐含在非胶原区六聚体中，在酸性条件下才暴露其抗原性。根据这一理论，目前认为对该病的治疗首先应纠正患者体内的酸碱失衡，并联合血浆置换以获疗效。

3. 基质降解酶及其组织抑制因子的调节作用 肾脏病变中ECM的异常代谢及沉积，除受各种细胞因子的影响外，与肾组织内各种ECM降解酶活性及组织内多种抑制因子的改变亦有密切关系。其中，MMP及TIMP是近年来研究的一个热点。各种患者肾组织中及体外实验已证实，肾小球内三种固有细胞，特别是系膜细胞除合成ECM成分外，均能合成和分泌MMP与TIMP。在嘌呤霉素肾炎模型的肾小球中，首先MMP-2升高，并伴有TIMP-1和TIMP-2的升高，然后随病变向局灶节段性硬化发展，又可出现MMP-9的mRNA表达。其他在自发性免疫肾炎模型、抗Thy-1大鼠中均有肾小球内TIMP-2和TIMP-3升高，显示出降解酶的升高与免疫损伤有关。同样，在人IgA肾病中，经原位杂交显示TIMP-3的mRNA表达增强。与此同时，在这些免疫性损伤病变中，肾小球中TIMP-1和（或）TIMP-2的mRNA或蛋白质表达增高，但稍晚于MMP的升高，提示TIMP可能受到反馈调节而合成分泌增强，然后起抑制MMP活性的作用，使ECM最终在肾内大量沉积而致硬化。

肾小球病变进展过程中，ECM合成与降解过程受到多种因素的调节，一些细胞因子与ECM的合成有关，是促进系膜细胞增生及基质合成的重要机制；而另一些细胞因子则与ECM的降解过程相关，是促进MMP活性增加及抑制TIMP活性的机制。然而ECM的合成与降解又是相互联系和相互制约的过程，在各种免疫性损伤动物肾炎及多数人肾小球疾病中，正常的肾小球ECM可被基质降解酶破坏而降解，其降解产物即系促进肾小球固有细胞增生的刺激因子，而基质降解酶的释放是启动TIMP释放的重要原因，后者则是促进ECM合成的重要机制。因此，只有进一步深入研究各种肾脏疾病中ECM代谢的改变及其调节机制，才可能把对肾小球硬化机制的认识深入到分子水平，从而为从根本上防治肾小球硬化提供理论基础。

二、细胞外基质代谢异常与动脉粥样硬化

动脉粥样硬化（AS）的发病机制十分复杂，斑块内胶原的代谢平衡已成为近年来研究斑块不稳定发生机制的热点之一。胶原代谢平衡主要通过胶原合成与降解来调节，基质金属蛋白酶（MMP）可降解细胞外基质导致斑块不稳定，P4Hα$_1$则与胶原合成密切相关，多项研究结果表明，炎症因子可以抑制P4Hα$_1$的表达，从而导致胶原产生减少。sCD40L是动脉粥样硬化的炎症免疫调节中重要的细胞因子，几乎贯穿整个动脉粥样硬化发生发展乃至斑块破裂的全过程，研究发现，sCD40L可通过调节基质金属蛋白酶在斑块中的表达来影响动脉粥样硬化斑块的稳定性。

TNF受体相关因子（TRAF）是CD40信号通路下游主要的信号分子，其中，TRAF6被证明在促进动脉粥样硬化中发挥重要作用。丝裂原活化蛋白激酶（MAPK）包括细胞外信号调节激酶（ERK）、c-jun氨基末端激酶（JNK）/应激激活蛋白激酶（SAPK）和p38三个重要激酶，是一组受酪氨酸蛋白激酶磷酸化调节的激酶，它对于细胞的增殖、分化，以及炎症的发生、发展和细胞因子的生成都有重要作用。研究表明，细胞因子、生长因子、细胞黏附等多种刺激均可活化MAPK。Devaraj等研究发现炎症因子CRP通过上调PKC、p38MAPK、JNK、ROS和NF-κB活性促进氧化应激及组织因子的释放；Tomita研究发现具有抗炎活性的脂联素能够激活AMPK、Akt、NF-κB及MAPK家族的ERK1-2、JNK和

p38MAPK 三个重要激酶。另有研究表明，胶原代谢过程的调节也需要 MAPK 家族通路的参与。Chiang 等研究表明，MAPK 家族中的 JNK 和 p38MAPK 的磷酸化参与了 I 型前胶原表达增加，以及 MMP1、MMP3、MMP9 表达降低过程。纤维结合蛋白和玻璃粘连蛋白通过整合素 $\alpha_5\beta_1$ / $\alpha_v\beta_3$ 依赖的 Akt、ERK 和 JNK 信号途径促进人脐静脉内皮细胞 AP-1 介导的 MMP9 表达。我国学者研究了炎症因子 TNF-α 对胶原合成酶（P4Hα$_1$）表达的效应和内在的分子机制，研究表明：TNF-α 可抑制 P4H α$_1$ 表达，动脉粥样硬化 K1-JNK-Non0 信号途径参与了 TNF-α 抑制 P4H$_1$ 表达的过程。研究发现，具有抗炎活性的脂联素能够通过 ERK1/2-Sp1 信号途径上调炎性平滑肌细胞 P4Hα$_1$ 表达。总之，MAPK 家族在胶原代谢的信号转导途径中发挥重要的作用。NF-κB 是由同源或异源二聚体形成的转录因子，与许多基因启动子的κB 位点绑定结合导致基因转录增加或减少。NF-κB 的经典途径由 TNF 信号或其他适当的刺激激活，激活的 NF-κB 将细胞表面的不稳定信号转变为在基因转录中永久的信号，永久信号作为核信使启动下游靶基因的转录，进而导致蛋白质合成和细胞功能的改变。

在动脉粥样硬化斑块中，富含胶原成分的纤维帽覆盖着脂质核心，并且纤维帽的厚度对于粥样硬化斑块的稳定性而言是至关重要的。然而，P4Hα$_1$ 和 MMP 在纤维帽的生成与降解中分别发挥着非常重要的作用。动脉粥样硬化疾病目前被认为是一种慢性炎性–免疫性疾病，该病的发病机制涉及多种类型的细胞因子。需要特别强调是，促炎及抗炎因子在病原学和免疫调节过程中的重要作用。一些体外试验表明，TNF-α、IL-6 及 TGF-β$_1$ 等细胞因子可参与并影响动脉粥样硬化斑块细胞外基质中 P4Hα$_1$ 的表达。CD40L 是参与动脉粥样硬化发病机制中的一种重要的蛋白成分，目前研究已知该蛋白质可主动调控细胞外基质的新陈代谢。以往的研究重点多集中于 CD40L 介导的通过下调 MMP 来降解细胞外基质的过程，后来研究发现 CD40L 刺激下人主动脉平滑肌细胞的 P4Hα$_1$ mRNA 表达的下调，连同 I 型胶原蛋白及Ⅲ型胶原蛋白的合成表达过程均表现出剂量依赖性和时间依赖性的特点。研究数据显示，CD40L 可通过抑制 P4Hα$_1$ 来抑制胶原蛋白合成，同时增加细胞外基质的降解并减少其生成，由此导致粥样硬化斑块的破裂。此外，在对人主动脉平滑肌细胞 P4Hα$_1$ 的表达产生显著影响的刺激浓度和时间范围内，CD40L 并不显著影响 MMP2 的表达及活性，亦不能影响 MMP9 的阴性表达。

总之，白细胞分化抗原 40 及其配体（CD40-CD40L）信号通路在动脉粥样硬化的炎症免疫调节中的作用日益明确；CD40-CD40L 可能通过调控斑块中基质金属蛋白酶、P4Hα$_1$ 表达导致动脉粥样硬化斑块中胶原代谢失衡，斑块易损性增加，稳定性降低；此作用可能是通过 TRAF6-MAPK-NF-κB 信号转导途径完成的。因此，干预 CD40 信号通路可促进斑块中胶原代谢网络平衡，使斑块趋向稳定。

三、细胞外基质代谢异常与肝纤维化

肝纤维化是各种慢性肝病向肝硬化发展的病理过程。肝纤维化的发生是在病毒性肝炎、慢性酒精或药物中毒、血吸虫病及营养缺乏等病因作用下，引起肝细胞变性、坏死，导致炎症反应，刺激纤维组织增生而形成的。肝纤维化的病理特征是 ECM 的堆积，涉及基质蛋白的合成、降解或两者皆有，主要是 I、Ⅲ、Ⅳ型胶原及其他细胞外基质成分增加，破坏肝的组织结构和损坏肝功能。肝纤维化发生这一过程的最终结果即是 ECM 合成过多，尤其后期更是由于降解的减少引起的。目前研究表明，多条信号通路、多种细胞因子参与HSC的激活，参与肝纤维化过程。下文将对纤维化相关信号通道加以阐述。

1. 转化生长因子-β（TGF-β）/Smad 通路 TGF-β在肝脏中是最重要的转化生长因子，在细胞增殖、免疫、分化等方面都有着至关重要的作用，它拥有Ⅰ、Ⅱ、Ⅲ型3种受体。胞质蛋白Smad家族共有9个成员，大致分为3类。其中，Smad 1、Smad 2、Smad 3、Smad 5、Smad 8、Smad 9可使膜受体激活，与TGF-β膜受体结合将信号传递进入细胞，称为膜受体激活的Smad（R-Smad）；Smad 4可与其他Smad结合形成多聚体，进入胞核调节靶基因的转录；Smad 6、Smad 7可与R-Smad竞争性结合活化的受体，Smad 7的C端没有与Smad 2、Smad 3相似的磷酸化序列却可以与TβRI结合，从而阻碍通道的信号转导。在HSC中，Smad 1、Smad 2、Smad 3、Smad 5、Smad 8、Smad 9将TGF-β膜受体激活后，TGF-β便与Ⅲ型膜受体结合，随后被传递给Ⅱ型受体或TGF-β直接与Ⅱ型受体结合，然后与Ⅰ型受体形成聚合物，此类聚合物中的Ⅰ型受体可将Smad 2、Smad 3磷酸化。磷酸化之后的Smad 2、Smad 3与Smad 4结合后并转入细胞核，与特定DNA序列结合，调控靶基因的表达。但是，研究发现多数的TGF-β纤维化前活性是由Smad 3介导，TGF-β/Smad 3是调节肌成纤维细胞分化的主要通路。并且，在肝脏中TGF-β对HSC进行DNA的调节和增殖转化之后，HSC又对TGF-β的表达进行上调，加速肝细胞的纤维化作用。

2. Wnt 信号转导通路 Wnt基因于1982年被发现，人类Wnt基因家族约有19个成员。Wnt信号通路根据其蛋白质与功能的不同分为两个分支：①经典Wnt信号转导通路；②非经典Wnt信号转导通路。经典Wnt信号转导通路的信号传递最终依赖于游离β-cat的浓度，β-cat通过与FrzLRP5/6结合并活化松散蛋白（Dsh）将信号传至胞内。活化Ds可以抑制β-cat的泛素化降解，使其游离浓度升高并进入细胞核，与核内LEF/TCF结合启动靶基因的表达。非经典Wnt信号转导通路并不依赖于β-cat，且通路中的Wnt5a、Wnt4、Wnt11等蛋白质不与LRP5/6结合。近年研究表明，Wnt信号通路的异常激活还与肝、肺、肾、心脏、皮肤等组织器官的纤维化密切相关。

3. NF-κB 信号通路 核因子-κB（nuclear factor-κB，NF-κB）位于TLR下游信号的枢纽位置，它是由Rel蛋白家族中的p50和p65构成的二聚体，有3种形式，主要的有效形式是p50p65。当细胞受到相应的生物刺激时，原本无活性的NF-κB会从静止状态激活，并进入胞核启动HSC靶基因。实验发现香胶甾酮可抑制NF-κB激活，使HSC活化得到抑制。此外，还有研究表明能够抑制NF-κB活化的药物还可以诱导HSC凋亡，从而逆转实验性抗肝纤维化。

4. PDGF 通路 血小板源生长因子（PDGF）是促肝纤维化因子之一，有多种信号分子是PDGF受体的底物。这些分子基本都含有一个SH-2的结构区域，在其被活化后可启动多种信号转导通路，主要有MAPK、JAK（Janus激酶）/STAT、PI3K等，统称PDGF通路。

（1）MAPK：MAPK途径主要包括三大分支，即ERK、JNK和P38。①ERK：Ras是一种小分子质量的G蛋白，它可以与Grb2等多种蛋白质结合形成复合体，再与PDGF受体结合，使ERK磷酸化后进入HSC核内，进而对HSC的增殖和基质的分泌起到作用。②JNK：JNK通过其残基的磷酸化而得以活化，从胞质移至细胞核，使转录因子发生磷酸化促进相关基因的表达。③P38：P38作为丝裂原激活的蛋白激酶家族中的成员几乎在所有的组织细胞中都有表达。但 P38 对 HSC 的作用却随情况而定。FAN 等实验中证实硫氢化钠可通过抑制 P38 的磷酸化来抑制 HSC 的激活。Schnabl 等在研究 P38 和 JNK 对 HSC 增殖的作用时发现阻断 P38 却能促进 HSC 增殖。

（2）JAK/STAT：在 PDGF 通路中，PDGF 通过激活 JAK/STAT 对 HSC 胶原分泌和周期进行调控。PDGF 与 PDGF 受体结合，使细胞内 JAK 发生磷酸化，然后使 STAT 及其受体酪氨酸磷酸化，磷酸化之后的 STAT 以 SH-2 结构域与受体或激活的 JAK 结合形成二聚体，然后进入胞核调控靶基因的转录和表达。Lakner 等还发现 JAK/STAT 途径既能从基因水平发挥作用，又能从蛋白质水平发挥作用，促进胶原蛋白的生成。

（3）PI3K：PI3K 与增殖凋亡密切相关。在肝纤维化中，PI3K 能与活化的 PDGF 受体结合，通过活化 PDGF 来影响 HSC。它的活化促使 Akt 的活化，Akt 的过度表达刺激 p70S6 激酶的表达和 HSC 增殖。p70S6 激酶活化后的作用靶位是 mRNA 翻译和蛋白质合成的关键调控元件，对细胞分化生长起到正性调节作用。在药物阻断 PI3K 后，ERK 的活性也有所降低，这表示 PI3K 对 MAPK 有一定影响。

5. 整合素信号通路 整合素是表达在细胞表面的跨膜糖蛋白受体，在肝脏中表达很广泛，目前已经发现 25 种整合素分子，它们都是由α亚基和β亚基通过非共价键连接的异二聚体，在哺乳动物机体内共有 19 种α亚基和 8 种β亚基。它们介导细胞与细胞之间、细胞与 ECM 之间的信号转导。整合素的配体主要是细胞基质成分，如胶原蛋白、层黏蛋白等。研究发现，在活化的 HSC 中整合素$α_5β_1$的表达增加，即整合素参与了肝纤维化过程。整合素通过识别配体上的 RGD（Arg-Gly-Asp）序列，使得黏着斑激酶（FAK）得以活化。FAK 活化后与 Src 家族激酶形成转导复合物，接着通过与桩蛋白（paxillin）、Grb2、Crk 结合位点，PI3K、MAPK、JNK 等多种信号分子结合从而激活多条信号通路，除此之外，整合素还可以通过 G 蛋白偶联受体介导 TGF-β 活化。在肝纤维化过程中整合素主要充当媒介或桥梁来调节 HSC 的增殖、黏附等。整合素信号通路的主要效应即是调节细胞与外周环境的相互作用。

6. 瘦素（LEP）介导的信号转导通路 LEP 是由肥胖基因（obese gene，Ob）编码的肽类激素，其分子是由 146 个氨基酸组成的分子质量为 16kDa 的分泌型蛋白。LEP 主要的作用是调节进食与能量消耗，近年来发现 LEP 也有促进γ干扰素等炎性因子的产生与释放的生物学功能，且 LEP 与肝脏纤维化呈正相关。肝脏并不能产生 LEP，但却可表达 LEP 受体，主要在库普弗细胞、HSC 和肝血窦内皮细胞。血清中的 LEP 与 HSC 中的受体 ObRb 结合后，ObRb 的基序会与相关因子结合引起 STAT 的磷酸化，从而激活 LEP 目的基因的表达。此外，LEP 还与 ERK、P38、TGF-β 等通路有关，一起影响肝纤维化进程。

7. 维生素 A 类信号通路 维生素 A 类又称类视黄醇，正常情况下，肝脏储存 80% 以上的维生素 A 类，而其 80% 以上的维生素 A 类储存于 HSC 中。在肝脏中维生素 A 类的主要形式是视黄酸（RA），它与受体结合或与激素受体结合形成二聚体并作用于靶基因机制纤维化。HSC 在肝纤维化时维生素 A 类含量减少，外源的维生素 A 类可使 HSC 增殖，维生素 A 类可诱导 CKI 使细胞周期缩短；但是同时 RA 调控胶原基因表达并抑制 ECM 的合成，促进 ECM 降解，从而达到抑制纤维化的作用。

8. 脂多糖/Toll 样受体 4 信号（TLR4）转导通路 TLR4 是人类体内 11 种免疫系统模式识别受体的一员，是最重要的也是第一个被发现的 TLR，TLR4 的配体主要是脂多糖。

在用四氯化碳建立肝纤维化模型的实验过程中,肝组织中 TLR4 的表达上升,且肝组织损伤程度与 TLR4 呈正相关。这表明 TLR4 参与了肝纤维化的过程,并占十分重要的地位。脂多糖/TLR4 通道对肝纤维化的影响大致是:TLR4 在其他细胞当中与相应配体结合,活化库普弗细胞并分泌 TGF-β,激活 HSC;在活化的 HSC 内髓样分化蛋白 2、CD14、TLR4 得到高表达,脂多糖在以上物质条件参与下与 HSC 膜上的 TLR4 胞外区结合,引起 TLR4 胞内接头蛋白的聚集,进而引发级联反应激活 NF-κB 和活化蛋白 1(activating protein-1,AP-1)及 IL 调节因子等,促使调控细胞生存、凋亡基因的转录,同时降低 TGF-β 受体的活性,间接加强了 TGF-β 对 HSC 的作用,促使加重肝损伤。

9. 过氧化物酶体增殖物激活受体(PPAR)通路　　PPAR 是一种配体激活受体,因由过氧化物酶体增殖物激活而得名,包括 PPARα、PPARβ、PPARγ 3 种表型。其中 PPARγ 作为细胞分化转录因子与肝纤维化密切相关。研究发现,PPARγ 激动剂能抑制 HSC 的活化,且活化的 HSC 中 PPARγ 的相关表达减少。由此可见,通过上调 PPARγ 的表达可以抑制肝脏炎症,逆转肝纤维化。PPARγ 表达与肝纤维化的相关通道的关系大致有以下 6 个方面:①PPAR-γ 直接与 Smad-3 起作用,抑制 CTGF 的合成,从而得以抑制 TGF-β/Smad 信号途径;②PPAR-γ 的末端区域在 MAPK 通道中被磷酸化,ERK 抑制剂干预 PPAR-γ 激动剂使 PPAR-γ 表达下调;③PPAR-γ 激动剂可以抑制蛋白激酶 B(PKB)的磷酸化,阻碍 PI3K 信号通路,抑制 HSC 的迁移;④PPAR-γ 与配体结合激活后,PPAR-C-RXR 与 STAT1 竞争结合 CBP 和 P300,抑制 STAT 的活化;⑤PPAR-γ 直接与 P50P65 结合形成复合物,降低 NF-κB 与 DNA 结合活性,抑制 NF-KB DNA 合成;⑥PPAR-γ 配基 TZD 降低 OB 基因的表达,且 PPAR-γ 在 LEP 信号转导途径中通过 JAK-STAT 途径从而减少 LEP 合成。

肝纤维化是一个由多条信号转导通路参与的复杂过程,除了以上介绍的一些信号途径外还有 Rho-ROCK 信号通路、Rho/Rho 激酶通路等。这些信号转导途径并非独立、互不相干、没有联系的,它们是相互影响、交差并行的,对于肝纤维化的治疗这些信号途径是牵一发而动全身,但目前还有一些信号通道的机制尚不明确,如 PPAR 与整合素信号通道的相互关系。因此,对肝纤维化信号通路的进一步研究,将有望找出治疗肝纤维化的最佳途径,降低肝癌、肝硬化的患病率,提高人们的健康水平。

四、盆底支持组织 ECM 代谢异常

盆底支持组织 ECM 的组成成分有胶原蛋白(collagen)、弹性蛋白(elastin)、蛋白聚糖、层粘连蛋白和纤维粘连蛋白等。Chen 等研究发现子宫脱垂患者子宫骶韧带氧化应激相关线粒体融合蛋白 Mfn2 与 I、III 型前胶原蛋白呈负相关,提示氧化应激可通过影响胶原代谢参与子宫脱垂发生。Li 等的研究表明,耻骨宫颈筋膜中 GPx1 表达与 CTGF 和 $TGF-β_1$ 呈负相关,提示盆底支持组织抗氧化能力下降可下调胶原代谢调节通路 $TGF-β_1$-CTGF、抑制胶原代谢进而损伤盆底支持结构。有研究证实氧化应激能影响 MMP 的表达,但在子宫脱垂中尚无相关文献。因此,氧化应激可能通过影响胶原、弹性蛋白等代谢导致 ECM 重构导致盆底支持结构生物力学完整性丧失。

ECM 是细胞赖以生存的微环境,除了充当细胞附着场所及细胞之间的机械连接外,还具有重要的信号转导功能。近年来关于 ECM 代谢异常在相关疾病发生发展中的研究较为深入,具体的研究内容也从 ECM 各组分表达的变化细致到相关分子机制的研究。目前

研究证实,氧化应激可通过激活 TGF-β_1/Smad3、MAPK/ERK、PI3K/Akt、JAK/STAT、Nrf2/ARE、Wnt/β-catenin 等多条途经影响 ECM 各组分代谢及其相关因子表达异常,参与退行性骨关节炎、COPD、肺纤维化、肝纤维化、糖尿病肾病、动脉粥样硬化、心室重塑、血管重构等多种疾病的发生发展,且与子宫脱垂的发病密切相关。其中最主要的是 TGF-β_1/Smad3 信号通路与 Nrf2/ARE 信号通路,前者被 ROS 激活后促进 ECM 各成分的过度表达与积聚,后者则通过调节抗氧化能力对 ROS 所致 ECM 代谢异常起负向拮抗作用。因此,OS 可通过多条通路调节 ECM 组成成分的生成与降解,影响细胞的生物学功能,造成组织器官功能异常。进一步研究 ECM 代谢与细胞因子的关系,可为 ECM 代谢异常相关疾病的发病机制研究提供理论依据,为其防治研究提供新的靶点。

(高 萍)

参 考 文 献

何志国,赵永忠,卢青,等. 2014. 荔枝核总黄酮对肝纤维化大鼠肝组织 TLR4/NF-κB 信号通路的影响. 医药导报,3:286~290.

李刚,龚权. 2014. 肝纤维化信号传导通路研究进展. 广东医学,3:453~455.

李丽,阳惠湘. 2011. 干扰素-α对猪血清诱导大鼠肝纤维化的治疗作用. 国际病理科学与临床杂志,3:193~199.

李政通,李俊,黄成,等. 2011. CCl$_4$ 诱导的大鼠肝纤维化模型肝纤维化逆转与 MAPK 信号通路的研究. 中国药理学通报,6:809~814.

沈旭,胡青婷,宋兴福. 2013. 整合素/黏着斑激酶信号通路及转化生长因子-β信号通路与肝星状细胞活化的关系. 广东医学,9:1460~1462.

谭玉婷,王正根. 2014. 肝纤维化相关信号通路研究进展. 中国现代医药杂志,1:106~109.

周光耀,林巍,潘陈为,等. 2014. 瘦素在致大鼠肝纤维化形成中对 AngII-ERK1/2 信号通路的影响. 中国现代医学杂志,10:11~15.

朱晓静,张峰,孔德松,等. 2013. 脂多糖/Toll 样受体 4 信号转导与肝纤维化的研究进展. 中国药理学与毒理学杂志,1:106~109.

朱振浩,周陈杰. 2014. Wnt 信号通路在肝纤维化发展中的作用. 广东医学,9:1441~1444.

Chen XL,Li J,Dengz Y,et al. 2009. Regulating effect of oxymalrine on TGF-β_1 in CCld induced hepatic fibrosis rats. Chin Pharmacol Bull,25(6):761~764.

Cheng K,Yang N,Mahato RI. 2009. TGF-beta gene silencing for treating liver fibrosis. Mol Pharm,6(3):772~779.

Christopher JP,Motoki T,Richard AR. 2007. Molecular mechanisms of hepatic fibrogenesis. J Gastroentero,22:S79~S84.

Dijksterhuis JP,Petersen J,Schulte G. 2014. WNT / Frizzled signalling: receptor-ligand selectivity with focus on FZD-G protein signalling and its physiological relevance: IUPHAR Review 3. Br J Pharmacol,171(5):1195~1209.

Fan HN,Wang HJ,Ren L,et al. 2013. Decreased expression of p38 MAPK mediates protective effects of hydrogen sulfide on hepatic fibrosis. Eur Rev Med Pharmacol Sci,17(5):644~652.

Kim BH, Yoon JH, Yang JI, et al. 2013. Guggulsterone attenuates activation and survival of hepatic stellate cell by inhibiting nuclear factor kappa B activation and inducing apoptosis. J Gastroenterol Hepatol, 28(12): 1859~1868.

Kim EJ, Chung N, Park SH, et al. 2013. Involvement of oxidative stress and mitochondrial apoptosis in the pathogenesis of pelvic organ prolapse. J Urol, 2(2): 588~594.

Lee JI, Paik YH, Lee KS, et al. 2007. A peroxisome-proliferator activated receptor-γ ligand could regulate the expression of leptin receptor on human hepatic stellate cells. Histochem Cell Biol, 127(5): 495~502.

Li J, Si HF, Lü X, et al. 2008. Suppressive effects of leflunomide on leptin-induced TIMP-1 production involves on hepatic stellate cell proliferation and apoptosis. Eur J Pharmaco, 1580(1-2): 63~69.

Marra F, Bertolani C. 2009. Adipokines in liver diseases. Hepatology .

Sara C, Paola DS, Maria DP, et al. 2010. Integrins and signal transduction. Advance Exp Me Biol, 674: 43~54.

Shibata T, Motoi Y, Tanimura N, et al. 2011.Intracellular TLR4/MD-2 in macrophages senses Gram-negative bacteria and induces a unique set of LPS-dependent genes. Int Immunol, 23(8): 503~510.

Zhu Q, Zou L, Jagavelu K, et al. 2011. Intestinal decontamination inhibits TLR4 dependent fibronectin-mediated cross-talk between stellate cells and endothelial cells in liver fibrosis in mice. J Hepatol, 56(4): 893~899.

第三十三章 细胞微环境与细胞外基质代谢

一、细胞微环境与细胞外基质

在复杂的动物机体中，哺乳动物细胞微环境由可溶性因子和结构成分（细胞外基质）形成，提供物理支持，调节黏附和信号转导。细胞将可溶性和结构蛋白分泌到细胞外的空间中。结构成分组成细胞外基质（ECM）。基质可溶性蛋白，如生长因子、蛋白酶和细胞因子，具有塑造细胞微环境、调节细胞功能。跨膜受体如整合素将细胞外空间与细胞内信号转导联系起来。ECM 不仅调节细胞黏附，还调节生长因子的生物利用度和膜受体的组成。

细胞微环境还包括与该细胞直接接触的相邻其他细胞。不同的组织器官由于结构及功能的差异，与细胞直接接触的相邻其他细胞也有所不同。在肝脏，这些细胞包括以肝星状细胞（HSC）为中心环节，库普弗细胞、自然杀伤（natural killer，NK）细胞、门管区成纤维细胞（portal fibroblasts，PF）、血管平滑肌细胞；在肾脏，这些细胞包括肾小球系膜细胞、巨噬细胞及足细胞；在心肌，这些细胞主要位于心肌间质中，包括成纤维（fibroblast，FB）细胞、肌成纤维（myofibroblast，MFB）细胞、内皮细胞及瓣膜间质细胞（vavular interstitial cell，VIC）等。细胞微环境中的这些细胞往往具有多种潜在功能，在细胞外基质（ECM）代谢中发挥的作用可能在不同的细胞局部微环境下有所不同。细胞微环境是一个极其复杂的网络系统，可受多种因素的影响，包括各种生理、病理因素，如各种理化因素的刺激（酸碱平衡、炎症、损伤、外力牵拉、运动阻力、各种体液因子的变化、细胞因子、激素等）。而细胞微环境的变化会进一步影响细胞外基质的代谢。

细胞外基质（ECM）是组织和器官中的非细胞组分，主要由水、蛋白质和蛋白聚糖组成。它形成一个复杂的网络，为所有组织和器官的细胞提供物理支架及结构支持、拉伸能力、抗压强度和弹性功能。除了机械和生物化学性质，它有助于维持水合作用和体内平衡，并通过细胞表面受体和基质相互作用，调节细胞的分化、黏附、增殖、迁移和生存。ECM 还结合并刺激分泌生长因子和细胞因子，驱动细胞形态、细胞功能和代谢发生变化。ECM 重塑的良好协调的调节是维持体内平衡和预防疾病发作及进展所必需的。ECM 也是结缔组织的形式和功能的基础。这些组织细胞在发育期间生成 ECM，维持 ECM 平衡，在适应条件下重塑 ECM，并且在疾病和损伤状态下修复 ECM。反过来，ECM 影响许多细胞的功能，包括迁移、生长、分化，甚至生存。这种相互关系在 30 多年前得到认可，并且一直是细胞生物学的核心概念。只是简单地滞留于细胞外、不起结构性作用的蛋白质不属于细胞外基质。细胞外基质本身并非一成不变，其产生和降解处于一种动态平衡状态，是在不断的转换中。当产生多于降解时，ECM 增加；相反，当降解超过产生时，ECM 则减少。ECM 是构成细胞周围微环境的重要因素，直接影响细胞的功能和器官的形态。而细胞微环境又进一步调节细胞外基质的代谢。

二、细胞微环境变化对 ECM 代谢的影响

细胞微环境可受多种因素的影响,包括各种生理、病理因素,如各种理化因素的刺激(酸碱失衡、炎症、损伤、外力牵拉、运动阻力、各种体液因子的变化、细胞因子及激素水平的变化等)。细胞微环境的变化可以使细胞外基质发生质和量的改变,并对细胞功能造成影响。

1. 细胞微环境中酸度和酸对细胞外基质代谢的影响 有学者曾用 NH_4Cl 喂养大鼠造成代谢性酸中毒模型,饲养 14 天后,肾小球系膜细胞增生、肥大,并合成及分泌各种 ECM 成分,逐渐使肾小球发生硬化;体外实验显示,将系膜细胞置于 pH7.2 及 pH7.0 的细胞培养环境中分别培养 24h 及 48h(以 pH7.4 的细胞培养微环境为对照)后,可分别使处于 S 期及 G_0/G_1 期的大鼠肾小球系膜细胞增多,处于 G_2/M 期的细胞均减少,表明体外慢性酸负荷可导致大鼠肾小球系膜细胞的周期时相改变,进而使系膜细胞增生、肥大、层粘连蛋白(LN)产生增多。这种酸负荷的效应是氢离子本身的作用,还是由于酸中毒导致体内细胞微环境的继发改变引起的,是值得思考的问题。为此,该研究者进一步先后分别用 5-N,N-二甲基阿米洛利氢氯化物〔5-(N, N-dimethyl) amiloride hydrochloride,DMA〕、氢离子通道蛋白——钠氢交换子(Na^+/H^+ exchanger,NHE)特异性抑制剂及 PD98059(Erk1 和 MARP 级联信号转导特异性抑制剂,可以结合到无活性的 Erk1 上,阻止上游信号对其活化)对处于 pH7.0 及 pH7.4 的细胞培养环境中的大鼠肾系膜细胞进行处理,并观察细胞增殖及层粘连蛋白表达情况,结果显示 NHE 抑制剂及 Erk1 抑制剂均可明显抑制酸性环境中肾系膜细胞的增殖及细胞外基质的产生,当两者联合应用时,作用较 NHE 抑制剂单独应用强,而与 Erk1 抑制剂单独应用时相当。据此研究者认为,过多的氢离子可能是通过引发 NHE 及 Erk1 的信号转导,最终使系膜细胞增生,而 Erk1 可能位于 NHE 信号通路的下游。但确切的机制还需更多的研究来验证。

有研究表明,次氯酸(HClO)可以修饰体内蛋白质。例如,在慢性肾脏疾病患者的肾组织中,HClO 来源的蛋白质氧化增加。此外,髓过氧化物酶(MPO)衍生的 HClO 已经显示损伤高密度脂蛋白,并在动脉粥样硬化病变中解偶联和抑制内皮一氧化氮合酶。过氧化物酶和 MPO 都可以结合 ECM,故其可能在 ECM 蛋白的潜在致病性修饰中特别重要。Brown 等发现,与非糖尿病对照相比,糖尿病组胶原Ⅳ网络中非胶原(NC1)六聚体的特异性 HClO 衍生的氧代色氨酸和氯色氨酸残基显著升高,使 NC1 六聚体三级结构更疏松并降低其组装能力。结果表明,肾脏 ECM 次氯酸造成的蛋白质修饰可能有助于糖尿病时胶原Ⅳ网络对肾脏的功能损伤。

2. 细胞微环境中高葡萄糖对细胞外基质代谢的影响 高葡萄糖(high glucose,HG)可通过促进系膜细胞增生、减少细胞外基质降解及阻碍细胞间通信等方面来影响细胞外基质的代谢。

当人类肾小球系膜细胞在体外受 GH 刺激时,细胞外基质蛋白代谢产物、细胞生长和转化的调节因子,以及一些肌动蛋白的调节蛋白基因的表达均可发生改变,进而影响细胞外基质的代谢。有研究显示,糖尿病大鼠肾小球 MMP-2 的表达下降,伴随Ⅳ型胶原和 TGF-β_1 的表达上升,且随病程的延长这些变化更为明显;体外实验显示,在含高浓度糖的培养基中培养的肾小球系膜细胞和肾小管细胞,Ⅳ型胶原和 TGF-β_1 的表达明显升高,而

MMP-2 表达下降。使Ⅳ型胶原降解减少,从而引起细胞外基质积聚。这种效应是通过激活大鼠肾小球系膜细胞 JAK2/STAT3 信号转导通路实现的。血管紧张素(angiotonin, Ang)Ⅱ在高葡萄糖基础上进一步激活大鼠肾小球系膜细胞 JAK2/STAT3 信号转导通路,并使其 TGF-β_1、结缔组织生长因子 CTGF 及纤维粘连蛋白 FN 表达增加,高葡萄糖和 Ang Ⅱ 在肾小球系膜细胞表达细胞因子、分泌细胞外基质方面存在协同作用。正常情况下,当细胞外基质累积增加时会反馈性抑制系膜细胞产生Ⅳ型胶原,在高葡萄糖的条件下,这种反馈调节机制受到破坏,导致 ECM 的合成增加和(或)降解减少,造成肾小球系膜细胞 ECM 的积聚。张政等研究发现高葡萄糖环境肾系膜细胞的 microRNA 的表达有改变,miR21 可特异性靶向抑制 PTEN 基因(糖尿病肾病相关基因)的表达,提高 p-Akt(Ser473)和 PI3Kp850t 蛋白表达水平以减缓肾小球系膜细胞增生。高葡萄糖环境下,系膜细胞产生和分泌细胞因子的功能也发生改变,其中 TGF-β、血小板源生长因子(PDGF)、碱性成纤维细胞生长因子(bFGF)、IL-1 等均可刺激系膜细胞增殖细胞外基质合成增加。在各种细胞因子中 TGF-β_1 对细胞增殖影响最大,Val 属于 Ang Ⅱ 受体拮抗剂,可以抑制系膜细胞 TGF-β_1 表达,进而抑制系膜细胞增殖。另有研究显示,高葡萄糖可以显著增强内皮素(ET)-1 和 FN 表达,同时,ET-1 可以模拟高浓度葡萄糖的作用增强 FN 表达,ET 受体拮抗剂可抑制这种效应,显示了 ET-1 在高浓度葡萄糖促进 FN 表达中的重要作用。此外,体内高葡萄糖可产生过多的糖化修饰白蛋白,体内外实验均证实糖化修饰的白蛋白能诱导出编码 TGF-β_1、TGF-β_2 受体和 FN 的 mRNA 的稳定表达,并能刺激肾小球内皮细胞合成 FN 和Ⅳ型胶原。

纤维蛋白溶酶(plasmin, PL)是促使细胞外基质降解的重要酶,其通过纤溶酶原激活物(PA)、组织型 PA(Plat)和尿激酶型 PA(uPA/Plau)的作用由前体纤溶酶原(PLG)转化产生。该酶一方面可直接降解纤维粘连蛋白、层粘连蛋白,另一方面还可激活 MMP 系统,促进 ECM 的降解。HG 环境可从多个环节抑制纤维蛋白溶酶的产生及活化,使 MMP 表达下调,并可促进 TIMP 活性增加,使 ECM 降解减少。

高糖还可影响细胞间的通讯功能。例如,张晓洁等用激光共聚焦显微镜和荧光漂白恢复(FRAP)技术检测细胞间通讯功能,发现高葡萄糖培养的系膜细胞细胞间通讯功能下降,荧光淬灭后的恢复比例和速度显著低于正常糖组($P<0.05$)。同时高葡萄糖环境下培养的肾系膜细胞间隙连接蛋白(connexin 43)mRNA 和蛋白质表达均较正常糖组显著下降($P<0.05$),这种效应与渗透压的变化无关。高葡萄糖状态下细胞间传递钙离子、钾离子、cAMP、ATP 等生长信息和第二信使分子减少,并可抑制 connexin 43 的基因表达及细胞间通讯功能,进一步分析认为,这种变化可能是糖尿病肾病系膜细胞增生、ECM(如纤维粘连蛋白及Ⅳ型胶原)积聚的重要原因之一。

3. 细胞微环境中自由基对细胞外基质代谢的影响 自由基是指在外层电子轨道上具有单个不配对电子的原子、原子团或分子的总称,又称游离基,如氯自由基、羟自由基、甲基自由基等。自由基的种类很多,主要包括非脂性自由基和脂性自由基,前者主要是指氧自由基。各种物理、化学、生物因素造成组织器官损伤时均伴随着大量自由基的产生,自由基导致细胞的氧化应激损伤,使细胞结构及功能破坏,进一步导致体内修复反应的发生,而参与这种修复反应的重要的组分是 ECM。因此,自由基对 ECM 的代谢有着重要的影响。例如,在肝脏,自由基使肝星状细胞(HSC)增加Ⅰ型胶原和金属蛋白酶组织抑制剂 1(TIMP-1)促进纤维形成并减少基质金属蛋白酶(MMP13)表达。自由基敏感性基质蛋白有来源于肝细胞的人纤调蛋白（FMOD）、骨桥蛋白（OPN）、肿瘤生长因子β（TGF-β）和高迁移率族蛋白1（HMGB1），或对HSC的KC信号增加Ⅰ型胶原合成。过氧化产物丙二醛（MDA）和4-羟基壬醛（4-HNE）可直接激活肝脏星状细胞，并促进其胶原的表达。低浓度的4-HNE可通过蛋白激酶C途径激活库普弗细胞，表达TGF-β、IL-6等，进一步活化HSC并合成大量胶原；在体外培养的人类纤维细胞中加入MDA可增加Ⅰ型胶原mRNA的表达及胶原蛋白的合成；体内实验也显示，氧应激状态的大鼠肝组织中HSC被激活，并表达大量的胶原mRNA，使ECM产生明显增加。此外也有研究显示，自由基可使细胞外基质中的胶原纤维的胶原蛋白发生交联，使透明质酸降解，从而引起基质变得疏松、弹性下降。由此可见，自由基对ECM代谢的影响是双方面的。

4. 细胞微环境中微量元素对细胞外基质代谢的影响 钙、镁、锌、铁、铜、硅和硒是体内重要的微量元素，在细胞微环境中，这些微量元素含量参与酶的构成及激活、构成体内重要的载体及蛋白质成分、参与激素和维生素的合成、调控自由基水平，在细胞外基质代谢中发挥重要的调节作用。在胶原蛋白的合成中，从mRNA到成熟的胶原蛋白，需要进行翻译中及翻译后的修饰，其中脯氨酸及赖氨酸残基的羟化，分别形成羟脯氨酸及羟赖氨酸残基，然后再进行羟赖氨酸的糖基化。这些反应需要混合功能氧化酶——脯氨酸羟化酶和赖氨酸羟化酶的参与。其中，脯氨酸羟化酶由2个α亚单位和2个β亚单位组成，在非活性状态下主要由β单体组成，而Fe^{2+}的参与可能诱导α亚单位合成增加，与β亚单位交联而使酶具有活性，发挥其催化功用。因此，Fe^{2+}是该酶的重要辅助因子。分泌至细胞外的前胶原经过蛋白水解酶的作用形成原胶原，原胶原分子再聚合并交联，组装成特定有序结构的胶原纤维的过程中，两条肽链之间的交叉连接即需要有赖氨酰氧化酶的催化，而Cu^{2+}是该酶的重要辅助因子。因此，在体内，局部组织的Fe^{2+}和Cu^{2+}含量高低会影响细胞外胶原蛋白产生的多寡。缺Fe^{2+}和Cu^{2+}可以使局部组织内的胶原形成迟缓，交联障碍；当局部Fe^{2+}和Cu^{2+}过量时，可造成细胞外胶原产生过多。

ECM的降解主要由MMP催化，而二价阳离子在酶的活化及活性维持中起重要作用。例如，胶原酶在刚刚产生出来时为非活化形式，而Zn^{2+}与酶的活性位点73位上半胱氨酸（Cys73）结合，当受到活化因素的作用时，与Zn^{2+}解离，将活性位点的Zn^{2+}暴露出来，酶活化即可降解胶原。其他金属离子如Fe^{2+}和Cu^{2+}可以诱导刺激兔或人的滑膜成纤维细胞产生胶原酶；Cu^{2+}可以剂量依赖的方式刺激角膜白细胞产生、释放胶原酶，参与ECM的代谢。

在20世纪70年代，几项研究揭示了硅在骨发育中的作用，随后，大量研究集中在探索硅的化学和生物学功能上，表明该元素在ECM中具有至少两种独立的作用：①在合成期与糖胺聚糖和蛋白聚糖相互作用；②在羟基磷灰石的晶格结构中形成离子取代。此外，体外实验中，硅酸的溶解产物对成骨细胞的分子生物学具有显著影响，调节几种基因的表达，包括关键的成骨细胞标志物、细胞周期调节因子和细胞外基质蛋白。其中，在补充有5~50μmol/L的原硅酸浓度培养基（含有偏硅酸钠）中，人成骨细胞Ⅰ型胶原表达显著增加。

硒是体内重要的内源性抗氧化系统——谷胱甘肽过氧化物酶（GSH-Px）和磷脂氢谷胱甘肽过氧化物酶（PHGPx）的必需组分，能够拮抗氧自由基（ROS），避免氧应激状态的出现，防止组织器官的氧化损伤。已知自由基对ECM的代谢有重要的影响，因此硒通过对内源性抗氧化系统活性的调节而影响 ECM 的代谢。有研究显示硒缺乏时大鼠甲状腺及肝组织中 TGF-β 的含量显著增高，促进胶原及基质的合成，同时抑制其降解。适当补充硒后，可显著减少肝细胞的氧化应激损伤，减少库普弗细胞的活化及 TNF-α 的表达，抑制 HSC 的激活，TIMP 产生减少、MMP 活性增加，使 ECM 合成减少，降解增加。体外细胞培养实验显示，硒能减少四氯化碳作用下大鼠肝细胞胶原合成和Ⅲ型胶原分泌，减少 MDA 产生；同时还能使 Ito 细胞 HA、LN、FN 分泌减少。进一步分析表明，硒主要通过提高四氯化碳作用下大鼠肝细胞、Ito 细胞的 GSH-Px 活性，阻止脂质过氧化反应，继而抑制胶原合成、分泌及其他 ECM 的分泌。可见，局部微环境中的硒含量对 ECM 的代谢也有一定的调节作用。

5. 牵张应力对细胞外基质代谢的影响 细胞-基质相互作用不仅涉及 ECM 的化学组成和结构组织，而且涉及其机械性质。因此，细胞必须感知和调节 ECM 机械力学以促进机械稳态，即维持组织水平的结构完整性和功能性。体内有些细胞，当其生活的微环境受到牵张应力的作用时，增殖能力、细胞代谢水平及细胞外基质的代谢均会受到影响，如牙周组织对机械应力就有很强的反应。张晓东等对体外培养的人牙周成纤维细胞（human perio dontal ligament fibroblast, HPDLF）人工施加 0.1～0.2Hz 的 6%、12%和 18%的变形牵张应力，显示不同大小和频率的牵张应力对 HPDLF 的促增殖作用影响不同，12%形变率、频率为 0.2Hz 的牵张应力有最佳的促增殖效果；进一步研究发现在这样的牵张力作用下，HPDLF 的Ⅲ型胶原、蛋白多糖、纤维粘连蛋白等细胞外基质的表达显著增强。随着加载周期性牵张力时间的延长，MMP-1 及 TIMP-1 表达依次开始增强，并进一步对Ⅰ、Ⅲ型胶原的分布和构成进行改建。在心脏，当排血阻力增加时，心肌组织中各细胞也受到了额外的牵张力的影响，进一步影响细胞外基质的代谢。张岩伟等用不完全结扎腹主动脉的方法，观察心脏在排血阻力增加和阻力恢复正常情况下对心肌细胞外基质代谢及 MMP-1 及 TIMP-1 表达情况，显示大鼠主动脉缩窄导致心肌细胞外基质合成增加，心肌 MMP-1、TIMP-1 的表达明显增强；解除主动脉缩窄后，大鼠心肌细胞外基质发生重塑，其 MMP-1、TIMP-1 的表达及胶原合成相应减少。MMP-1、T1MP-1 参与了心肌肥厚大鼠心肌细胞外基质重塑过程。虽然 MMP 是一组 ECM 的重要降解酶，而 TIMP-1 是抑制 MMP 活性的酶，但在上述两个研究中均显示无论是增加还是减少外牵张力，MMP 及 TIMP-1 的表达量总是在同步地增减，但 ECM 总量增加还是减少，可能主要取决于两者的对等关系，并在新的水平上达到新的平衡。

三、细胞微环境中不同细胞对细胞外基质代谢的影响

1. 肝细胞微环境中不同细胞对细胞外基质代谢的影响 肝细胞微环境中包括肝星状细胞（HSC，又称贮脂细胞）、库普弗细胞、自然杀伤（NK）细胞、门管区成纤维（PF）细胞、血管平滑肌细胞，以及其他各种细胞和细胞间相互作用的信号因子。在健康肝脏中，HSC 位于窦状内皮细胞和肝细胞之间的 Disse 间隙中，在肝脏 ECM 的代谢中处于中心地位。在正常情况下，ECM 的合成和降解处于动态平衡。HSC 合成 ECM 的同时也分泌降解 ECM 的基质金属蛋白酶及金属蛋白酶抑制剂，来维持肝脏正常的三维结构。当受到各种物理、化学及病毒感染等生物因素刺激时，静止态 HSC 被激活，转变为肌成纤维细胞（MFB），表达 α 平滑肌肌动蛋白（α-SMA）、合成大量细胞外基质，同时金属蛋白酶组织抑

制剂的持续表达,抑制了基质金属蛋白酶的活性,导致 ECM 降解减少,引起以 I 型胶原蛋白为主的 ECM 大量堆积。最重要的 ECM 修饰酶是基质金属蛋白酶(MMP),它是锌依赖性内肽酶的超家族 MMP,以及其他蛋白酶如纤溶酶、凝血酶和组织蛋白酶被合成为无活性酶原,需要蛋白水解切割其抑制性前结构域以便激活。MMP 的活性受特异性抑制剂如金属蛋白酶组织抑制剂(TIMP)的调节。这两个酶家族控制 ECM 体内平衡和重塑,这是正常的细胞和器官功能所必需的。活化的 HSC 自身也分泌大量的 TGF-β,在 ECM 产生过程中形成正、反馈环路。此外,HSC 还可受到多种细胞因子如肿瘤坏死因子、血小板衍生生长因子(PDGF),以及白细胞介素 IL-1、IL-4、IL-6、IL-8 等细胞因子的活化。Gressner 等研究提出了 HSC 激活的"三步级联反应"模式:①炎症前期阶段,肝细胞受损后释放丝裂原,通过旁分泌作用于 HSC 从而引起 HSC 增殖;②炎症阶段,活化的库普弗细胞、巨噬细胞及血小板释放细胞因子促进 HSC 转化成为 MFB;③炎症后期阶段,MFB 分泌 TGF-β、TGF-α,作用于自身并促使 HSC 向 MFB 转化,合成 ECM。除上述细胞因子等多肽物质外,乙醛、氧自由基和乳酸等低分子化合物亦参与了 HSC 的激活。

肝脏的库普弗细胞、NK 细胞、PF 细胞也参与 ECM 代谢的调节。库普弗细胞合成蛋白聚糖的能力较低,仅为 HSC 的 4%~8%;体外培养的库普弗细胞可合成纤维粘连蛋白,但不能表达层粘连蛋白,其在 ECM 代谢中的调节作用主要是通过其产生的细胞因子影响 HSC 的活化来实现。研究显示,HSC 受到库普弗细胞的条件培养基刺激之后,不但发生增殖反应,而且其合成分泌透明质酸及硫酸蛋白聚糖的水平也显著升高。库普弗细胞等巨噬细胞可以分泌广谱有丝分裂因子及细胞因子,如 PDGF、TGF-β、TGF-α 及胰岛素样生长因子 1(IGF-1)。此外,库普弗细胞通过旁分泌机制,对于 HSC 的转化、激活及细胞外基质蛋白的分泌过程都具有调节作用。近年来一些研究表明 NK 细胞可通过产生具有抗纤维化作用的 IFN-γ 直接杀死活化的 HSC,起到明显的抑制 ECM 产生的作用。PF 细胞是参与纤维形成的另一主要群体。正常肝脏中的门静脉结缔组织仅含有静止成纤维细胞,没有 PF 细胞。PF 细胞仅在门静脉区中发生病变时出现。其源自小门静脉血管,表达与 HSC 不同的标志物如弹性蛋白。胆管细胞的增殖通常伴随 PF 的增加,其在胆管结构周围形成洋葱状构型,获得 MF 表型,并暗示 ECM 在门静脉区的早期沉积。

2. 肾脏细胞微环境中不同细胞对细胞外基质代谢的影响 肾脏细胞微环境包括肾小球系膜细胞、内皮细胞、肾小管上皮细胞、肾间质成纤维细胞等细胞及 ECM。细胞外基质对细胞黏附、增殖及表型转换均起重要作用。正常情况下肾脏 ECM 的产生与降解维持动态平衡,并受多种因素的调节,其中肾脏微环境中的肾小球系膜细胞的功能状态对 ECM 的代谢起着重要的调节作用。肾小球系膜细胞增生时,可合成并分泌大量的细胞外基质,肾小球系膜细胞的活化及增生也受多种因素的调节与影响。例如,当人类肾小球系膜细胞在体外受 GH 刺激时,IV 型胶原的 α 链 mRNA 表达增强,同时 TGF-β 及其受体、纤维粘连蛋白的 mRNA 表达也增加,TGF-β 是刺激肾小球系膜细胞及肾间质成纤维细胞合成及分泌 ECM、抑制 MMP 并阻止 ECM 降解的重要细胞因子;结缔组织生长因子能刺激培养的鼠或人肾系膜细胞合成 I 型、IV 型胶原及层粘连蛋白。内源性一氧化氮(NO)是抑制系膜细胞增生及产生 ECM 的重要因素之一。

肾脏中的其他细胞在 ECM 代谢中也发挥着重要作用,如集合管、远端肾小管及肾小球脏层上皮细胞可表达骨成形蛋白(BMP)-7 及其受体,而 BMP-7 对 TGF-β 的促 ECM 蓄积作用有拮抗作用，并能抑制肾脏硬化及纤维化的发生。

3. 心肌细胞微环境中不同细胞对细胞外基质代谢的影响　心肌细胞微环境包括成纤维细胞（fibroblast，FB）、MFB、内皮细胞、瓣膜间质细胞等多种细胞及细胞外基质。ECM中主要为胶原，此外还有少量弹性蛋白、层粘连蛋白，以及由糖胺聚糖和糖蛋白等组成的无定形基质。心脏的ECM在维持心脏结构和功能完整性方面起着重要作用。正常情况下，心肌ECM的降解与生成速率几乎相等，以保持胶原含量及ECM的稳定。任何影响这些细胞活化、增生及细胞外基质或相关酶产生的因素均对心肌ECM代谢产生不同程度的调节作用。

成纤维细胞是心脏胶原合成的主要细胞，可以合成Ⅰ型、Ⅲ型、Ⅳ型、Ⅴ型及Ⅵ型胶原。成纤维细胞可被血管紧张素Ⅱ（AngⅡ）、醛固酮（ALD）激活，分泌TGF-β而引起胶原合成增加，同时AngⅡ还能抑制胶原酶的活性，使ECM沉积增加；内皮素（ET）由心肌细胞和成纤维细胞合成并分泌，具有很强的促进心脏成纤维细胞增殖的作用，并可促进心肌细胞、血管平滑肌细胞等合成和释放AngⅡ及ALD；而后两者又反过来进一步促进成纤维细胞合成和分泌ECM；儿茶酚胺也可使体外培养的成纤维细胞迅速增殖，并表达Ⅰ型胶原。此外，体内还存在一些因素对成纤维细胞的增殖及胶原的合成产生负性效应，如一氧化氮（NO）、缓激肽，能明显抑制成纤维细胞的增殖及胶原的合成。体外实验显示缓激肽可明显下调培养的成纤维细胞的Ⅰ型、Ⅲ型胶原及层粘连蛋白mRNA的表达；肝细胞生长因子（HGF）也是心肌ECM代谢的一个重要的调节因子，在人类成纤维细胞中，HGF可明显增加MMP-1的产生并逆转AngⅡ对MMP-1活性的抑制，明显降低AngⅡ刺激的TGF-β mRNA及其蛋白质的表达。

心肌细胞可合成Ⅳ型、Ⅴ型胶原，而内皮细胞只能合成Ⅵ型胶原。这些细胞也参与心肌ECM的代谢，其活性同样受上述各因素的影响。在实验的心肌病仓鼠用血管紧张素转化酶抑制剂及受体拮抗剂治疗时，心肌中HGF的浓度及其mRNA的表达明显增加，伴随着Ⅲ型胶原mRNA的表达减少。

心肌ECM的降解主要是通过胶原酶、MMP的作用而实现。MMP可由心肌细胞、平滑肌细胞、内皮细胞及成纤维细胞合成，这些细胞的活性也受多种因素的调节。Chen等研究发现，肌细胞增强因子2A（MEF2A）在肌肉特异性和/或生长因子相关转录中起作用，并参与细胞生长、存活和凋亡。使用短发夹RNA（shRNA）抑制体外MEF2A在心肌成纤维细胞（CF）中的表达后，MEF2A的抑制显著减少高血糖诱导CF增殖和迁移、肌成纤维细胞分化、基质金属蛋白酶（MMP）活动和胶原蛋白产生。此外，MEF2A抑制减弱HG诱导丝裂原活化蛋白激酶（MAPK）、Akt和TGF-$β_1$/Smad信号通路的激活。对于小鼠模型的体内实验，MEF2A敲低改善糖尿病诱导的心脏功能障碍和胶原沉积。研究表明，MEF2A的抑制可以通过阻止Akt和TGF-$β_1$/Smad信号通路的激活CF，减轻HG诱导ECM积累。总之，细胞微环境是一个极其复杂的网络系统，这种复杂性决定了微环境的可调节性与相对稳定性，任何一个因素的改变均会影响相关方面的变化，对ECM的代谢产生影响。

（邢卉春）

参 考 文 献

Arriazu E. et al. 2014. Extracellular matrix and liver disease. Antioxidants & Redox Signaling, 21: 1078~1097.

Brew K, Nagase H. 2010. The tissue inhibitors of metalloproteinases(TIMPs): an ancient family with structural and functional diversity. Biochim Biophys Acta, 1803: 55~71.

Brizzi MF, Tarone G, Defilippi P. 2012. Extracellular matrix, integrins, and growth factors as tailors of the stem cell niche. Curr Opin Cell Biol, 24: 645~651.

Brown KL, et al. 2015. Hypohalous acids contribute to renal extracellular matrix damage in experimental diabetes. Diabetes, 64: 2242~2253.

Frantz C, Stewart KM, Weaver VM. 2010. The extracellular matrix at a glance. J Cell Sci, 123: 4195~4200.

Henstock J R, et al. 2015. Silicon: The evolution of its use in biomaterials. Acta Biomaterialia, 11: 17~26.

Humphrey J D.et al. 2014. Mechanotransduction and extracellular matrix homeostasis. Nat Rev Mol Cell Biol, 15: 802~812.

Kubala L, et al. 2013. The potentiation of myeloperoxidase activity by the glycosaminoglycan-dependent binding of myeloperoxidase to proteins of the extracellular matrix. Biochim Biophys Acta, 1830: 4524~4536.

Kuttner V, et al. 2013. Global remodelling of cellular microenvironment due to loss of collagen VII. Molecular Systems Biology, doi: 10.1038.

第三十四章　激素与细胞外基质代谢

激素是调节躯体生理和病理过程主要的活性物质，其作用机制在于对体内某些重要物质合成的基因的调控。细胞外基质是一群具有特殊结构的大分子物质，它们在器官损伤后修复和纤维化病变的过程中发生着复杂的变化，这些大分子物质在数量和结构端点变化受诸多因素的影响，其中激素是机体调节细胞外基质代谢重要的活性物质。本章就激素中的糖皮质激素（glucocorticoid，GC）和雌激素（estrogen，ER）对细胞外基质基因调控及其对相关细胞因子的影响进行简单介绍。

第一节　糖皮质激素与细胞外基质

糖皮质激素是由肾上腺皮质束状带合成和分泌的，主要受下丘脑、垂体、肾上腺轴的调控。生理剂量的 GC 具有抗炎、抗免疫、抗休克等药理作用，在临床上广泛用于治疗类风湿关节炎、过敏性疾病、器官移植等，同时糖皮质激素在皮肤抗衰老、骨骼形成、肿瘤转移等过程中也起重要作用，其中心环节是对细胞外基质的影响。下面从几个方面介绍糖皮质激素和细胞外基质相关成分之间的关系，从不同方面了解激素对细胞外基质的影响。

一、糖皮质激素对弹性蛋白合成的调控

弹性蛋白在细胞外基质中以弹性纤维的形式存在，但含量较少，仅占其总量的 2%~4%，在维持器官的弹性中具有十分重要的功能。糖皮质激素对弹性蛋白的合成具有调节作用，动物实验显示，向鸡胚中注射地塞米松可以增加动脉中弹性蛋白的累积。胎牛项背韧带成纤维细胞与地塞米松共同孵育，也可以促进其弹性蛋白基因的表达。近年来对于人弹性蛋白基因 5′端非翻译区序列进行分析，鉴定了几个具有调控作用的结构元件，可能对于人弹性蛋白基因的转录表达具有调控作用，其中包括 SP-1 和 AP-2 等转录因子的结合位点、糖皮质激素的应答元件，以及 TPA 和 cAMP 应答元件（CRE）。可以看出，其中含有糖皮质激素及 cAMP 的应答元件，而且这些结构元件是具有生物学功能的。这些调控元件的存在，表明了人弹性蛋白基因的表达水平会受到糖皮质激素及其他转录因子的调节。

二、糖皮质激素对腱生蛋白代谢的调控

腱生蛋白（tenascin，TNC）是细胞外基质蛋白的另一个家族，包括腱生蛋白-C、腱生蛋白-R 和腱生蛋白-X。研究表明，腱生蛋白在上皮细胞下的组织中表达，往往在器官形态学发生之初开始表达，器官形态学发生结束时则消失，因而提示这种腱生蛋白与上皮器官的发生及形态学形成过程有关。腱生蛋白的表达受到严格的调控，对于腱生蛋白-C 基因表

达具有诱导作用的生长因子包括转化生长因子β（TGF-β）、碱性成纤维细胞生长因子（bFGF）、酸性成纤维细胞生长因子（aFGF）、k-FGF、白细胞介素-1（IL-1）、白细胞介素-4（IL-4）、肿瘤坏死因子α（TNF-α）、激活蛋白、血小板源生长因子（PDGF）及血管紧张素Ⅱ（AngⅡ）等。值得注意的是，这些因子对腱生蛋白表达的诱导作用具有高度的细胞类型特异性。

除了上述各类细胞因子以外，糖皮质激素对于腱生蛋白的表达具有抑制作用，这与上述生长因子的作用恰好相反。糖皮质激素对于体外培养的骨髓基质细胞及成纤维细胞中腱生蛋白的表达具有明显的抑制作用，这也是腱生蛋白-C表达具有组织细胞特异性的决定机制。应用人纤维肉瘤细胞系HT1080，发现糖皮质激素不但可以阻断腱生蛋白-C基因的表达活性，同时对纤维粘连蛋白（FN）基因的表达具有诱导作用。细胞外基质蛋白表达种类的改变导致细胞的形态学发生显著改变。细胞受到地塞米松的作用以后，其形态学变得非常平展，未处理的细胞则呈双极化。HT1080经地塞米松处理以后，高水平表达纤维粘连蛋白，无腱生蛋白-C表达的细胞，再转移到含有腱生蛋白的培养皿中，细胞的形态学又变回原来的形态。因此，细胞周围环境中腱生蛋白与纤维粘连蛋白的比例，对于细胞的形态学特征具有十分显著的影响，对于细胞的功能也产生重要的影响。

王恒等研究糖皮质激素对鼻息肉及呼吸道上皮细胞中腱生蛋白表达的影响发现，与未治疗组相比，应用糖皮质激素治疗组鼻息肉组织中TNC和TGF-β的蛋白表达明显减少（$P<0.01$）；鼻息肉组织中TNC和TGF-β的蛋白水平呈显著正相关（$r=0.68$，$P<0.01$）。经糖皮质激素预处理后，TGF-β诱导的BEAS-2B细胞TNC mRNA和蛋白质的表达显著减少（$P<0.01$）。结果提示糖皮质激素可以通过抑制鼻息肉组织中TGF-β的表达及抑制TGF-β上调呼吸道上皮细胞TNC表达的功能而参与对鼻息肉组织结构重塑的调控。

三、糖皮质激素对骨钙素基因转录表达的调节

骨钙素（osteocalcin）是一种低分子质量的蛋白质，主要分布在骨、牙齿和其他类型的矿化组织中。在所有的脊椎动物细胞中骨钙素基因都是高度保守的，骨钙素在骨形成过程中，对于细胞外基质蛋白之间的形成及骨组织的矿化过程具有重要的调节作用。基因组中呈簇集状存在的三种骨钙素基因，呈现不同的组织及时间顺序表达的特异性，表明骨钙素基因的表达是受到严格调节控制的。

人和大鼠骨钙素基因的启动子序列受到合成的糖皮质激素的调节，在地塞米松刺激时，其活性下降。在骨中具有特异性表达活性的骨钙素基因，其启动子序列含有几段基本元件及固醇类激素应答元件，决定了骨钙素的表达具有组织特异性、种属特异性及表达时序特异性等。应用纯化的糖皮质激素受体（glucocorticoid receptor，GR）及足迹分析法（foot printing analysis），对人及大鼠骨钙素基因启动子结构中相应的结构序列进行分析，鉴定出多个糖皮质激素应答元件（glucocorticoid response element，GRE）的核苷酸序列结构。

应用纯化的糖皮质激素受体结合实验，从大鼠的骨钙素基因的启动子序列结构中鉴定出一系列糖皮质激素应答元件。在TATA元件（TATA element）的下游，位于-16～-1核苷酸序列中的近端启动子序列中存在着一系列的GRE结构，位于-86～-81核苷酸序列之间有一段半个GRE序列结构。启动子序列的缺失突变分析表明，位于-697～-683核苷酸

序列中的远端启动子序列中，还有另外一个 GRE 结构，对于骨钙素基因启动子的转录表达活性具有抑制作用，在缺乏这段核苷酸序列的情况下，含有-531～-1 核苷酸序列的启动子，受到地塞米松的刺激之后，转录表达的活性升高 1.8 倍。但是，当骨钙素启动子序列中的核苷酸缺失突变达到-348～-108 核苷酸位点时，又重新出现地塞米松抑制骨钙素启动子表达活性的现象。但刘雄等在应用糖皮质激素抑制幼鼠骨骼生长发育的实验研究，发现糖皮质激素确实能够抑制童龄 SD 大鼠胫骨生长，但对生长发育阶段的 SD 大鼠成骨细胞功能指标，如骨钙素、骨碱性磷酸酶和 I 型前胶原氨基端前肽抑制作用不明显。

四、糖皮质激素与基质金属蛋白酶

基质金属蛋白酶（matrix metalloproteinase，MMP）是高度保守的、依赖钙离子和锌离子的内切蛋白水解酶家族，可参与基底膜和细胞外基质的降解，对多种生物学活动的正常进行是必需的，如胚胎发育、再生组织吸收和骨重塑。MMP 的异常分泌与多种细胞外基质分解的疾病有关，如类风湿关节炎、骨关节疾病、骨质疏松症等。目前已知至少有 26 种 MMP，可分为五大类：①胶原酶，包括 MMP-1、MMP-8、MMP-13、MMP-18，主要降解 I～III 型胶原及 VII 型和 X 型胶原；②明胶酶，包括 MMP-2 和 MMP-9，主要降解变性 I 型、II 型、III 型胶原明胶，可切割天然 IV 型、V 型、VII 型、XI 型胶原；③基质分解素，包括 MMP-3、MMP-10、MMP-7 等，可降解纤维粘连蛋白、层粘连蛋白、弹性蛋白和糖蛋白、IV 型和 XI 型胶原等；④膜型金属蛋白酶（MT-MMP），包括 MMP-14、MMP-15、MMP-16、MMP-17、MMP-24、MMP-25 等，主要功能是激活 MMP-2，尚能降解 I 型、II 型、III 型胶原、明胶、层粘连蛋白、纤维粘连蛋白和凝集蛋白等；⑤其他基质金属蛋白酶类，包括 MMP-4、MMP-5、MMP-6、MMP-20 等未归类的 MMP。

糖皮质激素相关性骨质疏松是应用激素不良反应的事件，其发生机制一直不是非常明确，有研究认为是由于糖皮质激素影响基质金属蛋白酶的表达而影响骨质的细胞外基质来导致骨质的破坏。

MMP-2 及 MMP-9 属于明胶酶系列，其中 MMP-2 是非糖化蛋白酶，主要由成纤维细胞、成骨细胞、血管内皮细胞及部分破骨细胞表达，研究证实 MMP-2 参与骨小管-骨陷窝网络系统的形成，而骨小管-骨陷窝网络系统是骨重建及矿化的决定因素之一。MMP-2 敲除的小鼠，不能形成骨小管-骨陷窝系统，并且呈现骨密度减低、骨量减少的症状；当 MMP-2 过表达时，则会导致骨质溶解或关节炎。MMP-9 是一种糖化蛋白酶，主要表达在结缔组织细胞、破骨细胞、单核/巨噬细胞的胞质，且在破骨细胞中特异性高表达。MMP-9 能特异性降解非矿化的软骨并释放与细胞外基质结合的血管内皮生长因子，直接趋化、活化破骨细胞。

MMP-13 属于胶原酶系列，与细胞外基质的降解、肿瘤侵袭和转移有关，并且可能激活 MMP-9。MMP-13 主要在成骨系细胞及肥大软骨细胞表达，骨基质及骨细胞中也有部分表达，另外，MMP-13 在骨基质水泥线（cement lines）也有表达。孙宝等研究发现，给予糖皮质激素后，小鼠除骨小梁表面 TRAP 染色阳性的破骨细胞增多外，MMP-2、MMP-9、MMP-13 表达明显增多。基于 MMP 的功能是降解细胞外基质，因此，骨小梁的数量减少及骨小梁变窄不仅与破骨细胞的骨吸收功能增强有关，还与破骨细胞分泌的 MMP-9 增多及成骨细胞、骨细胞分泌的 MMP-2、MMP-13 增多有关。有研究报道，MMP-13 主要是由成骨系细胞分泌并排出至将要进行骨吸收的部位，参与破骨细胞性骨吸收；而且 MMP-13 参与哺乳期骨细胞陷窝的改建。

由于 MMP-13 由软骨细胞和成骨细胞系分泌，作用底物包括Ⅰ型胶原、Ⅱ型胶原和蛋白聚糖，在维持皮质骨的骨量及骨强度方面起着非常重要的作用。高倍镜下可见，部分骨细胞陷窝及延伸到骨基质的骨小管中表达 MMP-13，并且皮质骨中高表达 MMP-13 的区域与 TRAP 阳性区域重叠，表明 MMP-13 参与了骨细胞周围骨基质的吸收。MMP-13 是糖皮质激素的下游靶基因。而对 MMP-13 的调节是多方面的，包括转录水平及转录后水平的调节，激素、生长因子、癌基因均可影响 MMP-13 的转录。

第二节 雌激素与细胞外基质

一、雌激素与细胞外基质的合成

（一）雌激素与α-平滑肌肌动蛋白

肌成纤维细胞（myofibroblast，Myof）是产生细胞外基质的主要细胞，其数目被认为是预测肾脏疾病预后的最好指标。它可以通过成纤维细胞激活或肾间充质细胞表型转化而来。α-平滑肌肌动蛋白（α-SMA）是肌成纤维细胞的标志蛋白。有研究表明，间质α-平滑肌肌动蛋白表达阳性的肌成纤维细胞数目与肾小管间质纤维化严重程度呈正相关。吕永曼等在研究雌激素对大鼠肾间质纤维化保护作用时发现，低雌激素组肾间质纤维化病变最明显，高雌激素组病变显著减轻，并发现高雌激素组α-SMA 的表达较生理雌激素组与低雌激素组明显减少，提示雌激素可能通过抑制α-SMA 的表达进而减少细胞外基质的沉积而发挥肾保护作用。易艳等通过观察雌激素对肾间质纤维化大鼠的肾组织α-SMA 表达的影响，不仅证实从形态学可看到雌激素能够抑制 UUO 大鼠的肾间质纤维化，还证实在高雌激素水平组肾间质和肾小管α-SMA 阳性细胞数及α-SMA mRNA 的表达都低于另外两组（低激素水平、生理激素水平）模型组；雌激素缺乏组的上述表达则最多，差异有显著性，说明雌激素可以抑制肌成纤维细胞的功能和肾小管上皮细胞的表型转化。由此推测雌激素通过抑制肾小管上皮细胞的表型转化而减少 ECM 的形成也是其抗纤维化的原因之一。

在大鼠肝脏星状细胞（HSC）的体外实验中，雌激素可抑制 HSC 向成纤维细胞转化。Yasuda 等用二甲基亚硝胺诱导大鼠肝纤维化模型，发现雌性鼠的纤维化程度比雄性鼠的低。对雄性大鼠同时给予二甲基亚硝胺和抗雌激素抗体，则炎症反应、坏死和胶原沉积比单独给予二甲基亚硝胺要严重，而给予雌激素后，不良反应减轻。将雌性大鼠的卵巢切除，则表达α-SMA 的星状细胞数目增多，肝纤维化指标上升，而给予雌激素后，此过程可中止。研究还发现雌激素抑制肝纤维化存在剂量依赖性，停药后星状细胞又开始增殖。

（二）雌激素与转化生长因子-β细胞因子

转化生长因子-β是一种具有多种生物活性的细胞因子，对许多器官和组织的生长与分化起着重要的作用。TGF-β作为器官间质纤维化病理进程中最重要的细胞因子之一，是目前发现的最强的促间质纤维化分子，能够强烈刺激 ECM 的合成和沉积，参与器官间质纤维化的各个环节，其促纤维化的生物学作用已被证实。TGF-β通过影响细胞周期基本过程来调节细胞生长、影响细胞凋亡。TGF-β可对肾小管上皮细胞细胞分化进行调控，促进其转分化为肌成纤维细胞，从而引起ECM显著增生、肾小管萎缩致肾间质纤维化。李冰心等在依那普利对早期肾间质纤维化形成大鼠的疗效及作用机制的研究中，证实肾脏中TGF-β的表达与肾纤维化有着明显的关系，可通过下调细胞因子TGF-β的表达而减少系膜细胞外基质堆积。

雌激素对TGF-β的抑制作用可能是其肾保护作用的重要机制之一。外源性雌激素对体内TGF-β诱导的肾小球病变的抑制作用已在动物实验中得到证明。另外，肝脏内HSC通过自分泌或旁分泌TGF-β的方式，可使HSC活化。Xu等研究表明，在四氯化碳诱导纤维化的大鼠中，雌二醇抑制HSC增生是与抑制TGF-β和PDGF表达平行的。雌激素对TGF-β的作用机制仍不甚明确，但已发现Smad-3是介导TGF-β胞内信号转导的主要成分，雌二醇-雌激素受体和TGF-β Smad信号通路之间存在相互作用，雌激素受体与Smad-3结合后，Smad-3作为转录因子的活性下降，从而使TGF-β的信号转导受抑制；与此同时，雌二醇-雌激素受体调节转录的活性却增强。实验中也证实雌激素可阻断TGF-β介导下系膜细胞中Ⅰ型胶原基因转录增强的效应，减少ECM的沉积。张廷星等研究结果表明，TGF-β在去卵巢组大鼠肾脏中的表达明显高于未去卵巢组，去卵巢后予雌激素替代治疗，TGF-β的表达明显降低，达到了未去卵巢组的水平。雌激素缺乏会增加TGF-β在肾表达的增加，而补充雌激素后其表达降低，提示绝经后补充雌激素可通过降低TGF-β的表达延缓肾的纤维化。邱华娟等在探讨子宫内膜息肉中雌激素受体（ER）、血管内皮生长因子（VEGF）、转化生长因子-$β_1$（TGF-$β_1$）的表达及相关性研究中发现，子宫内膜息肉腺体组织中，ER与VEGF表达呈显著正相关（$r=0.729$，$P<0.05$），ER与TGF-$β_1$表达无相关性（$r=0.307$，$P>0.05$），子宫内膜息肉间质组织中，ER与VEGF表达呈显著正相关（$r=0.809$，$P<0.05$），ER与TGF-$β_1$表达呈显著正相关（$r=0.626$，$P<0.05$），VEGF与TGF-$β_1$呈显著正相关（$r=0.695$，$P<0.05$）。

（三）雌激素与血小板源生长因子

在肾脏组织细胞中，血小板源生长因子（PDGF）系统均有表达，它们参与大量病理、生理过程，其中包括细胞分化和增殖、ECM合成，与肾间质纤维化密切相关，而PDGF-B和PDGF-D是引起系膜增生及肾间质纤维化中的重要因素。在发生肾间质纤维化的大鼠肾间质成纤维细胞中，PDGF-B和PDGF-D呈高表达。有研究认为PDGF在低氧血症、凝血酶、内皮素等病理状态下表达增加，并刺激间质成纤维细胞增殖和细胞外基质增多，参与肌成纤维细胞聚集、增生、表型转化，促进肾小管萎缩、间质纤维化和小管周围毛细血管丧失的发生、发展，是肾间质纤维化产生和进展中重要的介质。雌激素对肝星状细胞PDGF表达影响的实验研究证实，雌激素可以通过拮抗细胞因子PDGF，抑制其表达水平，减少肝纤维化的形成。周永兰等在探讨雌激素对血管平滑肌细胞增殖及细胞周期影响的研究中证实，雌激素可以抑制PDGF的表达水平。

（四）雌激素对皮肤下细胞外基质的影响

雌激素主要通过以下两种机制在皮肤中发挥生物学效应。其一为经典途径，即雌激素通过特异性结合受体调节靶基因表达的途径。由于雌激素具有亲脂性的特性，可自由穿过细胞膜，进入胞核后与其 ER 结合从而导致构象发生改变，以此为基础形成的二聚体转位进入核内，对靶基因启动子上的 ER 元件产生影响，与辅助因子聚合成转录起始复合物，进而启动靶基因开始转录。众多具有组织标识的催化剂和（或）辅因子参与上述涉及的二聚体介导的基因转录。另一途径为非经典途径，即雌激素通过活化胞质中多种信号通路形成胞内瀑布式级联反应。研究表明，雌激素通过结合 G 蛋白偶联受体激活磷脂酶 C、二酰甘油和三磷酸肌醇，进而活化腺苷酸环化酶和蛋白激酶 A 途径，同时激活细胞内钙离子介导的蛋白激酶 C 途径。与此同时，酪氨酸激酶促成的信号转导途径也将被雌激素活化。通过上述两种作用机制，雌激素直接影响成纤维细胞的增殖及其活性，在提高胶原蛋白合成数量的同时也抑制胶原蛋白的降解，使胶原蛋白的含量增加，加速细胞间胶原和弹性蛋白的成熟，促进成纤维细胞透明质酸的产生，从而维持皮肤的厚度、弹性及水分，同时维护角化层的屏障防御功能，进而保证皮肤的完整性。

一般认为皮肤的厚度主要由胶原量决定。Kadzinski 等通过动物实验得出结论，雌激素是通过增加新生胶原蛋白的稳定性，同时抑制基质金属蛋白酶的活性来减少胶原蛋白的降解使皮肤的胶原蛋白含量增加。Sumino 等在一项随机对照试验中发现，随年龄增长及绝经后雌激素水平降低，皮肤胶原蛋白含量也随之减少，从而导致真皮层逐渐变薄。另有研究通过对切除双侧卵巢的大鼠进行外源雌激素补充，结果发现实验组大鼠皮肤真皮中 I 型胶原蛋白与 III 型胶原蛋白的含量相对于对照组均有显著的增加。

弹性纤维主要通过与胶原纤维交联缠绕发挥作用，其生理作用表现为受到短暂拉伸后可迅速回缩，同时可抵抗过长拉伸。当弹性纤维减少时，皮肤的弹性就会逐渐下降，从而导致皮肤松弛继而产生皱纹加深。Tsukahara 等报道小鼠双侧卵巢切除形成去势动物模型后，在第 3~13 周小鼠的皮肤弹性即可出现大幅下降，同时伴有真皮层中弹性蛋白酶活性明显增强。另外，当使用中长波紫外线照射小鼠后，去势组的小鼠皮肤弹性降低、真皮层中弹性蛋白酶活性增强明显。Creidi 等让绝经后女性面部使用含共轭雌激素面霜，对比使用前后面部皮肤的变化，发现其面部细小的皱纹在使用共轭雌激素面霜后显著减少。另外，Youn 等观察发现在非绝经的女性中体内雌激素水平较低者产生皱纹的现象更多见，而且育龄期的女性面部皱纹增多的风险与足月分娩次数成正相关，由此推测，体内雌激素水平的波动是皱纹增生的重要因素之一。其可能机制为孕期雌激素水平大幅升高，孕妇血浆中产生高浓度的性激素结合蛋白，但在分娩后血浆性激素结合蛋白迅速下降并低于未生育过的女性。足月分娩次数越多，血浆中游离雌激素水平降低越显著，从而增加了皱纹产生的机会。另有研究表明，在绝经后女性中使用 HRT 可显著减少皱纹的生成。

二、雌激素与细胞外基质的降解

基质成纤维细胞和肾间质细胞都能产生金属蛋白酶组织抑制因子 1（TIMP-1）。TIMP-1 是活化金属蛋白酶（MMP）的特异性抑制剂，使 MMP 失活，从而减少基质的降解。另有研究也证实 MMP 是参与 ECM 降解的主要酶系，在 ECM 降解中起主要作用，其合成及活性降低引起 ECM 降解减少是促成肾间质纤维化的主要因素之一。吕永曼等在雌激素对单侧输尿管梗阻大鼠肾间质纤维化的保护作用研究中，以 I 组为对照组、II 组为生理雌激素组、III 组为低雌激素组、IV 组为高雌激素组为研究对象，发现 II 组肾小管和肾间质 TIMP-1、 mRNA 和蛋白质表达比对照组明显增加，Ⅲ组表达最高，Ⅳ组则显著抑制 TIMP-1 的表达，说明雌激素可能通过抑制肾间质 TIMP-1 的表达而增加 ECM 的降解。另有研究证实，雌激素还可能通过对参与 MMP 活性调节的其他因子如膜型 MMP 来调节 MMP 的活性状态，发挥其在 ECM 代谢方面的有益作用。

如前所述，MMP-2 为明胶酶 A，参与Ⅰ型、Ⅱ型、Ⅲ型、Ⅳ型和Ⅴ型胶原及弹性蛋白的降解，同时，还能降解胶原酶的降解产物。MMP-2 在卵巢癌、乳腺癌、肺癌和肾癌组织中呈现高水平表达。其表达受到多种信号途径调控，在不同类型细胞中，信号传导机制也不尽相同。用雌激素处理原代培养的去卵巢雌性新西兰兔泪腺上皮和淋巴细胞，MMP-2 表达增加，雌激素对人神经母细胞（sH-SY5Y）中 MMP-2 mRNA 和蛋白质的表达也有促进作用，且能增加基质中 MMP-2 的活化水平。激素替代疗法治疗绝经后女性心血管疾病后，发现体内 MMP-2 活性增强。这些实验证据表明雌激素能正性调节 MMP-2 的表达，而且在 mRNA、蛋白质和活化程度等水平都有表现。

（李蕴锄）

参 考 文 献

刘雄，刘娜，徐和平，等. 2017. 糖皮质激素抑制幼鼠骨骼生长发育的实验研究. 中国医师杂志，19：388～391.

邱华娟，梁朵献，孙颖，等. 2017. 子宫内膜息肉中雌激素受体，血管内皮生长因子和转化生长因子-β1 的表达及相关性研究. 中国妇幼保健，32：928～930.

王恒，刘争，陆翔，等. 2009. 糖皮质激素对鼻息肉中固生蛋白 C 表达的抑制作用. 华中科技大学学报(医学版)，38：756～759.

Alexander B. 2012. Striatin-dependent membrane estrogen receptor signaling and vasoprotection by estrogens. Circulation，126：1941～1943.

Claudia Z，Vanessa S，Olga P，et al. 2007. Estrogen up-regulation of metallopmteinase-2 and-9 expression in rabbit lacrimal 91ands. Exp Eye Res，84：960～972.

Deidro JH，Mountain，Stacy S，et al. 2012. Role of MTl-MMP in estrogen-mediated cellular processes of intimal hypeplasia. J Surgical Res，173：224～231.

Engsig ML，Chen QJ，Vu TH，et al. 2000. Matrix metalloproteinase 9 and vascular endothelial growth factor are essential for osteoclast recruitment into developing long bonse. J Cell Biol，15：879～889.

Filardo EJ，Thomas P. 2012. Minireview：G protein-coupled estrogen receptor1，GPER-1：its mechanism of action and role in female reproductive cancer，renal and vascular physiology. Endocrinology，153：2953～2962.

Hillegass JM，Villano CM，Cooper KR. et a1. 2007. Matrix metalloproteinase-13 is required for zebra fish(*Danio rerio*)development and is a target for glucocorticoids. Toxicol Sci，100：168～179.

Jia J，Yao W，Guan M，et al. 2011. Glucocorticoid dose determines osteocyte cell fate. FASEB J，25：3366～3376.

Masuda，Yuji，Hirao. 2013. Improvement of skin surface texture by topical estradiol treatment in climacteric women. J Dermatolog Treatment，24：312～317.

Niedl R, Berenstein I, Beta C, et al. 2016. How imperfect mixing and differential diffusion accelerate the rate of nonlinear reactions in microfluidic channels. Phys Chem, 18: 6451~6457.

Paiva KB, Granjeiro JM. 2014. Bone tissue remodeling and development: focus onmatrix metalloproteinase functions. Arch Biochem Biophys, 561: 74~87.

Sara M, Mda As. 2012. Estrogen activates matrix metalloprotein-2 and-9 to increace beta amyloid degradation. Mol Cell Neurosci, 49: 423~429.

Sparavigna, Adele, Tenconi, et al. 2013. An innovative concept gel to prevent skin aging. Dermatolog Sci Applicat, 3: 271~280.

Trojahn, Carina, Dobos, et al. 2015. Characterizing facial skin ageing in humans: disentangling extrinsic from intrinsic biological phenomena. Bio Med Res Inter, 20: 237~242.

Tsukahara K, Nakagawa H, Moriwaki S, et al. 2014. Ovariectomy is sufficient to accelerate spontaneous skin ageing and to stimulate ultraviolet irradiation-induced photoageing of murine skin. Br J Dermatol, 151: 984~994.

Young CS, Kwon OS, Won CH, et al. 2013. Effect of pregnancy and menopauseon facial wrinkling in women. Acta Derm Venereol, 83: 419~424.

第四篇

细胞外基质与临床医学

第三十五章 细胞外基质与胚胎发育

细胞外基质（ECM）是由细胞合成并分泌到胞外的一大类分布在细胞表面或细胞之间的大分子，主要是一些多糖、蛋白质、蛋白聚糖。ECM 是组成组织间质和上皮-血管中基质的结构成分。细胞外基质是组织的一部分，不属于任何细胞，ECM 彼此连接构成复杂的网架结构，支持并连接组织结构，调节组织的发生和细胞生理活动。ECM 主要成分包括胶原、非胶原糖蛋白、弹力纤维、糖胺多糖、蛋白聚糖、与基质代谢相关的酶及细胞因子。ECM 的功能包括细胞组织的机械支持、供给营养、免疫应答，参与调节胚胎发育进程，决定细胞的黏附与迁移，在创伤修复、组织修复、器官损害后纤维化，以及细胞的生长、分化、代谢和肿瘤发生与转移中起重要作用。

一、概述

ECM 大致归纳为四大类：胶原、非胶原糖蛋白、氨基聚糖与蛋白聚糖及弹性蛋白。ECM 对胚胎和器官的发育有以下几个方面的作用：①ECM 对干细胞的调控作用。ECM 中的整合素家族可介导干细胞与 ECM 黏附，通过直接激活多种生长因子受体，从而为干细胞的增殖提供适当的微环境。整合素的表达和激活，将调节基底膜的成分和干细胞微环境中生长分化因子的浓度，从而影响干细胞的分布和分化方向。②器官或组织的发育归因于三维的微环境，这个环境系统包含细胞-细胞相互作用和细胞-ECM 相互作用。只有通过组织架构才可保持细胞动态平衡和组织特异性功能。组织微环境可受到包括生化和生理等多方面因素的影响，这其中包括 ECM 和 ECM 受体系统、周围细胞、免疫系统释放的细胞因子、激素/生长因子，它们共同调控组织的发育及重塑。ECM-ECM 受体和激素/生长因子是组织发育的主系统，通过 ECM 受体，信号经由细胞内骨架基质转导到细胞核和染色体，从而开启下游基因的表达；反过来，ECM 也受到细胞核编码信号的反向调控。

二、ECM 在胚胎着床中的作用

ECM 在胚胎着床中的作用是立体的，覆盖了胚胎发育的多个方面。

1. 整合素与胚胎着床 细胞黏附分子是一大类分子的总称，是指由细胞合成，存在于细胞内、细胞膜或细胞外的能促进细胞黏附的多种分子，主要包括免疫球蛋白超家族、整合素家族、整合素受体、钙调素家族、选择素家族等。整合素是 ECM 中的一类，是跨膜糖蛋白，可在子宫内膜、蜕膜及绒毛外细胞滋养层中被检出。整合素可介导细胞-细胞、细胞-ECM 相互作用，发挥信号传递作用。整合素作为一种细胞表面的黏附受体，在胚胎着床期，与相应配体识别结合，对子宫内膜容受性的形成及胚泡着床起着重要作用。

（1）整合素及其配体 ECM 的结构和功能：整合素是由α和β两种亚基以非共价键结合形成的异二聚体分子。目前发现的α亚基有 20 种，β亚基有 9 种，两者组成 30 多种整合素组合。ECM 内含有整合素的配体，主要有纤维粘连蛋白（FN）、层粘连蛋白（LN）、胶原

（COL）、骨刺激素（OPN）、玻连蛋白（VN）等。整合素可识别配体上的特殊氨基酸片段——精氨酸-甘氨酸-天冬氨酸片段（RGD片段），通过受体介导细胞-细胞、细胞-ECM的黏附。整合素受体内连细胞内骨架，外连ECM，通过细胞内蛋白激酶的酪氨酸磷酸化，将细胞外信息传入细胞内，同时也将细胞内信息传入细胞外，通过这样的细胞内外系统的相互作用参与胚胎着床的生理过程。

（2）整合素及其配体ECM与胚胎着床：在胚泡植入过程中，胚泡与子宫都处在生长发育的动态阶段。植入一般发生在月经周期的第20~24天，即排卵后的6~10天。这段时期通常称为植入窗或着床窗。整合素在月经周期中呈现表达的动态变化，部分亚基在着床期呈现高表达，可能与子宫内膜的容受性形成有关。在月经周期的分泌期，子宫内膜上皮表达多种整合素亚基，包括α_1、α_4、β_3、α_v和β_1。整合素$\alpha_v\beta_3$、$\alpha_4\beta_1$共同出现于着床窗，是子宫内膜达到最大容受性的标志。有研究应用反转录聚合酶链反应（RT-PCR）方法半定量研究了整合素的部分亚基在子宫内膜的表达。研究显示α_4、α_v、β_1、β_3和β_2整合素亚基的mRNA在分泌期的表达明显高于增生期，尤其$\alpha_v\beta_3$变化显著，在植入窗明显出现，产物合成持续到妊娠早期。之后另有研究以免疫组化法研究了整合素$\alpha_v\beta_3$、$\alpha_4\beta_1$在正常生育妇女排卵后6天和8天的子宫内膜的表达，实验证实$\alpha_v\beta_3$、$\alpha_4\beta_1$在植入窗有短暂的表达升高，尤其是植入窗期的子宫内膜表达的$\alpha_v\beta_3$量在受孕妇女显著高于未孕妇女。此外，研究发现在植入窗期子宫内膜基质细胞表达IV型胶原、层粘连蛋白和纤维粘连蛋白等其他细胞外基质。同时，人胎盘滋养层细胞表达整合素亚单位α_3、α_5、α_v、α_6、α_7、β_7、β_1、β_3，以及纤维粘连蛋白、玻连蛋白、层粘连蛋白和IV型胶原等。有理由相信这样的ECM表达同步性对着床的生理过程具有重要意义。

在植入期需要多种ECM分子结合共同促使生理过程的发生。在胚泡植入期，胚泡表达的$\alpha_v\beta_3$可识别子宫内膜上皮细胞表面的骨桥蛋白的RGD序列，子宫内膜上皮表达的$\alpha_v\beta_3$识别胚泡表达的玻璃体结合蛋白、纤维粘连蛋白、骨桥蛋白的RGD序列后，$\alpha_v\beta_3$与其受体结合。子宫内膜整合素$\alpha_4\beta_1$识别被剪切的FN的RGD片段并与之结合。FN也属于ECM的一个组分，被认为是胚泡黏附于子宫上皮的分子胶水，FN分子上的糖基在调节整合素与配体识别中起重要作用。胚泡与子宫内膜黏附后，胚泡上的$\alpha_6\beta_1$、$\alpha_7\beta_1$识别表达在子宫内膜上皮基底膜的LN并与之结合，滋养层细胞分化并显示出入侵表型。此时，IV型胶原酶被激活并降解IV型胶原，之后内膜基膜被破坏形成缺口，胚泡穿过缺口入侵基质。已有研究发现，整合素$\alpha_6\beta_4$在绒毛细胞滋养层与合体滋养层界面表达，提示其在细胞与细胞间的黏附中发挥作用；绒毛外细胞滋养层的增生单层细胞层位于绒毛基底，仅表达整合素$\alpha_6\beta_4$，可能介导细胞黏附到基底膜。β亚单位有一长的细胞内区域结构，可使其与细胞骨架蛋白的直接作用更容易。当末梢滋养层细胞与基膜松散连接时，可大量表达$\alpha_6\beta_1$，而$\alpha_6\beta_4$消失，$\alpha_1\beta_1$（LN的受体）表达增加，同时，最初增殖的细胞变得有运动能力，这一现象被称为整合素转变。但决定这种表型转变的因素还未知。总之，整合素及ECM受体在胚泡子宫内膜的相互识别黏附和胚泡入侵子宫蜕膜中发挥着作用。

整合素-受体系统在介导胚泡着床的同时受到激素的调节。日本学者用雌二醇（E_2）和孕酮（P）处理体外培养的增生期子宫内膜细胞，结果发现细胞的整合素亚基β_1表达增加。部分患者不孕是由于黄体功能不全，这部分患者子宫内膜整合素$\alpha_v\beta_3$明显下降甚至缺失。当给予外源性孕激素后，整合素$\alpha_v\beta_3$的表达即有所增加。另有学者观察到孕期女性排卵后服用米非司酮导致着床期上皮$α_4$和$β_3$表达降低。上述研究提示整合素的表达可能受激素的调节，而这些调节机制可以很好地解释部分患者因雌/孕激素的不平衡导致的不孕症，这些过程是由于整合素-受体表达异常所导致，为进一步的治疗提出一个新的理论假说。

2. 纤维粘连蛋白和层粘连蛋白对胚胎成熟的作用

（1）FN 和 LN 的结构：FN 和 LN 是非胶原蛋白的主要组成成分，是 ECM 的一部分，这些成分广泛存在于各种细胞表面、结缔组织及多数组织基底膜中。LN 和 FN 在细胞-细胞、细胞-ECM 相互作用间具有极其重要的作用，近年来越来越多的资料证实这两大分子在生殖、胚胎发育等方面扮演重要角色。研究表明，LN 和 FN 除了在支持、连接、维持组织形态等方面起重要作用外，还具有调节细胞黏附、生长、分化，促进细胞迁移、增殖，以及离子交换和信息传递的功能。

FN 是一种大型糖蛋白，含糖量为 4.5%~9.5%，糖链结构因组织细胞的来源及分化状态而异。FN 是一种双链结构的大分子，唯一一对链间二硫键位于羧基端 20 个氨基酸内。它存在于多种细胞膜及 ECM 中，可分为血浆型 FN（pFN）和细胞型 FN（cFN），前者为可溶性 FN，后者为不可溶性 FN。FN 有单体和多聚体两种存在形式，FN 单体不能与其黏附受体直接发生作用，而需通过二硫键连接形成多聚体后，与其特异性受体结合。cFN 多以多聚体形式存在。每条 FN 肽链约含 2450 个氨基酸，具有 5~7 个特殊的结构域，这些结构域中有些能与其他 ECM 结合形成网络，如胶原蛋白聚糖。某些短肽序列可被细胞表面的各种 FN 受体所识别结合，使细胞附着于 ECM 上。针对不同的特殊受体，FN 至少有两个独立的细胞附着区，一个附着区在 FN 分子的中心，包括两个具有协同作用的短的氨基酸基序；另一个在羧基端附近。FN 具有特有的结构多形性，主要由附着区不同的拼接方式所决定。FN 分子的不同部位可以和不同的蛋白分子结合，如胶原、肝素、硫酸肝素及细胞纤维蛋白等，这种结合是 FN 活跃的生物功能的分子基础。胎儿 FN（fFN）是 FN 的一个特殊亚型，主要分布于胎盘组织和胚胎组织中。来源于胎盘组织的 fFN 在羊膜、胎盘组织及绒毛膜蜕膜交界面均有分布，在羊水中含量高，但随妊娠周的增加而下降。

LN 是细胞黏附于基质的重要介质，主要由上皮细胞和内皮细胞合成，成纤维细胞、平滑肌细胞及某些肿瘤细胞也可合成部分 LN。LN 与 FN 类似，是一组生物功能相似但结构和形态各异的高分子非胶原糖蛋白的总称。LN 分子由 1 条重链（α）和 2 条轻链（β，γ）借二硫键交联而成，外形呈不对称的交叉形结构。每个 LN 分子有 1 条长臂和 3 条形态相似而结构各异的短臂，具有约 50 条由氨基连接的糖链，蛋白总体糖基化比例为 15%~28%，糖链结构复杂。目前已知α链有 5 条（$α_1$、$α_2$、$α_3$、$α_4$、$α_5$），β链有 3 条（$β_1$、$β_2$、$β_3$），γ链有 2 条（$γ_1$、$γ_2$）。上述 10 条多肽链通过不同的组合方式构成 11 种不同的 LN 分子，不同的 LN 分子间可因多肽链的不同而导致结构的不同。LN 通过特定受体与细胞相互作用，受体识别位点位于 LN 的糖链结构上。LN 主要存在于基质与基底膜的透明层，通过细胞表面的 LN 受体（LN-R）在体内外发挥重要的生物活性作用。

（2）FN 和 LN 在胚胎发育中作用：研究发现正常女性绒毛膜组织可表达 FN 和 LN。LN 分布于绒毛上皮基底膜、毛细胞血管基膜、绒毛基质、蜕膜间质及滋养细胞柱的细胞间质中。FN 主要分布于绒毛上皮基膜、毛细血管内皮基膜、滋养细胞柱和滋养细胞壳及蜕膜间质中。其中，LN 是构成蜕膜细胞生长、发育所需微环境的重要物质，在细胞生长、分化及细胞黏附中起着关键作用。组织细胞的正常生长发育依赖于细胞间质中的血管提供的必要营养物质，同时也依赖于细胞间质的连接作用，使各类细胞构成完整的组织。ECM中FN和LN正是为细胞的生长发育提供了必要的条件，在妊娠早期发挥着紧密黏附的作用，对正常发育的孕卵起着支持、信息传递和保护妊娠囊的作用。在妊娠早期蜕膜中，FN和LN的表达较未妊娠时子宫内膜中的表达明显升高，这种变化是为了促使妊娠囊着床。与正常妊娠早期的蜕膜组织相比较，运用米非司酮药物流产后，FN和LN的表达在间质细胞膜周围、腔上皮表面、腺体基膜及腺上皮表面等多部位明显下降，其结果是导致胚胎的早期宫内发育受到抑制。

LN和FN与胚泡的植入关系密切。研究发现LN在子宫内膜分泌期(特别在分泌中期)、增生早期表达强度增高；而在子宫内膜增生中晚期表达减少；在排卵期子宫内膜表面上皮基底膜中LN表达持续增强。子宫内膜周期中分泌期是妊娠囊的着床期，排卵后子宫内膜表面上皮基底膜中的LN增加，这种自发改变为妊娠囊着床提供有利的连接条件。植入子宫内膜后的妊娠囊摄取营养，随即侵入子宫内膜上皮细胞及基底膜，之后将内膜血管作为植入目标，研究者观察到此时血管内皮细胞基底膜上LN表达增加。

LN及FN虽广泛分布于胚泡期胚的细胞表面、子宫内膜上皮的基底层，但相对集中于母胎界面，这可能是为妊娠囊着床提供必要的物质条件。随着子宫蜕膜的形成，LN和FN等糖蛋白的表达增加，LN通过细胞膜上相应的受体LN-R将细胞黏附到ECM上，使妊娠囊沿其浓度梯度定向迁移，并在迁移中分裂增殖。LN和FN在蜕膜细胞周围的增多，一方面增强蜕膜细胞本身的功能，另一方面可促进蜕膜细胞分泌胶原酶，降解基质中的胶原纤维，使胚泡滋养层不断向蜕膜中侵入，并在ECM介导的作用下定向迁移铺展。妊娠囊植入后随即胎盘建立，LN在绒毛滋养层上皮基底膜上表达，而LN-R主要表达在绒毛滋养层上皮细胞表面，两者的表达量变化表现出自发性同步性增长或消退，在胚体分化最旺盛的早期胎盘绒毛中两者表达量最高。LN在胎盘构建初期一方面可促进胎盘绒毛滋养层与母体蜕膜黏附，另一方面增加滋养层细胞与绒毛结缔组织黏附。随着妊娠继续，滋养细胞中的LN和LN-R表达较早期明显降低。通过LN与LN-R的相互作用，妊娠囊不仅可有效地植于子宫内膜，而且通过这些分子的时间周期性表达的变化，提高了植入的成功率，并可帮助妊娠囊向深层侵入。

FN犹如黏附剂将发育中的胎盘固定在子宫壁上，是滋养细胞黏附、侵蚀的重要因素，在胎盘形成、构建中起重要作用。作为ECM的重要成分之一，FN始终存在于正常人绒毛膜组织中，但在妊娠不同阶段其分布不同。在妊娠早期FN主要分布于绒毛上皮基膜，在合体滋养细胞基底膜表达。这种表达模式与滋养细胞生长密切相关，FN介导滋养细胞与蜕膜间的黏附，从而使滋养细胞侵入子宫内膜过程变得顺利。随妊娠继续，胎儿FN由胎盘组织生成。作为胎盘滋养层细胞合成的糖蛋白，胎儿FN存在于绒毛膜-蜕膜界面之间，在绒毛基质及血管壁上呈强阳性表达，其功能是促进胎盘黏附于子宫壁。在正常妊娠早期，由于绒毛膜、羊膜和蜕膜与子宫壁层真蜕膜未完全融合，可有少量FN渗出。而到妊娠中晚期宫颈或阴道分泌物中几乎检测不到胎儿FN。

虽然胚胎的着床和发育是在多种因素的协同和调控下完成的，但FN和LN作为重要的ECM组分，无论在胚胎着床还是在妊娠囊发育过程中都具有不可忽视的作用。虽然目前对LN和FN的分子结构、形成分布及表达的研究已有很大进展，但对其作用机制的研究仍存在一些问题，尤其是ECM表达的时序问题及调控原理尚需进一步探讨。

3. OPN 结构及在胚胎着床中的作用

（1）OPN 的结构与功能：OPN 是最早从骨基质中分离出来的一种分泌型糖基化磷蛋白，是 ECM 组分之一，后来发现 OPN 在多种组织中均有表达，在子宫内膜也有表达。OPN 含有 2 个 RGD 结构，该基序可与特殊配体结合，以增强细胞黏附。OPN 被认为是内膜与滋养层间的桥接分子。OPN 是通过 RGD 序列与整合素结合，进而促进细胞-细胞间的黏附、细胞迁移和 ECM 组分之间相互作用。OPN 基因定位在人染色体 4q13，本身是多等位基因，其基因结构的变异性较大，人类至少有两个等位基因。通过比较分析发现，在不同种属甚至同一种属的不同组织的 OPN 基因具有一定的多态性，但其总体核苷酸序列还是呈中度保守性，其中编码氨基端和羧基端以及含 RGD 序列的 50 个氨基酸区具有高度序列保守性。OPN 分子的氨基端区域与外分泌有关，羧基端参与黏附功能的调节。

OPN 存在磷酸化与非磷酸化两种类型，磷酸化 OPN 能结合细胞表面的 FN，而非磷酸化 OPN 能与可溶性纤维粘连蛋白形成复合物。OPN 与整合素受体结合后启动信号转导级联反应，调节下游基因的表达。OPN 作为一种 ECM 成分具有如下功能：促进细胞间黏附，增加细胞-ECM 间的相互作用，促进免疫细胞转移，刺激 B 细胞产生免疫球蛋白等。OPN 的作用多样化与其受体、结合位点及分子结构的多样性有关，其中介导细胞黏附、转移等功能主要是通过其 RGD 氨基酸序列与细胞表面整合素 $\alpha_v\beta_3$ 结合发挥的。另外，OPN 还存在细胞外配基，可被各型细胞表面糖蛋白 CD44 识别。现认为在子宫中后者是内膜腺腔表面的黏附前激肽，趋化白细胞，并引起整合素 $\alpha_v\beta_3$ 结构反转为黏附状态。

（2）OPN 与受精和胚胎发育：输卵管是一个动态的器官，对配子功能、受精和胚胎发育都起推动作用。体外实验表明 OPN 可由输卵管上皮合成，并存在于输卵管液中，这种糖蛋白对精子获能、精卵结合、卵子的渗透和胚胎发育有积极的影响。Gabler 等运用免疫印迹技术检测牛输卵管壶腹部及峡部的输卵管液，发现含有 25ku、48ku 和 55ku 3 种 OPN 亚型分子，且发现在黄体期和非黄体期无量的差别。25ku 亚型在输卵管各个周期和各个部位表达最多，48ku 亚型和 55ku 亚型的相对量在黄体期和非黄体期有所改变。25ku 亚型在非黄体期表达相对较少，而 55ku 亚型则表达相对增加。这种改变主要发生在受精时期，认为输卵管液中 OPN 亚型的变化可能与配子的相互作用和早期胚胎的发展有关。运用反转录-聚合酶链反应（RT-PCR）方法证明，近排卵期的输卵管上皮细胞 25ku 亚型 OPN 与其受体整合素的增长相一致，认为输卵管微环境中细胞间黏附分子对配子、胚胎与上皮之间的相互影响起到重要作用。

OPN 作为一种钙结合蛋白在受精过程中发挥重要作用，包括顶体反应和透明带溶解功能。在体外受精时，用输卵管液预先培养的牛卵子的精子黏附率、受精率与胚胎发育情况，比用抗-OPN 预处理的输卵管液中培养的牛卵子要高得多。用纯化的 OPN 预培养牛的卵细胞后，第 4 天的卵裂率和第 8 天的胚泡质量比未用 OPN 预培养的要高。体外实验用一定浓度纯化的 OPN 预处理家牛的精液或卵子，其体外受精、卵裂和胚胎发育等情况均得到改善，说明 OPN 可改善牛的体外受精和胚胎发育，但其机制还不清楚。

（3）OPN 在胚胎着床中的作用：OPN 由子宫内膜腺上皮分泌到子宫腔，与上述 FN、LN 一样，OPN 的表达也具有时序同步性。研究发现，OPN 在增殖期的子宫内膜上皮细胞中的表达较低，而在分泌期的内膜上皮细胞中的表达明显增强。OPN 的受体整合素 $\alpha_v\beta_3$ 在整个月经周期的基质细胞也有表达，其中在分泌中期至晚期的内膜上皮细胞显著表达，因此推论 OPN 在子宫内膜分泌中晚期的高表达可能与子宫内膜容受性提高有关。

子宫内膜容受性是通过孕激素对内膜上皮细胞、基质细胞的调节而达成的。子宫内膜基质表达 OPN，提示 OPN 在孕体入侵时在子宫组织的重塑过程中发挥着作用。Spencer 等通过动物实验研究表明，在羊的实验中植入期前 OPN mRNA 仅在子宫内膜部分表达，而在孕第 19 天表达于全部子宫内膜的腺体中，提示 OPN 增强表达可能与妊娠囊植入有关。Johnson 等研究发现，怀孕绵羊的子宫冲洗液中存在大量的 45ku 大小的 OPN 片段，而这些片段与整合素 $\alpha_v\beta_3$ 的亲和力比 70ku 大小的 OPN 片段的要强，提示 OPN 结合整合素受体后可能刺激妊娠囊的增殖、迁移、存活、黏附和重塑等的变化。OPN mRNA 在子宫内膜分泌中期的表达量较早期增加，这个过程可促使分泌中期腔上皮细胞表面受体整合素 $\alpha_v\beta_3$ 表达增加。OPN-$\alpha_v\beta_3$ 复合体将会在种植窗内膜腔上皮细胞顶侧缘形成，以促进胚泡的着床。人月经周期第 19 天内膜上皮细胞开始表达整合素 $\alpha_v\beta_3$，与胚泡着床期相对应。同时 OPN 由内膜腺上皮分泌到子宫腔，滋养层也在此期表达 $\alpha_v\beta_3$。OPN 受体 $\alpha_v\beta_3$ 特异性地表达于子宫内膜种植窗，是子宫内膜容受性增高的标记。$\alpha_v\beta_3$ 通过依赖于 RGD 序列的方式与 OPN 结合或通过不依赖 RGD 序列的方式与 CD44 变异体结合，从而介导受精卵的黏附。

总之，胚胎着床依赖于胚胎与子宫内膜同步发育并相互配合。通过 OPN 与 $\alpha_v\beta_3$ 结合，也通过两种 ECM 成分表达的时序变化，使得妊娠囊的种植可能性增高，使得子宫的容受性增高，从而提高了胚胎植入的比率。

4. 选择素与胚胎发育 选择素也叫外源凝集素黏附分子，其中 L-选择素是近年来普遍认为较重要的一种选择素，它的配体是寡聚糖。曾有研究组以能识别 L-选择素配体的表位的抗体 MECA-79 检测人胚泡期及黄体期子宫内膜 L-选择素配体的表达，结果发现卵泡期表达很弱，而子宫内膜分泌期 L-选择素配体表达很强，尤其是在子宫内膜上皮表面。在人胚泡脱透明带之前，胚泡 L-选择素表达弱或不表达；胚泡脱透明带之后，在整个胚泡表面可检测到 L-选择素的表达明显增强。这种受体-配体系统是功能性的，在随后的实验得到证实：包被有 L-选择素配体的珠子能黏附胚泡，胚泡能黏附到表达 L-选择素配体的子宫内膜上皮细胞，而不能黏附到没有表达 L-选择素配体的子宫内膜上皮细胞。这些结论提示胚泡 L-选择素介导的胚泡-子宫内膜相互作用可能是胚泡着床关键的一步。

5. 胚胎肝细胞发育与 ECM ECM 是作为一个整体因素影响着胚胎的发育，胚胎干细胞（ESC）与 ECM 的相互作用的精确性是正常发育的前提，同时也是决定干细胞分化、自我更新、发育走向的重要环节。近年研究热点在于 ECM 合成动力学对 ESC 的影响，主要是因为在胚胎发育过程中 ECM 组分是动态变化的，不断根据 ESC 的发育要求做出调整，又称为改造，ECM 环境的改造主要是为了贴合 ESC 的变化。例如，小鼠 ESC 需要 ECM 的纤维粘连蛋白帮助定位黏附，从而在微环境中定向分化；纤维粘连蛋白和层粘连蛋白是小鼠 ESC 向内胚层分化中必要的成分。而且在 ESC 与 ECM 相互作用时有精确的时段控制，当玻连蛋白和层粘连蛋白用来维持人 ESC 的多样性和自我更新时，胶原蛋白和纤维粘连蛋白表达不宜过多，以免影响 ESC 的分化。

ECM 的改造是由基质金属蛋白酶（MMP）来调整的。MMP 可以调节 ECM 识别，也可以调节细胞-细胞信号转导。例如，有研究观察到 MMP 分解层粘连蛋白后产生的碎片可以调节小鼠 ESC 间充质细胞向表皮细胞转化。但 MMP 的表达水平是哪个细胞控制的，仍旧是研究重点。ECM 对细胞的影响是立体的，除了成分出现顺序、表达水平外，结构的合理性也是胚胎发育的重要影响因素。这个研究是未来器官订制研究的重要组成部分，也是目前研究热点。ECM 的表达与细胞检查点功能相关，或者说是细胞检查点的外在表现，决定了细胞分化、功能的外在表现，也决定了胚胎的增殖和形态学变化，进而决定了实质细胞的走向和疾病的转归。肿瘤干细胞（CSC）与 ECM 的相互作用是 ECM 研究的一个分支，从另一个角度提出了相互关系的重要性，也指出慢性炎症疾病进展到肿瘤过程中，ECM 结构及其组分变化是重要影响因素之一。

因此，对 ECM 表达动力学研究必须持网络观点，对上游调节因素、下游反馈因素的研究仍有很多未回答的问题，此外，结构是如何影响干细胞分化、发育的，仍旧有不清晰的地方。

三、ECM 在不同器官胚胎发育过程中的作用

ECM 在组织生长过程中除了起到物理支撑作用外，更重要的是具有协调基因表达的功能。通过 ECM-实质细胞的相互作用，ECM 将激素所要转导的发展时序信号转导给细胞，从而保证了器官发育的正确性和准确性。

1. ECM 与肾脏发育

（1）ECM 的表达在肾脏发育中的作用：器官的形成需要各种基因的协调表达，遵循一定的时空顺序，哺乳动物肾脏的发育依次经过前肾、中肾、后肾 3 个发育阶段。关于影响细胞分化各个过程的分子基础目前尚未完全清晰，但最近的研究显示特殊的 ECM、整合素受体、黏附分子的正常表达等是肾脏发育所必需。胚胎时期肾脏发生时，未分化的间充质细胞在输尿管芽的诱导下形成最初的上皮细胞团，然后进一步发育形成上皮性 S 形肾单位，经毛细血管开放的肾小球阶段从而分化形成近端小管、远端小管、髓袢及肾小球。细胞外基质的表达通过与其受体的结合可诱导细胞的分化、发育，在肾脏发生中起重要作用。小鼠胚胎发育研究时发现，当间充质细胞转化为上皮细胞形成小管样结构时，就有 LN-α_1 链和整合素α_6 的表达，以参与细胞识别和分化。此时如果用抗体阻断 LN-1 的 E8 片段与整合素$\alpha_6\beta_1$ 结合，则干扰这一过程的发生。

肾小球 ECM 是指肾小球毛细血管基底膜（GBM）、肾小球系膜基质（MM）及肾小囊基底膜。肾小球 ECM 主要由胶原、非胶原糖蛋白和蛋白聚糖组成。胶原分子是由 3 条肽链（α链）绞合而成的螺旋结构，前文已述α链的一级结构为重复的甘氨酸-X-Y 序列，其中 X 多为脯氨酸，Y 常为羟脯氨酸或羟赖氨酸。羟脯氨酸仅见于胶原，故其组织含量可反映其胶原含量。目前已知胶原有十余种，但 GBM 中主要为Ⅳ型胶原。Ⅳ型胶原的中段为螺旋区，肽链氨基端为 7S 部分，羧基端为 NC1 部分。7S 以共价键与另外 3 个分子连在一起，NC 以双硫键与另一胶原分子相连，使Ⅳ型胶原形成一网状的框架结构，组成 GBM 的骨架。进一步验证还发现由 2 条α_1（Ⅳ）链和 1 条α_2（Ⅳ）链组成的组分主要分布于 GBM 的内皮侧区和系膜区，由α_3（Ⅳ）、α_4（Ⅳ）和α_5（Ⅳ）链组成的组分则主要分布于 GBM 的致密层及上皮侧。肾小球中有少量Ⅵ型胶原，其分布与Ⅳ型胶原一致。

LN 也是 GBM 的主要组分之一，可与Ⅳ胶原、硫酸乙酰肝素蛋白多糖（HSPG）及其他非胶原糖蛋白（如巢原蛋白）结合，介导 ECM 黏附细胞并调控细胞的分化。FN 既可与 ECM 其他大分子结合，又可与实质细胞结合，它在肾小球内分布于 GBM 和系膜区。氨基

聚糖和蛋白聚糖是 ECM 中具有高度亲水性的大分子，不仅是 ECM 的结构组分，而且是与周围细胞通讯的活性成分。聚糖类与 FN、LN 及胶原结成不同孔径的凝胶，见于 GBM 和系膜区。又由于其糖基具有不同程度的硫酸化，其糖醛酸的羧基因而带有大量负电荷（如 HSPG），在 GBM 形成的静电屏障中起重要作用。上述肾小球内 ECM 的多种成分也存在于肾小管基膜、肾间质及肾内血管。

ECM 的不同结构链在胚胎发育成熟过程中的表达存在着时间上的顺序性，这种时序性可能与发展的阶段性有关，是一个缜密的被设计好的发育过程。Ⅳ型胶原α_1（Ⅳ）链、LN 的α_1和γ_1链在胚胎肾中表达较早，在肾组织成熟过程中表达量明显增多，且分布也较广泛，所以推测它们可能参与诱导肾发育的各个阶段。这些 ECM 组分在肾小球系膜区、GBM、肾小管基膜等结构的形成、成熟及其形态和功能的维持等方面起着广泛作用。LN 的β_1链在早期肾单位和未成熟肾小球中明显表达，在成熟肾小球中表达显著下降，而β_2链则相反。这一现象提示β_1链仅在肾小球发育早期起作用，β_2则参与了肾小球的晚期成熟，β_2的正常表达可能在维系成熟肾小球形态、GBM 通透性等方面发挥作用。动物实验研究也提示在小鼠胚胎肾发育过程中 LN-β_2链可取代β_1链，如果这种正常取代不能发生，则会引起肾小球滤过膜通透性增加，导致先天性肾病的发生。Ⅳ型胶原α_3（Ⅳ）、α_5（Ⅳ）在胚胎肾 S 期肾单位以后表达逐渐增多，说明其对早期小球发育作用不大，而它们在成熟肾组织分布的差异性提示两者在肾发育成熟中的作用可能有所不同。除均参与 GBM 及远端小管发育成熟过程外，与α_3（Ⅳ）相比，α_5还可能在肾小囊和集合管的成熟及功能维系上发挥作用。FN 在胚胎肾输尿管芽及间质有少量表达，晚期在肾组织中广泛分布，提示其除参与肾单位的发生外，还在肾小球及间质的发育成熟中发挥一定作用。

（2）ECM 相关的肾脏发育疾病：目前证实多种遗传性肾脏病与 GBM 的表达异常有关。编码 ECM 的有关基因如发生突变或遗传性染色体异常，则编码 ECM 分子可能在肽链一级结构或翻译后修饰上发生改变，这种结构异常的 ECM 不能行使正常功能，如 X 连锁的 Alport 综合征。该综合征是以血尿、进行性肾功能减退、耳聋为临床综合征，其原因是位于 Xq22 区编码Ⅳ型胶原α_5链的基因出现变异，导致 GBM 结构异常。典型患者的 GBM 呈分层化、篮网状改变。另有甲髌综合征，主要表现为蛋白尿、指甲、骨骼改变，15%的患者可发展至慢性肾衰竭。甲髌综合征基因变异位于染色体 9q34.2—q34.3，已知编码 V 型胶原α_1链的基因（即 COL5A1）即位于 9q34.2—q34.3，故推测为该遗传病的候选基因。病理研究显示患者 GBM 呈虫蚀样病变，GBM 和系膜区有纤维样胶原形成。

综上所述，ECM 在肾脏的发育过程中扮演重要角色，除结构支持外，很大程度上参与了细胞增殖、分化的调控，是器官生长发育成熟的重要组成部分。

2. ECM 与心血管发育　血管系统的发育是由生长因子及其受体、细胞类型所决定的，而 ECM 在调节生长因子下游信号转导过程中扮演重要角色。在心脏瓣膜形成期间，生长因子较多地扮演阳性刺激因素角色，而 ECM 多是扮演负性调节角色，通过缓冲机制使得心脏有序生长，这种缓冲机制是通过细胞-细胞或细胞-ECM 相互作用完成的。在整体形成过程中，既有器官的形成，又包含器官的重构，尤其是后一过程需要 ECM 的参与以抵抗受到的物理压力，如血流冲击力等。

在心血管系统的 ECM 中，弹性蛋白扮演着重要角色。弹性蛋白基因被敲除的小鼠表现为血管平滑肌的广泛增生，这种现象是由于弹性蛋白缺失后的代偿性增生，还是说明弹性蛋白可以抑制平滑肌的异常增生,尚待进一步研究。目前资料认为血管 ECM 对血管细胞行为起到负面调节作用,ECM 存在的意义是控制血管细胞的无序生长,使得血管形成变得有序、稳定并逐步成熟化。目前的研究热点在于细胞是如何调控 ECM 的合成,以及 ECM 是如何对物理压力做出相应的重构。初步研究结果认为细胞-细胞相互作用可能是调控的中心环节。下一步的研究将围绕着 ECM 如何自血管内皮细胞、平滑肌细胞中提取信号以重构其自我表达的量来适应血流压力,这个将解释血管的生成模式,也将解释先天性心脏病的形成。

20 世纪 80 年代关于先天性心脏病(CHD)的定义中,按胚胎学分类提出第四种即为 ECM 异常导致的 CHD。ECM 缺陷可导致完全性心内膜垫缺损(TECD)、膜周型室间隔缺损等,可能与 21-三体综合征、8p 缺失及 1p21—p31 等多位点变异有关。这些位点的变异是否通过 ECM 系统产生作用尚待研究。

3. ECM 与中枢神经系统发育 各个系统的发育都是自干细胞开始的,越来越多的研究结果认为干细胞的分化需要一个精巧的微环境,既可使得干细胞自我更新,又可根据信号发育成器官。ECM 是一种复杂的多种修饰蛋白相互作用系统,细胞-ECM 之间的相互作用对于维持干细胞自我更新和分化十分重要。

干细胞所定植的龛内存在某种特殊的微环境,由龛细胞、可溶性细胞因子和 ECM 组成。可溶性因子包括成纤维细胞生长因子(FGF)等,可通过细胞-ECM 途径调节干细胞的行为。因而,ECM 在微环境内不仅仅扮演物理支撑作用,更多的是一个调节中转站。ECM 调节、缓冲信号对干细胞的影响,最终调节干细胞的增生、移行和最终的分化走向。

细胞与 ECM 的结合多是通过整合素来连接的。有实验表明,当神经祖细胞开始分化时有丰富的 ECM 围绕在周围,可以理解为 ECM 的形成先于特异干细胞的发育、分化。ECM 是神经祖细胞分化、移行和神经轴突延长的必要因素,而随着神经元的逐步形成,ECM 逐步消退,让位于神经系统。目前已经建立了胚胎干细胞(ES)生长模型,可以精确研究干细胞向神经细胞分化的过程,在这个过程中细胞-ECM 相互作用是研究热点。近来建立了小鼠胚胎干细胞(mESC)模型,通过实验发现 ECM 是导致 mESC 发育为神经细胞的中枢性支持结构。另有学者应用黏附培养基模拟 ECM,在培养液中加入生长因子等可溶性物质后用以培养人胚胎干细胞(hESC),这些可溶性因子包括多聚-D-赖氨酸、FN、LN、胶原蛋白等。hESC 在这种模拟状态下可继续生长并分化为神经祖细胞,进而分化为神经元细胞,足够长时间后才出现神经胶质细胞。将 FN、LN 等不同组分加入在黏附培养内进行 hESC 的培养试验,结果证实 LN 可刺激 hESC 来源的神经祖细胞的延伸性生长,促进神经元生长和轴突的增长,这种增长与 LN 的存在有着量效关系。

病理研究发现胚胎神经组织中含有大量 ECM,LN 是神经干细胞龛的重要组分之一。LN 是成神经细胞生长的化学诱导剂,有实验通过人为的安排,LN 可以将成神经细胞自移行路线吸引到旁路上。作为 LN 的受体,整合素受体 α_6/β_1 也在神经元的发展中起到重要作用。上述的干细胞模拟培养研究发现,LN 诱导的神经祖细胞生长可以被抗-整合素亚基 α_6/β_1 抗体所阻断,提示 LN-整合素 α_6/β_1 可能是生长信号转导的中心环节。针对啮齿类、禽类神经系统发育的研究表明,LN-整合素受体 α_6/β_1 在发育中扮演了重要角色。抗整合素亚基 α_6 抗体或抗整合素亚基 β_1 抗体在实验中可以使成神经细胞的移行变得紊乱,提示整合素受体 α_6/β_1 可能起到增长移行时的导向作用。因此,目前认为 LN 和整合素受体 α_6/β_1 共同控制成神经细胞的移行方向,在神经发育和修复中起重要作用。目前已有研究证实 LN 可诱导人神经干细胞的移行、分化和轴突生长,hESC 可在 LN 的作用下分化为神经元细胞和星形胶质细胞。同样,对于 hESC 的研究也认为,LN-整合素受体$α_6/β_1$是神经胚胎发育的枢纽性环节。

4. ECM 与肝脏发育 前文已述,立体微环境是祖细胞(progenitor cell)发育、分化的重要调节因素,肝脏发育也不例外。祖细胞分化为肝脏或胆道的节点是由外在的 ECM 调节的,通过细胞-细胞或细胞-因子相互作用而完成,这里所指的因子即为 ECM。当相互作用发生后,下游信号转导同路,如 Notch 或 TGF-β开始在肝脏分化发育中扮演重要角色,而 NOTCH2 和 JAG1 在胆系细胞发育中更为重要。在肝脏器官形成过程中,由于 TGF-β空间梯度随着门静脉分支的延伸而下降,从而也导致肝脏细胞和胆道细胞分化时的差异。TGF-β通过上述传导通路发挥作用时,是基于 ECM 的胶原蛋白Ⅰ和基底膜的组分及结构起作用的;整合素和层粘连蛋白决定了细胞的极性,进而决定了细胞的功能。

炎症过程中需要祖细胞增殖分化,以替代坏死的肝细胞和胆道系统。在祖细胞的发育过程中需要理解 3 种相互作用:细胞-细胞、细胞-细胞因子和细胞-ECM 相互作用。ECM 重构在疾病发生过程中扮演重要角色。当急性炎症时,可导致胆管反应发生,在赫令管中存在的祖细胞开始增生,未来的发育分化除了 TGF-β等因子诱导外,也与 ECM 的组分胶原蛋白Ⅰ和层粘连蛋白的组成有关,后者是组成微环境的重要结构部分,即便是 Notch 信号转导系统也受到 ECM 微环境的影响。

总之,无论胚胎时期干细胞的分化发育,还是成年阶段祖细胞在炎症后的增殖分化,又或者是肿瘤干细胞的种植增生,在肝脏内部需要细胞与 ECM 相互作用,ECM 可能在 MMP 的作用下降解,同时也根据其他信号通路进行合成,这种不同成分的变化组成了 ECM 的动力学改变。按照目前的理解,肝脏的胚胎形成和疾病后再生都与 ECM 的变化息息相关。

本章节从两个方面总结了 ECM 对胚胎发育的重要意义,无论是妊娠囊着床还是神经胚胎系统发育,ECM 组分都扮演了重要的角色,并因组分的动态变化影响胚胎的发育、分化。在未来相当一段时间内,细胞-ECM 相互作用将是胚胎发育的研究热点和核心之一。随着研究的深入,对 ECM 作用的详细阐述将丰富人类对组织、胚胎发育的认识。

(董 菁)

参 考 文 献

Kaylan KB, Ermilova V, Yada RC, et al. 2016. Combinatorial microenvironmental regulation of liver progenitor differentiation by Notch ligands, TGF-β, and extracellular matrix. Sci Rep, 6: 23490.

Laperle A, Masters KS, Palecek SP. 2015. Influence of substrate composition on human embryonic stem cell differentiation and extracellular matrix production in embryoid bodies. Biotechnol Prog, 31: 212~219.

Zong Y, Panikkar A, Xu J, et al. 2009. Notch signaling controls liver development by regulating biliary differentiation. Development, 136: 1727~1739.

第三十六章 细胞外基质与免疫系统发育

机体是由各种不同的器官和组织构成的，不同的器官有着不同的微环境（microenvironment），同一器官不同区域的亚微环境也不同。所谓的微环境是由成纤维细胞、巨噬细胞、内皮细胞、脂肪细胞等基质细胞和它们分泌的细胞外基质（ECM）组成。免疫系统是机体执行免疫应答及免疫功能的一个重要系统，是属于机体保护自身的防御性结构，一方面识别和清除侵入机体的微生物、异体细胞或大分子物质（抗原）；另一方面监护机体内部的稳定性，清除表面抗原发生变化的细胞（肿瘤细胞和病毒感染的细胞等）。免疫系统是生物在长期进化中与各种致病因子的不断斗争中逐渐形成的，免疫系统的发育包括生存意义上的发育和免疫应答需求意义上的发育，是一个非常复杂的过程。免疫系统的发生、发育及分化很大程度上取决于免疫细胞与微环境中各种活性分子之间的相互作用。

第一节 细胞外基质概述

一、细胞外基质的概念和种类

细胞外基质是指位于上皮或内皮细胞下层、结缔组织细胞周围，为组织、器官甚至整个机体的完整性提供力学支持和物理强度的物质。细胞外基质将不同类型的细胞集合在一起，使其构成不同的组织和器官，没有细胞外基质的参与，就不能构成一个机体。细胞外基质在维持机体结构的完整性和各种器官的形态及其物理学特征方面具有十分重要的功能，为各种类型的细胞提供支架结构与附着位点。细胞外基质在正常发育过程中有助于组织和器官的形成，而在病理状态下参与组织修复、主要脏器的纤维化、肿瘤细胞的转移等。

细胞外基质的组成可分为三大类：①糖胺聚糖（glycosaminoglycan）、蛋白聚糖（proteoglycan），它们能够形成水性的胶状物，在这种胶状物中包埋有许多其他的基质成分；②结构蛋白，如胶原和弹性蛋白可赋予细胞外基质一定的强度和韧性；③黏着蛋白，又称纤维粘连蛋白，如纤维粘连蛋白和层粘连蛋白可促使细胞同基质结合。胶原和蛋白聚糖为基本骨架，在细胞表面形成纤维网状复合物，这种复合物通过纤维粘连蛋白或层粘连蛋白及其他的连接分子直接与细胞表面受体连接，或附着到受体上。由于受体多数是膜整合素，并与细胞内的骨架蛋白相连，所以细胞外基质通过膜整合素将细胞外与细胞内连成了一个整体。随着 ECM 在生理和病理过程中的重要作用被发现，ECM 功能的研究已备受关注。绝不可认为 ECM 仅包裹细胞而已，它是细胞完成若干生理功能必须依赖的物质。已知细胞的形态、运动及分化均与 ECM 有关。ECM 能结合许多生长因子和激素，给细胞提供众多信号，调节细胞功能。在急、慢性感染性炎症时，ECM 的生化成分发生改变。

二、细胞外基质的生物学功能

目前研究表明，细胞外基质不仅仅是为组织和机体提供力学支持与物理强度的组织部分，而且对细胞的黏附、迁移、增殖、分化及基因表达的调控等诸多方面具有重要的作用和显著的影响。因此，细胞外基质也具有十分重要的生物学功能。

1. 细胞外基质与细胞黏附　细胞与细胞外基质之间的结合过程，不是被动的，而是主动的；不是随机的，而是一种特异性的过程。细胞与细胞外基质之间的结合，不仅仅为细胞的附着提供一个物理位点，而且还触发跨膜信号转导，对于细胞的基因表达及细胞表型和功能产生显著的影响。细胞外基质蛋白分子结构中具有与细胞结合的位点，称为细胞黏附位点。细胞黏附位点与细胞膜上相应的受体相结合，这是细胞外基质与细胞之间进行结合的一般方式。机体发生炎症反应时，血管内皮细胞在体内所产生的大量促炎症细胞因子的激活下可以表达大量的黏附分子，增强与免疫细胞间的黏附能力。血管内皮细胞是组织与血液之间的重要屏障。活化的淋巴细胞必须首先穿过血管内皮细胞，再穿过内皮下的细胞外基质，才能浸润到炎症部位。因此，除了细胞与细胞外基质间的黏附外，淋巴细胞与血管内皮细胞间的黏附在机体最终产生有效的免疫应答过程中也起着非常重要的作用。选择性地抑制活化的 T 淋巴细胞释放效应细胞因子，降低其与细胞外基质间和与血管内皮细胞间的黏附能力及跨基底膜的迁移能力可能是其主要的机制之一。

2. 细胞外基质与细胞迁移　细胞外基质与细胞膜上相应的受体之间的相互作用，决定了细胞迁移过程。与细胞迁移有关的细胞膜上的受体分子，主要是整合素这种细胞表面的黏附性受体蛋白分子。在多细胞生物的发育过程中，许多发育过程和步骤都涉及细胞向新的位点迁移的过程。在形态学发生过程中，由纤维粘连蛋白及其他类型的具有黏附作用的生物大分子，构成了细胞黏附与迁移的主要基质结构。含有 RGDS 序列的合成多肽、抗整合素抗体的 Fab 片段、抗纤维粘连蛋白的抗体，单独情况下都可以抑制细胞迁移过程。如果细胞内注射 $β_1$ 整合素亚单位胞质位点特异性的单克隆抗体或者抗体的 Fab 片段，都可以打乱细胞基质的装配，从而进一步证实整合素在细胞迁移过程中的重要作用。

3. 细胞外基质与细胞增殖　某些细胞外基质蛋白具有促有丝分裂素的功能，从而促进细胞增殖。例如，在神经细胞增殖过程的早期阶段，成纤维细胞生长因子（FGF）促进体外培养的神经上皮细胞的层粘连蛋白表达水平升高。以 Norther 印迹杂交技术证实，受到 FGF 刺激作用的细胞中，层粘连蛋白 B1 和 B2 链的 mRNA 表达水平都显著升高，推测 FGF 对于神经上皮细胞的主要作用就是通过促进其层粘连蛋白的合成与释放，以旁分泌的方式刺激神经细胞的分化。根据是否具有 MHC I 型抗原表达，神经上皮细胞又可分为前体细胞亚群与胶质细胞亚群，而只有胶质细胞亚群具有层粘连蛋白的合成能力。在另一项研究中还发现，视网膜中的神经前体细胞与其下层的细胞外基质之间保持持续的接触，这对维持神经前体细胞的增殖状态具有十分重要的意义。

4. 细胞外基质与细胞分化　近年来研究发现，层粘连蛋白、纤维粘连蛋白及胶原蛋白等基质蛋白成分，都具有促进体外培养的神经元的轴突生长的功能。在细胞外基质蛋白分子结构中，已鉴定出几种不同的与整合素结合有关的结构位点，其中最为重要的是纤维粘连蛋白III型重复序列结构位点。这一结构位点存在于一系列细胞外基质糖蛋白的序列结构中，这是这些细胞外基质糖蛋白与细胞膜上相应的整合素受体进行结合的重要结构位点，含有 RGDS 四肽序列。对于 PC12 细胞来说，RGDS 序列结构是纤维粘连蛋白与 PC12 细胞进行结合并促进 PC12 细胞轴突生长的主要结构位点。含有这段 RGDS 的合成多肽，可以抑制 NGF 刺激的 PC12 细胞在纤维粘连蛋白包被的培养皿上的形态学分化过程。对于血清中的混合蛋白质成分进行分离纯化，再对不同的蛋白质成分对 PC12 细胞轴突生长的促进作用进行研究比较，证实含有亲玻连蛋白的蛋白组分对于 PC12 细胞轴突的生长具有促进作用，已用层析法从血清中纯化得到亲玻连蛋白及纤维粘连蛋白，并证实亲玻连蛋白具有促进 PC12 细胞轴突生长的作用。亲玻连蛋白促进 PC12 细胞轴突生长的结构位点，也是 RGD 三肽结构序列。

5. 细胞外基质与细胞形状 体外实验证明，各种细胞脱离了细胞外基质呈单个游离状态时多呈球形。同一种细胞在不同的细胞外基质上黏附时可表现出完全不同的形状。上皮细胞黏附于基膜上才能显现出其极性。细胞外基质决定细胞的形状这一作用是通过其受体影响细胞骨架的组装而实现的。不同细胞具有不同的细胞外基质，介导的细胞骨架组装的状况不同，从而表现出不同的形状。

第二节 免疫系统发育

一、免疫系统的组成

免疫系统包括免疫器官和组织、免疫细胞及免疫分子。免疫器官按其发生和功能不同，可分为中枢免疫器官和外周免疫器官。中枢免疫器官由骨髓和胸腺组成，它们是免疫细胞发生、分化、发育和成熟的场所。周围免疫器官包括淋巴结、脾和扁桃体，还有黏膜相关弥散淋巴组织，它们在机体出生后数月才逐渐发育完善。两者通过血液循环及淋巴循环互相联系，中枢淋巴器官不断地将淋巴细胞输入周围淋巴器官。周围淋巴器官是进行免疫应答的主要场所，无抗原刺激时其体积相对较小，受抗原刺激后则迅速增大，结构也发生变化，抗原被清除以后又渐恢复原状。以下简述主要免疫器官和免疫细胞。

1. 骨髓 骨髓是各类血细胞和免疫细胞发生及成熟的场所，是机体重要的中枢免疫器官。由基质细胞及其所分泌的多种细胞因子与细胞外基质共同构成了造血细胞赖以分化发育的骨髓微环境。骨髓多能造血干细胞在骨髓微环境中首先分化为髓样祖细胞和淋巴样祖细胞。前者进一步分化成熟为粒细胞、单核细胞、树突状细胞、红细胞和血小板；后者则发育为各种淋巴细胞的前体细胞。在骨髓中产生的各种淋巴细胞的祖细胞及前体细胞，一部分随血流进入胸腺，发育为成熟 T 细胞；另一部分则在骨髓内继续分化为成熟 B 细胞和 NK 细胞。成熟的 B 细胞和 NK 细胞随血液循环迁移并定居于外周免疫器官。

骨髓是造血器官，又是哺乳动物和人培育 B 细胞的中枢淋巴器官。骨髓的髓细胞中约有 10% 属于淋巴细胞系，主要为 B 细胞系的细胞，细胞散在分布，不形成 B 细胞岛。淋巴干细胞在骨髓的微环境中先形成大的前 B 细胞（pre-B cell），经过 4~8 次分裂成为中等大小的前 B 细胞，胞质内已开始合成膜抗体分子。细胞再继续分裂变小，成为幼 B 细胞（immature B cell），细胞膜上已出现膜抗体 sIgM。继而再进一步分化成处女型 B 细胞（virgin B cell），膜上有 sIgM 和 sIgD 分子。处女型 B 细胞经血液循环迁至周围淋巴器官骨髓培育 B 细胞直至终身。骨髓产生的 B 细胞比胸腺产生的 T 细胞数量虽较少，但较为恒定，也不因年龄的增长而减少。

2. 胸腺 胸腺是机体免疫系统的重要组成部分，是 T 细胞发育、分化、成熟的中枢淋巴器官，在免疫系统中发挥重要的作用。胸腺培育出的各种处女型 T 细胞，经血流输送至周围淋巴器官和淋巴组织。人胸腺的大小和结构随年龄的不同而有明显差异。胸腺出现于胚胎第 9 周，在胚胎第 20 周发育成熟，已具有正常胸腺的结构，是发生最早的免疫器官。新生期胸腺 15～20g，以后逐渐增大，至青春期可达 30～40g。青春期以后，胸腺随年龄增长而逐渐萎缩退化，表现为胸腺细胞减少、间质细胞增多、老年期胸腺功能衰退，造成免疫力下降，机体容易发生感染和肿瘤。此外，胸腺还是一个易受损害的器官，急性疾病、肿瘤、大剂量照射或大剂量固醇类药物等均可导致胸腺的急剧退化、胸腺细胞大量死亡与空竭；但病愈或消除有害因子后，胸腺的结构可逐渐恢复。

胸腺实质主要由胸腺细胞和胸腺基质细胞（thymic stromal cell，TSC）组成。前者绝大多数为处于不同分化阶段的未成熟 T 细胞；后者则以胸腺上皮细胞为主，还包括巨噬细胞、树突状细胞及成纤维细胞等。胸腺上皮细胞分泌的胸腺素和胸腺生成素均能促进胸腺细胞的分化。和骨髓一样，TSC 和细胞外基质构成了决定 T 细胞分化、增殖和选择性发育的胸腺微环境。细胞外基质是胸腺微环境的重要组成部分，包括多种胶原、网状纤维蛋白、葡萄糖胺聚糖等。它们可促进上皮细胞与胸腺细胞接触，并促进胸腺细胞在胸腺内移行和成熟。

3. 淋巴结 淋巴结是哺乳类特有的淋巴器官，位于淋巴回流的通路上，常成群分布于肺门、腹股沟及腋下等处，是滤过淋巴和产生免疫应答的重要器官。周围淋巴器官和淋巴组织内的淋巴细胞可经淋巴管进入血流循环于全身，它们又可通过毛细血管后微静脉再回入淋巴器官或淋巴组织内，如此周而复始，使淋巴细胞从一个淋巴器官到另一个淋巴器官，从一处淋巴组织至另一处淋巴组织。抗原进入淋巴结后，巨噬细胞和树突状细胞可捕获与处理抗原，使相应特异性受体的淋巴细胞发生转化。识别抗原与细胞间协作的部位在浅层皮质与深层皮质交界处。引起体液免疫应答时，淋巴小结增多、增大，髓索内浆细胞增多。引起细胞免疫应答时，深层皮质明显扩大，效应性 T 细胞输出增多。

4. 脾脏 脾脏是机体重要的免疫器官，作为二级淋巴器官，脾脏给免疫应答的进行提供了很好的微环境。脾脏微环境在为免疫应答提供良好条件的同时，也对参与免疫应答的细胞的功能状态和命运转归有所调节。

5. 弥散淋巴组织 弥散淋巴组织以网状细胞和网状纤维为支架，网眼中充满大量淋巴细胞及一些浆细胞、巨噬细胞和肥大细胞等。淋巴细胞无明显的境界，含有 T 细胞和 B 细胞，还常有高内皮的毛细血管后微静脉，它是淋巴细胞从血液进入淋巴组织的重要通道。淋巴组织内及其周围有许多毛细淋巴管，淋巴细胞可经此进入淋巴和血液循环，并经毛细血管后微静脉再入淋巴器官或淋巴组织。抗原刺激可使弥散淋巴组织扩大，并出现淋巴小结。

6. 淋巴细胞 T 细胞是淋巴细胞中数量最多、功能复杂的一类。T 细胞体积较小，胞质很少，一侧胞质内常有数个溶酶体。胞质呈非特异性酯酶染色阳性，细胞表面有特异性抗原受体。血液中的 T 细胞占淋巴细胞总数的 60%～75%。T 细胞主要分以下三个亚群。①辅助性 T 细胞（helper T cell，Th 细胞），占 T 细胞的 65% 左右，它的重要标志是表面有 CD4 抗原。Th 细胞能识别抗原，分泌多种淋巴因子，它既能辅助 B 细胞产生体液免疫应答,又能辅助 T 细胞产生细胞免疫应答,是扩大免疫应答的主要成分,它还具有某些细胞免疫功能。②细胞毒性 T 细胞(cytotoxic T cell,Tc 细胞),占 T 细胞的 20%～30%,表面有 CD8 抗原。Tc 细胞能识别结合在 MHC Ⅰ类抗原上的异抗原,在异抗原的刺激下可增殖形成大量效应性 Tc 细胞,能特异性地杀伤靶细胞,是细胞免疫应答的主要成分。③调节性 T 细胞(Treg 细胞),其表面表达 CD4 抗原,它分泌的抑制因子可减弱或抑制免疫应答,从而调节免疫功能。在正常情况下免疫应答能被控制在一定的范围之内,使得机体免疫系统在抵抗外界病原微生物等侵害的同时也避免了自身免疫性疾病的发生。

B 细胞常较 T 细胞略大,胞质内溶酶体少见,含少量粗面内质网。血液中 B 细胞占淋巴细胞总数的 10%～15%。B 细胞受抗原刺激后增殖分化形成大量浆细胞,分泌抗体,从而清除相应的抗原,此为体液免疫应答。自然杀伤细胞(NK 细胞)不需抗体的存在,也不需抗原的刺激即能杀伤某些肿瘤细胞。

7. 抗原提呈细胞 抗原提呈细胞(antigen presenting cell,APC)是免疫应答起始阶段的重要免疫辅佐细胞,有多种类型。其中巨噬细胞分布最广,是处理抗原的主要细胞。树突状细胞分布于脾、淋巴结和淋巴组织中的 T 细胞区及外周血中,是辅佐细胞免疫应答的主要成分。针对相应抗原,免疫效应细胞在树突状细胞的刺激下快速活化并增殖分化,产生后续免疫效应。滤泡树突状细胞仅分布于淋巴小结的生发中心,能借抗体将大量抗原聚集于细胞突起表面,与选择 B 细胞高亲和性抗体细胞株的功能有关。朗格汉斯细胞分布于表皮深层,可捕获和处理侵入表皮的抗原,并能离开表皮经淋巴进入淋巴结,转运抗原或转变为交错突细胞。微皱褶细胞位于回肠集合淋巴小结顶端上皮及扁桃体隐窝上皮中,也有捕获和传递抗原的作用。

8. 单核-吞噬细胞系统 当异物或细菌侵入机体后,体内各处的吞噬细胞可吞噬清除异物,这是机体最原始的一种防御方式。单核-吞噬细胞系统包括结缔组织的巨噬细胞、肝的库普弗细胞、肺的尘细胞、神经组织的小胶质细胞、骨组织的破骨细胞、表皮的朗格汉斯细胞和淋巴组织内的交错突细胞等。它们均来源于骨髓内的幼单核细胞,幼单核细胞分化为单核细胞进入血流,后者从不同部位穿出血管壁进入其他组织内,分别分化为上述各种细胞。单核-吞噬细胞系统在机体内分布广,细胞数量多,其功能意义不仅为吞噬作用,还有许多其他重要功能。巨噬细胞与淋巴细胞、粒细胞、肥大细胞在功能上相互促进和相互制约。

淋巴细胞和单核细胞经血液循环及淋巴循环进出外周免疫器官和组织,构成免疫系统的完整网络,既能及时动员免疫细胞,使之聚集于皮肤及内脏各处病原体等抗原存在部位,又能使这些部位的抗原经抗原提呈细胞摄取并携带至相应外周免疫器官或组织,进而活化 T 细胞或 B 细胞,从而发挥适应性免疫应答及效应作用。

二、免疫系统发育

(一)T 细胞的发育

免疫系统包括多种免疫器官、免疫组织、免疫细胞和免疫分子,其发育是一个非常复杂的过程。T 淋巴细胞(简称 T 细胞)是免疫系统中最具多样性和多效性的细胞,因篇幅的关系,在此部分着重围绕 T 细胞陈述免疫系统发育。

1. T 细胞在胸腺内的分化发育 来自于骨髓或胚胎肝组织的多能造血干细胞进入胸腺,在胸腺独特的微环境中经历了一系列的有序过程,包括增殖、受体基因重排、MHC 限制的阳性选择、排除自身反应性和缺陷细胞的阴性选择、细胞表面分子和功能上的成熟等才能成熟,最终成为免疫功能成熟的胸腺细胞进入血流,随血液循环进入脾或淋巴结,以多种方式行使细胞免疫功能。成熟的胸腺细胞进入血流后称为 T 细胞,即胸腺依赖淋巴细胞(thymus dependent lymphocyte),是免疫系统中最具有多样性和多效性的细胞。成熟的 T 细胞具有 MHC 限制和自身耐受的特点,从胸腺输出并定殖于外周,在淋巴器官中不断进行再循环来维持和建立外周 T 细胞库。

骨髓来源的祖 T 细胞约 3h 内迅速从血管进入胸腺,期间需要通过血胸屏障,其分子机制主要有三种。①识别黏附过程:祖 T 细胞通过血循环到达胸腺附近,通过其表面的黏附分子黏附在胸腺毛细血管内皮细胞上,这些黏附分子包括选择素、整合素、ICAM-1、CD44 等。整合素对前 T 细胞的黏附起决定作用,CD44 增强这一过程。②趋化作用:黏附在毛细血管内皮细胞上的前 T 细胞在胸腺上皮细胞分泌的胸腺微环境因子(TMF)、胸腺趋化因子(TCF)等具有趋化作用的各种分子作用下,穿过毛细血管内皮细胞及基膜进入细胞外基质,在纤维粘连蛋白的作用下,进入胸腺实质。③黏附分子的丢失:前 T 细胞进入胸腺实质过程中,其表面的一些黏附分子快速地丢失。蛋白酶在此起重要作用,如蛋白激酶 C 可使淋巴细胞上的 L-选择素快速消失。细胞外基质中的丝氨酸蛋白酶可分解硫酸蛋白多糖大分子,同时双阴性胸腺细胞也表达一些氨基肽外切酶,使前 T 细胞表面一些黏附分子消失,进入下一步的分化发育过程。

胸腺内胸腺细胞的成熟过程涉及胸腺细胞的阳性选择和阴性选择。胸腺细胞的阳性选择,导致了 $CD4^+$ 或 $CD8^+$ 细胞的出现和正常发育;胸腺细胞的阴性选择,导致了自身反应性 T 细胞克隆的剔除,有效地防止了自身免疫的形成,是通过细胞程序性死亡机制剔除潜在的自身反应性 T 细胞克隆,具有复杂的生化及分子生物学机制。不管是胸腺细胞的阳性选择还是阴性选择,都涉及 T 细胞受体(T cell receptor,TCR)与胸腺细胞自身的主要组织相容性复合体(MHC)及抗原提呈细胞膜上的多肽分子之间的相互作用和相互影响。这种选择过程产生两种截然不同的结局——死亡或者生存。之所以会有两种不同的结局,完全取决于不同的附属信号,以及由胸腺细胞与其他细胞和细胞外基质之间相互作用时的亲和力不同。

可能影响阳性选择的主要因素包括:①对选择配体的亲和力,由 TCR 密度、配体密度和结合常数决定;②发育过程中胸腺细胞活化状态和(或)信号转导机制及其与 TCR 聚合相偶联机制的变化;③胸腺基质细胞群落的差异,它们包含不同的被 MHC 分子提呈的抗原多肽池。大量研究支持一种分化的亲和力模型,即与 TCR 的低亲和力结合可导致阳性选择,而高亲和力结合则导致阴性选择。胸腺细胞膜上 TCR 的存在,是胸腺细胞发生阴性选择的第一个条件。抗原提呈细胞及其自身 MHC I 类抗原分子的表达,是胸腺细胞进行阴性选择的第二、第三个条件。尽管胸腺皮质中上皮细胞主要是与阳性选择过程有关的抗原提呈细胞,近来的研究证明骨髓来源的细胞也可能与此类细胞的阳性选择有关。这些细胞的具体性质还不太清楚,但至少是 MHC I 类抗原限制性的。骨髓衍生细胞、树突状细胞、巨噬细胞、B 细胞、甚至胸腺细胞本身自身多肽的识别都可诱导胸腺细胞的耐受机制。胸腺髓质细胞,甚至皮质中的上皮细胞也具有阴性选择功能,这种阴性选择活性取决于细胞类型,以及相关的自身抗体,或是一种多肽,或是一种超抗原形式。

识别自身抗原的 T 淋巴细胞亚群,在胚胎期胸腺发育过程中死亡,这种特异性 T 细胞克隆清除机制,对正常的免疫应答系统的建立至关重要。如果胸腺细胞发育成熟过程中自身反应性 T 细胞死亡机制受到干扰,清除不完全,则会引起自身免疫性疾病。目前的研究证明,识别自身抗原的自身反应性 T 细胞的清除机制,主要是通过程序性细胞死亡或细胞凋亡机制实现的。胸腺细胞库发育过程中,90%的未成熟胸腺细胞在原位通过程序性细胞死亡机制而得到清除,胸腺细胞在多种因素的刺激作用下可发生程序性细胞死亡,仅有少部分胸腺细胞能够发育成熟,进入外周 T 细胞库中发挥免疫功能。越来越多的证据表明,这种应答机制是胸腺内细胞选择过程及自身免疫的预防形成的关键因素之一。

2. T 细胞在胸腺外的发育 虽然绝大部分 T 细胞是在胸腺中发育成熟的,但并非全部,在其他胸腺外器官中也有 T 细胞的发育成熟。已经发现肝、小肠上皮内存在着不同于胸腺发育来源的 T 细胞,肝内 T 细胞前体来源于骨髓,但对其分化的过程不甚了解,主要的研究在于小肠上皮内的淋巴细胞(IEL)。

IEL 是位于肠道黏膜上皮组织细胞间或上皮细胞与基底膜相接处的一群异质性淋巴细胞。大量证据已经表明,有关其发育成熟的过程及机制 IEL 亚群是在胸腺外发育成熟的,尚不清楚。IEL 数量众多,其数量可与分布在脾脏、淋巴结、淋巴管内的 T 细胞总数相当。IEL 因其能够发挥强大的细胞毒作用和免疫调节功能而成为黏膜免疫中重要的效应细胞。它们构筑了抗感染的第一道免疫防线,并维持肠上皮的完整性。IEL 分为 a 和 b 两种细胞类型。a 型细胞包括 $CD8\alpha\beta^+TCR\alpha\beta^+IEL$,其发育和抗原识别等特点均与外周淋巴样组织中的 T 细胞极为相似;b 型细胞包括 $CD8\alpha\alpha^+TCR\alpha\beta^+IEL$ 和 $TCR\gamma\delta^+IEL$,这群细胞在机体其他部位较为少见,在发育场所、细胞表型、抗原识别和生物学功能等方面均有别于普通的 T 细胞。目前较为一致的看法是,骨髓来源的前驱细胞到达肠上皮细胞间,在此发育分化,表达 T 细胞抗原受体,发育成众多亚群,最后存留于肠道局部而不向其他部位循环。在无胸腺的动物中,胸腺外发育的 T 细胞比较活跃。胸腺外发育的 T 细胞也经历了阳性选择,在制瘤素 M 转基因鼠中,其淋巴结内 T 细胞可大量发育,并且造血细胞上的 MHC I 类分子就足够支持多样性的 CD8 受体库的形成,其阳性选择效果与胸腺内的有所不同,但阴性选择则与胸腺内的效果完全相同。胸腺外发育的 T 细胞在表型上与胸腺内的有所不同,并且在功能上也存在着明显的不同。

(二) B 细胞的发育

B 淋巴细胞是由骨髓中的造血干细胞分化发育而来的,在禽类是在法氏囊内发育生成,故又称囊依赖淋巴细胞或骨髓依赖性淋巴细胞,简称 B 细胞。

1. B 细胞的分化 人类 B 细胞的分化过程主要分为前 B 细胞、未成熟 B 细胞、成熟 B 细胞、活化 B 细胞和浆细胞 5 个阶段。其中,前 B 细胞和未成熟 B 细胞的分化是抗原非信赖的,其分化过程在骨髓中进行。成熟 B 细胞在抗原刺激后活化,继续分化为分泌抗体的浆细胞,这一过程是抗原依赖性的,主要在外周免疫器官(淋巴结、脾脏)中进行。

(1)前 B 细胞:前 B 细胞是从骨髓中淋巴干细胞分化而来的,只存在于骨髓和胎肝等造血组织。前 B 细胞能检出的最早标志是 Ig 重链基因重排,随后在胞质中可检测出 IgM 的重链分子,即 μ 链。但无轻链基因重排,也无膜 Ig 表达,因此前 B 细胞对抗原无应答能力，不表现免疫功能。

（2）未成熟 B 细胞：此阶段未成熟 B 细胞发生轻链基因重排，故可组成完整的 IgM 分子，开始表达膜表面 IgM，并可与抗原结合使膜受体交联，产生负信号，从而使 B 细胞处于受抑状态，这种作用可能是使自身反应 B 细胞克隆发生流产，不能继续分化为成熟 B 细胞，是形成自身免疫耐受的重要机制之一。未成熟 B 细胞开始丧失 Tdt 和 CD10，但可表达 CD22、CD21 及 FcR。同时，CD19、CD20 及 MHC Ⅱ类分子表达量增加。

（3）成熟 B 细胞：随着 B 细胞的进一步分化，成熟 B 细胞离开骨髓进入周围免疫器官。此时膜表面可同时表达 mIgM 和 mIgD，mIgD 的表达防止了 B 细胞与抗原结合后所引起的免疫耐受。成熟 B 细胞可发生一系列膜分子变化，表达其他多种膜标志分子，如丝裂原受体、补体受体、Fc 受体、细胞因子受体、病毒受体及一些其他分化抗原等。

（4）活化 B 细胞：成熟 B 细胞可在周围淋巴器官接受抗原刺激，在 Th 细胞及抗原提呈细胞的协助下，在其产生的细胞因子的作用下使 B 细胞活化，称为活化 B 细胞。在此过程中，膜结合免疫球蛋白水平逐渐降低，而分泌型免疫球蛋白逐渐增加，并可发生免疫球蛋白基因重链类别的转换。活化 B 细胞中的一部分可分化为小淋巴细胞，停止增殖和分化，并可存活数月至数年，当再次与同一抗原接触时，很快发生活化和分化，产生抗体的潜伏期短，抗体水平高，维持时间长，这种 B 细胞称为记忆性 B 细胞，与机体的再次免疫应答相关。

（5）浆细胞：浆细胞又称抗体分泌细胞。成熟 B 细胞接受抗原刺激，在抗原提呈细胞及 Th 细胞的辅助下成为活化 B 细胞，继而发生增殖分化，成为具有合成和分泌各类免疫球蛋白的浆细胞。一种浆细胞只能产生一种类别的 Ig 分子，并且丧失产生其他类别的能力。浆细胞寿命常较短，其生存期仅数日，随后即死亡。

2. B 细胞的发育　人类 B 细胞分化的最早部位是卵黄囊，此后在脾和骨髓，出生后则在骨髓内分化发育成熟。B 细胞分化过程可分为两个阶段，即抗原非依赖期和抗原依赖期。在抗原非依赖期，B 细胞分化与抗原刺激无关，主要在骨髓内进行。而抗原依赖期是指成熟 B 细胞受抗原刺激后，继续分化为合成和分泌抗体的浆细胞阶段，主要在周围免疫器官如淋巴结和脾脏内进行。

（1）骨髓造血微环境（hemopoietic inductive microenviroment，HIM）：早期 B 细胞的增殖与分化，与 HIM 密切相关。HIM 是由造血细胞以外的基质细胞（stroma cell）及其分泌的细胞因子和细胞外基质（extracellular matrix，ECM）组成。HIM 的作用主要是通过细胞因子调节造血细胞的增殖与分化，通过黏附分子使造血细胞与间质细胞相互直接接触，促进造血细胞的定位和成熟细胞的迁出。

（2）B 细胞在骨髓内的发：B 细胞与其他血细胞一样，也是由骨髓内多能干细胞分化而来。过去曾认为 T 和 B 细胞可能来自共同的淋巴样干细胞，但迄今对其分化途径、分化部位及其特异的表面标志尚未明确，有待进一步研究。

目前已证明，B 细胞在骨髓内的发育，可经过祖 B 细胞、前 B 细胞、未成熟 B 细胞、活化 B 细胞及成熟 B 细胞五个阶段。B 细胞在骨髓内分化各阶段的主要变化为免疫球蛋白基因的重排和膜表面标志的表达。B 细胞在发育分化过程中，同样也经历选择作用以除去非功能性基因重排 B 细胞和自身反应性 B 细胞，形成周围成熟的 B 细胞库。在此阶段，成熟 B 细胞经抗原刺激后可继续分化为合成和分泌抗体的浆细胞，即抗原依赖的分化阶段。

B 细胞在骨髓内分化各阶段的主要变化为免疫球蛋白基因的重排和膜表面标志的表达。B 细胞在发育分化过程中，同样也经历选择作用，以除去非功能性基因重排 B 细胞和自身反应性 B 细胞，形成周围成熟的 B 细胞库。

第三节　细胞外基质与免疫系统发育

一、胸腺微环境在 T 细胞的发育中起着重要的作用

胸腺细胞分化发育的每一步都是在胸腺的微环境中进行。前体细胞进入胸腺以后通过和胸腺微环境内的胸腺基质细胞（TSC）相互作用进行增殖分化，经历一系列分立的表型阶段而变为成熟的 T 细胞。在胸腺微环境内存在多种成分，包括胸腺上皮细胞、来源于骨髓的树突状细胞、巨噬细胞、成纤维细胞及细胞外基质。随着 T 细胞在胸腺内分化发育研究的深入，人们越来越重视 TSC 的重要作用，已成为近年研究 T 细胞分化发育的热点之一。人们认为 TSC 在 T 细胞分化发育中起作用的主要方式是：①与胸腺细胞直接接触而介导细胞间的相互作用；②分泌多种重要的细胞因子；③提供 T 细胞发育分化所必需的信号，如 Notch，促进胸腺细胞的定向增殖、分化和成熟。胸腺基质细胞在胸腺中以三维立体构成网状支架结构，胸腺细胞与基质细胞在不同区域的相互作用对精密有序地完成阳性选择和阴性选择起重要的作用。胸腺基质细胞在空间、时间上为胸腺细胞的培养提供了最适合的微环境，对胸腺细胞分化及功能性亚群的形成有决定性的作用。

T 细胞分化的第一个阶段是 T 祖细胞进入胸腺，而目前对这一过程的了解还很少，人们希望知道 T 祖细胞是怎样被诱导进入胸腺的？是通过何种途径进入胸腺的？又在什么时间、怎样形成持续定向发育状态的？这些诸多方面有待进行进一步的研究，尤其是细胞外基质在其中的作用值得探讨。

T 细胞的免疫异质性是由未成熟胸腺细胞发育中 Ti 基因重组决定和产生的。就像抗体的异质性一样，这种 Ti 重组的过程基本上是一种随机过程，结果造成 TCR 的种类是多种多样的。在年轻成年胸腺中含有数亿个胸腺细胞，包括未分化的 T 祖细胞、完全分化的各阶段各类 T 细胞及不完全成熟阶段的各类胸腺细胞。虽然目前对祖细胞进入胸腺处于何种定向发育程度了解不多，但从 CD4 和 CD8 的表达谱上，把胸腺细胞在胸腺内的分化发育大体上可分为连续的双阴性细胞（double-negative，DN）阶段、双阳性细胞（double-positive，DP）阶段和单阳性细胞（single-positive，SP）阶段。$CD4^-CD8^-$双阴性 T 细胞经历 DN1—DN2—DN3—DN4 的分化发育和 TCR II 的重排，然后下移至皮质，进而分化为 $CD4^+CD8^+$ 的双阳性细胞。DP 也是一个重要分化事件频发的阶段：成功的基因重排、阳性选择产生自身 MHC 限制性、CD4/CD8 抉择、阴性选择产生自身耐受。这些事件使得 DP 亚群处于高度消耗状态，将有 95%以上的细胞不能完成成熟过程，其中大部分是由于阳性选择失败而死亡。DP 细胞如果不能表达与基质细胞 MHC 相互作用的 TCR，它将在产生后的 3～4 天内发生凋亡。DP 根据 TCR 与 MHC I/MHC II类分子的相互作用完成它的 $CD4^-CD8^+$/$CD4^+CD8^-$抉择。$CD4^+CD8^-$、$CD4^-CD8^+$单阳性细胞约占胸腺细胞的 15%。两亚群之间的比例关系由基因控制，在不同的小鼠系和不同人类个体之间有所不同。完全成熟的 SP 细

胞经由皮髓交界处的血管、淋巴管移出胸腺。移出胸腺的 SP 细胞将进一步完成一些成熟过程。胸腺中 T 细胞的分化是一个复杂事件，也是一个长时间的过程。据估计，DN 阶段约需 14 天，DP 阶段需 3~4 天，SP 阶段需 7~14 天。

发育中胸腺细胞的动态迁移表明截然不同的信号存在于胸腺内的微环境中，胸腺的微环境对 T 细胞发育起重要作用。胸腺为 T 细胞分化发育提供了最适宜的微环境，主要有细胞因子和 Notch 信号。Notch 信号是一个进化过程中高度保守的信号途径，在脊椎动物和无脊柱动物中均存在，它通过与邻近细胞间的相互作用来精确调节各谱系细胞和组织的分化。近年来的研究发现 Notch 与胚胎发育、肿瘤发生、神经退行性病变及免疫系统功能调控等生理、病理过程密切相关。在免疫系统中，最具特征的功能在于它是 T 细胞由多能干细胞向 T 细胞定型过程中的必需因子。Notch 阻断时导致胸腺内 T 细胞停止在 DN 期，而大量的 B 细胞可以在胸腺中发现。增加 Notch 的表达时，骨髓中可发现大量 T 细胞的 DP 发育，提示胸腺环境中可能使祖细胞具有大量表达 Notch 的能力。最近的发现表明，Notch 信号还与胚胎造血干细胞及脾边缘区 B 细胞的分化方向有关。此外，Notch 还能影响成熟造血干细胞平衡调节及在淋巴细胞的成熟过程中起作用，但 Notch 信号与这些活动的生物学相关性及影响范围还需要进一步阐明。早期 T 细胞发育中 IL-7 很重要，因为 IL-7 基因敲除的小鼠中胸腺细胞在小鼠胸腺中可减少 100 倍。

二、内皮型脾脏基质细胞对树突状细胞诱导的 CD4$^+$T 细胞免疫应答的调控作用

内皮型脾脏基质细胞（endothelial-like splenic stromal cell，ESSC）可以看成是一特化的脾脏微环境，这个微环境有可能接触到各种类型的免疫细胞。以前的研究提示，ESSC 高分泌 TGF-β、低分泌 IL-10，这是目前比较确定的两种具有免疫抑制作用的细胞因子，对 T 细胞免疫有负向调控作用。基于这一设想，国内曹雪涛实验室对 ESSC 在 T 细胞免疫中的调节作用及其相关机制进行了初步的研究和探讨。

研究发现，ESSC 明显地抑制了成熟 DC（mature dendritic cell，maDC）诱导的 CD4$^+$T 细胞的增殖反应，该抑制效应与 ESSC 细胞数量呈依赖性，ESSC 越多，该抑制效应越强。另外，为探讨 ESSC 是否对 CD4$^+$T 细胞的活化有影响，研究者们检测了 CD4$^+$T 细胞的活化表型。结果提示，在 ESSC 存在的情况下，CD4$^+$T 细胞能上调活化表型 CD25 和 CD69 的表达，证明 CD4$^+$T 细胞在 ESSC 存在情况下也能被 maDC 活化，因此，ESSC 抑制了 CD4$^+$T 细胞的增殖，但却不能抑制 maDC 诱导的 CD4$^+$T 细胞的活化，表明在脾脏基质微环境中 CD4^{+}T 细胞是有功能的。T 细胞的增殖受抑制，有可能是因为凋亡的比例增多，推测 ESSC 有可能是通过某种机制促进了活化 CD4$^+$T 细胞的凋亡来介导这种增殖抑制效应。ESSC 的膜分子对其介导的 CD4$^+$T 细胞增殖抑制作用是必需的，但进一步的研究结果提示 ESSC 的膜分子很可能只是其发挥抑制作用的条件之一，可能是通过膜与膜之间的接触诱导了某种效应分子的产生，从而介导了后续对 CD4$^+$T 细胞增殖的抑制作用，并进一步证实 ESSC 和 maDC/CD4 的膜接触产生的一氧化氮（NO）介导了 ESSC 对 maDC 诱导的 CD4$^+$T 细胞增殖的抑制作用。总之，ESSC 能明显抑制 maDC 诱导的 CD4$^+$T 细胞的增殖反应，这种效应是通过细胞膜的接触导致 NO 的产生从而介导的，CD4$^+$T 细胞来源的 IFN-γ 对 NO 的产生及后续对 CD4$^+$T 细胞的增殖抑制作用是必不可少的。该研究提示脾脏免疫微环境对

于 T 细胞的应答具有重要的调控作用。

三、肝脏基质细胞对活化的 CD8⁺T 细胞的调控作用

肝脏是机体极为重要的脏器，同时，肝脏也是一个特殊的免疫器官。肝脏中的淋巴细胞有独特的分群，表现在 CD8⁺T 细胞较 CD4⁺T 细胞多，富含 NK 和 NKT 细胞，而且大多数肝脏内 CD4⁺T 细胞和 CD8⁺T 细胞具有活化表型。大量研究表明，肝脏是一个免疫耐受的器官。一方面，在肝脏中存在多种淋巴细胞，包括 T 细胞、NK 细胞、NKI 细胞等，它们可以识别病原微生物和毒素，启动免疫应答以清除外来有害异物。另一方面，从小肠中吸收来的大量营养物质通过门静脉进入肝脏进行代谢，同时也带来了大量无害的食物抗原，目前的研究表明，从门静脉进入肝脏的抗原更容易诱发耐受，称之为"门脉耐受现象"。因此，肝脏局部的免疫反应需要非常精细的调节，才能保证在特定的情况下正确选择是启动免疫应答还是诱导免疫耐受。而对于这种调节的机制，目前所知甚少。除了抗原进入的途径不同外，肝脏中存在的多种免疫细胞也可以分布到全身其他地方，它们为何在肝脏中既可以诱导免疫耐受，又可以激发免疫应答？对这一问题的回答将研究的方向指向了肝脏的免疫微环境：此现象提示肝脏微环境具有独特的功能，即可能通过对不同细胞的分化及功能进行调控，从而可以在免疫应答和维持耐受中发挥重要作用。临床资料表明，进行肝脏移植时，不使用免疫抑制剂或使用较低水平的免疫抑制剂，就可以有效地建立对供肝的免疫耐受。体内活化的 CD8⁺T 细胞在完成效应作用后会选择性地在肝脏但却并不引起肝脏损伤，也支持肝脏对免疫应答独特的调控作用。我们前期的研究工作证实，肝基质细胞能诱导 HSC 分化为调节性 DC，这种 DC 能负向调控免疫应答，而且能减轻自身免疫性肝炎的发生和发展。

肝脏能选择性地募集活化的 CD8⁺T 细胞，并使其凋亡，因此有学者提出，肝脏是活化 CD8⁺T 细胞的坟墓，其机制目前仍不十分清楚，肝脏内特殊的微环境可能会对此产生影响。目前的研究结果证明肝基质细胞对活化 CD8⁺T 细胞具有黏附作用，之后通过某种机制加速了活化 CD8⁺T 细胞的凋亡，这种机制可能是通过肝基质细胞分泌的可溶性因子诱导了活化 CD8⁺T 细胞的凋亡。该结果提示，肝脏免疫微环境对活化的 CD8⁺T 细胞有一定的调控作用，从而有助于解释肝脏特殊的免疫学功能。

四、细胞外基质中与免疫系统发育相关的几种重要蛋白

1. 整合素 整合素是一类异二聚体家族，是细胞外基质的受体，与纤维粘连蛋白、层粘连蛋白、亲玻连蛋白和胶原蛋白之间都存在结合功能，介导细胞与细胞间的相互作用及细胞与细胞外基质间的相互作用，对细胞和细胞外基质的黏附起介导作用。整合素在体内表达广泛，大多数细胞表面都可表达一种以上的整合素，在多种生命活动中发挥关键作用。整合素是由 α（120~185kDa）和 β（90~110kDa）两个亚单位形成的异二聚体。迄今已发现 18 种 α 亚单位和 9 种 β 亚单位，它们按不同的组合构成 20 余种整合素。α 亚单位的 N 端有结合二价阳离子的结构域，胞质区近膜处都有一个非常保守的 KXGFFKR 序列，与整合素活性的调节有关。含 $β_1$ 亚单位的整合素主要介导细胞与细胞外基质成分之间的黏附。含 $β_2$ 亚单位的整合素主要存在于各种白细胞表面，介导细胞间的相互作用。$β_3$ 亚单位的整合素主要存在于血小板表面，介导血小板的聚集，并参与血栓形成。除 $β_4$ 可与肌动蛋白及其

相关蛋白质结合，整合素以层粘连蛋白为配体，参与形成半桥粒。$\alpha_6\beta_4$ 整合素为细胞黏附分子家族的重要成员之一，主要介导细胞与细胞、细胞与细胞外基质之间的相互黏附，并介导细胞与 ECM 之间的双向信号转导。由于整合素具有黏附作用，使其成为白细胞游出、血小板凝集、发育过程和创伤愈合中的关键因素。整合素及其与 ECM 配体的结合引发一系列复杂的胞内级联信号，介导细胞向细胞间和 ECM 的移行和黏附，并调控细胞周期。整合素与多种细胞因子如碱性成纤维细胞生长因子、血管内皮生长因子、血小板衍生生长因子等，以及基质金属蛋白酶协同作用，参与细胞的移行、增殖和分化。人们知道 T 祖细胞可能是通过受体与配体相互作用进入胸腺的，而整合素在这个过程中发挥了重要的作用。整合素不仅参与了 T 祖细胞从骨髓释放和向成年胸腺内种植的过程，而且与纤维粘连蛋白的相互作用参与了胸腺细胞从皮质到髓质的运动过程。

2. 胸腺基质淋巴生成素　胸腺基质淋巴细胞生成素（thymic stromal lymphopoietin，TSLP）是于 1994 年首次从胸腺基质细胞的培养上清中分离得到的。随着对 TSLP 及其受体的克隆和测序，人们对其功能有了较全面的了解。研究表明，TSLP 对淋巴细胞的发育、分化，尤其对树突状细胞的活化、分化起着重要的调控作用，并在胸腺中促进了 FoxP3$^+$CD4$^+$CD25$^+$Tregs 的分化和发育，人们正逐渐重视对它的生物学活性及功能的研究。

目前认为 DC 是最重要的抗原提呈细胞，上皮细胞产生的 TSLP 是一种独特的 DC 刺激原，主要刺激外周血 CD11c$^+$DC，使 DC 细胞 HLA-DR 和协同刺激分子 CD86 的表达轻微增加，CD40 和 CD80 的表达明显增加，后者与 CD11c$^+$DC TSLP mRNA 水平呈正相关。TSLP 诱导 DC 产生趋化 CD4$^+$Th2 型细胞的趋化因子，营造 Th2 型微环境。例如，CCL17 与 CCL22 均是 CCR4 的配体，从而优先趋化表达 CCR4 的 Th2 型细胞到达炎症部位，而不是产生促炎细胞因子。TSLP 需要经过 DC 的调节，间接发挥诱导 Tregs 的作用。TSLP-DC 可以诱导幼稚 CD8$^+$T 细胞增殖，并分化为分泌 IL-13 和 IL-15 的低杀伤活性的效应细胞；以 TSLP 和 CD40L 共同处理的 DC，可以诱导出分泌 IFN-γ 并表现高细胞毒作用的 CD8$^+$ 效应细胞。TSLP-DC 可以维持免疫平衡，避免自身免疫疾病。在平衡肠道共生菌与有害病原体之间免疫状态的生理过程中，TSLP 起着重要作用，不表达 TSLP 的肠道上皮细胞，致使局部 DC 不能被诱导成非炎症状态，平衡被打破而发病，如溃疡性结肠炎患者。

3. 基质裂解蛋白　基质裂解蛋白对于一系列不同的基质底物蛋白具有裂解催化作用，是由单核-吞噬细胞合成并释放的、能够降解细胞外基质的蛋白酶。基质裂解蛋白对弹性蛋白具有很强的裂解功能，在单核吞噬细胞分化的过程中具有独特的表达方式。在单核吞噬细胞发育的不同阶段，其表达的蛋白酶种类不一样。新鲜收集的血液单核细胞中含有丝氨酸蛋白酶，即中性粒细胞弹性蛋白酶与组织蛋白酶 G。这些类型的酶以颗粒形式储存于细胞之中，在受到细胞外信号刺激之后，即快速释放到细胞之外，可能与其跨血管的移行过程有关。与丝氨酸蛋白酶类相反，血液循环中的单核细胞可以合成大量的基质裂解蛋白，但其他类型的蛋白酶含量则很少，或根本不存在。当单核细胞分化为巨噬细胞之后，无论在体内还是在体外，则丢失其丝氨酸蛋白酶的成分，但却获得了合成各种类型的基质金属蛋白酶的功能。与新鲜分离的单核细胞相比，具有降解基质功能的组织巨噬细胞其作用更为缓慢，但更受到细胞外信号的严格调控。在骨髓衍生的前单核细胞及从外周血中新鲜分离的单核细胞中都有这种基质裂解蛋白的表达。来源于单核细胞的巨噬细胞其基质裂解蛋白的生物合成能力显著升高，但间质性的巨噬细胞或其他类型的巨噬细胞群是否具有表达基质裂解蛋白的功能尚不十分清楚。

（袁晓雪　刘顺爱）

参 考 文 献

刘文文，白丽. 2013. B 淋巴细胞发育分化中的特征性表面分子. 国际免疫学杂志，36：333～336.

唐雪梅. 2014. B 淋巴细胞的分化发育与自身免疫性疾病. 中华实用儿科临床杂志，29：1611～1613.

Brown BN，Ratner BD，Goodman SB，et al. 2012. Macrophage polarization: an opportunity for improved outcomes in biomaterials and regenerative medicine. Biomaterials，2012，33：3792～3802.

Winau F，Hegasy G，Weiskirehen R，et al. 2007. Ito cells are liver-resident antigen-presenting cells for activating T cell responses. Immunity.，26：117～129.

Zhu WD，Xu YM，Feng C，et al. 2011. Different bladder defects reconstructed with bladder acellular matrix grafts in a rabbit model. Urologe A，50：1420～1425.

第三十七章　细胞外基质与衰老

人口老龄化是当前世界各国所面临的严峻挑战，是影响一个国家政治、经济长远发展的战略性问题。21世纪全球进入不可逆转的老龄化社会。中国老龄化工作委员会办公室在《中国人口老龄化发展趋势预测研究报告》中指出，我国老年人口正以年均3%的速度增长。人类研究衰老已有数千年，但仍有很多关键问题仍未找到答案。随着年龄增加，器官、组织、细胞逐步出现老化，表现为细胞增殖能力下降，功能细胞数逐渐减少，蛋白酶活性降低，胶原、弹力蛋白、结缔组织充斥其间，互相交联，使脏器萎缩、功能下降。因此，细胞外基质与衰老之间存在着千丝万缕的联系。

一、衰老的定义、机制及客观评价指标

1. 衰老的定义　衰老又称老化，是指机体在经过性成熟时期后，自我更新和修复的能力减弱，结构和功能退化，并最终走向死亡的过程，其特征主要表现在压力应激能力的减退，平衡状态被打破和罹患疾病风险的增加。生物体的衰老过程，包含了整体衰老、器官衰老、细胞衰老，乃至生物大分子的衰老。衰老相关的危险因子会通过增加细胞内活性氧与氧化应激水平进而影响寿命进程。衰老机制研究可为延缓衰老、延长寿命提供理论和实验依据，并为阐明老年病发病机制提供依据。对衰老机制的深入研究，需要建立相应的生物学模型及相关的标志物，这一切离不开分子生物学与细胞生物学的理论和基础。

2. 衰老的生物模型　要深入研究衰老的机制，首先要建立理想的实验体系。对人类整体的衰老进行实验性研究，存在着周期长、取材难、耗时费力等困难。诸多研究显示，绝大部分与衰老及寿命相关的机制研究都是通过模式生物来实现的。秀丽隐杆线虫简称秀丽线虫或线虫，是一种国际公认的模式生物，隶属于线形动物门、线虫纲，生活在土壤中，以大肠杆菌OP50为食。野生型秀丽线虫成虫长约1mm，20℃时从卵到幼虫到成虫的生命周期约为3.5天，平均寿命约21天。秀丽线虫是第一个完成基因测序的多细胞真核生物，与人类基因的同源性达80%。在实验室条件下，秀丽线虫繁殖快且容易饲养，易获取大量同期化样本，是衰老研究的理想模型。秀丽线虫以其个体结构简单、生命周期短、遗传背景清楚等优势，在衰老、神经生物学、遗传与发育生物学、药物筛选等领域已得到广泛应用。随着微加工技术的不断发展，微流控芯片以其具有的高通量、大规模、平行性、低成本、易于微型化、自动化、集成化等特点为秀丽线虫研究提供了良好的技术平台。Siran等报道了一种可以实时、自动记录多个雌雄同体秀丽线虫的子代数的系统，流动的死菌不仅为秀丽线虫的生长提供食物，而且可以把新生的秀丽线虫与母代秀丽线虫通过过滤器分离，滤过的后代秀丽线虫可用新型算法进行检测并记录，这个系统有潜力成为详细研究秀丽线虫繁殖的一个高时间分辨率工具。Xian等设计的秀丽线虫微流控平台包含食物加载模块、秀丽线虫培养芯片和图像采集系统。该平台中所用芯片采用PDMS制成，包含8个单独的培养室及可同时控制的气动阀门。每个培养室可养30~50只秀丽线虫，其侧面和底

部有滤过通道以过滤体型过小的秀丽线虫。这个平台可以实现定量、自动化的食物加载，以保证秀丽线虫的生长环境；同时可以通过软件采集所需图像，分析图像并应用相关指标来反映秀丽线虫的生长状态，可更加方便地观察秀丽线虫从 L4 期开始的整个寿命期各项指标。

但模式生物总归与人类相去甚远，难以全部体现并反映人体的衰老过程。体外培养的某些人类细胞的可传代数与供体年龄相关，是一个不可多得的实验工具，也可以作为机体衰老的微观模型。例如，体外培养的二倍体细胞可传代数既与物种的最大寿限有关，又与供体年龄相关。小鼠最大寿限约 3 年，其成纤维细胞在体外只能倍增 10 次左右，而巨龟的最大寿限超过百年，其成纤维细胞可倍增 130 次。正常人成纤维细胞的体外增殖次数有限，称为 Hayflick 极限，亦称为最大分裂次数。人胚成纤维细胞的体外培养可倍增 60～80 次。供体年龄越大，可传代数越少，所以人胚成纤维细胞的可传代数远高于成年人。这一可传代数还与供体衰老速度有关。因此体外培养的人二倍体细胞可以作为机体衰老的微观模型，是目前国际公认研究人体衰老最好的模型之一，已由此获得了大量成果。除成纤维细胞外，也有采用人乳腺上皮细胞、视网膜上皮细胞、黑色素细胞等作为人类衰老模型的报道。但体外培养的细胞也存在一定的局限性，如难以体现并反映体内神经、内分泌、免疫的相互作用，难以体现并反映器官、组织中各种细胞的相互作用，所以其研究成果只可借鉴，不可照搬。正因为两个模式各有长短，因此有必要从模式生物与人类细胞衰老模型分别入手，将所得结果加以比较，两相验证。人类细胞体外培养体系与动物实验相互补充，也许是将来研究较为理想的方案。

3. 衰老的生物学标志 确立衰老的生物学标志对衰老研究标准化十分重要。使用衰老生物学标志进行分组，可避免因同龄实验动物老化程度不同造成的误差，不仅可由此计算衰老速度，且可研究各种因素（如药物、限食、锻炼、心理等）对衰老进程的影响。在临床方面，延缓衰老药物的选择、疗效的评价亦可因其获得科学依据。

年龄是常用的评估衰老的标志，包括时序年龄和生物学年龄。计算时序年龄的常用方法是出生后按日历计算，亦称为日历年龄或实足年龄。同龄个体衰老程度因人而异，所以除日历年龄外，反映其实际衰老程度的还有"生物学年龄（或生理学年龄）"。生物学年龄是基于生物体生物学功能状态好坏评价其衰老程度的参数，大致预计未来健康状况与寿命的功能。生物学衰老是一个高度个体化的过程，由于遗传、环境和疾病等因素的影响，在任何给定的时序年龄，个体间的生物学年龄都会相差很大，并最终可以预期与个体在长寿及衰老过程的速度和（或）幅度的差异性相一致。Nakamura 等以生物学年龄和时序年龄回归线（$\pm 1.5s$）确立衰老相对标准，约 86% 的个体为正常衰老，提前衰老仅占 7%。有研究表明，生物学年龄比起时序年龄更能代表真实的衰老程度，为个体化衰老提供了量化标准，在评价生物学衰老上较时序年龄更具有优越性。

除时序年龄和生物学年龄之外，目前还发现某些细胞水平及分子水平的衰老生物学标志。目前对衰老生物学标志的特点概括为：①该标志能预测衰老等级，其与年龄有定量关系，相关性越密切，灵敏度越高；②该标志能监测衰老过程，不因疾病而改变；③该标志必须能反复检测，且无创性；④该标志以人和动物为研究对象，在实验动物验证后应用到人群研究中。以下简单介绍几种重要的生物学标志。

研究证实，衰老与端粒长度相关。随着年龄增长，细胞连续分裂，端粒长度逐渐缩短，染色体结构不稳定使细胞老化丧失增殖能力而死亡,因而认为端粒长度可以用来衡量衰老,且作为人体衰老的生物学标志物。研究发现,老年人较青年人的细胞端粒长度明显缩短,人体大多数组织平均每年端粒长度减少的变化范围为20～60bp,当端粒缩短到一定界限,细胞停止分裂,细胞老化而死亡。Kim 等对老年妇女研究发现,端粒长度与线粒体 DNA 拷贝数呈正相关,也提示端粒-p53-线粒体衰老轴线之间的联系。还有研究也发现端粒长度与细胞分裂次数以及与寿命极限有着密切关系。由于端粒还可能限制细胞的分裂次数,因此也有人将端粒长度称为"生命时钟"。2013 年一篇综述综合了 124 个关于端粒长度的横向研究,显示无论绝对端粒长度($r = -0.338$)或相对端粒长度($r = -0.295$),均与年龄呈负相关,且相关系数均在 0.3 左右,再一次证实了端粒长度与年龄的密切关系。

很多学者注意到免疫功能改变与衰老的关系,认为免疫功能降低是导致衰老的重要原因。白细胞介素(IL-6)、肿瘤坏死因子-α(TNF-α)、C 反应蛋白(CRP)是与年龄相关性疾病有重要关系的炎症因子。研究表明健康或无急性感染个体的 IL-6 和 TNF-α 随年龄增加而增加。Dan 等证实血浆中炎症因子 IL-6、CRP、TNF-α 与阿尔茨海默病有关。在老年人中,IL-6 是引起许多年龄相关性疾病的普遍原因,或是导致残疾和严重后果的最终共同路径,它预示机体处于慢性炎症状态和免疫功能的衰退,是反映衰老的良好标志物。除炎症因子之外,一些激素类分子也被认为可作为衰老的生物学标志。生长激素是腺垂体细胞分泌最多的促生长激素,下丘脑释放素是腺垂体细胞合成和分泌生长激素的特异性生理性刺激。生长激素的合成和分泌受多种因素调节,其基础分泌呈节律性脉冲式释放,青春期脉冲波峰最高,成年后则逐年降低,50 岁后睡眠中不再出现高峰,60 岁以上老人的生长激素分泌量不足青春期峰值的 1/6,即随年龄增长,出现生长激素缺乏。有人认为可将其作为衰老的生物学标志。最近还有研究表明减少生长激素的信号转导可以防止癌症和其他年龄相关性疾病的发生,并可能提高老年人的存活率。

线粒体 DNA(mtDNA)突变:人类线粒体 DNA 全长 16 569bp,结构紧凑,无内含子,唯一的非编码区是长为 1122bp 的 D 环,mtDNA 的 H 链和 L 链复制起始点均位于此区内,主要调控 mtDNA 的复制和转录。研究表明,mtDNA 比核基因更易发生突变,主要是由于:①mtDNA 分子为核苷酸结合蛋白,缺少组蛋白的保护;②mtDNA 复制时 mtDNA 聚合酶的校读功能差;③mtDNA 易受线粒体代谢过程中产生的 ROS 的损伤。若 mtDNA 突变达到一定阈值,线粒体功能异常,氧化磷酸化出现障碍,使细胞产能受阻,细胞因能量供应不足而丧失活力,进而可能导致机体衰老。大量研究表明,mtDNA 突变与衰老有密切关系。衰老过程中机体的各种组织中都可检测到大量 mtDNA 突变,包括点突变、缺失和重排,提示 mtDNA 突变与衰老密不可分。

载脂蛋白 E4(ApoE4):ApoE4 水平升高时,发生认知功能下降、冠心病与老年性痴呆的可能性增高,提示 Apoe 等位基因对大脑认知和神经保护发挥重要作用。有学者对 455 例老年人研究结果表明,血清β-胡萝卜素升高、携带 ApoE4 等位基因与认知功能下降有关。携带 ApoE4 等位基因受试者 60 岁时脑脊液浓度明显下降,且比无携带者下降更为明显。故 ApoE4 可作为评估认知功能下降的指标,具有较高敏感性。对长寿人群研究显示 Apoe ε2 等位基因与意大利、日本长寿人群呈正相关。另有研究显示,在 Apoe ε4 等位基因对长寿的影响中,女性比男性更为显著。还有研究发现丹麦和美国长寿人群后代 Apoe 基因ε4 等位基因频率显著低于配偶组,而 Apoe 基因ε2 等位基因显著高于配偶组,提示 Apoe 基因

ε4等位基因频率减少，ε2等位基因频率增多，更有利于长寿。Apoe基因全基因组关联研究也显示Apoe基因ε4等位基因与长寿呈负相关。

沉默信息调节基因1（silent information regular 1，Sirt 1）与热量限制：热量限制能延长酵母到哺乳动物等多种有机体的寿命。热量限制不改变组织对氧的消耗量，却能降低一些组织氧自由基的产生速率。受热量限制影响的寿命基因是Sirt1。Sirtl基因维持细胞染色质沉默，保护细胞应对氧化损伤，其活性形式可与抑癌基因p53结合，参与p53介导的信号转导，提示该基因调控长寿的部分作用可能通过与p53基因协同作用而抑制肿瘤生长。有学者对1390例荷兰人群进行了18年随访调查，发现Sirtl基因上rsl2778366位点与减少死亡风险显著相关。还有学者对衰老小鼠进行研究，结果表明伴随鼠龄增长，小鼠大脑中Sirtl基因表达增加，进一步研究显示Sirtl表达增加与小鼠寿命延长相关。有研究显示，哺乳动物中，Sirt1还控制着白色脂肪组织的代谢，Sirt1是NAD^+依赖性脱乙酰基蛋白，其底物可对细胞生存、衰老、分化、染色体重塑和转录进行调整控制，Sirt1蛋白限制了过氧化物酶体增殖激活受体γ的作用，该受体刺激脂肪产生，导致脂类裂解和脂肪丢失，脂肪含量降低是热量限制影响寿命的一种机制。通过体外成纤维细胞热量限制实验表明，热量限制介导SIRT1表达增加，显著延长细胞的复制寿命。

尽管发现了上述与衰老相关的生物学标志并进行了大量研究，但衰老并非由单一因素决定，而是一连串基因或因素激活与抑制，通过各自产物相互作用，并与内外环境交互影响的结果。有学者认为应建立评价衰老生物学标志组合模型或系统模型，才能使大范围分析衰老这样的复杂网络系统成为可能。组合型生物学标志要求定量、重复性评估个体的多个层面，通过遗传基因或表达性基因检测后，多个基因共同组合定义一组生物学标志，即通过标志物的叠加组合，从不同水平反映生物体衰老状态，比单个生物学标志将对诊断衰老有更广阔的应用价值。也有学者提出衰老的网络理论，运用计算机系统研究衰老，从系统水平理解、计算衰老的研究模型，试图建立与活性氧产生、自由基和变异蛋白等线粒体产物相关的衰老生物学系统模型。这些研究将有助于阐明衰老的分子基因机制，对衰老的诊断具有关键性作用，不仅能加强老年疾病的防治，而且也能找到减缓衰老过程的方法。

除上述生物学标志以外，由于心理因素、社会因素对衰老也存在不同程度的影响，也有学者提出，从现代健康理念和大卫生观出发，采用统筹优化、生物统计学、大数据云计算等现代化技术构建科学可靠、简单易行的生理-心理-社会环境等多维度人体衰老测量量表，对高速老龄化的社会不仅具有重要的现实意义和必要性，同时也是包括老年人在内的卫生保健发展的必然趋势。

4. 衰老的机制及学说 衰老机制复杂，涉及面广。衰老学说虽多，但不外乎遗传与环境两个方面。大量研究证明，基因确可影响生物的衰老及寿限。在细胞衰老中，9号染色体短臂的p16基因与染色体端区长度可能起关键作用。Werner早老综合征是一种隐性遗传病，患者的DNA损伤修复、转录等都有异常表现，其细胞体外可传代数亦远低于同龄人。已知该综合征是位于8号染色体短臂的一种DNA解旋酶（helicase）基因突变所致。又如，Apo E4水平升高时，发生冠状动脉粥样硬化性心脏病与老年性痴呆的可能性增高，由此影响寿命。影响人体的环境因素既包括外环境，也包括体液、激素、免疫系统等共同形成的内环境。内外环境对衰老进程与寿限都有重要影响。环境中氧自由基可损伤蛋白质、DNA、生物膜、线粒体等，加快衰老。血糖浓度对衰老进程亦有重要影响。适度节食可降低血糖水平，使非酶糖基化减弱，减少氧自由基产生，降低分子损伤，提高免疫与应激能力，因此延长了动物寿命。但快速节食有损智力，过度节食会导致营养不良、免疫力下降，反而有害健康。环境因素多半是通过基因及其产物来影响衰老进程的，目前哪些基因主导衰老过程，以及这些基因的影响因素尚未阐明，还需要进一步的研究和探索。

随着生物科学的发展、新学科及分支科学的进步，出现了许多关于衰老机制的学说，如氧自由基学说、DNA损伤修复学说、染色体突变学说、端粒假说、免疫学说、神经内分泌学说、分子交联学说、生物膜损伤学说、遗传程序学说等。在众多涉及衰老的学说中，与细胞外基质密切相关的是交联学说。交联学说是比约克斯坦（J. Bjorkstein）于1963年提出、后经Verzar加以发展的。其主要论点是：体内甲醛、自由基等物质可引起生物大分子胶原纤维、弹性纤维的交联及蛋白质和DNA的交联，这些均可导致衰老的发生。胶原纤维间的交联可使纤维结缔组织过度交联，降低小分子物质的通透性，DNA双链的交联可在DNA解链时形成"Y"形结构，使转录不能顺利进行，因此这些交联可引起各种不良后果而导致衰老。从非酶基化、脂质过氧化、氨基酸的代谢及损伤性反应过程中产生的活性羰基化合物，与蛋白质氨基酸残基的羰-氨交联反应，是生物体内典型和最重要的老化过程，可造成脂褐素的聚积、血管硬化和组织交联老化，这往往难以修复，不易逆转，并最终导致机体衰老。目前有一些证据支持交联学说。皮肤胶原的可提取性及胶原酶对其消化作用随年龄的增高而降低，而其热稳定性和抗张强度则随年龄的增高而增强，大鼠尾腱上的条纹数目及所具备的热收缩力随年龄的增高而增加，溶解度却随年龄增高而降低。这些结果表明，在年老时胶原的多肽链发生了交联并日益增多。衰老普遍表现为组织失水、皮肤发皱、骨骼变脆、眼球水晶体物理性质改变，还有动脉硬化等。

二、细胞外基质与常见组织器官的衰老

细胞外基质的主要成分包括胶原蛋白、弹性蛋白、非胶原（基质）糖蛋白和蛋白多糖，是构成骨、软骨、韧带、皮肤、头发、各种器官包膜及各种实质器官的基底膜的主要成分。细胞外基质同时也是由大分子构成的错综复杂的网络，为细胞的生存及活动提供适宜的场所，并通过信号转导系统影响细胞的形状、代谢、功能、迁移、增殖和分化，在细胞生长、分化及衰老过程中起到非常重要的作用。与细胞外基质改变相关的衰老性疾病，以皮肤、心血管系统、骨关节系统等最为常见。

1. 细胞外基质与皮肤衰老 皮肤衰老是机体衰老的重要外在表现。皮肤衰老不仅有损于容貌，也可导致许多年龄相关性疾病。皮肤老化的主要原因之一是真皮层结构发生改变。由于皮肤真皮包含多种类型的细胞及纵横交错的细胞外基质成分，多种因素导致皮肤真皮中支撑皮肤结构的细胞外基质如胶原蛋白和弹性蛋白被过度降解，从而使皮肤出现皱缩、无弹性等衰老症状，因而真皮衰老在皮肤衰老过程中发挥着主导作用。目前认为皮肤真皮衰老主要包括内源性与外源性两种形式。内源性衰老又称为自然老化，为一种程序性过程，主要取决于基因遗传背景的差异，常与内脏器官的衰老过程同步发生。外源性衰老则是在各种外源性损害（尤其是紫外光）的累积影响与作用下发生的皮肤老化。

导致皮肤真皮结构改变的原因有很多种，其中基质金属蛋白酶（MMP）被激活是目前研究热点之一。胶原蛋白是皮肤组织的主要蛋白质成分，皮肤中主要含有Ⅰ型和Ⅲ型胶原，

且具有很强的抗张性。MMP 在细胞外基质降解过程中几乎能降解细胞外基质的所有成分，其中 MMP-1 是降解Ⅰ型和Ⅲ型胶原最主要的酶。当 MMP-1 过度表达时，特异性降解细胞外基质成分，破坏胶原纤维和弹力纤维的正常结构，真皮层结构由于胶原蛋白分解而遭到破坏。因此 MMP-1 是导致皮肤出现皱缩细纹等衰老症状最主要的酶。真皮内的光老化也存在细胞外基质降解，比较经典的途径为 ROS（reactive oxygen species）途径：在各种氧化应激刺激下，真皮内产生 ROS 可活化成纤维细胞的生长因子和细胞因子受体，使细胞内复杂的 MAPK 信号通路激活，进一步在 AP-1 的转录调控下使细胞内 MMP 蛋白表达升高。Kim 等从紫外线诱导的 DNA 损伤角度探讨了其与 MMP 之间的关系，发现紫外线照射后细胞 DNA 因受光受损而上调 p300HAT（一种组蛋白乙酰转移酶），p300 与 acetyl-H_3 直接作用于 MMP 转录启动子促进 MMP 表达。

近年来还有学者发现，miRNA 可通过靶向作用于细胞外基质组分和细胞黏附分子或调控细胞周期、端粒酶活性、DNA 甲基化、氧化应激等参与皮肤衰老，并已成为研究热点。研究发现，在差异表达的 miRNA 中，miR-34 家族（包括 miR-34b*及 miR-34a）和 miR-29 家族（包括 miR-29a、miR-29b、miR-29c、miR-29c*）的表达上调对于整个调控网络具有较高权重，尤其是 miR-29 对应的靶基因谱中，有相当一部分与细胞外基质合成有关，包括胶原蛋白、弹力蛋白、原纤维蛋白等。有学者在衰老的成纤维细胞中发现，miR-23a-3p 表达明显增加，并证实透明质酸合成酶 2 为其靶点，小干扰 RNA 介导的透明质酸合成酶下调，可减少真皮水合和黏着弹性。Kwok 等研究表明，miR-25 可直接抑制Ⅰ型胶原蛋白的表达，用人参皂苷 Rbl 处理成纤维细胞可通过下调 miR-25 的水平减少这种抑制作用。同样，miR-181a 在衰老的皮肤成纤维细胞中表达增加，其过表达足以诱导早期传代成纤维细胞的衰老，其靶点为 COL16A1 的 3′UTR。还有研究发现，过表达 miR-526b 能使基质金属蛋白酶（MMP）1 的 mRNA 表达下调，且 MMP 1 的 3′UTR 的 377～383 区域是 miR-526b 的关键靶点。此外，与新生儿相比，成人真皮成纤维细胞中 miR-526b 的表达下降，MMP 1 mRNA 表达则升高。这均提示 miRNA 可能通过改变细胞外基质组分参与皮肤衰老。

2. 细胞外基质与骨关节系统的衰老　人体自 20 岁左右进入成年期的同时，骨骼发育逐渐停止，继之退行性改变即"衰老"亦随之开始。退行性变的生物化学机制，一般认为与蛋白多糖复合物、胶原纤维和弹性蛋白 3 种化学成分的代谢失调有密切关系。另外，软骨母细胞缺乏及软组织缺乏营养等均能加重骨关节的退变。

骨关节炎（osteoarthritis，OA）又称退行性关节炎，是一种常见的慢性、渐进性的骨关节退行性病变，其病理特征为关节软骨出现原发性或继发性退行性病变，并伴有软骨下骨质增生。它是在力学和生物学因素的共同作用下，软骨细胞、细胞外基质及软骨下骨三者间分解和合成代谢失衡的结果。软骨细胞是成熟软骨中唯一的种子细胞，能合成和分泌蛋白多糖、Ⅱ型胶原等细胞外基质成分，维持关节软骨正常的形态、结构和功能。软骨细胞衰老是骨性关节炎发生的重要原因之一，当软骨发生退变时软骨细胞形态发生改变，基质分泌功能受到损害，最终引起软骨不可逆的破坏。Sirt6 属于 Sirtuins 家族一员，是一种 NAD^+ 依赖的组蛋白去乙酰化酶，它主要定位于细胞核中，组织定位表明它在骨细胞、肌肉、心脏、脑及卵巢中表达均较为丰富，其生物学效应涉及延缓衰老、抑制炎症、稳定基因组等功能。有学者发现雄性 Sirt6 转基因小鼠的寿命较野生型小鼠明显延长，体外细胞实验中发现 Sirt6 可以明显延缓血管内皮细胞衰老。更重要的是，Sirt6 可以显著抑制骨髓间充质干细胞及 IPS 的传代衰老。因此认为 Sirt6 可通过抑制软骨细胞衰老，进而延缓 OA 进程。

骨质疏松症（osteoporosis, OP）是一种以骨量减少、骨组织微结构退化、骨强度减低、脆性增加、骨折危险性增加的全身性疾病，在老年人中有着较高的发病率，可导致骨折风险增加甚至致残、致死等严重不良后果，也是伴随着衰老的退行性病变之一。OP 的主要致病机制是骨形成和骨吸收平衡失调，导致骨脆性增加。许多学者发现，晚期氧化蛋白产物（AOPP）作为一种炎症介质，可以通过多种信号通路激活破骨细胞（OC），以及抑制成骨细胞（OB）和骨髓间充质干细胞（bone mesenchymal stem cell, BMSC）的增殖与分化成熟，进而打破 OB 骨形成和 OC 骨吸收之间的平衡，成为 OP 的重要危险因素。Sun 等研究发现 AOPP 对 BMSC ALP 活性及 ALP 和 Ⅰ 型胶原蛋白 mRNA 表达呈剂量、时间依赖性抑制，并对钙化结节形成也有抑制作用，提示 AOPP 能够抑制大鼠 BMSC 成骨分化，也能抑制大鼠 BMSC 增殖。在作用机制方面，AOPP 能够通过与细胞表面的 RAGE 结合引起 ROS 增多。最近有研究报道，将骨髓中脂肪细胞和 OB 共培养后，前者释放的游离脂肪酸可以抑制 OB 的分化和功能并诱导其凋亡，其主要机制是与脂肪细胞诱导 ROS 生成，进一步激活 ERK/P38 信号转导通路有关。AOPP 对 OC 的促进作用主要涉及整合素信号通路、NF-κB、核因子 E2 相关因子 2（Nrf2）/ Kelch 样环氧氯丙烷相关蛋白 1（Keap1）等。

3. 细胞外基质与心血管系统的衰老　　心血管衰老改变了各种心血管病发生的阈值和严重程度，显著地增加了心血管疾病发生的危险性，增龄已成为血管疾病的首位危险因素。随着衰老，心脏发生了与衰老相关的生物化学及细胞生物学的变化，从而导致了病理、生理学状况的改变。

心脏老化的过程中，心肌细胞及心肌成纤维细胞也逐渐衰老，同时心肌胶原含量逐渐增加，异常聚积在心肌间质和血管周围，形成了心肌纤维化。心肌纤维化不仅是高血压、冠心病及心力衰竭等疾病心脏重构发生、发展的重要机制之一，也是心脏老化的重要特征。心肌的纤维化引起心肌结构紊乱，僵硬度增加，心脏顺应性降低，心律失常及顽固性心力衰竭的发生率增高。在心肌衰老方面，有学者研究发现 circ-Foxo3 在老龄患者及鼠中表达增加，鼠心肌细胞中 circ-Foxo3 水平与细胞老化标志物水平有关；在多柔比星诱导的心肌肥厚鼠模型中，circ-Foxo3 的异常高表达可以加重多柔比星诱导的心肌病变，抑制 circ-Foxo3 表达可以抑制鼠胚胎成纤维细胞的老化，circ-Foxo3 异常高表达可促进鼠胚胎成纤维细胞的老化，circ-Foxo3 主要分布在细胞质中，通过结合衰老相关蛋白 ID-1、E2F1 及应激相关蛋白 FAK、HIF1α 发挥作用，circ-Foxo3 表达上调可抑制 ID-1、E2F1、FAK、HIF1α 的蛋白表达，这些抗衰老蛋白表达水平下降从而加速心肌细胞老化，而抑制 circ-Foxo3 表达则可抑制心肌细胞老化和凋亡。应用内源性 siRNA 沉默 circ-Foxo3 有可能成为抑制心肌细胞老化的一种措施。在心肌肥厚和心力衰竭方面，有研究发现，miR-223 可通过调节包含 CARD 域的细胞凋亡抑制因子从而导致心肌肥厚及心力衰竭的发生和发展，而心脏相关 circRNA 可以通过吸附 miR-223、抑制 miR-223 作用，从而抑制心肌肥厚及心力衰竭。

血管衰老与人体各器官系统的衰老与疾病密切相关，是老年人多种慢性病的主要发病机制之一；同时老年人慢性病又加速了血管衰老的进程。对血管衰老的研究、预防和治疗是应对日益严峻的人口老龄化问题为人类社会带来的负担的重要手段。血管衰老主要通过大动脉影响左心室功能,而通过小动脉影响脑和肾等高灌注器官。增龄是动脉粥样硬化和心血管疾病的主要独立危险因素。血管衰老是"收缩性"和"舒张性"心力衰竭的"启动因子",并且是导致心肌缺血的主要原因。在衰老过程中,弹性大动脉出现的明显结构变化是管壁增厚和管腔扩大。流行病学无创测量数据表明,自 20 岁开始至 90 岁颈动脉内膜–中层厚度逐渐增加 2~3 倍。经过筛选排除颈动脉和冠状动脉狭窄病例后,也得出同样的结果:与年龄有关的内膜-中层厚度增加和管腔扩大使动脉顺应性降低,弹性减退,血管僵硬度增加,脉搏波传导速度加快。大动脉僵硬度增加,传统观点认为与血管中层结构有关,即胶原含量升高,弹力纤维减少、断裂、钙化。资料表明,在健康人群中,左心室壁厚度随着增龄而增厚。尸体解剖发现,心肌细胞肥大,数量减少,细胞间质胶原含量升高,胶原非酶交联增多。老龄鼠增厚的血管内膜主要由胶原、纤维粘连蛋白、蛋白多糖和血管平滑肌组成。转化生长因子β(TGF-β)、细胞间黏附分子(ICAM-1)、锌依赖性肽链内切基质金属蛋白酶(MMP-2)及它的激活剂 MT1-MMP 表达增多。内弹力层断裂处 MMP-2 明显增多,表明在弹力层断裂中发挥着重要作用。

环状 RNA(circular RNA,circRNA)是一类特殊的非编码 RNA(non-coding RNA,ncRNA),呈共价闭合环状结构,不具有 5′端和 3′端,不具有多聚 A 尾结构,研究认为 circRNA 结构稳定、高度保守,并具有组织特异性和发育阶段特异性表达的特征。到目前为止,研究发现 circRNA 具有以下功能:调节剪切或转录;与 RNA 结合蛋白(RNA binding protein,RBP)相互作用调节基因表达;参与衰老、胰岛素分泌、组织发育等生理过程。近年来有很多报道发现 circRNA 在动脉粥样硬化性血管疾病(ASVD)、心肌肥厚等疾病中发挥重要作用。circRNA 在心血管疾病中的作用是从发现 INK4/ARF 基因簇反义非编码 RNA(ANRIL)在动脉粥样硬化中的作用开始的。与 ASVD 发病相关的基因位于邻近 ANRIL 编码基因 120kb 区域,研究发现 ASVD 发生与 p16INK4a、p14ARF、p15INK4b 和 ANRIL 基因表达水平下降有关,这些抑制增殖的基因表达水平下降可导致单核细胞增殖或血管增生,从而导致 ASVD 发生、发展。p16INK4a 基因缺失的小鼠出现血管增生及动脉内膜的损伤,p14ARF 基因缺失与动脉粥样硬化斑块的形成有关。转化生长因子(TGF)-β信号通路参与 p16INK4a 和 p15INK4b 的基因表达,可以抑制动脉粥样硬化的发展。上述研究表明 ANRIL 可以造成 INK4/ARF 相关抑癌基因的沉默,从而导致 ASVD 的发生、发展。

研究发现端粒长度与血管衰老及 ASVD 也存在相关性。有学者比较了不同血管来源的平滑肌细胞的端粒长度,发现动脉粥样硬化血管的血管平滑肌细胞的端粒长度较正常血管明显缩短,其缩短程度与动脉粥样硬化的病变严重程度相关。另外,也有关于中国人群中外周血白细胞端粒长度与患高血压的风险及预后间关系的研究,结果显示在血压正常的一组中,端粒长度越短,越易患高血压;而在高血压患者组中,端粒长度越短,越易患动脉粥样硬化。陈宇等研究人颈动脉斑块组织与外周血白细胞的端粒长度之间的关系,发现两者间存在相关性,再一次表明外周血白细胞端粒长度可以替代血管组织用于研究端粒长度与心血管疾病间的关系。

4. 细胞外基质与肾脏衰老 肾脏的主要功能是排泄人体代谢产物,维持机体内环境稳定。目前肾小球滤过率(GFR)的准确计算式是评估肾功能的最佳指标,临床上用于评价肾小球滤过功能的指标主要有外源性和内源性两大类。外源性物质如菊粉、^{99m}Tc-DTPA 等检测时操作较复杂、价格高昂或有放射性物质,不适合普及推广,内源性物质包括尿素、肌酐、α_1-微球蛋白等指标易受不定性因素的影响，敏感性准确性欠佳。血清胱抑素 C（CYSC）是敏感性、特异性和准确性均较好的评估肾功能的一种新的内源性指标，其为一种内源性半胱氨酸蛋白酶抑制剂，表达分泌于所有有核细胞。由于 CYSC 在所有有核细胞内以恒定速率产生，在肾小球自由滤过，并几乎全部在近端小管重吸收和分解代谢，不返回血液循环，且不分泌至肾小管，只经肾脏排除，因此被推荐为肾小球滤过率的标志。多数研究表明 CYSC 对 GFR 的轻微变化更为敏感，尤其是在肾功能轻度异常时，CYSC 敏感性优于尿素氮和血清肌酐。有学者将 CYSC 与年龄进行了分析，发现 CYSC 随年龄增加而逐渐升高，这与国内外报道相一致，同时也将 CYSC 与人外周血端粒长度进行分析，发现人外周血白细胞端粒长度与 CYSC 存在相关性。但在美国进行的一项关于 419 例 65 岁以上人群的研究显示，人外周血白细胞端粒长度与 CYSC 未见明显的相关性。究竟人外周血白细胞端粒长度与 CYSC 是否存在相关性，目前还尚未得知，还需要进行大规模、多中心和前瞻性的研究，以提供足够的数据来说明。

Klotho 是 1997 年 Nature 杂志报道的一种抗衰老基因，也是哺乳动物体内第一个过表达延长生命、低表达加速衰老的衰老抑制基因。发现者用希腊神话中命运女神 Klotho 的名字为其命名，暗喻其贯穿生命始终，控制人类命运。人类 Klotho 基因定位于 13 号染色体，编码区包含 5 个外显子和 4 个内含子，共转录 3036 个 mRNA。Klotho 多肽的绝大多数氨基酸残基位于细胞外氨基末端结构域，还有含 21 个氨基酸跨膜结构域和 11 个氨基酸的短链胞内羧基端。Klotho 以两种形式存在于体内，即长度约 130kDa 的长链 Klotho 和长度约 65kDa 的短链 Klotho，主要由选择性 RNA 水解酶或蛋白裂解酶切割而成。由 Klotho 基因编码的蛋白分为 3 类，分别为α-Klotho、β-Klotho 及 Klotho 相关蛋白（Klrp）。α-Klotho 主要表达于远端肾小管上皮细胞，可进一步分为长链跨膜α-Klotho、短缩可溶性α-Klotho 及分泌型α-Klotho 3 种类型。Klotho 含量随着年龄增长逐渐减少，70 岁时的含量约为 40 岁时的一半。Klotho 主要表达于肾脏及大脑脉络丛组织。通过转 Klotho 基因处理可上调抗感染性细胞因子白细胞介素-10 表达，抑制氮氧化物和过氧化产物的生成，从而减轻肾损伤，保护肾脏。肾间质纤维化（renal tubulointerstitial fibrosis，RTF）是各种慢性肾脏疾病（CKD）的最终病理表现，主要表现为细胞外基质（ECM）累积，成纤维细胞的激活并伴随着有功能肾单位的减少。小鼠单侧输尿管结扎（UUO）是人 CKD 的动物模型。UUO 施术后，尿液淤积在肾盂内，压迫导致肾小管扩张，管型形成，炎细胞浸润，局部炎性因子表达升高，肾小管间质纤维化，很好地模拟了人类慢性肾脏病的局部肾脏表现，是研究人类 CKD 的理想动物模型。TGF-β信号通路在肾脏纤维化发生发展过程中发挥关键作用。UUO 术后 TGF-β信号通路被激活，可上调的表达，直接促进细胞外基质的合成；可抑制基质金属蛋白酶（MMP）的表达，抑制细胞外基质的降解；还能够促进上皮细胞、血管内皮细胞和血管外皮细胞等向肌成纤维细胞的转化；可直接作用于肾脏固有细胞，如促进系膜细胞的增生和其合成细胞外基质的能力等。因此，TGF-β信号转导通路激活状态在一定程度上反映出肾脏纤维化的严重程度。近几年研究表明 Klotho 和各种原因引起的 RTF 发生发展有着密切联系。慢性肾脏病患者早在肾功能 II 期的循环中，分泌型 Klotho 蛋白已明显下降，并且血清分泌型 Klotho 蛋白浓度与肾小球滤过率（eGFR）呈负相关。动物实验也发现，肾脏缺血再灌注、肾毒性药物和应用外源性血管紧张素（AngⅡ）等能够引起肾损伤并最终导致 RTF，这一过程中，肾脏 klotho 基因表达显著下调，感染了表达 klotho 基因的病毒载体后，上述 RTF 程度明显减轻。Klotho 蛋白能够拮抗 Ang Ⅱ 和 TGF-β 对于培养上皮细胞向成纤维细胞转化。此外，Klotho 蛋白能能通过抑制 Wnt 通路和 TGF-$β_1$ 通路来缓解 UUO 诱导的肾间质纤维化。分泌型 Klotho 能够结合 TGF Ⅱ 型受体，从而阻止 TGF-$β_1$ 及其受体结合激活下游通路。

（张亦瑾　段雪飞）

参 考 文 献

陈宇，刘继斌，刘鹏，等. 2012. 人颈动脉粥样硬化斑块组织及外周血白细胞相对端粒长度的检测及相关性分析. 中国分子心脏病学杂志，12(1)：27~31.

付小明，花芳，胡卓伟. 2012. 细胞衰老与衰老相关性疾病. 生理科学进展，43(5)：376~380.

高珊，张楠，敬海明，等. 2015. 秀丽隐杆线虫毒性研究实验室生物安全风险评估及控制. 毒理学杂志，29(2)：148~152.

商青青，周建业，胡盛寿. 2012. 端粒长度的影响及其与心血管疾病的关系. 中国分子心脏病学杂志，12(2)：125~128.

Ardestani PM, Liang F. 2012. Sub-cellular localization, expression and functions of Sirt6 during the cell cycle in HeLa cells. Nucleus, 3: 442~451.

Asthana J, Mishra BN, Pandey R. 2016. Acacetin promotes healthy aging by altering stress response in Caenorhabditis elegans. Free Radic Res, 50: 861~874.

Atzmon G, Cho M, Cawthon RM, et al. 2010. Evolution in health and medicine Sackler cetic variation in human telomerase is associated with telomere length in Ashkenazi centenarians. Proc Natl Acad Sci USA, 107: 1710~1717.

Bae CY, Kang YG, Piao MH. 2013. Models for estimating the biological age of five organsusing clinical biomarkers that are commonly measured in clinical practice settings. Maturita, 75: 253~260.

Bansal A, Zhu LJ, Yen K, et al. 2015. Uncoupling lifespan and health span in Caenorhabditis elegans longevity mutants. Proc Natl AcadSci USA, 112: E277~E286.

Bartke A. 2011. Growth hormone, insulin and aging: The benefits of endocrine defects .Experimental Gerontology, 46: 108~111.

Bowden JL, McNulty PA. 2013. Age-related changes in cutaneous sensation in the healthy human hand . Age, 35: 1077~1089.

Braidy N, Poljak A, Grant R, et al. 2015. Differential expression of sirtuins in the aging rat brain. Front Cell Neurosei, 8: 167.

Burd CE, Jeck WR, Liu Y, et al. 2010. Expression of linear and novel circular forms of an INK4/ARF-associated non- coding RNA correlates with atherosclerosis risk . PLoS Genet, 6: e1001233.

Callaway D A, Jiang JX. 2015. Reactive oxygen species and oxidative stress in osteoclastogenesis, skeletal aging and bone diseases. J Bone Miner Metab, 33: 359~370.

Cardus A, Uryga AK, Walters G, et al. 2013. SIRT6 protects human endothelial cells from DNA damage, telomere dysfunction, and senescence. Cardiovasc Res, 97: 571~579.

Chrysohoou C, Psaltopoulou T, Panagiotakos D, et al. 2012. Aortic elastic properties and cognitive function in elderly individuals: The Ikaria Study. Maturitas, 74: 241~245.

Collaboration Asia Pacific Cohort Studies Collaboration. 2006. The impact of cardiovascular risk factors on the age-related excess risk of coronary heart disease. Int J epidemiol, 35: 1025~1033.

Conn SJ, Pillman KA, Toubia J, et al. 2015. The RNA binding protein quaking regulates formation of circRNAs. Cell, 160: 1125~1134.

de Cabo R, Liu L, Ali A, et al. 2015. Serum from calorie-restricted animals delays senescence and extends the lifespan of normal human fibroblasts in vitro. Aging(Albany NY), 7: 152~166.

Der G, Batty GD, Benzeval M, et al. 2012. Is telomere length a biomarker for aging: cross-sectional evidence from the west of Scotland? PLoS One, 7: e45166.

Ding R, Gao W, Ostrodci DH, et al. 2013. Effect of interleukin-2 level and genetic variantson coronary artery disease .Inflammation, 36: 1225~1231.

Doi S, Zou Y, Tagao O, et al. 2011. Klotho inhibits transforming growth factor-beta 1(TGF-beta 1)signaling and suppresses renal fibrosis and cancer metastasis in mice. The Journal of Biological Chemistry, 286: 8655~8665.

Dong L, Cornaglia M, Lehnert T, et al. 2016. Versatile size-dependent sorting of *C. elegans* nematodes and embryos using a tunable microfluidic filter structure. Lab Chip, 16: 574~585.

Dong X, Bi L, He S, et al. 2014. FFAs-ROS-ERK/P38 pathway plays a key role in adipocyte lipotoxicity on osteoblasts in co-culture. Biochimie, 101: 123~131.

Du WW, Yang W, Chen Y, et al. 2016. Foxo3 circular RNA promotes cardiac senescence by modulating multiple factors associated with stress and senescence responses . Eur Heart J, pii: ehw001. [Epub ahead of print].

Du WW, Yang W, Liu E, et al. 2016. Foxo3 circular RNA retards cell cycle progression via forming ternary complexes with p21 and CDK2. Nucleic Acids Res, 44: 2846~2858.

Figarska S M, Vonk J M, Boezen H M. 2013. *SIRT*1 polymorphism, long-term survival and glucose tolerance in the general population. PLoS One, 8: e58636.

Flores I, Blasco MA. 2010. The role of telomeres and telomerase in stem cell aging. FEBS Lett, 584: 3826~3830.

Garatachea N, Emanuele E, Calero M, et al. 2014. APOE gene and exceptional longevity: insights from three independent cohorts. Exp Gerontol, 53: 16~23.

Giacomotto J, Segalat L, Carre-Pierrat M, et al. 2012. Caenorhabditis elegans as a chemical screening tool for thestudy of neuromuscular disorders. Manual and Semi-Automated Methods, 56: 103~113.

Giblin W, Skinner ME, Lombard DB. 2014. Sirtuins: guardians of mammalian healthspan. Trends Genet, 30: 271~286.

Greussing R, Hackl M, Charoentong P, et al. 2013. Identification of microRNA-mRNA functional interactions in UVB-induced senescence of human diploid fibroblasts. BMC Genomics, 14: 224.

Guan H, Zhao L, Cao H, et al. 2015. Epoxyeicosanoids suppress osteoclastogenesis and prevent ovariectomy-induced bone loss. FASEB J, 29: 1092~1101.

Guan JZ, Maeda T, Sugano M, et al. 2007. Change in the telomere length distribution with age in the Japanese population. Mol and Cell Biochem, 304: 353~360.

Hadley EC, Lakatta EG, Bogorad MM, et al. 2015. The future of aging therapies. Cell, 120: 557~567.

Hansen TB, Jensen TI, Clausen BH, et al. 2013. Natural RNA circles function as efficient microRNA sponges. Nature, 495: 384~388.

Hu MC, Shi M, Zhang J, et al. 2010. Klotho deficiency is an early biomarker of renal ischemia-reperfusion injury and its replacement is protective. Kidney Int, 78: 1240~1251.

Hu MC, Shi M, Zhang J, et al. 2011. Klotho deficiency causes vascular calcification in chronic kidney disease. Journal Of the American society of NephroIogy, 22: 124~136

Hughes TM, Althouse AD, Niemczyk NA, et al. 2012. Effects of weight loss and insulin reduction on arterial stiffness in the SAVE trial. Cardiovasc Diabetol, 11: 114.

Hyeon S, Lee H, Yang Y, et al. 2013. Nrf2 deficiency induces oxidative stress and promotes RANKL-induced osteoclast differentiation. Free Radic Biol Med, 65: 789~799.

Jiang ZY, Lu M C, Xu LL, et al. 2014. Discovery of potent Keapl-Nrf2 protein-protein interaction inhibitor based on molecular binding determinants analysis. J Med Chem, 57: 2736~2745.

Johnson DW, Llop JR, Farrell SF, et al. 2014. The Caenorhabditis elegans myc-mondo/mad complexes integrate diverse longevity signals. PLoS Genet, 10: el004278.

Kamila Syslová, Adéla Böhmová, Miloš Mikoška, et al. 2014. Multimarker screening of oxidative stress in aging. Oxidative Medicine and Cellular Longevity, 2014: 562860.

Kan H, Tao Z, Jiao FS, et al. 2014. Dynamic regulation of genetic pathways and targets during aging in caenorhabditis elegans. Aging, 6: 216~230.

Kanfi Y, Naiman S, Amir G, et al. 2012. The sirtuin SIRT6 regulates lifespan in male mice. Nature, 483: 218~221.

Kanzaki H, Shinohara F, Kajiya M, et al. 2013. The Keapl/Nrf2 protein axis plays a role in osteoclast differentiation by regulating intracellular reactive oxygen species signaling. J Biol Chem, 288: 23009~23020.

Kim JH, Kim HK, Ko JH, et al. 2013. The relationship between leukocyte mitochondrial DNA copy number and telomere length incommunity-dwelling elderly women. PLoS One, 8: e67227.

Kim KH, Jung JY, Son ED, et al. 2015. MiR-526b targets 3′UTR of MMP 1 mRNA. Exp Mol Med, 47: e178.

Kim MK, Lee DH, Lee S, et al. 2014. UV-induced DNA damage and histone modification may involve MMP-1 gene transcription in human skin in vivo. J Dermatol Sci, 73: 169~171.

Kondo H, Takeuchi S, Togari A. 2013. beta-Adrenergic signaling stimulates osteoclastogenesis via reactive oxygen species. Am J Physiol Endocrinol Metab, 304: E507~E515.

Kukreja L, Kujoth GC, Prolla TA, et al. 2014. Increased mtDNA mutations with aging promotes amyloid accumulation and brain atrophy in the APP/Ld transgenicmouse model of Alzheimer's disease. Mol Neurodegener, 9: 16.

Kulminski AM, Arbeev KG, Culminskaya I, et al. 2014. Age, gender, and cancer but not neurodegenerative and cardiovascular diseases strongly modulate systemic effect of the Apolipoprotein E4 allele on lifespan. PLoS Genet, 30: e 1004141.

Kwok HH, Yue PY, Mak NK, et al. 2012. Ginsenoside Rb_1 induces type I collagen expression through peroxisome proliferator-activated receptor-delta. Biochem Pharmacol, 84: 532~539.

Larroque-Cardoso P, Mucher E, Grazide MH, et al. 2014. 4-Hydroxynonenal impairs transforming growth factor-betal-induced elastin synthesis via epidermal growth factor receptor activation inhuman and murine fibroblasts. Free Radie Biol Med, 71: 427~436.

Li F, Zhang L, Li W, et al. 2015. Circular RNA ITCH has inhibitory effect on ESCC by suppressing the Wnt/b-catenin pathway. Oncotarget, 6: 6001~6013.

Li Z, Huang C, Bao C, et al. 2015. Exon-intron circular RNAs regulate transcription in the nucleus. Nat Struct Mol Biol, 22: 256~264.

Lin Y, Sun Z. 2015. In vivo pancreatic beta-cell-specific expression of antiaging gene Klotho: a novel approach for preserving beta-cells in type 2 diabetes . Diabetes, 64: 1444~1458.

Liu TF, Vachharajani VT, Yoza BK, et al. 2012. NAD^+-dependent sirtuin 1 and 6 proteins coordinate a switch from glucose to fatty acid oxidation during the acute inflammatory response. J Biol Chem, 287: 25758~25769.

Lopez-Otin C, Blasco M A, Partridge L, et al. 2013. The hallmarks of aging. Cell, 153: 1194~1217.

Mancini M, Saintigny G, Mahe C, et al. 2012. MicroRNA-152 and -181a participate in human dermal fibroblasts senescence acting on cell adhesion and remodeling of the extra-cellular matrix. Aging(Albany NY), 4(11): 843~853.

Martin-Ruiza C, Jagger C, Kingston A, et al. 2011. Assessment of a large panel of candidate biomarkers of ageing in the Newcastle 85+ study.Mechanisms of Ageing and Development, 132: 496~502.

Meng XM, Chung AC, Lan HY. 2013. Role of the TGF-beta, BMP-7, Smad pathways in renal diseases. Clin Sci(Lond), 124: 243~254.

Meng XM, Tang PM, Li J, et al. 2015. TGF-beta/Smad signaling in renal fibrosis. Front Physiol, 6: 82.

Minagawa S, Araya J, Numata T, et al. 2011. Accelerated epithelial cell senescence in IPF and the inhibitory role of SIRT6 in TGF-beta-induced senescence of human bronchial epithelial cells. Am J Physiol Lung Cell Mol Physiol, 300: L391~401.

Muezzinler A, Zaineddin AK, Brenner H. 2013. A systematic review of leukocyte telomere length and age in adults. Ageing Research Reviews, 12: 509~519.

O'Rourke MF, Adji A, Namasivayam M, et al. 2011. Arterial aging: a review of the pathophysiology and potential for pharmacological intervention. Drugs Aging, 28: 779~795.

O'Rourke MF, Hashimoto J. 2007. Mechanical factors in arterial aging. J Am Coll Cardiol, 50: 1~13.

Ota H, Akishita M, Akiyoshi T, et al. 2012. Testosterone deficiency accelerates neuronal and vascular aging of SAMP8 mice: protective role of eNOS and SIRT1. PLoS One, 7: e29598.

Panesso MC, Shi M, Cho HJ, et al. 2014. Klotho has dual protective effects on cisplatin-induced acute kidney injury. Kidney Int, 85: 855~870.

Patananan AN, Budenholzer LM, Eskin A, et al. 2015. Ethanol-induced differential gene expression and acetyl-CoAmetabolism in a longevity model of the nematodeCaenorhabditiselegans. Exp Gernontol, 61: 20-30.

Qu S, Yang X, Li X, et al. 2015. Circular RNA: A new star of noncoding RNAs. Cancer Lett, 365: 141~148.

Rock K, Tigges J, Sass S, et al. 2015. MiR-23a-3p causes cellular senescence by targeting hyaluronan synthase

2: possible implication for skin aging. J Invest Dermatol, 135: 369~377.

Rotondi S, Pasquali M, Tartaglione L, et al. 2015. Soluble alpha- Klotho in serum levels in chronic kidney Disease. Int J Endocrinol, 2015: 872193.

Rueda S. 2012. Health inequalities among older adults in Spain: the importance of gender, the socioeconomic development of the region of residence, and social support. Women's Health Issue, 22: 483~490.

Samarakoon R, Overstreet JM, Higgins SP, et al. 2012. TGF-betal-SMAD/p53, USF2-PAI-1 transcriptional axis in ureteral Obstruction-induced renal fibrosis. Cell Tissue Res, 347: 117~128.

Sanders JL, Fitzpatrick AL, Boudreau RM, et al. 2012. Leukocyte telomere length is associated with noninvasively measured age-related disease: the cardiovascular health study. J Gerontol A Biol Sci Med Sci, 67A: 409~416.

Sawires HK, Essam RM, Morgan MF, et al. 2015. Serum Klotho: relation to fibroblast growth factor-23 and other regulators of phosphate metabolism in children with chronic kidney diseases. Nephron, 129: 293~299.

Schupf N, Barral S, Perls T, et al. 2013. Apolipoprotein E and familial longevity. Neurobiology of Aging, 34: 1287~1291.

Sharma A, Diecke S, Zhang WY, et al. 2013. The role of SIRT6 protein in aging and reprogramming of human induced pluripotent stem cells. J Biol Chem, 288: 18439~18447.

Singh T, Newman AB. 2011. Inflammatory markers in population studies of aging. 2011. Ageing Research Reviews, 10: 319~329.

Siran L, Howard AS, Coleen TM. 2015. A microfluidic device and automatic counting system for the study of *C.elegans* reproductive aging. Lab Chip, 15: 524~531.

Song Z, Wang J, Guachalla LM, et al. 2010. Alterations of the systemic environment are the primary cause of impaired B and T lymphopoiesis in telomere-dysfunctional mice. Blood, 115: 1481~1489.

Sugiura H, Yoshoda T, Shiohira S, et al. 2012. Reduced Klotho expression level in kidney aggravates renal interstitial fibrosis. American Journal of Physiology Renal Physiology, 302: F1252~1264.

Sun N, Yang L, Li Y, et al. 2013. Effect of advanced oxidation protein products on the proliferation and osteogenic differentiation of rat mesenchymal stem cells. Int J Mol Med, 32: 485~491.

Suri S, Heise V, Traehtenberg AJ, et al. 2013. The forgotten APOE allele: a review of the evidence and suggested mechanisms for the protective effect of APOE 2. Neurosci Biobehav Rev, 37: 2878~2886.

Szarka A, Banhegyi C, Sumegi B. 2014. Mitochondria, oxidative stress and aging. Orv Hetil, 155: 447~452.

Takubo K, Aida J, Izumiyama-Shimomura N, et al. 2010.Changes of telomere length with aging. Japan Geriatrics Society, 10: S197~S206.

Tennen RI, Berber E, Chua KF. 2010. Functional dissection of SIRT6: identification of domains that regulate histone deacetylase activity and chromatin localization. Mech Ageing Dev, 131: 185~192.

Tissenbaum HA.2015.Using *C. elegans* for aging research. Invertebr Reprod Dev, 59: 59~63.

van Bunderen CC, van Nieuwpoort IC, van Schoor NM, et al. 2010. The association ofserum insulin-like growth factor-I with mortality, cardiovascular disease, and cancerin the elderly: a population-based study. Journal of Clinical Endocrinology & Metabolism, 95: 4616~4624.

Wang K, Long B, Liu F, et al. 2016. A circular RNA protects the heart from pathological hypertrophy and heart failure by targeting miR-223. Eur Heart J, 37: 2602~2611.

Wang W, Scheffler K, Esbensen Y, et al. 2014. Addressing RNA integrity to determine the impact of mitochondrial DNA mutations on brain mitochondrial function with age. PLoS One, 9: e96940.

Wang Y, Wang J, Fang XD. 2010. Study on levels of serum prolactin and growth hormone in female systemic lupus erytnematosus patients. China Journal of Modern Medicine, 20: 2953～2956.

Wang Y, Zhang X, Li H, et al. 2013. The role of miRNA-29 family in cancer. Ear J Cell Biol, 92: 123～128.

Wang YH, Sun ZJ. 2009. Klotho gene delivery prevents the progression of spontaneous hypertension and renal damage. Hypertension, 54 (4): 810～817.

Wang YH, Yu XH, Luo SS, et al. 2015. Comprehensive circular RNA profiling reveals that circular RNA100783 is involved in chronic CD28-associated CD8 (C) T cell ageing. Immun Ageing, 12: 17.

Wen D, Zhou X L, Li J J, et al. 2012. Plasma concentrations of interleukin-6, C-reactiveprotein, tumor necrosis factor-α and matrix metalloproteinase-9 in aortic dissection. Clinica Chimica Acta, 413: 198～202.

Wu CF, Chiang WC, Lai CF, et al. 2013. Transforming growth factor beta-1 stimulates profibrotic epithelial signaling to activate pericyte-myofibroblast transition in obstructive kidney fibrosis. Am J Pathol, 182: 118～131.

Xian B, Shen J, Chen W, et al. 2013. WormFarm: a quantitative control and measurement device toward automated *Caenorhabditis elegans* aging analysis. Aging Cell, 12: 398～409.

Xu Y, Sun Z. 2015. Molecular basis of Klotho: from gene to function in aging. Endocr Rev, 36: 174～193.

Yamazaki Y, Imura A, Urakawa I, et al. 2010. Establishment of sandwich ELISA for soluble Alpha- Klotho measurement: Age-dependent change of soluble alpha- Klotho levels in healthy subjects. Biochem Biophys Res Commun, 398: 513～518.

Yang W, Du WW, Li X, et al. 2016. Foxo3 activity promoted by noncoding effects of circular RNA and Foxo3 pseudogene in the inhibition of tumor growth and angiogenesis. Oncogene, 35: 3919～3931.

Yang Z, Huang X, Jiang H, et al. 2009. Short telomeres and prognosis of hypertension in a Chinese population. Hypertension, 53: 639～664.

Yvan-Charvet L, Pagler T, Gautier EL, et al. 2010. ATP-binding cassette transporters and HDL suppress hematopoietic stem cell proliferation. Science, 328: 1689～1693.

Zapico S C, Ubelaker D H. 2013. mtDNA mutations and their role in aging, diseases and forensic sciences. Aging Dis, 4: 364～380.

Zhang S, Li D, Yang J Y, et al. 2015. Plumbagin protects against glucocorticoid-induced osteoporosis through Nrf-2 pathway. Cell Stress Chaperones, 20: 621～629

Zheng Q, Chen S, Chen Y, et al. 2013. Investigation of age-related decline of microfibril-associated glyeoprotein-1 in human skin through immunohistochemistry study. Clin Cosmet Investig Derrnatol, 6: 317～323.

Zheng Y, Luo X, Zhu J, et al. 2012. Mitochondrial DNA 4977 bp deletion is a common phenomenon in hair and increases with age. Bosn J Basic Med Sci, 12: 187～192.

Zhou B R, Guo X F, Zhang J A, et al. 2013. Elevated miR-34c-5p mediates dermal fibroblast senescence by ultraviolet irradiation. Int J Biol Sci, 9: 743～752.

Zhou X, Chen K, Lei H, et al. 2015. Klotho gene deficiency causes salt-sensitive hypertension via monocyte chemotactic protein-1/CC chemokine receptor-2 mediated inflammation. J Am Soc Nephrol, 26 (1): 121～132.

第三十八章 细胞外基质与损伤修复

损伤造成机体部分细胞和组织丧失后,机体对所形成缺损进行修补恢复的过程,称为修复。当机体细胞受到损伤因素的刺激后,可释放多种生长因子,刺激同类细胞或同一胚层发育来的细胞增生,促进修复过程。损伤的修复是一个非常复杂的过程。不同的细胞类型,按照前后不同的顺序,参与其损伤修复的过程,完成其在损伤修复过程中的作用。在损伤的修复过程中,不同的参与细胞受到严格的调控,各种类型的细胞又能进行相互影响。

第一节 参与损伤修复的因素

损伤发生以后,视损伤部位与程度的不同,其过程中参与的细胞类型、细胞因子类型及细胞外基质蛋白的类型是不完全一致的。虽然如此,损伤的修复仍然遵循一定的规律。

一、参与损伤修复的细胞

1. 巨噬细胞 在机体创伤修复过程中,巨噬细胞主要有两个方面的作用。第一,机体创伤活动开始后,巨噬细胞就能大量分泌多种生物活性物质及多种酶类物质。其中生物活性物质又称巨噬细胞源性生物因子,包括多肽转换生长因子、白细胞介素、肿瘤坏死因子、血小板源生长因子及一氧化氮等。酶类物质主要包括胶原酶、弹性蛋白酶、纤溶酶原激活剂等。这些生物活性物质直接引导着机体修复的整个进程。第二,巨噬细胞作为炎症阶段的主要吞噬细胞,负责清除机体损伤处组织和细胞的坏死碎片及病原体等,这些物质对创伤愈合过程有重要的调控作用。巨噬细胞具有多重作用,浸润性巨噬细胞可能表达特异性表型,每种表型可能适应其在疾病每个阶段的功能,从急性炎症期到慢性进展或愈合。

在损伤区域中,大部分代谢活动都是损伤中心部位的巨噬细胞的代谢活动。巨噬细胞消耗了损伤部位大部分的氧气,巨噬细胞还可以向周围环境中释放乳酸盐,导致这一小环境的酸化。成纤维细胞和内皮细胞的生长,需要具备较高的含氧条件。而巨噬细胞本身的生长、分化及功能的发挥,对于周围环境的质量、氧含量及酸碱度等则要求不是那样严格。巨噬细胞还可以释放肿瘤坏死因子α(TNF-α),从而进一步吸引更多的巨噬细胞聚集到损伤位点。损伤部位的巨噬细胞等代表了损伤修复过程中各种各样的功能。巨噬细胞还能释放其他类型的趋化因子及有丝分裂促进因子,如 PDGF、TGFP、EGF、bFGF 等。PDGF 和 TGFP 对于成纤维细胞和内皮细胞的移行具有激活作用。

2. 成纤维细胞 成纤维细胞是损伤发生以后第二种出现的细胞类型。成纤维细胞的来源包括外膜、肌腱、筋膜及肌肉等。许多类型的细胞因子都可以吸引成纤维细胞到达损伤位点。其中,TGFP 和 PDGF 对于成纤维细胞的吸引作用最为强烈,同时这两种细胞因子都是损伤修复过程中最为重要的刺激因素。血管外膜中的成纤维细胞可通过巨噬细胞释放的 TGF-β 的直接刺激作用而激活,也可在内皮细胞受到 TGF-β 和 bFGF 的激活之后因受到间接的刺激而激活。最近的研究表明，PDGF-BB 和 bFGF 处理的细胞具有成纤维细胞样形态。TGF-$β_1$ 刺激伤口边缘和周围区域的细胞增殖，诱导肌成纤维细胞分化，抑制细胞迁移。因 PDGF-BB 的增殖、高运动性和晚期成纤维细胞分化而诱导伤口快速闭合。

在这一修复阶段，巨噬细胞是调节修复活动的一个主导。巨噬细胞释放的 TGFP、bFGF 和 PDGF 可以激活成纤维细胞的增殖反应，促进其胶原合成的速度。在损伤修复的早期阶段，成纤维细胞主要产生Ⅰ和Ⅱ型胶原。在营养缺乏状态，如维生素 C、锌或铁缺乏的情况下，胶原的合成能力将受到限制。因此，在正常的修复过程中，这些营养因子是否充足，严重影响愈合的结果。成纤维细胞的产物是一些细胞外基质蛋白及聚糖分子，这些都是损伤的修复不可缺少的成分，而且也是表皮化的一个重要条件。

3. 骨髓间充质干细胞 骨髓间充质干细胞（BMSC）是来源于中胚层的、具有多向分化潜能的间充质干细胞，主要存在于全身结缔组织和器官间质中，以骨髓组织中含量最多，胎肝、胎儿脐血中亦可分离得到。骨髓中只含有少量 BMSC，占单核细胞的 0.001%～0.01%，并随着年龄的增加而减少。BMSC 具有多向分化潜能，在微环境中的细胞因子、多维分化信号、细胞外基质成分等诱导下，BMSC 具有向成骨细胞、软骨细胞、肌腱细胞、脂肪细胞、骨骼肌、平滑肌、造血支持基质等中胚层细胞分化的能力。同时，可以向外胚层的星形胶质细胞、神经元、表皮或上皮组织及内胚层的肝卵圆细胞、血管内皮细胞和心肌细胞分化。

BMSC 的表面标志具有非单一性的特征，它表达了间质细胞、内皮细胞和表皮细胞的表面标志。一般认为 CD29、CD44、CD166 及 SH2、SH3 是 MSC 的重要的标志物，通过流式细胞仪研究细胞表面抗原发现，BMSC 分子表面不表达造血细胞表面抗原，如造血前体细胞标志抗原 CD34、白细胞标志抗原 CD45、淋巴细胞表面抗原 CD11a、单核/巨噬细胞表面抗原 CD14，证明 MSC 为非造血类细胞。

虽然内源性间充质干细胞在肝损伤期间可促进肝纤维化的发生，但近来研究已证实外源性移植间充质干细胞具有免疫调节、炎症抑制和抗纤维化作用。

4. 血管内皮细胞 血管内皮具有多种功能，维持内皮稳态是一种多维活性过程。血管损伤过程为血管内皮细胞凋亡、功能障碍和动脉粥样硬化。内皮功能障碍为其终点，其中心特征是增加 ROS 产生，减少内皮一氧化氮合酶和增加一氧化氮消耗。血管内皮具有各种构成型和诱导型机制，其作用是减少损伤并促进修复。保护内皮细胞可通过增强外源因子如血管内皮生长因子、前列环素和层流剪切应力来实现。巨噬细胞释放的 INF-α 和 TGF-β 可以促进血管内皮细胞的移行和增生过程。在损伤部位血氧浓度的降低也是促进血管形成的重要刺激因素。不断生长的内皮细胞通过不断降解胶原而长入其中，并形成血管结构。IL-1 和 TNF-α 从细胞外基质中的释放可以激活血内皮细胞。内皮细胞受到激活以后，又可以诱导内皮细胞白细胞黏附分子-1 在细胞表面的表达。这种黏附分子的表达可以捕获炎性细胞和血液渗出细胞。PDGF 和 FGF 具有促进毛细血管形成的作用，而 IFN-γ 又具有抑制毛细血管形成的作用。

5. 中性粒细胞 在损伤的早期阶段，多形核粒细胞（PMN）的数量快速上升。由血小板释放的 TGF-β 对于 FMN 具有很强的趋化活性。PMN 受到激活之后，可以产生并释放一些炎性产物，如自由基、髓过氧化物酶及蛋白裂解酶类，以促进炎症的过程。但这些 PMN 在损伤发生 3～4 天后即开始下降。凝血酶、血管舒缓素、发生变性的蛋白质（特别是胶原蛋白、弹性蛋白和纤维粘连蛋白)、白三烯 B4、碱性成纤维细胞生长因子、血小板因子-4 等的存在可使 PMN 细胞存在时间延长。

6. 淋巴细胞　淋巴细胞在损伤修复时复合物的形成中具有一定的作用。皮肤中的淋巴细胞膜上有导向受体的表达。损伤发生之后，损伤局部的淋巴细胞数目即开始增加。淋巴细胞数目的变化与巨噬细胞数目的变化是同时发生的。在损伤修复的晚期甚至还可以见到淋巴细胞的积聚。淋巴细胞对于损伤修复的过程是具双重性质的作用。研究表明，促进损伤修复过程的淋巴细胞因子主要是由辅助性 T 细胞分泌。损伤时 T 细胞抑制或稍后出现的 T 细胞抑制，都将使损伤的修复过程延迟。在损伤修复过程中，修复的组织的张力显著下降。

7. 角质细胞　在损伤发生以后的很短时间内，上皮层的重建过程已经开始。在损伤区域中释放的生长因子可以刺激上皮层的修复过程。角质细胞层的缺损导致角质细胞层中的接触抑制丧失，也是促进角质细胞生长的一个重要因素。损伤时释放的细胞因子，也可以促进角质细胞与成纤维细胞及炎性细胞之间的相互作用。TGF-α、IL-1、PDGF 可以改变血管形成过程，IL-1 可以促进成纤维细胞的增殖及胶原、基质蛋白的合成。角质细胞产生的 TGF 和 IL-8 则既可以吸引更多的炎性细胞，又可以促进单核细胞趋化因子和单核细胞激活因子活化。

8. 周细胞　近年来，越来越多的证据表明 MSC 在体内存在于血管周围，即周细胞（pericytes），且已被证实具有干细胞样功能，因此被推测为 MSC 的体内形态或可能前体。与 MSC 研究相反，细胞周细胞主要根据其体内位置和形态进行研究。周细胞与内皮细胞形成密切相关，其具有维持血管及血管发生的重要作用。此外，周细胞也被证实对骨髓中造血干细胞具有维护作用。内皮细胞的旁分泌信号通过血小板源生长因子（PDGF）-BB 的分泌招募周细胞，并结合周细胞表达的 PDGFRβ 受体。此外，由周细胞分泌的血管生成素 1（Ang-1）通过由内皮细胞表达的 Tie2 受体介导周细胞-内皮黏附。周细胞是与微血管系统相关的间质细胞的异质群体，其在不同组织中的形态和标记物表达差异较大。因此，根据其功能和形态，其在不同组织中的周细胞命名不同，如肝脏中肝星状细胞和肾脏中肾小球系膜细胞。周细胞的鉴定基于其体内位置，而 MSC 则已可分离并进行体外培养，最近有推测这两种细胞类型实际上可能相同，或至少非常密切相关。根据 MSC 的定义，Crisan 等证实从人体骨骼肌、胰腺、脂肪组织、胎盘和骨髓分离的周细胞在体内和长期培养中都表达 CD105、CD73 和 CD90 及其他已知的 MSC 标志物。此外，这些细胞均可黏附塑料，并可经历经典的三系 MSC 而分化成骨、软骨、脂肪及肌肉组织。此外，有研究已证实，周细胞为神经细胞前体。已知 MSC 不仅在周细胞表达，且已发现包括 NG2、3G5、PDGFR-β 和 α-SMA 在内的许多周细胞标记在分离的 MSC 上也有表达，表明这两种细胞类型间的相似性。由于 MSC 和周细胞的异质性，难以确定这些细胞是否代表为细胞的体外和体内存在形式。周细胞符合 MSC 的定义标准，并具有更大的分化潜力和更多的干细胞样品质，因此可能代表 MSC 起源。

二、参与损伤修复的因子

1. 表皮生长因子　表皮生长因子（EGF）是一种由 53 个氨基酸残基组成的蛋白质分子。表皮生长因子可以促进细胞的一系列活动，可以促进许多类型的细胞，特别是成纤维细胞的增殖。表皮生长因子的前体蛋白分子是一种膜蛋白，在发生蛋白裂解以后，从细胞膜上释放出来。表皮生长因子与表皮生长因子受体结合以后，可以诱导受体蛋白发生聚合，形成二聚体，成为一种细胞膜结合型的酪氨酸激酶。表皮生长因子受体的酶学催化活性可以使细胞内的蛋白质发生磷酸化修饰，这些发生磷酸修饰的蛋白质完成信号转导的过程，激活细胞 DNA 的表达。TGF-α与表皮生长因子之间有很高的同源性，同样也可与表皮生长因子受体结合。表皮生长因子主要由角质细胞产生，而在银屑病中激活的角质细胞会合成释放过量的表皮生长因子。

2. 血小板源生长因子 血小板源生长因子（PDGF）是单核细胞的一种趋化因子，是由α和β两链以二硫键连接起来的二聚体结构的分子。单体形式的血小板源生长因子是没有活性的。目前已知有两种受体亚单位，分别与同二聚体和异二聚体形式的血小板源生长因子进行结合。血小板源生长因子受体的β链与猴的肉瘤病毒（SSV）的癌基因之间存在着高度的同源性。血小板可以表达血小板源生长因子受体，但该受体也见于其他的细胞类型，如巨噬细胞、成纤维细胞、平滑肌细胞和内皮细胞等。血小板源生长因子还具有趋化作用和有丝分裂原作用。在损伤位点的成纤维细胞及银屑病的皮肤成纤维细胞上也有血小板源生长因子受体的表达。视黄酸可以修饰银屑病中成纤维细胞上的血小板源生长因子受体，但对于正常的成纤维细胞上的血小板源生长因子受体则没有显著的影响。

3. 转化生长因子β 转化生长因子β（TGF-β）是一种广泛存在于组织和细胞中的多肽生长因子，对细胞的生长分化、胚胎形成、组织修复和免疫功能，诱导纤维化和瘢痕形成（伤口愈合的过程）都具有重要的调节作用。TGF-β可刺激间充质起源的成纤维细胞、成骨细胞和施万细胞的生长，可增加胶原、纤维粘连蛋白、透明质酸酶等细胞外基质的合成，诱导新生血管生成，激活成纤维细胞产生胶原蛋白，促进肉芽组织形成和创伤部位纤维化。TGF-β主要以 3 种形式存在：$β_1β_1$、$β_2β_2$ 两种同二聚体分子及一种$β_1β_2$异二聚体分子。这 3 种类型的 TGF-β可能与相同的受体分子结合，引发一系列不同的生物学效应，如趋化作用、有丝分裂原作用、分化作用等。在角质细胞和成纤维细胞的增殖过程中具有重要的调节作用。在慢性肝炎中，肝细胞慢性损伤长期刺激肝星状细胞而导致 TGF-$β_1$ 等促生长素丰富因子释放，导致肝纤维化进展甚至发生肝硬化。

4. 成纤维细胞生长因子 成纤维细胞生长因子（FGF）是一种肝素结合型蛋白。酸性成纤维细胞生长因子（aFGF）和碱性成纤维细胞生长因子（bFGF）的同源性为 50%。这两种类型的成纤维细胞生长因子可以结合相同类型的受体蛋白。成纤维细胞生长因子具有丝分裂原的作用，在各种类型的间质组织细胞及巨噬细胞中都有成纤维细胞生长因子的表达。这两种类型的成纤维细胞生长因子对血管形成都具有很强的促进作用。在角质细胞上有成纤维细胞生长因子的表达。

5. 胰岛素样生长因子 胰岛素样生长因子（IGF）有 IGF-1 和 IGF-2 两种类型，IGF-2 又称为生长激素介质。IGF-1 和 TGF-2 都是分子质量仅为 75kDa 的小分子蛋白，都具有胰岛素样活性。对于许多类型的细胞来说，胰岛素样生长因子都是很强的有丝分裂原。胰岛素样生长因子通过刺激生长激素来介导其生长作用，但这并不是胰岛素样生长因子作用的唯一机制。IGF-1 属于一种碱性多肽，可与细胞膜上的两种受体蛋白进行结合：一种是胰岛素受体，另一种是非胰岛素敏感型受体。成纤维细胞、内皮细胞和单核细胞上都有胰岛素样生长因子的受体。成纤维细胞又具有产生分泌 IGF-1 的能力。IGF-1 与成纤维细胞胞膜上表达的相关受体，构成了一个自分泌环，以刺激成纤维细胞的生长。在损伤修复过程的体液中，可以检测到胰岛素样生长因子的存在。

6. 白细胞介素-1 白细胞介素-1（IL-1）是由包括上皮细胞、巨噬细胞、中性粒细胞在内的各种细胞分泌的一种细胞因子，有α和β两种形式，称为 IL-1α和 IL-1β。两者基因均位于 2q13—q21 区，具有相同功能，但是氨基酸同源性仅有 26%。目前认为 IL-1 是促进纤维化与瘢痕形成的重要因素之一，它调节成纤维细胞的功能，促进成纤维细胞分裂增殖，促进成纤维细胞合成胶原和氨基多糖，控制成纤维细胞合成纤维粘连蛋白的量，刺激成纤维细胞分泌胶原酶。TNF-α、GM-CSF 及 1，25-$(OH)_2D_3$ 可以激活角质细胞，释放 IL-1。在皮肤发生损伤时，有 IL-1 的释放。IL-1 是发热、不适、皮肤炎症时释放的主要细胞因子类型。在发生感染或损伤时，IL-1 是刺激机体局部和系统性应答的主要细胞因子类型。IL-1 可以刺激肝脏产生急性期反应物和补体 C3。IL-1 具有促进皮肤损伤愈合的作用。

7. 白细胞介素-6 白细胞介素（IL-6）可由多种细胞合成，包括活化的 T 细胞和 B 细胞、单核/巨噬细胞、内皮细胞、上皮细胞及成纤维细胞等，并作用于巨噬细胞、肝细胞、静止的 T 细胞、活化的 B 细胞和浆细胞等多种细胞。它可促进 T 细胞表面 IL-2R 的表达，增强 IL-1 和 TNF 对 Th 细胞的促有丝分裂作用，在感染或外伤引起的急性炎症反应中诱导急性期反应蛋白的合成，促进 B 细胞增殖、分化并产生抗体，加强其他细胞因子的效果，参与炎症早期的反应等。

8. 干扰素γ 干扰素γ（IFN-γ）是 T 细胞受到抗原刺激时释放的一种细胞因子。IFN-γ的主要功能是调节 MHC-Ⅰ型和Ⅱ型抗原的表达。IFN-γ是一种糖蛋白形式，具有抗病毒及抗增生作用。依 IFN-γ蛋白分子糖基化修饰程度的不同，其分子质量为 15～25kDa。大多数细胞膜上都有 IFN-γ的受体。IFN-γ可以诱导角质细胞及成纤维细胞表面上的 HLA-DR 抗原的表达，可以促进细胞黏附分子 ICMA-1 的表达。淋巴细胞表达的 IFN-γ可抑制角质细胞及内皮细胞的增殖反应。IFN-γ在体内、外均能抑制成纤维细胞的增殖，使胶原的合成能力下降，从而抑制瘢痕的挛缩。动物实验中，IFN-γ可以抑制肝外胆管瘢痕成纤维细胞分裂。有学者认为 IFN-γ可促进成纤维细胞凋亡，并且抑制成纤维细胞向肌成纤维细胞分化，其作用机制被认为是阻断或延缓成纤维细胞从 G_0 期进入 G_1 期再过渡到 S 期的过程，达到抑制成纤维细胞生长的作用。此外，IFN-γ还可诱导前列腺素受体敏感性的趋化物质的产生。

9. 神经肽 感觉神经肽为感觉神经元胞体合成的一类神经肽，包括 P 物质（SP）、降钙素基因相关肽（CGRP）、神经肽 Y（NY）、K 物质等，其中 SP 与损伤修复关系最为密切。组织损伤可刺激感觉神经末梢储存的 SP 进入损伤组织，与巨噬细胞、T 淋巴细胞、肥大细胞等免疫细胞的特异受体结合，刺激免疫细胞释放细胞因子，参与组织修复早期的炎症阶段的调控。SP 与成纤维细胞、血管内皮细胞、角质细胞细胞相应受体结合，可促进 DNA 合成和细胞增殖。SP 和 K 物质是研究得较多的两种神经肽。SP 可以引起肥大细胞脱颗粒，促进角质细胞系释放 IL-1，促进 IL-1 mRNA 的转录表达，说明神经与皮肤系统之间存在着十分密切的关系。研究已证实，与组织修复有关的成纤维细胞、上皮细胞也可表达 SP，损伤组织中 SP 含量变化与感觉神经纤维的数量及愈合类型关系密切。在肉芽组织增生阶段，感觉神经纤维的数量和 SP 含量均高于肉芽组织成熟期，增生性瘢痕组织中 SP 含量高于正常皮肤或生理愈合的瘢痕组织。神经调节因子促进成纤维细胞和角质形成细胞增殖，调节胶原Ⅰ型和Ⅲ型间的表达比例，增强 MMP-2 和 MMP-9 酶的活性。研究证实，成纤维细胞、表皮干细胞 SP 表达受外源性 SP 调控，SP 可上调培养肉芽组织成纤维细胞表达 EGF、FGF-2、TGF-β_1 及其受体的基因和蛋白表达。皮肤损伤修复时，感觉神经末梢以及修复细胞、免疫细胞释放的 SP 可发挥募集表皮干细胞向损伤部位迁移的作用，进入肉芽组织内的表皮干细胞可跨胚层向血管内皮细胞分化。进一步研究发现，NK-2 受体是介导 SP 调控表皮干细胞分化的主要受体通路。

10. 细胞黏附分子 细胞黏附分子，如整合素分子等，都是正常细胞膜的组成部分。在正常的角质细胞和内皮细胞膜上也有这些黏附分子的表达。细胞内黏附分子-1（ICAM-1）就是角质细胞膜上 T 细胞的一种导向分子，由于这些机制的存在，因而可以调节炎性细胞与角质细胞之间的相互作用。上皮细胞膜上的整合素分子将内皮细胞结合在一起，同时也将内皮细胞结合在基底膜上。这些细胞黏附分子与细胞的迁移过程有关。在损伤修复过程中，内皮细胞膜上有这些黏附分子的表达，以促进损伤愈合的过程。在损伤修复和炎症过程中，颗粒组织上有这些黏附分子的表达。

11. 前列腺素 E_2 前列腺素 E_2（PGE_2）是主要由巨噬细胞产生的一种非蛋白、非多肽的脂肪酸代谢产物，由活化磷脂酶 A2 分解膜磷脂产生花生四烯酸，在环氧合酶作用下形成 PGE_2。PGE_2 是一个辅助性炎症介质，通过环氧合酶合成，由 PGE_2 合成酶激活，能够被包括脱氢酶在内的多种酶降解。在组织修复中，PGE_2 是参与调节炎症与纤维化的重要炎症介质，它通过调节成纤维细胞迁移率来抑制成纤维细胞趋化性，通过阻断成纤维细胞增殖和胶原产生来影响成纤维细胞在损伤修复中基质收缩与重构中的作用。PGE_2 在损伤修复过程中早、晚期阶段表达，它能抑制纤维化反应，包括胶原产生、细胞外基质收缩及成纤维细胞增殖，还能刺激上皮细胞迁移，参与损伤修复。

12. 一氧化氮 一氧化氮（NO）主要由内皮细胞、巨噬细胞和一些神经细胞所产生，是在一氧化氮合酶（NOS）激活下产生的。一氧化氮合酶有内皮细胞型（eNOS）、神经元型（nNOS）和细胞因子诱导型（iNOS）3 种类型。在正常组织中，一氧化氮酶很少表达，然而一旦激活便可大量增加。eNOS 和 iNOS 则是皮肤损伤愈合过程中产生 NO 的两种关键酶，在皮肤损伤愈合过程中发挥重要作用。近年来大量的研究表明，NO 在皮肤损伤愈合过程的炎症介导、细胞增殖、分化、凋亡及血管形成、基质沉积和损伤后组织重构中发挥重要作用。NO 参与了创伤修复的各个阶段，发挥多种生物学功能。

13. 血管内皮生长因子 血管内皮生长因子（VEGF）除其血管生成功能外，还具有调节单核细胞募集和浸润的能力。既往研究显示 VEGF 具有多种作用机制，包括促进炎症、VEGF 激活的内皮细胞释放纤维化增强分子，以及 VEGF 对 HSC 的直接作用。研究表明，VEGF 过表达可增加肝脏胶原蛋白含量并促进纤维化发展，VEGFR2 的体内抑制可使肝纤维化减轻，并且降低门静脉高压。这研究表明，VEGF 抑制可能对纤维化分解有益。因此，VEGF 抑制策略可以考虑用于治疗肝脏和其他器官的纤维化。

14. 基质金属蛋白酶 基质金属蛋白酶（MMP）是降解细胞外基质（ECM）所有成分的蛋白水解酶。MMP 为一系列大家族酶，其可由催化锌位点和前肽组成部分，前体部分形成潜伏期的半胱氨酸转换开关，以及其他结构，如血红蛋白结合位点、纤维粘连蛋白结合位点和跨膜位点。其以潜在形式分泌，保护细胞免受损伤，且一旦被激活，则通过一系列机制快速灭活。MMP 主要涉及金属蛋白酶（TIMP）的 4 种组织抑制剂，其可分为组成型酶包括 MMP-2 和 MMP-14，以及可诱导的酶 MMP-3 和 MMP-9。通常，组成型酶以空间特异性方式被激活并且靠近活化位点，其可保持基底膜的完整性，防止 ECM 过度生长。另一方面，诱导性酶则保持在非活性状态，直至神经炎症开始，并且其通过自由基和其他酶的作用而变得活跃。一旦可诱导的 MMP 被激活，其作用则不被限制在接近活化位点，而可导致更广泛的组织损伤。激活级联的时机对确定酶在正常组织维持、损伤和恢复期间发挥的作用至关重要。由于 MMP 在发育、损伤和修复过程中与组织相互作用的复杂性，MMP 具有多种作用机制，早期可参与损伤过程并有助于后期恢复。

第二节 组织损伤修复

各种不同类型组织的修复过程，既有共同的特点，又有不同的调节机制和方式。损伤的修复可以分为急性损伤的修复和慢性损伤的修复。两种修复过程参与的因素及调节机制不完全相同，胚胎组织与成熟组织的修复过程不完全一致，各种损伤修复的结局也不完全一致。了解各种损伤修复过程的特点，对于认识修复过程的特点、促进和改善修复过程具有十分重要的意义。

一、胚胎组织的损伤修复

1. 线性损伤的修复 胚胎发育过程中线性损伤的修复是一个短暂的过程，而且不形成明显的瘢痕。线性损伤的修复只需要 5～7 天，而且修复以后，在肉眼和显微镜下见不到明显的瘢痕形成。胚胎组织修复与生后组织修复过程之间明显的区别，即是前者缺少急性炎症的过程。只在线性损伤部位见到为数不多的白细胞参与。胚胎线性损伤之所以缺乏急性炎症性的应答，原因可能是多方面的。子宫内这种无菌的环境条件下，没有微生物的抗原分子作为白细胞移行的趋化因子。另外，胚胎发育阶段免疫系统尚未发育成熟，造血功能和系统也未发育成熟，缺乏白细胞也是其中可能的原因。胎儿期不仅急性炎症期与生后损伤修复的过程不同，其慢性炎症的应答过程也不同，以特异性酯酶染色法证实有少量巨噬细胞的参与，但淋巴细胞却很少见。除此之外，还有少量间质细胞的参与。

在出生后损伤修复过程中，增生期的显著特点是纤维组织增生。对于胚胎组织损伤修复过程的纤维增生期进行研究，也可以观察到成纤维细胞的浸润，只是成纤维细胞的数目及浸润的程度较成年损伤修复显著降低。上皮增生也是出生后损伤修复过程中一个显著的增生应答性过程。在胚胎线性损伤的修复过程中，上皮化是一个快速的过程。在损伤发生之后的 72h 之内，胚胎线性损伤部位的上皮化已经完成。而且修复以后上皮层的结构和厚度和其周围的正常皮肤之间无显著的差别。新血管的形成是损伤修复过程中与上皮细胞增生相关的一个过程。在胚胎线性损伤的修复过程中，并没有新血管形成过程的发生。

参与胚胎线性损伤修复过程的细胞外基质蛋白成分也与成年期损伤修复的过程有所不同。成年损伤修复过程中，在损伤部位有大量的成纤维细胞的参与，并合成分泌大量的纤维粘连蛋白、胶原和蛋白聚糖等细胞基质蛋白。成年期损伤的修复充满了胶原纤维。成熟的瘢痕即为过量的、失去正常排列方式的胶原蛋白所充满。但是，胚胎期线性损伤修复过程中无瘢痕的形成，说明细胞外基质成分沉积的过程、基质蛋白的类型和数量有所不同。其实，在胚胎期的线性损伤部位，也有一小部分的胶原蛋白的沉积，只是这些胶原蛋白的排列方式是一种十分有序的过程，几乎正常组织中胶原蛋白的排列方式没有什么太大的差别。这也是胚胎期线性损伤修复过程中不会出现瘢痕的一个重要原因。

2. 胚胎开放损伤的修复　胚胎开放性损伤与线性损伤修复过程的机制是不一样的。在胚胎开放性损伤修复过程中，损伤部位的边缘部分有轻度的上皮细胞增殖反应。在损伤修复的第 8 天，表皮的增生最为显著，但没有上皮细胞向损伤部位移行。在损伤的基底部位分布着一些纺锤形的细胞，但是却没有颗粒组织的形成。到损伤修复的第 27 天，损伤部位也只有部分区域被上皮细胞所覆盖。胚胎开放性损伤的修复过程中没有伤口收缩的现象。以光镜和电镜对不发生收缩的胚胎开放性损伤进行组织学研究，证实损伤部位没有上皮细胞的迁移、急性炎症的发生和成纤维细胞的应答，胶原蛋白的沉积量很小。在损伤部位的边缘没有肌动蛋白的染色，说明没有肌成纤维细胞的分布。因此，胚胎开放性损伤修复过程中缺乏收缩现象，是因为损伤部位缺乏肌成纤维细胞的分布。

二、中枢神经系统的损伤修复

CNS 除神经元和神经胶质外，还含有细胞外基质（ECM），占大脑体积的 10%～20%。在结构上，ECM 为神经细胞提供锚点，并有利于其组成不同的 CNS 区域。在化学上，ECM 是促进细胞生长、活性和存活的多种分子信号的来源。在 CNS 发育过程中，特异性 ECM 组分以时间和空间方式进行调节，促进神经发生、迁移和分化和轴突生长。成年后，ECM 组分已改变，并发挥稳定突触在内的结构、调节突触可塑性和防止异常突触重塑的作用。

ECM 的改变对 CNS 具有严重的病理生理后果。ECM 的改变可抑制轴突再生已十分明确，这种变化特别是硫酸软骨素蛋白聚糖（CSPG）积聚，可抑制少突胶质细胞的功能和髓鞘再生。因此，促进髓鞘再生的策略并不能忽视改变的 ECM 作为正常化的靶标。但损害 CSPG 的小分子（如木糖苷）可望发挥作用。然而，木糖苷可能对如关节等 CSPG 组织产生不利影响。另外，CSPG 为郎飞结的组成部分，需重新建立髓鞘再生才可恢复髓鞘完整性。CSPG 在神经损伤方面也发挥有益作用，如激活小胶质细胞以产生恢复生长因子及发挥其在血脑屏障重建中的作用。

脊髓损伤后引发的继发性组织变性坏死可持继续数周至数月，许多因素参与此过程，如离子平衡的变化、脂肪过氧化、谷氨酸盐释放、炎症及缺血，其中炎症和缺血是引发脊髓损伤后组织坏死的两个重要原因。趋化因子参与上述两个过程，一方面，大多数趋化因子吸引特定的炎症细胞浸润于炎症部位参与炎症反应，炎症后的瘢痕不利于新生组织的再生；另一方面，损伤局部的趋化因子可以抑制血管再生，因而进一步加重了局部缺血，由此可看出趋化因子在脊髓损伤后变性坏死中起相当重要的作用。

脊髓损伤修复是目前神经科学研究领域最重要的课题之一。脊髓损伤的病理、生理改变由原发性损伤及一系列的继发性损伤所致，导致的功能结局主要是运动功能减退或完全丧失、感觉功能的异常如神经性疼痛的发生与发展。研究表明，脊髓损伤后导致损伤局部及相邻部位胶质细胞兴奋激活，即反应性胶质炎，并导致胶质瘢痕形成。胶质炎及胶质瘢痕是轴突再生的重要屏障，它影响轴突再生、髓鞘再形成与突触再建立，是脊髓损伤后感觉与运动神经功能障碍的重要原因之一。骨形态发生蛋白（BMP）属于 TGF-β 成员。BMP 在骨骼的发育、骨形态的发生中起重要作用。

三、角膜损伤的修复

角膜由三层细胞与相关的细胞外基质构成。构成角膜的细胞外基质蛋白的特点，决定了角膜组织的一些结构性质。如角膜是透明的，角膜表层的结构可以耐受眼睑的摩擦等。角膜组织中的细胞外基质相对处于静态。

1. 角膜中胶原蛋白的类型 角膜中主要的细胞外基质蛋白成分是胶原，主要是Ⅰ型胶原。Ⅰ型胶原在角膜的组织结构中的含量占有绝对优势，因而角膜的组织结构特点是由Ⅰ型胶原蛋白的性质来决定的。角膜中的Ⅰ型胶原与Ⅴ型胶原结合成的纤维丝直径很小，是角膜基质的主要成分。Ⅴ型胶原占角膜总胶原蛋白量的11%。而角膜上皮细胞下层典型的基底膜是由Ⅳ型胶原组成的。Ⅳ型胶原与层粘连蛋白、硫酸乙酰肝素等构成了基底膜的基本结构。将基底膜固定在基质上的纤维组织是由Ⅶ型胶原组成的锚定纤维。

2. 角膜损伤中胶原蛋白的代谢 角膜中央人工造成2mm的损伤以后，房水中的前体分子立即形成纤维蛋白栓将损伤位点堵住。在损伤后的几天内，损伤周围的上皮细胞移行到损伤位点，覆盖在纤维蛋白栓的表面。损伤位点附近基质中的角膜细胞转变为成纤维细胞，直接迁移到新形成的上皮细胞下层。角膜损伤发生7天之内即有一系列的成纤维细胞积聚在角膜下层，然后，这些成纤维细胞开始分裂增殖，以填充原来以纤维蛋白栓所占据的空间。同时，这些成纤维细胞开始合成、分泌各种类型的胶原蛋白。这些胶原蛋白在当初发生沉积时并不是平行排列的，而是像洋葱皮一样呈层状排列。经过几年时间的重建，才能回复完全正常的排列状态。角膜损伤修复的过程与其他类型的损伤修复类似，在组织重建阶段也涉及一系列的胶原合成、胶原降解及胶原再合成的过程。在这一重建过程中，胶原纤维的大小更为规则，其排列方式更接近角膜的正常结构形式。这些角膜损伤修复之后的重建过程，又重新恢复了角膜组织透明的性质。

角膜伤口愈合反应是角膜损伤、手术或感染后发生瘢痕形成的过程，是在上皮和间质损伤后立即出现的，且有助于伤口修复和正常角膜结构和功能再生的复杂过程。在一些角膜中，该反应通常取决于损伤类型和程度，也可导致成熟波形蛋白+α-平滑肌肌动蛋白+结蛋白+肌成纤维细胞的形成。肌成纤维细胞则是由来自角膜细胞衍生或骨髓来源的前体细胞的角膜中产生的专门的成纤维细胞。由肌成纤维细胞分泌紊乱的细胞外基质成分，除与这些细胞中角膜结晶蛋白的表达减少外，还可导致不透明度或浑浊相关的角膜基质纤维化的中心生物学过程。以兔子为模型的动物实验中，PRK手术后的肌成纤维细胞的产生和角膜浑浊进展有关，但这是一种可重复的瘢痕形成模型，包括消融的组织，这可能与早期损伤反应中角膜细胞凋亡程度有关。再生上皮基底膜的结构和功能异常促进上皮衍生生长因子如TGF-β和PDGF进入基质，从而促进来自前体细胞的成熟肌成纤维细胞的发育，并维持前基质细胞持续存在。在前基质中建立的成熟肌成纤维细胞可抑制角膜细胞/角膜成纤维细胞对新生上皮基底膜的作用。这些肌成纤维细胞及其产生的不透明度通常在损伤后持续数月或数年。当上皮基底膜完全再生时，角膜透明度恢复，肌成纤维细胞发生凋亡，角膜细胞重新占据前基质并再吸收无序的细胞外基质。

四、软骨损伤的修复

软骨（cartilage）是一类非常特殊的组织类型，除了含有软骨细胞和软骨母细胞之外，还有蛋白聚糖、胶原纤维等细胞外基质蛋白成分。不同部位、不同类型的软骨组织中，其细胞外基质蛋白的含量及结构形式也有所不同。每一种类型的软骨都具有其特殊的结构及其力学性质与特点，损伤修复过程改变了软骨组织的结构，也就改变了软骨组织的力学性质。因为软骨组织中以Ⅰ型胶原和蛋白聚糖成分为主，使软骨组织具有其独特的力学性质。如果在损伤修复过程中，软骨的细胞外基质成分发生改变，则其力学性质也发生了改变。炎症细胞因子在软骨退化的进展中发挥重要作用，因而阻断一些炎性细胞因子可延缓软骨退化。

1. 瘢痕组织的沉积　　出血的创伤组织，由于血液凝块的出现，纤维裂解、补体和激肽系统激活，可以造成一连串的反应。存在于损伤位点的凝血块在损伤愈合之前必须从损伤部位清除掉。由炎性细胞释放的细胞因子和生成因子，可以调节组织的裂解及瘢痕组织的沉积。成纤维细胞和内皮细胞开始合成颗粒组织。在一般损伤修复的过程中，包括所有的皮肤创伤类型，释放的细胞因子，如IL-1及生长因子（PDGF、TGF-β）等，可导致新的血管形成及大型胶原纤维组织的沉积，即瘢痕组织的沉积。因为瘢痕组织在损伤发生以后的24h之内就已开始，所以，瘢痕组织的沉积较软骨组织的形成要快得多。因此，要限制出血和炎症过程的发生及范围，以缩小瘢痕组织的形成范围，为软骨组织的修复与形成预留出足够的空间。

2. 软骨损伤的愈合　　在软骨损伤与修复的研究中，关节软骨损伤与修复的过程得到了广泛的研究与重视。影响软骨组织损伤与修复过程的因素主要有3个：软骨缺损的深度软骨、本身的成熟度及软骨缺损表面的位置。即使在最适条件下，透明软骨的修复也非常困难。因为软骨细胞分裂速度较其他类型的分泌Ⅰ型胶原的细胞要慢得多。软骨组织修复的机制似乎是由骨髓中间质细胞的增殖与分化介导的。损伤位点周围的关节软骨边缘部位残留的软骨细胞，并没有参与软骨组织的修复过程。经胰蛋白酶和血液处理的兔透明软骨中，可以见到透明细胞的再生，但以胰蛋白酶或血液单独刺激兔的透明软骨时，则见不到软骨细胞的增殖反应，说明蛋白裂解酶参与软骨组织损伤的修复。在软骨损伤修复的过程中，应该限制出血及炎症的反应和范围，以便有最大限度的软骨损伤修复过程。自发现骨形态发生蛋白2（BMP2）作为骨和软骨形成的有效诱导剂以来，BMP超家族信号已成为脊椎动物骨骼生物学研究最多的课题之一。虽然这项研究的很大一部分重点是BMP2、BMP4和BMP7在软骨内骨的形成和修复中的作用，但现在大量的MP超家族分子已经涉及骨、软骨和关节生物学的几乎所有方面。BMP是促进软骨细胞增殖和诱导软骨细胞分化的生长因子。

软骨修复是一个极其复杂的过程，生长因子参与软骨细胞的增殖、分化和基质代谢活动，同时作为信号物质参与软骨修复的调节，在软骨修复的过程中起重要的促进作用。

TGF-β广泛存在于各种组织中，具有促进软骨细胞增殖、分化、蛋白多糖的合成和诱导软骨形成的能力，目前是软骨损伤修复的首选生长因子。对原代软骨细胞，TGF-β是最强的促有丝分裂因子，而且在促软骨细胞分裂时不依赖于内源性的血小板源生长因子。目前研究表明，TGF-β能诱导骨髓干细胞增殖和向软骨细胞分化，而且起着非常关键的作用。其主要通过两种途径促进缺损的修复：一方面通过软骨诱导作用，促进干细胞分化为软骨；另一方面，促进软骨特异性基质的合成，如合成Ⅱ型胶原、蛋白多糖等。

IGF-1和IGF-2合成受生长激素的调控，两者生物学特征相似，IGF-1作用较强。IGF-1

能够促进软骨细胞增殖，同时促进软骨基质合成代谢，抑制软骨基质的降解，是体内调节软骨蛋白聚糖合成最重要的生长因子。在软骨细胞体外培养中，IGF-1 能够增加蛋白聚糖的合成，使软骨蛋白聚糖的合成量达到与体内相当的水平。此外，IGF-1 还能够与 TGF-β 协同作用调控软骨细胞的 DNA 合成，促进有丝分裂活动。还有研究发现外源性的 IGF-1 能够诱导软骨细胞的 IGF-1 自分泌和旁分泌，这对于软骨缺损的体内修复有着积极的促进作用。

bFGF 是由 146 个氨基酸组成的多肽，能够诱导外胚层和中胚层来源的细胞增殖和分化。bFGF 对软骨细胞既是丝裂原又是形态发生因子，bFGF 具有强大的促有丝分裂的作用。动物实验证实，局部注射 bFGF 后，大鼠膝关节软骨细胞增殖加强。体外实验表明，bFGF 具有调节细胞分化及代谢的功能，对传代软骨细胞的基质合成有显著的促进作用，甚至还可以使已成熟或转化为成纤维细胞的细胞反分化为软骨细胞。

过去十年中，干细胞治疗得到广泛应用，干细胞具有多重分化的潜力和旁分泌、免疫调节能力。干细胞可以分化成软骨细胞并且作为支架用于细胞附着。研究表明，干细胞是治疗创伤性骨软骨损伤的有效方法。

五、胆管瘢痕的修复

多种细胞因子在胚胎期间短暂参与胆道上皮的发育。在成年肝脏中，成熟上皮细胞（即肝细胞和/或胆管细胞）的分裂在急性和瞬时肝细胞或胆汁损伤后驱动正常的组织发生体内平衡及再生。另一方面，在慢性肝脏疾病中，肝脏修复依赖于肝祖细胞的活化。肝祖细胞能够扩增和分化为肝细胞或胆道系的细胞。胆道系的分化则形成反应性细胞。正常胆管中成纤维细胞合成功能处于静止或不甚活跃状态，使胆管壁的基质处于平衡状态。胆管损伤后，损伤部位的成纤维细胞活化且大量增殖，并向肌成纤维细胞转化，不断产生大量胶原等细胞外基质，从而使损伤部位发生纤维性增厚、瘢痕挛缩、管腔狭窄，这是损伤性胆管狭窄发生的主要原因。良性胆管狭窄的处理是胆管外科的一大难题，术后突出表现为胆管瘢痕性挛缩和管腔狭窄，尤以肝门部或肝门部以上胆管狭窄为著。

有研究表明 IFN-γ 抑制成纤维细胞的增殖，是通过抑制胆管壁细胞核增殖抗原（PCNA）和 α-平滑肌肌动蛋白（α-SMA）的表达实现的。TGF-β 的表达对胆管损伤修复具有重要影响。在损伤性狭窄的胆管壁中，大量炎细胞及少量成纤维细胞高表达 TGF-β 及 TGF-βR1。胆管损伤后，其中的炎细胞及成纤维细胞产生 TGF-β，TGF-β 可能由 TGF-βR1 介导而通过自分泌及旁分泌机制，使 TGF-β 不断产生，并使成纤维细胞表型改变、活化、增殖，胶原等基质不断合成、堆积。虽然 TGF-β 促使成纤维细胞活化、增殖、促进基质合成的作用对损伤胆管的修复至关重要，但因 TGF-β 能趋化炎细胞浸润并活化，而不断产生更多的 TGF-β，TGF-β 过度作用将会导致瘢痕形成。已有研究表明，应用 TGF-β 中和抗体能够减少皮肤伤口的瘢痕形成，导致细胞外基质的再生修复。因此，调节组织中 TGF-β 表达水平在损伤修复早期能够促进胆管损伤愈合，在损伤愈合后期则抑制胆管瘢痕的过度增生。

在胆管内，胆管上皮细胞同胆管周围肌纤维细胞关系密切。它们相互作用及相互影响在胆管疾病的发病机制中起重要作用。无论在大胆管或小胆管，胆管上皮细胞的大量增殖、损伤或胆漏都会引发肌纤维细胞的激活和增殖。如发生在大胆管中就会导致胆管狭窄，在小胆管中将会引起小胆管反应或胆管纤维闭锁。胆管损伤修复不良可出现于很多肝脏疾病中，其中包括肝外胆管闭锁和原发硬化性胆管炎。受损的胆管上皮细胞的创伤愈合导致基底下肉芽组织形成，进而产生瘢痕，最终导致伤口收缩，这些因素引起胆管狭窄和胆管引流受阻。胆管反应标志着内环境有利于胆管内皮细胞和肌纤维细胞的生存，而对肝细胞不利。研究表明，多数主要的细胞因子作用于肝细胞及胆管上皮细胞后所引起的结果相似，如 HGF、EGF、IL-6 可促进生长，而 TGF 则抑制生长。相对于胆管内皮细胞，肝细胞对氧化刺激损伤非常敏感，而且肝细胞比胆管上皮细胞含有更多的线粒体，线粒体是产生超氧化物的主要场所，因此胆管内皮细胞对于肝细胞在损伤的条件下具有生存优势。胆管内细胞和肌纤维细胞相对生长快，经过一段时间的生长，就会改变肝脏结构，从而引起肝脏纤维化，进而导致肝硬化的发生。

六、肝脏损伤的修复

1. 肝纤维化的损伤与修复 肝纤维化是对慢性肝损伤的愈合反应，其通过炎症介质、促纤维细胞因子的释放和肝星状细胞激活，引发肝脏微环境中生物化学和生物物理级联反应，引起肝细胞和肝窦内皮细胞（LSEC）的坏死与凋亡。进一步导致细胞外基质（ECM）蛋白（如胶原）的过度沉积和转换速度下降。

健康肝脏 ECM 最主要的大分子是 I、III、IV 和 V 型胶原，以及糖蛋白（如纤维粘连蛋白）、层粘连蛋白和腱生蛋白、糖胺聚糖（如肝素）、硫酸软骨素和透明质酸及蛋白多糖。健康的 LSEC 可合成适量大分子如 IV 型胶原和纤维粘连蛋白。在发生肝纤维化时，ECM 含量成倍增加，但有趣的是，ECM 组成保持相对不变。在健康的肝脏中，窦周间隙具有低密度的 ECM 蛋白质，使得分子能够从血管腔运送到各种肝细胞，从而在细胞的功能维持中发挥关键作用。典型的稀疏基底膜由 IV 型胶原蛋白和层粘连蛋白组成，但在肝纤维化早期阶段，窦周间隙的细胞和 ECM 组成方面都发生变化。临床研究和动物模型中发现，纤维胶原蛋白结合过剩的 IV 型胶原蛋白，层粘连蛋白增加，共同形成基底膜。一旦肝脏内皮细胞出现明显的基底膜，LSEC 表型变化就几乎不可逆转。最近研究表明，肝纤维化过程中 LSEC 可成为过量 ECM 的主要来源。动物研究还表明 LSEC 可以合成纤维粘连蛋白，这是肝 ECM 必需的结构单元。除细胞纤维粘连蛋白的典型结构和细胞黏附作用外，LSEC 表达更多的纤维粘连蛋白 EIIIA 片段，发挥活性生物配体作用，引发器官伤口愈合反应。肝纤维化进程期间改变的 ECM 也导致 LSEC 表达的细胞基质黏附分子表达谱的变化。既往表明，LSEC 过表达几种作为层粘连蛋白受体的整合素，包括 $\alpha_6\beta_1$，并将其归因于窦周间隙中层粘连蛋白的增加。这些研究表明 LSEC 对 ECM 各个组成部分的反应性。作为间接影响，ECM 作为几种细胞因子和生长因子的附着和储存手段，多种生长因子如 TGF-β、FGF、TNF-α 和 PDGF 与胶原和纤维粘连蛋白 ECM 分子共价或非共价结合。肝脏实质细胞与 LSEC 间的交流在肝纤维化进程中至关重要。LSEC 结构特征确保了代谢物质和血液及肝细胞间的双向转运。

对 LSEC 损伤的主要病理生理反应之一是早期激活肝星状细胞（HSC）。这些激活的 HSC 表现出较高的收缩和增殖表型特征，分泌大量 I 型胶原和 TGF-β，具有更高的 α-SMA 表达，并失去维甲酸的保存功能。乳头状 LSEC 分泌激活 HSC 的纤维粘连蛋白 EIIIA；LSEC 中 KLF-2 因子的降低导致 HSC 活化，体外研究表明，过表达 KLF-2 可恢复 HSC 的静止表型；LSEC 在通过纤溶酶激活 TGF-β_1 中发挥关键作用，其反过来激活 HSC；PDGF 也可介导 HSC 的活化。LSEC 和 HSC 间的相互作用对 LSEC 功能的维护也至关重要。与肝细胞类似,也有报道静脉注射 HSC 可分泌 VEGF,其在以 NO 依赖性和非依赖性方式维持 LSEC 中起关键作用。活化的 HSC 释放与 LSEC 相互作用并改变其基因表达谱的 Hedgehog 信号分子的微粒。

库普弗细胞为肝脏巨噬细胞,可以清除最终流入门脉的外来物质。其还通过释放活性细胞因子和活性氧而引发炎症,形成对肝细胞或胆管上皮细胞的肝毒素介导的损伤反应。在肝脏纤维化中,库普弗细胞过度表达 PDGF 活化星状细胞,而间接促进纤维形成。在酒精介导的损伤下,库普弗细胞被激活并产生诱发实质应激反应的 TNF-α。在由败血症引起肝损伤的啮齿动物模型中,PD-1 表达的库普弗细胞和表达 LSEC 的 PD-L1 间相互作用导致内皮功能障碍。研究还表明,LSEC 中 ICAM-1 表达增加受库普弗细胞分泌的 TNF-α 调节。

LSEC 表型改变是肝脏纤维发生最早的事件之一,因此在肝纤维化进展背景下研究 LSEC 与其相互作用的细胞外基质和炎症因子将有助于肝纤维化的早期诊断和早期干预。

2. 肝脏缺血-再灌注的损伤与修复 肝脏缺血-再灌注损伤(RI)是肝脏手术后肝功能障碍或功能衰竭的主要原因。在再灌注早期阶段,内皮细胞肿胀、血管收缩、白细胞浸润和血管内血红蛋白浓缩导致微循环障碍,大面积肝脏在再灌注后仍然处于缺血状态。第二阶段是产生炎症细胞因子和氧衍生自由基。肝脏 IRI 涉及无氧代谢、线粒体、氧化应激、细胞内钙超载、肝脏库普弗细胞和中性粒细胞、细胞因子和趋化因子。ECM 组分正常降解是组织修复和重塑的重要特征,但 ECM 转换的改变则可见于各种肝脏疾病。

研究表明,库普弗细胞活化可引起肝脏缺血导致严重肝损伤。虽然缺血预处理的潜在保护机制尚未完全了解,但一些研究表明,库普弗细胞核白细胞的激活及细胞毒性介质对再灌注的释放可能导致肝微循环的破坏,似乎在冷热缺血后发挥关键作用。另一方面,在正常肝脏中,门静脉和肝动脉流入平衡依赖于动脉缓冲液反应,这是一种自动调节系统,其影响整个肝脏血液供应的小动脉和门静脉,并被认为主要是腺苷作用的结果。在再灌注期间,额外的肝损伤叠加缺血期间已经持续存在的损伤,其后果可能导致肝衰竭、全身炎症反应综合征(SIRS)和多器官功能衰竭(MOF),均具有高发病率和病死率。肝实质体积减少导致肝脏灌注过度、窦腔扩张、出血性浸润、中心小叶坏死及细胞增殖抑制。通过残余肝脏中的库普弗细胞活化而促进肝脏再生。经过一段时间的缺血后,补体级联被触发,库普弗细胞被激活,活性氧(ROS)出现和内皮细胞损伤。在再灌注期间,发生细胞因子释放、细胞黏附、激活和募集具有微血管病变的炎性细胞,最终发生细胞死亡,可能出现 IRI。

肝脏 IRI 机制虽已被广泛研究,但仍存在很多问题有待进一步证实。肝脏 IRI 发生在两个主要环境:首先,缺氧性肝损伤发生在主要的肝脏切除和移植过程;其次,全身缺氧或导致肝脏低血流量,致使灌注不足。最重要的不良反应是由肝钳夹所致的临时血管闭塞后剩余肝脏的局部缺血。再灌注期间,额外的肝损伤叠加缺血期间已经持续的损伤。这种现象涉及库普弗细胞/中性粒细胞激活和释放细胞因子及活性氧的动态过程,这增加了肝细胞和窦状内皮细胞(SEC)死亡的风险。在肝缺血期间,代谢模式从需氧转化为无氧,三磷酸腺苷(ATP)-依赖性细胞代谢活动逐渐停止,细胞内 ATP 耗竭。这种 ATP 消耗和糖酵解加速使乳酸盐形成加速,并改变 H^+、Na^+ 和 Ca^{2+} 的稳态,对肝细胞造成严重损伤。通过 cAMP 依赖性蛋白激酶作用，缺血导致 cAMP 显著增加，导致参与碳水化合物代谢控制的关键酶的磷酸化/去调节。因此，可能会发生酸性代谢产物的积累，导致组织和细胞间 pH 下降，称为代谢性酸中毒。有研究表明，这种变化在肝细胞中发挥重要作用。但再灌注后 pH 恢复正常，可进一步增强 pH 依赖性酶活化，如蛋白酶和磷脂酶的活化，并使组织和器官损害进一步恶化。此外，酸性代谢物毒性会损害信号转导的相互作用、体内平衡的细胞功能和钠/钾 ATP 酶（Na^+/K^+-ATPase），引起线粒体损伤，从而导致微循环障碍和细胞破坏。

当缺血性肝脏血运重建时，可产生许多 ROS 和活性氮物质（RNS），主要作用于蛋白质、酶、核酸、细胞骨架和脂质过氧化物，导致线粒体功能障碍和脂质过氧化。此外，ROS 和 RNS 也可能损害内皮细胞，破坏微血管的完整性。有研究表明，ROS 和 RNS 的产生及释放伴随着内源性抗氧化剂的消耗和肝脏 IRI 中的凋亡或坏死细胞死亡。Ca^{2+} 的电化学梯度在保持物理钙的体内平衡方面具有重要作用，实际上细胞内 Ca^{2+} 过载可以激活 Ca^{2+} 依赖性酶如钙蛋白酶、蛋白激酶 C 和磷脂酶 C，最终导致细胞死亡或凋亡。最近研究表明，细胞内 Ca^{2+} 增加量不均匀，但仅为局部现象。非特异性钙通道阻断剂可抑制细胞内 Ca^{2+} 升高并减少细胞损伤，因此 Ca^{2+} 流入可能在 IRI 过程中发挥重要作用。库普弗细胞和中性粒细胞参与肝脏 IRI。库普弗细胞可在再灌注早期阶段（2h 内）合成和释放参与肝脏 IRI 的 ROS、促炎分子如肿瘤坏死因子-α（TNF-α）和白细胞介素（IL）-1β。这导致激活肝窦内皮细胞增强黏附分子如细胞间黏附分子 1（ICAM-1）/血管细胞黏附分子 1（VCAM-1）的表达，从而促进中性粒细胞和内皮细胞的黏附、迁移及趋化性细胞，并累积和激活中性粒细胞，导致肝细胞损伤。研究表明，内毒素也参与肝脏 IRI 过程。库普弗细胞活化可阻断氯化钆或棕榈酸甲酯，从而可以显著减少急性肝细胞损伤。再灌注后，中性粒细胞可攻击释放氧化剂和蛋白酶的肝细胞，主要是从中性粒细胞释放的 MMP 和髓过氧化物酶而将过氧化氢转化为次氯酸。这些氧化剂直接引起肝细胞损伤，通过内源性抗蛋白酶系统的失活而诱导蛋白酶介导的损伤。在肝脏 IRI 过程中，细胞因子发挥了抗炎和促炎症的双重作用。这组内源性促炎症和抗炎分子的关键是 TNF-α，是引发炎症级联的关键因素。活化的库普弗细胞、肝组织和远处的器官通过旁分泌信号和内分泌系统分泌 TNF-α。TNF-α 具有几种功能：可诱导趋化上皮中性粒细胞活化蛋白-78（ENA-78）和 ROS 的过量产生，以及 NF-κB、丝裂原活化蛋白激酶和 c-Jun N 端激酶（JNK）而直接引起肝损伤。此外，结合肝细胞表面受体，其还可改善趋化因子 ICAM-1、VCAM-1 和 P-选择素的上调。参与肝脏 IRI 的其他重要细胞因子为干扰素-γ（IFN-γ）、IL-1β、IL-6、IL-12、IL-23、IL-10、IL-13、血管内皮生长因子（VEGF）和肝细胞生长因子（HGF）。T 细胞和天然杀伤 T 细胞主要由 IFN-γ 产生，其可通过剂量依赖方式增强或下调中性粒细胞积聚和活化而加重肝损伤或减少肝损伤。IL-1β、IL-6、IL-12、IL-23 由库普弗细胞和肝细胞产生。IL-1β 可通过激活 NF-κB 和巨噬细胞炎症蛋白（MIP）-2 而上调白细胞聚集和黏附，从而损伤肝细胞；此外，它还可通过蛋白激酶 B（Akt）、NF-κB 和诱导型一氧化氮合酶（iNOS）途径上调 NO 合成。IL-12 和 IL-23 刺激 CD4T 细胞产生 IL-17，确保中性粒细胞积累和加重肝损伤。其还可通过激活 NF-κB 信号转导和转录激活因子（STAT）-4 而增加 TNF-α 的产生。相反，IL-6 可上调谷胱甘肽（GSH）的表达，激活 STAT-3 和下调氧化应激标志物，从而促进肝细胞增殖和减少肝细胞损伤。库普弗细胞和 T 淋巴细胞也可产生 IL-10 和 IL-13，在减少肝损伤和促进肝脏再生中发挥重要作用。IL-10 和 IL-13 可通过 B 细胞淋巴瘤（Bcl）-2/Bcl-x、血红素加氧酶（HO）-1 的上调，以及 NF-κB、IL-2 的下调介导保护作用，IL-1β、MIP-2、IFN-γ、E-选择素及细胞因子可诱导中性粒细胞趋化因子和中性粒细胞聚集。VEGF 可由几种肝细胞产生，包括窦状内皮细胞、库普弗细胞和肝细胞。VEGF 在肝脏 IRI 中具有双重功能，实际上 VEGF 外源性给药可上调 iNOS 而产生并保护肝脏免受 IRI 的刺激。IRI 触发、VEGF 受体和 Src 酪氨酸激酶活化，且上调 TNF-α、E-选择素、单核细胞趋化蛋白-1 的表达，这些都导致肝内 T 细胞、巨噬细胞和中性粒细胞的积累，产生肝损伤。HGF 主要由库普弗细胞产生，可增加肝细胞 DNA 合成、增殖和谷胱甘肽表达，抑制细胞因子诱导的中性粒细胞趋化因子和中性粒细胞通透性，并下调窦内皮细胞中氧化应激标记物 ICAM-1 的表达，进一步降低肝脏损伤和促进肝细胞增殖。

一氧化氮合酶（NOS）的产生来自 L-精氨酸和氧的 NO；NO 参与不同途径，如多种关键细胞事件中的信号调节剂、调节微循环、抑制血小板聚集和抑制胱天蛋白酶活性以预防细胞凋亡。NO 可以保护肝脏 IRI。许多研究表明减轻肝脏 IRI 机制包括减少巨噬细胞浸润和保护肝细胞免于细胞凋亡。ATP、内皮素、黏附素、细胞因子、抗氧化剂、自由基等多种分子均参与这一保护作用。有研究表明，肝脏围手术期的 NO 吸入可保护肝细胞免于凋亡，加速移植肝的功能恢复，从而缩短住院时间。目前，亚硝酸钠缺氧和酸中毒已被鉴定为血液和组织中可被生物利用的重要 NO 储库。已经证实亚硝酸盐中的 NO 还原能够在心脏、肝脏、脑和肾脏中赋予 IRI 保护作用。通过腹膜内注射或口服给药，使用亚硝酸钠可增加 NO 介导的显著的细胞保护作用。库普弗细胞和树突状细胞产生 NO，参与免疫调节和宿主的先天和适应性免疫。其他影响 NO 的因素，如促炎细胞因子（包括 TNF-α、IL-1β、IL-1α 和 IL-12）的抑制，可能在肝脏 IRI 期间诱导炎症性级联反应。NO 也有助于诱导调节性 T 细胞的免疫抑制功能，并能抑制 Th1 增殖而促进 T 细胞凋亡。

肝脏 IRI 不仅涉及肝脏，而且是影响多种组织和器官的复杂系统过程。肝脏 IRI 可严重损害肝功能，甚至产生不可逆性损伤，导致多器官功能障碍。许多因素包括厌氧代谢、线粒体损伤、氧化应激、细胞内 Ca^{2+} 超载、细胞因子，以及由库普弗细胞和中性粒细胞产生的趋化因子、NO 均参与肝脏 IRI 过程的调控。肝脏 IRI 的最重要途径是通过氧化应激、厌氧代谢和酸中毒引发，进一步通过诱导凋亡、免疫应答和细胞因子调节而导致细胞损伤。

总之，更好地评估炎症和器官功能衰竭，进一步探索对 IRI 发展特异性和遗传调控途径的动物模型机制，研发更有效的 IRI 控制方法，有助于 IRI 的预防和治疗。

（高学松）

参 考 文 献

Cannistrà M, Ruggiero M, Zullo A, et al. 2016. Hepatic ischemia reperfusion injury: A systematic review of literature and the role of current drugs and biomarkers. Int J Surg, 33 Suppl 1: S57～70.

Chéret J, Lebonvallet N, Buhé V, et al. 2014. Influence of sensory neuropeptides on human cutaneous wound healing process. J Dermatol Sci, 74(3): 193～203.

Crisan M, Yap S, Casteilla L, et al. 2008. A perivascular origin for mesenchymal stem cells in multiple human organs. Cell Stem Cell, 3(3): 301~313.

Decano JL, Mattson PC, Aikawa M. 2016. Macrophages in vascular inflammation: origins and functions.Curr Atheroscler Rep, 18(6): 34.

DeLeve LD. 2015. Liver sinusoidal endothelial cells in hepatic fibrosis. Hepatology, 61(5): 1740~1746.

Gallego-Muñoz P, Ibares-Frías L, Valsero-Blanco MC, et al. 2017. Effects of TGFβ$_1$, PDGF-BB, and bFGF, on human corneal fibroblasts proliferation and differentiation during stromal repair.Cytokine, 96: 94~101.

Kajdaniuk D, Marek B, Borgiel-Marek H, et al. 2013. Transforming growth factor β$_1$(TGFβ$_1$) in physiology and pathology.Endokrynol Pol, 64(5): 384~396.

Lau LW, Cua R, Keough MB, et al. 2013. Pathophysiology of the brain extracellular matrix: a new target for remyelination.Nat Rev Neurosci, 14(10): 722~729.

Mason JC. 2016. Cytoprotective pathways in the vascular endothelium. Do they represent a viable therapeutic target?Vascul Pharmacol, 86: 41~52.

Natarajan V, Harris EN, Kidambi S. 2017. SECs(sinusoidal endothelial cells), liver microenvironment, and fibrosis.Biomed Res Int, 2017: 4097205.

Salazar VS, Gamer LW, Rosen V. 2016. BMP signalling in skeletal development, disease and repair.Nat Rev Endocrinol, 12(4): 203~221.

Torricelli AA, Santhanam A, Wu J, et al. 2016. The corneal fibrosis response to epithelial-stromal injury.Exp Eye Res, 142: 110~118.

Wang M, Yuan Z, Ma N, et al. 2017. Advances and prospects in stem cells for cartilage regeneration.Stem Cells Int, 2017: 4130607.

Wang P, Koyama Y, Liu X, et al. 2016. Promising therapy candidates for liver fibrosis.Front Physiol, 16; 7: 47.

Wong SP, Rowley JE, Redpath AN, et al. 2015. Pericytes, mesenchymal stem cells and their contributions to tissue repair.Pharmacol Ther, 151: 107~120.

Yang L, Kwon J, Popov Y, et al. 2014.Vascular endothelial growth factor promotes fibrosis resolution and repair in mice.Gastroenterology, 146(5): 1339~1350.

Yang Y, Rosenberg GA. 2015. Matrix metalloproteinases as therapeutic targets for stroke.Brain Res, 1623: 30~38.

第三十九章 细胞外基质与心血管疾病

正常的心脏结构是一个心肌与胶原的网状结构，由以心肌细胞（cardiac myocyte）为主的各种细胞与以胶原为主的细胞外基质（ECM）组成。心肌细胞负责心脏泵功能，占据心肌结构的 2/3，然而其数量却不足心脏细胞总数的 1/3；非心肌细胞在细胞数量上占多数，其中 90% 以上是成纤维细胞，成纤维细胞能够合成胶原等细胞外基质成分及胶原酶。细胞外基质成分的含量常被用来评估器官纤维化的程度，主要由多种蛋白质构成，如胶原（CLA）、层粘连蛋白（LN）及纤维粘连蛋白（FN）等，其中主要是 I 型胶原（占心肌间质总胶原 85% 以上）和 Ⅲ 型胶原（占心肌间质总胶原 11%）。I 型胶原具有良好的韧性，在心肌中起着支架作用，可防止心肌纤维的滑行、错位，协调心肌细胞力的传导，决定了心肌收缩力及舒张时的僵硬度；Ⅲ 型胶原则易于伸展，与室壁弹性有关。它们的适当比值对维持心肌组织结构及心脏功能的完整性具有重要意义。胶原和非胶原糖蛋白，不仅是心血管系统正常结构的重要成分，而且对维持其正常功能有决定性作用。

不仅如此，当心血管系统发生损伤或病变时，其中的细胞外基质蛋白在损伤的修复、病变代偿等过程中也具有重要作用，而且是心血管系统发生纤维化病变的主要原因。因此，对于心血管系统细胞外基质种类、结构与功能的研究，可进一步促进对于心血管胚胎学发育、形态形成、正常结构与功能，以及疾病发生、发展的进一步认识。

第一节 细胞外基质与心血管构成

正常的心脏是由心肌细胞及其周围的心脏间质组成的。心脏中的间质主要由纤维胶原与弹性蛋白等组成。除了心肌细胞之外，心脏中还有成纤维细胞、血液来源的巨噬细胞等。在心脏中，间质性胶原基质围绕在心肌细胞的周围，以支持心肌细胞的正常结构，以及冠状动脉的微循环结构与功能的完整性。除此之外，间质性胶原还决定着心室舒张功能及心室体积的大小；协调由心肌细胞产生的收缩力向心室腔中的传导；防止心室动脉瘤和心室破裂；防止心肌水肿。间质性胶原基质在心脏的结构与功能中具有如此重要的功能，因此，不难理解心脏中的间质性胶原基质蛋白成分的降解或胶原成分的过度产生，都将破坏心肌的力学性质、心室的结构与功能。

一、心脏的胶原网状结构与功能

心脏中的纤维性胶原网状结构大体上由三部分构成：肌外膜、肌束膜和肌内膜。这些内在化的网状结构与腱索和瓣膜等结构相连。肌外膜分布于心脏的心内膜和心外膜表面。肌束膜胶原纤维束从心肌的肌束之间穿过。但这些肌束膜胶原纤维束并不总是呈直线性的结构，而是呈波浪形或超螺旋形的结构。从肌束膜来源的纤维结构，围绕着肌纤维，同时将肌纤维分割成纤维束状结构。肌束膜还与相邻的肌束膜相互结合，成为相互连接在一起的纤维网状结构。来自肌束膜的肌内膜形成网状结构，先将单个的心肌细胞包绕起来，而后束间的结构再连接成网状结构，使其成为一个整体。这些结构的组成部分，在电子显微镜（electron microscope，EM）下可以观察到。在电镜下和光镜下可以见到患病心脏肌束膜结构所发生的结构变化。

由纤维性胶原网状结构组成的肌内膜、肌外膜和肌束膜等结构具有多方面的功能。从某种意义上来讲，如果没有纤维性胶原网状结构的支持，心脏的结构及其心室的形状将荡然无存。因此，纤维性胶原网状结构是心脏维持其正常结构的重要组成部分。但是，如果心脏中有过量的胶原纤维累积，将单个的心肌细胞、甚至是肌束结构围绕起来，使舒张期的心肌过于僵直，将引起心功能不全。

正常情况下心肌中的纤维性胶原网状结构有如下功能：①使正常心肌细胞正确排列，支持血管、淋巴管的结构，并将其连接在一起，维持心肌正常的厚度及正常的心肌结构；②防止肌纤维和心肌细胞的动力传递损耗；③将心肌收缩所产生的机械力传递给心室腔；④防止心肌细胞过度伸展；⑤协助心肌细胞收缩以后的复原过程；⑥纤维性胶原网状结构是决定舒张期心肌僵直的结构基础；⑦防止对于心肌的张力太大，导致心肌破裂。

二、细胞外基质的成分

在心血管系统中有三种最重要的细胞外基质成分：胶原蛋白、弹性蛋白、糖蛋白（表39-1）。它们不仅在心脏重塑和信号转导过程中发挥着至关重要的作用，还对血管、瓣膜、心包、心肌的力学性能起着决定性作用。

表 39-1 心脏细胞外基质

糖蛋白			黏多糖	蛋白多糖				
原型基质细胞蛋白	纤维	其他	透明质酸	透凝蛋白聚糖	基底膜蛋白聚糖	细胞表面蛋白聚糖	富含亮氨酸小蛋白聚糖	
血小板反应蛋白	胶原	纤维粘连蛋白	—	多功能蛋白聚糖	基底膜蛋白	多配体聚糖	一类	双糖链蛋白多糖，饰胶蛋白聚糖，无孢蛋白
SPARC	弹性蛋白（非糖化）	层粘连蛋白	—	神经蛋白聚糖	胶原XVIII	磷脂酰肌醇聚糖	二类	光蛋白，纤维调节蛋白，PRELP，kerolocan，osteoadherin
腱生蛋白	—	—	—	短小蛋白聚糖	凝集素	—	三类	骨甘蛋白聚糖，epiphycan，optican
骨桥蛋白	—	—	—	聚集蛋白聚糖	—	—	四类	软骨蛋白，夜盲蛋白，Tsukushi
骨膜蛋白	—	—	—	—	—	—	五类	podocan，podocan-like protein 1
CCN	—	—	—	—	—	—		

注：此表为细胞外基质蛋白分类。结构和非结构蛋白及糖类的心脏外基质复合网络进一步分为糖蛋白、蛋白多糖和黏多糖（糖胺聚糖，GAGS）。一些蛋白质作为结构蛋白如胶原，一些蛋白质作为非结构蛋白如基质细胞蛋白。另外，还有的糖蛋白可以有两个方面的功能，如纤维粘连蛋白。这个糖化蛋白池使心脏外基质在健康或疾病状态下功能具有灵活性和多样性。GAG，glycosaminoglycan；SPARC，secreted protein acidic and rich in cysteine，富含半胱氨酸酸性分泌蛋白；CNN，cysteine-rich protein 61，connective tissue growth factor，and nephroblastoma-overexpressed protein（CCN家族包括6个成员，名称来自这些成员）。

（一）心肌的胶原

胶原是构成心肌质量的一个相对小的部分，但却是心肌胶原网络必不可少的力学支撑。心脏收缩时，心肌细胞壁承担大部分室壁压力，而周围胶原组织结构和框架传递收缩力并帮助维持细胞阵列。在舒张期，胶原纤维束展开为心室填充结构；一旦这些纤维伸直，它们将抵制心室的进一步膨胀，保护心肌细胞，防止过度伸展（图39-1）。胶原纤维在心脏的机械作用，主要结果来源于相关的研究结论。心肌胶原含量和结构的精确定量模型仍然缺乏，充分了解胶原类型比例和胶原交联变化的影响还需要进一步研究。

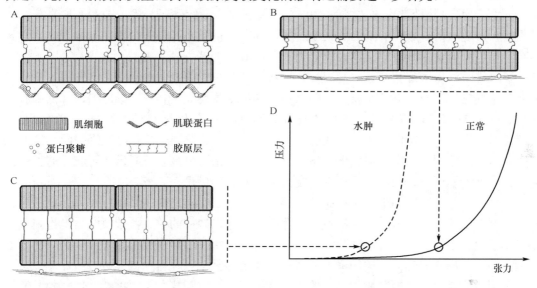

图 39-1 细胞外基质组成部分心肌力学特性

A.细胞连接由胶原支撑，肌束胶原纤维与肌细胞并列，蛋白聚糖与胶原蛋白关系密切；B.被动地轴向拉伸时，由于肌束胶原纤维展开，肌联蛋白最初承担了大部分力量；一旦拉直，胶原即抵抗进一步拉伸，保护细胞过度伸展；C.心肌蛋白聚糖的位置和机械作用未知，但蛋白聚糖给予胶原网络预加应力后水化增加，可以解释水肿时发生的机械变化；D.给预加应力的胶原网络在更低张力时可以抵抗变形，单轴应力时应变曲线左移

早期压力超负荷致心肌肥大的研究显示，试验性压力负荷增加心肌胶原含量及心肌质量。心脏因压力负荷而肥厚的乳头肌显示舒张期僵硬度增加及收缩功能异常（最大缩短速度减小，峰值张力时间延长），可能是由于收缩成分改变或肌肉的弹性元件变化。肥厚的心肌细胞的后续研究发现，在各种各样的心脏疾病和实验模型中，心肌细胞肥大、纤维化和结构交叉均可以观察到。例如，Villari 等研究证明，主动脉瓣疾病患者，心室僵硬度和胶原含量之间有一种非线性关系。1993 年 Weber 和同事利用这些资料证实，心室舒张硬度增加与心室纤维化有关而与细胞肥大本身无关。比较不同的物种，提供了更多心肌胶原决定舒张硬度的证据。例如，Borg 等比较大鼠和仓鼠的心脏，发现心脏舒张硬度的差异和胶原网络化的程度相关。

影响心脏病变的不仅有胶原含量也有其他因素的作用，包括胶原交联、纤维结构和胶原类型的比例。相关研究通常首先说明这些因素的潜在重要性。在压力超负荷动物模型和心力衰竭患者发现心脏舒张硬度与胶原交联的水平相关，表明在肥厚和衰竭心脏，胶原含量和交联都是重要的决定舒张性能的因素。在糖尿病患者，高水平的糖基化终产物（AGE）与新生血管及左心室舒张僵硬相关，这表明糖基化终产物介导的胶原交联可能促进心室舒张功能障碍；阻止或减少糖基化终产物介导的胶原交联，促进糖尿病模型的舒张功能正常化。心肌梗死后，由于坏死心肌被瘢痕组织取代，胶原含量、纤维结构和胶原交联都发生显著的变化；这些结构性变化与力学性能改变有关，表明胶原纤维结构和交联与胶原含量一样，在愈合瘢痕的力学性能中起着重要作用。Ⅰ型和Ⅲ型胶原的比例在肥厚、衰竭和梗死愈合的心肌中发生改变，但对心肌机械力学性能的影响还不很清楚。在这种状态下，总胶原含量和Ⅰ/Ⅲ胶原的比例同时发生变化，相关资料还很有限。

研究表明，胶原蛋白是决定舒张力学的关键因素，研究人员降解或改变胶原直接测试其作用，发现大鼠心脏乳头肌的舒张期硬度随胶原含量增加而升高。即使无血流动力学超负荷，减少胶原含量和胶原交联治疗 6 周后，猪心室的舒张僵硬度减少。

另一种方法用酶降解胶原，检测心脏机械性能所产生的变化。完全降解胶原后，心脏灌注出现异常。同时，血纤维蛋白溶酶激活内源性基质金属蛋白酶（MMP），降低了胶原含量、心室僵硬度和猫右心室乳头肌的压力负荷。Granzier 和 Irving 用氯化钾/KI 消除心肌小梁的肌动蛋白、肌球蛋白和大多数的相关蛋白，发现心肌细胞的长度在舒张时性能变化不大。结合这些研究与单个细胞机械测试可以得出结论：细胞内肌联蛋白短肌节的长度决定大部分被动僵硬度，而胶原蛋白则决定大多数心肌的硬度。

典型的数学计算模型阐释了心肌的力学性能，但心肌模型使用受到限制，主要是这种模式通常有大量的参数难以直接测量，拟合数据时寻找独特的参数值较复杂。麦肯纳和同事模仿肌束膜胶原纤维的螺旋弹性，发现纤维直径、弯曲度和密度相对差异较小，却能够预测足够大的结构变化，能够解释大鼠和犬心肌之间被动硬化方面的差异。

使用成纤维细胞胶原凝胶做简单的心肌瘢痕组织的物理模型，可以帮助理解胶原纤维排列在确定瘢痕结构性能方面的重要性。建模和实验联合发现，纤维排列不可能充分解释在简单的凝胶中观察到的各向异性，纤维预应力和（或）旋转必须考虑到适当力学特性的描述。其他使用交联的赖氨酰氧化酶或糖基化使胶原蛋白凝胶变硬作为组织工程支架材料使用，同时了解酶和非酶胶原交联的机械后果。

（二）弹性蛋白

1. 动脉弹性蛋白 动脉是由弹性蛋白层、胶原蛋白、平滑肌和内皮细胞层构成的。大动脉如心包一样便于取材实验。研究显示，动脉壁的平行弹性蛋白和胶原纤维之间，显示非线性应力应变关系。在低压力状态下，弹性蛋白承担大部分的负荷，动脉的顺应性能好。在正常血压时，心脏收缩射血，弹性蛋白允许主动脉伸展并储存血液，然后回缩；在心脏的舒张期间提供相对稳定的灌注压力和流量到达全身。在较高的压力时，负荷转移到胶原纤维，逐步伸展并限制动脉扩张。动脉壁类似橡胶一样的可扩张成分（弹性蛋白或类似的蛋白质）和硬的胶原纤维之间的相互作用构成了封闭循环系统。

相关研究确立了弹性蛋白和胶原在动脉构成中的性能。随着与心脏的距离增加，大动脉弹性蛋白含量逐渐减少，胶原含量逐渐增加；沿着动脉分支走行，弹性蛋白/胶原的比例下降，僵硬度增加。同样，与年龄相关的动脉硬化，因弹性纤维裂解和胶原沉积，与弹性蛋白/胶原比例的减少也有关。Roach 和 Burton 测试了动脉弹性蛋白（胰蛋白酶）或胶原（甲酸）在消化之前和之后的差别，证实弹性蛋白在低应力时负责动脉的机械性能，而胶原在高应力发挥确定性作用。

对弹性蛋白和胶原在动脉的机械作用有了明确的认识，但动脉性能从结构上测量的定量预测还很困难。这可能预示着，心脏分子结构性模型的建立仍很困难，而且心脏的几何结构比动脉更加复杂。Gleason 和 Humphrey 建立了弹性蛋白、胶原蛋白和平滑肌在血管的增长及重塑中流通量的数学模型。其模型解释了许多临床已经观察到的动脉增长和重构的特性。例如，观察到动脉环残余应力-张力在血管外壁和压缩的内壁，当横断管壁压力缓解时弹开为弧形。这残余应力对动脉的功能是很重要的，它有助于减少动脉应力集中，动脉应力通常在血管内管壁存在。Gleason 和 Humphrey 证实，动脉增长和重塑中残余应力的变化，可能会出现在以往的应力水平时沉积成分部件的降解和新的压力时沉积部件的更换过程中。

2. 心脏的弹性蛋白　在冠状动脉壁和心肌间质的心肌包含弹性蛋白，但目前还不清楚弹性蛋白在心肌力学结构上是否有作用。相关的研究资料有限，由于大多数已知的病理状态改变弹性蛋白也改变了胶原蛋白，目前还没有发现关于心肌弹性蛋白的研究报告和数学模型。

急性缺血、压力超负荷及心力衰竭时，间质弹性纤维遭到破坏，从衰竭心肌提取物中分离出的组织蛋白酶 S 可能解释升高的弹性蛋白酶活性。Mujumdar 和 Tyagi 推测，在压力超负荷时，是弹性蛋白和胶原成分比例的变化，而不是单纯的胶原含量变化增加心肌舒张期硬度。这个结果与动脉衰老过程的研究一致，但在心脏中尚未充分探讨。如果疾病时改变心肌弹性蛋白也改变了胶原含量，相关的研究可能很难解释，如缺血、心脏衰竭和压力超负荷等。最终测试需要通过酶解或基因遗传控制选择性改变心肌弹性蛋白。

目前尚无心肌弹性蛋白在心肌中独立作用的实验。Jobsis 等提出，心外膜心包的弹性纤维在舒张早期的弹性回缩和松弛中可能发挥重要作用。他们发现，破坏心外膜心包影响被动的机械力学结构和残余应力，但不能区分是弹性蛋白的单独作用还是与胶原的共同作用。

弹性蛋白基因敲除小鼠表现出天生的动脉僵硬迂曲和心肌肥厚；由于平滑肌细胞增殖，闭塞了主动脉，小鼠在出生后 72h 内死亡。敲除弹性蛋白等位基因的小鼠有严重的动脉硬化，血压升高，轻度的心肌肥厚，而寿命正常。这些动物在出生时心功能正常。随后出现的变化，可能继发于动脉顺应性的下降和高血压。弹性蛋白杂合子小鼠只有轻度的心脏表现型，表明弹性蛋白在心肌力学结构中的作用有限。

若能够调控弹性蛋白的表达，不仅提供机会来测试它在正常和病变心肌中的作用，也可以探测它的治疗作用。Mizuno 等提出弹性蛋白可能有益于心肌梗死的治疗。他们应用移植的血管内皮细胞在愈合的梗死大鼠心肌表达的弹性蛋白，发现能够减少梗死扩张，减少左心室重塑，改善心功能。

（三）蛋白多糖

蛋白多糖的功能在关节软骨中的研究较多，而在心脏中的作用研究相对较少。蛋白聚糖是存在于心肌内的，但当检查心脏细胞外基质时常常被忽略。Azeloglu 等最近证实，蛋白聚糖是动脉残余应力的一个重要决定因素，其作用未被重视。

研究心脏胶原网络的同时，Borg 等报道，大量资料提示心肌存在黏多糖，这种材料的浸出，来源于正常组织的处理过程中，可以加入 1%氯化十六烷基吡啶保留固定。事实上，蛋白聚糖在传统固定时已经丢失，由此可以解释为什么很少有细胞外基质的研究中报告蛋白聚糖的含量。最近，蛋白聚糖因潜在的信号转导作用而受到关注。

组织量的变化是心肌力学重要部分，但目前尚不清楚蛋白聚糖发挥什么样的作用。机械结构测试发现，冠状动脉血管和周围组织相互作用，伴随心肌灌注增加了心肌容量和心肌僵硬度。Azeloglu 等研究表明，用蛋白聚糖在动脉壁的非均匀分布来解释同渗透压溶液灌注引起的孔径角度的变化比细胞肿胀更贴切。也许最好的例子是水含量影响心肌梗死后的心脏结构力学。梗死后几小时内水肿，减轻炎症和水肿的药物大大增加梗死扩张的程度和破裂的危险；心肌梗死后蛋白聚糖的具体作用机制值得进一步研究。

转基因模型揭示了蛋白多糖在胶原纤维形成和发展过程中的关键作用。多能聚糖、蛋白多糖和基底膜聚糖的缺失是致命的；动物死于产前或产后即刻，通常显示心脏及骨骼严重畸形。敲除核心蛋白聚糖和二聚糖后，皮肤、肌腱和其他的肌肉骨骼系统显示胶原形态异常。这些动物开始没有表现明显的心脏异常，但梗死后的愈合发生改变，大概是因为核心蛋白聚糖和二聚糖在瘢痕愈合过程中，形成正常的胶原纤维是必需的。人类的黏多糖症是一组遗传性疾病，特点是蛋白聚糖积聚和骨骼缺陷，导致心脏缺陷和心肌病。给予酶替代治疗后，瓣膜异常持续存在，但心室力学改善，这意味着直接的蛋白聚糖积聚的机械作用可能是该病重要的病因。

选择性消化蛋白聚糖是检查它们在心脏的机械作用的最好办法。在完整的心脏选择性地溶解蛋白聚糖，而不出现导致测量混淆的其他变化，该工作具有很大的挑战性。孤立的乳头肌或肌小梁可能是该研究最有利的实验系统。这个实验系统还避免另一个潜在的并发症，即残余应力和开放孔径角度变化。模型预测，决定开放孔径角度的是蛋白聚糖的透壁分布，而不是蛋白含量；不完整或不均匀消化容易导致错误的结论。

纤维胶原、弹性蛋白和蛋白多糖在心血管系统发挥至关重要的机械作用。心脏包含所有的这三种成分，但对它们的机械作用了解相对较少。细胞外基质在心肌力学方面作用的大多数研究都集中在胶原，但定量预测心肌的力学性能，从组织结构中检测那些与疾病伴随成分性质的变化，尚不可能。间接证据表明，心肌弹性蛋白和蛋白聚糖的作用机制值得进一步研究。

第二节　细胞外基质与高血压

原发性高血压左心室肥厚（LVH）不仅仅是心室壁增厚和心肌重量的简单增加，心肌组织结构亦发生病理改变，最明显的变化是细胞外间隙间质细胞数目的增多和胶原过度增生、沉积，导致心肌纤维化，促使心脏由代偿性肥厚向失代偿性即病理性肥厚转化。心肌间质纤维化和心肌细胞肥大是 LVH 发生、发展的主要病理基础。心肌成纤维细胞（CF）过度分裂增殖、胶原合成增多、排列紊乱是导致心肌纤维化并引起心肌间质重建的关键因素，还是引发心力衰竭的核心环节。CF 参与诱导的心肌纤维化和心室重塑是高血压患者心脏收缩和舒张功能障碍并导致充血性心力衰竭的病理学基础。

一、高血压性心脏病时的心肌纤维化

在高血压性心脏病（HHD）中，约 90% 是原发性高血压。目前已建立了一些实验动物模型，进行高血压心脏病及其所引起的纤维化的研究。例如，结扎大鼠的右肾动脉，造成肾缺血，从而导致肾素-血管紧张素-醛固酮系统的激活，导致高血压的发生。还有一种自发性高血压的大鼠动物模型，为原发性高血压及其并发症的研究提供了很好的研究条件。在实验性高血压发生的第 1 周，左心室出现明显的间质性水肿，并伴有大分子，如 P-脂蛋白（P-lipoprotein）等分子的浸润。4 周以后，心肌间质性水肿消失，而出现纤维性胶原的累积。这种血管周围性纤维化，其中的纤维性胶原呈放射状排列，并深入相邻的心肌间隙之中。

在心肌肥大的早期阶段，Ⅰ型胶原与Ⅲ型胶原基因的表达水平显著升高。由于血液中的血管紧张素Ⅱ（AngⅡ）浓度升高，从而引起心肌细胞的坏死，因而胶原蛋白基因的表达仅是一种继发性的过程。首先出现的是溶胶原脯氨酰羟化酶活性的升高，其后是脯氨酸掺入胶原的水平显著升高。在第 1 周也可以见到成纤维细胞的增殖活性升高。这些研究结果表明，除了成纤维细胞的增殖反应之外，成纤维细胞中的胶原合成水平也显著提高。AngⅡ对于体外培养的心脏成纤维细胞所合成分泌的胶原酶，也具有十分显著的抑制作用。在发生肾血管性高血压之后，到第 8 周时心脏的水肿及胶原的降解则不再存在。心肌中，动脉周围性纤维化开始出现。在光镜下即可以观察到胶原网状结构异常，心肌中胶原蛋白的含量达到正常心肌的 2~3 倍。此时心肌的纤维化病变，称之为反应性纤维化。

血管高血压大鼠模型发展到第 12 周时，心肌细胞发生坏死之后可发生替代性纤维化，主要发生在心肌的内部。随着心肌纤维化的发生，瘢痕出现，胶原所占的比例是正常心肌中胶原蛋白水平的 4 倍之多。此时的心肌纤维化，称之为修复性纤维化。到第 32 周时，心肌的修复性纤维化变得更为明显。此时心肌中的胶原蛋白较正常心肌中的胶原蛋白高出 6 倍，而且胶原蛋白占整个心肌的 25% 左右。在瘢痕形成之前即开始有激活的巨噬细胞的浸润，浸润到心肌中的巨噬细胞合成并释放纤维粘连蛋白，对于成纤维细胞的移行过程进行调节。心肌周围纤维化的发生，导致心肌细胞产生的收缩力显著下降，并导致心肌细胞发生进行性的退化。

HHD 的心肌纤维化组织似乎比其他原因所致的心脏衰竭更广泛，它包括心室的前壁、后壁、侧壁、室间隔甚至右心室。研究发现，HHD 的心肌纤维化，心肌组织的僵硬度增加，特别是在心脏舒张时。纤维化促进了心肌的僵硬度，这个过程中细胞外基质的质量比数量更重要。纤维化干扰了收缩和舒张时心肌兴奋-收缩偶联的协调性。在健康的心脏，心肌细胞以电同步的方式连接在一起耦合收缩。Ⅰ型和Ⅲ型纤维胶原蛋白是心脏细胞外基质的主要组成部分，它们构成的支架促进心肌兴奋收缩的传导。收缩之后，是一个主动舒张的过程，使心脏进入舒张期。Weber 和 Shirwany 研究发现，Ⅰ型胶原的拉伸强度与钢材相似。细胞外基质是舒张期心肌僵硬度的主要决定因素。

除了细胞外基质的变化，心肌细胞数量和功能的改变、心肌细胞凋亡和钙离子的变化都与舒张功能受损有关。重要的是，周围血管（特别是血管阻力）也有重大变化，损害心脏的功能。研究证明，收缩功能正常的肺水肿是 HHD 的特点，合并严重的周围血管硬化。主动脉和阻力动脉（血管张力和压力的主要决定因素）的性能受损是心功能不全的重要因素。细胞外基质在高血压心脏病的功能和结构中发挥重要的作用。

细胞内和激素环境的改变，导致细胞外基质的数量及纤维化状态的改变。已有的模型研究提示，早期转变包括心脏成纤维细胞和肌成纤维细胞。肌成纤维细胞和成纤维细胞相比产生不同的细胞外基质，调节基质金属蛋白酶（MMP）及组织金属蛋白酶抑制剂（TIMP）的平衡，促进纤维化。细胞外基质的改变，调节心肌细胞接收来自外环境的信号，导致与心肌肥厚及收缩功能有关的基因表达的变化。

二、HHD 时的心脏结构改变

高血压心脏重塑的一个基本特点是心肌硬化，这与心肌的纤维化、收缩和舒张性能改变及心脏细胞结构（特别是血管周围的炎症）改变有关。心肌细胞架构是由胶原纤维网络提供的。在形态学上，该网络可以细分为三部分。肌外膜在心肌层的心内膜和心外膜表面，为内皮和间皮细胞提供支持。肌束膜包绕心肌纤维，连接成肌纤维束。肌内膜来自肌束膜，围绕单个肌纤维。肌内膜也是血管细胞外基质支架的源泉。形态上，心脏纤维化组织跟血管周围包括冠状动脉系统、间质的纤维化和微观瘢痕一样，是可以观察到的。纤维化的过程中有几个不同的阶段，有针对性的治疗方法，纤维化是可逆的（至少在瘢痕化以前）。可以根据不同的疾病进展，提供最佳的治疗策略。

1. HHD 时胶原变化 在 HHD 心脏收缩和舒张功能损害时存在胶原网络的变化。胶原蛋白是一种稳定的蛋白质，其合成和降解的平衡受成纤维细胞的调控，通常是很缓慢的（80～120 天）。在正常生理状态下，胶原蛋白的流通量主要受成纤维细胞的调节。病理条件下，出现形态不同的成纤维细胞。这些细胞有双重功能：纤维组织母细胞负责细胞外基质的合成，平滑肌样细胞负责细胞迁移。肌成纤维细胞介导的胶原蛋白流量受心肌层自分泌和旁分泌因子及循环内分泌激素的调节。

在动物 HHD 模型中，增加间质胶原与舒张性心力衰竭有关；而胶原的架构、肌内膜和肌束膜成分的降解伴随心室舒张和收缩性的心力衰竭。这些数据表明，代偿性左心室肥厚过渡到心力衰竭与细胞外基质降解有关。

胶原网络的减少引起收缩功能障碍可能至少有三个机制：第一个机制涉及的胶原基质为心肌提供支持、几何构型与心肌细胞束收缩的协调性的中断；第二个机制涉及损失的正常肌内膜成分之间的相互作用，如层粘连蛋白和胶原蛋白与它们的受体，这是心肌细胞收缩同步性和长期稳态必需的；第三个机制为心肌细胞滑动错位，导致室壁肌层的数量减少，左心室扩张。

2. HHD 细胞外基质的合成 纤维化状态下，胶原蛋白的合成和降解都发生改变，产生胶原蛋白的堆积，（伴随交联增强）导致纤维化。心肌硬化主要是由于 ECM 的组成和排列变化，包括Ⅰ型和Ⅲ型胶原纤维。成纤维细胞（和病理状态下的肌成纤维细胞）合成前胶原，分泌到细胞外间隙，形成胶原小纤维丝，组装成纤维。肌成纤维细胞胶原的通量受许多生长因子的影响，如血管紧张素Ⅱ、TGF-β_1、IGF-1 和 TNF-α。反过来，编码Ⅰ型和Ⅲ型胶原纤维的基因表达出现上调。除了胶原，许多其他细胞外基质成分包括弹性蛋白、原纤维蛋白、纤维粘连蛋白和蛋白多糖的表达在 HHD 也发生了改变。

人类降压治疗的早期，胶原降解的循环标志物减少，与减少血流动力学负荷平行，类似于在动物中的发现。与正常血压大鼠比较，自发性高血压大鼠（SHR）的心肌表现出更高的前 I 型胶原水平，表明高血压动物 I 型胶原的合成增加。伴随着心肌肥厚的发展，自发性高血压大鼠胶原交联也增加。需要注意的是，血压升高本身通过心肌和成纤维细胞的作用，对蛋白质合成具有强大影响。当啮齿动物的心脏压力迅速增加时，3h 内胶原蛋白和总蛋白合成增加，蛋白降解减少。在大多数研究中，胶原蛋白合成逐渐恢复到基线水平需要 2～3 周的时间，与蛋白质降解和纤维化减少相关。这些数据表明，即使是间歇性高血压，也可能导致细胞外基质和纤维化的改变。

3. HHD 细胞外基质降解　在 HHD 最初阶段，主要过程是心肌细胞和细胞外基质蛋白合成增加。对 HHD 随后各阶段的变化，知之甚少，特别是从代偿状态过渡到临床上明显心力衰竭的过程。身体对细胞外基质成分合成增加自然的反应是提高酶的水平和活性，以降解细胞外基质。然而，心脏细胞外基质降解经历了心室肥厚，可能不是良性的。最近，Diez 和同事提供了 HHD 患者心脏收缩功能减退过程中的胶原降解资料。他们发现，MMP 介导的胶原降解的增加有助于左心室扩张，收缩性心力衰竭的 HHD 射血分数减少。具体来说，收缩性心力衰竭患者的血管周围纤维化和瘢痕，占领了大部分的心肌，而间质胶原纤维减少。基于此，他们提出了一种 MMP 和 TIMP 的比例不平衡观点，可能是心室扩张和射血分数减少的收缩性心力衰竭的基础。这些数据强调，细胞外基质降解和细胞外基质合成的研究一样重要。

心脏有许多 MMP，能降解特异性的细胞外基质蛋白，包括胶原酶 MMP-1、MMP-8 和 MMP-13。MMP 通过 I 型和Ⅲ型胶原α链的裂解及明胶酶 MMP-2 和 MMP-9 的作用，启动细胞外基质的降解过程，并进一步裂解成胶原碎片。虽然一些 MMP 持续表达，但其他成分的表达受循环激素、生长因子、细胞因子和机械应力的调节。MMP 通常是作为无效的前体合成的，然后被丝氨酸蛋白酶激活，分泌 MMP，或许和 MMP 的膜类型高度相关。MMP 的定位，无论是膜连接或分泌，可以确定其相对活性。MMP 激活有助于纤维化过程所参与的恶性循环，细胞外基质降解促进细胞外基质蛋白合成和纤维化。这一途径特别有害，因为新合成细胞外基质的性质和结构不同于天然细胞外基质。

关于具体的 MMP 和 TIMP 在 HHD 中作用的研究，由于动物模型的简单性与 HHD 患者极易混淆。在盐敏感性高血压 Dahl 大鼠，MMP-2、TIMP-1、TIMP-2 的表达水平随着左心室肥厚进展而增加。同样，在自发性高血压大鼠 MMP-2 活性增加，循环拉伸的心肌细胞提高 mRNA 表达、蛋白质合成和 MMP-2、MMP-14 的活性。MMP-2 缺失小鼠的高血压心脏重塑证明了 MMP-2 的作用。

在主动脉套扎模型，这些动物与野生型对照组在相似的主动脉压水平比较，表现出左心室重量减少和左心室舒张末压降低，显示较轻的间质纤维化和心肌肥厚。在其他研究中，小鼠缺乏 MMP-9 或尿激酶样纤溶酶原激活也保护心肌在压力超负荷后不出现纤维化和功能障碍。MMP-9 重要性的进一步证据是升高的血浆 MMP-9 水平与左心室功能的恶化相关，随着代偿性肥厚过渡到充血性心力衰竭，MMP-9 活性增强（但不是 MMP-2 活性，TIMP-1～TIMP-4 表达或胶原交联）。药理学数据也表明了 MMP 在 HHD 中的有害作用，应用广谱基质金属蛋白酶抑制剂治疗，能够完全防止自发性高血压大鼠发展到显性心力衰竭。

左心室肥厚的高血压患者与不伴有左心室肥厚者比较，循环 TIMP-1 水平增加，循环 MMP-1 和 I 型胶原肽水平下降。最近，Ahmed 等证实，正常左心室结构和功能的高血压患者血浆 MMP 和 TIMP 水平正常。相比之下，高血压左心室肥厚患者 MMP-2、MMP-13

水平降低,MMP-9 水平升高。只有左心室肥厚和心力衰竭都存在者 TIMP-1 水平提高。根据这些数据,他们的结论为:细胞外基质降解减少与左心室肥厚和舒张功能障碍有关。这些研究强调 MMP-9 抑制剂在 HHD 潜在的、有益的影响,改变细胞外基质降解和合成的平衡可能有临床实用价值。

4. 细胞外基质调节心肌细胞和肌成纤维细胞的功能 HHD 患者 MMP 和 TIMP 活性平衡紊乱,会在几个方面对心脏功能产生深远的影响。第一,细胞间的连接受 MMP 介导的降解,不同种类的 MMP 表达和细胞间的连接组成更容易受降解的影响。第二,由于细胞间在细胞信号和细胞骨架生物学动态的粘连,细胞间的连接减少,影响至关重要。第三,从细胞外基质大分子降解的衍生肽,通过心肌细胞(包括平滑肌细胞和肌成纤维细胞),调节增殖、迁移和 MMP 的表达。第四,MMP 对非细胞外基质蛋白裂解(和潜在的激活)一些重塑调节因子,如表皮生长因子(EGF)、可溶性表皮生长因子(HB-EGF)与肿瘤坏死因子α等,改变细胞外基质成分和 MMP 活性,影响双向信号转导,从而影响心脏收缩功能。

三、信号级联通路影响 HHD

1. 成纤维细胞转变为肌成纤维细胞 成纤维细胞向肌成纤维细胞转化的机制最近已经阐明(图 39-2)。

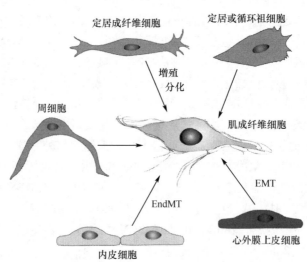

图 39-2 肌成纤维细胞的来源

肌成纤维细胞是平滑肌样的成纤维细胞,表达α-SMA,含有由肌动蛋白微丝和相关蛋白质组成的收缩装置,构成突出的应力纤维。肌成纤维细胞的形成是由生长因子、细胞因子和机械刺激调控的。转化的关键激素和细胞因子是 AngⅡ、内皮素-1(ET-1)和 TGF-β_1。TGF-β_1 是一个关键的因素,因为它刺激肌成纤维细胞的形成和胶原产生。最近的一项研究表明,增加 cAMP 阻断成纤维细胞向肌成纤维细胞的过渡,这或许是由于一个 RhoA 依赖的作用。AngⅡ也很重要,因为它对成纤维细胞这种转变敏感,直接增强 TGF-β_1 的信号,提高 SMAD3 的水平,并诱导 SMAD3 蛋白磷酸化的核易位。这可能是 TGF-β_1 对 ECM 生成特别重要的慢性影响(图 39-3)。

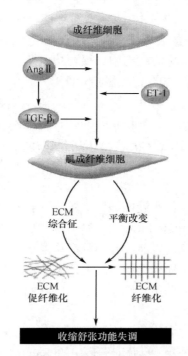

图39-3 成纤维细胞向肌成纤维细胞转变的机制

2. RAAS的作用 有证据表明，RAAS的所有主要组成部分（肾素、AngⅡ和醛固酮）对细胞有促进纤维化的作用。对肾素的研究数据有限，Huang等最近的一项研究表明，肾素和肾素原增加 TGF-β_1 在肾小球系膜细胞的合成。肾素也增强了粘连蛋白、胶原蛋白和纤溶酶原激活物抑制剂1的合成。肾素的这一作用似乎独立于AngⅡ，根据血管紧张素转换酶抑制剂依那普利和 AngⅡ受体拮抗剂氯沙坦阻止 TGF-β_1 的合成是无效的。有关肾素和肾素原受体在心肌成纤维细胞表达的数据尚未公布，因此肾素作用在心肌纤维化与HHD中的作用仍不清楚。

最有力的证据表明，AngⅡ是主导激素，在 HHD 心肌纤维化中起主要作用。血管紧张素Ⅱ发挥其作用直接通过 AngⅡ1 型受体（AT-1），间接通过转化生长因子β_1的诱导。SMAD3 似乎是这些机制的一个共同途径。通过 AngⅡ导致编码细胞外基质成分的基因表达激活有三个快速通路，而氨基端激酶和蛋白催化剂1（AP-1）激活作为最后共同通路。第一个是活性氧途径，依赖于小 G 蛋白 Rho 和 RAC；第二个是黏着斑激酶（focal adhesion kinase，FAK）途径，依赖于钙、c-SRC 和桩蛋白；第三个是 PAK 途径。Shen 等研究表明，AngⅡ诱导的血管外膜成纤维细胞向肌成纤维细胞的分化是通过参与 NADPH 氧化酶产生的活性氧和 p38/MAPK 激活及氨基末端激酶途径。另一个途径是 c-SRC 介导的酪氨酸激酶途径。激活后，c-SRC 改变黏着斑位置，启动 FAK1 和富含脯氨酸的酪氨酸激酶2磷酸化。随后，小 GTP 酶 RAC 激活在局灶性黏附和促进氨基端激酶活化。最后的途径包括 PAK，从而刺激 RAC 并激活氨基端激酶。

除了这些快速途径，还有几种 AngⅡ介导的间接信号转导途径，可能调节细胞外基质流通量。两个重要的途径激活导致 MMP 活化和分泌，并使 TGF-β_1 激活。血管紧张素Ⅱ已被证明转化酪氨酸激酶受体如 EGF 受体。参与这个过程的主要机制似乎是刺激 AD-AM17，裂解基质和细胞内 EGF，部分生成 HB-EGF。心肌细胞分泌的 HB-EGF 导致细胞生长，左心室缝隙连接蛋白和整合素 43 的表达减少。间隙连接的局部中断可能是 HB-EGF 诱导的增生性反应的一部分，可能有损害心肌细胞电耦合功能性的后果。然而，对于肌成纤维细胞，主导途径似乎是通过 TGF-β_1 的分泌和激活。骨形态发生蛋白 1 像 MMP 一样，对细胞外基质的形成具有关键作用，它们将转化生长因子β_1前体转变为成熟的功能蛋白。

除了影响 TGF-β_1 的分泌和活化，Ang II 也通过升高 SMAD2 水平和增加磷酸化 SMAD3 核易位，直接提高 TGF-β_1 信号。还发现 SMAD3 的激活比 SMAD2 更重要，因为 Ang II 诱导 SMAD3/4 启动子的活动和胶原-基质在血管平滑肌表达，血管平滑肌细胞缺乏 SMAD3 而不是 SMAD2 的观点被废除。

醛固酮在心肌纤维化的作用越来越明显，特别是鉴于药物醛固酮抑制剂螺内酯和依普利酮的研究。最近的研究指出，依普利酮可直接降低纤维化，独立于血流动力学影响之外。具体来说，依普利酮减少右心室的胶原，右心室不暴露于全身血流动力学超负荷。抗盐皮质激素受体（结合醛固酮）防止纤维化作用的确切机制还是未知的。可能的机制包括改建中的细胞内信号转导、转录激活和生长因子的变化、降低 ET-1 的生成、增加血管内皮一氧化氮的生产、降低氧化应激等。

动物实验研究表明，肾素-血管紧张素-醛固酮系统（RAAS）在心脏纤维性胶原的代谢过程中具有十分重要的调节作用。当血液循环中的 Ang II 和醛固酮（aldosterone, ALDO）或脱氧皮质酮的水平升高时，则出现心脏冠状动脉血管周围的纤维化，同时左心室和右心室也出现间质性纤维化。显微镜下可以见到瘢痕结构，常常累及深层心肌部分。这种形式的纤维化在 RAAS 没有被激活的动物模型系统中观察不到。动物体内置入 Ang II 或 ALDO 的微型给药泵，对于研究 RAAS 与心脏纤维化发生之间的相互关系具有重要的应用价值。干扰 Ang II 和 ALDO 的药物，如 ACE 抑制剂，或 ALDO 受体拮抗剂，如螺内酯等，可以防止处于非肾素依赖性高醛固酮状态的动物出现血管周围性纤维化。心脏的微型瘢痕、血管周围性纤维化及心肌细胞的坏死等病理过程，都与血液中的 Ang II 水平升高有关。心脏细胞的坏死，同时也伴有持续的盐皮质激素、ALDO 和（或）DOC 的水平升高，这是由于心肌缺钾造成的。如果膳食中补充钾盐、应用含钾的药物，可以防止心肌细胞坏死的发生。

体外培养的大鼠心脏成纤维细胞，在无血清培养基中进行培养达到 100% 丰度的时候，Ang II 和 ALDO 的刺激都能使其分泌胶原蛋白的能力显著升高，而且呈现剂量依赖性的性质。Ang II 和 ALDO 的这种增强作用，在受到其受体拮抗剂的作用时可被阻断，但成纤维细胞的生长速度却不受 Ang II 的影响。另外，Ang II 对于成纤维细胞培养基中的胶原酶活性具有抑制作用，但 ALDO 却无此作用。无论是促进胶原蛋白的合成，还是抑制胶原酶的活性，其结果都将导致胶原蛋白沉积的增加。初步的研究表明，Ang II 和 ALDO 这两种激素都能促进 I 型胶原和III型胶原的合成。Ang II 和 ALDO 同时也能促进内皮素-1（ET-1）和内皮素-3（ET-3）的表达。同时 ET-1 可以降低胶原酶的活性，但 ET-3 对于胶原酶的活性则没有影响。成年大鼠心脏成纤维细胞及新生大鼠心脏成纤维细胞都有 ET-1、ET-3 受体和 Ang II 的表达。Ang II 对于体外培养的新生大鼠的心脏成纤维细胞的生长具有促进作用。即使在无血清培养系统中，Ang II 对于心脏成纤维细胞的生长也具有促进作用。Ang II 对于成纤维细胞生长的刺激作用是由 G 蛋白相关的 AT-1 受体来进行诱导的。Ang II 对于血管紧张素原基因和 TGF-β_1 基因的表达水平上升。因此，在成年和新生大鼠心脏成纤维细胞膜上都有这些多肽的受体分子的表达,这些受体与相应的配体分子之间的结合及其触发的信号转导,对这些细胞的生长能力及胶原蛋白的合成能力等都有十分重要的调节作用。

3. 组织中激素系统的作用　血管紧张素原对于心脏组织中的胶原蛋白代谢具有重要的调节作用。以原位杂交技术对于心血管组织中能够表达血管紧张素原 mRNA 的细胞类型进行鉴定,结果表明,动脉及心脏中的成纤维细胞和心肌细胞有血管紧张素原基因的表达。各种组织的细胞外基质间隙中都分布有肾素这一蛋白酶,大部分的肾素都来源于血液循环中。组织中其他类型的蛋白酶类,如组织蛋白酶 G 和 tonin 等可以代替肾素,以促进血管紧张素原向血管紧张素 I (Ang I)的转化。在新生大鼠心脏成纤维细胞中也检测到了肾素 mRNA 的转录表达。血管紧张素转换酶是一种羧基肽酶,可以催化 Ang I 分子的羧基端序列的裂解,释放出八肽 Ang II。ACE 同时也称为 II 型激酶,因为 ACE 可以使缓激肽发生降解,成为不具有生物学活性的代谢产物。以免疫荧光技术,在体外培养的大鼠心脏成纤维细胞中可以检测到 Ang I、ACE 和 Ang II 等的表达。

结缔组织 ACE 对心脏中胶原蛋白的代谢也发挥着十分重要的作用。以体外的定量放射自显影技术证实心脏内冠状动脉周围及心瓣膜部位都有 ACE 的表达,其他部位则相对较少。心肌梗死发生之后形成的心脏瘢痕组织中,也有较高水平的 ACE 表达。施以 Ang II 的动物模型,在 2 周内可以见到冠状动脉周围纤维化的发生,此时也可见到 ACE 的表达。这种非内皮细胞组织的 ACE 在以 Ang II 处理 4~6 周后纤维化病变比较明显时达到高峰。心肌瘢痕形成过程中,Ang II 和 ALDO 的水平升高与 ACE 的结合能力显著增加有关。因此,ACE 的出现与血液循环中的肾素和 Ang I 之间是互不相关的。

Ang II、ALDO 和缓激肽受体在心脏胶原代谢中的作用也受到了广泛的重视。以碘化血管紧张素 II 或 ALDO,对于 Ang II 和 ALDO 的受体表达水平进行体外定量放射自显影测定,探讨 Ang II 和 ALDO 受体在纤维化形成过程中的调节作用。在正常的成年大鼠心脏中可以发现低密度的 ALDO 及 AT-1 受体蛋白的表达。当对动物模型施以 Ang II 后 2 周、4 周和 6 周,AT-1 受体的表达水平下降;而当受到 ALDO 的处理以后,AT-1 受体的表达水平则升高。无论是 Ang II 还是 ALDO,对于 ALDO 受体的表达水平都没有显著的影响。缓激肽是 ACE 的另外一种底物。以 Ang II 或 ALDO 处理大鼠模型 2~6 周,自第 2 周之后,血管周围纤维化发生,同时出现缓激肽受体的表达。到第 4~6 周时,随着血管周围纤维化病变的加重及心肌瘢痕的出现,缓激肽受体的表达水平也进一步升高。因此,ACE 作为一种 II 型激酶对于大鼠心脏局部的缓激肽浓度具有调节作用。在体外培养的成年大鼠心脏成纤维细胞体系中,缓激肽可以降低其胶原蛋白的合成能力,同时促进胶原酶的蛋白裂解作用,提示缓激肽是一种纤维组织形成的抑制因子。

ACE 在心脏血管周围纤维化、心肌瘢痕的形成过程中具有十分重要的作用,如果阻断 ACE 的活性,应该对于心脏血管纤维化、心肌瘢痕形成过程具有阻断或抑制作用。动物实验研究完全证实了这一推论。以 Ang II 单独处理和以 Ang II 加 ACE 抑制剂处理的大鼠模型,这两种情况下都将出现 Ang II 诱导的心肌细胞的坏死,说明 ACE 的抑制剂对于外源性 Ang II 所引起的心肌细胞的坏死过程无显著影响。但是,两组动物模型两个心脏室壁的血管周围纤维化病变却相差很大。以 ACE 抑制剂合并 Ang II 共同进行诱导的动物模型,几乎没有血管周围纤维化的发生,但仅以 Ang II 诱导的动物模型,则出现明显的血管周围纤维化病变。因此，通过对 ACE 的抑制，阻断缓激肽的降解，即可以阻断血管周围纤维化的发生。这说明 ACE 并不是糜蛋白酶，而是通过缓激肽降解过程，对于血管周围纤维化的形成进行调节。另一方面，缓激肽或前列腺素等都具有促进胶原蛋白降解的作用。

心脏中的冠状动脉血管内皮细胞所产生的一系列调节性因子及其所介导的信号转导，对于心肌胶原蛋白的代谢过程有重要的调节作用。血管内皮细胞分泌的 AngⅡ 和内皮素，作为胶原蛋白合成分泌的促进剂，缓激肽、前列腺素及一氧化氮（NO）等作为一些抑制性作用因子，对于与内皮细胞相邻的细胞类型，如成纤维细胞等的生长和代谢，都产生显著的影响。通过交互式调节方式，成纤维细胞又可以降低内皮细胞产生内皮素的量。这种细胞-细胞之间的信号转导过程，是维持心肌正常的结构所必需的调节机制。内皮细胞对于成纤维细胞胶原代谢的调节可以应用共同培养方法进行研究。将血管内皮细胞与心脏成纤维细胞共同培养，但这两种细胞以薄层网状结构的膜隔开，这样两种细胞之间没有实质上的接触，只是内皮细胞条件培养基中所存在的一些调节作用因子透过这一层薄膜，进入心脏成纤维细胞的培养系统中。将 AngⅡ 和 ALDO 等加入上皮细胞培养系统中，以研究是否对于内皮细胞衍生的信号具有激活作用；或者将 AT-1 和 AT-2 受体的拮抗剂或 ALDO 受体的拮抗剂加入成纤维细胞培养系统中，以研究内皮细胞来源的信号对成纤维细胞胶原蛋白产生的影响。结果表明，内皮细胞的条件培养基可以增加成纤维细胞合成胶原蛋白的能力，同时也使成纤维细胞培养上清中的胶原酶活性升高。内皮细胞中这种对于成纤维细胞胶原合成能力的调节作用因子，显然不是属于 AngⅡ 或 ALDO 的范畴，因为这两种因子受体的拮抗剂对这一调节过程均缺乏阻断效应。但内皮细胞条件培养基中这种调节因子的性质目前还不太清楚。

4. TGF-β_1 的直接影响 左心室心肌肥厚和扩张型心肌病患者的左心室心肌，编码基因 TGF-β_1 的 mRNA 表达增加。在稳定的心肌肥厚到心力衰竭过渡期间，TGF-β_1 明确表达。在体外实验，TGF-β_1 诱导心脏成纤维细胞产生细胞外基质成分，包括胶原纤维、纤维粘连蛋白和蛋白多糖，刺激成纤维细胞增殖及表型转化为肌成纤维细胞。此外，TGF-β_1 在肌成纤维细胞自我放大表达。TGF-β_1 在转基因小鼠的过度表达的结果为出现心肌肥厚，其特点是间质纤维化和心肌细胞肥厚性增长。

总之，HHD 患者细胞外基质的变化诱发的纤维化，对心脏功能和结构异常有重要的作用，促进心功能不全恶化。在高血压患者，正常水平的基质金属蛋白酶及其抑制剂谱与正常左心室结构和功能相关。基质金属蛋白酶谱发生变化，有利于 ECM 积聚，与左心室肥厚和舒张功能障碍相关，细胞外基质降解的增加似乎预示着收缩功能衰竭的出现。这些结果表明，监测心肌细胞外基质重构的血浆标志物，可能给 HHD 患者的不良左心室重塑提供预后信息。总之，ECM 的生成和降解酶对 HHD 的形成及进展有确定的作用。

第三节 细胞外基质与心肌梗死

急性心肌梗死是全世界最重要的健康问题。它可以发生在许多年龄组，但主要是老年人。

急性心肌梗死早期阶段的心脏破裂及慢性期的心力衰竭，风险主要取决于梗死面积的大小。梗死面积较大，引起严重的心肌梗死和非梗死区形态学、组织学和分子学变化，这些变化被称为心脏重塑。心脏重塑程度与心律失常、心力衰竭的发生率和死亡率密切相关。心脏重塑涉及改变心脏细胞和细胞外基质。细胞外基质包含了各种各样的结构蛋白，如胶原纤维、蛋白聚糖和黏多糖等。由于心肌胶原保持毗邻细胞的结构完整性，并为心肌细胞收缩转变成心脏泵功能提供手段，细胞外基质改变可导致心肌丧失正常的结构和功能。已确定 MMP 是心肌的一种蛋白水解酶，可能有助于细胞外基质的变化及心脏重塑。在过去几十年来，越来越多的基础和临床证据表明，MMP 对左心室大小、心室重塑的进展及 AMI 后的死亡率有重要作用。急性心肌梗死后 MMP 的表达及其作用可以作为一个预后的标志。

一、基质金属蛋白酶家族

MMP 是一个由 25 个以上的蛋白酶组成的大家族。所有的蛋白酶具有以下特点：降解细胞外基质的组成部分；几乎都是以一种潜在酶原的方式分泌，需要特异性蛋白激活其活性，只有 MMP-11 被释放到细胞外基质时是一个活性酶；在活性位点含有锌；需要钙的稳定性；这些功能在中性 pH 时发挥；有特定 TIMP。

MMP 家族持有类似的基本结构域，根据其基础结构及体外的对各种细胞外基质成分底物特异性，可分为四组。第一组被称为胶原酶，包括 MMP-1（间质胶原酶）、MMP-8（中性粒细胞胶原酶）及 MMP-13（胶原酶Ⅲ），它们都可以裂解Ⅰ型、Ⅱ型和Ⅲ型纤维胶原。第二组包含明胶酶，其中 MMP-2 和 MMP-9 是众所周知的降解明胶的酶。明胶酶还能够降解基底膜Ⅳ型胶原。第三组构成的基质溶素（MMP-3、MMP-10、MMP-11）对广泛的细胞外基质成分都是有作用的，包括蛋白聚糖、层粘连蛋白、纤维粘连蛋白、玻连蛋白和某些类型的胶原蛋白。最后一组包含 MT-MMP，能降解几种 ECM 成分，也能够激活其他的 MMP。膜型 MMP 通过一种或两种方式被限制在细胞膜上，它们带有胞质尾部跨膜域或通过甘油磷酸肌醇锚定在膜上。MT-MMP 多样化，有多种生物功能，包括局部细胞外基质的降解、激活其他 MMP、处理其他生物活性信号分子等。

最近，越来越多的证据表明，底物特异性不是绝对的，而是渐进的。例如，明胶酶，以前认为特异性降解明胶（变性胶原），现在已发现还能降解胶原纤维。这一结果表明，明胶酶是急性心肌梗死的一个重要的酶，它可以启动和持续进行胶原纤维降解。心肌所有类型的细胞，无论是在基础条件（肌细胞、成纤维细胞和血管内皮细胞）或炎症反应（巨噬细胞和中性粒细胞）状态下，通常可以表达一个或多个类型的 MMP。

除了对细胞外基质的作用，MMP 还对心肌细胞和血管内皮细胞有多种作用。已证明，MMP-2 在肾上腺素受体刺激细胞凋亡的成年大鼠心室肌细胞发挥促凋亡作用。在慢性心力衰竭模型，MMP-9 在内皮细胞凋亡及内皮细胞-心肌细胞解偶联的过程中发挥作用。

二、基质金属蛋白酶活性的调节

MMP 的活性可以在三个层次进行调节，包括转录、酶原的活化和内源性抑制。在不同的生理和病理状态，MMP 的表达不同。正常成人大部分 MMP 通常是低水平表达。促炎性细胞因子如白细胞介素 IL-1 和 IL-6、TGF-β 和肿瘤坏死因子，以及生长因子，如表皮生长因子和血小板源生长因子，可以刺激基质金属蛋白酶的合成。类固醇、肝素和 IL-4 能抑制基质金属蛋白酶基因表达。对这些影响因素的反应取决于基质金属蛋白酶和细胞类型。例如，TGF-β 促进 MMP-2 和 MMP-9，但抑制 MMP-1 和 MMP-9 合成。此外，细胞表面蛋白的细胞外基质金属蛋白酶诱导因子可以刺激 MMP 合成。

　　几乎所有的金属蛋白酶的分泌呈现为酶原形式，在活性位点（锌）与肽原结合之前，酶活性被抑制。蛋白酶对前肽裂解，分离该结合并暴露活性位点。一些蛋白酶参与蛋白裂解激活，包括纤溶酶、胰蛋白酶、糜蛋白酶、弹性蛋白酶和激肽释放酶。在这些蛋白酶中，纤溶酶是最强大的生理活性剂。MMP-11 和 MT-MMP 的活化是不同于其他蛋白酶的。MMP-11 在细胞内裂解，并分泌为一种活性酶。MT-MMP 也在细胞内激活，其活性形式可以激活其他 MMP。

　　基质金属蛋白酶的活性有特异的组织抑制剂 TIMP。TIMP 是一个家族，抑制 MMP 的活性，它们有四个结构相关的成员：TIMP-1、TIMP-2、TIMP-3 和 TIMP-4。所有 TIMP 抑制所有的 MMP 具有不同的特点，TIMP 与活性 MMP 的催化结构域的锌结合位点相互作用，防止底物进入。它们也可以在氨基末端结合潜在的 MMP，防止自身活化，MMP 抑制剂具有一定程度的特异性。TIMP-1 有力地抑制绝大多数 MMP 活性，除了 MMP-2 和 MT1-MMP。TIMP-2 是对大部分 MMP 有效的抑制剂，MMP-9 除外。此外，TIMP-2 可以在细胞膜和 MT1-MMP 形成一个复合体，可能对 MMP-2 的蛋白酶激活起着调节作用。

三、MMP 与心肌梗死

　　急性心肌梗死后，心肌细胞和间质立即改变。光镜下可见，严重持续缺血可引起心肌细胞空泡化，通常被称为心肌细胞溶解。心肌细胞溶解的特点是细胞肿胀、肌原纤维细胞和细胞核溶解，没有中性粒细胞反应，坏死细胞通过溶解和吞噬愈合，最终导致瘢痕形成。电子显微镜下可以看出，梗死心肌细胞体积和糖原颗粒的数量减少。它们也有细胞内水肿，细胞肿胀，变形的横管系统、肌质网和线粒体。从缺血心肌获得的肿胀的线粒体包含沉积的磷酸钙和无定形基质密度，这是不可逆的心肌梗死。关于间质组织，室间质结缔组织通常有丰富的Ⅰ型和Ⅲ型胶原纤维。细胞外基质胶原的性质取决于 MMP 和 TIMP 两者之间的平衡。在急性心肌梗死的梗死和远离部位，MMP 和 TIMP 之间不平衡的主要因素是心肌细胞和间质的变化。

　　临床与实验研究已经评价了 MMP 和 TIMP 的功效。在不同时间，用不同的酶对几种动物进行了研究。Herzog 等证明，在冠状动脉结扎 1h 后的梗死区及非梗死区 MMP-1 和 MMP-2 的活性增加。在心肌梗死后 2h 梗死区 MMP-9 增加。Cleutjens 等证实，大鼠心脏急性心肌梗死后 2 天，梗死区 MMP-1 开始增加，7 天达到高峰，此后下降。MMP-2 和 MMP-9 变化的方式类似。研究还表明梗死区在心肌梗死后 6h TIMP 的 mRNA 表达增加，第 2 天达到最高，此后缓慢下降。在远离梗死的区域 MMP 的活性没有变化。研究中 MMP 活性测定应用酶谱分析法。应用近红外荧光成像，Chen 等研究证实，小鼠在急性心肌梗死后 2~4 天内，梗死区 MMP-1 和 MMP-9 水平增加。在梗死 4 天之后，远离梗死区域的 MMP-9 也增加，但与梗死区域比较处于一个较低的水平。梗死 1 周以后，梗死区 MMP-2 也增加，在 2~3 周达最大值；在远离梗死区域，MMP-2 处于可检测到的低水平状态。该研究还表明，心肌中增加的 MMP-9 是白细胞源性的。Wilson 等发现，心肌梗死 MMP 的位置和具体类型发生变化。例如，偏远区域的 MMP-1、MMP-9 水平不变，过渡区大大减少，而梗死区域检测不到；MMP-13、MMP-8 和 MT-MMP 与对照区相比，在过渡区和梗死区显著增加。心肌梗死后，TIMP 含量在过渡区显著下降，梗死区域下降到检测不到的水平。

该研究还表明，增加 MT1-MMP 水平、降低 TIMP-4 水平和区域左心室重构的程度相关。

在心肌梗死患者的临床研究中，患者的特点、干预措施及时间和检测方法有差异，这可能是研究结果有差异的原因。在药物治疗的急性心肌梗死患者，采用夹心酶联免疫法不能区分有效和无效的基质金属蛋白酶酶原，患者的血清 MMP-2 水平 0 天增加 1 倍，并持续到 7 天。一半的急性心肌梗死患者中，MMP-9 显著升高（与对照组比较增加 2 倍）被作为 0 天，前 3 天水平仍持续高于对照组，此后逐渐减少。在另一半的患者，MMP-9 水平类似于对照组 0 天，然后瞬时增加，高峰在第 3 天，此后逐渐减少。另一项研究中急性 ST 段抬高型心肌梗死患者中，大多数接受溶栓治疗，当使用相同的技术（夹心酶联免疫法）检测时，血浆 MMP-9 水平在 1 天和 4 天达到高峰，而在 2 天下降。

急性心肌梗死患者接受血管成形术，进行成功的再灌注治疗后，在最初的 4 天 MMP-1 低于对照组水平，其后增加，在 14 天左右达到峰值浓度，然后回落到对照范围。入院时血清 TIMP-1 低于对照水平，而后逐渐增加，14 天左右达到高峰。疑似急性冠状动脉综合征患者，接受心脏导管介入术，测定 MMP 水平，比较证实和未经证实的急性心肌梗死。确认心肌梗死的住院患者与未发生心肌梗死者相比，MMP-1 水平升高；急性心肌梗死患者 MMP-2 水平在基线时升高，并贯穿整个监护期间。急性心肌梗死患者 MMP-9 水平低于那些非心肌梗死者。最近，用酶谱分析测定 MMP 表明，在 ST 段抬高型心肌梗死中，24h 内血浆 MMP-9 水平在 PCI 组均高于对照组，而 MMP-2 水平无差异。

四、基质金属蛋白酶表达的影响因素

有研究提示，可能有其他因素控制金属蛋白酶及其抑制剂的表达。Creemers 等研究表明，大鼠的纤溶酶原系统在心肌梗死后伤口愈合中起着重要的作用。纤溶酶原缺失的小鼠表现出 MMP-2 和 MMP-9 的活性降低。此外，这些小鼠坏死的心肌不能清除，肉芽组织和纤维组织不形成。已证明升高血浆脑钠肽水平增加 MMP-9 活性。

五、MMP 作为预后指标

MMP 在动脉粥样硬化斑块和心肌梗死后发挥重要作用。因此，MMP 的作用通过引起急性冠状动脉事件的易损斑块和参与心脏重塑的因子表达，可以作为一个预后指标。在动脉粥样硬化斑块方面的作用，以往的研究已经表明，血浆 MMP-9 水平在冠心病患者与严重冠状动脉粥样硬化斑块和存在斑块破裂的"罪犯病变"有关。MMP-9 的水平可预测冠心病患者的心血管死亡率。此外，MMP-9 水平与心肺复苏成功后存活率相关。在横断面研究也报道了类似的调查结果，MMP-9 的水平可独立地预测有急性心肌梗死病史患者心肌梗死的复发。

在急性心肌梗死或不稳定型心绞痛患者，破裂的斑块 MMP-1 表达高于斑块未破裂者，提出了 MMP-3 水平可以作为急性冠状动脉综合征患者斑块不稳定的标志。一些研究发现 MMP 水平和心肌损伤预后之间的关系，认为 MMP 可以作为心脏重塑的预后指标。

对 MMP-9 和 MMP-2 在左心室重塑的作用研究表明，急性 STEMI 后 6 周，患者 MMP-9 水平血清峰值，与超声心动图测量的左心室功能不全和神经激素的水平有关。瓦格纳等也发现，在急性心肌梗死患者初始血管成形术和支架术后，MMP-9 似乎是左心室重塑一个早期的强大标志。MMP-9 似乎是 AMI 时更好的风险分层因素，比脑钠肽、肿瘤坏死因子、超敏 C 反应蛋白和肌酸激酶更合适。然而，MMP-2 水平和左心室重构的相关性研究结果不尽一致。

急性心肌梗死成功再灌注治疗后，MMP-1 水平与左心室射血分数负相关，与心脏破裂风险关系一样。除了 MMP 的活性，急性心肌梗死患者血清 TIMP-1 水平与左心室容积呈负相关，与左心室射血分数呈正相关。

越来越多的证据强烈表明，在急性心肌梗死患者 MMP-1、MMP-2、MMP-3、MMP-9、TIMP-1 活性与不良病理、生理学和临床结果有相关性，从基础到临床支持性研究证据增加；然而，MMP 在急性心肌梗死时作用的很多知识仍然需要进一步了解。此外，还缺乏在不同的临床试验中的血浆分布资料，难以将其用作急性心肌梗死常规标记物。

六、胶原与心肌梗死之后的纤维化

心肌梗死发生之后可以导致心肌缺血，随后引起胶原的损伤。胶原的损伤甚至是在心肌细胞发生坏死之前即已出现。阻断冠状动脉 12min，随后再灌注 10min，不会导致心肌细胞发生坏死，但却引起心肌纤维的断裂。如果心肌发生持续的缺血状态，胶原的损伤出现早，而且广泛。大鼠心肌缺血仅 3h 之后，自然存在于心肌中的胶原基质即失去 50%，同时发现胶原酶及其他代谢酶类的活性显著升高。更令人惊奇的是，心肌中如此之多的胶原丧失之后，与心肌结构的完整性改变之间并没有直接的关系。而且发生心肌梗死之后数天，才会出现更为广泛的心肌梗死，大鼠的心脏破裂则更为鲜见。在光镜下，大鼠心肌梗死发生数天之后，并未出现明显的胶原蛋白丢失。

胶原蛋白的表达在心肌梗死以后的心肌修复过程中具有十分重要的作用。发生心肌梗死的兔心脏，第 2 天即出现Ⅰ型和Ⅲ型胶原 mRNA 的转录表达。甚至在发生心肌梗死之后的 3～4h 之内，在光镜下即可以看到成纤维细胞及成纤维细胞样细胞开始产生胶原蛋白。随着梗死病变的发展，胶原蛋白的产生水平也逐渐增多。但未成熟的胶原瘢痕结构缺乏成熟胶原承受压力的能力。甚至到心肌梗死发生 15 周之后，胶原瘢痕组织也不能承受正常的心肌胶原所承受的张力。心脏瘢痕修复过程中的胶原蛋白，无论是在蛋白种类还是交联方式上都有根本的差别。心肌梗死发生以后，早期的修复过程主要是指Ⅲ型胶原表达水平的升高。很明显，主要以Ⅲ型胶原组成的组织，就不如以Ⅰ型胶原为主所组成的组织那样坚固有力。但是，瘢痕组织何时、究竟能不能恢复到正常的心肌组织中那样的Ⅰ型胶原与Ⅲ型胶原的比例，目前还不太清楚。

心肌缺血再灌注对于胶原损伤的程度有决定性的作用。利用不同冠状动脉交替梗阻的方式推测心肌细胞发生坏死之前，诱导心肌胶原的损伤。这种方法所诱导的心肌胶原损伤，要比冠状血管持续梗死所引起的胶原损伤的程度高得多。这说明心肌缺血再灌注以后能引起心肌胶原更为严重的损伤。

第四节　细胞外基质与动脉粥样硬化

动脉粥样硬化（atherosclerosis）是血管壁进行性变硬的一种疾病，其主要的原因就是弹性纤维的断裂、血管壁中以Ⅰ型胶原为主的交联性胶原纤维增多、钙和脂质发生沉积，这些病变逐渐累及整个血管壁。动脉粥样硬化斑的形成是一种局部类型的病变，起初是血管内皮下脂质的沉积，特别是与蛋白聚糖分子结合成复合物形式。动脉粥样硬化斑逐渐形成，这一过程与泡沫细胞的形成有关。动脉粥样硬化性病灶的形成是一个连续的过程，人为地分成两个步骤，事实上是两个步骤同时进行的。局部的动脉粥样硬化斑的形成与动脉粥样硬化性斑向整个血管壁的浸润过程也是两个同时进行的过程。随着年龄的增加，血管壁中脂质的沉积与血管壁的硬度也呈进行性的增加，但是，只有当动脉粥样硬化斑开始形成之后，目前已有的降血脂医疗手段和药物才能发挥治疗作用。因此，从某种意义上来说，动脉粥样硬化性病变是一种内源性因素决定的"程序性"的衰老疾病。年轻人有时也会发生这种动脉粥样硬化性病变，但如果不是低密度脂蛋白（LDL）受体的遗传性缺陷，则这种病变的性质是可逆的。动脉粥样硬化性疾病几乎是一种进行性发展的疾病，基本上与饮食及药物治疗无关，但饮食和药物治疗却能改善血管壁的结构与功能。这种结构的改善，既包括血管壁的细胞成分，也包括细胞外基质组分。血管壁的功能在很大程度上依赖于血管壁的细胞与细胞周围的基质蛋白的相互作用。在每一次的心脏收缩周期中，胸主动脉依赖其弹性回缩的功能性质，协助心脏将血液排到外周血管之中。细胞与细胞外基质构成了一个复杂的动力化学结构系统，这一系统的精确调节是血液循环进行精确调节的先决条件。因此，细胞与基质之间的相互作用，对了解血管壁的功能、研究药物对血管壁功能的影响，都是一个十分重要的现象。

纤维粘连蛋白（FN）是血管壁中一种重要的糖蛋白（GP）成分，是血管壁中细胞与细胞外基质蛋白相互作用的主要功能蛋白之一。研究表明，无论是血浆中的纤维粘连蛋白，还是组织中的纤维粘连蛋白，都随着年龄的增长而升高。如果患有 2 型糖尿病或乳腺癌，血浆中的纤维粘连蛋白的浓度升高趋势则得到缓解，但组织中纤维粘连蛋白的含量则急剧上升。动脉粥样硬化斑的形成过程中也会出现这种情况。在动脉粥样硬化斑的病变区，纤维粘连蛋白的含量急剧上升，但动脉壁中未见到弥漫性纤维粘连蛋白水平的上升。血管壁中的弹性蛋白类的蛋白酶也随着年龄的增长而增加，纤维粘连蛋白出现进行性的片段化降解，也是由这种酶进行催化的。发生片段化的纤维粘连蛋白也具有一定的生物学活性，某些类似的片段与老年病之间有着极为密切的关系。发生片段化降解的纤维粘连蛋白的生物学功能，包括促进病毒的转化作用、蛋白水解活性的片段、激活并释放胶原酶、导致组织脯氨酸残基的掺入量下降等。纤维粘连蛋白与低密度脂蛋白的相互作用，甚至能够使蛋白聚糖-LDL 复合物发生降解。一些类型的细胞因子，如 TGF-β 等，与动脉粥样硬化性病变的形成过程有关，同时也具有促进纤维粘连蛋白合成的作用。纤维粘连蛋白在介导不同的细胞-基质相互作用过程中发挥着十分重要的作用，但对于细胞-弹性蛋白的相互作用似乎没有显著的影响。其中一种称为弹性连接蛋白的分子质量为 120kDa 的细胞外基质蛋白在细胞与弹性蛋白的相互作用过程中发挥着十分重要的作用。弹性连接蛋白是膜结合型糖蛋白复合体中的一部分，当细胞与弹性纤维进行作用时即可被诱导。细胞与纤维之间的黏附过程可被蛋白质合成的抑制剂环磷酰胺（cyclohexamide，CHX）所阻断，而当加入弹性蛋白多肽时便得到加强。因此，认为细胞膜上存在着这一多肽的受体。这种弹性蛋白的受体可以将 C 蛋白与磷脂酶 C（PLC）相偶联，激活磷酸肌醇（IP）途径，IP_3 和 DAG 的水平都显著升高。半乳糖可以抑制这种受体蛋白的活性，但 RGD 多肽则对于弹性连接蛋白的受体活性没有显著的抑制作用。弹性连接蛋白可以触发细胞内钙离子浓度的升高，但对于 K^+ 泵却有特异性的抑制作用。血液中的白细胞膜上也有这种弹性连接蛋白的受体，可以触发这些细胞中的裂解酶类和氧自由基的释放。

第五节　非胶原糖蛋白与心血管疾病

Ⅰ型胶原和Ⅲ型胶原等间质性胶原蛋白类型是心脏组织中的主要细胞外基质蛋白类型，在维持正常的心脏结构与功能中具有重要作用，而且在心肌的损伤与修复过程中也有重要影响。但是，纤维粘连蛋白、骨桥蛋白及 von Willebrand 因子等，在心脏组织中所占的比例虽然不能与胶原蛋白同日而语，但仍然发挥着十分重要的作用。

一、纤维粘连蛋白与心脏疾病

除了遗传性决定因素之外，还有四大类的因素能够决定细胞的生长、形态学改变、分化状态、发育及生物化学应答的性质，如细胞因子、维生素/激素、细胞-细胞相互作用，以及细胞外基质等。心脏中的细胞外基质蛋白主要是由成纤维细胞所分泌的，而且处于动态变化之中。纤维粘连蛋白作为细胞与细胞之间、间质性胶原筛状结构之间的桥梁性结构，对于细胞的生长、黏附、移行和损伤修复过程等起着十分重要的调节作用。

1. 纤维粘连蛋白与心脏的发育　在胚胎发生过程中，纤维粘连蛋白的表达具有高度的特异性。同时，其 mRNA 的剪切加工过程在胚胎发育过程中也受到十分严格的调控，而且具有明显的组织特异性。纤维粘连蛋白 mRNA 的不同剪切加工方式，是发育过程遗传调节的一个重要机制。在胚胎发育的早期阶段，纤维粘连蛋白的两种位点结构 EⅢA 和 EⅢB 可以同时进行表达，但胚胎发生和器官形成完成之后，这两个位点的编码基因序列可发生组织特异性的剪切加工，从而分别从纤维粘连蛋白的 mRNA 的序列中剪切掉。纤维粘连蛋白的特殊表达方式，加上纤维粘连蛋白对于细胞的黏附、移行及细胞分化过程的调节有重要作用，因而推测纤维粘连蛋白在器官形成过程中占有重要的地位。间质性基质的组成成分对于间质性组织及相邻组织的形成具有重要影响。在大鼠胚胎心脏的发育过程中，纤维粘连蛋白自始至终都有表达，而且其分布也呈网状结构。心肌中的纤维粘连蛋白主要是由心脏的间质细胞所分泌的，在心肌细胞的移行和上皮细胞-间质细胞的转化过程中都有重要的作用，有助于心脏管状结构的形成及心脏重塑为一个多腔的器官。对于大鼠心脏发育过程中的纤维粘连蛋白进行动态测定，结果表明，随着心脏发育过程的不断进行，心脏中总的纤维粘连蛋白的 mRNA 表达水平呈进行性下降。同时，含有 EⅢA 或 EⅢB 两个外显子序列的纤维粘连蛋白 mRNA 在总的纤维粘连蛋白 mRNA 中所占的相对比例也呈进行性的下降。在 11 天的胚心中，纤维粘连蛋白基因具有广泛的表达活性，此后的纤维粘连蛋白 mRNA 的转录水平逐渐下降，高度分化的心肌细胞中不再有纤维粘连蛋白的 mRNA 的转录表达。含或不含 EⅢA/EⅢB 外显子的纤维粘连蛋白的 mRNA 在心脏中的分布几乎是完全一致的，说明心肌组织在发育过程中并不存在纤维粘连蛋白 mRNA 组织类型特异性的剪切加工过程。以免疫组织化学技术进行染色，几乎检测不到纤维粘连蛋白的表达，提示在这一发育阶段中，纤维粘连蛋白很少合成或分泌表达。因此，认为纤维粘连蛋白在心肌分化过程中并没有十分重要的功能。直到出生之前，当冠状血管基本上发育完成之后，在冠状血管壁上才有纤维粘连蛋白 mRNA 及蛋白质的表达。至成年以后，再也检测不到纤维粘连蛋白的基因转录活性，但在内皮细胞基质中还存在纤维粘连蛋白。这一结果也提示 EIIIA 和 EIIIB 外显子的剪切与正常心脏发育过程中纤维粘连蛋白 mRNA 的累积是互不相干的两个过程。

2. 纤维粘连蛋白与心肌肥大 动脉高血压继发的心肌肥大是由心肌细胞的肥大和成纤维细胞的增殖所引起的。由于血压的升高，动脉壁也肥大变厚，并出现血管周围性纤维化。随着心肌肥大的发生，心肌中基因表达的性质与类型有显著的改变。大鼠模型中，心肌肥大发生以后，心肌细胞与血管平滑肌细胞的基因表达都发生变化，集中表现在这两种细胞类型的幼稚化。其本身在胚胎发育阶段具有表达活性，成年后不表达的一些基因类型，在心肌出现肥大时，又重新出现表达活性。例如，肌球蛋白重链（MyHC）在胚胎期表达，成年后失去表达活性，而心肌肥大发生时又有表达活性。非肌肉细胞的一个显著改变即是胶原、纤维粘连蛋白基因表达水平升高，提示发生纤维化。年轻大鼠的升主动脉发生狭窄，可以诱导局灶性坏死的出现，在胶原出现累积之前即有纤维粘连蛋白的表达。

在一系列高血压动物模型所引起的心肌肥厚过程中，心肌中的纤维粘连蛋白 mRNA 的转录表达水平升高。血压升高 4~6 周以后，心肌肥厚的程度超过 70%，但还没有心力衰竭的迹象，心肌中的纤维粘连蛋白 mRNA 的表达水平也没有显著升高。但主动脉发生狭窄以后 1~2 天之内，含有 EIIIA 外显子序列的纤维粘连蛋白的 mRNA 表达水平升高近 2 倍。第 4 周以后不再有这种类型的纤维粘连蛋白 mRNA 的表达，提示心肌肥厚的过程中，出现纤维粘连蛋白的特异性剪切加工过程，这种现象出现较早，持续时间短暂，与总纤维粘连蛋白 mRNA 的累积过程之间无相关性。高血压发生 4~6 周以后，心肌肥大进入代偿性肥大期，含有 EIIIA 外显子序列的纤维粘连蛋白 mRNA 的转录表达水平即升高 1 倍。含有 EIIIB 外显子序列的纤维粘连蛋白 mRNA 仅占总纤维粘连蛋白 mRNA 的 70%，而且还不具备与含有 EIIIA 外显子序列的纤维粘连蛋白 mRNA 的变化特征。在盐皮质激素诱导的高血压动物模型中，含有 EIIIA 和 EIIIB 外显子序列的纤维粘连蛋白 mRNA 的表达水平都显著升高。因此，由不同原因所引起的高血压，发生心肌肥大时心肌中纤维粘连蛋白 mRNA 不同剪切加工方式的 mRNA 类型升高的程度及时相均有显著的不同。

高血压所引起的心肌肥大，心肌中的总纤维粘连蛋白 mRNA 水平保持不变，但以原位杂交和免疫组织化学技术证实一小部分的细胞，无论是纤维粘连蛋白的 mRNA，还是蛋白质，其表达水平均显著升高。在心肌肥大过程中，特别是在心肌坏死的局灶区，也有纤维粘连蛋白的 mRNA 的累积。在这一病灶中所表达的纤维粘连蛋白 mRNA，都含有 EIIIA 和 EIIIB 外显子的序列。高血压引起的心肌肥大过程中，纤维粘连蛋白基因表达的另一个显著特点就是冠状动脉的平滑肌细胞和主动脉的平滑肌细胞表达纤维粘连蛋白的 mRNA 水平升高，而且含有 EIIIA 和 EIIIB 外显子序列。升主动脉狭窄大鼠模型中，左心室和右心室中的冠状动脉壁中含有 EmA 和 EmR 外显子的纤维粘连蛋白 mRNA 的表达水平均显著升高。

3. 心血管系统纤维粘连蛋白表达的调节 由动脉狭窄引起的心肌肥大，会出现胎儿型基因表达，这种异常类型的基因表达，仅限于冠状动脉血管中，在冠状静脉见不到这种现象，说明灌注压力引起的动力学因素，如内皮细胞的剪切应变和细胞被动性伸展，都是引起基因表达变化的重要原因。正如损伤修复和组织修复的过程一样，基质中的平滑肌细胞受到激活之后，其表型发生改变，并发生一系列的变化，如内皮素的合成，内皮细胞分泌松弛因子、血管紧张素 II、生长因子或细胞外基质成分等。成纤维细胞表型的变化一般来讲晚于平滑肌细胞。血管内皮细胞在血流发生改变之后，纤维粘连蛋白的合成过程即能受到抑制。在高血压大鼠的动脉中和心肌中，不论是何种原因引起的高血压，纤维粘连蛋白的表达，特别是含有 EIIIA 序列的纤维粘连蛋白的表达水平升高不仅仅是血压升高依赖性的，因为血压正常以后，这种形式的纤维粘连蛋白的表达也没有受到抑制。给 AngⅡ 处理的大鼠低剂量的 ACE 抑制剂，对于大鼠的血压无明显的影响，但却可以显著抑制含有 EIIIA 序列的纤维粘连蛋白的表达，又一次说明在高血压的心脏和动脉中，血压的升高并不是纤维粘连蛋白 mRNA 转录表达水平升高的主要原因。纤维粘连蛋白的表达受到多种因素的影响。

AngⅡ 诱导心肌肥大，AngⅡ 对纤维粘连蛋白的表达具有直接的促进作用。AngⅡ 作用的靶细胞以非肌细胞为主，而 AngⅡ 也是促进含有 EIIIA 序列的纤维粘连蛋白 mRNA 转录表达的一个重要因子。实验证明，AngⅡ 与内皮素-Ⅰ对来源于主动脉的平滑肌细胞表达纤维粘连蛋白的功能均有促进作用。

TGF-β 对于细胞外基质蛋白合成与累积的一系列过程都有调节作用。在心肌梗死发生及动脉狭窄引起的大鼠心肌肥大过程中，都有 TGF-β mRNA 转录表达水平的升高。在发生肥大的心肌中，TGF-β mRNA 的转录表达水平升高早于纤维粘连蛋白 mRNA 转录表达水平的升高，因而推测心肌中的 TGF-β 与其他组织中的 TGF-β 一样，对于纤维粘连蛋白的表达具有重要的调节作用。在体外培养的成纤维细胞系统中，早已证实生长因子对纤维粘连蛋白 mRNA 的剪切加工过程具有调节作用。但是，TGF-β 对于体外培养的平滑肌细胞表达纤维粘连蛋白水平并无显著的影响。除此之外，血小板源生长因子（PDGF）可以改变体外培养的平滑肌细胞的表型，其机制是对纤维粘连蛋白与整合素的相互作用产生影响。

二、骨桥蛋白与心肌坏死的修复

心肌梗死的修复是一个多步骤的过程。坏死的心肌被炎性细胞与吞噬细胞所包围、浸润，变为肉芽组织，随后变为致密的纤维瘢痕组织。与心肌瘢痕形成有关的成纤维细胞具有平滑肌细胞的性质。这种成纤维细胞在心肌组织发生损伤以后，其中 PDGF 的 α 链和 β 链、弹性蛋白、Ⅰ型胶原的 $α_1$ 链及骨桥蛋白（osteopontin）等基因的表达水平显著升高。在控制细胞移行的过程中，骨桥蛋白是一种特别重要的分子类型。在骨桥蛋白这种可分泌型的糖蛋白分子中，也含有与细胞黏附有关的 RGD 三肽序列结构。骨桥蛋白借助其分子中的 RGD 序列，与细胞膜上相应的整合素受体蛋白分子进行识别与结合，以促进细胞的黏附、趋化及信号转导等。作为一种细胞外基质蛋白，骨桥蛋白还具有细胞因子样效应，因而在体内组织修复过程中具有十分重要的作用。

Murry 等对心肌坏死过程中，浸润的巨噬细胞所表达的骨桥蛋白的生物学功能进行了研究。以免疫组织化学、Western blot 杂交及原位杂交等技术证实，正常大鼠的心肌中没有骨桥蛋白的表达。大鼠心肌实验性损伤发生以后，浸入坏死心肌的巨噬细胞在第 1 天和第 2 天即有高水平骨桥蛋白 mRNA 和蛋白质的表达。以巨噬细胞的标志 ED1 进行双重标记，证实只有一个巨噬细胞亚群具有表达骨桥蛋白的能力。以 Western blot 杂交技术证实，发生坏死的心肌中有一种分子质量为 66kDa 的骨桥蛋白的表达，但正常对照组中无此种蛋白质的表达。心肌组织坏死之后，在组织颗粒化应答和瘢痕组织形成过程中，一直有巨噬细胞的浸润，但是在损伤发生之后的第 4 天，骨桥蛋白的表达即出现显著的下降，在损伤发生 1~4 周以后，即难以见到骨桥蛋白的表达。在 1 例患有心肌梗死的坏死心肌中，到心肌梗死发生之后的第 8 天，有巨噬细胞的浸润，这些浸润的巨噬细胞有骨桥蛋白基因 mRNA 和骨桥蛋白的表达。在心肌发生坏死时，浸入肺、皮肤和骨骼肌中的巨噬细胞也有骨桥蛋白短暂的表达活性，说明心肌梗死发生之后，骨桥蛋白的应答不仅仅限于心脏这一个器官。因此，骨桥蛋白的表达，特别是组织发生损伤之后，浸润其内的巨噬细胞中骨桥蛋白的表达，是各种类型的组织发生损伤时出现的一般的应答过程。在组织损伤随后的修复过程中，浸润的巨噬细胞虽然以持续状态存在，但其中的骨桥蛋白基因的表达活性却出现显著下降，提示组织损伤发生之后，骨桥蛋白的表达通过其细胞黏附、细胞趋化及细胞吞噬等过程，促进损伤心肌的愈合。

心脏细胞外基质（ECM）由心肌细胞、成纤维细胞、白细胞和心脏血管细胞所在的基质蛋白组成。除了支架功能对心脏细胞提供支持外，心脏 ECM 还有重要的非结构功能，提供多重蛋白生长因子和细胞受体结合场所。研究主要集中在糖化和蛋白修饰后导致的蛋白功能性的多样化，产生蛋白多糖和糖蛋白如众所周知的基质细胞蛋白。为帮助读者了解心脏 ECM 加糖后的功能多样性，还需简单介绍一些其生物合成和结构的生化概念。

1. 协调不断变化的心脏 心脏塑形是心脏细胞及细胞外成分对机械或激素活性的适应性应答而导致的左心室外形、容量和质量的改变。塑形的始动因子是缺血、压力过载、老化和病毒感染。非结构蛋白是对心脏损伤应答的重要 ECM 重排的调节因子，心脏损伤时其表达增加。这些蛋白质的多重功能一般归功于其不同的结构蛋白域，而这些区域具有多样性，有时甚至出现相反的功能。有的研究解释为基质金属蛋白酶裂解非结构蛋白的过程能够释放被掩盖的表位而增加其功能性。但并未解释在病理生理情况下，这些核心蛋白域被广泛表达的酶在特定时间被释放出来的原因。而糖基化通过影响这些蛋白折叠或通过保护蛋白不被降解甚至改变表位识别就可扩展这些蛋白质的功能。再者，一些糖本身就有独立的功能，可以解释蛋白质的重要生物学功能，因此现在的研究重点应转移到糖基化的生物学过程，糖基化后可增加 ECM 的功能范围，可更加完全地解释核心蛋白域的时空功能变化。

2. 糖基化及其重要性 在蛋白分泌前加入糖基，是生物学中最突出、最复杂的翻译后修饰之一。脊椎动物 50% 的蛋白需要糖基化，使得结构和功能大量异化。1930 年有研究证明在真核细胞中存在糖基化。糖还存在于从海洋叠层石分离的活化石蓝藻菌中，推测真核细胞从细菌中遗传了糖化结构。糖是真核细胞的 4 个基本成分之一，存在于细胞内、细胞外及细胞表面。它们调节各种生物学过程，如细胞黏附、信号转导、免疫、胚胎发育及微生物识别等。哺乳动物中最常见的糖化形式是 N-连接及 O-连接。可修饰细胞内和细胞外蛋白和脂质。N-和 O-连接的糖化蛋白过程发生在内质网（ER）及高尔基体，需要许多不同的酶。N-和 O-连接的不同之处在于糖化时结合不同的氨基酸，天冬酰胺残基的酰胺 N-连接，丝氨酸或苏氨酸残基的羧基 O-连接。通过这些糖化链接，不同的糖链如聚糖和黏多糖（糖胺聚糖 GAG）结合到蛋白质。支链聚糖通过影响蛋白折叠、稳定、活性、分部、靶向和识别改变蛋白功能。由重复双糖单位（GAG）组成的非分支的线性多糖通过形成蛋白聚糖而改变生物学功能。需要强调的是，聚糖是具有生物学活性的糖，但没有独立的功能。GAG 是具有独立生物学功能的活性糖，可以独自存在于 ECM，也可以和蛋白核心结构结合产生蛋白聚糖。GAG 因此能影响和丰富蛋白质功能。但它们的生物学功能并不依赖其所附着的蛋白质。

3. GAG　　GAG 是哺乳动物组织中带有最多负电荷的分子，可以可逆或不可逆性地与其他带正电荷的基质蛋白、生长因子受体在表面相互作用。其在细胞内产生且具有多样性，似乎可以随机性地结合到蛋白质上，靠改变特殊蛋白功能或特性使蛋白质具有广泛的功能。下文介绍部分 GAG 相关的生物化学概念。

（1）GAG 和蛋白聚糖：生物合成的可变多糖结构 GAG 的多种功能归因于其糖成分的独特组成。基于核心双糖结构，GAG 分成 4 组：①硫酸软骨素（CS）/硫酸皮肤素（DS）；②肝素/硫酸肝素（HS）；③硫酸角质素；④透明质酸。除透明质酸（胞膜产生，因此不能硫酸化也不能连接到蛋白质），所有 GAG 由 ER 和高尔基体产生。为完全了解 GAG 结构可变性对于 GAG 和蛋白聚糖功能的重要意义，在此简单讨论 O-连接的 GAG 合成，示例 N-和 O-连接 GAG 与聚糖的可变性。

翻译后的蛋白进入 ER 后首先被木糖转移酶修饰，在丝氨酸或苏氨酸上加入木糖，随之在高尔基体不同的酶作用下加入 2 个半乳糖残基和 1 个葡萄糖醛酸，完成 4 个糖连接单位。加入第 5 个糖决定糖链变成肝素/HS 或 CS/DS。在 EXT1 和 EXT2（葡萄糖醛酸/N-乙酰葡糖胺转移酶）作用下进一步加入重复双糖结构以延长肝素/HS 链，随后表构酶将葡萄糖醛酸转化成艾杜酸。表构是形成 GAG 的重要步骤，因艾杜酸能改变糖链的重要功能特征。CS/DS 链延长由 6 个不同的软骨素糖基转移酶协调。再者，葡萄糖醛酸到艾杜酸的表构改变是形成 DS 所必需，但对形成 CS 并非必需。最后，糖链被多个 N, O-硫酸转移酶和 N-脱酰酶修饰，最终影响其功能特性。这些酶对蛋白功能的影响最终被临床遗传性糖化功能障碍性疾病所证实。

（2）GAG 和蛋白聚糖：糖-蛋白质结构可否满足环境需要？GAG 和蛋白聚糖结构功能的可塑性由高尔基体中非模板驱动的合成所实现，因此什么决定了糖链会成为 HS 或 DS，以及糖链会修饰到什么程度？直到现在，研究主要集中在心脏疾病的全蛋白含量；结果发现，蛋白聚糖 / GAG 组成和蛋白裂解过程对蛋白功能的作用并不清楚，但已经建立起了关于 GAG 链延伸和修饰的几个重要概念。除了重要的蛋白特征，酶在 ER 和高尔基体中的时空分布可能最终影响细胞产生的 GAG 蛋白结构。目前已经鉴定出 16 种差异表达的酶，在高尔基体中能够共定位，但其作用顺序及相互作用还没有弄清楚。虽然如此，酶链修饰（硫酸化）对于 GAG 链的最后功能已然确定，如 HS 中的 HS 蛋白聚糖多配体聚糖（syndecan）和基膜蛋白（perlecan）。HS 对于碱性成纤维细胞生长因子（bFGF）受体结合和活性是必需的。这种高尔基体中充满活力的糖化结构能够产生非固定的 GAG 或者聚糖结构序列，导致不固定的蛋白聚糖或糖蛋白结构，因此产生对于环境需求的适应，而且这些蛋白的生物学可变性大大地增加了。除了因产生非固定蛋白聚糖或糖蛋白结构而增加功能可变性外，时空各异的蛋白裂解加工进一步增加了这些单个蛋白的功能范围。蛋白裂解在蛋白功能方面的意义可以用膜结合 HS 蛋白聚糖多配体蛋白-4 来说明。在重塑心脏过程中，完整的膜结合多配体蛋白-4 和其分离的细胞外域具有不同的作用。多配体蛋白-4 的酶解脱落或者降解改变了其结构构型及功能，又一次强调了细胞外因环境需要而剪裁 GAG / 蛋白聚糖结构的蛋白可塑性。

（3）GAG 和蛋白聚糖：糖化结构的临床相关性最早是在 20 世纪 30 年代发现血型时认识到的，不同的糖形成不同的血型。另一个是世界范围内最常用的抗凝药物肝素。GAG 和蛋白聚糖在临床实践中的重要性可以用 2008 年肝素召回事件来证明。2007 年末到 2008 年初，在血透患者中给予抗凝剂肝素引起了严重副作用，包括低血压、喉头水肿及血管性水肿甚至死亡。后来发现 CS 的过度硫酸化被认为是其污染物，解释了其过敏反应的原因。进一步检查肝素样本发现含有 N-乙酰葡糖胺残基。曾经有研究证实用乙酰基替代葡糖胺残基的氨基可以改变肝素功能，N-乙酰肝素没有抗凝功能。事实上，在葡糖胺残基上的替代基团决定了其抗凝活性及体内沉积，因此了解 GAG 生物合成和链结构对于临床使用非常重要。

4. 心脏中的 GAG

（1）透明质酸和肝素：透明质酸是在心脏 ECM 中最大的 GAG，是唯一不连接到蛋白核心结构的 GAG，可以和蛋白聚糖以非共价键的形式形成复合物。1934 年 Karl Meyer 和 John W. Palmer 首先在心脏中发现 GAG。透明质酸在心肌梗死、心肌炎和心肌肥大动物模型中表达上调。1985 年，West 等证实源于高分子质量透明质酸寡糖与大的透明质酸的变异体具有不同的功能。在完整的 ECM，透明质酸主要以高分子质量多糖形式存在，而当受伤后，就会产生低分子质量片段。这些透明质酸片段在内皮细胞和白细胞中能诱导促炎信号；它们通过 CD44 依赖的机制清除，是炎症应答消退的主要步骤。再者，透明质酸/CD44 信号在促进伤口愈合时起重要作用。透明质酸是转化生长因子（TGF-β）诱导的肌成纤维细胞分化的基础。若无 CD44，肌成纤维细胞对 TGF-β 的应答受损，表明透明质酸/CD44 信号在心脏损害时的潜在相关性。最后，有体外研究显示透明质酸对过氧化物处理后的心肌细胞有保护作用。肥大细胞分泌的肝素涉及心脏塑形。在啮齿类动物心肌梗死（MI）时 N-乙酰肝素有有益作用，能保存心脏功能，减少梗死面积。

（2）HS、CS 及 DS：有证据显示这三种物质在心脏发育及心脏瓣膜疾病中非常重要，而且 GAG 在心脏塑形中也很重要，特别是心脏肥大方面、年龄相关的心肌变性及 MI 时。木糖转移酶 I 的表达增加显示了其重要性，此酶负责 GAG 四糖子单元的连接。用 TGF-β 刺激成纤维细胞或者给予机械应力时可以观察到其上调。有些实验研究也支持 MI 后心脏塑形时的 GAG 潜在作用，犬和大鼠心肌瘢痕中的 CS 和 DS 表达增加。大鼠在 MI 后立即给予血管内皮生长因子的转基因治疗，CS 及 HS 增加，这样的表现与提高心肌细胞生存和增加再血管化、恢复和功能相关。GAG 在组织器官化和修复中的意义还有下面的证据支持：GAG 在猪主动脉瓣中的含量与组织变性有关。在老龄大鼠心肌中，HS 侧链发生硫酸化类型的改变导致结构和功能改变。最重要的是，在新生大鼠心肌细胞，肝素和 HS 可抑制血管紧张素 II 诱导的心肌肥大，GAG 在肥厚型心肌病中有很大的治疗潜能。

（3）心脏中的蛋白聚糖：基质蛋白聚糖按照细胞外定位、大小和结构性质分成亚组，包括透凝蛋白聚糖（versican、aggrecan、neurocan 和 brevican）、基底膜蛋白聚糖（perlecan、collagen type XVIII 和 agrin）、细胞表面蛋白聚糖（syndecans 和 glypicans）、富含亮氨酸小蛋白聚糖（SLRP，如 biglycan、decorin、lumican 和 osteoglycin）。目前对于心脏基质蛋白聚糖作用的研究很有限，主要涉及在心脏病理中的作用。

（4）细胞表面蛋白聚糖：多配体蛋白聚糖。多配体蛋白聚糖是 4 次穿膜受体家族成员，由保守的细胞外域、穿膜域和很短的胞质域组成。细胞外的胞外域对于每种多配体蛋白聚糖是独有的，而且含有保守的 GAG 附着位，HS 是最常见的，细胞外域及其 HS/CS 侧链可以调节与其他基质蛋白、生长因子或生长因子受体相互作用。所有的 4 个多配体蛋白聚糖成员的转录水平在小鼠和大鼠心肌受损时都增加。多配体蛋白聚糖 1 和 4 表达增加对于梗死部位修复、保护心脏功能有重要意义。缺失功能研究表明，多配体蛋白聚糖对于 MI 修复起重要作用。MI14 天后，小鼠如果缺少多配体蛋白聚糖-1 会在梗死部位招募更多的白细胞和形成更多的受损的胶原纤维。而过表达多配体蛋白聚糖-1，因梗死部位减少了炎症和提高胶原质量起到了保护心脏的功能及防止扩张的作用。这些发现可能具有治疗上的意义。但多配体蛋白聚糖-1 在心脏重塑模型上并不总是保护性的，反映了此分子的不同功能。在血管紧张素Ⅱ诱导的压力过负荷时增加多配体蛋白-1 的表达会通过增加 CCN-2 和胶原表达增加心脏的纤维化，诱导心脏功能异常。缺失功能研究还显示多配体蛋白聚糖 4 在 MI 后心脏重塑时也有重要作用。缺失多配体蛋白聚糖-4 的小鼠展示了 MI 后通过损害形成肉芽组织而增加了心脏破裂和心脏功能异常的可能。缺乏此蛋白聚糖也损害了成纤维细胞的功能及 bFGF 诱导的内皮细胞增殖和微管形成。用腺病毒载体在大鼠 MI 模型中过表达此蛋白聚糖进一步证实了此蛋白聚糖的保护作用，机制可能是通过抑制炎症和纤维化而介导血管形成。但过表达多配体蛋白聚糖-4 胞外域可能是有害处的。过表达胞外域通过损害肉芽形成而损伤心脏功能和增加心脏破裂可能。由腺病毒载体过表达的胞外域与由酶切脱离产生的胞外域相似，起到显负性抑制因子作用，抑制内源性的多配体蛋白聚糖-4。尽管缺乏此蛋白聚糖与 MI 后损伤部位愈合受损主要是通过影响成纤维细胞／白细胞招募和功能，心肌细胞特异的功能可能同时影响结果。在缺血-再灌注损伤模型中，无多配体蛋白聚糖-4 小鼠表现出心肌损害增加，原因是心肌细胞凋亡增加。因此，缺乏此蛋白聚糖与梗死部位扩大有关。缺血-再灌注 7 天后，此蛋白聚糖丢失还与心肌细胞面积增加及在梗死边缘和远端左心室增强的激活 T 细胞的核因子相关，并伴随心脏功能改善。靠抑制激活 T 细胞信号核因子，被主动脉套扎后的无多配体聚糖-4 小鼠出现左心室扩张和功能异常。多配体蛋白聚糖-4 对于心肌细胞和成纤维细胞／白细胞的作用证实其在疾病不同的阶段具有不同的功能。这些作用可能是差异性糖化类型的结果。

（5）透凝蛋白聚糖：多功能蛋白聚糖。动态的 ECM 由各种多功能蛋白组成，赋予的不仅是结构完整性而且是周围组织对于生长因子和细胞因子的生物可获得性。透凝蛋白聚糖是一组蛋白聚糖按照其能够和血凝素结合，以及能够结合透明质酸的特性而命名。这些蛋白聚糖的核心蛋白分子质量大小在 50～400kDa，含有 100～150 个 GAG。因此，糖化进一步增加了它们的分子质量，在 ECM 中的大小在 1000～2500kDa。编码 GAG 链结合位点的多功能蛋白聚糖基因的进一步替代剪接产生多于 4 种的异构体，并具有不同的分子质量。这些基质成分可与其他的基质蛋白、生长因子和细胞表面受体相互作用。多功能蛋白聚糖在体内广泛表达，因其吸湿作用而首先在关节和软骨中被发现。吸收或保存 ECM 中的水分非常重要，使得细胞在发育和疾病时能够移动。此蛋白质的研究发现在心脏发育中起重要作用并可能涉及瓣膜疾病的病理发生。但对于此蛋白在心脏重塑模型中的作用知之甚少，如 MI、血管紧张素诱导心脏肥大、老龄化或心肌炎。但多功能蛋白聚糖通过与 ECM 另外的成分相互作用调节细胞因子和生长因子应答而对心脏重塑起重要作用。此蛋白可以结合许多基质成分和炎症介质，包括透明质酸、Ⅰ型胶原、腱生蛋白-R、腓骨蛋白-1、腓骨蛋白-2、原纤维蛋白、纤维粘连蛋白和化学因子。再者，此蛋白还结合数种细胞表面受体，如 CD44、$β_1$ 整合素生长因子受体、L 和 P-选择素、低密度脂蛋白、糖蛋白配体-1、和 Toll 样受体（TLR）-2，调节广泛的细胞应答，如细胞增生、移动和炎性激活。在体外研究中发现，多功能蛋白聚糖在调节炎性应答时有重要的活性；这些活性在 MI 和心肌炎时可能起重要的病理作用。如多功能蛋白聚糖与透明质酸结合促进白细胞黏附到 ECM，激发 CD44 信号。多功能蛋白聚糖介导的刺激受伤后 TLR 引发促炎细胞因子产生增强了对白细胞的吸引，招募到包括单核细胞的白细胞明显诱导多功能蛋白聚糖表达，进一步诱导巨噬细胞分化。在心脏中可以观察到，在梗死心肌的单核细胞浸润中诱导多功能蛋白聚糖表达。甚至有研究者提出多功能蛋白聚糖与巨噬细胞极化相关，此为心肌炎症和修复的关键细胞事件。

（6）基底膜蛋白聚糖（简称基底膜聚糖）：基底膜聚糖在血管 ECM 中最常见。含有促进和拮抗血管再生的两种特性，部分是通过其分子上的 HS 与 FGF-2 结合介导。但基底膜聚糖和其 HS 侧链在血管再生中的特殊作用还需进一步证实。根据推测，可变的 GAG 结构与其在蛋白裂解过程中可能产生广泛的但似乎又功能矛盾的基底膜聚糖有关。现在只了解基底膜聚糖在心肌发育过程中起关键作用，是否在心肌缺血或梗死后涉及血管再生调节还不清楚。

（7）小富含亮氨酸蛋白聚糖（SLRP）：SLRP 代表一组分子质量在 36~42kDa 的细胞外蛋白，由丰富的亮氨酸重复序列组成。根据其串联的亮氨酸重复片段的特有结构，把 SLRP 分成 5 种不同的蛋白质，每个 SLRP 能够结合不同的聚糖和 GAG 而糖化。开始时在骨和软骨中发现这些蛋白聚糖，然后扩展到肿瘤生物学、免疫学和胎儿发育。由于核心蛋白和 GAG 侧链的不同，SLRP 可以和各种细胞因子、生长因子、细胞表面受体及基质蛋白相互作用。事实上，它们可以结合到不同类型的胶原、TLR 表皮生长因子受体和胰岛素生长因子受体、低密度脂蛋白受体和 TGF-β。因此 SLRP 涉及广泛的细胞功能及病理生理应答，包括胶原纤维装配、炎症、细胞再生、动脉粥样硬化、纤维化，表明其在心脏基质生物学方面具有重要作用。SLRP 表达模式表明可能涉及心脏内环境稳定和重塑。SLRP 的饰胶蛋白聚糖、双糖链蛋白多糖和光蛋白聚糖广泛表达于二尖瓣。二尖瓣反流后，饰胶蛋白聚糖在二尖瓣中的表达增加，而在左心室饰胶蛋白聚糖和光蛋白聚糖的表达下降。主动脉狭窄患者 SLRP 的骨甘蛋白聚糖的表达明显增加，与左心室质量有很强的相关性，证明 SLRP 在心脏重塑中的作用。虽然 SLRP 所有成员的功能是调节 ECM 成分，这里主要讨论与心肌病理学有关的成员。尽管如此，对于 SLRP 涉及心脏重塑的公开资料仍有限。

（8）Ⅰ类 SLRP：双糖链蛋白多糖和饰胶蛋白聚糖。双糖链蛋白聚糖和饰胶蛋白聚糖是Ⅰ类 SLRP，含有通常被高度硫酸化了的 CS 或 DS 侧链。这些蛋白聚糖调节 ECM 组成、细胞黏附和迁移，正常心脏中广泛表达，在压力过载和 MI 应答中也会增加表达。通过刺激胶原纤维装配，防止梗死部位扩张和功能异常，如此这般双糖链蛋白聚糖似乎保证了在梗死修复时适当的胶原瘢痕形成。转基因小鼠过表达人类双糖链蛋白聚糖能够上调 TGF-β 和 NO 合成酶家族的蛋白表达，表明双糖链蛋白聚糖在心脏重塑和心脏保护方面发挥作用。体外实验研究显示，双糖链蛋白聚糖通过上调内皮细胞 NO 合成酶转录和蛋白水平，增加心肌细胞 NO 含量，起到保护新生大鼠心肌细胞的作用。双糖链蛋白聚糖与 TLR-2 和 TLR-4 结合调节炎症应答，通过与胶原纤维结合而涉及调节纤维化。

在梗死后，心肌饰胶蛋白聚糖表达的增加与胶原沉积、TGF-β 水平和 SMAD 表达有相关性。饰胶蛋白聚糖可能负性调节纤维化。体外实验显示，加入外源性的饰胶蛋白聚糖后，TGF-β刺激的人心脏成纤维细胞胶原产生明显下降。体内实验显示，MI后腺病毒载体介导的饰胶蛋白聚糖过表达导致心脏纤维化降低，提高了心脏功能。饰胶蛋白聚糖通过结合TGF-β及结合胶原Ⅰ和Ⅲ涉及心脏纤维化的发病机制，在胶原交叉连接中起重要作用。饰胶蛋白聚糖侧链涉及正确的胶原装配和介导细胞对ECM的黏附。这个GAG在基质结构中的生物学相关性由小鼠缺乏饰胶蛋白聚糖中形成较薄的胶原纤维和增加的局部黏附性得以阐明。与此相反，仅缺失DS侧链的饰胶蛋白聚糖具有较厚的胶原纤维。饰胶蛋白聚糖能够作为内源性TLR-2和TLR-4的配体，刺激巨噬细胞促炎细胞因子，并且在激活心肌炎症应答时起作用，这一点更像双糖链蛋白聚糖。

（9）二类SLRP：光蛋白聚糖。光蛋白聚糖在成熟小鼠中广泛表达，心脏和眼睛表达水平最高。用硫酸角质素修饰光蛋白聚糖形成蛋白聚糖，从而使得角膜透明。硫酸角质素与光蛋白聚糖结合主要发生在眼睛，而在其他器官，如心脏光蛋白聚糖没有与任何GAG结合以糖蛋白形式出现。但是，在缺血-再灌注后的大鼠心脏中的光蛋白聚糖表达成分是蛋白聚糖和糖蛋白，在损害修复不同阶段表达不同的分子。对于压力过负荷时反应性的饰胶蛋白聚糖和光蛋白聚糖在糖化方面的改变可能对于心脏重塑非常重要，对于CS/DS的GAG链合成酶有潜在作用。光蛋白聚糖和饰胶蛋白聚糖可以被MMP-1切割，表明蛋白裂解加工是被精确调控的，而且对于蛋白聚糖介导的时空功能非常重要。依靠提呈脂多糖到CD14，激活巨噬细胞的TLR-4，光蛋白聚糖像双糖链蛋白聚糖和饰胶蛋白聚糖一样可以调节炎症应答。在小鼠角膜炎模型中，光蛋白聚糖靠与CXCL1相互作用产生受损部位的化学因子梯度而调节中性粒细胞浸润。通过与胶原和其他基质成分相互作用如聚集蛋白聚糖和整合素，光蛋白聚糖调节基质重排和胶原装配，在缺乏光蛋白聚糖的小鼠肝脏损伤模型中，可以减少肝纤维化、损害胶原纤维产生及增加基质周转支持这一理论。由于光蛋白聚糖与多种基质成分、细胞因子和生长因子相互作用，吸引了很多学者对其进行研究。

5. 心脏中的糖蛋白：基质细胞蛋白 ECM的部分非结构功能与一族结构上不相关的糖蛋白——基质细胞蛋白相关。第一个蛋白类型是酸性和富半胱氨酸分泌蛋白（SPARC），其他还包括血小板反应蛋白（TSP）-1、腱生蛋白-C、骨调蛋白（OPN）、骨膜蛋白、TSP-2、TSP-4、腱生蛋白-X、CCN-1（富含半胱氨酸蛋白-61）和CCN-2（结缔组织生长因子）等。目前的研究主要集中在在心脏塑形中起关键作用的基质细胞蛋白。

（1）血小板反应蛋白：此家族是由5个成员组成的糖蛋白，按照结构和寡聚化状态分成两组。第一组包括TSP-1和TSP-2，为三聚体，而其他成员如TSP-3～TSP-5，为五聚体。目前的研究主要集中在心脏中的三聚体，最近也有五聚体TSP的研究报道，特别是TSP-4在心脏疾病中的作用。作为典型的基质细胞蛋白，TSP不存在于正常成人ECM中，但在心脏发育和受损时表达增加。TSP-1在心脏发育时短暂表达，TSP-2在许多器官的结缔组织中表达丰富。TSP-3～TSP-5在发育时表达只限于某些部位，如脑、软骨、肺和神经系统。TSP在心脏病理中非常重要。通过抑制MMP活性和帮助TGF-β激活，而保存心脏基质。TSP-1和TSP-2保护MI和压力过载后的心脏（特别是TSP-1）。TSP-1是潜在的血管稳定介质。在糖尿病患者的心脏，TSP-1靠增强血管生成素-2的表达，增加血管密度。在老年人心脏，TSP-2激活促进Akt信号及抑制MMP活性起保护作用。TSP-1和TSP-2功能域能够和胶原相互作用，还能和其他基质成分如细胞因子、生长因子和蛋白酶相互作用，改变它们的活性。TSP-1 和 TSP-2 还能够改变局部黏附状态成为中间状态，即其有去黏附性质。最后这两个分子还有抗炎作用，主要是通过其增加 T 调节细胞激活。病毒性心肌炎的野生型小鼠心脏与基因敲除小鼠心脏比较，T 调节细胞数量增加明显。特别是含有特异 CD47 C 末端域的 TSP 多肽能促进人类 T 调节细胞，此 T 细胞能抑制自体 T 细胞的增殖和产生细胞因子。TSP-1/CD36 相互作用调节凋亡中性粒细胞的清除和 TSP1 发动的 TGF-β 激活。

在小鼠主动脉缩窄模型中，TSP-4 具有 TSP-1 和 TSP-2 类似的保护作用，在无 TSP-4 小鼠可以观察到心脏重量增加和加重心肌纤维化。Lynch 等观察到 TSP-4 的保护作用可能是通过增强心肌细胞的 ER 功能，机制是通过对核穿梭激活转录因子 6α，导致蛋白合成减少，增加损伤或错误折叠的蛋白的降解，选择性地诱导保护性蛋白的表达。TSP 在人类主动脉狭窄时 TSP-2 上调表达，或者在扩张型心肌病终末期 TSP-4 的上调表达进一步支持其在心脏塑形方面的重要作用。TSP 单个核苷酸多态性与冠状动脉粥样硬化血栓形成性疾病之间的关系进一步支持 TSP 与心脏疾病之间的关系。

（2）酸性富半胱氨酸分泌蛋白（SPARC）：经典的基质细胞蛋白 SPARC，因其最初是在骨中检测到的，因此也称为骨粘连蛋白，是由一个 EF 钙结合域、一个卵泡抑素氧域及 kazal 丝氨酸蛋白酶抑制域组成。SPARC 对胶原有高度亲和力，促进胶原交联。后者是梗死愈合所必需的。缺乏 SPARC 小鼠中，MI 后心脏破裂和功能异常增加。但是，胶原交联增加对于压力过载和老龄化是有害的，因为其可以增加舒张功能异常。因此，在梗死后 SPARC 表达是有益的，但对于压力过载和老龄化的结果是对心脏有害的。MMP（MMP-2、3、7、13）对 SPARC 蛋白起裂解作用，可以调节其功能，增加胶原亲和力或者释放较小裂解蛋白片段调节血管生成。SPARC 还有抗黏附特性，调节各种涉及组织修复、血管生成和纤维化的生长因子如 FGF-2、血管内皮生长因子、血小板源生长因子、胰岛素样生长因子-Ⅰ和 TGF-β 的活性。

（3）腱生蛋白：腱生蛋白是由 4 个六聚体组成的糖蛋白，包括腱生蛋白-C、X、R、W。此家族中有两个是（C、X）以基质细胞的方式调节细胞迁移、黏附和生长。其有几个共同的功能域：表皮生长因子样重复片段、纤维粘连蛋白Ⅲ型域和原纤维蛋白球。腱生蛋白-C 在胎儿发育时在结缔组织中明显表达；在成人中表达受到抑制，成纤维细胞受到机械牵拉时，即在受伤或重塑时再现。在心脏塑形时释放的各种因子如 FGF-2 和 TGF-β 增加腱生蛋白-C 的表达，表明可能对于调节纤维化和炎症很重要。腱生蛋白-C 在炎症反应时强烈诱导，可能调节白细胞招募。腱生蛋白-C 作为内源性配体可以激活 TLR-4。缺失腱生蛋白对于梗死后塑形具有保护作用，但机制并不清楚。腱生蛋白-C 还可以诱导成纤维细胞的去黏附状态，其通过结合纤维黏附蛋白抑制整合素介导的附着。在心脏，MI、压力过载或心肌炎后上调腱生蛋白是心脏塑形的特征。随后，这些上调的糖蛋白释放到血液中，成为预测心脏塑形和相关死亡率的可靠生物学标志物。

（4）骨调蛋白（OPN）：1985 年在骨中首次鉴定出，也被称作骨唾液酸蛋白（又称骨涎蛋白）或早期 T 细胞激活蛋白。具有基质细胞蛋白的特点，在受伤时上调。OPN 由一个钙结合域和一较大的整合素结合域组成，可以被凝血酶切割，释放整合素结合位置，涉及白细胞黏附。心脏纤维化和肥大模型可导致明显的 OPN 上调，形成促肥大和促纤维化应答。OPN 在 MI、老龄化和瓣膜病时表达增加。这个分泌的糖蛋白不仅有经典的非结构基质细胞蛋白功能，而且有明显的细胞因子样特性。OPN 可以和整合素受体相互作用，包括玻连蛋白受体和 CD44，因此涉及骨矿化、肿瘤生物学、炎症和伤口愈合、白细胞的功能和招募及细胞生存。在心脏，对 MI 应答的 OPN 上调定位在巨噬细胞，对于适当的胶原沉积和减少心室的扩张是关键，由此不致心脏产生不良塑形。最重要的是，心衰、MI 或瓣膜狭窄患者，OPN 似乎是预测心脏不良塑形和疾病进展的很有希望的一个生物标记物。

（5）骨膜蛋白：这是最近发现的一种糖蛋白，起初因其对骨的影响命名为成骨细胞特异因子 2，后来因其在骨膜和牙周韧带中含量丰富而被命名为骨膜蛋白。骨膜蛋白与轴索导向蛋白及成束蛋白-1 含有相似的序列，可以结合整合素和 GAG。因此，因其在受伤时高度表达，以及潜在的与其他基质成分和整合素相互作用，骨膜蛋白被纳入基质细胞蛋白。骨膜蛋白在心肌损伤时通常升高，与纤维化有关。其通过刺激成纤维细胞招募、促进肌成纤维细胞分化和胶原沉积而防止心脏破裂。在 MI 猪心脏外周注入重组骨膜蛋白，在治疗 12 周后出现纤维化增加。对于压力过载反应，骨膜蛋白也能促进成纤维细胞招募和肌成纤维细胞分化和胶原沉积并诱导部分心肌细胞肥大但不致失代偿。骨膜蛋白在心脏受伤小鼠中的再表达是有选择性的，因为对于生理性的刺激如游泳或者跑步锻炼并不出现反应性再表达。尽管在心衰或急性 MI 后骨膜蛋白水平升高，对于其诊断或治疗的作用还在研究中。

（6）CCN 家族：CCN 家族有 6 个成员，其名称来自第一组成员，即富半胱氨酸蛋白-61、结缔组织生长因子和肾母细胞瘤过表达蛋白，也称为 CCN-1、2、3。它们含有胰岛素样生长因子结合域和 von Willebrand 因子 C 型重复片段及一个 TSR 域。尽管一开始认为是生长因子，后来的许多研究发现其是通过与整合素、HS 蛋白聚糖、生长因子和细胞因子相互作用调节细胞-细胞外基质黏附。因此被认定为基质细胞蛋白。CCN 在心脏疾病中被广泛研究。CCN 成员在对损伤应答时明显上调。CCN-2 是心脏疾病中被研究得最多的成员。对 MI 和压力过载的应答 CCN-2 明显上调，能够增强 TGF-β 信号、刺激心肌细胞生存、促使合适的血管生成和纤维应答。通过影响 TGF-β／SMAD3 信号，CCN-5 在压力过载后的过表达可减少心肌肥大和纤维应答。CCN-1 对 MI 或压力过载的应答是表达增加，可以调节白细胞、心肌细胞和成纤维细胞表型与功能。CCN-1 对白细胞的作用可使心脏炎症反应减轻。最后，体外实验研究表明，CCN-4 在成纤维细胞增殖和在心肌细胞中转导促肥大和促生存信号，但体内 MI 后的 CCN-4 上调还不清楚。

心脏 ECM 复杂的结构是维持适当的心脏功能的关键，过去几十年的研究集中在识别各种蛋白和蛋白酶，以及这些物质在心脏损伤时怎样调节 ECM 重排。蛋白聚糖、糖蛋白和 GAG 及结构蛋白在组织重塑和调节心脏炎症、血管再生和纤维化方面共同作用。如文中所提及，为了服务于临床疾病诊治，对一些候选 GAG、蛋白聚糖或糖蛋白应进行重点研究，了解它们的生化结构及相关功能，有可能研发出新的、具有治疗心脏病作用的化合物。

（李　克）

参 考 文 献

Barascuk N, Genovese F, Larsen L, et al. 2013. A MMP derived versican neo-epitope is elevated in plasma from patients with atherosclerotic heart disease. Int J Clin Exp Med, 6: 174~184.

Bergquist J, Baykut G, Bergquist M, et al. 2012. Human myocardial protein pattern reveals cardiac diseases. Int J Proteomics, 2012: 342659.

Braun N, Sen K, Alscher MD, et al. 2013. Periostin: a matricellular protein involved in peritoneal injury during peritoneal dialysis. Perit Dial Int, 33: 515~528.

Cabello-Verrugio C, Santander C, Cofré C, et al. 2012. The internal region leucine-rich repeat 6 of decorin interacts with low density lipoprotein receptor-related protein-1, modulates transforming growth factor(TGF) -β-dependent signaling, and inhibits TGF-β-dependent fibrotic response in skeletal muscles. J Biol Chem, 287: 6773~6787.

Cabrera GH, Fernández I, Dominguez M, et al. 2012. Left ventricular aneurysm in an adult patient with mucopolysaccharidosis type I: comment on pathogenesis of a novel complication. Mol Genet Metab, 106: 470~473.

Chang MY, Chan CK, Braun KR, et al. 2012. Monocyte-to-macrophage differentiation: synthesis and secretion of a complex extracellular matrix. J Biol Chem, 287: 14122~14135.

Chopra A, Lin V, McCollough A, et al. 2012. Reprogramming cardiomyocyte mechanosensing by crosstalk between integrins and hyaluronic acid receptors. J Biomech, 45: 824~831.

Chowdhury B, Hemming R, Hombach-Klonisch S, et al. 2013. Murine hyaluronidase 2 deficiency results in extracellular hyaluronan accumulation and severe cardiopulmonary dysfunction. J Biol Chem, 288: 520~528.

Dimmeler S, Zeiher AM. 2017. Netting insights into fibrosis. N Engl J Med, 15: 1475~1477.

Duffield JS, Lupher M, Thannickal VJ, et al. 2013. Host responses in tissue repair and fibrosis. Annu Rev Pathol, 8: 241~276.

Engebretsen KV, Lunde IG, Strand ME, et al. 2013. Lumican is increased in experimental and clinical heart failure, and its production by cardiac fibroblasts is induced by mechanical and proinflammatory stimuli. FEBS J, 280: 2382~2398.

Engebretsen KV, Waehre A, Bjørnstad JL, et al. 2013. Decorin, lumican, and their GAG chain-synthesizing enzymes are regulated in myocardial remodeling and reverse remodeling in the mouse. J Appl Physiol(1985), 114: 988~997.

Fan D, Takawale A, Lee J, et al. 2012. Cardiac fibroblasts, fibrosis and extracellular matrix remodeling in heart disease. Fibrogenesis Tissue Repair, 5: 15.

Frangogiannis NG. 2012. Matricellular proteins in cardiac adaptation and disease. Physiol Rev, 92: 635~688.

Frey H, Schroeder N, Manon-Jensen T, et al. 2013. Biological interplay between proteoglycans and their innate immune receptors in inflammation. FEBS J, 280: 2165~2179.

Frolova EG, Sopko N, Blech L, et al. 2012. Thrombospondin-4 regulates fibrosis and remodeling of the myocardium in response to pressure overload. FASEB J, 26: 2363~2373.

Gonzalez-Quesada C, Cavalera M, Biernacka A, et al. 2013. Thrombospondin-1 induction in the diabetic myocardium stabilizes the cardiac matrix, while promoting vascular rarefaction through angiopoietin-2 up regulation. Circ Res, 113: 1331～1344.

Gourdie RG, Dimmeler S, Kohl P. 2016. Novel therapeutic strategies targeting fibroblasts and fibrosis in heart disease. Nat Rev Drug Discov, 15: 620～638.

Grau JB, Poggio P, Sainger R, et al. 2012. Analysis of osteopontin levels for the identification of asymptomatic patients with calcific aortic valve disease. Ann Thorac Surg, 93: 79～86.

Huynh MB, Morin C, Carpentier G, et al. 2012. Age-related changes in rat myocardium involve altered capacities of glycosaminoglycans to potentiate growth factor functions and heparan sulfate-altered sulfation. J Biol Chem, 287: 11363～11373.

Kong P, Christia P, Frangogiannis NG. 2014. The pathogenesis of cardiac fibrosis. Cell Mol Life Sci, 71: 549～574.

Krishnamurthy VK, Opoka AM, Kern CB, et al. 2012. Maladaptive matrix remodeling and regional biomechanical dysfunction in a mouse model of aortic valve disease. Matrix Biol, 31: 197～205.

Krishnan A, Li X, Kao WY, et al. 2012. Lumican, an extracellular matrix proteoglycan, is a novel requisite for he patic fibrosis. Lab Invest, 92: 1712～1725.

Ladage D, Yaniz-Galende E, Rapti K, et al. 2013. Stimulating myocardial regeneration with periostin peptide in large mammals improves function post-myocardial infarction but increases myocardial fibrosis. PLoS One, 8: e59656.

Leask A. 2015. Getting to the heart of the matter: new insights into cardiac fibrosis. Circ Res, 116: 1269～1276.

Lynch JM, Maillet M, Vanhoutte D, et al. 2012. A thrombospondin-dependent pathway for a protective ER stress response. Cell, 149: 1257～1268.

Martinod K, Witsch T, Erpenbeck L, et al. 2017. Peptidylarginine deiminase 4 promotes age-related organ fibrosis. J Exp Med, 214: 439～458.

Moreth K, Iozzo RV, Schaefer L. 2012. Small leucine-rich proteoglycans orchestrate receptor crosstalk during inflammation. Cell Cycle, 11: 2084～2091.

Mosher DF, Adams JC. 2012. Adhesion-modulating/matricellular ECM protein families: a structural, functional and evolutionary appraisal. Matrix Biol, 31: 155～161.

Niebroj-Dobosz I. 2012. Tenascin-C in human cardiac pathology. Clin Chim Acta, 413: 1516～1518.

Okamoto H, Imanaka-Yoshida K. 2012. Matricellular proteins: new molecular targets to prevent heart failure. Cardiovasc Ther, 30: e198～e209.

Papageorgiou AP, Swinnen M, Vanhoutte D, et al. 2012. Thrombospondin-2 prevents cardiac injury and dysfunction in viral myocarditis through the activation of regulatory T-cells. Cardiovasc Res, 94: 115～124.

Sarli B, Topsakal R, Kaya EG, Akpek M, et al. 2013. Tenascin-C as predictor of left ventricular remodeling and mortality in patients with dilated cardiomyopathy. J Investig Med, 61: 728～732.

Sato A, Hiroe M, Akiyama D, et al. 2012. Prognostic value of serum tenascin-C levels on long-term outcome after acute myocardial infarction. J Card Fail, 18: 480～486.

Satoh T, Nakagawa K, Sugihara F, et al. 2017. Identification of an atypical monocyte and committed progenitor involved in fibrosis. Nature, 541: 96～101.

Srensen OE, Borregaard N. 2016. Neutrophil extracellular traps— the dark side of neutrophils. J Clin Invest, 126: 1612~1620.

Yao HC, Han QF, Zhao AP, et al. 2012. Prognostic values of serum tenascin-C in patients with ischaemic heart disease and heart failure. Heart Lung Circ, 22: 184~187.

Zhang Y, Yin H, Lu H. 2012. Recent progress in quantitative glycoproteomics. Glycoconj J, 29: 249~258.

第四十章 细胞外基质与肝纤维化

肝纤维化（liver fibrosis）和肝硬化（liver cirrhosis）是各种病因所引起的一种终末性慢性肝病。无论产生肝纤维化的病因如何，肝纤维化的发生、发展和结局都是类似的。肝纤维化的发生、发展，与肝实质细胞和非实质细胞的细胞外基质蛋白的合成、分泌、沉积及降解等过程相关。各种急、慢性肝病造成肝脏中基质蛋白的合成水平升高，同时造成肝脏中基质蛋白的降解能力下降，导致肝脏内细胞外基质蛋白的水平不断累积，最后导致肝纤维化和肝硬化的发生。细胞外基质蛋白与肝纤维化关系的研究，为探讨抗肝纤维化的研究方法与治疗方法提供了理论依据与思路。

第一节 肝脏中的细胞外基质蛋白类型

细胞外基质是多细胞生物机体不可或缺的组成部分。肝脏是细胞外基质蛋白代谢的重要器官之一。肝纤维化或肝硬化的形成就是分布在肝脏中的基质蛋白在质和量的方面发生改变而导致的一种结果。因此，了解正常肝脏中及发生纤维化的肝脏中各种细胞外基质蛋白的成分，研究其种类、结构、数量等方面的改变，将有助于对肝纤维化形成机制的了解与认识，进一步探讨特异性抗纤维化制剂对于肝纤维化的防治作用。肝脏中的细胞外基质蛋白包括胶原及各种细胞外基质糖蛋白分子等。

一、胶原成分

在人体的结构中，胶原蛋白约占机体蛋白的 1/3。在正常的肝脏中，胶原蛋白占总蛋白的 5%~10%。然而，在发生肝硬化时，胶原蛋白可占肝脏总蛋白的 50%，甚至更多。第一种纤维胶原是 I 型胶原蛋白，之后又发现Ⅲ、Ⅳ、Ⅴ和Ⅵ型胶原，这些纤维胶原都是肝脏中细胞外基质胶原蛋白成分的类型。Ⅱ型、Ⅶ~Ⅻ型胶原在肝脏中是不存在的。肝脏胶原的主要类型如表 40-1 所示。

表 40-1 肝脏胶原的主要类型

类型	链的组成	超分子形式及分布
I	$\alpha_1(I)_2\alpha_2(I)$	主要间质性纤维
Ⅲ	$\alpha_1(III)_3$	主要间质性纤维
Ⅳ	$\alpha_1(IV)_2\alpha_2(IV)$	基底膜、狄氏腔
Ⅴ	$\alpha_1(V)_2\alpha_2(V)$	间质核心纤维
	$\alpha_1(V)\alpha_2(V)\alpha_3(V)$	细胞周围
	$\alpha_1(V)_3$	血管内膜
Ⅵ	$\alpha_1(VI)\alpha_2(VI)\alpha_3(VI)$	间质性纤维

细胞培养研究的结果表明,形成纤维的主要胶原,即Ⅰ型和Ⅲ型胶原是以三螺旋前体分子形式合成的,这种胶原前体分子称为前胶原(procollagen),在其分子结构的氨基末端和羧基端都有非胶原性延伸多肽序列,称为球状结构位点序列。胶原分子羧基端的多肽前体在三螺旋胶原装配过程中,对三条α链的选择及正确排列过程具有十分重要的作用。胶原三螺旋体的装配是在粗面内质网(RER)中进行的。前胶原从细胞中分泌到细胞外之后,在特异性溶胶原内肽酶的裂解作用下,水解多肽前体序列,然后在氧化酶的作用下再发生交联。但Ⅳ型和Ⅵ型胶原在细胞不进行类似的加工,其多肽前体序列继续参与其超分子型独特结构的形成。正常肝脏与纤维化肝脏中各种类型的胶原占总胶原蛋白的比例是不同的,如表40-2所示。

表40-2 正常和纤维化肝脏中主要胶原所占的比例

胶原类型	正常肝脏(%)	纤维化肝脏(%)
Ⅰ	40~50	60~70
Ⅲ	40~50	20~30
Ⅳ	1	1~2
Ⅴ	2~5	5~10
Ⅵ	0.1	0.2

1. Ⅰ和Ⅲ型胶原 在大多数间质性结缔组织中,形成原纤维(fibril)的Ⅰ型和Ⅲ型胶原是主要的结构蛋白成分。近来又发现由Ⅰ型和Ⅲ型胶原组成的混合型原纤维。在蛋白水解的片段中,发现两种胶原的片段共价交联在一起,而且以Ⅰ型胶原和Ⅲ型胶原氨基端序列的特异性抗体对肝窦周围单个的原纤维进行超微结构标记,发现两种特异性的抗体可以识别同一个原纤维丝。在钙化组织中完全缺乏Ⅲ型胶原。在免疫荧光检测中,动脉、上皮真皮和小肠壁等膨胀性器官中Ⅲ型胶原则多于Ⅰ型胶原。Ⅲ型胶原在损伤修复及肝纤维化的早期表达水平显著升高。一个显著的特点就是Ⅰ型胶原占有相当的比例,细胞外间隙中的原纤维装配过程中及装配完毕之后,还有相当多的Ⅲ型胶原分子仍然保留其氨基端的多肽前体序列。未裂解的胶原多肽前体序列对于所形成的原纤维的直径大小具有调节作用。免疫电镜研究表明,原纤维中Ⅰ型胶原氨基端的多肽前体序列直径为40nm,而Ⅲ型前胶原氨基末端的多肽前体序列的直径为60nm。原纤维形成过程中,中间体形式的原纤维表面包被了一层部分处理的前胶原分子,但只有当这些前胶原分子中的多肽前体序列被去除之后,才会有进一步的原纤维形成。对于血清中Ⅲ型前胶原氨基端多肽前体(PⅢNP)的放射免疫分析(radio immuno assay,RIA)结果表明,纤维化患者血清中的PⅢNP水平显著升高,成为活跃原纤维形成的一个重要标志。在大鼠动物模型中,也发现血清PⅢNP的水平是肝纤维形成及肝纤维化的一个敏感而可靠的指标。同时,发现大鼠肝纤维化模型中血清中的PⅢNP水平与发生纤维化肝脏中Ⅲ型前胶原mRNA的表达水平呈平行的关系。在小儿患者中应注意,由于身体处于生长状态,血清中的PⅢNP水平与肝纤维化之间并无明确的关系。

2. Ⅳ型前胶原与Ⅳ型胶原 Ⅳ型胶原是基底膜(basement membrane,BM)的主要成分，从结构上与纤维胶原差别很大。Ⅳ型前胶原的长度为 400nm，而Ⅰ型和Ⅲ型前胶原的长度仅 320nm。Ⅳ型胶原终端前体肽序列在前胶原分泌到细胞外间隙中以后并不会在细胞外多肽酶的作用下去除，在分子交联及三维网状结构的形成过程中仍然发挥着作用。4 个氨基末端多肽前体序列凝集成四臂结构，称为 7-S 胶原。组织经胃蛋白酶或胰蛋白酶消化以后，可释放出 7-S 胶原，同时非胶原 1 位点（NC 1 位点）中释放出两个羧基端多肽前体序列，而 NC1 位点一般情况下对于细菌的胶原酶是具有抵抗能力的。网状结构中侧链进一步结合，即完成Ⅳ型胶原的超分子结构形式的装配。由于Ⅳ型胶原分子中的 Gly-X-Y 序列并不是连续的序列，因而存在着自由折叠的结构区，对于血管的基底膜结构来说具有特殊的重要意义，因为血压在持续不断地发生快速变化。

因为Ⅳ型胶原是基底膜的主要成分，而基底膜又在形态学发生、细胞分化、肿瘤转移及肝纤维化中肝窦的毛细血管化等过程中发挥着十分重要的作用，因此，Ⅳ型胶原的研究得到了广泛的重视。Ⅳ型胶原的 7-S 抗原及 NC1 位点抗原可以在血清中检测到。在患有活动性纤维化肝病的患者血清中，这两种抗原蛋白的水平最高，NC1 位点抗原的水平可以反映体内Ⅳ型胶原的降解过程。

3. Ⅴ型胶原 在多数组织类型中，Ⅴ型胶原的含量很少，但在发生粥样硬化的血管、颗粒化组织及发生肝纤维化时，Ⅴ型胶原在组织中所占据的绝对比例及相对比例都显著升高，因而受到广泛的重视。Ⅴ型胶原被视为平滑肌细胞周围的细胞外骨架。以电镜观察，Ⅴ型胶原在细胞外间质中呈小原纤维状结构。在电镜下，Ⅴ型胶原在平滑肌细胞周围、基底膜的附近及动脉内膜中呈精细的纤维状结构。在管状组织化生及肝纤维化过程中，肝细胞则被包裹在一层Ⅴ型胶原中。最近以双标记免疫电镜技术证实Ⅴ型胶原是大型胶原的核心纤维成分，大型纤维以Ⅴ型胶原为核心，外面缠绕着Ⅰ型胶原纤维。Ⅴ型前胶原的生物学特征还不十分清楚。Ⅴ型胶原的分子结构形式以$\alpha_1(V)_2\alpha_2(V)$为主，但也存在着$\alpha(V)_3$、$\alpha_1(V)\alpha_2(V)\alpha_3(V)$甚至$\alpha_4(V)$链组成的Ⅴ型胶原分子类型。从 cDNA 序列的水平上，证实$\alpha_2(V)$链的羧基末端序列与间质性胶原，即Ⅰ型胶原和Ⅲ型胶原的序列之间有着高度的同源性，但氨基端的多肽前体序列却极为复杂。在组织中存在的Ⅴ型胶原链的氨基末端序列很短，其部分序列与Ⅰ型和Ⅲ型前胶原的多肽前体序列具有高度的同源性。

4. Ⅵ型胶原 Ⅵ型胶原与Ⅰ型和Ⅲ型胶原之间有着极为密切的关系，在间隙性细胞外基质中是一种广泛分布的胶原成分。应用旋转投影电镜及生物学方法，证实有两段三螺旋结构位点的单体，每一段长度为 105nm，结合成反向平行的二聚体结构，两个二聚体结构又结合成一个四聚体结构。Ⅵ型胶原的每一段三螺旋结构位点的长度较Ⅰ、Ⅲ、Ⅳ和Ⅴ型前胶原的长度要短一些。四聚体形式的Ⅵ型胶原再形成微纤维。超微结构研究表明，Ⅵ型胶原纤维形成一个可以变化的网状结构，将血管、神经和胶原纤维固定在结缔组织周围。最近，Ⅵ型胶原的三种α链的 cDNA 都已得到克隆化，其序列分析表明，Ⅵ型胶原链的三螺旋结构区是不连续的螺旋结构区，因而Ⅵ型胶原可塑性很强。Ⅵ型胶原在肝脏中所占的比例很小，为 0.1%～0.2%。但是，在血清中可以检测到Ⅵ型胶原的抗原成分，而且抗原水平还比较高。但是，血清中的Ⅵ型胶原抗原浓度与肝纤维化肝病患者血清中的 pⅢNP 水平之间却没有显著的相关性。

二、细胞外基质糖蛋白成分

细胞外基质中的糖蛋白（glycoprotein）也是细胞外基质中重要的结构和功能成分。细胞外基质糖蛋白中的蛋白前体分子之间存在着一系列的相互作用，特别是纤维粘连蛋白和层粘连蛋白得到广泛的重视和研究。在重组 DNA 技术的发展与应用过程中，从蛋白质一级结构水平上对其生物学作用的分子生物学机制有了进一步的认识和了解。

1. 纤维粘连蛋白 纤维粘连蛋白是一种二聚体分子，其分子质量为 500kDa。在大多数间质性结缔组织中都有纤维粘连蛋白成分存在。在结缔组织中，纤维粘连蛋白介导细胞与胶原、纤维蛋白及肝素之间的黏附，因为纤维粘连蛋白的分子结构中具有相应的位点结构。在发生颗粒化的组织中，纤维粘连蛋白的水平显著而快速升高，对于巨噬细胞的吞噬过程来说，纤维粘连蛋白又是一种调理素（opsonin）。纤维粘连蛋白是一种很强的趋化因子，对于间质细胞的生长过程来说又是一种很强的生长因子。基因组结构中仅有一个拷贝的纤维粘连蛋白编码基因，但其转录产物却存在着极为复杂的剪切加工机制。由不同方式剪切加工的纤维粘连蛋白 mRNA 共编码 10 余种不同类型的纤维粘连蛋白分子，从而适应在细胞的分化、损伤的修复及纤维化过程中不同的功能需要。这些纤维粘连蛋白分子中，至少有一种在血浆中的浓度很高，达到 200～400μg/ml，主要由肝细胞所产生。血浆中的纤维粘连蛋白通过将相关细胞与纤维蛋白凝块连接，诱导血栓的形成。在肝脏中，所有含有细胞外基质的成分中都有纤维粘连蛋白的存在，其中包括基底膜结构，而且基底膜结构中的纤维粘连蛋白都来源于血浆。在肝纤维化过程中，有大量的纤维粘连蛋白的沉积，而且纤维粘连蛋白的沉积早于其他的细胞外基质蛋白的沉积。但是，血浆中的纤维粘连蛋白的测定对于肝纤维化程度的反映价值不大。

纤维粘连蛋白分子中的四肽（Arg-Gly-Asp-Ser）结构位点是纤维粘连蛋白与其他类型的细胞外基质蛋白相互作用的主要结构序列。纤维粘连蛋白与其受体分子的相互作用也与此四肽序列有关。纤维粘连蛋白的受体分子大部分为整合素。整合素蛋白家族是一类由 3 个亚单位组成的跨膜蛋白，与配体分子结合以后介导信号转导，与细胞的分化及转化有关。

2. 亲玻粘连蛋白 亲玻粘连蛋白是另外一种类型的具有黏附作用的细胞外基质糖蛋白，分子质量为 70kDa，存在于血浆及细胞外基质中。在肝脏中，亲玻粘连蛋白在细胞外基质部分与纤维粘连蛋白是共同分布的。亲玻粘连蛋白的氨基酸残基序列中，也有 Arg-Gly-Asp 三肽序列，结构位点 1 与纤维粘连蛋白的细胞黏附位点结构同源。Arg-Gly-Asp 三肽序列与肝素及生长激素基质蛋白 B 氨基端的由 44 个氨基酸残基组成的位点结构能够结合。

3. 层粘连蛋白 层粘连蛋白是基底膜结构中主要的糖蛋白，在机体中具有多种类型的生物学功能，因而受到了人们广泛的重视。层粘连蛋白是一种"十"字形分子结构，分子质量为 900kDa。组成层粘连蛋白的 A、B_1 和 B_2 三条链的分子质量分别为 440kDa、220kDa 和 210kDa。层粘连蛋白的分子结构中含有与Ⅳ型胶原、硫酸乙酰肝素、蛋白聚糖、黏结蛋白，以及至少与上皮细胞和内皮细胞膜上的两种受体分子进行特异性结合的位点结构。层粘连蛋白对于上皮细胞具有特异的影响，包括肝细胞等，对于上皮细胞的生长及保持其分化状态具有十分重要的作用。细胞膜上层粘连蛋白的受体分子大小为 67kDa，与层粘连蛋白中心部位的结构位点相结合。在具有转移潜能的肿瘤细胞膜上,层粘连蛋白的这种受体蛋白的表达水平显著升高,说明肿瘤细胞借助其膜上的受体蛋白与层粘连蛋白质分子之间的结合,对于肿瘤细胞在血管内的扩散及此后穿透血管基底膜的过程中都是十分重要的。关于层粘连蛋白的一级结构都已弄清楚了,在 B_1 链中发现了一段五肽序列,即 Tyr-Ile-Gly-Ser-Arg 序列,与细胞的黏附结合作用有关。此外,在层粘连蛋白的位点结构中,还有表皮生长因子(EGF)样重复序列,因而对于细胞的生长过程来说还具有有丝分裂原作用。

有资料表明,只有胚胎组织中才有完整的层粘连蛋白的表达,而且其 A 链具有诱导上皮细胞的极性,但在成熟分化的组织中却仅有 B_1 和 B_2 链的表达。在肝脏中,层粘连蛋白与Ⅳ型胶原结合在一起,在肝窦周围的结构中有较弱的免疫染色。在肝纤维化过程中,肝窦周围有层粘连蛋白的沉积,预示着完整的基底膜结构的形成。这就是肝窦的毛细血管化作用的过程。血清中层粘连蛋白抗原的水平与肝纤维化的程度之间有密切的关系,与门脉-肝静脉的压力差异也有密切的关系。但相对于其他的细胞外基质来说,发生肝硬化时层粘连蛋白上升的幅度却相对不大。

4. 波浪蛋白 波浪蛋白(undulin)是软组织中广泛分布的一种与成熟胶原纤维相关的一种糖蛋白,其分子质量为 650kDa。波浪蛋白链有 270kDa、190kDa 和 180kDa 三种大小的链,都是同一种基因的转录产物经不同方式剪切加工以后编码的蛋白质。波浪蛋白与纤维胶原即Ⅰ型和Ⅲ型胶原之间有着特殊的亲和力(affinity)。旋转投影电子显微镜下波浪蛋白的单体分子的形状像层粘连蛋白的结构,但缺少第三短臂结构。在超微结构研究中,波浪蛋白位于厚胶原区,并与之紧密相连。间接免疫荧光(indirect immuno florescence)技术研究表明波浪蛋白装配成均一的波浪状纤维并因而得名,提示波浪蛋白在胶原原纤维装配成纤维,即纤维束的超分子结构过程中具有十分重要的作用。以波浪蛋白和Ⅰ型、Ⅲ型胶原纤维的特异性抗体进行双色免疫荧光染色时,可见到波浪蛋白与Ⅰ型、Ⅲ型胶原之间存在着十分密切的关系。在普通光镜下,波浪蛋白纤维往往呈不连续状,在肝纤维化中含量下降,因此,波浪蛋白在病理过程中的意义值得进一步深入探讨。

5. 黏结蛋白 黏结蛋白(entactin)与层粘连蛋白的中心结构位点有着特殊的结合能力,对于层粘连蛋白与其细胞膜上相应的受体分子之间的相互作用有一定的影响。黏结蛋白的分子质量为 150kDa,其氨基酸残基序列与表皮生长因子多肽前体序列之间有着高度的同源性,其中也含有 Arg-Gly-Asy 即 RGD 细胞识别位点序列。

第二节 肝脏中分泌细胞外基质的细胞类型

肝脏在受到感染、毒素及代谢异常的长期反复刺激过程中,各种细胞分泌的胶原与非胶原糖蛋白在肝脏不断地积累、交联与沉积,远远大于细胞外基质蛋白降解的速度时,就逐渐发展为肝纤维化。与肝纤维化形成有关的胶原分子包括Ⅰ型、Ⅲ型、Ⅳ型、Ⅴ型和Ⅵ型胶原,非胶原分子包括弹性蛋白、纤维粘连蛋白、层粘连蛋白、黏结蛋白、腱生蛋白、波浪蛋白、几种类型的硫酸化蛋白聚糖,以及作为纯碳水化合物多聚体如透明质酸等。了解肝脏纤维化相关的胶原与非胶原糖蛋白的类型,有助于理解肝纤维化形成的分子机制,但是,了解其细胞来源及其表达调控也同样重要。

一、肝脏中分泌胶原蛋白的细胞类型

肝纤维化过程中胶原蛋白的累积是一个突出的特征。虽然发生肝纤维化的病因不十分清楚，但纤维化形成的机制却是共同的。研究正常肝脏及纤维化的肝脏，对于合成分泌胶原蛋白的细胞类型的鉴定有助于了解肝纤维化形成的机制。

1. 肝脏胶原的细胞来源 鉴定肝脏中胶原蛋白的细胞来源，其研究途径主要有两种，一种是对整个肝脏的研究，另一种就是对分离的细胞进行研究。各种类型胶原蛋白的特异性抗体的制备大大促进了这项研究工作。正常的肝脏中，Ⅰ型和Ⅲ型胶原这两种胶原主要分布在门脉区，占肝脏总胶原的绝大部分。Ⅳ型胶原，即基底膜胶原则位于狄氏腔（space of Disse）内皮细胞的下层，与层粘连蛋白、硫酸乙酰肝素蛋白聚糖等形成复合物。狄氏腔内皮细胞下间质胶原的沉积过程，称为狄氏腔的毛细血管化，无论是什么样的原因引起的肝纤维化的发生，这一现象都是肝纤维化的重要步骤。狄氏腔周围的细胞，包括肝细胞、肝星状细胞（HSC）及肝窦内皮细胞等。这些细胞都可能是与肝纤维化有密切关系的细胞类型。从四氯化碳（CCl_4）诱导的肝硬化中可以见到含有维生素A的肝星状细胞中就有Ⅲ型胶原的累积。在人肝硬化组织标本中，也发现成纤维细胞、肝星状细胞的周围有Ⅰ型和Ⅲ型胶原蛋白的累积。在这些研究中，与细胞外基质蛋白为邻的细胞应该就是细胞外基质的分泌细胞。细胞内细胞外基质的免疫染色定位可以为判断合成分泌细胞外基质的细胞类型提供直接的证据。研究表明，只有在肝星状细胞中才有Ⅰ型和Ⅲ型胶原蛋白的免疫染色。另一项研究发现肝细胞、肝星状细胞及肝窦内皮细胞中都有Ⅰ型、Ⅲ型和Ⅳ型胶原，但不是所有的细胞内胶原都可以分泌到细胞外，因此，对于在肝细胞、肝型星状细胞及肝窦内皮细胞在肝纤维化中的作用和地位，这些只是些间接证据。利用肝细胞所特有的尿素循环将鸟氨酸转变为精氨酸的特点，先将 ^{14}C-鸟氨酸标记，从肝脏中再提取胶原，测定 ^{14}C-精氨酸的含量，即可以判定肝细胞是否是胶原合成的来源及在整个胶原合成中的比例。结果证实肝细胞确是肝脏胶原的一个重要来源。以特异性的胶原基因 DNA 或 RNA 作为探针，进行原位杂交检测，证实肝纤维化过程中Ⅰ型、Ⅲ型和Ⅳ型胶原发挥着重要作用，并发现脂贮细胞等非实质性细胞也是这些胶原蛋白的主要来源。

因为肝脏中有实质和非实质性细胞，而且实质性肝细胞也并不是均一的细胞群体。例如，虽然肝脏是白蛋白的主要来源，但仅仅只有不到1%的肝细胞具有白蛋白合成的能力。因而关于肝脏胶原的细胞来源，以整个肝脏研究的难度较大，其研究结果也仅有参考价值。分离的单一细胞为肝脏胶原合成的细胞来源提供了一个可靠的细胞模型。从分离和体外培养的肝细胞中可以检测到胶原及其 mRNA 的表达，只是表达水平较低。从啮齿类肝脏中分离到的肝星状细胞，发现细胞内有胶原蛋白的合成，细胞外有胶原蛋白的分泌。胶原蛋白的类型包括Ⅰ型、Ⅲ型和Ⅳ型，但未发现Ⅴ型胶原。体外培养的条件下，肝脏肝星状细胞合成胶原蛋白的能力是肝细胞的 10 倍、肝窦内皮细胞的 20 倍。肝星状细胞以分泌Ⅰ型胶原为主，Ⅲ型和Ⅳ型胶原的合成与分泌水平较低。体外培养的肝窦内皮细胞以合成Ⅳ型胶原为主。肝脏肌成纤维细胞参与了肝纤维化的病理过程，分泌各种细胞胶原。肌成纤维细胞来源并非单一，目前研究其来源主要有肝星状细胞、门静脉来源的成纤维细胞、骨髓来源的肌成纤维细胞、上皮细胞经转化形成肌成纤维细胞。HSC 是肝纤维化细胞的主要来源，而门静脉来源的成纤维细胞在胆汁淤积肝脏疾病造成的纤维化中起重要作用，来源于循环和骨髓的成纤维细胞所占比例较小。

综上所述，肝脏中的肝星状细胞、肌成纤维细胞、肝细胞、肝窦内皮细胞及胆管上皮细胞等都是肝脏胶原蛋白的合成细胞类型。

2. 肝脏胶原合成的调节 肝星状细胞的激活过程是肝脏胶原产生的中心环节。肝脏中肝星状细胞的激活有双重形式：一是受到激活的单一肝星状细胞，其合成分泌胶原蛋白的能力显著升高；另一个是肝星状细胞本身数目增多。肝星状细胞激活的相关可溶性因子包括 PDGF、TGF-β、视黄酸类、糖皮质激素，以及由库普弗细胞所产生的一些产物；另外一大类就是细胞外基质。同时，肝脏中的肝星状细胞对上述可溶性因子的应答过程具有调节作用。近来又发现肝星状细胞还分泌胶原酶，这一功能也同样值得重视。因为一个细胞类型在肝纤维化中的具体作用，不仅取决于胶原蛋白合成的能力，而且还与胶原降解速度之间有密切的关系。

肝脏中的可溶性蛋白因子在肝星状细胞胶原合成的调节中具有十分重要的作用。肝脏中的巨噬细胞即库普弗细胞可以分泌一些可溶性的蛋白因子，对于肝星状细胞的胶原合成有一定的调节作用。体外培养的库普弗细胞的条件培养基可以刺激肝星状细胞的增殖过程及刺激肝星状细胞的胶原合成。而且从肝纤维化的肝脏中分离到的库普弗细胞比正常肝脏中的库普弗细胞具有更强的刺激作用。肝星状细胞在受到 PDGF 的刺激以后可以发生增殖反应，但这一刺激作用只有以库普弗细胞的条件培养基预处理 24h 和 48h 才会出现。因而推测库普弗细胞可以诱导肝星状细胞膜上 PDGF 受体的表达。索拉菲尼是一种强效多靶点酪氨酸激酶抑制剂，以 Raf、血管内皮生长因子受体（VEGFR）和血小板源生长因子受体（PDGFR）为靶点发挥抑制细胞增殖和血管生成的双重作用。研究发现索拉菲尼在体外能抑制 PDGF 诱导的肝星状细胞胶原的合成，抑制其Ⅰ型胶原的表达。库普弗细胞所产生的 TGF-β 可能对于胶原的合成具有十分重要的作用。在体外培养的肝星状细胞及肝细胞系统中，当加入 TGF-β 时可以诱导胶原合成能力的显著升高，但对于细胞增殖过程却有显著的抑制作用。在以血吸虫或 CCl_4 诱导的肝硬化中发现 TGF-β 表达水平升高，同时Ⅰ型胶原 mRNA 的表达水平也显著升高。同时，肝脏在 TGF-β 的代谢过程中也具有十分重要的作用。其他可溶性的细胞因子还包括 TNF-α。TGF-α 可以刺激体外培养的肝星状细胞的胸腺嘧啶（thymidine）的掺入量，但对于其他类型的成纤维细胞却有抑制作用。白细胞介素-1α（IL-1α）也可以刺激肝星状细胞的增殖反应，同时对于胶原的合成和总蛋白的合成具有抑制作用。EGF 对于肝星状细胞也具有增殖刺激作用。炎性细胞因子干扰素γ（IFN-γ）对于肝星状细胞的作用还不太清楚。总的说来，这种 TNF-γ 具有抗纤维化作用，这种作用是由前列腺素 E_2 来介导的。

除了上述细胞因子之外，Ⅰ型胶原的 N 端与 C 端前体多肽对于体外培养的肝星状细胞的Ⅰ型胶原合成具有负反馈作用。

视黄酸类如维生素 A 类，在肝星状细胞的激活过程中具有十分重要的作用，因为已观察到体内肝星状细胞激活过程中成纤维细胞类型的转变过程中，细胞中储存的维生素 A 脂滴因而消失。库普弗细胞条件培养基中也有视黄酸类释放到细胞外面，与库普弗细胞条件培养基刺激肝星状细胞的增殖。糖皮质激素作为一类具有抗炎作用的化合物，在肝脏胶原的合成过程中具有重要的调节作用。地塞米松对于体外培养的肝细胞的胶原合成能力具有显著的抑制作用。乙醇和乙醛可以诱导体外培养的纤维细胞的胶原合成能力，这也是酒精性肝病的重要机制，但对于体外培养的原代肝星状细胞却无显著的影响。关于这些调节因子作用的分子生物学机制的研究，证实是在转录水平上发生的。一些肝星状细胞刺激因子具有促进胶原基因转录表达的作用。糖皮质激素的作用似乎是通过几种非组蛋白 DNA 结合型蛋白因子与前胶原基因启动子之间的结合而进行调节的。众多研究表明，肝纤维化过程中，肥大细胞数量呈一定程度增加，已知肥大细胞是组胺的主要储存场所，研究发现外源性的组胺可刺激体外培养的肝星状细胞增殖合成Ⅰ型胶原。

细胞外基质成分对机体来说不仅仅是为各种细胞类型提供依附的支架组织，对于细胞的功能也具有重要的调节作用。许多上皮细胞，包括肝细胞等，在维持分化状态的过程中，需要与基底膜保持接触状态。同时，基底膜对于肝脏中非上皮细胞类型的功能也有重要作用。如果体外培养的肝星状细胞生长在从 EHS（Engelbreth-Holm-Swarm）肿瘤中提取富含层粘连蛋白所组成的基底膜时，肝星状细胞可保持其非增殖状态，胶原及总蛋白的合成能力也保持在低水平的状态。这种体外培养的肝星状细胞也主要是合成Ⅲ型胶原，在正常的肝脏中，胶原蛋白也是以Ⅲ型胶原为主。但将肝星状细胞培养于未包被的或以Ⅰ型胶原包被的系统中，肝星状细胞逐渐扩散，合成胶原蛋白的水平逐渐升高，总蛋白的合成水平也显著升高。生长在未包被塑料表面的肝星状细胞分泌的胶原蛋白以Ⅰ型胶原为主，在纤维化肝脏中就是以Ⅰ型胶原为主。

二、肝脏中分泌非胶原糖蛋白的细胞类型

肝脏中的非胶原糖蛋白的表达在肝纤维化的形成过程中也有重要作用。非胶原蛋白包括：氨基聚糖，如透明质酸等；结构糖蛋白和蛋白聚糖分子，如纤维粘连蛋白、层粘连蛋白、玻连蛋白、黏结蛋白和腱生蛋白；硫酸乙酰肝素、硫酸软骨素和硫酸软骨蛋白等。

1. 合成分泌蛋白聚糖及透明质酸的细胞　合成分泌蛋白聚糖及透明质酸的细胞类型包括实质性肝细胞、肝星状细胞、库普弗细胞和内皮细胞等。

新鲜分离的肝实质性细胞可以合成硫酸乙酰肝素，85%～92%位于细胞内，只有10%～20%的硫酸乙酰肝素可以分泌到血清中，但肝实质细胞却不分泌透明质酸。长时间培养的肝细胞在分离8天之后便出现分泌硫酸皮肤蛋白、硫酸软骨素的水平显著升高，并出现合成透明质酸的功能。但长时间的肝细胞培养系统中往往不能排除肝星状细胞的污染，因而还不能断定肝细胞合成这些非胶原糖蛋白的能力有变化。

肝星状细胞是肝窦细胞，在健康的肝脏中具有储存和代谢视黄醇等的功能。体外培养的肝星状细胞单层是蛋白聚糖合成与分泌的主要细胞类型。主要的蛋白聚糖分子属于硫酸皮肤蛋白和硫酸软骨素，还合成分泌一部分的硫酸乙酰肝素。由肝星状细胞合成的蛋白聚糖可以结合在肝细胞的表面，但却不能进入肝细胞中。肝星状细胞合成蛋白聚糖的能力是肝实质细胞的2～6倍。肝星状细胞合成的蛋白聚糖约占其合成总蛋白的4%。肝星状细胞可以合成透明质酸，约80%分泌到培养上清中。因此，肝星状细胞及其肌成纤维细胞样的激活形式，合成分泌大量的透明质酸及各种各样的蛋白聚糖分子类型，与肝纤维化过程有着直接而密切的关系。

关于库普弗细胞蛋白聚糖合成能力的研究还不太多。库普弗细胞合成分泌蛋白聚糖的能力仅为肝星状细胞的4%～8%，这还不排除库普弗细胞培养系统中有肝星状细胞

的污染。这些蛋白聚糖的分子类型中，硫酸软骨素、硫酸皮肤蛋白与硫酸乙酰肝素的比例为 1∶0.7∶1.4。受到脂多糖（LPS）处理以后，巨噬细胞合成分泌蛋白聚糖的能力提高至少 2 倍。

体外培养的大鼠肝脏内皮细胞总的说来合成蛋白聚糖的能力较低，合成的主要蛋白聚糖分子以硫酸软骨素为主。因此，在肝纤维化过程中肝脏所含的蛋白聚糖成分的变化不太可能是库普弗细胞与肝脏内皮细胞合成蛋白聚糖的能力改变所引起的。然而，库普弗细胞可以通过分泌各种类型的调节因子，对于肝星状细胞的增殖状态，以及对于肝星状细胞合成与分泌蛋白聚糖及其他类型细胞外基质的能力产生显著的影响。内皮细胞对于肝脏中蛋白聚糖分子含量的影响不是其合成蛋白的能力能够发生大幅度的变化，而是取决于内皮细胞对于蛋白聚糖摄取及降解的能力。内皮细胞摄入及降解的蛋白聚糖分子类型包括硫酸软骨素和透明质酸等。

2. 合成分泌纤维粘连蛋白及层粘连蛋白的细胞　培养系统中的肝细胞可以合成和分泌大量的血浆型纤维粘连蛋白。受到糖皮质激素的刺激以后，纤维粘连蛋白的合成速率显著升高。其机制是纤维粘连蛋白基因的转录表达活性升高，还有一系列翻译后修饰过程的变化。单核细胞因子可以促进肝细胞的纤维粘连蛋白的产生。免疫组织化学染色表明，正常的大鼠和人肝脏的狄氏腔中含有大量的纤维粘连蛋白，与肝细胞直接接触，几乎将肝细胞膜全部包裹起来。在基质纤维粘连蛋白的沉积过程中，肝细胞分泌产生的纤维粘连蛋白具有十分重要的作用。但是，肝细胞能否表达层粘连蛋白却值得怀疑。以免疫组织化学染色，证实正常的大鼠和人的肝脏中很少或几乎没有层粘连蛋白的表达，在发生肝纤维化时才有某些细胞呈阳性。肝细胞似乎在肝纤维化中层粘连蛋白的沉积过程中作用不大。

肝星状细胞在体外培养的条件下合成和分泌纤维粘连蛋白及层粘连蛋白。肝星状细胞体外培养 3 天就开始合成分泌纤维粘连蛋白，且随着培养时间的延长，纤维粘连蛋白的表达水平也逐渐升高。肝星状细胞分泌表达的纤维粘连蛋白在肝纤维化中具有十分重要的作用。之所以在体外培养的条件下有 3 天的潜伏期，与肝星状细胞转化为肌成纤维细胞的激活过程以及肝星状细胞失去维生素 A 脂滴所需要的时间是一致的。肝星状细胞中维生素 A 的存在对于纤维粘连蛋白基因的表达具有抑制作用。不仅如此，体外培养的肝星状细胞也具有分泌产生层粘连蛋白的功能。在肝星状细胞的培养基中可以检测到层粘连蛋白的存在。因此，在肝纤维化中，肝星状细胞合成分泌的纤维粘连蛋白与层粘连蛋白具有重要地位。

库普弗细胞与其他类型的巨噬细胞一样具有合成纤维粘连蛋白的功能，而且在细胞膜上还有纤维粘连蛋白这种糖蛋白的受体。纤维粘连蛋白作为一种非特异性的免疫调理素，与库普弗细胞的吞噬功能有关。但库普弗细胞分泌表达的纤维粘连蛋白究竟在肝纤维化中过程细胞外基质沉积中能否起到十分重要的作用还不十分清楚。体外培养的库普弗细胞没有表达层粘连蛋白的能力。相对于库普弗细胞来说，肝脏中的内皮细胞合成分泌的非胶原蛋白的类型更为广泛一些。在正常或发生肝纤维化的人及大鼠肝脏中，都可以检测到内皮细胞表达的纤维粘连蛋白。体外培养的肝窦内皮细胞在培养的第 1 天就向细胞培养基中分泌纤维粘连蛋白。因此，肝窦内皮细胞分泌产生的纤维粘连蛋白在纤维化发展的初期阶段具有十分重要的作用。在发生纤维化的肝脏及体外培养系统中的内皮细胞，都具有合成分泌层粘连蛋白的功能。原位杂交技术也证实内皮细胞有层粘连蛋白 mRNA 的表达。

三、肝星状细胞的激活及其调节因子

肝星状细胞在肝纤维化过程中具有十分重要的作用。在一系列不同性质刺激因素的作用下，转变为肌成纤维细胞，失去其中的维生素 A 脂滴，这就是肝星状细胞的激活过程。肝星状细胞既是胶原蛋白合成分泌的重要细胞类型，同时也是非胶原蛋白合成分泌的重要细胞类型。肝星状细胞合成分泌细胞外基质蛋白的水平受到一系列因子的调节。

1. 肝星状细胞的旁分泌刺激作用　受损的肝细胞可通过脂质过氧化作用释放大量的活性氧（ROS），直接激活 HSC；亦可发生凋亡反应，通过 Fas 介导的死亡受体途径激活 HSC。同时，凋亡的肝实质细胞还可释放多种凋亡片段，作用于库普弗细胞，使其分泌多种细胞因子，包括活性氧族、转化生长因子β_1（TGF-β_1）、血小板源生长因子（PDGF）、表皮生长因子（EGF）等，通过旁分泌作用激活 HSC，促进纤维生成。肝窦内皮细胞失窗孔化导致肝脏微循环受损，影响肝脏功能，可加速肝纤维化的进程。血小板颗粒内存在着大量 TGF-β_1，活化后的血小板可释放 TGF-β_1；血小板还可通过分泌 PDGF、EGF 等进一步促进肝纤维化的形成。

2. 肝星状细胞的自分泌刺激作用　体外培养的肝星状细胞甚至能在缺乏胎牛血清（FCS）的培养基中增殖并形成细胞集落，说明肝星状细胞可能存在着自分泌生长调节机制。也就是说，激活的肝星状细胞既可以分泌生长因子，又能与其细胞膜上的受体进行结合，诱导同一种细胞的生长过程。实验证明，激活的肝星状细胞表达 EGF、TGF-α 和 TGF-β 的受体蛋白分子，同时又分泌 TGF-α 和 TGF-β，对肝星状细胞的激活、转化及细胞外基质蛋白的表达水平具有刺激作用。

3. 影响肝星状细胞激活的分泌蛋白聚糖分子的多肽生长因子　肝纤维化的过程与各种免疫细胞密切相关。肝脏内免疫细胞分泌的细胞因子有促进 ECM 合成的，如 TGF-β、PDGF、白细胞介素；也有抑制 ECM 合成的，如 IFN-γ。参与肝纤维化的免疫细胞包括单核/巨噬细胞、树突状细胞、淋巴细胞及 NK 细胞。

第三节　肝脏细胞外基质的降解

肝纤维化过程中，肝脏中间质性胶原呈病理性的累积，一方面，肝脏中基质蛋白合成水平增加；另一方面，肝脏中基质蛋白水平的不断累积，还反映了基质蛋白降解速度的下降，或两者同时具备。对肝硬化的研究多数集中在肝脏中的细胞外基质蛋白是如何表达的、表达水平通过怎样的机制上升。但是，对于肝纤维化整个过程的了解，还必须对肝脏中细胞外基质的降解过程进行研究，这或许可以为抗纤维化治疗提供新的思路和新的方法。

一、与细胞外基质降解有关的酶类

细胞外基质的降解过程涉及一系列的蛋白酶类。其中，结缔组织细胞、单个核细胞及多型核细胞等分泌的中性金属蛋白酶类在肝脏基质蛋白的降解过程中发挥十分重要的作用。与肝脏中基质蛋白降解过程有关的中性金属蛋白酶类包括来源于成纤维细胞和中性粒细胞的间质性胶原酶，在Ⅰ型、Ⅱ型和Ⅲ型胶原的降解过程中具有重要作用。基质裂解蛋白在蛋白聚糖、纤维粘连蛋白、层粘连蛋白、Ⅳ型胶原及酪蛋白等的降解过程中具有十分

重要的作用。Ⅳ型胶原酶又称为明胶酶，有两种大小不同的酶类：一种是肿瘤细胞或成纤维细胞分泌的 72kDa 的蛋白酶，在变性的胶原降解过程中具有十分重要的作用；另一种是巨噬细胞或中性粒细胞分泌的 97kDa 的蛋白酶，在Ⅳ型和Ⅴ型胶原、变性的胶原蛋白的降解过程中发挥着十分重要的作用。在肝脏中，肝星状细胞具有表达间质性胶原酶、明胶蛋白酶 A 和基质裂解蛋白 1 的能力，库普弗细胞则具有表达明胶蛋白酶 B 的作用。$TGF-\beta_1$ 可以促进间质性胶原酶、明胶蛋白酶 A 的表达，对于基质裂解蛋白 1 的表达则有抑制作用。视黄酸可以抑制间质性胶原酶的表达。表皮生长因子或碱性成纤维细胞生长因子（bFGF）可以促进间质性胶原酶的表达。IL-1 或 TNF-α 及 PDGF 对间质性胶原酶的表达均具有促进作用。

二、正常肝脏中基质蛋白的降解

肝脏的狄氏腔中含有非电子致密性基底膜样基质成分，由Ⅳ型胶原、层粘连蛋白及蛋白聚糖等组成。通过肝实质细胞与间质之间的相互作用，以维持正常肝脏的功能。细胞外基质对于肝细胞的持续刺激作用，对于肝细胞维持其分化状态、持续表达白蛋白和细胞色素 P450 的能力都有十分重要的作用。同时，肝脏中的细胞外基质与肝脏中的肝星状细胞之间的相互作用，对于肝星状细胞维持其静止的非增殖状态和非致纤维化表型等也很重要。正常肝脏中细胞外基质蛋白的降解，可以导致肝脏重要功能改变，同时触发肝星状细胞的转化激活过程，促进肝星状细胞的增殖，因而可以触发肝纤维化早期阶段的代谢异常。对于正常肝脏中的细胞外基质蛋白具有降解作用的金属蛋白酶有三种，即明胶蛋白酶 A、明胶蛋白酶 B 和基质裂解蛋白 1。

1. 明胶蛋白酶 A 与正常肝脏的基质蛋白降解 明胶蛋白酶 A 是一种金属蛋白酶类，除了能够降解已发生变性的胶原蛋白之外，还对处于自然结构的Ⅳ型胶原蛋白具有降解作用，因而可以破坏基底膜结构。无论是人还是大鼠的肝星状细胞都是肝脏明胶蛋白酶 A 分泌表达的主要细胞来源。体外培养的肝星状细胞表达明胶蛋白酶 A 的基因，合成具有免疫反应活性的明胶蛋白酶 A，向细胞培养基中释放未活化的明胶蛋白酶 A 前体蛋白及具有生物活性的明胶蛋白酶 A。在新鲜分离的人肝脏肝星状细胞中，很难检测到明胶蛋白酶前体蛋白的表达，但随着在体外培养过程中不断被激活，这种酶蛋白前体的表达水平也显著升高。另外，在一个由巨噬细胞诱导的肝损伤的大鼠模型系统中，发现肝损伤发生 24～48h 之后，即见到明胶蛋白酶 A 基因的表达。以免疫组织化学证实，这种明胶蛋白酶 A 的表达显著集中在处于旺盛增殖状态的肝星状细胞类型中。以免疫组织化学技术及 RNA 酶保护分析证实肝纤维化发生时，纤维化部分也较正常的肝脏部分明胶蛋白酶 A 的表达水平高。

2. 明胶蛋白酶 B 与正常肝脏的基质蛋白降解 明胶蛋白酶 B 的分子质量为 92～95kDa，与明胶蛋白酶 A 之间虽有诸多相似之处，但却也有显著的不同。明胶蛋白酶 B 主要在中性粒细胞及巨噬细胞中合成，而且主要是以蛋白前体的方式释放到细胞外。明胶蛋白酶 B 对于Ⅳ型和Ⅴ型胶原及明胶蛋白都具有降解作用。体外培养的大鼠肝脏库普弗细胞可以分泌表达这种分子质量为 95kDa 的金属蛋白酶分子，对于明胶、Ⅲ型、Ⅳ型和Ⅴ型胶原都有降解作用。从人肝脏中分离库普弗细胞并在体外进行培养，证明有明胶蛋白酶 B 基因的表达活性，可以合成具有免疫反应活性的明胶蛋白酶 B，并向培养上清中释放具有酶学活性的明胶蛋白酶 B 分子。对于库普弗细胞具有激活作用的因子，如佛波醇酯、酵母多糖或内毒素都能促进人及大鼠肝脏中库普弗细胞明胶蛋白酶 B 的表达。以免疫组织化学技术证实，明胶蛋白酶 B 的表达与肝脏损伤之间呈正相关的关系，提示明胶蛋白酶 B 在肝损伤过程中可能发挥十分重要的作用。

3. 基质裂解蛋白 1 与正常肝脏的基质蛋白降解 基质裂解蛋白 1 是金属蛋白酶家族的另一个成员，相比较而言，基质裂解蛋白 1 对于蛋白的裂解作用具有更为广谱的性质。除了基质蛋白之外，基质裂解蛋白 1 还能够裂解其他类型的蛋白底物。因为这种基质裂解蛋白 1 几乎对于所有的肝脏中的基质蛋白成分都有降解作用，因而更为受到肝纤维化研究者的重视。体外培养并激活的大鼠肝星状细胞可以释放大鼠的基质裂解蛋白 1，即使在培养的早期也会出现，在大鼠的肝脏损伤时，也发现有基质裂解蛋白的表达。

三、纤维化肝脏中基质蛋白的降解

ECM 生成与降解失衡可最终导致肝纤维化。目前已知的降解 ECM 最重要的酶类是基质金属蛋白酶（MMP），包括 MMP-1、MMP-2、MMP-7、MMP-8、MMP-9、MMP-13 等，其中 MMP-2、MMP-9 主要由活化的 HSC 分泌，可降解天然Ⅳ型胶原（基底膜重要成分之一）；MMP-1 是Ⅰ型胶原蛋白的主要蛋白降解酶，但这种酶的来源目前却不清楚。同时，HSC 还可分泌基质金属蛋白酶组织抑制剂（TIMP），TIMP 可与 MMP 按 1∶1 的比例结合成复合物，阻止 MMP 降解胶原纤维，从而加剧 ECM 的累积。在肝纤维化发展的各个阶段，MMP-1 基因的表达水平保持不变，而 TIMP 的表达水平却随肝纤维化的发展明显升高，这种变化规律最终导致肝纤维化晚期 ECM 的过度沉积。再者，TIMP-1 具有对抗活化的 HSC 凋亡作用，且这种抗凋亡作用与 TIMP-1 的浓度呈正相关，也与 MMP 受抑制有关。

在纤维化肝脏中，间质性胶原酶活性下降的另一个可能的原因，就是间质性胶原酶蛋白前体的激活过程下降。血纤维蛋白溶酶原激活系统在金属蛋白酶的激活过程中具有重要作用。肝脏肿瘤细胞 HTC 和 HepG2 细胞表达血纤维蛋白溶酶原激活系统的一些蛋白因子，包括 u-PA、t-PA 和 PAI-1 等。肝窦内皮细胞也是肝脏 PAT-1 的一个重要来源，而且受到 TGF-β_1 的刺激以后，PAI-1 的表达水平还会显著升高。但是，关于肝脏中金属蛋白酶类的激活过程与肝损伤及肝纤维化过程的相互关系，目前还不十分清楚。

激活的间质性胶原酶的催化活性在肝脏中受到抑制，可能是肝纤维化过程中的一个重要原因。这也就是为什么在肝纤维化过程中间质性胶原酶活性呈进行性下降的一个重要原因。早期的研究证明，肝脏中的肝星状细胞可以合成金属蛋白酶类，而组织型金属蛋白酶抑制剂 1（TIMP-1）又是肝脏及其他组织中金属蛋白酶的一种重要的抑制作用性蛋白因子。因此，考虑肝纤维化过程中间质性胶原酶催化活性的进行性下降，是否与肝脏中的 TIMP-1 表达水平升高有关。对于体外培养并激活的肝星状细胞进行检测，证实人肝星状细胞在激活以后，有 TIMP-1 mRNA 的表达，以免疫组织化学技术证实，TIMP-1 的表达细胞类型也以肝脏内的肝星状细胞为主，而且在肝星状细胞体外培养的培养上清中可以检测到 PAT-1 的活性。肝星状细胞培养上清中的 TIMP-1 分泌表达对于其间质性胶原酶的活性具有显著的影响。以明胶琼脂糖层析将 PAI-1 与 TIMP-1 分离以后，其中的金属蛋白酶的催化活性则会升高 20 倍。但在新鲜分离制备的肝脏肝星状细胞中，TIMP-1 mRNA 的表达水平很低或根本没有表达活性。但肝脏肝星状细胞在体外培养过程中，发生激活、转化，表现为肌成纤维细胞的表型之后,其 TIMP-1 mRNA 的表达水平则开始出现快速升高。因为 TIMP-1 表达水平的显著升高,超过了肝星状细胞间质性胶原酶表达的水平,因此,即使肝星状细胞在受到 TNF-α的刺激作用之后,肝星状细胞的培养系统中也检测不到间质性胶原酶的活性。虽然如此,在激活的肝星状细胞体外培养物中仍然可以检测到 TIMP-1 和间质性胶原酶 mRNA 的表达。只是这两种 mRNA 转录水平及其相应蛋白的表达水平升高的程度不一样。

从这一角度来讲,激活的肝脏肝星状细胞所分泌表达的 TIMP-1,对于肝脏中合成的过量纤维胶原的降解过程具有抑制或阻断作用,所以造成肝脏中纤维性胶原蛋白的进行性累积,从而造成肝纤维化的进行性发展。以 RNA 酶保护法对于发生纤维化的肝脏中 TIMP-1 mRNA 的转录表达进行检测,证明 TIMP-1 基因表达水平的显著升高的确为肝纤维化发生、发展的一种重要机制。在原发性胆汁性肝硬化和原发性硬化性胆管炎的肝组织中,也见到 TIMP-1 的 mRNA 的转录表达显著升高,相对于正常的肝脏来说,自身免疫性慢性活动性肝炎(ACAH)的肝组织中,TIMP-1 mRNA 的表达水平也显著升高,而且上述研究结果都是肝脏疾病晚期时的一个时间断面,因为这些研究结果的价值和应用具有一定的局限性。因此,有必要对于肝纤维化过程中 TIPM-1 表达水平进行动态观察。对于 CCl_4 诱导的大鼠肝纤维化过程中肝组织中 TIMP-1 mRNA 的表达进行动态观察,表明正常大鼠的肝脏中 TIMP-1 的表达水平很低,但当大鼠受到 CCl_4 的诱导仅仅 6~24h,TIMP-1 mRNA 转录表达水平即显著升高,到 72h 达到高峰,此时肝组织中 TIMP-1 mRNA 的转录表达水平较正常大鼠肝脏中 TIMP-1 mRNA 的表达水平升高 20 倍之多。以 CCl_4 诱导 4~8 周以后,肝脏开始出现纤维化病变,TIMP-1 mRNA 的转录表达水平即持续升高。综合细胞培养、人正常及纤维化肝脏、CCl_4 诱导的大鼠肝纤维化动物模型的研究结果,表明由肝肝星状细胞所表达的 TIMP-1 在肝纤维化的发展过程中具有十分重要的作用。

肝脏中的肝星状细胞受到激活而转变为肌成纤维细胞的表型之后,可以合成许多类型的金属蛋白酶类及其金属蛋白酶的抑制物,特别是 TIMP-1。研究结果表明,这类酶与酶的抑制剂系统在细胞外基质蛋白的降解过程中具有十分重要的地位和作用。这种重要性主要表现在两个方面:一方面是明胶蛋白酶 A 和明胶蛋白酶 B 主要参与正常肝脏中细胞外基质蛋白的降解过程,基质裂解蛋白在肝损伤过程中发挥作用;另一方面,由于肝脏中肝星状细胞分泌 TIMP-1 的水平升高的程度,显著高于间质性胶原酶的表达水平升高的程度,因而肝脏中过剩的细胞外基质的降解速率呈进行性降低,同时造成肝组织中细胞外基质蛋白的表达水平升高,肝脏中过剩的间质性胶原逐渐积累,从而造成肝纤维化的发生。越来越多的研究证据表明,肝纤维化是一个动态的过程,是由细胞外基质蛋白的合成与细胞外基质蛋白的降解最后的平衡结果所造成的。这一结果,为探讨抗纤维化的治疗途径提供了研究方向。

第四节 肝纤维化中的信号转导通路

肝纤维化发病过程中,HSC 的增殖与活化作用举足轻重,目前的研究显示该过程主要是通过各种细胞因子的信号转导通路实现的。常见的细胞因子有 TGF-β、PDGF、TNF-α、IFN、CTGF、AngⅡ、IL-1、IGF 等。目前认为,其中最重要的是 TGF-β(主要促进 ECM

合成）与PDGF（主要促进HSC增殖）。

一、TGF-β信号转导

哺乳动物的TGF-β共有三种：TGF-$β_1$、TGF-$β_2$和TGF-$β_3$，肝脏含量最高且具有生物活性的是TGF-$β_1$。正常成人肝脏肝窦内皮细胞、库普弗细胞表达较高水平的TGF-$β_1$，TGF-$β_2$和TGF-$β_3$ mRNA则在相对较低但可以少量检出；肝星状细胞正常状态下表达TGF-β极少，肝损伤后三种TGF-β表达均显著增加，是肝损伤时TGF-β的主要来源。TGF-β受体（TβR）分为三类，即TGF-βⅠ型受体、Ⅱ型受体和Ⅲ型受体，Ⅰ型和Ⅱ型是具有丝氨酸/苏氨酸激酶活性的膜受体。Ⅲ型受体为附加受体有β聚糖和Endoglin两种亚型，缺乏内在催化活性，但可促进TβRⅠ、TβRⅡ形成复合物与配体的结合。

TGF-β信号通路关键的信号转导分子为胞质蛋白Smad。蛋白家族可分为Smad 1～9：Smad蛋白家族中Smad1、Smad2、Smad3、Smad5、Smad8、Smad9称为膜受体激活的Smad（R-Smad），可通过与活化的TGF-β膜受体结合将信号传递至细胞内；Smad4可与R-Smad结合协助其进入细胞核；而Smad6、Smad7能与R-Smad竞争结合活化的TGF-β受体，从而阻碍（TGF-β）/Smad通路中的信号传递。（TGF-β）/Smad途径已发现可通过抑制肝星状细胞胶原分泌及细胞活化来改善肝纤维化进程。Sferra等发现丹参加鼠尾草提取物在防止DMN诱导的大鼠慢性肝炎肝纤维化治疗中是有效的，主要通过抑制TGF-β/Smad3途径，减少α-SMA、Ⅰ～Ⅲ型胶原、CTGF、TGF-β、Smad3和Smad7的分泌实现。TGF-β还能激活金属蛋白酶抑制剂抑制金属蛋白酶的活性，降低ECM的降解。Liu等通过绞股蓝总皂苷对四氯化碳诱发的肝纤维化大鼠模型的作用证实绞股蓝总皂苷能改善肝纤维化大鼠肝纤维化程度，这一作用与其抑制TGF-β分泌、阻碍Smad2及Smad3的磷酸化有关，最终影响HSC的活化。因此，TGF-β及其细胞内介质Smad蛋白可作为肝纤维化潜在的治疗目标。

二、PDGF信号转导

尽管多种信号因子具有促进HSC有丝分裂的作用，但血小板源生长因子被认为是HSC最强的促有丝分裂和促增殖的细胞因子。PDGF为异二聚体蛋白，由2条多肽链PDGF-A、PDGF-B组成，使PDGF具有3种形式的二聚体结构，即PDGF-AA、PDGF-BB和PDGF-AB。采用H-TdR掺入法研究PDGF对大鼠HSC增殖的影响，结果表明，PDGF-BB及PDGF-AB能显著增加HSC增殖，而PDGF-AA的作用较弱。Pinzani等进一步研究HSC的作用，证实PDGF-BB与PDGF-AB的作用强度无明显差异。它们对HSC增殖的作用为对照组的10倍，而PDGF-AA组仅为对照组的3倍。最近还发现了另外2个组成PDGF的多肽链，即PDGF-C和PDGF-D。PDGF受体（PDGFR）是一种单链跨膜糖蛋白，具有酪氨酸蛋白激酶活性。PDGFR由2种亚单位α及β构成，其分子质量为170～180kDa。两者与PDGF结合力相差很大，α亚单位与PDGFA链及β链有较高的亲和力，而β亚单位仅与β链有高的亲和力，所以α亚单位可与PDGF-AA、PDGF-AB及PDGF-BB结合，β亚单位仅与PDGF-BB及PDGF-AB结合。研究证明，在肝纤维化时，HSC表面的PDGF受体以β受体为主，与PDGF-BB具有较强的亲和力，认为PDGF-BB和PDGF-β在肝纤维化过程中作用尤为突出。

PDGF 与 PDGFR 结合并使其发生二聚化,随后导致内部的酪氨酸残基磷酸化和下游一些信号通路的激活,最后诱导活化的 HSC 增殖。目前发现的主要有 4 条信号通路。

(1) Ras/细胞外信号调节激酶 (ERK) 信号通路:Ras 结合已与 PDGF 结合的 PDGFR 胞内段而活化,活化的 Ras 激活 Raf-1、MAPKK-1/2 和 ERK-1,2。活化的 ERK 转导入核内,磷酸化转录因子 Elk-1 和 SAP,产生细胞增殖反应,可能是通过调节细胞周期蛋白 D1 和细胞周期蛋白依赖性激酶 (CDK) 实现的。PDGF 诱导的 ERK 细胞内信号途径是 HSC 活化和增殖的主要方式。研究结果表明,黄芩提取物能促进 ERK 途径,进而使 G_2/M 期细胞周期阻滞,导致 Caspase 系统的激活,最后致 HSC-T6 细胞凋亡,防止肝纤维化。Kaji 等利用猪血清诱导的大鼠肝纤维化模型,对西他列汀抗肝纤维化进行评估,发现对大鼠模型每天低剂量西他列汀灌胃,能抑制肝星状细胞增殖和胶原合成,明显抑制大鼠肝纤维化发展。这些抑制效应与调节肝星状细胞中 ERK1/2、p38 的磷酸化相关。

(2) PI3K/Ak 路:PI3K 途径是另一条由 PDGF 激活的信号通路,此激酶家族有多种类型,与 PDGF 信号转导相关的为 PI3KA 型。PI3K 激活后,除自身磷酸化以外,主要的效应是产生 PI$(3,4)P_2$ 和 PI$(3,4,5)P_3$ 等第二信使向下游传递信号。其中,蛋白激酶 B (PKB) 是主要的下游信号分子。第二信使 PI$(3,4)P_2$ 和 PI$(3,4,5)P_3$ 可与 PKB 结合而将其激活,活化的 PKB 调节 p70S6K、GSK3、Bcl-2 等活化产生细胞效应,可促进 HSC 增殖和迁移,并聚集于炎症区。Zhou 等研究发现姜黄素能通过阻断 PI3K/Akt 信号显著抑制 PDGF 引起的体外培养的活化 HSC 增殖。

(3) MAPK 途径:MAPK(丝裂原活化蛋白激酶)信号转导通路中,ERK1/2 信号转导通路、JNK 和 p38MAPK 信号转导通路在肝脏炎症与细胞凋亡过程中意义重大。ERK 作为蛋白激酶家族 (MAPK) 的重要组成部分,在肝纤维化中发挥着重要作用,上述 Ras/ERK 通路是 MAPK 通路中的一部分。ERK1/2 主要由生长因子活化,能正性调节 HSC 的增殖。JNK 和 p38 则主要由细胞因子(如肿瘤坏死因子和白细胞介素-1)、活性氧 (ROS)、病原体、毒素、药物、代谢变化等因素激活。三条通路间相互联系,共同调节肝纤维化过程。Fan 等在体内体外实验中证实硫氢化钠可通过抑制 p38 的磷酸化从而抑制肝星状细胞的激活。Schnabl 等发现 p38 和 JNK 对 HSC 的增殖有不同的作用,阻断 JNK 的激活,能阻止 HSC 增殖,而阻断 p38 却能促进 HSC 增殖,表明 JNK 对 HSC 的增殖起正性调节作用,而 p38 对 HSC 的增殖起负性调节作用。Kuo 等发现芍药苷能浓度依赖地降低 PDGF-BB 刺激肝星状细胞迁移,以及 α-SMA 和胶原蛋白的分泌,这种作用与下调 PDGF 受体,减少 ERK、P38 和 JNK 活化有关。

(4) PDGF 信号的自身调节:HSC 中 PDGF 信号能通过产生自身的抑制剂调节其信号转导。研究表明,PDGF 在诱导 HSC 增殖的同时也诱导高水平阻碍其增殖效应的前列腺素 E_2 (PGE_2) 和 cAMP 的产生。磷酸二酯酶抑制剂己酮可可碱可通过增加 cAMP 水平从而降低 PDGF 诱导的 ERK 激活、有丝分裂的发生、c-fos mRNA 的表达和胞质 Ca^{2+} 浓度而发挥对 HSC 增殖的抑制作用。

(5) JAK/STAT 信号通路:JAK/STAT 信号通路是 PDGF 诱导 HSC 活化与增殖的重要细胞内信号转导途径。在 HSC 活化过程中,PDGF 首先与 PDGFR 结合形成二聚体,促使胞质内 AK 蛋白磷酸化而被激活,进一步使其底物蛋白 STAT 和受体酪氨酸残基磷酸化,移位入核调节基因转录,从而促进 HSC 活化。JAK/STAT 信号通路除了参与 HSC 活化外,还与 HSC 的 I 型胶原合成密切相关。有学者利用 STAT6 寡核苷酸（STAT6-ASON）及 JAK 抑制剂 AG490 分别对白细胞介素（IL）-4 诱导的活化人肝星状细胞系 LX-2 进行干预，结果发现随着 JAK/STAT 信号通路的阻断，HSC 的 I 型胶原 mRNA 及蛋白表达被完全抑制。这提示通过抑制 JAK/STAT 信号通路，进而阻断 HSC 的活化及胶原合成有可能成为防治肝纤维化的新策略。

三、血管紧张素 II 信号转导

近年来研究表明肝纤维化时血清和肝组织局部的血管紧张素 II（Ang II）水平明显升高，与肝纤维化程度密切相关。Yoshiji 等发现 HSC 活化后，细胞表面可以表达 Ang II 受体 ATR1，因此推测 Ang II 的促纤维化作用是通过促进 HSC 的活化和增殖来实现的。但是研究结果存在争论，有研究表明 Ang II 能够促进 HSC 活化，也有研究认为 Ang II 对静息型的 HSC 没有作用。于继红等应用 MTT 的方法证实 Ang II 能够促进大鼠原代培养的 HSC 增殖，并具有浓度依赖性，这与 Bataller 等在体外 Hsc-T6 细胞株上的研究结果一致。他们还用 PCR 技术检测到 Ang II 能够浓度依赖性地上调 HSC 细胞 α_1（I）、α_1（IV）COL mRNA 的表达，而对培养的 HSC 细胞上清液中 TGF-β_1 浓度进行检测发现，10^{-8}mol/L Ang II 即可促进 HSC 分泌 TGF-β_1，10^{-6}mol/L Ang II 的这种作用更加明显，提示 TGF-β_1 参与 Ang II 对 HSC 细胞功能的调节。

研究表明，Ang II 与 ATR1 结合后，通过使 c-Jun 和 ERK1/2 磷酸化及细胞内 Ca^{2+} 浓度升高发挥其促进 HSC 增殖的作用；此外，Ang II 也可激活 NADPH 氧合酶，通过 NADPH 氧合酶诱导产生活性氧簇（ROS），再由 ROS 激活 Akt、丝裂原活化蛋白激酶（MAPK）等信号通路促进活化 HSC 的增殖。当肝脏受到各种损伤因子作用时，Ang II 除通过上述信号通路使 HSC 活化外，还可通过增加 HSC 的 TGF-β_1 表达促进 HSC 活化。研究发现，临床上常用的 Ang 转换酶抑制剂卡托普利及 Ang II 受体阻断剂氯沙坦均可通过阻断 Ang II 信号使 TGF-β_1 表达减低而抑制 HSC 活化。这提示 Ang II 信号通路有可能成为防治肝纤维化的一个重要靶点。

四、过氧化物酶体增殖物激活受体介导的信号转导

过氧化物酶体增殖物激活受体（PPAR）是一类新的固醇类激素受体，可被脂肪酸及代谢产物激活。它是一种转录因子，激活后能与基因调控区的 PPAR 反应元件（PPRE）结合调节基因的转录，与细胞分化、增殖及凋亡有密切关系。PPAR 包括 3 种亚型：PPARα、PPARβ 和 PPARγ，不同亚型的 PPAR 调控不同的靶基因。PPAR 被称为脂肪酸感受器，主要参与脂肪酸代谢。PPARγ 可以分为 γ_1、γ_2、γ_3 和 γ_4 4 种亚型。PPAR γ 通过调控纤维化信号通路如 TGF β / Smad 信号通路、Ras-MAPK 信号通路、NF-κB 信号通路等，起到减缓肝纤维化进程的作用。在活化的 HSC 表达下调，并且其表达下调与 HSC 的活化增殖密切相关，当 PPARγ 过表达时 HSC 的增殖及胶原合成明显抑制；而 PPARβ 则表现出相反的特性，其在活化 HSC 中的表达增加并促进 HSC 增殖。Miyahara 等发现，在静止期的 HSC 中，PPARγ 得到了表达，而在激活的 HSC 中，PPARγ 及 PPRE 的表达明显降低。在来自胆汁性肝硬化大鼠模型的 HSC 中，PPARγ mRNA 表达减少 70%，其细胞核的提取物中，与 PPAR 反应元件结合成分减少，而与 NF-κB 和 AP-1 相结合的成分增多。进一步用 PPARγ 的配体

(15dPGJ2 和 BRL4953）来处理培养的活化 HSC，可以逆转 HSC 的活化，并抑制Ⅰ型胶原酶启动子的活性、mRNA 的表达及胶原的产量，而 PPARγ 的拮抗剂 GW9662 可以使这一抑制作用减弱。由此提示 HSC 活化与 PPARγ 表达和 PPAR 反应元件结合成分减少有关。赵彩彦等发现，大鼠肝组织的 PPARγ 表达量与肝组织的炎症活动度及纤维化程度呈负相关，PPARγ 表达越弱，肝组织的病理损害程度越重。他们认为在肝组织脂质过氧化-炎症反应介质释放-肝功能损害-肝纤维化这一级联反应中，PPARγ 可能是重要的始动因子之一。

五、NF-κB 信号通路

NF-κB 是重要的核转录因子，参与机体免疫应答、炎症反应、细胞增殖、细胞分化及凋亡等过程。NF-κB 主要从三个方面调节肝纤维化的进程：①对肝纤维化的最初触发因素肝细胞损伤进行调节；②调节肝脏中巨噬细胞或其他免疫细胞中炎症因子的释放；③调节肝星状细胞纤维化相关反应。大量现有数据提示，减少 NF-κB 的活性将减轻肝细胞损伤，延缓肝纤维化进展，但增加 NF-κB 活性对肝细胞及肝纤维化的作用尚未明确，研究表明轻度增加 NF-κB 活性具有保护肝细胞、抗肝纤维化作用，其原理可能与改变肝细胞的细胞周期、延缓肝细胞凋亡有关。然而，当 NF-κB 活化超过某一阈值，可促进肝脏细胞中的炎症因子和趋化因子的分泌，从而使肝脏炎症加重，加速肝纤维化的进程。Wan 等发现硫代乙酰胺（TAA）诱导的大鼠肝纤维化模型中，NF-κB 的表达与肝纤维化严重程度呈正相关，桦木酸（BA）可作用于 TAA 诱导的大鼠肝纤维化模型，通过阻断 NF-κB 信号通路发挥显著的抗纤维化效果，减弱硫代乙酰胺介导的 α-SMA 和 MMP-1、MMP-13 表达水平的增加。实验表明蛋白酶体抑制剂通过抑制蛋白酶体活性，抑制 NF-κB 活化，促进 HSC 凋亡，其机制与调控抗凋亡蛋白 A1 有关，并能逆转实验性肝纤维化。Kim 等发现香胶甾酮可通过抑制 NF-κB 的激活进而诱导 HSC 凋亡，抑制 HSC 活化。NF-κB 在肝纤维化的发生和发展过程中具有多样化的作用，成为众多药物治疗肝纤维化的关键靶点。

六、瘦素信号转导

瘦素是由肥胖基因（OB）所编码的一种分泌型蛋白，主要由白色脂肪组织产生，瘦素具有细胞因子特性，因此必须与细胞表面的瘦素受体（OB-R）结合，才能发挥生物学作用。较早提示瘦素在肝纤维化进展中能产生作用的是 Potter 等。许晶等通过对肝纤维化大鼠模型中的肝组织进行检测，发现肝组织纤维化程度加重时瘦素表达上升，且瘦素的表达与 TGF-β、α-SMA 表达呈正相关，由此推测瘦素与肝星状细胞的活化及 ECM 的合成密切相关。Dias 等发现瘦素能激活 HSC-T6，但对 HSC-T6 的生存率无明显影响。50～300μg/L 的瘦素能呈剂量依赖性地增加 OB-R、ERK 和 ELK1 磷酸化，上调细胞内 Ob-Rb/ERK 的信号，显著增加 HSC-T6 细胞 α-SMA 和Ⅰ型胶原蛋白的表达。Tang 发现姜黄素能通过抑制激活的肝星状细胞中瘦素受体（OB-R）的基因表达，减少 OB-R 及其下游因子的磷酸化水平，中断瘦素信号，减轻氧化应激损伤，减少肝星状细胞的胶原分泌，阻碍肝纤维化进程。因此，抑制瘦素的产生对于抑制肝纤维化进程具有现实意义。

七、Wnt 信号通路

经典 Wnt 信号通路即 Wnt/β-catenin 信号通路。当 Wnt 蛋白与其细胞表面受体 frizzled 家族跨膜蛋白结合，Wnt 信号途径被激活时，frizzled 激活散乱蛋白（Dsh/Dvl），Dsh 再激活下游因子 GSK-3β 结合蛋白（GBP），激活的 GBP 能识别并抑制 GSK3β 的磷酸化活性，使 GSK-3β 不能磷酸化 β-catenin，使 β-catenin 在胞质内稳定地累积，与核内含有高迁移基团框（HMG-BOX）的转录因子淋巴细胞增强因子/T 细胞因子（LEF/TCF）家族成员结合，导致与转录抑制因子 groucho 的结合亲和力下降，从而解除抑制作用而启动靶基因的转录。目前已知的下游靶基因有 c-myc、周期素 D1、MMP-7、CD44、生存素、PPARγ、生长因子等，并且不断有新的靶基因被发现。在目前已发现的 wnt 蛋白中，有一些不产生内源性 β-catenin 积累信号的 Wnt，包括 Wnt5a、Wnt11 等，通过其他方式转导信号，称为非经典 Wnt 信号。非经典的 Wnt 信号转导通路主要有三条。①Wnt / Ca^{2+} 通路：由 Wnt 配体激活后，可以引起细胞内 Ca^{2+} 浓度增加，从而依次通过激活蛋白激酶 C（PKC）、磷脂酶 C（PLC）和转录因子（NFAT）来发挥作用。②平面的细胞极性通路，又称 JNK / AP-1 通路：涉及细胞骨架重排、RhoA 和 c-Jun 氨基端激酶，通过 Dsh 激活 JNK 并迁移入核，调节转录因子 c-jun、ATF2、Elkl、DPC4P53 等的活性，其主要作用是在细胞胚胎发育过程中进行阶段性调控。③调节纺锤体定向和不对称细胞分裂的通路，该通路能够调节某些生物细胞分裂过程中纺锤体方向和非对称分裂，从而影响胚胎的发育。Cheng 等报道，激活的肝星状细胞与静止的肝星状细胞相比，Wnt3a、Wnt10b、FZD 受体 1 和 2、LRP6、核 β-catenin 高表达。在从实验性胆汁淤积性肝纤维化模型中分离出来的肝星状细胞中，Wnt 和 FZD 基因的表达亦增加。此外，有研究表明，Wnt3a 能显著激活人肝星状细胞，而在 SFRP1（Wnt 信号抑制因子）过表达的人肝星状细胞中，这一激活作用消失。Wnt 通路抑制剂 Dkk-1 能使激活剂肝星状细胞恢复静止状态，而 Dkk-1 的高表达将会诱导肝星状细胞的凋亡。研究已证实 Wnt 信号通路在肝纤维化的发生发展中的意义，但其具体作用及机制尚未明确，相信通过进一步的努力，未来以 Wnt 为出发点，寻求抗肝纤维化的出路将成为新的亮点。

第五节 肝纤维化研究现况

有关肝纤维化的研究中，细胞外基质无疑是一个最受关注的领域。最近十几年，由于分子生物学的发展，这个领域研究的关注点则是肝星状细胞的生物学行为，包括肝星状细胞的胞内信号转导途径及活化此类细胞的各种细胞因子（TGF、PDGF 等）；肝星状细胞活化后肌成纤维细胞样表型转换及基质金属蛋白酶、基质金属蛋白酶组织抑制物分泌水平的改变。越来越多可以调节纤维化进程的分子被发现（可能的分子有几百种），随之而来的却不是越来越多的有力的肝纤维化诊断工具及有效抗纤维化治疗的手段。肝纤维化研究领域迫切需要突破性进展。

一、发病机制

目前认为，肝纤维化是肝脏对各种慢性肝损伤的代偿性反应而形成的一种肝脏瘢痕组织，这种代偿包括肝脏内众多细胞群、细胞因子及细胞外基质的复杂改变，是各种慢性肝病进展为肝硬化的重要病理过程。其中，肝星状细胞的激活并转化为肌成纤维细胞是肝纤维化发生的中心环节，在各种炎症的刺激下，体内各种应答细胞分泌的多种细胞因子，特异性作用于 HSC 上的相应受体，从而激活细胞的信号转导通路，使得胞外信息转导入胞内，进而调节相关基因的转录与表达，激活 HSC，促使 HSC 活化转化为肌成纤维细胞。活化后的 HSC 合成大量的 ECM，过多的 ECM 在肝脏内不断沉积，同时由于 HSC 的活化等因素导致 TIMP 的表达增多，MMP 活性受抑制，从而使基质蛋白在细胞外间隙的生成与降解失衡，最终导致肝纤维化形成。Yoshiji 等通过 TIMP-1 转基因小鼠模型研究证实肝纤维化发展是 ECM 对肝损伤的反应性合成增加与 TIMP-1 介导的 ECM 降解减少的共同结果。最近几年，肝纤维化病理机制领域的研究热点有：参与肝纤维化形成过程的主要细胞因子及其活化 HSC 的信号转导通路；基质金属蛋白酶及其抑制物。

1. 主要细胞因子及其信号转导通路　见本章第四节。

2. MMP 及 TIMP　MMP 是对纤维化中降解细胞外基质的一组酶的总称，因其辅因子为 Ca^{2+}、Zn^{2+} 等金属离子而得名，几乎可以降解纤维化中所有的细胞外基质。其按作用底物不同，将 26 种 MMP 分为五大类：①间质胶原酶，主要分为中性粒细胞型（MMP-8）及成纤维细胞型（MMP-1），主要来源于库普弗细胞、肝星状细胞、肝细胞、结缔组织细胞；②基质降解素，仅有 MMP-3 在肝脏中存在，由结缔组织细胞、巨噬细胞、肝星状细胞分泌，主要作用于蛋白多糖；③明胶酶，包括明胶酶 A（MMP-2）和明胶酶 B（MMP-9），来源于结缔组织细胞、单核细胞、肿瘤细胞，主要降解明胶和基底膜胶原等；④膜型基质金属蛋白酶，可促进明胶酶原 A（Pro-MMP-2）的激活并降解间质性胶原蛋白；⑤其他酶类，主要是金属弹性蛋白酶等蛋白酶类，可降解 ECM 中的弹性蛋白及纤维粘连蛋白等。TIMP 是一类最重要的调节细胞外 MMP 活性的酶家族由一组分子质量小的糖蛋白构成，目前肝脏中仅发现 TIMP-1 和 TIMP-2 表达，由内皮细胞、上皮细胞、成纤维细胞等分泌。TIMP 是重要的组织抑制因子，TIMP 按 1∶1 的比例与 MMP 的活性位点以可逆的非共价形式相结合，抑制基质降解酶的活性，发挥其组织抑制组织作用。

正常肝脏肝窦内皮内的细胞外基质主要有Ⅳ型胶原、层粘连蛋白和蛋白多糖等基底膜型基质，HSC 在这样的环境中是一种静止的表型。当此基底膜受到破坏时，HSC 便会激活转化为肌成纤维样细胞。Arthur 等认为这提示正常肝脏基质的降解有助于肝纤维化的形成，特别是肝损伤反应的早期。而正常肝脏基质的降解涉及明胶酶 MMP-2、MMP-9 和基质分解素（MMP-3）。原代大鼠和人的 HSC 培养早期（0～3 天），HSC 表达 MMP-3、MMP-1（人）或 MMP-13（大鼠）及 u-PA、u-PA 受体，但不表达 TIMP-1 和 TIMP-2，基质分解素 1（pro-MMP-3）也由原代培养的 HSC 分泌，呈一过性表达，在损伤后 6h 可测得表达，48～72h 达到高峰。此时，HSC 呈表达 MMP 及活化系统的基质降解表型。随着培养时间的延长，MMP 和 TIMP 表达发生明显变化，溶基质素和 MMP-1/MMP-13 的表达下降，其他 MMP（尤其是 MMP-2 和 MT1-MMP）及抑制物 TIMP 和 PAI-1 的表达增加。肝纤维化中 ECM 的沉积以Ⅰ型、Ⅲ型胶原为主，在大鼠只有 MMP-13，人还包括 MMP-1，是Ⅰ型、Ⅲ型胶原的主要降解酶。而在肝纤维化过程中，MMP-1/MMP-13 水平下降，活性减低，从而不能有效降解沉积的间质胶原。

抑制物 TIMP 主要为 TIMP-1 和 TIMP-2，MMP 促进基质降解，TIMP 抑制基质降解。从敏等构建了针对 TIMP-1 的 siRNA，转染大鼠星状细胞后显著抑制 TIMP-1 在基因及蛋白质水平的表达，但对Ⅰ型胶原的降解未见明显影响。分析认为在正常肝脏中 TIMP-1 高表达，远远高于 MMP-13 的表达水平，部分抑制 TIMP-1 表达不足以改善胶原的降解情况。刘天会等构建 MMP-13 表达质粒转染大鼠星状细胞后发现，大鼠 HSC 高表达 MMP-13 后显著抑制Ⅰ型胶原蛋白的表达，其机制主要通过发挥其酶活性降解Ⅰ型胶原蛋白，而对Ⅰ型胶原在基因水平的表达无显著影响。Yoshiji 等研究发现，与 TIMP-1 转基因大鼠相比，正常大鼠能够明显减弱自发性肝纤维化的溶解，正常大鼠羟脯氨酸、α-平滑肌肌动蛋白（α-SMA）阳性细胞数量和Ⅰ型前胶原 mRNA 迅速下降，然而 TIMP-1 转基因大鼠则无明显改变，且 MMP-2 活性比正常大鼠低；还发现在肝纤维逆转模型中能显著降低非实质细胞的凋亡，并且在体外它能通过抑制 caspase-3 活性来抑制 HSC 凋亡，说明 TIMP-1 除了抑制基质降解外，还可能通过抑制激活的 HSC 凋亡而促进肝纤维化进程。Murphy 等通过研究指出 TIMP-1 抑制 HSC 凋亡是通过抑制 MMP 活性实现的，人工合成的 MMP 抑制剂也同样可抑制 HSC 凋亡，尚需进一步研究。TIMP-1 对于肝细胞再生也有重要影响，在 TIMP-1 基因缺失的大鼠中肝细胞生长因子（HGF）活性增强，可加速肝细胞分裂；而在具有 TIMP-1 功能大鼠中则可延缓肝细胞分裂。在肝细胞再生过程中，对于 HGF 来说 TIMP-1 是一个负性调节蛋白。各种调节 MMP、TIMP 水平的细胞因子，其具体作用途径尚无确切的研究。

二、诊断性研究

目前诊断肝纤维化的方法主要有三种：血清学诊断、病理学诊断及影像学诊断。血清学诊断因其无创性、简便性、价格低廉、取材方便，是临床应用最广泛的肝纤维化诊断方法。病理学诊断，即肝穿刺法肝组织活检是最可靠的诊断法，但由于它的有创性、技术水平要求高、存在抽样误差、高成本及不便于反复取材进行动态检测而有一定的局限。影像学检查具有无创、简便、直观的特点，但由于传统成像技术（普通 B 超、CT 等）对早至中期纤维化阶段的识别缺乏灵敏度，故瞬时弹性成像、弥散加权成像及肝静脉显影时间（HVTT）等各类新技术越来越受到重视。

1. 血清学指标 包括细胞外基质、胶原酶类和细胞因子三大类。

（1）细胞外基质主要有Ⅲ型前胶原氨基端肽（PⅢP）、透明质酸（HA）、Ⅳ型胶原（CⅣ）、层粘连蛋白（LN）。最近马德佳等对 108 名肝病患者进行临床研究显示，除 LN 外肝病组 PⅢP、HA、CⅣ血清学水平均高于正常对照组，且均随纤维化程度增加而增加，其中 PⅢP 水平肝硬化组与中度慢性肝炎组差异明显，但不可区分轻、中度慢性肝炎组，也不可区分重度慢性肝炎组与肝硬化组；HA 及 CⅣ水平各阶段肝炎组的比较差异均较明显；LN 水平只有重度慢性肝炎组和肝硬化组高于对照组，但与前三种指标比较这种差异也较小，轻中度慢性肝病组与对照组水平相差小（$P>0.05$）。潘爱萍等进行的一项临床研究显示，以 $S \geq 2$ 作为诊断肝纤维化的分界点，PⅢP、CⅣ、LN 诊断肝纤维化的 ROC 曲线下面积分别为 0.764、0.868、0.712 和 0.535，灵敏性分别为 83.82%、85.17%、65.77%和 58.67%，特异性分别为 88.36%、93.24%、64.42%和 70.69%，而 HA+PⅢP 联合检测的灵敏度与特异度分别为 85.13%、87.54%。有研究表明该四项指标与病理分期显著正相关，而也有研究表明 PⅢP 与病理诊断不相关。李军等研究表明，HA 与 CⅣ在轻度慢性肝炎组即与对照组水平有较大差异，而 PⅢP 和 LN 则在轻度慢性肝炎组与对照组差别不明显。蔡卫民等研究显示，透明质酸与肝纤维化程度的符合率最高，明显优于Ⅲ型前胶原、Ⅳ型胶原和层粘连蛋白。董红筠等报道血清 PⅢP 升高与肝脏病理组织检查结果呈显著正相关，肝癌患者血清 PⅢP 明显高于其他肝病（$P<0.05$），认为慢性肝炎患者如血清 PⅢP 持续升高，有发展为肝癌的可能。

综合目前的研究，认为 HA 与 CⅣ在早期肝纤维化诊断中具有较高价值；而 LN 在晚期肝纤维化及肝硬化诊断中具有较高价值；PⅢP 对慢性肝病预后判断有一定临床意义，PⅢP 持续升高的慢性活动性肝炎，提示病情可能会恶化并向肝硬化发展，而降至正常可预示病情缓解。因 PⅢP 在其他器官纤维化及正常儿童也会升高，一些基底膜相关性疾病中如甲亢、中晚期糖尿病、硬皮病等也会出现 CⅣ的异常，非特异性恶性肿瘤及胰腺疾病中 LN 亦可升高，故各项指标均缺乏肝脏高度特异性。近些年的研究一致认为，各项指标的联合检测要比单项指标的临床实用价值更大，是未来研究的方向。

（2）胶原酶类研究主要是金属蛋白酶及其抑制剂。朱跃科等用 DMN 诱导大鼠肝纤维化，结果显示 MMP-2 的基因水平、蛋白质水平及酶活性在肝纤维化形成过程中均增高，在肝纤维化反转过程中逐渐降低。但另有研究发现，用酒精灌胃诱导大鼠肝纤维化时，造模开始 MMP-2 的表达便下降，同时用酶谱法也未检测到其活性。在整个造模过程一直处于低水平，直至第 11 周时才轻微升高，这说明不同病因所致的肝纤维化发展过程中，MMP-2 的表达有一定差异。但在临床研究中，Gindy 等发现在正常对照组、慢性丙型肝炎有（无）肝纤维化组患者中血清 MMP-2 水平无明显差异，而在肝硬化患者中却明显升高，对诊断肝硬化有较高的敏感性。有研究表明肝纤维化早期，MMP 轻度增高，而在肝纤维化中晚期 MMP 活性降低。谢彦华等报道，当血中 MMP-2 水平增高，则提示慢性肝炎已向肝纤维化发展，可作为临床诊断和治疗的依据。Gindy 等检测了慢性肝炎、肝炎肝硬化和正常人 TIMP-1 的表达，结果显示从正常发展为慢性丙型肝炎无纤维化再到慢性肝炎丙型伴纤维化最后到肝硬化，TIMP-1 的表达稳定持续上升。刘月萍等临床研究显示，血清 TIMP-1 水平在肝纤维化早期即明显升高，且在不同纤维化分期（S1～S4）的差异明显（$P<0.05$），表明 TIMP-1 可明确区分肝纤维化不同时期，适于动态观察，并且优于 PⅢP、HA、LN、CⅣ。其他胶原酶类还有脯氨酰羟化酶（PH）和脯氨酸肽酶（PLD），对胶原酶的诊断性价值有待进一步的深入研究。

（3）目前研究较多的细胞因子主要有 TGF-β 和 PDGF。段军等在临床研究中发现，乙肝组和肝硬化组的血清 TGF-$β_1$ 水平高于对照组，且乙肝组血清 TGF-$β_1$ 水平明显低于肝硬化组，血清 TGF-$β_1$ 水平与肝纤维化指标均呈正相关，与 HA 相关性最高。刘东屏等研究表明，慢性乙型肝炎和早期肝硬化患者血浆 TGF-$β_1$ 水平显著高于正常血浆对照组，TGF-$β_1$ 水平随纤维化分期从 S0～S4 逐步升高，不同纤维化分期间差异显著。TGF-$β_1$ 水平与肝组织胶原含量呈正相关，提示 TGF-$β_1$ 与肝纤维化的发生、发展密切相关。TGF-$β_1$ 在纤维化早期（S1/S2）即明显升高，S1 与 S0 相比差异显著，认为 TGF-$β_1$ 是反映早期纤维化的敏感指标。正常体内 PDGF 的含量较少。罗思红等在研究中发现，慢性肝炎轻度组血清 PDGF 含量就明显高于正常对照组，慢性肝炎中、重度组及肝硬化组 PDGF 含量均显著高于对照组（$P<0.01$），升高的程度与病情轻重呈正相关，并与 PⅢP、LN、CⅣ等指标也呈正相关，认为 PDGF 可作为一项反映病情轻重及肝纤维化程度的血清学诊断指标。

上述各种诊断指标均缺乏高度肝脏特异性，而且对各期肝纤维化的程度目前在临床上不能进行很好的量化与评价，故不能作为有力的临床诊断工具。无创性肝纤维化生物标记物研究领域的迫切需要是寻找一种或几种新的生物标记物，能够特异性地早期及定期检测纤维化形成和降解的动态过程，能够用来直接评估纤维沉积和细胞间质内容的情况并可界定治疗及停药的临界标准，这将会影响抗纤维化治疗发展的方向。在目前的肝纤维化无创性标记物研究领域也有不少阻碍我们寻找精确诊断工具的问题。我们该如何进行诊断性研究、怎样比较不同的生物标记物，以及该如何定义一些在肝病学界目前仍未明确规定或者达成共识的界值，尚需进一步探讨。

对这些研究进行系统回顾，可以发现研究的异质性，大约50%没有报告纳入/排除标准，大约25%没有报告是前瞻性还是回顾性研究，已经出台了像诊断准确性研究报告这样有用的工具，只是并不是特异性针对肝纤维化的。可以用诊断性检验来评价诊断的准确性与可靠性，准确性依赖于指标检测与肝活检之间的吻合度，而可靠性则是对同一指标重复检测所得结果的吻合度。自从30多年前由Ransohoff和Feistein首次提出后就已经很清楚的一个理论是：诊断性检验的实施过程（如它的灵敏度和特异性）会随受试患者一系列临床、病理及共病的特点而有所不同。这种系统误差对肝纤维化生物标记物的研究有很重要的影响，尤其是在不同研究群体间进行标记物比较的时候。实际上，经验性的证据已经表明，如果受试者的纤维化分级水平与参考人群的纤维化分级水平不同，那么生物标记物的受试者工作特征曲线下面积（AUC）这个领域最常用工具也可能是有偏倚的。处理与受试群体间纤维化分期分布不同有关的系统误差就很有意义，有人就推荐了两种处理方法：AUC校正法和Obuchowski法，目前还不清楚这两种方法是不是解释肝纤维化生物标记物研究中系统误差的理想方法。

2. 病理学诊断 肝活检一直以来是肝纤维化诊断的金标准，但由于取样问题和观察者主观误差的存在，在临床实践及无创纤维化检测发展的过程中，活检仍不能成为一种精确的诊断工具。

最近的美国肝脏病学协会（AASLD）指南建议一种取活检的方法：用16G穿刺针，至少要2～3cm长，要含有至少11个完整的肝门片段，以此来确保广泛实质性疾病分级与分期的准确性。这样做的目的是要减小与疾病异质性有关的抽样误差，而这种抽样误差能进一步降低组织学分期与分级的精确度。但是，即使是在有着丰富经验的三级转诊中心，经皮穿刺活检也很少能达到这样的标准。

要进行精确的疾病分级，观测者的主观误差也是一个与活检取样质量同样重要的问题，活检评估需要一个训练有素的肝脏组织病理学家的参与，如果能在一个可以提供医疗的多学科中心进行就更好了。这很重要，因为用活检进行纤维化分级评估时需要其他的一些连贯的定性特征或者需要在整个病程中进行。而且，准确界定纤维化各期并不是对所有病例来说都很重要，对很多患者来说，肝损伤的定性评估，像是轻度或者中重度疾病，也许对做出诊疗决策而言已经足够了。

计算机协助的肝胶原纤维形态成像分析可以对纤维化进行客观检测。不幸的是，形态测量法受到了抽样误差的限制，而且成像分析的变异系数与标准的纤维化组织学分期也有很大的关联。但是，与常规组织学评估相比，这种方法可以进行胶原纤维的定量检测就使得检测纤维化进程中更早期的变化成为很大的可能。胶原纤维形态测量法与其他的肌成纤维细胞活化免疫组化检测，如α-SMA或者TGF-β染色法，两者联合起来也许可以更精确地检测纤维化进程中出现的一些变化。最近这种联合检测法已经在一个抗纤维化的临床试验中用来进行疗效的检测。新兴的提高纤维化定量检测水平的生物成像法包括多光子显微镜。这种非线性的光学技术使得评估内源性信号成为可能，如双光子激动荧光和继发性谐波产生，从而可以用来对胶原纤维（Ⅰ和Ⅲ型）进行立体评估。尽管在纤维化形成过程中胶原纤维沉积是一个相对较晚发生的事件，但是这种方法应用于未染色的活检标本时只需要很小的标本，就可以联合形态测量法对纤维化进行更精确的定量检测。

3. 影像学诊断 对超声和磁共振技术进行改良后产生了一批新兴成像技术。一种基于超声技术叫做肝静脉显影时间（HVTT）的方法已经被研究用来检测慢性肝损伤患者的肝纤维化情况。HVTT 是在快速注射微量气泡作为对比剂后用多普勒超声测得的。HVTT 减小提示血管调节功能障碍及在重度肝纤维化阶段才会出现的肝内分流的存在。需要进一步的研究来定义 HVTT 在监测早至中期肝纤维化中的作用。基于超声的瞬时弹性成像（TE）是一种更常用的方法。在肝纤维化无创诊断技术中，瞬时弹性记录仪是近年来国际及国内比较推崇的非创伤性检查，Afdhal 等研究报道在 748 例慢性肝炎患者中，比较了肝穿刺活检和瞬时弹性记录仪技术在诊断肝纤维化中的准确性，结果显示瞬时弹性记录仪检测技术诊断的准确性要高于肝穿刺活检。Seo 等对慢性病毒性肝炎导致的纤维化中的研究也表明了瞬时弹性记录仪在诊断肝纤维化中的准确性高于肝穿刺活检。有研究表明影像学检查瞬时弹性记录仪的检测值大于 10.6kPa 且出现肝损伤的临床症状时，提示有显著的纤维化。大多数已经发表的研究都证明，用瞬时弹性成像来监测肝硬化（F4 期）显示了很好的灵敏度和特异性。但是也注意到这种方法识别 F2～F4 期肝纤维化患者的精确度偏低。瞬时弹性记录仪检测在诊断肝纤维化中也有一定的局限性，容易受到患者年龄、肥胖等因素的影响，同时对于脂肪肝、胆汁淤积、腹腔积液等的患者检测时受到不同程度的限制。将传统超声实时成像与肝硬度检测综合在一起的超声设备可提高肝纤维化检测的准确性。声辐射力脉冲成像（ARFI）是一种很有前景的方法，这种方法涉及用短时间（≈262μs）内的声波脉冲引起组织的机械兴奋。组织兴奋会产生细微的位移，正是利用了这个位移来计算波速。值得关注的是，ARFI 法可以嵌入一个传统的超声探测仪中，因此也可以同时对肝实质进行常规检查。得出的初步结果与 TE 法很相近，但是还需要作进一步的验证。弥散加权磁共振成像（DWI）是一种评估组织中分子扩散程度的技术。在肝纤维化进展过程中，认为水分子的弥散程度是减小的，因此它可以作为纤维化沉积的一个标志物。杨卫等的研究证明水分子弥散程度［用表观弥散系数（ADC）表示］与肝活检纤维化分期之间有某种联系，当 b 值为 $600s/mm^2$、$800s/mm^2$ 时，肝纤维化组 S3 及 S4 期 ADC 值明显低于 S0、S1 及 S2 期。当 b 值为 $800s/mm^2$ 时，各肝纤维化分期的 ADC 差异性最为明显，因此 DWI 在乙型肝炎肝纤维化程度评估中具有较高的临床价值，值得临床推广应用。近日，多排螺旋 CT 灌注成像技术开始逐渐被认可。单位时间内流经门静脉组织的血容量（PVP）为多排 CT 灌注成像参数之一，与肝纤维化程度病变程度呈负相关，是反映肝炎、肝纤维化及肝硬化不同阶段肝脏的血流灌注变化特点最为敏感的指标。因此，该技术可用于鉴别诊断肝炎、肝纤维化及早期肝硬化等。

将会出现的一个问题是怎样把监测肝纤维化的成像技术用于对患者的临床评估上。尽管血清标记物研究与成像研究在监测较高水平纤维化分期（F2～F4 期）上都更有利，但是只可以预测群体中肝纤维化的严重程度是处于较轻水平上的（即 F0～F1 期）。尽管最近有数据表明，由于 MRE 总能够识别出正常肝脏及仅有单纯脂肪变性的患者，故认为 MRE 有更好的精确度，但是血清检测和成像检测在识别亚临床患者时都有局限性。无论哪一种选择，最基本的仍然是在决定哪种方法更合适之前，先评估一个基于群体的人群中任何一种无创性检查的初步诊断会是怎样的。理论上，新技术间应——进行比较，这样就能够对它们的相对有效性作出评价了。最后一个问题就是仍然不确定在实践中这些检验应该要单独使用还是要使用各个不同的组合。目前发表的文章中使资源利用达到最小化的同时，最初血清标记物的应用已经在逐渐往成像（或者更高级的血清标记物）上过渡，而这也是为提高诊断精确度而逐步递进的一个过程。然而，有一种可能就是走在前沿的成像检测在某些人群中也许跟联合检测的性价比是一样的，但这也是需要在未来进行验证的。

三、抗纤维化治疗

目前对抗纤维化治疗策略的研究主要基于肝纤维化发病机制的研究成果：抗炎抗氧化、抑制 HSC 增殖与活化、降解 ECM 和诱导 HSC 凋亡。其中，后三者是近几年研究较多的方向。

1. 抑制 HSC 增殖与活化　目前常用的方法是抑制 HSC 的活化、增殖，以及针对 HSC 的靶向治疗等。

$TGF\beta_1$ / Smad 信号通路具有重要的促肝纤维化作用，该通路激活后可刺激 HSC 的活化与增殖。Tu 等发现 KLF11 是抑制 Smad7 表达的转录因子，具有促肝纤维化的作用，并且 KLF11 是 miRNA 30 的靶基因。因此，miRNA 30 能够抑制该通路，并有望成为治疗肝纤维化的重要靶点。另有研究发现，若干 miRNA 均可调控参与肝纤维化形成的细胞因子，尤其是可调控 HSC 的活化增殖。付荣泉等的细胞实验表明，miRNA 200b 抑制剂能抑制 HSC 增殖及一定程度的活化，使 ECM 明显减少，但其具体作用机制有待进一步研究。同时，在对 $TGF-\beta_1$ / Smad 通路研究的过程中发现骨形态发生蛋白（BMP）/ Smad 信号通路与该通路相互制约，两者共同维持肝脏的稳态平衡。基于 BMP / Smad 通路的抗肝纤维化作用，激活肝组织内 BMP / Smad 通路表达将为临床治疗肝纤维化及新药开发提供思路。

其次是肝纤维化靶向治疗。目前认为与静止期 HSC 相比较，肝纤维化时 HSC 活化后表面受体表达会发生改变，因此针对 HSC 受体进行靶向治疗显得尤为重要。朱长红等研究发现，当 HSC 活化后表面 6-磷酸甘露糖 / 胰岛素样生长因子 II 型受体、整合素配体上的特定精氨酸–甘氨酸–天冬氨酸序列（RGD 序列）显著增加。HSC 增殖需要通过 HSC 上的纤维粘连蛋白（FIN）等配体与整合素结合才能实现，若能阻断两者的结合将会有效阻断 HSC 增殖。因此，目前整合素受体是一个备受关注的生物干预靶点。尽管目前受体靶向治疗尚处于实验阶段，但 HSC 受体靶向干预调控活化的 HSC 功能对于治疗肝纤维化具有很好的临床应用前景。

另有一些针对其他细胞因子的研究。肾素-血管紧张素系统（RAS）与肝纤维化的发生密切相关，其中最主要的活性成分为血管紧张素-II（Ang II）。Ang II 主要通过与 Ang II 1 型受体结合诱导 HSC 活化增殖，进而促进肝纤维化进程。大量研究发现，应用 Ang II 1 型受体拮抗剂能够抑制 HSC 的活化增殖，减轻肝纤维化程度。用脂质体包裹肝细胞生长因子（HGF）cDNA，后经门静脉或肝动脉注入纤维化的动物肝脏内，可以减少肝纤维化。将 HGF 基因转染到间充质干细胞中，然后将这种表达 HGF 的干细胞注入部分肝切除的纤维化大鼠肝内，不但抑制了肝纤维化，同时还促进了肝再生，肝功能明显改善，大鼠生存率提高。u-PA重组腺病毒经髂静脉注射治疗四氯化碳肝损伤大鼠，发现10天后肝纤维化程度降低85%，门脉周围及小叶中心的纤维组织明显吸收。纤溶酶原激活物抑制剂1（PAI-1）缺陷能使t-PA和HGF活性升高，减轻肝纤维化。肝纤维化信号通路错综复杂，彼此间联系广泛，欲通过单一途径逆转肝纤维化进程似乎比较困难，现在需要找到占主导地位的信号途径或者一条共同信号通路。此外，细胞内维生素A丢失是HSC活化的一个显著特征，因此，补充维生素A可以减少HSC的增殖，促进其凋亡，从而达到治疗肝纤维化的目的。

2. 降解ECM　主要是以MMP和TIMP为靶点。MMP-9突变体作用于HSC后，可显著降低HSC对TIMP-1 mRNA、α-SMA mRNA的表达，阻止HSC向肌成纤维细胞转化，促进其凋亡，减缓肝纤维化的进展。注射CCl_4 8周和胆总管结扎4周所诱导的肝纤维化动物模型，在单次注射MMP-8腺病毒载体（AdMMP-8）后，肝纤维化程度明显减轻。以腺相关病毒（AAV）为载体，含有针对大鼠TIMP-1具有较强抑制作用的小分子干扰RNA感染大鼠星状细胞系HSC-T6后，TIMP-1表达有显著的抑制作用，且MMP活性显著增强。选用TIMP-1为靶基因，将表达反义TIMP-1的重组质粒与空载体pcDNA3进行包装后分别导入体外培养的HSC内及用猪血清诱导的肝纤维化大鼠体内，发现反义TIMP-1均被成功表达，TIMP-1的基因及蛋白质表达水平明显下降，间质胶原酶的活性增加，Ⅰ、Ⅲ型胶原沉积量减少。与对照组相比（给予PBS），经CCl_4诱导的肝纤维化大鼠，在给予人抗鼠TIMP-1抗体后，α-SMR的表达和前MMP-2、活化MMP-2的活性明显降低。同时还分析了该抗体对肝组织学的影响，发现经CCl_4诱导的肝组织，其胶原沉积比对照组明显增多，给予抗体后，沉积显著减少。Guido等对27例慢性丙型肝炎患者给予IFN-α及利巴韦林联合治疗后，血清TIMP-1、肝组织NF-κB、TGF-$β_1$的表达水平均显著降低，血清MMP水平、MMP-9/TIMP-1比值升高，肝活检结果与治疗前相比，即使无应答也可达到肝组织学纤维化程度的改善。

3. 诱导HSC凋亡　NF-κB对HSC有抗凋亡效应。活化的HSC有NF-κB表达，该区域还有上调的致炎因子如细胞活素、趋化因子和黏附分子。NF-κB能定向翻译上调的抗凋亡蛋白TRAF-1、TRAF-2、c-IAP1和c-IAP2。柳氮磺吡啶是一种强效NF-κB抑制因子，作用于人或鼠的HSC可诱导HSC凋亡，其机制与增加Caspase-3活性有关；单体5-ASA和磺胺嘧啶（柳氮磺吡啶的一部分，无NF-κB抑制作用）则对HSC无诱导凋亡效应。

神经生长因子（NGF）作用于活化的HSC能抑制HSC增殖并诱导其凋亡，其机制与增强p75的表达有关。静止的HSC可以表达PPAR-γ，HSC活化后PPAR-γ活性减少。激活的PPAR-γ可以抑制HSC胶原产生及在转录和基因水平上调节HSC的表型，预示其可以作为抗纤维化治疗的一个有效靶点。目前，PPAR-γ激动剂噻唑烷二酮类在非酒精性脂肪肝炎治疗上已显示了一定的临床优势。胰岛素样生长因子1（IGF-Ⅰ）可通过降低Bcl-2/Bax比例、下调ERK而诱导活化的HSC凋亡。抑制TIMP除了可促进ECM降解外，也可诱导HSC凋亡。肿瘤坏死因子α（TNF-α）作用于HSC可发挥抗凋亡效应，因其能减少CD95L、抑制p53基因，同时增加p21wA基因的表达。丹参酮Ⅰ通过释放细胞色素c和增加caspase-3的活性诱导HSC凋亡，益肝汤也可诱导HSC凋亡。真菌代谢产物制霉菌素通过增加活性氧簇生成和线粒体膜破裂，导致细胞色素c释放和半胱天冬酶-3激活，从而促进HSC凋亡，减轻纤维化；但其缺点为非选择性，会损害其他正常细胞。有研究发现内源性大麻素（AEA）可造成 HSC 死亡，虽然坏死多于凋亡，但 AEA 并不引起肝细胞死亡，故 AEA 有可能成为抗纤维化治疗药物。

上述某些治疗性研究并不是特异性以肝脏为治疗靶点，有研究者便致力于构建针对 HSC 的靶向载体或抗体，它们对 HSC 具有较好的靶向性，用这类载体或抗体携带药物诱导 HSC 凋亡或死亡来减轻纤维化有着非常广阔的前景。用含 RGD 序列环肽修饰的脂质体作为载体，发现其对 HSC 具有较好靶向性，用该载体携带干扰素治疗小鼠肝纤维化取得很好疗效。以荧光标记的 RGD 环肽为载体，通过整合 $α_Vβ_3$ 受体，对活化的 HSC 具有较好的靶向性。另外还有 6-磷酸甘露糖（M6P）受体、视黄醇结合蛋白（RBP）受体。

4. 新思路

（1）肝靶向纳米药物：肝纤维化是慢性肝损伤早期重要的病理特征，可以通过药物治疗逐渐逆转消退。传统药物存在药效下降及对正常器官的毒副作用等问题。运用纳米技术开发的给药系统，可以保护药物，克服生物屏障，将药物定向递送到指定区域发挥作用。在肝损伤修复过程中，肝实质细胞（HC）、肝星状细胞（HSC）、库普弗细胞（KC）和肝窦内皮细胞（LSEC）均起到关键作用。肝靶向纳米药物可专门针对肝脏细胞，基于它们的摄取能力和调节能力实现药物靶向性，更有效地发挥药物抗炎和抗纤维化治疗作用，降低毒副作用，逆转肝纤维化。

氧化苦参碱（OM）是从具有抗肝纤维化作用的中草药中提取的生物碱，由于缺乏靶向特异性，半衰期短且有不良反应，其抗纤维化作用有限。研究发现通过 pH 梯度法将 OM 加载到 PM（两亲嵌段共聚物组装的聚合物）中，然后用 RGD 肽修饰含有 OM 的 PM，得到 RGD-PM-OM 新型载体。在培养的肝星状细胞（HSC）和胆管结扎大鼠（BLD）中测定该系统的靶向效应，RGD-PM-OM 显示出能更好地抑制 HSC 增殖，并显著降低培养的 HSC 中 α-SMA 和 I 型胶原蛋白基因的表达。此外，与 PM-OM 和 OM 相比，RGD-PM-OM 通过降低血清中 PC-Ⅲ和Ⅳ-C 的水平及 BLD 中的结缔组织沉积而显示出较高的抗纤维化活性。

（2）国内钟巍等也总结国内外研究提出一种新策略，认为活化 HSC 可能具有更广泛的功能，主要有以下 4 个方面：①具有保护肝细胞的作用，从而促进损伤肝组织修复；②HSC 构成肝干/祖细胞（如卵圆细胞）的微环境；③可促进干细胞向肝细胞分化；④HSC 本身具有干细胞特性，可向肝细胞分化。他们提出在治疗肝损伤和肝纤维化过程中，不应该单纯清除或抑制活化 HSC，而应该采取扬长避短的方式，既要阻断活化 HSC 分泌 ECM，延缓肝纤维化进展，又要充分利用其促进肝细胞再生的作用来达到最佳的治疗效果。肝细胞核因子（HNF）属于细胞核受体超家族成员之一，主要在肝脏、胰腺、胃肠消化道细胞中表达，在分化成熟的肝细胞中高表达。HNF4α在肝脏发育、肝细胞功能维持，以及肝干细胞向肝细胞的分化、增殖等过程中起重要调控作用。HNF4α可通过多种机制参与改善或逆转肝纤维化、肝硬化、肝细胞癌（HCC）等肝脏疾病的变化进程，如 HNF4α可通过抑制 Wnt-β-catenin 信号通路或细胞外信号调节激酶（ERK）1 信号通路的活化阻止 HCC 的发生和发展。

（3）Wajahat 等最近提出了纤维化关键通路及调节通路的概念，或许可以给我们提供一种全新的研究思路。

关键通路是指将原始刺激转化为纤维化进程所需的通路，而调节通路则是指那些能够影响关键通路但不会直接将原始刺激转化为纤维化基本组分的通路。因此，参与关键通路的细胞和分子是形成纤维化所必需的，以它们为靶点也许就已足够阻断纤维化进程。调节通路也许对纤维化有很重要的作用，但是在器官、种属及个体间有更大的变异性，这就降低了这些靶点的价值，所以对两种通路组分的鉴别就至关重要。Wajahat 等运用通路进化理论（不具器官或者种属特异性的关键通路在一个很早的进化阶段就已经存在，而具有此种特异性的调节通路后来才出现）给出了纤维化关键通路的严格标准：一种分子在多个器官纤维化通路中都起作用，而不是只在单一或者多种哺乳动物的同一器官内起作用，否则为调节通路。

因此，就肝纤维化领域而言，或许有必要改变现在更倾向于研究单一器官的趋势。现在一些研究是先在动物模型身上证明一种分子对肝纤维化的作用，然后是与人类相关性的研究，而其中大部分相关性又都是不确定的，所以关键通路的概念就很重要。在得到最初的阳性结果后，去证实一种分子在另一种器官中的作用要比去验证在同一种器官中的作用而只是用不同的毒素来诱导要更有意义。结果一致说明这种分子可能是关键通路的组分，而结果不一致则说明这种分子可能是器官特异性调节通路的组分。LOXL2 可能就是一条关键通路。

调节通路也是有关联的，因为它们能够发掘出一些器官内在且更加特异的治疗靶点。例如，自然杀伤（NK）细胞活化能够通过杀伤肝内星状细胞及成纤维细胞而阻碍纤维化进程，尽管 NK 细胞并不是肝纤维化进展所必需的。NK 细胞也许是肝脏特异性调节通路的组分，因为在其他器官内 NK 细胞数是很少的。在不会危害其他部位创伤修复的前提下，对丙肝个体来说 NK 细胞是潜在的阻碍纤维化进程的靶点。

5. 肝纤维化研究中的转化医学理念　　将纤维化实验性研究中取得的进展转化为临床治疗决策一直是一项很具挑战性的任务。部分是因为有太多可选的靶点，而且大部分是在严格控制的实验条件下仅在单一物种单一器官得到了验证；部分是因为很多治疗靶点并非肝脏特异性的，应用于人体还出现靶点以外的全身副反应，如 TGF-$β_1$ 抑制剂，在全身各处有广泛抗纤维活性，其用药安全性毫无保障；再者我们缺少一种有效的无创性肝纤维化检测方法，能动态评价纤维形成与消退的早期变化，并较好地评价抗肝纤维化药物的疗效，该方法的建立将大大鼓舞人们开展循证的抗肝纤维化临床试验。想想目前已经做过的一些失败的抗纤维化治疗临床试验，将实验性资料用于临床试验屡屡受挫，包括白细胞介素-10、干扰素α和干扰素β的临床试验，故仅仅报道动物性实验与体外实验的阳性结果是远远不够的，而应思考如何更好地在动物身上真实再现人体复杂病理模型。总之，在肝纤维化研究领域我们已经拥有足够多治疗的靶点，目前需要的是一种将现有的实验资料转变为临床有用产品的策略。

（刘玉凤　谢　雯）

参 考 文 献

陈素娟. 2015. 组胺对人肝星状细胞合成 I 型胶原的影响. 莆田学院学报，22：16～18.
付玲珠，郑婷，张永生. 2014. TGF-β/Smad 信号转导通路与肝纤维化研究进展. 中国临床药理学与治疗学，

19：1189～1195.

付荣泉，丁继光，洪亮，等. 2015. 特异性 miRNA-200b 抑制剂对肝星状细胞生物学特性的影响. 中国医师杂志，17：682～684.

高俊茶，王妍，姜慧卿. 2012. 索拉非尼抑制人肝星状细胞胶原合成. 中国病理生理杂志，28：85～89.

郭蓉，阎明. 2012. 肝纤维化的细胞和分子机制研究进展. 中国肝脏病杂志(电子版)，4：57～62.

黄阳辉. 2015. 多排螺旋CT灌注成像对肝炎、肝纤维化和早期肝硬化诊断的临床意义. 齐齐哈尔医学院学报：1439～1440.

贾慧，霍丽娟，张婕，等. 2014. 依那普利、缬沙坦对实验性大鼠肝纤维化的影响. 中华临床医师杂志(电子版)：902～905.

李刚，龚权. 2014. 肝纤维化信号传导通路研究进展. 广东医学，35：453～455.

李亚芳，霍丽娟. 2016. 肝纤维化药物治疗的研究进展. 国际消化病杂志，36：197～201.

任昌镇，郝礼森. 2015. 肝星状细胞活化过程中的信号转导. 临床肝胆病杂志，31：452～456.

粟周海. 2013. 多排螺旋CT灌注成像对肝炎、肝纤维化和早期肝硬化诊断的应用价值. 中国老年学，33：4166～4167.

杨卫，金红花. 2016. 磁共振弥散加权成像在乙型肝炎肝纤维化程度评估中的价值. 西南军医：139～141.

张婕，霍丽娟，王晋江，等. 2013. 奥美沙坦对肝纤维化大鼠 Ang（1-7）/Mas 受体的影响. 中华临床医师杂志（电子版）：4893～4897.

张仕华，杜彦丹. 2017. 肝纤维化无创诊断的研究进展. 国际检验医学杂志，5：667～668.

赵经文. 2016. 肝靶向纳米给药系统治疗肝纤维化的研究进展. 国际生物医学工程杂志，39：226～232.

Afdhal NH, Bacon BR, Patel K, et al. 2015.Accuracy of fibroscan, compated with histology, in analysis of liver fibrosis in patients with hepatitits B or C: a United States multicenter study. Clin Gastroenterol Hepatol, 13: 772～779.

Arellanes-Robledo J, Reyes-Gordillo K, Shah R, et al.2013.Fibrogenic actions of acetaldehyde are β-catenin dependent but Wingless independent: a critical role of nucleoredoxin and reactive oxygen species in human hepatic stellate cells. Free Radic Biol Med, 65: 1487～1496.

Asahina K. 2012. Hepatic stellate cell progenitor cells. J Gastroenterol, 27: 80～84.

Bai T, Lian L H, Wu Y L, et al. 2013. Thymoquinone attenuates liver fibrosis via PI3K and TLR4 signaling pathways in activated hepatic stellate cells. Int Immunopharmacol, 15: 275～281.

Berndt J D, Moon R T. 2013. Making a point with Wnt signals. Science, 339: 1388～1389.

Bi W R, Xu G T, Lv L X, et al. 2014. The ratio of transforming growth factor-β1/bone morphogenetic protein-7 in the progression of the epithelial-mesenchymal transition contributes to rat liver fibrosis. Genet Mol Res, 13: 1005～1014.

Bian EB, Huang C, Wang H, et al. 2013. DNA methylation: New therapeutic implications for hepatic fibrosis. Cell Signal, 25: 355～358.

Chen J, Zeng B, Yao H, et al. 2013. The effect of TLR4/7 on the TGF-βinduced Smad signal transduction pathway in human keloid. Burns, 39: 465～472.

Chen SL, Zheng MH, Shi KQ, et al. 2013. A new strategy for treatment of liver fibrosis. Bio Drugs, 27: 25～34.

Dong C, Li HJ, Chang S, et al. 2013. A disintegrin and metalloprotease with thrombospondin motif 2 May contribute to cirrhosis in humans through the transforming growth factor-β/SMAD pathway. Gut Liver, 7:

213~220.

Fan HN, Wang HJ, Ren L, et al. 2013. Decreased expression of p38 MAPK mediates protective effects of hydrogen sulfide on hepatic fibrosis. Eur Rev Med Pharmacol Sci, 17: 644~652.

Fan TT, Ping FH, Jian W, et al. 2013. Regression effect of hepatocyte nuclear factor 4α on liver cirrhosis in rats. J Dig Dis, 14: 318~327.

Finnson KW, Philip A. 2012. Endoglin in liver fibrosis. J Cell Commun Signal, 6: 1~4.

Gibbons GS, Owens SR, Fearon E R, et al. 2015. Regulation of Wnt signaling target gene expression by the histone methyltransferase DOT1L. Acs Chemical Biology, 10: 109~114.

Ikeda H, Yatomi Y. 2012. Autotaxin in liver fibrosis. Clin Chim Acta, 413: 1817~1821.

JIA WF, Li L, Li J, et al. 2013. High mobility group Box-1 promotes the proliferation and migration of hepatic stellate cells via TLR4-dependent signal pathways of PI3K/Akt and JNK. PLoS One, 8: e64373.

Jin P. 2013. Current perspectives on the JAK/STAT signaling pathway and its activating factors in liver fibrosis. J Clin Hepatol, 29: 393~396.

Katsunori Yoshida KM. 2012. Differential regulation of TGF-β/Smad signaling in hepatic stellate cells between acute and chronic liver injuries. Front Physiol, 3: 53.

Kim BH, Yoon JH, Yang JI, et al. 2013. Guggulsterone attenuates activation and survival of hepatic stellate cell by inhibiting nuclear factor kappa B activation and inducing apoptosis. J Gastroenterol, 28: 1859~1868.

Kim JT, Liu C, Zaytseva YY, et al. 2015. Neurotensin, a novel target of Wnt/β-catenin pathway, promotes growth of neuroendocrine tumor cells. Int J Cancer, 136: 1475~1481.

Kim MD, Kim SS, Cha HY, et al. 2014. Therapeutic effect of hepatocyte growth factor-secreting mesenchymal stem cells in a rat model of liver fibrosis. Exp Mol Med, 46: e110.

Kong X, Horiguchi N, Mori M, et al. 2011. Cytokines and STATs in Liver Fibrosis. Front Physiol, 3: 69.

Kuo JJ, Wang CY, Lee TF, et al. 2012. Paeoniae radix reduces PDGF-stimulated hepatic stellate cell migration. Planta Medica, 78: 341~348.

Lee T F, Lin Y L, Huang YT. 2011. Protective effects of kaerophyllin against liver fibrogenesis in rats. Eur J Clin Invest, 42: 607~616.

Li YS, Ni SY, Meng Y, et al. 2013. Angiotensin II facilitates fibrogenic effect of TGF-$β_1$ through enhancing the down -regulation of BAMBI caused by LPS: a new profibrotic mechanism of angiotensin II. PLoS One, 8: e76289.

Ling H, Roux E, Hempel D, et al. 2013. Transforming growth factor β neutralization ameliorates Pre-existing hepatic fibrosis and reduces cholangiocarcinoma in thioacetamide-treated rats. PLoS One, 8: e54499.

Liu L, Li XM, Chen L, et al. 2013. The effect of gypenosides on TGF-$β_1$/Smad pathway in liver fibrosis induced by carbon tetrachloride in rats. Int J Integr Med, 1: 1~6.

Lungen LU. 2013. Recent research on liver fibrosis and cirrhosis. J Clin Hepatol, 29 (5): 321~323.

Meng XM, Chung AC, Lan HY. 2013. Role of the TGF-β/BMP-7/Smad pathways in renal diseases. Clin Sci(Lond), 124: 243~254.

Meurer SK, Alsamman M, Sahin H, et al. 2013. Overexpression of endoglin modulates TGF-$β_1$ signalling pathways in a novel immortalized mouse hepatic stellate cell line. PloS One, 8: e56116.

Miao CG, Yang YY, He X, et al. 2013. Wnt signaling in liver fibrosis: progress, challenges and potential directions. Biochimie, 95: 2326~2335.

O ZJ, Zhou J, Cui ZL, et al. 2013. Preventive effect of blockage of renin-angiptensin- aldosterone system at different levels against hepatic fibrosis in rats. World Chin J Dig, 21: 957~962.

Pan TL, Wang PW, Leu YL, et al. 2012. Corrigendum to inhibitory effects of scutellaria baicalensis, extract on hepatic stellate cells through inducing G_2/M cell cycle arrest and activating ERK-dependent apoptosis via Bax and caspase pathway. J Ethnopharmacol, 139: 829~837.

Patel G, Kher G, Misra A. 2012. Preparation and evaluation of hepatic stellate cell selective, surface conjugated, peroxisome proliferator-activated receptor-gamma ligand loaded liposomes. J Drug Target, 20: 155~156.

Peng J, Li X, Feng Q, et al. 2013. Anti-fibrotic effect of cordyceps sinensis polysaccharide: Inhibiting HSC activation, TGF-β_1/Smad signalling, MMPs and TIMPs. Exp Biol Med (Maywood), 238: 668~677.

Rosenbluh J, Wang X, Hahn WC. 2013. Genomic insights into WNT/β-catenin signaling. Trends Pharmacol Sci, 35: 103~109.

Schuppan D, Kim YO. 2013. Evolving therapies for liver fibrosis. J Clin Invest, 123: 1887~1901.

Seo YS, Kim MY, Kim SU, et al. 2015. Accuracy of transient elastography in assessing liver fibrosisin in chronic viral hepatitits: A multicentre, retrospective study. Liver Int, 35: 2246~2255.

Sferra R, Vetuschi A, Catitti V, et al. 2012. Boswellia serrata and Salvia miltiorrhiza extracts reduce DMN-induced hepatic fibrosis in mice by TGF-beta1 downregulation. Eur Rev Med Pharmacol Sci, 16: 1484~1498.

Tacke F, Weiskirchen R. 2012. Update on hepatic stellate cells: pathogenic role in liver fibrosis and novel isolation techniques. Expert Rev Gastroenterol Hepatol, 6: 67~80.

Torok N, Dranoff JA, Schuppan D, et al. 2015. Strategies and endpoints of antifibrotic drug trials. Hepatology, 62: 627~634.

Tu X, Zheng X, Li H, et al. 2015. MicroRNA-30 protects against carbon tetrachloride-induced liver fibrosis by attenuating transforming growth factor beta signaling in hepatic stellate cells. Toxicol Sci, 146: 157~169.

Wang FP, Li L, Li J, et al. 2013. High mobility group Box-1 promotes the proliferation and migration of hepatic stellate cells via TLR4-dependent signal pathways of PI3K/Akt and JNK. PLoS One, 8: e64373.

Wang XH, Cao Q, Cheng-Mu HU. 2012. AK/STAT pathway mediates IL-4 induced type Ⅰ collagen expression in human hepatic stellate cell line LX-2. Basic Clin Med, 32: 423~427.

Wang YP, He Q, Wu F, et al. 2013. Effects of Wnt3a on proliferation, activation and the expression of TGFb/Smad in rat hepatic stellate cells. Zhonghua Gan Zang Bing Za Zhi, 21: 111~115.

Wang Y, Gao J, Zhang D, et al. 2010. New insights into the antifibrotic effects of sorafenib on hepatic stellate cells and liver fibrosis. J Hepatol, 53: 132~144.

Weiskirchen R, Tacke F. 2014. Cellular and molecular functions of hepatic stellate cells in inflammatory responses and liver immunology. Hepatobiliary Surg Nutr, 3: 344~363.

Wensong G E, Wang Y, Jianxin WU, et al. 2014. β-catenin is overexpressed in hepatic fibrosis and blockage of Wnt/β-catenin signaling inhibits hepatic stellate cell activation. Mol Med Rep, 9: 2145~2151.

Xin X, Yan H, Weiqing L I, et al. 2014. Studies on PPAR α and γ participating in progression of liver fibrosis by regulating ACSL1. J Clin Hepatol, 30: 700~702.

Xin X, Zhang Y, Liu X, et al. 2014. MicroRNA in hepatic fibrosis and cirrhosis. Front Biosci, 19: 1418~1424.

Yang J, Hou Y, Ji G, et al. 2013. Targeted delivery of the RGD-labeled biodegradable polymersomes loaded with the hydrophilic drug oxymatrine on cultured hepatic stellate cells and liver fibrosis in rats. Eur J Pharm Sci, 52: 180~190.

Yona S, Kim KW, Wolf Y, et al. 2013. Fate mapping reveals origins and dynamics of monocytes and tissue macrophages under homeostasis. Immunity, 38: 79~91.

Zardi E M, Navarini L, Sambataro G, et al. 2013. Hepatic PPARs: their role in liver physiology, fibrosis and treatment. Curr Med Chem, 20: 3370~3396.

Zhang F, Kong D, Lu Y, et al. 2013. Peroxisome proliferator-activated receptor-γ as a therapeutic target for hepatic fibrosis: from bench to bedside. Cell Mol Life Sci, 70: 259~276.

Zhao Q, Qin CY, Zhao ZH, et al. 2013. Epigenetic modifications in hepatic stellate cells contribute to liver fibrosis. Tohoku J Exp Med, 229: 35~43.

第四十一章　细胞外基质与肾脏疾病

肾脏的包膜及肾小球的基底膜（basement membrane，BM）中都含有大量不同类型的细胞外基质蛋白成分。特别是肾小球基底膜的结构，对于维持正常的肾脏功能具有十分重要的意义。另外，细胞外基质还与肾脏的发育过程之间有着十分密切的关系。本章先介绍肾小球基底膜的主要结构成分，然后介绍胶原和非胶原糖蛋白异常与肾脏疾病之间的相互关系，再介绍近些年来重点关注的细胞外基质与肾脏疾病之间的关系。

第一节　肾小球基底膜结构成分

在多细胞生物的大多数组织中都有基底膜（basement membrane）结构。基底膜是一种细胞外基质，为上皮细胞的基础，并围绕肌肉、脂肪和周围神经细胞，对于相邻的细胞具有很强的影响。因此，基底膜在细胞生物学、发育生物学及神经生物学等领域中都是一个重要的研究课题。从生物化学角度来看，基底膜（BM）由一组糖蛋白组成：层粘连蛋白、Ⅳ型和ⅩⅧ型胶原、巢蛋白和基底膜聚糖。这些基底膜的组成成分通过一种自身组装的过程，成为一种较为有序的结构形式。构成基底膜的成分中，含有一系列的细胞结合位点，可与细胞膜上相应的受体蛋白进行结合，对于细胞的一系列功能产生调节作用。

一、基底膜中的层粘连蛋白

层粘连蛋白（laminin）是基底膜中最为丰富的一种非胶原糖蛋白分子类型，在小鼠可移植性 EHS 肿瘤，即 EHS 肿瘤细胞中首先分离到这种糖蛋白分子。从肿瘤细胞中所分离纯化的层粘连蛋白称为经典的层粘连蛋白，但不同的组织细胞类型中所表达的层粘连蛋白的结构并不完全相同，也就是说层粘连蛋白还存在着异构体形式。

1. 经典型层粘连蛋白　经典型层粘连蛋白是一种多位点结构型蛋白质，分子质量为 800kDa，由三个亚单位 Ae、B1e 和 B2e 组成。各亚单位之间以二硫键相连。Ae、B1e 和 B2e 三种亚单位的分子质量分别为 400kDa、200kDa 和 200kDa。以旋转投影电镜观察，经典的层粘连蛋白呈非对称的"十"字状，三条短臂为 36nm，一条长臂为 77nm。但最近的研究结果表明，三条短臂中的一条为 48nm，另两条短臂为 34nm，这一结果与亚单位 Ae 和 Be 链结构中Ⅲ型位点重复序列的个数是一致的。

在经典层粘连蛋白的分子结构中，B1e 链由 1786 个氨基酸残基组成，B2e 链由 1607 个氨基酸残基组成，两条链的序列之间具有高度的同源性。在每一条链的羧基端都有一段Ⅰ型位点结构，其中含有数个 7 氨基酸重复序列。每一段重复序列的第 1 和 4 位置上的氨基酸残基都是疏水性氨基酸残基，而第 5 和 7 位上的氨基酸残基则都是带电荷的氨基酸残基，表明有α超螺旋二级结构的存在。Ⅰ型位点结构的分子质量为 40~43kDa。Ⅱ型位点结构中也含有 7 氨基酸残基重复序列，虽然其结构特点不如Ⅰ型位点结构那样规则，但也很明显存在着α螺旋结构。Ⅱ型位点结构的分子质量为 22～24kDa。长臂的结构中也有螺旋状结构。Ⅲ型位点结构的分子质量为 37～44kDa，富含半胱氨酸与甘氨酸，其中的重复序列结构与表皮生长因子（EGF）的重复序列结构之间有着高度的同源性，因此称之为 EGF 样重复序列。层粘连蛋白分子结构中的 EGF 样重复序列中含有 8 个半胱氨酸残基，而在 EGF 分子结构中仅有 6 个半胱氨酸残基。在很多种类型的蛋白质分子结构中都有这一类型的 EGF 样重复序列。在 EGF 样重复序列结构中，关键的残基序列都是高度保守的，如果再引入另外一对二硫键，这种 EGF 样重复序列即折叠成为 EGF 重复序列的结构形式。层粘连蛋白分子中的Ⅳ型位点结构是α螺旋、β片层和随机卷曲结构组成的，相当于层粘连蛋白的球状结构位点。Ⅴ型位点结构与Ⅲ型位点结构类似，含有同样的 EGF 样重复序列，即为短臂的外部棒状结构。Ⅵ型位点结构的氨基末端与Ⅳ型位点结构的序列相似，为短臂的外部球状结构。

Ae 链由 3084 个氨基酸残基组成，与 Be 链之间有高度的同源性，但含有另外一种位点结构。在 Ae 链的羧基端有个 G 位点，在 Be 链中则无此结构位点。这一 G 位点具有球状结构位点的形态学特征，序列分析表明，含有 5 段头尾相接的重复序列结构，富含碱性氨基酸残基。大的 G 球状位点结构是由 5 个小的球状结构及其他序列构成，各小球状结构的折叠方式差别很大。Ae 链中的Ⅰ型和Ⅱ型位点结构中的序列与 Be 链中相应的序列之间有高度的同源性。这一位点结构的分子质量为 64kDa，是一种α螺旋的卷曲螺旋状结构。Ae 和 Be 链中的Ⅲ型位点结构序列极为类似。

层粘连蛋白-111：层粘连蛋白-111 最初是从 EHS 小鼠肿瘤中发现的，已经广泛研究了近 40 年。α_1、β_1 和 γ_1 的 N 端层粘连蛋白分子的短臂，C 端区域相互连接以形成长螺旋线圈结构。在线圈结构之后，α_1 链还存在 1000 个残基，其被折叠成 5 个连续的层粘连蛋白 G 样结构域（LG）。长期以来，已知整合素结合需要层粘连蛋白的天然四级结构：首先，层粘连蛋白-111 水解片段 E8（卷曲的约 220 个残基和 LG1～LG3）被证明足以用于整合素介导的细胞黏附；其次，γ_1 链的 C 端（小鼠 γ_1 中的 Glu1605）起第三位的谷氨酸对于整合素与层粘连蛋白-511 的结合是必需的，但分离的 γ_1 尾部是无活性的，其中 E8 结构示意图如下（图 41-1）。

2. 层粘连蛋白的异构体 以胰蛋白酶从人胎盘组织中提取的层粘连蛋白片段与从 EHS 肿瘤细胞中提取的层粘连蛋白片段是不同的。在高盐浓度与去污剂的条件下，从人胎盘中提取层粘连蛋白，其中有一种分子质量为 240kDa 的多肽，但这种大小的多肽称为 M，却不见于从 EHS 肿瘤中提取的层粘连蛋白中。对于层粘连蛋白的基因表达进行检测，证实某些组织中无经典的层粘连蛋白基因的表达，而代之以 S-层粘连蛋白。通过 cDNA 的克隆化证实，S-层粘连蛋白一级结构序列与经典层粘连蛋白的一级结构序列之间有着高度的同源性。S-与 B2e 链相比，S-层粘连蛋白与 Be 链之间的同源性更高。因而将这种层粘连蛋白链称为 B1S。B1S 与 Be 链之间高度同源性的结构区集中在Ⅲ、Ⅳ、Ⅵ型位点结构等相当于 EGF 样重复序列结构区中，另外两者的 N 端球状位点之间的序列同源性

图41-1　层粘连蛋白-111 mini-E8 的示意

也很高。免疫组织化学染色研究表明，B1S 在神经-肌肉接头部位有很高水平的表达，但却不仅仅限于此区。在周围神经的神经周围基底膜、肾小球基底膜及动脉基底膜中都有这种 B1S 的表达。

二、黏结蛋白

黏结蛋白是一种分子质量为 158kDa 的硫酸糖蛋白。小鼠内皮细胞系 M1536-B3 也可分泌这种基底膜样蛋白，从 EHS 肿瘤细胞中也可分离到这种蛋白质。从 EHS 肿瘤细胞中产生的黏结蛋白对于内源性蛋白酶高度敏感，常常裂解为大小不等的多肽片段，其中包括分子质量为 80kDa 的多肽片段。在正常组织中，黏结蛋白与层粘连蛋白共同表达，以非共价键结合成复合物形式，分布于基底膜中。层粘连蛋白的单抗不仅可使层粘连蛋白发生免疫沉淀，同时也使黏结蛋白发生免疫沉淀，足以说明黏结蛋白与层粘连蛋白之间存在着紧密的关系。以小鼠的黏结蛋白为例，氨基端的 641 个氨基酸残基构成了 I 型球状位点。II 型位点结构是一段棒状结构，由 5 段连续的 EGF 样重复序列组成。与层粘连蛋白的分子结构不同，在 EGF 样重复序列中仅 6 个半胱氨酸残基，因而是一种更为保守、更为典型的 EGF 重复序列。黏结蛋白羧基端的位点结构称为Ⅲ型位点结构。黏结蛋白的翻译后修饰，包括 N-和 O-型糖基化，以及酪氨酸残基的硫酸化。

三、层粘连蛋白-黏结蛋白复合物

发现黏结蛋白以后不久，就注意到黏结蛋白与层粘连蛋白之间有着极为密切的关系。如上所述，黏结蛋白可与层粘连蛋白的特异性抗体进行免疫共沉淀。黏结蛋白在基底膜中有广泛的分布，与层粘连蛋白的分布一样，但也不总是相同。从组织的提取物中发现，黏结蛋白与层粘连蛋白的摩尔数基本上是相等的，但在某些体外培养的系统中，黏结蛋白的这种立体化学表达方式也会丢失。

尽管黏结蛋白几乎总是与层粘连蛋白结合成复合物形式，但是分离纯化黏结蛋白-层粘连蛋白的复合物仍然是一件难以做到的事情，因为黏结蛋白很容易发生蛋白水解。从 EHS 肿瘤细胞中提取层粘连蛋白的方法，也只能得到黏结蛋白的片段。以含有 EDTA 等螯合剂的溶液，可以纯化到完整的黏结蛋白分子。对于这种复合物中的各种成分进行分析，结果表明黏结蛋白-层粘连蛋白之间的确是以 1∶1 的方式进行结合的。通过旋转投影电镜分析，证实黏结蛋白与层粘连蛋白短臂的棒状样位点结构内侧的球状位点区相结合。以 2mmol/L 的盐酸胍可使黏结蛋白与层粘连蛋白分开。与层粘连蛋白结合作用的结构区位于黏结蛋白分子中羧基末端的Ⅲ型球状位点结构区。层粘连蛋白-黏结蛋白复合物形成的生物合成研究表明，当这两种蛋白质刚刚翻译完毕之后即结合成蛋白质复合物形式，提示这两种细胞外基质蛋白的转运及分泌过程，需要这种复合物的形成。黏结蛋白不仅能够与经典的层粘连蛋白结合成复合物，而且还能与层粘连蛋白的异构体结合成复合物形式，如心脏层粘连蛋白等。

四、Ⅳ型胶原

基底膜中的胶原蛋白的研究历史较其他类型的蛋白成分要长。基底膜中的胶原蛋白以Ⅳ型胶原为主。Ⅳ型胶原由三条多肽组成，均为 180kDa 大小。Ⅳ型胶原分为三段位点结构。在氨基末端有一个 30nm 长的三螺旋结构位点，称为 7S 位点。在一段很短的非螺旋结构区之后，又是一段长为 360nm 的三螺旋结构区。这一段螺旋结构区中，常常出现一些不规则的结构序列，打断了胶原蛋白典型的 Gly-X-Y 三氨基酸残基重复结构序列。因此，与Ⅰ型和Ⅲ型间质性胶原的相应部分的结构相比，Ⅳ型胶原的结构具有更为灵活的性质，对于蛋白酶的水解作用也更为敏感。在胶原的羧基末端，即为球状 NC1 位点。这一段 NC1 位点结构中，其氨基酸残基序列并不是典型的胶原性氨基酸残基序列，如不含有羟脯氨酸，而且甘氨酸残基所占的比例也较小。以旋转投影和电镜观察，4 个分子的 N-型胶原片段经由 TS 球状结构位点连接在一起，呈蜘蛛状。Ⅳ型胶原蛋白的序列分析结果表明，在其氨基端是具有三螺旋结构位点的 7S 位点区，富含半胱氨酸及赖氨酸残基，其羧基端是一个非胶原 NC1 位点。在小鼠胶原主要的三螺旋结构区，α_1 链中有 21 个非典型结构区，α_2 链中有 24 个非典型结构区。两条链中的非典型结构区其序列虽然不同，但其位置却很固定，而且在不同种属的胶原链中也是高度保守的，说明胶原链中这种非典型结构区对于胶原的结构来说也是非常重要的。除这些结构外，Ⅳ型胶原的分子结构中含有一系列的链间二硫键结构及赖氨酸衍生的交联结构。胶原中的二硫键结构主要集中在 7S 位点结构区、主要三螺旋位点区的氨基端 1/3 区及 NC1 位点结构区。

近年来，关于Ⅳ型胶原异构体的发现与鉴定，是关于胶原研究中的一个重要进展。关于Ⅳ型胶原的 α_3 和 α_5 两条链，与不同类型的肾脏疾病之间有着极为密切的关系。古德巴斯德综合征（Good-Pasture syndrome）是一种严重的自身免疫病，包括 3 项病变：肾小球肾炎、肺出血和抗肾小球抗体的形成。与肾小球基底膜有关的一种自身免疫性抗体所识别的抗原分子，即是一种胶原酶抗性的多肽分子，其大小与氨基酸残基组成都与Ⅳ型胶原的 NC1 位点结构相似。从肾小球基底膜中分离到的来源于 NC1 位点的单体多肽其结构较为复杂，仅以 α_1 和 α_2 链的结构进行分析是不够的。对于两种这样的新型单体多肽的氨基末端序列进行测定，结果表明与已知的α链的序列不同。因此，携带古德巴斯德表位的单链多肽称为 α_3，而另一种新型的单链多肽则称为 α_4。以免疫荧光技术观察肾小球，可见到识别 α_1 和 α_2 链的抗体主要与间质性基质相结合，也分布于肾小球毛细血管壁的内皮下层结构区。而识别两种新α链的抗体则与肾小球基底膜的致密部分及鲍曼囊（Bowman's capsule）等结构进行结合。这一结果表明不同的Ⅳ型胶原链有不同的分布方式。对于 α_3 和 α_4 胶原链在各种组织中分布的进一步研究分析表明，α_3 和 α_4 主要分布于突触基底膜结构区，而在突触外的基底膜，如神经和动脉的基底膜中就没有 α_3 和 α_4 胶原链的表达与分布。

对于阿尔波特型（Alport type）家族性肾炎的进一步研究，证实了 α_5 型胶原链的存在。这种类型的家族性肾炎表现为进行性的肾功能不全和感觉神经性听力丧失。患有阿尔波特综合征（Alport syndrome）的患者，其肾小球基底膜的超微结构具有显著异常，而在肾移植以后，又常发展为自身免疫性肾炎。从这类患者中分离纯化的抗体，可以识别正常人表皮的基底膜结构，但与阿尔波特患者表皮基底膜之间没有反应。这种自身免疫性抗体所识别的是阿尔波特肾炎中已发生明显改变的含有 NC1 位点结构的单体多肽分子。对于患有阿尔波特综合征的患者进行家系调查，证明是一种 X 染色体连锁的显性遗传性疾病。凝胶电泳和 cDNA 克隆化的研究结果表明，这一多肽序列与Ⅳ型胶原的 $\alpha_1 \sim \alpha_4$ 链之间虽然存在着高度的同源性，但却有显著的不同，表明是一种新型的Ⅳ型胶原的α链，称之为$α_5$。从$α_5$链的染色体定位研究上可以证实其位于 X 染色体上。进一步对$α_5$链的核苷酸序列进行分析，在患有阿尔波特综合征患者的$α_5$链编码基因中可发现有核苷酸突变的存在，很清楚地表明了阿尔波特综合征是一种Ⅳ型胶原$α_5$链基因突变性疾病。将$α_5$链的基因序列与$α_1$、$α_2$链的基因序列进行比较，证实所有的位点结构都是高度保守的，但Gly-X-Y重复序列之间的序列部分则有较大的差别。

五、基底膜中的蛋白聚糖

含有硫酸乙酰肝素的蛋白聚糖（PG）分子首先是从 EHS 肿瘤细胞中分离得到的。这种类型的蛋白聚糖具有很高的分子质量。针对这种来源于肿瘤细胞的蛋白聚糖分子的特异性抗体可以识别分布于皮肤、肾脏和角膜等部位的基底膜成分，说明这一类型的蛋白聚糖分子不仅仅限于肿瘤细胞中，而是呈广泛分布的性质。以畸胎瘤细胞系 PYS-Z 相主动脉内皮细胞培养系统也证实有基底膜型的硫酸乙酰肝素蛋白聚糖。通过 CsCl 梯度离心方法，从 EHS 肿瘤细胞所分泌的硫酸乙酰肝素蛋白聚糖复合物可以分为两种不同类型。一种是碳水化合物与蛋白质的比例较小的一种，占绝大多数；另一种是高密度型蛋白聚糖，含有较高比例的硫酸乙酰肝素，占硫酸乙酰肝素蛋白聚糖的一小部分。在其他的基底膜及产生基底膜基质蛋白的细胞培养物中也检测到了这两种高密度和低密度的蛋白聚糖，而且两者之间的比例也相似。进一步的结构分析研究表明，从 EHS 肿瘤细胞中分离纯化得到的低分子质量蛋白聚糖，除了其核心的蛋白质结构之外，仅有 3 条硫酸乙酰肝素链。硫酸乙酰肝素链的长短依 EHS 肿瘤细胞株的不同而有一定的差别。从体外培养的内皮细胞及成纤维细胞的培养物中也分离到高密度的蛋白聚糖分子，提示基底膜中的蛋白聚糖分子来源于间充质细胞、内皮细胞和上皮细胞。间质细胞同时也具有表达层粘连蛋白和Ⅳ型胶原的能力，提示这些细胞类型都可能是基底膜中细胞外基质蛋白的主要来源。

目前关于基底膜中小分子质量的蛋白聚糖分子的性质还没有完全搞清楚，有一系列的证据表明，这种小分子质量的蛋白聚糖可能不仅仅是单一的分子，可能是几种蛋白聚糖分子组合而成的一种复合物。大分子质量和小分子质量的蛋白聚糖之间存在着交叉免疫，蛋白聚糖的生物合成研究证实小分子质量的蛋白聚糖首先合成，之后才是一小部分大分子质量的蛋白聚糖分子的合成。高分子质量的蛋白聚糖也不是专一性的分子，其核心蛋白至少有 4 种，分子质量为 21~34kDa，分子中的硫酸乙酰肝素、硫酸软骨素链都已发生了糖基化修饰。在高密度的蛋白聚糖分子中有硫酸软骨素的成分，但在低密度的蛋白聚糖分子结构中却无此成分。从肾基底膜中也发现了蛋白聚糖分子，大部分属于低分子质量的蛋白聚糖分子，含有硫酸乙酰肝素及硫酸软骨素，但却分别与不同的核心蛋白进行结合。其中以硫酸乙酰肝素蛋白聚糖的含量为主，约占总氨基聚糖含量的 70%。硫酸乙酰肝素蛋白聚糖的核心蛋白分子质量为 18kDa，其硫酸乙酰肝素链为 25kDa。有时在肾基底膜中还可以分离到分子质量为 200kDa 的硫酸乙酰肝素蛋白聚糖，核心蛋白的分子质量为 130kDa，含有 4 个硫酸乙酰肝素链，与一段很小的多肽序列结合，簇集在一起。从肾小球上皮细胞体外培养物中所分离纯化的蛋白聚糖分子进行分析，表明肾基底膜中的蛋白聚糖分子大部分是硫酸乙酰肝素蛋白聚糖，但也有少量的硫酸软骨素蛋白聚糖及硫酸皮肤素蛋白聚糖分子，在硫酸乙酰肝素蛋白聚糖分子中也不是均一的。

六、基底膜相关性的其他蛋白质成分

基底膜中除了Ⅳ型胶原、层粘连蛋白、黏结蛋白及一系列的蛋白聚糖分子之外,还有其他类型的蛋白质,如骨连蛋白、Ⅶ型胶原、agrin、BM90、bFGF,以及血纤维蛋白溶酶原激活剂等,都是肾小球基底膜中的蛋白质成分,不过这些蛋白质成分在肾小球总蛋白中所占的比例较小,而且其功能有些还不太清楚。除此之外,在肾小球基底膜中还发现了一些血浆蛋白,如补体C1q、C3d等。

1. 肾小球基底膜中的骨连蛋白 骨连蛋白又称为SPAR(或BM40),首先是从骨的钙化基质中分离纯化到的一种蛋白质,是骨钙化基质中一种主要的非胶原蛋白,而且在骨钙化基质中含量最为丰富。因为这种蛋白质具有将钙与胶原蛋白结合在一起的性质,因而称之为骨连蛋白。骨连蛋白是一种可分泌性的酸性且富含半胱氨酸的蛋白质分子,之所以考虑为基底膜中的重要蛋白质组成成分,是因为在体外培养的肾小球上皮细胞及EHS肿瘤细胞中都检测到了骨连蛋白的表达。骨连蛋白的Ⅰ型位点结构由两个片段组成,分子质量为33kDa,每一片段由14~15个氨基酸残基组成,其中含有7~8个谷氨酸残基序列。Ⅰ型位点结构是一种α螺旋结构形式。Ⅱ型位点结构富含半胱氨酸残基,基本结构形式是β片层。骨连蛋白的Ⅱ型位点与卵黏蛋白的第三位点结构序列之间有着高度的同源性。但至今还没有发现骨连蛋白还有蛋白酶抑制剂的活性。骨连蛋白的Ⅲ型位点则是一种α螺旋结构形式。骨连蛋白的氨基末端是Ⅳ型位点,其显著的特点就是所谓的EF手构型,亦即螺旋-环-螺旋(HLH)结构形式,这是一个与Ca^{2+}结合有关、在钙结合型蛋白分子结构中普遍存在的特殊结构形式。

进一步的研究表明,骨连蛋白的表达广泛分布于各种类型的组织细胞中。在成骨细胞、内皮细胞、毛囊、外周神经、皮肤及胃黏膜下组织存在较高水平的骨连蛋白mRNA的表达。消化道上皮细胞、皮肤和腺体组织中有较高水平的骨连蛋白的表达。胎心、胸腺、肺、消化道、软骨形成区、骨形成区中有较高水平的骨连蛋白的表达。在血小板中也存在着骨连蛋白,血小板一旦受到胶原或凝血酶等的刺激以后,即释放骨连蛋白。在激活的血小板表面也有骨连蛋白的表达。骨连蛋白与凝血酶应答蛋白结合形成复合物形式。除了基底膜之外,在其他的组织类型中也有骨连蛋白的存在。最近又发现骨连蛋白与Ⅳ型胶原的三螺旋结构位点具有结合的功能。这两种蛋白质之间的结合作用是一种钙离子依赖性的过程,这样也可以解释骨连蛋白如何与基底膜进行结合了。另外,骨连蛋白对于内皮细胞、平滑肌细胞及成纤维细胞的形态学特征还具有调节作用。

2. Ⅶ型胶原 从狭义上说,存在着一些类型的蛋白质,虽然不是基底膜的主要组成成分,但也可与基底膜进行结合,对于基底膜的功能来说又有十分重要的作用,Ⅶ型胶原即为其中的一种。Ⅶ型胶原是形成锚定纤维的主要胶原蛋白,可以将基底膜紧紧固定在基质层上。Ⅶ型胶原由3个完全一样的α链组成一个三聚体形式。Ⅶ型胶原的α链分子质量为350kDa,其羧基端为NC1位点区,中间为一个三螺旋结构区;氨基端是NC2球状位点,分子质量为30kDa。两分子的Ⅶ型胶原链之间依赖于三螺旋结构的Ⅳ端结构序列,结合形成长度为780nm的反向平行双聚体结构。在组织中的Ⅶ型胶原蛋白,氨基末端的NC2位点可以在蛋白水解酶的作用下水解掉。Ⅶ型胶原的羧基末端部分,可与基底膜中的成分进行结合。

3. 血纤维蛋白溶酶原激活剂　血纤维蛋白溶酶原激活剂与血纤维蛋白溶酶原都能与固相化的层粘连蛋白之间进行结合，而且层粘连蛋白也是血纤维蛋白溶酶的一种作用底物。EHS 肿瘤细胞的基质中含有大量组织型血纤维蛋白溶酶原的激活剂，在纯化蛋白的状态下，这种蛋白酶仍能与层粘连蛋白之间结合形成蛋白质的复合物形式。因为组织型纤维蛋白溶酶原激活剂可与肝素进行结合，并受到肝素的激活，因此，基底膜中的蛋白聚糖分子在组织蛋白水解的过程中具有重要的调节作用。血管内皮细胞，特别是微血管的内皮细胞，可以合成Ⅰ型血纤维蛋白溶酶原激活剂的抑制物，还有其他类型的基底膜蛋白。这些研究结果表明，基底膜结构中含有内源性的蛋白水解系统。这一蛋白水解系统在组织更新、保持肾小球基底膜的滤过功能中具有十分重要的作用。

七、基底膜的装配

基底膜是由基底膜蛋白的自行装配而成的。组成基底膜蛋白质成分的各种类型的蛋白质结构中就包含了其进行自我装配而所需要的各种信息。

1. Ⅳ型胶原网状结构　Ⅳ型胶原借助其 NC1 位点之间的相互作用形成二聚体，两个二聚体再借助 7S 位点形成四聚体，然后再形成网状结构形式。Ⅳ型胶原的三螺旋结构区之间也存在着相互作用，正是由于这种相互作用的存在，使这种筛状结构变为六边晶格状结构，每一边的长度为 170nm。

2. 层粘连蛋白的自身凝集　层粘连蛋白可以发生自身凝集，这种自身凝集是一种时间、浓度和温度依赖性的过程。层粘连蛋白的这种自身凝集反应是一个可逆的过程。层粘连蛋白的自身凝集需要有二价阳离子的参与，层粘连蛋白-黏结蛋白复合物的确可以与 Ca^{2+} 结合成复合物形式，与 Ca^{2+} 结合以后即可诱导层粘连蛋白的凝集反应。在层粘连蛋白的长臂和短臂上都存在结合位点，因此认为层粘连蛋白的凝集是一个两步过程。最近的研究结果表明，位于短臂上的结合位点对于层粘连蛋白的凝集来说更为重要。从小鼠 EHS 肿瘤、心肌和人的胎盘中纯化分离的层粘连蛋白以螯合剂处理以后，即变为可溶性的蛋白质成分。层粘连蛋白与组织基质锚定结合的过程也是一个二价金属离子依赖性的机制。

层粘连蛋白聚合成形成基底膜基础的致密网络。有证据表明，$β_1$ 整合素激活小 GTP 酶 Rac1 可启动层粘连蛋白结合整合素和胶束蛋白聚糖，以巩固层粘连蛋白网络的形成，并引发肌动蛋白和微管细胞骨架的重排。来自层粘连蛋白的空间信号的关键协调者是丝氨酸-苏氨酸激酶 Par-1，其影响果糖聚糖可利用性、微管和肌动蛋白组织及内腔形成。信号蛋白整合素连接激酶（ILK）也可能发挥作用。

3. Ⅳ型胶原与层粘连蛋白的相互作用　几乎基底膜中的每一种蛋白分子都具有自身凝集功能，但两种基质蛋白之间所存在的相互作用机制却不太清楚。在电镜下，可以观察到层粘连蛋白与胶原蛋白之间存在相互作用。针对层粘连蛋白长臂位点的抗体可以阻断层粘连蛋白与Ⅳ型胶原之间的结合。在电镜下也常观察到层粘连蛋白长臂与Ⅳ型胶原之间的结合。体内状态下，层粘连蛋白-黏结蛋白之间结合成复合物形式，在Ⅳ型胶原和层粘连蛋白之间形成桥状结构，以便复合物形成固定的结构。

4. 基底膜蛋白聚糖的相互作用　从 EHS 肿瘤中纯化到的硫酸乙酰肝素蛋白聚糖可以通过蛋白质-蛋白质相互作用形成二聚体和寡聚体形式。如果以蛋白水解方法将核心蛋白的末端部分除去，则导致这种蛋白质-蛋白质相互作用的消失。研究表明，层粘连蛋白可与肝素结合，从 EHS 肿瘤细胞中纯化得到的硫酸乙酰肝素蛋白聚糖可与层粘连蛋白和Ⅳ型胶原之间具有较弱的结合功能。层粘连蛋白与氨基聚糖的相互作用深受其硫酸化程度的影响。低硫酸化修饰的硫酸乙酰肝素仅有较弱的作用。从不同的细胞培养基中纯化到的层粘连蛋白，都是以与蛋白聚糖结合成的复合物的形式存在，而且这种复合物在高盐浓度的条件下仍然稳定，因而认为这种复合物的形成是通过蛋白质-蛋白质的相互作用机制进行的，而不是硫酸乙酰肝素依赖性的一个过程。蛋白聚糖与层粘连蛋白结合以后，对于层粘连蛋白的生物学活性还有抑制作用。

第二节 胶原与肾脏疾病

Ⅳ型胶原是肾小球、肾小管基底膜的主要蛋白质成分之一，Ⅳ型胶原在肾小球、肾小管的基底膜中含量虽然很少，但也发挥着十分重要的作用。在糖尿病、各种类型的肾小球肾炎、古德巴斯德综合征等中，胶原蛋白的结构与功能发生显著的变化。

一、糖尿病性肾病时的胶原变化

糖尿病性肾病（diabetic renal disease）有两个重要的临床特点：一个是蛋白尿，另一个是进行性肾功能不全。越来越多的证据表明，每一种病理生理学特征都部分地反映了肾小球细胞外基质的病理改变。虽然关于糖尿病性肾病的研究都集中在肾小球的病变上，然而糖尿病所引起的肾小管的病变，对于糖尿病性肾病来说也是重要的病理改变类型。

1. 糖尿病性肾小球病变与基底膜中的Ⅳ型胶原 肾小球基底膜（glomerular basement membrane，GBM）的结构对于维持肾小球的正常功能具有十分重要的意义。在糖尿病的肾病发展过程中，肾小球基底膜变厚十分显著，这是由于Ⅳ型胶原的生物合成增加或Ⅳ型胶原的降解减少所致。从实验材料中，肾小球基底膜组织中可以提取的肾小球细胞外基质成分增多，肾小球基底膜中[^{3}H]-脯氨酸的掺入量也有显著提高。同时注意到，糖尿病大鼠的肾小球[^{14}C]-赖氨基掺入胶原中的水平也显著升高。除此之外，糖尿病性肾小球中关于Ⅳ型胶原翻译后修饰的蛋白酶的水平也显著升高。实验性糖尿病的体内实验中，肾小球的[^{3}H]-脯氨酸的掺入水平升高，提示基底膜蛋白的合成有增加。与正常对照相比，糖尿病肾小球基底膜含有较高比例的羟脯氨酸残基，尽管不是反映肾小球基底膜中Ⅳ型胶原代谢的一个直接指标。糖尿病性肾病实验动物的血清和尿中的Ⅳ型胶原多肽成分显著升高，这一现象在糖尿病性肾病患者的临床资料中也得到了证实。还有体外细胞实验也发现波动性高血糖比持续性高血糖更易促进胶原蛋白的合成，加重糖尿病肾病进展。还有研究分为正常血糖组和持续高血糖组、波动高血糖组，结果提示，关于Ⅳ胶原，正常组分布均匀光滑；持续性高血糖的分布厚薄不一，且表达量增多；波动性高血糖组中表达量更多、更加不均匀，部分呈现絮状、团块状（图41-2，见彩图10）。

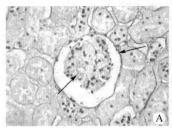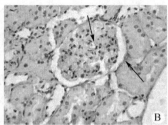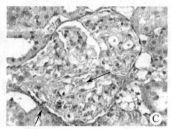

图 41-2 各组大鼠 Col Ⅳ 免疫组织化学染色（400×）
A. 正常组；B. 持续组；C. 波动组。箭头示肾小球基底膜和基质中表达的 Col Ⅳ

糖尿病性肾病中肾小球基底膜变厚也与其中的Ⅳ型胶原降解效率降低有关。在实验模型中，Ⅳ型胶原的转换率也显著降低。肾小球基底膜中与Ⅳ型胶原降解有关的酶类无论是酶蛋白的含量还是酶的催化活性都显著下降。

2. 糖尿病性肾小管病变与基底膜中的Ⅳ型胶原 在实验性糖尿病大鼠模型肾小管基底膜中，发现α_1（Ⅳ）、α_2（Ⅳ）、α_3（Ⅳ）三条链的表达水平显著升高，但α_4（Ⅳ）链的表达水平并没有显著的变化。对于新近发现的α_5（Ⅳ）链的表达没有进行详细的研究。值得注意的是，在正常的肾脏中，α_5（Ⅳ）链的表达仅限于肾小球，而在肾小管中则没有表达活性。从实验性糖尿病大鼠的肾小管基底膜所提取纯化的Ⅳ型胶原中，含有较高水平的酰胺相连的己糖，并有赖氨酰与羟赖氨酰基团。糖尿病时，肾小管基底膜变厚也同样是由于Ⅳ型胶原的生物合成水平升高，而降解速度减低所造成的糖尿病性肾病中，特别是早期阶段，肾小管基底膜中Ⅳ型胶原的生物合成水平显著增加。

在某种程度上，TGF-β_1诱导的Ⅳ型胶原表达。可以刺激肾小管基底膜中结构糖蛋白表达，对于糖尿病性变肾脏病变的发生、发展至关重要。糖尿病动物模型发展到第 4 和第 6 个月时，即出现明显的肾小管基底膜病变，此时α_1（Ⅳ）mRNA 的转录表达水平分别提高 2 倍和 4 倍，α_2（Ⅳ）mRNA 的转录表达水平也显著升高。在小鼠实验性糖尿病所引起的肾脏病变动物模型中，也可见到α_1（Ⅳ）mRNA 的转录表达水平显著升高，提示糖尿病所引起的肾脏病变中，肾小管基底膜的胶原合成水平显著增高。以核 run-off 法对于肾小管基底膜中Ⅳ型胶原的表达进行了测定，在含有 25mmol/L 的 D 型葡萄糖的培养基中，肾小球近曲小管细胞进行培养时，其Ⅳ型胶原的基因转录水平较在含有 5.5mmol/L 的 D 型葡萄糖的培养基中培养时显著增高。以暂时表达细胞模型研究表明，在高糖的培养基中Ⅳ型胶原基因的转录表达水平显著升高。将小鼠Ⅳ型胶原基因的启动子、增强子序列与报道基因氯霉素乙酰化酶（CAT）重组，转染体外培养的近曲小管细胞，以含有高浓度葡萄糖的培养基进行培养时，CAT 的表达水平升高数倍。进一步证实Ⅳ型胶原的顺式功能元件的活性受到葡萄糖浓度的影响。在糖尿病性肾病的发病过程中，至少是某些发病阶段中，Ⅳ型胶原代谢相关的酶类的活性也显著升高，如葡萄糖转移酶、半乳糖转移酶和赖氨酰羟化酶等活性水平都显著升高。

理论上讲，糖尿病时引起的肾脏病变，肾小管基底膜中Ⅳ型胶原含量明显增加，除了其合成速度升高之外，也许同时存在着Ⅳ型胶原蛋白降解速度的下降。但由于肾小管基底膜中的Ⅳ型胶原与肾小球基底膜中Ⅳ型胶原的转换率一样都很低，往往难以进行测定。虽然目前还没有发现关于糖尿病性肾病时肾小管基底膜中Ⅳ型胶原降解速度减慢的直接证据,但却注意到与IV型胶原降解有关的几种蛋白酶类的水平发生下降,如α-葡萄糖水解酶、β-D-半乳糖苷酶、胶原酶与溶酶体酶等。目前多数研究认为在肾脏疾病早期以IV型胶原合成增加为主,而在肾脏疾病晚期以IV型胶原降解减少为主。

二、肾小球肾炎时的胶原变化

肾小球是由细胞成分与细胞外基质成分组成的。细胞类型包括间质细胞、内脏上皮细胞、内皮细胞及壁层上皮细胞。细胞外基质包括间质性基质、肾小球基底膜和鲍曼囊基底膜等。在肾小球的细胞外基质中,主要有IV型胶原、层粘连蛋白、纤维粘连蛋白和蛋白聚糖分子等。肾小球中的细胞与细胞外基质之间通过一类称为整合素的受体蛋白发生相互作用。

IV型胶原的受体在各种类型的肾小球肾炎中也有显著的变化。以膜性肾病为例进行简单介绍,膜性肾病最特征性的病理改变是肾小球基底膜弥漫性增厚,肾小球基底膜是细胞外基质。细胞外基质增多的原因为生成过多、降解减少。肾脏中成纤维细胞、系膜细胞、血管内皮细胞和足细胞等均能合成及分泌细胞外基质,某些促细胞外基质生长因子,使上述细胞合成基膜IV型胶原、纤维粘连蛋白和硫酸肝素糖蛋白增加,细胞基质降解酶系活性受到影响。膜性肾病中晚期细胞外基质积聚,肾小球基底膜明显弥漫性增厚,此时基底膜成分主要是IV胶原。TGF-β可以调节细胞外基质的形成。

整合素是由α、β两种亚单位组成的异二聚体形式的结构分子,都属于跨膜蛋白大分子类型晶型整合素家族,又称为极晚期抗原家族,包括胶原的受体($\alpha_1\beta_1$、$\alpha_2\beta_1$和$\alpha_3\beta_1$)、层粘连蛋白的受体($\alpha_1\beta_1$、$\alpha_3\beta_1$和$\alpha_6\beta_1$)及纤维粘连蛋白的受体($\alpha_3\beta_1$、$\alpha_4\beta_1$和$\alpha_5\beta_1$)。β_2型整合素家族包括白细胞黏附蛋白。β_3型整合素家族包括$\alpha_V\beta_3$,是亲玻连蛋白的家族及糖蛋白IIb/IIIa复合体($\alpha_1 \sim Ib\beta_3$)等。以间接免疫荧光技术,研究了β_1整合素的表达与分布,以及与其他类型的细胞外基质的分布相关的情况。在IgA肾病中,β_1和$\alpha_V\beta_3$型整合素在处于旺盛增殖状态的间质细胞中有很高的表达水平。在I型膜增生性肾小球肾炎和弥漫性增生性狼疮性肾炎中所见与之相似。在这些间质区,IV型胶原、纤维粘连蛋白、亲玻粘连蛋白的表达水平也显著升高。在IgA肾病中,β_1和$\alpha_V\beta_3$型整合素以免疫电镜观察,位于间质细胞的细胞膜上,与免疫复合物沉积位点相近,而纤维粘连蛋白和亲玻粘连蛋白即存在于间质性免疫复合物的沉积位点上。在I型膜增生性肾小球肾炎和弥漫性增生性狼疮性肾炎中,也见到亲玻连蛋白位于免疫沉淀物中。在弥漫性增生性狼疮性肾炎中,细胞新月体表现出与$\alpha_V\beta_3$和亲玻连蛋白的免疫反应活性。在肾病综合征相关的非免疫复合物型肾小球疾病,如肾病综合征中的微小病变,正常情况下随毛细血管线性分布的$\alpha_3\beta_1$表达水平降低。与肾病综合征相关的免疫复合物型肾炎中,如膜性肾病,$\alpha_3\beta_1$型整合素的分布呈局灶性,在毛细血管弓中呈不连续的线性分布。在膜性肾病中,特别是免疫复合物沉积部位上,亲玻粘连蛋白的免疫反应活性得到加强。在不同类型的肾小球肾炎中,整合素及其配体具有不同的改变,反映了间质细胞的不同类型的增殖活性。而在其他类型的肾小球疾病中,$\alpha_3\beta_1$整合素表达水平的下降,与肾小球毛细血管的改变及蛋白尿的状态有关。Dennis等认为,整合素能介导单核巨噬细胞等炎症细胞在肾间质的聚集。而单核/巨噬细胞在肾间质的积聚及广泛浸润导致ECM产生增多、降解减少,肾小球基底膜增厚,进而导致不可逆性的肾小球硬化和肾间质纤维化,说明整合素与肾脏纤维化密切相关。

三、肺出血-肾炎综合征与Ⅳ型胶原

肺出血-肾炎综合征（Good-Pasture syndrome）是一种抗基底膜性疾病，临床表现为肺出血、急进性肾小球肾炎和血清抗肾小球基膜抗体阳性三联征。多数患者病情进展迅速，预后凶险。其发病机制是抗肾小球基底膜自身抗体引发的一种自身免疫性肾脏疾病。一般认为，肺出血-肾炎综合征在大量新月体肾小球肾炎患者中，同时检测到抗肾小球基底膜抗体和抗中性粒细胞胞质抗体。Jia 的研究调查了抗 ANCI 相关性血管炎患者血清中 Good-Pasture 自身抗原的线性表位抗体，该研究纳入了 31 例 ANCA 相关性血管炎患者。来自患有 ANCA 相关性血管炎患者的血清，有 25 名（80.6%）具有针对 Good-Pasture 自身抗原线性肽的抗体。在 50%正常肾功能患者、70%中等肾功能不全患者、94%肾衰竭患者血清中可检测到这些抗体，发现多肽 P4（51.6%）、P14（54.8%）和 P24（54.8%）的检出频率最高，其中包含构成 EA（P4）和 EB（P14）构象表位的序列——GBM 抗体。抗 P4 抗体水平与肾小球中新月率呈正相关。具有抗 P24 抗体的患者在诊断上具有更高的肾功能障碍患病率。可以在具有 ANCA 相关性血管炎患者的血清中检测到针对 Good-Pasture 自身抗原的线性表位的抗体，其可能介导对 Good-Pasture 自身抗原构象表位抗体的产生，即抗 GBM 抗体。

第三节　非胶原蛋白与肾脏疾病

Ⅳ型胶原是肾小球、肾小管基底膜结构的主要成分，除此之外，层粘连蛋白、黏结蛋白、蛋白聚糖、骨连蛋白及血纤维蛋白溶酶原激活剂等非胶原糖蛋白，不仅仅是正常的肾小球、肾小管基底膜的重要组成部分，而且对于维持肾小球、肾小管基底膜的正常功能方面具有十分重要的功能与作用。这些类型的非胶原糖蛋白不仅在正常的肾脏功能维持、肾脏正常发育过程中占有重要的地位，而且在肾脏疾病的发生、发展过程中也发挥着重要作用。

一、纤维粘连蛋白与肾脏疾病

大鼠反复注射卵白蛋白可以诱导大鼠的增生性肾小球肾炎，这种类型的肾脏病变性质与狼疮性肾病和间质性毛细血管性肾小球肾炎的病变性质相似，在所有的肾小球结构区都有免疫复合物的沉积。纤维粘连蛋白（FN）是存在于血浆及细胞外基质中的一种糖蛋白。给予血浆型的纤维粘连蛋白，可以使增生性肾小球肾炎的蛋白尿减轻。但关于纤维粘连蛋白如何使蛋白尿减轻的机制却不十分清楚。除此之外，血浆中的纤维粘连蛋白还具有清除血浆中 IgG 凝集物的功能。近年来，纤维粘连蛋白又作为一种白细胞的趋化因子和激活因子而受到广泛的重视。Ortiz 等研究了实验性增生性肾小球肾炎时纤维粘连蛋白治疗作用的意义，主要集中在血浆中的纤维粘连蛋白对血小板激活因子（PAF）、肿瘤坏死因子α（TNF-α）及纤维粘连蛋白本身表达的调节作用。在实验性增生性大鼠肾小球肾炎动物模型中，肾小球 PAF、TNF-α 和 FN 的产生水平较正常对照组来说显著升高。在肾小球中，TNF-α 的生物活性达到高峰，或蛋白尿水平达到高峰之前，肾小球中的 PAF 产生水平即已达到其

峰值。以 5mg/kg 的剂量，用 FN 进行连续 15 天治疗，可以见到蛋白尿减少、肾小球和肾间质中的细胞浸润及肾小球的 PAF 产生水平下降，TNF-α 和 FN 的合成水平较未治疗组也出现显著下降。为了进一步探讨血浆纤维粘连蛋白对于实验性肾小球肾炎治疗作用的机制，以血浆纤维粘连蛋白注射正常大鼠，并与注射生理盐水的对照组进行比较。注射纤维粘连蛋白之后，正常大鼠的外周血单个核细胞和中性粒细胞分泌 TNF-α 和 PAF 的水平显著下降。而注射生理盐水的对照组大鼠，其外周血单个核细胞和中性粒细胞分泌 PAF 和 TNF-α 的水平没有显著变化。这些研究结果表明，血浆中的纤维粘连蛋白对于实验性增生性肾小球肾炎治疗作用的机制，可能与降低肾小球的白细胞，使炎性介质和细胞外基质蛋白合成水平下降有关。

家族性肾小球肾炎的一个重要特点就是肾小球中有大量的纤维粘连蛋白沉积。近几年来，共报道了 150 余例非规则性纤维粘连蛋白沉积的肾小球肾炎。在这些病例中，主要是免疫球蛋白和补体成分的沉积。Assmann 等报道了 2 例纤维性肾小球肾炎，这 2 例患者肾小球中的沉积物不是免疫球蛋白，也不是补体成分。这 2 例患者来源于同一个家族，为父子关系，都表现为高血压与蛋白尿，2 例患者均行肾组织活检，证实是一种纤维性的肾小球肾炎，其特点是在肾的间质及内皮下区有均一的嗜酸性物质发生沉积，淀粉样染色结果为阴性。活检组织中的免疫荧光检测证实免疫球蛋白只是很弱的荧光。补体 C1q 和 C3、细胞外基质蛋白及Ⅳ型胶原层粘连蛋白的含量也很低，但却含有大量的纤维粘连蛋白。以针对细胞来源的纤维粘连蛋白的单克隆抗体（IST-9）及血浆和细胞来源的纤维粘连蛋白的单克隆抗体（ST-I4），进一步证实了肾活检组织中有纤维粘连蛋白的沉积。这种肾小球中沉积的纤维粘连蛋白主要来源于血浆，一部分纤维粘连蛋白也来源于肾小球内的细胞所分泌的细胞外基质蛋白。另外，这一肾活检标本的免疫组织化学研究证实，还有淀粉样蛋白和亲玻连蛋白的沉积。Ⅰ、Ⅲ和Ⅴ型胶原，以及硫酸乙酰肝素蛋白聚糖或其氨基聚糖侧链、腱生蛋白或凝血酶应答蛋白等的沉积基本上是不存在的。在家族性肾小球肾炎中，作为纤维性肾小球肾炎的一种亚型是不太常见的。虽然有轻中度的蛋白尿，而且在相当长的时间内存在，却没有出现明显的肾衰竭的现象。这也是纤维性肾小球肾炎一个值得注意的特点。

二、骨桥蛋白与肾脏病变

骨桥蛋白（osteopontin，OPN）是一种分子质量为 44kDa 的分泌性磷酸化蛋白质，带有很多的负电荷，与组织的矿化过程之间有着十分密切的关系。许多类型的上皮细胞都具有产生骨桥蛋白的功能。在正常的血浆及一系列的分泌物，如尿、乳汁、胆汁中都含有这种骨桥蛋白。发生转化的细胞，特别是以 Ras 癌基因转化的细胞，其中的骨桥蛋白表达水平显著升高。骨桥蛋白通过其分子结构中的 RGD（Arg-Gly-Asp）三肽位点序列与相应的整合素，很可能是整合素 $\alpha_V\beta_3$ 之间的结合，促进细胞的黏附和激活细胞的信号转导途径。由骨桥蛋白介导的信号转导所引起的后果之一便是细胞内钙离子浓度的升高。在小鼠的肾脏中，某些肾单位中有局灶性的骨桥蛋白的升高，大部分是亨氏袢的升段上皮细胞及硬化性肾小球部位中骨桥蛋白的表达水平升高。

在肾脏多种免疫反应性损伤及炎症反应中可见局部骨桥蛋白的表达明显上调。有研究进一步关注肾移植排斥反应与血浆骨桥蛋白水平的关系。有研究发现血浆骨桥蛋白水平变化与急性排斥反应关系密切,其水平高低与排斥反应的级别呈正相关,可以作为诊断肾移植肾急性排斥反应、评估其严重程度的一个辅助指标。另有研究取健康雄性 SD 大鼠 54 只,5~6 周龄,体质量 180~200 g,随机分为 IgA 肾病模型组和对照组,各 27 只,观察到模型组可见中重度肾小球系膜细胞增生、系膜基质增多、系膜区增宽,病变逐渐严重。模型组肾组织中骨桥蛋白的表达明显上调,可能在 IgA 肾病肾小管间质损伤的发生中发挥着十分重要作用。

Kleinman 等对缺血的大鼠肾中骨桥蛋白的表达进行了研究。在正常的大鼠肾脏中,骨桥蛋白的蛋白质与 mRNA 的表达仅限于亨氏袢的升段,以及乳头状结构顶端的乳头表面上皮细胞中。在肾损伤的动物模型中也见到骨桥蛋白的表达。夹闭肾动脉 40min 以后再供血,1h 或 3h 后,缺血一侧的肾脏与对侧肾脏相比较,骨桥蛋白的表达没有明显的差别。但在 24h 以后,在缺血肾脏的亨氏袢的升段中,骨桥蛋白的表达水平显著升高。近曲小管中也有骨桥蛋白的表达水平升高。在缺血 48h 和 5 天以后,骨桥蛋白的表达水平进一步升高。以氰化物对于体外培养的小鼠近曲小管细胞的 ATP 进行耗竭,其中骨桥蛋白的表达水平也显著升高。肾脏缺血/再灌注以后所引起的肾损伤,以近曲小管的 S3 段最为严重,但此区的骨桥蛋白的表达却出现得较为迟缓。另一方面,近曲小管及亨氏袢的升段在肾脏发生缺血/再灌注损伤时,骨桥蛋白的表达水平升高在早期即开始出现,而且升高的幅度也较大。同时,骨桥蛋白表达水平下降的速度也较快。尽管骨桥蛋白的表达可能是正常细胞增殖的一个特征性变化,但在缺血/再灌注引起的肾损伤时,骨桥蛋白的表达却不是一种细胞增殖的指标。体外培养的细胞模型在 ATP 耗竭以后,可以刺激骨桥蛋白的表达。这表明在缺血/再灌注引起的肾损伤的过程中,骨桥蛋白的表达具有对肾脏的保护作用和修复作用。

一氧化氮(NO)是由精氨酸和氧在一氧化氮合酶(nitric oxide synthase,NOS)的催化作用下合成的,是多种细胞类型的一种信号转导介质。一氧化氮的肾脏中的作用是多种多样的。作为一种血管舒张因子,一氧化氮可以对于肾内的血流动力学和肾小球的功能产生一定的影响。一氧化氮对肾脏功能的影响如表 41-1 所示。

表 41-1 一氧化氮对肾脏功能的影响

一氧化氮对肾小球血流动力学与功能的影响	一氧化氮对肾脏的其他影响
1. 具有血管舒张、降低血压的作用	1. 利钠利尿
2. 降低肾血管的阻抗	2. 抑制肾素的释放
3. 介导肾间质的松弛	3. 抑制内皮素的产生
4. 增加肾脏的血流量	4. 中和血管紧张素的作用
5. 降低肾脏的滤过功能	5. 保持肾髓质氧的生成能力
6. 增加肾脏的超滤效率	6. 抗增生作用
7. 维持肾小球的滤过率	7. 抑制血小板的凝集
8. 降低肾小球内压	

在急性的实验性肾小球肾炎中，有多种途径可以刺激一氧化氮的产生，通过对于分离的肾小球中氮化物含量的测定即可以得到证实。一氧化氮合成水平的升高，主要是在肾小球炎症的条件下，可诱导性一氧化氮合酶（iNOS）表达的水平升高所致。在免疫复合物型肾炎中，巨噬细胞浸润的高峰期，即为 iNOS 表达的高峰期，提示由细胞因子和内毒素刺激诱导的 iNOS 的表达及一氧化氮的合成，对于肾炎的发生、发展过程具有十分重要的影响。在实验的发病过程中，iNOS 的来源不仅仅限于浸润的巨噬细胞，而且肾小球中的内皮细胞、血管平滑肌细胞及肾间质细胞等对于肾脏中 iNOS 表达及一氧化氮的合成也具有显著的影响。iNOS 的表达一旦受到激活，即可以产生大量的一氧化氮，具有很强的细胞毒性。在一项初步的研究中，发现 NOS 的抑制剂可以保护肾间质细胞在实验性肾小球肾炎中不发生细胞裂解反应，进一步证实了一氧化氮在肾小球肾炎发病机制中的重要作用。

在肾脏疾病中，一氧化氮的产生也并非总是有害的，有时对于肾脏产生保护作用。实验研究表明，肾脏中如果缺乏一氧化氮的产生过程，则会导致肾脏结构与功能的严重损伤。对一氧化氮合成酶进行抑制以后，可导致肾血管阻抗的增加，降低肾的血流量、发生肾小球性或系统性高血压、长期的蛋白尿、肾小球硬化和肾小管间质性损伤等。一氧化氮是肾脏抵抗革兰阴性菌感染的重要机制，可以维持正常的肾脏血液灌流量，防止肾小球血栓的形成。一氧化氮合成水平的下降，导致血管紧张度的升高，使肾髓质缺血，引起肾脏结构与功能的改变。在膜性肾病的大鼠模型中，如果抑制一氧化氮的产生，则导致蛋白尿的恶化，加速肾小球硬化的发展及肾小管间质结构的破坏。

第四节 其他细胞外基质与肾脏疾病

目前已研究表明，细胞外基质（ECM）积聚引起的进行性肾小球硬化与间质纤维化是各种原发性肾病或者继发性肾病发展至终末期肾衰竭的共同病理表现。既往人们对 ECM 积聚的研究主要集中于其合成的增加，近年来，对 ECM 降解酶系统的研究日益增多，调控肾脏细胞外基质的酶系主要有纤溶酶原激活物/纤溶酶原激活物抑制物（PA/PAI），以及基质金属蛋白酶及其抑制物（MMP/TIMP），尤其是后者近年研究得比较多。不仅仅是基质金属蛋白酶生成增多或者其抑制物消长引起肾脏纤维化等病理过程，更多的观点认为，MMP 及 TIMP 在肾脏疾病演化的不同阶段可能有不同的甚至相反的作用。未来治疗性干预的重大挑战将是完成 MMP 活性的短暂控制。

一、基质金属蛋白酶与肾脏疾病

40 多年前，研究发现在蝌蚪变态发育中 MMP 具有降解胶原蛋白刚性棒的能力，该活性被认为是由于间质胶原酶造成的。间质胶原酶被认为是日益增大的需锌酶家族中第一个被发现的成员，其中还包括明胶、基质溶素、基质溶解因子、巨噬细胞弹性蛋白酶及膜型基质金属蛋白酶（MT-MMP）。MMP 用一致的方式降解合成的所有 ECM 组分，而 MMP 作为细胞外基质的一种重要成分，在肾间质纤维化及其他肾脏疾病的病理过程中发挥重要作用。近些年的研究表明，MMP 及 TIMP 与肾间质纤维化有很大关系。

1. MMP-9 的结构特点及其特性 人类 MMP 现已发现的有 20 种，按其结构和功能分为 5 类，主要由 3 个特立的、保守的结构域构成，包括前肽区（氨基端区）、催化区和羧基端区。其中，MMP-9 与肾脏疾病与肾间质纤维化关系最为密切，因此对其研究较多。MMP-9 的抑制剂 TIMP-1 的表达也影响着 MMP-9 的水平，MMP-9 属于解胶酶，其相对分子质量为 92kDa，其结构的主要特点是：MMP-9 除了有 MMP 的基本结构外，其催化区还包括 3 个重复的 II 型纤维粘连蛋白结构域，这个结构域与明胶或弹性蛋白有高度的亲和力，因此能与明胶结合并分解明胶。MMP-9 还包含一个 V 型胶原蛋白结构域，这个结构域有高度的糖基化作用，其影响底物的特异性及有抗衰变的作用。此外，MMP-9 的作用底物还包括IV、V、VII、X、XI型胶原，蛋白聚糖的核心蛋白、纤维粘连蛋白、层粘连蛋白和弹性蛋白等，细胞因子及其受体也是 MMP-9 作用的底物，因此，MMP-9 在细胞外基质中作用广泛而独特，为近年研究的热点。

MMP-9 的表达与活化：MMP 可以基础表达，在疾病时也可以由多种因素诱发产生，如炎症介质白细胞介素、肿瘤坏死因子（TNF）、血小板源生长因子、一氧化氮等可刺激 MMP 表达增多，而另一些因子如干扰素 γ、糖皮质激素等则使 MMP 表达下调。正常情况下，MMP-9 与 TIMP-1 的分泌维持细胞外基质平衡，当 MMP-9 与 TIMP-1 平衡被破坏时，会导致细胞外基质代谢紊乱。进一步导致细胞的形状、代谢及功能发生改变，发生转分化，甚至凋亡。有研究发现相比于对照组，造模后 6～24h，模型组 MMP-9 的血清浓度及肾组织中的阳性表达均明显增高。可见，MMP-9 与肾小球、肾小管结构功能损伤密切相关，在急性肾功能障碍发生发展中有重要作用。

2. TIMP-1 的结构特点及其特性 TIMP 是 MMP 内源性的一组特异性抑制因子，可抑制 MMP 的活性，而其中的 TIMP-1 主要抑制 MMP-9，两者在 ECM 形成和降解中起重要作用。TIMP-1 主要抑制 MMP-1、MMP-3、MMP-9，尤其是与 pro-MMP-9 形成稳定的复合体，阻碍 pro-MMP-9 转化为活性的 MMP-9，同时 TIMP-1 还抑制已经活化的 MMP-9 的活性，直接与活化的 MMP-9 Zn^{2+}活性中心按 1:1 比例发生不可逆结合，阻断或抑制其活性。TIMP-1 是可溶性分泌蛋白，分子质量 28.5kDa，有高度保守的二级结构，通过 6 个保守的二硫键相连。其 C 端区域可能在明胶酶原的蛋白定位或复合物的形成中有重要意义。TIMP-1 除抑制 MMP-9 及其前体的活性外，还具有促进细胞增殖的作用。Yamashita 等研究发现，TIMP-1 可能通过酪氨酸蛋白激酶及 MAPK 等信号转导通路而刺激细胞增殖，因此它可通过细胞表面的 TIMP-1 受体而起促进细胞增殖的作用，且 TIMP-1 的促细胞增殖作用独立于其抑制 MMP 的作用，两种作用互不干扰。也有研究发现 TIMP-1 还有抗细胞凋亡作用，且此作用亦与其抑制 MMP 的作用无关。在肾脏疾病中，TIMP-1 是否具有促进肾组织细胞增生、抑制肾组织细胞和局部浸润的炎症细胞凋亡作用，尚有待于进一步研究。

TIMP 的表达：多数调节 MMP 表达的生长因子和细胞因子同样调节 TIMP 的表达，如 TNF-α既增加间质胶原酶的表达，也可增加 TIMP-1 的表达。TNF-β可以使 TIMP-1 和 MMP-2 均表达，表达分泌到细胞外基质中的 TIMP-1 不需要激活，可直接发挥生物效应，在肾脏疾病尤其是肾纤维化中，MMP 中的 MMP-9 与 TIMP-1 的平衡及平衡失调，是参与疾病发展的一对最重要的细胞外基质。

3. MMP-9/TIMP-1 与肾间质纤维化 有学者研究不同肾脏疾病患者肾组织中 MMP-9 与 TIMP-1 及IV型胶原的表达情况，结果显示肾脏病患者肾小管间质 MMP-9 表达显著增加，但发生肾间质纤维化后，间质纤维化程度越重则其表达越弱，表明肾脏病患者肾组织表达 MMP-9 增高有助于消除引起纤维化的组织细胞外基质。但随着 MMP-9 的表达上调，刺激 TIMP-1 表达增加，实验结果显示在肾脏疾病晚期，TIMP-1 表达上升，从而使 ECM 降解减少，使肾组织的纤维化产生增多，即 TIMP-1/MMP-9 比例的上升与肾间质纤维化程度呈正相关。许多肾间质纤维化模型和肾间质纤维化的临床病例中都可以发现 TIMP-1 上调，虽然某些学者研究有 TIMP-1 表达遗传缺陷的野生鼠其 TIMP-1 并不高，但其肾间质纤维化程度仍然较重，此时其 TIMP-2、TIMP-3 表达是升高的，这进一步说明 TIMP 表达增高与肾间质纤维化的密切相关性，而非仅仅是 TIMP-1，TIMP 系列均参与疾病的发生、发展过程。这使近年来许多肾病研究学者对 MMP/TIMP 平衡失调与肾间质纤维化进行进一步的深入研究和动物实验，得出的结论是：在不同病因所致的肾纤维化病变中均存在 MMP/TIMP 的功能紊乱，虽然不同的实验可得出不同数据甚至得出不同结论，但共同趋势仍然是肾脏纤维化发生时 MMP 活性下降而 TIMP 高表达，这样 ECM 降解减少，导致纤维化进展，其中 TIMP 高表达更突出。TIMP 的增高在肾纤维化进展中发挥更重要的作用，虽然 MMP 的高表达能增加细胞外基质的降解，但一方面 MMP 作用的发挥需要激活，另一方面由于 MMP 的促表达因子同时也使 TIMP 表达上调，TIMP 抑制 MMP 的作用使表达的 MMP 并不能发挥其降解 ECM 的作用。因此，临床上对多种肾病患者的研究显示，MMP 水平的升高是否能真正提示肾脏疾病的预后及纤维化程度。多数学者研究认为，MMP 的上调与肾脏炎症程度相关，而其下调与非炎症性疾病的进展及 ECM 沉积有关。在对非炎症性肾小球疾病的研究中发现，肾小球的 MMP 水平能够决定肾小球硬化的程度及进展的速率，而对炎症性肾小球疾病的研究却发现了与非炎症性肾病截然不同的结果。炎症肾病时 MMP 表达增高并伴行炎症活动增加及炎症细胞的浸润，且 MMP 增高的程度决定了肾小球损伤的范围。因此认为，在肾小球肾炎时，MMP 的增高能说明炎症活动程度而非预测纤维化程度。

二、纤溶酶原激活物及抑制剂与肾脏疾病

另一对参与肾脏细胞外基质降解的酶类主要为丝氨酸蛋白酶系统（纤溶酶原激活物-纤溶酶原系统），即 PA/PAI 系统。PA/PAI 系统由 PA、纤溶酶原及纤溶酶组成。纤溶酶原激活物（PA）是将纤溶酶原活化为纤溶酶的催化剂，在哺乳动物分组织型（t-PA）和尿激酶型（u-PA），其作用亦是参与细胞外基质的降解。纤溶酶原激活物抑制剂（plasminogen activator inhibitors，PAI）可抑制 PA 活性，使 ECM 不能降解，最终引起肾纤维化。与 MMP/TIMP 系统一样，PA/PAI 比例的变化失调反映肾脏疾病进展及纤维化程度。有研究表明 PAI-1 在肾损伤时表达明显增强，与疾病的病程有明显相关性。由此来看，PA/PAI 表达的变化与疾病不同阶段的关系类似于 MMP/TIMP 系统表达变化与疾病的关系，即 PA 在肾脏疾病早期（炎症期）呈轻度或明显增加，而在晚期重度病变或肾小球全球硬化时则下降，此时 PAI 表达上调。PA/PAI 系统的激活剂与 MMP/TIMP 类似，同时 PA 所激活的纤溶酶也是 MMP 最常见的激活剂。在许多病理过程中，细胞因子、生长因子及信号转导因子等参与调控 PA/PAI 的合成表达。近来体外研究也显示，肾脏局部异常活化的凝血因子也能调控细胞外基质降解酶系统，肾脏局部的凝血纤溶异常与肾病的预后密切相关，这些凝血因子除了具有促凝的作用外，还具有促进细胞增殖、参与炎症反应、调控 PA/PAI 与 MMP/TIMP 的表达等作用，这为深入探讨凝血纤溶异常在肾病中的致病作用提供了研究方

向。还有研究表明局灶节段性肾小球硬化中可溶性尿激酶型纤溶酶原激活物受体参与足细胞的损伤与脱落，加重肾损伤。

总之，无论是 MMP/TIMP 系统还是 PA/PAI 系统，在不同的肾脏疾病中可以表现为不同类型的增加或减少及比例失调。其复杂的变化导致细胞外基质合成与降解的复杂变化，这些细胞外基质中酶类的异常表达取决于肾脏疾病的种类及发展阶段；反之，通过研究这些酶的增长及异常表达来预测，甚至通过干预其表达来治疗肾脏疾病，即对肾脏疾病不同发展阶段 PA 或者 MMP 的表达与活性变化的检测，有助于疾病的诊断或者预后判断。

三、核心蛋白聚糖与肾脏疾病

核心蛋白聚糖（decorin，DCN）亦称饰胶蛋白，是一种富含亮氨酸的小分子蛋白聚糖，是细胞外基质和基底膜的组成成分。由于它不仅与胶原及其他基质成分结合，主要还与 TGF-β 结合，并中和 TGF-β 的活性，而 TGF-β 的过度表达和活性增加是引起糖尿病肾病的关键因素之一。

糖尿病肾病（DN）是糖尿病引起的微血管并发症，其主要病理特征是肾小球受损和肾小管间质进行性纤维化，最终导致弥漫性或结节性肾小球硬化、基底膜受损、孔径增大，临床表现尿蛋白进行性加重、血白蛋白进行性下降等，最终导致肾衰竭，是严重影响糖尿病患者预后的主要并发症。慢性肾脏病患者血清蛋白聚糖-1 水平明显升高，血肌酐水平与糖尿病患者血清蛋白聚糖-1 的水平明显相关。多配体蛋白聚糖-4 基因启动子处的基因多态性和其高水平表达可能增加糖尿病肾病的易感性，促进及加重蛋白尿。目前研究显示 TGF-β 是这种病理变化的关键因素，TGF-β 导致肾脏病变的主要途径有：①刺激细胞外基质胶原的产生及沉积，破坏肾小球滤过膜的电荷屏障；②TGF-$β_1$ 可抑制细胞外基质 MMP 及 PA 的产生和活化，此两者前面已明确阐述具有降解 ECM 活性；同时 TGF-$β_1$ 可刺激 TIMP 及 PAI 的表达，而后两者的高表达是导致肾纤维化的主要原因之一；③TGF-$β_1$ 诱导基质受体整合素在肾小球细胞表面的表达，促进细胞与基质黏附及基质沉积在系膜区，此外，TGF-β 本身有自我正反馈调节功能，正反馈使 TGF-β 表达上调及其活性明显增加。核心蛋白聚糖与 TGF-β 有高度亲和力，能结合并中和 TGF-$β_1$ 的活性，从而可防止 ECM 的过度积聚。

蛋白聚糖（PG）是一种蛋白质至少与一条糖胺聚糖链共价连接组成的不同特征的大分子，由 5 个不同家族组成。而核心蛋白聚糖是其中细胞外小分子间质 PG 家族为富含亮氨酸的 PG，分子质量 80~100kDa。由于其能修饰胶原原纤维，故又称饰胶蛋白，由核心蛋白和一条糖胺聚糖链构成。体内许多细胞可表达核，如肾小球系膜细胞、Ⅱ型肺泡细胞、肝细胞、软肝细胞等。核广泛分布于哺乳动物的 ECM 中，其功能主要是与细胞基质多种成分结合，使 ECM 中相应的成分降解或者调节其活性。其主要结合的 ECM 成分有：①与胶原结合，能与 Ⅰ、Ⅱ、Ⅲ、Ⅳ、Ⅵ 型胶原纤维表面结合，阻止三股螺旋的胶原分子之间不正常地融合，从而控制胶原纤维的侧向生长及其直径扩大，胶原生长融合受阻，纤维化程度下降；②核可与纤维粘连蛋白（FN）和 TSP-1 结合，使 FN 和 TSP-1 失去黏附作用而发挥其抗黏附功能；③核与一些细胞因子结合后储存、激活、灭活这些细胞因子，如与 TGF-β 结合后形成核 TGF-β 复合物，该复合物沉积于 ECM 中，一方面阻止 TGF-β 的纤维化功能，另一方面复合物上的核受体易被细胞识别吞入细胞，使复合物从 ECM 中移开，由此两个结局均可减轻细胞外基质中纤维化的形成。因此目前认为，核能抑制细胞外基质的产生与聚集，从而减轻肾脏损害，抑制肾纤维化。有研究证实，无论是从组织提取的核，还是基因重组表达的核，都能明显抑制大鼠肾小球肾炎模型细胞外基质的积聚，从而减轻肾脏病变，这就有力地证明了核能抑制由于 TGF-β 过度表达引起的肾纤维化。但另外有研究发现，某些糖尿病肾病患者虽然核表达增加，肾纤维化仍然较严重，可能的解释是虽然 DCN 有表达增高，但不足以结合过度表达的 TGF-β 或者是核与胶原更易于结合，而影响了核与 TGF-β 的结合。也有学者认为核与 TGF-β 之间存在一个负反馈环，核表达上升时刺激负反馈产生，TGF-β 升高抵消了核的作用。因此关于核与 TGF-β 的表达水平与肾脏疾病的关系，仍有待进一步研究。相关的研究也为我们探索治疗肾脏疾病新药的研发提供思路，可将含有核的基因转入肾脏，使其表达增多并持续存在，从而达到治疗肾病的目的。

（欧蔚妮）

参 考 文 献

范秋灵，李卅立，蒲实，等. 2012. 多配体蛋白聚糖 4 是糖尿病肾病的候选基因. 中华肾脏病杂志，28：312～317.

王环君，王爱民，雷闽湘，等. 2013. 血糖波动与持续性高血糖对糖尿病大鼠肾脏病理改变及 IV 型胶原表达的影响. 中南大学学报(医学版)，38：818～823.

王继纳，唐群业，邱甬鄞，等. 2012. 肾移植排斥反应时血浆骨桥蛋白水平的变化及意义. 中华器官移植杂志，33：343～346.

王静波，柳伟伟，吕刚，等. 2014. 血清蛋白聚糖-1 与糖尿病慢性肾脏疾病的相关性研究. 中国糖尿病杂志，22：320～323.

薛痕，陈亮，潘均明，等. 2008. MMP-9 与 TIMP-1 在肾小管上皮细胞转分化中的作用. 四川大学学报(医学版)，39：34～38.

Dennis J, Meehan DT, Delimont D, et al. 2010. Collagen XIII induced in vascular endothelium mediates alphalbetal integrin—dependent transmigration of monocytes in renal fibrosis. Am J Pathol，177：2527～2540.

Hynes RO. 2012. The evolution of metazoan extracellular matrix. J Cell Biol，196：671～679.

Ido H, Nakamura A, Kobayashi R, et al. 2007. The requirement of the glutamic acid residue at the third position from the carboxyl termini of the laminin g chains in integrin binding by laminins. J Biol Chem，282：11144～11154.

Jia XY, Yu JT, Hu SY, et al. 2017. Antibodies against linear epitopes on Goodpasture autoantigen in patients with anti-neutrophil cytoplasmic antibody-associated vasculitis. Clin Rheumatol，doi：10.1007/s10067-017- 3692-8. [Epub ahead of print]

Sun J, Xu Y, Deng H, et al. 2010. Involvement of osteopontin upregulation on mesangial cells growth and collagen synthesis induced by intermittent high glucose. J Cell Biochem，109：1210～1221.

Yurchenco PD. 2011. Basement membranes: cell scaffoldings and signaling platforms. Cold Spring Harb Perspect Biol，3. pii：a004911. doi：10.1101/cshperspect.a004911.

第四十二章 细胞外基质与肺纤维化

肺纤维化（pulmonary fibrosis）是由各种损害引起肺组织内细胞外基质（ECM）异常增生和过度沉积的一种慢性肺部病变，最终导致肺的正常组织结构破坏和肺功能不全。引起肺纤维化的病因多种多样，包括自身免疫、感染、化学和辐射等，以及原因不明的特发性肺纤维化（idiopathic pulmonary fibrosis，IPF）。肺纤维化的发病机制迄今尚未阐明，但局部肺微环境中的细胞外基质重构（ECM remodeling）无疑在肺纤维化的发生和发展中发挥着基础性作用。肺在受到各种损伤后的修复过程中，细胞外基质合成分泌增加、降解消化减少，导致肺组织中细胞外基质过度沉积，成为不规则的网状结构，破坏了正常肺组织的结构，最后形成肺纤维化，此病理过程最终导致肺组织重塑（pulmonary tissue remodeling），使肺结构破坏，换气面积减少，血气屏障增厚，气体弥散距离增大，最终发生呼吸衰竭。肺纤维化的形成或调控是一个复杂的病理过程，多种细胞参与其中，成纤维细胞、上皮细胞及内皮细胞是细胞外基质的重要细胞来源，巨噬细胞、中性粒细胞、嗜碱性粒细胞、嗜酸性粒细胞及其合成分泌的转化生长因子β（TGF-β）、血小板源生长因子（PDGF）、血小板激活因子（PAF）及白细胞介素-8等对细胞外基质的沉积具有十分重要的调控作用。

第一节 胶原与肺纤维化

一、肺组织中的胶原及功能

胶原（collagen）是肺组织中主要的细胞外基质蛋白，占肺干重的10%～20%，分布于肺结缔组织网的各个部位。肺组织中主要有6种类型的胶原蛋白，其基因编码、分子结构、分布位置及生理功能均有所不同。Ⅰ型、Ⅱ型、Ⅲ型、Ⅴ型和Ⅵ型胶原是纤维样胶原，它们由成纤维细胞分泌，其中Ⅰ型、Ⅲ型胶原分布于肺间质，Ⅱ型胶原主要分布于气管及支气管的软骨，Ⅵ型胶原分布于血管及肺间质。Ⅳ型胶原是一种非纤维样胶原，由内皮细胞及上皮细胞分泌，分布于基底膜和肺间质，在血气屏障中发挥重要作用。这些胶原蛋白与弹性蛋白、蛋白聚糖、纤维粘连蛋白及层粘连蛋白等构成了一个连续的三维网状结构，构成肺组织的主要骨架。肺组织结构的完整性、肺的弹性和伸展性，很大程度上有赖于肺的细胞外基质。此外，细胞外基质对于维持肺泡上皮及血管内皮细胞的分化状态也具有重要的作用。

肺的发育和衰老过程中，胶原蛋白基因的表达持续存在，而且受到十分严格的调控。肺中胶原蛋白的含量从妊娠后期到成年期增加5倍，成年人肺中胶原蛋白的合成速率下降至出生时的1/10。肺内胶原蛋白的生物合成受多个环节控制，包括胶原基因的转录、翻译及翻译后的修饰加工。胶原蛋白的降解由一系列金属蛋白酶来完成，并受到其抑制物的调控。肺内胶原蛋白合成与降解速率之间的动态平衡，对于维持肺的正常结构与功能具有十分关键性的作用。一旦这种平衡状态被打破，肺内胶原的产生增加和（或）胶原的降解下降，导致肺组织中胶原蛋白沉积，都将造成肺纤维化。

二、肺纤维化时胶原的合成与沉积

肺纤维化过程中，胶原的生成增多，降解速率下降，胶原蛋白在肺中不断沉积，而且这种胶原蛋白的沉积是不规则的，从而使肺泡壁变厚。对纤维化的肺组织进行超微结构分析，可见肺泡腔和肺间质中的细胞成分减少，纤维组织增多，肺间质弥漫性纤维化，使肺组织结构严重破坏，肺泡明显减少、变形、闭锁，肺小血管壁纤维性增厚、管腔狭窄，肺间质变厚，含有过量的胶原蛋白。

1. 临床肺组织标本的研究 对肺纤维化的组织活检标本进行免疫组织化学研究，可见肺组织中有各种不同类型胶原蛋白的沉积。对纤维化的肺组织中胶原蛋白的生物化学定量分析显示，胶原蛋白含量与肺纤维化的病变程度之间密切相关。在隐源性纤维性肺泡炎（CFA）的肺组织中，可溶胶原多肽含量增多，免疫组织化学检测到Ⅰ型胶原，而在正常肺中检测不到Ⅰ型胶原。来源于隐源性纤维化性肺泡炎或系统性硬化症患者肺中的成纤维细胞，与来源于正常肺中的成纤维细胞相比较，其合成胶原蛋白的水平并无显著升高。而在其他病因所引起的肺纤维化中，却可以看到成纤维细胞合成胶原蛋白不同程度增加。肺纤维化时Ⅰ型胶原合成速率变化不一致的原因，可由原位杂交结果进行解释，以Ⅰ型胶原的基因作为探针进行原位杂交，证实处于高度激活状态的成纤维细胞其Ⅰ型胶原 mRNA 的表达水平显著升高，但在已发生致密性纤维化病变的肺及正常的肺中，则几乎没有Ⅰ型胶原 mRNA 的转录表达。由于细胞外基质是一个高度动态结构，通过酶介导或非酶途径经常发生重构，因此不同肺纤维阶段的临床活检组织的胶原合成状态不同。

对于临床活检组织中胶原蛋白表达水平下降及其降解过程的研究较少。隐源性纤维化性肺泡炎患者的支气管肺泡灌洗液中胶原酶水平和活性升高，肺纤维化活动期肺泡灌洗液的巨噬细胞也释放大量的Ⅳ型胶原酶。但关于这些胶原酶活性变化与肺纤维化之间的相互关系的意义有待于进一步的研究。

2. 肺纤维化动物模型的研究 肺纤维化研究的常用动物模型有两种：一种是由博来霉素诱导的急性肺损伤模型，另一种则是电离辐射诱导的渐进性肺损伤模型。肺纤维化动物模型有一个共同的特点是肺内胶原蛋白含量都显著升高，但不同的动物模型发展为肺纤维化的时间长短有很大差别。在博来霉素诱导的兔肺纤维化模型中，肺内胶原蛋白含量在14天之内即增加1倍。而在博来霉素的小鼠模型中，肺中胶原蛋白增加1倍却需要1年时间。在快速诱导的动物肺纤维化模型中，胶原蛋白的含量显著增加。以 Northern blot 杂交技术证实，这一模型系统中，肺组织中Ⅰ型和Ⅲ型胶原的 mRNA 转录表达水平显著升高。原位杂交技术也证实了这一研究结果。纤维化形成的过程中，不但出现肺中胶原蛋白的合成增加，同时出现胶原蛋白降解速率的下降。相反，以外部或内部的电离辐射方式诱导的进行性慢性纤维化过程中，无论是胶原合成的速率还是胶原降解的速率都增加，但胶原合成速率的增加大于胶原降解速率的增加，导致肺中胶原蛋白的逐渐累积，最后发展为肺纤维化。这些研究结果表明，不同的诱导剂可以诱导肺纤维化的发生，但其机制却差别很大。这种机制上的差别也见于人肺纤维化的发生机制之中。因此，可以应用不同的动物模型，来研究不同原因的人类肺纤维化的发生机制。例如，可应用博来霉素诱导的快速型肺纤维化动物模型，来研究急性呼吸窘迫综合征的肺纤维化的发病机制；可以应用电离辐射诱导的肺纤维化动物模型，来研究隐源性纤维化性肺泡炎的肺纤维化发病机制。

三、肺纤维化时肺内胶原代谢的调节

肺内胶原合成与降解的动态平衡，决定了肺内胶原蛋白沉积的速率和程度。胶原代谢的调节涉及三个方面：首先是成纤维细胞，它是合成胶原最主要的细胞；其次是降解胶原的基质金属蛋白酶（MMP）；此外，还有抑制基质金属蛋白酶的组织抑制因子（TIMP）。

1. 成纤维细胞　成纤维细胞是产生细胞外基质最重要的细胞类型，也是细胞外基质最主要的来源，尤其是胶原、纤维粘连蛋白和蛋白聚糖。理论上讲，影响成纤维细胞聚集、增殖、活化和生存的因素，都是调节肺中胶原代谢的重要调节因素。在肺损伤后，肺的气腔内出现富含纤维蛋白的炎症渗出物，肺组织中的成纤维细胞在趋化因子的作用下迁移到这些渗出物中。显然，成纤维细胞的迁移过程对于特发性肺间质纤维化的严重程度和病情进展都是至关重要的。研究显示，溶血磷脂酸（lysophosphatidic acid，LPA）通过 G 蛋白偶联受体 LPA1 来介导这一迁移过程。LPA1 缺乏的小鼠，对博来霉素所引起的肺损伤相对较轻。特发性肺纤维化患者肺泡灌洗液中 LPA 的水平高于健康人，并且这种肺泡灌洗液对体外培养的成纤维细胞具有趋化作用，而加入 LPA1 抑制剂可以阻止这种趋化作用。这些证据都提示成纤维细胞的迁移在肺纤维化中具有关键作用。

成纤维细胞是多种不同来源的细胞群体，肌成纤维细胞是成纤维细胞中最主要的亚型，也是肺纤维化形成中最关键的效应细胞。肌成纤维细胞的来源还不清楚，主要有三种可能：肺部的成纤维细胞转化为肌成纤维细胞，肺泡上皮细胞穿越基底膜到达纤维化病灶、经上皮-间充质细胞转化为肌成纤维细胞，血液中的纤维细胞到达纤维化病灶转化为肌成纤维细胞。肺纤维化病灶的主要组成细胞是增殖的成纤维细胞和肌成纤维细胞，在活跃的纤维化病灶中，肌成纤维细胞占主导地位。成纤维细胞不具备收缩的元件，它们通过细胞骨架的重组来实现缓慢的收缩功能。肌成纤维细胞是收缩细胞，它具有介于成纤维细胞和平滑肌细胞之间的形态及生化特征。肌成纤维细胞具有梭状外形并且含有α-平滑肌肌动蛋白纤维（α-SMA），与组织的收缩性和顺应性有关。通过对肺纤维化动物模型的免疫组化和原位杂交研究，证明肌成纤维细胞是肺中胶原表达的主要细胞，它在调整信号转导和调节基因表达方面具有独特作用。肌成纤维细胞在肺纤维化的病理进程中扮演着重要的角色，其胶原合成能力强，可造成细胞外基质的异常沉积，使肺顺应性下降，分泌多种炎症介质加重肺泡上皮损伤。

2. 基质金属蛋白酶　MMP 是一组主要降解胶原的锌指家族内肽酶，具有清除细胞外基质和基底膜成分的作用。根据其结构和功能特征可以分为不同的亚组，包括胶原酶（MMP-1、MMP-8、MMP-13）、明胶酶（MMP-2、MMP-9）、基质蛋白酶（MMP-3、MMP-10、MMP-11）、膜型（MMP-14～25）、基质溶解因子（MMP-7）、巨噬细胞金属弹力蛋白酶（MMP-12）。MMP 的功能并不仅限于清除细胞外基质，MMP 可产生新的生物活性片段及基底膜蛋白的新表位。此外，个别的 MMP 还参与其他活性介质的调节，这包括生长因子、细胞因子、化学因子和细胞表面受体等。因此，MMP 的功能涉及机体的方方面面。

MMP 的活性受到严密的调控，主要通过三种不同的机制来实现，包括转录水平的调控、酶的活化，以及通过 TIMP 来实现。在健康成人组织中检测不到 MMP，对于正常发育也不需要它。不同 MMP 的表达具有组织和细胞特异性，损伤部位的多种细胞因子和生长因子构成的环境可以诱导 MMP 的转录。MMP 以酶原的形式合成，然而经过剪切才能被活化，其活化的控制机制与 TIMP 有关。TIMP 是一类由多种细胞产生的蛋白质，与 MMP 的催化位点具有高度亲和力，因而它可以使 MMP 失去蛋白溶解活性。TIMP 有 4 个结构相近的成员组成，包括 TIMP-1～4。TIMP-1、TIMP-2、TIMP-4 是被分泌到细胞外的，而 TIMP-3 却是被锚定在细胞外基质中。

一直以来，MMP 都被认为与肺纤维化相关，大量的研究也证明了 MMP 在肺纤维化发病机制中的作用。MMP 通过直接作用，或者通过影响细胞因子、生长因子的释放和活化，来调节细胞外基质的重塑、基底膜的破坏、上皮细胞凋亡、细胞迁移和血管形成。在特发性肺纤维化（IPF）中多种 MMP 的表达明显增加，这包括 MMP-1、MMP-2、MMP-7 和 MMP-9。MMP-1 是降解 I 型和 III 型胶原的主要 MMP。在细胞外基质降解增加的疾病，常可发现 MMP-1 的高表达。在 IPF 的肺组织中 MMP-1 的表达显著上调，其原因仍不清楚。这可能是由于 MMP-1 的功能发挥与其表达的部位有关。在 IPF 中，MMP-1 主要表达的位置在活化的肺泡上皮和气管上皮细胞，而不在胶原交织的间质区域，上皮细胞表达 MMP-1 的作用仍为未知。尚不能确定 MMP-1 表达增强对预测是否发生 IPF 有作用。

MMP-2 和 MMP-9 均为明胶酶。MMP-2 除了对 IV 型胶原和基底膜的其他成分具有特异性降解作用外，对各种 ECM 和非基质成分都具有降解作用。在 IPF 的肺组织中和支气管肺泡灌洗液中，MMP-2 的表达上调，MMP-2 在肺泡上皮细胞、基底部支气管上皮细胞、成纤维细胞中均有表达。MMP-2 的作用可能是破坏基底膜和增强成纤维细胞的迁移，并且破坏 I 型肺泡上皮细胞的有序修复。在 IPF 的肺组织中和支气管肺泡灌洗液中，也发现 MMP-9 的表达上调。已在上皮细胞、中性粒细胞、巨噬细胞中发现 MMP-9。

在 IPF 的肺组织中存在 MMP-7，它表达在受损害的上皮细胞位置。MMP-7 无功能小鼠对博来霉素的反应，在早期阶段肺纤维化程度相对减轻，而在 21 天后则无减轻作用。IPF 患者肺组织中 MMP-7 的表达显著增加，肺纤维化的动物模型研究也证实 MMP-7 在肺纤维化中的作用，提示 MMP-7 可能是肺纤维化的重要调节因子。MMP-7 对于 IPF 不具有特异性，因为在机化性肺炎患者和石棉肺的动物模型中 MMP-7 也是上调的。显然，MMP 在肺纤维化中起作用，但其机制未完全阐明，是否能作为肺纤维化治疗的靶点尚未可知。

第二节 非胶原糖蛋白与肺纤维化

呼吸系统与外部环境中的各种刺激因素都有广泛的接触，下呼吸道及单个肺泡不可避免地会接触各种类型的有害物质，如各种致病性微生物、过敏物质、尘埃及各种类型的化学毒物。敏感的个体接触到上述任何一种有害物质，都可能产生程度不同的急性肺损伤。不仅如此，血液中的各种微生物、病毒和有毒的药物，以及辐射诱导的氧自由基，也会引起以内皮细胞损伤为主的急性肺损伤。这些刺激因素及其继发的炎症过程与炎性因子，可以诱导肺中非胶原蛋白的代谢异常，从而参与肺纤维化的过程。

一、肺中非胶原糖蛋白的产生与生物活性

肺是由上皮细胞围绕着间质性组织而构成的。肺基底膜是一种特殊的薄层结缔组织，与其他类型的基底膜组织一样，层粘连蛋白是其主要的非胶原糖蛋白分子。除此之外，还有少量的纤维粘连蛋白、黏结蛋白及凝血酶应答蛋白。肺基底膜中其他类型主要的成分为Ⅳ型胶原及硫酸乙酰肝素等蛋白聚糖分子。肺内细胞外基质蛋白是由肺内细胞所分泌产生的。成纤维细胞可以合成纤维粘连蛋白、Ⅰ型胶原、Ⅲ型胶原。同时，内皮细胞与上皮细胞附着的基底膜结构部分，也是由这些细胞所分泌的胶原和非胶原蛋白构成的。

肺内非胶原细胞外基质蛋白除了构成肺内基底膜等结缔组织结构之外，对于肺的成纤维细胞及上皮细胞还有一系列生物学功能。纤维粘连蛋白、层粘连蛋白和凝血酶应答蛋白同时都是具有很强作用的黏附分子。这些非胶原糖蛋白分子对于细胞的运动能力也具有显著的影响。非胶原细胞外基质糖蛋白虽然不能模拟表皮生长因子、胰岛素样生长因子-1和胰岛素样生长因子-2 的生物学活性作用，但对于肺中的成纤维细胞，以及上皮和内皮细胞都有显著的增殖刺激作用。第一，这些非胶原糖蛋白分子不仅是肺结缔组织的重要组成成分，其构成的基底膜结构是肺上皮细胞和内皮细胞赖以黏附的支架结构，而且，还通过其分子结构中的某些功能性结构位点与细胞膜上相应的受体分子之间的相互作用，以决定这些细胞在排列中的定向，而细胞的正确定向又是细胞接受与正常处理增殖信号的先决条件。第二，某些类型的细胞外基质蛋白还能够与生长因子等进行结合，使应答细胞能够受到生长因子的持续刺激。第三，肺上皮和内皮细胞之所以能够保持其分化状态，是因为细胞外基质糖蛋白持续与这些细胞进行接触和刺激的结果。不同的非胶原糖蛋白对于这些靶细胞的作用虽然有一定的特异性，但它们之间的作用在很大程度上是有重叠的。例如，纤维粘连蛋白对于许多类型的细胞来说都具有强烈的运动刺激作用，而层粘连蛋白对于上皮细胞的运动却具有抑制作用。层粘连蛋白对不同器官的上皮细胞分化表型的维持都有十分重要的作用，但纤维粘连蛋白及凝血酶应答蛋白则无此作用。凝血酶应答蛋白是一种强有力的黏附因子，对于正常的上皮细胞来说也是一种很强的运动诱导因子，但对成纤维细胞的作用较弱。凝血酶应答蛋白对于上皮细胞的功能具有直接影响，对其生长过程也有促进作用，但其作用的性质又不是这些细胞的有丝分裂原的性质。但是，凝血酶应答蛋白对于成纤维细胞和平滑肌细胞都具有直接的生长刺激作用。除了这些细胞外基质蛋白分子之外，一些可溶性的蛋白质因子，如纤维蛋白原等有时也作为一种细胞外基质蛋白分子而发挥作用。除了这些完整的细胞外基质蛋白质分子具有重要的生物学活性之外，蛋白水解片段有时也具有类似的性质。例如，纤维粘连蛋白、层粘连蛋白或凝血酶应答蛋白等的有关序列的多肽片段，也表现出细胞黏附或促进与成纤维细胞和上皮细胞之间的黏附作用。

肺中这些纤维粘连蛋白、层粘连蛋白及凝血酶应答蛋白完整分子或相应的结构片段对于细胞黏附、运动及增殖过程影响的机制目前还不完全清楚。但研究表明，这些非胶原糖蛋白分子及其相应的片段作为一类配体分子，与成纤维细胞、上皮与内皮细胞膜上相关的受体分子之间的相互作用，可能是这些非胶原糖蛋白分子对于细胞的表型及功能产生影响的重要环节。肺中这些非胶原糖蛋白的受体分子大多数属于整合素家族的成员，主要是含有$β_1$和$β_4$链的整合素蛋白分子。蛋白聚糖、糖脂及其他类型的糖蛋白也可以介导细胞与细胞外基质之间的相互作用。层粘连蛋白和纤维粘连蛋白等细胞外基质蛋白与细胞之间的相

互作用，不仅仅是细胞黏附于细胞外基质上的一种重要机制，同时也可以触发细胞激活的一些途径。细胞与细胞外基质蛋白之间相互作用所产生的细胞内信号，与细胞受到生长因子和其他类型的多肽配体等的刺激所产生的细胞内信号转导系统是一样的，其中包括磷脂代谢的改变、细胞内钙离子浓度的升高，以及细胞内蛋白激酶的激活等过程。细胞内结构的改变，包括肌动蛋白的快速多聚体化及细胞骨架的重新组织。这些细胞表面及细胞质中的变化，最终将信号转导进入细胞核内，导致一系列基因转录表达水平发生改变。

二、肺中非胶原糖蛋白与肺的正常发育

肺的发育过程是研究细胞外基质与发育过程关系的一个很好的模型。小鼠胚胎发育第 9.5 天，从成对的内胚芽及间质组织中发育而来，上皮管状分支及其再分支，构成了肺的通气管道系统。第 14 天的胚胎中，柱状上皮细胞排列成管状系统，而此时，上皮细胞开始分化为近端柱状细胞及远端方形细胞，进一步伸展，成为Ⅰ型和Ⅱ型肺细胞，在成年肺的气体交换过程中发挥着十分重要的作用。在肺泡结构区，毛细血管内皮细胞与气管上皮细胞之间贴得很紧，只有一层单薄的基底膜结构将其分开。此时，疏松的间质性组织分化为纤维性结缔组织、软骨和平滑肌细胞等。在成熟的肺脏中，在肺泡中仍然可以见到少量的间质，有时甚至还有成纤维细胞位于其中。

在小鼠肺的发育过程中，将 10 天的小鼠胚胎肺从中取出，分离成肺小叶结构，可以在体外培养体系中维持数天时间。在培养 10 天之后，正常情况下每个肺芽（lung bud）可以出现 7~8 个终末分支结构。胚胎肺在体外培养 72h，正常的肺芽包含着近 50 个分支状结构。因此，在合适的条件下，体外培养的小鼠胚胎肺组织仍然可以持续发育几天。小鼠胚胎肺甚至在器官培养系统中还具有发育潜能。以轻度的蛋白裂解酶处理，可以从 10 天的小鼠胚胎肺中分离到单个细胞。这些单细胞悬液将其中的蛋白裂解酶洗干净，在生长培养基中进行体外培养时，细胞又能重新聚集，同时分为上皮细胞与间质细胞。在适当的条件下，上皮细胞可能形成囊状结构。在几天的时间内，这种囊状结构伸展为管状结构，甚至呈分支状。因此，体外培养的器官中上皮细胞与正常发育过程中肺上皮细胞的功能是一样的。体外器官培养系统为研究肺脏发育过程中上皮细胞与间质细胞之间的相互作用和相互影响，以及细胞外基质蛋白在肺发育过程中的作用，提供了一个很好的模型系统。细胞外基质糖蛋白，特别是层粘连蛋白起到关键性作用。在器官培养模型中，以层粘连蛋白的多克隆抗体或单克隆抗体与肺器官进行共同培养，可以抑制肺脏正常发育的过程，表现为上皮细胞的增殖活性下降，终末分支形成的数量减少，同时还出现异常的分支。抗体对于体外培养的肺器官的处理虽然没有毒性，但的确也能导致培养器官中细胞的坏死。

在第 10 天的肺胚胎发育过程中，需要有外源的层粘连蛋白的参与，但老年期啮齿类动物的肺脏却不依赖于外源性的层粘连蛋白，即可自行重新组合、极化形成囊性结构。出现这种情况有两个可能的原因，一个是成年啮齿动物的肺中层粘连蛋白的合成水平增加，另一个就是成年啮齿动物肺脏的发育与层粘连蛋白表达水平的依赖性下降。为了解肺发育过程与层粘连蛋白发育之间的相互关系，对于体外培养的肺器官的第 10~18 天层粘连蛋白的表达水平进行动态检测。在整个观察期间，肺中都有层粘连蛋白 mRNA 和蛋白质的表达，但随着日龄的增高，层粘连蛋白 mRNA 的表达及层粘连蛋白的生物合成水平都有明显的升高。在 18 天的肺细胞悬液培养系统中，还观察到肺细胞自发地聚集，形成肺囊

结构。即使在没有外源性层粘连蛋白的条件下，也能发生这种囊性结构的形成。但是，抗层粘连蛋白的抗体可以同样阻断肺囊性结构的形成。这些结果表明，胚胎发育晚期的细胞，合成层粘连蛋白的水平逐渐增加，使其对于外源性层粘连蛋白的依赖性显著降低。

三、非胶原糖蛋白与肺纤维化的关系

可以利用体外培养的单层上皮细胞和成纤维细胞，对其在体内复杂的生物学过程进行研究。也可以应用胚肺发育过程中非胶原蛋白的代谢过程，以及其他类型组织的损伤修复过程，对肺纤维化的病理、生理过程作进一步的了解。因为肺损伤时所造成的异常状态，与其他类型的组织损伤所造成的异常环境是相似的。在组织损伤发生时，所诱导产生的生长因子及细胞因子的种类和数量可能会因为组织的类型不同而有很大的差别，但会有很多方面是相似的。此外，任何一个位点的损伤都将产生一个共同的结局，这就是细胞外基质蛋白及其蛋白裂解片段的异常分布和累积。另外，在损伤部位，还有特异性的细胞类型分布，如肺组织损伤过程中是以成纤维细胞及肺上皮细胞的应答为主。肺中的成纤维细胞及上皮细胞在肺组织发生损伤时的应答方式和应答机制，与其他部位的成纤维细胞和上皮细胞在相应部位发生损伤时又都是相似的。因此，可以将肺纤维化的发生过程，作为一种肺的非正常损伤与修复过程进行研究。

肺纤维化的过程是一个非常复杂的过程。既然肺纤维化的过程可以作为肺损伤不能愈合的过程，那么这种发生纤维化的肺损伤为什么就不能愈合？同样的肺损伤，一部分可发展为肺纤维化，另一部分则可以正常愈合。即使是导致肺纤维化的损伤，也不是最终人人都发生纤维化。目前的研究结果，还不能完全肯定地回答这些问题，但根据肺纤维化模型及患者个体的研究，肺纤维化的形成可能有以下几种机制。例如，进行性的肺纤维化过程一般都是有持续性或慢性的肺损伤存在。由于引发急性肺损伤的一些因子，在原发性肺损伤修复的中、晚期仍然存在，因而可以引起其他部位继发性的急性肺损伤。另外一种可能性就是急性肺损伤的范围对于整个肺损伤修复的过程将产生显著的影响。如果造成的急性肺损伤太严重，超过了正常的损伤修复机制所能修复的能力，持续的肺损伤将会长期存在。作为一个炎症病灶，对于肺中非胶原糖蛋白的表达将产生显著的影响。肺上皮细胞与间质细胞相互隔离，是肺中各种类型的组织细胞保持平衡状态所必须具备的一个条件。如果不能保证基底膜结构的完整性，这两种类型细胞相互隔离的状态就不能保持。有时，一旦肺组织发生损伤，即可导致不可逆的肺纤维化机制的启动。这些病理变化都有别于正常肺损伤修复的过程。

无论是哪一种机制导致的肺纤维化，肺纤维化过程总有两个共同的特征。第一，具有持续的细胞外基质的破坏；第二，为了修复已发生的肺损伤，肺中的上皮细胞及成纤维细胞合成大量的细胞外基质蛋白，以期将间质细胞与上皮细胞分离。这些细胞外基质蛋白及其蛋白水解产物片段的存在，可产生对间质性成纤维细胞的持续刺激作用，使这种间质性成纤维细胞处于持续的激活状态。由于损伤位点不能及时修复，导致间质细胞与上皮细胞和血管的持续接触，这也是间质性成纤维细胞持续激活的重要原因之一。由于上皮细胞与间质性成纤维细胞处于持续的激活状态，特别是激活的成纤维细胞，产生过量的细胞外基质蛋白，导致肺纤维化的发生。

第三节 弹性蛋白与肺纤维化

弹性蛋白（elastin）是弹性纤维（elastic fiber）的主要蛋白质成分。肺脏中的血管、各级气管和支气管、肺泡间隔和肺实质中含有比例较高的弹性纤维，使肺具有很好的弹性，以便在呼吸过程中反复扩张和回缩，保证了肺的通气和换气功能。弹性纤维与胶原纤维构成了肺中高度有序的纤维网状结构。肺实质部分含有大量的弹性纤维网状结构，约占肺组织干重的 1/4。

一、弹性纤维与肺的发育

肺中弹性纤维的结构、合成方式和发育过程，在各种脊椎动物中惊人一致。肺中多种细胞都可以合成和分泌弹性蛋白，依解剖位置的不同而不同，这些细胞包括成软骨细胞、肌成纤维细胞、间质细胞和平滑肌细胞。弹性蛋白在粗面内质网上合成，以 72kDa 的原弹性蛋白通过分泌小泡分泌到细胞外。原弹性蛋白被分泌出细胞后，与一种特殊的糖蛋白微纤维相互作用，这些微纤维对于原弹性蛋白的排列和随后弹性纤维的形成是必需的。原弹性蛋白将微纤维包裹起来，以形成成熟的弹性纤维。在弹性纤维形成过程中，铜依赖的赖氨酰氧化酶是一种关键的酶，其将赖氨酸氧化为醛赖氨酸，三个醛赖氨酸和一个ε-氨基酸自发凝结成锁链素或异锁链素，大部分锁链素交联发生在两个弹性蛋白之间，然而也有发生在三个弹性蛋白间的交联结构。弹性蛋白的表达和弹性纤维的形成，对于出生前和出生后肺的发育过程至关重要。肺泡是肺中气体交换的功能性单位，肺泡形成是肺成熟过程中的关键性一步。肺细胞外基质中的弹性蛋白产生开始于肺发育的假腺管期，在新生儿期达到高峰，肺泡分隔开来生长与弹性纤维网状结构有紧密的关系。肺发育过程中，弹性纤维集中在有压力的区域，围绕张开的肺泡形成环状结构，并且集中在肺泡连接处，从这些环状结构向各个方向伸出小的弹性纤维，形成精致的格子样结构，构成彼此分隔的空间，新的肺泡就随后插入这些空间。这些弹性纤维形成肺泡间的分隔，这些分隔彼此连接，其中的隔室形成开放的肺泡管，整个肺的弹性纤维都彼此相连。实际上，弹性纤维的合成与肺泡的发生是同时的，固有弹性纤维的形成是正常肺泡发生和发育的必需条件。显而易见，如果原纤维蛋白有缺陷，微纤维装配就会严重受损，最终导致肺发育的异常。

二、肺弹性纤维的代谢

生理状态下，肺中弹性蛋白是非常稳定的不溶性蛋白，半衰期很长，几乎终生不再更新。对于大鼠和小鼠肺中放射性缬氨酸残基的掺入实验观察结果表明，多数弹性纤维都是在出生后的 1~2 周中合成的。此后，弹性蛋白的合成速率则显著下降。对于放射性标记的肺弹性蛋白的代谢进行检测，证实在 6 个月之内未发生弹性蛋白的更新，因而弹性蛋白的半衰期以年计算。对于人肺实质中 [^{14}C] 的掺入研究结果表明，弹性蛋白的寿命是终生的，平均寿命长达 74 年。这一结果更加强调了在早期胚胎发育中的肺弹性纤维形成过程的重要性，早期的弹性蛋白纤维的形成决定整个肺的结构，而且持续终生。同样，肺发生纤维化后，肺中沉积的弹性纤维很难消除，这对于肺纤维化的治疗是一个严峻的挑战。

在肺组织正常的重构和修复过程中，或者某些病理条件下，巨噬细胞和中性粒细胞可以分泌一些类型的弹性蛋白酶（elastase），对于弹性纤维中的弹性蛋白成分具有降解作用。肺气肿（emphysema）患者肺中的弹性蛋白遭到破坏，可能是因为中性粒细胞移行到气道中并且分泌弹性蛋白酶的后果。一旦肺中的弹性纤维网状结构遭到破坏，就难以见到弹性纤维网状结构的重建，尽管某些情况下还有弹性蛋白的表达。实验研究中，田鼠吸入胰弹性蛋白酶之后，可以产生弹性蛋白的降解片段，当弹性蛋白被降解之后，只遗留下微纤维成分，尽管弹性蛋白可以合成并且达到发病前的水平，但重新合成的弹性蛋白其结构紊乱，不具备正常的生物学功能。

体外细胞培养系统是研究弹性蛋白发生蛋白水解以后细胞应答反应的一个很好的模型系统。该系统最初被用于模拟肺阻塞性疾病，特别是肺气肿，但一些研究结果同样也可用于研究维持弹性蛋白形成和降解平衡状态的机制。向体外培养的肺成纤维细胞系统中加入弹性蛋白，在 72h 内细胞表达弹性蛋白的水平显著下降；加入弹性蛋白酶处理以后，肺成纤维细胞分泌弹性蛋白原的能力并不发生改变。可见，肺中弹性蛋白原基因的表达可能存在着反馈调节机制。弹性蛋白对于体外培养的肺成纤维细胞中弹性蛋白原 mRNA 转录表达的负调控，类似于肺损伤过程中弹性蛋白裂解的病理过程。尽管这只是一个简单的体外细胞培养模型，但对于了解肺纤维化形成机制的研究具有很大的帮助。

三、弹性蛋白与肺纤维化的形成

纤维化的概念仅指胶原蛋白的异常累积，一般不包括弹性蛋白的异常。对肺纤维化的研究主要集中在胶原蛋白领域，而不是弹性蛋白。在肺纤维化的形成过程中，尽管可以见到弹性蛋白合成水平升高并有弹性蛋白的累积，但究竟在纤维化中是否有很重要的作用还不十分清楚。但是，关于间质性肺纤维化过程中的弹性蛋白与胶原蛋白的代谢改变，对于了解肺纤维化过程中细胞外基质代谢的途径具有重要的意义。

1. 弹性蛋白与肺纤维化的临床研究 关于弹性蛋白在肺纤维化过程中的意义和作用，由于临床患者研究的困难、局限性，仅从活检标本中证实纤维化肺组织中都有弹性蛋白的沉积。但关于弹性蛋白代谢所产生的变化过程，则由于缺乏合适的干预手段而难以进行系统性研究。

2. 弹性蛋白与肺纤维化的动物模型研究 以百草枯、博来霉素及胺碘酮等化学药物所诱导的肺纤维化的啮齿类动物模型，是研究肺纤维化的常用动物模型，但也有灵长类的动物模型。以百草枯的吸入诱导恒河猴的肺间质性和肺泡内的纤维化模型，从肺标本的免疫组织化学、生物化学和形态学方面的特征，都证实了肺纤维化的发生。百草枯诱导的动物模型的肺损伤可分为两期，即肺损伤期和修复期。在百草枯诱导的肺损伤早期，可见胶原与弹性纤维结构已发生改变，同时有巨噬细胞及中性粒细胞等炎性细胞的浸润。这些炎性细胞都具有释放弹性蛋白酶的作用，因而弹性蛋白可水解成大小不等的多肽片段，随后便触发损伤修复的过程。百草枯诱导的肺损伤的第二期则代表了肺组织对于肺损伤的应答过程，其中包括分泌合成细胞外基质蛋白，特别是能分泌弹性蛋白的细胞的移行和增殖，这包括平滑肌细胞和成纤维细胞等。在这一期间，尽管肺间质的结构还不能重建，但其胶原蛋白及弹性纤维的含量却开始显著增高。

应用博来霉素可以诱导狒狒的弥漫性间质性纤维化。对于发生纤维化的肺脏进行研究，其重量增加，肺中的总蛋白、胶原蛋白、弹性蛋白和 DNA 的含量都显著增加。从各种蛋白所占的总蛋白的百分比来计算，发生纤维化的肺脏中弹性蛋白的含量百分比增加了3倍，而胶原蛋白的百分比的增加幅度不到2倍。发生纤维化的肺脏中胶原蛋白含量增加的幅度与其中的DNA增加的幅度基本类似，提示胶原蛋白的累积与细胞的增殖状态有着直接的相关性。在肺组织损伤基本上修复之后，胶原蛋白与弹性蛋白的数量仍然呈上升的趋势。

以博来霉素也可以诱导、建立兔肺纤维化的动物模型。以博来霉素进行诱导8周以后，兔肺出现纤维化病变。组织学研究结果表明，兔肺纤维化的组织学病变与其他的动物模型肺组织纤维化的特点一致。兔暴露于博来霉素2周以后，肺组织中胶原及弹性蛋白的含量即开始升高。一直到8周以后，肺组织中总蛋白的含量仍然持续增加。胶原蛋白及弹性蛋白含量的增加与两种蛋白所占总蛋白百分比的增加幅度也是一致的。

以博来霉素也可以诱导田鼠的肺纤维化。同样，在发生纤维化的肺脏中出现胶原蛋白与弹性蛋白绝对含量，以及这两种蛋白所占肺组织总蛋白的比例增高。其中，胶原蛋白增加的幅度较弹性蛋白的增加幅度略高，但这一差别并不十分显著。同样也观察到DNA的含量下降之后，胶原与弹性蛋白的含量继续增加。

胺碘酮也可以诱导动物模型的肺纤维化。经气管单次注入胺碘酮制造仓鼠肺纤维化模型，应用[^{14}C]所标记的赖氨酸掺入锁链素或异锁链素中来检测弹性蛋白，发现在急性肺损伤后3周弹性蛋白的合成明显提高，在吸入胺碘酮后2周全肺中弹性蛋白较对照组增加32%。以氨基酸分析法对于弹性蛋白的总量也进行了测定，证实以胺碘酮所诱导的肺纤维化中，弹性蛋白的含量较正常对照组增加3倍，而锁链素的合成增加约1倍。

第四节 肺纤维化形成的调节

肺纤维化的形成是一个复杂的过程，多种因素参与其中，包括成纤维细胞的增殖、细胞外基质的变化和多种细胞因子的调节。细胞外基质蛋白主要来源于肺间质中的成纤维细胞，成纤维细胞等的细胞外基质蛋白的合成能力又受到TGF-β、补体、PDGF、PAF及一些趋化因子等的调节。因此，对于肺成纤维细胞的细胞外基质蛋白的合成及调节机制进行研究，对于阐明肺纤维化的形成机制具有重要影响。

一、成纤维细胞与肺纤维化的关系

成纤维细胞是肺纤维化发展过程中合成和分泌细胞外基质的主要效应细胞，其过度增殖及合成胶原增多是纤维化期的主要特征。从发生肺纤维化的标本中可以分离到聚集的炎症性细胞，如单个核细胞、中性粒细胞、肥大细胞和嗜酸性粒细胞等，另外一种增多的细胞就是成纤维细胞。发生肺纤维化时，有相当的细胞外基质蛋白在肺中发生沉积，大多数情况下呈无序状态。这些无序状态的细胞外基质蛋白成分主要是Ⅰ型胶原、Ⅲ型胶原和蛋白聚糖分子等。而这些类型的细胞外基质则主要是来源于肺中的成纤维细胞。从这一点上来说，炎性细胞的浸润及其分泌的炎症性因子，可以刺激肺中的成纤维细胞，使其处于持续的激活状态，并发生增殖反应，促进成纤维细胞分泌表达细胞外基质蛋白的功能。

1. 成纤维细胞的增殖 与正常的肺组织相比，从慢性炎症性肺组织中分离得到的成纤维细胞，其体外增殖的速度和能力之间有着十分显著的差别。虽然加入外源性的细胞因子或血清成分也可以促进肺中成纤维细胞的增殖速度,但是在不提供外源性生长因子的情况下,成纤维细胞似乎还能通过自分泌的机制合成分泌一些类型的生长因子,同时又对此成纤维细胞本身的增殖状态产生影响。从肺组织活检标本中分离得到的成纤维细胞,从呈慢性病变的肺组织中分离到的成纤维细胞,其增殖活性增强。从急性肺损伤的肺组织中分离到成纤维细胞的增殖活性也显著升高。

2. 肌成纤维细胞 发生慢性炎症的肺组织中的肌成纤维细胞是一种特殊的细胞表型。一些研究表明,在肺组织发生损伤之后,如以博来霉素诱导的肺纤维化大鼠模型中,正常进行修复的肺组织中含有一些细胞,其形态学特征属于成纤维细胞,在细胞内部还具有使其发生收缩的元件结构,因而称其为肌成纤维细胞似乎更为合适。在成肌细胞中所能发现的与细胞收缩有关的功能元件只有一种,这就是平滑肌肌动蛋白α(actinα)。在肺组织损伤的修复或在发生急性肺损伤以后,含有平滑肌肌动蛋白α的肌成纤维细胞具有重要的功能。之后,这种肌成纤维细胞在肺组织中逐渐消失。这种含有平滑肌肌动蛋白的肌成纤维细胞,究竟是某一部分纤维细胞发生的永久性的表型改变,还是一种暂时的表型,还是成纤维细胞在成熟过程中的一个特殊的发育阶段,目前尚不明确。

二、转化生长因子β的调节作用

TGF-β是一组具有多种生物学功能的细胞因子,存在3种异构体,即TGF-$β_1$、TGF-$β_2$和TGF-$β_3$。组织中存在3种类型的TGF-β受体,即TGFR I、TGFR II 和 TGFR III,其与3种TGF-β都具有高度亲和力。TGF-β是目前已知最强的细胞外基质生成促进因子,同时也是作用很强的单核细胞及巨噬细胞的趋化因子,在肺纤维化中有十分重要的调节作用。其中TGF-$β_1$在肺纤维化患者和动脉模型中的表达占优势,参与肺组织损伤以后的修复过程。

首先,TGF-$β_1$是一种作用很强的单个核细胞和巨噬细胞的趋化因子,β在肺组织发生损伤以后,与单核/巨噬细胞在肺组织损伤位点的聚集过程有关。另外,TGF-$β_1$还能够激活单核细胞表达一系列的生长因子,如PDGF、碱性成纤维细胞生长因子(bFGF)、IL-1、TNF-α,以及调节TGF-$β_1$自身的表达。在比较高的浓度条件下,TGF-$β_1$可以诱导单核细胞分泌IL-1和TGF-α。这些细胞因子不单影响成纤维细胞的功能,而且也影响其他类型的炎症性细胞。因此,在损伤发生的位点,TGF-$β_1$不仅可以促进TGF-$β_1$自身的生物学活性和功能,也可以增强其他类型的生长因子的生物学活性和功能。TGF-$β_1$还是成纤维细胞的一种趋化因子,促进未成熟的成纤维细胞进行分裂增殖,损伤部位的TGF-$β_1$可以扩大成纤维细胞的细胞数量,而成纤维细胞又是细胞外基质蛋白的主要来源细胞。

TGF-$β_1$具有很强的促进细胞外基质合成蛋白合成的作用,包括 I 型胶原、III型胶原、IV型胶原、V型胶原、纤维粘连蛋白、凝血酶应答蛋白、骨桥蛋白、腱生蛋白、弹性蛋白、透明质酸、骨连蛋白,以及硫酸软骨素、硫酸皮肤蛋白等蛋白聚糖分子等。另外,TGF-$β_1$还有抑制结缔组织蛋白酶产生的作用,如丝氨酸蛋白酶、血纤维蛋白溶酶原激活剂、金属蛋白酶类、胶原酶及弹性蛋白酶等。TGF-$β_1$还能促进细胞外基质裂解蛋白酶抑制剂的合成与分泌,如金属蛋白酶的组织型抑制剂-β(TIMP)及纤维蛋白溶酶原抑制剂(PAL)等。因此,TGF-$β_1$可以通过促进细胞外基质蛋白的产生、抑制细胞外基质蛋白的降解这两个方面,促进肺组织损伤部位的细胞外基质的累积。除此之外,TGF-$β_1$对于巨噬细胞产生过氧化氢的功能也有显著的抑制作用,可以降低由巨噬细胞介导的细胞毒性。在肺损伤位点,

TGF-β的这些免疫抑制效应可以保护肺组织不受由巨噬细胞介导的细胞毒性损伤,因而促进TGF-$β_1$的损伤修复功能和作用。TGF-$β_1$对于细胞与细胞外基质的相互作用过程也有调节作用,主要机制是对于细胞膜上整合素为主的细胞外基质蛋白的受体数目进行调节。整合素是一类跨膜糖蛋白分子,可以介导细胞与基底膜中和细胞基质中有关成分之间的结合。TGF-$β_1$促进成纤维细胞表达$α_1β_1$整合素受体蛋白,可以促进成纤维细胞与胶原和纤维粘连蛋白的识别与结合。这一识别与结合过程,将使成纤维细胞定位于细胞外基质上,从而使成纤维细胞能够在特异性的位点上分泌表达结缔组织。

一系列体内的实验结果也表明,TGF-$β_1$在体内也具有显著的促进结缔组织合成与分泌的功能。特发性肺纤维化患者的肺组织上皮细胞和巨噬细胞中,TGF-$β_1$的表达持续增加。TGF-$β_1$在损伤部位的体液中含量很高,当向损伤位点施以外源性的TGF-$β_1$时,也可以诱导胶原蛋白的合成与分泌,皮下注射TGF也可以得到相似的结果。

在以博来霉素诱导的肺纤维维化小鼠模型中,肺中总TGF-$β_1$的mRNA转录表达水平显著升高。而且TGF-$β_1$ mRNA转录表达水平的上升较纤维化肺组织中I型胶原和III型胶原基因表达水平的升高要早一些。在以博来霉素诱导的肺纤维化大鼠模型中,肺中总TGF-β的表达水平提高30倍,而且TGF-β达到峰值的时间也早于胶原蛋白合成达到峰值的时间。制备了针对TGF-$β_1$氨基端30个氨基酸残基序列的特异性抗体,并对于发生纤维化的肺组织进行免疫组织化学染色研究,在TGF-$β_1$达到最高峰时,TGF-$β_1$几乎毫无例外地位于肺泡的巨噬细胞上;但当胶原蛋白的合成达到高峰时,TGF-$β_1$又毫无例外地位于胶原蛋白沉积的位点。这一现象具有十分重要的生物学意义。因为由巨噬细胞所分泌的TGF-β是一种还没有生物学活性的潜伏形式,因此,能够激活这种TGF-β前体的机制,对于TGF-β的生物学活性具有重要意义。在由博来霉素诱导的肺纤维化动物模型中,博来霉素引起的细胞毒性主要是激活肺泡的巨噬细胞,促进TGF-β的分泌,同时还可以促进其由无生物学活性状态的形式转变为具有生物学活性的过程。博来霉素诱导的细胞毒性反应仅限于肺中,因为博来霉素并不能改变脾脏来源的巨噬细胞分泌表达TGF-β的功能。这也是决定TGF-β作用具有组织器官特异性的一个重要机制。除了肺泡中的巨噬细胞是肺组织中TGF-β的一个重要来源之外,受到博来霉素刺激的肺内皮细胞也具有促进TGF-β分泌的功能。肺组织中的内皮细胞与肺间质组织中的炎性细胞及间质细胞之间的接触只是间接性的。由肺内皮细胞分泌的TGF-β在肺纤维化过程中也具有十分重要的作用。

在哺乳动物的组织细胞中,存在着3种类型的TGF-β,即TGF-$β_1$、TGF-$β_2$和TGF$β_3$等,但关于每一种类型的TGF-β在体内的作用还不十分清楚。最近的研究结果表明,在不同类型的组织中,有不同类型的TGF-β表达。例如,在血小板中只有TGF-$β_1$的表达,而眼的各种组织及体液中则以TGF-$β_2$的表达为主。以原位杂交技术证实,在肺部组织的发育过程中,早期阶段主要是TGF-$β_3$ mRNA的转录表达,而后期则以TGF-$β_1$ mRNA的表达为主。无论是发育过程中的早期还是晚期,有TGF mRNA转录表达的细胞类型都是上皮细胞。TGF-$β_2$主要由间质细胞来表达。在组织发生损伤、炎症及纤维化过程中,TGF-β的表达种类特异性还不十分清楚。当受到博来霉素的刺激作用之后,肺泡中的巨噬细胞分泌表达TGF-$β_1$的水平显著升高,而TGF-$β_2$和TGF-$β_3$的表达水平则能保持不变。目前,关于肺泡中的巨噬细胞分泌表达的TGF-β不同亚型究竟能够发挥什么样的生物学功能,目前还不十分清楚。但有一点已十分清楚,位于正常肺泡中的巨噬细胞与以博来霉素处理以后的肺泡中的巨噬细胞分泌表达 TGF-β_1 的水平及能力相差很大。在 3 种类型的 TGF-β 蛋白分子中，肺泡巨噬细胞以分泌表达 TGF-β_1 为主，因而考虑为 TGF-β_1 在博来霉素诱导的肺纤维化过程中具有十分重要的作用。以特异性的抗体进行的免疫组织化学研究表明，由博来霉素诱导的肺纤维化组织中，在整个纤维化过程中有持续的 TGF-β_2 和 TGF-β_3 的表达，其细胞来源主要是肺中的上皮细胞及平滑肌细胞，而不是成纤维细胞。

  动物模型的研究表明，TGF-β_1 与肺的炎症及此后的纤维化过程之间有着十分密切的关系。从分子进化上来看，TGF-β_1 也是一种高度保守的蛋白质分子，也从另一个方面提示 TGF-β_1 在人的肺纤维化过程中具有十分重要的作用。人肺纤维化的病因有很多种，但目前仍然以特发性肺纤维化（IPF）最为常见。特发性肺纤维化是一种进行性的致死性疾病，其病因目前还不十分清楚。其病理组织学特点就是发生病变的肺组织与正常的肺组织相间，伴有肺泡和肺间质的炎症、正常肺结构的破坏、肺组织发生重塑与纤维化等病理改变。在发生纤维化的肺组织中，TGF-β_1 主要由肺上皮细胞及巨噬细胞进行表达，而且与细胞外基质之间有着十分密切的联系。在正常的肺组织，或仅是处于炎症状态的肺组织中，上皮细胞分泌的 TGF-β 并未发生改变。只有肺组织发生纤维化病变时，肺上皮细胞中 TGF-β_1 的表达水平才会显著升高。在晚期肺纤维化中，上皮细胞所表达的 TGF-β_1 可能具有几种重要的生物学功能。TGF-β 本身是上皮细胞增殖过程中一种作用很强的抑制作用因子，因而在体内损伤的修复过程中导致上皮细胞增殖速度的下降。

三、血小板源生长因子的调节作用

  PDGF 是另一种作用较强的有丝分裂原和间质细胞趋化因子，并且能诱导成纤维细胞增殖和细胞外基质的合成。PDGF 由 A、B 两条链组成同二聚体和异二聚体形式，即 PDGF-AA、PDGF-AB 和 PDGF-BE 三种形式。PDGF 的 A 链和 B 链分别由不同的基因编码，其基因组 DNA 位于 7 号和 22 号染色体上，但两者的编码序列之间具有高度的同源性。PDGF 分子可与两种同源但又不相同的受体分子之间结合，即 PDGF-α 受体和 PDGF-β 受体。PDGF 的受体与 CSF-1、SCF、FGF 等的受体分子同属于一个受体蛋白家族。

  PDGF 在肺纤维化过程中也具有十分重要的作用。特发性肺纤维化患者的肺组织中的巨噬细胞，产生 PDGF mRNA 的量和释放 PDGF 的量均显著增加。在肺纤维化动物模型中，肺泡中的巨噬细胞、Ⅱ型上皮细胞和间质细胞表达的 PDGF 的水平也显著升高。PDGF B 链的转基因小鼠，发生了弥漫性分布的肺气肿病变、炎症和局部肺纤维化。向大鼠气道内滴入重组人 PDGF-BB，可以产生以大气道和血管周围为中心的纤维化。在博来霉素小鼠肺纤维化模型中，转入 PDGF 受体的细胞外基质功能区的基因，可以改善肺纤维化。发生特发性肺纤维化时，肺泡壁中的成纤维细胞和平滑肌细胞等间质细胞有聚集现象，这些也与巨噬细胞分泌表达的 PDGF 因子的作用有关。

四、血小板激活因子的调节作用

  血小板激活因子（PAF）是一种具有多种生物学活性的脂类物质。在细胞内和细胞间的信号转导过程中，PAF 具有十分重要的生物学功能。许多类型的细胞都具有产生 PAF，或对于 PAF 的刺激产生应答的功能。

全肺组织中 PAF 前体蛋白的含量较少。肺组织中 PAF 含量与其他类型的组织中 PAF 的含量相似，但是血液中的多形核细胞可以产生大量的 PAF。肺组织中的 PAF 有许多来源，肺泡中的巨噬细胞是肺组织中 PAF 的一个重要来源。人的肺上皮细胞及肥大细胞也产生少量的 PAF，某些类型的成纤维细胞也可以产生一些 PAF，因而肺中的成纤维细胞也可能是肺组织中 PAF 的一个重要来源。肺不仅是一个 PAF 的产生器官，同时也是一个 PAF 降解的器官。当静脉注射 PAF 时，大约在 2min 内 90% 以上的 PAF 即从血液循环中离开。从血液循环中离开的 PAF 分布于所有的重要组织器官之中，但以重量计算，进入肺组织中的 PAF 所占的比例更高一些。体外分离的大鼠肺以 PAF 进行气道灌洗时，96% 的 PAF 可以进入肺实质中，只有 4% 可以穿过肺实质进入肺的血液循环中。在 15min 内，80% 的 PAF 代谢为终产物。

当血液细胞运行通过肺组织时，肺组织中的 PAF 可以对于血液循环中的血液细胞发挥调控作用。PAF 可以诱导血液中的多形核细胞膜上的黏附分子如 CD11b/CD18 等的表达水平升高，同时可以诱导这些细胞中 NADPH 氧化酶的激活过程，并分泌一些颗粒状物质，如弹性蛋白酶及其他的蛋白酶类。PAF 还可以诱导血小板的凝集，并分泌颗粒状物质。血液循环中或发生黏附作用的单个核细胞可能受到 PAF 的激活，合成分泌一些炎症因子，如 TNF-α、IL-1、IL-6 等。PAF 同时也是肺组织中的嗜酸性粒细胞的一种很强的趋化作用因子。PAF 可以刺激嗜酸性粒细胞与肺血管内皮细胞之间的黏附，并进行脱颗粒反应。PAF 还可诱导人嗜碱性粒细胞释放组胺，以及与内皮细胞间的黏附过程。除了对血液循环中的细胞具有一定的调节作用之外，PAF 对于肺组织中的细胞类型也有重要的调节作用。PAF 直接作用于肺组织中的血管内皮细胞，促进细胞膜上选择素、整合素等受体蛋白家族成员的表达。人肺泡的巨噬细胞受到 PAF 的刺激作用之后，产生超氧化阴离子、过氧化氢（H_2O_2）及高分子质量的黏蛋白样的糖蛋白分子。

PAF 与哮喘及急性呼吸窘迫综合征（ARDS）这两种疾病之间有着极为密切的关系，PAF 可以引起呼吸道的梗阻与气管反应性的增加。在哮喘疾病发作的早期与晚期，炎症反应的细胞，包括中性粒细胞、嗜酸性粒细胞和巨噬细胞可以分泌大量的 PAF，说明哮喘病与 PAF 所介导的各种炎症性应答反应之间有着十分密切的关系。全身炎症应答性疾病时，也可以导致急性肺损伤及呼吸衰竭。在发生伴有呼吸系统炎症的全身性疾病患者的肺泡灌洗液中，可以检测到 PAF 水平的显著升高。PAF、TNF-α 和 IL-1β 在急性肺损伤过程中都有重要的作用。

五、白细胞介素-8 与肺纤维化

对于特发性肺纤维化中中性粒细胞性肺泡炎进行研究，发现 IL-8 在发病机制中具有十分重要的作用。以 Northern blot 对于肺泡灌洗液中细胞的 IL-8 的 mRNA 表达水平进行测定，发现有持续的 mRNA 表达，在正常对照组中却检测不到 IL-8 mRNA 的转录表达。IL-8 的 mRNA 表达水平与肺泡灌洗液中白细胞数目密切相关。以免疫组织化学技术证实肺泡炎中的巨噬细胞表达很高水平的 IL-8，提示肺泡中的巨噬细胞分泌表达 IL-8，而 IL-8 作为一种重要的趋化因子介质，使中性粒细胞集中在肺泡中，引起所谓的中性粒细胞性肺泡炎。在特发性肺纤维化组织中，发现 IL-8 mRNA 的表达与肺组织中浸润的中性粒细胞数目之间呈显著的正相关关系，进一步提示特发性肺纤维化中 IL-8 作为炎症性趋化因子，在其病理机制中发挥着十分重要的作用。除了肺泡中的巨噬细胞之外，中性粒细胞也是 IL-8 的一个重要来源。

（刘景院）

参 考 文 献

Byrne AJ, Maher TM, Lloyd CM. 2016. Pulmonary macrophages: A new therapeutic pathway in fibrosing lung disease? Trends Mol Med, 22: 303~316.

Chung EJ, Sowers A, Thetford A, et al. 2016. Mammalian target of rapamycin inhibition with rapamycin mitigates radiation-induced pulmonary fibrosis in a murine model. Int J Radiat Oncol Biol Phys, 96: 857~866.

Elkouris M, Kontaki H, Stavropoulos A, et al. 2016. SET9-mediated regulation of TGF-beta signaling links protein methylation to pulmonary fibrosis. Cell Rep, 15: 2733~2744.

Ghatak S, Hascall VC, Markwald RR, et al. 2017. TGF beta-1 induced CD44v6-NOX4 signaling in pathogenesis of idiopathic pulmonary fibrosis. J Biol Chem. doi: 10.1074/jbc.M116.752469. ［Epub ahead of print］

Glasser SW, Hagood JS, Wong S, et al. 2016. Mechanisms of lung fibrosis resolution. Am J Pathol, 186: 1066~1077.

Huang X, Wang W, Yuan H, et al. 2016. Sunitinib, a small-molecule kinase inhibitor, attenuates bleomycin-induced pulmonary fibrosis in mice. Tohoku J Exp Med, 239: 251~261.

Hubmacher D, Apte SS. 2013. The biology of the extracellular matrix. Curr Opin Rheumatol, 25: 65~70.

Karampitsakos T, Woolard T, Bouros D, et al. 2016. Toll-like receptors in the pathogenesis of pulmonary fibrosis. Eur J Pharmacol. doi: 10.1016/j.ejphar.2016.06.045. ［Epub ahead of print］.

Knipe RS, Tager AM, Liao JK. 2014. The Rho kinases: critical mediators of multiple profibrotic processes and rational targets for new therapies for pulmonary fibrosis. Pharmacol Rev, 67: 103~117.

Kristensen JH, Karsdal MA, Genovese F, et al. 2014. The role of extracellular matrix quality in pulmonary fibrosis. Respiration, 88: 487~499.

Kulkarni T, O'Reilly P, Antony VB, et al. 2016. Matrix remodeling in pulmonary fibrosis and emphysema. Am J Respir Cell Mol Biol, 54: 751~760.

Lan YW, Theng SM, Huang TT, et al. 2017. Oncostatin M-preconditioned mesenchymal stem cells alleviate bleomycin-Induced pulmonary fibrosis through paracrine effects of the hepatocyte growth factor. Stem Cells Transl Med, 6: 1006~1017.

Liu H, Fang S, Wang W, et al. 2016. Macrophage-derived MCPIP1 mediates silica-induced pulmonary fibrosis via autophagy. Part Fibre Toxicol, 13: 55.

Pardo A, Cabrera S, Maldonado M, et al. 2016. Role of matrix metalloproteinases in the pathogenesis of idiopathic pulmonary fibrosis. Respir Res, 17: 23.

Pardo A, Selman M. 2016. Lung fibroblasts, aging, and idiopathic pulmonary fibrosis. Ann Am Thorac Soc, 13: S417~S421.

Pelosi P, Rocco PR, Negrini D, et al. 2007. The extracellular matrix of the lung and its role in edema formation. An Acad Bras Cienc, 79: 285~297.

Tao L1, Yang J, Cao F, et al. 2017. Mogroside IIIE, a novel anti-fibrotic compound, reduces pulmonary fibrosis through Toll-like receptor 4 pathways. J Pharmacol Exp Ther, 361: 268~279.

Tian B, Patrikeev I, Ochoa L, et al. 2017. NF-kappa B mediates mesenchymal transition, remodeling, and pulmonary fibrosis in response to chronic inflammation by viral RNA patterns. Am J Respir Cell Mol Biol, 56: 506~520.

Wilson MS, Wynn TA. 2009. Pulmonary fibrosis: pathogenesis, etcology and regulation. Mucosal Immunol, 2: 103~121.

Xaubet A, Molina-Molina M, Acosta O, et al. 2017. Normativa sobre el tratamiento farmacológico de la fibrosis pulmonar idiopática: Guidelines for the medical treatment of idiopathic pulmonary fibrosis. Archivos de Bronconeumología. Arch Bronconeumol.

Yan ZZ, Kui Z, Ping Z. 2014. Reviews and prospectives of signaling pathway analysis in idiopathic pulmonary fibrosis. Autoimmun Rev, 13: 1020~1025.

Zhao W, Yue X, Liu K, et al. 2017. The status of pulmonary fibrosis in systemic sclerosis is associated with IRF5, STAT4, IRAK1, and CTGF polymorphisms. Rheumatol Int. doi: 10.1007/s00296-017-3722-5. [Epub ahead of print]

第四十三章 细胞外基质与中枢神经系统疾病

细胞外基质（ECM）是由细胞分泌到细胞外间质中的大分子物质，构成复杂的网架结构，支持并连接组织结构，调节组织的发生和细胞的生理活动。

细胞外基质的成分种类很多，各种成分之间在结构上有显著的异质性，一种细胞外基质成分在结构上含有较多不同结构的功能区。即使是同一种细胞外基质成分，在不同组织结构也具有非均一性的特点。不同的细胞外基质成分结合组成不同的组织结构。因此，细胞外基质成分在结构上的各种异质性决定细胞外基质在功能上的多样性。细胞外基质是动态、对细胞的基本生命活动产生多方面影响与控制的、具有重要生物学作用的精细结构。

ECM 的主要成分由以下三类组成：

（1）糖胺聚糖和蛋白聚糖，它们能够形成水性的胶状物，在这种胶状物中包埋有许多其他的基质成分。

（2）结构蛋白，如胶原和弹性蛋白，使细胞外基质有一定的强度和韧性。胶原是 ECM 的主要成分，目前一发现至少 28 种不同的胶原类型，其中以 I、II、III 和 IV 型胶原研究较多。I、II、III 型胶原是间质结缔组织中的主要成分，IV 型胶原则是主要存在于基底膜内。

（3）黏着蛋白，如纤维粘连蛋白（FN）和层粘连蛋白（LN），促使细胞同基质结合。

近年来，中枢神经系统（CNS）的研究出现了一个新热点，有关细胞外基质的组成成分、分子表达调控、生理功能和病理改变等方面的研究引起了广泛的关注，并已取得较大进展。研究发现，CNS 无论是在胚胎期还是成年期，都含有丰富的细胞外基质成分，它们在神经系统的发育、功能、可塑性的改变等方面都发挥着极其重要的作用。

第一节 细胞外基质与神经系统

细胞外基质蛋白大体上可以分为胶原、蛋白聚糖和糖蛋白三大类，但有时也将蛋白聚糖和糖蛋白分子统称为非胶原蛋白（non-collagenous protein）。

一、细胞外基质蛋白的作用

细胞外基质蛋白不仅是中枢神经系统的重要组成部分，将各种神经元细胞与神经胶质细胞黏结在一起，构成中枢神经系统的基本结构形式，而且部分细胞外基质对于神经元细胞的增殖、分化及迁移等过程都具有重要的调节作用，因而参与中枢神经系统的发育过程。此外，细胞外基质蛋白还具有促进神经元细胞轴突生长的作用，因而也参与中枢神经系统损伤的修复过程。

二、胶原的分子学特征

胶原是一个由多种糖蛋白分子组成的家族,是组成胶原纤维的蛋白质,约占哺乳动物总蛋白质的 1/3,其在皮肤和结缔组织中含量丰富。通常胶原由 3 条多肽链构成 3 股螺旋结构,氨基酸的主要组成为脯氨酸、甘氨酸、丙氨酸,分子质量约 300 kDa。到目前为止,至少发现了 30 余种胶原链的编码基因,这些不同的胶原链,以不同的方式组合,可以形成至少 12 种以上的胶原三聚体糖蛋白分子,形成所谓的胶原蛋白家族。各胶原按发现顺序分为Ⅰ~Ⅻ型,各型间结构差异主要由多肽链的初级结构即氨基酸顺序不同而致,其中Ⅰ型纤维状的胶原是最主要的分子类型。

三、胶原的生物学功能

胶原具有无不良反应、促进细胞黏附和增殖、保持细胞的分化、加快创口的愈合、可降解等优点;其缺点是降解速度受到体内胶原酶的影响,降解速度快,机械强度差。胶原是许多组织 ECM 的重要组成部分,是人体和脊椎动物主要结构蛋白,是结缔组织极其重要的蛋白质,占哺乳动物总蛋白质的 25%~30%,起着支撑器官、保护机体的功能。由于胶原不仅可生物降解,而且具有细胞营养因子的作用,在人工神经导管、人工皮肤、食品包装、微生物培养基、胶原酶测定底物及化妆品等方面得到越来越多的研究与应用。

第二节 层粘连蛋白与中枢神经系统

层粘连蛋白是由 3 个不同的亚单位组成的蛋白质的家族。层粘连蛋白的 3 个亚单位分别称为 A、B_1 和 B_2。层粘连蛋白是基底膜的主要组成成分之一,同时在中枢神经系统中也有广泛的分布。到目前为止,又分离鉴定出另外两种类型的层粘连蛋白亚单位,其基因都已得到了克隆化:其一是 A 亚单位的同源性分化,称为 merosin;另一种为 B_2 亚单位的同源分子,称为 S-laminin,即 S-层粘连蛋白。S-层粘连蛋白主要分布于神经肌肉接头的基底膜部位,可能与突触形成过程有关。层粘连蛋白是一种具有多种生物学功能的蛋白质,如参与基底膜的装配、细胞与基质之间的黏附,以及具有各种生长因子样活性等。在神经系统中,层粘连蛋白可以促进神经元的存活、分化、突触生长、施万细胞的复制、髓鞘形成和神经再生等过程。至少有 6 种不同的整合素分子作为层粘连蛋白的受体来介导层粘连蛋白对于细胞的作用。

一、层粘连蛋白与神经系统发育

神经元的存活与发育,不仅受到一些可溶性因子,如神经递质和营养性因子等的作用和调节,同时也受到连在细胞膜上或细胞外基质上的黏附分子的影响。近几年来,由于层粘连蛋白对于神经纤维生长的促进作用,因而备受关注。

1. 层粘连蛋白与神经细胞之间的结合 在中枢神经系统发育过程中,层粘连蛋白是第一种出现的细胞外基质蛋白,在神经元的增殖、分化和组织形成过程中发挥着十分重要的作用。研究层粘连蛋白与神经元之间相互作用的初期,主要是应用层粘连蛋白的单克隆抗体或针对细胞膜成分的特异性抗体,试图以抗体阻断层粘连蛋白与神经元之间的结合及识别作用。结果表明，能够阻断层粘连蛋白与神经元之间结合的特异性抗体，都识别层粘连蛋白分子 E8 片段（E8 fragment）的长臂（long arm），因而可以断定层粘连蛋白分子中与神经元之间结合的位点结构即位于此区。但是，层粘连蛋白分子结构中这一与神经元进行结合的位点结构却未必是促进突触生长的结构位点。之后的研究表明，许多类型的非神经元与层粘连蛋白之间的结合，都与层粘连蛋白的长臂结构有关，进一步支持了这一观点。

层粘连蛋白是一种多功能的蛋白质，因而推测在层粘连蛋白的自然构象条件下，可能存在着多种形式的细胞结合位点。事实上，根据层粘连蛋白的一级结构合成的多肽片段进行的研究表明，在层粘连蛋白的分子结构中至少存在着 4 个不同的细胞结合位点。B_1 链交叉臂的球状位点的一段氨基酸残基序列，称为 F9 多肽，表现出与肝素进行结合及与细胞进行结合的功能。与 F9 多肽序列相邻，有一段呈棒状结构的表皮细胞生长因子（EGF）具有高度同源性的一段多肽，其中含有多个二硫键，而且含有 YIGSR 序列，也具有细胞结合与受体结合功能。这种多肽在环状结构形式的条件下比线状多肽形式的生物学活性要强得多，提示这一分子的自然结构状态下也有许多二硫键的形成。含有 YIGSR 序列的合成多肽，可以有效地阻断 I 型星形胶质细胞朝着层粘连蛋白的移行。但是，在同等摩尔浓度的条件下，即使是这种多肽的环状形式，也较完整的层粘连蛋白的生物学功能要低得多，因而推测这两个相邻的细胞结合位点在自然结构的条件下具有协同作用。第三个细胞结合位点位于 A 链短臂的交叉位点上，这一结合位点序列中具有 RGD 纤维粘连蛋白样结合序列。

2. 层粘连蛋白与神经祖细胞的增殖　在神经细胞增殖的早期阶段，神经祖细胞（neural precursor），即神经上皮细胞（neuroepithelial cell）的增殖过程对于成纤维细胞生长因子（FGF）的刺激作用十分敏感。FGF 对于神经上皮细胞的刺激作用之一即是提高层粘连蛋白的表达水平。同时证实，神经上皮细胞在受到 FGF 的刺激之后，层粘连蛋白 B_1 链和 B_2 链 mRNA 的表达水平显著升高，从而证实 FGF 促进神经上皮细胞层粘连蛋白的表达是一种转录水平的调节。随着神经祖细胞的进一步发育，即分为两个不同的亚群，一个是神经元细胞，另一个是神经胶质细胞。这两种来源于同一种祖细胞的细胞亚群，表达 I 型主要组织相容性复合体（MHC）抗原的能力截然不同。此时，只有神经胶质细胞具有合成层粘连蛋白的能力。因此，FGF 对于神经祖细胞的刺激作用，是促进层粘连蛋白这种细胞外基质蛋白成分的合成与释放，而这种细胞外基质蛋白又以旁分泌（paracrine）的形式进一步促进神经祖细胞的分化过程。

3. 层粘连蛋白与神经细胞的迁移　细胞的迁移是神经系统形态学发生中一个特别重要的环节。神经元祖细胞及未成熟的神经元的迁移，在大脑皮质及外周神经的神经节的形成过程中，是不可缺少的步骤。关于神经细胞迁移过程中相关调节分子的阐明，大部分来源于神经嵴的研究。神经嵴在发育过程中，大部分发育为外周神经的细胞类型。关于体内和体外细胞外基质蛋白与神经祖细胞之间相互作用的研究，大大促进了刺激和引导神经元细胞迁移有关的分子的探索。胚胎嗅觉上皮（OE）中的神经元细胞在正常的发育过程中，在中枢神经系统中可以进行广泛的迁移活动。在体外培养系统中，这些神经元细胞也是具有高度游走功能的。这些神经元细胞的迁移活动，高度依赖于细胞与细胞外基质蛋白成分之间的相互作用与相互影响。特别是层粘连蛋白在神经元细胞的迁移过程中发挥着十分重要的作用。但是，嗅觉神经元与不同的细胞外基质蛋白质分子之间进行结合及其相互之间的黏附能力的定量测定与比较，则表明无显著的差别。不同的细胞外基质蛋白进行不同的组合，对于嗅觉神经元的黏附功能的研究表明，层粘连蛋白与 merosin 对嗅觉神经元的黏附功能具有抑制作用。在有层粘连蛋白存在的条件下，嗅觉神经元的黏附功能受到抑制，但如果在缺乏层粘连蛋白的条件下，嗅觉神经元则与细胞外基质之间具有很强的黏附能力。除此之外，腱生蛋白和凝血酶应答蛋白也是属抗黏附作用的细胞外基质蛋白质分子。

4. 层粘连蛋白与神经肌肉接头 从神经肌肉接头发现了一系列的细胞外基质蛋白质分子，如Ⅳ型胶原、层粘连蛋白、黏结蛋白及硫酸乙酰肝素蛋白聚糖（HSPG）等。这些细胞外基质蛋白有的位于突触间隙中，也有的位于突触间隙之外。基因的克隆化研究表明，与神经肌肉接头有关的一种层粘连蛋白成分，目前称为 S-层粘连蛋白，其基因序列与 EHS 肿瘤中所表达的层粘连蛋白的 B_1 链有着高度的同源性。因此，认为在不同的组织类型中，具有不同类型的层粘连蛋白样分子的表达，以适应不同组织的功能需要。应用免疫组织化学技术研究证实，S-层粘连蛋白、EHS 层粘连蛋白及 merosin 等的确具有不同组织类型的分布。如果考虑到层粘连蛋白的治疗作用时，特别是当涉及神经再生的治疗时，应该充分考虑到层粘连蛋白的分子类型。

二、神经系统中层粘连蛋白的受体

层粘连蛋白是基底膜中的一种重要的细胞外基质成分，在神经系统的发育过程中，也有层粘连蛋白等细胞外基质蛋白的参与。除了层粘连蛋白的 A、B_1 和 B_2 三种典型的亚单位之外，在神经系统中还发现了另外两种层粘连蛋白的亚单位（subunit）：一种称为 merosin，是层粘连蛋白 A 链的一种同源蛋白；另一种称为 S-层粘连蛋白，是层粘连蛋白 B_2 链的一种同源蛋白。S-层粘连蛋白主要分布于神经肌肉接头部位的基底膜中，可能与突触形成的过程有关。在神经系统中，层粘连蛋白具有促进神经元存活、神经元的分化、轴突生长、施万细胞分裂和髓鞘形成及神经再生的功能。

大部分细胞外基质蛋白的受体成分都属于整合素蛋白的范畴。到目前为止，至少发现 6 种类型的整合素蛋白超家族的成员可以与层粘连蛋白进行结合，作为层粘连蛋白受体。除了这些整合素蛋白受体之外，还存在着一系列非整合素型的层粘连蛋白受体，而且层粘连蛋白这些非整合素蛋白受体在神经系统中具有更为特殊重要的意义。层粘连蛋白非整合素蛋白受体包括细胞表面的半乳糖转移酶、分子质量为 110 kDa 的层粘连蛋白受体、分子质量为 67 kDa 的层粘连蛋白受体、Mac2 和贮钙蛋白等。

1. 半乳糖转移酶 神经嵴细胞、PC12 细胞系及外周神经元细胞，其细胞膜上都有这种半乳糖转移酶蛋白受体分子的表达。层粘连蛋白与半乳糖转移酶受体结合之后，提供刺激信号，参与神经嵴的迁移及轴突的生长。半乳糖转移酶使高尔基复合体中蛋白质合成主要通过层粘连蛋白分子中的 N-乙酰葡糖胺残基而进行。在缺乏 UDP-半乳糖胺供体的条件下，可以介导黏附过程。干扰半乳糖转移酶活性的物质，如半乳糖转移酶的特异性抗体或 α-乳白蛋白，或干扰 N-乙酰葡糖胺受体的物质，都可以特异性地阻断 PC12 细胞系与层粘连蛋白基质的黏附过程。除了这种半乳糖转移酶之外，PC12 细膜上还有两种 $β_1$ 型整合素型蛋白受体，可以介导 PC12 细胞与层粘连蛋白之间的黏附作用。其中的 $α_3β_1$ 型整合素受体所识别的位点，位于层粘连蛋白分子结构的长臂端，与半乳糖转移酶受体所识别的层粘连蛋白分子结构位点是完全一致的。这种整合素受体蛋白的特异性抗体，完全可以阻断

PC12 细胞与层粘连蛋白的黏附过程,同时也完全阻断了由层粘连蛋白诱导的突触生长过程。而半乳糖转移酶这种受体类型,似乎只参与轴突生长的始动阶段,在细胞黏附及长期的轴突生长阶段中则不起十分重要的作用。在体外培养的原代神经细胞膜上,同时存在着半乳糖转移酶和 $α_3β_1$ 等整合素受体两种黏附系统。但研究表明,整合素受体特异性的抗体可以十分有效地阻断轴突生长的过程,而半乳糖转移酶的抑制剂的作用相对较弱一些。

2. 110kDa 的层粘连蛋白受体 在许多情况下,以层粘连蛋白受体的抗体、配体亲和层析或层粘连蛋白结合实验,可以鉴定出一系列层粘连蛋白的受体,从一个侧面反映出这些受体蛋白与层粘连蛋白之间的亲和力。在生理性盐浓度的条件下,整合素受体与层粘连蛋白之间的亲和力相对较低,因而这种受体是第一个由单克隆抗体的阻断效应而被鉴定的一种受体分子。与之相反,有些受体与层粘连蛋白之间的亲和力就相对高得多,如 110kDa 的受体与层粘连蛋白之间的亲和力即很高。在鸡脑中也分离到一种分子质量类似,并与层粘连蛋白进行结合的蛋白质,说明是神经系统中自然存在的一种蛋白质。这种分子质量为 110kDa 的受体蛋白分子不属于整合素蛋白家族。能够阻断 $β_1$ 亚单位的单克隆抗体,不能阻断层粘连蛋白与这种分子质量为 110kDa 的受体蛋白之间的结合能力和结合过程。这种 110kDa 的蛋白质与层粘连蛋白的亲和力是整合素受体蛋白与层粘连蛋白亲和力的 100~1000 倍。整合素蛋白的基本结构是一种异二聚体的形式,与层粘连蛋白之间的结合需要整合素维持其二聚体的结构形式,而 110kDa 受体蛋白则不受变性条件的限制。

110kDa 受体的特异性抗体,可以阻断神经元细胞系 NG-108 的轴突生长,而且证明这一抗体所阻断的受体-层粘连蛋白之间的结合,是层粘连蛋白长臂末端与肝素结合位点相关的结构序列。根据层粘连蛋白 A 链蛋白质一级结构序列人工合成的多肽片段可以促进小脑颗粒细胞(cerebellar granule cell)的轴突生长过程。这一合成多肽的核心序列为 IKVAV,是为 110kDa 受体蛋白所识别的结构位点。在小脑皮质中的第 II/III 和 V 层的神经元细胞中,以免疫组织化学技术可以检测到这种分子质量为 110kDa 的受体蛋白的表达。

3. 67kDa 的层粘连蛋白受体 在 10 年前就通过层粘连蛋白的亲和层析发现并分离到了 67kDa 的层粘连蛋白受体。在许多类型的细胞膜上都存在着这种 67kDa 的受体蛋白,包括人的乳腺癌细胞、小鼠黑色素瘤细胞、肌肉、小鼠纤维肉瘤细胞、NG-108 细胞系、EHS 肿瘤细胞及中枢神经系统的神经元细胞等。这种受体蛋白在造血细胞上也有表达,如巨噬细胞、中性粒细胞等。67kDa 的受体蛋白与层粘连蛋白的亲和力为 K_d =1~4 nmol/L。因为怀疑这一受体与肿瘤细胞的转移(metastasis)有关,因而受到了较为广泛的重视。根据层粘连蛋白 B_1 链结构序列合成的多肽(YIGSR)可以从层粘连蛋白亲和层析柱中洗脱下来这种 67kDa 的层粘连蛋白结合蛋白(laminin binding protein,LBP),进一步研究证实这种 67kDa 的受体蛋白与层粘连蛋白结合的位点,即位于层粘连蛋白 B1 链的 YIGSR 结构序列中。这一序列的合成多肽具有抑制小鼠肿瘤转移的作用。抗-67kDa LBP 的多克隆抗体,可以阻断肿瘤细胞的黏附作用。仅在层粘连蛋白的中心结构区有 YIGSR 这种多肽序列,并不是位于长臂末端的主要的促进轴突生长的结构序列。与基质结合的 YIGSR 多肽能够支持神经细胞的黏附,但却不具备促进轴突生长的作用,因而认为介导神经元细胞与层粘连蛋白之间的黏附,以及促进神经元细胞轴突的生长,分别由不同的受体蛋白来介导。如果这一假设正确,那么细胞是通过 67kDa 这一高亲和力的受体与基质成分进行黏附,通过整合素受体及一些其他类型的受体来促进轴突的生长。

4. P40 受体 以原位杂交技术证实在小鼠的小脑中存在着 P40 的 mRNA 表达,在胚胎期的表达水平最高,出生前后则开始下降。在整个胚胎发育阶段,都能检测到这种 P40 mRNA 的表达。根据 67kDa 高亲和度受体蛋白的一级结构序列合成了一段多肽,并制备了多克隆抗血清,即抗-P-20-A（anti-P-20-A）。以抗-P-20-A 作为抗体,在成年大鼠的视网膜中检测到一种分子质量为 43kDa 的蛋白质。以这种抗血清进行的免疫组织化学检测结果表明,染色主要集中在神经节细胞层,而且分布于细胞内。以这种抗血清对于 PC12 细胞的 cDNA 文库进行筛选,证实抗-P-20-A 所识别的蛋白质分子与大鼠的 P40 是同源性的蛋白质分子。大鼠的 P40 在核苷酸水平上与小鼠的 P40 同源性为 97%,在蛋白质水平上与人 P40 的同源性为 98%。

三、层粘连蛋白与神经元的再生

许多类型的细胞外基质蛋白质分子,包括层粘连蛋白、纤维粘连蛋白、几种类型的胶原蛋白及腱生蛋白等,在体外均有促进神经元轴突生长的作用。这些细胞外基质蛋白质分子除了为神经元提供合适的基质之外,还具有轴突生长的导向作用。层粘连蛋白就是一种在体外具有促进神经元轴突生长的细胞外基质蛋白类型。脊椎动物的层粘连蛋白与水蛭的层粘连蛋白在结构上是相似的,但脊椎动物的神经元不能在水蛇的层粘连蛋白基质上生长,而且水蛭的神经元也不能在脊椎动物的层粘连蛋白基质上生长。水蛭层粘连蛋白片段部分序列的测定表明,其与果蝇的层粘连蛋白 B_1 链的同源性为 33%,与人层粘连蛋白 B_1 链的同源性为 31%。以层粘连蛋白的特异性抗体可以阻断神经元细胞在纯化的层粘连蛋白及细胞外基质提取物上的轴突生长过程,表明层粘连蛋白样分子具有重要的促进轴突生长的作用。对于水蛭层粘连蛋白的组织分布进行研究表明,层粘连蛋白主要分布于胶质细胞周围的结缔组织中,并不是围绕在轴索的周围。在神经系统受到损伤以后的 2 天,可以见到层粘连蛋白出现,与神经纤维十分接近。随后,层粘连蛋白则沿着神经纤维方向伸展,在某些方面,类似于发育过程中层粘连蛋白的分布方式和特点。电镜观察结果表明,当神经纤维开始再生时,层粘连蛋白的分布即位于活跃再生的位点区。在神经发生损伤的数月之内,都能见到层粘连蛋白表达水平的升高。

神经系统发生损伤以后,层粘连蛋白表达水平出现升高,而且持续的时间也较长。那么,是什么类型的细胞产生的层粘连蛋白水平升高了呢?在脊椎动物系统,胶质细胞是分泌表达层粘连蛋白的一个细胞类型。在体外研究中,也确实发现了胶质细胞具有分泌表达层粘连蛋白的能力。在水蛭神经发育过程中也见到层粘连蛋白的表达,但神经发生损伤以后,却不需要与之相接触的胶质细胞合成分泌层粘连蛋白。通过细胞内注射蛋白酶的方法使胶质细胞产生选择性剥离,也可导致未受损伤的轴突发芽,中枢神经系统内部的层粘连蛋白水平累积。在轴突损伤的部位发现有小胶质细胞的累积,表明胶质细胞可能是中枢神经系统发生损伤以后,出现层粘连蛋白累积的一个重要的细胞来源。以原位杂交技术证实,神经纤维网胶质细胞与肌细胞是中枢神经系统中产生层粘连蛋白的主要细胞类型。以抗-层粘连蛋白的抗体可以在小胶质细胞的表面上检测到层粘连蛋白的表达。但不知道是这种小胶质细胞本身分泌产生层粘连蛋白,还是由另外的细胞合成分泌层粘连蛋白,小胶质细胞仅是获取并拥有这种层粘连蛋白?

无论是外周神经系统还是中枢神经系统的神经元，层粘连蛋白均具有很强的促进轴突生长的作用。在正常的脑组织中，以免疫组织化学技术在基底膜中可以检测到层粘连蛋白的存在。在整个中枢神经系统中，也可以检测到层粘连蛋白样分子的存在。有片层样蛋白质分子表达的胶质细胞，在中枢神经系统受到损伤以后，可以发生应答，促进中枢神经系统损伤的愈合。在哺乳动物中枢神经系统的发育过程中，特别是在轴索生长期，可以观察到短暂的层粘连蛋白样分子的沉积。从层粘连蛋白 A 链的羧基端序列衍生的一种由 19 个氨基酸残基组成的多肽片段，具有促进中枢神经系统神经元轴突生长的功能，因而将层粘连蛋白促进中枢神经系统神经元生长的相关结构位点定位于层粘连蛋白 A 链的羧基端区。从新生小鼠的脑中，可分离到与此种由 19 个氨基酸残基组成的多肽片段的受体蛋白。进一步的研究证实层粘连蛋白的这种受体蛋白是一种分子质量为 110kDa 的非整合素型的受体蛋白。抗-110kDa 受体的抗体染色表明，正常的脑组织神经元和神经纤维部分都有这种 110kDa 蛋白的表达。Tucker 等麻醉 3 个月龄的 SD 大鼠，使大脑供血短暂停止 15min，缺血后的 2~160 天内，大脑进行灌注固定，并进行免疫组织化学染色。在缺血发生 32 天后的大鼠中，星状细胞的 110kDa 受体蛋白染色阳性，甚至在缺血 2~4 天的大脑中也检测到了 110kDa 受体蛋白的表达。110kDa 阳性的星状细胞是发生永久神经元消失的结构位点区的一个预测指标。在损伤和未发生损伤的大脑中，星状细胞表达 110kDa 蛋白的情况差别很大。所以，将 110kDa 受体蛋白可以看成是神经损伤与变性的一个重要标志。在大脑缺血 160 天以后，110kDa 受体蛋白免疫染色阳性的星状细胞可持续存在。以层粘连蛋白 B_2 链的单克隆抗体进行免疫组织化学染色，证实在人鼠缺血发生 32 天后的海马回区，还有染色阳性的神经胶质细胞的存在。以 EHS 肿瘤细胞的层粘连蛋白的多克隆抗体进行免疫组织化学染色也得到了类似的结果，提示层粘连蛋白与神经元细胞的损伤与修复过程之间有着极为密切的关系。

此外，关于层粘连蛋白与神经元的再生作用还有进一步的证据。成熟哺乳动物的中枢神经系统中的神经元轴索是不能够再生的，但如果存在着适当的胶质细胞环境，则可以进行长距离的再生。髓鞘纤维之所以不能在成熟的中枢神经系统中进行再生，其原因是多种多样的。例如，中枢神经系统中缺乏适当水平的神经营养因子、缺乏黏附分子，以及存在着神经元轴索生长的抑制性分子等。特别是中枢神经系统中神经元轴索生长抑制性分子的存在，是成熟的中枢神经系统中的组织不适合神经元轴索生长的最为主要的原因。在中枢神经系统发生损伤以后，髓鞘碎片的清除过程很慢，也是中枢神经系统在发生损伤以后神经元轴索生长太慢的一个十分重要的原因。在体外实验系统中已证实髓磷脂对于体外培养的神经元轴突生长的抑制作用。髓磷脂对于神经元细胞轴突生长的抑制作用，是通过一些相关的蛋白质而引起的，这些相关的蛋白质由单克隆抗体进行识别，如 IN-1 单克隆抗体等。髓磷脂对于中枢神经系统神经元生长的抑制作用，其重要性还表现在能够阻断神经营养因子对于中枢神经系统神经元生长的刺激作用。在体内，神经纤维再生的过程中，髓磷脂的神经元生长抑制作用可以阻断神经元轴索的延伸。

Davin 等的研究表明，层粘连蛋白可以阻断和克服髓磷脂对于中枢神经系统和外周神经系统的轴突生长的抑制作用。在外周神经系统中，髓磷脂所介导的神经元轴突生长抑制是由一种称为髓磷脂相关糖蛋白（MAG）来介导的。尽管外周神经系统中同样存在着 MAG 这种与神经元轴突生长抑制作用有关的糖蛋白成分，但外周神经系统却与中枢神经系统不同，具有较强的再生能力。因此考虑在中枢神经系统中，存在一种蛋白质，可以克服由 MAG 所介导的神经元轴突生长的抑制作用。进一步的研究表明，层粘连蛋白本身即具有克服 MAG 介导的外周神经系统神经元轴突生长抑制作用的能力。在中枢神经系统中，相对缺乏层粘连蛋白的表达，因而不能克服由 MAG 介导的中枢神经系统神经元轴突生长的抑制作用。当向从中枢神经系统中所纯化的髓磷脂中加入层粘连蛋白以后，则可以克服由髓磷脂介导的抑制作用。

Baur 等以体外培养的单侧听神经施万细胞瘤系统进一步证实了层粘连蛋白对于神经细胞分化、黏附及增殖过程的促进作用。以外科手术获得 12 例施万细胞瘤，以胶原酶处理消化肿瘤组织，制备单细胞悬液，接种在以层粘连蛋白包被或未包被的培养皿中。当细胞生长至完全丰度时，以 S-100、CD68、凝血因子Ⅷ相关抗原和Ⅳ型胶原等的特异性抗体进行免疫组织化学研究。以电子细胞计数器，对于不同的层粘连蛋白浓度条件下细胞黏附性应答进行了定量测定。以 5′-溴-2′-脱氧-尿嘧啶（5′-bromo-2′-deoxy- uriaine，BrdU）的掺入法测定层粘连蛋白刺激细胞增殖的反应程度。经过比较，发现生长在层粘连蛋白基质上的施万细胞瘤细胞呈进一步的分化状态。培养的细胞 5～100 染色阳性，但凝血因子Ⅷ相关抗原或 CD68 的染色则呈阴性。只有生长在层粘连蛋白基质上的施万细胞瘤细胞，在其周围形成由Ⅳ型胶原构成的网状结构的沉积。当向培养基中加入层粘连蛋白以后，细胞的黏附能力与增殖反应能力均受刺激而增强，而且是呈剂量依赖的性质和特点。刺激施万细胞瘤黏附和增殖能力效应最强时的层粘连蛋白浓度为 50μg/ml。在这一浓度条件下，层粘连蛋白可使神经施万细胞瘤细胞的黏附能力提高 2 倍，使其 DNA 合成能力提高 6 倍。因为在听神经施万细胞瘤中层粘连蛋白是一种主要的细胞外基质成分，因而认为施万细胞瘤本身含有的层粘连蛋白也是促进人听神经细胞瘤生长的一个重要生长因子。

第三节 亲玻粘连蛋白与中枢神经系统

神经系统的分化是一种依赖于神经细胞与其周围的分子之间发生相互作用的十分复杂的过程。应用体外细胞培养系统，鉴定了一系列能够促进神经系统分化的分子类型，其中包括一些可溶性的神经营养因子，如神经生长因子、细胞黏附分子和一些细胞外基质分子等。近些年来，鉴定了一系列的调节神经元轴突生长作用的细胞外基质及其受体。亲玻粘连蛋白（Vn）即为其中的一种。作为神经系统中一种重要的细胞外基质蛋白质成分，亲玻粘连蛋白对 PC12 细胞的轴突生长具有显著的刺激作用，介导血管内皮细胞与背根神经节（DRG）突触之间的相互作用。不仅如此，亲玻粘连蛋白还能够克服由 TNF-α 引起的星状细胞的迁移抑制作用。

一、亲玻粘连蛋白促进 PC12 细胞轴突生长

PC12 细胞是一种大鼠的嗜铬细胞瘤细胞系。研究表明，PC12 细胞系是研究神经元分化许多特点的一个十分有用的细胞模型。以神经生长因子（NGF）对于 PC12 细胞进行长期的刺激之后，PC12 细胞即处于有丝分裂阻滞状态，并进入分化状态。无论从形态学特征上还是生物化学特征上，PC12 细胞系在 NGF 的长期刺激作用之后，表现为交感神经元的特征。受到 NGF 的刺激以后，PC12 细胞还可以在无血清的培养基中生长与存活，因此，

可以应用 PC12 无血清培养基系统，研究个别的细胞外基质蛋白成分对于细胞黏附和突触生长的刺激作用及影响。以 NGF 刺激的 PC12 细胞，能够在层粘连蛋白、I 型和Ⅳ型胶原及纤维粘连蛋白的基质上进行十分有效的黏附。但以 NGF 进行刺激以后，PC12 细胞以血清进行刺激，可以在未被细胞外基质蛋白包被的塑料培养皿表面上发生黏附，并发现有神经突触的生长现象，提示血清中还含有促进 PC12 细胞神经轴突生长的因子。

研究表明，细胞外基质蛋白至少可与一种类型的整合素受体蛋白进行结合。从各种类型的细胞外基质蛋白的分子结构中，鉴定出了几种类型的可以与整合素蛋白进行结合的细胞黏附位点结构序列。在这些细胞黏附位点结构中，最为清楚的当属纤维粘连蛋白细胞外基质糖蛋白的Ⅲ型重复序列位点结构。其中的核心位点序列为 RGDS，这是纤维粘连蛋白分子结构中一种主要的细胞黏附位点。在其他类型的细胞黏附相关的细胞外基质蛋白分子结构中，也发现了纤维粘连蛋白的Ⅲ型重复序列，如 von Willebrand 因子（vWF）、凝血酶应答蛋白及亲玻粘连蛋白等。对于 PC12 细胞来说，RGDS 是纤维粘连蛋白促进其轴突生长的主要黏附位点序列。

血清中含有 RGDS 序列的多肽不止一种，因此，血清中很可能存在着几种类型的血清蛋白分子介导 PC12 细胞受到 NGF 刺激时的轴突生长过程。Grabnam 等对于血清中能够促进轴突生长的蛋白质成分进行了研究。首先以层析法将血清中的各种蛋白质成分根据其分子质量的大小分开，然后以 PC12 细胞系含有 NGF 的无血清培养系统，对于这些蛋白质组分促进 PC12 轴突生长的作用进行了研究。在每一组分中，促进 PC12 细胞轴突生长的生物活性峰值部分都含有亲玻粘连蛋白成分，因此认为亲玻粘连蛋白是血清中介导 NGF 刺激的 PC12 细胞轴突生长的主要蛋白质成分。

二、亲玻粘连蛋白对星形胶质细胞迁移的影响

在再生和非再生神经系统中，星形胶质细胞在轴索受到损伤之后，参与多个层次和多个步骤的应答过程。大鼠、兔的视神经可作为非再生神经系统的代表，鱼视神经可作为再生神经系统的代表。在这两种类型的神经系统中，发生损伤以后，损伤位点即缺乏星状细胞。之后，在再生神经系统中，位于损伤位点的星状细胞处于旺盛的分裂状态，但在非再生神经系统中却见不到星状细胞的再生。因而提示星状细胞能否再生，在神经再生过程中具有十分重要的调节作用。

星状细胞在体内的迁移过程，受到神经损伤位点附近的细胞所分泌表达的生长因子及细胞因子的影响。这些生长因子、细胞因子也参与组织修复、细胞增殖和细胞迁移的调节。Faber-Elman 等建立了星状细胞的体外培养模型，模拟神经损伤发生时体内星状细胞应答的过程，如能够阻断星状细胞迁移的条件和因子，为进一步调控星状细胞的迁移、促进星状细胞向神经损伤位点的移动找到理论依据与实验方法。因为细胞外基质蛋白与细胞因子和生长因子之间存在着相互作用，调节细胞因子的浓度、扩散、稳定性及生物活性，因而细胞外基质对于星状细胞的迁移也具有十分重要的影响。体外培养的单层星状细胞"划痕"损伤以后，星状细胞即发生迁移，不久长满划痕引起的细胞缺损区。这是进行体外研究星状细胞迁移研究的一个重要的模型系统。当划痕的星状细胞培养系统中加入 TNF-α，则可以阻断星状细胞在划痕之后的移动过程。亲玻粘连蛋白则可以阻断 TNF-α 对于星状细胞移动的抑制作用。亲玻粘连蛋白促进星状细胞的迁移，促进星状细胞在神经损伤位点的

再生。亲玻粘连蛋白逆转细胞移动的作用，是一种十分独特的作用，是其他星状细胞迁移促进因子所替代不了的。例如，TGF-β_1或其他类型的细胞外基质蛋白，如层粘连蛋白与纤维粘连蛋白等，均不具备克服 TNF-α对于星状细胞迁移的抑制作用。亲玻粘连蛋白与TNF-α的相互作用，似乎与亲玻粘连蛋白的肝素结合位点的结构有关。

为了探索 TNF-α和 IL-1β对于神经损伤修复机制阻断的作用，探讨了层粘连蛋白、纤维粘连蛋白、亲玻粘连蛋白，以及具有促进星状细胞迁移作用的 TGP-β_1的作用。在所有的实验中，仅见到亲玻粘连蛋白对于 TNF-α或者 IL-1β对于星状细胞迁移阻断作用的逆转。

以亲玻粘连蛋白与 TNF-α共同处理以后，神经损伤部位的星状细胞的分裂增殖明显增强。但其他类型的细胞外基质蛋白成分则无逆转 TNF-α对于星状细胞迁移抑制的作用。尽管 TNF-β_1在单独情况下即有促进星状细胞迁移的作用，但却不能逆转 TNF-α或 IL-1β对于星状细胞迁移的抑制作用。进一步的研究表明，TNF-α对于星状细胞迁移的阻断作用，以及亲玻粘连蛋白对于这种阻断作用的逆转，都是细胞增殖非依赖性的一个过程。

三、亲玻粘连蛋白介导血管内皮细胞与背根神经节轴突的相互作用

在胚胎的形成过程中，不同组织类型的发育，都与其邻近组织之间密切的相互作用是分不开的。神经系统的发育过程也不例外，也受到其他的非神经元组织的作用与影响。例如，间质性组织或表皮组织等，在神经系统的发育中都有十分重要的作用。Isahara 等应用体外培养系统，研究了外周神经与未成熟的血管内皮细胞之间通过黏附分子进行的相互作用。将背根神经节（DRG）移植物培养在融合的单层血管内皮细胞（VEC）上，以研究发育过程中外围神经与血管的相互作用。实验结果表明，当背根神经节培养在凝血酶应答蛋白基质上时，其轴突生长的长度是最长的，依次是层粘连蛋白基质、亲玻粘连蛋白基质、纤维粘连蛋白基质、血管内皮细胞单层、Ⅰ型胶原、大鼠星状细胞单层等。当背根神经节生长在小鼠成纤维细胞 NTH 3T3 单层或 C6 胶质瘤细胞单层上时，未见到有任何轴突的生长。为了进一步探索血管内皮细胞单层表面促进背根神经节轴突生长的黏附分子类型，应用几种抗体和合成多肽加入背根神经节培养系统中，以研究其对于背根神经节轴突生长的作用和影响。以亲玻粘连蛋白的抗体或以含有 Arg-Gly-Asp（RGD）序列的多肽，对于背根神经节轴突生长的抑制率达 30%～40%，而且这两种抑制作用并不属于加成性质。因此，在培养在血管内皮细胞单层的背根神经节轴突生长系统中，至少一部分背根神经节轴突的生长是 RGD 依赖性的。以一种新型的单克隆抗体 EC1，从血管内皮细胞培养体系中还鉴定了另外一种能够促进背根神经节轴突生长的分子类型。从血管内皮细胞以盐酸胍提取蛋白成分，以 EC1 单克隆抗体进行 Western blot 杂交检测，可见到一条分子质量为 400kDa 的蛋白条带。以肝素酶进行处理以后，这条 400kDa 的蛋白条带消失，但以其他类型的裂解酶处理，对于这条分子质量为 400kDa 的蛋白条带则无显著的影响。提示 EC1 抗原是一种硫酸乙酰肝素蛋白聚糖。以 EC1 的单克隆抗体对于背根神经节轴突生长的抑制率为 30%～40%。以 EC1 的单克隆抗体和 RGD 多肽共同处理背根神经节，背根神经节轴突生长的抑制率为 50%。因此，背根神经节在血管内皮细胞层上的轴突延伸，亲玻粘连蛋白和硫酸乙酰肝素蛋白聚糖是重要的介导作用分子。

第四节 促进轴突生长的细胞外基质

神经元的发育过程中，神经元轴突在复杂的细胞外基质组成的细胞外环境中的延伸过程中，受到黏附分子的刺激作用。细胞外基质蛋白，包括层粘连蛋白、亲玻粘连蛋白、胶原、纤维粘连蛋白、腱生蛋白和凝血酶应答蛋白等都具有促进神经元轴突生长的作用。这些细胞外基质蛋白可以促进体外培养的几种不同的神经元的黏附过程，同时促进其轴突的生长。这些细胞外基质蛋白同时在发育过程中，在体内具有促进神经元轴突生长的作用。

一、凝血酶应答蛋白对于神经元轴突生长的促进作用

机体发育成熟以后，凝血酶应答蛋白（TSP）主要由血小板表达。以抗血小板 TSP 的多克隆抗体对于发育中的小鼠神经系统进行染色，在轴突生长和细胞迁移时即有 TSP 的表达，这些过程完成之后，TSP 的表达活性即消失。到目前为止，在不同的组织细胞类型中鉴定出了多种 TSP 分子，即 TSP-1～TSP-4。此外，还有一些 TSP 样蛋白，如 F-spondin 和软骨寡聚蛋白等。因为各种 TSP 分子之间存在着广泛的交叉免疫，因而以原位杂交技术对各种不同类型的 TSP 的基因表达组织分布进行了研究。结果表明，TSP-1、TSP-2 和 TSP-3 在小鼠发育中的胚胎神经系统中都有表达活性。其中，TSP-1 基因的表达出现最早，之后是 TSP-2，最后才是 TSP-3。出生之后，三种类型的 TSP 基因的表达水平都显著降低。但 TSP-4 基因表达的方式和特点还没有详尽的研究。TSP 不同类型蛋白质分子表达的特点，提示在胚胎神经系统的发育过程中，TSP 对于神经系统的细胞移行及轴索的生长等都具有十分重要的调节作用。TSP 基因表达的分布十分广泛，许多类型的神经元，如感觉神经元、交感神经元、脊髓及视神经元生长在 TSP-1 的表面基质上时，在体外可以观察到有轴突的生长与延伸。同时注意到，抗-TSP-1 的抗体可以抑制小脑颗粒细胞的迁移过程。

Arber 等研究了 TSP-4 在发育及成年阶段神经系统中的表达与分布，并发现对于轴突的生长具有促进作用。无论是在发育阶段的胚胎还是成年后的神经系统中，细胞外基质蛋白，包括 TSP-4 参与多个方面的细胞-细胞之间的信号传递过程。在神经系统发育过程中，在某一特殊的阶段，如轴突的延伸和突触的形成过程中，都有细胞外基质成分参与信号转导和调节。在成年神经系统中 TSP-4 是否存在、功能如何则知之甚少。为了研究肌肉中某些基因的表达是否参与神经肌肉信号转导的过程，对于去神经骨骼肌的 cDNA 进行了筛选，发现了一种大鼠 TSP-4 的同源基因。在骨骼肌中，肌间质细胞有这种基因的表达。在心肌及发育和成年的神经系统中同时也发现了这一基因的转录表达，而且是许多种类型的神经元都有这种基因的转录表达活性。针对这一种蛋白羧基末端序列的抗血清，可以特异性地检测到 TSP-4 转染细胞及冷冻切片的 TSP-4 的原位表达。在体内和体外，TSP-4 与细胞外基质的结构有关。在成年的动物中，在神经肌肉接头及富含突触的组织中，如小脑与视网膜中，都有 TSP-4 蛋白的表达与累积。为进一步研究 TSP-4 对于神经元的直接作用，以 TSP-4 的基因转染 COS 细胞，再以细胞混合培养方法，研究 COS 细胞表达的 TSP-4 对于感觉神经元、运动神经元及视网膜神经元等的作用和影响。这些研究结果表明，TSP-4 对于这些神经元轴突的生长均具有促进作用，TSP-4 是一种神经元型的细胞外基质蛋白，主要分布于成年动物富含突触结构的组织类型中，其主要作用就是促进神经元轴突的生长。

许多类型的神经元,其识别细胞外基质蛋白膜上的受体分子多属于整合素蛋白家族。整合素正常情况下是由α和β亚单位共价结合形成的异二聚体结构。β_1亚单位至少可以与10余种以上的α亚单位合成整合素二聚体形式,称β_1型整合素家族。这一家族在神经元细胞与各种类型的细胞外基质蛋白的相互作用过程中具有重要的介导作用。例如,β_1整合素作为TSP-1的一种受体类型,介导TSP-1与视神经元细胞之间的相互作用,并促进这种神经元轴突的生长。作为TSP-1受体的整合素蛋白分子包括分布于内皮细胞上的$\alpha_V\beta_3$、分布于黑色素瘤细胞上的$\alpha_{IIb}\beta_3$,以及分布于激活的T淋巴细胞上的$\alpha_4\beta_1$和$\alpha_5\beta_1$等。DeF-reitas等的研究表明,$\alpha_3\beta_1$是分布于神经元细胞膜上的一种TSP-1受体类型,识别TSP-1分子结构中的I型重复序列。由TSP-1与$\alpha_3\beta_1$结合而激发的信号转导,具有促进神经元轴突生长的作用。在体外,TSP-1可以通过细胞膜上$\alpha_3\beta_1$受体,促进交感神经元的轴突生长。

二、纤维粘连蛋白促进轴突生长

纤维粘连蛋白(FN)是一种细胞外糖蛋白,参与细胞的黏附、运动、分化与增殖过程。根据其体内分布的不同,又分为血浆型纤维粘连蛋白与组织型纤维粘连蛋白。纤维粘连蛋白作为一种糖蛋白形式,其分子质量为465kDa,由235kDa的A链与230kDa的B链组成。A链与B链之间以羧基末端的二硫键结合在一起。纤维粘连蛋白基因的转录产物由于存在着剪切加工过程,因而由这一种基因可以编码不同的蛋白质分子。纤维粘连蛋白的分子结构中含有多种类型的位点结构,包括肝素结合位点、胶原结合位点、细胞黏附位点、纤维蛋白结合位点及轴突延伸位点。由3个氨基酸残基组成的序列Arg-Gly-Asp(RGD)是纤维粘连蛋白质分子中具有细胞黏附活性的一个位点结构。RGD是促进神经元细胞轴突生长的最为重要的位点结构,但纤维粘连蛋白的分子结构中其他的位点结构,对于纤维粘连蛋白最大的促进轴突生长的作用来说也是重要的位点结构。

以免疫组织化学技术证实,在胚胎发育阶段的神经系统中,有短暂的纤维粘连蛋白的表达。在发育阶段的脑髓质中,纤维粘连蛋白随着神经胶质细胞而呈放射性分布,因而认为纤维粘连蛋白与细胞的黏附、移行和分化过程有关。到目前为止,究竟是哪种类型的细胞是脑中分泌表达纤维粘连蛋白的主要细胞还不十分清楚,但曾发现体外培养的星形胶质细胞具有产生纤维粘连蛋白的能力。另外还发现由星体胶质细胞分泌产生的纤维粘连蛋白具有诱导大脑皮质神经元轴突生长的作用。纤维粘连蛋白的基因转录产物具有剪切加工机制,这样有部分纤维粘连蛋白所拥有的活性位点结构可能与另外的纤维粘连蛋白是不一样的,这是纤维粘连蛋白功能调节的一个重要机制。例如,在胚胎神经组织中表达的纤维粘连蛋白是含有V25位点结构的剪切加工型,其中含有一个位点结构与细胞的移行作用有关。这种类型的纤维粘连蛋白分子可与$\alpha_4\beta_1$型整合素受体蛋白进行结合,但在成年的神经组织中则少有这种分子结构类型的纤维粘连蛋白的表达。

大鼠外周神经损伤以后,可见到纤维粘连蛋白基因表达水平显著升高,提示纤维粘连蛋白的表达还可能与神经修复过程有关。哺乳动物外周神经发生损伤及之后的轴索再生过程,为研究细胞外基质在神经系统损伤与再生过程中的作用提供了一个很好的模型系统。细胞外基质在神经再生过程中的重要作用有一系列的实验依据。第一,能够再生的外周神经元总是与施万细胞基底层紧密接触的神经元。这一基底层中含有具有黏附作用的细胞外基质蛋白,如纤维粘连蛋白、层粘连蛋白、IV型胶原和硫酸乙酰肝素蛋白聚糖等分子类型。

第二，抗-层粘连蛋白-硫酸乙酰肝素复合物的特异性抗体，可以阻断依附于细胞外基质表面的外周神经元的轴索生长过程。抗-层粘连蛋白的抗体可以阻断施万细胞被杀死的环境中的外周神经移植物的轴索再生。第三，纤维粘连蛋白与层粘连蛋白具有促进外周神经元轴突再生的作用。第四，损伤位点远端的周围神经附近纤维粘连蛋白的表达水平升高。$\alpha_5\beta_1$整合素受体蛋白的表达水平也随之相应升高。因为$\alpha_5\beta_1$整合素受体蛋白是纤维粘连蛋白的一种特异性的受体蛋白分子，这些结果充分说明纤维粘连蛋白与神经损伤的修复过程有着极为密切的关系。

Mathews等研究了大鼠外周神经损伤时细胞外基质蛋白基因表达活性的改变，发现纤维粘连蛋白的基因表达水平显著升高。在胚胎发育过程中，EⅢA、EⅢB及V位点编码的外显子发生剪切加工的纤维粘连蛋白的表达水平很高，但成年后则逐渐下降且消失。然而一旦发生神经损伤，在损伤修复过程中，这些类型的纤维粘连蛋白类型的表达水平复又升高。应用核糖核酸酶保护法分析，发现含有$\alpha_4\beta_1$整合素结合位点的V120型纤维粘连蛋白的表达水平显著升高。成年大鼠坐骨神经受到挤压损伤时EⅢA和EⅢB型纤维粘连蛋白mRNA的转录表达水平也显著升高。以剪切加工变异体的特异性序列片段作为探针进行原位杂交时，发现神经发生损伤以后，也有这种胚胎型纤维粘连蛋白分子的表达，进一步证实了纤维粘连蛋白在神经再生过程中的重要作用。

三、腱生蛋白促进轴突生长

腱生蛋白是一种大分子质量的细胞外六聚体型糖蛋白分子，主要在生长发育阶段的胚胎组织中表达，在一些类型的肿瘤组织中也有腱生蛋白的表达。而正常的成年组织中，腱生蛋白仅在十分特定的组织类型中具有表达活性。由于在不同类型的组织中发现了腱生蛋白的表达，因而腱生蛋白也有一些相应的名称，如胶质瘤间质性细胞外基质蛋白、J1-220/200等。腱生蛋白的分子生物学分析显示，腱生蛋白是一种单体形式的蛋白质分子，其氨基末端是一段富含半胱氨酸的氨基酸序列，之后便是大约14个表皮生长因子样重复序列，至少8个纤维粘连蛋白Ⅲ型同源性重复序列，在其羧基端还有一个纤维蛋白原同源性结构位点。到目前为止，从鸡、小鼠及人的组织细胞中克隆的腱生蛋白基因，其转录产物都有剪切加工机制。经过不同的剪切加工机制，插入一段另外的纤维粘连蛋白Ⅲ型重复序列，因此可以产生多种不同类型的腱生蛋白 mRNA 及多肽分子。因为腱生蛋白氨基末端序列中有很多的半胱氨酸残基，因而不同的腱生蛋白单体分子之间可以借助二硫键的形成，组成六聚体的结构。

在神经系统发育过程中的早期阶段即有腱生蛋白的出现，体外培养的神经胶质细胞也具有表达腱生蛋白的作用。腱生蛋白与神经元细胞的移行有关，如腱生蛋白参与小脑颗粒细胞的移行过程。除此之外，腱生蛋白还具有促进各种类型的神经元细胞轴突延长的作用。在短期结合实验中，腱生蛋白还可以介导神经元细胞与星状细胞之间的黏附过程。腱生蛋白分子结构与功能的相互关系研究表明，腱生蛋白促进神经元细胞轴突生长、细胞迁移、细胞结合及颗粒细胞迁移等生物学功能，是由其不同的分子结构位点来介导的。

四、蛋白聚糖对轴突出生长的促进作用

蛋白聚糖（PG）分子是指至少有一个氨基聚糖（GAG）侧链与之共价结合的蛋白质

分子。已知的4种氨基聚糖分子，如硫酸乙酰肝素（heparan sulfate，HS）/肝素（heparin）、硫酸软骨素（chondroitin sulfate，CS）、硫酸角质素（keratin sulfate）及透明质酸（hyaluronic acid，HA）等，都是由重复性的二糖单位组成的。除了透明质酸作为一种自然的氨基聚糖分子而缺乏硫酸盐基团之外，其他类型的氨基聚糖分子中都具有硫酸盐基团。蛋白聚糖分子中有不同类型的核心蛋白质分子，反映了不同的蛋白聚糖分子可能位于不同的位点，而且具有不同的生物学功能。许多类型的蛋白聚糖分子的核心蛋白都属于细胞外基质蛋白，有些蛋白聚糖的核心蛋白分子还是被膜结构包埋起来的蛋白质分子，也有些核心蛋白质分子位于细胞内的颗粒状结构之中。蛋白聚糖分子有着广泛不同的生物学功能。蛋白聚糖可以与细胞外基质蛋白成分进行结合，介导细胞与基质蛋白分子之间的结合，捕获一些可溶性因子，如生长因子等，掺入细胞外基质中或黏附在细胞膜的表面上。蛋白聚糖分子还可以通过其氨基聚糖或其核心蛋白等部分，与其他类型的蛋白质分子相互作用。

在脑组织结构中，硫酸软骨素蛋白聚糖分子是含量最多的蛋白聚糖分子类型。在大脑的发育过程中，蛋白聚糖的分布首先位于神经元细胞和星形胶质细胞的细胞之外，之后再逐渐减少，都分布于细胞的内部。组成硫酸软骨素蛋白聚糖的核心蛋白质分子至少有6种不同的蛋白质分子。视神经中的胶质细胞的前体细胞及小脑中的细胞表达膜结合型的硫酸软骨素蛋白聚糖，称为NG2。在体外培养的星形胶质细胞仍然维持着表达NG2的能力。但体外培养的寡突细胞却不能表达这一类型的蛋白聚糖分子。这种硫酸软骨素蛋白聚糖分子的生物学功能目前还不十分清楚。从小鼠的大脑组织及体外培养的星形胶质细胞中还可以提取到一种可溶性的硫酸软骨素的蛋白聚糖，称为星状软骨素。星状软骨素分子中含有L2/HNK-1和糖类表位，这些糖类的表位结构同时也见于免疫球蛋白家族黏附分子的结构之中。在发育过程中，星形胶质细胞及小鼠颗粒细胞都具有暂时表达该星状软骨素的功能。表达的星状软骨素可与细胞外基质的成分之间存在相互作用。

第五节 蛋白聚糖与中枢神经系统

蛋白聚糖是由一系列相差很大的蛋白质分子组成的一个家族，其结构特点是一个核心蛋白分子与一个或多个氨基聚糖侧链相结合。这类分子在动物细胞中广泛分布，参与一系列不同的生物学功能。蛋白聚糖分子可以存在于细胞外，与细胞膜呈结合状态，在细胞内则是以颗粒状态储存。绝大部分的蛋白聚糖分子与细胞外基质之间有着极为密切的关系，但也有些蛋白聚糖分子与细胞外基质无关。

一、蛋白聚糖的分类

氨基聚糖复杂的糖类类型主要包括硫酸软骨素、硫酸皮肤素、硫酸乙酰肝素、硫酸角质素和透明质酸。

二、硫酸软骨素蛋白聚糖的分类及生物学特征

硫酸软骨素蛋白聚糖（CSPG）是一组共价结合硫酸葡聚糖链的蛋白质，其广泛分布于神经组织、结缔组织中，迄今已发现有30余种，共分为三大类：髓核细胞可凝集蛋白多糖、磷酸蛋白聚糖及神经多糖。2000年Yamaguchi在研究细胞外基质（ECM）的组成

时再次验证了神经蛋白聚糖（neurocan）作为神经组织中的一种 CSPG 有着与其他 CSPG 的共同特点，其由蛋白核心及 CS（硫酸软骨素）链组成。神经蛋白聚糖由 163kDa 的核心蛋白和 3 条 CS 链及一定量的 O-连接寡糖链组成。神经蛋白聚糖全长 275kDa，在脑发育过程中可被蛋白水解酶裂解为神经蛋白聚糖-C（150kDa）及神经蛋白聚糖-N（130kDa）的片段，它们分别表达于脑发育的不同阶段。

三、神经蛋白聚糖与神经系统发育

体外的神经蛋白聚糖生物学行为已被证实，它与其他的 CSPG 一起与细胞黏附分子[神经细胞黏附分子（N-CAM）、神经胶质细胞黏附分子（Ng-CAM）、黏附分子 L1、轴突糖蛋白（TAG-1）、钙黏蛋白]及一些 ECM 分子，包括肝磷脂、细胞基质糖蛋白（tenascin-C、tenscin-R）等相互作用，在中枢神经系统发育过程中共同调节细胞的增生、迁徙、分化，以及轴突的生长、路径的发现和突触的形成与成熟，最终在促进中枢神经系统的解剖结构和功能分层中发挥作用。

在中枢神经系统发育过程中，神经元的迁徙分化及其轴突的生长和延伸需要精确的调控机制，神经蛋白聚糖就为其神经元的迁徙分化及其轴突的生长和延伸提供了产生靶位置的正确定向投射和功能定位的抑制及排斥信息，在富含神经蛋白聚糖的区域，神经蛋白聚糖通过与 Ng-CAM、L1、TAG-1 的相互作用使迁徙的神经元细胞和生长轴突绕过区域边界，到达神经元细胞和轴突的支配区域，而一旦靶区形成神经支配，该区域神经蛋白聚糖的表达会代偿性增加，促使轴突生长退缩，避免了其过度生长。神经蛋白聚糖通过这种排斥和抑制作用使轴突的过度延伸得到了正确的投射路径，从而有助于形成完整的神经功能网络。

四、神经蛋白聚糖与中枢神经系统损伤

神经损伤分为中枢神经系统损伤及外周神经系统（PNS）损伤。外周神经系统损伤后由施万细胞构成的 Bungner 细胞带引导新生轴突生长，大量巨噬细胞及时清除轴突和髓鞘的碎屑，为神经再生提供条件。中枢神经系统损伤后胶质瘢痕的形成及 ECM 成分的变化导致了中枢神经很难再生。作为 ECM 中重要的抑制性成分之一，神经蛋白聚糖在调节细胞与细胞、细胞与 ECM 之间的相互作用方面起了重要作用。同时，其参与调控了正常脑组织的发育和成熟脑组织损伤后的再生修复。

中枢神经系统损伤后的修复与重建：再生抑制因子阻碍了中枢神经系统损伤后的修复与重建，神经蛋白聚糖就是其中的一种抑制性因子。神经蛋白聚糖与其他的一些 CSPG 在中枢神经系统损伤后表达上调，通过其氨基葡聚糖侧链抑制轴突再生。在生理条件下神经蛋白聚糖主要在胚胎发育期合成，主要由神经元细胞合成和分泌，在脑发育过程中被分解为神经蛋白聚糖-C 和神经蛋白聚糖-N。全长的神经蛋白聚糖在未损伤的成熟鼠脑中未被发现，但在成熟鼠 CNS 损伤（如机械、缺血、电刺激等造成的 CNS 损伤）后的脑组织中，其可被探测到。

星形胶质细胞合成分泌神经蛋白聚糖的信号除了 $TGF-\beta_1$ 和 EGF 外，还有神经元电活性的强度和持续时间。神经蛋白聚糖与其他的 CSPG 单独或与其他 ECM 分子结合发挥抑制轴突生长的作用。在尝试通过移植胎儿腹侧面中脑来减轻并缓解帕金森病症状的试验中

发现，抑制神经蛋白聚糖等蛋白聚糖的合成促进了多巴胺神经纤维的生长。Davies 等也展示了通过 TGF-β_1 抑制剂抑制 CSPG 表达，从而显著地促进了脊髓损伤后感觉神经元和运动神经元向边缘区的增长。

星形胶质细胞可以表达 3 种类型的硫酸蛋白聚糖分子，包括硫酸软骨素蛋白聚糖、硫酸皮肤素蛋白聚糖及硫酸乙酰肝素蛋白聚糖。其表达方式可以在星形胶质细胞的细胞膜上，也可以分泌到细胞外空间中。从星形胶质细胞或 EHS 肿瘤细胞的培养物中分离到的可溶性的硫酸软骨素蛋白聚糖、硫酸皮肤素蛋白聚糖和硫酸乙酰肝素蛋白聚糖分子，以及单独的氨基聚糖分子，都具有显著的促进大鼠胚胎神经元细胞轴突生长的功能。其中，硫酸皮肤素对于树突的生长具有选择性的促进作用，而硫酸软骨素蛋白聚糖以及硫酸乙酰肝素对于轴索的生长具有选择性的促进作用。星形胶质细胞产生的硫酸乙酰肝素蛋白聚糖对于层粘连蛋白具有特别的结合能力，对于鸡感觉神经元的轴突生长具有促进作用。但硫酸软骨素与硫酸皮肤素蛋白聚糖却没有与层粘连蛋白进行结合的能力。实际上在早期的研究中即已发现星形胶质细胞等的条件培养基中含有促进神经元细胞轴突生长作用的因子，如与层粘连蛋白非共价结合在一起的硫酸乙酰肝素蛋白聚糖分子等。在体外培养的星形胶质细胞膜上，同时发现了硫酸乙酰肝素蛋白聚糖及层粘连蛋白分子的存在。以硫酸乙酰肝素蛋白聚糖-层粘连蛋白复合物的抗体，可以阻断神经元轴突生长的过程。在体内，硫酸乙酰肝素蛋白聚糖和层粘连蛋白结合而成的复合物参与神经元轴索的生长和再生过程，在神经嵴细胞的迁移过程中也具有十分重要的作用。

大鼠脑中的成纤维细胞及星形胶质细胞具有表达透明质酸盐结合型的蛋白聚糖分子。在大脑皮质白质层中存在着胶质细胞透明质酸结合蛋白（GHAP）的分布，GHAP 中不存在氨基聚糖分子的成分。GHAP 蛋白部分氨基酸残基序列的测定表明，与 versican 氨基端位点的序列几乎完全一致，提示有可能 GHAP 即为 versican 蛋白水解而形成的多肽片段。

蛋白聚糖蛋白质分子不仅具有促进神经元轴突生长的功能，而且具有双重性，抑制神经元轴突生长的功能。成年大鼠脑髓质发生损伤以后，损伤区域的胶质组织在体外不能促进神经元的轴突生长。但是，在这些胶质组织中，发现有硫酸软骨素蛋白聚糖及腱生蛋白等的表达。从神经元受到损伤的大鼠来源的胶质组织却没有硫酸软骨素蛋白聚糖及腱生蛋白的表达。这一结果表明，损伤部位有否硫酸软骨素蛋白聚糖和腱生蛋白的表达，决定中枢神经系统损伤之后的再生和修复过程。

第六节　短蛋白聚糖与神经系统

短蛋白聚糖（brevican）是新发现的仅存在于 CNS 中的一种细胞外基质成分，其在脑损伤后表达上调参与了 CNS 在损伤后的修复过程。

短蛋白聚糖是 Jaworski 和 Yamada 于 1994 年分别从牛和大鼠的脑 cDNA 文库中克隆出的，是 CNS 特有的 CSPG 的一种，是脑内最丰富的细胞外基质分子之一，存在分泌型和糖基质磷脂酰肌醇（GPI）锚定型两种。蛋白聚糖是一种或多种糖胺聚糖链（GAG）和核心蛋白共价结合形成的复合物。CSPG 是核心蛋白与硫酸软骨素共价交联的一类蛋白聚糖，包括聚集蛋白聚糖家族，而短蛋白聚糖又是 aggrecan 家族的一种，因其长度最短而得名。短蛋白聚糖也成为脑富含的透明质酸结合蛋白（BEHAB）。透明质酸与细胞的增生、分化和迁移有关。

一、短蛋白聚糖的正常表达

短蛋白聚糖 mRNA 的表达仅限于 CNS（脑和脊髓），在其他器官如肺、心、脾、肝、肾、肌肉、胸腺和睾丸中均未检测到。短蛋白聚糖 mRNA 在成年大鼠脑内的分布特点为：海马富含分泌型短蛋白聚糖，尤其是 CA3/CA4 区和齿状回，GPI 锚定型短蛋白聚糖表达少而散在；在小脑，分泌型短蛋白聚糖多在颗粒层表达，GPI 锚定型主要分布于白质和分子层；在大脑，分泌型和 GPI 锚定型呈互补分布，前者在皮质各层表达，后者在胼胝体胶质细胞中显著表达。原代培养的星形细胞、少突胶质细胞和少突胶质细胞前体细胞株 oli-neu 均能表达两型短蛋白聚糖，但以 GPI 锚定型为主。

二、短蛋白聚糖的生物学功能

星形胶质细胞合成的短蛋白聚糖能抑制小脑颗粒神经元突起的生长。GPI 锚定型短蛋白聚糖有人认为它可能作为一种细胞表面受体，介导透明质酸等其他细胞外基质与细胞表面特殊区域的相互作用（如突触形成）。在发育阶段和脑胶质瘤中，短蛋白聚糖的表达水平总体是高的，而正常成年脑内的水平相对较低。这是因为短蛋白聚糖与透明质酸高水平表达有助于维持液态的细胞外基质环境，有利于细胞移动，从而建立和改善神经联络；而在成年脑组织中，细胞移动被不可溶的细胞外基质所限制，两型短蛋白聚糖表达均显著下降，这与成年脑组织结构与行为的改变相一致。因此，短蛋白聚糖作为细胞外基质的主要成分，其表达调节是神经发育、学习和记忆、胶质瘤形成和侵袭，以及损伤后神经修复的主要机制之一。

第七节 腱生蛋白与中枢神经系统

腱生蛋白（tenascin，TN）、粗纤维调节素、骨连蛋白和血小板反应蛋白（thrombospondin）等都是新的 ECM。其中，腱生蛋白是最重要的 ECM 成分之一，其特征与纤维粘连蛋白和层粘连蛋白有许多相似之处。腱生蛋白在组织器官的发生、发育过程中具有复杂的时间和空间分布，在胚胎发育和组织再生中被精确调控。

一、腱生蛋白在神经系统的作用

腱生蛋白是 ECM 糖蛋白中的一类具有重要生物活性的蛋白质分子，包括众多不同的腱生蛋白成员；这些腱生蛋白均主要来源于神经胶质细胞，故又称胶质细胞源性细胞外基质糖蛋白。腱生蛋白与 CNS 的发生、发育和再生具有密切关系：腱生蛋白可与神经元表面的细胞识别分子发生特异性配体受体式结合，进而产生一系列针对神经元及其突起的生物学效应，并最终影响神经系统（特别是 CNS）的再生。

二、腱生蛋白的分子性状

腱生蛋白是 ECM 中一种具有独特六臂体结构的寡聚糖蛋白家族，由六个相同的亚单位在 NH₂ 端通过二硫键相连。每个亚单位由 N 端头区、七价半胱氨酸域、13~14 个表皮生长因子（EGF）样重复序列、Ⅲ型纤维粘连蛋白（FN-Ⅲ）样重复结构及 C 端（α、β纤维蛋白原结构）组成，其分子质量为 190~300kDa。迄今已发现 5 种腱生蛋白亚型，即腱生蛋白-C、腱生蛋白-R、腱生蛋白-W、腱长蛋白-X 和腱生蛋白-Y。它们在胚胎发生、发育的特定时期和部位合成，在成人组织中仅局限存在于某些部位，对细胞的发生、增殖、迁移、分化具有重要的调节作用。不同组织器官腱生蛋白的来源不同。一般认为，腱生蛋白主要由组织周围的间充质细胞产生，部分上皮细胞也可能是腱生蛋白的重要来源之一。在 CNS，腱生蛋白主要由神经胶质细胞和神经嵴细胞合成。

三、腱生蛋白与神经系统

腱生蛋白家族除腱生蛋白-R 外均广泛存在于各种组织和器官内，腱生蛋白-R 主要局限在 CNS。神经-胶质间的相互作用在神经系统发生、发育中起着关键作用，而腱生蛋白是介导神经-胶质间相互作用的主要分子，其在 CNS 及外周神经系统发育中均发挥着必不可少的作用。研究证实，腱生蛋白最先出现于神经嵴细胞迁移部位，随后神经嵴细胞沿腱生蛋白呈线性分布，说明腱生蛋白在 CNS 发育中不仅具有诱导分化的功能，而且能促进神经细胞的运动。脊髓、小脑、下丘脑和视网膜上的神经元（包括中间神经元）均有腱生蛋白-R 表达。海马及嗅球也有腱生蛋白-R 分布。在脊髓，腱生蛋白-R 主要定位在运动神经元及其轴突周围；有报道腱生蛋白-R（主要是腱生蛋白-R160 单体）在胚胎期（E14-18）和新生大鼠的坐骨神经中有短暂表达。

在脊髓损伤后腱生蛋白-R 可以阻碍运动神经元与其他神经元突触的重建，从而限制了脊髓损伤后功能的恢复。腱生蛋白-R 能够促使神经前体细胞到达嗅球后从链状迁移转变为放射状迁移的方式，有利于神经前体细胞向嗅球的整个外层细胞层迁移而最终补充新生神经元。

第八节　细胞外基质与脊髓损伤

脊髓损伤（SCI）是一种以 SCI 平面以下感觉运动功能不同程度丧失和大小便障碍为主要临床表现的中枢神经系统严重创伤。SCI 一旦发生，患者往往丧失自由活动的权利，给家庭及社会带来沉重的负担。

ECM 一方面作为中枢神经系统的重要组成部分，将各种神经元细胞与神经胶质细胞黏在一起构成中枢神经系统的基本结构形式；另一方面，对于神经元细胞的增殖、分化和迁移等过程，以及神经元轴突生长都具有重要的促进作用。ECM 与 SCI 有着密切的关系，因为 ECM 中包含有促进轴突生长及抑制轴突生长的分子。

一、促进轴突生长的 ECM 成分

层粘连蛋白、纤维粘连蛋白和胶原等能为神经生长提供适当的"黏着性"，使轴突沿着基质桥生长，引导神经纤维定向生长。其中，粘连蛋白不仅刺激中枢和外周的突起生长，还强化 NGF 促神经元存活的效应。有研究证明，粘连蛋白在细胞培养中对轴突的生长和附着有促进作用。此外，纤维粘连蛋白及胶原Ⅰ、Ⅳ型也是中枢神经受伤后常见的 ECM，

但此两者促进神经的生长程度不相同,需依神经种类而定。粘连蛋白促神经生长的功能是较受肯定的。

二、抑制轴突生长的 ECM 成分

脊髓中有再生抑制因子的存在,它是 SCI 后轴突不能再生的一个关键性因素。损伤脊髓中存在的再生抑制性因子主要包括 Nogo-A（包括 NI-35 和 NI-250 两种膜蛋白片段）、髓磷脂相关的糖蛋白和硫酸软骨素蛋白多糖等。

1. 髓鞘相关分子 Nogo-A 在髓鞘表面表达,它通过同一高亲和受体复合体 Nogo-66 受体/p75NTR 发挥抑制轴突再生、促进生长锥细胞凋亡的作用。纯化的糖蛋白在体外具有抑制性,存在于中枢神经系统少突胶质细胞中或者以释放的形式存在,通过与 Nogo-66 受体连接来发挥抑制轴突生长的作用。

2. 硫酸软骨素蛋白多糖 SCI 后胶质瘢痕的形成是抑制轴突再生的又一重要因素,而硫酸软骨素蛋白多糖是胶原瘢痕区的主要成分。胶质瘢痕的形成过程特别复杂,包括星形胶质细胞、少突胶质细胞、小胶质细胞和浸润的巨噬细胞等的参与,形成了阻碍轴突再生的物理屏障和化学屏障。硫酸软骨素蛋白多糖可与细胞膜上的神经黏附分子和神经元-胶质细胞黏附分子结合而抑制轴突生长,也可通过与透明质酸结合发挥其抑制作用。

三、生长因子和 ECM 的关系

在 SCI 的修复过程中,生长因子与 ECM 是密不可分的。生长因子不能单独作用诱发靶细胞的多方向代谢反应,而是与 ECM 一起发生复杂的交互作用。ECM 为包埋在基质中的细胞提供适宜的物理和化学微环境,细胞只有黏附与铺展在一定的 ECM 上才能接受生长因子的刺激,从 G_1 期进入 S 期。ECM 可作为生长因子储存库,一方面使生长因子不易降解和失活,另一方面通过 ECM 成分的分解和更新来释放储存在其中的生长因子。ECM 可以改变细胞对生长因子的反应,而 ECM 的构成又受到细胞对这些成分合成的影响。生长因子和 ECM 构成了一个相互作用的整体,为细胞生长创造良好的环境。

第九节 细胞外基质蛋白的调节与神经系统疾病

一、基质金属蛋白酶的分类及功能

基质金属蛋白酶（MMP）是一组调节 ECM 的锌、钙依赖的内肽酶。

1. MMP 的分类 到目前为止,已经发现了 28 种 MMP,动物体内发现了 25 种,人类发现了 24 种。根据其组织特异性及作用底物的不同分为 7 类。①胶原酶：间质胶原酶/MMP-1、中性粒细胞胶原酶/MMP-8、胶原酶-3/MMP-13；②明胶酶类：明胶酶 A/MMP-2、明胶酶 B/MMP-9；③基质溶素：基质溶素-1/MMP-3、基质溶素-2/MMP-10、基质溶素-3/MMP-11；④基质裂素：基质裂素/MMP-7；⑤膜型金属蛋白酶类：MT1-MMP/MMP-14、MT2-MMP/MMP-15、MT3-MMP/MMP-16、MT4-MMP/MMP-17；⑥巨噬细胞金属弹性蛋白酶 MMP-12；⑦其他。其中研究最多的是酶原分子质量为 72kDa 的 MMP-2 和酶原分子质量为 92kDa 的 MMP-9。

2. MMP 的分布及功能　基质金属蛋白在各种生理和病理条件下对降解细胞外基质起着重要的作用。生理条件下，MMP 来自中性粒细胞、胶质细胞、发育过程中的小脑星形细胞和神经元及血管内皮细胞，主要参与组织发育、伤口愈合、骨生长及血管生成等；病理条件下，MMP 则能促进许多疾病的发生与发展，如肿瘤的侵袭和浸润、动脉粥样硬化及多发性硬化、阿尔茨海默病、恶性胶质瘤等 CNS 疾病。国内外许多研究证明 MMP 对神经系统的作用和影响十分广泛，参与脑血管病、脑动脉硬化、脱髓鞘、脑炎等中枢神经系统多种疾病的病理过程，与血-脑屏障（BBB）的破坏密切相关，导致血管源性脑水肿和继发性脑组织损伤。

MMP-2、MMP-9 调节中枢神经系统的发育过程。MMP-2、MMP-9 在小脑皮质的发育过程中亦有表达，以调控小脑颗粒细胞的移行、浦肯野细胞的突触发生等；但当使用 MMP-2、MMP-9 的抑制剂或抑制性抗体后，这些重要的生长发育过程便会出现障碍。两者还能调控脑源性神经营养因子及神经生长因子的前体并使其发育成熟。在神经系统的发育过程中有大量 MMP-2、MMP-9 的表达，当两者活性被阻断或清除时，中枢神经系统的发育就会出现异常。在健康成人大脑中可检测到 MMP-2 及 MMP-9，它们分布在星形胶质细胞、小胶质细胞和神经元中。另外，MMP-9 还分布在有髓鞘的神经纤维中。

MMP 在中枢神经系统中的重要生理功能是参与突触可塑性。在新生儿小脑发育过程中，MMP-9 在小脑颗粒神经元及心肌传导神经元中表达。MMP-9 可促进新生儿颗粒细胞转移和轴突生长。这个阶段小脑颗粒细胞凋亡与平行纤维和心肌传导神经元间突触生成在时间上是一致的。MMP-9 缺陷小鼠此阶段颗粒细胞的生理性凋亡减少。以上结果提示 MMP-9 与神经元存活、突触生成相关。MMP-9 可能是学习和记忆的物质基础。

在成年动物的中枢神经系统中，MMP 可能帮助 ECM 重塑，而 ECM 转换调节多种生理过程如细胞移行及存活等。

二、基质金属蛋白酶的调节机制

ECM 成分的合成和降解保持着动态的平衡，MMP 对这一平衡的维持发挥着重要作用。其可以消化降解 ECM 成分，并影响基质的重塑。MMP 降解 ECM 的过程是受严格调控的。通常 MMP 只能以无活性的酶原形式存在。MMP 的表达调节可分为转录水平调节、酶原活化调节和活化后调节。

1. 转录水平的调节　MMP 的转录由不同的信号转导（细胞因子、生长因子和机械应激），从 mRNA 的稳定性和翻译效率上进行调节。基因分析表明，当某种刺激因素引起细胞增殖、ECM 产生增多的同时，也诱导了 MMP 的表达，这可能是正常组织保持 ECM 动态平衡的重要机制之一。研究资料表明，表皮生长因子、TNF-α、血小板源生长因子、IL-1 及一些细胞外环境能促进 MMP mRNA 的转录，甚至影响其半衰期。

2. 基质金属蛋白酶的激活　MMP 均以无活性的酶原形式释放，需激活成为活性 MMP 才能发挥其生物作用。研究表明，纤溶酶系统在 MMP 的激活过程中起着决定性的作用。纤溶酶水解基质蛋白酶原成活性基质蛋白酶，活性基质蛋白酶又激活其他的蛋白酶原，形成正反馈环。当胶原酶的羧基末端被基质蛋白酶水解后，其蛋白溶解活性增加 5～8 倍。细胞因子、蛋白水解酶、自由基等都可能参与 MMP 酶原的激活。

3. 基质金属蛋白酶活化后调节　MMP 抑制剂包括非特异性抑制剂、TIMP 和合成抑制剂。血浆中的α_2-巨球蛋白是一种非特异性蛋白酶抑制因子，能抑制 MMP 的活性。但其高达 750kDa 的分子质量降低了其组织穿透力，限制了其作为抑制剂的效率。TIMP 为 MMP 的特异性抑制因子，现已发现 4 种，分别命名 TIMP-1、TIMP-2、TIMP-3 和 TIMP-4。其中，TIMP-1 为 MMP-9 的特异性抑制物，TIMP-2 为 MMP-2 的特异性抑制物。TIMP 一般与 MMP 酶原按 1∶1 比例以非共价键形式形成复合体，来阻断其激活；也可与已激活的 MMP 结合来抑制其活性，对于维持 ECM 的稳态有重要作用。

三、基质金属蛋白酶与神经系统疾病

（一）基质金属蛋白酶与脑血管病

1. 缺血性脑损伤 实验发现，大鼠局部脑缺血（FCI）4h 后缺血脑组织内 MMP-9 水平上升，同时血脑屏障破坏，脑水肿形成。早期 MMP-9 表达增加与脑缺血损伤有强相关性；而 MMP-2 则可能参与细胞碎片清除、脑组织修复。注射 MMP-9 抗体可使脑梗死体积明显缩小，更清楚地表明了 MMP-9 在促进局灶缺血性脑损伤中的重要作用。

2. 脑动脉瘤 研究表明，血管 ECM 的重塑在脑动脉瘤的形成中起重要作用。Kim 等研究发现脑动脉瘤患者的动脉瘤壁内 MMP-9 水平明显升高，而其他部位动脉内及血浆内 MMP-9 水平均无明显改变，提示 MMP-9 水平的局部而不是全身性紊乱导致了与脑动脉瘤发病有关的基质破坏。局部调节 MMP-9 活性的治疗可能有助于阻止动脉瘤的增大。

3. 痴呆 Rosenberg 等应用免疫染色法研究了 5 例 Binswanger 病（BD）和多发性脑梗死引起的血管性痴呆（VaD）患者的脑组织，发现在血管周围的巨噬细胞和星形胶质细胞中出现 MMP-2 染色，在 BD 患者脑组织巨噬细胞中可见 MMP-3 染色，他们推测 MMP 可能参与 VaD 患者中小胶质/巨噬细胞诱导的白质损害。Liuzzi 等研究发现，在 AIDS 痴呆患者脑脊液（CSF）中出现 MMP-2 和 MMP-9 活性，且发现 MMP-9 活性和患者脑脊液细胞数明显相关，推测升高的 CSF MMP 活性可能降解构成血脑屏障的细胞外基质成分，有助于病毒感染的炎性细胞迁徙跨过内皮细胞，从而导致相关的神经损害。

4. 脑出血 研究表明，颅内血肿及出血灶周围的脑水肿是脑出血预后不良的主要原因。动物和少量临床实验表明，基质金属蛋白酶在脑出血后的血肿形成中起主要作用。血脑屏障的功能紊乱是导致脑组织水分增多的关键原因，而基质金属蛋白酶的活化是破坏血脑屏障的重要因素。基质金属蛋白酶家族中，正常状态下 MMP-2 和 MMP-9 在脑血管内皮细胞中是低表达的，且 MMP-2 的表达高于 MMP-9，病理状态下因与组织抑制因子之间的平衡被打破而出现过度表达。有报道称，脑出血患者血清 MMP-9 含量的升高与血肿周围的水肿体积密切相关，MMP-9 可通过增加血脑屏障的通透性以加重脑水肿程度，而给予 MMP-9 的抑制剂后可明显减轻脑水肿。MMP-2 可能在脑出血后的脑组织修复中起作用。

（二）基质金属蛋白酶与神经系统感染性疾病

1. MMP 与病毒性脑炎 Kolb 等在病毒性脑炎的临床研究中发现，1/3 患者 CSF 中可检测到 MMP-9 活性，而正常对照组检测不到，而且 CSF 中的 TIMP-1 与对照组相比增加了 3 倍，其水平也与 CSF 的蛋白质浓度相关。病毒性脑炎的白细胞入侵 CSF 产生

MMP-9，其脑损伤作用可被 TIMP-1 所抑制。Martinez-Torres 等在实验性单纯疱疹病毒脑炎中发现 MMP-2 早期对脑组织损伤为其主要作用，而 MMP-9 在感染后第 21 天和第 180 天增高。

2. MMP 与细菌性脑膜炎 细菌入侵 CNS 后使脑组织和血管壁本身发生炎症反应，细胞因子产生增多，毛细血管内皮损伤使其通透性增加，血脑屏障受损开放，通透性增加，继而导致脑组织损伤及神经元破坏。Kieseier 等在流行性脑膜炎的大鼠模型中发现，脑膜炎双球菌感染后 6h 大鼠 CSF 中的白细胞数及 MMP-3、MMP-9、MMP-13 均有升高，而 MMP-2、MMP-7、MMP-11 表达与对照组无显著性差异。在结核菌性脑膜脑炎患者的 CSF 中也可发现 MMP-9 升高，且与中枢神经系统并发症（如意识障碍、精神异常等）有关。

3. MMP 与脑部其他炎症性疾病 人免疫缺陷病毒（HIV）感染后可引起 HIV-1 相关的认知-运动障碍综合征，即 HIV 痴呆（HIVD）。目前认为 HIVD 的产生与血脑屏障通透性改变有关，而引起这一改变的重要因素是 HIVD 患者 MMP 活性升高。这类患者的 CSF 中 MMP-2、MMP-7、MMP-9 水平升高，认为 HIV 感染单核细胞产生的 TNF-α 刺激脑内小胶质细胞、星形胶质细胞、巨噬细胞、神经元等产生大量高活性的 MMP-2、MMP-7、MMP-9，它们作用于血管基底膜的重要成分——黏蛋白、层粘连素、Ⅳ型胶原，使血脑屏障通透性升高，单核细胞和毒性血清蛋白进入 CNS，引起 HIV 脑部病变。在合并新型隐球菌脑膜炎、巨细胞病毒脑炎、结核菌性脑膜脑炎的患者 CSF 中 MMP-9 水平最高。MMP-9 通过降解 ECM，破坏血脑屏障而导致 HIV 感染的神经系统损伤。

4. MMP 与阿尔茨海默病 基质金属蛋白酶（MMP）是一组锌/钙依赖的蛋白酶家族，主要参与细胞外基质重组和修复。其中，MMP-2（明胶酶 A）MMP-2（明胶酶 B）与中枢神经系统的关系密切，成为神经系统疾病研究的热点。近年有证据表明，MMP 可能参与 AD 形成，且 MMP-3 与 AD 的严重程度相关。AD 的病因至今仍不十分明确，而 Aβ 是各种原因诱发 AD 的共同通路。在 AD 患者体内，由于 β 分泌酶含量及活性增高，Aβ 的产量随之也异常增加。Aβ 在脑内堆积可造成记忆损害、胆碱能及多巴胺能神经系统功能减退和形态学的退行性变化。MMP 是目前在脑脊液中发现的与 Aβ 代谢密切相关的重要金属酶之一。MMP 是蛋白酶超家族，可由正常组织细胞、炎症细胞或肿瘤细胞等多种细胞合成分泌，其主要功能为降解细胞外基质成分，对基质重构有重要意义，参与多种生理及病理过程。Aβ 注射法所建立的 AD 模型，大鼠海马组织中 MMP-2 蛋白的表达较正常对照组增高。免疫组化显示在 APP/PS1 转基因小鼠脑内老年斑周围的星形胶质细胞中 MMP-2 蛋白的表达增加，实时 PCR 显示 MMP-2 mRNA 表达水平也升高。对鼠的研究发现，Aβ 能够介导 MMP-9 增量调节。尸检结果显示，AD 者脑组织中多种 MMP 表达增加，且 Aβ 可以促进 MMP-9 的产生，而后者有水解 Aβ 的作用。AD 患者死后尸解证明其脑组织中 MMP-2、MMP-9 过度表达，通常以酶原形式存在于细胞外淀粉样斑块中，被弹性蛋白酶、组织蛋白酶 G、超氧负离子等水解而转变为有活性的酶，水解 AβLeu34-Met35 的化学键，减少 Aβ 在大脑中的堆积。推测 Aβ 在 AD 患者大脑组织中大量表达，刺激 MMP-2、MMP-9 合成，MMP-2、MMP-9 反过来又水解 Aβ，同时也降解细胞外基质和髓鞘碱性蛋白，导致血脑屏障的破坏及功能的缺失，加重中枢神经系统的神经元凋亡，引起白质损伤。所以 MMP-2、MMP-9 与 AD 的病情进展、严重程度可能相关，且 AD 患者外周血 MMP-2、MMP-9

水平增高可能与脑组织 MMP-2、MMP-9 水平增高有关。综上所述，MMP 在 AD 的发生发展过程中具有重要作用，血清 MMP-2、MMP-9 水平与 AD 的严重程度可能相关。检测血清 MMP-2、MMP-9 水平无创伤性，且具有简便实用的特点，便于在临床工作中开展，为 AD 的诊治提供了帮助。

从目前众多的研究结果看出，MMP 肯定参与了 CNS 感染，其中以 MMP-9 最为突出。由于 MMP-9 在炎症细胞介导的细胞外基质降解中所起的关键作用，对与 MMP-9 密切相关的基质蛋白降解调节机制的深入剖析，将有助于对中枢神经系统感染性疾病的进一步认识，从而为将来的治疗方案提供方向性目标。研究调控 MMP 的机制及开发生物活性药物将为颅内感染的治疗带来新的希望。

目前所知的细胞外基质种类繁多，并且细胞外基质的功能亦多种多样。细胞外基质与中枢神经系统神经的生长、发育及功能有着密切的关系。但是目前对细胞外基质的了解有限，希望能通过对细胞外基质的深入了解有利于我们对神经系统疾病有一个新的认识，并有助于新的治疗的发现，提高神经系统疾病的诊治水平。

（宋 蕊）

参 考 文 献

高旭鹏，彭江，孙逊，2014. 周围神经细胞外基质在神经再生中的研究进展. 解放军医学院学报，35：970～973.

郭宗锋，孙晓川，何朝晖，等. 2009. 蛛网膜下腔出血后早期海马 MMP-9 的表达与海马神经元凋亡的相关性研究. 第三军医大学学报，31：71～74.

黄文辉，廖红，牛蒻，等. 2007. 细胞外基质分子 Tenascin-R 的研究进展. 中国药科大学学报，38：375～379.

蒋锋，胡萍萍，沈丽萍，等. 2010. 细胞外基质支架对大鼠嗅鞘细胞神经营养素表达的影响. 蚌埠医学院学报，35：1087～1090.

李季林，陈雪林，盛罗平，等. 2011. MMP-9 与颅脑损伤的最新研究进展. 中华全科医学，9：271～272，288.

梁安霖，蒋电明，安洪. 2007. GDNF 基因活化的细胞外基质对大鼠坐骨神经缺损的修复作用. 第三军医大学学报，29：717～720.

罗小凤. 2010. 胶质纤维酸性蛋白与中枢神经系统损伤后修复关系的研究进展.南昌大学学报（医学版），50：94-96，101.

马跃文，强琳. 2011. 基质金属蛋白酶-2 与脑缺血损伤及修复. 中国康复理论与实践，17：440～442.

孙明媚，焦富英. 2015. 阿尔茨海默病患者定量脑电图检测分析及与血清学指标的相关性研究. 海南医学院学报，21：1228～1231.

王莹，贾桦，李文媛，等. 2011. 硫酸软骨素酶 ABC 在中枢神经系统中促进神经再生的作用. 解剖科学进展，17：484～486.

杨洪清，罗飏. 2017. 基质金属蛋白酶在脑出血发生发展中的作用及脑出血治疗预后分析. 河北医药，39：211～213.

张翔宇，张辰，童海洲，等. 2015. 细胞外基质的增龄性变化及分子机制的研究进展. 现代生物医学进展，

15: 6194~6197, 6145.

Benarroch EE. 2015. Extracellular matrix in the CNS: Dynamic structure and clinical correlations. Neurology, 85: 1417~1427.

Berglöf E, Plantman S. 2008. Inhibition of proteoglycan synthesis affects neuronal outgrowth and astrocytic migration in organotypic cultures of fetal ventral mesencephalon. J Neurosci Res, 86: 84~92.

Buraczynska K, et al. 2015. Matrix metalloproteinase-9(MMP-9)gene polymorphism in stroke patients. Neuromolecular Med, 17: 385~390.

Chuang C, Degendorfer G, Davies M J. 2014. Oxidation and modification of extracellular matrix and its role in disease. Free Radic Res, 48: 970~989.

Deng W, et al. 2014. Extracellular matrix-regulated neural differentiation of human multipotent marrow progenitor cells enhances functional recovery after spinal cord injury. Spine J, 14: 2488~2499.

Duits FH, et al. 2015. Matrix metalloproteinases in Alzheimer's disease and concurrent cerebral microbleeds. J Alzheimers Dis, 48: 711~720.

Estrada V, Tekinay A, Muller H W. 2014. Neural ECM mimetics. Prog Brain Res, 214: 391~413.

Ibrahim S A, Hassan H, Gotte M. 2014. MicroRNA-dependent targeting of the extracellular matrix as a mechanism of regulating cell behavior. Biochim Biophys Acta, 1840: 2609~2620.

Jones EV, Bouvier D S. 2014. Astrocyte-secreted matricellular proteins in CNS remodelling during development and disease. Neural Plast, 2014: 321209.

Labbs TL, Wang H. 2007. Inhibiting glycosaminoglycan chain polymerization decreases the inhibitory activity of astrocyte-derived chondroitin sulfate proteoglycans. J Neurosci, 27: 14494~14501.

Manso H, Krug T, Sobral J, et al. 2010. Variants of the matrix metalloproteinase-2 but not the matrix metalloproteinase-9 genes significantly influence functional outcome after stroke. BMC Medical Genetics, 11: 40.

Paco S, et al. 2015. Transcriptome analysis of ullrich congenital muscular dystrophy fibroblasts reveals a disease extracellular matrix signature and key molecular regulators. PLoS One, 10: e0145107.

Pitkanen A, et al. 2014. Neural ECM and epilepsy. Prog Brain Res, 214: 229~262.

Planas AM, Sole S, Justicia C, et al. 2000. Estimation of gelatinase content in rat brain: effect of focal ischemia. Biochem Biophys Res Commun, 278: 803~807.

Ratnapriya, R., et al. 2014. Rare and common variants in extracellular matrix gene Fibrillin 2(FBN2)are associated with macular degeneration. Hum Mol Genet, 23: 5827~5837.

Romi F, Helgeland G, Gilhus N E. 2012. Serum levels of matrix metalloproteinases: implications in clinical neurology. Eur Neurol, 67: 121~128.

Theocharis AD, et al. 2016. Extracellular matrix structure. Adv Drug Deliv Rev, 97: 4~27.

第四十四章 细胞外基质与骨关节疾病

骨关节疾病又称骨关节炎（OA），是常见的慢性骨与关节疾病，是以关节软骨的退行性变化、破坏及继发性骨质增生为特征的慢性关节病，以关节反复发作疼痛、肿胀，逐渐加重，出现关节畸形、活动障碍为主要临床特征。骨关节炎名称极多，如退行性关节炎、增生性关节炎、变性性关节炎及肥大性骨关节炎等，都应属于骨关节炎范畴。骨关节炎的发生与年龄、遗传易感性、骨密度、雌激素水平、营养缺乏等全身因素和关节损伤及关节失稳等局部因素密切相关。骨关节炎是由于上述原因引起关节软骨的非炎症性退行性变及关节边缘骨赘形成。骨表面可覆盖有部分新软骨修补区，可延伸至边缘形成骨赘。发生骨关节炎的关节都有一个显著的特点——骨赘形成，这是鉴别骨关节炎和其他关节炎的标志。骨关节炎以手的远端和近端指间关节，膝、肘和肩关节及脊柱关节容易受累，而腕、踝关节则较少发病。骨关节炎是中老年常见疾病，可以导致滑膜的改变，初期可无明显影响，但坏死、脱落的软骨可刺激关节囊和滑膜，使其充血、水肿、滑液分泌增多，产生继发性滑膜炎。关节滑液变稀，影响了其对关节软骨的润滑和营养功能。接着滑膜增生、肥厚，关节囊纤维化并挛缩，最后导致关节纤维性僵硬，严重影响关节活动度，如果不能对滑膜炎及时控制，将会导致关节内细胞外基质的改变，进一步导致关节软骨细胞的改变。

关节软骨之所以能承受瞬间压力，主要依靠的不是软骨细胞内的成分，而是细胞外间质结构的完整性。骨关节炎的主要病理改变初期表现为关节软骨基质内蛋白多糖减少，软骨表面的胶原纤维变性退化，呈裂隙性磨损、糜烂，逐步形成溃疡，最后因反复摩擦，软骨表面破坏，软骨下骨显露，关节间隙变窄。关节软骨主要由软骨细胞和细胞外基质（ECM）组成。在生理状况下，软骨细胞在合成代谢和分解代谢之间保持着平衡，并调节细胞外基质结构和功能上的完整。骨关节炎时软骨细胞合成代谢和分解代谢活动的调节失衡，软骨细胞凋亡和细胞外基质重建，其影响因素有衰老、应力负荷的改变、营养物质和代谢产物的运输受阻、遗传相关基因改变、酶活性改变和炎症因子增多等。细胞外基质是软骨维持正常力学特征的物质基础，在软骨退行性变的病理改变中，细胞外基质的成分和含量的改变是最早也是最主要的表现之一。细胞外基质由内分泌、外分泌及旁分泌三种方式进行供给，其中软骨细胞合成和分泌是细胞外基质最主要的来源。

一、软骨细胞外基质的成分

细胞外基质是指存在于细胞间的大分子物质，由细胞分泌并存在于机体的所有器官及组织。细胞外基质的组成可分为三大类：①糖胺聚糖（GAG）和蛋白聚糖（PG），其能够形成水性的胶状物，在这种胶状物中包埋有许多其他的基质成分；②结构蛋白，如胶原和弹性蛋白，其赋予细胞外基质一定的强度和韧性；③黏着蛋白（adhesive），又称纤维粘连蛋白。这些细胞外基质填充在软骨细胞间，形成软骨组织的支架，通过细胞膜上的细胞外基质受体与软骨细胞相联系，在软骨细胞的增殖、迁移、细胞间信号的转导甚至组织工程软骨的力学响应方面都起着重要作用。

(一) 胶原蛋白

1. 胶原蛋白的成分　胶原是细胞外基质的最重要成分，目前已发现至少 19 种不同的胶原分子，构成了胶原分子超家族，是人体内主要的结构蛋白。根据胶原分子结构基因编码、功能、分布部位等特点，可将胶原分为 5 类，具有不同的化学结构及免疫学特性。①纤维形成胶原，包括 Ⅰ、Ⅱ、Ⅲ、Ⅴ 及 Ⅺ 型胶原，各同型胶原分子高度有序排列组成不同类型的间质胶原纤维；②基底膜胶原，主要是 Ⅳ 型胶原，Ⅳ 型胶原纤维分子交错排列成基底膜的菱形网格状结构，近年来发现基底膜中尚有少许 Ⅶ、Ⅷ、Ⅹ、ⅩⅤ、ⅩⅦ、ⅩⅧ 型胶原；③间断 3 股螺旋纤维结合胶原（FACIT），包括 Ⅸ、Ⅻ、ⅩⅣ、ⅩⅥ、ⅩⅨ 型胶原，参与纤维骨架的形成；④多股螺旋胶原，包括 ⅩⅤ 和 ⅩⅧ 型胶原，由一条和多个间断胶原区的中心链与多条氨基末端和羧基末端均带有大的非胶原区的侧链缠绕成多股螺旋，主要位于基底膜；⑤未分类胶原（orphons），包括 Ⅵ、Ⅶ、Ⅷ、Ⅹ、Ⅻ、ⅩⅦ 型胶原。Ⅶ 型胶原参与上皮下基底膜锚定纤维（anchoring fibril，固定基质于基底上）的形成；ⅩⅦ 型胶原是迄今为止所发现的唯一一种跨膜胶原蛋白，其羧基末端朝向细胞外，分子中含大量的非胶原区，参与上皮下基底膜半桥粒（hemidesmosome，固定细胞于基底膜）的形成。

目前能从正常成年关节软骨和软骨细胞培养基中提取的胶原有 5 种：Ⅱ 型胶原、Ⅵ 型胶原、Ⅸ 型胶原、Ⅹ 型胶原和 Ⅺ 型胶原。除 Ⅹ 型胶原外，其余 4 型胶原也出现在眼的晶状体、椎间盘的髓核、关节内半月板等软骨状组织中。关节软骨的胶原以 Ⅱ 型胶原蛋白为主，占软骨胶原总量的 80%～90%，是软骨细胞的特征性表型。Ⅱ 型胶原在软骨内交织成三维网状，其中镶嵌蛋白多糖聚合体，结合水和带电离子，固定蛋白多糖，为关节软骨提供抗张强度。Ⅸ 型胶原和 Ⅺ 型胶原占胶原总量的 8%～10%。Ⅸ 型胶原也是关节软骨内的重要胶原纤维，其内还含有羟基吡啶交联，因此在维持和稳定纤维网状结构方面可能有重要作用。Ⅺ 型胶原生物学功能可能与调节 Ⅱ 型胶原和蛋白聚糖的功能、控制 Ⅰ 型胶原直径过分增粗有关。Ⅹ 型胶原的 COL 区连接到 Ⅱ 型胶原原纤维上，可能改变原纤维的特性，使其更易降解，因离体实验证实 Ⅹ 型胶原 COL 区有两个易被胶原酶降解的位点。Ⅵ 胶原与透明质酸特异性非共价键结合，与 Ⅱ 型胶原和小分子蛋白多糖的核心蛋白相互作用，从而处于稳定状态。Ⅵ 型胶原在软骨细胞附近较多，能与多种细胞外基质成分作用，具有细胞锚定和信号传递的作用。

2. 胶原的分布及排列　研究表明各型胶原在软骨内的分布和排列高度有序，这对维持软骨的力学特性是非常必要的。关节软骨组织学分层由内向外分为钙化带、深层带、中间带和表层带，胶原类型分布也有差异。Ⅱ 型胶原主要分布于深层带和中间带，Ⅲ 型和 Ⅹ 型胶原分别在表层和深层、钙化带出现，可能与软骨的钙化有关。另外，各层胶原纤维走向也不同。成年关节软骨中，钙化层的胶原纤维呈网状分布，深层胶原呈辐射状排列，间层胶原具有过渡性，从细长且紧密平行状逐渐变无序，表层带胶原则按切线方向走向。胶原纤维走向变异这一特性，可能影响关节软骨的形状、稳定性、拉伸强度和抗剪切力的能力。与成年不同，未成年关节软骨没有中间层，表层和深层的胶原纤维都沿关节表面的切线方向走行。

Ⅱ 型胶原、Ⅸ 型胶原、Ⅺ 型胶原组成软骨内纤维网架结构，该网架结构构成软骨的骨架，如遭到破坏，软骨就不能维持正常的结构和功能。其中，Ⅱ型胶原构成纤维网架结构中的主体，具有很强的抗张性。XI型胶原大多位于纤维内，通过羟赖氨酸的醛基与Ⅱ型胶原共价结合，XI型胶原在小纤维内的量最多，因此认为XI型胶原与Ⅱ型胶原的聚集形成有关，从而调节纤维大小。与XI型胶原不同，IX型胶原以相反方向周期性地分布于纤维表面，末端的 NC4 球形区和 COL3 区从表面伸向周围基质，与其他基质分子相互作用，其α链上有与Ⅱ型胶原的端肽、XI型胶原及其他IX型胶原相连接的位点。IX型胶原在纤维网架结构中起类似胶的作用，黏合Ⅱ型胶原网格结构。同时，IX型胶原还在纤维与纤维的联系中及纤维与蛋白多糖大分子的联系中起重要作用；IX型胶原对维持软骨的黏弹性及抗压性也起着重要作用。VI胶原主要围绕在软骨细胞周围，确切的功能还不清楚，可能起着细胞与细胞外基质的桥梁作用。

（二）糖胺聚糖与蛋白聚糖

糖胺聚糖（GAG）是由重复二糖单位构成的无分支长链多糖，其二糖单位通常由氨基己糖（氨基葡萄糖或氨基半乳糖）和糖醛酸组成，但硫酸角质素中糖醛酸由半乳糖代替。GAG 依组成糖基、连接方式、硫酸化程度及位置的不同可分为 4 类：①透明质酸；②软骨素、硫酸皮肤素；③肝素、硫酸肝素；④硫酸角质素。除透明质酸为独立的分子结构外，其他的 GAG 均与蛋白质结合构成蛋白多糖。GAG 有高度亲水性，形成水化性胶质，填充 ECM 的纤维网架间隙，起支持作用，带有大量负电荷，参与某些特殊结构（如肾小球基底膜）电荷屏障的形成。

透明质酸（HA）是一种独特的线性黏多糖，主要由软骨细胞和滑膜 B 细胞分泌，由 N-乙酰葡萄糖胺和 D-葡萄糖醛酸双糖单位有规律地重复交联，形成高分子氨基聚糖，是关节软骨中最主要的氨基多糖。HA 具有较强的亲水性和高度黏弹性，此特性随 HA 分子质量及浓度的不同而变化。HA 在关节中以下列几种形式存在并发挥作用：①与蛋白质结合成 HA 的蛋白复合物游离于关节液中，形成高度的黏弹性，对关节软骨起着减震和润滑等机械保护作用；②充填于滑膜细胞基质和渗入软骨表层的 HA 对滑膜细胞及胶原纤维起着支持与稳定作用；③软骨基质内的蛋白多糖以聚合体的形式存在，被包绕在胶原纤维间基质内，维持胶质网状结构充盈且具有高度弹性，而 HA 赋予软骨特殊的多孔性和弹性，因此 HA 与蛋白多糖的相互作用在维持软骨组织的完整性上起重要作用。此外，HA 分子的屏障作用限制了炎性介质释放与扩散，对关节软骨起化学保护作用，Follester 和 Balazs 等证实无论是在体外或体内，HA 溶液对吞噬细胞的游走和吞噬、前列腺素的释放、淋巴细胞的游走及向母细胞的转化都具有明显的抑制作用。HA 对炎性反应的主要调节作用为：①抑制前列腺素 E_2 的水平；②抑制炎性细胞的趋化及移动；③抑制吞噬细胞的吞噬作用；④抑制氧自由基的产生。

软骨中的蛋白聚糖是一种结构庞大的聚集体，由透明质酸、蛋白多糖单体及连接蛋白共同组成。蛋白多糖单体是氨基聚糖（除透明质酸外）与核心蛋白质的共价结合物，其中的氨基多糖主要是硫酸软骨素和硫酸角质素等。蛋白多糖可根据在离心时的浮力密度差异进行分类。低密度蛋白多糖群体一般为低分子质量的分子群，主要由携带着 1 或 2 条 GAG 链的核心蛋白组成，核心蛋白上也可能存在 N-和（或）O-连接的寡糖，这种蛋白多糖是软骨中的主要类型，也是细胞外的各组成部分（如胶原、纤维结合素）的主要生物黏合剂。

高密度的蛋白多糖的分子质量比低密度型的分子质量大得多,并且可分为非聚集型与聚集型两类。在软骨中,最主要的高密度蛋白多糖是聚集型,由许多蛋白多糖亚单位组成,这些蛋白多糖亚单位与透明质酸连接,形成非常大的分子结构。长短不一的蛋白多糖单体以非共价键垂直连接在透明质酸垂直链上,连接蛋白进一步加固两者间的结合。蛋白多糖具有伸展的结构,使其在组织中占据较大空间,并结合了大量水分子。呈非溶解状态的胶原纤维则具有较大的刚性,作为支架使软骨呈一定的形状。透明质酸将游离的蛋白多糖单体固定于胶原纤维网之间,由于蛋白多糖浓度很高,在胶原骨架之间形成了水合性极强的黏稠胶体,使软骨坚硬而富于弹性。此外,核心蛋白和糖胺聚糖链的聚合体形成周围负电荷,控制带电溶质的分布和转运,构成髓核内高渗透压,这对细胞获取营养及排除代谢产物也甚为重要。

(三) 其他成分

除最主要的成分外,关节软骨细胞外基质还有一些非胶原性蛋白,如软骨连接蛋白、软骨寡聚基质蛋白(COMP)等。软骨连接蛋白可通过其亚单位上的结构域与细胞外基质其他成分相结合,起连接软骨细胞与细胞外基质的作用。COMP 作为细胞外基质的结构蛋白之一,属于血小板反应蛋白家族,被称为血小板反应蛋白-5。有证据表明软骨寡聚基质蛋白在细胞外基质的装配过程中起着非常重要的作用,被认为具有关节软骨细胞相对特异性。纤维粘连蛋白也是近年来研究的热点之一,其沉积于一系列的细胞外基质,是最早发现的具有促进细胞黏附作用的物质,其通过整合素家族与细胞外基质的结合而附着,并可以通过其亚单位上的结合域结合于细胞外基质其他成分。在软骨组织工程中,纤维粘连蛋白可以引起细胞骨架组成及排列发生改变,显著促进细胞的黏附及铺展,从而使细胞的生长速度加快。

二、骨关节炎与细胞外基质的改变

关节软骨的基本成分是软骨细胞和细胞外基质,其中软骨细胞只占 1%,而细胞外基质占 99%。基质含量的稳定依赖于合成与降解之间的平衡,一旦失衡会引软骨的退变并形成关节的退变。

(一) 胶原蛋白

胶原的破坏与软骨退变的关系一直是人们研究的热点。目前的研究已表明胶原纤维的破坏是 OA 的一个重要表现,胶原分子是胶原网架结构的基本单位,其改变必然会影响胶原网架结构的稳定,改变软骨的力学特性,从而导致软骨退变。关节软骨中含量最多的是 II 型胶原,占总胶原的 80%~90%,II 型胶原也是软骨基质的主要有机成分,其对软骨细胞的发生、分化、迁移具有重要的诱导作用,有利于关节软骨的再生。II 型胶原 C-前肽(P II CP)和 N-前肽(P II ANP)是 II 型胶原合成的标志物。研究表明,关节液中的 P II CP 浓度在关节软骨损伤的早、中期升高,晚期下降,这可能是由于损伤早期关节软骨开始破坏,在中期时软骨基质破坏更为明显,软骨细胞合成作用加强。在晚期软骨基质已破坏殆尽,软骨细胞合成能力明显下降,P II CP 的水平也明显下降。

在 OA 时软骨内总胶原的分泌增加,而胶原 mRNA 表达却不均一,如一些细胞高度地表达Ⅱ型胶原，而另一些细胞则不表达。John等发现在OA早期，Ⅱ型胶原和蛋白多糖核心蛋白的mRNA表达都明显增高，而软骨细胞DNA含量增加不明显，同时发现Ⅱ型胶原的mRNA表达明显高于蛋白多糖核心蛋白，由此认为胶原分泌的增加是由于增加了mRNA表达所致，两者表达的失平衡可能是OA的一个发病原因。近来，人们用特异针对新分泌的Ⅱ型胶原释放的羧基端前肽的抗体也证实，OA时软骨内羧基端前肽含量明显升高，尤其在中间层和深层更加明显，这进一步证实OA时软骨内Ⅱ型胶原分泌量增加。应用免疫组织化学方法研究OA关节软骨内Ⅵ型胶原时发现，软骨表层Ⅵ型胶原减少，而中间层下方和深层上方Ⅵ型胶原量增加，导致软骨内Ⅵ型胶原总量增加。研究还表明，OA时软骨内胶原表型也发生了改变。Ⅱ型胶原存在（ⅡA型和ⅡB型）两种形式，正常关节软骨内只有ⅡB型。在OA时，ⅡA型胶原伴随X型胶原一起由肥大软骨细胞产生。生化、免疫组织化学和原位杂交技术都显示，OA关节软骨内细胞周围基质中出现Ⅲ型胶原，OA早期仅有少量α_1（Ⅲ）mRNA表达，在细胞外基质中也只能检测到少量Ⅲ型胶原；晚期可检测到大量Ⅲ型胶原。研究发现OA时，关节软骨细胞受病理刺激后会增生，进而分化成肥大软骨细胞，并失去正常Ⅱ型胶原的表达，合成大量X型胶原。曲绵域等研究发现肥大软骨细胞还分泌Ⅰ、Ⅲ型胶原；并且，无论在表层还是深层，退变的关节软骨细胞都有Ⅰ、Ⅲ型前胶原的mRNA表达。OA时，关节软骨内正常胶原量的增加或者表达增加，可能是对破坏的修复反应；而异常胶原的出现，可能是软骨细胞受OA病理刺激后失分化的表现。

目前研究发现，Ⅱ型胶原α_1链上的单一碱基突变（点突变）是Ⅱ型胶原突变的主要方式，占目前已发现的50余种突变的一半以上。这类突变往往造成胶原不能形成有效的空间螺旋结构，进而导致关节软骨发育不良。造成α_1链上必需氨基酸甘氨酸、半胱氨酸被精氨酸置换，置换后影响了α_1链的正常结构，突变产物不能被装配成原纤维。此外还有Ⅱ型胶原基因缺失突变，如Ⅱ型胶原的α_1链缺失的转基因鼠，会出现类似人软骨发育不良的征象，同时还出现软骨细胞凋亡现象。Hagg等在α_1（Ⅸ）链基因缺失的小鼠模型中，发现缺失α_1（Ⅸ）链后，其他两条α链的功能也会丧失。出生时虽没出现明显的关节异常，出生后却显现出早发的OA征象。其原因可能是Ⅸ型胶原失去了黏合Ⅱ型胶原网格结构的能力，从而使软骨组织的长期稳定性受到影响。

非酶性糖化反应是还原性糖在无酶条件下与蛋白质等大分子于体内或体外发生反应，生成不可逆的糖化终末产物的过程，近年发现该反应及其糖化终末产物与衰老之间存在密切的联系。Bank等研究软骨时也发现存在该反应。随着年龄增长，软骨胶原分子通过非酶性糖基化反应而形成的交联增加。生物力学实验证明非酶性糖基化反应增加会导致胶原纤维脆性增加，易于疲劳。最近研究发现，关节软骨内退变胶原末端糖基化水平增高，可明显降低胶原的分泌，降低基质金属蛋白酶对胶原的降解。而退变胶原末端的糖基化率随年龄增长明显增高，20岁与80岁人群相比，关节软骨内退变胶原末端的糖基化率增加了近50倍，这会影响软骨细胞对基质的修复，可能是老年人OA发生的一个重要原因。研究还显示，胶原螺旋结构松解或解螺旋后，易被蛋白酶裂解，同时其力学性能也降低。

（二）糖胺聚糖与蛋白聚糖

关节内透明质酸钠（HA）减少和理化特性的改变可能是OA发病的一个重要环节，受累关节软骨表面粗糙和退化，无定形结构层消失，其屏障作用丧失。Nguyen研究证明在 OA 退化软骨中,间质溶素的 mRNA 浓度显著增加。软骨基质中的蛋白多糖降解增加,使软骨结构破坏,黏弹性降低,进而使软骨下骨边缘骨质增生,滑膜炎性肿胀。同时,由于滑液中 HA 浓度和分子质量降低,使润滑和抵抗机械力作用的功能产生障碍。HA 变化会对 OA 的发病产生以下作用:①HA 黏弹性下降对关节的机械保护作用减弱,使软骨易于老化和磨损;②HA 分子屏障作用减弱,使关节内的炎性介质和组织被破坏或降解产物和白细胞介素 1(IL-1)等得以迅速扩散,加重滑膜炎症,并促进 MMP 的合成与激活,加剧软骨破坏;③HA 减少使其对滑膜细胞及胶原纤维支持和稳定作用减弱,使之易于破坏;④HA 分子质量减少可解除 HA 对炎性细胞的抑制作用,使滑膜炎症加重;⑤HA 黏弹性下降,使其对伤害性感受器的膜稳定作用减弱,使关节疼痛加剧、活动度下降。同时,导致滑液回流障碍,使炎性介质、组织代谢产物在关节腔内堆积,可使滑膜炎症加重,而渗出物增多又可进一步降低 HA 浓度,使关节局部病变形成恶性循环。

多聚半乳糖醛酸酶(PG)的核心蛋白有多个酶切位点,在多种酶的作用下基质蛋白部分裂解,成为含不同结构域和 GAG 链的代谢片段。OA 时,PG 分解代谢增强和基质渗透性的改变使这些片段易于通过基质进入关节液,关节液中的 PG 代谢片能被滑膜细胞和软组织再吸收、降解,但大部分进入淋巴系统,并在淋巴结内进一步退变,少部分最终进入血液循环。根据这些 PG 片段的结构不同,人们已发现了许多针对这些片段表位的多抗和单抗。利用免疫学技术可特异性和高灵敏度地检测出体液中的这些成分的含量。在 OA 的病理过程中 PG 的分解代谢明显增强,另外还因为 KS 是机体关节软骨和角膜特有的,考虑到角膜的代谢很微量,利用 EUSA 技术的高度特异、敏感的特性,检测体液中特别是 SF 中 PG 的降解产物 KS 段,将为临床提供快速、灵敏、特异性高的 OA 早期诊断手段。

三、与基质代谢相关的细胞因子

骨关节炎的发病原因迄今尚不完全清楚,近年来越来越多的研究发现各种细胞因子在骨性关节炎的发生发展过程中起了重要作用,它们与滑膜、关节软骨、软骨下骨的功能改变密切相关,有较多的细胞因子及蛋白质参与了 OA 的病理变化。在生理状况下,软骨细胞在合成代谢和分解代谢之间保持着平衡,并调节着细胞外基质结构和功能上的完整。然而,在 OA 中这种平衡被打破,降解代谢胜于合成代谢从而导致关节软骨的净丢失,这种软骨丢失伴随的是细胞因子的表达完全失控。这些细胞因子大部分是由滑液、滑膜及软骨细胞释放,大致可分成 3 个主要的亚型:促分解性细胞因子、促合成性细胞因子和调节性细胞因子,这些因子之间的平衡与否决定着软骨损害的严重程度。调节 OA 软骨细胞功能的细胞因子大致可以分为:①促软骨细胞分解代谢的因子,如 IL-1、IL-17、IL-18、TNF-α、趋化因子和抑瘤素 M(OSM)等;②促合成代谢的因子,如胰岛素样生长因子(IGF)、转化生长因子(TGF)及 BMP-2、BMP-4、BMP-6、BMP-7、BMP-9、BMP-13 等;③抑制或阻止软骨细胞分解代谢的因子,如 IL-4、IL-10、IL-13 和 IL-1 受体阻滞剂(IL-lra)等;④调节其他细胞因子作用的调节因子,如 IL-6、白血病抑制因子(UF)、IL-11 等。

(一)促分解性细胞因子

1. IL-1 和 TNF-α 的作用及其联合作用 IL-1 是 OA 发病过程中重要的炎性细胞因子,对关节软骨的作用是多方面的。IL-1 在体内有广泛的细胞来源,几乎各种有核细胞都能产生 IL-1。具体而言，IL-1α 可由人角质细胞大量表达，IL-1β 主要由活化的单核-吞噬细胞产生。IL-1ra 主要由自身单核-吞噬细胞产生，其次为中性粒细胞、角质化上皮细胞和滑膜细胞等。IL-1RⅠ主要表达于T淋巴细胞、平滑肌细胞、角化上皮细胞和成纤维细胞等表面，IL-1RⅡ主要表达于B淋巴细胞、中性粒细胞、巨噬细胞及骨髓细胞表面。Fe 等最早提出了 IL-1 是调节软骨细胞功能活动的因子，它能促使软骨细胞分解周围的软骨基质，IL-1 的纯化和克隆进一步确认了这种细胞因子的来源及作用。自从将 IL-1 的识别作为一种滑膜因子在体外诱导软骨破坏以来，关于它在驱使软骨分解反应方面已经取得很大的进展。IL-1 可引起胶原纤维类型的变异，加速蛋白聚糖的耗尽，抑制软骨细胞合成具有透明软骨特性的蛋白聚糖和Ⅱ型胶原，促进生成具有成纤维细胞特性的Ⅰ和Ⅲ型胶原，从而使软骨变性，引起软骨缺损和软骨的生物力学改变。体外实验及动物模型关节腔内注射 IL-1 均证实 IL-1 通过抑制Ⅱ型前胶原 mRNA 的表达，抑制透明软骨中胶原的合成而促进成纤维细胞样胶原的合成，使软骨的结构蛋白发生质的改变，这在 OA 的进展中是极具破坏性的。

IL-1β 诱导软骨细胞合成前列腺素（PGE_2）、一氧化氮（NO）及其他产物，通过自分泌的形式调节软骨细胞的合成和分解代谢活动。IL-1 对软骨的作用不仅表现在影响蛋白质的合成方面，其刺激滑膜细胞合成并释放 PGE_2 可加剧关节炎症的形成及促进骨的吸收，而 PGE_2 反过来又可进一步增强 IL-1 对软骨的破坏作用。IL-1 可通过增加磷脂酶 A_2 和环氧合酶的产生，促进滑膜细胞、软骨细胞合成并释放 PGE_2 及其他炎性介质（如血小板活化因子），产生强大的促炎作用，引起滑膜炎症及骨吸收。IL-1 可通过人软骨细胞中的 IL-6 的介导抑制蛋白聚糖的合成，另外还可通过内源性 NO 的介导抑制蛋白聚糖的合成及软骨细胞的增殖。IL-1 还可刺激滑膜成纤维细胞增殖，增加胶原酶和溶质素分泌，促进滑膜细胞黏附分子（ICAM-1）的表达，使滑膜细胞与浸润性炎性细胞反应性增强，造成关节软骨生成的恶劣微环境，从而促进了 OA 的进展。

IL-1 可抑制透明软骨中胶原的合成而促进成纤维细胞样胶原的合成，同时还可抑制透明软骨中蛋白聚糖的积聚而促进基质中大分子的蛋白水解。这些效应均与 IL-1 促进 MMP 的表达、诱导胞质素原激活物的生成及抑制Ⅱ型前胶原 mRNA 的表达等密切相关。IL-1 作用于软骨细胞诱导基质金属蛋白酶，促分解代谢因子和其他炎症因子基因的表达，引起软骨基质降解。MMP 是一大类结构相似的酶活性依赖锌离子的蛋白水解酶超家族，至少有 20 多个成员，构成了细胞外基质降解最重要的蛋白水解系统，能够降解关节组织细胞外基质所有成分。例如，MMP-13 具有广泛的酶活性，可以裂解Ⅰ、Ⅱ、Ⅲ、Ⅳ、Ⅹ、Ⅺ型胶原、明胶和糖胺多糖，并对胶原Ⅱ具有最为活跃的降解活性能力。IL-1 可通过上调基因 mRNA 表达，引起胶原酶、明胶酶、基质溶解素等各种 MMP 的酶原合成、分泌及其活性增加，从而促进基质大分子降解，使软骨细胞变性。

IL-1 通过明显减少软骨细胞中 Sox9 mRNA 和（或）蛋白质的水平，强烈抑制软骨细胞表型的分化。转录因子 Sox9 是软骨形成及软骨特异性基因如Ⅱ型胶原（COL2A1）基因的表达所必需的，Sox9 基因的表达与软骨细胞特异性基因的表达密切相关，可诱导骨前体细胞软骨源性分化。研究显示在正常成人的软骨细胞中，转录因子 Sox9 的 mRNA 水平高表达，而在 OA 患者软骨细胞中明显下调。研究显示，IL-1 能显著减少软骨细胞 Sox9 mRNA 和蛋白质含量。因此，在炎性关节疾病中 Sox9 的下调在抑制软骨表型中可能有至关重要的作用，而 IL-1 强烈抑制 Sox9 表达的作用可能抑制软骨修复能力。

TNF-α 在 OA 软骨退变中也起到重要作用。TNF-α 是体内主要的炎性细胞因子，参与并介导多种炎症过程。TNF-α 能促进成纤维细胞释放黏附分子，使血液中的白细胞通过与黏附分子相互作用被集中到关节腔参与对软骨细胞的破坏；TNF-α 还可以刺激滑膜与软骨细胞合成胶原酶及 PGE_2，刺激软骨细胞合成金属蛋白酶与丝氨酸蛋 F1 酶，进而产生软骨细胞外基质的降解作用，激活人体的软骨细胞分泌纤维蛋白溶酶，加重关节炎损伤，糖蛋白降解能力增强，产生中性蛋白酶和胶原酶，释放骨钙等，从而导致人体软骨和骨的破坏。TNF 分为 α、β 两种类型，两者的同源性为 28%，但两者使用相同的细胞受体，因此生物学活性几乎相同。在正常关节滑液中未检出 TNF-α，OA 患者血清中和膝关节腔关节液中 TNF 含量增多，尤其关节液中含量明显增高。老年慢性关节内创伤患者血清及滑液中亦含有高水平的 TNF-α，而急性关节创伤患者仅滑液中含高水平的 TNF-α，提示除年龄因素外，滑膜细胞的功能异常乃至变性，是造成晚期 OA 滑液及血清中 TNF 水平升高的主要原因之一。TNF-α 和 IL-1 只有 3% 的同源性，但 TNF-α 于靶组织的效应与 IL-1 在很大程度上类似，可激活多型核细胞，刺激滑膜细胞产生 PGE，促使 MMP 的生成，抑制软骨基质的合成，介导关节软骨组织破坏。TNF-α 不仅可使软骨细胞的形态发生成纤维细胞样变，而且可抑制软骨细胞特异性前胶原仅 $α_1$（Ⅱ）mRNA 表达，诱导软骨细胞表达非特异性前胶原 $α_1$（Ⅲ）mRNA，使软骨细胞呈现成纤维细胞胶原表型。TNF-α 与 IL-6 合用，有加强刺激软骨细胞增殖的作用，因此 TNF-α 在骨关节病的发病中起重要作用。IL-1 的效力作用是 TNF-α 的 100~1000 倍，然而，当两种因子联合应用时能产生很强的协同作用。如将重组 IL-1 注射到大鼠或家兔的关节内能够刺激关节软骨的破坏，与 TNF-α 联合注射时，则促使软骨破坏的程度远远超过单独注射 IL-1 所引起的效果。一般来说，TNF-α 引起急性炎症的发生，而 IL-1 则在炎症的维持及软骨的破坏中起重要作用。

骨桥骨蛋白（OPN）是一种高度磷酸化和硫酸化的糖蛋白，在骨的重塑、应激反应、炎症、感染等生物过程中发挥重要作用。OPN 通过与细胞外基质受体结合产生生物活性，能够诱导 TNF-α、IL-1β、IL-6、NO、PGE_2 的高表达，并激活 MMP，而这些细胞因子与 OA 的滑膜炎及关节软骨降解密切相关。研究发现，OA 关节软骨中 OPN 水平较对照组明显升高，且 OPN 在软骨中的表达与膝 OA 的关节损害严重相关。进一步研究发现，在抑制了 MMP-1 的活性后，Ⅱ型胶原的分泌才明显增加，说明了 MMP-1 对Ⅱ型胶原降解作用很关键。

2. 趋化因子 除了典型的炎症因子 IL-1、TNF-α 外，最近发现趋化因子在 OA 软骨退变中也起着重要的作用。趋化因子是一类具有趋化作用的小分子多肽，能吸引免疫细胞到局部产生免疫应答。根据其结构不同，趋化因子可分为 CXC、CC、CX3C 和 C 4 个亚族。主要的趋化因子是 CXC 和 CC 两大类，它们及相应的受体在人类的软骨细胞都有表达，而且在 OA 关节软骨中表达增多。在基因芯片分析 OA 关节软骨和正常软骨时发现，前者有明显的趋化因子家族的基因上调，并在细胞培养中发现，OA 软骨细胞内 CXCL8/IL-8、CCL2/MCP-1 的浓度要高于 IL-1 和 TNF-α，这些都表明趋化因子参与了 OA 的病理/生理过程。趋化因子通过诱导产生一些相关的酶来参与软骨的破坏，主要是 N-乙酰-β-D-氨基葡萄糖苷酶（NAG）和 MMP。NAG 是 OA 滑液中主要的溶酶体糖苷酶，具有催化水解氨基葡糖多聚糖的作用而造成软骨的破坏。对 OA 起作用的 MMP 中，主要是 MMP-1、MMP-3

和 MMP-13。MMP 的主要作用是引起 II 型胶原结构的变化，有利于其他水解酶的作用，其中以 MMP-13 的活性最强。Hsu 等发现 CCR-2 和 CCR-5 配体能够诱导 MMP-3 的表达。另有研究表明，软骨细胞在 SDF-1/CXCLl2 的作用下，MMP-1 和 MMP-3 释放能增加 3 倍以上（与正常组相比较）。此外，CXCL-9、CXCL-12、CXCL-13 及 CCL20 都是 MMP-13 强有力的诱导剂，CXCL-12、CXCL-13 还能促使软骨细胞生成组织蛋白酶 B，后者不仅是去分化软骨细胞的标志，而且维持着 OA 时软骨的退变，抑制其修复，并能抑制基质金属蛋白酶组织抑制剂（TIMP）的活性。另外，MCP-1/CCL-2 能够抑制蛋白多糖的合成，并促使蛋白多糖从软骨细胞中释放出来。

3. 其他促分解因子　IL-6 是单核-吞噬细胞等在 IL-1、TNF-α 等诱导下产生的一种细胞因子，具有典型的多能性。IL-6 来源于巨噬细胞、成纤维细胞、软骨细胞、破骨细胞等，是具有多种生物学活性的细胞因子，包括激活 B 细胞和 T 细胞，以及产生 KJ 急性期蛋白。IL-1β 和 TNF-α 可以诱导产生 IL-6，损伤可以刺激 IL-6 的产生。IL-6 作用于 B 淋巴细胞与 T 淋巴细胞，通过自分泌形式作用于软骨细胞，影响软骨细胞的正常增殖。IL-6 还可增加滑膜组织的炎症细胞；刺激软骨细胞增殖，诱导放大 IL-1 增加 MMP 的合成作用和抑制蛋白多糖产生。IL-17 和 IL-18 是另外两个促软骨细胞分解代谢的强力诱导剂，在人软骨细胞中都能促使 IL-1 表达，并能刺激 IL-6、iNOS、COX-2、MMP 生成。IL-17 可能通过蛋白多糖聚合酶促使软骨退变，抑制蛋白多糖合成。另有研究表明，IL-17 通过分裂原激活的蛋白激酶（MAPK）和 NF-κB 传导途径促使软骨细胞生成 NO，进一步促进软骨细胞的退变。IL-18 则能促进 PGE_2 的生成，从而造成 OA 软骨的退变。在动物模型中，IL-18 缺乏或被其抗体所中和，能够减少软骨的破坏和炎症反应，且能随着炎症反应的程度而变化。然而，这只是炎性关节疾病模型的实验结果，其在 OA 中的作用有待进一步论证。OSM 是巨噬细胞和活化 T 细胞的产物，能够单独或（和）IL-1 协同作用刺激软骨细胞产生 MMP 和蛋白多糖酶。

（二）促合成代谢细胞因子

1. 转化生长因子β（TGF-β）　TGF-β 是具有多种功能的多肽生长因子，在骨与血小板中含量最为丰富，具有调节细胞的生长、分化、凋亡和细胞外基质的合成等多种生物学效应。在人体中已发现了 5 种类型的 TGF-β，即 TGF-$β_1$、TGF-$β_2$、TGF-$β_3$、TGF-$β_4$ 和 TGF-$β_5$，其中 TGF-$β_1$ 在软骨损伤修复中作用较为重要。TGF-β 是一种静止的高分子质量复合物，对软骨细胞的主要作用是促进合成代谢、刺激蛋白多糖和 DNA 合成。TGF-β 在软骨基质降解中有抵抗分解代谢的作用，对 TIMP 有很强的调控作用，可抑制 MMP 表达。Morales 等发现体外关节软骨培养时，TGF-$β_3$ 能增加软骨细胞合成蛋白多糖，抑制其降解，并维持软骨基质中蛋白多糖浓度的相对稳定。Dounchis 等发现 TGF-β 能刺激体外培养的骨膜细胞分化为软骨细胞，并表达 II 型胶原，推测 TGF-$β_3$ 可以通过两种途径促进软骨损伤修复：既发挥软骨诱导作用，促进干细胞分化为软骨；又促进软骨特异性基质的合成，如 II 型胶原、蛋白多糖。TGF-β 生物学效应的发挥受许多因素的影响，包括细胞的种类、分化程度、生长条件及其他生长因子的影响。现已证实，TGF-β 作为局部调节因子，以自分泌和旁分泌的方式调节着骨和软骨内各种细胞的增殖及分化，调节骨和软骨基质的合成与降解。TGF-β 不仅能够调节骨、软骨细胞生长分化，还调节其他细胞因子在软骨中的表达与作用。

例如，TGF-β能增强碱性成纤维细胞生成因子（FGF）促软骨细胞胶原和蛋白多糖的合成作用，TGF-β和胰岛素样生长因子1协同作用使软骨细胞DNA合成提高。TGF-β受体能激活AKR-2B细胞的G蛋白并通过G蛋白途径诱导细胞分裂；能刺激人肺成纤维细胞系产生前列腺素E_2，进而抑制细胞合成蛋白质、胶原和纤粘素；能促进钙离子内流和磷酸肌醇释放。TGF-β能使细胞内蛋白质丝/苏氨酸磷酸化，此作用与TGF-β诱导的细胞生长抑制有关。TGF-β还能诱导抑癌基因表达从而抑制肿瘤细胞生长。细胞因子之间存在基因表达和活性的相互调控。TGF-β能促进血小板衍生生长因子的mRNA表达和分泌，而甲状旁腺素、1，25-$(OH)_2D_3$、白细胞介素-1等能诱导多种TGF-β的表达和分泌。FGF能促进TGF-βmRNA的表达，诱导间质细胞分化成为软骨细胞，增强FGF对软骨细胞的促进增殖、基质合成作用，更加抑制细胞成熟；TGF-β也表现出负反馈的调节作用，能抑制Ⅱ型胶原和蛋白多糖的合成。TGF-β在维持骨与软骨平衡方面起重要作用，$TGF-β_1$的异常表达可以导致软骨下骨异常的骨重建。调控TGF-β通路，通过直接降低其活性或通过甲状旁腺激素（PTH）介导的骨髓微环境的改变，可以作为膝关节疾病的潜在治疗方法。

2. 骨形态发生蛋白（BMP） BMP由结构和功能相似的多肽因子家族（除BMP-1外）组成，是TGF超家族的成员，是一组具有类似结构的、高度保守的功能蛋白，能够在体内诱导骨和软骨形成。目前已发现BMP家族包括20多种蛋白，BMP-1是原胶原蛋白酶，可诱导软骨和骨形成；BMP-2基因转染骨髓细胞，可促进软骨细胞增殖分化；BMP-4单独使用可诱导骨形成；BMP-6可通过诱导特异性转录因子将生肌细胞分化途径转化为造骨细胞分化途径，加速矿物质沉积，促进结晶形成；BMP-7具有强烈的骨诱导活性，可在异位诱导新骨形成，同时使已经反分化的软骨细胞恢复软骨表型，重新表达软骨细胞特异性物质；BMP-9与BMP-2可促进人多能间充质细胞分化为软骨，并对抗IL-1的抑制效应；BMP-14缺乏可引起骨延迟愈合，其中BMP-2与骨、软骨的发育密切相关。在一项研究中，骨形态发生蛋白2和骨形态发生蛋白3维持了体外移植的关节软骨中的蛋白聚糖合成，其合成水平与用TGF-β和IGF所维持的一样。其他研究亦表明骨形态发生蛋白3，4刺激蛋白聚糖合成和维持关节软骨的表型。蛋白多糖和胶原是软骨基质的构成成分，是维持软骨结构和功能的两个主要因素，故促进软骨细胞正常分泌细胞外基质和合成Ⅱ型胶原就成为提高关节软骨修复关键因素，而骨形态发生蛋白恰恰能减少蛋白多糖的消耗和促进Ⅱ型胶原的合成。

3. 胰岛素样生长因子（IGF） IGF是一种由70个氨基酸组成的多肽，IGF家族由2种相关多肽组成，即IGF-1和IGF-2，其结构与胰岛素同源，受生长激素调节。IGF是最早发现具有软骨生成作用的最重要的生长因子之一，它能与软骨细胞膜上的IGF-1受体具有高度亲和力，与受体结合后以旁分泌和自分泌的方式起作用，增加软骨蛋白多糖的合成，促进软骨细胞增殖及软骨基质合成代谢，抑制软骨基质降解，维持软骨内环境稳定。在关节软骨中的作用主要表现在两个方面：①IGF-1能刺激软骨细胞集落形成和细胞增殖，而不影响软骨细胞的分化状态；②IGF-1可促进蛋白多糖的合成，阻止MMP的表达，减缓蛋白多糖的降解。IGF-1可与其他细胞因子协同放大对软骨细胞的作用，与$TGF-β_1$联合应用早期可促进软骨细胞增殖，与成骨蛋白-1（OP-1）联合作用促进软骨细胞生长的能力要比单独应用时大得多。通过实验便证明IGF-1的代谢可能与原发性OA的发病机制有关。IGF-1 促进软骨增殖分化,刺激软骨基质合成,抑制软骨细胞介导的基质分解。IGF、IGFBP(IGF 结合蛋白)、IGF 受体及相关蛋白酶在功能上有协同性,因此可以把它们称为 IGF 系统。OA 发生的基本原因之一可认为是与 IGF-1 水平的升高及 IGF 系统的紊乱有关。

4. 成纤维细胞生长因子(FGF) FGF 主要由巨噬细胞、软骨细胞及其前体细胞分泌,对胚胎发育、骨和软骨组织的修复起重要作用,是已知最强的促细胞生长因子之一。FGF 家族有 9 个成员,了解较为清楚的是酸性成纤维细胞生长因子(aFGF)和碱性成纤维细胞生长因子(bFGF),它们的作用相似,aFGF 较 bFGF 作用弱。FGF 能够刺激成骨细胞和软骨细胞的增殖与分化,具有促进成纤维细胞、骨骼肌细胞和平滑肌细胞复制的能力。FGF 还能促进关节细胞 TGF-β 表达及基质合成,推迟关节软骨细胞成熟,维持软骨细胞表型。Praul 等实验证明,FGF-2、FGF-4 和 FGF-9 能强烈刺激软骨细胞增生,而 FGF-6 和 FGF-8 刺激软骨细胞增生的作用较弱。

四、自由基与细胞外基质代谢

氧自由基可影响软骨的代谢,实验证明 OA 关节液中氧自由基含量升高,自由基代谢中与 OA 关系最密切的是活性氧(ROS)的代谢。高水平的氧自由基主要来源于免疫和炎症过程中,中性粒细胞、巨噬细胞、炎性滑膜等均可产生过量氧自由基。自由基可通过使脂质过氧化破坏细胞膜,损伤 DNA 等生物大分子,破坏碳水化合物,影响花生四烯酸的代谢等机制破坏软骨。例如,其中的羟自由基可使结缔组织中的透明质酸降解,从而失去黏性,破坏了细胞间的填充黏合质,滑液糖蛋白解聚,致使微血管的通透性升高,失去黏弹性,丧失了对软骨的机械保护作用,加剧软骨磨损创伤和因增龄发生的退行性改变,软骨破坏释放的碎片刺激滑膜吞噬细胞的细胞膜,形成大量的氧自由基,形成恶性循环。NO 本身对培养的软骨细胞是无毒性的,相反,在一定氧应激状态下对软骨细胞有保护作用,不止是软骨细胞的生存,而且其死亡类型均取决于不同自由基间的平衡。研究证实软骨老化与 ROS 的关系时发现氧自由基可诱使人类软骨细胞基因组不稳定,包括端粒的不稳定和复制老化、功能失调。ROS 可下调人软骨细胞促炎因子如 IL-18、IL-6、IL-8、COX-2 基因的表达,表明 ROS 可能有抗炎特性,但亦指出 ROS 的效应依赖于基因的种类和信号转导途径被激活。Glassen 等发现雌激素可保护关节软骨细胞免受氧自由基诱导的损害,从而延缓 OA 的进展。

NO 是一种广泛存在于生物体内的小分子生理和病理介质,为具自由基结构的简单气体小分子,脂溶性,极易通过细胞膜扩散,发挥广泛的生物学效应。正常情况下,NO 起着宿主防御作用。但过量的 NO 可导致各种慢性炎症,对 OA 的发病起重要作用。关节内的 NO 主要来源于滑膜细胞和软骨细胞,增加的炎性因子刺激软骨细胞和滑膜细胞 iNOS 的表达,产生 NO。NO 也可由炎性因子和脂多糖(LP)的诱导而增加,增高的 NO 又可协同各种细胞因子作用于关节软骨。在关节炎时,两者相互协同作用使病情加重,阻断这一恶性循环的过程可以减轻关节软骨的损伤,减轻病情。在无炎性因子的刺激下,NO 主要由结构型一氧化氮合酶合成,iNOS 抑制剂的加入不能使 NO 的浓度减少。在炎性因子刺激下,NO 的增加主要由 iNOS 合成,iNOS 抑制剂的加入可有效抑制 NO 的产生。OA 血清及关节液中 NO 水平明显增高,NO 可促进关节软骨分解代谢,iNOS 在正常的滑膜中未见明显表达。OA 时滑膜细胞表达 iNOS 增加。iNOS 能催化产生大量 NO,在 OA 患者中 iNOS 强烈表达于滑膜衬里层,滑膜下 iNOS 为非 Ca^{2+} 依赖性,其激活不需要细胞内 Ca^{2+} 浓度的升高。iNOS 正常滑膜和软骨中没有表达,但在细胞因子如 IL-1、TNF 等刺激下能产生 iNOS,一旦 iNOS 蛋白合成,其活性是非 Ca^{2+} 依赖性的,可持续表达,使 NO 水平升高,导致软骨损害。IL-1β 能调节软骨细胞大量合成 NO,过量的 NO 可抑制软骨基质蛋白多糖合成,激活环氧化酶(COX)使得 PGE_2 合成增多,增加软骨细胞凋亡和促进 MMP 的产生。PGE_2 可以作为免疫调节剂抑制 T、B 细胞功能,还可通过 T 细胞来调节细胞因子的产生。

五、MMP 与细胞外基质的关系

多种蛋白酶参与关节软骨 ECM 的降解,如丝氨酸蛋白酶类、半胱氨酸蛋白酶类等。但 MMP 是导致 ECM 变性最重要的蛋白质,它直接以酶原的形式分泌到 ECM 中,并在正常生理条件下发挥作用;MMP 的表达及活性均受到严格调控,且在 ECM 重组的部位易于诱导表达;MMP 中的一些酶是迄今为止已发现的唯一能分解纤维类胶原的酶。MMP 是结构中含有金属离子 Zn^{2+}、Ca^{2+} 的蛋白水解酶,主要可以降解除多糖以外几乎所有基质成分,而且激活其他 MMP 形成瀑布效应。MMP 家族已经发现有 20 多种成员,根据其底物特异性和基因结构分为五大类:①胶原酶(collagenases),包括间质胶原酶(MMP-1)、多形核胶原酶(MMP-8)和胶原酶 3(MMP-13),主要降解Ⅰ、Ⅱ、Ⅲ、Ⅶ和Ⅹ型胶原和蛋白多糖;②明胶酶(gelatinases),包括明胶酶 A(MMP-2)和明胶酶 B(MMP-9),主要降解Ⅳ、Ⅴ、Ⅶ和Ⅹ型胶原及弹力纤维;③基质溶解酶(stromelysins),包括基质溶素-1(MMP-3)、基质溶素-2(MMP-10)和基质溶素-3(MMP-11),主要作用于纤维粘连蛋白、层粘连蛋白、弹力纤维,以及Ⅲ、Ⅳ、Ⅵ和Ⅸ型胶原和其他一些 MMP(MMP-1、MMP-8、MMP-9);④膜型基质金属蛋白酶(MT-MMP),包括 MT1-MMP(MMP-14)、MT2-MMP(MMP-15)、MT3-MMP(MMP-16)、MT4-MMP(MMP-17)、MT5-MMP(MMP-24)和 MT6-MMP(MMP-25),这些酶表达于细胞表面,除了降解基质外还有两种特殊作用,即激活其他蛋白酶和与器官特异性发育相关;⑤其他 MMP 包括基质溶解因子(MMP-7)、金属弹力蛋白酶(MMP-12)、类风湿关节炎滑膜炎症因子-1(MMP-19)、釉质溶解素(MMP-20)、半胱氨酸系基质金属蛋白酶(MMP-23)等。

MMP 总体上的作用主要是与半胱氨酸蛋白酶等其他蛋白酶共同参与细胞外基质及基底膜的降解。MMP 显著的差异性,造成了它们在病理生理学方面复杂的干预作用。各种 MMP 可由关节软骨细胞、滑膜细胞、成纤维细胞、巨噬细胞等产生,MMP 均以无活性的酶原(pro-MMP)形式分泌,可以被体内存在的天然激活剂激活,也可以在体外被特定的化学物质所激活。关于 MMP 的激活机制目前还不十分清楚,但公认的学说为"半胱氨酸开关"学说。该学说认为当 MMP 以酶原的形式存在时,其活性中心部位的 Zn^{2+} 除了与催化结构域保守序列中的 3 个组氨酸上的咪唑基形成配位键外,还与前肽结构域保守序列中的半胱氨酸形成一个配位键,此时前肽段将酶的活性中心覆盖住,因而无催化活性。某些激活剂可直接打断 $Cys-Zn^{2+}$ 的配位键,使前肽段移位,一个水分子进入并与催化结构域保守序列中的谷氨酸结合,然后该水分子再与 Zn^{2+} 结合形成配位键,即水分子取代了半胱氨酸,从而使酶的活性中心暴露,底物进入该疏水区域而被催化降解。有些激活剂可以将前肽段水解去掉,或裂解前肽中一段,然后酶本身进一步自动裂解而使前肽去除,即 $Cys-Zn^{2+}$ 打开,使酶活性中心暴露而激活。另外,有些激活剂还能从 MMP 的羧基端水解掉一个小肽段，从而使其进一步被激活而形成分子质量更小的超活性形式。另一种激活机制可能是某些激活剂可以改变 MMP 的空间构象，使其发生某种程度的扭曲，当扭曲产生的张力大于打开 $Cys-Zn^{2+}$ 的键能时，$Cys-Zn^{2+}$ 键打开而被激活。

已发现的 MMP 的天然抑制剂有两类：一类是 MMP 的组织抑制因子（TIMP），已发现 4 种，分别为 TIMP-1、TIMP-2、TIMP-3 和 TIMP-4；另一类是 MMP 的血浆抑制剂α_2-巨球蛋白（α_2-M）。另外，MMP 的活性也可被络合剂 EDTA 和 1,10-phenylthrolin 所抑制。TIMP-1 和 TIMP-2 都含有 12 个半胱氨酸，靠二硫键两两结合而形成大小不等的 6 个环，其中在其氨基端构成 3 个比较大的环，在羧基端形成 3 个比较小的环。氨基端的 3 个大环可以与 MMP 催化结构域相互作用而起抑制作用。这种抑制作用很有可能是 TIMP 上的半胱氨酸与活性中心部位的 Zn^{2+} 结合，而覆盖在其活性中心部位，由于空间位阻效应使底物不能与其结合而发挥其抑制作用。也有可能是 TIMP 氨基端上的 3 对半胱氨酸与激活型的 MMP 竞争酶活性中心上的 Zn^{2+}，从而使酶失活。TIMP 除了能抑制已激活的 MMP 的活性外，还能阻止或延缓酶原型 MMP 转变为激活型 MMP 的过程。

骨性关节炎患者滑膜和软骨细胞都有高表达的 MMP-1 和 MMP-3，而 TIMP 增加甚少，呈现 MMP/TIMP 的失平衡，从而导致软骨降解增加，以及软骨破坏的严重程度与 MMP/TIMP 的失衡之比呈正相关。MMP-3 对蛋白聚糖有高度的裂解活性，在骨关节炎的早期，MMP-3 可降解Ⅸ型胶原，可能与骨关节炎早期胶原网络水肿有关。MMP-3 除了自身的作用直接降解蛋白多糖的核心外，另一更重要的作用途径是激活 MMP-1，加速胶原的病理性降解，也使与透明质酸相连的可聚蛋白多糖由于网络的松解而丢失。在膝关节炎与全身骨关节炎患者血清中，MMP-3 浓度均较正常组明显升高，且在全身骨关节炎中升高幅度比膝关节炎大。在膝关节炎中不受病期影响，由于在血清中就能检测到 MMP-3 明显升高，因此，其在骨关节疾病中的作用特别重要。基质溶解素在 pH5.5 的环境下能自发性活化，并对 TIMP 的抑制作用敏感性下降，从而加强对蛋白聚糖的降解。MMP-7 在骨关节炎软骨中有过度表达，对软骨蛋白聚糖等多种细胞外基质成分具有高度的独特活性。MMP-13 能降解Ⅱ型胶原，在骨性关节炎患者的滑液中可见增高。在成骨细胞、软骨细胞和成纤维细胞中已经鉴定出一种特殊受体，这种受体可结合 MMP-13，并通过与低密度脂蛋白受体相关蛋白的相互作用，介导其内在转化和降解。研究表明，MMP-13 受体系统在骨性关节炎中的功能失调导致了基质金属蛋白酶 13 水平增高和基质破坏。骨性关节炎患者膝关节滑液中基质溶解素增高 15～45 倍，其与 TIMP 的比率在健康人为 0.5，而在患者中高达 1.6～5.3。基质溶解素作为骨性关节炎标志物，其敏感性和特异性分别为 84%和 90%。在 OA 关节软骨纤维化严重的区域发现有 MMP-9 mRNA 高度表达，因此，认为 MMP-9 可能是软骨进行性破坏的标志物之一。OPG/RANKL/RANK 通路可能与骨关节炎进程有关，主要为 MMP-9、MMP-13 等表达增加，国外研究早期应用阿伦磷酸盐治疗，可以阻断软骨与软骨下骨交接层的 MMP-9 表达及软骨层的 MMP-13 增加。帕米磷酸二钠（PAM）的实验研究也发现 MMP-9 与 TLR-4 的表达的下调，骨保护素（OPG）与核因子κB 受体活化因子配基（RANKL）比率较对照组明显升高,提示机制可能为 OPG 的表达上调与 MMP-9 和 TLR-4 表达的下调。

（张　强　权学民）

参 考 文 献

Amălinei C, Căruntu ID, Giuscă SE, et al. 2010. Matrix metalloproteinases involvement in pathologic conditions.Romanian J Morp and Emb, 51: 215~228.

Ewing GP, Goff LW. 2010. The insulin-like growth factor signaling pathway as a target for treatment of colorectal carcinoma. Clin Colorectal Cancer, 9: 219~223.

Hamamura K, Lin CC, Yokota H, et al. 2013. Salubrinal reduces expression and activity of MMP13 in chondrocytes.Osteoarthr Cartilage, 21: 764~772.

Kapoor M, Martel-Pelletier J, Lajeunesse D, et al. 2011. Role of proinflammatory cytokines in the pathophysiology of osteoarthritis. Nat Rev Rheumatol, 7(1): 33~42.

Kim JS, Ellman MB, An HS, et al. 2010. Insulin-like growth factor 1 synergizes with bone morphogenetic protein 7-mediated anabolism in bovine intervertebral disc cells. Arthritis Rheum, 62: 3706~3715.

Liu Z, Zhou K, Fu W, et al. 2015. Insulin-like growth factor 1 activates PI3K/kt signaling to antagonize lumbar discdegeneration. Cell Physiol Biochem, 37: 225~232.

Liu ZQ, Fu WQ, Zhao S, et al. 2016. Regulation of insulin-like growth factor 1 receptor signaling by microRNA-4458 in the development of lumbar disc degeneration. Am J Transl Res, 8: 2309~2316.

Lv Y, Xia JY, Chen JY, et al. 2014. Effects of pamidronate disodium on the loss of osteoarthritic subchondral bone and the expression of cartilaginous and subchondral osteoprotegerin and RANKL in rabbits. BMC Musculoskelet Disord, 6: 370.

Madry H, van Dijk CN, Mueller-Gerbl M. 2010. The basic science of the subchondral bone. Knee Surg Sports Traumatol Arthrosc, 18: 419~433.

Nixon AJ, Brower-Toland BD, Bent SJ, et al. 2007. Genetic modification of chondrocytes with insulin-like growth factor-1enhances cartilage healing in an equine model. Clin Orthop, 379: 201~203.

Pozgan U, Caglic D, Rozman B, et al. 2010. Expression and activity profiling of selected cysteine cathepsins and matrix metalloproteinases in synovial fluids from patients with rheumatoid arthritis and osteoarthritis. Biol Chem, 391: 571~579.

Pratsinis H, Kletsas D. 2007. PDGF, bFGF and IGF-I stimulate the proliferation of intervertebral disc cells in vitro via the activation of the ERK and Akt signaling pathways. Eur Spine J, 16: 1858~1866.

Sellam J, Berenbaum F. 2010. The role of synovitis in pathophysiology and clinical symptoms of osteoarthritis. Nat Rev Rheumatol, 6: 625~635.

Shiomi T, Lemaître V, D'Armiento J, et al. 2010. Matrix metalloproteinases, a disintegrin and metalloproteinases, anda disintegrin and metalloproteinases with thrombospondin motifs in non-neoplastic diseases. Pathol Int, 60: 477~496.

Tognon CE, Sorensen PH. 2012. Targeting the insulin-like growth factor 1 receptor(IGF1R)signaling pathway for cancer therapy. Expert Opin Ther Targets, 16: 33~48.

Velasquez MT, Katz JD. 2010. Osteoarthritis: another component of metabolic syndrome. Metab Syndr Relat Disord, 8(4): 295~305.

Wang M, Sampson ER, Jin HT, et al. 2013. MMP-13 is a critical critical target gene during the progression of osteoarthritis.Arthritis Res Ther, 15: R5.

Weng TJ, Yi LX, Huang JL, et al. 2012. Genetic inhibition of fibroblast growth factor receptor 1 in knee cartilage attenuates the degeneration of articular cartilage in adult mice. Arthritis Rheum, 64: 3982~3992.

Zhu S, Chen K, Lan Y, et al. 2013. Alendronate protects against articular cartilage erosion by inhibiting subchondral bone loss in ovariectomized rats. Bone, 53: 340~349.

第四十五章 细胞外基质与血液疾病

在血液及其相关的各种组织中，存在大量的不同类型的细胞外基质蛋白。细胞外基质蛋白不仅参与构成正常的血液系统，而且与一系列的血液疾病有着十分密切的关系。骨髓细胞外基质是骨髓微环境重要组成部分，与造血细胞的生长、分化、分布等过程有关。造血基质细胞通过与造血干/祖细胞直接接触、分泌多能造血细胞因子（hematopoietic growth factor，HGF）和细胞外基质参与正常的造血调控。造血干/祖细胞回髓定居增殖的分子基础是由造血实质细胞和基质细胞表达相应的细胞黏附分子（cell adhesion molecule，CAM）的受体和配体所特异性介导的。在某些疾病状态下，如急性和慢性髓系白血病、骨髓增生异常综合征（MDS）等，造血异常的原因除造血干/祖细胞的功能缺陷外，还与其骨髓造血微环境中基质细胞的数量或功能异常有关。血液系统细胞外基质作为参与因子参与正常凝血过程和病理性血栓形成的过程，同时也是重要的调节因子。

第一节 细胞外基质概述

细胞外基质（extracellular matrix，ECM）是由细胞合成并分泌到细胞外，分布在细胞表面或细胞之间的大分子物质，由基底膜（basement membrane，BM）和细胞间基质组成。其主要成分包括糖胺聚糖、蛋白聚糖、胶原蛋白和弹性蛋白、纤维粘连蛋白和层粘连蛋白等。胶原蛋白和蛋白聚糖为基本骨架，在细胞表面形成纤维网状复合物，通过纤维粘连蛋白或层粘连蛋白直接与细胞表面膜整合素受体连接，以此与细胞内的骨架蛋白相连，细胞外基质通过膜整合素将细胞内外连成整体，参与细胞生存及凋亡，决定细胞的形状并控制细胞的分化及细胞的迁移。

胶原蛋白是细胞外间隙中一些纤维性的蛋白质成分，最为常见的胶原蛋白分子包括Ⅰ、Ⅱ、Ⅲ和Ⅳ型。Ⅰ~Ⅲ型胶原组成胶原性纤维构成了细胞外间隙的骨架结构。Ⅳ型胶原不参与大型纤维的结构形成，但却构成片层筛状结构，成为基底膜的重要组成部分。纤维粘连蛋白（fibronectin，FN）是细胞基质的主要成分之一，是存在于细胞外间质中的一种粘连糖蛋白，主要以两种形式广泛分布于组织和体液中。存在于血浆和各种体液中的FN，称为血浆型纤维粘连蛋白（pFN）；存在于各种细胞膜及细胞外基质中的FN，称为细胞型纤维粘连蛋白（cFN）。FN由两个至数个肽键亚单位组成，在细胞内粗面内质网合成，受mRNA调控。每条FN肽链约含2450个氨基酸残基，具有5~7个有特定功能的结构域，由对蛋白酶敏感的肽链连接。细胞外基质中的FN分子与细胞表面整合素受体的二硫键结合并暴露，形成一种不溶性纤维网，参与胚胎发育调控、组织修复、细胞生长、迁移、分化及病理性纤维化、肿瘤侵袭和转移等。FN分子具有结构多型性，不同部位可以和不同蛋白结合，这种结合是FN活跃的生物学功能的分子基础。层粘连蛋白是一种分子质量为850kDa的复合体。三条长多肽链呈"十"字状排列，由二硫键结合在一起。像纤维粘连蛋白那样，其分子结构中有一系列的功能位点，可与Ⅳ型胶原（即基底膜）结合，还可与蛋白聚糖、细胞表面受体结合。整合素（integrin）是 ECM 分子如层粘连蛋白（LN）、FN、胶原蛋白Ⅳ中最主要的细胞表面受体，由α和β亚基非共价组成异源二聚体，α和β亚基均为跨膜糖蛋白，整合素家族包括$\alpha_5\beta_1$、$\alpha_V\beta_3$、$\alpha_V\beta_5$等成员。整合素的胞质尾区缺乏酶促特性，信号转导通过接头蛋白连接细胞骨架、胞质激酶、跨膜生长因子受体，构成 ECM 和肌动蛋白细胞骨架黏附点的介质，其信号转导区域控制细胞增殖、分化、生长、迁移和肿瘤发生等。

第二节 骨髓微环境中的细胞外基质与造血调节

造血过程是一个非常复杂的过程。在这一过程中全能造血干细胞能够自我复制，同时又能分化为髓系和淋巴系前体细胞。这些前体细胞在终末分化为成熟的血液细胞之前，还会进一步复制。在体内，髓细胞、B 细胞及自然杀伤细胞的生成，都与骨髓中的微环境有十分密切的关系。骨髓微环境是决定正常造血过程的重要条件。骨髓微环境由骨髓基质细胞、成骨细胞、破骨细胞及其产生的细胞外基质和细胞因子等组成。这些细胞通过分泌可溶性细胞因子和细胞外基质支持造血细胞的生长、增殖和分化，细胞外基质对于造血过程具有重要的调节作用。

一、骨髓微环境细胞外基质的组成及其功能

骨髓微环境由骨髓基质细胞、成骨细胞、破骨细胞及其产生的细胞外基质和细胞因子等组成，包括巨噬细胞、成纤维细胞、脂肪细胞、内皮细胞、网状细胞等细胞成分，以及一些造血干细胞生长因子。这些细胞通过分泌可溶性细胞因子和细胞外基质支持造血细胞的生长、增殖和分化。下文对目前了解的骨髓微环境中主要的细胞基质成分，或有明确功能的因子做介绍。

1. 纤维粘连蛋白 在骨髓微环境中存在着大量的纤维粘连蛋白，在血液循环及大多数的细胞外基质中也存在纤维粘连蛋白。但不同位点的细胞与纤维粘连蛋白之间的黏附特异性是不同的。细胞与纤维粘连蛋白之间黏附作用存在选择性和特异性。胸腺内的 T 细胞成熟及红系祖细胞的成熟与分化过程，都离不开与纤维粘连蛋白的相互作用。已知人的骨髓中的各种类型的造血前体细胞膜上表达了不同的纤维粘连蛋白受体分子。

2. 胶原蛋白和层粘连蛋白 在骨髓微环境中存在大量的胶原与层粘连蛋白。关于骨髓微环境中这些分子在人造血祖细胞的定位、增殖与分化过程中的作用还不十分清楚。但是，成熟或未成熟细胞要从骨髓微环境进入血流中，必须通过铺满内皮细胞的基底膜结构。成熟粒细胞膜上具有的$\alpha_2\beta_1$、$\alpha_6\beta_1$型受体，可与基底膜结合，并有助于这些细胞穿过基底膜结构。但在未成熟的祖细胞与干细胞膜上一般没有这种受体。在慢性髓细胞白血病（chronic myelogenous leukemia，CML）、恶性祖细胞及恶性髓细胞白血病的细胞中，则表达这种黏附性受体分子。这种受体的表达即赋予这些恶性肿瘤细胞从骨髓微环境中逃逸的功能。

3. 凝血酶应答蛋白 凝血酶应答蛋白是一种分子质量为 450kDa 的大分子糖蛋白，由 3 个相同的分子质量为 145kDa 的亚单位组成，各亚单位之间由二硫键相连。血小板的α-颗粒、内皮细胞与成纤维细胞可以分泌这种凝血酶应答蛋白。在骨髓微环境中也存在大量这种类型的凝血酶应答蛋白。凝血酶应答蛋白由 N 端的球状肝素结合位点，3 段与疟原虫环

孢子蛋白同源性的Ⅰ型重复序列，3段Ⅱ型表皮生长因子样重复序列，1个含有RGD细胞结合位点的Ca^{2+}结合位点及C端的球状结构区组成。3段Ⅱ型表皮生长因子样重复序列是与胶原、纤维粘连蛋白、纤维蛋白原和层粘连蛋白等细胞外基质蛋白等结合的结构位点区。凝血酶应答蛋白与细胞相互作用的分子生物学基础非常复杂。细胞表面的蛋白聚糖受体可黏附凝血酶应答蛋白N端的肝素结合位点。凝血酶应答蛋白分子中的RGDA位点是整合素的配体位点。单核细胞、血小板、造血祖细胞、内皮细胞和某些类型的肿瘤细胞都可以与凝血酶应答蛋白结合。位于骨髓微环境中的凝血酶应答蛋白主要位于巨核细胞和成纤维细胞周围的细胞外基质，与活跃的造血活动有关。随着造血细胞发育的进行，成熟过程中的红系细胞逐渐丧失其与凝血酶应答蛋白的黏附作用，而仅仅一小部分成熟的粒细胞还保留着与凝血酶应答蛋白的功能。

4. 氨基聚糖 氨基聚糖是一些很长的、带负电荷、非分支型的多糖链，由重复的硫酸二糖单位组成。按照糖链的类型、糖链间连接的方式、硫酸基团的数目与位点不同，分4种氨基聚糖分子。这为4种氨基聚糖分子分别是透明质酸（hyaluronic acid）、硫酸软骨素（chondroitin sulfate）和硫酸皮肤蛋白（dermatan sulfate）、硫酸肝素（heparin sulfate）和硫酸乙酰肝素（heparan sulfate），以及硫酸角质素（keratin sulfate）等。蛋白聚糖的形成过程是一种翻译后修饰过程。氨基聚糖分子在骨髓造血祖细胞的增殖分化过程中发挥着重要的调节作用，氨基聚糖分子组成的变化，决定了未成熟的人造血祖细胞与基质之间的黏附过程。

5. 肝素、硫酸皮肤素与硫酸软骨素及透明质酸等 在骨髓微环境中有这些重要的分子，硫酸软骨素这种氨基聚糖分子在造血过程中具有十分重要的作用，如果诱导骨髓微环境中硫酸软骨素的表达上调，则可导致造血水平显著增强。人和小鼠的造血祖细胞膜上的硫酸软骨素蛋白聚糖分子是细胞表面的主要蛋白聚糖分子，其受体为CD4。透明质酸对造血祖细胞与骨髓微环境细胞外基质的黏附作用具有十分重要的影响。硫酸乙酰肝素在骨髓细胞成熟过程中也发挥很重要的作用，由硫酸乙酰肝素组成的基质环境，具有诱导HL-60细胞分化的功能；硫酸乙酰肝素对造血生长因子，如IL-3、GM-CSF、bFGF和MIP-1α等在骨髓微环境中的浓度具有显著的影响，而这些生长因子在骨髓微环境中的选择性分布，决定造血祖细胞增殖分化是诱导还是抑制。

6. 原纤维蛋白 原纤维蛋白-2是细胞外基质蛋白原纤维蛋白家族中最大的异构体，它是细胞外基质、基底膜和弹性基底纤维的重要组成部分。细胞外基质是细胞生存的微环境，它可通过调节信号通路影响细胞的形状、代谢、功能、迁移、增殖和分化。原纤维蛋白-2是细胞正常生理的必需成分，能与细胞外基质中多种配体和钙离子结合，功能涉及多个复杂的生物过程。大量研究发现原纤维蛋白-2与肿瘤的发生发展密切相关。目前报道的共有5个（原纤维蛋白1～5）异构体糖蛋白。原纤维蛋白-2表达产物通常有两种形式：短原纤维蛋白-2和长原纤维蛋白-2。原纤维蛋白-2位于微原纤维和弹性蛋白的衔接处。先前的研究证明，原纤维蛋白-1与原纤维蛋白-2可能通过C型凝集素区域（C-type lectin like domain，CLD）与多功能蛋白聚糖和外源性凝集素结合，原纤维蛋白的CLD结合域能够与透明质酸蛋白聚糖复合物反应，这被认为可能是ECM应对损伤的机制。

7. 多效性的基质蛋白——富含半胱氨酸的酸性糖蛋白（secreted protein acidic and rich in cysteine，SPARC） 其基本作用是调控细胞中的间充质和细胞外基质，维持骨髓中前体细胞的正常成熟和分化，SPARC缺失会影响骨髓中造血细胞早期发育，强化与凋亡受体 Fas 突变相关的细胞向恶性肿瘤转化；正常基质 SPARC 可能调节骨髓成骨细胞和淋巴细胞增殖，通过血小板-P-选择素（CD62P）-CD24 轴诱导前-B 细胞凋亡。

8. 基质金属蛋白酶（matrix metalloproteinase，MMP） 参与肿瘤发生、侵袭、转移过程中的多个步骤。肿瘤转移的首要条件是降解 ECM 和破坏 BM。MMP 是降解 ECM 最重要的蛋白酶类，几乎能降解除多糖以外的全部 ECM 成分。MMP 是一组 Zn^{2+}、Ca^{2+} 依赖的内源性蛋白水解酶家族，可由成纤维细胞、中性粒细胞、巨噬细胞及肿瘤细胞合成和分泌，降解 ECM。目前已有 26 个 MMP 成员被发现，可分为 5 个亚型。MMP 以酶原形式分泌，激活后形成的明胶酶类 MMP 降解、破坏肿瘤表面的主要构成成分，如Ⅳ型胶原、LN、FN 等，使肿瘤细胞沿缺失的 BM 向周围组织浸润，促进癌细胞侵袭和转移。MMP-2 和 MMP-9 富有侵袭性伪足，有助于体内外 ECM 降解。肿瘤细胞也可诱导正常基质细胞如成纤维细胞、血管内皮细胞和炎性细胞活化，通过细胞间联系或旁分泌机制表达和分泌 MMP。MMP 参与恶性肿瘤血管新生，肿瘤侵袭、转移、生长需要血管营养供给，而 MMP-2、MMP-9 可能参与肿瘤侵袭、转移血管生成的调节，可能机制是通过降解 BM 和 ECM，促进血管内皮细胞自 BM 释放和迁移：MMP-2 降解Ⅳ型胶原，使其与整合素 $\alpha_v\beta_3$ 的结合位点得以暴露，促进内皮细胞的转移；促进合成并释放调节血管生长的因子，激活无活性的转化生长因子-β，降解基质成分，释放与基质成分结合的碱性成纤维细胞生长因子和血管内皮生长因子，降解血管 BM 而释放出膜结合的 TNF-α 等促进血管生成的细胞因子。MMP 对肿瘤血管生成也可能有不利的影响，有研究发现，MT1-MMP 调节内皮因子脱落抑制肿瘤血管生成，由此推测 MMP 在肿瘤血管新生中的作用是双重的，但随着恶性肿瘤的进展，肿瘤细胞生长所需的营养供应增加，MMP 促进血管新生的作用可能占主导地位。

二、骨髓细胞外基质参与正常造血的过程

在人的造血过程中，骨髓基质中的各种成分与细胞黏附分子的相互作用，具有十分重要的意义。骨髓微环境中细胞外基质蛋白与细胞黏附分子的相互作用介导的细胞黏附及促进生长的作用、骨髓中抑制性细胞因子的表达等因素综合作用的结果，决定了造血祖细胞处于静止状态、增殖状态还是分化状态，协调整个造血的调节过程。

造血祖细胞与基质发生黏附作用并受到抑制，应用基质依赖性长期骨髓培养技术对骨髓造血进行了详细的研究。在这一培养系统中，原始的造血祖细胞往往是与基质层黏附在一起的。以胸腺嘧啶自杀实验（thymidine suicide assay）证实相应比例的原始造血祖细胞均处于静止状态。当骨髓系统受到刺激以后，产生促进生长作用的细胞因子，打破了生长调节因素之间的平衡，并有利于造血祖细胞的生长，从而促进造血祖细胞的增殖过程。相反，处于基质层附近的细胞类型更倾向于增殖分裂状态，提示与基质结合紧密的祖细胞受到基质的生长抑制作用而处于静止状态。在基质细胞周围的细胞外基质中，抑制性细胞因子的浓度能会更高。为了证实与基质层黏附的造血祖细胞的确处于抑制状态，对长期骨髓培养物系统进行了改进。以 0.4μm 的微孔膜将造血祖细胞与基质层隔开，以进行基质非接触型培养。在这一培养系统中，LTC-IC 和 CFC 细胞所占的比例显著增加。表明造血祖细胞的发育与造血祖细胞的骨髓基质黏附过程是非依赖性的，而且造血祖细胞与基质层的黏附反而会抑制造血祖细胞的增殖与分化过程。

造血祖细胞膜上的整合素或细胞膜表面的蛋白聚糖受体，可与纤维粘连蛋白分子结构

中的肝素结合位点相互作用,调节未成熟的造血祖细胞的增殖。处于分裂周期的造血祖细胞与基质层黏附4~6h,即能显著抑制造血祖细胞的增殖过程。如果加入纤维粘连蛋白肝素结合位点代表细胞黏附位点序列的合成多肽,抑制造血祖细胞与基质层之间的黏附过程,则见不到骨髓基质层对造血祖细胞的抑制效应。以慢性髓细胞白血病的祖细胞进行的研究表明,尽管这种白血病细胞有$α_4β_1$和CD44受体分子的表达,却缺乏与骨髓基质层以及纤维粘连蛋白肝素结合位点的黏附作用。与骨髓基质层发生黏附作用的慢性髓细胞白血病细胞不受这种黏附抑制作用的限制,仍然处于旺盛的细胞分裂状态。

造血祖细胞与基质以外的细胞外基质蛋白,如纤维粘连蛋白或凝血酶应答蛋白等的相互作用,对造血祖细胞的生长是十分重要的。在体外培养系统中,以血栓形成实验去除纤维粘连蛋白成分,则能显著降低这种血清对BFU-E、CFU-E和CFU-GEMM等细胞生长的刺激作用。当重新加入纤维粘连蛋白以后,又促进集落的生长,这种生长刺激作用又可被含有RGD序列的多肽片段所阻断。红系细胞的生长发育离不开与纤维粘连蛋白的结合。处于非结合游离状态的红细胞白血病细胞不能在二甲基亚砜的诱导作用下分化为网织红细胞,但与纤维粘连蛋白黏附的MEL14细胞却能够进一步分化。同样,与凝血酶应答蛋白结合的人造血祖细胞也可产生持续的生长刺激信号。B细胞和NK细胞在长期骨髓培养系统中的生长、分化,却是与基质结合依赖性的一个过程,需要未成熟的造血祖细胞与基质层之间密切的相互作用。以微孔膜将B细胞与NK细胞的原始祖细胞与基质层分隔开来,则导致其生长发育的下降或完全终止。

第三节 细胞外基质与血液系统疾病

骨髓中造血祖细胞和干细胞与骨髓细胞外基质之间异常的相互作用,可导致造血细胞异常的分化。造血祖细胞与骨髓基质相互作用的异常可能存在于多个方面,如骨髓基质成分的异常、功能异常或造血祖细胞膜表面的细胞黏附分子的异常及其之间的相互作用等。各细胞因子、趋化因子和生长因子通过参与募集骨髓来源的非恶性细胞,包括巨噬细胞、间充质干细胞(mesenchymal stem cell,MSC)、髓系阻抑细胞(myeloid-derived suppressor cell,MDSC)和单核细胞等构建异常的肿瘤微环境,进而促进肿瘤的生长和扩散。恶性肿瘤的侵袭、转移是一个动态的、连续的过程,肿瘤细胞脱落、黏附、降解、迁移和增生贯穿于恶性肿瘤侵袭转移的全过程。细胞外基质分子、基质金属蛋白酶类、血管生成在恶性肿瘤侵袭转移过程中起着重要的作用,如ECM降解、细胞外致癌蛋白的活化和稳定,血管新生和细胞-基质相互作用构成了复杂的细胞外分子网络,与下游的细胞内信号级联反应相呼应,参与恶性肿瘤侵袭转移的各个方面。同时,骨髓基质细胞在长期与白血病细胞共生的环境中发生了复杂的、有利于肿瘤细胞生长的改变。研究发现,MSC在有癌症细胞株的培养条件中长时间培养后显示出恶性上皮肿瘤相关的成纤维细胞类似性质,如MSC表达CAF标志α-SMA、波形蛋白和成纤维细胞表面蛋白增加。细胞外基质不仅支持正常和恶性造血细胞的生长,并通过分泌可溶性细胞因子、细胞黏附作用、上调耐药基因及改变细胞周期等机制庇护白血病细胞所免于化疗药物的杀伤而形成细胞耐药。

1. 血液系统恶性肿瘤和细胞外基质 早期髓系祖细胞或干细胞的恶性转化可导致急性髓系白血病(acute leukemia)和慢性髓系白血病(chronic myeloid leukemia,CML),其特点是骨髓微环境中未成熟的恶性细胞进入外周血液循环之中。在慢性髓性白血病细胞的研究中,发现与骨髓基质层的黏附功能显著下降。其机制认为是白血病细胞膜上的受体发生了改变。CMLCD34 祖细胞表达 $\alpha_4\beta_1$、$\alpha_5\beta_1$ 和 CD44 等受体分子,这些受体的表达对正常的造血祖细胞与骨髓基质层的黏附作用至关重要。虽然慢性髓性白血病细胞中存在这些受体蛋白的表达,却不能介导与骨髓基质层的黏附过程。以纯化的纤维粘连蛋白或其片段进行的体外黏附实验结果也证实了这一点,这说明白血病细胞膜上表达的这些受体是无功能的受体,或者与这些受体介导的黏附机制相关的因子缺乏有关。还有一个可能就是这些受体所介导的信号转导或细胞骨架的改变有缺陷。CML 细胞的一个显著特点就是 p210bcrlabl 蛋白酪氨酸激酶的异常表达,位于胞质中。正常情况下位于核中的 p160 的 c-abl 酪氨酸激酶则消失。这种酪氨酸激酶分子结构的异常或异常分布,可能导致整合素、CD44 或其他黏附分子胞质部分异常的磷酸化修饰,造成异常的黏附及恶性转化过程。一部分 CML 细胞表达低水平的 $\alpha_2\beta_1$ 和 $\alpha_6\beta_1$ 整合素,可介导细胞与基底膜中层粘连蛋白与IV型胶原的黏附,这是造成 CML 未成熟的细胞从骨髓微环境中过早释放到血液循环中的一个重要机制。C44 受体分子 mRNA 不同的剪切加工产物对 CML 的发生也有一定的作用。淋巴系恶性肿瘤 B 细胞发育的早期阶段是在骨髓微环境中进行的,B 细胞的祖细胞与骨髓基质的黏附作用也是通过 $\alpha_4\beta_1$、$\alpha_2\beta_1$ 和 CD44 细胞表面分子进行的。但与髓细胞的发生相反,这些前体 B 细胞与骨髓基质的黏附作用却不利于其生长、分化功能。前 B 细胞急性淋巴细胞白血病(acute lymphocytic leukemia,ALL)细胞与基质的黏附作用已发生改变或完全缺失。

在白血病小鼠模型中,白血病基质造血微环境出现基质细胞形态改变,成熟度降低,在这样的微环境中,正常的造血祖细胞减少与白血病的特定细胞群增加,即白血病微环境阻碍正常造血细胞的生长促进及维护白血病细胞增殖和长期生存能力。在急性淋巴细胞白血病中,通过调节原纤维蛋白-2 等基因的甲基化水平来沉默该基因,从而促进肿瘤的发生。原纤维蛋白-2 是细胞外基质蛋白原纤维蛋白家族中最大的异构体蛋白,它是细胞外基质、基底膜和弹性基底纤维的重要组成部分。原纤维蛋白-2 在急性 B 淋巴细胞白血病(B-ALL)患者体内表现出较高水平甲基化(58%),但是在急性 T 淋巴细胞白血病(T-ALL)患者体内表现出低水平的甲基化(17%)。这些甲基化是肿瘤特异性的。研究原纤维蛋白-2 等基因的甲基化水平在癌症的早期筛查和靶向癌症表观遗传学治疗中将发挥一定的作用。

在 AML 发生、发展及转移过程中,细胞外基质基底膜的破坏降解,恶性细胞的黏附是重要的环节。这个过程与尿激酶型纤溶酶原激活物系统(urokinase plasminogen activator system,uPAs)密切相关。uPAR 是一种主要在单核细胞、巨噬细胞、成纤维细胞、内皮细胞、肿瘤细胞上表达的糖化磷脂酰肌醇(GPI)-锚膜蛋白,uPAR 的 GPI 锚定点能被磷脂酶及其自身蛋白酶水解,形成 uPAR 的血浆溶解形式——suPAR。suPAR 与玻连蛋白和整合素相互作用,提高细胞黏附功能,参与 uPA 信号转导和细胞趋化,抑制肿瘤细胞凋亡,促进肿瘤血管生成和实验动物肿瘤的发生。在 AML 发展过程中,uPA 通过与 uPAR 结合,促进纤溶酶原转变为纤溶酶,利用其蛋白水解活性降解基底膜、细胞外基质及内皮黏附相关分子,促进恶性细胞的黏附、髓外侵袭及转移,导致患者皮肤黏膜的浸润、肝脾淋巴结的肿大、中枢神经系统受累等。另一方面,激活的纤溶酶还可以促进 Pro-MMP 及 GF 等的激活,增加细胞外基质的降解效应,促进白血病细胞的侵袭和转移等。此外,uPAR 还可以与细胞外及细胞膜上 VN、整合素、EGFR、PDGFR 等结合,通过激活一系列信号转导途径促进白血病细胞的侵袭、转移、增殖及抗凋亡等。

2. 淋巴瘤和细胞外基质 细胞外基质中各种非肿瘤细胞和细胞因子对淋巴瘤的发生、发展有积极的推动作用和预后意义。骨髓微环境胞外成分和骨髓微环境中的细胞成分在淋巴瘤发生、发展中的作用不是孤立的，需要多种细胞因子和信号通路参与调控。体外实验证明，巨噬细胞和基质细胞协同维持恶性肿瘤 B 细胞的生长和增殖。成纤维细胞骨髓源性基质细胞，包括成纤维网状细胞和滤泡树突状细胞，分泌突状配体向肿瘤细胞提呈信号，阻止正常或恶性淋巴瘤生发中心 B 细胞的自然凋亡，这些成纤维细胞骨髓源性基质细胞比静止的 MSC 具有更强的支持恶性肿瘤 B 细胞生存的能力。树突状细胞中髓源性的 FDC 通过两种途径阻止生发中心 B 细胞的凋亡，即消除生发中心 B 细胞核内组织蛋白酶依赖的核酸内切酶的活性，或者维持生发中心 B 细胞内高水平的 Fas 相关死亡域样转化酶抑制蛋白，防止生发中心 B 细胞内的凋亡酶 Caspase-8 和 Caspase-3 的活化。骨髓细胞龛中高水平的 CCL-2 提示瘤细胞和淋巴瘤微环境中基质细胞之间通过高浓度的 CCL-2 相互作用，促进肿瘤 B 细胞的生长与浸润。骨髓源性骨髓间充质干细胞还可以促进肿瘤微环境中成纤维细胞的分化并刺激肿瘤血管的生成和耐药。最新进展是多效性的基质蛋白——富含半胱氨酸的酸性糖蛋白（SPARC）通过调节细胞中的间充质和细胞外基质，维持骨髓中前-B 细胞的正常成熟和分化。另外，淋巴瘤细胞可以侵入骨髓，在骨髓内定位于特定的成骨细胞龛和血管龛，在这些龛中可以鉴别出 SPARC，证明正常基质 SPARC 可能调节骨髓龛和次级淋巴器官生发中心的 B 淋巴细胞增殖，SPARC 通过血小板-P-选择素（CD62P）-CD24 轴诱导前-B 细胞的凋亡。SPARC 缺失会影响 B 细胞的正常分化，向淋巴瘤转化。

基质细胞可以减少免疫细胞的凋亡，维持 T 细胞的生存。T 细胞微环境中有 TFH 和 Treg，其中关系最为密切的是 TFH，其可以通过分泌 IL-2 与 IL-21R 紧密结合刺激 B 细胞增殖、分化和类型转化。

3. 骨髓增生异常综合征和细胞外基质 骨髓增生异常综合征（MDS）是一类起源于造血干细胞的克隆性髓系疾病，其发病机制主要涉及细胞遗传学、表观遗传学、免疫调节、骨髓微环境等改变，表现为无效造血、难治性血细胞减少，高风险向急性髓系白血病转化。MDS 发病及进展也与骨髓微环境改变密切相关，研究发现，MDS 患者骨髓中 IL-32 的表达水平显著高于健康志愿者骨髓中 IL-32 的表达，同时体外通过抗 TNF-α 介导凋亡的白血病细胞株 KG1a，证明 IL-32 可促进细胞凋亡，但国内未见报道。体外研究显示，IL-32 与 TNF-α 关系密切。

4. 细胞外基质在细胞耐药中的作用 髓微环境不仅支持正常造血细胞和恶性造血细胞的生长，还通过分泌可溶性细胞因子、细胞黏附作用、上调耐药基因及改变细胞周期等机制庇护白血病细胞免于化疗药物的杀伤。骨髓微环境介导的几种耐药机制包括可溶性因子介导的耐药、细胞黏附介导的耐药、耐药基因上调、对白血病细胞代谢的调节和肿瘤细胞周期改变等。在白血病发生、发展的过程中，其微环境发生了改变并参与介导了白血病细胞的耐药。可溶性因子介导的耐药，骨髓基质细胞等产生可溶性因子，调节造血细胞归巢和生存、肿瘤细胞增殖，骨髓微环境富含维持和促进造血干、祖细胞生长的各种细胞因子，而血液肿瘤细胞充分利用了这一点。骨髓基质细胞会产生高水平的 IL-6，骨髓微环境与肿瘤细胞通过旁分泌可溶性细胞介质，增强生长因子的分泌。IL-6 是多发性骨髓瘤的一种重要的细胞生长因子，可诱导 STAT3 信号通路，即通过上调抗凋亡蛋白 BCL-xl 使瘤细胞免于 Fas 介导的细胞凋亡。此外，研究发现，从患者样本中分离出来的由骨髓瘤细胞克隆分泌的 IL-6 可以抵抗自发的及药物（地塞米松）引起的细胞凋亡，而无 IL-6 分泌的克隆则对药物敏感。细胞黏附介导的耐药：研究发现，造血细胞表达 CXCR4，骨髓基质细胞分泌 SDF-1，是 CXCR4 的配体。SDF-1/CXCR4 信号在白血病/骨髓微环境相互作用中发挥关键作用。基因的表达谱分析表明，与诱导化疗敏感的患者比较，IL-8 基因在难治 T-AL 患者高表达。Scupoli 等研究发现，骨髓基质细胞通过激活 SDF-1 的受体 CXCR4，上调 IL-8 mRNA 在 T 细胞急性淋巴细胞白血病中的表达；同时研究也表明，骨髓基质细胞可以通过 CXCR4/CXCL12 轴非选择性保护慢性髓系白血病细胞免于伊马替尼诱导的细胞凋亡。在体外生理模拟系统中发现，SDF-1/CXCR4 相互作用有助于阻碍白血病细胞信号转导抑制剂及化疗引起的细胞凋亡；CXCR4 的拮抗剂可破坏其相互作用，从而增加白血病细胞的敏感性。阻断 SDF-1/CXCR4 轴可以部分逆转多发性骨髓瘤细胞株对化疗药物的耐药性。用 CXCR4 的抑制剂破坏其相互作用代表了增加骨髓微环境保护的白血病细胞敏感性的新战略，但绝大多数工作仍处于实验室研究阶段，尚未进入临床试验。微环境可以调节一些重要的耐药相关基因的扩增和表达，从而影响肿瘤细胞的耐药表型。体外实验表明，特定的微环境可以诱导肿瘤细胞产生与 P-糖蛋白相关的多药耐药现象，而无论是原发灶还是转移灶耐药肿瘤细胞，离开特定的微环境后，P-糖蛋白表达水平及其对化疗药物的敏感性均会发生变化。有些耐药基因的变化是在微环境成分存在时产生的，但骨髓微环境诱导使其变化的具体机制尚不清。未来通过检测不同的基质分子和免疫标志物，研制针对细胞外基质分子及其酶类、血管新生的抑制剂，监测预后相关的分子标志物，评估恶性肿瘤的生物侵袭性，可能有助于提高临床诊断率及综合治疗疗效。

第四节　细胞外基质与血小板凝集及血栓形成

血小板对于维持完整血管中的正常血流及在血管发生损伤之后的出血与止血过程中都具有十分重要的意义。正常情况下血小板不会与血管壁发生黏附，但当血管受到损伤，血管内皮细胞下层的细胞外基质结构暴露于血流时，血小板即快速紧贴在血管损伤部位。发生黏附的血小板第一层与血栓形成表面接触，之后，根据血小板之间的相互作用，决定血栓的形成。这两步过程分别称为血小板的黏附与凝集。血小板的黏附与凝集涉及血小板膜上一系列的受体与其相应配体识别与结合的过程。

1. 血小板的黏附　血小板对血管损伤的第一步应答，是不可逆地与损伤位点的黏附。正常情况下血液循环中的血小板均处于"静止"状态，当血管受到损伤时，血管壁破损处暴露出细胞外基质蛋白成分，可以激活与之相邻的血小板，因而血小板可以与血液中的黏附分子相互作用，然后与血管损伤位点黏合。这种由血管壁损伤所引发的血小板局部黏附环境的变化，是血管损伤导致血小板血栓形成最为原始的因素之一。

在血管损伤部位血小板能够识别的黏附性表面非常复杂，而且也因发生损伤的部位不同而有很大的差别。内皮下层的细胞外基质蛋白有多种类型，包括胶原、纤维粘连蛋白和冯·威勒布兰德因子等，都是血小板所能识别的基质蛋白成分。血小板识别这些不同类型的细胞外基质蛋白，是通过血小板膜上不同的受体进行的。纤维蛋白原其本身并不是内皮下层的基质蛋白类型，一旦发生血管损伤，血液中的纤维蛋白原则会很快沉积到血管损伤位点。

血小板黏附与凝集之间序贯发生。研究结果表明，血小板的黏附与纤维蛋白原有关，基质成分暴露，使血小板黏附力增强，黏附的血小板通过释放二磷酸腺苷以促进此后的血小板之间的相互作用与黏附。黏附之后所触发的血小板之间的黏附却与冯·威勒布兰德因子的作用有关。纤维蛋白原可与血小板膜上的 GP Ⅱ b-Ⅲa 复合物受体分子结合，而冯·威勒布兰德因子却与血小板膜上的 GP Ⅰ b-Ⅸ-Ⅴ复合物受体分子结合。在静态条件下，含有凝血酶抑制剂、D-苯丙氨酰-L-脯氨酰-L-精氨酸氯甲基酮（PPACK）的富含血小板的血液中，其中的血小板是一种未激活的形式，可与以纤维蛋白原或冯·威勒布兰德因子包被的表面发生黏附，但却不能与以纤维粘连蛋白或玻连蛋白包被的表面发生黏附。血小板的激活抑制剂，如前列腺素 E_1（PGE_1）或毛喉素等，通过引起细胞内的 cAMP 浓度升高，使血小板沉积到冯·威勒布兰德因子表面的过程受到阻断，但对血小板沉积到纤维蛋白原表面的过程仅具有部分的阻断作用，说明血小板的激活状态对血小板的黏附作用具有显著的影响，而且决定血小板可以进行黏附的底物的特异性。血小板的激活状态对血小板的黏附能力及黏附底物的特异性都有显著的影响。血小板与纤维蛋白原的黏附在血小板激活之前即可发生，但血小板与冯·威勒布兰德因子的黏附过程则需要由 GP Ⅰ b 介导。血小板激活的抑制剂如 PGE_1 等能够干扰血小板与冯·威勒布兰德因子的黏附过程，而对血小板-纤维蛋白原的黏附过程无显著的影响。

神经鞘氨醇是蛋白激酶 C（PKC）的一种抑制剂，可以抑制血小板与冯·威勒布兰德因子的结合，而对血小板和纤维蛋白原的结合却没有影响。神经鞘氨醇像 PGE_1 或毛喉素一样，也可以抑制血小板之间的相互作用，即血小板的凝集。PKC 的激活是血小板激活的一种结果，而不是血小板与不溶性的纤维蛋白原相互作用的先决条件。相反，PKC 活性的抑制可以阻断血小板与冯·威勒布兰德因子的黏附作用，其机制是抑制 GP Ⅱ b-Ⅲa 的底物特异性的改变。

2. 血小板的凝集　血小板的凝集过程与血小板的黏附过程一样，也包括识别与激活两步，即血液循环中的处于静止状态的血小板对已发生黏附的血小板的识别，以及局部的细胞外基质蛋白对血小板的激活过程。

在低血流切变的条件下，纤维蛋白原等其他类型的黏附分子足以支持血小板与血栓形成表面及血小板之间的结合能力；而在高血流切变条件下，只有当冯·威勒布兰德因子参与时，才能提供足够的血小板结合位点，克服血流的高度切变力，使血栓形成。在高切变力的条件下，冯·威勒布兰德因子的分子结构发生伸展，这一多聚体结构中的重复序列亚单位提供了大量的血小板膜受体的结合位点，因而增加了血小板-冯·威勒布兰德因子的相互作用。因此，血小板与血栓形成表面之间及血小板之间的结合能力增加，以期在高血流切变的条件下形成止血栓。

3. 纤维胶原与血小板的凝集　血管内皮细胞下层由一系列的细胞外基质蛋白所组成，纤维性胶原是其中诱导血栓形成的主要基质蛋白。血小板膜上糖蛋白 GP Ⅱ b-Ⅲa 与二价的纤维蛋白原结合，能够使血小板之间发生交联。另外，激活的血小板可提供凝血因子Ⅷa-Ⅸa 和凝血因子 Ⅴa-Ⅹa 复合物的装配位点，从而进一步参与凝血过程。这一过程在血小板的表面形成凝血酶，同时形成纤维蛋白网状结构。Scott 综合征是一种出血性疾病，其特点是由于血小板中的酸性磷脂不能翻转到血小板的质膜外层部位，因而这种血小板缺乏参与止血过程的能力，导致凝血因子Ⅹ和凝血酶原转换活性下降而出血。

直接与内皮下胶原相接触的血小板与黏附性血小板血栓中的血小板相比较，其促凝血活性存在差别。黏附于胶原的血小板的一个独特的性质就是既可以被胶原所激活，也可以被凝血酶等可溶性血小板激活因子所激活。而与血小板血栓黏附在一起的血小板仅可被可溶性的血小板激活因子所激活，而不能被胶原所激活，这是两种类型的血小板之间的重要区别。血小板功能不全的患者，如果其血小板与血管内皮细胞下层的胶原蛋白接触，尽管缺乏血小板血栓的形成，但仍然可见纤维蛋白的形成，这是内皮细胞下基质黏附性血小板的促凝血活性所导致的一种结果。

激活的血小板为凝血酶复合物的形成与装配过程提供了结合位点，并以同样机制介导止血与血栓形成的过程。通过加入血小板 GPⅡb-Ⅲa 的拮抗剂 Ro44-9883，选择性地阻断血小板血栓的形成，因而可以对胶原黏附性血小板的促凝血活性进行研究，证实胶原黏附性血小板在血流中介导的纤维蛋白形成中具有十分重要的作用。

4. 其他　除了血小板及核心凝血因子参与凝血及血栓形成过程，细胞外基质其他成分也参与这个过程。

细胞外基质软骨寡聚基质蛋白（COMP）属于凝血酶敏感蛋白（TSP）家族成员，同家族的 TSP-1 参与血小板功能和凝血过程。多项研究证实，COMP 通过与凝血酶结合抑制其活性，能够抑制生理性止血和血栓形成。COMP 对凝血酶功能的抑制作用，使其具备作为抗凝药物的临床应用潜能。研究筛查了野生型和 COMP 敲除小鼠的凝血功能，发现 COMP 缺陷能缩短出血时间、凝血时间和损伤诱导的血栓形成时间，提示 COMP 敲除可能增强了凝血酶功能。COMP 纯化蛋白特异性地抑制血小板聚集、释放及血块收缩。通过表面等离子共振确定了凝血酶与 COMP 的直接结合，并且证实 COMP 与凝血酶 exosite Ⅰ和Ⅱ双位点结合；而 COMP 的 EGF 样重复序列被证实是其与凝血酶结合位点。研究证明了血小板可以表达并分泌 COMP，通过骨髓移植与血小板输注实验证实血小板源的而非血管壁源的 COMP 在抑制血液凝固中起主要作用。

血小板黏附、激活及聚集在暴露的内皮下细胞外基质是止血过程必不可少的步骤。此步骤涉及多个环节及多个血小板受体-配体反应。其中，血小板黏附反应主要涉及的受体为血小板糖蛋白（glycoprotein，GP）Ⅰb-Ⅴ-Ⅸ复合物与整合素，激活与聚集反应主要涉及 GPⅥ及 C 型凝集素样受体-2（C-type lectin-like receptors-2，CLEC-2）。CLEC-2 是在血小板表面表达的信号受体。CLEC-2 的信号转导主要利用 FcRγ 的胞质侧尾部的免疫受体酪氨酸活化基序（ITAM），每个 ITAM 包含 2 个保守的 YXXL 序列，由 6～12 个氨基酸分开，rhodocytin 与 CLEC-2 发生配体受体反应后使 YXXL 磷酸化，与 Syk 的串联 SH2 结构域结合，引发激酶活化。CLEC-2 拥有单个 YXXL，其可以通过 2 个磷酸化的受体之间，通过串联的 SH2 结构域进行桥接形成二聚体，1 个 Syk 的串联 SH2 结构域与 2 个分子的磷酸化的 YXXL 以 1∶2 形式结合，而后激活 Syk。CLEC-激活 Syk 后启动适配体及效应蛋白信号级联反应，下游信号分子与 GPⅥ一致，包括 LAT、SLP-76、Vav1/3 的酪氨酸磷酸化，效应蛋白包括 Btk 及磷脂酶 Cγ2（phospho-lipase Cγ2，PLCγ2），最终激活 PLCγ2 并募集 PLCγ2 至细胞膜。人类血小板 CLEC-2 的激活严格依赖 ADP、血栓素 A_2 及肌动蛋白聚合的反馈反应。另外，CLEC-2 通过调节 PI3K 及 PKC 的下游信号分子 Akt 及 MAPK，引起糖原合成酶激酶（glycogen synthase kinase，GSK）3α/β 的磷酸化及抑制，增强血小板聚集及分泌。一种新型非细胞毒的 5-硝基苯甲酸盐化合物 2CP 是目前第一个确定的血小板 CLEC-2 拮抗剂，其利用与 podoplanin 相同的结合单元直接竞争性结合 CLEC-2，抑制 podoplanin 诱导的血小板激活。由于 CLEC-2 潜在的血小板活化作用，推测其可能成为抗血栓药物的靶点，因为血小板的激活在血栓形成中至关重要，因此检测在体血小板激活对鉴定患者血栓风险及监测抗血小板治疗效果有重要意义。

细胞外基质蛋白参与正常血液系统的各种机能，几乎与所有血液疾病的发生发展有着密切的关系，但其涉及的各种基质细胞、分子众多，机制复杂。目前的研究仅能对部分分子机制及通路进行静态的解释，尚不能完全解释多个分子的共同作用机制。未来通过检测不同的基质分子和免疫标志物，研制针对细胞外基质分子及其酶类、血管新生抑制剂，监测预后相关的分子标志物，评估恶性肿瘤的生物侵袭性，可能有助于提高临床诊断率及综合治疗疗效。细胞外基质研究是临床疾病治疗及药物研究的重要领域，深入研究将存在广阔的前景。

（曾慧慧）

参 考 文 献

张元玉，胥莉，李大启，等. 2016. 骨髓增生异常综合征患者骨髓基质细胞 IL-32 mRNA 表达及其与细胞凋亡的相关研究. 中国实验血液学杂志，24：773～778.

周宣，刘旭，钟彩云，等. 2017. Fibulin-2 与肿瘤发生的相关性研究进展. 现代肿瘤医学，25：1333～1336.

Berrier AL, Yamada KM. 2007. Cell-matrix adhesion. J Cell Physiol, 213: 565～573.

Brady MT, Hilchey SP, Hyrien O, et al. 2014. Mesenchymal stromal cells support the viability and differentiation of follicular lymphoma-infiltrating follicular helper T-cells. PloS One, 9: e97597.

Chang YW, Hsieh PW, Chang YT, et al. 2015. Identification of a novel platelet antagonist that binds to CLEC-2 and suppresses podoplanin induced platelet aggregation and cancer meastasis. Oncotarget, 6: 42733～42748.

Hawinkels LJ, Kuiper P, Wiercinska E, et al. 2010. Matrix metalloproteinase-14 (MT1-MMP)-mediated endoglin shedding inhibits tumor angiogenesis. Cancer Res, 70: 4141～4150.

Kishimoto W, Nishikori M. 2014. Molecular pathogenesis of follicular lymphoma. J Clin Exp Hematop: 54: 23～30.

Law EWL, Cheung AKL, Kashuba VI, et al. 2012. Antiangiogenic and tumor-suppressive roles of candidate or suppressor gene, fibulin-2, in nasopharyngealcarcinoma. Oncogene, 31: 728～738.

Liao J, Kong PY. 2016. Research progress of relationship between urokinase plasminogen activator system and acute myelocytic leukemia. Cancer Res PrevTreat, 43: 305～308.

Liu S, Ginestier C, Ou SJ, et al. 2011. Breast cancer stem cells are regulated by mesenchymal stem cells through cytokine networks. Cancer Res, 71: 614～624.

Moroi AJ, Watson SP. 2015. Akt and mitogen-activated protein kinase enhance C-type lectin-like receptor 2-mediated platelet activation by inhibition of glycogensynthase kinase 3α/β. Thromb Haemost, 13: 1139～1150.

Mourcin F, Pangault C, Amin-Ali R, et al. 2012. Stromal cell contribution to human follicular lymphomapathogenesis. Front Immunol, 3: 280.

Musumeci L, Kuijpers MJ, Gilio K, et al. 2015. Dual-specificity phosphatase 3 deficiency or inhibition limits platelet activation and arterial thrombosis. Circulation, 131: 656～668.

Wu TS, Hammond GL. 2014. Naturally occurring mutants in form SHBG structure and function. Molecular Endocrinology, 28: 1026～1038.

Yagi K, Yamamoto K, Umeda S, et al. 2013. Expression of multi-drug resistance 1 gene in B-cell lymphomas: association with follicular dendritic cells. Histopathology, 62: 414～420.

第四十六章 细胞外基质与肿瘤转移

肿瘤转移是指恶性肿瘤细胞脱离原发肿瘤，通过各种转移方式，到达继发组织或器官得以继续增殖生长，形成与原发肿瘤相同性质的继发肿瘤的全过程。除少数恶性肿瘤如皮肤基底细胞癌和某些中枢神经系统肿瘤很少发生转移外，绝大多数恶性肿瘤在疾病进展时都可发生转移。肿瘤转移是肿瘤患者死亡最主要的原因之一。肿瘤的侵袭与转移已成为治疗恶性肿瘤的最大障碍。转移是恶性肿瘤的绝对指征；良性肿瘤无转移。

在肿瘤转移过程中，一方面，细胞外基质影响肿瘤细胞的增殖、转移；另一方面，肿瘤细胞与细胞外基质的黏附、对细胞外基质的侵袭、肿瘤细胞在细胞外基质中的迁移与肿瘤转移密切相关。此外，肿瘤转移过程中的血管生成与细胞外基质亦存在广泛的联系。在众多影响肿瘤侵袭和转移的因素中，细胞外基质是阻止肿瘤转移的第一道屏障。在肿瘤浸润转移过程中，肿瘤细胞与周围的外基质之间发生一系列的动态变化。

第一节 肿瘤转移的过程与途径

肿瘤的浸润和转移是决定肿瘤患者预后的一个关键因素。肿瘤转移是一个多步骤、多因素参与和影响的复杂过程，黏附分子、蛋白溶酶、细胞因子和生长因子等参与了这一过程。肿瘤转移与肿瘤细胞的能动性、能动性因子的合成、分泌及其受体、转移的信号转导、肿瘤细胞的基因缺陷、肿瘤转移相关基因及肿瘤抑制基因的表达等都有十分密切的关系。肿瘤转移是一个连续的过程，为了研究上的方便，将肿瘤转移的过程人为分成几个不同的阶段。肿瘤转移机制的分子生物学研究表明，一部分基因能够促进肿瘤的转移，称为肿瘤转移促进基因（metastasis-enhancing gene）；还有一部分基因能够抑制肿瘤的转移，称为肿瘤转移抑制基因（metastasis-suppressing gene）。肿瘤转移的促进基因与抑制基因作用于肿瘤转移的不同阶段，但无论如何，肿瘤的转移都必须突破肿瘤细胞原发部位的细胞外基质所形成的屏障结构。

一、肿瘤转移的过程

肿瘤转移过程中肿瘤细胞从原发肿瘤部位脱离、迁徙到与原发肿瘤不同的位点，不断生长，最终发展为新的肿瘤病灶。肿瘤的转移并不是一个随机的过程，而是一系列肿瘤-宿主相互作用复杂过程的结果。对于这一过程的任何一个步骤进行干扰、破坏，都可能防止肿瘤转移的发生。

（一）局部浸润

浸润能力强的肿瘤细胞亚克隆的出现和肿瘤内血管形成对肿瘤的局部浸润都起重要

作用。在肿瘤的浸润阶段，肿瘤细胞穿透不同的细胞外基质，包括基底膜、间质、软骨和骨等。

局部浸润的步骤：

（1）由细胞黏附分子介导的肿瘤细胞之间的黏附力减少。

（2）肿瘤细胞与细胞外基质或基底膜紧密附着。

（3）细胞外基质或基底膜降解。在肿瘤细胞和基底膜紧密接触4～8h后，细胞外基质的主要成分如LN、FN、蛋白多糖和胶原纤维可被肿瘤细胞分泌的蛋白溶解酶溶解，使基底膜产生局部的缺损。

（4）肿瘤细胞以阿米巴运动通过溶解的基底膜缺损处。肿瘤细胞穿过基底膜后重复上述步骤溶解间质性的结缔组织，在间质中移动。到达血管壁时，再以同样的方式穿过血管的基底膜进入血管。肿瘤细胞迁移的方向也不是随机的，而是受到肿瘤细胞自分泌的迁移因子，以及这些因子的相关受体、宿主细胞旁分泌的趋化因子、细胞外基质的主要成分，肿瘤蛋白酶作用后产生的各种降解成分，各种生长因子等因素的影响。

（二）血管的形成

当肿瘤直径达到或超过1～2mm时，经微环境渗透提供的营养物质已不能保证肿瘤细胞的生长。此时，宿主的血管长入肿瘤组织中，为肿瘤组织快速的增生提供充足的营养成分。血管的形成发生在毛细血管后的小静脉水平上。通过肿瘤细胞和基质细胞释放的血管形成因子而促进肿瘤血管的形成。肿瘤血管的形成过程中，其血管内皮细胞的增殖速度是正常血管内皮细胞生长速度的20～2000倍。

（三）进入脉管系统

肿瘤诱导形成的毛细血管网不仅与原发肿瘤生长有关，而且也为侵入基质的游离肿瘤细胞进入循环系统提供了基本条件。新形成的毛细血管基底膜本身存在缺损，薄壁小静脉的管壁也有缝隙，加上微小淋巴管道等脉管结构不存在基底膜结构，这些都为肿瘤细胞提供进入循环系统的便利条件。此外，肿瘤细胞还可以浸润宿主组织中业已存在的血管而进入血流中。

（四）循环

脱落至循环中的肿瘤细胞，大部分是分散的，在运送过程中大多数被杀死破坏，不到0.1%的细胞有可能聚合形成细胞团块或瘤栓，后者能在新的部位建立起转移灶的机会要比分散的细胞高得多。直径为1cm的快速生长的肿瘤，每天可以向血液循环中释放几百万个肿瘤细胞，因此，血液循环成为肿瘤转移细胞的一个暂时栖息场所。

（五）继发组织器官定位生长

在循环中幸存的肿瘤细胞到达特定的继发组织或器官时，通过各种不同的途径特异性地锚定在毛细血管壁上，包括物理吸附、血小板和纤维蛋白的捕捉，以及通过细胞膜上相应的受体与血管内皮细胞黏附，并穿透管壁逸出血管进入周围组织。这些肿瘤细胞逃避宿主的局部非特异免疫杀伤作用，在各类生长因子的作用下增殖生长，最终形成转移肿瘤灶。

（六）转移灶继续扩散

转移灶的肿瘤细胞可以呈集落性生长。当转移癌灶直径超过 1~2mm 时，新生毛细血管形成并与肿瘤连通。肿瘤转移病灶一旦形成，又可以此作为肿瘤细胞播散的基地，通过上述相同机制，向更多的部位发生转移，形成更多的肿瘤转移灶。多种宿主和肿瘤因子可以改变肿瘤存活和生长所必需的微环境。作为一种自分泌机制，肿瘤细胞可以合成和释放肿瘤细胞生长所必需的一些生长因子。肿瘤细胞侵袭的宿主器官，也通过旁分泌机制合成和释放一些生长及抑制因子。这不仅对于肿瘤细胞转移灶的存活和生长有着显著的影响，也为肿瘤转移的组织器官嗜性提供了合理的解释。

二、肿瘤转移的途径

恶性肿瘤转移途径有很多，主要有 4 种。

1. 直接蔓延 随着肿瘤的不断增大，肿瘤细胞常常连续不断地沿着组织间隙、淋巴管、血管或神经束侵入并破坏邻近的正常器官或组织，然后继续生长。

2. 淋巴道转移 肿瘤细胞随淋巴引流，多数肿瘤细胞浸入到淋巴管中之后，首先到达区域性淋巴结，呈单个肿瘤细胞或肿瘤细胞团。区域淋巴结转移一般发生于原发肿瘤的同侧，也可偶尔到达对侧，位于身体中线的肿瘤可转移到一侧或双侧的淋巴结。肿瘤细胞到达淋巴结的淋巴窦后 10~60min，相当一部分的肿瘤细胞再离开淋巴结，重新进入到下一级的淋巴管中，由近及远转移到各级淋巴结，也可能越级转移。最终，一定数量的肿瘤细胞通过淋巴静脉交通，又进入血液循环中。

3. 血道转移 所有的恶性肿瘤都能不同程度地从静脉系统发生转移。在实体肿瘤中，肿瘤细胞可侵入肿瘤中的静脉血管。多数血行播散的肿瘤细胞首先在毛细血管床上停留，待进入系统性静脉之后，可阻滞于肺中，而释放到门脉系统的肿瘤细胞则会停留在肝脏中。侵入肺静脉的肿瘤细胞，随着动脉血流，进行全身播散，可以停留于任何类型的组织中，但肿瘤发生心脏转移的可能性很小。总的说来，肿瘤细胞侵入静脉的可能性大，而侵入动脉的可能性较小。

4. 种植性转移 体腔内器官的恶性肿瘤，当侵及器官表面时，瘤细胞脱落并像播种一样种植在体腔内其他器官的表面，形成多个转移性肿瘤的现象，如内脏的癌播种到腹膜或胸膜上。与肿瘤转移有关的体腔包括腹腔、胸腔、心包腔等。脱落的肿瘤细胞通过体腔转移的途径，以腹腔最为重要，胸腔次之，心包腔的可能性则最小。

中枢神经系统的肿瘤转移，脑脊髓腔及其中的脑脊髓液是肿瘤细胞发生转移的重要途径。肿瘤细胞可以穿透蛛网膜等结构，侵入中枢神经系统。

第二节 细胞外基质成分在肿瘤转移过程中的作用

细胞外基质的主要成分包括：①纤维性成分，有胶原蛋白、弹性蛋白和网织蛋白等；②连接蛋白类，包括层粘连蛋白、纤维粘连蛋白等；③空间充填分子（主要为糖胺聚糖），包括硫酸软骨素、硫酸皮肤素、肝素、硫酸乙酰肝素、硫酸角质素、透明质酸等。细胞外基质在肿瘤发生发展中的作用如下：①细胞外基质可作为机体防御肿瘤转移的天然屏障；

②作为细胞生长的重要微环境，细胞外基质一方面控制肿瘤细胞增殖、分化和迁移，另一方面为肿瘤细胞提供适宜的"土壤"；③抑制细胞融合。细胞融合假说的一个突出特征是强调自发性细胞-细胞融合在肿瘤浸润和转移中发挥着重要作用，而细胞脱离细胞外基质是其前提，初始状态的细胞外基质抑制突变细胞的融合，从而控制肿瘤的增殖、分化和迁移，但被肿瘤细胞重塑后的细胞外基质反而导致肿瘤细胞高增殖、低分化，致肿瘤浸润和转移。

一、胶原蛋白与肿瘤转移

胶原蛋白是细胞外基质的重要成分，对肿瘤的发生发展有重要的调控作用。常见的原纤维胶原蛋白包括 Ⅰ、Ⅱ、Ⅲ、Ⅴ 和 Ⅺ 型胶原蛋白等，常见的非原纤维胶原蛋白包括Ⅳ、Ⅹ型胶原蛋白等。胶原蛋白Ⅳ（type Ⅳ collagen，Ⅳ-C）是胶原蛋白家族成员之一，属于非原纤维胶原蛋白，也具有独特的异源三聚体螺旋链结构，由α_1、α_2、α_3、α_4、α_5、α_6 六型α-肽链组成。Ⅳ-C 主要存在于细胞基底膜（BM）。Ⅳ-C 参与细胞间的信号转导，在疾病的发生发展中也发挥重要作用。有研究表明，Ⅳ-C 可与胰腺癌细胞的整合素结合，进而激活癌细胞内信号转导通路，促进癌细胞的增殖、生长及迁移，抑制癌细胞的凋亡。例如，在髓性白血病细胞基底膜上，变性的Ⅳ-C 表达增加。变性的Ⅳ-C 可高效结合盘状结构域受体家族 1（DDR1），进而激活细胞内蛋白激酶 B（PKB），促进髓性白血病细胞的转移和黏附。Ⅳ-C 异常沉积在肿瘤进展和转移过程中发挥重要作用，通过结合整合素β_1、$\alpha_2\beta_1$ 可以激活整合素信号通路，促进 Src/ERK 磷酸化，进而降低肿瘤细胞刚度，促进肿瘤细胞转移。Burnier 等通过 RNA 干扰高转移肿瘤细胞Ⅳ型胶原的表达，增强了细胞的失巢凋亡，降低了肝转移的发生，表明Ⅳ型胶原传递的信号对于多种肿瘤的肝转移是必要的，而Ⅳ型胶原信号传递的调节可能成为肝转移的潜在治疗靶点。

肿瘤抑素是一个被广泛关注的内源性抗肿瘤因子，位于Ⅳ型胶原α_3 链 NC1 结构域，可抑制体内血管形成从而抑制肿瘤的增殖与转移。Luo 等研究发现非小细胞肺癌肿瘤组织肿瘤抑素 mRNA 表达下降，且低表达与预后差密切相关。另外，α_4-肽链 NC1 结构域的多肽片段，也可通过与内皮细胞表面整合素结合，抑制内皮细胞的增殖、迁移和诱导内皮细胞凋亡，从而抑制血管生成。

Ⅰ型胶原 N 端肽（NTx）是Ⅰ型胶原的代谢物，后者是骨基质的主要成分。Tamiya 等的研究发现，血清 NTx 水平与肺癌骨转移明显相关，可作为肺癌骨转移的诊断标记物。Zhao 等研究发现，恶性肿瘤骨转移组血清Ⅰ型胶原 C 端肽（CTx）、Ⅰ型前胶原氨基端原肽（PINP）、骨碱性磷酸酶（B-ALP）和骨钙蛋白（OST）水平显著高于对照组，并且与骨转移灶的数量相关。有骨转移的前列腺癌患者这些标志物水平更高。骨转化的生化标志物，包括 CTx、PINP、B-ALP 和 OST，在骨转移癌的诊断和预后起着重要作用，如 Imamura 等的研究提示乳腺癌基线Ⅰ型胶原 CTx 高表达患者预后差。在预测骨转移方面，CTx 有较高的敏感性，PINP 有较高的特异性。B-ALP 是骨转化为骨转移的理想生化标志物。

Staniszewska 等实验表明，Viperistatin 和 VP12 分别通过抑制胶原受体整合素$\alpha_1\beta_1$ 和 $\alpha_2\beta_1$，进而抑制了黑色素瘤细胞细胞的转移；因而，胶原受体很可能成为开发新型抗转移治疗药物的靶点。

胶原三螺旋重复蛋白 1（CTHRC1）是一种新发现的糖基化蛋白，在包括结直肠癌、非小细胞肺癌、乳腺癌等多种恶性肿瘤中高表达，与肿瘤浸润、转移密切相关。Ke 等研究提示其高表达与肺癌肿瘤分化差、分期晚及转移密切相关,且高表达患者预后显著变差,提示其可能成为肿瘤的治疗靶点之一。

二、纤维粘连蛋白与肿瘤转移

一系列的研究表明,纤维粘连蛋白在体内肿瘤转移的过程中发挥着十分重要的作用。纤维粘连蛋白为非胶原糖蛋白,广泛存在于细胞表面、细胞液、结缔组织和各种实质器官。纤维粘连蛋白在体内以两种形式存在:一种是可溶性,主要存在于血浆及体液中;另一种是不可溶性,存在于细胞表面、基底膜和细胞间质中。不同存在形式的纤维粘连蛋白对肿瘤增殖、侵袭的影响也不同。细胞表面纤维粘连蛋白高表达的肿瘤细胞通过细胞膜表面包括整合素在内的多种黏附分子的作用,增强肿瘤细胞彼此间的黏附及细胞与基质、基底膜的锚定黏附能力,而不致脱落、转移。基底膜和细胞纤维粘连蛋白的减少,使肿瘤细胞的黏附性降低,容易脱落,而脱落的肿瘤细胞因保留有纤维粘连蛋白受体,能够与间质纤维粘连蛋白结合,促进肿瘤细胞的生长及运动。例如,Huang 研究发现纤维粘连蛋白/整合素β_1/FAK 轴激活可下调 ARNT,进而促进结直肠癌转移。Mitra 等研究显示,纤维粘连蛋白通过$\alpha_5\beta_1$整合素/c-Met/FAK/Src 依赖的信号通路促进卵巢癌的侵袭和转移。在肝细胞肝癌肿瘤组织呈低表达的纤维粘连蛋白,后来研究提示 FBLN-5 也通过其中的整合素,抑制粘连、迁徙和浸润能力,进而发挥抑制转移作用。在对乳腺癌的研究中发现,FN 高表达与不良预后有关,且可通过激活 STAT3 和 MAPK 通路促进乳腺癌细胞浸润和转移。

循环肿瘤细胞黏附到远处器官的血管是转移的重要步骤。纤维粘连蛋白-$\alpha_V\beta_3$整合素轴部分介导了血凝对器官转移的影响,血浆纤维粘连蛋白被整合到凝血块中,Huang 等研究进一步发现芳香烃受体核转位蛋白(ARNT)下调后通过纤维粘连蛋白/整合素β_1/FAK 信号轴促进肿瘤器官转移。

三、层粘连蛋白与肿瘤转移

层粘连蛋白是基底膜的另一重要组分,可促进细胞的黏附、增殖、迁移,提高蛋白酶系统的活性,促进肿瘤的增殖和侵袭。正常及良性肿瘤标本中层粘连蛋白广泛存在于各组织细胞的基底膜且呈连续线性表达,而恶性肿瘤标本中上皮下基底膜有局灶性缺损,且肿瘤恶性程度越高,缺损也越严重。Santos 等研究发现,在口腔鳞状上皮轻、中度不典型增生中,层粘连蛋白表达缺失 20%,原位癌和早期浸润癌表达缺失 57%,鳞癌中表达缺失达 70%。肿瘤细胞可通过细胞表面层粘连蛋白受体与细胞外基质中相应的层粘连蛋白配体相结合,促进肿瘤细胞附着于细胞外基质,然后层粘连蛋白可诱导黏附的癌细胞分泌破坏基底膜的水解酶如Ⅳ型胶原酶,使局部基底膜溶解,促进癌细胞的迁移。而另一项研究提示 MGr1-Ag/37LRP 高表达与胃癌不良预后有关,促进肿瘤多药耐药,能够在体外和体内促进胃癌细胞生长与增殖,拮抗凋亡,可能作为胃癌的潜在治疗靶点。

分子质量 67kDa 的层粘连蛋白受体(67LR)前体就是 37kDa 的层粘连蛋白受体(38LRP),它在肿瘤组织如结肠癌和胃癌等高表达,也参与了癌浸润和转移。例如,低氧情况下降诱导 67LR 表达增加,进而通过增加 uPA 和 MMP 9 的表达增强胃癌细胞的侵袭与转移。

层粘连蛋白 LM-511,在体外是转移的乳腺肿瘤细胞强力黏附和迁移底物;在体内,其表达与肿瘤分级和转移潜能相关。LM-511 有助于乳腺肿瘤转移，lebein-1 靶向整合素与 LM-511 相互作用或 LM-511 受体的其他抑制剂对于晚期乳腺癌有潜在的治疗价值。

四、透明质酸与肿瘤转移

透明质酸是一种在体内广泛存在的糖胺聚糖，作为细胞外基质中的重要成分，其所形成的细胞外空间会对肿瘤细胞的发生、侵袭和转移及新血管形成等方面产生促进作用。大部分恶性肿瘤中透明质酸的表达水平远高于正常组织，可由肿瘤细胞诱导周围的间质细胞合成与分泌或者肿瘤细胞自身合成。研究表明，肿瘤组织产生的大量透明质酸与肿瘤的侵袭和转移有关。侵袭是肿瘤细胞发生转移的前提，透明质酸在肿瘤细胞的侵袭过程中的作用主要表现为：①形成富含水、延展性好的基质，改变细胞的形状及组织的通透性；②调节细胞分泌金属蛋白酶量；③诱导细胞骨架的重排。透明质酸的过度表达可加快前列腺癌、结肠癌等的转移。透明质酸的高表达与许多恶性肿瘤的浸润行为紧密相连。

透明质酸促进新生血管形成，调节肿瘤细胞与血管内皮的黏附性，促进肿瘤细胞发生血道转移。透明质酸分解片段与内皮细胞表面的透明质酸受体结合后，可以通过激活局部的促分裂原活化蛋白激酶 K 的途径，促进内皮细胞的增殖和运动，从而加速新生毛细血管的生成。

透明质酸促进肿瘤细胞发生淋巴转移。肿瘤细胞通过释放基质金属蛋白酶和胶原酶等溶解毛细淋巴管周围的基质层，从而自肿瘤组织迁移至淋巴内皮。然后，经受体介导与淋巴管内皮细胞表面的透明质酸结合，迁移进入毛细淋巴管，进而沿淋巴管转移。淋巴液中的透明质酸对于肿瘤细胞的附着和运动可能产生不同影响，使结合于内皮细胞表面的透明质酸促进肿瘤细胞的附着和滚动，而游离的透明质酸有利于肿瘤细胞向淋巴结漂流。

第三节 细胞外基质受体与肿瘤转移

肿瘤转移是肿瘤细胞从肿瘤原发部位与其他肿瘤细胞块分离，穿过局部的细胞外基质，再穿透血管内皮细胞层，进入血液循环或淋巴通路，又穿透血管壁到达新的位点，发展成为新的瘤灶。在肿瘤细胞的这一系列迁徙过程中，细胞外基质受体即肿瘤细胞膜上表达的黏附分子起着十分重要的作用。

细胞黏附分子是特定介导细胞与细胞之间的粘连的，这种黏附分子在肿瘤细胞的侵袭和转移过程中发挥双重作用：一方面，肿瘤细胞必须先通过细胞黏附分子下调，从原发灶脱落，赋予肿瘤细胞转移潜能；另一方面，肿瘤细胞又需要通过细胞外基质受体或内皮细胞配体的上调，与细胞外基质或血管内皮细胞黏附而移动，才能形成转移灶。这些都是肿瘤转移过程中的关键步骤，与肿瘤细胞表达的膜表面黏附分子密切相关，黏附分子无论质或量的改变都会影响肿瘤细胞的侵袭及转移能力。事实上，肿瘤转移过程无不包含黏附和分离（黏附解聚）两个方面。肿瘤细胞的迁徙绝不是一种被动或完全随机的过程，而是由肿瘤细胞膜上表达的黏附分子的性质与种类，以及与肿瘤细胞局部环境中细胞外基质成分之间的相互作用而决定的。

肿瘤细胞在转移过程中除与同源细胞接触黏附外，还与其他各类细胞广泛接触黏附。这种细胞间黏附包括：①同源细胞间黏附，这种相同细胞间的黏附取决于同类邻近细胞间相同黏附分子的存在，钙黏蛋白是此类细胞内黏附的基本物质，这种黏附对原发肿瘤的早期生长、循环内肿瘤的黏附聚集成簇及继发肿瘤的增殖生长起到重要作用；②异源细胞间黏附，这种不同细胞间的黏附是肿瘤细胞表面的黏附分子与其他类细胞表面不同黏附分子之间的连接。

细胞黏附分子（CAM）是由细胞产生的、位于细胞表面或细胞基质中的糖蛋白，是介导细胞与细胞间或细胞与细胞外基质间相互接触、识别、结合、激活和移行等的一大类黏附物质的总称。这些黏附分子包括整合素受体蛋白家族、选择素家族、钙黏蛋白家族、透明质酸受体家族、唾液黏蛋白家族及免疫球蛋白超家族等。肿瘤细胞的转移潜能在很大程度上取决于这些黏附分子的表达。

一、整合素与肿瘤转移

整合素使肿瘤细胞同质性黏附下降，而使肿瘤细胞异质性黏附增加，有助于肿瘤细胞的侵袭和转移。不同于正常组织和细胞，在肿瘤细胞中整合素往往出现异常的高表达，或出现新的整合素表达。人类整合素共有 18 个 α 亚基、8 个 β 亚基，组成至少 25 种 αβ 异二聚体。整合素的异常表达与肿瘤转移密切相关。研究表明整合素可接受多种细胞信号因子的刺激而激活如表皮生长因子、RAS-MAPK、PI3K/AKT 等的胞内信号通路，从而发挥促进肿瘤转移作用。例如，整合素的表达与卵巢癌的转移和发展密切相关，整合素的表达上调可以明显地促进卵巢癌的转移；它可作为卵巢癌潜在的治疗靶点，同时抑制整合素/FAK 及 c-Myc 信号转导通路，可抑制卵巢癌细胞增殖、生长及肿瘤形成；另有研究发现抑制整合素 $α_5β_1$ 表达有助于提高卵巢癌的疗效、改善卵巢癌的预后。

上皮-间质转化（EMT）是指上皮细胞在特定的生理和病理情况下向间质细胞发生转化的现象。近年来研究发现，EMT 现象与肿瘤的侵袭转移密切相关，在卵巢癌、乳腺癌、结肠癌、肺癌、前列腺癌、口腔癌、肝癌等多种癌症的原位浸润和远处转移中发挥了重要作用。EMT 在肿瘤侵袭转移中的作用及其调控机制正受到越来越多的关注。整合素可以通过直接或间接方式调控并促进 EMT。整合素 $α_3β_1$ 通过 TGF-$β_1$-Smad 信号通路激活直接促进 EMT 发生。整合素对 EMT 的调控是通过黏着斑激酶 FAK 和整合素连接激酶来进行的。整合素信号通过 FAK 激活肌球蛋白轻链激酶（MLCK），使肌球蛋白轻链磷酸化，使得细胞 E-cad 水平下调，出现 EMT。另一方面，整合素的活化使得整合素连接激酶过量表达，导致 p-连环蛋白转位至细胞核，活化 B-cat/LEF 途径下调 E-cad 水平，发生 EMT。

血管生成在肿瘤转移的过程中起着至关重要的作用。研究发现整合素 $α_Vβ_3$ 在肺癌、结肠癌、胰腺癌和乳腺癌等的血管生成时表达增加。$α_Vβ_5$ 作为另一种整合素异二聚体，促进喉鳞癌血管转移。整合素对肿瘤血管生成的调控主要是通过激活 VEGF 信号通路进行的，通过 EGFR 调控和促进 EphA2 激活 VEGF 信号通路进而调控血管的生成。同时肿瘤细胞通过上调整合素的分泌，与内皮细胞表面的整合素相结合，通过 MAPK 信号转导通路抑制 p53 的激活，影响 PKC 信号转导通路，从而影响 VEGF 信号通路的转导，促进内皮细胞 VEGF 的表达增加，促进血管生成。整合素的这一血管生成的调控是非配体依赖性的，即在使用外源性血管生成抑制剂时候，整合素仍然可以发挥血管生成的促进作用。

整合素可以促进肿瘤细胞穿越血管内皮屏障。血管内皮是肿瘤转移的屏障，肿瘤转移过程中肿瘤细胞通过逃避免疫攻击，黏附到血管内皮，并释放基质金属蛋白酶降解血管外基质，从而穿越了血管内皮屏障，实现远处转移。在这一过程中，整合素发挥了重要的作用。肿瘤细胞表面高表达的整合素β_3，介导了血小板与肿瘤细胞黏附和血小板聚集；而整合素β_2介导了与白细胞结合，血液循环中肿瘤细胞与白细胞、巨噬细胞、血小板等宿主细胞黏附形成有利于肿瘤细胞逃避免疫攻击，并促进肿瘤细胞与血管的黏附，有助于肿瘤的转移。而且，肿瘤细胞的整合素与血管内皮细胞上面整合素受体结合促进了肿瘤细胞在脉管壁的着床。肿瘤细胞分泌的整合素可以诱导内皮细胞表面产生黏附分子，进而促进肿瘤细胞与内皮细胞的黏附。这些黏附为肿瘤细胞的生存和增殖提供了条件，也是肿瘤穿越血管内皮屏障的重要前提。

整合素能调节肿瘤细胞 MMP 的表达和活性，降解细胞外基质中的不同成分，参与破坏细胞外基质，促进肿瘤转移。卵巢癌细胞上与转移密切相关的$\alpha_5\beta_1$与$\alpha\beta_3$整合素可以增加 MMP2 的表达，并能激活 MMP2。MMP13 现在作为调节乳腺癌转移的关键酶，整合素对此也有很好的调节作用。软骨肉瘤中β_3整合素同样可以诱导 MMP9 和骨桥蛋白的表达，促进肿瘤的转移。

二、选择素与肿瘤转移

肿瘤转移的关键步骤，如进入循环系统内肿瘤细胞的聚集及肿瘤细胞与特定脏器脉管内的锚定黏附都需选择素的参与。选择素在血小板-肿瘤细胞-白细胞-内皮细胞相互作用形成癌栓，促进肿瘤转移过程中的作用不容忽视。血小板 P-选择素、白细胞 L-选择素都能促进微小癌栓的形成。微小癌栓的形成可使肿瘤细胞得以逃避免疫细胞的杀伤，具有较高的转移潜能。

体外实验证明，E-选择素在肿瘤转移中主要是直接介导肿瘤细胞与脉管内皮的黏附。P-选择素作为炎症黏附分子，主要介导白细胞的聚集和血小板的结合，在激活的血管内皮上表达，通过在血管内膜捕获肿瘤细胞促进转移，在多种人类肿瘤细胞中均可见其表达，如结肠癌、肺癌、乳腺癌、恶性黑色素瘤、肾癌等。在肿瘤转移过程中，循环中的肿瘤细胞上的选择素配体与脉管内皮 E 或 P-选择素识别结合，随之外移形成新的转移瘤灶。

选择素促进肿瘤的淋巴转移。用 siRNA 干扰巨噬细胞样淋巴瘤细胞 P388D1 细胞 L-选择素的表达，将该细胞接种到小鼠足垫部，通过流式细胞仪检测，发现转移至鼠腘窝、腹股沟和腋下淋巴结的 P388D1 细胞显著减少；给接种 P388D1 的小鼠注射 L-选择素抗体 MEL-14，小鼠的淋巴结转移率亦明显降低。Belanger 和 St-Pierre 发现 L-选择素缺陷可减弱小鼠淋巴瘤在胸腺的生长能力，且可推迟淋巴瘤向周围淋巴结的扩散。利用构建转基因小鼠模型研究发现 L-选择素能够促使胰岛素瘤（一种很少有淋巴转移的肿瘤）向淋巴结转移，且这种转移可被抗 L-选择素的抗体所阻断。

此外，E-选择素介导肿瘤细胞与内皮细胞的黏附是肿瘤转移的关键步骤。肿瘤细胞的侵袭能力取决于它们本身的运动潜能和突破内皮屏障的能力。基础研究发现用 HT-29 结肠癌细胞黏附刺激内皮细胞 E-选择素将导致 ERK、p38MAPK 和 PI3K/NF-κB 活性的增加。反过来，p38 和 ERK 的活化将增强 HT-29 细胞从内皮游出的能力。总之，肿瘤细胞激活 E-选择素启动 p38、ERK 和 PI3K/NF-κB 依赖的调节肿瘤细胞迁移能力和内皮细胞的屏障功能，均有助于结肠癌细胞游出。而在结肠癌细胞学研究中发现 miR-31 通过 P38 和 JNK MAP 酶，进而调控下游转录因子 GATA2、c-Fos 和 c-Jun，最终直接下调 E-选择素的表达，从而降低肿瘤的黏附力和侵袭力。

Reyes-Reyes 等用可溶性 P-选择素-IgG 嵌合蛋白孵育人结肠癌细胞系 colo320，发现 P-选择素能够刺激 $\alpha_5\beta_1$ 整合素，导致细胞以纤维粘连蛋白为基质的黏附和播散能力增强。进一步研究发现 P-选择素与肿瘤细胞的结合能够诱导 p38MAPK 和磷脂酰肌醇（-3）激酶（PI3K）的活化。P-选择素与癌细胞结合可能是通过 PI3K 和 p38MAPK 信号复合体来激活 $\alpha_5\beta_1$ 整合素从而促进细胞黏附的。P-选择素还能通过 p38MAPK 激活血小板酸性鞘磷脂酶，从而促进黑色素瘤细胞转移。这些结果提示 P-选择素是肿瘤转移过程中调节整合素介导细胞黏附的重要肿瘤细胞信号分子。

E、P-选择素都能激活 p38MAPK，而 p38MAPK 的活化反过来在转录水平又促进 E、P-选择素的表达。因此，一旦内皮细胞受刺激表达 E、P-选择素，其表达将会大大增加，形成正反馈调节，呈现级联放大效应。另外，Mahoney 等报道 P-选择素与单核细胞的 PSGL-l 黏附，可通过激活哺乳动物雷帕霉素靶点和真核生物翻译启动因子 4E 两条信号通路导致尿激酶纤溶酶原激活剂受体（uPAR）表达大量增加，而 uPAR 与 uPA 结合可激活纤溶酶系统，促使细胞外基质和基底膜降解，从而有利于肿瘤细胞穿透正常组织屏障，引起肿瘤的浸润和转移。

Borsig 等发现 L-选择素基因缺陷在免疫缺陷小鼠和具有免疫能力的小鼠均能减少肿瘤转移，且在 P、L-选择素基因双缺陷的小鼠，转移进一步减少，提示 P、L-选择素在肿瘤转移中具有协同作用。

三、钙黏蛋白与肿瘤转移

近年来研究发现，钙黏蛋白在肿瘤转移中起着重要作用。其中，E-钙黏蛋白为钙黏蛋白的主要成员之一，是一种钙依赖性黏附因子，主要维持细胞间同质性黏附。E-钙黏蛋白表达上调，可增强细胞极性，维持细胞形态；同时阻止细胞获得纤维样表型，减少肿瘤细胞发生上皮-间质转换（EMT），进而抑制肿瘤转移。

E-钙黏蛋白的减少、异质性和非极性分布使细胞间的黏附减弱，癌细胞易于脱落，是癌转移的首要环节。以结肠癌为例，研究普遍认为 E-钙黏蛋白（E-钙黏蛋白）与结肠癌组织分化、侵袭及转移密切相关。Gao 等研究发现 E-钙黏蛋白在结直肠癌组织中的表达显著低于癌旁正常黏膜组；在结直肠癌组织中的异常表达与肿瘤浸润深度、淋巴结转移、Dukes 分期等有关；E-cadherin 高表达的患者源性人类结肠癌细胞移植动物预后好、抑制肺转移。

E-钙黏蛋白介导的黏附系统已被公认为"浸润抑制系统"。随着胃癌浸润深度的增加，E-钙黏蛋白表达的阳性率逐次递增，未侵及浆膜的 E-钙黏蛋白表达阳性率较侵及浆膜的低，各浸润深度之间具有一定的差异。有淋巴结转移的 E-钙黏蛋白表达阳性率低于无淋巴结转移组的 E-钙黏蛋白表达阳性率。原发灶 E-钙黏蛋白的低表达是早期胃癌患者出现淋巴结转移的高危因素，有淋巴结微转移患者的 5 年生存率比没有微转移者明显低。

钙黏蛋白的另一重要成员为 N-钙黏蛋白，其作用与 E-钙黏蛋白相反，它的表达上调可使上皮细胞失去极性，获得间质细胞特征，促进肿瘤细胞的侵袭和转移。N-钙黏蛋白过表达的原位移植前列腺癌裸鼠体内存在肺部的微转移现象，而敲除 N-钙黏蛋白基因后，几乎观察不到肺部转移。RNA 干扰或药物抑制 N-钙黏蛋白表达，亦能有效降低多数肿瘤侵袭和转移的发生。

钙黏蛋白家族还有一重要成员——P-钙黏蛋白,其到底是抑癌基因还是癌基因尚存在一定争议。例如,其在黑色素瘤和口腔鳞癌中表达下调;但是其在乳腺癌、卵巢癌、子宫内膜癌、前列腺癌、胃癌、结肠癌和胰腺癌中存在过表达。其通过多条通路促进肿瘤的浸润和转移,它可能与β-连环蛋白和p120ctn共同发挥作用;通过激活FAK、Src和AKT、MAPK激酶等促进浸润和转移;在乳腺癌可与$\alpha_6\beta_4$-整合素共同作用而促进浸润和转移。

四、透明质酸受体家族与肿瘤转移

透明质酸介导的细胞游走受体(RHAMM)和CD44都是透明质酸的重要受体,与恶性肿瘤生长、浸润和转移有密切关系。

透明质酸受体之一RHAMM在很多肿瘤中高表达,其中包括膀胱癌、前列腺癌和肺癌等。它和其他细胞表面受体共同发挥依赖透明质酸的、促进肿瘤细胞生长和迁徙的作用。其表达还与非小细胞肺癌肿瘤大小、细胞分化及转移密切相关,mRNA高表达患者的预后明显变差,基础研究提示其可作为肺腺癌的潜在治疗靶点之一。膀胱癌细胞表面的RHAMM跨膜蛋白可能成为膀胱肿瘤恶性程度的生物标志物,与透明质酸的相互作用促进膀胱肿瘤的浸润及转移。胃癌细胞中同时存在RHAMM及细胞内透明质酸结合蛋白(IHABP),这些结果证明,非癌和癌变组织间RHAMM/IHABP的表达存在明显差异。

在胞外,RHAMM通过膜外结合区与透明质酸相互作用,与CD44共同或独自介导,促进肿瘤血管形成,进而促进靶细胞的游走乃至转移。RHAMM通过激活细胞内的信号级联系统、调节细胞运动、引导纺锤丝、干扰有丝分裂和增进新生血管的形成等方式促进肿瘤的侵袭和转移。

RHAMM不仅作为透明质酸受体发挥作用,在黏附细胞中它还能够正向调控CD44 mRNA和其蛋白表达水平。CD44在不同肿瘤中发挥的作用不尽相同。例如,反义CD44变异体6低表达的结直肠癌患者预后差,提示它能抑制结直肠癌的转移。CD44反义变异体6高表达与非小细胞肺癌分化差、淋巴结转移和分期晚有关,高表达患者预后差。CD44高表达与咽喉癌T分期晚、淋巴结转移、肿瘤分化差和不良预后有关,但是CD44表达和口腔癌临床病理特征及预后无关。

第四节　细胞外基质代谢酶与肿瘤的转移

参与细胞外基质蛋白代谢的酶类种类繁多,但其中与肿瘤转移相关的酶类主要包括基质金属蛋白酶(MMP)及组织蛋白酶等。肿瘤细胞发生转移就是要脱离肿瘤的原发部位,通过肿瘤细胞本身所产生的细胞外基质代谢酶类,对于肿瘤细胞周围的细胞外基质,特别是基底膜结构进行消化分解,进入血流,发生远处转移。因此,细胞外基质代谢酶类在肿瘤细胞的转移过程中将发挥重要作用。

一、基质金属蛋白酶与肿瘤转移

基质金属蛋白酶(MMP)是细胞外基质代谢酶中最重要的一类。在细胞外基质和基底膜破坏过程中,MMP起着非常重要的作用,几乎能降解细胞外基质的所有成分,是目前已知能降解胶原纤维的唯一酶类。通过降解细胞外基质,促进肿瘤细胞对周围组织的侵袭,还参与了原发肿瘤的形成及新生血管的生成。

　　肿瘤细胞发生转移必须脱离原始肿瘤，破坏基底膜，使肿瘤细胞与细胞外间质之间相互作用，导致 ECM 代谢失衡，从而引发细胞的侵袭、转移。这种代谢失衡主要表现为 ECM 有效成分的降解增强。肿瘤细胞自身表达 MMP 的同时可诱导相邻基质细胞表达 MMP，它们具有侵袭性伪足，从而重塑降解 ECM。Jacob 等报道在乳腺癌侵袭过程中，MMP-2 和 MMP-9 的侵袭性伪足在细胞内运输和定位，通过 VAMP-4 和 Rab40b GTP 酶调控，Rab40b 抑制可导致 MMP-2 和 MMP-9 运输至溶酶体被分解。

　　在肿瘤转移的过程中，许多实验显示了 MMP 降解细胞外基质的重要作用。MMP 降解细胞外基质从而使得肿瘤新生血管形成及肿瘤的扩大或直接蔓延。研究人员发现 MT1-MMP 在这一降解机制中有着显著的作用，而分泌型的 MMP 并不参与降解过程。在肿瘤细胞的转移过程中，间质细胞的迁移依赖于 MT1-MMP 与 β_1 整合素的作用。MT1-MMP 与 β_1 整合素同时集中在胶原纤维的边缘部分，此处即基质降解的起始部位，也是细胞定向移动的位置。

　　MMP 在肿瘤转移的过程中对于其他促进肿瘤转移的物质具有诱导的机制，这种机制是与多种其他物质协同展开的，如 MMP-1 可诱导潜伏膜蛋白 1（LMP-1）于未分化的鼻咽癌细胞的侵袭与转移中产生作用。LMP-1 是由 EB 病毒编码的主要原癌基因产物，在免疫组化实验中显示了鼻咽癌中 LMP-l 与 MMP-l 表达的高度相关性。

　　大量研究发现，MMP 对 ECM 及基底膜的降解在肿瘤侵袭及转移过程中起关键作用。MMP-9 具有强大的基质降解活性和广泛的底物活性，其在各种癌组织中呈过度表达，包括乳腺癌、卵巢癌、前列腺癌、结肠癌、胃癌、胰腺癌、肾癌、宫颈癌和肺癌等。在结肠癌中 MMP-9 表达高于正常组织；并且 MMP-9 表达位于肿瘤边缘，提示其与肿瘤侵袭密切相关。He 等在胰腺癌原发灶及转移灶中均检测到 MMP-2、MMP-9 及 MT1-MMP 的表达，但在其肝转移灶中仅发现 MMP-2 增高，提示 MMP-2 可能与胰腺癌肝转移相关。Wu 等最新研究发现，结肠直肠癌组织中 MMP-16 的表达与脉管侵犯、淋巴结转移有关，其高表达患者无病生存期和总生存期显著缩短。

　　研究表明恶性肿瘤前驱病变在向恶性肿瘤转化的过程中伴随着 MMP-2 蛋白表达的逐渐增高。He 进一步研究表明，在肿瘤侵袭和转移的过程中以 MMP-2 更为重要，MMP-2 以酶原形式分泌，被激活后形成 N 型胶原酶，一方面降解、破坏靠近肿瘤表面的 ECM 和基底膜，使瘤细胞沿着缺失的基底膜向周围组织浸润，促进肿瘤侵袭和转移；另一方面则通过毛细血管内生、新生血管形成等促进肿瘤的侵袭和转移。Meta 分析发现胃癌中 MMP-2 过表达的患者预后明显变差。另有两项 Meta 分析提示 MMP-7 表达率明显高于邻近组织，且其表达强度与肿瘤浸润深度、淋巴结转移、分期晚有关；其高表达患者 5 年无病生存期和总生存期显著缩短。

　　MMP/TIMP 平衡的失调与肿瘤转移及其恶性程度相关。检测 MMP-1、MMP-2、MMP-9 和其抑制因子 TIMP-1、TIMP-2、TIMP-3 在头颈部癌中的表达，发现 TIMP-2 和 TIMP-3 过表达与分期Ⅲ/Ⅳ期有关，而 MMP-2 和 TIMP-2 的过表达与肿瘤分化差、淋巴结转移、无病生存期和总生存期缩短有关；MMP-1、MMP-2、MMP-9 和 TIMP-1、TIMP-2 表达与肿瘤低分化有关，提示 MMP 和其抑制因子的失衡在肿瘤侵袭转移中发挥着重要的作用。

近来发现，MMP 不仅可通过降解 ECM，还可通过信号转导促进肿瘤进展。MMP 调控细胞凋亡，协调新生血管形成，调节先天免疫，促进肿瘤转移及生长。MMP-2 和 MMP-9 促进合成释放调节血管生长因子，激活无活性的转化生长因子-β（TGF-β），降解基质成分，释放与基质成分结合的碱性成纤维细胞生长因子（bFGF）和血管内皮生长因子（VEGF），降解血管基底膜而释放出膜结合的 TNF-α 等促进血管生成的细胞因子。MT1-MMP 也在肿瘤新生血管形成及生长中起重要作用，Itoh 研究发现，MT1-MMP 有癌基因作用，同时可上调血管内皮生长因子（VEGF）表达以促进新生血管形成，在多种癌症的发生、发展、侵袭、转移中起到关键作用。

二、组织蛋白酶与肿瘤转移

组织蛋白酶通常是指一类在酸性环境下被活化的溶酶体蛋白酶，包括从组织蛋白酶 A 到组织蛋白酶 Z。不同的字母代表不同的酶。绝大多数的组织蛋白酶是半胱氨酸蛋白酶，可降解层粘连蛋白、纤维粘连蛋白、胶原等细胞外基质成分，继而参与肿瘤的浸润、转移。下面讲述研究较多的组织蛋白酶。

1. 组织蛋白酶 B　组织蛋白酶 B 在胃癌、结直肠癌、食管癌、前列腺癌、膀胱癌、黑色素瘤等多种恶性肿瘤中呈高表达，并参与了肿瘤的浸润与转移。Abdulla 等研究发现伴淋巴结转移的结直肠癌患者血浆中组织蛋白酶 B 蛋白表达也明显高于无淋巴结转移患者，且组织中淋巴结转移患者的 mRNA 表达也高于淋巴结阴性患者，结果显示组织蛋白酶 B 的高表达与结直肠癌的转移有关。另有一项研究表明食管癌患者血浆组织蛋白酶 B 浓度显著高于对照组，且高表达患者生存期变短，但无统计学意义（$P=0.081$），提示血浆组织蛋白酶 B 可能在食管癌的发生和转移中也发挥着一定作用。增加蛋白水解酶组织蛋白酶 B 活性还有助于 PymT 诱导乳腺癌的进展和转移，这与免疫细胞浸润、VEGF 水平增加和肿瘤血管生成有关。

2. 组织蛋白酶 D　组织蛋白酶 D 在酸性环境下，变成活性体，能直接消化细胞外基质和基底膜。组织蛋白酶 D 刺激癌细胞生长和溶解基底膜、细胞外基质及结缔组织，为癌细胞的浸润、转移提供了条件。组织蛋白酶 D 还可以激活组织蛋白酶 B，诱导产生活化的尿激酶型纤溶酶原激活剂（u-PA），后者也具有与组织蛋白酶 D 相似的功能。组织蛋白酶 D 与侵袭行为有关，组织蛋白酶 D 水平高的患者发生浸润癌的机会远高于酶水平低的患者。组织蛋白酶 D 过度表达与乳腺癌的浸润、转移及预后有密切的关系，绝大多数研究认为组织蛋白酶 D 高表达提示预后不良。

组织蛋白酶 D 不仅在肿瘤组织中具有刺激肿瘤细胞生长的能力，而且具有分解细胞外基质与松解细胞黏附的能力，进而促进肿瘤细胞侵袭、转移。组织蛋白酶 D 阳性表达与大肠癌 Dukes 分期和浸润程度存在显著性相关，且浸润程度越深，阳性表达越高，其高表达与大肠癌的淋巴结转移和远隔脏器转移明显相关；组织蛋白酶 D 阳性患者无疾病复发生存期和总生存期显著缩短，提示其在结直肠癌浸润转移中发挥着重要作用。宫颈鳞癌组织蛋白酶 D 的表达阳性率与肿瘤分化程度、浸润深度及转移相关，组织蛋白酶 D 表达随着宫颈鳞癌的分化降低而显著增高，深层浸润显著高于浅层浸润，有淋巴结转移者显著高于无转移者，提示组织蛋白酶 D 具有促进宫颈癌发生、发展的作用，并具有破坏宿主间质天然屏障的作用，有利于肿瘤的浸润和转移。

此外，罗鑫等报道50%以上的胆囊癌和肝胆管癌组织蛋白酶 D 呈阳性表达，且高分化腺癌、未转移癌组织蛋白酶 D 阳性表达率明显低于低分化腺癌和未分化癌及转移病例，且生存期≥1年，胆系癌病例组织蛋白酶 D 阳性率明显低于生存期<1年者，说明组织蛋白酶 D 表达与胆系癌分化程度、发生转移和预后有密切关系。前期的研究发现高表达组织蛋白酶 D 在非小细胞肺癌中与肺癌患者肺癌细胞分化程度及肺癌淋巴结转移相关，提示组织蛋白酶 D 可以作为评价非小细胞肺癌生物学行为和预后的指标；但2012年 Fan 研究发现组织蛋白酶 D 在肿瘤组织中阳性率并未显著升高，且只 cathepsin D^+/caspase-3^-组与分期晚（Ⅲ期和Ⅳ期）有关、cathepsin D^+/$p53^+$组与淋巴结转移有关，独立的组织蛋白酶 D 阳性并未发挥作用。

3. 组织蛋白酶 L 已有的研究证明，组织蛋白酶 L 基因在恶性肿瘤组织中过表达，并且与肿瘤的侵袭和转移有关。敲除小鼠的组织蛋白酶 L 基因可以使细胞的侵袭能力下降。Herszenyi 等研究发现，转染的组织蛋白酶 L 基因在结直肠癌的转移中起了重要的作用，并且与结直肠癌的预后相关。肝细胞癌研究发现肝癌细胞系中组织蛋白酶 L 高表达，且高高表达患者肿瘤分期晚、细胞分化差，高表达患者预后显著变差；进一步细胞学研究提示组织蛋白酶高表达的肝癌细胞增殖能力和侵袭性更高，其下调可抑制肿瘤的增殖和侵袭力。

组织蛋白酶 L 不仅在体外研究中与卵巢癌细胞的化疗耐药和侵袭有关，而且血清中组织蛋白酶 L 含量也明显增加，且与卵巢癌的恶性程度、转移及预后有关。组织蛋白酶 L 和 CD133 均阳性表达的脑胶质细胞瘤分化更差，同时具有放射抵抗特性，在体外和体内研究均发现下调组织蛋白酶 L 表达可抑制胶质细胞瘤干细胞生长、促进凋亡，且可提高放射治疗敏感性。

组织蛋白酶 L 高表达还与非小细胞肺癌吉非替尼分子靶向治疗耐药有关；最近研究发现其在腺癌组织和分化差的肺腺癌肿瘤组织中均未低表达，提示其可能在肿瘤发生发展中不仅仅具有促进癌症发生和转移的作用。

4. 其他组织蛋白酶 过表达的组织蛋白酶 Z 通过在肝细胞癌上调间质标记物（纤维粘连蛋白和波形蛋白）、下调上皮标记物（E-钙黏蛋白和α-连环蛋白）、诱导上皮-间质转化（EMT），进而有助于肿瘤转移。

乳腺癌研究发现，组织蛋白酶 L 阳性表达和肿瘤分期晚有关，而且组织蛋白酶 B 和 K 阳性表达与 ER 受体表达有关，组织蛋白酶 K 表达与 PR 受体表达有关，组织蛋白酶 V 和 D 表达与乳腺癌转移有关，而组织蛋白酶 B 和 D 高表达患者无疾病生存期显著缩短，提示多种组织蛋白酶共同发挥作用。

组织蛋白酶 B 和 Z 双重缺陷具有协同抗肿瘤效果，在乳腺癌的小鼠模型观察到抑制肿瘤进展，降低了肺转移；而其中单一组织蛋白酶的缺陷可能存在部分代偿。

组织蛋白酶 S 通过转移相关蛋白网络介导了胃癌细胞的迁移和侵袭。

组织蛋白酶 K 参与了破骨细胞的骨降解，转移到骨的癌细胞产生组织蛋白酶 K，通过蛋白水解途径促进癌细胞侵袭。

（丁晓燕 李文东）

参 考 文 献

Abdulla MH, Valli-Mohammed MA, Al-Khayal K, et al.2017.Cathepsin B expression in colorectal cancer in a Middle East population: Potential value as a tumor biomarker for late disease stages. Oncol Rep, 18.

Ata R, Antonescu CN. 2017.Integrins and cell metabolism: An intimate relationship impacting cancer. Int J Mol Sci, 18(1).

Becker KA, Beckmann N, Adams C, et al. 2017. Melanoma cell metastasis via P-selectin-mediated activation of acid sphingomyelinase in platelets. Clin Exp Metastasis, 34(1): 25~35.

Ben NH, Chahed K, Remadi S, et al. 2009.Expression and clinical significance of latent membrane protein-1, matrix metalloproteinase-1 and Ets-1 transcription factor in tunisian nasopharyngeal carcinoma patients. Arch Med Res, 40: 196~203.

Bolos V, Gasent JM, Lopez-Tarruella S, et al. 2010.The dual kinase complex FAK-Src as a promising therapeutic target in cancer. Onco Targets Ther, 3: 83~97.

Brassart-Pasco S, Senechal K, Thevenard J, et al. 2012. Tetrastatin, the NC1 domain of the α4(Ⅳ)collagen chain: a novel potent anti-tumor matrikine. PLoS One, 7(4): e29587.

Burnier JV, Wang N, Michel RP, et al. 2011.Type Ⅳ collagen-initiated signals provide survival and growth cues required for liver metastasis. Oncogene, 30: 3766~3783.

Caswell, PT, Vadrevu, S, Norman, JC.2009. Integrins: Masters and slaves of endocytic transport. Nat Rev Mol Cell Biol, 10, 843~853.

Chen J, Zhou J, Lu J, et al.2014.Significance of CD44 expression in head and neck cancer: A systemic review and meta-analysis. BMC Cancer, 14: 15.

Chen SY, Lin JS, Yang BC. 2014.Modulation of tumor cell stiffness and migration by type Ⅳ collagen through direct activation of integrin signaling pathway. Arch Biochem Biophys, 555-556: 1~8.

Chen T, You Y, Jiang H, et al.2017.Epithelial-mesenchymal transition(EMT): A biological process in the development, stem cell differentiation and tumorigenesis. J Cell Physiol, Jan 12.

Chen YJ, Wei YY, Chen HT, et al.2009. Osteopontin increases migration and MMP-9 up-regulation via alphavbeta3 integrin, FAK, ERK, and NF-kappaB-dependent pathway in human chondrosarcoma cells. J Cell Physiol, 221: 98~108.

Cui F, Wang W, Wu D, et al. 2016.Overexpression of cathepsin L is associated with gefitinib resistance in non-small cell lung cancer. Clin Transl Oncol, 18(7): 722~727.

Demircioglu F, Hodivala-Dilke K. 2016.$\alpha_v\beta_3$ integrin and tumour blood vessels-learning from the past to shape the future.Curr Opin Cell Biol, 42: 121~127.

Dicker KT, Gurski LA, Pradhan-Bhatt S, et al. 2014.Hyaluronan: A simple polysaccharide with diverse biological functions. Acta Biomaterialia, 10(4): 1558~1570.

Diepenbruck M, Christofori G. 2016. Epithelial-mesenchymal transition(EMT)and metastasis: Yes, no, maybe? Curr Opin Cell Biol, 43: 7~13.

Fan C, Lin X, Wang E. 2012.Clinicopathological significance of cathepsin D expression in non-small cell lung cancer is conditional on apoptosis-associated protein phenotype: an immunohistochemistry study. Tumour Biol, 33(4): 1045~1052.

Fan J, Cai B, Zeng M, et al. 2011.Integrin beta4 signaling promotes mammary tumor cell adhesion to brain microvascular endothelium by inducing ErbB2-mediated secretion of VEGF. Ann Biomed Eng, 39: 2223~2241.

Favreau AJ, Vary CP, Brooks PC, et al. 2014.Cryptic collagen Ⅳ promotes cell migration and adhesion in myeloid leukemia. Cancer Med, 3(2): 265~272.

Fujimoto A, Ishikawa Y, Akishima-Fukasawa Y, et al. 2007. Significance of lymphatic invasion on regional lymph node metastasis in early gastric cancer using LYVE-1 immunohistochemical analysis. Am J Clin Pathol, 127: 82~88.

Ganguly, KK, Pal, S, Moulik S, et al. 2013.Integrins and metastasis. Cell Adhes Migr, 7: 251~261.

Gao M, Zhang X, Li D, et al. 2016.Expression analysis and clinical significance of eIF4E, VEGF-C, E-cadherin and MMP-2 in colorectal adenocarcinoma. Oncotarget, 7(51): 85502~85514.

Guerra E, Cimadamore A, Simeone P, et al. 2016. p53, cathepsin D, Bcl-2 are joint prognostic indicators of breast cancer metastatic spreading. BMC Cancer, 16: 649.

Gul IS, Hulpiau P, Saeys Y, et al. 2017. Evolution and diversity of cadherins and catenins. Exp Cell Res, pii: S0014-4827, (17)30106~30114.

He Q, Chen J, Lin HL, et al. 2007. Expression of peroxisome proliferator-activated receptor gamma, E-cadherin and matrix metalloproteinases-2 in gastric carcinoma and lymph node metastases. Chin Med J(Engl), 120: 1498~1504.

He Y, Liu XD, Chen ZY, et al. 2007. Interaction between cancer cells and stromal fibroblasts is required for activation of the uPAR-uPA-MMP-2 cascade in pancreatic cancer metastasis. Clin Cancer Res, 13: 3115~3124.

Herszenyi L, Farinati F, Cardin R, et al. 2008. Tumor marker utility and prognostic relevance of cathepsin B, cathepsin L, urokinase-type plasminogen activator, plasminogen activator inhibitor type-1, CEA and CA 19-9 in colorectal cancer. BMC Cancer, 8: 194.

Huang CR, Lee CT, Chang KY, et al. 2015.Down-regulation of ARNT promotes cancer metastasis by activating the fibronectin/integrin β1/FAK axis. Oncotarget, 6(13): 11530~11546.

Imamura M, Nishimukai A, Higuchi T, et al. 2015.High levels at baseline of serum pyridinoline crosslinked carboxyterminal telopeptide of type I collagen are associated with worse prognosis for breast cancer patients. Breast Cancer Res Treat, 154(3): 521~531.

Insua-Rodríguez J, Oskarsson T. 2016.The extracellular matrix in breast cancer. Adv Drug Deliv Rev, 97: 41~55.

Jacob A, Jing J, Lee J, et al. 2013.Rab40b regulates trafficking of MMP2 and MMP9 during invadopodia formation and invasion of breast cancer cells. J Cell Sci, 126(Pt 20): 4647~4658.

Jiang N, Cui Y, Liu J, et al. 2016.Multidimensional roles of collagen triple helix repeat containing 1(CTHRC1)in malignant cancers. Cancer, 7(15): 2213~2220.

Kaur S, Kenny HA, Jagadeeswaran S, et al. 2009. {beta}3-integrin expression on tumor cells inhibits tumor progression, reduces metastasis, and is associated with a favorable prognosis in patients with ovarian cancer. Am J Pathol, 175: 2184~2196.

Ke Z, He W, Lai Y, et al.2014.Overexpression of collagen triple helix repeat containing 1(CTHRC1)is associated with tumour aggressiveness and poor prognosis in human non-small cell lung cancer. Oncotarget, 5(19): 9410~9424.

Kenny HA, Leonhardt P, Ladanyi A, et al. 2011.Targeting the urokinase plasminogen activator receptor inhibits ovarian cancer metastasis. Clin Cancer Res, 17: 459~471.

Kim, Y, Kugler MC, Wei, Y, et al. 2009.Integrin $\alpha_3\beta_1$—Dependent β-catenin phosphorylation links epithelial Smad signaling to cell contacts. J Cell Biol, 184: 309~322.

Kirana C, Shi H, Laing E, et al.2012. Cathepsin D expression in colorectal cancer: From proteomic discovery through validation using Western blotting, immunohistochemistry, and tissue microarrays. Int J Proteomics, 2012: 245819.

Konstantopoulos K, Thomas SN. 2009.Cancer cells in transit: The vascular interactions of tumor cells. Annu Rev Biomed Eng, 11: 177~202.

Koyama H, Hibi T, Isogai Z, et al. 2007. Hyperproduction of hyaluronan in neu-induced mammary tumor accelerates angiogenesis through stromal cell recruitment: Possible involvement of versican/PG-M. Am J Pathol, 170: 1086~1099.

Kusuma N, Denoyer D, Eble JA, et al. 2012.Integrin-dependent response to laminin-511 regulates breast tumor cell invasion and metastasis. Int J Cancer, 130: 555~566.

Lakshmikanthan S, Sobczak M, Chun C, et al. 2011. Rap1 promotes VEGFR2 activation and angiogenesis by a mechanism involving integrin alphavbeta. Blood, 118: 2015~2026.

Le GC, Bonnelye E, Clezardin P. 2008.Cathepsin K inhibitors as treatment of bone metastasis. Curr Opin Support Palliat Care, 2: 218~222.

Li F, Liu Y, Kan X, et al. 2013.Elevated expression of integrin α_v and β_5 subunit in laryngeal squamous-cell carcinoma associated with lymphatic metastasis and angiogenesis.Pathol Res Pract, 209(2): 105~109.

Li K, He W, Lin N, et al. 2010.Downregulation of N-cadherin expression inhibits invasiveness, arrests cell cycle and induces cell apoptosis in esophageal squamous cell carcinoma. Cancer Invest, 28: 479~486.

Li S, Jiao J, Lu Z, et al. 2009.An essential role for N-cadherin and beta-catenin for progression in tongue squamous cell carcinoma and their effect on invasion and metastasis of Tca8113 tongue cancer cells. Oncol Rep, 21: 1223~1233.

Liu J, Cai JH, Yan QH, et al.2007. Expression of epithelial cadherin in early gastric cancer and its correlation to lymph node micrometastasis and clinicopathologic features. Ai Zheng, 26: 541~546.

Liu L, Sun L, Wu K, et al. 2014. MGr1-Ag/37LRP promotes growth and proliferation of gastric cancer in vitro and in vivo. Cancer Gene Therapy, 21(9): 355~363.

Long ZW, Wang JL, Wang YN. 2014. Matrix metalloproteinase-7 mRNA and protein expressioni in gastric carcinoma: a meta-analysis. Tumour Biol, 35(11): 11415~11426.

Luo YQ, Ming Z, Zhao L, et al.2012. Decreased tumstatin-mRNA is associated with poor outcome in patients with NSCLC. IUBMB Life, 64(5): 423~431.

Luo Z, Wu RR, Lv L, et al. 2014. Prognostic value of CD44 expression in non-small cell lung cancer: a systematic review. Int J Clin Exp Pathol, 7(7): 3632~3646.

Maatta M, Santala M, Soini Y, et al. 2010. Increased matrix metalloproteinases 2 and 9 and tissue inhibitor of matrix metalloproteinase 2 expression is associated with progression from vulvar intraepithelial neoplasia to invasive carcinoma. Acta Obstet Gynecol Scand, 89: 380~384.

Madsen CD, Sahai E. 2010. Cancer dissemination—lessons from leukocytes. Dev Cell, 19: 13~26.

Matou-Nasri S, Gaffney J, Kumar S, et al. 2009. Oligosaccharides of hyaluronan induce angiogenesis through distinct CD44 and RHAMM-mediated signalling pathways involving Cdc2 and gamma-adducin. Int J Oncol, 35: 761~773.

Mitra AK, Sawada K, Tiwari P, et al. 2011.Ligand-independent activation of c-Met by fibronectin and alpha (5) beta(1)-integrin regulates ovarian cancer invasion and metastasis. Oncogene, 30: 1566~1576.

Niedworok C, Kretschmer I, Rock K, et al. 2013.The impact of the receptor of hyaluronan-mediated motility(RHAMM)on human urothelial transitional cell cancer of the bladder. PLoS One, 8: e75681.

Ohlund D, Franklin O, Lundberg E, et al. 2013.Type IV collagen stimulates pancreatic cancer cell proliferation, migration, and inhibits apoptosis through an autocrine loop. BMC Cancer, 13: 154.

Okudela K, Mitsui H, Woo T, et al. 2016.Alterations in cathepsin L expression in lung cancers. Pathol Int, 66(7): 386~392.

Pesapane A, Di Giovanni C, Rossi FW, et al. 2015. Discovery of new small molecules inhibiting 67 kDa laminin receptor interaction with laminin and cancer cell invasion. Oncotarget, 6(20): 18116~18133.

Pietruszewska W, Bojanowska-Poźniak K, Kobos J. 2016. Matrix metalloproteinases MMP1, MMP2, MMP9 and their tissue inhibitors TIMP1, TIMP2, TIMP3 in head and neck cancer: an immunohistochemical study. Otolaryngol Pol, 70(3): 32~43.

Porquet N, Poirier A, Houle F, et al. 2011. Survival advantages conferred to colon cancer cells by E-selectin-induced activation of the PI3K-NFκB survival axis downstream of death receptor-3. BMC Cancer, 11: 285.

Rizzardi AE, Rosener NK, Koopmeiners JS, et al. 2014.Evaluation of protein biomarkers of prostate cancer aggressiveness. BMC Cancer, 14: 244.

Ruan J, Zheng H, Fu W, et al. 2014. ncreased expression of cathepsin L: a novel independent prognostic marker of worse outcome in hepatocellular carcinoma patients. PLoS One, 9(11): e112136.

Sevenich L, Schurigt U, Sachse K, et al. 2010.Synergistic antitumor effects of combined cathepsin B and cathepsin Z deficiencies on breast cancer progression and metastasis in mice. Proc Natl Acad Sci USA, 107: 2497~502.

Sevenich L, Werner F, Gajda M, et al. 2011.Transgenic expression of human cathepsin B promotes progression and metastasis of polyoma-middle-T-induced breast cancer in mice. Oncogene, 30: 54~64.

Shamay Y, Elkabets M, Li H, et al. 2016.P-selectin is a nanotherapeutic delivery target in the tumor microenvironment. Sci Transl Med, 8(345): 345ra87.

Shen W, Xi H, Wei B, et al. 2014.The prognostic role of matrix metalloproteinase 2 in gastric cancer: a systematic review with meta-analysis. J Cancer Res Clin Oncol, 140(6): 1003~1009.

Shin IY, Sung NY, Lee YS, et al. 2014.The expression of multiple proteins as prognostic factors in colorectal cancer: cathepsin D, p53, COX-2, epidermal growth factor receptor, C-erbB-2, and Ki-67. Gut Liver, 8(1): 13~23.

Slevin M, Krupinski J, Gaffney J, et al. 2007. Hyaluronan-mediated angiogenesis in vascular disease: uncovering RHAMM and CD44 receptor signaling pathways. Matrix Biol, 26: 58~68.

Sol'eva NI, Timoshenko OS, Kugaevskaia EV, et al.2014. Key enzymes o of degradation and angiogenesis as a factors of tumor progression in squamous cell carcinoma of the cervix. Bioorg Khim, 40(6): 743~751.

Soleyman-Jahi S, Nedjat S, Abdirad A, et al. 2015.Prognostic significance of matrix metalloproteinase-7 in gastric cancer survival: a meta-analysis. PLoS One, 10(4): e0122316.

Staniszewska I, Walsh EM, Rothman VL, et al. 2009.Effect of VP12 and viperistatin on inhibition of collagen-receptor-dependent melanoma metastasis. Cancer Biol Ther, 8: 1507~1516.

Sui H, Shi C, Yan Z, Wu M. 2016.Overexpression of Cathepsin L is associated with chemoresistance and invasion of epithelial ovarian cancer. Oncotarget, 7(29): 45995~46001.

Sun T, Jiang D, Zhang L, et al. 2016.Expression profile of cathepsins indicates the potential of cathepsins B and D as prognostic factors in breast cancer patients. Oncol Lett, 11(1): 575~583.

Tamiya M, Suzuki H, Kobayashi M, et al. 2012.Usefulness of the serum cross-linked N-telopeptide of type I collagen as a marker of bone metastasis from lung cancer. Med Oncol, 29: 215~218.

Tang JC, Liu JH, Liu XL, et al.2015.Effect of fibulin-5 on adhesion, migration and invasion of hepatocellular carcinoma cells via an integrin-dependent mechanism. World Journal of Gastroenterology, 21(39): 11127~11140.

Todosi AM, Gavrilescu MM, Aniței GM, et al. 2012. Colon cancer at the molecular level—usefulness of epithelial-mesenchymal transition analysis. Rev Med Chir Soc Med Nat Iasi, 116(4): 1106~1111.

Tomar A, Schlaepfer DD. 2010. A PAK-activated linker for EGFR and FAK. Dev Cell, 18: 170~172.

van ZF, Krupitza G, Mikulits W. 2011. Initial steps of metastasis: cell invasion and endothelial transmigration. Mutat Res, 728: 23~34.

Veiseh M1, Leith SJ2, Tolg C2, et al.2015. Uncovering the dual role of RHAMM as an HA receptor and a regulator of CD44 expression in RHAMM-expressing mesenchymal progenitor cells. Front Cell Dev Biol, 15; 3: 63.

Vieira AF, Paredes J. 2015. P-cadherin and the journey to cancer metastasis. Mol Cancer, 6(14): 178.

Wang D, Narula N, Azzopardi S, et al.2016.Expression of the receptor for hyaluronic acid mediated motility(RHAMM)is associated with poor prognosis and metastasis in non-small cell lung carcinoma. Oncotarget, 7(26): 39957~39969.

Wang J, Chen L, Li Y, et al. 2011. Overexpression of cathepsin Z contributes to tumor metastasis by inducing epithelial-mesenchymal transition in hepatocellular carcinoma. PLoS One, 6: e24967.

Wang L, Liu Q, Lin D, et al.2015. CD44v6 down-regulation is an independent prognostic factor for poor outcome of colorectal carcinoma. Int J Clin Exp Pathol, 8(11): 14283~14293.

Wang SM, Li L, Zhang W, et al. 2010.Relationship between cathepsin L and invasion and metastasis of ovarian carcinoma cells. Zhonghua Fu Chan Ke Za Zhi, 45: 598~602.

Wang W, Long L, Wang L, et al. 2016. Knockdown of Cathepsin L promotes radiosensitivity of glioma stem cells both in vivo and in vitro. Cancer Lett, 371(2): 274~284.

Wheelock MJ, Shintani Y, Maeda M, et al.2008. Cadherin switching. J Cell Sci, 121: 727~735.

Wu S, Ma C, Shan S, et al. 2017.High expression of matrix metalloproteinases 16 is associated with the aggressive malignant behavior and poor survival outcome in colorectal carcinoma. Sci Rep, 7: 46531.

Xie X, Long L, Wang H, et al. 2015.The specific inhibition of the expression of integrin alpha5/beta1 probably enhances the treatment effects and improves the prognosis of epithelial ovarian cancer. Med Hypotheses, 84(1): 68~71.

Xu B, Lefringhouse J, Liu Z, et al.2017.Inhibition of the integrin/FAK signaling axis and c-Myc synergistically disrupts ovarian cancer malignancy. Oncogenesis, 6(1): e295.

Yan Y, Zhou K, Wang L, et al.2017.Clinical significance of serum cathepsin B and cystatin C levels and their ratio in the prognosis of patients with esophageal cancer. Onco Targets Ther., 10: 1947~1954.

Yang Y, Lim SK, Choong LY, et al. 2010.Cathepsin S mediates gastric cancer cell migration and invasion via a putative network of metastasis-associated proteins. J Proteome Res, 9: 4767~4778.

Zhao H, Han KL, Wang ZY, et al. 2011.Value of C-telopeptide-cross-linked Type I collagen, osteocalcin, bone-specific alkaline phosphatase and procollagen Type I N-terminal propeptide in the diagnosis and prognosis of bone metastasis in patients with malignant tumors. Med Sci Monit, 17: CR626~633.

Zhong L, Simoneau B, Huot J, et al.2017. p38 and JNK pathways control E-selectin-dependent extravasation of colon cancer cells by modulating miR-31 transcription. Oncotarget, 8(1): 1678~1687.

第四十七章　细胞外基质与皮肤病

传统的组织学观念认为，细胞外基质（ECM）成分无生物学活性，仅为将细胞粘连在一起的连接物和支持物。随着现代科学技术的发展，人们不仅对 ECM 成分的结构有所了解，而且对其功能有了新的认识。近年研究发现，ECM 不仅决定细胞形态，还控制细胞的生长、分化，调节细胞受体及基因表达，影响细胞的代谢和运动，因而其在器官发生、创伤愈合等方面的重要作用逐渐引起了人们的重视。近年来，对皮肤 ECM 的组成、功能及其与皮肤疾病的关系等方面的研究都取得了较多进展。本章对皮肤主要 ECM 及相关皮肤病进行介绍。

第一节　皮肤的基本结构与细胞外基质

皮肤覆盖在人体表面，为人体最大的器官。皮肤具有屏障防护作用、吸收作用、感觉作用、分泌排泄作用、体温调节作用、代谢作用，还是人体免疫系统的重要组成部分，对维持人体正常生理功能发挥重要作用。成人皮肤面积为 $1.5\sim2m^2$，占人体重量的15%。不包括皮下脂肪层的皮肤厚度一般为 $0.5\sim4mm$，一般躯体伸侧的皮肤比屈侧厚，眼睑、肘窝处皮肤最薄，枕后、臀部及掌跖最厚。皮肤厚度依年龄、性别、部位不同而有所差别。

一、皮肤的基本结构

皮肤主要由 3 层不同组织形式构成，由外向内依次为表皮、真皮和皮下组织。除其本身的多层结构外，还有皮肤附属器官如毛囊、皮脂腺和汗腺等。此外，皮肤内尚有丰富的血管、淋巴管和神经组织。

表皮为人体皮肤的最外层，主要由角质形成细胞组成。一般皮肤的表皮可分为 4 层，自外向内依次为角质层、颗粒层、棘层和基底细胞层。在手足掌部位的角质层下还有一层透明层。

角质层由 $5\sim10$ 层已经死亡的角质形成细胞组成，位于最外层，细胞核已消失。角质层坚韧、干燥，含水量仅为 15%，能抵抗外界的机械性刺激，又使微生物难以生长，在体表起着重要的屏障作用；颗粒层即颗粒细胞层，其角质细胞内含有较大的角质颗粒；棘层也称棘细胞层，是表皮中最厚的一层；基底细胞层只有一层细胞，起着连接表皮和真皮的作用，而且是表皮生发细胞层，具有分裂能力，能不断产生新表皮细胞进入棘层，而后逐渐移行至角质层直至脱落。表皮内无血管，但有许多神经末梢，能感知外界的各种刺激。

真皮位于表皮之下，通过基底细胞膜与表皮呈波浪状牢固相连。真皮层可分为上、下两层，上层称为乳头层，下层称为网状层。真皮主要由胶原纤维、弹力纤维和网状纤维构成。胶原间为基质，主要成分为蛋白多糖。皮肤的坚实和弹性主要由真皮所决定。真皮内含有丰富的血管、淋巴、神经、汗腺、皮脂腺、毛发和立毛肌等组织，且有储存水分和血液的作用，对皮肤的营养起着主要作用。皮下组织也称脂膜，位于真皮下部，由疏松的结缔组织和脂肪小叶构成。皮下组织存在于真皮和肌肉及骨骼之间，将皮肤疏松地与深部组织相互连接在一起，让皮肤具有一定程度的可活动性，其内分布有较大的血管、淋巴管、神经、毛囊、汗腺等，该层富有弹性，能有效地吸收外来震动，起到减震的作用，因此可以保护分布于其中的神经、血管和汗腺组织，以及肌肉、骨骼等组织免受外来机械性压力的冲击。另外，皮下组织还是很好的热绝缘体，能够储藏体内的热能，防止人体热力的散发，保持体温的恒定。

二、皮肤基底膜带与细胞外基质

皮肤基底膜带（basement membrane zone，BMZ）位于表皮与真皮之间，以 PAS 染色可在真皮与表皮间见到一条 0.5～1.0μm 的染色带，此带即为普通光镜下的皮肤基底膜带。基底膜带在真皮和表皮的连接中发挥着重要作用。皮肤细胞外基质是皮肤基底膜带的重要组成部分，了解基底膜带的结构和功能对于了解细胞外基质与皮肤疾病的关系有重要作用。

基底膜带在电镜下可分为 4 个不同结构区域：胞膜层、透明层、致密层和致密下层。4 层中所包含的各种不同成分有机地结合在一起，除使表皮和真皮紧密连接外，还具有渗透和屏障功能。人体的表皮层无血管，营养物质可通过基底膜带进入表皮，代谢产物又通过基底膜带进入真皮。基底膜带限制分子质量大于 40kDa 的大分子通过。当基底膜带受到损伤时，炎症细胞和肿瘤细胞及大分子可通过其进入表皮。如果基底膜带结构异常，可导致真皮与表皮分离，形成水疱和大疱。

（一）胞膜层

胞膜层约 8nm 厚，为基底层角质形成细胞真皮侧的细胞膜，可见半桥粒。一方面，胞膜内侧的半桥粒附着斑与胞质内张力细丝相连接；另一方面，半桥粒有多种跨膜蛋白如XⅦ胶原等伸入或穿过透明板，发挥黏附作用。因此，半桥粒在皮肤基底膜带中就像一个铆钉将表皮与真皮紧密地钉在一起。

（二）透明层

透明层（stratum lucidum）厚 35～40nm，电子密度较低，其主要成分是层粘连蛋白及其异构体，其组成了细胞外基质和锚丝。锚丝（anchoring filament）从角质形成细胞的基底面通过透明层达到致密层。在锚丝中，层粘连蛋白是其主要组成成分，主要有层粘连蛋白 1、5 和 6。

（三）致密层

致密层（lamina densa）厚 35～45nm，构成此层的物质主要为Ⅳ型胶原，也有层粘连蛋白。Ⅳ型胶原分子通过自体间的相互交联，形成连续的三维网格，是稳定基底膜带的重要支持结构。

（四）致密下层

致密下层也称网板（reticular lamina），与真皮无明显界限，其中有锚原纤维通过，将致密层和其下方的真皮连接在一起。Ⅶ型胶原是构成锚原纤维的主要成分,其与锚斑结合并与真皮纤维交织在一起,维持表皮细胞与结缔组织之间的固着。

三、真皮与细胞外基质

真皮主要由胶原纤维、弹力纤维和网状纤维构成。胶原间为基质,主要成分为蛋白多糖。

(一)胶原纤维

胶原纤维由胶原(COL)蛋白构成,在 ECM 中含量最高,占机体总蛋白的 25%~30%。每个胶原蛋白分子由 3 条相同或不同的α链组成,根据其亚基组成和结构不同而将胶原蛋白分为不同类型。目前报道的胶原蛋白达 29 种之多,形成非螺旋结构区和不同长度的三螺旋结构区。皮肤中主要含有Ⅰ、Ⅲ、Ⅳ、Ⅶ、ⅩⅦ型 COL。其中,Ⅰ、Ⅲ型 COL 属于纤维形成胶原,在维持真皮的结构和弹性方面起着重要作用。

(二)弹性纤维

弹性纤维(elastic fiber,EF)由弹性蛋白和微纤丝蛋白组成。弹性蛋白主要由非极性疏水氨基酸组成,其中甘氨酸占 33%、脯氨酸占 11%,几乎不含羟脯氨酸,无羟赖氨酸。赖氨素和异赖氨素为弹性蛋白所特有。微纤维蛋白(fibrillin)是构成微纤丝蛋白的主要成分,为一种糖蛋白,甘氨酸很少,富含半胱氨酸,无赖氨素、异赖素和羟脯氨酸。其通过半胱氨酸形成二硫键交联,将微纤维蛋白聚集形成微纤丝。成纤维细胞和平滑肌细胞均合成及分泌纤丝素和弹性蛋白原。弹性蛋白原的分子质量约为 70kDa,在细胞外通过赖氨素和异赖氨素交联作用将 4 条弹性蛋白原交联在一起形成弹性蛋白。微纤维的作用首先是作为弹性蛋白原沉积的垫石,而后充填在弹性蛋白内并分布在其表面,与弹性蛋白共同形成EF,且将真皮中 EF 锚定在 ECM 或基底膜上。EF 粗细不等,粗长型分布于动脉血管壁,而在肠系膜、筋膜和皮肤中则是较细的 EF 以网状形式散在分布于 COL 纤维束间。皮肤中的 EF 占干重的 2%~5%。

(三)网状纤维

网状纤维(reticular fiber)在真皮中含量较少,纤维较细,有分支,彼此交织成网状。用银染法可将纤维染成黑色,故又称嗜银纤维。在电镜下,网状纤维具有距离相等的横纹结构,其主要组成成分也是胶原蛋白,与胶原纤维相似。网状纤维的嗜银性是由于包在胶原纤维上的糖蛋白所致。

第二节　皮肤结构中主要细胞外基质及其受体的生理功能

一、胶原

胶原由成纤维细胞分泌,从细胞内合成前α多肽链开始,经前胶原蛋白分子、原胶原蛋白分子、胶原原纤维,最后由多条胶原原纤维彼此黏合形成胶原纤维。Ⅰ型胶原主要位于真皮网状层且纤维粗大,Ⅲ型胶原主要位于真皮乳头层而纤维细小。Ⅶ型胶原和ⅩⅦ型胶原主要参与基底膜带的组成。

(一) I 型胶原和 III 型胶原

I 型胶原纤维是维持皮肤张力和承受力的重要成分，III 型胶原纤维与皮肤的弹性有密切关系，I、III 型胶原纤维的比例与皮肤的质量密切相关，I 型胶原纤维的增加和 III 型胶原的减少均可引起两者的比例失调，最终导致瘢痕化。

胶原总量随年龄增加呈下降趋势，III 型胶原于出生后即呈下降趋势，而 I、III 型胶原比值则相反。III 型胶原在创面中最早出现，行使构建"桥梁"的作用，随后出现的 I 型胶原纤维沿其方向有序排列，进而形成稳固的支架，促进创面的无瘢痕愈合。

婴幼儿、学龄前小儿成纤维细胞功能不成熟，内环境也处于不稳定状态。成纤维细胞对 I 型胶原的分泌很活跃，且对各种生长因子的刺激也十分敏感。创伤发生后，成纤维细胞进一步活跃，在多种生长因子的协同作用下，分泌 I 型胶原的能力大大增强，从而导致其过度增生。当损伤导致真皮支架缺失时，胶原失去了附着的基础，纤维排列紊乱，最终产生增生性瘢痕，这可能也是婴幼儿及学龄前小儿较其他年龄段人群在皮肤损伤后更容易出现增生性瘢痕的原因。成年人的成纤维细胞对 I、III 型胶原的分泌均减少，但幅度不大，表示此时的成纤维细胞分泌功能不强但比较稳定，不会对各种生长因子的刺激过度反应，在创伤修复过程中能适度分泌胶原纤维，所以瘢痕发生率较婴幼儿及学龄前有所下降。

皮肤中主要含有 I 型和 III 型胶原；具有很强的抗张性。胶原蛋白是构成人体结缔组织的蛋白质，占人体总蛋白含量的 1/3 以上，而皮肤中的胶原蛋白则高达 85% 以上。这些结构蛋白质不仅为其周围的细胞提供了营养代谢的场所，同时也与其周围细胞的形态有关。真皮层结构的改变是皮肤老化的主要原因，衰老皮肤的真皮厚度变薄，密度降低。Kigman 认为皮肤变薄可能是皮肤衰老早期的原因。20 岁以后真皮纤维细胞数量逐渐减少，胶原总含量每年减少 1%，胶原纤维变粗，出现异常交联；同时，密度增大，不易被胶原酶所分解，胶原稳定性增加。衰老皮肤中 III 型胶原合成会减少，胶原应力传导下降，抗剪切力减弱。MMP-1 是降解 I 型和 III 型胶原最主要的酶，当体内 MMP-1 过度表达时，会降解 ECM 的胶原蛋白，真皮层结构由于胶原蛋白的分解而遭到破坏，同时也会破坏胶原纤维和弹力纤维的正常结构，因此 MMP-1 是导致皮肤出现皱缩细纹等衰老症状最主要的酶。

(二) VII 型胶原

VII 型胶原最早是由 Bebtz 等分离出的一种胶原，当时命名为长链胶原 (LC)。Ryynanen 等通过 Northern 杂交发现 VII 型胶原 mRNA 在角质形成细胞和口腔表皮癌细胞系表达。间接免疫荧光示 19 周的胎儿基底膜带有 VII 型胶原基因的表达，提示角质形成细胞也许是 VII 型胶原最初的细胞来源。1993 年 Grennspan 等通过荧光原位杂交将编码 VII 型胶原的基因 COL7A1 定位于人 3p21.3 区域。Ryynanen 和 Hovnanian 等分别发现 DDEB 和 RDEB 均由 COL7A1 基因突变所致。Christiano 等检测克隆的 VII 型胶原 cDNA 序列发现其有 118 个外显子，是迄今为止发现的外显子最多的基因，其第 1 个外显子编码 5′-非翻译区信号肽，第 2～27 个外显子编码氨基酸球形 NC1 区域，之后的 84 个外显子编码三螺旋区，113～118 个外显子编码 NC2 的其余部分。

VII 型胶原由三条前 α 链组成三螺旋结构，分子质量为 290kDa。其不同于 I、II、III、

Ⅳ型胶原之处在于，胶原的三螺旋结构中有一些非胶原区的插入，这增加了其可伸屈性。Ⅶ型胶原主要由角质形成细胞合成，少数真皮内的成纤维细胞也可合成。分泌出的Ⅶ型胶原通过 C 端重叠形成反向二聚体，由二硫键彼此连接。大量二聚体组成锚纤维，锚纤维的 N 端与基底膜致密板的锚斑和层粘连蛋白 5 相连接，将基底膜与真皮内连接起来。当发生突变时，甘氨酸被替代，有可能改变了三螺旋结构的稳定性，使Ⅶ型胶原分子易被蛋白水解酶降解，使锚原纤维变细或数量减少。

（三）ⅩⅦ型胶原

ⅩⅦ型胶原又称大疱性类天疱疮抗原 2（BPAG2），ⅩⅦ型抗原最初发现其为大疱性类天疱疮的一种自身抗原，命名为 BPAG2。BPAG2 为一种跨膜蛋白，分子质量为 180kDa。其小部分位于基底细胞半桥粒的外板，大部分则跨越基底细胞膜的真皮侧，向下延伸，穿过透明板一直到达致密板，可能参与锚状纤丝（anchoring filament）的组成。在基底细胞内的是 BPAG2 的 N 端，细胞外部为 BPAG2 的 C 端，由 15 个不连续的胶原区组成，每个胶原区由甘氨酸-X-Y 重复序列组成，故命名为 ⅩⅦ型胶原。BPAG2 基因定位于 10 号染色体长臂的 10q23.4 位点，其 mRNA 约长 6 kb。cDNA 序列分析表明，BPAG2 单一的编码区长 4596 bp，肽链全长为 1532 个氨基酸。BPAG2 是一种少见的 Ⅱ 型跨膜蛋白，即 N 端位于细胞内，而 C 端位于细胞外。N 端即细胞内段肽链由 501 个氨基酸组成，其中部含有 4 个由 24～26 个氨基酸组成的串联重复序列，这种重复序列的意义目前还不明确。BPAG2 跨膜区由 23 个氨基酸组成。BPAG2 蛋白最明显的结构特征是有一个很长的细胞外肽链，约 1000 个氨基酸，其 C 端的 916 个氨基酸由 15 个胶原体功能区组成，每个胶原样功能区长 15～242 个氨基酸，相互间被短的非胶原样片段隔开。BPAG2 的这种细胞外胶原样区域可能是其余细胞外基质成分相互作用从而稳定表皮与真皮联系的结构部位。BPAG2 的细胞外部分与半桥粒的另一种跨膜蛋白——整合素 $\alpha_6\beta_4$ 协同，使基底细胞黏附在基底膜上。

二、层粘连蛋白

上皮基底膜是由细胞外基质分子组成的复合网架，这些分子具有调节组织完整性及体内平衡作用，并控制组织修复及肿瘤形成的形态学发生。层粘连蛋白（LN）家族是一组细胞外基质糖蛋白，各由一条 α、β、γ 链组合而成。LN 是组成基底膜带的成分，具有结合整合素受体的位点，并可结合其他基质成分，参与许多重要细胞与基质间的相互作用，其在基底膜的构建及细胞黏附、生长、迁移和分化中扮演着至关重要的角色。层粘连蛋白 5（LN-5）又称层粘连蛋白 332，在促进基层表皮细胞和其他上皮细胞的黏附中较其他 LN 更有效。近年来，许多国外学者对 LN-5 的分子结构及其功能进行研究，并在皮肤的修复与移植、肿瘤的发生与迁徙作用及与遗传性大疱性表皮松解症（JEB）研究方面取得重大进展。

LN-5 位于基底膜的透明板，是锚状纤丝的主要组成部分，其一端与半桥粒组成蛋白整合素 $\alpha_6\beta_4$ 连接，另一端则与真皮内锚纤维中的Ⅶ型胶原连接，从而在连接表皮与真皮间起着重要作用。LN-5 由三条不同的多肽链 α_3、β_3、γ_2 组成，α_3 链的分子质量为 165kDa，由 LAMA3 基因编码，定位于 18q11.2。β_3 链的分子质量为 140kDa，由 LAMB3 基因编码，定位于 1q32。γ_2 链的相对分子质量为 155 kDa，由 LAMC2 基因编码，定位于 1q25—q31。

LN-5 由 α_3、β_3、γ_2 三条多肽链经二硫键结合，重链 α_3 位于中间，两条轻链 β_3、γ_2 位于两侧，经旋转投影电镜显示呈 "Y" 形。含羧基端的三条多肽链的长臂通过二硫键聚在一起，构成 "Y" 形的主干（107 nm），含有氨基端三条链短臂构成 "Y" 形的上部，其中 β_3、γ_2 链分向两侧。LN-5 是在上皮细胞胞质内的粗面内质网中合成的，通过 mRNA 转录合成三条单链，先形成 $\beta_3\gamma_2$ 二聚体，再形成 $\alpha_3\beta_3\gamma_2$ 三聚体，然后在高尔基复合体内进行糖基化，最后分泌到细胞外。分泌到细胞外的 LN-5 位于皮肤组织表皮与真皮之间基底膜带中，并广泛结合到透明板锚链微丝上，透明板将半桥粒与基质下锚链纤维连接起来。在细胞外基质中 LN-5 以至多 2 种形式存在：440kDa（α_3, 165kDa；β_3, 140kDa；γ_2, 155kDa）和 400kDa（α_3, 165kDa；β_3, 140kDa；γ_2, 105kDa）。440kDa 的异三聚体是由细胞分泌 460kDa 的 LN-5 分子中的 α_3 链蛋白水解后产生的，α_3 链细胞外的加工是在 G4 亚功能区除去羧基端后完成的。这种 α_3 链 G 功能区水解过程，被认为是调节 LN-5 与细胞表面受体整合素相互作用并控制细胞沉积和运动的过程。400kDa 分子是由 440kDa 中 γ_2 链短臂蛋白水解，去掉 IV 功能区及富含上皮样生长因子的 V 功能区而来的，当除去 434 个 N 端氨基酸的 γ_2 后，即从 440kDa 缩短为 400kDa 的 LN-d。因此，440kDa 为 400kDa 的前体。2001 年，法国学者证实 440kDa LN-5 存在于表皮细胞中，400kDa LN-5 存在于 ECM 中；去除 IV 功能区 γ_2 链能继续与 $\alpha_3\beta_3$ 合成 LN-5，但在 ECM 上则无 LN-5 的沉积，说明裂解下 IV 功能区对 LN-5 分子在细胞黏附过程中起关键性作用。

皮肤组织中的 LN-5 可与 $\alpha_6\beta_4$ 和 $\alpha_3\beta_1$ 两种整合素结合，分别在半桥粒和黏着斑中发挥重要作用。半桥粒是表皮、真皮连接中非常重要的黏附连接结构。半桥粒的功能一方面有赖于 LN-5 中的 α_3 亚单位与细胞外整合素 $\alpha_6\beta_4$ 相结合，另一方面依赖于细胞内整合素 β_4 与网蛋白相结合，而网蛋白可与细胞骨架角蛋白结合从而发挥作用。半桥粒的连接结构还与大疱性类天疱疮抗原 2（BPAG2）有关，BPAG2 为一种跨膜蛋白，又称 XVII 型胶原，BPAG2 也可与 LN-5 相结合，从而增强半桥粒的黏附作用。研究发现，LN 的 α_3A 羟基化过程可能与半桥粒的功能相关。通过组织培养皮肤发现，只有经过 α_3A 羟基过程的 LN 才能协助形成半桥粒，而给予未羟基化的 LN 并不能形成半桥粒。mTLD/BMP-1 缺陷小鼠，由于 mTLD/BMP-1 参与 LN 的 α_3A 处理过程，这种小鼠的皮肤半桥粒也表现出功能缺陷。

三、纤维粘连蛋白

纤维粘连蛋白（fibronectin，FN）为一种大分子糖蛋白，分子质量 440~450kDa，主要分布在血液、组织液、淋巴液及基膜中。一般将 FN 分为两类：血浆 FN 和组织 FN。血浆 FN 为二聚体，具有调理作用，同时还能结合到组织中去；组织 FN 为二聚体或多聚体，其存在于正常皮肤的真皮和表皮连接处、皮肤附属器及细胞周围基底膜处，呈线状分布，在皮下胶原纤维束间分布呈短线状或颗粒状。组织 FN 可以连接多种细胞、生长因子及其他成分，可以吸引趋化巨噬细胞，发挥非特异性调理素作用，利于巨噬细胞、淋巴细胞与癌细胞在局部发挥细胞毒效应。有学者研究了 FN 在皮肤鳞状细胞癌（SCC）中的表现形式，探讨其与 SCC 生物学行为的关系。研究发现细胞 FN 和基膜 FN 的缺失导致癌细胞黏附性下降，癌细胞可以逃脱周围的束缚，并通过破坏基膜发生的浸润与转移，细胞 FN、基膜 FN 减少及缺失程度与癌生长、浸润、分化、增殖相平行。

另外，组织 FN 还与细胞内肌动蛋白微丝在空间上存在"跨膜协同联系"，与细胞运动功能和细胞分裂有关，在创伤的修复中具有重要作用。在创伤愈合中，从创伤早期凝血、炎症反应到肉芽组织基质形成等过程均与 FN 有关，而活性 FN 能更客观地反映其免疫生物学意义。纤维粘连蛋白二聚体上的功能区域可结合纤维蛋白、肝素、胶原蛋白、明胶等多种物质。在组织损伤后修复过程中，当成纤维细胞分泌大量纤维粘连蛋白形成纤维网状结构时，多种胶原蛋白成分、蛋白多糖、硫酸软骨素及其他细胞外基质成分沉积在该网状骨架中，愈合过程即开始。愈合过程结束后，在机体各类细胞因子的调节下，纤维粘连蛋白的分泌又可恢复至正常水平。有研究测定烧伤患者血清 FN 活性，发现 FN 活性具有随烧伤面积和深度的增加而降低这一规律。其产生原因为 FN 参与止血，作为趋化因子加速创面的清创作用而促进肉芽形成，促使细胞向基质黏附和移行，加速创面上皮化；FN 作为一种非特异性调理素，调动和促进吞噬系统清除异物净化伤口；FN 通过与细胞结合交联纤维素、纤维蛋白质，成为上皮细胞移行的支架。血清纤维粘连蛋白作为具有调理素功能的高分子糖蛋白，在机体单核-吞噬细胞防御系统中有重要作用。当发生感染时，一方面 FN 与细菌、毒素结合，从而降低其活性；另一方面，FN 活性降低削弱了吞噬细胞吞噬异物的能力而易于发生感染。因而，严重感染者体内血清 FN 降低。究竟感染与 FN 活性降低何者为始动因素，有待进一步研究。

四、玻连蛋白

玻连蛋白（VN）是一种存在于血液和部分组织中的多功能黏附糖蛋白，能与内皮细胞、血小板、巨噬细胞和部分肿瘤细胞等表面的整合素$\alpha_v\beta_3$受体结合，从而使细胞黏附和伸展。曾有学者利用免疫组织化学的方法研究了 40 例基底细胞癌（BCC）中的细胞外基质糖蛋白表达情况。这 40 例 BCC 包括 20 例复发者和 20 例未复发者。研究发现 VN 和 FN 有益于判断 BCC 患者的预后：20 例复发患者中 80%伴有 FN 的高度表达，而 95%缺乏 VN 表达。

五、腱生蛋白

腱生蛋白（tenascin，TN）是细胞外基质中一个具有独特六聚体结构的寡聚糖蛋白家族，可与整合素$\alpha_2\beta_1$结合，至今已发现 TN-C、TN-N、TN-X、TN-Y 四种异构体。TN 与胚胎形成、肿瘤发生及损伤修复过程有关，参与细胞活动的一系列调节机制。

在正常成人皮肤中，TN-C 表达局限、稀少。但在皮肤损伤修复时，伤后 1 天 TN-C 表达迅速增加，连续分布于创缘并以扩散方式遍及基质直至创面愈合（伤后 14 天）。婴幼儿皮肤损伤后 1h 即出现 TN-C 表达增强，伤口愈合后 TN-C 消失的时间比成人早，推测婴幼儿伤后皮肤快速无瘢痕愈合可能与 TN-C 相关。有学者运用免疫组织化学方法检测了 TN-C 在人瘢痕疙瘩和增生性瘢痕中的表达情况，观察其变化规律。研究发现正常成人皮肤中 TN-C 表达稀少，局限于真皮乳头层和皮肤附件。TN-C 在瘢痕疙瘩和增生性瘢痕的真皮瘢痕组织、皮肤附件中呈弥散分布，表达显著增强，以瘢痕疙瘩的增强尤为明显。瘢痕疙瘩旁正常皮肤附件的 TN-C 较正常皮肤表达增强，在增生性瘢痕旁的正常皮肤中未见到 TN-C 的高表达。真皮成纤维细胞是 TN-C 的主要细胞来源，TN-C 的表达可能反映了不断发展的纤维生成过程。推测瘢痕疙瘩成纤维细胞中存在着变异的反馈机制以调节 TN-C 的产生，这可能与其纤维生成活性延长有关。整合素$\alpha_2\beta_1$是胶原受体，也是 TN-C 的受体。

伤口愈合时，表达增加的 TN-C 可与 I 型胶原竞争性地结合 $\alpha_2\beta_1$，导致细胞黏附减弱，使细胞迁徙，通过影响新的基质形成而妨碍真皮结构与收缩性的重塑。当伤口完全愈合时，TN-C 水平下降至正常，伤口中胶原得以与 $\alpha_2\beta_1$ 整合素结合，稳定了重塑的真皮。在瘢痕疙瘩中 TN-C 一直处于高水平，影响胶原重塑。瘢痕疙瘩旁正常皮肤附件的 TN-C 与正常皮肤相比表达增强，而增生性瘢痕旁正常皮肤中未见 TN-C 的高表达，推测与瘢痕疙瘩逐步侵及正常皮肤有内在的联系。

TN-C 在正常组织中呈低表达，而在各种肿瘤中呈高表达。有学者研究了鳞状细胞癌和日光性角化病（AK）早期皮损中 TN-C 表达和蛋白质水平。研究发现，与正常皮肤相比，AK 和 SCC 的 TN-C 表达显著增加。正常皮肤标本很少检测到 TN-C，但在 AK 患者真皮乳头层可检测到 TN-C。在 SCC 标本中可以检测到大量 TN-C，研究发现在肿瘤未突破基底膜之前，其主要出现在表皮基底细胞中，此后随着肿瘤侵袭，逐渐在真皮乳头层和网状层中表达。

六、选择素

在炎症性皮肤病的发病机制中，白细胞在受损皮肤局部聚集是常见的病理表现。与血管内皮的相互作用是白细胞获得可聚集在炎症皮损部位能力的前提。白细胞是利用化学趋化因子和黏附分子的帮助来透过血管，浸入皮肤组织当中去的。涉及白细胞与血管内皮细胞相互作用的黏附分子家族有 4 类，包括选择素、整合素、黏蛋白类和免疫球蛋白超家族成员。其中，起主要作用的是选择素家族（包括 L-选择素、P-选择素和 E-选择素）及其各自的黏蛋白类配体。所有选择素的氨基酸端均包含独特的钙依赖结构区域，其为类似表皮生长因子的结构区域，这些选择素既在结构上保持同源性，又在不同选择素间存在明显差别。L-选择素可以在所有白细胞中表达，而 P-选择素和 E-选择素只是在发生炎症的内皮细胞表达，另外 P-选择素也可以在活化的血小板表达。

L-选择素介导白细胞黏附和迁移，白细胞的迁移主要是通过分子粘连和分子间的信号相互作用，选择素的功能是依赖其配体的表达来调节的，现有多种选择素的配体已被认定，其在血管内皮或非血管内皮部位表达。其中 L-选择素的配体还能够在炎症部位的内皮细胞表达，特别是 L-选择素的受体可在慢性皮肤炎症的部位表达和在急性皮肤病皮损中表达。

除黏附功能外，L-选择素还作为细胞间的信号转导分子发挥作用。L-选择素可以导致细胞间转导通路的激活，进一步使整合素活化，从而增强白细胞对内皮细胞的黏附作用，并进一步发挥细胞趋化的调节作用。通常认为真皮静脉的 P-选择素和 E-选择素是大多数白细胞迁移到皮肤的主要调节因素，E-选择素一般在非炎症皮肤的血管内低水平表达，并且与此相关的是在正常皮肤通常存在大量皮肤淋巴细胞相关抗原阳性（CLA[+]）记忆性 T 淋巴细胞。内皮选择素在调节皮肤免疫反应和维持皮肤免疫监视作用方面的重要性已经在产生 P-选择素和 E-选择素双缺陷的小鼠身上得到验证。这种 P-选择素和 E-选择素双缺陷的小鼠最主要特点为对自然发生皮肤黏膜感染的易感性显著增加，发生非溃疡性皮肤炎症皮疹和毛发脱失。利用这种 P-选择素和 E-选择素双缺陷的小鼠皮肤炎症动物模型进一步证实了内皮选择素的作用，而这种作用通常在只有一种选择素缺陷的动物模型中观察不到。

许多实验还证实了 L-选择素在介导皮肤炎症中的重要作用。尤其是在 L-选择素缺陷的小鼠模型中发现同种异体的皮肤移植排斥反应的时间推迟了，移植皮片中的淋巴细胞浸润明显减少，同时伴随等价的细胞毒细胞反应。另外，皮肤迟发性过敏反应和皮肤接触性超敏反应在 L-选择素缺陷的小鼠模型中也显著减少。L-选择素缺陷的小鼠模型速发性过敏反应降低，包括局部皮肤肥大细胞数量和 IgE 产生减少。对急性免疫复合物所介导的皮肤炎症研究证实在 L-选择素缺失的情况下，水肿和出血减少，白细胞和肥大细胞浸润减少，TNF-α 的产生水平降低。细胞因子所诱导的白细胞向皮肤迁移也明显减少。

调节性 T 细胞在抑制皮肤炎症、实现皮肤生理稳定方面发挥重要作用，与 $CD4^+T$ 细胞类似，大多数调节性 T 细胞表达选择素并且利用选择素来帮助实现细胞迁移和在正常皮肤组织中的分布。但是研究发现，调节性 T 细胞的选择素 mRNA 的表达水平是 $CD4^+T$ 细胞的 2 倍，并且选择素在调节性 T 细胞的更新速度也较 $CD4^+T$ 细胞高。但由于调节性 T 细胞酶降解选择素的能力也增强，所以其细胞表面的选择素维持在与 $CD4^+T$ 细胞类似的水平上。大多数研究表明调节性 T 细胞在抑制皮肤迟发性过敏反应方面发挥重要作用，调节性 T 细胞通过多种机制调节皮肤的炎性反应，包括产生皮肤相关细胞因子、控制肥大细胞脱颗粒及通过 Fas 配体相关调节机制。值得注意的是，调节性 T 细胞迁移到发生炎症的皮损部位是在迟发性过敏反应中适当消除炎性反应所必需的。所以，调节性 T 细胞在抑制炎性反应方面非常重要，调节性 T 细胞在皮肤组织中的迁移和分布对于维护皮肤自稳是必需的。

第三节　皮肤细胞外基质相关主要皮肤疾病

一、硬皮病

系统性硬皮病（systemic sclerosis，SS）是一种细胞外基质过度合成并沉积于皮肤和内脏器官，造成组织器官纤维硬化，出现功能障碍的结缔组织疾病。其主要特点为自身免疫性炎症反应，广泛血管损害，间质和血管周围组织进行性纤维化。胶原是导致该病纤维化的 ECM 沉积物中最主要的成分，而胶原合成主要依赖成纤维细胞，故成纤维细胞的数量和活性与胶原沉积密切相关。近年研究表明硬皮病的胶原增生和多种细胞因子有关，而 TGF-β 为最重要的一种。其可以诱导来自皮肤成纤维细胞 I 型胶原、III 型胶原、纤维粘连蛋白等细胞外基质的基因转录及蛋白质合成，且能抑制 ECM 分解酶的活性，抑制血浆酶原活化因子及胶原酶，并直接促进成纤维细胞的增生。硬皮病患者血浆和皮损中 TGF-β 的水平明显高于对照组。研究显示 TGF-β 还能促进微纤维蛋白和胶原纤维合成。

有学者采用免疫组织化学技术检测硬皮病小鼠模型皮损中的 TGF-β 及 I、III 型胶原蛋白含量。结果显示，TGF-β 及 I、III 型胶原在硬皮病小鼠皮损的含量均高于对照组，且 I 型胶原含量与 TGF-β 含量呈正相关（$P<0.01$），提示胶原在小鼠皮肤硬化过程中起一定作用，可能与硬皮病病理纤维化的形成有关。在皮肤成纤维细胞中，miR-29a 能通过靶向抑制 $TGF-β_1$ 激酶结合蛋白 1（TAB1）介导的组织抑制物金属蛋白酶 1（TIMP-1），减少胶原纤维的形成而发挥治疗 SS 的作用，揭示了微小 RNA 在靶向治疗系统性硬化中的应用前景。随着研究的深入，将会有更多的调控 ECM 形成及降解相关的 miRNA 被发现在疾病的发生发展中扮演重要作用，从而为治疗系统性硬皮病提供潜在的新型药物作用靶点。Jafarinejad-Farsangi 等则证实 miR-29a 通过显著降低两抗凋亡 Bcl-2 家族成员 Bcl-2（$P =$

0.0005，$P=0.01$）和 Bcl XL（$P=0.0001$，$P=0.006$）的表达，导致增强 Bcl-2：Bax 比值及诱导的细胞凋亡率增高。miR-29a 扰乱表达 Bcl-2 家族蛋白谱（Bax、Bcl-2 和 Bcl-xL）被认为是在许多细胞凋亡途径的动态生命死亡变阻器的中心点。由于系统性硬皮病发病过程中的免疫失衡，针对性的单克隆抗体也在治疗 SS 中展示出良好的前景，有研究显示抗干扰素α受体 1 的单克隆抗体通过抑制 T 细胞的激活及胶原的聚集而发挥临床治疗作用。目前限制单克隆抗体广泛应用的瓶口主要在于治疗费用的高昂，如果能突破这个限制，单克隆抗体在免疫性疾病中的应用将得到极大的发展。

二、营养不良型大疱性表皮松解症

营养不良型大疱性表皮松解症（dystrophic epidermolysis bullosa，DEB）为大疱性表皮松解症的一个亚类，是由于编码基底膜下带锚原纤维的主要组成成分Ⅶ型胶原的基因 COL7AI 发生突变所致，可为显性遗传（DDEB），也可为隐性遗传（RDEB）。后者病变广泛而严重，发育受阻而常致早夭，而前者则相对较轻，所以临床以显性遗传者更常见。临床表现多为水疱和大疱，位于四肢伸侧，尤以关节部位特别是趾、指、踝、肘等关节面上较多见，甲可增厚，尼氏征常阳性。愈后留瘢痕及萎缩。在耳轮、手背、臂及腿伸侧常有表皮囊肿（粟丘疹）。常波及黏膜，口腔黏膜、舌、腭、食管及咽喉部可有糜烂。当波及喉部时，常引起声嘶；在齿龈口唇沟间可有瘢痕挛缩；因咽喉部结瘢可致吞咽困难。舌尖瘢痕很典型。结合膜常不波及。牙齿正常。其他改变有指甲营养障碍、秃发、体毛缺失、侏儒、爪形手、指骨萎缩及假性并指等。

（一）COL7A1 基因突变型和 DEB 表型

近年来报道 DDEB 和 RDEB 均由 COL7A1 发生突变所致。利用单链构象多肽性（SS-CP）及 DNA 直接测序等技术，对 DEB 患者及其家系进行基因突变的检测取得了很大进展。

DDEB 是一条等位基因发生突变，在 COL7A1 基因三螺旋区，某一碱基的突变使甘氨酸被其他氨基酸替代。其中 G2034R 被认为是第一个突变的相对热点区。每个家系的突变位点不尽相同，且在相同的密码子位点，甘氨酸被不同氨基酸替代将产生不同临床亚型的 DDEB。Zhang 等在国内一家系发现了一种新突变，第 74 个外显子的 6208 碱基 G→A，即甘氨酸被精氨酸替代（G2070R）。Chuang 等在中国台湾一痒疹样 DDEB 家系中也检测到一种新突变，在 COL7A1 的 92 个外显子的 7097 位碱基 G→T，甘氨酸被缬氨酸（G2366V）替代。

RDEB 中最严重的亚型 Hallopeau-Siemens 型，是两条等位基因同时发生突变所致。其中一条等位基因形成提前终止密码子（PTC），而另一条等位基因突变的形式比较复杂，可以为 PTC/PTC、PTC/错义突变、PTC/剪切位点突变等。PTC 形成的主要结果为使相应的 mRNA 降解，使Ⅶ型胶原肽链合成提前终止，形成短缩的蛋白质，不能产生正常的Ⅶ型胶原。1997 年，Jemima 等在英国对 23 例 RDEB 患者进行核苷酸测序和限制性位点分析，发现两个重复突变位点：R578X 和 7786delG。其中，R578X 突变位点于 1994 年时在另一民族的 DEB 患者中也有报道，提示 R578X 可能为 RDEB 的突变热点之一。2016 年发现在纤维粘连蛋白Ⅲ型（FNⅢ）第 8 结构域出现了突变位点——R886P，与野生型蛋白相比，该突变使此区域蛋白的熔融温度从 77℃ 降低到 40℃，故该区域蛋白易受蛋白酶切割而不稳定，皮肤容易起泡，故而导致 RDEB 的发生。

前述提及的微小 RNA miR-29 除了能在系统性硬皮病中发挥治疗作用，在 DEB 的发病中也扮演了重要角色。Vanden 等发现在 RDEB 患者皮肤中 miR-29 的表达明显降低，更进一步的研究表明，miR-29 与 COL7A1 基因之间存在着较复杂的调控网络：一方面，miR-29 既可以通过与 COL7A1 mRNA 的 3′端非编码区两个独立的种子序列结合发挥直接的抑制作用，又可以经过调控 SP1（COL7A1 基因基础表达所必需的转录因子）而发挥间接的抑制作用；另一方面，miR-29 受到 SP1 蛋白活性及 TGF-β 信号通路的反馈调节。所以，miR-29 持续的降低导致其靶标基因的持续升高，从而导致皮肤中Ⅶ型胶原纤维的异常分泌及疾病的进展。

（二）DDEB 和局限型 RDEB 的区别

这两型患者在临床上和病理上难以区分。家族史很重要，但由于很少有大的家系或自发性突变（denove）的 DDEB 出现，更使两者难于区分。利用透射电镜也很难将两者区分，从而说明了在分子生物学水平上阐明两者区别的重要性。Mallipeddi 等通过对两个家系轻中度的 4 例 DEB 患者直接测序，结果表明 2 例患者的 2 个等位基因都存在突变：患者 1 的两条等位基因的突变型分别为 Arg578→stop（R578X）和 Gly2263→Val（G2263V），其父母为杂合子；患者 2 的两条等位基因的突变型分别为 Arg578→stop（R578X）和 Gly2674→Asp（G2674D），无其父母血样，该两例患者均诊断为 RDEB。这进一步证实了甘氨酸替代也可见于隐性遗传的 DEB，这种突变在杂合子中为显性失活，只有在另一等位基因也存在突变时才有临床表现，而且临床表现的严重程度取决于第二个突变。所以只要找出 DDEB 的一个突变即可，而 RDEB 则要分别发现来源于父母的两个突变才能实现基因诊断。

Hammami-Hauasli 等在研究了数例 RDEB 时发现，在第 73 个外显子发生的突变 G2006D、G2034R、G2015E 以显性失活的方式干预了Ⅶ型胶原的折叠和分泌，利用共焦激光扫描和免疫印迹方法研究表明 RDEB 的角质形成细胞的粗面内质网，聚集了高于对照组变异的前Ⅶ型胶原。进一步分析表明，此三个突变均接近三螺旋区的铰链区，而 DDEB 的突变位置更接近非胶原铰链区。

三、获得性大疱性表皮松解

获得性大疱性表皮松解症（EBA）是一种自身免疫性慢性大疱性皮肤病，血液循环中有抗Ⅷ型胶原的 IgG 抗体，HLA-DR2 发生率高。该病多见于成年人，儿童和老年人也可发病。临床上可有两种类型：经典型和大疱性类天疱疮型。经典型好发于易受外伤和受压部位，如手足、肘膝关节伸侧面，在无炎症的皮肤上出现水疱、大疱、糜烂，愈后留下萎缩性瘢痕及粟丘疹，临床上类似皮肤迟发型卟啉症。有些病例有瘢痕性斑秃、甲营养不良及甲萎缩。1/3 患者可伴有黏膜损害，少数患者有广泛的黏膜损害，口腔和食管黏膜被累及。大疱性类天疱疮型则是在红斑皮肤上出现紧张性的水疱、大疱，皮损分布广泛，波及躯干和四肢屈侧，愈后可无瘢痕及粟丘疹形成。

Ⅷ型胶原为本病的抗原，患者血清中含有抗基膜Ⅷ型胶原抗体。其能与锚纤维相结合形成免疫复合物并激活补体,产生趋化因子和吸引中性粒细胞至基底膜,后者释放蛋白酶,导致表真皮分离形成水疱。组织病理上表现为表皮下水疱,疱内有纤维素,真皮浅层血管周围少量单核细胞浸润。直接免疫荧光检查基膜带有 IgG、C3 和 C4 呈线状沉积,部分患者还可以见到 IgA 沉积。20%～60%患者血清中可检测到抗基膜带抗体(抗Ⅷ型抗体)。用氯化钠分离表真皮,荧光沉积于真皮侧的基板及其下方。透射电镜下见水疱位于基膜的致密板下方。免疫电镜发现 IgG 和补体沉积在致密板及其下方的锚纤维处。Calabresi 等分别使用间接免疫荧光(IIF)、酶联免疫吸附测定(ELISA)及免疫印迹(IB)3 种方法对 24 例意大利患者皮肤组织及血清进行Ⅷ型胶原检测,结果发现检出率最高的是 IB 法(91.7%),其次是 IIF 法(83.3%)及 ELISA 法(79.2%),故而提出需要综合多个检测方法以提高 EBA 的诊断率。

现已证实 EBA 中 IgG 型抗体识别的抗原表位位于Ⅶ胶原的 NC1 区。IgA 型循环抗体也沉积于基底膜的致密下层,与Ⅶ型胶原的分布区域相同。这提示这两种抗体都识别Ⅶ型胶原作为其靶抗原。目前尚不清楚为何一种抗原能引起两种类型的免疫反应,推测可能由于Ⅶ型胶原上存在不同的抗原表位,通过不同途径分别引起 IgG 及 IgA 型反应。Ⅶ型胶原作为基底膜的正常组分,对于维持基底膜的完整性及真表皮连接发挥重要作用。HLA-DR2 表型阳性的人群可能具有易于对Ⅶ型胶原产生免疫反应的遗传体质,针对Ⅶ型胶原的基底膜抗体可能通过激活补体途径和(或)干扰Ⅶ型胶原与真皮中纤维粘连蛋白的结合而导致真表皮分离。

四、大疱性类天疱疮

大疱性类天疱疮(BP)是一种全身泛发的慢性表皮下大疱性皮肤病,属于获得性自身免疫性疾病,抗原为 BPAG1 及 BPAG2。皮损典型损害为疱壁较厚、紧张、呈半球形的大疱,直径为 1～2cm,内含浆液,少数可呈血性。棘刺松解征阴性。水疱多在红斑或正常皮肤的基础上发生。疱不易破裂,糜烂面上常附血痂,较易愈合,有的患者初起时皮疹为水肿性红斑,或风团样损害,数日后才在此基础上出现大疱。组织病理为表皮下大疱。免疫荧光示基底膜带免疫球蛋白沉积。多见于老年人,预后良好。有日本学者报道,难治性大疱性类天疱疮患者在恢复期出现许多粟丘疹,分析广泛的粟丘疹形成及恢复可能与半桥粒和细胞外基质成分之间免疫易感性相关。

BPAG1 分子质量为 230kDa,编码基因位于 6p11—6p12。BPAG1 属于斑蛋白(plakin)家族。其与表皮基底细胞内另一个结构蛋白网蛋白(plectin)都位于半桥粒的内板,是半桥粒内板的主要成分。剔除 BPAG1 基因的转基因鼠显示,BPAG1 在与基底细胞中由角蛋白所组成张力微丝的连接上起着重要作用。该鼠半桥粒的内板缺如,使与半桥粒相互连接之张力微丝发生彼此分离,张力微丝退缩至核周围。但这个突变结果并不导致表皮与真皮的分离,也不形成表皮内水疱。与 BPAG1 比较,前者位于基底细胞内,而 BPAG2 位于细胞外,它将首先与血清中的自身抗体发生特异结合,因此认为在 BP 发病中,BPAG2 发挥更为重要的作用。由 BP 患者自身抗体识别的 BPAG2 主要抗原位点定位于细胞外段近膜处非胶原样区 14 个氨基酸片段。抗-BPAG2 主要为 IgG,有 IgG3 和 IgG4 亚型,前者常见,也有 IgM、IgD 和 IgE。抗原和抗体结合后激活补体 C3a 和 C5a、肥大细胞脱颗粒等一系列反应,最终导致基底膜半桥粒和锚丝断裂消失,形成水疱。Hiroyasu 等研究表明,趋化因子 CXCL10 在 BP 患者疱液及血清中的表达升高，CXCL10 可通过炎症因子 IL-17 介导在中性粒细胞及单核细胞中异常表达，但在淋巴细胞中表达不升高，升高的 CXCL10 经由细胞外信号调节激酶 1/2、p38 的激活及磷脂酰肌醇 3 激酶信号通路促进基质金属蛋白酶 9（MMP-9）的分泌释放而致病。

五、妊娠疱疹

妊娠疱疹（HG）发生在妊娠或产褥期，有多形性皮疹，是以水疱为主的瘙痒性大疱性自身免疫性皮肤病，分娩后自行缓解，再次妊娠时复发。

妊娠疱疹抗原与 BP 的 BPAG2 为同一成分，因此有学者推测该病可能是类天疱疮的一种亚型。但该病与 BP 也有不同之处，该病自身抗原为 IgG1，HLA-D3 和 HLA-DR4 多见。该病的发病机制与 BP 相似。妊娠疱疹需要与单纯疱疹病毒、巨细胞病毒、带状疱疹病毒感染所致的病毒感染性疾病相鉴别，结合临床表现、血清学及疱液病毒学标志物检验可资鉴别。

六、瘢痕性类天疱疮

瘢痕性类天疱疮（CP）又名良性黏膜类天疱疮（benign mucosa pemphigoid），是一种慢性水疱性皮肤病，主要侵犯黏膜，尤其是眼结膜和口腔黏膜。本病好发于老年人，水疱消退后遗留永久性瘢痕。

该病可能是类天疱疮的一个亚型，自身抗原也可与 BPAG2 相结合。BP 和 HG 自身抗体识别近 BP180 跨膜片段的细胞外位点，而 CP 自身抗体主要与近羧基端的位点发生反应，此位点远离半桥粒。Bedane 等研究发现，BP 血清主要结合于邻近表皮半桥粒的透明层上部，与 BP180 近膜片段-NC16A 的兔抗血清结合方式十分类似；而 CP 血清结合于透明层及致密层，与 BP180 羧基端区的兔抗血清结合方式非常类似，表明 BP180 细胞外片段以延伸的构象形式存在，其羧基端伸入致密层。

七、泛发性萎缩性良性大疱性表皮松解症

泛发性萎缩性良性大疱性表皮松解症（GABEB）是一种非致死性交界型大疱性表皮松解症的一种罕见亚型。该病是由于编码 BPAG2 的 COL17A1 基因异常而导致的遗传性大疱性皮肤病，国内至今只有个案报道。国外研究多数 COL17A1 的突变发生于编码细胞外区的部分并多导致出现 PTC。这一纯合突变导致两条等位基因在同一位置出现 PTC，既往认为这将导致肽链缩短、蛋白结构不稳定而易于降解，但目前发现其后果更为严重，并且发生在 RNA 水平而不仅是蛋白质水平，出现"无义突变介导的 mRNA 降解（nonsense-mediated mRNA decay）"，即 PTC 导致 mRNA 结构极不稳定而迅速降解，不能进入翻译过程，因而整条肽链均不表达，从而出现半桥粒功能缺陷，临床上表现为反复的水疱大疱。

八、线状 IgA 大疱性皮肤病

线状 IgA 大疱性皮肤病（LABD）是一种自身免疫性大疱性皮肤病，皮损的直接免疫荧光检查示皮肤基底膜带有线状 IgA 的沉积，也因此得名。国内学者回顾分析 LABD 病例表明皮损好发于 20~50 岁人群，病程慢性，部分可自行缓解，躯干、四肢、头、面、颈、

口腔黏膜和会阴部位可受累；典型皮损组织病理显示表皮下水疱或裂隙形成，真皮乳头及真皮浅层可见中性、嗜酸性粒细胞及淋巴细胞等炎症细胞浸润；直接免疫荧光见基底膜带IgA线状沉积，可伴补体沉积，部分伴IgG和IgM沉积；氨苯砜、糖皮质激素及多种免疫抑制剂等治疗效果较好。

该病的自身抗原为LAD-1，其分子质量为97kDa。研究发现，LAD-1抗原与BPAG2的细胞外片段有多个相同的氨基酸区域。为进一步明确LAD-1抗原与BPAG2之间的关系，Ishiko应用一系列多克隆和单克隆抗体对正常人皮肤的冷冻超薄切片进行免疫胶体金电镜研究，结果发现LAD-1抗原定位于BPAG2的NC16A和羧基端片段之间，并且与BPAG2细胞外片段密切相关。Zone等应用单克隆抗体免疫亲和柱从人表皮提取物中纯化出970kDa抗原，并且对其N端氨基酸序列进行分析。结果发现，LAD-1抗原的氨基酸序列与BPAG2细胞外片段中包含的氨基酸序列相同，因此推断LAD-1抗原是BPAG2细胞外片段的一部分，而且其IgA型自身抗体与胶原样区内或附近的位点发生反应。该病的发病机制与BP相似。

九、弹性纤维相关皮肤疾病

（一）弹性蛋白与遗传性皮肤松弛症

遗传性皮肤松弛症（CL）又称泛发性弹力松解症，是一种因皮肤弹性纤维先天缺陷而引起的皮肤疾患。遗传方式有常染色体显性遗传、常染色体隐性遗传和X连锁隐性遗传三种类型。该病较为罕见，无种族差异，其临床特征为皮肤松弛、下垂、冗余，除皮肤外还累及多个富含弹性纤维的结构，如肺、胃肠道和血管等，可导致严重的多器官功能障碍甚至导致死亡，且该病到目前为止还没有有效的治疗手段。一般出生时或出生不久即发病，起初为水肿性改变，以后皮肤逐渐松弛、下垂，症状逐渐加重。全身皮肤均可受累，以面、颈和皱褶部位最为常见，皮肤松弛性病变导致幼儿呈老人外貌。过度的皮肤皱褶可使皮肤形成有蒂的皮肤下垂，上眼睑下垂可妨碍视线，下眼睑下垂可形成睑外翻。患者的临床表现和病情的严重程度与遗传模式有关，常染色体显性遗传性CL病情相对较轻，主要表现为全身皮肤进行性弹性下降，松弛下垂。一般呼吸系统受累轻微，常在青春期才出现支气管扩张、肺气肿和腹股沟疝。常染色体隐性遗传性CL包括两种临床类型，病情严重，预后不良。Ⅰ型特征性表现为新生儿期即出现肺气肿、疝气和多发憩室。Ⅱ型常伴发生长发育迟缓、关节松弛和前额隆起。X连锁隐性遗传CL主要表现为皮肤松弛、关节过度伸展、膀胱憩室和枕骨特征性膨大。

遗传性CL的发病机制大都已经明确，目前已发现常染色体显性遗传性CL与弹性蛋白基因突变有关，常染色体隐性遗传性CL与fibulin-5（FBLN-5）、fibulin-4（FBLN-4）基因突变有关，性联遗传性CL与ATP7A基因的突变有关。1989年，Sephel等通过对6例常染色体显性遗传性CL患者进行皮肤活组织学检查和成纤维细胞培养，结果证实CL患者弹性蛋白原合成减少。进一步检测弹性蛋白mRNA，发现该病的发病环节与翻译前水平异常有关。此后又有学者对显性遗传性CL家系进行弹性蛋白的基因检测，发现了多种弹性蛋白突变。1991年，Michael等通过染色体原位杂交技术将人弹力蛋白基因定位于7q11.2区域。1998年，Tassabehji等应用荧光原位杂交、单链构象多态性分析、异源双链分析及

DNA测序多种方法检测1例遗传性CL，结果发现先证者及其父亲弹性蛋白基因发生突变，第32个外显子的第748位密码子发生单个胞嘧啶缺失。1999年，Zhang等对1例常染色体显性遗传性CL进行基因突变分析，结果发现弹性蛋白基因第30个外显子出现2039C和2012G杂合缺失。2004年，Iaia Rodriguez等在1例遗传性CL家系中发现弹性蛋白基因杂合性移码突变。2006年，Szabo等对1例常染色体显性CL家系进行基因突变检测，结果发现弹性蛋白基因第30个外显子发生小片段缺失（2114～2138del）和2159C单个碱基缺失。2008年，Graul等对1例有临床变异性表现的常染色体显性CL家系进行基因突变检测，结果发现弹性蛋白基因的第1621个核苷酸发生pT的错义突变。2016年，Sasaki等发现FBLN-4基因中的E126K和C267Y突变位点仅导致fibulin-4蛋白质分泌受损而无mRNA合成的异常；此外，E126K突变可以使fibulin-4蛋白对蛋白酶的耐受度降低，导致能结合的Ⅳ型胶原、微纤维蛋白-1及其他弹性蛋白减少，促发皮肤松弛症。

弹性纤维是皮肤、动脉、肺和韧带等动态结缔组织细胞外基质的不溶性成分，包括交联的弹性蛋白、原纤维蛋白、微纤维蛋白。它们的作用是赋予组织具有弹性反冲的特性，并调节TGF-β的生物利用度。有些严重遗传性疾病是由弹性纤维弹性成分的突变引起的，例如，引起主动脉瓣上狭窄和常染色体显性遗传性皮肤松弛症的突变蛋白微纤维蛋白-1；导致马方综合征、Weill Marchesani综合征的fibulin-4和fibulin-5蛋白基因突变，其突变亦引起常染色体隐性遗传皮肤松弛症。已有的弹性纤维缺陷包括真皮弹力纤维增生，而纤维炎性损伤导致疾病如肺气肿和肺血管疾病。

（二）微纤维蛋白与相关皮肤病

FBN1（fibrillin-1）是构成微纤维（直径10～12μm）的主要蛋白之一，其分子质量为320kDa，由2871个氨基酸组成，广泛分布于皮肤、肺、血管、肾、软骨、腱、角膜和晶状体悬韧带中。FBN1在人类皮肤组织的基底膜结构、部分成纤维细胞及细胞外基质中为阳性表达。作为细胞外基质成分，FBN1还参与介导细胞与细胞、细胞与生物分子之间的相互作用，在胚胎发育和各种生理及病理过程中发挥重要作用。

FBN1基因及其蛋白质的结构异常或表达量改变与马方综合征、硬皮病等疾病关系密切。突变基因产生的异常FBN1通过对正常FBN1产生显性负效应或本身对蛋白水解酶敏感性的改变、FBN1蛋白的缺陷造成TGF-β的过度激活和信号转导方面的调控失衡等，导致全身结缔组织的改变。FBN1基因突变往往导致TGF-β信号的增强。在细胞外基质中FBN1能与TGF-β结合，为TGF-β的组织储存池，细胞外基质中FBN1的含量决定TGF-β组织中的释放量。因此有学者推论，FBN1结构变化和数量降低，导致TGF-β释放失控，组织中TGF-β含量剧增，诱发多种马方综合征的病态表型出现。硬皮病是一种以皮肤各系统胶原纤维硬化为特征的结缔组织疾病。研究人类硬皮病真皮成纤维细胞中FBN1的代谢发现，FBN1蛋白的合成数量虽未减少，但易被蛋白水解；此外，研究人员在硬皮病患者及其模型鼠的血清中还检测到了抗FBN1的自身抗体。体外实验表明这种抗体能通过TGF-β通路激活人类正常皮肤来源的成纤维细胞、分泌胶原等细胞外基质，从而具有促纤维化的病理作用。

FBN1在瘢痕疙瘩和肥厚性瘢痕（HS）中的表达高于正常皮肤，提示FBN1 mRNA的表达量升高可能与瘢痕过度增生有关，表明FBN1为瘢痕相关基因。TGF-β可以促进病理性瘢痕成纤维细胞的增殖和细胞外基质的沉积。瘢痕疙瘩和 HS 的 TGF-β 表达上调并与 FBN1 呈正相关的结果，证实 FBN1 基因参与了 TGF-β 信号通路的调节，进而在瘢痕过度增生过程中可能发挥重要作用。

十、层粘连蛋白相关皮肤疾病

（一）半桥粒及交界性大疱性表皮松解症

LN-5 基因突变可导致交界性大疱性表皮松解症（JEB）的发生。大疱性表皮松解症（EB）是一组多基因遗传性皮肤病，以皮肤和黏膜对机械损伤易感并形成大疱为特征。JEB 为 EB 的一种亚型，其发病与 LN-5 缺陷相关，JEB 患者均有半桥粒功能受损，部分表现为全部缺失，部分为数量和结构的明显改变。下面简要介绍 JEB 的临床表现和 LN-5 的基因突变。

JEB 为一种罕见的疾病，呈常染色体隐性遗传，出生时即有严重广泛性分布的大疱和大面积的剥脱，可于数日至数月内死亡。皮损最终不留瘢痕而痊愈，或有粟丘疹形成，部分皮损发生不能愈合的肉芽组织。口腔有严重溃疡及出牙困难情况等。婴儿如幸存，其后仍可发生生长迟缓及中或重度的顽固性贫血，多数患儿于 2 岁内死亡。生命垂危时需给予支持疗法及大剂量全身性皮质类固醇治疗。JEB 又可分为：①致死型大疱性表皮松解症，表现为全身大疱及黏膜损害而手部反而较少，口角、鼻周可见过度增生性肉芽组织，病变可波及全身，包括整个胃肠道、胆囊、气管及阴道等，甚至可引起幽门梗阻，可于出生后几个月即死于感染，病死率较高；②轻型全身萎缩型大疱性表皮松解症，为轻型 JEB，近来 Hintel 和 Wolff 建议称之为全身萎缩良性型大疱性表皮松解症，出生时即可有大疱，可渐渐改善，唇、舌、食管及生殖器黏膜可被波及，皮肤可萎缩，甲可有营养不良性萎缩，齿珐琅质可有生长不良；③反型萎缩性大疱性表皮松解症，本型特征为新生儿时即有脓皮病样大疱，数月后见轻，可见特征性的高起白色条纹，亦可见甲萎缩。角膜破残而致角膜浑浊。

参与合成 LN-5α$_3$、β$_3$ 及 γ$_2$ 三条肽链的三种基因 LAMA3、LAMB3 及 LAMC2 在致死性 JEB 中均发现有突变，而 LAMB3 和 LAMC2 两种基因的突变还见于非致死性 JEB。至今，LN-5 基因突变所致的 JEB 已有多例报道，最常见的为 LAMB3 基因突变。常见的为单一碱基突变 C→T，从而引起精氨酸（CGA）被终止符（TGA）所取代。所致的两种常见突变类型为 R42X 及 R635X（X 表示终止符）。在致死性 JEB 中，基因突变均引起超前产生的终止符（PTC/PTC）。在某些非致死性 JEB 中，突变还包括错义突变及外显子遗漏突变。

（二）黏着斑及 Kindler 综合征

与半桥粒的连接不同，LN-5 还可与整合素 α$_3$β$_1$ 相结合，从而使黏着斑将细胞骨架肌动蛋白与基底膜相结合。整合素 α$_3$β$_1$ 可与细胞表面的许多分子相互作用，介导细胞骨架肌动蛋白的作用。在组织培养的表皮细胞中，可以在黏着斑部位见到整合素 α$_3$β$_1$ 聚集。然而，在正常人皮肤中，黏着斑并不常见，推测黏着斑可能是组织损伤时细胞迁移过程中的一种暂时表现。

Kindler 综合征（KS）是一种常染色体隐性遗传性皮肤病，是第一种由于肌动蛋白细胞骨架系统-细胞外基质连接缺陷导致的皮肤病，为遗传性大疱性表皮松解症的一种新类型。KS 在临床上罕见，其临床表现主要有以下 4 个特征：①婴儿和儿童时期反复发生的肢端水疱、大疱，尤其是容易受伤的部位；②光敏感，日晒后出现红斑，水疱加重，多数患者水疱形成及光敏感随年龄增大逐渐减轻；③随年龄增长，逐渐出现弥漫性进行性的皮肤异色症表现，尤其是面、颈部等光暴露部位；④随年龄增长，全身皮肤可逐渐出现弥漫的皮肤萎缩，如卷烟纸样皱褶外观，尤其是手、足背。KS 另一个突出的特点是口腔损害明显：破坏性牙周病和剥脱性龈炎，导致牙龈肿胀、出血。此外还可以出现多种其他的皮肤黏膜改变，包括唇和口腔黏膜白斑、口角炎、掌跖角化过度、并指或趾畸形、挛缩畸形、假性籖趾病、甲营养不良、直肠肛门及尿道或食管的狭窄、下睑外翻、头发及眉毛脱落、包茎、无汗或少汗、智力障碍及骨骼发育异常。KS 还可并发恶性肿瘤，可有溃疡性结肠炎的表现，其致病基因为编码黏着斑相关蛋白的 kindlin-1 基因，近期被命名为 FERMT1。这些发现表明 LN-5、整合素 $\alpha_3\beta_1$、肌动蛋白复合体在表皮、真皮连接完整性中也发挥重要作用。但是 Kindler 综合征患者皮肤脆性增加的原因，究竟是 LN-5、整合素 $\alpha_3\beta_1$ 连接缺失还是由于 kindlin-1 基因导致半桥粒的功能受损，还需要进一步的研究。

FERMT-1 基因突变，编码异常的 kindlin-1 蛋白，继而导致 Kindler 综合征，其特点是皮肤出现水疱、皮肤过早老化和不明原因的皮肤癌。Rognoni 等研究表明，在敲除 kindlin-1 基因的小鼠角质形成细胞中，模拟产生了 Kindler 综合征，促进皮肤干细胞过度激活而导致过度增厚的表皮、异位毛囊发育和提升皮肤肿瘤的易感性。这些研究结果揭示 kindlin-1 承担着平衡 TGF-β 介导的生长抑制信号通路与 Wnt-β 连环蛋白介导的生长促进信号通路之间的关系，从而维持皮肤表皮干细胞稳态。

（向天新）

参 考 文 献

闫会昌，张航. 2017. 成人线状 IgA 大疱性皮肤病 4 例及文献回顾. 中国皮肤性病学杂志，3：290～293.

Baldwin AK，Simpson A，Steer R，et al. 2013. Elastic fibres in health and disease. Expert Rev Mol Med，15：e8.

Calabresi V，Sinistro A，Cozzani E，et al. 2014. Sensitivity of different assays for the serological diagnosis of epidermolysis bullosa acquisita: analysis of a cohort of 24 Italian patients. J Eur Acad Dermatol Venereol，28：483～490.

Ciechomska M，O'Reilly S，Suwara M，et al. 2014. MiR-29a reduces TIMP-1 production by dermal fibroblasts via targeting TGF-β activated kinase 1 binding protein 1，implications for systemic sclerosis. PLoS One，9：e115596.

Guo X，Higgs BW，Bay-Jensen AC，et al. 2015. Suppression of T cell activation and collagen accumulation by an anti-IFNAR1 mAb，anifrolumab，in adult patients with systemic sclerosis. J Invest Dermatol，135：2402～2409.

Hiroyasu S，Ozawa T，Kobayashi H，et al. 2013. Bullous pemphigoid outcome is associated with CXCL10-induced matrix metalloproteinase 9 secretion from monocytes and neutrophils but not lymphocytes.

Am J Pathol, 182: 828~840.

Jafarinejad-Farsangi S, Farazmand A, Mahmoudi M, et al. 2015. MicroRNA-29a induces apoptosis via increasing the Bax: Bcl-2 ratio in dermal fibroblasts of patients with systemic sclerosis. Autoimmunity, 48: 369~378.

Miao CG, Xiong YY, Yu H, et al. 2015. Critical roles of microRNAs in the pathogenesis of systemic sclerosis: New advances, challenges and potential directions. Int Immunopharmacol, 28: 626~633.

Mohamed M, Voet M, Gardeitchik T, et al. 2014. Cutis laxa. Adv Exp Med Biol, 802: 161~184.

Rognoni E, Widmaier M, Jakobson M, et al. 2014. Kindlin-1 controls Wnt and TGF-β availability to regulate cutaneous stem cell proliferation.Nat Med, 20: 350~359.

Sasaki T, Hanisch FG, Deutzmann R, et al. 2016. Functional consequence of fibulin-4 missense mutations associated with vascular and skeletal abnormalities and cutis laxa. Matrix Biol, 56: 132~149.

Uchida S, Oiso N, Koga H, et al. 2014. Refractory bullous pemphigoid leaving numerous milia during recovery. J Dermatol, 41: 1003~1005.

Vanden Oever M, Muldoon D, Mathews W, et al. 2016. miR-29 Regulates type Ⅶ collagen in recessive dystrophic epidermolysis bullosa. J Invest Dermatol, 136: 2013~2021.

Windler C, Hermsdorf U, Brinckmann J, et al. 2017. A type VII collagen subdomain mutant is thermolabile and shows enhanced proteolytic degradability-Implications for the pathogenesis of recessive dystrophic epidermolysis bullosa?. Biochim Biophys Acta, 1863: 52~59.

第四十八章 细胞因子拮抗剂与抗纤维化治疗

第一节 细胞因子拮抗剂与抗肝纤维化治疗

肝纤维化（liver fibrosis）及肝硬化（liver cirrhosis）是各种病因引起的一种终末性慢性肝病。不论何种因素致病，肝纤维化发生的机制均为肝脏受到外界因素的刺激后引起细胞因子的释放，通过细胞因子-基质-细胞基质的相互作用最终使基质沉积于肝脏，以致纤维瘢痕形成，导致肝纤维化和肝硬化的发生，最终致慢性肝衰竭。此外，肝纤维化与肝损伤修复过程相关，如果能在损伤开始阶段阻止这一过程，则肝纤维化可能实现逆转。

一、脂联素的抗纤维化作用

正常人群的肝星状细胞（HSC）多处于静止状态，存在于 Disse 间隙，作为合成视黄酸的储备库。在慢性肝脏损伤的修复反应中，HSC 活化、增殖并增加细胞外基质的产生。尽管其他类型肝细胞可能同时参与促进肝纤维化形成，但活化的 HSC 可能为细胞外基质沉积的初始启动因子。

脂联素（APN）的分子质量为 30kDa，与瘦素（leptin）相似，最初由白脂肪组织合成和分泌。脂联素在血液循环中以低、中、高分子质量三种形式存在，在血清中水平与体脂水平反相关。介导脂联素信号转导的受体已明确：由骨骼肌细胞表达的 AdipoR1 及肝脏大量表达的 AdipoR2。脂联素在肝脏中的信号转导由单磷酸腺苷激酶（AMPK）的活化（苏氨酸磷酸化）介导，也有证据表明可通过过氧化物酶体增殖激活受体α（PPARα）介导。

瘦素可产生促纤维化作用，而脂联素则可发挥抗纤维化作用。小鼠 HSC 中脂联素的过表达可抑制其增殖并下调增殖细胞核抗原（PCNA），以及α-平滑肌肌动蛋白（α-SMA）的表达和活化。脂联素还可以刺激活化的 HSC 细胞凋亡，提示脂联素可能使 HSC 维持在静止状态，从而阻止其纤维化作用。人体中，脂联素水平的下降与一些病理、生理结局相关，如肝组织学异常、炎症及纤维化。此外，在由四氯化碳（CCl_4）介导的肝纤维化过程中，脂联素过表达的小鼠较 lacZ 表达小鼠损伤轻。与野生型鼠相比，脂联素基因敲除小鼠（$Ad^{-/-}$）对 CCl_4 介导的肝纤维化更加敏感。Sharma 等对 47 例 2 型糖尿病患者的 ALT 和 AST、血浆总胆固醇、TG、透明质酸、III型前胶原肽、ALP 和纤维蛋白原及脂联素进行了分析，其中 29 例合并非酒精性脂肪性肝病（NAFLD），结果表明 NAFLD 患者透明质酸和III型前胶原肽明显升高，脂联素则明显降低，差异具有显著意义，显示了脂联素与 NAFLD 相关肝纤维化的相关性。瘦素和脂联素在细胞外基质沉积的调节过程中被认为互为拮抗剂，主要通过以下几个机制来拮抗瘦素的信号转导，从而对抗瘦素介导的肝纤维化。

（一）抑制瘦素介导的 Jak2 活化

瘦素与其长型瘦素受体（OB-Rb）结合后通过 Tyr1007/1008 自体磷酸化激活与受体偶联的 Jak2 活性。Jak2 的活性可以通过 Tyr570 或 Ser523 磷酸化得到抑制。但只有 Ser523 的磷酸化能够抑制依赖 OB-Rb 的 Jak2 活性。有实验表明，脂联素能够阻止瘦素介导的 Tyr1007/1008 的磷酸化，并能够激活 Ser523 的磷酸化。因此，脂联素能够通过抑制 Jak2 的 Tyr1007/1008 磷酸化从上游途径阻止瘦素的信号转导，同时通过促进 Jak2 的 Ser523 磷酸化从下游途径阻止瘦素的信号转导。

（二）抑制瘦素活化 OB-Rb

Jak2 活化后，瘦素信号通过 OB-Rb 在 Tyr985 和 Tyr1138 的磷酸化传导。OB-Rb 在 Tyr1138 磷酸化后与 Stat3 偶联，随后经 Jak2 磷酸化。体外研究已证实脂联素可下调瘦素介导的 Stat3 磷酸化，从而推断脂联素可能抑制瘦素介导的 OB-Rb 活化。

（三）信号转导途径通过 AdipoR1 上调 PTP1B 的表达及活性

蛋白酪氨酸磷酸酶 1B（PTP1B）去磷酸化抑制 Jak2 活性，因而从上游抑制了 OB-Rb 和 Stat3 的作用，从而对瘦素信号转导起到负性调节作用。PTP1B 是下丘脑瘦素信号肽的重要抑制剂，参与糖及脂肪代谢的调节。在 CCl_4 鼻饲的实验模型中检测到 PTP1B 的活性受脂联素及瘦素的调节，脂联素能够促进抑制 PTP1B 在肝脏的沉积，特别是在 HSC 中，并且能够激活 HSC 中 PTP1B 的活性，从而抑制瘦素的信号转导途径，促进 Jak2 去磷酸化并抑制 OB-Rb 的活性，从分子水平解释了脂联素抑制瘦素信号转导的肝脏保护性抑制作用。此外，有实验通过 shRNA 沉默技术研究脂联素受体对 PTP1B 的调节作用，结果发现非靶向 shRNA 转染的 HSC 中脂联素能够增加 PTP1B 的表达和活性，并且当 AdipoR2 沉默时脂联素仍能够增加 PTP1B 的活性和表达，但当 AdipoR1 沉默时，脂联素诱导的 PTP1B 蛋白表达及活性的增加便受到抑制，从而可以得出结论，脂联素对 PTP1B 的表达及活性的调节作用是通过 AdipoR1 介导的。

（四）促进细胞因子信号转导抑制因子-3 的作用

瘦素诱导细胞因子信号转导抑制因子-3（SOCS-3）的表达，而 SOCS-3 则同时负向调节瘦素的信号转导。SOCS-3 能够抑制与 OB-Rb 偶联的瘦素信号转导，并可抑制 Jak2、Stat3 的磷酸化，最终降解被激活的受体复合物。体外实验证明，SOCS-3 能够与 Tyr985 磷酸化的 OB-Rb 结合，进一步发挥其调节作用。脂联素缺失小鼠的 SOCS-3mRNA 及蛋白质水平均低于野生型鼠，这提示脂联素在转录水平调节 SOCS-3。而 SOCS-3 蛋白水平在脂联素或瘦素/脂联素同时处理的小鼠 HSC 中出现动力学改变，这一体外实验则提示脂联素可能起到稳定 SOCS-3 蛋白质表达的作用，说明脂联素的增加能够增加 SOCS-3 的供应池，从而促进 SOCS-3 与 OB-Rb 的结合，达到对瘦素信号转导的抑制作用。Handy 等也指出脂联素可以通过促进 SOCS-3 与瘦素受体 OB-Rb 的结合，抑制瘦素信号转导，发挥抗肝纤维化作用。

（五）抑制瘦素介导的组织型金属蛋白酶抑制剂-1/基质金属蛋白酶复合物的形成

基质金属蛋白酶（MMP）通过催化降解不同的细胞外基质（ECM）成分达到调节 ECM 的动态平衡。MMP-1 或胶原酶有活化的 HSC 产生，并催化纤维胶原蛋白水解。组织型金属蛋白酶抑制剂（TIMP）与特异的 MMP 结合后抑制 MMP 的活性，从而调节 ECM 的动态平衡。瘦素的成纤维特性还表现为能够刺激小鼠 HSC 分泌 TIMP-1，与 MMP-1 结合，TIMP-1/MMP-1 复合物含量增加，使 MMP-1 失活，从而下调细胞外 MMP-1 的活性。而脂联素能够抑制瘦素的信号转导，从而下调瘦素介导的细胞外 TIMP-1/MMP-1 复合物含量，起到抗纤维化的作用。

综上所述，诸多证据提示脂联素能够通过不同机制抑制瘦素的信号转导，从而下调其成纤维作用。其中包括通过 AdipoR1 介导，以 Jak2 及 OB-Rb 为目标，脂联素能够直接抑制瘦素的早期信号转导，并创造使瘦素信号转导减弱的细胞环境。通过抑制 Jak2 的 Ser523 磷酸化和 Tyr1007/1008 的磷酸化，脂联素通过抑制下游信号元件——OB-Rb 和 Stat3 从最初期抑制瘦素的信号转导途径。此外，脂联素增加 SOCS-3 的表达，与 OB-Rb 结合，通过对 OB-Rb 的 Tyr985 及 Tyr1138 的磷酸化实现对瘦素信号转导的抑制作用。最终脂联素实现对瘦素信号转导强度的削弱，抑制细胞外基质 TIMP-1/MMP-1 的含量，从分子水平抑制 ECM 的过度沉积，实现抗纤维化的作用。对脂联素的分子水平作用的进一步阐释，可能为人类肝脏疾病的分子靶向治疗提供更多机会。

二、趋化因子 CCL5 受体拮抗剂 Met-CCL5 的抗纤维化作用

在慢性肝脏损伤中，慢性丙型肝炎病毒感染和非酒精性脂肪性肝炎（non-alcoholic steatohepatitis，NASH）导致的肝纤维化考虑为持续肝细胞损伤的修复导致。肝细胞持续损伤、肝内炎性应答及随后的 HSC 活化导致细胞外基质蛋白过度沉积。慢性肝脏损伤过程中的炎性应答是一个多种免疫细胞（如 T 细胞、巨噬细胞及树突状细胞）在肝内聚集的动态过程。这些细胞的迁移和定位是由肝细胞、胆管细胞及内皮细胞分泌的炎性趋化因子和细胞因子决定的。HSC 细胞则在免疫细胞的募集反应中定位到组织损伤部位。被活化的 HSC 通过分泌大量趋化因子（CCL2、CCL3、CCL5、CCL11、CXCL8、CXCL9 和 CXCL10）实现肝脏纤维化过程中对免疫应答的调节。在这些趋化因子中，CCL2 和 CXCL9 对 HSC 及维持肝内免疫环境具有双重作用，从而在组织瘢痕形成过程中起到重要的作用。

CCL5 是分子质量为 7.8kDa 的 CC 趋化因子，在人类和鼠类肝脏损伤处表达增多。CCL5 最初被认为是 T 细胞特异蛋白，但后来发现其可由多种细胞产生，包括血小板、巨噬细胞、内皮细胞和星状细胞。CCL5 通过与 3 种 G 蛋白偶联的受体 CCR1、CCR3 及 CCR5 相互作用，实现对 T 细胞、树突状细胞、嗜酸性粒细胞、NK 细胞、肥大细胞及嗜碱性粒细胞到炎症部位的趋化作用。有体外实验提示 CCR1 及 CCR5 为 CCL5 的 2 个结合受体，能够促进小鼠的肝纤维化。此外，有证据显示 CCL5 及其受体在其他炎症性疾病中也能起到不利作用，如肥胖及动脉粥样硬化症，与肝脏疾病具有相同的病理、生理学机制。多项证据表明趋化因子 CCL5 在不同的慢性肝脏疾病中，介导了肝纤维化的形成。此外，体外实验中的药理拮抗作用充分证明了 CCL5 受体——Met-CCL5 能够抑制肝脏瘢痕的形成并使这

一过程可逆。近期研究显示 CCL5 基因的-28 和-304 位突变,与肝组织炎症分级相关。

三、细胞因子信号转导抑制分子 3

细胞因子信号转导抑制分子 3（SOCS-3）属于 SOCS 蛋白家族的成员，其编码基因位于 17q25.3 染色体上，由 675 个连续核苷酸构成，只有一个外显子，不含内含子，编码的蛋白质（SOCS-3 蛋白）分子质量为 24.7ku，由 225 个氨基酸组成。SOCS-3 蛋白结构与 SOCS 家族其他成员相似，由 N 区（位于氨基端）、SH2 区（位于中央）和 SOCS 盒区（位于羧基端）3 个部分组成。SOCS-3 与肝纤维化、动脉硬化、肥胖、糖代谢、胰岛素抵抗、瘦素抵抗、肿瘤、哮喘、风湿性疾病等关系密切，有可能成为这类疾病的治疗性靶标。近年来，SOCS-3 在肝纤维化发生发展中的作用引起大量学者关注，逐渐成为肝病领域研究的热点。

在肝纤维化发展过程中，SOCS-3 可通过调控多种信号通路干预肝纤维化进程，主要包括：①SOCS-3 通过抑制 STAT3 介导的转化生长因子-β_1（TGF-β_1）信号通路影响肝纤维化进程；②SOCS-3 通过调控瘦素信号通路干预肝纤维化的发生发展；③SOCS-3 通过调控胰岛素信号通路影响肝纤维化进程。当肝脏处于正常生理条件下，SOCS-3 基因与蛋白表达量都很低，但是却维持一定的生理水平。低水平的 SOCS-3 可以提高肝脏抵抗病毒、各种致炎因子及趋化因子的能力，参与肝脏整体动态平衡的维护。在肝纤维化早期，因大量损伤因子在体内过度积累，不断诱导 SOCS-3 的表达，导致 SOCS-3 基因与蛋白表达量明显升高，在这种状态下，进一步上调 SOCS-3 的表达将有助于改善肝纤维化；相反，下调 SOCS-3 将进一步促进肝纤维化的进程。在肝纤维化发展期，SOCS-3 基因常发生甲基化并且基因表达量明显降低。有研究证实肝癌患者 SOCS-3 蛋白表达的减少不仅发生在肝脏肿瘤区域，也发生在非肿瘤区域，而且这种表达的减少在肝纤维化发展期阶段更加明显，显示缺乏 SOCS-3 能够促进肝纤维化的发展，SOCS-3 表达对肝纤维化起保护作用。王彬等在研究 CCl_4 致大鼠肝纤维化模型时发现，在造模初期肝脏组织中的 SOCS-3 水平比正常组高出很多，但是在造模后期，SOCS-3 水平比正常组低。

因此，SOCS-3 可能作为肝纤维化疾病诊断、预后的生物分子指标。同时，SOCS-3 也可能成为抗肝纤维化的新型靶点，对于后续基于此靶点的药物设计及筛选新型有效的抗肝纤维化天然产物至关重要。

四、伊马替尼的抗纤维化作用

肝纤维化过程中，HSC 活化是肝纤维化的中心环节，活化的 HSC 分泌血小板源生长因子（PDGF）并合成其受体（PDGFR）。PDGF 与 PDGFR 结合后，PDGFR 发生二聚化和自磷酸化，激活下游因子 c-Abl 等，最终促使 HSC 增殖。当 HSC 激活后，从非增殖性的贮脂细胞转化为增殖性的成纤维细胞（MFB），MFB 可产生大量的 ECM，并且分泌各种细胞因子和趋化因子，PDGF 和 TGF-β 是其中作用最强的促纤维化细胞因子。由旁分泌激活的 HSC，通过自分泌刺激自身分泌更多的细胞因子，受体表达上调，合成和分泌更多的 ECM。甲磺酸伊马替尼是特异性抑制 PDGFR 酪氨酸激酶和 Abl 酪氨酸激酶的低分子拮抗剂，故可抑制 PDGFR 磷酸化及其下游因子 c-Abl，阻断 PDGF 信号通路，从而缓解肝纤维化。TGF-β 通过 Smad 信号通路引起纤维化，通常认为 PDGF 和 TGF-β 是两个独立的促纤维化信号转导途径。但应用甲磺酸伊马替尼抑制 PDGFR 磷酸化后，TGF-β mRNA 和蛋白质表达也显著下降，考虑可能与甲磺酸伊马替尼抑制 PDGF 介导的 HSC 增殖活化减少，分泌 TGF-β 等细胞因子亦减少有关。此外，PDGF 也可直接参与 TGF-β 信号转导，在纤维化过程中有协同作用。TGF-β 还可通过非 Smad 通路直接激活下游 c-Abl 并引起纤维增殖，是 TGF-β 信号引起纤维化的另一途径。因此甲磺酸伊马替尼抑制了 c-Abl，直接阻断了 TGF-β 信号通过 c-Abl 通路转导，使 TGF-β 导致的纤维化作用减弱。

综上所述，甲磺酸伊马替尼通过抑制 PDGFR 磷酸化，从而破坏了 HSC、促纤维化细胞因子和 ECM 之间的肝纤维化环路，并直接影响 TGF-β 的表达，抑制其下游信号转导，从而改善肝纤维化。

五、己酮可可碱的抗纤维化作用

己酮可可碱（PTX）为一种低分子质量的甲基黄嘌呤衍生物，是 I 型胶原合成的强大抑制剂。有研究发现 PTX 通过抑制 HSC 增殖，减轻 ECM 沉积，阻止某些细胞因子介导的 HSC 增殖作用，并可抑制 HSC 转化。PTX 还可明显抑制库普弗细胞合成炎性介质，减轻肝内炎症及肝细胞损伤程度，对 HSC 和 HC 呈现一系列有益的治疗效应。Isbrucker 发现，PDGF 能刺激大鼠肝星状细胞的增殖，促进肌成纤维细胞胶原的分泌，并使胶原分解受抑。PTX 可特异抑制 PDGF 的上述作用，降低 PDGF 刺激下的细胞外信号调节激酶和其他细胞内调节通道的活性，从而抑制胶原增生。Akriviadis 认为，PTX 作为一种非选择性磷脂酶抑制剂，可抑制 TNF-α 基因的转录，降低 TNF-α 下游效应因子的水平，包括其他炎性细胞因子、化学因子和黏附因子的表达。近年的研究表明，PTX 的第二代代谢产物有更强的抗纤维化作用，其均可抑制细胞色素氧化酶 450，而肌成纤维细胞内含有 PTX 的代谢酶。有实验将 101 例急性酒精性肝病（ALD）患者随机分组，发现应用 PTX（400mg，每日 3 次，口服 4 周）可显著降低严重患者的病死率（PTX 治疗组为 24%，安慰剂对照组为 46%），肝肾综合征的发生率亦显著下降。

第二节　细胞因子拮抗剂与抗肺纤维化治疗

间质性肺纤维化（ILF）是不同类型肺部损伤的晚期病变，是多种因素引起的慢性肺疾病的共同结局，其病变特点是肺部炎症导致肺泡持续性损伤、成纤维细胞集聚转化及细胞外基质（ECM）在肺部过度沉积和无序积聚。多种因素如细菌、粉尘、放射性物质、创伤及药物均可引起 ILF，但某些疾病导致肺部纤维化的原因尚不明确，如特发性肺纤维化（IPF）、嗜酸性粒细胞增多性肉芽肿、结节病、风湿性关节炎和系统性硬化病等。研究表明，间质性肺纤维化的过程涉及多种细胞、细胞因子等因素参与及相互作用，细胞因子在其发生发展过程中起到举足轻重的作用。

近年来，人们对肺纤维化发病机制的认识又有了新的观念，认为辅助性 1 型 T 细胞（Th1）、辅助性 2 型 T 细胞（Th2）的细胞因子反应平衡失调，与肺纤维化的发病有关。Th1 型细胞因子包括干扰素-γ、IL-2、IL-12、IL-18、TNF-β；Th2 型细胞因子包括 IL-4、IL-5、IL-10、IL-13 和单核细胞趋化蛋白-1（MCP-1）。Th1 型细胞因子反应可促进正常组织结构的修复，Th2 型细胞因子反应则有助于成纤维细胞增生活化、ECM 蛋白沉积和纤维化。因此，当两者的反应体系以 Th2 细胞因子占优势时，就会导致纤维化发生。此外，TGF-β 和 CD40、CD40 配体系统在成纤维细胞活化中也起重要作用。

一、转化生长因子β抑制剂

大量基础实验和临床研究表明，TGF-β 作为关键的致纤维化细胞因子之一，能启动成纤维细胞的增殖分裂，导致胶原蛋白的大量合成，最终形成肺间质的胶原沉积等纤维化组织病理学改变。

慢性间质性肺损伤疾病中，肺部结构和功能的改变与下呼吸道炎性细胞的浸润和活化密切相关，其中巨噬细胞起着重要作用。研究发现肺纤维化与某些细胞因子的调节障碍及过量生成有关，其中 TGF-β 持续过量产生具有重要的作用：①TGF-β 可调节多种基因表达，包括与器官生成、组织再生、纤维增生及 ECM 相关的基因；②TGF-β 可刺激结缔组织生长因子（CTGF）的生成，并增强其活性，刺激 I 型胶原蛋白、纤维粘连蛋白及蛋白多糖的生成；③TGF-β 抑制 ECM 蛋白酶的表达；④TGF-β 促进金属蛋白酶的组织抑制因子的表达。通过以上机制 TGF-β 可影响 ECM 的代谢，导致 ECM 蛋白的过量聚积。在动物肺纤维化模型中 TGF-β 基因表达增加，同时 DNA 合成及丝裂原分化增加。患有 IPF 患者的肺泡巨噬细胞有大量 TGF-β mRNA 的表达，肺上皮细胞和巨噬细胞有显著的 TGF-β 生成。正常情况下 TGF-β 与组织的损伤修复密切相关，可促进 ECM 蛋白在损伤部位的聚积，有利于纤维和瘢痕的形成，但这种作用发生在肺部则会产生致命后果。因此 TGF-β 可能成为有效治疗 ILF 的靶点之一。

1. 氨基乙磺酸和烟酸　NF-κB 是一种对氧化剂敏感的转录因子，可被活性氧族（ROS）激活，NF-κB 活化进入细胞核后，与细胞因子启动子区的 NF-κB 结合位点结合后促进多种细胞因子的表达。博来霉素诱发的肺纤维化模型有大量的 ROS 生成，因而可显著活化 NF-κB，刺激 TNF-α、IL-1、TGF-β 等细胞因子的表达。实验中发现氨基乙磺酸和烟酸联用时，可显著降低 ROS 的生成，减少 NF-κB 的活化，降低 TGF-β 等促纤维生成细胞因子的基因表达及相应蛋白在支气管肺泡灌洗液（BALF）中的含量，减轻肺部的纤维化。

2. 吡非尼酮（pirfenidone）　吡非尼酮不仅能够治疗博来霉素和环磷酰胺诱导的大鼠或小鼠的肺纤维化，同时还能够在发病的早期阻止这种症状的发生，显著改善肺部功能。在临床研究中也观察到吡非尼酮对于纤维化的早期和晚期都有很好的治疗作用。吡非尼酮抑制肺纤维化的形成主要通过以下机制：①对活性氧族的直接清除，剂量依赖性地抑制脂质过氧化；②抑制肺部的急性炎症反应；③抑制 TNF-α 和 TGF-β 等生成，阻断它们促进肺纤维化的作用；④抑制 NF-κB 的活化，进而抑制博来霉素诱导的肺部 TGF-β 和前胶原蛋白 mRNA 的高表达；⑤吡非尼酮能有效地抑制 TGF-$β_1$ 所诱导的细胞功能和表型转化。

3. γ干扰素（INF-γ）　INF-γ 能够降低巨噬细胞和肥大细胞中类胰岛素生长因子的表达，抑制成纤维细胞生长因子的作用，抑制中性粒细胞产生细胞因子，进而抑制成纤维细胞的增生和胶原蛋白的合成。近来，又发现 INF-γ 能够降低炎症状态下肺部 TGF-β 和前胶原蛋白基因的高表达。临床试验中观察到 INF-γ 和低剂量泼尼松龙联合使用优于单独使用后者的疗效。但由于 INF-γ 只能通过肌内和皮下注射给药，且使用 INF-γ 可产生类流感综合征和慢性肺部疾病（如肺气肿、肺容量增大及肺部炎性细胞的浸润等）等不良反应，此限制了 INF-γ 在临床上的应用。

4. TGF-β信号转导通路抑制剂　激活的 TGF-β受体可使 Smad-2 和 Smad-3 蛋白磷酸化，然后与 Smad-4 结合形成复合物，再转入核内，从而刺激 TGF-β的转录。近来发现 Smad-7 能够与 TGF-β受体结合，抑制 Smad-2 和 Smad-3 与受体的结合及磷酸化。有研究者利用重组 5 型腺病毒载体将外源性 Smad-7 用于小鼠肺纤维化模型时，发现它可抑制 Ⅰ 型前胶原蛋白 mRNA 的表达，降低羟脯氨酸的含量，减轻肺纤维化症状。但是由于基因转入的效率较低，腺病毒载体本身可引起肺部的炎症和免疫反应，并且长期抑制 TGF-β生物学作用会产生难以预料的后果，所以这种治疗方法不具有临床推广价值。

5. 抗-TGF-β、可溶性 TGF-β受体和核心蛋白多糖　阻断 TGF-β的活性可以降低肺纤维化的程度。例如，抗-TGF-β可显著降低肺和肾的纤维化，TGF-β受体拮抗剂可减少肺胶原蛋白的聚积，气管滴注 TGF-β可溶性受体可显著抑制肺纤维化的形成。但是，TGF-β的大量降低可能导致致命性的类自身免疫性疾病，如 TGF-β基因敲除小鼠出生后快速死亡；另外，外源性抗体输入时，机体会产生相应的免疫反应，会阻断抗-TGF-β的作用。上述原因使得两者不能成为临床长期使用的药物，为此，人们观察了核心蛋白多糖的抗纤维化作用。核心蛋白多糖是一种分子质量较低的蛋白多糖，具有结合并降低各种类型 TGF-β生物活性的作用，反复气管滴注给药时，可阻止肺纤维化的形成。由于这种给药方法不够理想，可改用喷雾方式。核心蛋白多糖是一种天然产物，也可通过人工重组的方法获得，引起各种免疫反应的危险性较小。

6. NF-κB 的反义寡核苷酸　人工合成的 NF-κB 反义寡核苷酸可减轻博来霉素诱导的小鼠肺纤维化，其原理在于抑制了 TGF-β等多种前炎性因子的转录活性，因而对 IPF 等多种肺部疾病都有潜在的治疗作用。但 NF-κB 作为一种重要的核转录因子，作用非常广泛，阻断后可能导致全身毒性，另外它易于被胞内内切酶降解失活，存在给药途径的限制。

二、血小板活化因子拮抗剂

血小板活化因子（PAF）是一种重要的磷脂类介质，其涉及多种肺部炎性疾病，如慢性肺损伤引起的支气管肺发育不良、肺气管阻滞和间质性纤维化。PAF 与其特异性的蛋白偶联受体结合后，可活化多种蛋白激酶，引起细胞内钙的活化，促进单核/巨噬细胞产生多种炎性介质，如花生四烯酸、TNF-α、IL-1 和 IL-6 等，促进中性粒细胞表面黏附分子的表达。另外，臭氧可促进肺泡巨噬细胞 PAF 受体的表达，慢性接触可引起肺纤维化。PAF 受体拮抗剂 WEB2068 可抑制博来霉素和胺碘酮引起的肺纤维化。博来霉素作用后的动物肺泡巨噬细胞中功能性 PAF 受体表达增加，在 PAF 的作用下，其钙离子活化作用增强，并可促进过量促纤维生成细胞因子的释放。此外，Zhang 等研制出的一种新型血小板活化因子受体拮抗剂 SY0916，体外实验表明 SY0916 能抑制 TGF-$β_1$ 诱导的 A549 细胞的上皮-间质转化，在体内实验博来霉素肺纤维化动物模型中 SY0916 干预能显著改善博来霉素介导的组织学变化，减少肺纤维化相关的主要生化参数如羟脯氨酸与谷胱甘肽，并且还显著减少关键促纤维化介质 TGF-$β_1$ 的表达。

三、抗整合素抗体

$α_4$ 整合素是淋巴细胞表面的异源二聚体分子，具有与细胞和基质黏附的特性。$α_4$ 整合素亚基 CD49d 与 $β_1$（CD29）或 $β_7$ 亚基结合形成的二聚体，分别称为缓慢抗原-4（$α_4β_1$， verylateantigen-4，VLA-4）和 $\alpha_4\beta_7$。体内实验研究证实，在炎症和免疫系统疾病，尤其是在过敏性疾病中，CD49d 对中性粒细胞的聚集具有重要作用，$\alpha_4\beta_1$ 和 $\alpha_4\beta_7$ 是淋巴细胞发挥病理作用的关键性整合素。采用淋巴细胞整合素 CD11a、CD11b 特异性单抗和整合素 α_4 的抗体都能够抑制博来霉素诱导的肺纤维化，证实了整合素在肺部病理及生理学方面的作用，也为 IPF 等肺部疾病的治疗提供了新的方法。

四、NO 合酶抑制剂

肺纤维化中的最初细胞损伤是炎性细胞所释放的 ROS 引起的。活化的巨噬细胞可产生 NO，NO 和超氧自由基结合可生成过亚硝酸盐，它们与氧自由基均具有一定的细胞毒性，可介入肺部疾病的产生，如 NO 生成增加会伴有肺泡纤维化、哮喘和支气管扩张等疾病的发生。

新近研究发现，博来霉素引起的肺纤维化鼠的肺中诱导型 NO 合酶（iNOS）mRNA 过表达，NOS 蛋白含量增加，BALF 中 NO 的水平增大，其原理是由于 NF-κB 的活化，调节了 iNOS 的基因转录。氨基乙磺酸和烟酸联用可显著抑制博来霉素所诱导的 iNOS mRNA 的过表达及 NO 的生成，提示抑制 NO 的过度生成可成为抑制肺纤维化的重要靶点。特异性 iNOS 抑制剂氨基胍可显著减轻博来霉素诱导的肺纤维化症状，也证实了这种假设。

五、血小板源生长因子拮抗剂

血小板源生长因子（PDGF）是由 A、B 两条链组成的二聚体，包括 AA、BB 和 AB 共 3 种构型。最新研究发现，PDGF 还有 2 个新成员，即分子质量均为 50kDa 的 C 链和 D 链，其同样以二硫键形成二聚体结构（PDGF-CC、PDGF-DD）。与经典 PDGF 不同之处在于其只形成相同二聚体结构，作为潜在因子而产生。人类 PDGF-A 链基因位点在染色体 7p22。肺纤维化过程中巨噬细胞及肺泡上皮细胞和激活的血小板会大量释放 PDGF 及其受体。PDGF 能作用于成纤维细胞，促进其增殖，故在肺纤维化形成中起重要作用。Aono 等通过对间质性肺纤维化患者肺成纤维细胞进行体外实验及博来霉素诱导小鼠进行体内实验发现，PDGF 对成纤维细胞具有强烈的直接趋化作用，尤其是 PDGF-BB/PDGFR-β 生物轴在肺纤维化成纤维细胞迁移过程中发挥关键性的作用。有研究发现，与矽石粉混合培养的肺泡巨噬细胞上清液能促进 I 型肺泡上皮细胞 DNA 的合成，并使细胞数增加，加入抗-PDGF、抗-IGF-1 或抗-FGF 均明显降低这种作用。此外，有研究表明，石棉诱导小鼠肺纤维化模型中，纤维沉积和成纤维细胞增殖部位均有 PDGF mRNA 和蛋白质表达，而且成纤维细胞的增殖能被抗-PDGF 抗体特异性阻断。在辐射诱发的肺纤维化模型中，PDGF 受体酪氨酸激酶抑制剂可以减弱肺纤维化的程度，延长被放射小鼠的寿命。Nintedanib 是一种酪氨酸激酶受体拮抗剂，能拮抗 PDGFR-α/β、成纤维细胞生长因子受体 1/2/3、血管内皮细胞生长因子受体 1/2/3 等促纤维化因子。它能抑制成纤维细胞的增殖、迁移、分化及 ECM 的沉积，因此能很大程度上改善肺纤维化的病情进展。

六、血管紧张素 II 受体拮抗剂

目前认为肾素-血管紧张素系统（RAS）可以完整独立地存在于局部组织，具有自分泌或旁分泌的功能，与细胞生长及组织纤维化有密切的关系。血管紧张素 II（Ang II）是

组织 RAS 中最主要的效应因子。Ang II 可通过和其 I 型受体（AT1）结合而上调许多与细胞生长有关的因子，促使细胞肥大、增殖及细胞外基质合成，这就为治疗以肺间质细胞增生、肥大及细胞外基质过度合成为特点的肺纤维化提供了一个切入点，即通过 AT1 阻断剂如氯沙坦来阻断 Ang II 的上述效应，从而达到治疗肺纤维化的目的。有报道认为作为单核细胞趋化因子（MCP-1）可以募集淋巴细胞、嗜酸性粒细胞和巨噬细胞到肺泡间隔和肺泡腔内，这些细胞又可分泌诸如 TGF-β_1 等生长因子，从而上调胶原纤维的合成和成纤维细胞的增殖，因此可能存在 RAS 通过 MCP-1 介导的致肺纤维化的通道，氯沙坦可能通过阻断此通道而发挥其抗纤维化作用。有研究者应用 Ang II 刺激大鼠平滑肌细胞后发现 MCP-1 的 mRNA 表达显著增高，但是这种作用可以被氯沙坦阻断。碱性成纤维细胞生长因子（bFGF）由于可以促进成纤维细胞的增生和胶原纤维的合成而被认为是另一个与肺纤维化有关的细胞因子。有研究者发现在博来霉素刺激大鼠后，bFGF 并未立即表达，而是经过一系列反应过程后才开始显著表达。免疫组化的结果表明，bFGF 蛋白约 2 周后可在肺血管平滑肌细胞表达。而应用氯沙坦在相同的时间点上的免疫组化反应要弱于非干预组，说明氯沙坦也能干预 bFGF 在大鼠肺血管平滑肌的表达，这可能是氯沙坦干预由博来霉素激发的大鼠肺纤维化的另一种作用机制。

七、白三烯受体拮抗剂

白三烯（LT）是一种二十碳不饱和脂肪酸，由于其最初来源于白细胞，并且碳链中含有三个不饱和双键，故称为白三烯。LT 主要分为两类，一类是具有强烈化学趋化活性的 LTB4；一类是半胱氨酰白三烯（cys-LT），包括 LTC4、LTD4 和 LTE4，其受体分为 cys-LTR1 和 cys-LTR2。最近，随着 LT 在许多炎性疾病发病机制中的重要作用逐渐被认识，也发现了它是重要的肺纤维化相关调节因子。白三烯受体拮抗剂（LTRA）就是近年来研制开发出的一种非常有应用价值的抗白三烯药物，通过拮抗 LT，从而达到抗肺纤维化的作用。目前研究较多并取得肯定临床效果的主要有扎鲁司特（zafirlukast）、普鲁司特（pran-lukast）、孟鲁司特（montelukast），它们均为 cys-LT 受体拮抗剂，通过 cys-LTR1 发挥抗炎作用。

有随机双盲安慰剂对照试验表明，用孟鲁司特治疗轻中度哮喘 6 周后，与对照组比较，其血清中白细胞介素 4（IL-4）、可溶性细胞间黏附分子 1（sICAM-1），嗜酸性阳离子蛋白（ECP）的浓度显著下降；在孟鲁司特组内治疗前后，血清可溶性白细胞介素-2 受体（sIL-2R）、IL-4、sICAM-1、ECP 水平显著降低。该项研究表明，孟鲁司特在降低哮喘患者血中细胞因子和炎性介质水平中发挥重要作用。另外，有报道扎鲁司特可明显抑制哮喘患者吸入抗原后 BALF 中肿瘤坏死因子α（TNF-α）及组胺水平的升高，也可抑制肺泡巨噬细胞过氧化物的释放。可见，cys-LT 受体拮抗剂可抑制多种细胞因子及炎症介质的释放。气道重塑是气道反复炎性损伤与修复的结果，是造成哮喘患者不可逆性气道阻塞的病理基础。气道重塑病理特征表现在气道内嗜酸性粒细胞（EOS）浸润、杯状细胞和支气管平滑肌细胞增生肥大、上皮下纤维化等。有研究报道，吸入卵白蛋白（OVA）可使 OVA 致敏的小鼠气道内大量 EOS 和单核细胞浸润，杯状细胞增生肥大，黏液栓形成，最显著的特点是大量胶原质沉积于气道上皮细胞层下和肺间质中。经孟鲁司特处理后显著减少其 EOS 渗出及黏液栓形成，抑制气道平滑肌细胞增生肥大和上皮下纤维化，而且 OVA 致敏小鼠的 BALF 中蛋白质含量也明显降低。该研究为 LTRA 对气道重塑的抑制作用和抵抗肺纤维化作用提供了有力的依据。

第三节 细胞因子拮抗剂与抗心肌纤维化治疗

心肌纤维化（MF）是指由于多种病理因素导致正常心肌组织中出现细胞外基质过量沉积，胶原浓度和胶原容积分数显著升高，胶原成分比例失调且排列紊乱为主要特征的疾病。心肌纤维化与缺血性心肌病及高血压性心脏病、扩张型心肌病及肥厚型心肌病等多种心血管疾病密切相关。心肌纤维化的发生、发展受诸多因素调控，其中，各种细胞因子在心肌纤维化发病机制中的作用备受关注。

一、血管紧张素Ⅱ受体拮抗剂

心肌纤维化的发生是一个由众多体液因子参与并共同调节的过程，其中肾素-血管紧张素系统（RAS）被认为是最重要的调节机制。RAS 的激活是导致心肌纤维化的主要原因，其中血管紧张素Ⅱ（AngⅡ）是 RAS 中起主要生物学效应的物质。AngⅡ通过丝裂原活化蛋白激酶（MAPK）途径，激活细胞外信号调节激酶（ERK），促使心肌成纤维细胞增殖，增强Ⅰ、Ⅲ型胶原蛋白的合成，引起心肌纤维化。AngⅡ引起心肌纤维化的机制可能与以下几个方面有关：①促进心肌细胞肌蛋白合成，导致心肌细胞肥大；②刺激心肌成纤维细胞有丝分裂，促进成纤维细胞胶原合成；③抑制胶原分解酶——基质金属蛋白酶 1（MMP-1）活性；④促进成纤维细胞增殖、胶原蛋白合成及基质胶原蛋白沉淀等，从而诱导心肌纤维化。

血管紧张素Ⅱ受体 1（AT1）属于 G 蛋白偶联受体家族成员，具有 7 个跨膜区域及与 G 蛋白偶联的羧基端，是 AngⅡ生物效应的主要介导受体。AngⅡ的许多生物学作用都是通过 AT1 受体介导的，包括诱导心肌生长的早期分子信号表达、促进蛋白质合成、促细胞生长、致心肌纤维化的发生等。AT2 受体为一独特的含 363 个氨基酸的蛋白质，也具有 G 蛋白偶联受体家族的结构特点。AT2 受体的作用与 AT1 受体相反，具有促尿钠排泄和抑制细胞分化、抗生长、抗心肌肥厚、抑制心肌纤维化等作用。心肌梗死后，循环和心肌局部的 AngⅡ上升，AngⅡ和 AT1 受体结合后，使 G 蛋白激活，一方面活化磷脂酶 C（PLC）加速磷脂酰肌醇（PIG3）的水解，生成三磷酸肌醇（IP_3）和二酰甘油（DG），刺激储存 Ca^{2+} 的释放；另一方面通过蛋白激酶的级联放大激活丝裂素活化蛋白激酶（MAPK），MAPK 进入细胞核内促进许多原癌基因（c-fos、c-jun、c-myc）的表达，引起心肌细胞的肥大和成纤维细胞（FBC）的分裂增殖，胶原合成增加，促进纤维化的进程。有研究显示，AngⅡ与 AT1 结合调控胶原的合成是通过 MAPK/细胞外信号调节激酶（ERK）途径起作用，传导通路为：AngⅡ与 AT1 受体结合，MAPK/ERK 活性增强，c-fos 增加、活化蛋白-1（AP-1）增加，TGF-β增加，最终导致胶原增生。除了促进胶原的合成，AT1 受体还可通过影响 TIMP-1 的表达抑制胶原的分解。而 AT2 通过与 G 蛋白偶联途径和（或）丝氨酸/苏氨酸通路使 ERK 失活，从而产生生长抑制、细胞凋亡、血管扩张等与 AT1 相拮抗的效应。AT1 和 AT2 受体的相互拮抗作用可能是维持 AngⅡ作用平衡，保持血压稳定和水、电解质平衡，调节细胞代谢和组织重构的重要途径。

心肌纤维化可经有效抗纤维化而逆转，目前已有实验研究证实血管紧张素转换酶抑制剂（ACEI）、钙通道阻滞剂（CCB）及 AngⅡ受体拮抗剂（ARB）能预防和逆转心肌纤维化。ARB 类药物抗纤维化作用并非因完全阻断 AT1 而产生，部分是由于阻断 AT1 后，AngⅡ作用于 AT2，进而发挥抗心肌纤维化和改善心功能的作用。研究发现，在衰老的大鼠心肌组织中，AT1 和 AT2 表达上调，AT1 阻滞剂坎地沙坦明显减轻了心肌的肥厚和纤维化，而 AT2 阻滞剂却逆转了上述改变。AT1 阻滞剂激活了 AT2 进而增加心脏射血分数、心排血量，减少左心室舒张期容积和间质胶原的沉积，而在 AT2 基因敲除的小鼠此效应明显减轻。这些研究结果提示 AT1 阻滞剂会增加肾素和 AGT 的水平，进而刺激 AT2，AT2 的激活可以增强 AT1 阻滞剂的抗心室重塑作用。更进一步的研究证实了 AT2 的激活剂通过上调基质金属蛋白酶组织抑制剂 1（TIMP-1），减少心肌梗死后心肌成纤维细胞的基质金属蛋白酶（MMP）-9 和促增生因子 TGF-β_1 的分泌，进而改善心功能，预防心梗后心肌的重塑。

缬沙坦作为一种特异性、竞争性的 AT1 受体拮抗剂，通过与 AT1 受体跨膜区内的氨基酸相互作用，并占据其螺旋状空间而阻止 AngⅡ与 AT1 受体的结合。有实验结果表明，ARB 组心肌细胞中 AT1 受体 mRNA 的表达较对照组明显降低，而 AT2 受体 mRNA 的表达较对照组明显升高，表明 AT1 受体拮抗剂的心血管保护效应并非单纯依赖 AT1 受体阻断的作用，而是通过对两型受体表达的不同调节而达到抑制心室重构的目的。当 AT1 受体被拮抗时，血浆中反馈性升高的肾素和血管紧张素刺激了 AT2 受体表达，AT2/AT1 受体比例上调，AngⅡ更多地与 AT2 受体结合，增强了 AT2 介导的良性心血管效应，抑制心肌肥大、成纤维细胞增殖、胶原蛋白合成，减轻心室重构，改善心脏功能。AT2 活性增加引起激肽和一氧化氮（NO）生成是 AT1 受体阻断时心血管保护效应可能的介导途径。激活 AT2 受体可诱发局部激肽释放酶-激肽系统的激活和促使缓激肽的释放，缓激肽通过与 β_2 受体结合，释放 NO、前列腺素等生物活性物质而发挥效应。

二、肝细胞生长因子

肝细胞生长因子（HGF）最早是从大鼠血浆中得到的，是一条异质二聚体，由一个含有 728 个氨基酸的单链前体蛋白裂解而来。18 个外显子和 17 内含子构成了它在染色体 7q21.1 上长约 70kb 的编码基因。HGF 主要由间质细胞分泌，如肺的成纤维细胞、肝脏的贮脂细胞、肾脏的系膜细胞、血管内皮细胞等。HGF 的作用较广泛，对于各种组织和细胞都具有调控作用。酪氨酸激酶型受体（c-Met）是它的受体，且具有高亲和力。细胞膜上的 c-Met 与 HGF 结合，将信号传入细胞内，通过作用于其下游信号转导通路而产生相关的效应，同细胞的生长、分化、血管生成等有十分紧密的关系。除了能促进细胞增殖、分化和肿瘤的发生及转移外，HGF 还参与抗纤维化过程。

研究发现，心肌纤维化组织中局部 HGF 浓度越低，抗纤维化作用越弱，心肌纤维化越重，心肌局部 HGF 浓度越低，血清中代偿分泌的 HGF 越多。外源性 HGF 有益于改善心肌纤维化患者的心功能。在大鼠心脏组织中，低水平的纤维化就伴随着 HGF 水平的下降，并且随着 HGF 的过表达，心肌胶原表达量明显减少。Li 等发现，与窦性心律组相比，风湿性心脏病心房颤动患者组 HGF 的蛋白表达量显著降低，进一步研究证实 HGF 能抑制风湿性心脏病心房颤动患者心房纤维化的发生、发展，其抗纤维化的机制可能是丝裂原活化蛋白激酶信号转导通路。

HGF 是高效的血管生成因子，可以通过激活内皮祖细胞、刺激内皮细胞增殖、抑制血管内皮细胞凋亡发挥促血管新生作用。HGF 还可以通过促进心肌细胞修复和抑制心肌细胞过度凋亡而保护心脏功能。此外，HGF 可以通过下调 TGF-$β_1$ 和结缔组织生长因子（CTGF）而阻止心肌纤维化，HGF 也可以通过阻滞血管紧张素Ⅱ受体和影响细胞外基质（ECM）而起到抗心肌纤维化的作用。随着 HGF 基础研究及药物剂型、给药途径的革新，相信其会成为防治心肌纤维化的重大突破。

第四节 细胞因子拮抗剂与抗肾脏纤维化治疗

肾纤维化（RIF）是在各种病因刺激下，细胞因子过度表达并通过各种信号通路控制细胞核基因转录，导致细胞外基质（ECM）堆积、小管萎缩、微血管退化、肾组织慢性缺氧，瘢痕组织取代正常肾组织最终发展至肾衰竭的过程。慢性肾脏纤维化的主要病理特征表现为 EMC 的过度沉积。肾脏纤维化的发生、发展涉及多种信号通路和细胞因子。

一、血管紧张素Ⅱ受体拮抗剂

肾小球硬化时，肾小管间质病变在慢性肾衰竭进展中起重要作用。AngⅡ在肾脏疾病进展中的非血流动力学机制越来越受到重视，如依贝沙坦是 AT1 拮抗剂，而 AT1 在肾小管上皮细胞高度表达。有研究通过多柔比星肾病大鼠模型，观察依贝沙坦阻断 AT1 对肾小管间质的保护作用。单侧肾切除加重复多柔比星注射所诱导的肾病模型，目前被认为是研究肾小球细胞外基质变化的理想动物模型，其病理学特点与人类肾小球硬化的发病过程类似，肾小管间质病变时其中最常见病理表现，肾小管间质病变的轻重与疾病的预后密切相关。

大量蛋白尿、细胞因子的旁分泌和自分泌、炎性细胞浸润、肾小管上皮细胞转分化等，都与肾小球基底膜（GBM）和肾小管基底膜（TBM）的破坏密切相关，其中激活的肾小管上皮细胞、浸润的巨噬细胞和成纤维细胞分泌的金属蛋白酶起主要作用。基底膜的破坏能进一步促进炎性细胞及成纤维细胞在间质基质中的增生，能使间质 ECM 沉积增加，表现为肾小球硬化和肾小管间质纤维化。Ⅳ型胶原是基底膜的主要成分，形成三维网状骨架，对维持基底膜的结构和生理功能有举足轻重的作用。由于Ⅳ型胶原有其独特的螺旋结构，大部分降解酶对它没有作用。基质金属蛋白酶家族中 MMP-9、MMP-2，是专一降解Ⅳ型胶原的酶。正常肾脏固有细胞表达微量的 MMP-9，其可使Ⅳ型胶原释放可溶性羟脯氨酸，产生两个片段，参与维持完整的基底膜。TIMP-1 是 MMP-9 特异性抑制剂，与其发生不可逆结合，两者相互拮抗维持基底膜的正常代谢。AngⅡ是一种促生长因子，肾间质纤维化中局部存在 AngⅡ的过量表达。AngⅡ与 AT1 结合后，可刺激 TGF-$β_1$ 活化、肾小管上皮细胞转分化及成纤维细胞增殖。有实验结果表明，依贝沙坦治疗后，与肾病组相比，能显著减少小管间质 TGF-β、MMP-9、TIMP-1 表达，提示 AngⅡ受体拮抗剂可阻断小管间质中 TGF-$β_1$ 诱导的 MMP-9/1TIMP-1 表达的失平衡，从而达到抗肾脏纤维化的作用。

二、蛋白酶体抑制剂

肾间质纤维化（renal interstitium fibrosis，RIF）是多种慢性肾脏疾病发展到终末期肾衰竭的共同途径，其以过量细胞外基质（如胶原Ⅰ、Ⅱ、Ⅲ、Ⅳ型，以及纤维粘连蛋白和层粘连蛋白)在肾间质积聚及肾间质成纤维细胞增生为特征。蛋白酶体抑制剂能在抑制肾脏固有细胞的活化,降低细胞因子、细胞外基质的表达等方面延缓肾间质纤维化。

(一)蛋白酶体抑制剂与成纤维细胞

成纤维细胞(FB)是肾间质纤维化过程中的重要功能细胞。FB 的活化是 RIF 过程的第一步,是多种刺激因素作用的结果。FB 主要表现为细胞数目增多、大量合成分泌细胞外基质(ECM)、表面黏附分子表达增加,同时一部分激活的细胞向肌成纤维细胞(MFB)转变。MFB 形态上是一类同时具有平滑肌和 FB 特性的细胞,具有强于 FB 几倍的增殖能力和合成 ECM 能力。蛋白酶体抑制剂通过促使成纤维细胞凋亡,减少细胞外基质的沉积从而延缓肾间质纤维化,其促凋亡机制目前比较公认的解释是:一方面,泛素-蛋白酶体系统是细胞内降解错位、异位、错误折叠、突变、氧化受损等异常有害蛋白的重要途径,蛋白酶体抑制剂使泛素-蛋白酶体系统降解功能障碍,异常蛋白不能被有效清除,从而聚集在细胞内对细胞产生毒性,诱导细胞凋亡;另一方面,正常情况下胞质核因子的抑制因子 IκB 与 NF-κB 结合在一起使之保持无活性的状态。在受到外界刺激时 IκB 发生构象改变,能被蛋白酶体系统识别并降解。NF-κB 失去 IκB 的抑制而激活,并转移到核内启动相关基因的转录,引起肾间质纤维化。由于 IκB 通过蛋白酶体降解,蛋白酶体抑制剂使 IκB 降解减少,积聚增多,使 NF-κB 处于无活性状态,不能发挥作用。核转录因子 NF-κB 的前体通过蛋白酶体降解而具有活性,抑制剂使其活性受到抑制,从而抑制肾间质纤维化。

(二)蛋白酶体抑制剂与巨噬细胞

巨噬细胞是致肾脏纤维化多种因子的重要来源,研究发现,肾脏纤维化和受损肾组织中浸润的巨噬细胞密切相关。巨噬细胞可通过抗原提呈、合成分泌大量的因子促进免疫反应,引起组织损伤。巨噬细胞通过上调 MHC-II类抗原的表达,以及合成、分泌炎性介质如 TNF-α、IL-10,活化肾脏固有细胞及 T 淋巴细胞,使骨调素分泌增加,黏附分子表达上调,从而吸引并趋化更多的炎性效应细胞局部聚集和活化,级联放大炎性反应过程。巨噬细胞通过合成、分泌 TGF-β 和 PDGF 等生长因子促进肾脏固有细胞增生、肾小球硬化及间质纤维化,对成纤维细胞产生较强的化学趋化和促有丝分裂作用,还可释放基质降解蛋白酶抑制物,如 TIMP-1 和纤溶酶原激活物抑制物或血浆酶原活化抑制因子 1(plasminogen activator inhibitor-1,PAI-1),减少 ECM 降解,促进 ECM 的积聚,甚至直接分泌 ECM 成分如胶原 I、纤维粘连蛋白、硫酸软骨素等,参与间质纤维化的形成。有实验研究证明,蛋白酶体抑制剂可以使巨噬细胞内泛素-蛋白酶系统(UPP)活性受到抑制,细胞内载脂蛋白 B 总量增加,引起细胞损伤;醛基肽 P5I 可以减少巨噬细胞的积聚,延缓纤维化的发展,并且减少前纤维生成因子基因的表达。由此看出,蛋白酶体抑制剂可以抑制炎性细胞,对肾脏纤维化有保护性作用。

(三)蛋白酶体抑制剂与淋巴细胞

淋巴细胞 $CD8^+T$ 细胞合成和分泌重要的促纤维产生的细胞因子 TGF-β,从而促进细胞肥大、基质合成,抑制基质降解;T 辅助细胞可合成 IL-4,后者可作用于成纤维细胞上的 IL-4 受体,促进成纤维细胞增殖,使其分泌 I 型、M 型胶原和纤维粘连蛋白;$CD4^+T$

细胞也分泌一种叫成纤维细胞刺激因子1的物质，促进成纤维细胞增生和活化。CD25即白细胞介素-2受体，对T淋巴细胞的分化成熟有重要促进作用，为T淋巴细胞中期活化抗原。研究证明乳泡素（LAC）是具有蛋白酶体特异性的蛋白酶抑制物，能够抑制蛋白酶体的糜蛋白酶、胰蛋白酶等多种肽酶的活性。应用LAC及β-LAC可显著下调CD25的表达，抑制T淋巴细胞增殖效应。由于T淋巴细胞激活时IL-2基因大量转录，并与CD25（IL-2受体）结合使得T淋巴细胞不断增殖，而IL-2基因的表达受核转录因子调控。泛素-蛋白酶体抑制剂可以通过上述两条途径抑制核转录因子NF-κB的活性，即蛋白酶体抑制剂正是通过抑制IL-2及其受体CD25的表达使T淋巴细胞增殖受抑，从而产生保护肾脏的作用。

（四）蛋白酶体抑制剂与细胞因子

1. TGF-β TGF-β是公认的导致肾间质纤维化的细胞因子，能调节组织正常的损伤修复，其过量生成则与慢性纤维化有关。$TGF-β_1$能促进系膜细胞增生以增加基质的含量，诱导肾小管上皮细胞和足突细胞的减少，从而引起严重的肾脏纤维化。$TGF-β_1$还能直接诱导ECM的生成，包括胶原蛋白Ⅰ和纤维粘连蛋白，通过依赖或不依赖Smad3机制。有研究证明$TGF-β_1$可以引起结缔组织生长因子（CTGF）表达增加。CTGF是由TGF-β诱导产生的一种致纤维化蛋白，是TGF-β的下游产物，能介导TGF-β诱导的刺激细胞增生和ECM的形成，可以诱导黏附，有趋化效应，还可以促进小管上皮细胞转分化为肌成纤维细胞，促进肌成纤维细胞和小管上皮细胞合成ECM，抑制ECM降解，并且通过抑制MMP的活性，增强TIMP的活性而抑制细胞外基质降解，导致间质纤维化。人体内TGF-β主要来源于造血细胞尤其是血小板和单核/巨噬细胞，在肾间质、成纤维细胞和肌成纤维细胞是TGF-β的重要来源，使用蛋白酶体抑制剂通过上述的促使炎性细胞损伤和凋亡的机制，能够使TGF-β的产生大大减少。蛋白酶体抑制剂MG132能够降低炎症反应，减少炎性因子的数量。另外，虽然NF-κB不能控制TGF-β的基因启动子，但能调节转谷氨酰胺酶的启动子，而在组织中此酶是TGF-β的激活剂。组织中转谷氨酰胺酶也与基质蛋白交联，在肾脏疾病时增加此酶的表达能加重肾脏纤维化。蛋白酶体抑制剂可以通过降低NF-κB的活性，使TGF-β的激活剂减少，从而抑制TGF-β的致纤维化作用。

2. 内皮素 内皮素（ET）在肾脏中的作用：①刺激肾小管上皮细胞自分泌ET1和促使其增生；②促进肾间质成纤维细胞增生和上调其Ⅰ型胶原、TGF-β、TIMP-1基因的表达；③促进肾血管纤维化；④趋化单核细胞并刺激其产生前炎性细胞因子，上调其细胞间黏附因子-1（ICAM-1）的表达和促进单核细胞趋化蛋白1（MCP-1）的合成。TNF-α能提高NF-κB的活性，并且刺激内皮素的合成，经前述一系列作用，导致肾间质纤维化。实验证明，蛋白酶体抑制剂PSI能够减少内皮素的含量，LAC通过降低内皮素的产生来提高肾功能和减轻组织损伤。MG115能够降低TNF-α，刺激内皮素合成。PSI和lactacystin能够降低基础ET1 mRNA表达，并且能通过抑制NF-κB的活性完全阻止TNF-α的表达。另外，研究表明大剂量的LAC可以阻止肾脏各种病变的进展，减少组织损伤，这些效应都与内皮素的降低有关的。

三、肝细胞生长因子

研究已证实，肝细胞生长因子（HGF）具有抗肾纤维化的作用，其可以通过对 Smad-2/3 信号途径的阻断来抑制 TGF-β 诱导肾小管上皮细胞表型发生转化的过程。此外，HGF 还可能通过下调 Smurf2 的表达来抑制 SnoN 蛋白发生泛素-蛋白酶体依赖性降解，进而抑制 TGF-β 诱导上皮细胞向间充质细胞转分化（EMT）形成。HGF 可以调控细胞凋亡来进一步减轻肾纤维化，其在肾小管上皮细胞的抗凋亡作用，主要是通过上调 Bcl-2/Bcl-xL 的表达及 Bad 的磷酸化，促进凋亡蛋白失去活性，Bag-1 作为 Bcl-2/Bcl-xL 的"搭档"，能和 HGF 的受体 c-Met 特异结合，HGF 可以通过加强 Bag-1 与 Bcl-1/Bcl-xL 的联合作用，一方面上调 Bag-1 在细胞中的表达，促进细胞存活；另一方面增强 Bcl-1/Bcl-xL 的抗凋亡作用。HGF 诱导 MMP 的表达、抑制 TIMP-1 和 TIMP-2 的表达，HGF 这种联合作用引起基质降解的蛋白水解级联放大，从而明显减轻肾小管上皮细胞 ECM 的沉积。另有研究发现，发现肝细胞生长因子可能通过下调基质金属蛋白酶 9（MMP-9）和纤维粘连蛋白的表达来减少 ECM 的合成及在肾间质的沉积，从而延缓肾纤维化。

HFG 提高 Smad 转录生长抑制因子（TGIF）的表达量来抗纤维化，其发挥抗组织纤维化的作用可能与减少成纤维细胞的内源性 TGF-β 的表达量有关。HGF 可能通过使 GSK-3β 失活来抑制 NF-κB 的促炎症反应。研究发现，TGF-β 可以通过 Akt/磷脂酰肌醇 3 激酶（PI3K）信号途径促进血管紧张素Ⅰ型受体（AT1R）的表达，同时血管紧张素Ⅱ（AngⅡ）又增加 TGF-β 的表达，因此相互促进形成循环；HGF 可以通过 PTEN/Akt 通路改善这种循环，进而减轻肾纤维化。

综上，HGF 作为一种保护因子，可以通过抑制肾小管细胞的转分化、促进细胞外基质的降解、促进细胞再生和调控细胞凋亡来改善肾纤维化。HGF 有很好的抗纤维化作用，可能成为一种新的延缓肾纤维化的方法。

（谢 尧 常 敏）

参 考 文 献

鲍勇，王邦宁，胡泽平，等. 2012. 肝细胞生长因子对自发性高血压大鼠心肌细胞凋亡的影响. 安徽医科大学学报，47：915～919.

陈安平，曾志勇，徐驰，等. 2012. 肝细胞生长因子抑制慢性缺血性心脏病心肌纤维化及心肌细胞凋亡的实验研究. 心脏杂志，24：578～582.

程红新，李丽，蒋雅红，等. 2012. 肝细胞生长因子对单侧输尿管梗阻大鼠肾脏 E-cd、FN 和 MMP-9 表达的影响. 广东医学，33：2554～2556.

谭若芸，方奕，苏卫芳，等. 2012. 肝细胞生长因子下调 Smurf2 拮抗肾小管上皮细胞-间充质细胞转分化. 中华肾脏病杂志，28：616～621.

王彬，张晓华，杨妙芳，等. 2012. SOCS-3 在实验性急性胰腺炎急性肺损伤大鼠肺组织中的表达和作用. 解放军医学杂志，37(11)：1036～1039.

吴超琛，林浩博，张晓. 2016. 吡非尼酮抑制 TGF-$β_1$ 诱导的人肺成纤维细胞表型转化. 中国病理生理杂志，

32: 2049~2055.

Aono Y, Kishi M, Yokota Y, et al. 2014. Role of platelet-derived growth factor/platelet-derived growth factor receptor axis in the trafficking of circulating fibrocytes in pulmonary fibrosis. Am J Respir Cell Mol Biol, 51: 793~801.

Balan M, Miery TE, Waaga-Gasser AM, et al. 2015. Novel roles of c-Met In-the survival of renal cancer cells through the regulation of HO-1 and PD-L1 expression. Biol Chem, 290: 8110~8120.

Ellison GM, Torella D, Dellegrottaglie S, et al. 2011. Endogenous cardiac stem cell activation by insulin-like growth factor-1/hepatocyte growth factor intracoronary injection fosters survival and regeneration of the infarcted pig heart. J Am Coll Cardiol, 58: 977~986.

Handy JA, Saxena NK, Fu P, et al. 2010. Adiponectin activation of AMPK disrupts leptin-mediated hepatic fibrosis via suppressors of cytokine signaling(SOCS-3). J Cell Biochem, 110: 1195~1207.

Hu ZP, Bao Y, Chen DN, et al. 2013. Effects of recombinant adenovirus hepatocyte growth factor gene on myocardial remodeling in spontaneously hypertensive rats. J Cardiovasc Pharmacol Ther, 18: 476~480.

Iekushi K, Taniyama Y, Kusunoki H, et al. 2011. Hepatocyte growth factor attenuates transforming growth factor-β-angiotensin II cross talk through inhibition of the PTEN/Akt pathway. Hypertension, 58: 190~196.

Li M, Yi X, Ma L, et al. 2013. Hepatocyte growth factor and basic fibroblast growth factor regulate atrial fibrosis in patients with atrial fibrillation and rheumatic heart disease via the mitogen-activated protein kinase signaling pathway. Exp Ther Med, 6: 1121~1126.

Lopez-Hernandez FJ, Lopez-Novoa JM. 2012. Role of TGF-β in chronic kidney disease: an integration of tubular, glomerular and vascular effects. Cell Tissue Res, 347: 141~154.

Lu F, Zhao X, Wu J, et al. 2013. MSCs transfected with hepatocyte growth factor or vascular endothelial growth factor improve cardiac function in the infarcted porcine heart by increasing angio-genesis and reducing fibrosis. Int J Cardiol, 167: 2524~2532.

Newman AC, Chou W, Welch-Reardon KM, et al. 2013. Analysis of stromal cell secretomes reveals a critical role for stromal cell-derived hepatocyte growth factor and fibronectin in angiogenesis. Arterioscler Thromb Vasc Biol, 33: 513~522.

O'Blenes SB, Li AW, Bowen C, et al. 2013. Impact of hepatocyte growth factor on skeletal myoblast transplantation late after myocardial infarction. Drug Target Insights, 7: 9~17.

Roth GJ, Heckel A, Colbatzky F, et al. 2009. Design, synthesis, and evaluation of indolinones as triple angiokinase inhibitors and the discovery of a highly specific 6-methoxycarbonyl-substituted indolinone(BIBF 1120). J Med Chem, 52: 4466~4480.

Ruvinov E, Leor J, Cohen S, et al. 2011. The promotion of myocardial repair by the sequential delivery of IGF 1 and HGF from an in-jectable alginate biomaterial in a model of acute myocardial in-farction. Biomaterials, 32: 565~578.

Sala V, Crepaldi T. 2011. Novel therapy for myocardial infarction: Can HGF/Met be beneficial. Cell Mol Life Sci, 68: 1703~1717.

Samarakoon R, Overstreet JM, Hiqqins SP, et al. 2012. TGF-$β_1$→SMAD/p53/USF2→PAI-1 transcriptional axis in ureteral obstruction-induced renal fibrosis. Cell Tissue Res, 347: 117~128.

Sharma S, Barrett F, Adamson J, et al. 2012. Diabetic fatty liver disease is associated with specific changes in blood-borne markers.Diabetes Metab Res Rev, 28: 343~348.

Wollin L, Wex E, Pautsch A, et al. 2015. Mode of action of nintedanib in the treatment of idiopathic pulmonary fibrosis. Eur Respir J, 45: 1434~1445.

Yang SF, Yeh YT, Wang SN, et al. 2008. SOCS-3 is associated with vascular invasion and overall survival in hepatocellular carcinoma. Pathology, 40: 558~563.

Yao XG, Meng J, Zhou L, et al. 2015. Relationship between polymorphism of SOCS-3 and dyslipidemia in China Xinjiang Uygur. Genet Mol Res, 14: 1338~1346.

Zablocki D, Sadoshima J. 2013. Solving the cardiac hypertrophy riddle: The angiotensin II-mechanical stress connection. Circ Res, 113: 1192~1195.

Zhang HJ, Han WY, Peng SY, et al. 2014. The inhibition effect andmechanism of SY0916 on pulmonary fibrosis. J Asian Nat Prod Res, 16: 658~666.

第四十九章　干细胞与抗肝纤维化治疗

肝纤维化是肝硬化的前期病理阶段，是肝脏受到慢性损伤时，细胞外基质（ECM）可逆性沉积的创伤愈合过程，是各种慢性肝病向肝硬化发展所共有的病理改变和必经途径。各种病因所致慢性炎症或肝损伤后的组织修复过程中以胶原为主要成分的ECM合成增多、降解相对不足，从而导致其过量沉积。ECM的过量沉积、窦内皮细胞筛孔消失、毛细血管化，使肝细胞功能逐渐出现障碍，直至肝小叶结构改建、假小叶出现及再生结节形成。传统观念认为肝硬化是不能逆转的，但是最近动物实验研究和临床观察的证据表明早期的肝硬化仍然是可以逆转的。

肝星状细胞（HSC）在肝纤维化发生、发展及转变中处于中心细胞环节的地位。在肝损伤中，HSC是ECM的主要来源。有研究证实间充质干细胞（MSC）能够通过诱导HSC凋亡，从而起到减轻肝纤维化作用。骨髓间充质干细胞具有在体内外分化为肝细胞的潜能，有望成为新的用于治疗肝脏疾病的肝细胞源。

第一节　肝纤维化

一、肝纤维化

肝纤维化是继发于各种慢性致病因素（如病毒性肝炎、酒精性肝病、某些代谢性疾病、药物及化学毒物损伤和肝寄生虫病等）引起的肝脏损伤和炎症后组织修复过程中的代偿反应，以ECM在肝内过量沉积为病理特征，是各种慢性肝病向肝硬化发展所共有的病理改变和必经途径。

目前研究认为，在各种慢性肝病的演进过程中，尽管经过肝纤维化发生、发展，最终的共同结果都是导致肝硬化，但不同肝病时肝内纤维沉积的区域分布和肝纤维化的形成模式却不尽相同。Pinzani等提出肝纤维化形成分为胆管型、桥接型、细胞周围型和小叶中央型4种模式。这些模式的存在与不同的致病因素、组织损伤的局部定位、产纤维化细胞的参与、促肝纤维化细胞因子的相对浓度，以及起主导作用的纤维化发生机制等多种因素有关。胆管型纤维化由门静脉区肌成纤维细胞产生纤维，形成门静脉区-门静脉区的纤维间隔，见于原发性胆汁性肝硬化和原发性硬化性胆管炎；桥接纤维化也有门静脉区肌成纤维细胞产生纤维，以门静脉区-中央静脉的纤维间隔和界面炎症为特征，主要发生机制为慢性炎症/损伤修复反应，见于慢性乙型肝炎和丙型肝炎；细胞周围型纤维化由HSC产生纤维，形成肝窦毛细血管化，纤维形成并包绕肝细胞，见于酒精性和非酒精性脂肪肝炎；小叶中央型纤维化也由HSC产生纤维，形成中央-中央静脉间隔和"中央静脉性"肝硬化，见于静脉回流障碍性疾病。

二、肝纤维化的发生机制

（一）肝纤维化时 ECM 的变化

肝纤维化是各种原因引起的动态创伤-愈合过程，在这个过程中，肝脏中的 ECM 成分含量不断增加，从而使 ECM 的质与量均发生了变化。量的改变表现为肝内过量胶原形成及沉积；ECM 在肝脏湿重中所占的比例增加，由正常时的<0.6%升高 3～6 倍；ECM 各种成分不成比例地升高，新胶原合成增加，单个细胞胶原合成能力增加或者合成胶原的细胞数量增加，同时胶原降解又减少。肝纤维早期以Ⅰ、Ⅳ、Ⅲ型胶原增加为主，发展到晚期以Ⅰ型胶原增加为主。另外，其他一些基质诸如纤维粘连蛋白及层粘连蛋白等也明显升高。质的改变主要表现为：①局部的重建及重新分布，早期 ECM 主要沉积于汇管区及窦周间隙，出现窦周毛细血管化；②一些基质分子的微细结构发生变化，如胶原链的羟化程度及糖胺聚糖的硫酸化程度发生变化等。ECM 质与量的改变反过来又可激活静止状态的 HSC，进一步加重 ECM 的沉积，形成恶性循环。

（二）HSC 是肝纤维化中 ECM 的主要细胞来源

HSC 位于肝细胞与肝窦内皮细胞（SEC）之间的 Disse 腔内。在正常肝脏内处于静息状态的 HSC 胞体内含大量脂滴，其主要功能是储存和代谢视黄醇，参与 ECM 的转化，调节肝窦血流。当各种致病因素持续作用于肝脏时，通过复杂机制激活 HSC。HSC 的激活过程可人为地分为两个阶段：启动阶段和持续激活阶段。相应地，HSC 亦经历三种形态转化：静止 HSC→移行细胞（transitional cell）→肌成纤维细胞样细胞（MFLC）。在启动阶段，HSC 邻近细胞（如肝细胞、库普弗细胞、肝窦内皮细胞、血小板和原发或继发性的肿瘤细胞）受损后产生的旁分泌刺激 HSC 启动，使 HSC 发生基因表达及表型的改变，表现为转录活化、信号分子活化及诱导早期结构基因表达；胞膜上表达细胞因子、生长因子受体，使其产生对这些介质分子的应答能力，并增殖活化为肌成纤维细胞。在持续激活阶段，HSC 活化启动后产生一系列表型改变，包括细胞增殖、维生素 A 丢失、合成 ECM、产生收缩性和趋化性细胞因子及其受体表达增强、释放胶原酶及其抑制物等。HSC 通过自分泌作用不断刺激自身的分裂增殖并大量合成和分泌胶原等 ESM，同时还可通过旁分泌作用激活其他尚处于"静止"状态的 HSC。这一机制可解释即使原发的刺激因素解除，肝纤维化过程仍能继续发展的现象。

（三）HSC 活化的分子机制

细胞增殖与胶原合成增加是 HSC 活化的重要特征，HSC 的增殖/凋亡与胶原合成/降解失衡是肝纤维化形成的重要机制。肝纤维化是由多种细胞因子和多条细胞信号通路共同参与的复杂全身病理过程，目前研究较为清楚的有 TGF-β/Smads、PDGF、Rho-ROCK、PI3K 等信号通路。TGF-β 是目前公认的致 HSC 激活最强有力的细胞因子。TGF-β 可以促进 HSC 活化，刺激 ECM 合成和抑制 ECM 降解。TGF-β 发挥效应主要是通过 TGF-β 信号通路来实现。TGF-β 与 TGFⅡ型受体（TGF-βRⅡ）结合后，TGF-βⅠ型受体（TGF-βRⅠ）活化，将信号向胞内转导。胞质蛋白-Smad 蛋白是 TGF-β 信号通路上关键的信号转导分子，可双向调节 TGF-β 效应。Smad-2、Smad-3 与 TGF-βR 结合后磷酸化，同 Smad-4 结合形成低聚体后进入细胞核，使胶原基因转录增加。Smad-6、Smad-7 与 Smad-2、Smad-3 结合可终止 TGF-β 的信号转导，构成 TGF-β 信号通路的负反馈调节。Smad-2 持续活化及 Smad-7 水平低下被认为可能是慢性肝损伤向肝纤维化进展的原因之一。同时，TGF-β 还可刺激 HSC 合成血小板源性生长因子（PDGF），增加 HSC PDGF 受体的表达，从而促进 PDGF 对 HSC 的活化与增殖。TGF-β 还能抑制基质金属蛋白酶（MMP）产生，从而抑制 ECM 降解。由此可见，TGF-β 及其信号通路在调控 HSC 活化及肝脏纤维化方面发挥了重要作用。抑制 TGF-β 信号途径、阻断 TGF-β 效应能显著减轻 HSC 活化的程度。

PDGF 对 HSC 活化具有促进作用。PDGF 通过激活 MAPK 和 PI3K 等通路促进 HSC 活化、增殖，并促进其产生胶原。除此之外，结缔组织生长因子（CTGF）、胰岛素样生长因子（IGF）、表皮生长因子（EGF）、肿瘤坏死因子α（TNF-α）等也都参与 HSC 活化，发挥不同作用。这些细胞因子在参与肝纤维化过程中是靠其共同构建的复杂网络来相互调节的。肝脏在各种致病因素作用下，出现致纤维化的作用和（或）抗纤维化的作用是由多种细胞因子相互作用、共同调控的结果。肝脏出现炎症时，受损的肝细胞、浸润的白细胞、局部积聚的血小板及库普弗细胞等产生和分泌细胞生长因子及趋化蛋白，其中转化生长因子α（TGF-α）、血管内皮生长因子（VEGF）、PDGF、内皮素-1（ET1）、IGF 均可刺激 HSC 增殖，TGF-β、TNF-α 促使其转化为肌成纤维细胞，合成 ECM。活化的 HSC 对 TGF-β、PDGF 的自分泌作用明显增强，这些因子分别通过表达于 HSC 的各自的受体，并通过旁分泌途径作用于尚未活化的 HSC，使 HSC 增殖并合成大量的 ECM。如此，形成一个逐步增强的自我刺激循环，即使去除最初导致肝纤维化的致病因子，肝纤维化仍可持续不断地向前发展。

（四）细胞因子

细胞因子是由免疫细胞和成纤维细胞、内皮细胞产生的调节细胞功能的高活性、多功能蛋白多肽分子。近年来，细胞因子在肝纤维化中的作用引起了广泛重视，大量的研究证实，肝纤维化形成过程中受到众多的细胞因子调节。前文中已对多种细胞因子在肝纤维化发生、发展中的作用进行了阐述。

（五）外泌体

近年来大量的研究发现，组织纤维化过程中细胞和因子间还有一种交流通路，称为外泌体。外泌体是一种直径 30~100nm、密度 1.13~1.19kg/L 的纳米囊泡，电镜下呈圆形或杯状结构，100 000g 离心可沉淀。这些纳米囊泡源于多囊泡体，多囊泡体的膜向内凹陷，形成一个膜包围的结构，其基部逐渐与多囊泡体的膜分离，脱落后形成腔内小囊泡，小囊泡里面包裹的主要是细胞质。多囊泡体的泡膜与质膜融合，导致其中的小囊泡排到细胞外环境中，即为外泌体。外泌体的分子组成可反映其来源，靶向到特定的细胞群并影响这些细胞的功能。外泌体携带着信使 RNA（mRNA）、microRNA（miRNA）和蛋白质等内容物，在细胞间起着通信介质的作用，参与了几乎所有的生理和病理过程。外泌体参与了组织纤维化的形成过程，外泌体内容物可与细胞外基质相互影响，包括整合素、基质金属蛋白酶（MMP）和免疫球蛋白超家族成员。因此有人提出外泌体可能成为新的纤维化诊断指标。

肝纤维化是由肝细胞损伤引发的。在肝纤维化发生的过程中，受损肝细胞释放的外泌体可通过多种途径发挥其促纤维化作用。首先，肝细胞可释放含有多种自体RNA（self-RNA）的外泌体，这些自体RNA能激活HSC的Toll样受体3（Toll-like receptor 3，TLR3），然后促使HSC表达的CC类趋化因子配体20（CCL20）增多，CCL20再募集大量$CCR6^+$和γδT细胞，最终使白细胞介素（IL）-17A、IL-1β和IL-21在肝纤维化早期表达升高，而敲除TLR3基因后IL-17A的表达水平降低，肝纤维化面积也减少。其次，受损肝细胞释放的外泌体能直接上调纤维化标志物的水平，如TGF-β受体Ⅱ、α平滑肌肌动蛋白（α-SMA）和Ⅰ型胶原蛋白α2，这可能与外泌体中前体miR-17-92基因簇表达上升有关。受损肝细胞释放的外泌体可抑制抗纤化因子的表达，如miR-122可使低氧诱导因子1α、波形蛋白及丝裂原活化蛋白激酶3等组织重塑因子表达上调，从而促进肝纤维化。

肝纤维化通路主要由HSC调控，它可生成促纤维化因子，如结缔组织生长因子CCN2。外周外泌体中Twist1、miR-214和CCN2的表达水平可反映肝纤维化程度。因此，血清外泌体可作为新的诊断肝纤维化的生物标志物。肝内其他细胞，如血窦内皮细胞能通过释放外泌体调控HSC的迁移和激活，从而调节肝纤维化过程。

三、肝纤维化的临床表现

肝纤维化的临床表现无明显特异性，临床表现的程度可很轻，也可较重，单纯依靠临床表现往往难以做出诊断。常见的临床表现主要包括以下症状。

1. 疲乏无力　此为肝纤维化症状临床表现早期常见症状之一，有时可为慢性肝纤维化患者的唯一症状。

2. 食欲减退　往往是最早的肝纤维化症状，有时伴有慢性消化不良、进食后上腹部饱胀、腹胀气、便秘或腹泻、肝区隐痛甚至恶心、呕吐等，多由慢性肝炎肝脏损害时胃肠道分泌与吸收功能紊乱所致。临床上部分患者无明显的慢性肝病史，出现上述消化不良症状原因不明，对症治疗效果不佳，需经进一步检查才能够发现。

3. 慢性胃炎症状　慢性肝炎患者出现反酸、嗳气、呃逆、上腹部隐痛及上腹饱胀等胃区症状，许多肝纤维化病例进行胃镜检查时证实伴有慢性胃炎，少数还同时伴有食管、胃底静脉曲张而引起重视。

4. 出血及出血倾向　慢性肝炎由于肝功能减退影响凝血酶原及其他凝血因子的合成，临床上常出现鼻出血、牙龈出血、皮肤和黏膜紫斑或出血点，女性常有月经过多等临床症状。

四、肝纤维化的诊断方法

肝纤维化是一个极其复杂的动态过程，必须结合临床纤维化有关生化指标及相应的检查进行综合分析，方能作出正确的诊断。目前的诊断方法主要包括以下几种。

（一）肝组织活检病理学检查

肝组织活检仍为目前诊断肝纤维化的"金标准"。通过肝组织病理学检查，可以明确肝纤维化的存在与否及其程度，从而指导临床诊断、治疗和预后评价。但肝组织活检毕竟是有创检查，部分患者难以接受，作为动态观察肝纤维化变化及疗效判断标准往往依从性较差。

（二）影像学检查

1. 超声检查 肝纤维化时肝脏回声出现异常，是肝纤维化常见的辅助诊断方法。B超参数包括：肝包膜厚度，脾脏长径、厚度，脾门静脉内径，门静脉主干内径，胆囊壁厚度等指标。彩色多普勒血流成像（CDFI）参数包括门静脉血流速度、单位时间流量及两者的比值（A/V）等，但上述指标对轻度肝纤维化患者诊断价值存在很大争议。研究显示，肝脏表面光滑程度、肝实质回声、胆囊壁厚度、脾脏大小及脾静脉内径更能反映肝脏组织纤维化的程度。

2. CT检查 肝纤维化时肝脏包膜增厚，肝表面轮廓不规则或呈结节状，肝实质回声不均匀增强或CT值升高，各叶比例发生改变，脾脏厚度增加，门静脉及脾静脉增宽等。

3. 彩色多普勒 可以测定肝动脉和门静脉的血流量及功能性门-体分流情况，但总体上影像学检查对于诊断肝纤维化不够敏感。

4. 肝脏硬度检测 基于超声基础上发展而来的瞬时弹性成像（transient elasography，TE）技术（如法国Fibroscan，以及国产Fibrotouch、Hepatest、Lesgan等专业检测肝脏硬度仪器）、声辐射力脉冲成像（ARFI）对肝纤维化诊断的研究颇丰，尤其是瞬时弹性成像技术，无创、可重复性、准确性较高，可与肝活检媲美，临床应用前景较好。虽然弹性测定结果可反映肝纤维化的严重程度，但各纤维化分期的数据有较大重叠，划定界限值会影响诊断敏感性或特异性。现有资料测定的病例数还不多，需要积累不同病种、年龄、性别、种族、肥胖程度人群的瞬时弹性测定资料，为临床应用打下坚实的基础。此外，建立在二维、三维基础上的超声静态型弹性成像技术，通过应变图对肝脏等软组织弹性变量进行判断，有助于对局部组织的软硬改变量化评估。

还有学者已应用磁共振成像图用于评估肝纤维化，也显示有好的诊断价值。基于MRI的组织弹性测量或成像技术（MRE）是一种借助标记法或者剪切波传播法实现的检查技术，相比于TE技术，MRE具有许多独特的优点，如位移更加准确（超声是一维位移测定，而MRE是三维位移测定）、观察范围大（相比于超声探头范围内的成像）、多部位成像。

使用3.0 T MR 2D梯度回波MR弹性成像测量患者的肝脏硬度。利用METAVIR评分系统评估纤维化（"F"级）和坏死性炎症（"A"级）的程度。利用受试者操作特征（ROC）曲线和ROC曲线下面积（AUC）来评估MR弹性成像的预测能力。采用多元线性回归分析来确定肝脏硬度和那些在单因素分析中显著关联，以及那些早期工作中有比较价值的指标（如组织学评分、性别、年龄、天冬氨酸转氨酶水平及天冬氨酸转氨酶/丙氨酸转氨酶比等）之间的关系。结果MR弹性成像能很好地区分≥F1、≥F2、≥F3和F4这四种肝纤维化程度，其AUC值分别是0.961、0.986、1.000和0.998。同时，MR弹性成像也能较好地评估≥A1、≥A2和A3这三种坏死性炎症程度（其AUC值分别是0.806、0.834和0.906）。

（三）肝纤维化血清学检查

血清透明质酸（HA）、Ⅲ型前胶原肽（PⅢP）、Ⅳ型胶原（Ⅳ-C）和层粘连蛋白（LN）等指标对于判断肝纤维化程度具有一定参考意义，但血清学指标的高低并不能完全反映肝脏纤维化的程度。

至今，国内外已建立多个肝纤维化非创伤性综合指标的诊断模型，这些模型具备下列特点：ROC 曲线下面积（AUC）>0.8，指标易从临床实践中获取，先后经临床病理验证有一致性较高的诊断准确性、敏感性、特异性、阳性预测值（PPV）及阴性预测值（NPV）。主要的预测模型有 Fibrotest、Forns 指数、纤维化可能性指数、欧洲肝纤维化组模型和上海肝纤维化组模型等。

尽管肝纤维化检测方法较多，但所得的结果变异较大，在不同的研究者之间及同一研究者间都可能出现不同的结果。其原因除研究方法不同外，还有如病例的选择、试剂和仪器、检查方法、统计学方法、研究者的水平及患者的炎症程度等诸多因素都影响其结果。此外，目前的无创性诊断尚不能确切地区分不同程度的肝纤维化，如 S1 和 S2、S2 和 S3，因此尚待进一步探讨。

五、肝纤维化的治疗策略

肝纤维化是肝细胞发生坏死或炎症刺激时，肝内纤维结缔组织增生与分解失衡，从而在肝内异常沉积的病理过程，是多种慢性肝病的重要病理特征和发展至肝硬化的必经阶段。肝纤维化发生机制的进一步阐明为其治疗带来了新的进展。

（一）调控 HSC 表型

近年研究表明，HSC 激活的启动是肝纤维化发生、发展最重要的环节。抑制 HSC 的活化对肝纤维防治可起到举足轻重的作用。

1. IFN　人类共有 IFN-α、IFN-β、IFN-γ。其中，IFN-α 和 IFN-γ 已经体外细胞培养、动物及临床实验显示有抗纤维化作用。

2. 雌激素　肝细胞、肝窦内皮细胞和 Kupffer 细胞均存在雌激素受体，外源性雌激素可影响这些细胞的功能。研究发现，雌激素能够抑制活化 HSC 的增殖、转化和胶原合成；Yasuda 等发现雄性大鼠对 DMA 诱导的纤维化反应较雌性大鼠强，卵巢切除的雌性大鼠给予 DMN 则有致纤维化作用；使用雌激素替代疗法后，卵巢切除大鼠又能抵抗致纤维化刺激。

3. 视黄醇（retinoids）　研究发现，HSC 激活过程中总是伴随着维生素 A 脂滴的减少，在体外实验中，补充视黄醇可抑制 HSC 的增殖和胶原合成，由此推测，补充细胞内视黄醇的含量可能抑制 HSC 活化。但在动物模型中，给予视黄醇反而使肝纤维化恶化，因此，视黄醇的抗纤维化作用值得进一步探讨。

（二）干预炎性反应

肝细胞的退行性变或坏死可通过局部各种介质的释放引起炎性反应，而炎性反应又可通过自分泌和旁分泌途径刺激 HSC，导致 ECM 的重建和纤维瘢痕的形成，即炎性反应是肝纤维化发生、发展的重要因素。因此，寻找有效抑制炎性反应的药物是当前防治肝纤维化的又一重要课题。研究较多的药物主要有以下几种。

1. 秋水仙碱（colchicine）　在体外能抑制 I 型胶原 mRNA 水平，并刺激胶原酶活性；近年发现其代谢物去甲秋水仙碱也有抗纤维化活性。

2. 马洛替酯（malotiate）　是一种抗炎药，有肝细胞保护作用。在 DMA 诱导的纤维化反应较雌性大鼠强，卵巢切除的四氯化碳（CCl$_4$）、二乙基亚硝胺（DMN）诱导的动物雌性大鼠给予 DMN 则有致纤维化作用；使用雌激素模型中能减轻肝硬化，其机制可能是抑制细胞色素替代疗法后，卵巢切除大鼠又能抵抗致纤维化刺激。

3. 奥曲肽（octreotide） 奥曲肽可使胆管结扎和 CCl_4 诱导的模型大鼠及曼氏血吸虫模型鼠门静脉压力下降，肝、脾重量减轻，纤维化减轻，这些效应可能与其抗炎作用有关。

4. IL-10 HSC 激活早期即有 IL-10 表达增加，IL-10 基因敲除鼠对 CCl_4 刺激表现出更严重的肝纤维化。

这类药物还有 OPCI516I、皮质激素、前列腺素 E、熊去氧胆酸（UDCA）和 TNA-α 受体阻断剂等。

（三）有效保护肝细胞

肝细胞、库普弗细胞、NK 细胞和血管内皮细胞等在不同环节及阶段均参与了肝纤维化的发生进程，许多初始因素首先打击的就是肝细胞，随后机体出现一系列的防御及修复反应，如炎症反应、HSC 活化、增殖等。保护肝细胞的药物可有效减轻或消除这些防御、修复反应。这类药物目前研究最多，也较为深入。

（四）调控细胞因子

调节细胞因子活性能够从细胞水平干预肝纤维 IL-1 受体阻滞的发生，其途径包括使用受体阻断剂或细胞因子抗体、阻止细胞因子产生或抑制其活性、使用特定细胞因子或蛋白以促进 ECM 降解吸收等。

（五）促进 HSC 凋亡

凋亡是终止活化 HSC 增殖的重要机制。Gongw 等发现，HSC 转化为 MFB，对可溶性 Fas 配体（sFasL）介导的凋亡敏感性增加，可能与 Bcl-2 及 Bcl-xL 表达减少，导致 MFB 前凋亡基因优势表达有关，并认为这是纤维化发生机制之一。据此设想，可通过促进 HSC 凋亡以减少胶原生成。但困难在于缺乏针对 HSC 凋亡的特异性刺激剂，可以在促进 HSC 凋亡的同时不影响肝细胞再生。目前，这方面的研究已经取得了一些进展。

（六）增加 ECM 降解

肝纤维化发生是 ECM 合成增加、降解减少及 ECM 重建的结果，促进 ECM 降解仍是防治肝纤维化的有效手段。这些药物研究不多，但近期国外文献显示出令人满意的结果。

（七）靶向治疗

肝纤维化是演变发展到肝硬化的一个重要阶段。正常情况下，肝脏组织 ECM 生成与降解是保持平衡的。ECM 过度沉积是肝纤维化的基础，而 HSC 是形成肝纤维化最主要的效应细胞。多种细胞因子如 $TGF-\beta_1$、PDGF、成纤维细胞生长因子（FGF）等的参与下，ECM 大量合成，分泌 TIMP，并抑制 MMP 降解，最终使 ECM 沉积与降解失去平衡而导致肝纤维化甚至肝硬化。$TGF-\beta_1$ 是促进 HSC 激活并促使其分泌 ECM 的关键细胞因子，由各种细胞通过自分泌或旁分泌方式参与肝纤维化过程。$TGF-\beta_1$ 能够激发 HSC 活化，促进 ECM 产生，抑制肝细胞增殖，调节肝细胞凋亡。有研究应用可溶性受体或者 siRNA 阻断 TGF-$β_1$ 受体表达，进而有效缓解了肝纤维化的进展。动物实验研究证实，TGF-$β_1$ 拮抗剂能够有效阻断肝纤维化进程，甚至可以使肝纤维化得到逆转。因此，TGF-β 及其通路可以作为抗肝纤维化的基因位点。但由于 TGF-$β_1$ 及其通路尚未完全研究清楚，仍需进一步研究其导致肝纤维化的具体机制。阻断 TGF-β 除了抑制 HSC 活化外，还可以促进 HSC 凋亡，减少其转化形成肌纤维细胞，减少胶原合成。而 HSC 凋亡抑制基因 bcl-2 与促进凋亡基因 bax 的比例是调节 HSC 凋亡的决定性因素。研究发现，干扰素 α-2a 能够通过调节 bcl-2、bax 基因表达，诱导活化肝星状细胞凋亡，从而阻断 CCl_4 诱导的肝纤维化。肝纤维化除与 HSC 增殖活化及其数量增加相关外，还与 HSC 凋亡相对减少密切相关。故同样可以通过抑制 HSC 活化或诱导 HSC 凋亡来作为抗肝纤维化的新方法。肝纤维化本质是由 ECM 沉积与降解失去平衡所致。而 MMP 及 TIMP 与肝内 ECM 沉积和降解密切相关。研究发现，可以通过调节二者基因表达作为抗肝纤维化新的基因治疗方法。

（八）具有潜力的中药治疗

目前疗效确切和不良反应少的抗纤维化药物很少，大多还处在实验研究阶段。自 20 世纪 70 年代开始，国内外学者致力于中医药抗肝纤维化的研究，发现中药在抗肝纤维化治疗方面具有明显的优势，包括单药和复方制剂的研究。

1. 单药及有效单体的研究　随着现代技术在中医药领域的广泛应用，许多学者对中药及其有效单体进行了深入研究。迄今文献报道有效的和比较有代表性的中药有丹参、赤芍、冬虫夏草、桃仁、红花、黄芪、苦参、川芎、莪术、当归和汉防己甲素等。丹参具有清除氧自由基、抗脂质过氧化和保护肝细胞等功能。崔东来等研究表明丹参治疗组血清 TGF-α、白细胞介素-6（IL-6）较对照组明显降低，超氧化物歧化酶、丙二醛水平明显升高，提示其抗肝纤维化机制可能与下调细胞因子、阻断库普弗细胞和 HSC 活化、减少胶原组织的合成、促进自由基清除、抗脂质过氧化有关。李校天等发现丹参药物血清有抑制细胞外信号调节蛋白激酶（ERK）及 c-Jun 氨基末端蛋白激酶（JNK）蛋白磷酸化的作用，提示丹参可能通过抑制 EPK 及 JNK 的活化而抑制核转录因子衔接蛋白（AP）1 的活性，从而抑制 HSC 的增殖，产生抗纤维化作用。余小虎等研究表明，肝纤维化大鼠肝组织 IL-10 明显高于正常大鼠，而 IL-2 与 IFN-γ 则显著降低，其中尤以 IL-2 下降明显；氧化苦参碱在减轻肝纤维化程度的同时，可明显纠正肝内 Th1 细胞因子（IL-2 与 IFN-γ）及 Th2 细胞因子（IL-10）的异常表达。

2. 复方制剂　王清兰等研究表明扶正化瘀方（由丹参、桃仁、五味子、绞股蓝、冬虫夏草菌丝及松花仁组成）可下调纤维化大鼠肝脏及 HSC 中的 TGF-$β_1$/Samd 病理信号转导通路，从而达到抗纤维化的作用。都金星等研究发现下瘀血汤（由大黄、桃仁、土鳖虫组成）可以抑制肝星状细胞的活化，下调 MMP-2、MMP-9 的活性及消解新生血管的完整性，从而有效地抑制 CCl_4 诱导的大鼠肝硬化形成过程中的血管新生，进而减轻肝纤维化。

（九）抗病毒治疗

引起肝纤维化的病因有很多，在我国以病毒性肝炎为主，乙型肝炎病毒（HBV）和丙型肝炎病毒（HCV）感染是其最重要的病因，因此，抗病毒治疗是治疗肝纤维化最为重要的一环。目前用于抗病毒的药物主要分为两大类：聚乙二醇化干扰素（Peg-IFN）和核苷类似物/核苷酸类似物（NA），后者包括拉米夫定、阿德福韦酯、替比夫定、恩替卡韦、替诺福韦酯。研究发现，长期使用拉米夫定能够提高乙型肝炎病毒表面抗原（HBsAg）及乙型肝炎病毒 e 抗原（HBeAg）转阴率，持续维持 HBV-DNA 低水平，延缓 HBV 相关重度肝纤维化患者的疾病进展，对部分肝纤维化患者甚至可以完全逆转。Marcel 等在一项为期5 年使用核苷酸类似物替诺福韦酯或阿德福韦酯治疗慢性乙型肝炎 3 期临床试验随访研究中发现，有 348 例患者在基线时和 5 年后分别进行了肝脏活组织病理检查，其中约有 87%（304/348）的患者获得了组织学改善（基线时 Knodel 炎症坏死计分减少大于或等于 2 分，或 Knodel 纤维化计分无恶化），约有 51%（176/348）的患者肝纤维化得到逆转（5 年后 Ishak 肝纤维化计分下降大于或等于 1 分）。在基线时出现桥接纤维化或肝硬化患者比例为 38%，经治疗后其比例分别在第 1 年和第 5 年下降到 28%、12%。有 71 例在基线时为肝硬化的患者，经治疗 5 年后不再具有肝硬化组织学特征。研究结果表明口服高耐药基因屏障的抗病毒药物长期治疗可以使近 100%的乙型肝炎患者维持病毒抑制状态。同时，有效的抗病毒治疗能够明显改善肝硬化程度，逆转肝纤维化。最近研究发现，聚乙二醇干扰素α-2b 联合利巴韦林治疗慢性丙型肝炎患者约有 65%（43/67）完全应答，随着肝脏炎症的改善，病毒 RNA 载量、肝纤维化指标水平明显下降，这提示干扰素联合利巴韦林能够有效抑制 HCV-RNA 复制，调节机体免疫功能，调节肝脏炎性反应，改善肝功能，减少肝纤维化。长期有效的抗病毒治疗可以降低患者体内的病毒载量，伴随着病毒减少可以明显延缓肝纤维化及肝硬化的进展，降低肝硬化失代偿及肝癌的发生，减少肝硬化严重并发症的发生，降低病死率。

（十）干细胞治疗

肝移植一直被认为是治疗肝纤维化及肝硬化等终末期肝脏疾病最有效的方法之一，但由于肝脏供体不足、手术复杂、免疫排斥、移植费用高昂等原因，使肝移植受到极大的限制。干细胞是一类具有自我复制能力的多潜能细胞，在一定条件下可以定向分化成肝样细胞，发育成熟的肝样细胞可以补充受损的肝细胞，改善肝功能。大量研究发现，骨髓间充质干细胞（BMSC）可以通过调节多条细胞信号转导通路，抑制 HSC 增殖及活化，抑制胶原蛋白合成和降解细胞外基质，减轻肝纤维化程度。目前 BMSC 移植主要应用于血液病及心血管疾病的治疗，并取得了良好的临床疗效。在自体 BMSC 移植治疗 HCV 相关肝纤维化患者中发现，经 BMSC 治疗 6 个月后，患者肝功能指标包括丙氨酸氨基转移酶（ALT）、天冬氨酸氨基转移酶（AST）、胆红素水平较移植前得到明显改善，肝脏活组织病理检查中发现 CD34 和α-SMA 表达明显减少，同时 ECM 也明显减少。BMSC 移植能够改善肝功能，降低肝纤维化血清学指标，改善纤维化。研究表明，经自体骨髓间充质干细胞（ABMSC）移植治疗 HBV 相关肝纤维化患者与使用恩替卡韦治疗组相比较，二者均能明显改善肝功能，且经 ABMSC 移植组患者肝功能改善明显优于使用恩替卡韦治疗组。与对照组相比，移植治疗组患者血清调节性 T 细胞（Treg 细胞）明显升高，Th17 细胞显著减少，最终导致 Th17 细胞的比值下降。进一步研究发现，编码 Treg 细胞相关转录因子的 mRNA 表达水平增高，而编码 Th17 相关转录因子的表达水平降低，因此，ABMSC 移植可能通过调节 Treg/Th17 细胞平衡来改善 HBV 相关肝纤维化患者肝功能。另外在 BMSC 移植治疗酒精性肝纤维化研究中发现，经过 BMSC 移植后，患者肝脏组织学及 Child-Pugh 评分明显得到改善，血清中 TGF-β、Ⅰ型胶原蛋白及α-SMA 显著降低。结果提示经 BMSC 移植治疗酒精性肝硬化后能够明显改善肝纤维化的程度。干细胞移植在抗肝纤维化及终末期肝病方面具有巨大的潜力，但目前在临床上应用干细胞治疗肝脏疾病仍处于起步阶段，关于干细胞治疗肝脏疾病的机制尚未完全研究清楚，仍需进一步的临床实践和深入的基础研究。对干细胞移植抗肝纤维化的不断深入探索，将为肝纤维化及肝硬化等终末期肝病患者带来新的希望。

总之，目前关于肝纤维化的治疗研究非常活跃，很多方面已经取得了令人瞩目的成绩，但已报道的药物尚无一种被正式批准用于临床抗纤维化，这是因为：①目前的报道大多来自体外细胞培养和动物实验，临床试验很少；②某些药物虽具有抗纤维化作用，但其靶器官往往不限于肝脏，对其他组织也有影响，长期应用不良反应大，安全性未定；③许多试验药物仅在早期有预防作用，对已形成的肝纤维化疗效不明显；④某些药物虽然在某一环节具有抗纤维化效果，但在其他环节同时有促纤维化的矛盾作用，削弱了其抗纤维化疗效，因而整体抗纤维化效果过于轻微，不适宜单独用于抗纤维化。随着科学的发展，细胞因子拮抗剂为代表的小分子物质，以核酶、反义 mRNA 为代表的基因治疗，以及中药治疗在肝纤维化治疗中突显出更光明的前景。

六、肝纤维化的治疗原则

（1）了解病因、病理、生理基础和纤维化进展的自然史。
（2）明确纤维化的分期及疾病的活动程度。
（3）满足安全、有效并对肝脏有特异性靶向的要求。
（4）合理安排科学序贯性和治疗的时间性。

七、肝纤维化的疗效评估

（1）分别按肝组织病理学和临床综合评定系统评估其疗效，不以"总有效率"作为判断疗效标准。
（2）疗效考核包括治疗终止时效果及停药 3 个月或更长时间随访的持续效果。
（3）有效者应在停药后病情无反复或再次用药仍有效。

第二节　干细胞与肝纤维化

一、干细胞

肝脏干细胞是指能够参与肝细胞的再生和损伤修复，同时具有干细胞特质的细胞的总称。间充质干细胞（MSC）是一种具有自我更新能力和扩增的细胞，可以从很多组织中提取，如骨髓、脂肪组织、脐带血、胎儿、肺、肾脏、妊娠中期的羊水组织，大量存在于骨髓、胚胎、脐血、脐带。它可以在诱导条件下分化为不同的细胞种类，包括肝细胞、脂肪细胞、肌细胞、神经细胞等。正是因为间充质干细胞具备了该种特性，才使其向肝细胞分化成为可能。早在 2002 年，有学者就发现骨髓间充质干细胞（BMSC）具有增殖能力强及向不同胚层分化的特点，渐渐成为研究的热点，使自身移植治疗疾病成为可能。动物实验表明，BMSC 能有效缓解纤维化，改善症状和肝功能，并且发现 BMSC 对纤维组织具有重构效应，可能与骨髓来源的融合细胞表达 MMP-9 有关。此外，应用 BMSC 移植可补充大量的肝细胞和胆管细胞，从而改善肝功能。国内姚鹏等先后报道了自体骨髓间充质干细胞经肝固有动脉移植治疗肝硬化患者，肝功能、凝血功能、自觉症状、转归和预后方面的改善均强于对照组。还有实验将 LP 激活的 LX2 与 BMSC 共培养后，LX2 活化受到抑制，表现为分泌/IL-8 及 TGF-β 减少，因此，BMSC 表现出抗纤维化、抗炎症反应作用。BMSC 的特点包括向肝细胞分化的多能性和专能性、强大的增殖能力、取材容易、损伤小、易于自体移植及无移植排斥反应等，因此，其临床应用前景非常突出。

二、干细胞与肝纤维化

国内有关干细胞移植的相关研究较多，张卫光等观察人间充质干细胞移植对 CCl_4 诱导性肝硬化大鼠的肝纤维化的改善情况，结果表明，经肠系膜上静脉移植入 MSC，可明显改善 CCl_4 诱导性肝硬化大鼠的肝纤维化程度。朱康顺等对 36 例肝硬化失代偿患者行自体骨髓干细胞移植，术后 8 周 ALT、TBil、PT 较之前明显改善，术后 12 周 ALB 出现明显升高，大部分患者乏力、纳差、腹水等情况明显好转，未见明显不良反应。肝纤维化形成的中心环节是 HSC 的激活，从而造成细胞外基质的异常沉积。而激活的 HSC 的减少正是通过细胞凋亡来实现的。HSC 的凋亡作为一种潜在的调控机制，不仅能够减少已被激活的 HSC 的数量，而且能够抑制 HSC 的激活，使由激活 HSC 合成的基质金属蛋白酶抑制剂水平明显降低，细胞外基质成分的降解也相应增加，从而达到防止肝纤维化的发生或逆转肝纤维化的目的。因此，通过诱导 HSC 的凋亡，已达到减少激活增殖 HSC 数量的目的。目前大量研究报道骨髓干细胞可以减轻肝纤维化，其机制是骨髓干细胞通过旁分泌抑制星状细胞，能减少胶原沉积，促进细胞外基质降解，并促进其凋亡。骨髓干细胞不仅能通过再生肝细胞来部分恢复肝细胞代谢功能，还能分泌 MMP，特别是 MMP-9，降解肝脏间质纤维组织来改善肝脏纤维化和肝硬化。陈国忠等发现骨髓干细胞与肝星状细胞共培养能抑制星状细胞增殖及促进其凋亡。

干细胞移植是治疗组织纤维化的一种新技术，但在治疗过程中有许多困难，如到达病灶的干细胞少、病灶微环境杀死干细胞等。而有学者发现，干细胞释放的外泌体具有干细胞的部分功能，且外泌体可通过血液将其内容物携带到靶细胞，并能保护其内容物不被酶降解，因此外泌体有可能应用于治疗组织纤维化。

外泌体可由多种细胞形成和释放，如心脏干/祖细胞（CSC/CPC）、心肌细胞、肝星状细胞（HSC）、肝细胞、T 细胞、胚胎干细胞（ESC）和间充质干细胞（MSC）等。目前，国内外关于外泌体形成和释放机制的研究很少。Abdullah 等发现，淀粉样蛋白可通过增强 c-Jun 氨基端激酶磷酸化而抑制星形胶质形成。肝损伤后，肝中各种来源的外泌体通过多种途径引起肝纤维化，但干细胞释放的外泌体却可用于治疗肝纤维化。例如，Li 等发现，MSC 释放的外泌体可减轻肝纤维化、炎症和胶原堆积，其可能机制是 MSC 释放的外泌体下调 $TGF-β_1$ 及 p-Smad2 的表达，减少 I 型和Ⅲ型胶原蛋白的生成，从而减少上皮间充质转化。

三、用于抗肝纤维化的干细胞

目前用于抗纤维化治疗的干细胞，根据其来源不同可分为肝源性肝干细胞和非肝源性肝干细胞。不同来源的肝脏干细胞虽然在形态、表面标志、功能及分化等方面有所差异，但均具有多向性演变的特性。

（一）肝源性肝干细胞

肝源性肝干细胞又称为内源性肝干细胞，来源于前肠内胚层，在成年哺乳动物中以胆管源性肝卵圆细胞形式存在，包括肝卵圆细胞、肝细胞和小肝细胞。

1. 肝卵圆细胞　肝卵圆细胞是最早被认可的一种肝源性肝干细胞。Farber 在 1956 年将肝内具有分化潜力的细胞描述为卵圆细胞。目前普遍认为肝卵圆细胞是肝祖细胞，正常情况下位于小叶间胆管，处于休眠状态；当肝实质细胞严重受损不能再生和（或）肝功能紊乱时，低分化卵圆细胞被激活，进一步增殖、分化成肝细胞和胆管细胞，从而完成肝脏结构和功能的重建。Petersen 等研究证明了卵圆细胞来源于骨髓，而 Wang 等提出卵圆细胞为肝源性的可能，但两者的实验是建立在不同肝损伤的情况下，因此研究结果不同。目前的研究重点在于阐明卵圆细胞的增殖和调控分化的机制，同时建立一个优化的肝卵圆细胞分离培养系统。

2. 小肝细胞　1992 年 Mitaka 等将尼克酰胺和表皮生长因子加入肝细胞原代培养基中后，发现形成克隆的小核细胞，体积仅为正常肝细胞的 1/3，称为小肝细胞。Gorden 等发现小肝细胞是肝干细胞发展过程中介于肝卵原细胞与成熟肝细胞之间的一个阶段。在胚胎发育晚期，肝母细胞先分化为小肝细胞，后者在非实质细胞（如肝星状细胞）分泌的细胞外基质的作用下分化成熟；在成体肝内，卵圆细胞先分化为小肝细胞，然后才能形成成熟肝细胞。因此，目前认为小肝细胞是肝细胞的前体细胞。

3. 肝细胞　以往认为成体肝细胞为终末细胞，增殖能力有限，但近年来发现其是一类具有增殖和分化潜能的干细胞，Zimmermann 等研究证实了这一点。正常情况下肝细胞处于静止期，在一定条件下可表达不同胚层（间叶、神经和造血）前体细胞标志（如 CK7/connexin43、NCAM、AFP、nestin 和 Thy1）。最近有研究表明成熟肝细胞可自我复制 70 次以上，且具有归巢能力，归巢能力并不依赖干细胞，因此肝细胞有巨大的增殖潜力。

（二）非肝源性肝干细胞

非肝源性肝干细胞又分为胚胎干细胞、骨髓造血干细胞、脂肪组织干细胞、胰腺上皮干细胞及内皮祖细胞等。

1. 胚胎干细胞　胚胎干细胞是有最强的增殖能力的全能干细胞，能在体外进行无限扩增，它是一种高度未分化细胞，能诱导分化为 3 个胚层的各种细胞。Jones 等研究表明小鼠胚胎干细胞在体外可定向分化为成熟肝细胞。Teratani 等将小鼠胚胎干细胞在诱导因子作用下分化为有功能的成熟肝细胞，并移植到小鼠肝损伤模型体内，通过荧光示踪发现移植细胞广泛分布于损伤的肝脏内，并大量增殖。近年来有学者认为，酸性成纤维细胞生长因子可诱导胚胎干细胞分化为肝细胞，他们对胚胎干细胞导入报告基因，分离了肝细胞，证明在一定条件下，肝细胞能从胚胎干细胞中分化并分离出来。

目前常见的胚胎干细胞来源有胎盘和脐带血。有研究表明，用脐带血中 MSC 移植治疗肝纤维化大鼠模型取得了较好的效果。实验表明脐带间充质干细胞治疗可明显提高终末期肝硬化患者的症状，血总胆红素水平、凝血酶原时间明显下降，白蛋白、前白蛋白及纤维蛋白原升高，腹水明显减少，提高了患者的生活质量。近年来发现，脐带血中的 MSC 与骨髓来源的 MSC 有许多相类似的特性。脐血干细胞特点有：较骨髓源性干细胞更原始；来源较广；取材方便；增殖能力强，在体内、外均有极强的向肝系细胞分化的能力，而且移植后在体内也具有长时间持续扩增的能力；治疗安全、有效；费用较低；无免疫排斥反应；供者无痛苦等。将脐血单核细胞移植入肝损伤小鼠中，4~55 周时均在肝内检测出人 ALB mRNA，在移植后 20 周时肝细胞内出现了原位杂交和免疫组化的阳性标志；将人脐血干细胞分别注入暂时肝损伤和慢性肝损伤小鼠体内，结果注射 3 周后暂时肝损伤小鼠肝脏内检测到人肝样细胞，而慢性肝损伤小鼠有更多人肝样细胞表达。刘汉超等的研究表明，通过对干细胞中所涵盖细胞数量及质量的比较，脐带血干细胞所涵盖细胞明显优于骨髓血干细胞中所涵盖细胞的比例，脐带血里干细胞中分布的淋巴细胞、单核细胞、CD34、CD38 水平要明显高于自体骨髓血干细胞中分布的淋巴细胞、单核细胞、CD34、CD38 水平。自体骨髓血、脐带血干细胞移植前后患者临床症状及体征变化情况比较表明，脐带血分离后干细胞移植，患者临床症状及体征消失例数明显高于骨髓血分离后细胞移植治疗肝硬化患者例数。同时，有报道在脐血干细胞向受损肝组织的迁徙中基质细胞衍生因子（SDF）-1-CXCR4 轴生长因子（HGF）-c-met 轴和 MMP 等可能起着重要作用。以上这些数据表明，与骨髓来源间充质干细胞相比，脐带来源的间充质干细胞可以成为抗肝纤维化治疗中更理想的细胞选择。

胎盘由滋养细胞及大量起源于胚外中胚层的间充质和血管共同组成，提示胎盘中存在 MSC 成分。对胎盘来源的 MSC（PMSC）的研究也已展开。Fukuchi 等从成熟胎盘小叶中获得 PMSC，可表达数种干细胞标志性基因。卢遥等研究 PMSC 显示其增殖力强，细胞的增殖能力随传代次数的增加而有所下降，细胞体外培养 10 代后，生长速度减慢。两种细胞均表达 CD44、CD105，但不表达 CD34、CD40L。PMSC 与 BMSC 有相似的生物学特性，可作为组织工程的另一成体干细胞来源。有研究表明，绒毛膜板来源的间充质干细胞移植如大鼠肝纤维化模型能通过抑制较远合成的作用明显地改善肝功能。

2. 骨髓造血干细胞　骨髓来源的干细胞又分为造血干细胞（HSC）和骨髓间充质干细胞（BMSC），在特定条件下可分化为多功能祖细胞，进而被诱导为肝细胞。骨髓中干细胞含量十分丰富，被称为"自体损伤细胞修复库"。造血干细胞是血细胞的起源细胞，虽然有证据显示骨髓源性造血干细胞参与了肝再生过程，但从目前研究看，造血干细胞不是肝干细胞的主要来源，其在肝损伤的修复和再生过程中的作用有限。而 BMSC 最早由 Friedenstein 等于 1966 年发现，是具有自我更新、高度增殖和多向分化潜能的均质性细胞群体，在一定的微环境下可以诱导分化为多种组织细胞。BMSC 的生长、分化及转化受到多种细胞因子的调控，干细胞生长因子、表皮生长因子、成纤维细胞生长因子能促进骨髓干细胞的增生、分化。现已有研究表明干细胞在体内、外均有极强的向肝系细胞分化的能力，可诱导分化为成熟的肝细胞或胆管细胞。相比较于造血干细胞，BMSC 有其自身优点：细胞处于未分化状态，且增殖能力强，易于大量体外培养扩增，并可在体外长时间保持未分化状态；体外基因转染率高，并能稳定高效地表达外源性基因。早在 1999 年，Petersen

等通过动物实验证实了小鼠骨髓干细胞可以分化为肝细胞和胆管细胞。Okumoto 等用含有细胞外基质并加入高浓度的 HGF 的培养基培养小鼠 BMSC，发现 BMSC 分化为肝细胞系并增殖，并能表达白蛋白。Yang 等将骨髓干细胞在体外诱导为肝样细胞后，移植到 CCl_4 诱导的肝损伤鼠体内，能修复肝组织，有报道说同种异体骨髓干细胞移植对鼠威尔逊疾病模型（经亚致死剂量照射后，饮食中加载铜造成中毒）的代谢功能改善有一定疗效。Sakaida 等报道持续注射 CCl_4 的鼠经骨髓移植可有效地缓解肝损伤。Yannaki 等报道，对 CCl_4 诱导的鼠急、慢性肝损伤模型给予骨髓移植治疗，经粒单细胞集落刺激因子动员造血干细胞组与不经粒单细胞集落刺激因子动员组相比，存活率更高，而且有更多骨髓来源的肝实质细胞生成。上述结果提示骨髓干细胞不仅在正常肝脏环境中能分化为肝细胞，而且在某些疾病肝脏环境中及肝纤维化环境中也能分化为肝细胞。Fiegel 等在培养骨髓干细胞过程中发现培养的骨髓干细胞表达了肝细胞特征性基因。Theise 等对致死量放射线照射的雌性小鼠移植雄性小鼠骨髓，利用原位杂交法在雌性小鼠肝脏内检测到了 Y 染色体，并且利用免疫组织化学方法证明移植的骨髓干细胞在肝内转化为肝细胞。Lassage 等对酪氨酸血症小鼠进行骨髓移植纠正其肝功能。同时，有研究提出当肝脏发生严重损伤和肝细胞无法完成修复损伤时，肝内干细胞会被激活来修复损伤。姚鹏等研究表明，自体骨髓干细胞移植治疗肝衰竭患者也有较好的疗效。由于 BMSC 的来源充足，且其具有自体性、免疫耐受性、极强的增殖性及分化性等特性，使其易于应用于临床，因此 BMSC 已成为国内外研究的热点，其有望成为肝干细胞的主要来源。

3. 脂肪组织干细胞 又名脂肪间充质干细胞，脂肪来源 MSC 在体外向肝细胞转化，并表现特别的亲和性，在体内实验中可促进肝细胞再生。由于脂肪组织易于获得、损伤很小，可作为干细胞移植很有前途的来源。

4. 胰腺上皮干细胞 肝脏和胰腺有着相似的组织结构，两者均起源于胚胎内胚层。Burke 等利用地塞米松体外诱导胰岛祖细胞表达肝蛋白，并转分化为肝细胞，结果提示胰腺干细胞是多潜能干细胞，在适当环境下可定向诱导分化。

5. 内皮祖细胞（EPC） 1997 年 Asahara 等在体外成功地将 $CD34^+$ 细胞诱导成血管内皮细胞，并在体内证明其生成血管的能力，说明 EPC 在成人体内存在，并且是 $CD34^+$ 细胞的一个亚群。后有多篇报道证实，由 EPC 分化而来的内皮祖细胞参与实体肿瘤血管化、心肌局部缺血及肢体局部缺血侧支循环的建立。还有研究表明，在机体缺血、组织损伤和细胞因子（或药物）刺激下，EPC 可从骨髓向靶部位动员、分化及增生，形成新生血管。可见，EPC 在肝损伤治疗中具有广泛的应用前景。但目前尚有很多问题需要解决，如细胞的表面标记、有效分离纯化 EPC、体内 EPC 如何安全有效扩增，以及避免 EPC 治疗相关不良反应等。

四、骨髓干细胞的提取

目前研究最多的干细胞为骨髓干细胞，骨髓干细胞的分离是临床治疗的第一步。获取高质量的供体细胞是关键，有时甚至直接影响治疗效果。骨髓干细胞分离方法较多，常用的干细胞分离方法有贴壁筛选法、密度梯度离心法、流式细胞仪分选法和免疫磁珠分离法等。临床上较为常用的是密度梯度离心法和流式细胞分选法。这两种方法简便易行，安全性强，更适合临床采用。

骨髓干细胞容易采集且能体外大量增殖，可自我更新，并向多种细胞类型分化，体积较小，利于进入肝实质区，自体移植无免疫排斥，不涉及伦理学问题，被认为是最具治疗潜力的供体细胞。然而骨髓中 MSC 含量很低，占骨髓单个核细胞的 1/100 万～1/10 万。因此，为达到治疗应用量，减少标本量的采集，进行体外扩增培养是必要的。然而，体外培养的 MSC 能否长期保持其多向分化的特性、培养过程中细胞遗传背景的稳定性及培养细胞的植入性等，都是 MSC 临床应用前必须解决的问题。张明伟等的研究表明，随着体外培养时间延长，MSC 多向分化特性逐渐丧失，细胞向软骨细胞分化的能力在 5 代时丢失，15 代时细胞向成骨和脂肪分化能力减弱，表明在培养过程中 MSC 未持续维持其"干性"。随着细胞数量的增加，MSC 更多地向祖细胞包括成骨细胞、成软骨细胞和脂肪细胞分化，由可向三系（骨、软骨和脂肪）分化的细胞，发育为双向、单向分化能力的细胞，最终形成成熟的功能细胞，细胞出现衰老死亡，培养不能延续。因此，选择合适的体外培养时间是必要的。

五、干细胞移植的途径

目前肝脏干细胞移植途径有多种，如外周静脉移植、肝动脉移植、门静脉移植、肝内移植、股动脉移植、脾内移植、腹腔移植等。随着介入手段的广泛使用，经介入进行干细胞移植已成为主流，并逐渐淘汰了创伤较大的开腹干细胞移植及腹腔镜下干细胞移植。上述各种治疗途径都有其优、缺点，但在其途径选择时应围绕以下原则：移植空间要大，以保证移植肝脏干细胞数量且应有充分的血液供应；移植部位需靠近门静脉，移植的肝脏干细胞需要高浓度的营养物质支持及细胞因子的诱导才能进行增殖和分化。

（一）外周静脉移植

结合临床实践，外周静脉移植方法创伤最小且操作简便，能最大限度地减轻患者痛苦。但通过此途径，干细胞需要经过全身血液循环后才能到达受损肝脏，目前无任何促使干细胞对肝脏组织特异性靶向趋化的方法，对于是否会影响最终到达肝脏的干细胞数目尚无研究证实，仅靠干细胞的归巢能力效果不确切。

（二）肝动脉移植

通过介入手段经肝动脉将干细胞移植到肝脏的方法在临床已成为常规技术，同时对于肝硬化患者怀疑伴有肝癌且与肝结节再生不能鉴别时，在移植同时可以进行肝动脉造影鉴别诊断，还可以同步进行超选择栓塞化疗。

（三）门静脉移植

门静脉提供 70%以上的肝脏血液供应，到达肝血窦后留置时间较长，选择性分布良好，在不改变器官微结构的情况下与肝实质融合，且门脉系统内含高浓度的嗜肝细胞因子，肝内微循环和门静脉中血液含有的营养成分对移植的干细胞存活及生长有益。肝脏干细胞直径约 10μm，经门静脉注射后更易分散到肝实质，不易引起肝窦阻塞发生门静脉高压等并发症，且能长期保持肝细胞和胆管细胞的活力。研究显示，干细胞可以在不改变器官微结构的情况下与受体肝实质相融合，故经皮穿刺门静脉方式是较好的给药途径。超声引导下门静脉穿刺定位准确,可实时观察穿刺过程,资料保存完整,具有操作简单、创伤轻微、重复性好、安全有效及价廉的优点。但是门静脉移植在临床上实践较为困难,经皮经肝穿刺门静脉或者腔静脉内支架分流术(TIPSS)并非临床常规技术,且风险较大,不适合作为首选移植方法。

有研究比较了以上 3 种不同途径移植骨髓间充质干细胞治疗肝硬化模型大鼠的效果,结果表明,3 种途径移植后,在肝脏形态、肝脏内干细胞定植数量、肝纤维化程度、肝功能指标等均未见明显差异。可能原因有:①干细胞的趋化作用,如 SDF-1/CXCR4 轴能够促使移植到体内的干细胞向肝损伤部位迁移,从而使得不同途径移植的干细胞最终都定植到肝脏中,干细胞发挥的生物学效应基本一致;②干细胞的旁分泌作用,通过不同途径将干细胞移植到体内,在干细胞还未大量定植于肝脏的时候,其分泌的多种干细胞因子随着血液循环不断进入肝脏,发挥生物学效应,改善肝脏功能。

(四)其他移植途径

1. 肝内移植 理论上,肝脏本身是肝脏干细胞移植的最佳部位。由于受损肝脏能提供适宜的细胞外基质、肝实质细胞、非实质细胞相互作用及高浓度的嗜肝细胞因子和局部生长因子,因此它是肝脏干细胞向肝细胞定向诱导分化的最佳土壤。但该途径同样有出血倾向,易受凝血机制障碍的限制。

2. 脾内移植 研究发现,在非肝脏器官中,脾脏不仅可作为移植肝脏干细胞进入肝实质的途径,而且能为移植的肝脏干细胞提供丰富的血液供应,也可作为移植肝脏干细胞长期生存和发挥作用的部位。脾内移植还可作为干细胞移植的途径之一。目前认为脾内干细胞移植为效果比较确切的方法之一,但移植进入脾脏内的肝脏干细胞 70% 以上易被脾窦内的巨噬细胞所清除,到达肝脏的细胞数目有限,且可引起门静脉高压及右心房压力升高等并发症。因此,脾内移植的临床应用受到限制。

3. 腹腔移植 腹腔移植操作简便,腹腔因其空间大,可移植的干细胞数量不受限制,且营养物质和代谢产物交换面积大。但腹腔移植同样易引起异种干细胞炎性反应和细菌感染,导致腹膜炎和腹腔粘连的可能性大,同时移植肝脏干细胞的血管化时间较长。

六、干细胞移植的疗效评价

目前对干细胞移植后的分化增殖、细胞功能及微环境的改变缺乏可靠的监测手段,可用的方法主要有以下几种。

(一)荧光物示踪法

最常用的是采用荧光标记对体内移植细胞进行示踪,但需做肝组织病理切片,不能动态观察移植细胞在体内的连续性变化,并且涉及伦理学问题,不适合临床应用。对所移植的干细胞在肝脏内定植与示踪、具体分化过程、肝细胞修复与生长、肝功能重建及疗效评价还需要进一步研究。

(二)骨髓干细胞表面标记物

干细胞标记物是骨髓干细胞表面选择性结合或者黏附其他信号分子,并通过相互作用在机体发挥作用的信号分子。目前骨髓干细胞常用的标记物有 c-kit 受体（又称 CD117）、CD34 抗原、CD133 抗原（又称 AC133）、Thy-1 抗原、干细胞抗原 1（Sca-1）、CD38 抗原、SP 细胞及 CD45 分子等。此外，GlyA、CD49⁻、TER119、HLA-DR 及 CD29 等表面标志也与干细胞有关。其中 CD34⁺细胞在临床及实验中被广泛运用。刘峰等通过 CD34 的检测，发现移植后给予粒细胞集落刺激因子（G-CSF）可以更好地促进部分移植肝的再生，减少肝损伤，更好地诱导干细胞向肝细胞转化。朱应和等通过自体骨髓干细胞移植后，观察兔肝组织内中散在分布 CD34⁺的肝样细胞，从而证明自体骨髓干细胞能改善肝功能，且促干细胞生长素（pHGF）在干细胞移植治疗中起到协同作用。

（三）血清内细胞因子水平的变化

有研究表明，干细胞移植后检测血清学中 IL-18、TNF-α、TGF-$β_1$、HGF 的水平，对干细胞移植后的疗效评价有一定意义。

1. IL-18 是一种多效能细胞因子，主要由活化的单核/巨噬细胞和肝脏 Kupffer 细胞分泌产生，参与宿主免疫应答，在宿主防御和炎性反应中起重要作用。血清 IL-18 水平升高与疾病严重程度密切相关，并随肝细胞损伤程度加重而升高。

2. TNF-α 又称恶液质素，由单核-吞噬细胞、中性粒细胞、NK 细胞、活化的 T 细胞、活化的血管内皮细胞及其他细胞产生。其具有广泛的生物活性，能促进 IL-1、IL-8、IL-18 等的产生，增强 T 细胞、B 细胞对抗原刺激的增殖反应，增强细胞毒性 T 细胞的作用，是中性粒细胞功能的启动因子。其作为炎性细胞因子诱导肝细胞凋亡和坏死，在肝纤维化过程中起重要作用。

3. HGF 是存在于急性肝损伤患者血浆中的蛋白因子，其不仅能促进肝细胞 DNA 合成和肝细胞增殖，还可提高肝细胞抗损伤能力，对肝细胞具有保护作用。肝细胞损伤越重，HGF 血清水平也越低，因而 HGF 可作为判断病情及预后的参考指标。

4. TGF-$β_1$ 主要由肝星状细胞和库普弗细胞产生，可促肝间细胞合成Ⅲ型、Ⅳ型等多种胶原蛋白、非胶原蛋白和多糖等，并抑制胶原酶及基质金属蛋白酶降解胶原，从而导致肝硬化的发展。肝硬化的组织中 TGF-$β_1$mRNA 明显增加，且与前Ⅰ型胶原 mRNA、血清Ⅲ型胶原水平及组织学活动指数相关。TGF-$β_1$ 在肝硬化过程中抑制肝细胞 DNA 合成，从而对肝细胞再生起抑制作用，且肝纤维化越重血清中 TGF-$β_1$ 水平越高。肝硬化早期 TGF-$β_1$ 主要来源于肝间质细胞，肝细胞不表达 TGF-$β_1$，到了肝硬化的晚期肝细胞成为 TGF-$β_1$ 表达的主要来源。HGF 有直接促进肝细胞再生的作用，而 IL-18、TNF-α、TGF-$β_1$ 等有抑制肝细胞再生的作用。当自体骨髓干细胞移植到患者肝脏组织后，在肝脏微环境下分化为肝细胞，同时促进 HGF 的产生，抑制 IL-18、TNF-α、TGF-$β_1$ 分泌。

第三节　间充质干细胞抗肝纤维化的机制

近年来，骨髓干细胞（BMSC）移植的临床研究在国内外已广泛开展，对自体骨髓干细胞移植治疗肝硬化的研究也逐渐深入。动物模型及临床研究已经初步证实干细胞移植治疗肝硬化的有效性。BMSC 的定向分化取决于细胞培养环境，尤其依赖于生长因子的诱导，一些化学药物亦能影响 BMSC 的分化方向，如将 BMSC 与地塞米松、胰岛素、异丁基黄嘌呤及吲哚美辛等混合培养后,能向脂肪细胞分化。BMSC 向肝细胞分化也需要特定的培养条件或微环境。研究表明,MSC 抗肝纤维化机制主要是分化形成功能性肝细胞、激活卵圆细胞、促进内源性肝细胞增殖,以及分泌多种细胞因子和生长因子,通过旁分泌方式抑制炎性反应。

肝纤维化是慢性肝炎发展到肝硬化必然经过的中间阶段。目前,国内外主流观点认为,肝星状细胞(HSC)是受损肝脏中过多 ECM 的主要来源。HSC 存在于肝窦周围间隙中,占肝非实质细胞的 5%～10%,是储存维生素 A 的主要细胞,曾被称为贮脂细胞。当肝实质受到损伤时,HSC 被激活,并由此始动肝纤维化的中心环节,此时,HSC 转变成肌成纤维细胞样细胞,表达α-平滑肌动蛋白(α-SMA),同时获得新的表型:增殖性、收缩性、趋化性、纤维增生性和炎性表型。细胞大量增殖,凋亡减少,产生大量的 ECM 是已被激活的 HSC 的主要特点,同时,对 ECM 的降解出现不足,最终导致纤维化。肝星状细胞的活化、ECM 合成和降解失衡导致 ECM 在细胞间质过量沉积是肝纤维化发生的基本机制。抑制 HSC 活化、增殖和减少 HSC 胶原合成,阻断相关信号通路转导,诱导 HSC 凋亡已成为防治和逆转肝纤维化的重要手段。

传统观念认为肝纤维化不可逆转,但近年来的动物实验和临床观察却发现肝纤维化有逆转的可能。由于肝纤维化主要是由 ECM 的堆积增加和降解减少造成的,因此,采用减少 ECM 合成和(或)增加 ECM 降解的方法都能取得逆转的效果,如抑制 HSC 的激活(即抑制 HSC 的增殖和胶原蛋白的产生)及促进活化 HSC 的凋亡。

一、关于 MSC 的研究近况

MSC 具有多向分化的潜能,能够向受损组织的病灶、炎性病灶甚至肿瘤病灶迁徙,因此许多学者都对探究其在各种疾病治疗方面所能发挥的作用抱有极大兴趣。当组织、器官受损时,在各种诱导条件下,利用 MSC 的可塑性,使其分化成所需细胞,在自分泌、旁分泌及信号通路作用的影响下,发挥相应的治疗作用。近年来,MSC 在缺血性心脏病、缺血性脑病等疾病的治疗方面已有较深入的研究,并已取得了一定的成果。现在,国内、外众多消化界同仁也开始对 MSC 在肝纤维化治疗中的潜在价值投入越来越多的关注,其中重点放在 MSC 抗肝纤维化的机制和效果方面,且在部分临床试验性实践中取得了一些可喜的成绩。

体内外实验均发现,MSC 能够被诱导分化成表达 CK18、CK19、AFP 和白蛋白等肝细胞表面标志物的细胞,其向肝细胞横向分化的潜能已得到证实。在诱导分化的过程中,有许多影响因素和基因信号通路参与,如细胞凋亡信号通路、黏附斑激酶通路、MAPK 信号通路等。目前,许多科学家正致力于应用这种分化得来的肝细胞治疗肝纤维化,即利用分化出的类肝细胞直接替代已受损肝细胞发挥功能。在动物实验中,学者已针对 MSC 不同移植途径(门静脉、肝内、股动脉、脾内、腹腔及尾静脉)的治疗效果进行观察,总体而言,MSC 可在移植后,在相关引领归巢的细胞因子,如干细胞因子(SCF)及其受体 c-kit、集落刺激因子(CSF)等影响下,到达受损肝脏,分化为类肝细胞,起到一定的保护肝脏和抗纤维化的作用。当然,各种移植途径各有优、缺点。在此基础上,国内外学者进行的临床试验也获得了较满意的效果。

在机制作用研究中,Li 等从旁分泌层面提出 MSC 来源外泌体,其可钝化转化生长因子$β_1$/Smad 信号转导通路，抑制上皮细胞向间质细胞转化，保护肝细胞，减少胶原蛋白表达，减轻肝纤维化。另外，在旁分泌方面，陈黎明等通过细胞因子 HGF 阻断试验提出，脐带来源 MSC 抑制 HSC 活化的作用并不依赖于 MSC 自身分泌的 HGF，这与多数研究中 HGF 可抑制 HSC 活化的结论相反，具体是 MSC 哪几种细胞因子发挥了抑制作用，还有待进一步研究证实。Kuo 等发现在高度限定的实验条件下，骨髓来源的 MSC 分化成功能肝细胞样细胞的频率很高。使用 CCl_4 诱导 NOD/SCID 小鼠肝衰竭，脾内或静脉注射 MCS 源肝细胞和未分化的 MSC。两组注入细胞都植入到受体肝，并分化为功能性肝细胞，从而防止肝脏衰竭死亡。静脉移植比脾内移植更为有效。Wang 等报道，肝脏 MSC 的旁分泌信号指导肝干细胞分化成特定成熟细胞。在这项研究中，肝脏来源的 MSC 被分为成血管细胞、成熟内皮细胞、肝星状细胞前体、成熟星状细胞和肌成纤维细胞等亚群，每一个亚群与人肝干细胞共培养。饲养层类的成血管细胞能使肝细胞自我复制，肝星状细胞前体引起肝细胞的谱系限制，成熟内皮引起肝细胞分化，成熟的星状细胞和成纤维细胞导致肝细胞分化成胆管。同样地，在大型动物中也有 MSC 对肝功能的修复性作用的报道。Li 等移植人骨髓来源的 MSC 到急性肝衰竭猪模型体内，静脉内注射组大多数动物存活超过 6 个月。免疫组织化学染色人血白蛋白表明，输注后第 2~10 周，人骨髓源 MSC 分化的肝细胞广泛分布于肝实质，有 30%的肝是人源肝细胞。然而在第 15 周，人体细胞的数目显著下降，在第 20 周，几乎没有细胞在再生肝小叶中被发现，这些数据表明移植的骨髓对支持自体肝脏的恢复可能起到一种桥梁的作用。CCl_4 造模 GFP 小鼠肝硬化模型中，F4/80 细胞表面标记的巨噬细胞和干细胞是骨髓细胞能够重新填充肝脏的两个亚群。在另一份小鼠模型的报道中，CXCR4 的过表达能增强 MSC 动员和移植到小体积肝移植物，在这里 MSC 可能通过旁分泌机制促进受损肝脏早期再生。MSC 在体外可耐活性氧，减少受体小鼠的氧化应激。MSC 也能加速肝损伤后肝细胞的再增殖。这些数据与 MSC 的旁分泌效果是一致的。Ali 等研究显示一氧化氮供体（硝普钠）增强 MSC 修复 CCl_4 诱导肝纤维化小鼠的能力。

脂肪 MSC 具有高增殖活性及多向分化潜能，且数量多、取材方便，在干细胞移植治疗上作为种子细胞被广泛采用。向贤宏等在对照试验中提出，脂肪 MSC 移植较成熟同种异体肝细胞移植能更有效地改善大鼠肝硬化模型的肝功能，且能抑制肝细胞变性坏死及纤维化形成，具体表现在 AST、ALT 水平及肝组织病理评分均明显下降。Yu 等在治疗 CCl_4 诱导的鼠肝纤维化动物模型的实验研究中，提出脂肪 MSC 可抑制α-SMA 的表达，抑制 HSC 的增殖并促进其凋亡，且高表达细胞因子 HGF，增加肝细胞再生。这与骨髓 MSC 的多数研究结果一致，为 MSC 移植治疗肝损伤提供了新种子细胞。Wang 等检测到脂肪 MSC 可下调血管内皮生长因子，并通过 CT 造影发现肝脏微循环得到改善，而且在肝功能及组织学检查方面，门静脉注射大鼠动物模型的效果要优于尾静脉注射。这就意味着脂肪 MSC 的归巢作用相对较弱，抑或与其所经过的循环路径有关，具体机制尚未明确。

二、MSC 与 HSC 相互作用机制

研究表明，MSC 抗肝纤维化机制主要是分化形成功能性肝细胞、激活卵圆细胞、促进内源性肝细胞增殖及分泌多种细胞因子和生长因子通过旁分泌方式抑制炎性反应。HSC 是肝纤维化形成的中心环节，目前研究认为，MSC 对 HSC 的影响主要包括以下方面。

（一）MSC 对 HSC 的增殖、凋亡和 ECM 合成的影响

研究证实，MSC 在肝损伤的动物模型中能起到抗纤维化的作用。学者们大胆设想，这是通过调整 ECM 的沉积实现的，是 MSC 改善肝纤维化的一大原因。而 HSC 正是导致肝纤维化时 ECM 过度沉积的重要因素，当肝脏受到损伤时，HSC 被激活，由静息状态的贮脂细胞转变成肌成纤维样细胞，产生大量 ECM。倘若这个过程被阻断，再加上抑制 HSC 的增殖和促使活化的 HSC 凋亡，就能达到较理想的效果。2007 年，美国学者 Parekkadan 等研究为这一机制提供了理论依据。林楠等通过观察骨髓 MSC 移植后 HSC 的凋亡情况，初步证实大鼠 BMSC 具有诱导 HSC 凋亡的可能。为模拟体内实验中 MSC 与 HSC 相互作用的微环境，一些研究者建立了半透膜非接触共培养体系（transwell 细胞共同培养体系）。赵东长等利用共培养体系进行 HSC 和 BMSC 共培养，HSC 表现出增殖抑制，且随着培养时间延长，HSC 增殖活性受抑制更明显。通过将活化的人 HSC 与人 MSC 间接共培养后，HSC 的细胞增殖和胶原蛋白的合成均明显减少，细胞凋亡明显增加，这表明 MSC 可抑制 HSC 的激活，由此起到延缓肝脏纤维化进程的作用。

（二）MSC 通过旁分泌机制和信号通路转导发挥重要作用

1. 旁分泌机制 Parekkadan 等通过间接共培养提出，MSC 主要是通过旁分泌某些细胞因子和生长因子影响了 HSC 的激活。由共培养 MSC 分泌的 IL-10、TNF-α、HGF 被认为是参与这一影响过程的最主要因子。其中，IL-10、TNF-α 与抑制 HSC 的细胞增殖和胶原产生有关，HGF 则能介导 HSC 的凋亡。中和 IL-10 和 TNF-α 能阻断 BMSC 的抑制 HSC 增殖及胶原合成的作用；中和 HGF 能阻断 BMSC 的促 HSC 凋亡的作用。Xiao 等和 Li 等研究均证实 HGF 对细胞促进增殖、防止凋亡的保护作用可通过 c-Met 活化 PI3K/Akt 信号通路来实现。同时，活化的 HSC 可分泌 IL-6 促进 BMSC IL-10 的分泌。这些研究提示 MSC 和 HSC 在共培养微环境中处于动态的相互影响。除此之外，其他学者还提出，共培养的 MSC 能分泌其他细胞因子，如神经生长因子（NGF），它可通过与活化的 HSC 表达的 p75 受体结合，发挥促进 HSC 凋亡的作用。Trim 等研究发现体外培养的 HSC 表达低亲和力的 NGF 受体 p75 为 NGF 的作用提供了结构基础。经 NGF 刺激后，HSC 产生凋亡。众多实验证实了 BMSC 与 HSC 非接触共培养能明显地抑制 HSC 的 RohA 表达，从而抑制 HSC 增殖并促进其凋亡，BMSC 旁分泌的 HGF 在其中起重要作用。Wang 等研究发现，MSC 可分泌可溶性因子 TGF-$β_3$ 和 HGF，通过上调 p21 和 p27 的表达，下调 cyclinD1 的表达，诱导 HSC 处于 G_0/G_1 期，使细胞周期停滞；MSC 还可通过降低 ERK1/2 磷酸化，抑制 HSC 活化和胶原 I、III 基因的表达。

2. 信号通路的作用 Mizunuma 等称 Rho 激酶（ROCK）是调控 HSC 状态的关键因素，且抑制 ROCK 的活性，可使 HSC 活性受抑。苏思标等通过一组细胞间接共培养实验表明，MSC 可通过下调 Rho-ROCK 信号转导通路活性调控 HSC 的细胞周期 G_1/S 期转换，抑制 HSC 增殖并促进其凋亡。其他学者研究发现，还有 FAK-ERK 信号转导通路、TGF-$β_1$/TβR/Smads 信号转导通路等与 HSC 活化调控有关。实际上，MSC 与 HSC 间的直接作用和 MSC 的旁分泌、信号通路机制是密切相关的。Parekkadan 等假设活化的 HSC 分泌 IL-6，诱导 MSC 产生 IL-10 等细胞因子，反过来又会抑制 HSC 的活化。他们通过实验

证实了前提假设是正确的，并由此揭示了 MSC 与 HSC 间存在一个相互作用的能动效应。

(三) BMSC 通过 LP-TLR4 通路抑制 HSC 活化的作用机制

ECM 的增加是由于合成的增加或降解的减弱导致。大量实验及临床研究证明在肝硬化患者体内内毒素明显升高，脂多糖（LP）是内毒素的主要成分，LP 在体内可以直接激活 HSC。LP 的主要受体是 Toll 样受体 4（TLR4）。同样，TLR4 单核苷酸多态性与肝纤维化密切相关。因此，LP-TLR4 通路在纤维化形成中起重要作用。HSC 系细胞 LX2 是 ECM 的最主要来源，生理状态下 LX2 定居在窦周间隙，储存维生素 A，当肝脏受到外源性攻击，LX2 被激活，表现出增殖、收缩、迁移、促纤维化和炎性反应等性质，并分泌大量的细胞外基质蛋白，包括Ⅰ型、Ⅲ型、Ⅳ型胶原纤维，纤维粘连蛋白，层粘连蛋白，透明质酸等，因此在肝纤维化的过程中处于核心地位。TLR 在启动固有免疫中的作用已经得到明确，目前发现 TLR 不仅仅表达于免疫细胞，如 Kupffer 细胞，在肝脏其他非免疫细胞中也发现 TLR 表达，如肝细胞、胆管细胞、上皮细胞和星状细胞等。而 TLR4 是 TLR 家族的重要成员，已发现正常大鼠和健康人门静脉及循环中皆难以检测到 LP；而在慢性肝病患者中，由于肠道黏膜的结构改变，如紧密连接丢失、细胞间隙扩大并且黏膜免疫缺陷导致了黏膜屏障破坏，细菌移位。研究表明，在动物肝纤维化模型中 LP 升高，肝硬化 Child-Pugh A、B 和 C 级患者中 LP 依次增高，较健康个体升高显著。最近发现 TLR4 在 LX2 及 KC 中皆高表达，且发现 LP 在体内可直接激活 LX2，诱导 LX2 上 TGF-β 假受体（Bambi）下调，最终增强 TGF-$β_1$ 信号通路，促进 LX2 激活。其他研究也从不同角度提示 LP-TLR4 通路在纤维化形成中的作用。此外，最近发现 TLR4 单个核苷酸多态性 T3991 位点的改变可显著降低肝纤维化的风险，更加证实了 TLR4 在纤维化过程中的作用。那么如何干预这一通路，阻断纤维化的形成，就具有重要的研究价值。谢婵等研究表明，LX2 在体外经过 LP 的刺激，分泌 IL-8 及 TGF-β 明显增多。IL-8 可由体内多种细胞分泌，与炎症有密切关系，对多种白细胞有趋化激活作用，参与炎症免疫反应，直接或间接影响 HSC 功能。实验证实 LX2 活化后分泌 IL-8 明显增多，这与体内模型发现的 IL-8 的表达随着肝纤维化程度加重而增加相一致；同时，临床也证实 IL-8 与肝硬化患者预后有关，其血清水平可作为判断肝硬化患者预后的指标之一。TLR4 转导的信号可以引起 MAP 激酶、细胞外信号调节激酶和 NF-κB 的活化，使 LX2 分泌 TGF-β、IL-6、IL-8 和单核细胞趋化蛋白 1。TGF-β 有多种细胞来源，可活化 LX2，诱导胶原合成。活化的 LX2 自身也分泌大量的 TGF-β，在纤维化过程中形成正反馈环路。

(四) 基因修饰的 MSC 在抗肝纤维化中的应用

研究表明，除了具有多向分化的特点，MSC 还能通过趋化作用趋向并定位于肝损伤部位。基于 MSC 的这一"归巢"特点，将促 HSC 凋亡和胶原抑制的相关基因对 MSC 进行修饰，植入基因修饰后的 MSC 可协同并加强抗肝纤维化的作用。孙超等通过尿激酶型纤溶酶原激活物（u-PA）基因修饰骨髓源性肝干细胞（BDLSC）移植，研究 BDLSC 对 CCl_4 诱导的大鼠 HSC 激活的影响。与模型组和 BDLSC 组相比，肝组织 α-平滑肌肌动蛋白（α-SMA）表达显著下调，认为 u-PA 基因修饰 BDLSC 移植能有效地抑制 CCl_4 诱导的大鼠肝纤维化，改善纤维化大鼠的肝功能，抑制 HSC 的活化。Lan 等研究证实，IL-10 修饰的

BDLSC 能增加 HGF 基因表达并改善肝功能。此外，HGF 修饰的 MSC 能明显改善肝纤维化大鼠的肝功能。

（五）活化的 HSC 促进 MSC 定向分化

近年来不断有证据显示 HSC 具有促进肝组织再生的作用。Deng 等将不同活化状态的 HSC 与 MSC 非接触共培养，发现充分活化的 HSC 能诱导 MSC 向类肝细胞分化，诱导分化的 MSC 具有肝细胞的形态，表达肝细胞特有的基因和蛋白质，并具有成熟肝细胞的糖原合成功能，说明 HSC 可调控 MSC 向肝细胞定向分化。Lin 等进一步发现 HSC 能够分泌 Hh 信号蛋白，促进 MSC 的增殖与分化。因此，基于对 HSC 在肝纤维化修复中的双重作用，在治疗肝纤维化过程中，既要阻断活化 HSC 分泌 ECM，又要充分利用其促进肝细胞再生的作用，来达到最佳的治疗效果，而不应该单纯地清除活化的 HSC。

（六）骨髓干细胞归巢至受损的肝脏研究

近期研究证明，基质细胞衍生因子 1（SDF-1）介导的骨髓干细胞归巢至受损肝脏的信号通路对骨髓干细胞分化成肝细胞及对修复肝脏方面起核心作用。大量实验证明在体内外 SDF-1 对骨髓干细胞有趋化作用，CXCR4 是 SDF-1 唯一的特异性受体。骨髓干细胞归巢到受损肝脏包括骨髓干细胞的动员、迁移和定植等多个步骤。SDF-1/CXCR4 轴影响着归巢的整个过程，介导骨髓干细胞向肝脏内聚集，并且诱导其向肝细胞及胆管细胞分化。其中，SDF-1 加强细胞的抗凋亡能力，并可以触发自分泌/旁分泌方式促进肝细胞增殖。通过外周血标志物 CD34 阳性，发现肝卵圆细胞的积聚也是受到 SDF-1 的影响。王国庆等用 CCl_4 诱导小鼠肝纤维化后，分成实验组及对照组观察 SDF-1/CXCR4 表达，发现 SDF-1/CXCR4 在肝纤维化组织中的表达明显高于对照组，同时发现 CXCR4 受体阻断剂干预后，可明显抑制外周血干细胞向受损的肝组织归巢。而 SDF-1 阻断剂使肝组织表达的 SDF-1 下调，使肝卵圆细胞修复功能受损，影响肝脏再生。

总之，当 MSC 归巢至肝脏，与 HSC 存在于同一环境中时，MSC 可通过减少 HSC 的增殖、促进 HSC 凋亡、抑制胶原蛋白产生的方式达到抑制 HSC 活性的目的。由此，也能达到抗肝纤维化的目的。胡昆鹏等也通过一组 MSC 与 HSC 共培养的实验，证实了 MSC 对人 HSC 有促进凋亡、减少胶原蛋白合成的作用。但是，这个研究领域尚没有太多学者涉及。目前，学者们仅揭示出 MSC 可能从相关细胞因子水平及信号通路等方面起到抑制 HSC 活性的作用，并阻止肝纤维化的发展，但这其中的具体因子、具体信号通路非常复杂，细胞因子与各通路间又存在复杂联系。相关内容尚待深入研究。

相反，近年多项实验研究得出 MSC 不能减轻肝纤维化和改善肝功能的结论。Carvalho 等对肝硬化大鼠分别接受 MSC 和安慰剂，结果显示两组在移植后 2 个月内肝功能无明显差异，胶原区域百分比分别在移植后 1 个月和 2 个月进行比较，差异也无统计学意义。所以，当前 BMSC 能否在长时间内有效减轻肝纤维化、改善肝功能、提高生存率等仍然无法得到明确答案，尚需进行大规模、长时间的研究观察。

三、国内外临床应用现状

国外相关临床研究中，Ismaill 等将 20 例肝硬化后肝癌的患者随机分成自体骨髓干细胞治疗组和对照组，治疗 3 周后再行肝组织部分切除，发现接受自体骨髓干细胞治疗的患者肝功能较对照组有明显改善。Salama 等报道 48 例由病毒和自身免疫的肝硬化患者接受 CD34$^+$干细胞移植并随访 12 个月，除 3 例发生严重并发症及 20.8%的患者死亡，其余患者临床症状及实验室检查（包括白蛋白、胆红素及转氨酶）较移植前有明显改善，其中 1 例腹水明显减少。Mohamadne Jad 等选取了 4 位失代偿期肝硬化患者为临床研究对象。从患者自身提取的 MSC 经过一系列处理后，制备成细胞混悬液，以 $1×10^6$/ml～$1.5×10^6$/ml 细胞悬液的细胞浓度向患者自身回输 20ml，在随后的 1 年里定期随访，发现患者的血浆白蛋白（ALB）、丙氨酸氨基转移酶（ALT）、谷氨酸氨基转移酶（AST）、结合胆红素（DBil）、凝血酶原时间（PT）等指标均有一定程度好转，且随访期间无明显不良反应，并发症也得到控制，甚至连原已萎缩的肝脏还有所增大，生活质量和精神状况均得到明显改善。

国外临床研究表明，晚期肝病、肝硬化患者可耐受骨髓间充质干细胞治疗，且对肝脏功能的恢复有积极作用。Mohsin 将损伤的肝组织预处理 BMSC，移植到肝纤维化小鼠体内，结果发现移植预处理干细胞组小鼠体内的 CK8（重组人细胞角蛋白 8）、CKl8（重组人细胞角蛋白 18）、ALB（白蛋白）等的表达均较未处理 BMSC 组增加。

近年来，在临床研究中有关报道 BMSC 用于 HCC 治疗，包括对 HCC 的生长和转移的影响，可以降低和抑制肝癌、肺转移率及死亡率。然而，它们的作用机制尚未完全明了。应用超顺磁性氧化铁粒子（SPIO）标记 BMSC 移植肝癌大鼠模型，BMSC 移植后 1 周及 2 周的肿瘤平均体积明显小于磷酸盐缓冲液（PBS）组移植等量的 PBS 和对照组，说明 BMSC 对肝癌细胞的生长有抑制作用，能够延长肝癌大鼠模型的生存期。Abdel Aziz 通过流式细胞仪检测 BMSC 与肝癌细胞共培养后，肝癌细胞的凋亡情况，发现 BMSC 可以增加肝癌细胞的凋亡率。有研究表明 IFN-β 基因修饰的骨髓间充质干细胞可以通过抑制 AKT/FOXO3a 途径有效地减少肝癌细胞在体外和体内的增殖。BMSC 还可以作为对肿瘤细胞递送治疗剂的新工具。体内实验表明，静脉内（IV）注射人色素上皮衍生因子（PEDF）表达的 BMSC，显著抑制原发性肝肿瘤生长和肺转移瘤的发展。

肝衰竭是多种因素引起的严重肝脏损害，病理基础是肝细胞的大量坏死导致肝衰竭。当肝脏疾病进展到终末期肝病时，通常累及广泛的肝实质细胞，肝组织再生能力下降，造成肝功能失代偿并最终导致肝衰竭。导致其合成、解毒、排泄和生物转化等功能发生严重障碍或失代偿，出现以凝血机制障碍和黄疸、肝性脑病、腹水等为主要表现的一组临床症候群。临床表现为极度乏力，并有明显厌食、腹胀、恶心、呕吐等严重消化道症状。骨髓间充质干细胞移植治疗急慢性肝损伤在动物模型和一些非随机的临床试验中的有效性已被充分证明。Ikeda 等用实验证明 BMSC 能抑制与急性肝损伤的发生发展有着密切联系的 RhoA-ROCK 信号转导通路，其信号通路能调节肝细胞的 NADPH 氧化酶信号转导途径，介导炎症因子生成，诱导并加重肝细胞凋亡。RhoA-ROCK 信号通路被抑制剂阻断后，抑制肝脏实质细胞损伤和（或）凋亡。Kharaziha 将 BMSC 通过门静脉或外周静脉注入不同病因的肝衰竭患者，监察到患者的终末期肝病积分显著降低，不仅凝血酶原时间缩短，而且血清肌酐、胆红素、白蛋白等肝功指标均得到明显改善。顾劲扬等收集慢性乙型肝炎慢加急性肝衰竭患者血清及正常志愿者血清，通过建立猪肝细胞与 BMSC 最适共培养体系，发现与 BMSC 共培养的肝细胞可耐受慢加急性肝衰竭患者血清的细胞毒性，共培养细胞对肝衰竭血清的肝功能有支持作用。在一项旨在研究乙肝肝衰竭自体骨髓间充质干细胞

（mMSC）的移植后长期预后实验中，53例患者接受单一移植自体mMSC移植的成功率为100%，未出现严重的副作用或并发症，并且2～3周后ALB（白蛋白）、TBIL（间接胆红素）及PT（血浆凝血酶原时间）得到明显改善。

国内有关干细胞移植治疗肝硬化的临床研究开展得较早。北京军区总医院全军肝病治疗中心率先在国内开展了自体骨髓干细胞移植治疗重症肝病及肝硬化的临床应用研究，并取得了较好的效果。欧阳石等对67例乙肝肝硬化失代偿期患者行自体骨髓干细胞经肝动脉移植至治疗后，分别在4周、12周、24周检测谷丙转氨酶、总胆红素，较治疗前均逐渐降低；白蛋白、胆碱酯酶水平、凝血酶原活动度逐渐回升；患者体力、食欲等临床症状有所改善。在国内临床研究中应用脐带MSC移植治疗失代偿期肝硬化患者时，白蛋白由治疗前的（28.0±4.5）g/L升至（34.0±4.5）g/L；下腹腹水量由（46.6±30.6）mm降至（6.6±13.6）mm；改善了患者的肝功能，减轻了腹胀等症状，提高了近期生存质量，未见严重不良反应。但其治疗机制亦未明确。

目前脐血MSC的临床研究在国内外已逐步开展，国内关于脐血干细胞治疗肝脏疾病的临床研究已有报道，但是脐血MSC治疗肝脏疾病的临床研究报道较少。柯昌征等通过临床试验发现脐带血来源MSC在治疗失代偿性肝硬化时，Child-Pugh评分降低，有效率达75%，可明显改善肝功能及降低肝硬化程度。丛姗等在用人羊膜MSC移植治疗小鼠肝损伤模型中发现其可提升受损肝组织中HGF、沉默信息调节因子1，并抑制α-SMA和周期性蛋白依赖性激酶抑制因子的表达，从而参与肝细胞的增殖与凋亡过程，在一定程度上修复了肝损伤。Park等从人扁桃体中分离出MSC，证实其在体内及体外均可分化为类肝细胞，并可减少TGF-β的表达及胶原蛋白的沉积，减轻肝纤维化。Zhang等将人脐带MSC每周3次通过外周静脉输入到30例乙型肝炎失代偿肝硬化的患者体内，另外15例作为阴性对照组。随访40周后，治疗组患者Alb和腹水均有所改善，并发症的发生率也明显降低，说明脐带MSC治疗乙型肝炎肝硬化具有一定的疗效，但长期疗效仍需要进一步探讨。另外，初步研究发现脐带MSC对于原发性胆汁性肝硬化患者治疗亦有一定疗效。脐血MSC在临床应用中的安全有效性仍依赖大量临床研究的开展，由此才能为该疗法的应用提供更多的理论和实践支持。这些来源的MSC在逆转肝纤维化方面的研究尚属初期，但因取材方便、免疫原性低等方面的优点，已被广泛重视。

尽管近年来有些研究对MSC治疗肝纤维化的有效性提出质疑，但大多数研究结果还是令人鼓舞的。间充质干细胞移植有广阔的临床前景，但还有许多问题有待解决，如间充质干细胞治疗肝硬化分化为肝细胞的动员、增生、分化条件、过程及分子机制尚不清楚，可以通过体内跟踪方法进一步了解，所以良好跟踪剂的寻找也成为难题。另外，间充质干细胞移植后有一定的归巢率，提高细胞的归巢率能提高移植效率，怎样提高细胞的归巢率也成为下一步研究的方向。随着细胞分子生物学等前沿技术的不断发展，MSC治疗存在很大的提高和完善空间，必将给未来的医学发展带来一次深远革命，成为治疗包括肝纤维化在内的多脏器病变的重要手段。

（郭汉斌　于　弘　曹建彪）

参 考 文 献

曹建彪，王伟芳. 2015. 科学、系统、准确、动态评估肝功能. 北京医学，37：205～207.
范公忍，李树玲，郑海燕，等. 2015. 骨髓干细胞移植治疗肝硬化的基础与临床研究现状. 现代生物医学进展，15：1957～1962.
姜华，高建鹏. 2015. 骨髓间充质干细胞治疗肝脏疾病研究进展. 实用肝脏病杂志，15：217～220.
赖勇强，廖彩仙，廖欣鑫，等. 2009. 肝纤维化和肝硬化患者肝内基质细胞衍生因子-1α水平的变化. 肝胆外科杂志，17：306～308.
卢婷，李成忠. 2016. 替诺福韦酯挽救治疗对核苷（酸）类药物耐药的慢性乙型肝炎研究进展. 实用肝脏病杂志，16：369～372.
饶志坚，常芸，王世强. 2017. 外泌体对组织纤维化调节作用的研究进展. 中国药理学与毒理学杂志，3：262～268.
王波，邓存良. 2016. 肝纤维化临床治疗的研究进展. 重庆医学，45：4725～4727.
王美玲，陆伦根. 2013. 肝纤维化治疗研究进展. 实用肝脏病杂志，16：369～371.
易敏，付必莽，张捷. 2015. 骨髓间充质干细胞移植治疗肝硬化的研究进展.医学综述，21：2725～2728.
张立婷. 2016. 间充质干细胞在肝硬化基础研究和临床应用中的进展. 临床肝胆病杂志，32：1196～1198.
左赛，孔令斌. 2017. 肝纤维化无创性诊断方法的研究进展.中华诊断学电子杂志，5：67～70.
Shi Y，Guo QY，Xia F，et al. 2014. MR elastography for the assessment of hepatic fibrosis in patients with chronic hepatitis B infection：does histologic necroinflammation influence the measurement of hepatic stiffness? Radiology，273：88～98.

彩 图

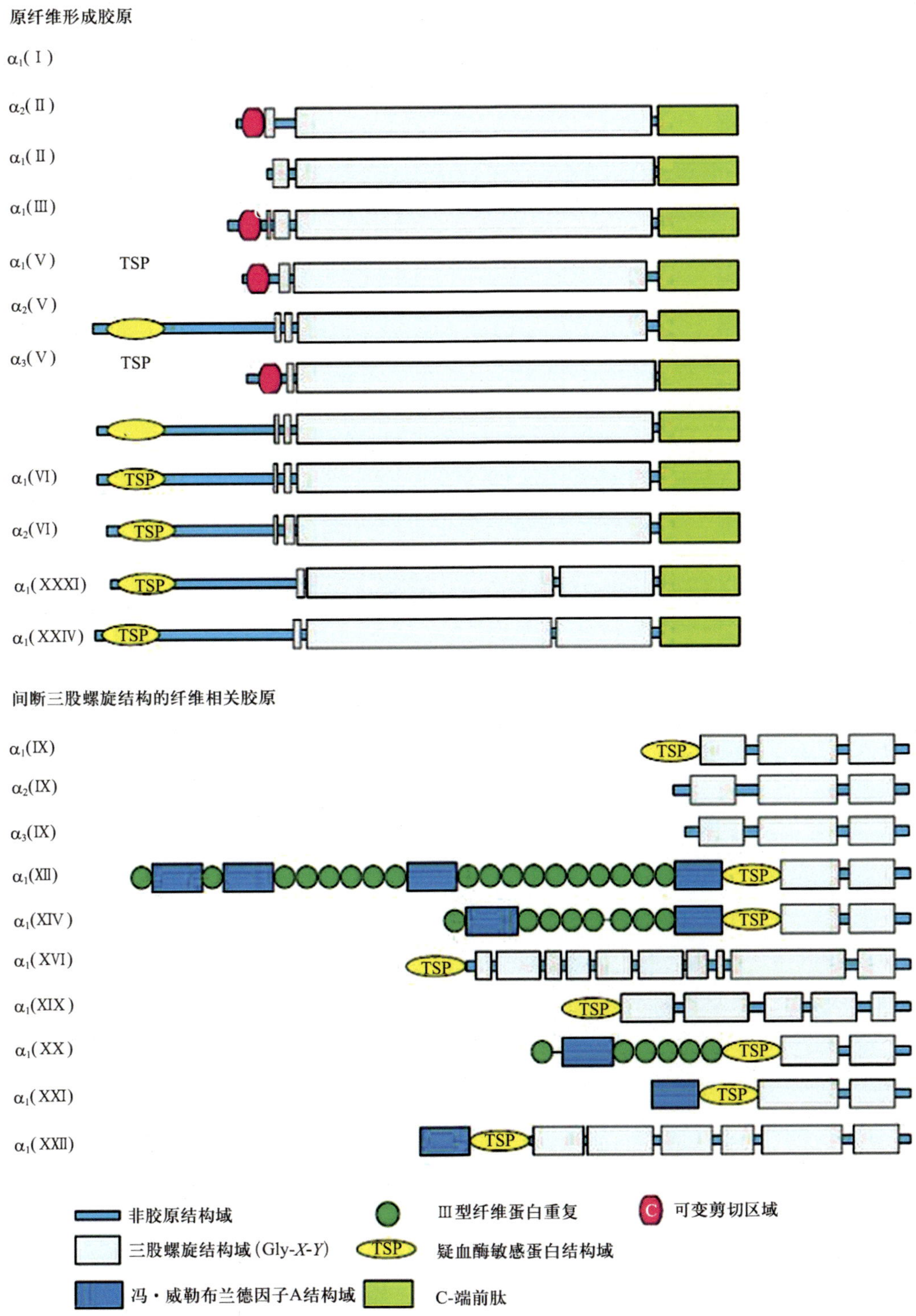

原纤维形成胶原

α1(Ⅰ)

α2(Ⅱ)

α1(Ⅱ)

α1(Ⅲ)

α1(Ⅴ)　TSP

α2(Ⅴ)

α3(Ⅴ)　TSP

α1(Ⅵ)

α2(Ⅵ)

α1(XXXI)

α1(XXIV)

间断三股螺旋结构的纤维相关胶原

α1(Ⅸ)

α2(Ⅸ)

α3(Ⅸ)

α1(XII)

α1(XIV)

α1(XVI)

α1(XIX)

α1(XX)

α1(XXI)

α1(XXII)

▭ 非胶原结构域	● Ⅲ型纤维蛋白重复	C 可变剪切区域
▢ 三股螺旋结构域(Gly-X-Y)	TSP 疑血酶敏感蛋白结构域	
▪ 冯·威勒布兰德因子A结构域	▭ C-端前肽	

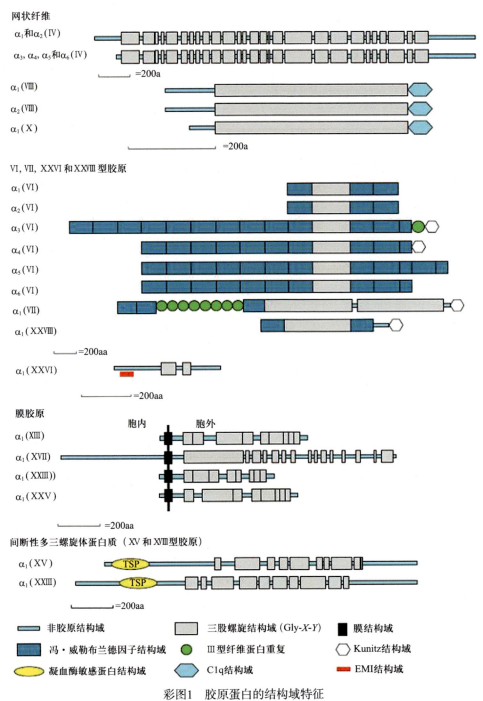

彩图1 胶原蛋白的结构域特征

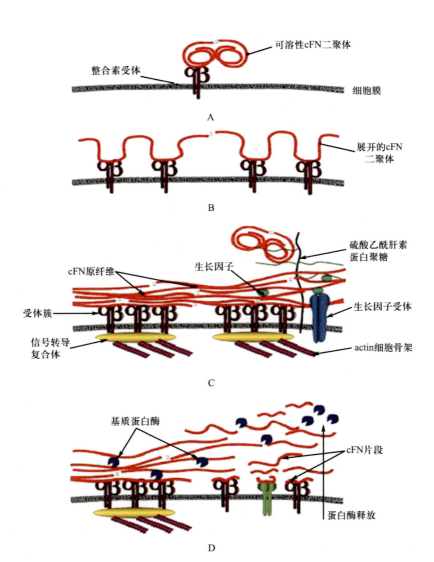

彩图 2　FN 介导的信号转导模式图

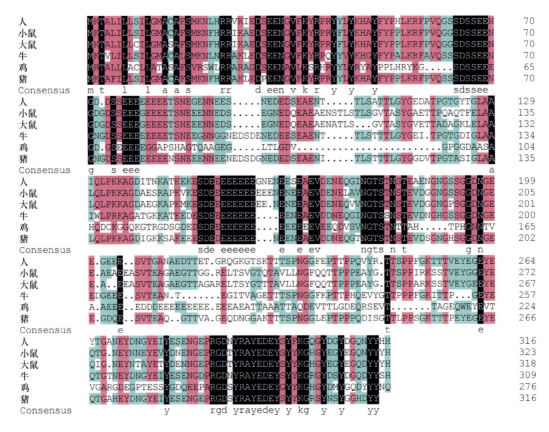

彩图 3 骨涎蛋白氨基酸序列对比

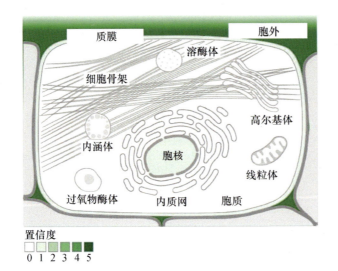

彩图 4 骨涎蛋白的亚细胞定位

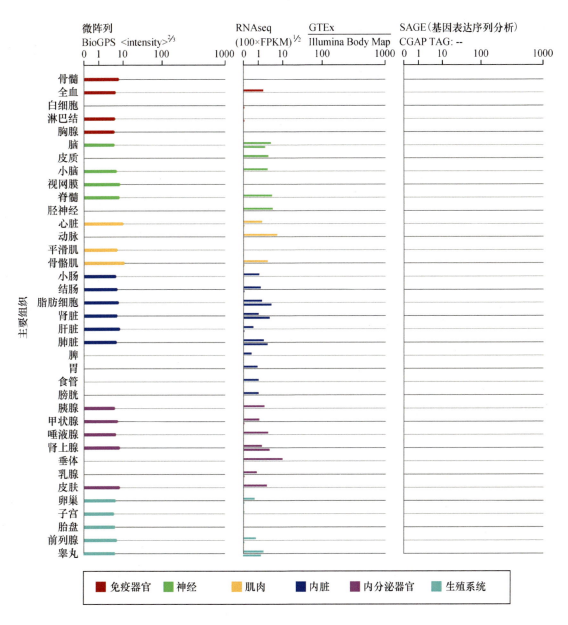

彩图5 人各组织中IBSP mRNA表达情况

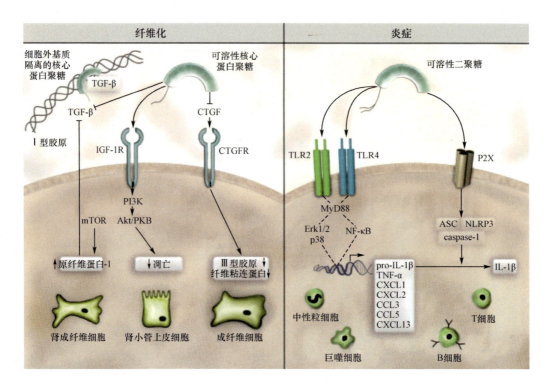

彩图6 核心蛋白聚糖及配体参与纤维化和炎症机制示意图

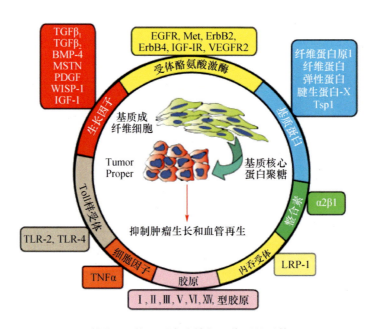

彩图7 核心蛋白聚糖相互作用的受体

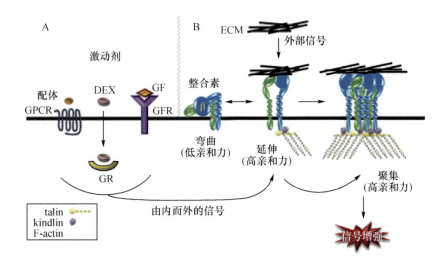

彩图8 整合素信号转导通路示意图

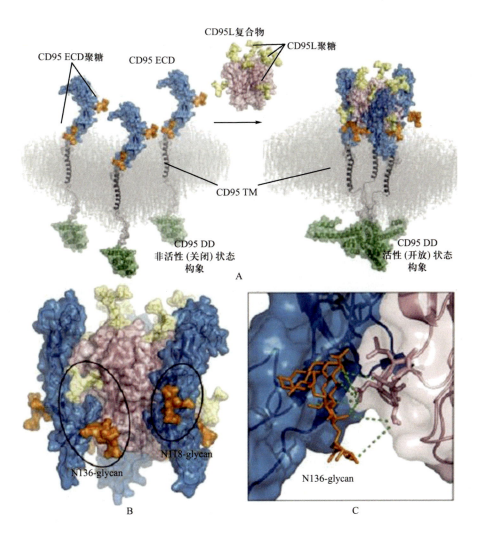

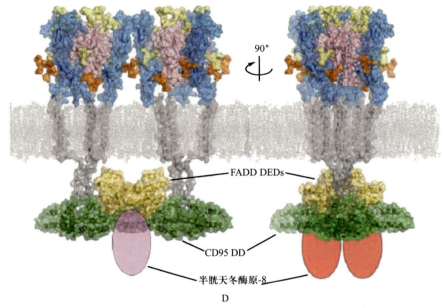

彩图9　Fas分子与FasL配体结合及与糖基化修饰之间的关系模型

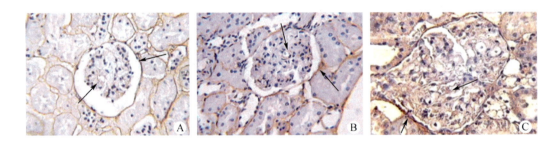

彩图10　各组大鼠Col Ⅳ免疫组织化学染色（400×）